世界光电经典译丛
SHIJIE GUANGDIAN JINGDIAN YICONG
COLD MOLECULES
THEORY, EXPERIMENT, APPLICATIONS

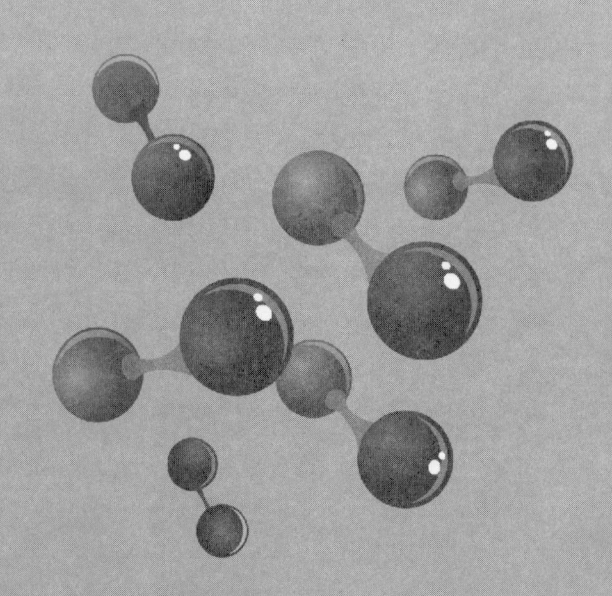

"十二五"国家重点图书出版规划项目
湖北省学术出版基金资助项目

世界光电经典译丛

丛书主编 叶朝辉

冷 分 子

理论、实验及应用

Roman V. Krems William C. Stwalley
Bretislav Friedrich 编著

贾锁堂 马杰 赵延霆 译

肖连团 秦成兵 审校

華中科技大學出版社
http://www.hustp.com
中国·武汉

湖北省版权局著作权合同登记　图字：17-2015-353 号

图书在版编目(CIP)数据

冷分子：理论、实验及应用/(加)克雷姆斯(Krems, R. V.), (美)斯特沃利(Stwalley, W. C.), (德)弗里德里希(Friedrich, B.)编著；贾锁堂，马杰，赵延霆译. —武汉：华中科技大学出版社，2015.12
(世界光电经典译丛)
ISBN 978-7-5680-1478-6

Ⅰ.①冷…　Ⅱ.①克…　②斯…　③弗…　④贾…　⑤马…　⑥赵…　Ⅲ.①物理光学-研究　Ⅳ.①O436

中国版本图书馆 CIP 数据核字(2015)第 292293 号

冷分子：理论、实验及应用
Lengfenzi: Lilun Shiyan ji Yingyong

Roman V. Krems　William C. Stwalley　编著
Bretislav Friedrich
贾锁堂　马　杰　赵延霆　译

策划编辑：徐晓琦
责任编辑：余　涛
封面设计：原色设计
责任校对：李　琴
责任监印：周治超
出版发行：华中科技大学出版社(中国・武汉)
　　　　　武昌喻家山　　邮编：430074　　电话：(027)81321913
录　　排：武汉楚海文化传播有限公司
印　　刷：湖北新华印务有限公司
开　　本：710mm×1000mm　1/16
印　　张：50　插页：2
字　　数：843 千字
版　　次：2016 年 1 月第 1 版第 1 次印刷
定　　价：228.00 元

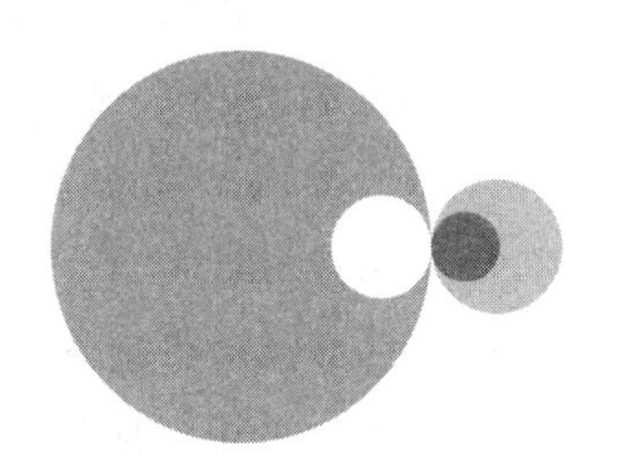

译者序

20 世纪 90 年代以来，基于激光冷却、俘获和操控中性原子的理论和实验研究得到快速发展，使得冷原子物理、量子光学和精密测量等前沿科学发生了历史性变革，开创了一个全新的研究领域。自 1989 年以来，有五次诺贝尔物理学奖直接授予了从事激光冷却研究或与之相关的科学家，这些研究包括 1989 年原子钟与离子阱俘获技术，1997 年激光冷却和俘获原子，2001 年玻色-爱因斯坦凝聚态的研究，2005 年基于激光的精密光谱学的发展，以及 2012 年发现测量和操控单个量子系统的突破性实验方法。冷原子研究的蓬勃发展极大地激励了人们对冷分子的研究兴趣，与冷原子相比，冷分子的结构更为复杂，但同时也有很多独特的性质，其中最为重要的就是分子具有偶极距（或者更高的四极矩等）以及磁极矩，这使得人们通过外电场或者外磁场操控其量子态成为可能。基于这些新奇的物理特性，冷分子在量子计算、超冷化学、量子模拟以及高分辨光谱等领域具有巨大的潜在应用前景。

随着国际上冷分子研究领域的快速发展，近年来国内也掀起了冷分子研究的热潮，但是目前在冷分子及相关领域的教材或参考书还十分有限。为推动冷分子研究领域的发展，培养学生们在本领域及其他物理和化学领域的研究兴趣，Roman V. Krems、William C. Stwalley 和 Bretislav Friedrich 等一起组织该领域内的重要研究小组共同参与编著了本书的英文版，介绍了他们对冷分子理论研究、实验方法和应用前景深刻独到的见解。无论是对刚进入该领域的新手，还是在冷分子方面取得一定成就的专家，该书精彩而易懂的内容

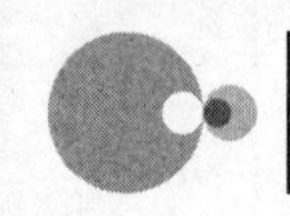

都是大有裨益的。本着介绍冷分子研究领域最新研究成果和推动国内冷分子研究发展的目的,由华中科技大学出版社组织,山西大学激光光谱研究所主持翻译了本书的英文版。

本书从理论、实验和应用三个方面,全面系统地介绍了“冷分子”的基本概念、基本原理、实验方法、实验结果及最新进展和对未来的展望。全书共由18章组成:第1章介绍了低温下原子分子散射的基本理论,包括截面、速率系数、散射长度的概念,并描述了量子碰撞理论的主要部分;第2章全面而严谨地讨论了经典和量子力学下的偶极子;第3章回顾了目前在冷及超冷温度下分子的振转非弹性和反应性散射的理论工作,包括不同分子的弹性和反应性碰撞零温度速率系数的研究;第4章讨论了在冷及超冷温度下,外场对分子碰撞动力学的影响,并展望了低温下分子与场相互作用研究领域中可能的新发现;第5章详细介绍了光缔合制备超冷分子的过程,包括同种原子、不同原子在单色光及双色光作用下的缔合以及各种探测方法;第6章介绍了长程力主导的近离解区域的分子态;第7章介绍了啁啾激光脉冲控制光缔合形成超冷分子的前景,展示了一系列以“超快物理的哪些方法可以应用到超冷物理”为主题的研究;第8章提出了一种利用整形激光脉冲的绝热拉曼光缔合的超快/超冷双色光缔合辅助方法;第9章介绍了磁场调谐Feshbach共振的概念,描述了从制备超冷原子到调谐Feshbach共振形成超冷分子的过程;第10章介绍了双组分费米气体和费米-费米混合系统中分子形成的物理描述;第11章是对Feshbach分子微观理论的简要介绍;第12章描述了极性冷分子在凝聚态物理中的若干相互作用;第13章主要介绍利用低温氦缓冲气体通过弹性碰撞来冷却分子的方法;第14章描述了基于非均匀电场的极性分子斯塔克减速、直流和交流俘获以及存储技术;第15章介绍了分子的制备和操控在基本物理的检验中的应用,包括寻找电子EDM等;第16章描述了精密分子光谱在基本物理常数可能变化的研究方面的应用,对比了精细结构常数和电子质子质量比在天体物理观测与实验室观测的若干想法;第17章展示了在可扩展的量子计算机中极性冷分子是实现量子比特的极具潜力的候选系统;第18章详细介绍了冷分子离子的多种研究技术及其应用。

无论是从科研工作或是学生用书的角度来看,这本译作都是值得借鉴的,也衷心希望它的出版能够有助于我国冷分子研究领域的发展。

本书的第1、2章由贾锁堂翻译,第3章由汪丽蓉与张一驰共同翻译,第4

至6章由赵延霆与姬中华共同翻译，第7至9章由马杰与武寄洲共同翻译，第10、11章由杨勇刚翻译，第12章由陈刚翻译，第13章由张国峰与肖连团共同翻译，第14章由陈瑞云与肖连团共同翻译，第15、16章由赵建明与张好共同翻译，第17章由秦成兵翻译，第18章由张临杰与汪丽蓉共同翻译。本书的序言及译者序由肖连团完成，导读及英文索引目录由以上译者共同完成。虽然我们为本书的翻译工作投入了大量的时间和精力，但由于能力所限，翻译不当之处在所难免，欢迎广大读者批评指正。

译　者

2015年3月8日

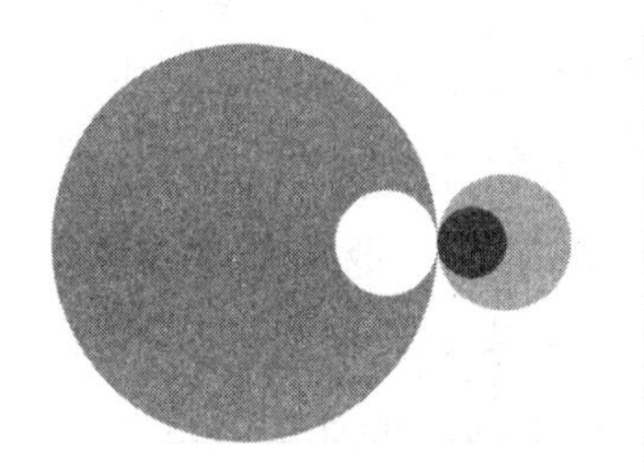

前言

本书将给读者们带来一次引人入胜的分子物理前沿之旅。在此，我非常荣幸地为本书作序。这些无畏的前沿探索者同样也善于引导新手和好奇的旅人。本书是对其中的开创性成果、实验和理论方法、展望和机遇所进行的一次生动且易懂的调查总结。我的序言将以更人文化的方式简单地触及该过程中与过去或是未来的一些关联。

我所知道的任何一位物理化学家，都很高兴看到物理学家现在已经开始热情地拥抱分子学。“一个双原子分子要比一个原子复杂太多”这句以前常用的格言也已被否定了。向分子物理方向转变的物理学家们开始效仿 20 世纪早期的前辈们，这些前辈们发现分子对当时羽翼未丰的量子理论提出了挑战性的问题。而今，大量关于“冷”（<1 K）和“超冷”（$<10^{-3}$ K）分子的“热门”研究并不是出于令其本身获得低温为目的，主要目标是获得当德布罗意波长变得与分子间距离可比拟，甚至更大时出现的激动人心的量子现象。

80 多年前，在著名的猜测玻色-爱因斯坦凝聚（BEC）中首次提出了波长与相互作用范围之间的关键性联系，之后又很快在核物理中变得著名起来。对于光子或者动能约 1 MeV（约等价于 10^{10} K）的中子之间的碰撞，德布罗意波长（约 30×10^{-13} cm）比原子力范围大得多。因此，s 波散射、共振和隧穿就成为原子物理研究中的主要特性。这些行为可能很快也会变为分子物理的主要特性，尽管在分子物理中想要达到对应长度的波长范围要困难得多。

一旦进入那个范围，分子物理学家将会拥有很多核物理学前辈们所没有

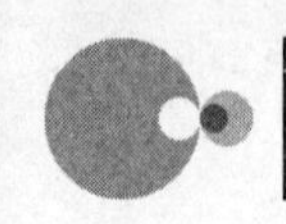

的巨大优势。分子内和分子间相互作用都将很大程度上受外加电场或磁场强烈影响。同时,对于分子来说,由激光诱导产生的相干激发过程将提供一种相当有力的工具。另外,至少对于样品系统来说,分子理论和电子结构计算常常能指导实验的设计和解释。

冷和超冷分子这一领域之所以会引起人们极大的兴趣还有一个基础性的原因。为了获得这样低的温度范围,我们首先需要把自己从传统热力学中解放出来。人们曾长期认为,只有液氦才能实现BEC。人们曾经预料,在形成量子简并气体所需的温度和密度到达之前,热力学会贯穿于一般的凝聚过程。现在,很多种原子和少量分子蒸气在温度达到 10^{-6} K 或更低时已经实现了BEC。这就需要寻找一条使动能变得很小而难以到达平衡态的通道。这与支配大多传统化学合成的基本原则是一样的。很多对生物起关键作用的有机分子团簇,在热力学上是不稳定的,但的确是由动力学主导通道生成的。这同样可能是大量有机分子是如何出现在星际介质中的原因,尽管在宇宙中碳的丰度较低。这样来看,冷分子研究甚至可以使实用主义化学家为避开热力学而更大胆地去寻找更多极端的方法。

本书中很多的技术和概念都可以从 Otto Stern 进行的先驱性分子束的工作中找到依据。作为爱因斯坦的第一个博士后,Stern 对 Genken 实验很感兴趣,并在他后来的实验室中将其实现。在他的年代,“束”可能被看作是有误导性的宽泛的叫法。因此,他将其称为“分子射线”。现在看来,这似乎预言了为寻找长德布罗意波长而进行的长达一个世纪的努力。在 1931 年 Fraser 所著的《分子射线学》一书中,Stern 强调这种方法的特点为“它的直接性和(至少在原则上)它的原始性”。对于本书,他的一句赞美词也同样适用:“……(分子束中蕴含的)那份美丽和独特魅力,始终如一地吸引着工作于此领域的物理学家们。”

Dudley Herschbach
剑桥,马萨诸塞州

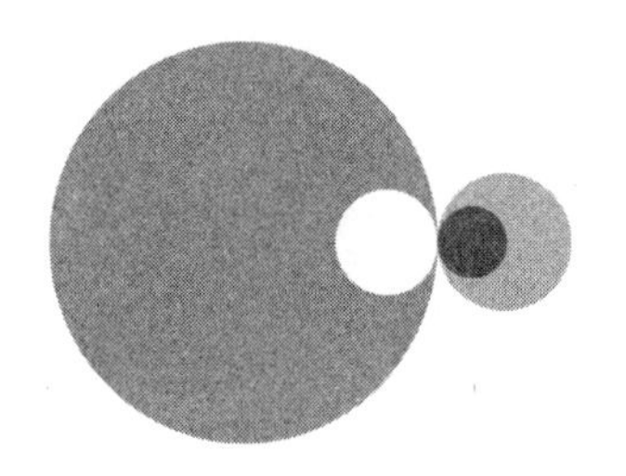

致谢

编者对 John Doyle、Gerard Meijer 和 Francoise Masnou-Seeuws 对本书提供的帮助表示感谢，并且感谢 Harvard-Smithsonian 天体物理中心原子分子和光物理研究所对本书的支持。Francoise Masnou-Seeuws 和 Olivier Dulieu 协调主持的欧盟冷分子研究培训网络对本书报道的研究做出了大量修正。

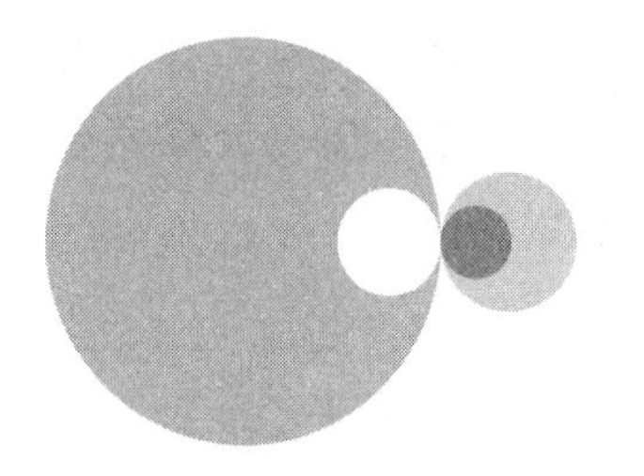

导读

冷分子研究是一热门领域

本书的编著出版是为了对大量平动(及其他)冷分子研究提供全面而易懂的介绍。起始于20世纪90年代中期,一批相关领域的积极分子将其作为一个挑战,希望将冷物质研究的范畴扩展至气态分子领域,该挑战以极快的速度发展且经历了极其不平衡的增长。现在,世界范围内有将近四十个研究团体参与了冷分子的研究,且每年有超过100篇关于此领域的文章发表。

领域内的领军人物,有着很多共同的交集和研究方向,如今都参与到了本书的编著中,共同探讨领域内的尖端发展。所有参与本书编著的人都希望本书能够作为冷分子及相关研究领域学生的学习教材,并能够让培养的学生们在本领域学术机构内及其他物理和化学领域机构内的认同归属感。

冷分子研究极大地受到其来源冷原子研究的激发,但冷分子研究有其独特的目的。分子不仅仅只是比原子更复杂,从一些方面来说分子还具有很多有趣的性质:除了拥有振动和转动自由度,分子还具有偶(和更高的)极矩和磁极距。这些极距使得分子拥有了新的特性并能够基于新的操作原则(如量子计算)进行研究,同时研究者们还可以对新奇物理(例如,量子简并偶极系统,其范围目前限制于铬原子量子气体的研究)进行研究。本导读简单介绍了本书各章中的内容。

制备平动冷(<1 K)分子的方法可以大致分成两类:直接冷却和非直接冷却。非直接冷却是一种通过磁场调谐Feshbach共振或光缔合将超冷(<1 mK)原子连接的方法。连接后形成的分子与其组成原子同样是超冷的。

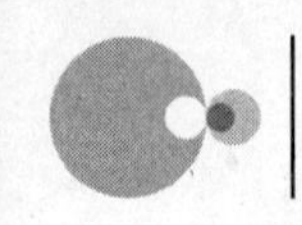

直接冷却方法减速或选择已经存在的分子。这种方法是通过含时电场、磁场或辐射场产生减速的超声分子束,以及选择分子系综中的慢速部分来进行的。已经存在的分子同时也可以在提前冷却的原子的缓冲气体中进行协同冷却。一旦减速/冷却到低温范围,已经存在的分子可以通过与超冷气体或原子或已俘获在阱中的分子热接触来进行进一步的协同冷却。

需要注意的是,以上所讨论的情况中,只有在协同冷却和蒸发冷却过程中,相空间的密度才是随之增加的。对于其他所有情况,相空间密度保持恒定。相空间密度的降低将导致气态样品更加无法达到量子简并。

冷分子及超冷分子的碰撞

当热原子置于冷原子中时,通过与缓冲气体的弹性碰撞,其平动能量被淬灭。蒸发冷却同样也是基于弹性碰撞,当阱深逐渐减小时,弹性碰撞可以引起能量的转移,同时使平动温度重新平衡。如果分子最初被制备在亚稳态,那么这些分子有可能在发生非弹性碰撞和反应性碰撞的同时也发生弹性碰撞。非弹性和反应性碰撞释放能量并加速碰撞粒子,这导致了俘获样品的损耗。因为在阱中心附近(温度最低)处的分子密度通常是最大的,碰撞俘获损耗会移除一些温度最低的原子和分子并使其加热。理想情况下,一个冷却实验应该以一个制备在绝对基态的分子开始,以避免非弹性碰撞和其他有害影响。然而,这通常是不可行的。静电阱和磁阱被广泛用于将分子气体从热环境中隔离出来,并将其局限于塞曼和斯塔克激发态。通过超冷原子制备的分子通常处于高激发的振动能级。为了冷却特定分子至超冷温度,理解在冷和超冷温度下这些分子发生的弹性散射及非弹性和反应性碰撞的效率是非常重要的。

低温下分子碰撞的理论分析在冷分子研究领域的发展中占据着重要的地位。特别地,在冷分子早期研究中用到的量子力学计算证明,在超冷温度下分子的振转非弹性碰撞和化学反应的发生可能会很快。从理论上来看,被限制在静电阱中碰撞诱导的分子斯塔克弛豫发生得非常快,但是磁阱中的分子对于碰撞俘获损耗相对稳定。量子力学计算方法阐明了静电阱和磁阱中分子的非弹性碰撞机制,同时说明了冷及超冷分子的碰撞特性可以通过外场有效地调谐。该工作表明,有一系列分子可以在磁阱中被碰撞冷却,并促进可以将分子俘获至绝对基态的新俘获阱的发展。这些和其他一些有关冷及超冷温度下分子碰撞的理论工作在本书第 1 章到第 4 章中介绍。

为了给下一步的研究工作打下基础,Jeremy Hutson 在第 1 章中介绍了在低温下原子分子散射的基本理论。本章介绍了截面、速率系数、散射长度的概念,并描述了量子碰撞理论的主要组成部分。该章说明了散射波函数和束缚态波函数可通过基于相同原理和数值方法的计算得到。特别强调了在有外加场的情况下,可将碰撞理论扩展至分子散射,以及对外场可调散射共振的讨论。这些散射共振可用于改变超冷分子相互作用的性质,这对下面章节中所讨论的一系列超冷分子的应用是必要的。

最近实验工作的一个发展方向是制备超冷极性分子,这是因为超冷极性气体为新的基础研究提供了一个激动人心的平台。目前超过十个研究小组具备了利用超冷碱金属原子光缔合制备超冷极性分了的条件。John Bohn 在第 2 章中全面而严谨地讨论了经典和量子力学下的偶极子。作者非常详细地描述了分子结构,如转动角动量、电子自旋,以及 Λ 双线结构对分子偶极子间相互作用的影响。为了方便,该章中的公式通常以球面张量形式表示,这使得偶极-偶极相互作用矩阵元算符变得简洁明了。

Goulven Quéméner、Naduvalath Balakrishnan 和 Alexander Dalgarno 所著的第 3 章全面回顾了目前在冷及超冷温度下分子的振转非弹性和反应性散射的理论工作。本章包括不同分子的弹性和反应性碰撞零温率系数的研究工作。作者同时介绍了中性粒子和离子系统,以及包含原子-分子和分子-分子散射的碰撞过程。本章有 25 个图描绘不同的物理现象,如冷碰撞中的近共振能量转移、近阈值虚态(near-threshold virtual states)对冷分子化学反应的影响、阈值碰撞定则、Feshbach 共振和势形共振以及转动自由度对冷及超冷分子振动弛豫过程的影响。作者分析了隧穿主导化学反应及无势垒条件下的插入化学反应,并讨论了超冷化学动力学理论的挑战性工作。

利用电磁场操控化学反应一直以来都是研究者们追寻的目标。外场操控化学反应使化学家不仅能够选择性地制备想要的分子种类,而且也可以揭示化学反应的机制,获得决定化学反应相互作用的信息,并阐明化学动力学中非绝热及相对论效应的作用。然而,双分子反应的外部控制由于分子的热运动而较为复杂,分子的热运动使分子运动变得随机化,削弱了外场对分子碰撞的影响。将分子气体冷却至低温可以降低热运动的影响。只有当分子的平动能小于分子与外场相互作用导致的扰动时,电磁场才可能对分子碰撞产生较大的影响。可在实验室获得的静磁场(高达 5 T)、静电场(高达 200 kV/cm)以及非共振激光场(10^{12} W/cm^2)能够使分子能级发生高达几个开尔文量级的移动。因此,在冷及超冷温度(<1 K)下,非常容易实现气相分子动力学的外场操控。在第 4 章中,Timur Tscherbul 和 Roman Krems 讨论了在冷及超冷温度下,外场对分子碰撞动力学的影响,并展望了低温下分子-场相互作用研究领域中可能的新发现。

第 4 章的第一部分关注于分子冷却实验中碰撞诱导的塞曼弛豫和斯塔克

弛豫,可调谐势形共振及 Feshbach 共振的讨论,以及电场中分子偶极子的散射。这些结果对第 1 章和第 2 章中概述的内容进行了例证。本章的第二部分描述了组合电场和磁场操控原子-分子相互作用和分子间相互作用的新机制。这里,作者讨论了电场对磁排列分子碰撞的影响,非平行磁场和电场中分子的碰撞,以及电场中冷分子的微分散射。本章的第三部分讨论了被激光场囚禁于准二维空间中超冷分子的非弹性和化学反应性碰撞。在这些系统中开展的实验可能会用于探测外部空间对称性对分子二元相互作用的影响,以及长程分子间相互作用在决定超冷分子化学反应中的作用。第 4 章最后讨论了冷可控化学的前景。

超冷原子的光缔合

使用容易获得的超冷原子产生超冷分子是一个相对简单和吸引人的超冷分子制备方法。其中两种方法在制备超冷分子中广为使用:光缔合(本节讨论)和通过调谐磁场将两个碰撞原子转变为一个弱束缚分子的 Feshbach 共振(下节讨论)。

William Stwalley、Phillip Gould 和 Edward Eyler 撰写了本书第 5 章,对他们的实验结果和理论解释进行了综述。在简短介绍了形成超冷分子的不同方法后,详细介绍了光缔合过程。光缔合过程是原子线展宽的重要组成部分,尤其是原子线的两翼。然而,在室温以及室温以上,由于大范围的碰撞能和碰撞角动量对线型的贡献,展宽的原子线包含相对少的信息。这与超冷原子(典型值为 100 μK)的光缔合产生极大对比,在冷原子中只有很少的几个碰撞角动量可以到达较小的核间距,而在这个位置可以发生大的失谐于原子共振的光缔合。这一超冷光缔合导致了尖锐的线状光谱,其中观察到的每一条线对应于基态碰撞原子对到具有特定量子数的激发振转分子能级的跃迁;也就是说,线状光谱非常接近于一个束缚-束缚分子电子谱。

第 4 章首先介绍了同种原子,尤其是被广泛研究的碱金属原子,形成同核分子的光缔合。详细介绍了简单的单色光缔合实验,涉及各种用于探测分子的技术:俘获损耗(原子荧光的减小)、激发态分子电离的直接探测、共振增强多光子电离的碎片光谱探测、共振增强多光子电离对基态或者亚稳态分子(通过光缔合形成的上能级自发辐射产生)的探测。

同时也讨论了双色光缔合实验,包括制备高激发态的阶梯型机制和制备关联于两个基态原子的束缚分子能级的 Λ 型(拉曼)机制。当然,后一种方法可以用于制备基态和最低亚稳电子态分子(碱金属二聚体的 X 和 a 态)。第 7 章和第 8 章使用了超快激光实现 Λ 型机制,这与第 5 章使用的连续激光形成了比对。

其次，作者研究了不同原子形成异核分子（具有偶极矩）的光缔合，对广泛研究的 KRb 分子做了重点关注，也对同种原子和不同原子光缔合的区别进行了详细讨论。

接下来，简单提到了可能实现的原子-分子和分子-分子光缔合（实验上还未获得），简单讨论了在量子简并气体、电磁场、光晶格中的快速扩展的光缔合，这可看作是对后续章节的部分介绍。

之后我们将讨论同核和异核碱金属二聚体分子的 a 和 X 态能级的特性，这些分子由光缔合制备的上能级自发辐射形成。共振增强多光子电离，作为一种有效的探测方法，被用于测量近离解限处 a 和 X 态的振动能级布局。离子损耗技术作为一种观测转动结构和超精细结构的新技术，也被用于探测近离解限处的分子能级。为了获得更低的能级，尤其是基 X 态，采用特殊的光缔合方法是必要的，比如具有双势阱结构的激发态势能，两个（或更多）激发态势能共振耦合，从近离解限能级到更低能级（例如，碰撞稳定的 $v=0$，$J=0$ 能级）的受激拉曼转移。

最后提到了光缔合与超冷分子离子、基本原理的测试、超冷极性分子的量子计算、超冷碰撞、超冷化学以及更加可能领域的联系。

Paul Julienne 在第 6 章全面介绍了长程力主导的近离解区域的分子态。这一章，一方面与第 1～4 章讨论的碰撞动力学相联系，另一方面与第 5～8 章讨论的光缔合以及第 9～11 章讨论的磁缔合（Feshbach 分子）相联系。在单一核间距势能曲线下，作者对超冷能量下的碰撞和离解限下束缚振动能级（长程分子）的长程区域特性格外感兴趣。多重相互作用势的情况和对相应公式的修正也被相继讨论。

Eliane Luc-Koenig 和 Francoise Masnou-Seeuws 在第 7 章展示了一系列以“超快物理的哪些方法可以应用到超冷物理”为主题的研究。通过一系列计算描述了双色 Λ 超快光缔合形成了处于 a 态的铯原子二聚体这一过程，该双色光缔合过程借助了一个具有双势阱结构电子态的外阱来实现。本章以培养超快光缔合的物理思维为重点，提出了一些形象的概念，如共振窗、光缔合窗、动力学孔洞、动量反冲力、压缩效应和积分质量流，来推断并呈现了其结果。

Evgeny Shapiro 和 Moshe Shapiro 在第 8 章提出了一种超快/超冷双色光缔合的辅助方法。作者研究了两个碰撞原子入射波包的拉曼绝热通道，该通道可用来形成平动的超冷双原子分子。这种波包法为上一章所提到的理论提供了另外一个有趣的解释方案。此外，第 8 章的作者对 KRb 和 Rb_2 做了解析理论研究和数值模拟，展示了如何将光缔合测量方法应用于碰撞原子波函数

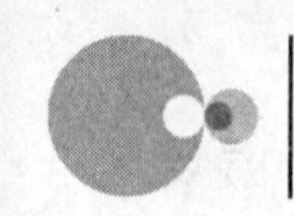

的探测。

冷分子少体及多体物理

最近的理论工作表明,俘获在光晶格中的超冷分子可以用来模拟凝聚物质系统,制造带有拓扑序的新相位并能用于研究多体相互作用。极性分子在外场势阱中可能形成分子链,这可用于研究非经典行为的流变学现象。分子玻色-爱因斯坦凝聚的形成使得对于玻色增强的化学性质研究以及在超冷温度下化学相互作用中对称性破坏造成的影响的研究成为可能。这些设想的实现以及大密度超冷分子系综的形成主要取决于通过外加电磁场操控超冷分子散射长度的能力。原子碰撞中磁 Feshbach 共振的预测和观察为很多超冷气体中的开创性实验提供了可能,如 BEC-BCS 渡越的实现、量子相变的观察和利用时变磁场制备超冷分子。将此工作拓展至分子碰撞的研究也会促进新研究领域的发展,如冷控制化学、量子相干控制和利用分子凝聚进行的量子凝聚态物理。

Francesca Ferlaino, Steven Knoop 和 Rudolf Grimm 在第 9 章介绍了磁调谐 Feshbach 共振的概念,描述了制备超冷原子气体的技术,利用可调 Feshbach 共振制备超冷分子的技术,从超冷原子分子混合物中分离原子以制备纯分子气体的技术,以及利用磁偶极-偶极和自旋轨道相互作用诱导的回避交叉以制备特定量子态中的分子样品。作者介绍了在超冷分子气体中引人注目的 Stückelberg 振荡现象,以及如何通过 Feshbach 共振调谐超冷原子的散射长度来研究超冷系统少体及多体物理的问题。特别地,作者描述了 Efimov 三聚体态的实验研究、分子的玻色-爱因斯坦凝聚以及原子费米气体中的多体物理。当前实验研究的一个主要方向是通过在超冷原子中制备处于绝对基态的超冷分子。这曾经是一个令人望而却步的工作。在第 9 章的最后,作者描述了成功制备绝对基态超冷分子的实验结果。

在冷原子物理方面,最重要的进展也许就是弱束缚费米双原子分子的制备和其玻色-爱因斯坦凝聚。通过 Feshbach 共振调节原子间相互作用所制备的分子,是迄今为止所制备的最大的双原子分子,分子大小的数量级达到几千埃。这些分子代表一类新奇的复合玻色子,它们在分子间距很短时表现出费米统计的特性。当处于高激发态时,这些分子有极大的碰撞稳定性,这是由全同费米子原子的泡利不相容原理所造成的。Dmitry Petrov、Christophe Salomon 和 Georgy Shlyapnikov 在第 10 章介绍了双组分费米气体和费米-费米混合系统中分子形式的物理描述理论。他们讨论了这些扩展分子的弹性和非弹性碰撞,展示了玻色-爱因斯坦凝聚中弱束缚分子间相互作用的量子统计效应。对于异核系统，他们介绍了基于 Born-oppenheimer 近似分离轻原子和重原子运动的模型，应用这个模型很好地描述了 Efimov 态。在结论中，作者把该理论扩展到具有很大质量比率的费米子多体系统，展示了弱束缚分子间的极强远程排斥作用可能导致分子晶体相的自发形成这一现象。

基于第 1 章的讨论并作为第 9、10、11 章的补充，Thomas Hanna、Hugo Martay 和 Thorsten Köhler 在第 11 章对 Feshbach 分子微观理论进行了简洁描述。作者描述了原子的超精细作用和原子间相互作用怎样决定 Feshbach 共振，以及 Feshbach 共振怎样改变超冷原子的相互作用性质。提出了 Feshbach 共振的分类，并区分了开通道主导和闭通道主导的共振。由于不同类型的共振产生不同性质的 Feshbach 分子，本章的讨论对于理解通过磁场调节微观相互作用参数会如何影响超冷量子气体的宏观性质非常重要。

在实验中实现的低维量子气体，为利用超冷原子和分子来研究不同物理领域中的问题提供了一种新的平台。玻色和费米气体展现了不同寻常的特性，而且受限于二维空间的超冷原子具有有趣的量子退相干动力学。低维量子系统还为许多凝聚态物理现象提供了可控的物理模型。例如，受限于二维空间中的极性分子具有长程排斥的性质。基于这种性质，我们不但可以在超低温下建立自组织晶体，而且可以构造各种自旋晶格模型。以上这些内容是第 12 章要讨论的核心问题，该章的作者是 Guido Pupillo、Andrea Micheli、Hans-Peter Büchler 和 Peter Zoller。此章首先综述了这些特殊的多体系统，即外部微波场和直流电场作用下的强相互作用极性分子。该章表明，激光场的偏振、直流场的强度和激光场耦合的数目可以用于调节极性分子间的长程相互作用，并产生纯排斥型、阶跃型或强吸引型势。因此，我们可以在二维分子晶体中设计强关联量子相。这种系统还可以实现由新奇 Hubbard 哈密顿量刻画的有效晶格模型。Hubbard 哈密顿量描述晶格中相互作用费米子和玻色子的低能物理。利用超冷分子的内部自由度和二维极性分子的可控性，作者构建了一个完整的工具箱去模拟具有任意交换对称性的晶格自旋模型。在本章的结论部分，作者构造了一种特殊的分子系统，在该系统中分子间的两体相互作用被消除，但三体效应成为主导。这种新奇的系统可能会在凝聚态物理方面产生有趣的应用。

现有分子的冷却和俘获

虽然激光冷却技术是研究冷原子物理的主力，但是该技术并不适用于大多数分子的冷却。激光冷却技术仅是冷原子物理研究的先驱，大量基于新原理的新型冷却技术已经被发展并可能用于大量现有分子的冷却。这些具有多

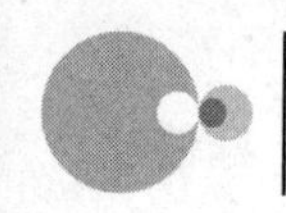

样化的直接技术是发明家们丰富想象力的极好证明。

世界范围内大约有 20 个研究小组正在利用这些直接的冷却方法开展冷原子物理的研究，目前主要集中在如下方法的开发和应用上，如缓冲气体冷却、斯塔克或塞曼减速、基于脉冲光场的减速、通过交叉分子束的碰撞减速、来自反向旋转喷嘴的超声膨胀或在出射束中选择麦克斯韦-玻耳兹曼分布的分子的低速尾翼。所有这些直接的冷却方法可以直接冷却相对热的分子(200～1000 K)，通常这些热分子是在超声分子束的源中。间接的冷却方法(如激光冷却)仅限于容易利用光缔合或磁缔合形成的分子(如双原子分子)，而直接的冷却方法具有通用性，适合于一大类分子的冷却(如斯塔克减速可以冷却所有的极性分子，缓冲气体冷却与磁俘获相结合可以冷却所有顺磁性分子)或任何分子的冷却(所有其他直接冷却方法)。缓冲气体冷却和斯塔克减速在所有直接冷却方法中是最有效的方法，这些方法将在专门的章节中作细节的描述。

Wes Cambell 和 John Doyle 在第 13 章主要介绍利用低温 He 缓冲气体通过弹性碰撞来冷却分子。

缓冲气体冷却可以获得大约 0.5 K 的温度，这个温度没有达到超冷温度。然而，这个方法的一个显著优势(除了它的通用性)是它能够同时冷却和俘获大量的分子。通过蒸发一小部分俘获的分子，可以进一步将分子系综冷却到超冷温度(<1 mK)。然而，由于俘获分子的初始数量和其他因素(尤其是缓冲气体的消除的影响)，迄今为止还未有效地应用这一蒸发冷却方案。

磁俘获分子的数量客观地依赖于装载分子进入缓冲气体的技术。激光烧蚀很难蒸发超过 10^8～10^{13} 数量的原子或分子(用一个脉冲)。因此，最近大量的努力致力于开发一种装载分子到低温环境的新技术。这项新技术是基于由分子组成的分子束冷却。同时分子束能够向低温池中传输分子。迄今，利用该技术可以通过放电离解 NH_3 分子脉冲束能够获得 10^{12} 个 NH 自由基。

与传统的超声膨胀不同，作者们显示在分子通过一个孔口被释放形成分子束之前，可以预冷却分子，使其温度远低于分子的沸点温度。从本质上说，还是利用高密度的氦气将分子在低温池内冷却到 1 K 的温度，然后从低温池的一个孔口喷射出来形成分子束。通过该方法可以实现分子的转动冷却。如果氦气密度足够高，大多数低温池中的冷分子将从孔口喷射出来形成与冷的氦气一样的向前运动的分子束。这已被证实可以产生高流量的冷分子，如冷分子氧注入一个磁六极场中输出的流量可超过 10^{12} s^{-1}。

Bas van de Meerakker、Rick Bethlem 和 Gerard Meijer 在第 14 章描述了基于非均匀电场的极性分子斯塔克减速、直流和交流俘获以及存储技术。

作者首先阐述了斯塔克减速(或加速)技术，这种技术不仅可以任意改变极性分子的速度，并且可以选择分子的内态（电子、振动和转动态）以及取向。因此，这种方法可以完全控制分子。这种方法利用了时变的非均匀电场，来改变极性分子的斯塔克能量。斯塔克能量代表电场中分子的势能。它的变化可以通过改变分子的平动能来补偿，由能量守恒支配。电场沿着纵坐标的减速或加速作用取决于斯塔克能量的正负。为了加速/减速一束具有位置和速度分布（空间和速度扩散）的分子束，必须在相位稳定的条件下实施加速/减速过程。本章详细讨论了这个过程，并讨论了保证分子束沿着纵坐标移动所需的横向聚焦。

处于低场趋近态的足够慢的极性分子可以被囚禁于一个静电（直流）俘获阱中——在三维自由空间斯塔克能量最小。本章还讨论了静电俘获的一个特殊形式，即存储环，它可以在不考虑纵向的情况下实现处于低场趋近态分子的横向囚禁。通过弯曲一个横向聚焦器，如六极聚焦器，很容易构建存储环。低场趋近态分子在环上而不是一个点上有最小势能。相比于俘获阱，存储环可以在不需要让分子停滞的情况下实现囚禁。绕环旋转的分子包可以在给定的时间和位置与电磁场和/或其他原子或分子重复相互作用。为了抵消分子包在环中的扩散，恢复确定存储分子的时间和位置的能力，存储环由具有一定间隙的两个半环组成。通过改变开断频率，半环之间的间隙可以充当时变的非均匀电场（类似于斯塔克减速器的单级），在相位稳定条件下加速、减速或者输送或聚束分子包。因此，这种分离半环装置对分子的作用模拟了同步加速器对带电粒子的作用。聚束保证了存储分子的高密度，另外也使得在不影响已存储分子包的情况下，在环中注入同向传输或反向传输的多个分子包成为可能。

俘获处于高场趋近态的分子是很有趣的，主要是因为分子基态往往都是高场趋近态的。由于基态不会弛豫，俘获在基态的分子不会通过两体弛豫过程从俘获阱中损耗。这种两体弛豫过程在静电或磁俘获低场趋近态分子的过程中造成很多麻烦。不存在损耗机制时，基态分子容易被蒸发冷却或协同冷却。我们注意到对处于激发振转态的极性分子，弛豫损耗是特别严重的。另一个研发高场趋近态分子俘获阱的原因是较重的分子具有小的转动常数（并往往具有大的偶极矩），所以在相对较小的电场强度作用下会变为高场趋近态分子，无法获得实现俘获或操控所需的足够大的力。由于在自由空间产生最大的场强是与麦克斯韦方程组的推论相违背的，称为 Earnshaw 定律，我们不得不采用与对离子的 Paul 俘获相似的方法：制备一个具有鞍形面的静电场。这种场可以在一个方向上聚焦分子，而在垂直于这个方向上使分子散焦。通过转换产生电场的电极的极性（即交流开关），聚焦和散焦方向可以互换。在

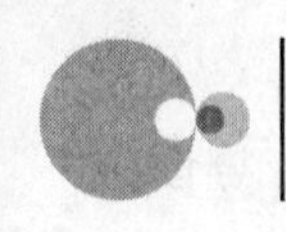

两种电场结构之间的交流开关会使分子趋向于发生与开关频率同步的微移动振荡。由于施加到分子上的力随着与鞍点距离的增加而增大,微移动的振幅和动能也会随着距离增加而增大。因为微移动的动能是正的(实际上动能往往是正的),它会产生势阱效应,在俘获中心能量最低。微移动的正的动能是与分子处在低场趋近态还是高场趋近态无关的,从而使交流俘获对这两种情况都有效。

值得注意的是,静电俘获阱的深度约为 1 K(取决于分子的种类和俘获阱的设计细节),典型体积为 1 cm^3。交流俘获阱的深度为 1～10 mK,体积约为 10^{-2} cm^3。

冷分子检验基本物理

人们提出了一类基于冷分子的实验预想,其中一部分已经在进行中,这些实验能够回答一些远超分子科学范围的问题。它们可用来检验物理学中的基本对称性,如时间反演对称性(T)、宇称(P)以及泡利不相容原理等。这些对称性是打开自然界中基本作用力世界的窗口,因此,实验室中的分子实验成为高能碰撞实验的补充。

特别有前途以及有趣的是,人们在寻找电子(或者其他基本粒子)电偶极矩(EDM)的实验中,同时检验了时间反演对称性和宇称。非零的 EDM 意味着 T 和 P 同时破缺。标准模型预测电子具有小到无法测量的 EDM 值,因此找到非零的 EDM 就相当于在标准模型之外发现了新的物理现象,这将引起物理学的革命。

Michael Tarbutt、Jony Hudson、Ben Sauerkraut 和 Ed Hinds 在第 15 章介绍冷分子与寻找电子 EDM 的关系。就目前的实验进展而言,所得电子 EDM 值小于 5×10^{-19} D,这是一个非常小的值。要找到这样的值,相当于将电子的体积增大到与地球一样,且在两极有一微米的形变,偶极矩是通过斯塔克效应表现出来的,即将具有偶极矩的系统置入外电场中,其能级会出现斯塔克偏移,人们通过这个偏移便可以找到电偶极矩。为了能够探测到斯塔克偏移,这个外电场需要尽可能大。人们能够得到的最强电场存在于重的原子中(由于相对论效应,电场强度能达到 10 GV/cm)。原子是球对称的,因此在测量 EDM 之前,需要将原子沿实验室坐标系取向(否则由于平均,偶极矩就会消失)。由于原子取向的调整依赖于它们的极化率,而原子的极化率很小,所以调整原子的取向是困难的。因此,将重原子与其他原子结合形成极性分子,并且测量该极性分子的斯塔克效应具有极大的优势。极性分子的取向是很容易的。事实上,斯塔克减速器以及电俘获阱都是基于极性分子易取向的能力而出现的。冷分子的应用进一步提高了测量的分辨率。利用减速的 YbF 分子，Hinds 小组的实验已经接近产生最为精确的电子 EDM 值。即使实验精确度仅提升一个数量级，都会导致那些标准模型替代理论的摒弃或者采纳。

分子开始在另一个基本领域扮演重要的角色，即检测基本常数随时间和空间的变化情况。分子具有的振动、转动、超精细以及其他特点能够呈现基本常数的不同组合，而这些组合是原子无法提供的。

Victor Flambaum 和 Mikhail Kozlov 在第 16 章描述了精密分子光谱在基本常数可变化研究中的应用。作者表明分子光谱对两个无量纲常数最为敏感，即精细结构常数和电子质子质量比。本章讨论了分子光频和微波谱的天体物理观测结果，以及利用分子在实验室可能开展的实验。尽管目前实验结果的精确度还不能够与天体物理的观测结果相匹敌，然而一些极大改进了的实验正在进行当中，它们将有可能扭转这种局面。本章将详细讨论这些实验背后的思想以及初步得到的实验结果。

作者表明，对于双原子分子窄线宽、准简并的能级来说，精细结构常数变化的灵敏度特别大。这些能级可能是准简并的超精细和转动能级，或者准简并的精细和振动能级。准简并能级之间的跃迁对应于微波频率，可以实验测量，并且线宽很窄，典型的值约为 10^{-2} Hz。在这种情况下，描述相对变化的灵敏度系数 K 超过 10^5。

利用冷分子进行量子计算

鉴于原子系统超长的相干时间以及冷却和俘获技术的高度发展，诸如带电离子和中性原子等原子系统已经成为量子计算机物理实体化极具吸引力的候选者。原子系统主要的概念性问题是，如何设计快速且可实现性强的多原子操作的量子纠缠，以及如何将系统的量子比特位进行深度扩展。Susanne Yelin、Dave DeMille 和 Robin Côté 在第 17 章已经展示了在可扩展的量子计算机中冷极性分子是实现量子比特潜力出众的候选系统。极性分子结合了中性原子和离子的关键优点，具有类似的长相干时间特点。特别是，大的冷分子系综具有与中性原子类似的冷却和俘获机制，而且它们同时具有与离子类似的可通过电场进行独立操控的特性。

基于极性分子量子计算的第一个有竞争力的方案利用了上述的第一个优点，而不是第二个。它是基于俘获在一维光晶格中的超冷极性分子系综为基础，并与一个非均匀电场联合。必要的纠缠是通过偶极子之间的相互作用获得，每个偶极子代表一个量子比特。由于斯塔克效应，每个分子在不均匀电场中的分裂是不同的，因此这种量子比特可以独立寻址。

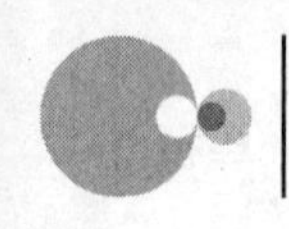

紧接着提出的方案给出了极性分子与超导线构成的量子电路相耦合的可能性。类比于里德堡原子与 Cooper 对箱之间的耦合,我们可以将电容和(腔量子)电动力学耦合进传输线共振器。分子的关键特性在于它们具有射频频率的转动跃迁,与微波电路有非常好的兼容性。将单个分子与微波带状共振器相耦合是有利的,具体原因如下:首先,这种耦合允许我们远程遥感传输线的势能来实现对单分子的探测,以及对量子态的有效读出;其次,在镶嵌进芯片的传输线上可以通过微波自发辐射的方法将分子进一步冷却;最后,远程分子之间的相干耦合允许我们实现非局域操作。静电场下局域门可用于实现高效的寻址。单比特门的操控可以通过使用局域调制的电场来完成。

这章首先将对量子信息处理和计算机领域作简要介绍,其次将讨论各种实现量子计算机的平台,最后具体讨论如何使用永久极性分子实现量子比特的独立寻址。在对未来的展望中将给出基于极性分子系综的光学量子计算机与超导微波共振器联合的蓝图。

冷分子离子的讨论

Bernhard Roth 和 Stephan Schiller 在第 18 章详细介绍了冷分子离子的多种研究技术及其应用。作者首先描述了射频离子阱、离子冷却以及冷分子离子制备的相关背景知识。随后本章详细解释了荧光原子离子(如碱土金属正离子)与无荧光离子(如 HD^+ 离子或者由氢分子与碱土金属正离子形成的碱土金属氢化正离子)的相互作用形成的库伦团簇图像。对库伦团簇的分子动力学模拟与荧光成像实验的结果进行比较可以获得详细的团簇组分信息,同时有助于通过团簇图像形状的区别理解系综中的加热效应。协同冷却技术是制备冷分子离子的常用且易于理解的方法。本章特别对运动共振耦合和组分选择的离子去除进行了讨论,随后也介绍了离子与中性原子分子的化学反应以及多原子分子光致碎片的相关内容。最后,本章总结了 HD^+ 分子离子光谱的概念以及实验技术。在超冷物理研究方面,冷分子离子的研究仍具有巨大机遇与挑战。

展望

本书回顾了冷原子研究的过去并调研了其现状,其包含的精神、眼界与希望实际上都指向了一个光明的未来。很显然,冷分子和超冷分子实验和理论的研究已经不可逆转地改变了原子、分子与光物理,同时也改变了量子信息科学。它在凝聚态物理、天体物理和物理化学上的影响也越来越明显。

从本书详细描述的材料也能明显地看出,冷分子的研究领域已经开始大步流星地向前迈进。不到十年,那些以前认为是不可能的实验(例如,用光缔合产生绝对基态的超冷极化分子,稠密分子气体的磁俘获,用超冷分子做碰撞实验,等等)现在已经被很多研究小组实现了。

过去五年内,冷分子研究的主要目标是产生稳定且稠密的超冷分子团。随着这一目标的实现,至少在某些分子系统上,一部分实验正在把重点放在应用上。超冷化学、分子玻色-爱因斯坦凝聚和超冷分子处理的相干操控也不再仅仅是纸上谈兵。

理论和实验的紧密结合是冷分子研究成功的关键。当这项研究包含的学科变得越来越多时,理论的作用就转向了证实物理和化学的各种领域中冷分子与超冷分子的新应用。

综上所述,我们很高兴地看到超冷分子的特性和对超冷分子气体各种应用的展望上极大地吸引了物理和化学研究团体的注意力。冷分子正在享受着一段美好的时光,而它的未来更是不可估量。

Roman V. Krems,加拿大
William C. Stwalley,美国
Bretislav Friedrich,德国

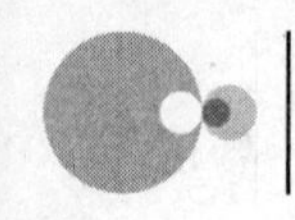

主　编

Roman V. Krems(罗玛・V・克雷姆斯)　加拿大温哥华英属哥伦比亚大学的助理教授。1999 年毕业于俄罗斯莫斯科国立大学,并于 2002 年获得了瑞典哥德堡大学物理化学博士学位。2001—2002 年 Harvard-Smithsonian 天体物理中心史密松学会准博士研修生以及 2003—2005 年哈佛和麻省理工超冷原子中心(Harvard-MIT Center for Ultracold Atoms)博士后。目前的研究重点是:制备超冷分子新方法的理论研究、外部电磁场对于分子在低温时动态的影响、冷分子和超冷分子相互作用的特性以及超冷化学。

William C. Stwalley(威廉・C・斯特沃利)　康涅狄格大学的董事会特聘教授,物理系主任。1964 年毕业于加州理工学院化学系,并于 1969 年获得了哈佛大学物理化学博士学位。1968 年至 1993 年在爱荷华大学化学和物理系任职,1976 年至 1993 年担任爱荷华激光设备主任,1988 年至 1993 年担任物理科学的 George Glockler 教授。获得了美国物理学会、美国光学学会、美国科学促进协会的奖学金,优秀裁判奖(美国物理学会,简称 APS),William F. Meggers 奖(美国光学学会,简称 OSA),2005 年康涅狄格州的国家科学勋章。目前的研究重点是:原子和分子碰撞后的相互影响、光谱学理论、碱金属原子(和氢原子)的相互作用。最近的工作是研究在超冷温度下使用光缔合及相关技术。

Bretislav Friedrich(波贾尔・弗里德里希)　柏林 Fritz-Haber-Institut der Max-Planck-Gesellschaft 研究组的组长,柏林工业大学的荣誉教授,柏林量子物理学历史与基础副主任。1976 年毕业于捷克查尔斯大学,并于 1981 年获得捷克科学学院博士学位。获得了伊维尔德罗拉(Iberdrola)奖学金(西班牙)和优秀裁判奖(美国物理学会,简称 APS)。他在哥廷根(1986—1987)、哈佛(1987—2003)以及柏林(从 2003 年开始)的实验和理论研究均是关于分子相互作用领域、分子光谱学、分子冷却和捕获。教授过物理化学、分子物理学和科学史的本科生及研究生课程。

作　　者

Naduvalath Balakrishnan
化学系
内华达拉斯维加斯大学
拉斯维加斯,内华达州

Hendrick L. Bethlem
激光中心
阿姆斯特丹自由大学
荷兰

John L. Bohn
JILA
卡罗拉多大学
波德,卡罗拉

Hans-Peter Büchler
理论物理第三研究所
斯图加特大学
斯图加特,德国

Wesley C. Campbell
物理系
哈佛大学
剑桥市,马萨诸塞州

Robin Côté
物理系
康涅狄格大学
斯托斯,康涅狄格州

Dave DeMille
物理系
耶鲁大学
纽黑文,康涅狄格州

John M. Doyle
物理系
哈佛大学
剑桥市,马萨诸塞州

Edward E. Eyler
物理系
康涅狄格大学
斯托斯,康涅狄格州

Francesca Ferlaino
实验物理研究所和量子物理中心
因斯布鲁克大学
因斯布鲁克,奥地利
量子光学及量子信息研究所
奥地利科学院
因斯布鲁克,奥地利

Victor V. Flambaum
物理学院
新南威尔士大学

Jeremy M. Hutson
化学系
杜伦大学
杜伦,英国

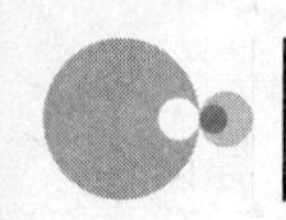

Paul S. Julienne
联合量子研究所
国家标准和技术研究所
马里兰大学
盖瑟斯堡,马里兰州

Gerard Meijer
马普弗利兹-哈伯研究所
柏林,德国

Andrea Micheli
实验物理研究所和量子物理中心
因斯布鲁克大学
量子光学及量子信息研究所
因斯布鲁克,奥地利

Dmitry S. Petrov
固态物理实验室
巴黎第十一大学
奥尔赛,法国
俄罗斯研究中心
库尔恰托夫研究所
莫斯科,俄罗斯

Eliane Luc-Koenig
固态物理实验室
巴黎第十一大学
奥尔赛,法国

Hugo Martay
物理系
牛津大学
Clarendon 实验室
牛津,英国

Francoise Masnou-Seeuws
固态物理实验室
巴黎第十一大学
奥尔赛,法国

Bernhard Roth
实验物理研究所
杜塞尔多夫大学
杜塞尔多夫,德国

Christophe Salomon
卡司特勒-布洛索实验室
里昂高等师范学院
巴黎,法国

Ben E. Sauer
冷物质中心
Blackett 实验室
帝国理工学院
伦敦,英国

Guido Pupillo
实验物理研究所和量子物理中心
因斯布鲁克大学
量子光学及量子信息研究所
因斯布鲁克,奥地利

Goulven Quéméner
化学系
内华达拉斯维加斯大学
拉斯维加斯,内华达

Georgy V. Shlyapnikov
固态物理实验室
巴黎第十一大学
奥尔赛,法国

魏茨曼科学研究所
阿姆斯特丹自由大学
阿姆斯特丹，荷兰

William C. Stwalley
物理系
康涅狄格大学
斯托斯，康涅狄格州

Michael R. Tarbutt
冷物质中心
Blackett 实验室
帝国理工学院
伦敦，英国

Stephan Schiller
实验物理研究所
杜塞尔多夫大学
杜塞尔多夫，德国

Evgeny A. Shapiro
化学物理系
英属哥伦比亚大学
温哥华，加拿大

Moshe Shapiro
化学物理系
英属哥伦比亚大学
温哥华，加拿大
化学物理系
范德瓦尔斯-塞曼研究所
雷霍沃特，以色列

Sebastiaan Y. T. van de Meerakker
马普弗利兹-哈伯研究所
柏林，德国

Susanne F. Yelin
物理系
康涅狄格大学
斯托斯，康涅狄格州
理论原子、分子和光学物理研究所
哈佛-史密松天体物理中心
剑桥市，马萨诸塞州

Timur V. Tscherbul
哈佛-麻省理工学院超冷原子中心
理论原子、分子和光学物理研究所
哈佛-史密松天体物理中心
剑桥市，马萨诸塞州

Peter Zoller
理论物理研究所
因斯布鲁克大学
量子光学及量子信息研究所
因斯布鲁克，奥地利

Alexander Dalgarno
理论原子、分子和光学物理研究所
哈佛-史密松天体物理中心
剑桥市，马萨诸塞州

Rudolf Grimm
实验物理研究所和量子物理中心
因斯布鲁克大学

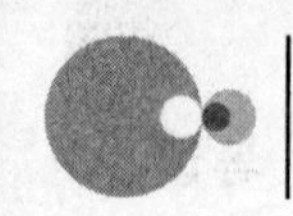

因斯布鲁克,奥地利
量子光学及量子信息研究所
奥地利科学院
维也纳,奥地利

Thomas M. Hanna
物理系
Clarendon 实验室
牛津大学

Edward A. Hinds
冷物质中心
Blackett 实验室
帝国理工学院
伦敦,英国

Jony J. Hudson
冷物质中心
Blackett 实验室
帝国理工学院
伦敦,英国

Phillip L. Gould
物理系
康涅狄格大学
斯托斯,康涅狄格州

Steven Knoop
实验物理研究所和量子物理中心
因斯布鲁克大学
因斯布鲁克,奥地利
量子光学及量子信息研究所
奥地利科学院
维也纳,奥地利

Thorsten Köhler
物理系
伦敦大学学院
伦敦,英国

Mikhail G. Kozlov
彼得堡核物理研究所
加特契纳,俄罗斯

Roman V. Krems
化学系
英属哥伦比亚大学
温哥华,加拿大

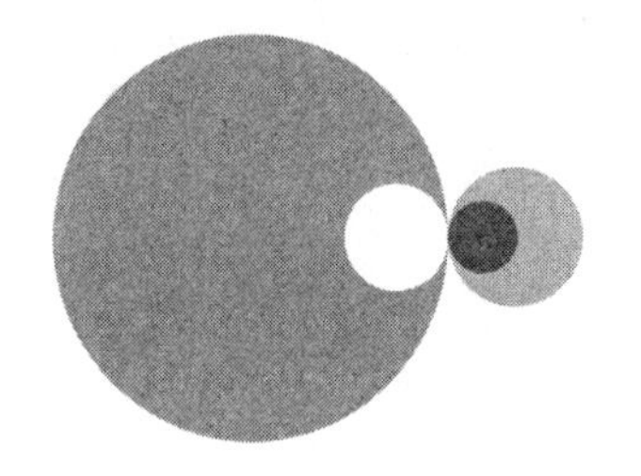

目录

第I部分 冷 碰 撞

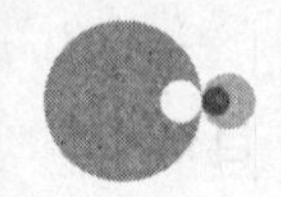

第Ⅴ部分 基本定律检验

第Ⅵ部分 量子计算

第Ⅶ部分 冷分子离子

第Ⅰ部分

冷 碰 撞

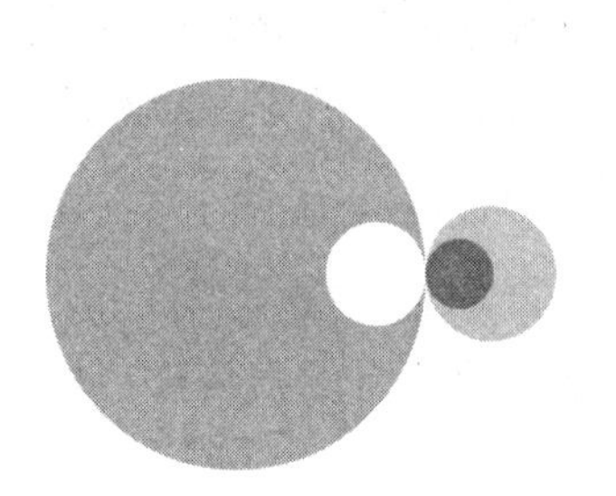

第1章 冷原子和分子碰撞理论

1.1 引言

理解原子与分子相互作用及碰撞对冷分子和超冷分子的研究是非常重要的。碰撞决定了分子在势阱中的寿命以及相应的冷却机制是否能够实施。一旦原子和分子处于超冷区域时，它们之间的相互作用是可控的，且主要取决于它们的碰撞特性。本章的目的是列出原子与分子碰撞理论的提纲，同时描述对于冷分子研究具有重要意义的特殊性质。

1.2 经典碰撞理论

冷分子的研究主要集中在温度低于1 K，甚至到1 nK时分子的行为。在这样低的温度下，其平动德布罗意波长开始变大。对于更低的温度范围，将原子和分子考虑为经典的粒子将会没有意义。正因为如此，量子力学的处理方法就显得尤为重要。然而，经典方法在温度较高的情况下依然适用，并且可以提供很多有用的概念。因此，我们在讨论更为具体的量子散射方法之前，先概述一下经典散射理论。相关细节的介绍可以参考各种不同的教科书,如 Child 所著的《Molecular Collision Theory》[1] 和 Levine 所著的《Molecular Reaction Dynamics》[2]。

1.2.1 实验室坐标系与质心坐标系

考虑质量分别为 m_1 和 m_2 的两个原子或者分子,其位置 $\boldsymbol{r}_1(t)$ 和 $\boldsymbol{r}_2(t)$ 为时间 t 的函数。两个粒子的初始速度分别为 $\boldsymbol{v}_1$ 和 $\boldsymbol{v}_2$。在弹性或者非弹性碰撞之后(其中粒子的化学性质和质量并不改变,参见 1.2.3 节),粒子的速度变为 $\boldsymbol{v}'_1$ 和 $\boldsymbol{v}'_2$。这些都是粒子在实验室坐标系下的表示,且大多数实验提供的关于碰撞的信息都是在实验室坐标系下描述的。

对于原子与分子碰撞问题的计算,将实验室坐标系转化为质心坐标系是很方便的。质心位置 $\boldsymbol{R}$ 为

$$\boldsymbol{R}=\left(\frac{m_1}{M}\right)\boldsymbol{r}_1+\left(\frac{m_2}{M}\right)\boldsymbol{r}_2 \tag{1.1}$$

质心等同于一个质量为 M、速度为 $\boldsymbol{V}$ 的粒子。这里,

$$M=m_1+m_2$$

$$\boldsymbol{V}=\left(\frac{m_1}{M}\right)\boldsymbol{v}_1+\left(\frac{m_2}{M}\right)\boldsymbol{v}_2=\left(\frac{m_1}{M}\right)\boldsymbol{v}'_1+\left(\frac{m_2}{M}\right)\boldsymbol{v}'_2 \tag{1.2}$$

经典动能 T、线型动量 $\boldsymbol{p}$ 和角动量 $\boldsymbol{L}$ 可以写为

$$\left.\begin{aligned} T&=\frac{1}{2}m_1v_1^2+\frac{1}{2}m_1v_1^2=\frac{1}{2}MV^2+\frac{1}{2}\mu v^2\\ \boldsymbol{p}&=m_1\boldsymbol{v}_1+m_2\boldsymbol{v}_2=M\boldsymbol{V}\\ \boldsymbol{L}&=m_1(\boldsymbol{r}_1\wedge\boldsymbol{v}_1)+m_2(\boldsymbol{r}_2\wedge\boldsymbol{v}_2)=\mu(\boldsymbol{r}\wedge\boldsymbol{v})\end{aligned}\right\} \tag{1.3}$$

式中:μ 为约化质量,$\mu=m_1m_2/(m_1+m_2)$;$\boldsymbol{r}$ 和 $\boldsymbol{v}$ 分别为两个粒子的相对位置和速度矢量,$\boldsymbol{r}=\boldsymbol{r}_1-\boldsymbol{r}_2$,$\boldsymbol{v}=\boldsymbol{v}_1-\boldsymbol{v}_2$。

粒子的运动由势能 U 来决定。在无场或者均匀场的情况下,如果势能 U 与质心的位置无关,粒子的运动方程(经典的或者量子的)可以分解为分别描述质心和相对运动的两个分立方程。总的线性动量 $\boldsymbol{p}$ 在碰撞中是守恒的,因而质心以速度 $\boldsymbol{V}$ 匀速运动且不受碰撞的影响。动能 T 在弹性碰撞中是守恒的,只有当粒子角动量的幅度和方向不变时 $\boldsymbol{L}$ 才是守恒的。

关于碰撞的计算几乎总是在质心坐标系中进行的。两个粒子的相对运动可以等同于处于相互作用势能 V(与方程(1.3)中的 $\boldsymbol{V}$ 不同)下、质量为 μ、单个

粒子的运动。对于无结构的粒子,相互作用势能 V 只取决于粒子间距离 r。但是,在一般情况下,V 也取决于粒子的内部自由度,如自旋和转动等。获得相对运动方程的解后,可以根据需要,将其变换到实验室坐标系下。

1.2.2 截面与速率系数

考虑两个具有初始内态粒子的碰撞,且初始内态用 i 描述。为了简化标记,这种采用单个系数来描述两个粒子的态是很方便的。初始速度 v 与末速度 v' 的夹角在球极坐标下为 θ 和 Φ,其中 θ 为质心坐标系下的偏转角。首先,我们定义一个粒子束通量 I_i(单位面积、单位时间内粒子的数量)。碰撞后的通量 I_j(单位立体角、单位时间内的粒子数)是偏转角 θ 的函数,且对于每一个可能的末态 j 的集合,其值也不同。我们定义微分截面为

$$\frac{\mathrm{d}\sigma_{ij}}{\mathrm{d}\omega}=\frac{I_j}{I_i} \tag{1.4}$$

式中:ω 为对应于偏转角 θ 的立体角的一个微元。

对末态的所有可能方向积分产生积分截面 σ_{ij},因此它包含了 $i \rightarrow j$ 总的跃迁几率的信息,即

$$\sigma_{ij} = \int_0^{2\pi}\int_0^{\pi}\left(\frac{\mathrm{d}\sigma_{ij}}{\mathrm{d}\omega}\right)\sin\theta\mathrm{d}\theta\mathrm{d}\Phi \tag{1.5}$$

在大多数情况下,微分截面与质心坐标系中的 Φ 无关,所以方程(1.5)中对于 Φ 的积分相当于乘以 2π。这里,积分截面不能与总截面相混淆,总截面常被理解为对所有可能的末态 j 的求和。这样,才可以说是总微分截面或者总积分截面。微分截面具有面积/立体角的量纲,而积分截面则具有面积的量纲。

截面为碰撞能量的函数。但很多实验并非单一能量的情形,而是涉及能量的分布。跃迁过程 $i \rightarrow j$ 的总体效率由速率系数 $k_{ij}=v\sigma_{ij}$ 来给定,其中额外因子 v 的出现是因为碰撞速率与 v 成正比。当相对速度的速率分布函数为 $f(v)$ 时,其速率系数须进行平均,即

$$\langle k_{ij}\rangle = \int_0^{+\infty} vf(v)\sigma_{ij}\mathrm{d}v \tag{1.6}$$

由于速率分布函数是归一化的,所以 $\int_0^{+\infty} f(v)\mathrm{d}v = 1$。对于热的气体,速率服从 Maxwell 分布:

$$f(v)=\left(\frac{\mu}{2\pi k_{\mathrm{B}}T}\right)^{3/2}4\pi v^2\exp\left(\frac{-\mu v^2}{2k_{\mathrm{B}}T}\right) \tag{1.7}$$

但是,其他类型的分布在冷分子的研究中也很重要。

1.2.3 弹性、非弹性和反应性散射

通常根据可能的碰撞结果,我们将碰撞分为弹性、非弹性和反应性碰撞。

- 弹性碰撞是指尽管粒子各自的动能和速度可能发生变化,但是两个粒子相对运动的动能仍然保持不变。
- 非弹性碰撞是指能量在内部和相对动能之间转移,但是碰撞粒子的化学组分不会发生变化。
- 反应性碰撞是指碰撞产物在化学组分上不同于反应物,这种情况常常涉及相对动能的变化。

这些定义并非普适性的。当碰撞粒子的内态改变时,即使总的内部能量不变,在某些时候这种碰撞也被考虑为非弹性的,因此相对动能也没有变化。当在碰撞中需要将原子转移几率计入动力学过程时,即使不能找出最终的产物与反应物之间的区别,这种碰撞也经常被认为是反应性碰撞。

1.2.4 离心势垒

我们通常在描述粒子相对位置的球极坐标下考虑碰撞问题。在这样的坐标系中,距离为 r 的两个粒子的运动方程由离心修正势能 V_L 来决定。对于 V 只依赖于 $\boldsymbol{r}$ 的无结构粒子来说,

$$V_L(r)=V(r)+\frac{|L|^2}{2\mu r^2} \tag{1.8}$$

式中:$|L|$ 为两个粒子中一个相对于另一个的角动量的幅值。

除了两个带电粒子之间的碰撞以外,任何两个原子或者分子间的相互作用势能在长程范围内以函数 $r^{-n}(n\geqslant 2)$ 衰减。由于在某些或者全部角度下相互作用势都是吸引的,当 $|L|>0$ 时,有效势能会有一个最大值。因此,在有效势能处存在一个离心势垒。在动能低于最大值的经典散射下,粒子不能通过隧穿经过势垒,因而不可能进入短程区域。但在量子散射情况下,粒子可能隧穿或者越过势垒。

1.2.5 有结构的粒子

实际上,在冷分子研究中人们感兴趣的大部分碰撞涉及拥有内部结构的粒子。很多原子和分子有未成对的自旋,分子又存在振动与转动能级。甚至也存在超精细分裂,在大部分化学领域内,因其足够小而被忽略,但对于冷分

子来说是足够大的,因此需要重视,这对于处理拥有内部结构的原子和分子间的碰撞问题是很关键的。尽管基于经典轨迹学的方法对于在室温或者更高温度下[3]非弹性和反应性碰撞的研究已经取得了相当大的成功,但对于冷原子和分子来讲,采用量子力学的方法来处理碰撞问题是非常必要的。

1.3 量子碰撞理论

在量子力学中,原子和分子的碰撞可以采用含时或者定态方法来解决。最近,用含时(波包)方法处理温度处于室温或者稍高于室温[4][5]下的分子碰撞问题已非常普遍。然而,当碰撞能量极低时,通常的含时方法很难实施:一是由于一次碰撞需要很长的时间;二是由于位于长程范围内的具有吸引相互作用的势通常会引起非物理的反应。因此,对于冷分子的研究,采用定态方法来处理低能碰撞是很重要的。

1.3.1 单通道散射(无结构的原子)

在冷碰撞的研究中,大部分有趣的过程涉及有结构的粒子,但是无结构粒子的引入将会使处理方法变得更为简单。

我们引入一个定态波函数 Ψ 来完整描述两粒子的碰撞系统。对于无结构的粒子,该波函数仅依赖于相对位置矢量 $\boldsymbol{r}$。

在无散射情况下,我们将波函数写为平面波,即 $\Psi_0=\mathrm{e}^{\mathrm{i}\boldsymbol{k}\cdot\boldsymbol{r}}$,其中,$\boldsymbol{k}$ 为描述相对运动的波矢,其幅度 k 为对应的波数。相对动能 E_{kin} 为 $\hbar^2k^2/2\mu$,其对应的入射流密度为 $I_i=\hbar k/\mu$,在经典情况下,它对应于拥有单位粒子密度的波的相对速度 v。

包含散射效应的总波函数,在 r 很大处的渐进形式是

$$\Psi(\boldsymbol{r})\overset{r\to+\infty}{\approx}\Psi_0(\boldsymbol{r})+f(\theta)\frac{\mathrm{e}^{\mathrm{i}kr}}{r}\tag{1.9}$$

式中:复数 $f(\theta)$ 为散射振幅(当没有任何碰撞时为0)。

散射关于初始相对速度矢量是柱对称的,为了方便将散射幅度按勒让德多项式 $P_L(\cos\theta)$ 展开,即

$$f(\theta)=\sum_{L=0}^{+\infty}f_LP_L(\cos\theta)\tag{1.10}$$

入射平面波同样也可以用勒让德多项式展开,即

$$e^{i\boldsymbol{k}\cdot\boldsymbol{r}} = \sum_{L=0}^{+\infty}(2L+1)i^L P_L(\cos\theta)j_L(kr) \tag{1.11}$$

其中,函数 $j_L(kr)$ 为球贝塞尔函数[6],当 $r\to+\infty$时,其渐进形式是

$$j_L(kr) \overset{r\to+\infty}{\approx} (kr)^{-1}\sin(kr-L\pi/2) \tag{1.12}$$

量子数 L 是两粒子围绕对方旋转的轨道角动量。L 与系统中电子的轨道角动量无关。对于单通道散射,不同的 L 值被称为不同的分波。

自由空间中两个无结构粒子的相对运动的薛定谔方程可以写为

$$\left[-\frac{\hbar}{2\mu}\nabla^2+V(r)\right]\Psi(\boldsymbol{r})=E\Psi(\boldsymbol{r}) \tag{1.13}$$

将 $E=0$ 作为分立的粒子的能量是方便的,这样当 $r\to+\infty$时,$V(r)\to 0$。波函数 $\Psi(\boldsymbol{r})$可以展开为

$$\Psi(\boldsymbol{r}) = r^{-1}\sum\Psi_L(r)P_L(\cos\theta) \tag{1.14}$$

将方程(1.14)代入方程(1.13)中,可得到不同 L 值对应的独立方程:

$$\left[-\frac{\hbar^2}{2\mu}\frac{\mathrm{d}^2}{\mathrm{d}r^2}+V_L(r)\right]\Psi_L(r)=E\Psi_L(r) \tag{1.15}$$

式中:离心修正势能 $V_L(r)$ 为

$$V_L(r)=V(r)+\frac{\hbar^2L(L+1)}{2\mu r^2} \tag{1.16}$$

该方程为经典方程(1.8)的量子化形式。

尽管方程(1.9)中的波函数是复数型的,只需计算方程(1.15)的实数解即可,因为这些实数解在原点处是规则的(当 $r\to 0$ 时,$\Psi_L\to 0$。考虑 $r\to 0$ 处,$V_L(r)\gg 0$)。典型的解在图 1.1 中给出,其具有长程形式:

$$\Psi_L(r) \overset{r\to+\infty}{\sim} krj_L(kr+\delta_L) \tag{1.17}$$

其中,$j_L(kr)$为球贝赛尔函数[6],$krj_L(kr)$(有时也称为里卡蒂-贝赛尔函数)是方程(1.15)在 $V(r)=0$ 处的解,即对应于无相互作用的粒子的自由运动。在远距离处,离心势能可以忽略,相应的解可以写为

$$\Psi_L(r) \overset{r\to+\infty}{\approx} \sin(kr-L\pi/2+\delta_L) \tag{1.18}$$

δ_L为分波 L 的相移,当无相互作用($V(r)=0$)时,该散射相移为 0。考虑相移后,散射幅度可以写为

$$f(\theta) = \frac{1}{2ik}\sum_{L=0}^{+\infty}(2L+1)(e^{2i\delta_L}-1)P_L(\cos\theta) \tag{1.19}$$

那么,微分截面为

$$\frac{d\sigma}{d\omega}=|f(\theta)|^2 \tag{1.20}$$

这样,该方程包含对所有分波的二次求和。微分散射截面的结构来源于不同分波之间的干涉。总的弹性截面为

$$\sigma=\frac{4\pi}{k^2}\sum_{L=0}^{+\infty}(2L+1)\sin^2\delta_L \tag{1.21}$$

该方程描述可分辨粒子的散射。对于全同的玻色子(费米子),该公式只包含偶数(奇数)的 L 值,而且前置因子应该被修正。散射截面的表达式包含一个形式上对分波 L 从 0 到无穷的求和。然而实际上,对于足够高的分波 L,有效势 $V_L(r)$ 中的离心势垒使得散射粒子间距足够大,从而没有显著的散射发生。因此,通常的方法是从低 L 分波开始求和,并持续加入高阶分波直到求和收敛,即连续添加的几个 L 值的贡献可以忽略。在分波量子数 L 和经典影响参数 b 值之间有一个近似的对应关系,这里 b 描述了当两个粒子没有发生碰撞时可达到的最小距离:

$$b^2\approx\frac{L(L+1)}{k^2} \tag{1.22}$$

一般来讲,只有当 b 小于可忽略的相互作用势能对应的外部距离时,碰撞对截面才有贡献。对于重粒子在室温下的碰撞,常常需要几百甚至几千个分波来使散射截面之和收敛。然而对于冷碰撞,只需很少的分波。在超冷情况下,散射截面常常取决于单一的分波:$L=0$(对于可区分的粒子或者不可区分的玻色子)或者 $L=1$(对于不可区分的费米子)。参考电子轨道的标记,低阶分波可以表示为 s 波、p 波、d 波,且分别对应 $L=0$、1、2。

1.3.1.1 束缚态

当相互作用势能 $V(r)$ 为吸引势时,能量 $E<0$(在离解能量之下)时薛定谔方程(1.15)的解为束缚态解,能量 $E>0$ 时的解为散射态解,如图 1.1 所示。实际上,很多有趣的系统都涉及束缚态。

束缚态与散射态的边界条件不同,特别是当 $r\to+\infty$ 或 $r\to 0$ 时,

$$\Psi_L(r)\to 0 \tag{1.23}$$

对于深的势阱,位于底部的束缚态常常像简谐振子一样,而相邻束缚态的能量间隔主要由势能最小值处的曲率决定。然而在紧靠离解限($E=0$)以下,有一系列密集的束缚态。

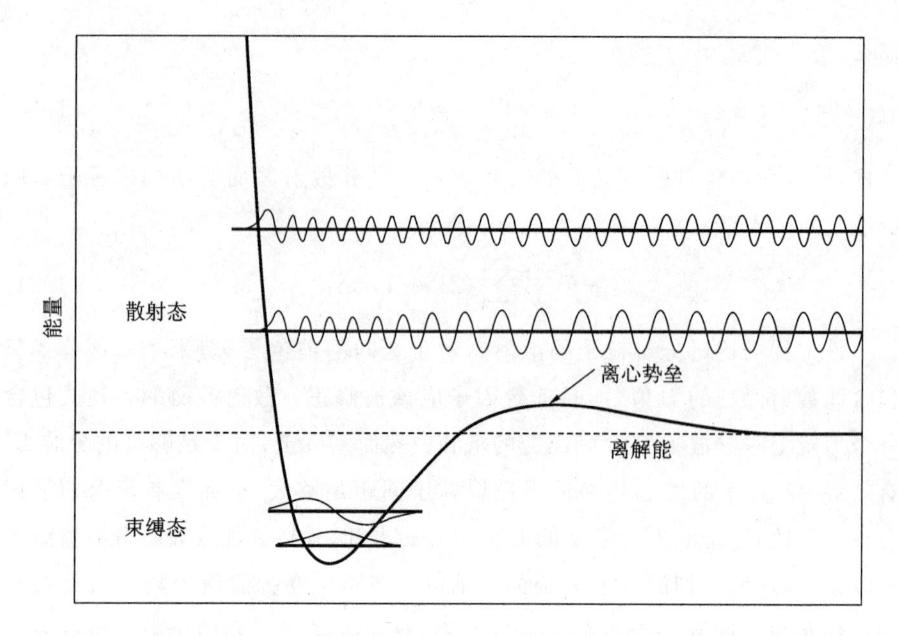

图 1.1　单通道散射的有效势能,离心势垒与典型的束缚态和散射态的波函数

1.3.1.3 节中描述了用数值方法求解方程(1.15)的束缚态解。然而,上述的一些概念可以用半经典的方法来理解[7]。在半经典的方法中,薛定谔方程按 $\hbar$ 的幂次展开。一阶 JWKB(Jeffreys Wentzel Kramers Brillouin)量子化条件给出了极其精确的双原子分子的振转能量 E_{vL}:

$$\Phi_L(E_{vL})=(v+\frac{1}{2})\pi \tag{1.24}$$

式中:v 为振动量子数;而相位积分 $\Phi_L(E)$ 为

$$\Phi_L(E)=\int_0^{+\infty}\left[\frac{2\mu(E-V_L(r))}{\hbar^2}\right]^{1/2}\mathrm{d}r \tag{1.25}$$

对应的积分范围为能量 E 的两个经典隧穿点 $r_{\min}$ 和 $r_{\max}$ 之间,这样 $V_L(r_{\min})=V_L(r_{\max})=E$。当能量接近势能最小值时,$r_{\min}$ 和 $r_{\max}$ 离得很近,而 $\Phi_L(E)$ 则随能量缓慢地增大,那么束缚态之间有较大的能量间隔。相反,在近离解限附近,$r_{\min}$ 和 $r_{\max}$ 离得很远,$\Phi_L(E)$ 迅速增大,而对应束缚态之间有较小的能量间隔。

1.3.1.2　低能碰撞

低能下的碰撞显示出了特殊的行为。定义一个与 k 有关的散射长度 a_L 是非常有用的,

$$a_L(k)=-\frac{\tan\delta_L}{k} \tag{1.26}$$

s 波散射长度 $a_0(k)$（常写为 $a(k)$）是特别重要的，这是因为 s 波弹性截面可以简单地写为

$$\sigma(K)=\frac{4\pi a^2}{1+a^2k^2} \tag{1.27}$$

当能量很低时，散射长度变为常数，根据有效范围理论（effective range theory）[8]，可得到其主要的修正项为

$$a(k)=a(0)+\frac{1}{2}k^2r_0a(0)^2+O(k^4) \tag{1.28}$$

这里 r_0 为有效范围。

零能散射长度 $a(0)$（常写为 a）的物理解释为：当 $E=V(r)$ 时，波函数 $\Psi_{L=0}(r)$ 的曲率为零。这样，当 $r\to+\infty$，零能波函数 $\Psi_{L=0}(r)$ 为一条直线。将该直线向外延伸，在间隔 $R=a_0$ 处与距离轴相交，a_0 的值可能为正也可能为负。

当束缚态恰巧处于零能时，将会出现一个特殊的情况，零能波函数在长程处为一条斜率为 0 的直线，且散射长度 a_0 为无穷大。方程(1.24)的量子化条件表明，对于 $L=0$ 存在零能的振动能级。因此，当 $\Phi_0=(v+\frac{1}{2})\pi$ 时，散射长度等于无穷。然而，这并不完全正确。Gribakin 和 Flambaum[9] 曾指出，如果 $V(r)$ 在长程处的行为表示为 $V(r)=-C_n/r^n$，那么零能散射长度可以半经典地写为

$$a_0=\bar{a}\left[1-\tan\frac{\pi}{n-2}\tan\left(\Phi_0(0)-\frac{\pi}{2(n-2)}\right)\right] \tag{1.29}$$

其中，$\Phi_0(0)$ 为 $E=0$ 时的值。平均散射长度 $\bar{a}$ 为

$$\bar{a}=\cos\frac{\pi}{n-2}\left[\frac{\sqrt{2\mu C_n}}{\hbar(n-2)}\right]^{2/(n-2)}\frac{\Gamma(\frac{n-3}{n-2})}{\Gamma(\frac{n-1}{n-2})} \tag{1.30}$$

且为只包含 n、C_n 和约化质量 μ 的函数。当

$$\frac{\Phi}{\pi}=v+\frac{1}{2}+\frac{1}{2(n-2)} \tag{1.31}$$

而非仅仅为 $v+1/2$ 时，由方程(1.29)给出的散射长度是无限的。Boisseau 和他的同事已经阐明方程(1.24)的半经典量子化条件在离解限附近时不成立[10][11]，并对此作了纠正，从而使得与方程(1.29)一致。

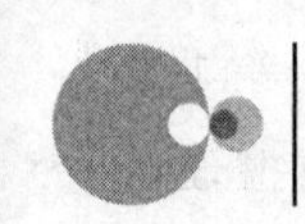

零能散射长度对于相互作用势能是非常敏感的。如果我们考虑将相互作用势能 $V(r)$ 乘以一个因子 λ,在单通道情况下,a_0 的典型行为可以用图 1.2 来描述。当势阱深度减小时,束缚态变得越来越少,而且在每个精确的零能位置处都有一个束缚态,对应为一个散射长度的极点。方程(1.29)中的 $\Phi_0(0)$ 与 $\sqrt{\lambda}$ 成正比。如果势阱中有 n_b 个束缚态,那么通过将 n_b 分为两部分的方式改变这个势阱足以使得散射长度 a_0 形成一个封闭的圆环(从一个极点到下一个)。势能的一个微小改变就可以引起 a_0 足够大的变化,特别是在图 1.2 中靠近极点的位置。除了对于势阱很浅的情况(如 He 原子的碰撞),基于电子结构的 ab 从头算法很难获得准确的散射长度。

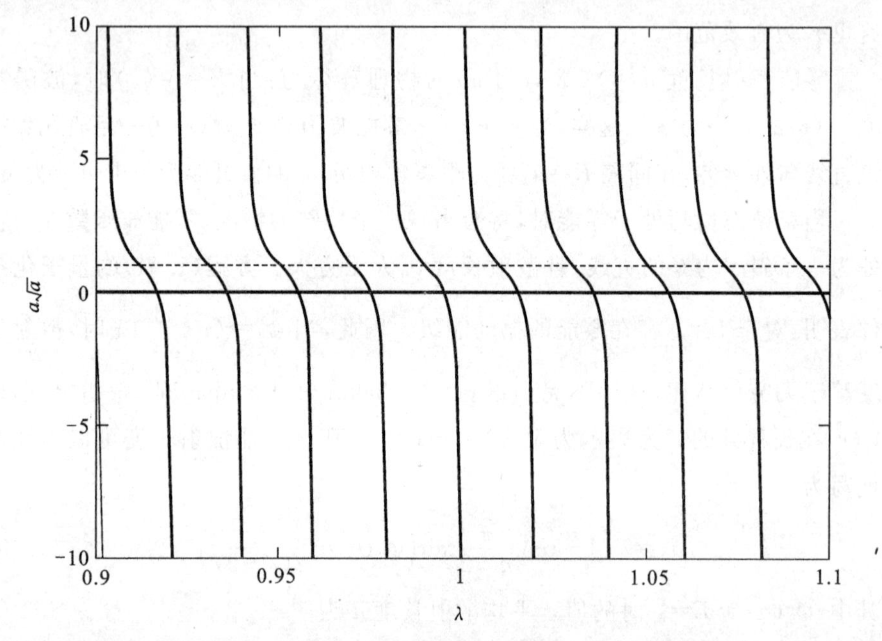

图 1.2 s 波的散射长度作为与势能有关的比例因子 λ 的函数:在这个情况下,$\lambda=1$ 对应于存在有 100 个束缚态的势,且在远距离处这个势的行为是 $V(r)=-C_6 r^{-6}$

当离解限下刚好有一个束缚态时,其散射长度为

$$a=\sqrt{\hbar_2/(2\mu E_{\text{bind}})} \tag{1.32}$$

式中:E_{bind} 为最高能级的束缚能。

更普遍地,对于无结构粒子,在离解限 v_D 处,a_0 是非整数量子数分数部分的函数:

$$a_0=\bar{a}\left[1-\tan\frac{\pi}{n-2}\tan\left(v_D+\frac{1}{2}\right)\pi\right] \tag{1.33}$$

1.3.1.3 数值方法

单通道碰撞问题通常可由传播法解决,然而束缚态问题既可由传播法解决也可由基组法解决。

传播法的基本方法是定义一组介于 $r_{\min}$(在近处)和 $r_{\max}$(在远处)之间的点阵。将整体范围分割成两个或更多的区域是非常有用的。内部经典禁区是指 $V_L(r)>E$ 的区域。相对的,经典允许区域是 $V_L(r)<E$ 的部分。经典允许区域和经典禁区是由 $V_L(r)=E$ 的内转折点分开的;在这一点,经典粒子将会停止并转向。对于远距离 $V_L(r)>E$ 处的束缚态问题,在较大的 r 处同样存在外部经典禁区。该区域通过外转折点与经典允许区域分开。总的来说,可能有超过一个的经典允许区域和其他经典转折点。这在冷分子应用中尤为常见,因为冷分子的碰撞能量低于 $V_L(r)$ 中的离心势垒。

对于散射计算,通过将 $\Psi_L(r)$ 从内部经典禁区的 $r_{\min}$ 处向外传播,即可对方程(1.15)进行数值求解。在经典禁区内,波函数按照方程(1.15)的方式远离原点。因此,由零开始的解将以指数增加直到内转折点,然后开始振荡。通常的流程是将解向外传播到 $r_{\max}$ 以外,然后通过波函数及其导数和方程(1.17)对比以获得相移 δ_L。接着重复足够多的 L 值来保证散射截面表达式中求和的收敛。传播法可由任何一种解二阶微分方程的方法求解,如重整化的 Numerov 方法[12]。

对于束缚态问题,会更难一些,因为满足方程(1.23)边界条件同时又是方程(1.15)的解在任何能级都不存在。一般来说,如果一个微分方程的解在任意能级满足有效范围一端的边界条件,那么这个解就不能满足在该有效范围内另一端的边界条件。另外,众所周知将微分方程的解传播至经典禁区是一个不稳定的过程,因为以指数方式增加的成分将会快速地超过(通常是想要的)以指数衰减的成分,所以任意关于指数衰减成分的信息都会遗失在数值误差中。在经典禁区外,这个解则不会出现问题,因为指数增加的结果正是我们通常想要的结果。

通常采用的方法是假设一个能量 E_{trial},然后在经典允许区域中将一个解 $\Psi^+(r)$ 由 $r_{\min}$ 处向外传播到点 r_{mid} 处。第二个解 $\Psi^-(r)$ 从 $r_{\max}$ 处向内传播在 r_{mid} 相遇,然后进入外部经典禁区。这两个解是归一化的,所以它们的值总可以在相遇的点处通过重新归一化来匹配。然而,对于一个有限的势阱 $V_L(r)$,

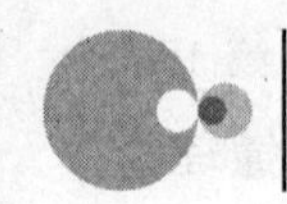

波函数的导数 $\Psi'(r)$必须具备连续性的特征,而 $\Psi(r)$值也是如此。因此,E_{trial}作为本征值的条件应为

$$[\Psi^+]'(r_{\text{mid}})/\Psi^+(r_{\text{mid}})=[\Psi^-]'(r_{\text{mid}})/\Psi^-(r_{\text{mid}}) \tag{1.34}$$

其中,上标+和-分别表示由短程范围和长程范围向外和向内得到的解。因此,配对函数$[\Psi^+]'/\Psi^+-[\Psi^-]'/\Psi^-$是能量的函数,若 E 是本征值,则该函数为零;当采用寻找函数零点的标准数值方法时,函数可能简单地收敛于一个本征值。例如,用来寻找归一化的导数差值零点的割线法。然而,在一维的情况下,通常使用由 Cooley[13] 提出的带能量校正的 Numerov 传播方法以使能量二次收敛。这种算法在 10 次迭代内收敛于$\pm10^{-6}\ \text{cm}^{-1}$。因此,它提供了一个寻找一维薛定谔方程对应的本征值和特征函数的非常有效的方法。

1.3.2 多通道散射

关于量子散射的讨论一直集中在处于单态的无内部结构粒子的碰撞。然而,大多数有趣的系统都涉及具有内部结构的粒子。碰撞粒子对的哈密顿量可以写成

$$-\frac{\hbar^2}{2\mu}\nabla^2+\hat{H}_{\text{int}}(\tau)+V(r,\tau) \tag{1.35}$$

式中:τ 表示除粒子间距 r 外的所有坐标;$\hat{H}_{\text{int}}(\tau)$表示两粒子内部的哈密顿量。

这样,分子内部势阱 $V(r,\tau)$同时是 τ 和 r 的函数。碰撞粒子对的波函数可以写成以下形式:

$$\Psi(r,\tau)=r^{-1}\sum_i\phi_i(\tau)\Psi_i(r) \tag{1.36}$$

其中,通道函数$\{\phi_i(\tau)\}$在 τ 坐标中构成了一个基组。因此,总的波函数 $\Psi(r,\tau)$在每一个通道 i 中都有分量。

对于束缚态和散射问题,波函数在原点处必须是规则的,并且当 $r\to0$ 时 $V(r)\gg0$,短程边界条件为

$$当\ r\to0,\quad \Psi_i(r)\to0 \tag{1.37}$$

对不同类型的散射问题所需的通道函数的特定基组是不同的,因此考虑所有的可能性是很难实现的,所以下面列举了两种相对简单的例子:原子-双原子散射和亚稳态氦原子的碰撞。

1.3.2.1 原子-双原子散射

考虑一个无内部结构的原子 A 和一个可以旋转但不能振动的闭壳层双原

子分子BC的碰撞。在此碰撞过程中，核自旋可以忽略。双原子分子的取向由单位向量 $\hat{r}_{BC}$ 和球极坐标 (θ_{BC},ϕ_{BC}) 来描述。相应的旋转波函数是球谐函数 $Y_{jm_j}(\hat{r}_{BC})=Y_{jm_j}(\theta_{BC},\phi_{BC})$。原子相对双原子分子质量中心的位置由球极坐标 $(r,\hat{r}_A)=(r,\theta_A,\phi_A)$ 及相应的球谐函数 $Y_{Lm_L}(\hat{r}_A)$ 得到。

按照方程(1.36)中的形式，可以将总波函数展开为球谐函数的简单乘积，即

$$\phi_i(\tau)=Y_{jm_j}(\hat{r}_{BC})Y_{Lm_L}(\hat{r}_A) \tag{1.38}$$

在这个表达式中，下标 i 表示量子数的集合 $\{j,m_j,L,m_L\}$。这种展开在某些情况下是合适的，如计算在外加电场和磁场下的碰撞。然而，在没有外场下的碰撞，这种方法就无效了，因为这种方法没有充分利用角动量 J 是一个好量子数的条件。所以通常用 Arthurs-Dalgarno 的总角动量表达式[14]，其基底函数为 $\hat{J}^2$、$\hat{J}_z$、$\hat{j}^2$ 和 $\hat{L}^2$ 的本征函数，这些简单的基底函数经线性叠加形成总的波函数，即

$$\phi_i(\tau)=Y_{jL}^{JM_J}=\sum_{m_jm_L}\langle jm_jLm_L\mid JM_J\rangle Y_{jm_j}(\hat{r}_{BC})Y_{Lm_L}(\hat{r}_A) \tag{1.39}$$

其中，$\langle jm_jLm_L|JM_J\rangle$ 是 Clebsch-Gordan 向量的耦合系数，下标 i 代表了一组量子数 $\{j,L,J,M_J\}$。碰撞粒子对的哈密顿量在 J 和 M_J 的表象下是对角化的(并且不依赖于 M_J)。因此，可在每一个分立的 J 值处求解方程，这将大大地节约计算时间。通过考虑一些对称性，如奇偶性，还可以大大提高运算速度。

对于每个 J 值，通道基组包含一组方程，该方程为 j 和 L 的函数，且量子数 j 和 L 通过耦合可以给出 J。这里存在涉及相互作用势的各向异性矩阵元，此矩阵元对 j 和 L 是反对角的。一个通常的方法是将所有由最大值 j_{max} 限制的 J 的单体转动函数计入，并且对于每个 j，把所有满足三角定律(triangle condition) $|j-L|\leqslant J\leqslant j+L$ 且与要求的奇偶性 $(-1)^{j+L}$ 对应的 L 值计入。这种计算常被称为密耦计算。j_{max} 的值取决于各向异性的相互作用势，当然我们也需要检查结果对 j_{max} 的收敛性。

总角动量 J 是分波角动量的一部分。对于无内部结构粒子的碰撞，需要考虑不同分波干涉的作用，积分截面包括各分波的总和，微分截面则包含了二次求和。

1.3.2.2　亚稳态氦原子的散射

通常单个原子的状态分别由表示电子的轨道、自旋和总角动量的量子数 L、S 和 J_a 来描述。然而，对于涉及原子对和分子的散射及束缚态问题，通常用

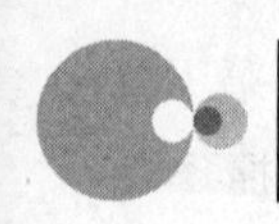

小写字母表示各自碰撞粒子的量子数,大写字母代表整个碰撞(或复合)系统对应的量子数。因此,在这个小节中,我们将使用 l 和 s 代表单个氦原子的量子数,并保留 L 和 S 表示原子对的总角动量和总自旋。

氦原子存在一个不稳定的激发态$^3S_1$,其量子数为 $a = j_a = 1$,辐射寿命为 8000 s。为了计算这两个原子碰撞的量子散射,我们需要用通道波函数来处理两个自旋量子数和角动量 L。再一次使用函数的简单乘积作为通道函数,即

$$|s_1 m_{s_1}\rangle|s_2 m_{s_2}\rangle|LM_L\rangle \tag{1.40}$$

但是在没有外场的情况下,使用总角动量表象则更有效。用三个角动量构建这种方程不只一种方法,但最显而易见的方法是将 s_1 和 s_2 耦合形成总的 S,接着将 S 与 L 耦合以得到 J。

$$\left.\begin{aligned} |s_1 s_2 SM_S\rangle &= \sum_{m_{s_1} m_{s_2}} \langle s_1 m_{s_1} s_2 m_{s_2} \mid SM_S\rangle \mid s_1 m_{s_1}\rangle \mid s_2 m_{s_2}\rangle \\ |SLJM_J\rangle &= \sum_{M_S M_L} \langle SM_S LM_L \mid JM_J\rangle \mid SM_S\rangle \mid LM_L\rangle \end{aligned}\right\} \tag{1.41}$$

所得方程再一次对 J 是对角化的,且独立于 M_J。构造对全同原子交换对称的函数可以进一步节约计算时间。对于亚稳态的^{4}He,可不考虑具有交换不对称的波函数,因为相应的原子为复合玻色子。

1.3.3 耦合方程

将式(1.36)代入薛定谔方程并投影到单通道的波函数 $\phi_j(\tau)$ 来产生一个耦合方程组,即

$$\left[-\frac{\hbar^2}{2\mu}\frac{\mathrm{d}^2}{\mathrm{d}r^2} - E\right]\Psi_j(r) = -\sum_i W_{ji}(r)\Psi_i(r) \tag{1.42}$$

式中:i 和 j 是一组集体的标记,每一组标记对应地包含了描述一个通道所需的所有量子数。

耦合矩阵 $\boldsymbol{W}(r)$ 通常包含非对角元及对角元,即

$$W_{ji}(r) = \int \phi_j^*(\tau)\left[H_{\text{int}}(\tau) + V(r,\tau) + \frac{\hat{L}^2}{2\mu r^2}\right]\phi_i(\tau)\mathrm{d}\tau \tag{1.43}$$

耦合矩阵 $\boldsymbol{W}(r)$ 在远距离不会变为零,因为不同通道对应于不同粒子各自的能量。事实上,在一些通道基组中,$\boldsymbol{W}(r)$ 在远距离处甚至可能是非对角的。在考虑散射边界条件之前,最好将 $\boldsymbol{W}(r)$ 转变成对角化的表达式,即

$$W_{ii}(r) \overset{r\to+\infty}{\approx} w_i \delta_{ij} \tag{1.44}$$

单体的能级所对应的能量w_i通常被作为阈值，因为它们表示了一对单体将要分解为相应态的能量。

在总能量 E 的耦合计算中所用的通道通常分解为开通道和闭通道，其中开通道对应于可以达到单体能级的能量($E \geqslant w_i$)，闭通道对应于不可达到单体能级的能量($E < w_i$)。通道 i 的波数 k_i 由下式定义：

$$\frac{\hbar^2 k_i^2}{2\mu} = |E - w_i| = |E_{\mathrm{kin},i}| \tag{1.45}$$

式中：$E_{\mathrm{kin},i}$是通道 i 对应的动能。

在量子散射中，我们假设在单通道 j 中有一入射波，对应入射粒子；并在开通道有出射波，对应散射粒子。相应的非归一化波函数的渐近形式为

$$\psi(r,\tau) \xrightarrow{r \to +\infty} r^{-1}\left[\phi_j(\tau) k_j^{-1/2} \mathrm{e}^{-\mathrm{i}k_j r + \mathrm{i}L_j \pi/2} + \sum_i S_{ji} \phi_i(\tau) k_i^{-1/2} \mathrm{e}^{\mathrm{i}k_i r - \mathrm{i}L_z \pi/2}\right] \tag{1.46}$$

其中仅在开通道中才进行求和。

对于每个可能的入射通道都有各自的解，在远距离处对应的解可以用S矩阵($\boldsymbol{S}_{ji}$)表征。这里，S矩阵是一个 $N_{\mathrm{open}} \times N_{\mathrm{open}}$ 的复数型对称矩阵，其中 N_{open} 是开放通道的数目。这个矩阵是幺正的，也就是说，$\boldsymbol{S}\boldsymbol{S}^{\dagger} = \boldsymbol{I}$，其中 $\boldsymbol{S}^{\dagger}$ 代表厄米共轭，$\boldsymbol{I}$ 是一个单位矩阵。如果一个物理问题因其具有不同的对称性(如总角动量守恒或奇偶性)，可以因式分解为几组不同的耦合方程，那么对于每一个对称性都有一个不同的S矩阵。所有跟碰撞有关的性质，如弹性、非弹性以及积分和微分截面，都可以用S矩阵的形式表示。

这里通常存在许多具有不同轨道角动量 L_i 的通道 i，其中 L_i 对应于散射原子或分子的每一对内态 α。我们指出通道的集合是一组量子数为 α 的单体的特殊集合，其中 $i \in \alpha$。参与从态 α 转变为碰撞后态 β 的分子的积分截面为

$$\sigma_{\alpha\beta} = \frac{\pi}{k_\alpha^2} \sum_{\substack{i \in \alpha \\ j \in \beta}} g_i |\delta_{ij} - S_{ij}|^2 \tag{1.47}$$

其中，简并因子 g_i是通道量子数的函数，该通道量子数取决于所用的特定通道基组。实际上，耦合方程通常被因式分解为具有不同对称性(如总角动量)的集合，且每个都具有其独立的S矩阵，因此需要对所有可能的对称性求和。

1.3.3.1 散射计算

如果基组包含具有某种特定对称性的 N 个通道波函数，耦合方程(1.42)的一个解是由 N 个径向波函数 $\psi_i(r)$($i = 1, 2, \cdots, N$)组成的一个向量 $\boldsymbol{\psi}(r)$。

然而,在任何能量处有 N 个线性独立的解满足短距离边界条件式(1.37),除非是在长距离边界条件下,否则一般不可能单独选出这些相关向量中的一个。从计算的角度来说,通常需要同时求得 N 个解来获得有 $N\times N$ 个元素 $\psi_{ij}(r)$ 的波函数矩阵 $\boldsymbol{\psi}(r)$。

径向波函数 $\psi_{ij}(r)$ 通常是一个复函数。然而,通常可以将问题转变为实函数来处理,且当有必要时用这些实函数来表示复数解。对于开通道和闭通道,边界条件在短距离处要求 $\boldsymbol{\Psi}(r)\rightarrow 0$。然而,在远距离处,对应实数解所需满足的散射边界条件是

$$\boldsymbol{\Psi}(r)\xlongequal{r\rightarrow+\infty}\boldsymbol{J}(r)+\boldsymbol{N}(r)\boldsymbol{K} \tag{1.48}$$

其中,S 矩阵与实对称的 K 矩阵的开-开部分 $\boldsymbol{K}_{oo}$ 相关

$$\boldsymbol{S}=(1+\mathrm{i}\boldsymbol{K}_{oo})^{-1}(1-\mathrm{i}\boldsymbol{K}_{oo}) \tag{1.49}$$

具有开通道元素的矩阵 $\boldsymbol{J}(r)$ 和 $\boldsymbol{N}(r)$ 为对角矩阵

$$\left.\begin{aligned}[\boldsymbol{J}(r)]_{ij}&=\delta_{ij}rk_j^{1/2}j_{L_j}(k_jr)\\ [\boldsymbol{N}(r)]_{ij}&=\delta_{ij}rk_j^{1/2}n_{L_j}(k_jr)\end{aligned}\right\} \tag{1.50}$$

其中,j_L 和 n_L 是球贝塞尔函数,并且对于闭通道,相应的矩阵可以由式(1.51)给出

$$\left.\begin{aligned}[\boldsymbol{J}(r)]_{ij}&=\delta_{ij}(k_jr)^{-1/2}\boldsymbol{I}_{L_j+1/2}(k_jr)\\ [\boldsymbol{N}(r)]_{ij}&=\delta_{ij}(k_jr)^{-1/2}\boldsymbol{K}_{L_j+1/2}(k_jr)\end{aligned}\right\} \tag{1.51}$$

其中,$\boldsymbol{I}_L$ 和 $\boldsymbol{K}_L$ 分别为第一类和第三类修正的球贝塞尔函数[6](注意在文献[6]和[15]中,使用的 Riccati-贝塞尔函数分别为 $krj_L(kr)$ 和 $krn_L(kr)$)。使用球贝塞尔函数替代正弦和余弦函数可以将 $\boldsymbol{W}(r)$ 中的离心元素考虑在其中,并使得将边界条件应用到更短距离成为可能。

1.3.3.2 散射的数值方法

对于单通道的情况,耦合通道方程通常由数值传播法求解。一种方法为在距离 $r_{\min}$ 处求解矩阵 $\boldsymbol{\Psi}(r)$,这个距离距经典禁区(在所有通道内)足够远,所以可以假设 $\boldsymbol{\Psi}(r_{\min})=0$。这个解向外传播至 $r_{\max}$ 处,其中 $r_{\max}$ 值足够大以致 $r_{\max}$ 以外部分势 $V(r,\tau)$ 的效果可以忽略。此外,波函数矩阵和其导数需满足边界条件方程(1.48),可以获得实对称的矩阵 $\boldsymbol{K}$。然后,使用变换过的方程(1.49)获得具有物理意义的 S 矩阵。

很多不同的传播子被提出用以计入方程(1.42)的特殊性质,更详细的讨

论超出本章节的范围。这其中，通常用来处理冷分子碰撞问题的方法有重整化的 Numerov 方法[16][17]和一些不同的对数求导传播子方法[15][18][19]。后者实际上传播的是对数求导矩阵，该矩阵定义为

$$\boldsymbol{Y}(r)=\frac{\mathrm{d}\boldsymbol{\Psi}}{\mathrm{d}r}[\boldsymbol{\Psi}(r)]^{-1} \tag{1.52}$$

且代替了自身的波函数。

K 矩阵可由在 $r_{\max}$处的对数求导法获得，且不需精确地求解波函数矩阵。对数求导传播子方法有优良的步长收敛性，并且不受由深束缚闭通道的存在所引发的稳定性问题的影响。Alexander 和 Manolopoulos 的 airy-based 对数求导法[19]求解传播子对于处理冷碰撞问题有独特的优势，因为其在远距离处可以有一个很大的传播步长。

很多程序包可以构建和解决分子量子散射计算的耦合方程。这些包括 Hutson 和 Green 的(MOLSCAT)程序包[20]和 Alexander 等人的(HIBRIDON)程序包[21]等。

1.3.3.3　退耦合近似法

用计算机解决耦合方程问题，所用的计算时间通常与 N^3 成正比，其中 N 是通道函数在波函数(1.36)下展开的数目。即使对于原子-双原子的散射，密耦计算所需要的基组可能会非常大，特别是对具有小转动常数的系统或各向异性很强的势能面。对于更复杂的系统，如分子-分子散射或是涉及开壳层和非线性分子，这个问题将会变得更困难。因此，存在很多退耦合近似，这些近似能将耦合方程因式分解为可分别求解的更小的方程组。解决高能量碰撞的常用方法包括 CS(耦合态或离心态)近似和 IOS(无限次)近似。关于它们更详细的讨论超出了本章的范畴，但 Kouri 对此已经有很好的(旧的)论述[22]。

退耦合近似法可以节省大量的计算时间，并能经常为其他棘手的问题提供近似解。然而，这必然会包含一些近似解，而且在处理冷分子相互作用的问题时需要特别注意。尤其是，通常形式的 CS 和 IOS 近似都将相对角动量算符近似为 $\hat{L}^2$，因此它会影响在超冷区域下极其重要的离心势垒。无论如何，精细设定的退耦合近似具有极大的价值。

1.3.3.4　束缚态

假设相互作用势有足够强的吸引相互作用(一般是这样)，多通道的薛定谔方程在最低阈值之下有本征能量为 E_n的束缚态。n 态对应的波函数是

$$\boldsymbol{\Psi}_n(r,\tau) = r^{-1}\sum_i \phi_i(\tau)\psi_{in}(r) \tag{1.53}$$

对于所有通道 i,束缚态问题的边界条件为

$$当\ r \rightarrow 0\ 或 +\infty 时, \psi_{in}(r) \rightarrow 0 \tag{1.54}$$

多通道束缚态的问题比单通道的更为复杂。尽管根据初步近似,一个有明确定义势阱的单通道中存在一个束缚态,但这不是一般的情况。由 $\boldsymbol{W}(r)$ 提供的不同通道间的耦合以非平庸的方式将能级混合与偏移,这不在本章讨论范畴,但是在范德瓦尔斯复合体的光谱内容中有广泛的研究[23]。

1.3.3.5　束缚态的数值计算方法

多通道系统束缚态的计算通常有两种方法:耦合通道方法和径向基组方法。

耦合通道方法[24]是通过对方程(1.42)的直接数值解来操作,或是传播一个波函数矩阵,或是传播一个导出的量,如在格点 r 处的对数求导矩阵(见方程(1.52))。对于单通道的情况,从短距离 $r_{\min}$ 处开始向外传播,并从远距离 $r_{\max}$ 处开始向内传播,在经典允许区域内的 r_{mid} 处相遇。满足束缚态边界条件(见方程(1.54))的解只能在几个特定的能量 E 处存在,所以需要许多计算来确定能量(本征值)。

对于多通道的情况,期望的波函数为一个列向量 $\boldsymbol{\psi}_n(r)$,其元素是通道波函数 $\psi_{in}(r)$。为了传播耦合方程的一个解,不仅要知道在 $r_{\min}$ 和 $r_{\max}$ 处函数 $\psi_{in}(r)$ 的初始值(由边界条件给出),同时也要知道在该处函数的导数(并未由边界条件给出)。因此,再次需要传播一个 $N \times N$ 的波函数矩阵 $\boldsymbol{\psi}(r)$,该波函数矩阵由一组完整 N 个向量构成,这 N 个向量张成的空间包含所有可能的初始导数。在匹配点处,连续的(并有连续导数)特殊波函数向量在收敛于能量特征值之前是无法确定的。

由于波函数矩阵 $\boldsymbol{\psi}(r)$ 的每一列张成的空间包含所有可能的初始导数,任何满足边界条件的波函数都可以表示成它们的线性组合。因此,波函数向量 $\boldsymbol{\psi}_n(r)$ 可以被表示为

$$\left.\begin{aligned} \boldsymbol{\psi}_n(r) &= \boldsymbol{\Psi}^+(r)\boldsymbol{C}^+, \quad R \leqslant r_{\text{mid}} \\ \boldsymbol{\psi}_n(r) &= \boldsymbol{\Psi}^-(r)\boldsymbol{C}^-, \quad R \geqslant r_{\text{mid}} \end{aligned}\right\} \tag{1.55}$$

式中:$\boldsymbol{\psi}^+(r)$ 和 $\boldsymbol{\psi}^-(r)$ 分别是从近距离处和远距离处传播来的波函数矩阵;$\boldsymbol{C}^+$ 和 $\boldsymbol{C}^-$ 是与位置无关且必须被求出的列向量。

对于一个令人满意的波函数，$\psi_n(r)$和其导数必须在$R=r_{\text{mid}}$处连续。

$$\left.\begin{aligned}\psi_n(r_{\text{mid}})&=\boldsymbol{\Psi}^+(r_{\text{mid}})\boldsymbol{C}^+=\boldsymbol{\Psi}^-(r_{\text{mid}})\boldsymbol{C}^-\\ \psi'_n(r_{\text{mid}})&=[\boldsymbol{\Psi}^+]'(r_{\text{mid}})\boldsymbol{C}^+=[\boldsymbol{\Psi}^-]'(r_{\text{mid}})\boldsymbol{C}^-\end{aligned}\right\}\tag{1.56}$$

式中：上撇号表示径向微分。

Gordon 将这两个方程合并为一个方程[25]，即

$$(\boldsymbol{\Psi}^+\boldsymbol{\Psi}^-[\boldsymbol{\Psi}^+]'[\boldsymbol{\Psi}^-]')(\boldsymbol{C}^+-\boldsymbol{C}^-)=0\tag{1.57}$$

这里对左边的矩阵在$R=r_{\text{mid}}$处求解。这是一个具有$2N\times2N$个元素的矩阵，也是一个能量的函数，且该能量存在与其相应的可计算的本征函数。仅仅当使用的能量是耦合方程的本征值E_n时，在方程(1.57)左边矩阵的行列式为零时，该式有一个非平庸解。在 Gordon 的方法中，耦合方程的本征值是通过在一系列给定的试验能量E处求解耦合方程和寻找行列式为零时所对应的能量来确定。然后，就可以直接找到变换向量$\boldsymbol{C}^+$和$\boldsymbol{C}^-$。

对于深束缚的闭通道，传播波函数是数值不稳定的。但在闭通道存在的情况下，利用稳定的传播子则更令人满意，如之前描述的对数求导传播子。多通道的匹配条件可简单地用方程(1.52)的对数求导矩阵$\boldsymbol{Y}(r)$表示。如果E是耦合方程的本征值，那么将存在一个波函数向量$\boldsymbol{\Psi}_n(r_{\text{mid}})=\boldsymbol{\Psi}_n^+(r_{\text{mid}})=\boldsymbol{\Psi}_n^-(r_{\text{mid}})$，且

$$[\boldsymbol{\Psi}_n^+]'(r_{\text{mid}})=[\boldsymbol{\Psi}_n^-](r_{\text{mid}})\tag{1.58}$$

因此，

$$\boldsymbol{Y}^+(r_{\text{mid}})\boldsymbol{\Psi}_n(r_{\text{mid}})=\boldsymbol{Y}^-(r_{\text{mid}})\boldsymbol{\Psi}_n(r_{\text{mid}})\tag{1.59}$$

或者等价的

$$[\boldsymbol{Y}^+(r_{\text{mid}})-\boldsymbol{Y}^-(r_{\text{mid}})]\boldsymbol{\Psi}_n(r_{\text{mid}})=0\tag{1.60}$$

因此，波函数$\boldsymbol{\Psi}_n(r_{\text{mid}})$是对应本征值为零的矩阵$\boldsymbol{Y}^+(r_{\text{mid}})-\boldsymbol{Y}^-(r_{\text{mid}})$的特征向量。耦合方程的本征值$E_n$可通过寻找对数求导矩阵对应本征值为零时的能量来确定。这里，可用一个标准的方法寻找函数零点，如正切法。

上述的传播子方法被用于广泛使用的 BOUND 程序包[26]。然而，大多数有趣的束缚态问题都是关于对冷分子的研究，如包含开壳层的粒子和有磁场的情况，则需要对程序进一步扩展[27][28]。

另一种计算束缚态的方法是以函数$\{\chi_j(r)\}$为基底扩展径向波函数$\psi_{\text{in}}(r)$，因此完整的波函数可被扩展为

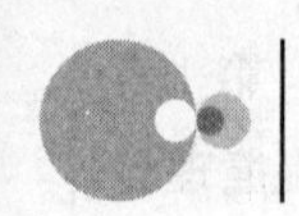

$$\Psi_n(r,\tau)=\sum_{ij}c_{ij}^n\phi_i(\tau)\chi_j(r) \tag{1.61}$$

这种方法可以简单计算直积表象中完整的哈密顿矩阵,并对其对角化以得到对应的本征值和本征向量。这种方法通常适合低能态(深束缚态),因为在这种情况下可以使用完备的径向基组。在具有宽振幅运动的范德瓦尔斯复合体以及其他分子的振动和转动光谱中,已经详细论述了这种通用型的方法[29][30][31]。对于闭壳层的三原子和四原子分子,也可以找到相应的通用计算程序[32][33]。然而,在处理冷分子碰撞中被认为最重要的近离解态时,这些方法将面临一些困难。其主要的问题是需要由径向基底函数$\{\chi_j(r)\}$构成的非常大的基组去描述势能的短距离和远距离部分。对于N个通道和N_r个径向基底函数,整个哈密顿矩阵的维度为NN_r,并且对角化所需的时间与$N^3N_r^3$成正比。相比较而言,传播法使用的时间与N^3成正比,并随传播步长的数量呈线性增加。尽管如此,仍有大量的研究是通过直积基组来计算近离解限处的束缚态[34][35]。

1.3.4 准束缚态和散射共振

真实的束缚态只能在与所考虑的态有相同对称性的最低阈值以下的能量处存在。然而,准束缚态可以存在于阈值以上的能量处,如图 1.3 所示。这些寿命(相对的)较长的态几乎可以像通常的束缚态一样在光谱中被观测到,但这些准束缚态被耦合到连续态且有辐射衰减(离解)。当一个准束缚态具有有限的寿命τ时,该准束缚态没有精确的本征值,取而代之的是能量宽度Γ_E,即

$$\Gamma_E=\hbar/\tau \tag{1.62}$$

准束缚态对依赖于能量的碰撞特性也产生了显著的特征,在这里被称为散射共振。

图 1.3 中给出了两种不同类型的散射共振。一个势形共振是指一个态被限制在离心修正势的势垒之后(见方程(1.16))。势形共振甚至也存在于单通道散射中,并通过隧穿势垒而衰减。相反,Feshbach 共振[36](有时被称为合态共振)对应于通道中具有吸引相互作用势的一个态,且该通道在有趣的能量处是能量封闭的。它会通过曲线交叉弛豫到开通道。

如果只有一个开通道,共振(上述任意一种)表现为相移δ_L的急剧变化,其相移在经过共振宽度后急剧地增加π。相移具有随能量变化的 Breit-Wigner 形式,即

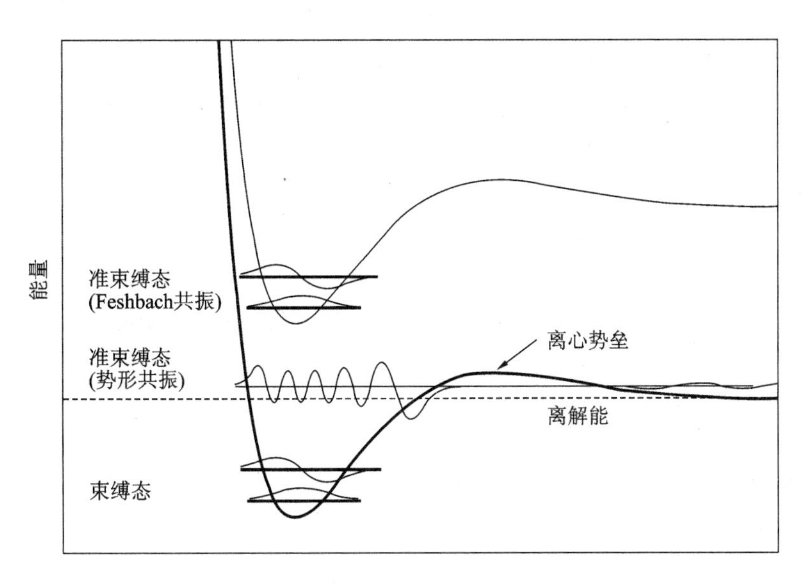

图1.3　不同类型的束缚和准束缚态及散射共振。为了便于说明，图中给出了两条势能曲线，分别对应于最低的束缚通道和一个激发通道

$$\delta_L(E)=\delta_{\mathrm{bg}}+\arctan\frac{\Gamma_E}{2(E_{\mathrm{res}}-E)} \tag{1.63}$$

式中：δ_{bg}是一个缓慢变化的背景相移；E_{res}是共振位置；Γ_E是(在能量空间的)共振宽度。

一般来说，参数δ_{bg}、E_{res}和Γ_E随能量E有微弱的变化，但是在窄的Feshbach共振中常常被忽略。单通道散射中1×1的S矩阵由下式给出：

$$S_L(E)=\mathrm{e}^{2\mathrm{i}\delta_L(E)} \tag{1.64}$$

当$\delta_L(E)$为实数时，$S_L(E)$描述的是在复平面内一个半径为1且穿过共振奇点的圆。

当有不止一个开通道时，具有复杂对称性的散射矩阵$\boldsymbol{S}$中的元素为S_{ij}。在入射通道i中，S矩阵的对角元素满足$|S_{ii}|\leqslant 1$，并可以用虚部为正的复相移$\delta_i(E)$表示[37]，即

$$S_{ii}(E)=\mathrm{e}^{2\mathrm{i}\delta_L(E)} \tag{1.65}$$

对于多通道的情况，将S矩阵的所有本征相求和[38][39]，即为具有Breit-Wigner形式的方程(1.63)的值，对应的本征相求和可以通过对S矩阵的本征值求和得到。与各对角元获得的相δ_i不同，本征相与本征相之和都为实数，因

为S矩阵是幺正的,那么所有本征值的模都为1。

在一个共振附近,每一个S矩阵元在复平面内都可以描述一个圆[40],即

$$S_{ij}(E)=S_{\mathrm{bg},ij}-\frac{ig_{Ei}g_{Ej}}{E-E_{\mathrm{res}}+i\Gamma_{E/2}} \tag{1.66}$$

式中:g_{Ei}为复数。

对于S_{ij},圆的半径是$|g_{Ei}g_{Ej}|/\Gamma_E$,且通常小于1。通道i的分波宽度通常被定义为一个实数,即$\Gamma_{Ei}=|g_{Ei}|^2$。对于一个窄带的共振,总宽度为分波宽度之和,即

$$\Gamma_E=\sum_i \Gamma_{Ei} \tag{1.67}$$

分波宽度的物理解释为,当共振对应的准束缚态衰减时,通道i上的布居比例为Γ_{Ei}/Γ_E。

1.3.5 低能散射

在低能情形下,散射通常可以用一个或几个分波表征,散射截面$\sigma(k)$可以分解为不同入射分波L的截面$\sigma_L(k)$之和。不同L值所对应的低能极限行为满足Wigner阈值定律[41]。对于弹性散射截面,有

$$\tan\delta_L(k)\approx k^{2L+1},\quad \sigma_{\mathrm{el},L}\approx k^{4L} \tag{1.68}$$

式中:k是入射通道的波数。

在远距离处,势能$V(r)=-C_n r^{-n}(n>2)$,一个与L无关的项将在L值很高的情况下占主导地位[42],即

$$\tan\delta_L(k)\approx k^{n-2},\quad \sigma_{\mathrm{el},L}\approx k^{2n-6} \tag{1.69}$$

对于非弹性散射(退激发)截面,有

$$\sigma_{\mathrm{inel},L}\approx k^{2L-1} \tag{1.70}$$

根据Wigner定律,如果一个散射过程所释放的动能比出射通道的离心势垒大,则该过程将被归为非弹性的。

低能下,由方程(1.65)定义的复相移可用一个依赖于能量的复散射长度项表示:$a(k)=\alpha(k)-\mathrm{i}\beta(k)$[43],类似于方程(1.26)可以定义为

$$a(k)=-\frac{\tan\delta_i(k)}{k}=\frac{1}{ik}\left[\frac{1-S_{ii}(k)}{1+S_{ii}(k)}\right] \tag{1.71}$$

这个表达式可以用一个通常的近似来更好地表示,即

$$a(k)\approx-\frac{\mathrm{Im}S_{ii}}{ik} \tag{1.72}$$

因为 $a(k)$ 很大且 $|1-S_{ii}|$ 不为零，方程(1.71)在近共振处仍然是有效的。对于 $L=0$(s 波散射)的入射通道，散射长度 $a(k)$ 在低能极限处变为常数。弹性和总非弹性截面可以准确地表示为

$$\sigma_{el}(k)=\frac{4\pi|a|^2}{1+k^2|a|^2+2k\beta} \tag{1.73}$$

和

$$\sigma_{inel}^{tot}(k)=\frac{4\pi\beta}{k(1+k^2|a|^2+2k\beta)} \tag{1.74}$$

1.3.6 外场下的碰撞

由于许多原因，研究在外加电场和磁场下的碰撞是非常重要的。最重要的是，外部场可以用来控制超冷气体。对于原子系统，这种控制可以产生很多新奇的现象，并已在实验上观测到，包括分子的形成和超流相变[45]。毫无疑问，外场的应用将为实现对超冷分子更多行为的操控提供了可能。

一个需要补充的问题是，冷分子经常可以被外加的电场或磁场操控或俘获。这种方法需要将分子制备到一个特定的量子态，一旦跃迁至不同的态，那么这种方法将不再适用。另外，非弹性碰撞将内部能量转变为动能，如果释放的动能比势阱的深度大，那么会导致碰撞的粒子从俘获势阱中逃逸出来。

外加电场或磁场产生的最重要的影响为碰撞粒子的能级分裂和偏移，其对应的分裂和偏移量可以大于粒子本身的动能。散射阈值的偏移对碰撞特性有很大的影响，这将会在下面提到。

外加场的另一个作用是打破了空间的各向同性特征，所以总角动量就不再是一个好量子数。此时，有更多的通道耦合在一起，这为计算带来了很大的困难。在没有外场的情况下，很多问题在计算上是易处理的，但它们在外场作用下会变得非常复杂。

尽管通道会增加，并需要更复杂的哈密顿量来计算，标准的原子和分子碰撞理论不会因为在加上外场后有很大变化。外加场会降低系统的对称性，因此在各向同性的情况下不会发生碰撞：总角动量不再守恒，微分截面在质心坐标系中不再为柱对称。然而，对于计算来说，仍需求解满足束缚态和散射边界条件的耦合微分方程。也许最重要的是，外场为在无场中没有观测到的散射共振现象提供了机会。特别是，它们提供了获得零能 Feshbach 共振的一种方法。在控制超冷气体的方法中，零能 Feshbach 共振处于核心地位。

1.3.6.1　无总角动量的基组

正如在 1.3.2 节中所描述的,无场下的散射通常可以在总角动量表象中进行计算。总角动量的每一个取值都对应有一个方程,这些方程是独立的且可以单独求解。但在有外场的情况下,空间各向同性所对应的对称性将会消失,因此在总角动量表象下的计算优势已大大降低。

需要考虑的几种情况:

- 在有磁场而无电场的情况下,守恒的量是总角动量在外场轴向的投影 M_{tot} 和总宇称[46][47][48]。
- 在有电场而无磁场的情况下,M_{tot} 仍为守恒量,但是总宇称不再守恒。量子数为 $\pm|M_{tot}|$ 对应的量子态发生简并。通过考虑包含外场轴线平面的反射,将 $M_{tot}=0$ 对应的所有量子态分为具有奇宇称和偶宇称的部分。
- 在磁场和电场都存在且方向相同的情况下,仅仅 M_{tot} 是守恒的。
- 在磁场和电场都存在但方向不同的情况下,不存在任何对称,甚至 M_{tot} 也不再守恒[49]。

在无场下的计算,有很多基组可以被用于不同的情形。一个总的非耦合表象通常是最方便的,因为其所需的矩阵元常常都是很简单的。例如,对于处在 $^3\Sigma$ 态的分子和无内部结构的原子间的碰撞,我们需要基底函数去表征分子的转动 n、电子自旋 s 和相对轨道角动量 L。在这种情况下,总的非耦合表象由对应函数的简单乘积构成,即

$$\phi_i(\tau)=|nm_n\rangle|sm_s\rangle|LM_L\rangle \tag{1.75}$$

然而,其他基底函数有时能更简洁地描述实数本征函数,并且对于物理解释可能更有用。在这种情况下,将 n 和 s 耦合到 j 获得的波函数可以用来更好地描述低场下的双原子分子,而方程(1.75)的基组中不包含这种波函数。

1.3.6.2　自旋弛豫

顺磁分子通常可以被俘获在磁阱中,在磁阱中心处对应的磁场为零,并从中心向外增大。这种磁阱可以俘获处于低场趋近态的分子,其能量由中心向外增大,对于那些处于高场趋近态的分子则无能为力。在外场中,能量最低的态常常对应为低场趋近态(可俘获的态),处于可俘获态的分子也有可能经非弹性碰撞转变为非俘获态。那么,这一过程的速率限制了分子可以被俘获在磁阱中的时间。

Tscherbul 和 Krems 在本书第4章中详细讨论了在外场中关于分子碰撞的计算。

1.3.6.3　零能 Feshbach 共振

在阈值附近存在非常密集的振动能级。在冷分子的研究中，存在间距很小的阈值是很普遍的，这些阈值对应于原子不同超精细态或者为碰撞原子较小的能级分裂。与处于连续态的单体相比，两体系统的束缚态有不同的斯塔克效应和塞曼效应，那么可以通过外加电场和磁场调谐近离解的束缚态越过相应的阈值，图1.4所示的即为这样的一个例子。在束缚态和阈值完全重合处有一个零能 Feshbach 共振。

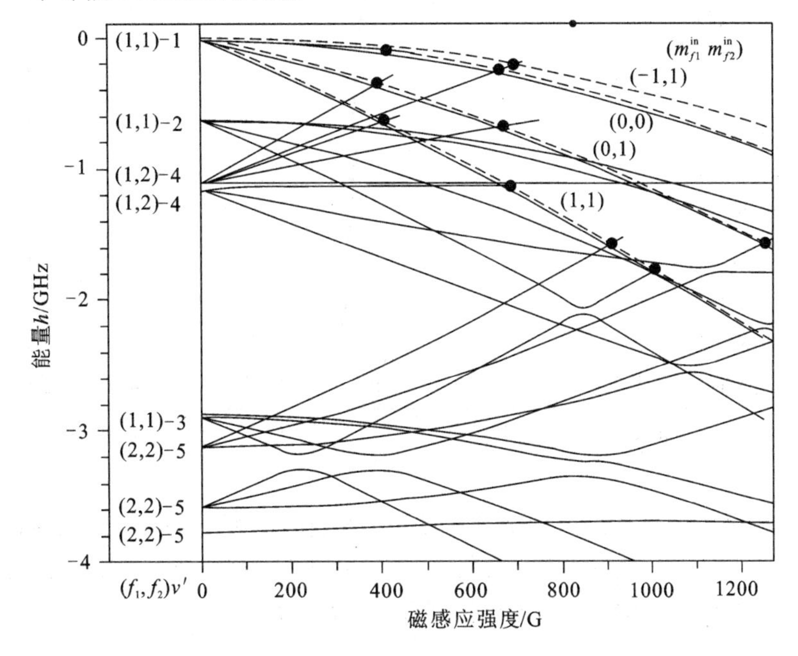

图1.4　$^{87}Rb_2$的能级（实线）和对应的原子阈值（虚线）随磁场的变化。Feshbach 共振在图中标注有实心的圆点处发生，且分子态和相应的阈值在此处交叉（引自 Marte, A. et al., Phys. Rev. Lett., 89, 283202, 2002. 已获授权。美国物理学会版权所有 2002）

考虑将零能 Feshbach 共振作为磁场 $\boldsymbol{B}$ 的一个函数的情况。在常量 E_{kin} 处，相移的表达式与方程(1.63)类似，即

$$\delta(B)=\delta_{\text{bg}}+\arctan\frac{\Gamma_B}{2(B_{\text{res}}-B)} \tag{1.76}$$

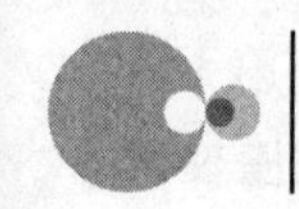

式中:B_{res}为$E_{res}=E=E_{thresh}+E_{kin}$对应的磁场。

这种情况如图1.5所示;宽度Γ_B被定义为$\Gamma_B=\Gamma_E/\Delta\mu$,其中磁矩差$\Delta\mu$是可调谐的开通道阈值能量$E_{thresh}$和外加磁场的磁感应强度的比值与共振能量和外加磁场的磁感应强度的比值之差,即

$$\Delta\mu=\frac{dE_{rhresh}}{dB}-\frac{dE_{res}}{dB} \tag{1.77}$$

如果束缚态向上调谐越过共振能量,则Γ_B变为负值,如图1.5所示。

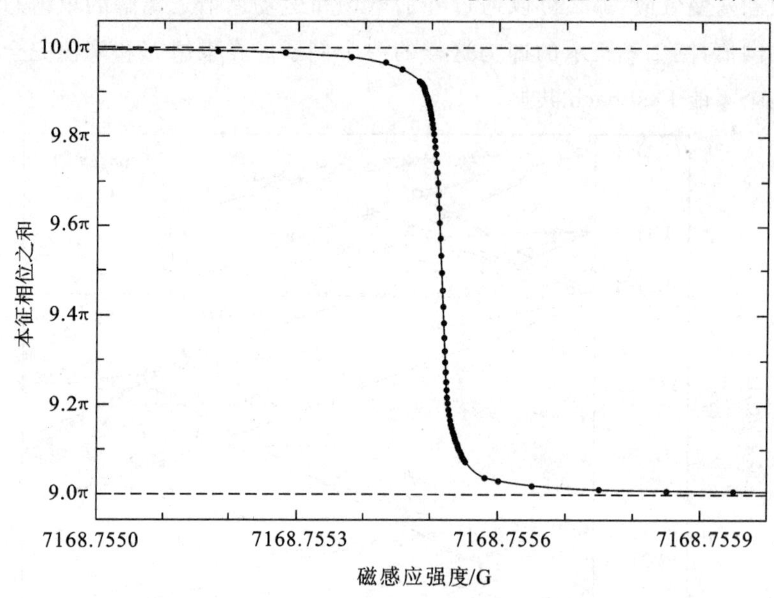

图1.5　在Feshbach共振附近,^{3}He-NH的弹性碰撞相移与磁感应强度的关系(引自González-Martínez, M. L. and Hutson, J. M., Phys. Rev. A, 75, 022702, 2007.已获授权。美国物理学会版权所有2007)

当仅仅有一个开通道时,S矩阵的元素$S=e^{2i\delta(B)}$描述了一个在复平面内半径为1的圆。在超冷区域,根据方程(1.26)($a_L(k)$被a_{bg}代替,a_{bg}是有限的,且当$k\to0$时变为常数),当$k\to0$时,背景相移δ_{bg}趋于零。然而,共振项仍然存在。当$\delta(B)=(n+1/2)\pi$时,散射长度穿过一个奇点,且相应有$S=-1$。散射长度由文献[51]给出,即

$$a(B)=a_{bg}\left(1-\frac{\Delta_B}{B-B_{res}}\right) \tag{1.78}$$

这样的例子被展现在图1.6中。方程(1.73)给出的弹性散射截面在共振时出现一个尖锐的共振峰,对应的峰值为$4\pi/k^2$。两个宽度Γ_B和Δ_B的关系为

$$\Gamma_B = -2a_{bg}k\Delta_B \tag{1.79}$$

在低能极限下，Γ_B 与 k 成正比，而 Δ_B 为常数。

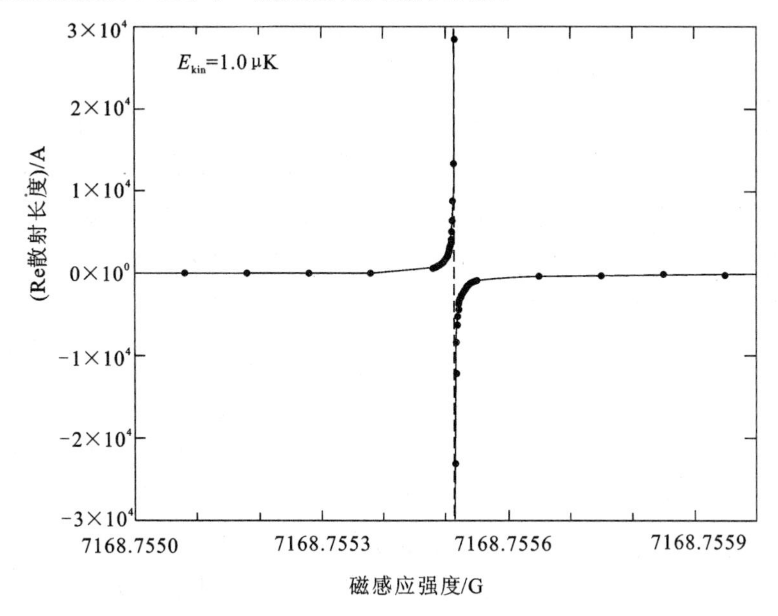

图 1.6　在 Feshbach 共振附近，^{3}He-NH 的弹性碰撞散射长度与磁场的关系（引自 González-Martínez, M. L. and Hutson, J. M., Phys. Rev. A, 75, 022702, 2007. 已获授权。美国物理学会版权所有 2007）

对于多通道散射，情况更为复杂。只有 $\delta_0(B)$ 越过 $(n+1/2)\pi$ 时，散射长度作为一个磁感应强度的函数穿过一个奇点，相应有 $S_{00}=-1$。如果存在非弹性散射，那么 S_{00} 的共振圆的半径在低能条件下与 k 成正比，然而这种情况是不可能存在的。包含复数项的散射长度的公式[53]为

$$a(B) = a_{bg} + \frac{a_{res}}{2(B-B_{res})/\Gamma_B^{inel} + i} \tag{1.80}$$

式中：a_{res} 是共振散射长度，反映了共振的强度。

当 a_{res} 很小时，散射长度有一个很小的峰值或是穿过共振奇点的振荡。这里，a_{res} 和背景项 a_{bg} 都可以为复数，且在低能下与动能无关。当 a_{res} 是复数时，由方程(1.74)给出的总的非弹性截面会在共振附近出现波谷和波峰。

1.4　反应性散射

反应性散射指其碰撞产物与反应物在化学成分上不同，形式上与非弹性

碰撞相似。然而,可以有效描绘反应物的基组通常不能很好地用来描述产物,并且反过来也一样,这给处理反应性散射问题带来了很大的困难。在选用坐标系时需要慎重考虑:例如,Jacobi 坐标通常是不合适的,因为约化质量在反应物坐标系和产物坐标系是不一样的。

为了克服这些困难而经常使用的方法,至少对三原子系统来说,是用超球坐标来表示相应的问题,其由径向坐标 ρ 和两个角度来描绘原子间的相对位置。不同的原子分布对应的角度有不同的值,并且可以用一个基组描述对应的所有分布。定态散射问题再一次约化为一组耦合的微分方程,该耦合的微分方程组可以用非弹性散射中的传播法求解。许多不同的超球坐标被使用,Pack 和 Parker 对几种超球坐标做了一般性的对比[54]。目前,不同的作者使用了几种不同的通道基组:在一些方法中,基底函数为一个固定 ρ 值的薛定谔方程对于每个超半径的解[54][55][56];另外也有一些情况,基底波函数则代表了不同的反应物和产物[57]。在远距离处(以超半径 ρ 为坐标系),其解可以变换到一个可表征反应物或产物的合适的基组,并通过和贝塞尔函数相比以获得 1.3.3.1 节所描述的散射 S 矩阵。Hu 和 Schatz 对上述的方法以及用来处理反应性散射的含时方法(波包法)做了评述[58]。

用定态的方法可以很好地处理原子-双原子分子的反应,包括在单势能平面上比较轻的原子。一个用来处理定态散射问题且有广泛用途的程序在这种情况下是可以找到的[57]。然而,将这一理论应用于这个较窄的系统范围之外还不常见。低能量反应性散射计算也可以被应用在单势能面上较重的 $K+K_2$[59]反应。相应的计算被用于能力高但系统较轻的反应,如 $F+H_2$ 的反应[60],这个反应发生在自旋-轨道相互作用耦合的几个势能面上。然而,对于包括多势能面的重原子系统还无法解决,即使对于三原子系统来说也无能为力。对于四原子和更大系统的全维度量子散射计算的方法已经被慢慢发展起来[61][62],但这种主要基于含时波包的方法很难应用在冷分子的碰撞上。

到目前为止,对在外场下的反应性碰撞研究相对较少,只有 Tscherbul 和 Krems[63]描述了在外加电场下所需的一般理论,并对 $LiF+H \longleftrightarrow Li+FH$ 的反应做了相应的计算。

1.4.1 无势垒反应的 Langevin 模型

对于短距离处有较深势阱的无势垒势能面,存在相当多种类的化学反应,这包括许多离子-分子反应、涉及碱金属二聚体的原子-分子碰撞和分子-分子碰撞中的原子交换反应。在超冷领域只有一个或者几个分波对碰撞截面有贡献，这样的反应需要用一个全量子的方法处理。然而，对于温度略高（几毫开尔文）的强放热无势垒反应，这里有一个合理的近似，势能面上短程范围内的所有碰撞都会引起化学反应。这是 Langevin 模型的基础[64]。在长程范围内，$L>0$ 分波的有效势能 $V_L(r)$（即方程(1.16)）由离心项和色散项决定，即

$$V_L(R)=\frac{\hbar^2 L(L+1)}{2\mu R^2}-\frac{C_6}{R^6} \tag{1.81}$$

式中：C_6 是原子-分子或分子-分子的色散系数。

因此，在 $R_L^{\max}$ 处有一个离心势垒，且有

$$R_L^{\max}=\left[\frac{6\mu C_6}{\hbar^2 L(L+1)}\right]^{1/4} \tag{1.82}$$

势垒的高度为

$$V_L^{\max}=\left[\frac{\hbar^2 L(L+1)}{\mu}\right]^{3/2}(54C_6)^{-1/2} \tag{1.83}$$

在入射通道中，碰撞能量低于离心势垒时，每个 L 对应的分波截面满足由方程(1.70)给出的 Wigner 定律。然而，当有许多开通道存在时，越过离心势垒的非弹性几率接近其最大可能值1。因为分波截面的表达式中有 k^{-2}，所以分波截面会随着 E^{-1} 变化而变化。在碰撞能量足够高的情况下，许多分波被包含在其中，总的非弹性截面和速率系数变为

$$\sigma_{\text{inel}}^{\text{capture}}(E)=3\pi\left(\frac{C_6}{4E}\right)^{1/3}$$

$$k_{\text{inel}}^{\text{capture}}(E)=3\pi\left(\frac{C_6}{4E}\right)^{1/3}\left(\frac{2E}{\mu}\right)^{1/2}=\frac{3\pi C_6^{1/3}E^{1/6}}{2^{1/6}\mu^{1/2}} \tag{1.84}$$

对于原子-分子和分子-分子的反应，较低分波的离心势垒一般在几毫开尔文或更低。因此，对于无势垒的反应，Langevin 行为发生在温度为 1～100 mK 之间。在此温度之上，短程势的形状变得不再重要。图1.7所示的为玻色子和振动量子数为 $v=1$ 和 $v=2$ 的费米子二聚体 $Li+Li_2$ 对应的非弹性碰撞速率[65]。当碰撞能量高于 10 mK 时，全量子化的结果接近 Langevin 模型所给出的值。

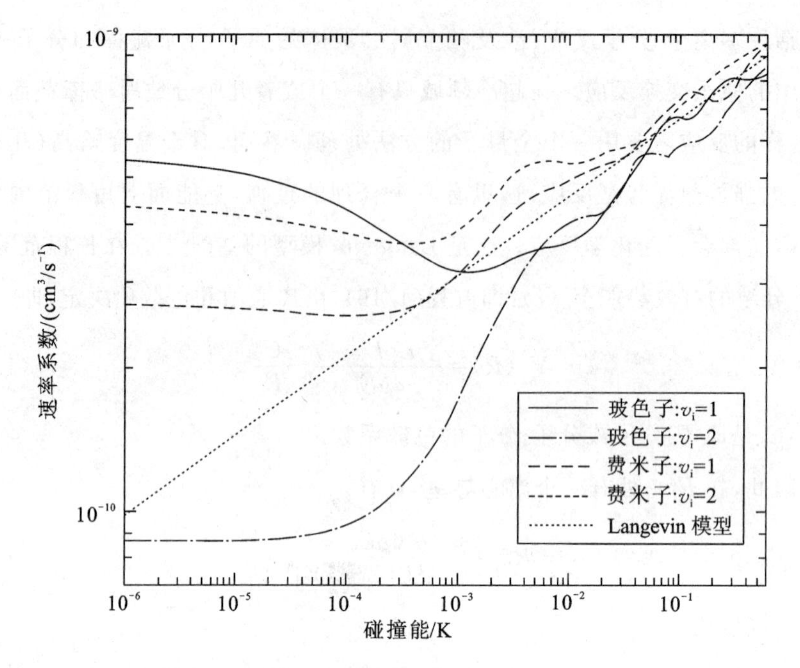

图 1.7　Li 与 Li_2 碰撞的总非弹性碰撞系数(振动量子数为 $v=1$ 和 2,对应的转动量子数为 $j=0$ 的玻色子二聚体和 $j=1$ 的费米子二聚体)。点线为 Langevin 理论给出的结果(引自 Critaš,M. T. et al.,Phys. Rev. Lett.,94,033201,2005. 已获授权)

参考文献①

[1] Child,M. S.,Molecular Collision Theory,Academic Press,London,1974.

[2] Levine,R. D.,Molecular Reaction Dynamics,Cambridge University Press,2005.

[3] Aoiz,F. J.,Banares,L.,and Herrero,V. J.,Recent results from quasi-classical trajectory computations of elementary chemical reactions,J. Chem. Soc. Faraday Trans.,94,2483-2500,1998.

[4] Althorpe,S. C. and Clary,D. C.,Quantum scattering calculations on chemical reactions,Annu. Rev. Phys. Chem.,54,493-529,2003.

[5] Althorpe,S. C.,The plane wave packet approach to quantum scattering theory,Int. Rev. Phys. Chem.,23,219-251,2004.

① 全书参考文献直接引用了本书英文版的参考文献。

[6] Abramowitz, M. and Stegun, I. A., Handbook of Mathematical Functions, 9th edn., Dover, New York, 1964.

[7] Child, M. S., Semiclassical Mechanics with Molecular Applications, Oxford University Press, Oxford, 1991.

[8] Hinckelmann, O. and Spruch, L., Low-energy scattering by long-range potentials, Phys. Rev. A, 3, 642, 1971.

[9] Gribakin, G. F. and Flambaum, V. V., Calculation of the scattering length in atomic collisions using the semiclassical approximation, Phys. Rev. A, 48, 546, 1993.

[10] Boisseau, C., Audouard, E., and Vigué, J., Quantization of the highest levels in a molecular potential, Europhys. Lett., 41, 349-354, 1998.

[11] Boisseau, C., Audouard, E., Vigué, J., and Flambaum, V. V., Analytical correction to the WKB quantization condition for the highest levels in a molecular potential, Eur. Phys. J. D, 12, 199-209, 2000.

[12] Johnson, B. R., Renormalized Numerov method applied to calculating bound states of coupled-channel Schrödinger equation, J. Chem. Phys., 69, 4678-4688, 1978.

[13] Cooley, J. W., An improved eigenvalue corrector formula for solving the Schrödinger equation for central fields, Math. Comput., 15, 363-374, 1961.

[14] Arthurs, A. M. and Dalgarno, A., The theory of scattering by a rigid rotator, Proc. Roy. Soc., Ser. A, 256, 540-551, 1960.

[15] Johnson, B. R., Multichannel log-derivative method for scattering calculations, J. Comput. Phys., 13, 445-449, 1973.

[16] Johnson, B. R., New numerical methods applied to solving one-dimensional eigenvalue problem, J. Chem. Phys., 67, 4086, 1977.

[17] Colavecchia, F. D., Mrugała, F., Parker, G. A., and Pack, R. T, Accurate quantum calculations on three-body collisions in recombination and collision-induced dissociation. II. The smooth-variable discretization-enhanced renormalized Numerov propagator, J. Chem. Phys., 118, 10387-10398, 2003.

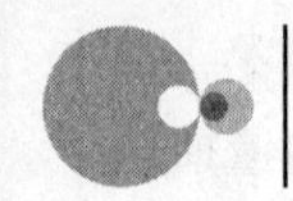

[18] Manolopoulos, D. E., An improved log-derivative method for inelastic scattering, J. Chem. Phys., 85, 6425-6429, 1986.

[19] Alexander, M. H. and Manolopoulos, D. E., A stable linear reference potential algorithm for solution of the quantum close-coupled equations in molecular scattering theory, J. Chem. Phys., 86, 2044, 1987.

[20] Hutson, J. M. and Green, S., MOLSCAT computer program, version 14. Distributed by Collaborative Computational Project No. 6, UK Engineering and Physical Sciences Research Council, 1994.

[21] Alexander, M. H., Manolopoulos, D. E., Werner, H.-J., and Follmeg, B., HIBRIDON computer program, available at http://www.chem.umd.edu/groups/alexander/hibridon/hib43/, 1987-2008.

[22] Kouri, D. J., Rotational excitation II: Approximate methods, in Bernstein, R. B., ed., Atom-Molecule Collision Theory: A Guide for the Experimentalist, Plenum Press, New York, 1979, p. 301-358.

[23] Hutson, J. M., An introduction to the dynamics of Van der Waals molecules, in Advances in Molecular Vibrations and Collision Dynamics, Vol. 1A, JAI Press, Greenwich, Connecticut, 1991, p. 1-45.

[24] Hutson, J. M., Coupled-channel methods for solving the bound-state Schrödinger equation, Comput. Phys. Commun., 84, 1-18, 1994.

[25] Gordon, R. G., A new method for constructing wavefunctions for bound states and scattering, J. Chem. Phys., 51, 14, 1969.

[26] Hutson, J. M., BOUND computer program, version 5. Distributed by Collaborative Computational Project No. 6, UK Engineering and Physical Sciences Research Council, 1993.

[27] González-Martínez, M. L. and Hutson, J. M., Ultracold atom-molecule collisions and bound states in magnetic fields: zero-energy Feshbach resonances in He-NH ($^3\Sigma^-$), Phys. Rev. A, 75, 022702, 2007.

[28] Hutson, J. M., Tiesinga, E., and Julienne, P. S., Avoided crossings between bound states of ultracold Cesium dimers, Phys. Rev. A, 78, 052703, 2008.

[29] Tennyson, J., The calculation of the vibration-rotation energies of tria-

tomic molecules using scattering coordinates, Comput. Phys. Rep., 4, 1-36, 1986.

[30] Bačić, Z. and Light, J. C., Theoretical methods for rovibrational states of floppy molecules, Annu. Rev. Phys. Chem., 40, 469-498, 1989.

[31] Carrington, T., Methods for calculating vibrational energy levels, Can. J. Chem. Rev. Can. Chim., 82, 900-914, 2004.

[32] Tennyson, J., Kostin, M. A., Barletta, P., Harris, G. J., Polyansky, O. L., Ramanlal, J., and Zobov, N. F., DVR3D: a program suite for the calculation of rotation-vibration spectra of triatomic molecules, Comput. Phys. Commun., 163, 85-116, 2004.

[33] Kozin, I. N., Law, M. M., Tennyson, J., and Hutson, J. M., New vibration-rotation code for tetraatomic molecules exhibiting wide-amplitude motion: WAVR4, Comput. Phys. Commun., 163, 117-131, 2004.

[34] Tiesinga, E., Williams, C. J., and Julienne, P. S., Photoassociative spectroscopy of highly excited vibrational levels of alkali-metal dimers: Green-function approach for eigenvalue solvers, Phys. Rev. A, 57, 4257-4267, 1998.

[35] Mussa, H. Y. and Tennyson, J., Bound and quasi-bound rotation-vibrational states using massively parallel computers, Comput. Phys. Commun., 128, 434-445, 2000.

[36] Feshbach, H., Unified theory of nuclear reactions, Ann. Phys., 5, 357-390, 1958.

[37] Mott, N. F. and Massey, H. S. W., The Theory of Atomic Collisions, 3rd edn., Clarendon Press, Oxford, 1965, p. 380.

[38] Hazi, A. U., Behavior of the eigenphase sum near a resonance, Phys. Rev. A, 19, 920-922, 1979.

[39] Ashton, C. J., Child, M. S., and Hutson, J. M., Rotational predissociation of the Ar-HCl Van der Waals complex—close-coupled scattering calculations, J. Chem. Phys., 78, 4025, 1983.

[40] Taylor, J. R., Scattering Theory: The Quantum Theory of Nonrelativistic Collisions, Wiley, New York, 1972, p. 411-412.

[41] Wigner, E. P., On the behavior of cross sections near thresholds, Phys. Rev., 73, 1002-1009, 1948.

[42] Sadeghpour, H. R., Bohn, J. L., Cavagnero, M. J., Esry, B. D., Fabrikant, I. I., Macek, J. H., and Rau, A. R. P., Collisions near threshold in atomic and molecular physics, J. Phys. B-At. Mol. Opt. Phys., 33, R93-R140, 2000.

[43] Balakrishnan, N., Kharchenko, V., Forrey, R. C., and Dalgarno, A., Complex scattering lengths in multi-channel atom-molecule collisions, Chem. Phys. Lett., 280, 5-9, 1997.

[44] Cvitaš, M. T., Soldán, P., Hutson, J. M., Honvault, P., and Launay, J. M., Interactions and dynamics in Li+Li_2 ultracold collisions, J. Chem. Phys., 127, 074302, 2007.

[45] Pethick, C. J. and Smith, H., Bose-Einstein Condensation in Dilute Gases, Cambridge University Press, 2002.

[46] Volpi, A. and Bohn, J. L., Magnetic-field effects in ultracold molecular collisions, Phys. Rev. A, 65, 052712, 2002.

[47] Krems, R. V. and Dalgarno, A., Quantum-mechanical theory of atom-molecule and molecular collisions in a magnetic field: Spin depolarization, J. Chem. Phys., 120, 2296-2307, 2004.

[48] Krems, R. V. and Dalgarno, A., Collisions of atoms and molecules in external magnetic fields, in Fundamental World of Quantum Chemistry, Brändas, E. J., and Kryachko, E. S., Eds, Vol. 3, Kluwer Academic, 2004, p. 273-294.

[49] Tscherbul, T. V. and Krems, R. V., Controlling electronic spin relaxation of cold molecules with electric fields, Phys. Rev. Lett., 97, 083201, 2006.

[50] Marte, A., Volz, T., Schuster, J., Durr, S., Rempe, G., van Kempen, E. G. M., and Verhaar, B. J., Feshbach resonances in rubidium 87: Precision measurement and analysis, Phys. Rev. Lett., 89, 283202, 2002.

[51] Moerdijk, A. J., Verhaar, B. J., and Axelsson, A., Resonances in ultracold collisions of Li-6, Li-7, and Na-23, Phys. Rev. A, 51, 4852-

4861,1995.

[52] Timmermans,E.,Tommasini,P.,Hussein,M.,and Kerman,A.,Feshbach resonances in atomic Bose-Einstein condensates,Phys. Rep.,315,199-230,1999.

[53] Hutson,J. M.,Feshbach resonances in the presence of inelastic scattering: threshold behavior and suppression of poles in scattering lengths,New J. Phys.,9,152,2007. Note that there is a typographical error in Equation 22 of this paper: the last term on the right-hand side should read-β_{res} instead of $+\beta_{res}$.

[54] Pack,R. T,and Parker,G. A.,Quantum reactive scattering in 3 dimensions using hyperspherical (APH) coordinates—theory, J. Chem. Phys.,87,3888-3921,1987.

[55] Schatz,G. C.,Quantum reactive scattering using hyperspherical coordinates: results for $H+H_2$ and $Cl+HCl$, Chem. Phys. Lett., 150, 92-98,1988.

[56] Launay,J. M. and LeDourneuf,M.,Hyperspherical close-coupling calculation of integral, cross-sections for the reaction $H+H_2\rightarrow H_2+H$, Chem. Phys. Lett.,163,178,1989.

[57] Skouteris,D.,Castillo,J. F.,and Manolopoulos,D. E.,ABC: a quantum reactive scattering program, Comput. Phys. Commun., 133, 128-135,2000.

[58] Hu, W. and Schatz, G. C., Theories of reactive scattering, J. Chem. Phys.,125,132301,2006.

[59] Quéméner,G.,Honvault,P.,Launay,J. M.,Soldán,P.,Potter,D. E.,and Hutson,J. M.,Ultracold quantum dynamics: Spin-polarized $k+k_2$ collisions with three identical bosons or fermions, Phys. Rev. A, 71, 032722,2005.

[60] Alexander,M. H.,Manolopoulos,D. E.,and Werner,H.-J.,An investigation of the $F+H_2$ reaction based on a full ab initio description of the open-shell character of the $F(^2P)$ atom, J. Chem. Phys., 113, 11084-11000,2000.

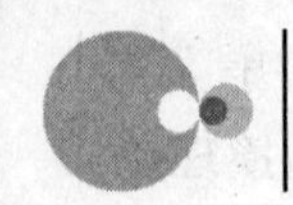

[61] Zhang, D. H. and Light, J. C., Quantum state-to-state reaction probabilities for the $H + H_2O \rightarrow H_2 + OH$ reaction in six dimensions, J. Chem. Phys., 105, 1291-1294, 1996.

[62] Meyer, H. D. and Worth, G. A., Quantum molecular dynamics: propagating wavepackets and density operators using the multiconfiguration time-dependent Hartree method, Theor. Chem. Acc., 109, 251-267, 2003.

[63] Tscherbul, T. V. and Krems, R. V., Quantum theory of chemical reactions in the presence of electromagnetic fields, J. Chem. Phys., 129, 034112, 2008.

[64] Levine, R. D. and Bernstein, R. B., Molecular Reaction Dynamics and Chemical Reactivity, Oxford University Press, 1987.

[65] Cvitaš, M. T., Soldán, P., Hutson, J. M., Honvault, P., and Launay, J. M., Ultracold $Li + Li_2$ collisions: Bosonic and fermionic cases, Phys. Rev. Lett., 94, 033201, 2005.

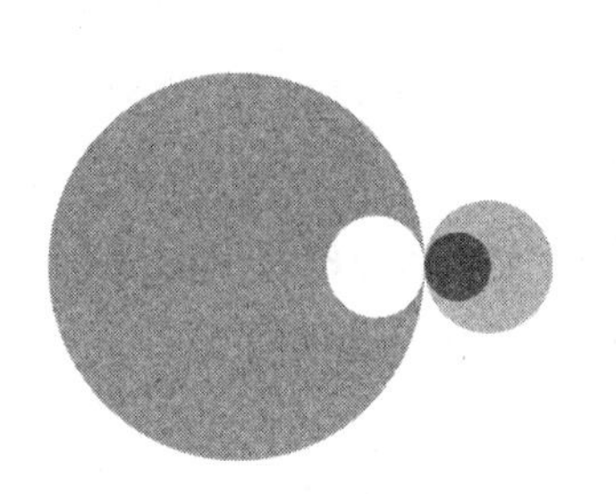

第2章 超低温下的电偶极子

2.1 概论

如果一个物体在一端具有净正电荷而在另一端具有净负电荷,则这个物体具有一个电偶极矩。在经典电磁学中,电偶极矩是一个矢量,它可以指向空间任意方向,受到的电场力可以用明确的数学公式描述。然而,对于像原子和分子这样的量子力学对象,其电偶极矩的强度和方向强烈依赖于该对象的量子力学状态。对于低温分子样品,这一研究主题变得比较重要,本书第5、9、13、14及15章对制备到单一内态的分子系综进行了介绍。在这种情况下,数学描述将会变得非常复杂,而且偶极-偶极相互作用不能采用教科书中给出的经典形式。我们这章将会详细地介绍这种相互作用。

我们通过以下三步解决这一问题:第一,介绍如何在量子力学中引入偶极子概念;第二,引入描述这些偶极子的公式;第三,给出若干用这些公式描述的与基本物理有关的例子。本章的讨论将会涉及偶极子可能的能态、偶极子产生的电场以及偶极子之间的相互作用。我们将讨论的内容限制在一个特殊的"极简真实模型"中,因此它包含了大部分最重要的物理,同时避免了大量的数学计算。

虽然我们分多节来讨论分子偶极子,然而我们最为关注的是具有Λ双线的基态极性分子。在适度强度的实验室电场下,这些分子(至少是双原子分子)表现出偶极特性。Λ双线分子有一个特性,那就是即使在电场中它们的基态也具有简并性。这意味着这种分子不止有一种沿电场排列的方式;两种排列方式可用不同的角动量量子数来表征。这种简并性导致了单个分子偶极矩取向和偶极子间相互作用的独特特性。在我们展示的例子中,我们主要揭示这些特性。

我们假定读者已经具备了比较好的本科阶段量子力学和静电场的相关知识,尤其是矩阵力学、狄拉克算符和含时微扰理论将会频繁地使用。另外,读者也应该对电偶极子、电偶极子之间以及电偶极子与电场的相互作用这些内容比较熟悉。最后,我们还会大量地使用量子力学中的角动量数学理论,关于这部分详细的知识可以参考 Brink 和 Satchler 的经典专著[1]。如有必要,关于双原子分子结构的详细知识可以参考 Brown 和 Carrington 最近的著作[2]。

2.2 经典偶极子回顾

极性分子的行为很大程度上取决于它对电场的反应。在经典情况下,当一个分子的正电荷与负电荷存在空间位移时就会产生电偶极矩。因此,电偶极矩是矢量,它表征了这种位移的方向和大小:

$$\boldsymbol{\mu} = \sum_{\xi} q_{\xi} \boldsymbol{r}_{\xi}$$

式中:$\boldsymbol{r}_{\xi}$ 为第 ξ 个电荷 q_{ξ} 相对于参考点的位移。

因为我们感兴趣的是作用到分子上的力,所以我们将参考点选在分子的质心位置(如果取 $\boldsymbol{\mu}=\mathbf{0}$,则可以获得分子电荷的中心——这与质心位置是完全不同的概念)。按照约定,分子内电偶极矩的方向是从负电荷指向正电荷的。

分子内部含有很多电荷,它们受分子的量子力学态支配,以复杂的方式分布在分子内部。通常情况下,分子的静电特性比其电偶极矩要包含更多的信息。然而,在距分子较远处(与分子自身尺寸相比),这些细节都无关紧要。在这种极限下,一个分子施加在另一个分子上的力强烈依赖于这两个分子的偶极矩。在这种情况下,偶极矩来源的细节也是无关紧要的,我们认为这样的分子是一个“点偶极子”,其偶极矩的大小用 μ 表示,方向用 $\hat{\mu}$ 表示。在本章中我们仅考虑电中性分子,因此分子间无库仑力。

如果一个偶极子 $\boldsymbol{\mu}$ 处于电场 $\boldsymbol{\varepsilon}$ 中,其能量依赖于电场与偶极子的相对取向:

$$E_{\mathrm{el}}=-\boldsymbol{\mu}\cdot\boldsymbol{\varepsilon}$$

上面公式依据如下简单的事实而得到:正电荷在电场中将指向电场正方向,而负电荷在电场中将指向电场反方向。因此,与电场同向偶极子的能量比反向偶极子的能量低。在经典静电学中,能量可以在这两个极值间连续变化。

作为一个具有电荷的物体,偶极子可以产生一个电场。这个电场通常可以由静电势的梯度给出,即 $\boldsymbol{\varepsilon}_{\mathrm{molecule}}=-\boldsymbol{\nabla}\Phi(\boldsymbol{r})$。一个点偶极子的势能 Φ 可表示为

$$\Phi(\boldsymbol{r})=\frac{\boldsymbol{\mu}\cdot\hat{r}}{r^{2}} \tag{2.1}$$

式中:$\boldsymbol{r}=r\hat{r}$,表示空间中的点相对于偶极子的位置,该点处的电场可以被计算出来[3]。

公式(2.1)中的点积使得场 Φ 具有很强的角度依赖性。由于这个原因,使用球坐标描述偶极子的物理特性就比较方便,因为球坐标可以明确地标示方向。在球坐标中,设定 $\hat{r}=(\theta,\phi)$ 及 $\hat{u}=(\alpha,\beta)$,偶极势则变为

$$\Phi=\frac{\mu}{r^{2}}[\cos\alpha\cos\theta+\sin\alpha\sin\theta\cos(\beta-\phi)] \tag{2.2}$$

我们最为熟知的是偶极子沿 z 轴正方向排列的情况($\alpha=0$),此时式(2.2)转变为我们熟悉的结果 $\Phi=\mu\cos\theta/r^{2}$。这一势能沿偶极子轴向($\theta=0,\pi$)时最大,与偶极子方向垂直($\theta=\pi/2$)时消失。

依据上面的结果我们可以计算两个偶极子之间的相互作用势。其中一个偶极子产生的电场作用到另一个偶极子上。对一个偶极矩和来源于另一个偶极子产生的偶极势(即公式(2.2))的梯度求标量积,可以得到[3]:

$$V_{\mathrm{d}}(\boldsymbol{R})=\frac{\boldsymbol{\mu}_{1}\cdot\boldsymbol{\mu}_{2}-3(\boldsymbol{\mu}_{1}\cdot\hat{R})(\boldsymbol{\mu}_{2}\cdot\hat{R})}{R^{3}} \tag{2.3}$$

式中:$\boldsymbol{R}=R\hat{R}$ 是偶极子的相对坐标。

这一结果适用于所有偶极子的任意取向,也适用于一对偶极子的任意相对位置。考虑一种特殊的情况,两个偶极子均沿着 z 轴正方向排列,连接两个

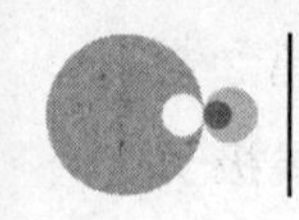

偶极子质心的矢量与 z 轴的角度为 θ,此时偶极-偶极相互作用可简化为

$$V_d(\boldsymbol{r})=\mu_1\mu_2\frac{1-3\cos^2\theta}{R^3} \tag{2.4}$$

需要注意,这里的角度 θ 与公式(2.2)中 θ 的含义不同。本章中我们在这两种情况下都用 θ 表示,希望读者不要混淆。公式(2.4)对描述偶极-偶极相互作用中最基本的事实是非常有用的:如果两个偶极子以头尾取向排列($\theta=0,\pi$),则 $V_d<0$,两个偶极子相互吸引;如果并行排列($\theta=\pi/2$),则 $V_d>0$,两个偶极子相互排斥(为了保持电通量守恒,这个表达式忽略了与点偶极子相联系的接触电势[3]。然而,真实分子并不是点偶极子,在分子尺度上真实的静电势与点偶极子的形式有很大不同,这样的分子尺度不是本章所考虑的内容)。

本章的主要目的是研究当偶极子变为量子力学描述下的分子时,这些经典的结果将如何变化。在 2.3 节中我们将估算外电场下偶极子的能量。在 2.4 节中我们将考虑由量子力学描述的偶极子产生的电场。在 2.5 节中我们重点研究两个偶极分子间的相互作用。

2.3 电场中量子力学偶极子

在经典力学中,电场中偶极子的能量可以在最小值和最大值之间连续取值,而在量子力学中则不再适用。本节中,我们将以一系列简单例子为基础,构建电场中一个极性分子的能谱。首先,我们定义所加外部电场的方向为实验室 z 轴方向,即 $\boldsymbol{\varepsilon}=\varepsilon\,\boldsymbol{z}$。这种情况下,总角动量沿 z 轴方向的分量是一个守恒量。

2.3.1 原子

本章中我们主要关注电场极化的偶极分子。但在对其进行详细讨论之前,我们首先考虑一个更简单例子:即电场极化的氢原子。这种情况将为我们引入基本物理概念和要使用的角动量技术。这时,相距为 r,带负电荷的电子和带正电荷的质子形成的偶极矩为 $\boldsymbol{\mu}=-e\boldsymbol{r}$。因为偶极子需要考虑方向,为了方便,我们将单位矢量 $\boldsymbol{r}$ 投影到球坐标中[1]:

$$\left(\frac{x}{r}\pm\mathrm{i}\,\frac{y}{r}\right)=\mp\sqrt{2}C_{1\pm1}(\theta\phi),\quad \frac{z}{r}=C_{10}(\theta\phi)$$

式中:C 表示约化球谐函数,与常用球谐函数的关系为[1]

$$C_{kq}=\sqrt{\frac{4\pi}{2k+1}}Y_{kq}$$

当 $k=1$ 时，可明确地表达为

$$C_{1\pm1}(\theta\phi)=\mp\frac{1}{\sqrt{2}}\sin\theta e^{\pm i\phi}$$
$$C_{10}(\theta\phi)=\cos\theta \tag{2.5}$$

一般来说，用函数 C_{kq}（因为这些函数没有额外的因子 4π）表示相互作用势能，用函数 Y_{kq} 作为角度这一自由度的波函数（因为它们已经通过 $\langle Y_{lm}|Y_{l'm'}\rangle=\delta_{ll'}\delta_{mm'}$ 被归一化）是比较方便的。对涉及的约化球谐函数进行积分可以方便地与角动量理论 3-j 符号进行联系：

$$\int d(\cos\theta)d\phi C_{k_1q_1}(\theta\phi)C_{k_2q_2}(\theta\phi)C_{k_3q_3}(\theta\phi)=4\pi\begin{pmatrix}k_1 & k_2 & k_3\\ q_1 & q_2 & q_3\end{pmatrix}\begin{pmatrix}k_1 & k_2 & k_3\\ 0 & 0 & 0\end{pmatrix}$$

括号中的 3-j 符号与 Clebsch-Gordan 系数有关，通常被制成表格，便于使用时查阅。

依据这些函数，原子-场相互作用的哈密顿量可以写为

$$H_{el}=-(-e\boldsymbol{r})\cdot\boldsymbol{\varepsilon}=ez\varepsilon=er\cos\theta\varepsilon=er\varepsilon C_{10}(\theta\phi) \tag{2.6}$$

电场中偶极子可能的能量由哈密顿量（式(2.6)）的本征值给出。为了用量子力学的方法计算本征能量，我们利用氢原子波函数常用的基组 $|nlm\rangle$（为了描述简单，这里我们忽略了自旋）：

$$\langle r,\theta,\phi\mid nlm\rangle=f_{nl}(r)Y_{lm}(\theta,\phi)$$

任意两个氢原子态之间的矩阵元为

$$\begin{aligned}\langle nlm\mid-\boldsymbol{\mu}\cdot\boldsymbol{\varepsilon}\mid n'l'm'\rangle&=\langle er\rangle\varepsilon\int d(\cos\theta)d\phi Y_{lm}^{*}C_{10}Y_{l'm'}\\&=\langle er\rangle\varepsilon(-1)^{m}\sqrt{(2l+1)(2l'+1)}\\&\quad\times\begin{pmatrix}l & 1 & l'\\ 0 & 0 & 0\end{pmatrix}\begin{pmatrix}l & 1 & l'\\ -m & 0 & m'\end{pmatrix}\end{aligned} \tag{2.7}$$

式中：$\langle er\rangle=\int r^2 drf_{nl}(r)rf_{n'l'}$ 是偶极矩的有效值。

对于氢原子，我们可以得到解析式[4]。

公式(2.7)中包含了一些重要的物理。首先，电场定义了一个旋转对称轴（z 轴）。一般来说，分子总角动量沿旋转对称轴的投影是一个守恒量。事实上，根据 3-j 符号的性质：所有量子数 m 的总和相加应该为零，从公式(2.7)可

以推断出 $m=m'$,因此,电场不能耦合具有不同量子数 m 的分子态。

隐藏在公式(2.7)中的第二个特征是宇称。氢原子波函数有一个明确的宇称,即将坐标中的(x,y,z)变换到$(-x,-y,-z)$,波函数符号或者改变,或者不变。波函数宇称的改变与否可用$(-1)^l$ 表示。因此,S 态($l=0$)具有偶宇称,P 态($l=1$)具有奇宇称。对于指向特定方向的电场,哈密顿量本身是奇宇称的,因此它要求两个原子的宇称性相反。例如,它可以将 S 态和 P 态相互耦合,但不能使它们自身耦合。这一点可以从公式(2.7)中第一个 3-j 符号得出,它的对称性要求 $l+1+l'$为偶数。这点其实是原子和分子电偶极矩的基本特性。例如,氢原子的 1S 基态,其 $l=l'=0$,因此不受电场的影响。它需要和一个 P 态混合才能形成偶极矩(这些观点并不严谨。由于弱电力对宇称的破坏,基态氢原子已经具有了一个小的奇宇称混合态。然而这种效应很小,因此我们不需要考虑)。

为了计算电场对氢原子的影响,我们至少要考虑最近的具有相反宇称的电子态,即 2P 态。氢原子基态与 2P 态的能级间隔为 E_{1S2P}。仅考虑这两个态,忽略任何自旋结构,原子加电场的哈密顿量可以表达为一个简单的 2×2 矩阵:

$$\boldsymbol{H}=\begin{pmatrix} -E_{1S2P}/2 & \mu\varepsilon \\ \mu\varepsilon & E_{1S2P}/2 \end{pmatrix} \tag{2.8}$$

式中:偶极矩阵元可方便地简写成 $\mu=\langle 1S,m=0|ez|2P,m=0\rangle=128\sqrt{2}e\alpha_0/243$[4]。

当然,还存在许多可以和 1S 态耦合的 P 态。另外,当考虑电子自旋和(氢原子)核自旋后,所有态将会变得更复杂。我们可以构建所有这些态的矩阵元,矩阵完全对角化可以获得任何所需精度的能量。然而,我们这里比较关心偶极子定性特征,因此我们仅需要关注公式(2.8)。

斯塔克能量可由下式近似给出:

$$E_{\pm}=\pm\sqrt{(\mu\varepsilon)^2+(E_{1S2P}/2)^2} \tag{2.9}$$

这个表达式描述了量子力学偶极子的基本物理特征。

首先,必然有两个(或者更多)态。电场作用时,其中一个态的能量降低,称为“正常”情况。这种情况下,电子沿 z 轴负方向运动,电偶极矩与电场方向相同;同时,另一个态的能量增加,电偶极矩与电场方向相反。在经典物理中,当然也可能存在这样一种非稳定平衡态,这个态的偶极子沿电场反方向排列。相似地,在量子力学中这是一个合理的能量本征态,不存在微扰时偶极子将保持沿电场的反方向排列。

从公式(2.9)表示的能量中还可以得到，在低电场强度时能量是ε的二次函数，而在高电场强度时能量与ε呈线性关系。因此，在零场极限下，由下式定义的原子永久电偶极矩消失。

$$\mu_{\text{permanent}} = \lim_{\varepsilon \to 0} \frac{\partial E_-}{\partial \varepsilon}$$

即零场下能量本征态对应的原子没有永久偶极矩。这点比较容易理解，因为在零场下，电子随机分布在原子核周围，每个位置分布几率完全相同。

从二次方到线性斯塔克效应的变化是这两种相反趋势竞争的一个例子。在低电场情况下，占主导地位的是相反宇称态间的能级分裂E_{1S2P}。在高电场情况下，原子与电场相互作用能量增强，偶极子有序排列。产生这种变化的临界电场值可以通过求解使两种情况下能量相同的电场来得到：

$$\varepsilon_{\text{critical}} = E_{1S2P}/2\mu$$

对于氢原子，这个临界电场值在10^9 V/cm量级。然而在这个电场下，这种近似很不合适，因为我们忽略了这样的事实：2P态包含$2P_{1/2}$和$2P_{3/2}$两个电子态，也存在更高能级的P态，以及P、D等态的耦合。这里我们不做更深入的研究。

2.3.2 转动分子

在具备了上面的基本概念之后，我们将转向分子的研究。虽然这里讨论的理论具有普适性，但我们主要关注异核双原子分子。我们仅讨论比较小的电场，电子不会像前一节讲述的那样发生极化，因此我们仅需要考虑单电子态。然而，在转动分子体系中两个原子之间电荷的分离可以产生电偶极矩$\vec{\mu}$。我们假定分子是一个刚性转子，不考虑分子的振动运动，而只关注分子的转动运动(更为准确地说，我们考虑的$\boldsymbol{\mu}$是对分子振动坐标的平均，类似于前一节中氢原子的$\boldsymbol{\mu}$是对电子-质子距离r的平均)。

如下的说明可以作为数学准备。为了研究分子，我们需要在实验室坐标系和随分子转动的体坐标系间自由变换。从实验室坐标系(x,y,z)转到体坐标(x',y',z')可以用一组欧拉角(α,β,γ)表示。前两个角度$\alpha=\phi,\beta=\theta$对应体坐标系z'轴的球坐标(θ,ϕ)。按照惯例，我们约定z'正方向与偶极矩$\boldsymbol{\mu}$的方向平行。第三个欧拉角γ标定了体坐标系中x'坐标轴的方位，因此它是分子轴转动的方位角。

考虑一个相对于实验室坐标系的角动量态$|jm\rangle$。一般来说,这个态在实验室坐标系中只有一个好量子数m。在体坐标系(指向了其他方向)中,这个态变为不同m值的线性叠加态,为了区分,我们在体坐标系中改用ω表示。而且,这一线性叠加态是欧拉角的函数,其转换矩阵通常用字母$\boldsymbol{D}$表示:

$$\begin{aligned}\boldsymbol{D}(\alpha\beta\gamma)|j\omega\rangle &= \sum_m |jm\rangle\langle jm|\boldsymbol{D}(\alpha,\beta,\gamma)|j\omega\rangle \\ &\equiv \sum_m |jm\rangle \boldsymbol{D}^j_{m\omega}(\alpha,\beta,\gamma)\end{aligned}$$

上式中最后一行是 Wigner 旋转矩阵,其性质已被广为研究。对于每一个j,$\boldsymbol{D}^j_{m\omega}$是一个归一化的转换矩阵;需要注意的是,转动仅仅改变量子数m,不改变总量子数j。对我们来说,矩阵$\boldsymbol{D}$的一个非常有用的特性是:

$$\begin{aligned}&\int \mathrm{d}\alpha d\cos\beta \mathrm{d}\gamma \boldsymbol{D}^{j_1}_{m_1\omega_1}(\alpha\beta\gamma)\boldsymbol{D}^{j_2}_{m_2\omega_2}(\alpha\beta\gamma)\boldsymbol{D}^{j_3}_{m_3\omega_3}(\alpha\beta\gamma) \\ &= 8\pi^2 \begin{pmatrix} j_1 & j_2 & j_3 \\ m_1 & m_2 & m_3 \end{pmatrix}\begin{pmatrix} j_1 & j_2 & j_3 \\ \omega_1 & \omega_2 & \omega_3 \end{pmatrix}\end{aligned} \tag{2.10}$$

因为偶极子沿着分子轴排列,分子轴相对电场的倾斜角为β,电场确定了z轴方向,所以偶极矩定义为它的大小μ乘以极坐标单位矢量(β,α)。分子与电场相互作用的哈密顿量可表达为

$$H_{\mathrm{el}} = -\boldsymbol{\mu}\cdot\boldsymbol{\varepsilon} = -\mu\varepsilon C_{10}(\beta\alpha) = -\mu\varepsilon D^{j*}_{q0}(\alpha\beta\gamma) \tag{2.11}$$

为了下文使用方便,我们把C_{10}改写了D函数;因为D函数的第二个下标为零,实际上它不依赖于γ,因此引入这一变量并不像看起来那样复杂。

为了计算量子力学中的能量,我们需要选择一个基组并获得矩阵元。Winger 旋转矩阵是刚性转子量子力学的本征函数。归一化后,波函数为

$$\langle\alpha\beta\gamma|nm_n\lambda_n\rangle = \sqrt{\frac{2n+1}{8\pi^2}}D^{n*}_{m_n\lambda_n}$$

正如对氢原子的处理,这里我们也忽略自旋。n是相对质心的原子转动量子数,m_n是这个角动量在实验室坐标系中的投影,λ_n是体坐标系中的投影。在这个基组中,斯塔克相互作用的矩阵元可用公式(2.10)计算得到:

$$\begin{aligned}\langle nm_n\lambda_n|-\boldsymbol{\mu}\cdot\boldsymbol{\varepsilon}|n'm'_n\lambda'\rangle &= -\mu\varepsilon(-1)^{m_n-\lambda_n}\sqrt{(2n+1)(2n'+1)} \\ &\times \begin{pmatrix} n & 1 & n' \\ -m_n & 0 & m'_n \end{pmatrix}\begin{pmatrix} n & 1 & n' \\ -\lambda_n & 0 & \lambda'_n \end{pmatrix}\end{aligned} \tag{2.12}$$

一个重要的特例是分子处于Σ态，这意味着电子角动量投影$\lambda_n=0$。此时，除了径向积分，公式(2.12)将会简化为与氢原子相同的形式。这种情况是容易理解的：这两个对象的共性是一端为正电荷而另一端为负电荷。至于它是一个电子还是一个原子并不重要。然而，更为一般的是，$\lambda_n\neq 0$时将会出现复杂的Λ双线，这点我们将在下节讨论。

因此，转动偶极子与氢原子的物理本质是一样的。从公式(2.12)还能推断出，对于$\lambda_n=0$的Σ态，如果n和n'的宇称相同，那么电场的相互作用就会消失。这个态(Σ态)的宇称与n自身的宇称有关。因此，对于$n=0$的$^1\Sigma$分子基态，只有将这个态与下一个转动态$n'=1$混合，电场才能产生影响。这些态的能量间隔为$E_{\mathrm{rot}}=2B_{\mathrm{e}}$，式中$B_{\mathrm{e}}$是分子的转动常数(在零场，转动量子数$n$的态具有的能量为$B_{\mathrm{e}}n(n+1)$)。

与氢原子处理方式一样，我们可以用一个简单的2×2矩阵描述这个情况：

$$\boldsymbol{H}=\begin{pmatrix}-E_{\mathrm{rot}}/2 & -\mu\varepsilon \\ -\mu\varepsilon & +E_{\mathrm{rot}}/2\end{pmatrix} \tag{2.13}$$

为了方便，将式中偶极矩阵元简单标记为$\mu=\langle nm_n0|\mu_{q=0}|n'm_n0\rangle$。对于每一个$m_n$都有一个这样的矩阵。当然，这些态可以耦合到更多的转动态。另外，如果考虑电子和原子核的自旋(如果有的话)，这些态将会更加复杂。

类似于公式(2.8)，矩阵(见式(2.13))也可以实现对角化，也具有相同的物理结论。也就是说，即使是在分子体坐标系中存在分离的电荷，在一个给定的转动态上分子也没有永久电偶极矩。其次，斯塔克效应在低电场时表现为电场强度的二次方函数，在高电场时表现为线性函数，转换发生的“临界电场”为

$$E_{\mathrm{crit}}=E_{\mathrm{rot}}/2\mu \tag{2.14}$$

例如，NH分子有一个$^3\Sigma$基态，对于这个态，忽略自旋后，其临界电场是7×10^6 V/cm的量级。这个值远小于原子或分子中极化电子所需的电场强度，但对实验室使用的电场来说依然很大。具有较小转动常数的双原子分子，如LiF分子，相应的临界电场强度较小。无论哪种情况，当达到临界电场强度时，忽略与分子其余转动态耦合的这种做法便不再合适，这就需要应用更精确的处理方法，这里我们暂不进行讨论。

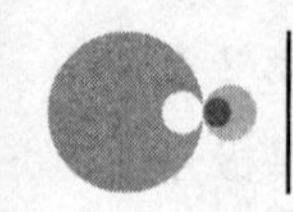

2.3.3 Λ双线的分子

正如我们在前两小节中所述,电场对一个量子力学对象的效应,表现为耦合具有相反宇称的量子态。当分子处于Π或者Δ态,经常存在这样两个具有相反宇称的态,它们的能级间隔远小于转动间隔。这两个态可以称为“Λ双线”的组分。因为它们的能级间隔很小,所以将其混合所用的电场强度小于将转动能级混合的电场强度。Λ双线蕴含的物理机制相当复杂,我们推荐读者从文献[2]和[5]获得更详细的知识。

然而,广义上讲,也可以这样描述Λ双线:Π态的电子角动量在分子轴方向上投影幅度为1。这个角动量有两个投影,对应沿轴转动的两个分量,这些投影在能量上通常都是简并的。但是分子的转动可以破坏这些能级间的简并,(通常)解除简并后的非简并本征函数也具有宇称性。比较重要的一点是,非简并能级间隔分裂通常非常小,混合这些宇称态所需的电场强度比混合转动态的电场强度要小得多。

最后通过加入电子角动量,我们修正了分子的刚性转子波函数:

$$\langle\alpha\beta\gamma|jm\omega\rangle=\sqrt{\frac{2j+1}{8\pi^2}}D^{j*}_{m\omega}(\alpha\beta\gamma) \tag{2.15}$$

式中:j是分子总角动量(转动态加电子态);m和ω分别是j在实验室坐标系和体坐标系的投影。

我们使用了总角动量j而不是分子转动n,意味着在前面的章节中我们利用了“洪德定则a”的表述而不是“洪德定则b”的表述[2]。

在这个基组下,电场哈密顿量(式(2.11))的矩阵元变为

$$\begin{aligned}&\langle jm\omega|-\boldsymbol{\mu}\cdot\boldsymbol{\varepsilon}|j'm'\omega'\rangle\\&=-\mu\varepsilon(-1)^{m-\omega}\sqrt{(2j+1)(2j'+1)}\begin{pmatrix}j&1&j'\\-m&0&m'\end{pmatrix}\begin{pmatrix}j&1&j'\\-\omega&0&\omega'\end{pmatrix}\end{aligned} \tag{2.16}$$

式(2.16)中,3-j符号揭示了守恒定律。首先,$m=m'$是守恒的,这点我们在前文已经指出。其次,3-j符号要求$\omega=\omega'$。也可以表述为:电场在偶极矩轴向附近无法发生扭转作用。此外,基于现有的模型,可认为$j=j'$,因为下一个更高j能级与基态j的能量相差很大,仅与它有很弱的混合。利用这一假设,3-j符号可以用一个简单的代数表达式来表示,矩阵元简化为如下形式:

$$\langle jm\omega \mid -\boldsymbol{\mu} \cdot \boldsymbol{\varepsilon} \mid jm\omega \rangle = -\mu\varepsilon \frac{m\omega}{j(j+1)}$$

这个表达式的物理内容可以用图 2.1 来描述。需要注意 m 和 ω 都有正负号，能量的正负取决于两者的正负号。

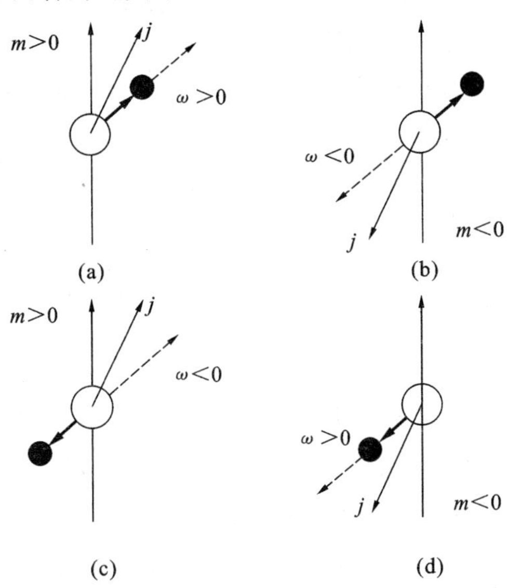

图 2.1　电场中极性分子的能量。分子偶极矩方向是从带负电荷的原子(大圆圈)指向带正电荷的原子(小圆圈),如图中细箭头所示。虚线表示分子体坐标轴的正方向,竖直箭头表示施加电场的方向。总的来看,如果(1)角动量 $\boldsymbol{j}$ 沿电场方向排列,且 $m>0$,$\omega>0$,如图(a)所示;(2)角动量 $\boldsymbol{j}$ 沿电场反方向排列,且 $m<0$,$\omega<0$,如图(b)所示,则偶极矩沿电场排列。相似的标记也适用于偶极子与电场反向排列的情况,如图(c)、(d)所示

比较重要的一点是,不存在一个使电偶极矩沿电场方向排列的量子态。然而有两个这样的分子态,它们的角动量不同但能量相同。为了在下文中区分这两种态,我们将它们分别记为分子类型 a 和类型 b,如图 2.1(a)、(b)所示。同样地,当分子与电场反向排列时,相应的两个态分别记为分子类型 c 和类型 d,如图 2.1(c)、(d)所示。这些简并态的存在会导致这类分子有一些新奇的现象,我们将在下文讨论。

如我们之前所推导的,对于宇称是好量子数的基组,Λ 双线矩阵可以对角化。利用公式(2.15)表示的基组,具有明确宇称的波函数可由线性组合得到:

$$|jm\bar{\omega}\epsilon\rangle=\frac{1}{\sqrt{2}}[|jm\bar{\omega}\rangle+\epsilon|jm-\bar{\omega}\rangle] \tag{2.17}$$

这里,我们定义 $\bar{\omega}=|\omega|$,为 ω 的绝对值。对一个给定的 m 值,公式(2.17)中 $\pm\bar{\omega}$的线性组合用宇称性量子数 $\epsilon=\pm1$ 区分。公式(2.17)可以直观地反映出在宇称基组下,Λ 双线是非对角化的。

每一个 m 值的最终结果与前文类似,Λ 双线分子哈密顿量可以表示为一个 2×2 矩阵:

$$\boldsymbol{H}=\begin{pmatrix}-Q & -\Delta/2\\ -\Delta/2 & Q\end{pmatrix}$$

式中:Δ 是 Λ 双线能量,即两个宇称态的能级间隔;Q 为

$$Q\equiv\mu\varepsilon\frac{|m|\bar{\omega}}{j(j+1)}$$

Q 是一个正数。我们将在这章的其余部分处理这个哈密顿量。与之前小节中的区别在于,现在的基矢是公式(2.15),可以将电场相互作用对角化,但不能将零场相互作用对角化。这种变化反映了我们主要关注于在强场中具有明显偶极矩的分子。大部分情况,我们将零场 Λ 双线哈密顿量作为微扰来考虑。

通常,当偶极矩与电场相互作用不是远大于 Λ 双线分裂,能量本征态是强电场态 $|jm\pm\bar{\omega}\rangle$ 的叠加态。对每一个 m 值(注意,m 在电场中为守恒量),$+\bar{\omega}$ 和 $-\bar{\omega}$ 的混合态可以用一个我们定义的混合角 δ_m 方便地表示:

$$\begin{aligned}|jm\bar{\omega}\epsilon=+\rangle&=\cos\delta_m|jm\bar{\omega}\rangle+\sin\delta_m|jm-\bar{\omega}\rangle\\|jm\bar{\omega}\epsilon=-\rangle&=-\sin\delta_m|jm\bar{\omega}\rangle+\cos\delta_m|jm-\bar{\omega}\rangle\end{aligned} \tag{2.18}$$

可以明确看出,混合角是场的函数,可表达为

$$\tan\delta_{|m|}=\frac{\Delta/2}{Q+Q\sqrt{1+\eta^2}}=-\tan\delta_{-|m|}$$

它是能量 Q 和如下无量纲参数的组合:

$$\eta_m=\frac{\Delta}{2Q}$$

需要注意的是,在这种定义下,当 m 是正值时 δ_m 是正值,且 $\delta_{-m}=-\delta_m$。这些态的能量可以用下式方便给出:

$$E_{m\bar{\omega}\epsilon}=-\mu\varepsilon\frac{m\epsilon\bar{\omega}}{j(j+1)}\sqrt{1+\eta^2},\quad m\neq0$$

这个公式很简洁地表达了结果,有利于下文表达式的书写。需要说明的是,

图 2.1 给出的直观图仍然被完整地体现在这个能量表达式中，但需要用 ω 符号取代ϵ的符号。因此，$m\epsilon>0$ 态对应能量为负，$m\epsilon<0$ 态对应能量为正。

当电场消失时，$Q=0$，这个表达式就存在一些问题。然而，这个极限确实存在，很容易得到这个极限下 $\delta_{|m|}=\pi/4$，对应的能量变为 $-\mu\varepsilon\,\mathrm{sign}m\,\epsilon\Delta/2$。类似地，可以得到在任意电场下，当 $m=0$ 时，$Q=0$。同样，只要设定如下的式子，我们仍然可以用式(2.18)的形式表示本征态：

$$\delta_0=\frac{\pi}{4}$$

对应的能量不依赖于电场，可以写为

$$E_{0\bar{\omega}\epsilon}=-\epsilon\Delta/2$$

与上面考虑偶极子类似，在低能条件下，这个模型的斯塔克效应表现为电场强度的二次关系，当超出 $Q=\Delta/2$ 对应的临界电场后，斯塔克效应表现为电场的线性关系。这个临界电场的表达式为

$$E_{\mathrm{crit}}=\frac{\Delta j(j+1)}{2\mu|m|\bar{\omega}} \tag{2.19}$$

例如，对于 OH 基态，有 $j=\bar{\omega}=3/2$，$\mu=1.7$ D，Λ 双线分裂为 0.06 cm^{-1}。对应 $m=3/2$ 的基态，其临界电场强度约为 1600 V/cm。同样，我们再次忽略电子自旋。宇称态比较容易在电场中混合，需要的电场强度也比较小，对实验室来说容易实现而又不需要考虑转动或者电子态的二阶耦合。可以看出，保持分子态相对少的数目是一个合理的、令人满意的近似，它极大地简化了我们的讨论(在 OH 中也需要考虑 $\bar{\omega}=1/2$ 态，但与 Λ 双线在能量上相差很多，因此可以忽略。但是在 OH 的精细结构和定量模型中不能忽略它们之间的相互作用)。

2.4 偶极子的电场

上述讨论的每一个 Λ 双线分子在极化后本身就是一个电场源。分子产生的电场可以用公式(2.1)表示。用球形张量形式表达势能则更加方便：

$$\Phi(\vec{r})=\frac{\boldsymbol{\mu}\cdot\boldsymbol{r}}{r^2}=\frac{\mu}{r^2}\sum_q(-1)^q C_{1q}(\alpha\beta)C_{1-q}(\theta\phi) \tag{2.20}$$

这一形式的正确性可由以下简单的替换得到验证：即利用公式(2.5)的定义，并将其与公式(2.2)进行比较。看起来公式(2.20)没必要写得这样复杂，但当我们计算量子力学描述的偶极子势能时，就可以看到它的作用。

对经典偶极子，定义了偶极矩的方向$(\alpha\beta)$后，将会立即给出由公式(2.20)

描述的静电势能。然而,在量子力学中,势能的获得需要对整个$(\alpha\beta)$分布上μ的取向进行合适的平均,其权重由分子概率波函数决定。为了计算势能,我们以式(2.18)中能量本征态为基组计算公式(2.20)中的矩阵元。利用简化的3-j符号和公式(2.10),也可更简单地获得矩阵元:

$$\langle jm\omega|C_{1q}|jm'\omega'\rangle=\delta_{\omega\omega'}\frac{\omega}{j(j+1)}\begin{cases}-\sqrt{\dfrac{(j+m)(j+m')}{2}}, & q=+1\\ m, & q=0\\ +\sqrt{\dfrac{(j-m)(j+m')}{2}}, & q=-1\end{cases} \tag{2.21}$$

式中:量子数m和ω的值可取正、负号。

注意:这个积分是对公式(2.20)中的所有分子自由度$(\alpha\beta)$进行的。该积分与表征偶极子周围场分布的角度$(\theta\phi)$仍然无关。

从表达式(2.21)可以清楚地看出,矩阵元在如下情况都会发生符号的变化:①同时改变m和m'的符号;②改变ω的符号。另外,由于ω对电场来说是个守恒量,我们可以得到$\langle jm\omega|C_{1q}|jm'-\omega\rangle=0$。利用这些性质,以公式(2.18)为缀饰基,可以计算Φ矩阵元。通常表达为

$$\langle jm\bar{\omega}\epsilon|\Phi(\vec{r})|jm'\bar{\omega}\epsilon'\rangle=\mu\langle jm\bar{\omega}\epsilon|C_{1q}|jm'\bar{\omega}\epsilon'\rangle(-1)^q\frac{C_{1-q}(\theta\phi)}{r^2} \tag{2.22}$$

公式(2.22)中等号后的矩阵元显示了偶极取向的量子力学特征。这些矩阵元延续之前本征态的定义(见式(2.18)),具体为

$$\begin{aligned}\langle jm\bar{\omega},\epsilon|C_{1q}|jm'\bar{\omega},\epsilon'\rangle&=\epsilon\cos(\delta_m+\delta_{m'})\langle jm\bar{\omega}|C_{1q}|jm'\bar{\omega}\rangle\\ \langle jm\bar{\omega},-|C_{1q}|jm'\bar{\omega},+\rangle&=\langle jm\bar{\omega},+|C_{1q}|jm'\bar{\omega},-\rangle\\ &=-\sin(\delta_m+\delta_{m'})\langle jm\bar{\omega}|C_{1q}|jm'\bar{\omega}\rangle\end{aligned} \tag{2.23}$$

在这些表达式中,q值由守恒的角动量来确定,$q=m-m'$。

这个表述尽管在我们的模型中是完备的,但表述不够清晰。我们将其应用到一个具体的能量本征态$|jm\bar{\omega}\epsilon\rangle$。在这个态中,偶极子平均静电势为

$$\langle\Phi(\boldsymbol{r})\rangle\equiv\langle jm\bar{\omega}\epsilon|\Phi(\boldsymbol{r})|jm\bar{\omega}\epsilon\rangle=\left[\mu\frac{m\epsilon\omega}{j(j+1)}\cos(2\delta_m)\right]\frac{\cos\theta}{r^2} \tag{2.24}$$

这里大括号中的因子是对偶极矩大小的量子力学修正。因子$\cos(2\delta_m)$表示极化度:在强场中$\delta_m=0$,偶极子极化度最大;而在零场中,$\delta_m=\pi/4$,极化度消失。

需要注意对一个给定的 m 值，由 $\epsilon=\pm$ 态产生的势能会有符号上的区别。这很容易理解，因为这些态对应的偶极子指向相反（见图 2.1）。

公式（2.22）中的非对角矩阵元也很重要。有两个原因：第一，公式（2.22）中的非对角元可能对获得不同能量本征态的叠加和计算这些相应矩阵元是必要的，这点我们随后将会看到；第二，当两个偶极子相互作用时，可认为一个偶极子处于另一个偶极子产生的电场中，产生的电场不需要与 z 轴平行。因此，单个偶极子的量子数 m 不再是守恒量，需要考虑公式（2.22）中 $q\neq 0$ 的矩阵元。

2.4.1　举例：$j=1/2$

为了描述这些要点，我们这里考虑一个最简单的 Λ 双线分子态：$j=1/2$，$\bar{\omega}=1/2$，按照我们的模型它有四个内态。基于上面的讨论，我们在表 2.1 中列出了这些态的矩阵元。因为我们只考虑 $j=1/2$，因此本节中省略了 j 的标记。

表 2.1　$j=1/2$ 分子的矩阵元 $\langle jm\bar{\omega}\epsilon|C_{1q}|jm'\bar{\omega}\epsilon'\rangle$

	$\left\|\frac{1}{2}\bar{\omega}+\right\rangle$	$\left\|\frac{1}{2}\bar{\omega}-\right\rangle$	$\left\|-\frac{1}{2}\bar{\omega}+\right\rangle$	$\left\|-\frac{1}{2}\bar{\omega}-\right\rangle$
$\left\langle\frac{1}{2}\bar{\omega}+\right\|$	$\frac{1}{3}\cos(2\delta_{1/2})$	$-\frac{1}{3}\sin(2\delta_{1/2})$	$-\frac{\sqrt{2}}{3}$	0
$\left\langle\frac{1}{2}\bar{\omega}-\right\|$	$-\frac{1}{3}\sin(2\delta_{1/2})$	$-\frac{1}{3}\cos(2\delta_{1/2})$	0	$\frac{\sqrt{2}}{3}$
$\left\langle-\frac{1}{2}\bar{\omega}+\right\|$	$\frac{\sqrt{2}}{3}$	0	$-\frac{1}{3}\cos(2\delta_{1/2})$	$-\frac{1}{3}\sin(2\delta_{1/2})$
$\left\langle-\frac{1}{2}\bar{\omega}-\right\|$	0	$-\frac{\sqrt{2}}{3}$	$-\frac{1}{3}\sin(2\delta_{1/2})$	$\frac{1}{3}\cos(2\delta_{1/2})$

注：为了获得静电势 $\Phi(\boldsymbol{r})$ 矩阵元，这些矩阵元应该乘以 $(-1)^q C_{1-q}(\theta\phi)\mu/r^2$，式中 $q=m-m'$。

以图 2.1 中定义的 $|a\rangle$ 类型分子为例。这个分子沿电场排列并产生一个静电势（见式（2.24））。然而，如果这个分子制备在 $|a\rangle$ 态和另一个态的叠加态上，将会得到一个不同的静电势。我们首先声明，将 $|a\rangle$ 和 $|b\rangle$ 混合不会产生新的静电势，因为这两个态会产生相同的势。

另一种组合是 $|a\rangle$ 态和 $|c\rangle$ 态的叠加态。这种情况下，两种态具有相同的 m 值，但两个态是非简并态。我们定义：

$$|\psi_{ac}\rangle = Ae^{i\omega_0 t}\left|\frac{1}{2}\bar{\omega},+\right\rangle + Be^{-i\omega_0 t}\left|\frac{1}{2}\bar{\omega},-\right\rangle$$

对任意复数，我们要求 A 和 B 满足 $|A|^2+|B|^2=1$。因为这两个态是非简并的，因此有必要包含准确的含时相因子，式中 $\omega_0 = |E_{m\bar{\omega}\epsilon}|/\hbar$，$2\hbar\omega_0$ 是两个态的能量差。正如量子力学的一般情况，这两个相位拍频后可以观测到随时间演化的结果。

现在，静电势在整个波函数 $|\psi_{ac}\rangle$ 上的平均值可以用如下代数式表示：

$$\langle\psi_{ac}|\Phi(\boldsymbol{r})|\psi_{ac}\rangle = \frac{\mu}{3}[(|A|^2-|B|^2)\cos(2\delta_{1/2}) - 2|AB|\sin(2\delta_{1/2})\cos(2\omega_0 t-\delta)]\frac{\cos\theta}{r^2} \tag{2.25}$$

该势含有常见的角度依赖关系 $\cos\theta$，意味着偶极子依然沿电场方向排列。然而偶极子的幅度甚至符号都会随时间变化而变化。公式(2.25)中方括号的第一项给出了偶极矩的一个固定的直流项，其值取决于这两个态间的非平衡布居 $|A|^2-|B|^2$。第二项引入了一个角频率为 $2\omega_0$ 的振动部分。最后，相位 δ 是一个无关紧要的偏置，其来源于 $t=0$ 时刻 A、B 两个部分的相关相位 $A*B$。

因此，构建一个偶极子的叠加态是可能的，此时分子的有效偶极矩会随时间上下摆动。相对于常数部分，偶极子变换的大小可由分子两个态的相对布居控制。另外，分子极化度也有重要意义。对一个完全极化的分子，当 $\delta_{1/2}=0$ 时只存在偶极子的直流组分。当然，当这两个态的布居数相同时，即“偶极向上”和“偶极向下”布居相同时，直流部分也会消失。

另外一个例子，我们考虑 $|a\rangle$ 和 $|d\rangle$ 的叠加态。这两个态具有不同的 m 值及不同的能量：

$$|\psi_{ad}\rangle = Ae^{i\omega_0 t}\left|\frac{1}{2}\bar{\omega},+\right\rangle + Be^{-i\omega_0 t}\left|-\frac{1}{2}\bar{\omega},+\right\rangle$$

这个叠加态产生的偶极势为

$$\langle\psi_{ad}|\Phi(\boldsymbol{r})|\psi_{ad}\rangle = \frac{\mu}{3}\cos(2\delta_{1/2})(|A|^2-|B|^2)\frac{\cos\theta}{r^2} + \frac{2\mu}{3}\mathrm{Re}[A^* Be^{-i(\phi+2\omega_0 t)}]\frac{\sin\theta}{r^2}$$

系数 A 和 B 可表示为如下既有意义又有用的形式，即表示为含(α,β)参数的函数：

$$A = \cos\frac{\alpha}{2}\mathrm{e}^{-\mathrm{i}\beta/2}, \quad B = \sin\frac{\alpha}{2}\mathrm{e}^{\mathrm{i}\beta/2}$$

A 和 B 写成这样的形式看起来很随意，其实不是。它与建立 Bloch 球的参数定义完全相同，而 Bloch 球在分析任意二能级系统时是一个强有力的工具。

利用这种参数化可以将势能写成如下的形式：

$$\langle \psi_{ad} \mid \Phi(\boldsymbol{r}) \mid \psi_{ad} \rangle = \frac{1}{3}\frac{\mu}{r^2}[\cos(2\delta_{1/2})\cos\alpha\cos\theta + \sin\alpha\sin\theta\cos(\beta - 2\omega_0 t) - \phi] \tag{2.26}$$

将这个形式与经典表达式(2.2)比较，可以清楚地解释这个结果。首先考虑分子被完全极化，因此 $\cos(2\delta_{1/2}) = 1$。公式(2.26)代表极坐标为$(\alpha, \beta - \omega t)$的偶极子产生的势能。这个偶极子与场的(平均)夹角为 α，以角频率 $2\omega_0$ 绕场转动。有趣的是，即使在这样的强场极限下，电场看似使偶极子沿 z 轴排列，量子力学也允许偶极子指向不同的方向。随着场的减小，z 分量减少，偶极子仍然具有绕场转动的部分。

2.4.2 举例：$j=1$

我们再考虑自旋 $j=1$ 的分子。原则上有三个混合角：δ_1、δ_0 和 δ_{-1}。如上文所述，$\delta_{-1} = -\delta_1$，$\delta_0 = \pi/4$，因此依赖于电场的所有矩阵元仅与参数 δ_1 有关。使用这个参数，表 2.2 列出了 $j=1$ 时分子静电势能的矩阵元。

正如对自旋为 1/2 的处理，相似的标记也可以应用到自旋为 1 的情况。如果分子处于一个$|+1\bar{\omega}, -\rangle$本征态，那么偶极子沿电场轴向的期望值及分布通常与 $\cos\theta$ 有关。然而在 $m=0$ 的本征态，偶极子的期望值为零。

如前所述，分子也可以处于一个叠加态。无论这个叠加态如何复杂，偶极子的期望值必须瞬时指向某个方向，因为只有 C_{1q} 函数产生偶极子，且依赖于角度。换句话说，不存在一个产生四极矩电场的叠加态。

偶极子的方向以及随时间演化都可以是非平庸的。例如，$|+1\bar{\omega}, +\rangle$ 和 $|+1\bar{\omega}, -\rangle$的叠加态可以上下摆动，如同 $j=1/2$ 类似的叠加态。但是对于 $j=1$ 分子存在更多的叠加态。例如，考虑这个组合：

$$|\psi_3\rangle = A\mathrm{e}^{\mathrm{i}\omega_0 t}|+1\bar{\omega}, +\rangle + B\mathrm{e}^{\mathrm{i}\omega_\Delta t}|0\bar{\omega}, +\rangle + C\mathrm{e}^{\mathrm{i}\omega_0 t}|-1\bar{\omega}, -\rangle$$

其中，$\hbar\omega_\Delta = \Delta/2$ 是对 Λ 双线分子一半能量的缩写。

为了方便，我们进而假设 A、B 及 C 都为实数，则静电势的期望值为

$$\langle \psi_3 \mid \Phi(\boldsymbol{r}) \mid \psi_3 \rangle = \frac{\mu}{2}\cos(2\delta_1)(A^2 + C^2)\frac{\cos\theta}{r^2} + \frac{\mu}{\sqrt{2}}\cos(\delta_1 + \pi/4)B\frac{\sin\theta}{r^2}$$

$$\times[A\cos((\omega_\Delta-\omega_0)t-\phi)-C\cos(-(\omega_\Delta-\omega_0)t-\phi)]$$

与前一节中的符号相似,上面这个式子表明偶极子沿 z 轴具有常数组分。这个常数依赖于电场强度和 $\pm m$ 态的总布居 $|A|^2+|C|^2$。上式在 x-y 平面内有一个分量(与 $\sin\theta$ 有关),与电场方向垂直。当 $C=0$ 时,沿 z 轴正方向观测,该分量将以顺时针方向、频率为 $\omega_\Delta-\omega_0$ 的方式绕场轴进动。另一方面,如果 $A=0$,该分量将以相同频率沿逆时针方向旋转。如果 A、C 都不为零且 $A=C$,这个偶极子将不再旋转,而是在 $+x$ 和 $-x$ 间振动,这种情况类似于左旋偏振光和右旋偏振光叠加形成线偏振光。一般情况下,如果 $A\neq C$,偶极子的末端轨迹则是一个椭圆。然而,在零场极限下,ω_0 退化为 ω_Δ,此时时间依赖效应消失。

表 2.2　$j=1$ 分子的矩阵元 $\langle jm\bar{\omega}\epsilon|C_{1q}|jm'\bar{\omega}\epsilon'\rangle$

	$\lvert+1\bar{\omega}+\rangle$	$\lvert+1\bar{\omega}-\rangle$	$\lvert0\bar{\omega}+\rangle$
$\langle+1\bar{\omega}+\rvert$	$\frac{1}{2}\cos(2\delta_1)$	$-\frac{1}{2}\sin(2\delta_1)$	$-\frac{1}{2}\cos(\delta_1+\pi/4)$
$\langle+1\bar{\omega}-\rvert$	$-\frac{1}{2}\sin(2\delta_1)$	$-\frac{1}{2}\cos(2\delta_1)$	$\frac{1}{2}\sin(\delta_1+\pi/4)$
$\langle0\bar{\omega}+\rvert$	$\frac{1}{2}\cos(\delta_1+\pi/4)$	$-\frac{1}{2}\sin(\delta_1+\pi/4)$	0
$\langle0\bar{\omega}-\rvert$	$-\frac{1}{2}\sin(\delta_1+\pi/4)$	$-\frac{1}{2}\cos(\delta_1+\pi/4)$	0
$\langle-1\bar{\omega}+\rvert$	0	0	$\frac{1}{2}\cos(-\delta_1+\pi/4)$
$\langle-1\bar{\omega}-\rvert$	0	0	$-\frac{1}{2}\sin(-\delta_1+\pi/4)$

	$\lvert0\bar{\omega}-\rangle$	$\lvert-1\bar{\omega}+\rangle$	$\lvert-1\bar{\omega}-\rangle$
$\langle+1\bar{\omega}+\rvert$	$\frac{1}{2}\sin(\delta_1+\pi/4)$	0	0
$\langle+1\bar{\omega}-\rvert$	$\frac{1}{2}\cos(\delta_1+\pi/4)$	0	0
$\langle0\bar{\omega}+\rvert$	0	$-\frac{1}{2}\cos(-\delta_1+\pi/4)$	$\frac{1}{2}\sin(-\delta_1+\pi/4)$
$\langle0\bar{\omega}-\rvert$	0	$\frac{1}{2}\sin(-\delta_1+\pi/4)$	$\frac{1}{2}\cos(-\delta_1+\pi/4)$
$\langle-1\bar{\omega}+\rvert$	$-\frac{1}{2}\sin(-\delta_1+\pi/4)$	$-\frac{1}{2}\cos(2\delta_1)$	$-\frac{1}{2}\sin(2\delta_1)$
$\langle-1\bar{\omega}-\rvert$	$-\frac{1}{2}\cos(-\delta_1+\pi/4)$	$-\frac{1}{2}\sin(2\delta_1)$	$\frac{1}{2}\cos(2\delta_1)$

注:为了获得静电势 $\Phi(\boldsymbol{r})$ 矩阵元,这些矩阵元应该乘以 $(-1)^q C_{1-q}(\theta\phi)\mu/r^2$,式中 $q=m-m'$。

2.5 偶极子相互作用

在对单个偶极子及其量子力学矩阵元进行详细研究之后，我们现在用同样的方法处理两个分子间的偶极-偶极相互作用。相互作用与偶极子的各自取向$\boldsymbol{\mu}_1$、$\boldsymbol{\mu}_2$及相对位置$\boldsymbol{R}$有关。它具有如下形式（见公式(2.3)）：

$$V_{\mathrm{d}}(\boldsymbol{R})=\frac{\boldsymbol{\mu}_1\cdot\boldsymbol{\mu}_2-3(\boldsymbol{\mu}_1\cdot\hat{R})(\boldsymbol{\mu}_2\cdot\hat{R})}{R^3}$$

$$=-\frac{\sqrt{6}\mu_1\mu_2}{R^3}\sum_q(-1)^q[\mu_1\otimes\mu_2]_{2q}C_{2-q}(\theta\phi) \tag{2.27}$$

公式从第一行变为第二行时，我们假设了两个分子的连接轴与实验室坐标z轴的夹角为θ，因此，$\boldsymbol{R}=(R,\theta,\phi)$。其中，角度$\theta$、$\phi$与前节中的含义有些不同。公式(2.27)中第二行用紧凑的张量形式表达相互作用，这对接下来的计算非常有用。这里

$$[\mu_1\otimes\mu_2]_{2q}=\sqrt{5}\sum_{q_1q_2}(-1)^q\begin{pmatrix}2 & 1 & 1\\ q & -q_1 & -q_2\end{pmatrix}C_{1q_1}(\beta_1\alpha_1)C_{1q_2}(\beta_2\alpha_2)$$

代表由两个一阶张量$C_{1q1}(\beta_1\alpha_1)$和$C_{1q2}(\beta_2\alpha_2)$组成的二阶张量，一阶张量给出了分子轴的取向[1]。公式(2.27)重点强调了偶极子的取向与偶极子的相对运动紧密相连：如果一个分子的内部能态发生改变，且角动量发生转移，那么，角动量可能出现在分子间的轨道运动中。

2.5.1 势能矩阵元

公式(2.27)完美表达了经典偶极-偶极相互作用。从量子力学的观点来看，我们对处于特定量子态$|jm\bar{\omega},\epsilon\rangle$的分子更感兴趣，而不是偶极矩沿特定方向$(\alpha,\beta)$的分子。因此，我们必须以2.3.3节中所描述的基矢构建公式(2.27)中相互作用势的矩阵元。

将相互作用写成上面形式的好处是整个因子的每一项都可以分成三部分：第一部分依赖于分子1的坐标；第二部分依赖于分子2的坐标；第三部分依赖于两者的相对坐标(θ,ϕ)。这样在给定基矢下容易计算哈密顿量。对于两个分子，我们考虑前面已经定义了的基函数：

$$\langle\alpha_1\beta_1\gamma_1|jm_1\bar{\omega},\epsilon_1\langle\alpha_2\beta_2\gamma_2|jm_2\bar{\omega},\epsilon_2\rangle \tag{2.28}$$

在这个基矢下，相互作用的矩阵元可表示为：

$$\langle jm_1\bar{\omega},\epsilon_1;jm_2\bar{\omega},\epsilon_2|V_{\mathrm{d}}(\theta\phi)|jm'_1\bar{\omega},\epsilon'_1;jm'_2\bar{\omega},\epsilon'_2\rangle=-\sqrt{30}\mu_1\mu_2\begin{pmatrix}2&1&1\\q&-q_1&-q_2\end{pmatrix}$$
$$\times\langle jm_1\bar{\omega},\epsilon_1|C_{1q_1}|jm'_1\bar{\omega},\epsilon'_1\rangle\langle jm_2\bar{\omega},\epsilon_2|C_{1q_2}|jm'_2\bar{\omega},\epsilon'_2\rangle\frac{C_{2-q}(\theta\phi)}{R^3} \tag{2.29}$$

式中:$\langle jm\bar{\omega},\epsilon|C_{1q}|jm'\bar{\omega},\epsilon'\rangle$ 矩阵元可由公式(2.23)获得。

角动量投影守恒限制了标记符号的总数目,因此 $q_1=m_1-m'_1$, $q_2=m_2-m'_2$,以及 $q=q_1+q_2=(m_1+m_2)-(m'_1+m'_2)$。为了使模型更为具体,这里我们列出二阶约化球谐函数[1]:

$$C_{20}=\frac{1}{2}(3\cos^2\theta-1)$$

$$C_{2\pm1}=\mp\left(\frac{3}{2}\right)^{1/2}\cos\theta\sin\theta\mathrm{e}^{\pm\mathrm{i}\phi}$$

$$C_{2\pm2}=\left(\frac{3}{8}\right)^{1/2}\sin^2\theta\mathrm{e}^{\pm2\mathrm{i}\phi}$$

我们在表2.3中也列出相应的3-j 符号。

表2.3 利用3-j 符号建立公式(2.29)中的矩阵元

q	q_1	q_2	$\begin{pmatrix}2&1&1\\q&-q_1&-q_2\end{pmatrix}$
0	0	0	$\sqrt{2/15}$
0	1	−1	$1/\sqrt{30}$
1	1	0	$-1/\sqrt{10}$
2	1	1	$1/\sqrt{5}$

来源:Brink, D. M. and Satchler, G. R., Angular Momentum, 3rd ed., Oxford University Press, 1993. 注意这些符号在如下两种情况保持不变:交换 q_1 和 q_2,或者同时改变 q_1,q_2 以及 q 的符号。

粗略考虑一个碰撞过程,设想两个分子以角动量 m_1 和 m_2 靠近并散射,分离后的角动量记为 m'_1 和 m'_2,q 是转移到分子对的相对角动量。很明显,除了数值因子可以很容易地计算外,与角动量转移 q 相对应的量子力学偶极-偶极相互作用部分的角依赖关系由多极项 C_{2-q} 给出。

假定分子相距很远,它们处于式(2.28)中明确定义的分子态,则偶极-偶

极势能的对角矩阵元可以写为

$$\left(\mu_1 \frac{m_1 \epsilon_1 \bar{\omega}}{j(j+1)}\cos(2\delta_{m_1})\right)\left(\mu_2 \frac{m_2 \epsilon_2 \bar{\omega}}{j(j+1)}\cos(2\delta_{m_2})\right)\frac{(1-3\cos^2\theta)}{R^3} \tag{2.30}$$

与公式(2.4)相似,这个公式也可以精确地表达经典极化偶极子间的相互作用,区别在于偶极子 μ_1、μ_2 现在用量子修正的形式表示。式(2.30)和式(2.24)中单个偶极子产生的电场量子力学修正偶极矩项完全相同,这并非巧合。当两个偶极子都沿电场方向排列时,可以得到 $m_{1\epsilon_1}>0$ 及 $m_{2\epsilon_2}>0$(例如,两个分子均处于类型 $|a\rangle$),相互作用具有角度依赖性,正比于 $(1-3\cos^2\theta)$。另一种情况是,一个偶极子沿电场方向排列,另一个偶极子反向排列(例如,一个分子处于类型 $|a\rangle$,另一个处于类型 $|c\rangle$),则符号反向——正如在经典情况下的结果。

一般来说,在有限强度的电场或有限的距离 R 时,分子并不是处于公式(2.28)描述的分立分子本征态,因为它们彼此间都有力矩的作用。不同分子内态间相互作用使两个分子间的散射成为一个"多通道问题",其数学描述和解决方法将在第 5、9、13、14 和 15 章中介绍。然而,对分子间偶极-偶极势能进行形象化处理的一个有效方法是构建一个绝热势能面。为此,我们对相对位置为 $\boldsymbol{R}$ 的分子间相互作用进行对角化。

在此之前,我们必须考虑分子的量子统计。如果被研究的两个分子都是全同玻色子或者费米子($\mu_1=\mu_2=\mu$),则两个分子总波函数必须反映这一特征。总波函数为

$$\langle \alpha_1\beta_1\gamma_1 | jm_1\bar{\omega}\epsilon_1\rangle\langle \alpha_2\beta_2\gamma_2 | jm_2\bar{\omega}\epsilon_2\rangle F_{j\bar{\omega};m_1\epsilon_1m_2\epsilon_2}(R,\theta,\phi)$$

两个粒子发生交换后,这个波函数或者是对称或者是反对称。这里交换的含义是交换分子的内态,同时交换它们的质心坐标,即将 $\boldsymbol{R}$ 换为 $-\boldsymbol{R}$:

$$\left.\begin{array}{l}(\alpha_1\beta_1\gamma_1)\leftrightarrow(\alpha_2\beta_2\gamma_2)\\ R\rightarrow R\\ \theta\rightarrow\pi-\theta\\ \phi\rightarrow\pi+\phi\end{array}\right\} \tag{2.31}$$

对于分子的内部坐标,明确的交换对称性函数由下式给出:

$$\langle \alpha_1\beta_1\gamma_1 | jm_1\bar{\omega}\epsilon_1\rangle\langle \alpha_2\beta_2\gamma_2 | jm_2\bar{\omega}\epsilon_2\rangle_s=\frac{1}{\sqrt{2(1+\delta_{m_1m_2}\delta_{\epsilon_1\epsilon_2})}}$$

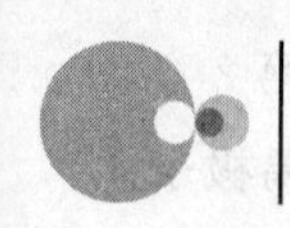

$$\times[\langle\alpha_1\beta_1\gamma_1|jm_1\bar{\omega}\,\epsilon_1\rangle\langle\alpha_2\beta_2\gamma_2|jm_2\bar{\omega}\,\epsilon_2\rangle+s\langle\alpha_2\beta_2\gamma_2|jm_1\bar{\omega}\,\epsilon_1\rangle\langle\alpha_1\beta_1\gamma_1|jm_2\bar{\omega}\,\epsilon_2\rangle] \tag{2.32}$$

新的参数 $s=\pm1$ 表示在此交换下组合项(2.32)或者是奇对称或者是偶对称。如果 $s=+1$,对于玻色子来说,在做 $\boldsymbol{R}\to-\boldsymbol{R}$ 变换时,F 一定是对称的;对于全同费米子来说,在这种变换下 F 一定是奇对称的。如果 $s=-1$,则情况相反。

现在我们不仅能解决公式(2.30)的“纯”偶极形式,而且具备了解决偶极-偶极相互作用这种形式的工具。详细过程依赖于对薛定谔方程的求解。薛定谔方程可以写为

$$\left(-\frac{\hbar^2}{2m_{\mathrm{r}}}\nabla^2+V_{\mathrm{d}}+H_{\mathrm{S}}\right)\Psi=E\Psi$$

式中:H_S 表征包括 Λ 双线和电场相互作用的阈值哈密顿量,利用公式(2.32)表示的基组可以实现对角化;m_{r} 是分子对的约化质量。

通常,我们可以将总波函数扩展为

$$\Psi(R,\theta,\phi)=\frac{1}{R}\sum_{i'}F_{i'}(R,\theta,\phi)\mid i'\rangle$$

式中:参数 i 代表量子数的集合 $\{j\bar{\omega};m_1\ \epsilon_1 m_2\ \epsilon_2 s\}$。

将此表达式代入薛定谔方程并投影到 $\langle i\mid$ 可以得到如下的耦合方程组:

$$-\frac{\hbar^2}{2m_r}\left[\frac{\partial^2}{\partial R^2}+\frac{1}{R^2\sin\theta}\frac{\partial}{\partial\theta}\left(\sin\theta\frac{\partial}{\partial\theta}\right)+\frac{1}{R^2\sin^2\theta}\frac{\partial^2}{\partial\phi^2}\right]F_i$$
$$+\sum_{i'}\langle i\mid V_{\mathrm{d}}\mid i'\rangle F_{i'}+\langle i\mid H_{\mathrm{S}}\mid i\rangle F_i=EF_i$$

如果考虑 N 个 i 通道,这个表达式代表包含 N 个耦合微分方程的方程组。原则上我们可以代入物理边界条件对任何束缚或者散射问题进行求解。然而,为了直观,将这些方程简化到低于三个独立变量是比较方便的。在下面小节中我们来研究这个问题。

2.5.2 两维绝热势能面

加入一个电场,建立两体相互作用的柱对称轴,即 z 轴。角度 ϕ 决定了这两个分子相对于轴的取向,因此相互作用不能依赖这个角度。为了处理这个问题,我们在基组中加入额外的因子

$$|m_l\rangle=\frac{1}{\sqrt{2\pi}}\exp(\mathrm{i}m_l\phi)$$

因而，我们可以将总的波函数扩展为

$$\Psi^{M_{\mathrm{tot}}}(R,\theta,\phi)=\frac{1}{R}\sum_{i'm_l'}F_{i'm_l'}(R,\theta)|m_l'\rangle|i'\rangle$$

这个表达式的每一项，量子数必须满足这个条件：总角动量投影 $M_{\mathrm{tot}}=m_1+m_2+m_l$ 是一个守恒量。另外，对每一项作交换对称都要求玻色子满足 $F_{i,m_l}(R,\pi-\theta)=s(-1)^{m_l}F_{i,m_l}(R,\theta)$，费米子满足 $F_{i,m_l}(R,\pi-\theta)=s(-1)^{m_l+1}F_{i,m_l}(R,\theta)$。

将这个表达式代入薛定谔方程，可以得到与耦合方程略微不同的方程组形式：

$$-\frac{\hbar^2}{2m_r}\left[\frac{\partial^2}{\partial R^2}+\frac{1}{R^2\sin^2\theta}\frac{\partial}{\partial\theta}\left(\sin\theta\frac{\partial}{\partial\theta}\right)\right]F_{i,m_l}$$

$$+\frac{\hbar^2m_l^2}{2m_rR^2\sin^2\theta}F_{im_l}+\sum_{i'm_l'}\langle i\mid V_{\mathrm{d}}^{2D}\mid i'\rangle F_{i'm_l'}+\langle i\mid H_S\mid i\rangle F_{im_l}=EF_{im_l}\tag{2.33}$$

这个变换相当于将方位角动能的微分形式（正比于$\partial^2/\partial\phi^2$）用有效离心势能（$m_l^2/(R^2\sin^2\theta)$）替换。另外，偶极势能 V_{d}^{2D} 与 V_{d} 的矩阵元有些不同。公式(2.29)提到矩阵元中含有依赖于(θ,ϕ)的项正比于 $C_{2-q}(\theta,\phi)$，这里明确写为

$$C_{2-q}(\theta\phi)\equiv C_{2-q}(\theta)\exp(-\mathrm{i}q\phi)$$

这个方程清楚地定义出一个新的函数 $C_{2-q}(\theta)$，其仅与 θ 有关，且正比于相关的勒让德多项式。现在势能矩阵元包含如下的积分形式：

$$\begin{aligned}\langle m_l\mid C_{2-q}\mid m_l'\rangle&=\int\mathrm{d}\phi\,\frac{1}{\sqrt{2\pi}}\mathrm{e}^{-\mathrm{i}m_l\phi}C_{2-q}(\theta)\,\mathrm{e}^{-\mathrm{i}q\phi}\,\frac{1}{\sqrt{2\pi}}\mathrm{e}^{\mathrm{i}m_l'\phi}\\&=\frac{C_{2-q}(\theta)}{2\pi}\int\mathrm{d}\phi\,\mathrm{e}^{\mathrm{i}(M_{\mathrm{tot}}'-M_{\mathrm{tot}})\phi}=\delta_{M_{\mathrm{tot}}M_{\mathrm{tot}}'}C_{2-q}(\theta)\end{aligned}$$

其通过偶极-偶极相互作用确立了总角动量投影守恒。因此，除了因子 $\exp(-\mathrm{i}q\phi)$ 被 $\delta_{M_{\mathrm{tot}}M_{\mathrm{tot}}'}$ 取代外，这一表达式中 V_{d}^{2D} 的矩阵元与公式(2.29)中 V_{d} 的矩阵元相同。

利用这些矩阵元，我们可以构建耦合微分方程(2.33)的解。然而，为了理解势能面的特性，构建绝热势能面是非常有用的。这意味着对于相对位置(R,θ)固定的分子，通过对角化哈密顿量 $V_{\mathrm{c}}^{2D}+V_{\mathrm{d}}^{2D}+H_S$ 可以得到公式(2.33)的能谱，式中 V_{d}^{2D} 是上述讨论的离心势的简写表达式。这一近似在原子分子物理中非常普遍，等同于定义了一个单势能面，这个单势能面基本可以真实地表征多通道分子动力学。

2.5.3　举例:$j=1/2$ 分子

获得绝热势能面的解析结果是相当困难的。考虑符合我们模型的最简单真实的情况,即自旋为 $j=1/2$ 的分子。这种情况下每一个分子有四个内态(m 有两个值,ϵ有两个值),因此双分子基组有 16 个元素。按照分子内部坐标交换对称性分类,$s=+1$ 通道类型下有十个通道,$s=-1$ 通道类型下有六个通道。虽然高阶 j 分子也有相似的定性特征,但接下来我们仅讨论这些情况。

作为内部结构对偶极相互作用影响的最简单描述,我们关注于最低能量绝热势能面,并展示当两个分子相互靠近时它与“纯偶极子”结果的差别(见方程(2.30))。隐藏在这种差别中的物理来源于这样的事实:当分子彼此靠近时偶极-偶极相互作用越来越强,在某些位置相互作用比实验室中保持分子取向电场的影响还强。发生这种情况的分子间距,可以通过求解两种相互作用相等时的间距来得到,即 $\mu^2/R_0^3=\sqrt{(\mu\varepsilon)^2+(\Delta/2)^2}$,这样可以得到特征距离为

$$R_0=\left(\frac{\mu^2}{\sqrt{(\mu\varepsilon)^2+(\Delta/2)^2}}\right)^{1/3}$$

当 $R\gg R_0$ 时,电场相互作用占主导,偶极子被电场排列,相互作用可以用公式(2.30)表示。当 R 与 R_0 可比拟或者更小时,不管其相对位置如何,偶极子均倾向于头尾相连排列使得能量最低。

在继续下文之前,我们这里先对真实分子间距 R_0 的尺寸进行估计。对于之前考虑的 OH 分子,其 $\mu=1.7$ D, $\Delta=0.06$ cm^{-1},分子在电场强度为 $\varepsilon\approx$ 1600 V/cm 时可被极化。对于这个强度的电场,分子特征半径近似为 $R_0\approx 120a_0$($a_0=0.053$ nm,为玻尔半径),远大于分子自身尺寸。因此,一方面在 R 较大时,偶极-偶极相互作用的能量很大,在这个距离范围,势能不能用通常的偶极形式表达。举另外一个更为极端的例子,NiH 分子有一个具有$^2\Delta$ 对称性的基态,总角动量 $j=5/2$[2]。因为基态为 Δ 态,而不是 Π 态,其 Λ 双线比较小,在 10^{-5} cm^{-1}的量级。其对应的临界电场强度为 $\varepsilon\approx 0.5$ V/cm,此电场下的特征半径 $R_0\approx 2000a_0\approx 0.09$ μm。这个长度接近于这类分子玻色-爱因斯坦相互作用距离(假设密度为 10^{14} cm^{-3},空间尺度为 0.2 μm)。偏离简单偶极行为可能影响量子简并偶极气体的宏观性质(见第 12 章)。

举个例子,图 2.2 给出了一个 $j=1/2$ 虚拟分子(其质量、偶极矩和 Λ 双线都与 OH 的相同)的最低能量绝热势能面。这些势能面在 $\varepsilon\approx 10^4$ V/cm 强场极限下计算得到。每一行对应一个可以与特征半径 R_0 相比拟的特定分子间

距。然而如前所述，分子通常有两个获得最低能量的方式，具体如图 2.1(a)、(b)所示。比较有趣的是，经证明这两种方式给出的绝热势能面非常不同。为了表示这一特性，我们在图 2.2 的左列展示了一对 $|a\rangle$ 类型分子的势能面，其对应无穷大 R 处的通道 $\left|\frac{1}{2}+,\frac{1}{2}+;s=1\right\rangle$；在右列我们展示了 $|a\rangle$ 类型分子和 $|b\rangle$ 类型分子的组合。对于后一种情况，有两个可能的对称，对应于 $s=\pm1$，我们也将其标在了图中。最后为了对比，在所有的图中用点线标出了未受到干扰的“纯偶极子”结果。

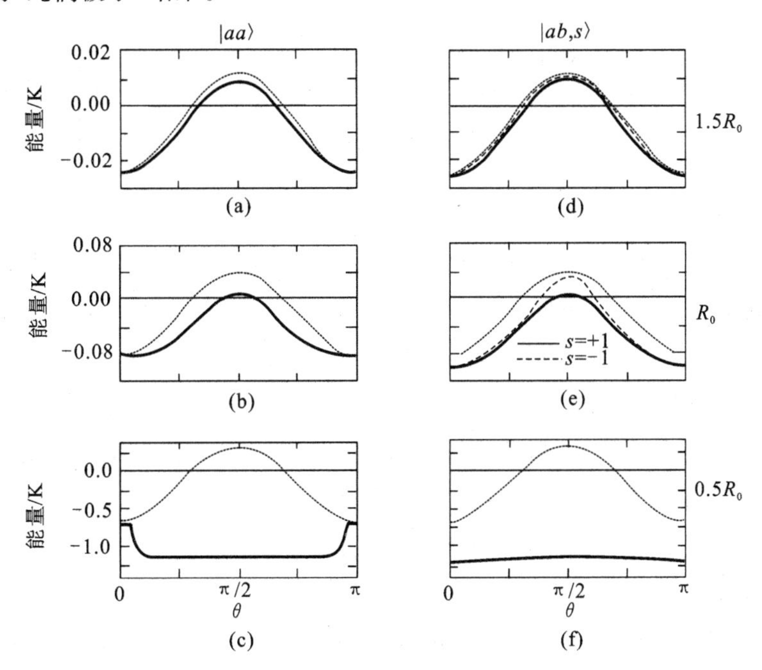

图 2.2 不同分子间隔时，不同分子组合的绝热势能与角度的依赖关系。右侧标出了距离 R 的具体数值。点线：相互作用的对角矩阵元，假定电场对两种分子的排列有很强的影响。实线与短划线：绝热势能面。这些绝热势能面基于文中讨论的 $j=1/2$ 模型，使用的参数为 $\mu=1.68D,\Delta=0.056\ \mathrm{cm}^{-1},m_r=8.5\ \mathrm{amu},\varepsilon=10^4\ \mathrm{V/cm}$，对应 $R_0\approx70a_0$。左列代表两个分子都处于类型 $|a\rangle$ 的结果（见图 2.1）；右列代表一个分子处于类型 $|a\rangle$，而另一个分子处于类型 $|b\rangle$ 的结果，这要求指明交换对称性 s

首先考虑类型 $|a\rangle$ 的两个分子（见图 2.2 左列）。当 $R>R_0$（见图 2.2(a)）时，与纯态的结果比较，绝热势能仅轻微偏离“纯偶极子”，在 $\theta=\pi/2$ 位置排斥减弱。当 R 接近于特征半径 R_0 时，高能通道的混合效应比较明显。最后，当

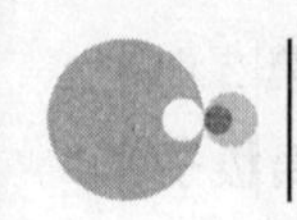

$R<R_0$(见图 2.2(c))时,混合更加明显。在这种情况下,偶极-偶极相互作用是起主导性作用的能量,阈值能量可看作一个微小扰动。结果是量子数 $\left|\frac{1}{2}+,\frac{1}{2}+;s=1\right\rangle$ 不能用来表征通道。对应的具体本征态已经超出了本章讨论的范围。不管怎样,我们发现当 $R<R_0$ 时,通道 $|aa\rangle$(在 $\theta=\pi/2$ 为排斥势)与通道 $|ac\rangle$(在 $\theta=\pi/2$ 为吸引势)有很强的混合作用。这种组合刚好使得两个通道基本抵消彼此对角度的依赖。在这个范围的末端,绝热曲线受到少数通道的影响,这些通道包含的离心能量正比于 $1/\sin^2\theta$。

图 2.2 的右侧展现了混合通道的绝热曲线,一个分子处于类型 $|a\rangle$,另一个分子处于类型 $|b\rangle$,这时 s 有两种可能符号。为了区分这两种情况,我们用实线表示通道 $\left|\frac{1}{2}+,-\frac{1}{2}-;s=1\right\rangle$,用短划线表示通道 $\left|\frac{1}{2}+,-\frac{1}{2}-;s=-1\right\rangle$。很明显,两势能面并不相同,且与图中左列的势能面曲线也不相同。这来源于势能中不同类型的通道耦合(见公式(2.29))。需要注意的是,当类型 $|a\rangle$ 和类型 $|b\rangle$ 分子与电场相互作用能相同时,它们依然代表不同的角动量量子态。即使这样,这些通道的分子仍然可以较为准确地反映远距离 R 时的纯偶极势,在距离 R 较小时几乎与 θ 无关。

更为重要的一点是,这里描述的势能大于毫开尔文或者微开尔文量级下对应的冷分子的平动动能,因此将会影响到分子动力学。并且,势能很大程度上依赖环境中的电场强度:一方面电场直接影响偶极矩幅度的极化率;另一方面改变特征半径 R_0 的数值。这种灵敏性就为通过电场对超冷偶极气体进行相互作用控制提供了一种可能性(见第 12 章)。

虽然我们这里将讨论的内容限定在最低绝热态,实际上由于在激发态中存在的回避交叉也会导致很多有趣的现象。分子间距在 R_0 附近的一系列长程准束缚态也很引人注目[7]。这些分子态可以被用于缔合分子对到具有良好特性的瞬态,进而实现分子相互作用的控制。

2.5.4 一维绝热势能曲线:分波

在许多散射应用中,用描述分子的相对位置和取向的变量(R,θ,ϕ),将偶极-偶极相互作用描述为一个势能面(确切地说,是一系列势能面),这并不一定方便。而且,我们需要将相对角坐标在基矢中进行扩展。为此,利用描述分子相对取向的球谐函数,将式(2.28)的基组扩展为:

$$\langle \alpha_1\beta_1\gamma_1 | jm_1\bar{\omega}\ \epsilon_1\rangle\langle \alpha_2\beta_2\gamma_2 | jm_2\bar{\omega}\ \epsilon_2\rangle\langle \theta\phi | lm_l\rangle$$

其中，

$$\langle \theta\phi | lm_l\rangle = Y_{lm_l}(\theta\phi) = \sqrt{\frac{2l+1}{4\pi}} C_{lm_l}(\theta\phi)$$

总的波函数可用如下叠加态进行描述

$$\Psi^{M_{\text{tot}}}(R,\theta,\phi) = \frac{1}{R}\sum_{i',l',m_l'} F_{i',l',m_l'} Y_{l'm_l'}(\theta\phi)|i'\rangle$$

该式代表分波的常规展开。波函数也受到角动量守恒的限制，要求 $M_{\text{tot}} = m_1 + m_1 + m_l$ 为常量。另外，在 $|lm_l\rangle$ 上进行式(2.31)的对称性操作会引入一个相位因子 $(-1)^l$。因此，对于玻色子波函数要求 $s(-1)^l = 1$，费米子要求 $s(-1)^l = -1$。

这一额外基矢组函数的作用将公式(2.29)中 C_{2-q} 因子用其矩阵元取代：

$$\begin{aligned} C_{2-q} &\rightarrow \langle lm_l | C_{2-q} | l'm_l'\rangle \\ &= \sqrt{(2l+1)(2l'+1)}(-1)^{m_l}\begin{pmatrix} l & 2 & l \\ 0 & 0 & 0\end{pmatrix}\begin{pmatrix} l & 2 & l \\ -m_l & -q & m_l'\end{pmatrix} \end{aligned} \tag{2.34}$$

从这个表达式可以看出，消失于分子内部自由度的角动量 q 出现在分子相对轨道角动量的变化中，即 $m_l' = m_l + q$。这里，电场作用和之前处理的方法完全一致。

与通常在球坐标中应用量子力学的情况相同，量子数 l 代表分子对在质心坐标系的轨道角动量。按照通常的处理方法，可以得到一组分子相对运动的径向耦合薛定谔方程：

$$-\frac{\hbar^2}{2m_r}\frac{d^2F_{ilm_l}}{dR^2} + \frac{\hbar^2 l(l+1)}{2m_r R^2}F_{ilm_l} + \sum_{i'l'm_l'}\langle i|V_d^{1D}|i'\rangle F_{i'm'm_l'} + \langle i|H_S|i\rangle F_{ilm_l} = EF_{ilm_l} \tag{2.35}$$

式中第二项代表正比于 $1/R^2$ 的离心势能，这个势能对于所有 $l>0$ 分波都适用。

2.5.5 相互作用的渐进形式

将薛定谔方程视为在分波上的扩展，并将相互作用视为在 R 处的一系列势能曲线，而不是在(R,θ,ϕ)上的一个势能面，可以使我们更容易地去研究偶极-偶极相互作用的长程行为。

如果 $l+2+l'$ 是一个偶数，公式(2.34)中第一个 3-j 符号将为零，这意味

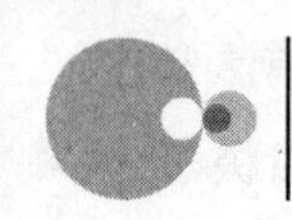

着偶数(奇数)分波只可以和偶数(奇数)分波耦合。另外,l 和 l' 的值最多可以相差 2。因此,偶极相互作用可以改变轨道角动量,例如,从 $l=2$ 到 $l'=4$,但不能从 $l=2$ 到 $l'=6$。最后,如果 $l=l'=0$,相互作用消失,这意味着对 s 波通道而言不存在偶极-偶极相互作用。

由于存在离心势,其他通道具有更高的能量,因此最低绝热势应该等于零。实际并非如此,因为 s 波通道可以和附近的 $l=2$ 的 d 波通道发生耦合。忽略更高阶分波的影响,对长程态特定通道 i 的哈密顿量可以写成如下形式:

$$\begin{pmatrix} 0 & A_{02}/R^3 \\ A_{20}/R^3 & 3\hbar^2/m_r R^2 + A_{22}/R^3 \end{pmatrix}$$

这里 $A_{02}=A_{20}$,A_{22} 按照之前的表述可称为耦合系数。需要注意的是,这些系数都是电场ε 的函数。现在偶极势能和离心势能的比较又可以定义另外一个关于相互作用的特征长度,此时 $\mu^2/R^3=\hbar^2/m_r R^2$,可以定义出一个"偶极半径"$R_D=\mu^2 m_r/\hbar^2$(更恰当的做法是,我们可以用 A_{02} 取代 μ^2 来定义一个依赖于电场的半径)。对于 OH 来说,这个长度约为 $6800a_0$;对于 NiH 来说这个长度约为 $9000a_0$。

当分子距离比较远时,即 $R>R_D$,偶极相互作用是一个微扰。这个在 s 波相互作用上的微扰可以通过二阶微扰理论计算得到:

$$-\frac{(A_{02}/R^3)^2}{3\hbar^2/m_r R^2} \approx -\left(\frac{A_{02}^2 m_r}{3\hbar^2}\right)\frac{1}{R^4}$$

因此,当分子间距比较大时,正如最低绝热曲线所描述的有效势能,具有依赖于 R 的 $1/R^4$ 形式的吸引势,而不是形式上包含的 $1/R^3$。在分子间距较近时,$R<R_D$,相比 $1/R^2$ 形式的离心相互作用,$1/R^3$ 项占主导作用,势能再次变为与 R 相关的 $1/R^3$ 形式。

致谢

非常感谢众多同行多年来关于分子偶极子的有益讨论,特别感谢如下人员:Aleksandr Avdeenkov,Doerte Blume,Daniele Bortolotti,Jeremy Hutson 和 Chris Ticknor。这个工作得到了 National Science Foundation(美国)的资助。

参考文献

[1] Brink, D. M. and Satchler, G. R., Angular Momentum, 3rd ed., Oxford

University Press, 1993.

[2] Brown, J. and Carrington, A., Rotational Spectroscopy of Diatomic Molecules, Cambridge University Press, 2003.

[3] Jackson, J. D., Classical Electrodynamics, 2nd ed., Wiley, NewYork, 1975.

[4] Bethe, H. A. and Salpeter, E. E., Quantum Mechanics of One-and Two-Electron Atoms, Plenum Press, 1977.

[5] Hougen, J. T., The Calculation of Rotational Energy Levels and Rotational Line Intensities in Diatomic Molecules, NBS Monograph 115, available athttp://physics.nist.gov/Pubs/Mono 115/

[6] Allen, L. and Eberly, J. H., Optical Resonance and Two-Level Atoms, Wiley, New York, 1975.

[7] Avdeenkov, A. V., Bortolotti, D. C. E., and Bohn, J. L., Field-linked states of ultracold polar molecules, Phys. Rev. A, 69, 012710, 2004.

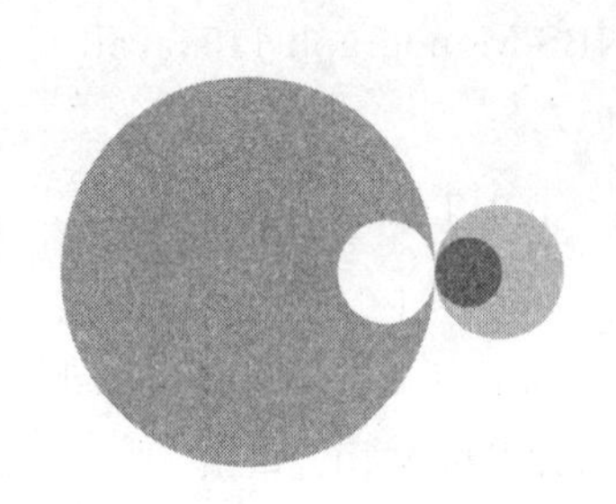

第 3 章 超冷温度下分子的非弹性碰撞和化学反应

3.1 引言

最近几年来随着对各类原子与分子冷却和俘获技术的发展，人们实现了对原子和分子的精密探测和精确操控[1]。冷原子和冷分子最初的研究主要致力于制备冷和超冷物质，近期为了实现原子和分子碰撞的量子操控[2]，研究重点集中在操控分子内的相互作用。尽管很多年前量子操控化学反应的思想就已经提出，但制备特定量子态的超冷分子的工作对这一研究领域仍有巨大的推动作用。由于在冷和超冷温度下分子动力学和在高温下分子碰撞有着显著不同的性质，只有很好地理解冷和超冷温度下分子的性质和碰撞行为，才能进一步推动量子操控化学的发展。近十年来，该领域的理论和实验研究都取得了显著的进展。诸如光缔合光谱学、Feshbach 共振、缓冲气体冷却和斯塔克减速[3]~[6]等实验方法都已经逐步成熟，并成功地应用到不同的分子系统中。人们也提出在线性 Paul 阱等离子-分子系统中研究超冷化学反应的新方法[7]。利用电场和磁场实现外部操控化学反应也是该领域的一个研究重点[8]。本章主要介绍在冷和超冷温度下分子碰撞过程和化学反应的最新研究进展，重点介绍近十年原子分子碰撞系统的量子动力学模拟的理论进展。

与具有热能量的散射相比，超冷碰撞主要研究分子在极端量子环境下的碰撞。该碰撞过程由单次分波决定。目前实验上制备高密度超冷分子样品的主要目的之一就是探索在接近绝对零度下发生化学反应的可能性。尽管 Wigner 定律[9][10]预言在零能量极限下放热过程的速率系数为有限值，但是它尚未指出反应速率系数是否可以大到能被实验观测到，也未指出在绝对零温度下速率系数和相互作用势的依赖关系。大多数中性原子和分子的化学反应都有势垒，但在超冷温度下，是否能以可测量到的速率发生这类化学反应尚不清楚。在超冷温度下，通过隧穿效应的计算表明 $F+H_2$ 反应仍以可观测的速率发生[11]。实验和理论也证明如碳原子[12]、氟原子[13]等重原子隧穿化学反应在低温下有显著的速率发生。

在超冷温度下，人们实现了碱金属系统的光缔合实验，该工作使人们对研究碱金属原子和碱金属双原子分子碰撞的化学反应产生了极大的兴趣[14]。在全同粒子碱金属三原子系统中，其结构重组的碰撞可以不经过任何势垒而发生。最近的研究表明，在超冷温度下碱金属原子-碱金属分子碰撞中的化学反应可能进行得很快。与隧穿主导反应不同，碱金属系统中速率系数的极限值对双原子分子的振动激发不是很敏感。

本章我们主要概述超冷原子-分子碰撞的最新研究，包括反应系统、非反应系统和分子振动激发对碰撞结果的影响。我们将主要讨论隧穿主导反应和无势垒反应，以及这些研究推广到离子系统和分子-分子系统的最新进展。主要包括冷和超冷温度下原子-双原子分子系统碰撞动力学的新观点。关于包括反应和无反应过程的冷和超冷碰撞研究以及外场对冷和超冷碰撞的影响，我们建议读者去查阅最近几年的一些综述性文章[6][8][13][14][15]。关于理论推导的细节我们推荐 Hutson(本书第1章)、Tscherbul 和 Krem(本书第4章)编写的章节。

3.2 原子-分子的非弹性碰撞

超冷原子光缔合和缓冲气体冷却的实验实现后,超冷分子的理论研究引起了人们的极大兴趣。这些实验研究表明,具有热的和非热的振动能量分布的大多数分子系统都可以在超冷阱中制备,在实验中被俘获分子的碰撞损耗是一个很重要的问题。利用光缔合方法可以制备高振动能级的分子,激发态分子的弛豫是通过振动淬灭,还是通过化学反应是一个有趣的研究内容。尽管大量的文献研究了在高温下振转激发态分子的碰撞弛豫,但关于温度在1 K以下振转激发态分子的弛豫速率报道很少。在Wigner阈值区域关于原子-双原子碰撞的一些前期研究工作[16][17][18]已经发表,但弛豫速率系数对分子内能的依赖关系以及相互作用势细节的依赖关系尚未研究。这里我们简要总结了在冷和超冷温度下原子-双原子碰撞中振转能量转移的最新量子动力学计算。主要在几个有代表性的系统中研究超冷温度下非反应原子-分子碰撞中能量转移的主要特性、转动和振动激发分子如何影响对应的速率系数。

3.2.1 振动和转动弛豫

3.2.1.1 冷和超冷温度下的碰撞

如Hutson在前面章节中讨论的,在非常低的能量下散射中s波是占主导地位的,散射截面可以用散射长度作为单个参数来表述。对于只有弹性散射才可能发生的单通道散射,它的散射长度是实数,在s波极限下截面大小由$\sigma=4\pi a^2$给出,其中a是散射长度。对于在分子振动或转动非弹性碰撞中的多通道散射,散射长度为复数,用$a_{vj}=\alpha_{vj}-\mathrm{i}\beta_{vj}$表示,其中$v$和$j$分别是分子初始状态的振动量子数和转动量子数[10][19]。在非弹性散射过程中,弹性截面极限值为$\sigma_{vj}^{\mathrm{el}}=4\pi|a_{vj}|^2=4\pi(\alpha_{vj}^2+\beta_{vj}^2)$。给定初始振转能级分子的总非弹性淬灭截面与散射长度的虚部有关,两者之间的关系是$\sigma_{vj}^{\mathrm{in}}=4\pi\beta_{vj}/k_{vj}$,其中$k_{vj}$是入射波矢。在超低温度下,淬灭速率系数变为常数,在零度时它的值由$k_{vj}^{\mathrm{in}}=4\pi\hbar\beta_{vj}/\mu$给出,其中$\mu$是碰撞系统的约化质量。因此,对于不同的初始振动和转动能级的分子,它的振转弛豫速率系数会达到确定的数值。在冷却和俘获实验中,放热振动和转动弛豫碰撞是俘获损耗的主要路径,速率系数对v和j的依赖关系是冷分子研究领域中一个重要的问题。

在冷和超冷温度下对原子-分子系统振动和转动弛豫的最初研究工作主

要集中在范德瓦尔斯系统中，如 He-H_2[19]~[22]、He-CO[23][24]及 He-O_2[25]等系统。由于这些系统在天体物理环境中的重要性，人们对于 H_2[19]、CO[23][24]与 ^{3}He 及 ^{4}He 低温碰撞速率系数进行了大量的计算，也对两个系统分子间的相互作用势进行了计算。最初关于 He-H_2 系统的计算应用了 Muchnick & Pussek(MR)势能面(PES)[26]。对于 He-H_2 系统，H_2 分子的振动激发对零温度淬灭速率系数有显著的影响。如图 3.1 所示，在振动量子数 $v=1$ 到 $v=10$ 的 H_2 分子[19]与 He 原子碰撞，振动淬灭速率系数增加了约三个数量级。

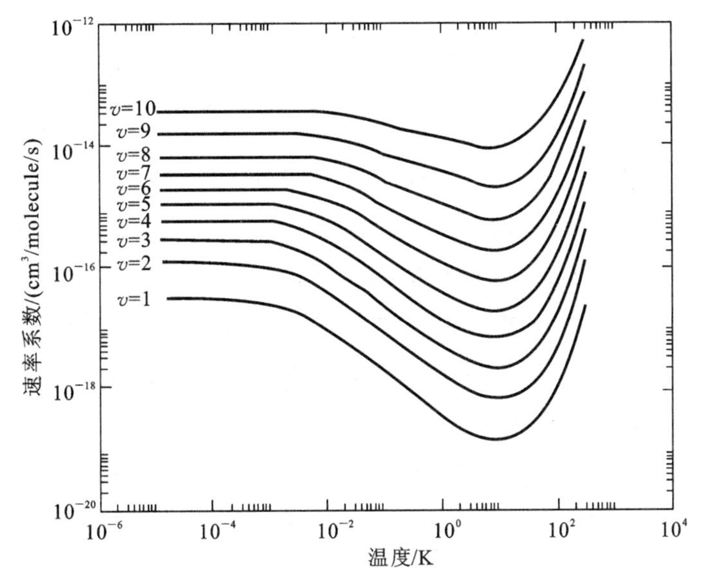

图 3.1 $H_2(v,j=0)$分子和 He 原子碰撞的淬灭速率系数与温度的关系。H_2 分子的振动量子数从 1 变化到 10(引自 Balakrishnan, N. et al. Phys. Rev. Lett. 80, 3224, 1998. 获得授权)

当温度在 10 K 左右时，淬灭速率系数有极小值，该极小值对应的温度可以粗略和范德瓦尔斯相互作用势深度对应。这种行为是振动淬灭速率系数的一个特征。对于入射能量低于阱深时，速率系数有最小值，在达到 Wigner 极限之前继续降低温度时速率系数开始增加。对于有较深范德瓦尔斯势阱系统，速率系数的极小值将移到较高的温度。对 H_2-CO 系统振动弛豫速率系数的测量证实了这一结论[27]。

Balakrishnan, Forrey 和 Dalgarno 研究了振动量子数 $v=1$ 到 $v=12$ 的 H_2 分子和 H 原子碰撞时，H_2 分子的振动弛豫[28]。他们采用了非反应散射公

式并忽略了 H_2 分子的转动,发现弛豫速率系数对 H_2 分子初始振转能级有很强的依赖性。H_2 分子振动能级从 $v=1$ 到 $v=12$,弛豫速率系数增大了七个数量级。速率系数随着振动激发增加(振动量子数增加)而发生的显著变化,可以用相互作用势函数在不同振动态波函数之间的矩阵元来解释,这些矩阵元随原子-分子的质心距离的变化而变化。

原子-分子系统的振动弛豫速率系数经常受到在碰撞过程中生成的范德瓦尔斯复合体的影响。这些复合体的衰退会引起弛豫截面对能量的依赖关系上出现共振现象(见图 3.2 Ar-D_2 碰撞)。通过将有效力程理论应用到 He-H_2 系统的超冷碰撞,Balakrishnan 及其同事[19] 和 Forrey 及其同事[20] 都证明,接近能量阈值共振的振动预离解寿命可以通过零温度淬灭速率系数正确推导出来。这一结果被推广到描述被俘获分子的振动弛豫,发现振动弛豫速率受到了范德瓦尔斯复合体最弱的束缚态操控[22]。Dashevskaya 及其同事在这方面也做了相关的研究工作[29],他们发现在低温下 $H_2(v=1,j=0)$ 振动淬灭可以用准经典方法中的双通道近似描述,但是在计算中需要提供合适的参数。Côté 及其同事[30] 将这一方法推广,预言了能量接近离解阈值时原子-双原子范德瓦尔斯复合体的振动弛豫寿命。

与热碰撞不同,在超冷温度下通道阈值附近弱束缚的存在,显著地影响截面大小。图 3.2 所示的是能量在 $10^{-8}\sim10^{3}$ cm^{-1} 范围内,$D_2(v=1,j=0)$ 分子和 Ar 原子[31] 碰撞时的振转弛豫截面。能量在 $10^{-5}\sim10^{-3}$ cm^{-1} 范围内,截面有显著的共振增强。发生这种截面增强的现象,是由于相互作用势能支持的一个虚态或在接近通道阈值处有一个非常弱束缚态导致的零能量共振。虚态以大的负值散射长度为特征,而束缚态以大的正值散射长度为特征。就目前情况来说,由于散射长度的实部大且为正值($\alpha_{10}=97.0$ Å),共振是由于入射通道势能所支持的弱束缚范德瓦尔斯复合态的衰退导致。当能量低于 10^{-2} cm^{-1} 时,截面由入射通道的 s 波散射支配,零能量共振起源于入射通道的 s 波散射。

如图 3.3 所示,从 Ar-D_2 碰撞反应几率随入射动能变化的函数关系图中很清晰地看出共振增强。几率峰值出现在能量等于 6.0×10^{-4} cm^{-1} 的位置,这个值可以粗略地与准束缚态的结合能对应。由于共振位置很接近通道的阈值,在散射计算中它的位置出现在阈值能量的上方。准束缚态的结合能可以利用散射长度近似估算[10][31]。结合能的值由公式 $|E_b|=\hbar^2\cos(2\gamma_{10})/(2\mu|a_{10}|^2)$

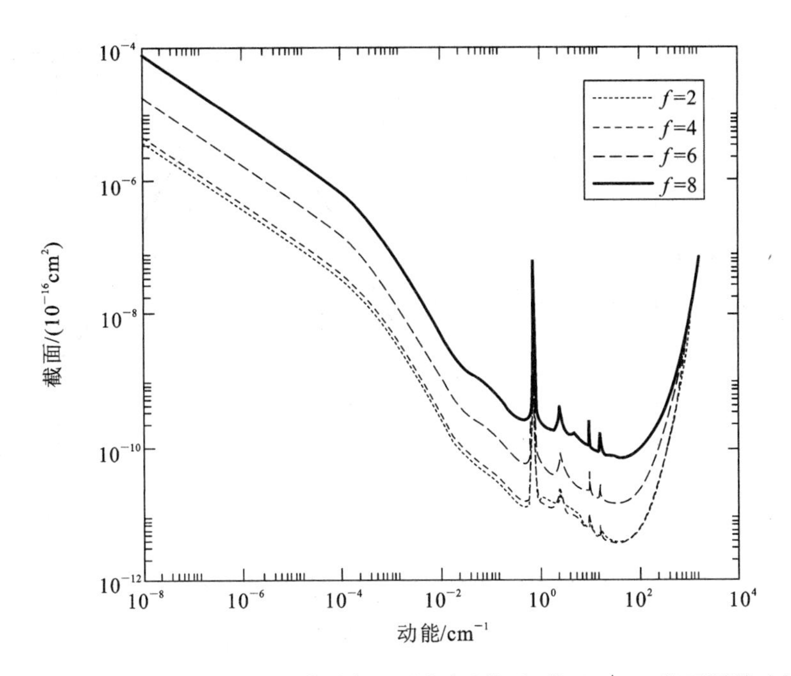

图 3.2 处于 $v=1,j=0$ 能级的 D_2 分子与 Ar 原子碰撞后，处于 $v'=0$ 的不同转动能级淬灭到 $j'=0$ 的截面和入射动能的关系(引自 Uudus, N. et al., J. Chem. Phys., 122, 024304, 2005. 已获授权)

给出，其中 μ 是 Ar-D_2 系统的约化质量，$a_{10}=\alpha_{10}-\mathrm{i}\beta_{10}$ 是 $v=1,j=0$ 能级对应的散射长度，$\gamma_{10}=\arctan(\beta_{10}/\alpha_{10})$。计算得到 $|E_b|=4.9\times10^{-4}\ \mathrm{cm}^{-1}$，与由散射计算导出的精确值一致。

更准确的结合能可以通过由 Forrey 及其同事[20]给出的有效力程公式得到：

$$|E_b|=\frac{\hbar^2}{ur_0^2}\left(1-\frac{\alpha_{10}r_0}{|a_{10}|^2}-\sqrt{1-\frac{2\alpha_{10}r_0}{|a_{10}|^2}}\right)$$

其中，r_0 是势能的有效力程，它可以通过弹性通道中相移的低能行为与标准的有效力程公式拟合得到，$k_{10}\cot\delta_{10}=-1/\alpha_{10}+r_0k_{10}^2/2$。在 Ar-$D_2$($v=1,j=0$)的碰撞系统中，利用有效力程公式给出 $r_0=16.32$ Å。用有效力程近似计算出共振位置 $|E_b|=5.95\times10^{-4}\ \mathrm{cm}^{-1}$，由散射计算得到的值等于 $6.0\times10^{-4}\ \mathrm{cm}^{-1}$，两者吻合得很好。对于这类弱的束缚态，利用标准束缚态准则来正确计算能量的值往往是很困难的，有效力程公式提供了方便可靠的方法来计算导致零能量共振的弱束缚态结合能。

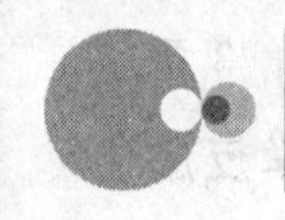

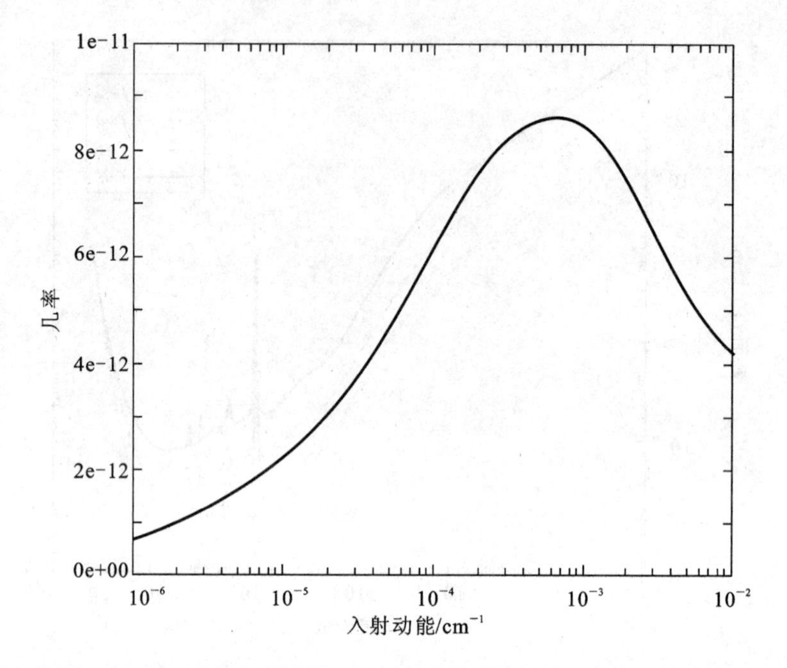

图 3.3 处于 $v=1,j=0$ 能级 D_2 分子与 Ar 原子碰撞时淬灭总几率和入射动能的关系。几率的峰值对应零能量共振(引自 Uudus, N. et al., J. Chem. Phys., 122, 024304, 2005. 已获授权)

冷和超冷碰撞的一个挑战性工作,就是对相互作用势细节的敏感性研究。即使最好的 PESs 电子结构计算方法得到的结果误差都比在冷和超冷区域里碰撞能量大得多,动力学计算对相互作用势能微小的变化都非常敏感。为了探索冷和超冷碰撞对相互作用势细节的敏感性,Lee 及其同事[32]应用 MR 势能和近期由 Boothroyd、Martin 和 Peterson(BMP)[33]发展的从头算势能对 He-H_2系统超冷碰撞动力学进行了比较性研究。与 MR 势相比,BMP 势在势能面的所有构造方面得到了改进,更接近化学的准确性。人们分别利用两种势计算 H_2分子($v=1,j=0$ 态)与 He 碰撞的振动弛豫时,发现两者有显著的差别。在 BMP 面上的淬灭速率极限值比在 MR 面上的高出约三个数量级。这种差别来源于 BMP 面本身具有更高的各向异性,导致那些产生振动跃迁的非对角矩阵元有较大的值。计算结果确实发现由于相互作用势能的高阶各向异性项,$v=1,j=0$ 能级的振动淬灭以跃迁到 $v'=0,j'=8$ 能级为主。

为了探索在超冷温度下包括极性分子在内的非弹性碰撞行为,Balakrishnan，Forrey 和 Dalgarno[23]研究了在^4He-CO 碰撞中 CO 的振动和转动弛豫，发现在低温下 He-CO 系统的动力学和 He-H_2系统有很多明显不同的地方。^4He和^3He与 CO 分子碰撞的量子散射计算表明，在 He-CO 系统中有较大的约化质量和较深的范德瓦尔斯相互作用势能，导致在振动弛豫截面与能量的依赖关系上形成一系列的势形共振[23][24]。在次节中将讨论有关势形共振在低温下对振动弛豫速率系数的影响。当在温度为 35～100 K 时，^4He和^3He与 CO(v=1)碰撞的振动弛豫速率系数理论计算结果和 Reid 及其同事[34]的实验数据符合得很好。Krems[35]研究了在温度为 35～1500 K 时 He-CO 系统的振动弛豫速率系数，证明了振动波函数的离心畸变增强了弛豫过程，淬灭速率系数对相互作用势按角度展开的高阶各向异性项特别敏感[36]。

Bodo、Gianturco 和 Dalgarno[37]将 Balakrishnan 及其同事[23]的研究工作进行了扩展，对超低能量下激发态 CO 分子($v=2,j=0,1$)和^4He原子碰撞的振动弛豫做了研究。他们发现，CO($v=2,j=0,1$)与^4He碰撞时振动淬灭主要以 $v=2\rightarrow v=1$ 为主，对于 $v=2\rightarrow v=0$ 跃迁截面无论初始转动能级是 $j=0$ 还是 $j=1$ 都比单量子跃迁小四个数量级。

近年来，人们对其他分子与 He 原子碰撞中的超冷振动弛豫也进行了研究。Stoecklin、Voronin 和 Rayez[38]研究了 F_2和^3He原子碰撞的振动弛豫，他们利用高能态分子电子结构计算获得的从头算法构建了 He-F_2系统的势能面，计算了碰撞能量在 10^{-6}～2000 cm^{-1}范围内 F_2($v=0,1,j=0$)的弹性散射截面和非弹性弛豫截面。他们在^3He+HF($v=0,1,j=0,1$)系统也做了类似的研究[39]，发现振动淬灭截面和纯转动淬灭相比非常小，该结果与 He-CO 系统的相一致，是由于 He-HF 系统势能面对 HF 核间距较弱的依赖性和系统具有强各向异性相互作用势。

Bodo 和 Gianturco[40]对在 Wigner 区^4He和^3He原子与 CO($v=1,2,j=0$)、HF($v=1,2,j=0$)和 LiH($v=1,2,j=0$)碰撞的振动弛豫进行了比较性研究，他们发现淬灭速率系数对碰撞对象有很大的依赖性。^4He和^3He原子与 CO、HF 和 LiH 三种分子碰撞的速率系数分别在 10^{-21}～10^{-19} cm^3/s、10^{-16}～10^{-15} cm^3/s 和 10^{-14}～10^{-11} cm^3/s 的范围。这种差别主要是双原子分子和 He 原子之间相互作用力的不同特征。He-CO 系统相互作用势能是各向同性的，它可以用弱的振动耦合元来表示。He-HF 系统相互作用势能为各向异性，不同振动态间

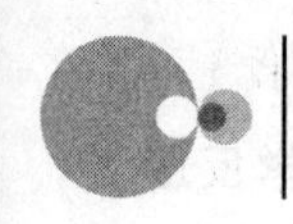

的耦合更显著。He-LiH 系统相互作用势能的各向异性更强,它表现出强的振动耦合。

在 Doyle 和 Meijer 撰写的章节中介绍,对于利用缓冲气体冷却、斯塔克减速方法冷却和俘获 NH[41][42] 和 OH[43][44] 分子的研究工作在不断地发展,引起人们的研究兴趣。Krems 及其同事[45] 和 Cybulski 及其同事[46] 采用刚性转子近似和精确的 He-NH 势能面,研究了从超冷能量到 10 cm^{-1} 范围内 ^{3}He-NH 碰撞中弹性散射和塞曼弛豫的截面和速率系数,他们发现在弱磁场中 NH 分子和 He 原子的弹性碰撞比起塞曼弛豫至少要快 5 个数量级,说明 NH 分子是缓冲气体冷却中很好的介质。González-Sánchez 及其同事[47] 研究了在超低能量下 OH 和 He 原子碰撞中的转动弛豫和自旋翻转,发现当碰撞能量降低到零时转动弛豫在弹性碰撞中是主要的。

尽管人们对一系列原子-双原子分子系统振动和转动弛豫速率系数(见表 3.1)做了很多理论预言,但是相应的实验结果在大多数系统中尚未观察到。Weinstein 及其同事[48] 首次报道了在 1 K 温度以下分子振动弛豫的测量。在他们的研究工作中,CaH 分子通过和 ^{3}He 缓冲气体发生弹性碰撞后减速,然后被俘获在不均匀磁场中。他们对温度为 500 mK 时 CaH 的自旋翻转跃迁速率系数的上限以及在 $v=1$ 振动能级的 CaH 分子与 ^{3}He 原子碰撞的振动弛豫做了估计。Balakrishnan 及其同事[49] 以量子密耦计算理论及 Groenenboom 和 Balakrishnan[50] 发展的 He-CaH 系统从头算法势能面为基础,对 CaH 和 ^{3}He 原子碰撞振动弛豫给出了理论分析。在相关的研究中,Krems 及其同事[51] 计算的 CaH 和 ^{3}He 碰撞引起的自旋翻转跃迁截面结果和 Weinstein 及其同事[48] 从实验上得出的数值一致。Krems 及其同事证明在低能时 $^2\Sigma$ 分子(由无结构原子引起)在 $N=0$ 转动能级的自旋翻转跃迁是通过与转动激发态 $N>0$ 能级的耦合发生的,相应的速率系数由瞬时转动激发态分子的自旋-转动相互作用决定。

表 3.1 提供了不同原子-分子系统的振动和转动弛豫在零温度下的淬灭速率系数

系统	初态(v,j)	$K_{T=0}/(cm^3/s)$	参考文献
$H+H_2$	$(v=1,j=0)$	1.0×10^{-17}	[28]
$^3He+H_2$	$(v=1,j=0)$	3×10^{-17}	[19]
	$(v=10,j=0)$	3.6×10^{-14}	[19]

续表

系　统	初态(v,j)	$K_{T=0}/(cm^3/s)$	参考文献
^4He+CO	$(v=1,j=0)$	6.5×10^{-21}	[23]
	$(v=1,j=1)$	9.0×10^{-19}	[23]
^3He+CO	$(v=1,j=0)$	1.3×10^{-19}	[40]
	$(v=2,j=0)$	2.1×10^{-19}	[40]
^4He+CO	$(v=1,j=0)$	5.3×10^{-21}	[40]
	$(v=2,j=0)$	1.3×10^{-20}	[40]
^3He+CaH	$(v=0,j=1)$	3.5×10^{-12}	[49]
	$(v=1,j=0)$	2.6×10^{-17}	[49]
^3He+HF	$(v=1,j=0)$	3.1×10^{-16}	[40]
	$(v=2,j=0)$	2.6×10^{-15}	[40]
^4He+HF	$(v=1,j=0)$	8.1×10^{-16}	[40]
	$(v=2,j=0)$	6.5×10^{-15}	[40]
^3He+LiH	$(v=1,j=0)$	9.0×10^{-14}	[40]
	$(v=2,j=0)$	3.6×10^{-12}	[40]
^4He+LiH	$(v=1,j=0)$	3.8×10^{-13}	[40]
	$(v=2,j=0)$	1.5×10^{-11}	[40]

3.2.1.2　分子碰撞中的势形共振

当能量高于s波区域的初始值时，截面将由非零的角动量分波贡献决定。如果相互作用势能包含有相互吸引的部分，对非零角动量分波有效势可能具有离心势垒，这会导致截面对碰撞能量依赖关系上出现势形共振。图3.4所示的是CO$(v=1,j=0)$和^{4}He原子碰撞的振动弛豫。

图3.5所示的是能量在0.1～10.0 cm^{-1}之间，截面和能量依赖图的尖峰来源于He和CO分子间的范德瓦尔斯相互作用势引起的势形共振。对碰撞样品速率分布进行积分时，势形共振引起温度在0.1～10.0 K之间振动弛豫速率系数显著增加。在CO[24]、O_2[25]和CaH[49]与^{3}He原子碰撞的振动弛豫也发现类似的结果。图3.2中$Ar\text{-}D_2$系统的振动弛豫截面对能量依赖关系图中的尖峰也来自$Ar\text{-}D_2$范德瓦尔斯相互作用势所导致的势形共振。对于较重的双原子分子组成的系统和相互作用势能较深的范德瓦尔斯阱来说，这种效果更为突出，而后者的态密度很高，会导致在截面中有更丰富的共振结构。

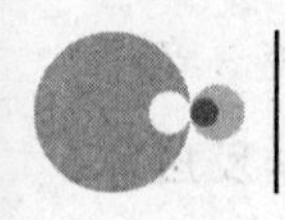

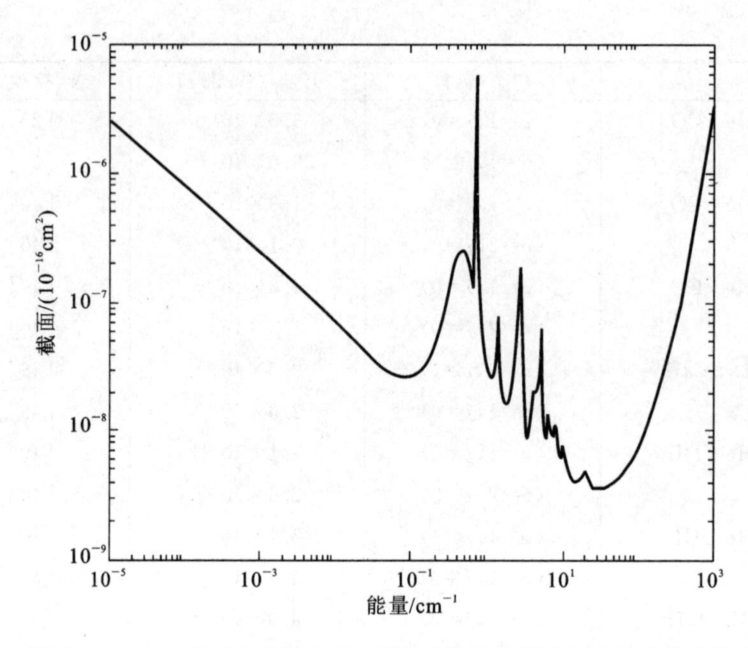

图 3.4 处于 $v=1, j=0$ 的 CO 分子和^{4}He 原子碰撞淬灭截面和入射动能的关系(引自 Balakrishnan, N. et al., J. Chem. Phys., 113, 621, 2000. 已获授权)

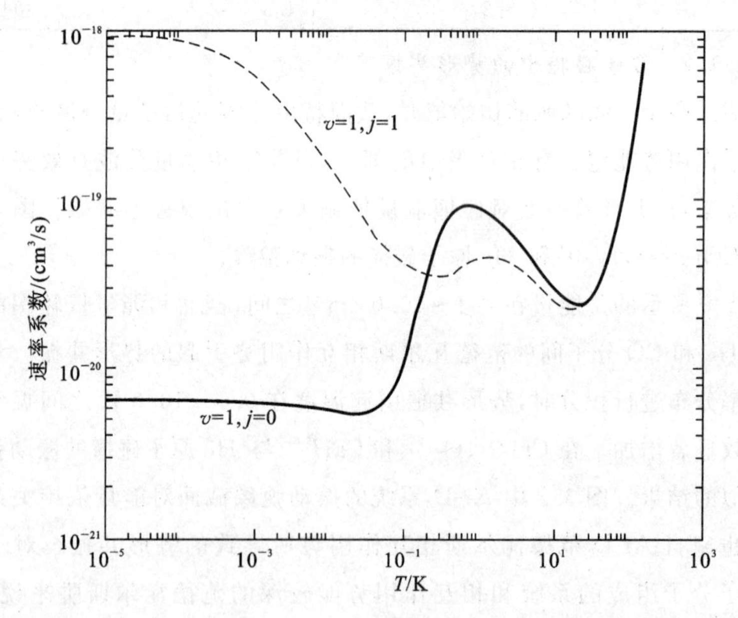

图 3.5 CO($v=1, j=0,1$)分子和^{4}He 原子碰撞淬灭速率系数和温度的关系(引自 Balakrishnan, N. et al., J. Chem. Phys., 113, 621, 2000. 已获授权)

3.2.1.3 分子碰撞中的 Feshbach 共振

Feshbach 共振发生在一个未束缚(连续的)通道与另一束缚态通道耦合的多通道散射中。如果在相互作用系统中,未束缚通道的能量靠近束缚态的能量且两个通道之间的耦合很强时,截面在共振邻近区域发生显著变化。在利用 Feshbach 共振方法制备超冷分子时,通过外磁场来调节束缚对的能量,使它和分立原子对的能量一样。在原子-双原子系统中,束缚态可以对应于一个原子-双原子范德瓦尔斯复合物的准束缚态。对应于双原子分子不同的初始振动和转动能级的通道势都可能引起 Feshbach 共振。对于 He-CO 系统,Feshbach 共振出现在振动能级 $v=0$ 和 $v=1$ 中转动能级 $j=1$ 通道阈值附近。图 3.6 所示的是在 $v=1,j=1$ 能级附近,$v=1,j=0$ 通道的弹性散射截面中的 Feshbach 共振。在接近 $j=1$ 能级的通道处,Feshbach 共振的出现对 CO 分子 $v=1,j=1$ 能级振动淬灭截面有显著影响。由于 Feshbach 共振在 $v=1,j=1$ 通道阈值附近出现,它在 $v=1,j=1$ 能级散射效果类似于以前讨论的 Ar-D_2 系统中的零能量共振。如图 3.5 所示(或见表 3.1),我们比较了 CO 分子 $v=1$,$j=0$ 和 $v=1,j=1$ 能级的振动弛豫速率系数。$v=1,j=1$ 能级的淬灭速率系数在零温度的极限值在数值上约比 $v=1,j=0$ 能级的高出两个数量级。类似的 Feshbach 共振也发生在 He-H_2 范德瓦尔斯复合体的振动和转动预离解过程[20]。Forry 及其同事[20]成功地利用有效力程理论预言这些共振态的预离解寿命。

Feshbach 共振可以作为相互作用势非常灵敏的探针,也可以用来在化学反应中选择性地破坏或修复化学键。束缚态和未束缚态之间的耦合可以通过施加外电场或外磁场加以调节,这就提供了一个产生和湮灭 Feshbach 共振并且可以控制碰撞产物的重要机制。Krems 及其同事[52]已证明通过外磁场调节 Feshbach 共振可以使弱的范德瓦尔斯复合体分解。在这种情况下,通过变化外磁场来改变束缚通道和未束缚通道的塞曼能级耦合强度,束缚通道和未束缚通道的塞曼能级耦合会导致范德瓦尔斯复合体分解。

3.2.2 准共振跃迁

虽然冷和超冷碰撞的性质与在热能下的散射显著不同,在低温度下量子效应占主导地位,但在振转激发的双原子分子弛豫过程中发现经典动力学和量子动力学之间有明显的关联。近二十年的实验表明[53][54],与原子碰撞的转动激发态双原子分子可能在特定的振转自由度之间发生非常有效的内能转换。如果碰撞时间比分子的转动周期长时,能量会发生高效转换,这一效应被

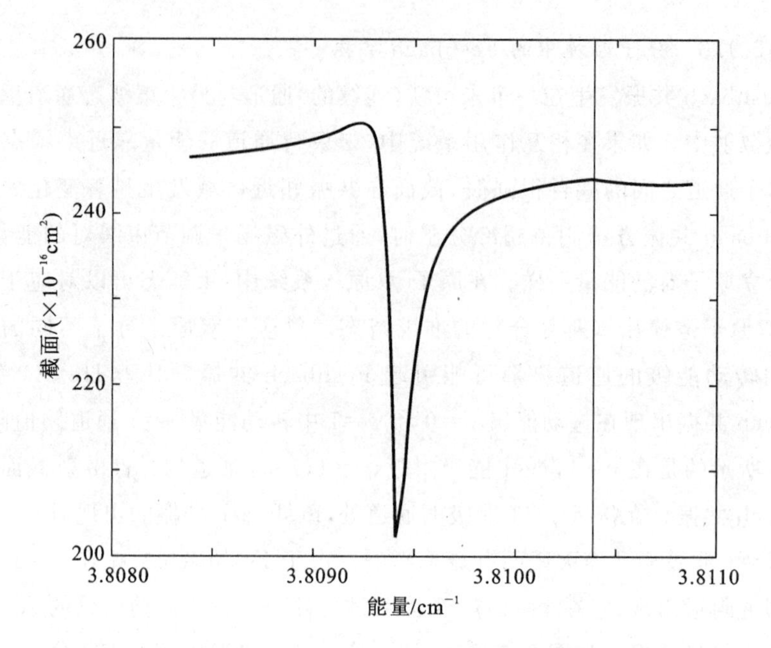

图 3.6 CO($v=1,j=0$)分子和^{4}He原子弹性散射碰撞截面中的 Feshbach 共振。共振发生在低于 $v=1,j=1$ 能级的位置,用竖线表示。能量相对于 CO 分子的 $v=1,j=0$ 能级(引自 Balakrishnan,N. et al. ,J. Chem. Phys. ,113,621,2000. 已获授权)

称为"准共振转动-振动能量转换"。实验结果揭示了准共振跃迁满足倾向定则 $\Delta j=-4\Delta v$ 或 $\Delta j=-2\Delta v$,其中 $\Delta v=v_f-v_i$,$\Delta j=j_f-j_i$[53][54]。在其他振转跃迁中,非弹性通道占主导地位。准共振跃迁转移一般对相互作用势细节不敏感。另一方面,准共振跃迁过程有作用量守恒 $I=n_v v+n_j j$,其中 n_v 和 n_j 为小的整数。Forrey 及其同事[21]发现,准共振跃迁转移也能发生在转动激发双原子分子和原子的冷和超冷碰撞中,但是这个过程即使发生在超冷区,对相互作用势能细节也不敏感。在 $He+H_2$ 碰撞中,$\Delta j=-2\Delta v$,准共振跃迁转移[55]如图 3.7所示,图中曲线是 $He+H_2$ 碰撞的零温度振动和转动跃迁速率系数与初态振动和转动量子数的关系。与纯转动淬灭相比,当初始转动能级大于 12 时,准共振跃迁转移是主要的能量转换机制。在 $j=22$ 处,由于在零温下初态能量满足不了 $\Delta j=-2\Delta v$ 的跃迁要求,故在此处出现中断带。Forrey 及其同事[21]发现,与在热能区相比,在低温度下准共振跃迁转移过程更具主导地位。值得注意的是,经典轨道计算[21]在超冷温度下能正确预言 Δv 和 Δj 之间的关联,即使 v 和 j 的变化是分数。Forrey 及其同事[56]~[59]对在冷和超冷温度下准共振跃迁能量转换做了大量研究,Ruiz 和 Heller[60]最近发表了一篇综述性文章,应用半经典理论对准共振跃迁现象进行了详细分析。McCaffery及其同事[61][62][63]报道了关于准共振跃迁过程热能碰撞的半经典轨道计算,以准共振跃迁现象和简单的参数模型为基础成功地解释了大分子的实验数据。

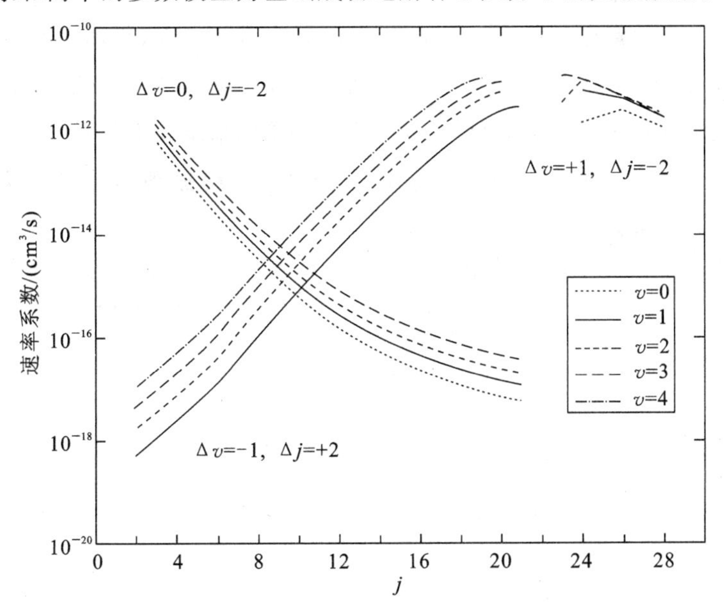

图3.7 零温度$^4He+H_2(v,j)$碰撞的速率系数和初始振动与转动量子数的关系

(引自Forrey,R. C. et al.,Phys. Rev. A,64,022706,2001.已获授权)

3.2.3 原子-分子离子碰撞

离子系统的动力学与中性样品的碰撞不同。通常情况下,离子系统相互作用势的短程部分各向异性更明显,长程部分有一个吸引势组分,这部分取决于原子极化度并以$1/R^4$减小,R是原子-分子质心距离[64]。与中性原子-分子系统相比,离子系统的相互作用势由于存在强的极化项,它的相互作用势延伸到长程范围,对于散射动力学,理解相互作用势能的短程和长程部分的影响都是非常重要的。基于此,分子离子和中性原子以及中性分子和原子离子的超冷碰撞为人们研究的一个焦点内容。

Bodo及其同事[64]研究了在超低能量下Ne_2^++Ne和He_2^++He碰撞的转动淬灭。他们发现在He系统中Wigner区从碰撞能量10^{-4} cm^{-1}开始,而在Ne系统中Wigner区从10^{-6} cm^{-1}开始。与中性粒子相比,一般情况下离子系统s波Wigner区出现在较低的能量区,例如,在He+H_2[19]和He+O_2[25]碰

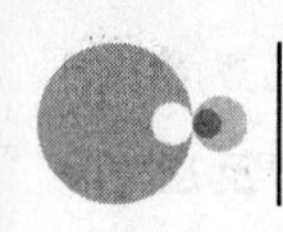

撞中,Wigner 区开始于碰撞能量约为 10^{-2} cm^{-1}的位置。离子系统和中性粒子系统的这种差别是离子-中性粒子相互作用势能的长程部分增加了高阶分波的贡献。He 和 Ne 两个系统的差别是由于不同的质量和长程相互作用势强度。对于质量较重的 Ne 系统,长程部分吸引势增强,增加了在极低能量下高阶分波的贡献。在这些分子离子系统中,转动淬灭零能量速率系数在 10^{-9} cm^3/s 的量级,该结果比中性粒子系统碰撞的情况要大得多。

表 3.2 列出了对不同的原子分子-分子离子系统振动和转动弛豫在零温度下淬灭速率系数。

表 3.2 对不同的原子-分子离子系统振动和转动弛豫在零温度下淬灭速率系数

系　统	初态(v,j)	$K_{T=0}/(cm^3/s)$	参考文献
$Ne_2^+ + Ne$	$(v=0,j=2)$	3.3×10^{-10}	[64]
	$(v=0,j=4)$	7.3×10^{-10}	[64]
	$(v=0,j=6)$	7.0×10^{-10}	[64]
$He_2^+ + He$	$(v=0,j=2)$	6.7×10^{-10}	[64]
	$(v=0,j=4)$	8.4×10^{-10}	[64]
	$(v=0,j=6)$	1.2×10^{-9}	[64]
$N_2^+ + {}^3He$	$(v=1,j=0)$	4×10^{-14}	[65]
$N_2^+ + {}^4He$	$(v=1,j=0)$	3×10^{-15}	[65]

Stoeklin 及其同事[65]对 $N_2^+(v=1,j=0)$分子离子与中性^3He或^4He原子碰撞、中性 $N_2(v=1,j=0)$分子和中性^3He或^4He原子碰撞进行了比较性的研究,这些系统的振动淬灭截面如图 3.8 所示。他们发现中性 N_2分子与^3He或^4He原子碰撞淬灭截面的变化情况相似,但是 N_2^+与^3He或^4He原子碰撞时淬灭截面存在差异,淬灭截面的共振位置出现了显著偏离,并且共振的数目也不同。在碰撞能量为 10^{-2} cm^{-1}处,$N_2^+ + {}^3He$ 系统有势形共振,$N_2^+ + {}^4He$ 系统中却不存在势形共振。此外,$N_2^+(v=1,j=0)$与^3He碰撞的零能量淬灭速率系数要比^4He的情况高出一个量级,对于 $N_2(v=1,j=0)$分子和中性^3He或^4He原子碰撞零能量淬灭速率系数相差不大。这些情况的差别可能是 $N_2^+(v=1,j=0)+{}^3He$ 碰撞系统中有一个虚态的原因。最近,Guillon 及其同事[66]研究了 He-N_2^+系统中自旋-转动相互作用对振动和转动淬灭的影响,结果表明振动淬灭不受自旋-转动耦合的影响,而转动跃迁却对精细结构相互作用敏感。

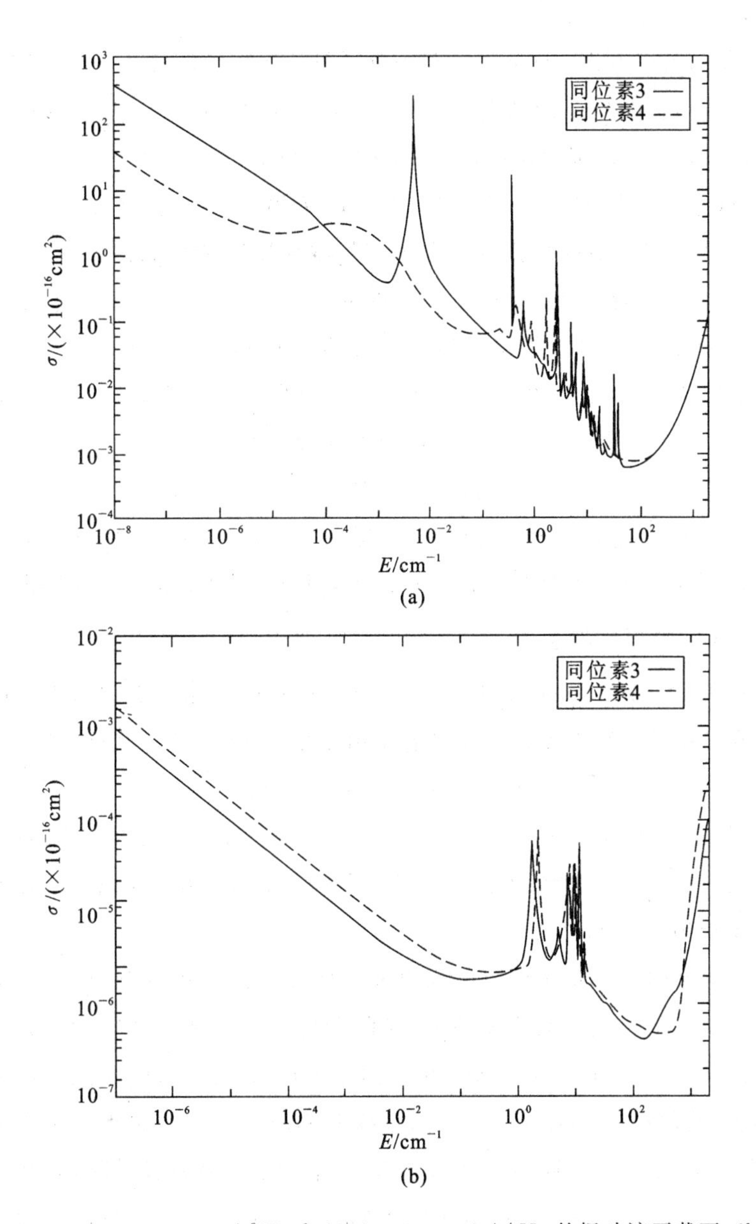

图 3.8　(a) $N_2^+(v=1, j=0)+{}^3He$ 和 $N_2^+(v=1, j=0)+{}^4He$ 的振动淬灭截面；(b) $N_2(v=1, j=0)+{}^3He$ 和 $N_2(v=1, j=0)+{}^4He$ 的振动淬灭截面(引自 Stoecklin, T. and Voronin, A., Phys. Rev. A, 72, 042714, 2005. 已获授权)

3.3　超冷温度下的化学反应

在过去的30年里,对于原子和小分子系统间化学反应的研究在实验和理论上已经取得了很大的进展。尽管许多碰撞系统的完全态分辨(state-resolved)实验已经完成,但准确的量子动力学计算仅限于轻原子系统,如 $H+H_2$、$F+H_2$、$Cl+H_2$、$C+H_2$、$N+H_2$、$O+H_2$及其他一些类似的同位素[67][68]。对小分子系统的大多数实验研究聚焦在热碰撞反应和提高碰撞能量的反应。近期对于某些天体物理上相应系统的测量,将小分子系统的温度降低至10 K[69]。研究冷和超冷化学反应行为对于实现相干化学有很重要的意义。与涉及的碰撞能量相比,在这些温度下外界电场和磁场对化学反应的影响是明显的,因此可以通过外场来控制和操控反应结果。在最近七年间报道了一系列关于有势垒和没有势垒的情况下超冷原子-双原子的化学反应。在低温下和较高温度下的化学反应迥然不同,特别是在较高温下对化学反应毫无影响的弱范德瓦尔斯相互作用势能在低温下对反应的影响也是很显著的。

3.3.1　隧穿主导反应

在过去10到15年间,在化学反应中理解共振的作用引起了人们的研究兴趣。在低温下,这些化学反应取决于由于能量势垒存在导致的隧穿效应。最近人们关于 $F+H_2/HD/D_2$[11][70]~[80]、$Cl+HD$[81][82]、$H+HCl/DC1$[83]、$Li+HF/LiF+H$[84][85]、$O+H_2$[86][87]和 $F+HCl/DCl$[88]反应的研究表明,由于在入射通道和出射通道的范德瓦尔斯相互作用势准束缚态的衰退,在截面上可能出现窄的Feshbach共振。

在过去20年里,量子散射计算的研究对象主要是F与H_2和F与HD的反应。对于化学反应中的共振现象,这两个反应成为理论和实验研究的标志性系统。1996年,Castillo及其同事[70]对 $F+H_2$反应的低能共振特征进行了详细分析,发现在$F+H_2$反应中累积反应几率对能量依存关系中出现的几次共振是由于在HF+H通道中的范德瓦尔斯相互作用势所引起,尤其是来源于与HF($v'=3,j'=0\sim3$)通道相联系的范德瓦尔斯势。大量的实验和理论文章研究了这些共振特征的各个方面[11][70]~[72][75]~[80]。在这些研究中,最值得特别注意的是Takayanagi和Kurosaki的工作[71],他们发现对于$F+H_2$、F+HD和$F+D_2$的反应,由于反应入射通道的范德瓦尔斯势准束缚态的衰退产生了反应性的散射共振，这些 Feshbach 共振与 F…H_2($v=0,j=0,1$)、F…HD($v=0,j=0,1,2$)和 F…D_2($v=0,j=0,1,2$)三种复合体相对应的绝热势准束缚态衰退相联系，可以通过反应物分子的非对称振转态为基矢，将 $J=0$ 的哈密顿量对角化而得到。

3.3.1.1 零温度下的反应

Balakrishnan 和 Dalgarno[11] 发现，F+H_2 范德瓦尔斯复合体的准束缚态对在 Wigner 阈值区的反应有显著影响，在零温度极限下 F+H_2($v=0,j=0$)反应速率系数为 1.25×10^{-12} cm^3/s，他们的计算是基于广泛用于F+H_2系统的 Stark & Werner[89] 势能面。较大的零温度速率系数是由于反应中存在低而窄的势垒，因此反应中 H 原子的隧道效应是有效的。图 3.9 所示的是 F+H_2($v=0$, $j=0$)反应中振动能级可分辨的截面，总角动量量子数 $J=0$。与在较高能量下的行为相一致，低能量下 $v'=2$ 能级是占优势的通道。

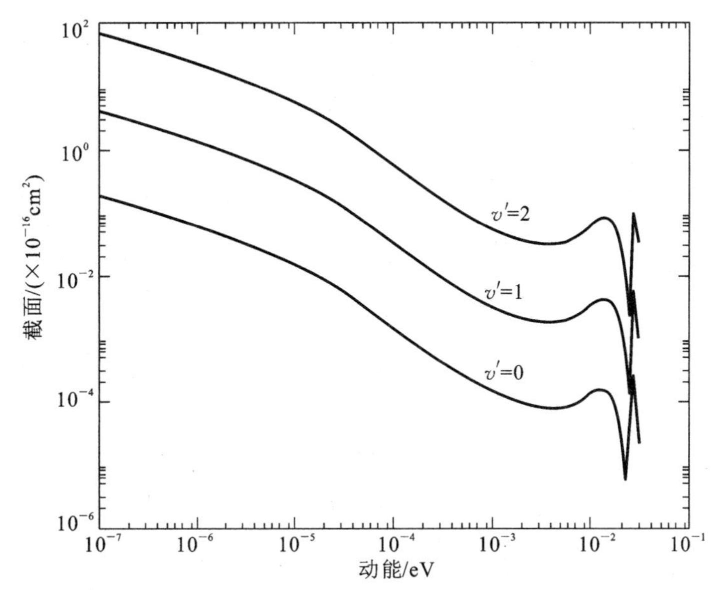

图 3.9 F+H_2($v=0,j=0$)→HF(v')+H 反应在 $v'=0,1,2,J=0$ 碰撞截面与入射能量的关系(引自 Balakrishnan, N. and Dalgarno, A. Chem. Phys. Lett., 341, 652, 2001. 已获授权)

后续的计算证明在低能量下 F+HD 的反应主要以形成 HF 产物为主，HF/DF 的分支比约为 5.5[74]。由于 D 原子较重，隧道效应不是很有效，DF 产率受到抑制。在较早的量子计算中，Baer 及其同事[90][91] 发现，在温度为 450 K

时,HF/DF 分支比为 1.5,温度为 100 K 时,HF/DF 分支比为 6.0,该结果与 Balakrishnan 和 Dalgarno[74] 获得的零温度极限值非常接近一致。图 3.10 所示的是在动能范围为 10^{-7} ~ 10^{-1} eV 时,F+H_2(v=0,j=0)和 F+HD(v=0,j=0)两种反应 J=0 截面的比较。在 Wigner 阈值区,F+H_2系统的反应率比 F+HD 系统的高出一个数量级。最近 De Fazio 及其同事[80] 对 F+HD 反应的散射共振进行了严格分析,提供了由范德瓦尔斯势入射通道和出射通道支持的共振的详细特征,并且讨论了高阶总角动量对共振位置和寿命的影响。在低能量下,Aldegunde 及其同事[77] 最近研究了 F+H_2碰撞的立体动力学方面和 H_2分子极化对反应结果的影响,发现利用反应物的极化机制可以操控从一个态到另一态的反应动力学。

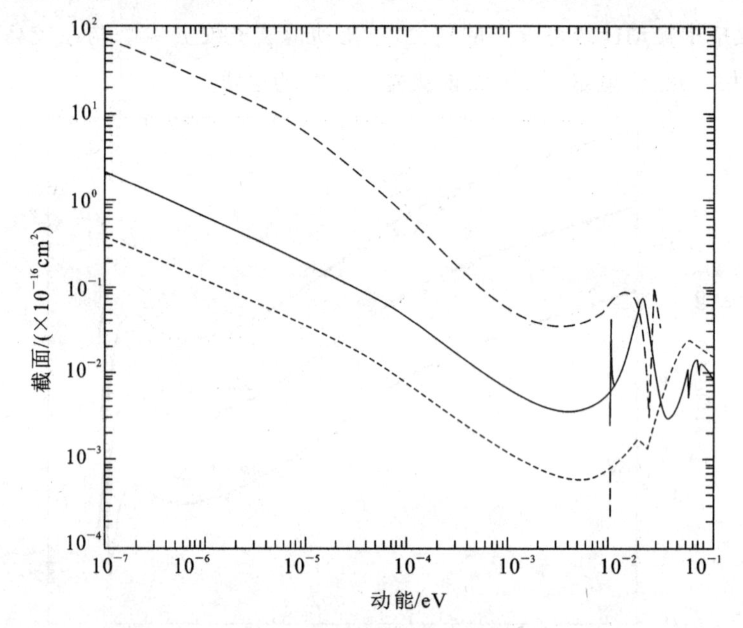

图 3.10 比较 F+HD(v=0,j=0)→HF+D(实线),F+HD(v=0,j=0)→DF+H(短虚线)和 F+H_2(v=0,j=0)→HF+H(长虚线)反应的 J=0 截面与入射能量的关系(引自 Balakrishnan, N. and Dalgarno, A., J. Chem. Phys. A, 107, 7101, 2003. 已获授权)

为了探索冷和超冷温度下隧穿效应在化学反应中的作用,Bodo, Gianturco 和 Dalgarno[73] 研究了 F+D_2系统在低和超低能量下的动力学。他们发现了与 F+H_2反应相比,在 Wigner 区 F+D_2的反应被显著抑制,HF/DF 的分支比约为100。图3.11所示的是从Wigner极限到0.01 eV，$F+H_2$和$F+D_2$两个反应的$J=0$截面累积反应几率与入射动能的关系。

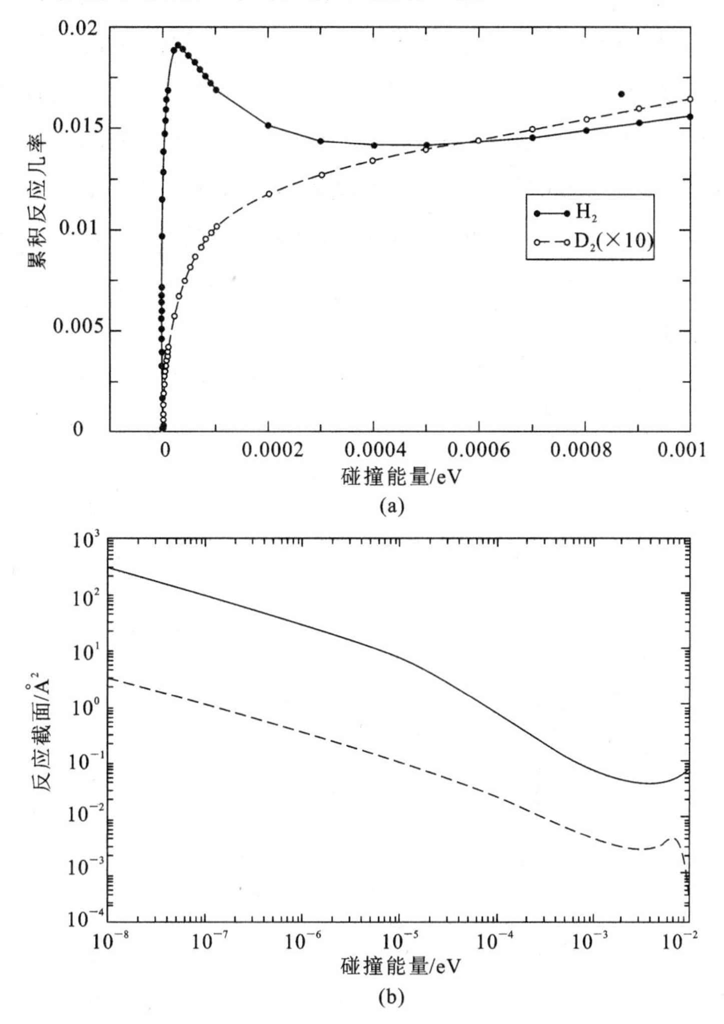

图3.11 (a)$F+H_2$反应和$F+D_2$反应的$J=0$截面累积反应几率与入射动能的关系；(b)$F+H_2$反应和$F+D_2$反应的$J=0$截面与入射动能的关系(引自Bodo，E. et al.，J. Phys. B：At. Mol. Opt. Phys.，37，3641，2004.已获授权)

在Wigner区，$F+D_2$反应被显著抑制不能仅用隧道效应来解释。对于$F+H_2$和$F+D_2$的反应几率更为详细的研究发现，在碰撞能量大约为3×10^{-5} eV的位置，$F+H_2$反应几率反常增高[75](见图3.11(a))，这个现象是由于虚态的存在。$F+H_2$反应速率系数极限值增高的原因也是来源于虚态。虚态存在的依

据是在能量约为 3×10^{-5} eV 处弹性截面存在一个 Ramsauer-Townsend 极小值,$F+H_2$反应散射长度的实部是负值[75]。

Bodo 及其同事[75]为了研究低温时同位素对反应的影响,在计算 $F+H_2$反应时将氢原子质量从 0.5 amu 改变到 1.5 amu。如图 3.12 所示,在氢原子质量为 1.12 amu 时,虚态诱发一个零能量共振,此时散射长度的实部发散到无穷。在同一氢原子质量下,反应的零温度速率系数达到了 1.0×10^{-9} cm^3/s,比在 Wigner 极限下 $F+H_2$反应的数值高出了三个数量级。$F+H_2$系统散射长度作为赝-氢原子质量函数的变化,类似于在 Feshbach 共振邻域散射长度和磁场的关系。

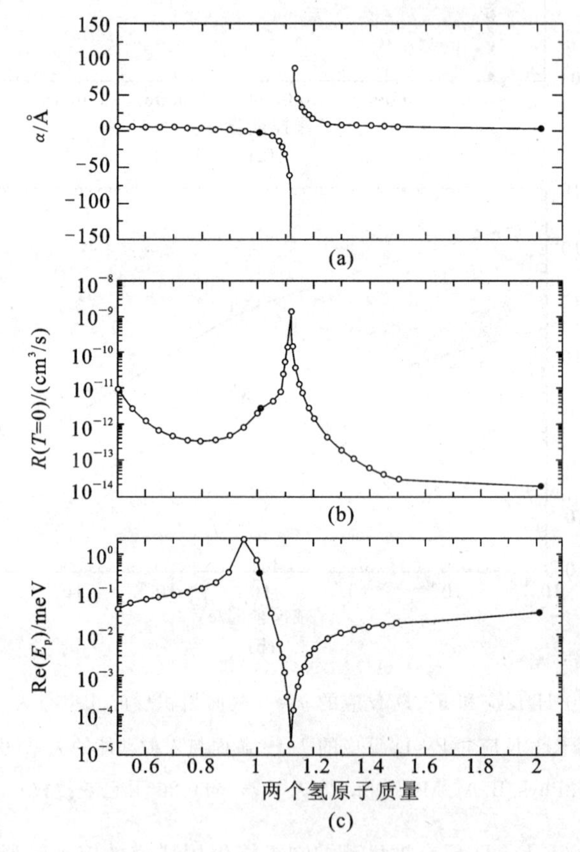

图 3.12 (a)F…H_2复合体散射长度的实部与赝-氢原子质量的关系;(b)F…H_2复合体速率系数的零温度极限值与赝-氢原子质量的关系;(c)F…H_2复合体准束缚态位置与赝-氢原子质量的关系(引自 Bodo, E. et al., J. Phys. B: At. Mol. Opt. Phys., 37, 3641, 2004. 已获授权)

另一个隧穿主导反应的例子是 Li＋HF ⟶LiF＋H 反应。在冷和超冷温度下，通过较重氟原子的隧道效应发生反应。从能量的角度考虑，LiH＋F 通道在低能量下是不可接近的，在低温下，这个反应中 H 原子隧道效应没有贡献。由 HF 分子产生的强电偶极力，LiHF 系统的范德瓦尔斯相互作用势要比 F＋H_2系统的深。Li⋯HF 的范德瓦尔斯势约为 0.24 eV (1936.0 cm^{-1})，H⋯LiF 的范德瓦尔斯势约为 0.07 eV (565.0 cm^{-1})。Weck 和 Balakrishnan[84][85] 利用 Aguado 及其同事[92]的势能面(PES)对 Li＋HF 和 LiF＋H 反应的量子散射计算发现，当入射能量低于 10^{-3} eV 时，反应截面出现大量共振。图 3.13 所示的是 Li＋HF(v＝0，j＝0)碰撞中，J＝0 截面对能量依赖关系。LiHF 范德瓦尔斯复合体详细的束缚态计算表明，对于 Li＋HF(v＝0，j＝0)的反应，共振对应于 Li⋯HF(v＝0，j＝1，2，3，4)范德瓦尔斯复合体的衰退。对处于振动激发的 HF 分子的计算表明，在 Wigner 区，若 HF 被激发到 v＝1 振动能级，则反应增强约 600 倍。

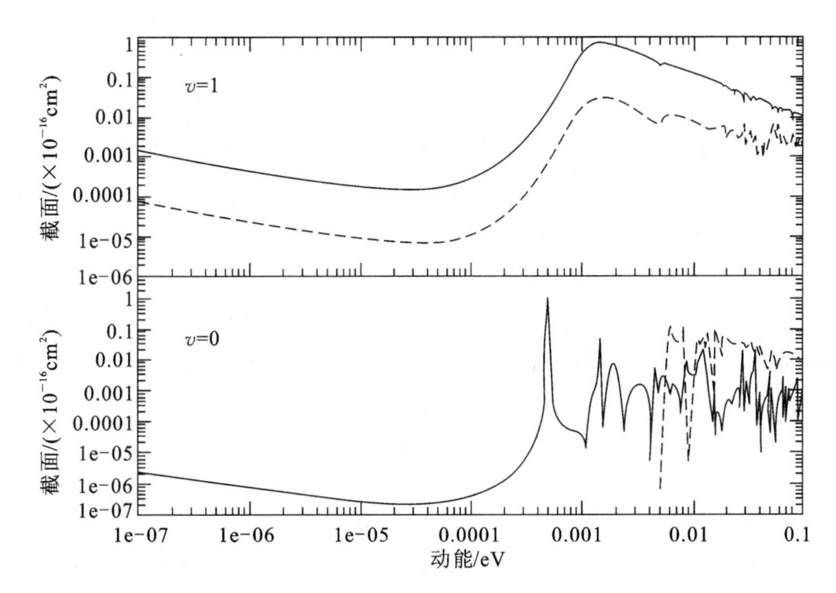

图 3.13　在 Li＋HF(v＝0，j＝0)碰撞中，LiF 制备的截面(实线)和非反应散射(虚线)与入射能量的关系。(a)v＝0 的结果；(b)v＝1 的结果(引自 Weck，P. F. and Balakrishnan，N.，J. Chem. Phys.，122，154309，2005. 已获授权)

图 3.13 中，Li＋HF(v＝0，j＝0) 碰撞反应的独特特征是在 5.0×10^{-4} eV

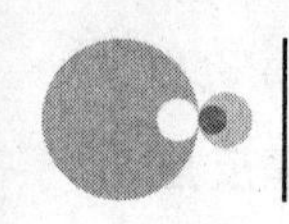

处存在一个强峰,在该处反应截面比背景截面高出约 6 个数量级。在热和非热的振动激发时,Li+HF[84] 和 LiF+H[85] 两个反应结果表明,在冷和超冷温度下重原子隧道主导效应可能在化学反应中起重要的作用。一个温度为 8 K 时有机环扩张反应的实验研究表明[12],反应的发生几乎完全是由于碳的隧道效应,隧道效应的贡献比越过势垒的贡献要高出几个量级。在最近的工作中,Tscherbul 和 Krems[93] 研究了在外电场作用下的 Li+HF 和 LiF+H 反应,结果发现当温度低于 1 K 时反应几率受到电场的影响比较显著。

3.3.1.2　反应散射中的 Feshbach 共振

碰撞生成的范德瓦尔斯复合体,既可以发生振动预离解,也可以发生振动预反应,振动预离解和振动预反应都可以导致截面对能量依赖关系有明显特征。所谓"预反应"是指一个转动或振动激发的范德瓦尔斯复合体通过化学反应衰退,而不是通过转动或振动预离解衰退。对于有能量势垒的反应,化学反应的路径可能包括隧道效应。对于 Cl 和 H_2 或 Cl 和 HD 的反应,在低温下以隧道效应为主[81][82][83]。与 F+H_2 和 F+HD 等反应相比,Cl+H_2 反应的势垒要大得多,低温下的反应被显著抑制。大约在 10 年前,Skouteris 及其同事[81]发现尽管 Cl…HD 系统范德瓦尔斯相互作用势深度比反应势垒高度的十分之一还小,但 Cl 和 HD 间的范德瓦尔斯相互作用势决定了反应的结果。利用没有范德瓦尔斯相互作用势的势能面(PESs)对 Cl+HD 反应的量子散射计算,预言 HCl 和 DCl 有几乎相同的产率[81]。如果势能面包括范德瓦尔斯相互作用,在热能时 DCl 有比较强的优势,该预言和实验结果一致。最近 Balakrishnan[82] 研究了在冷和超冷温度下这些弱束缚态对反应的影响。

图 3.14 所示的是总角动量量子数 $J=0$ 时,Cl+HD($v=1,j=0$)碰撞中 HCl 和 DCl 的生成截面和非反应性振转跃迁与总能量的关系[82]。图中尖峰的位置对应于 Feshbach 共振,这些 Feshbach 共振来源于反应入射通道生成的准束缚态范德瓦尔斯复合体衰退。通过检验 HD 分子的 $v=1,j=0$ 和 $v=1,j=1$ 能级绝热势能的束缚态可以确定准束缚态。图 3.15 所示的是这些能级束缚态与原子-分子距离的关系。绝热势能曲线的计算是通过以每一个原子-分子距离下 HD 分子振转能级为基矢将绝热势能矩阵对角化获得。

图 3.14 中 B、C、D 和 E 的 Feshbach 共振来自图 3.15 中对应的准束缚态衰退。

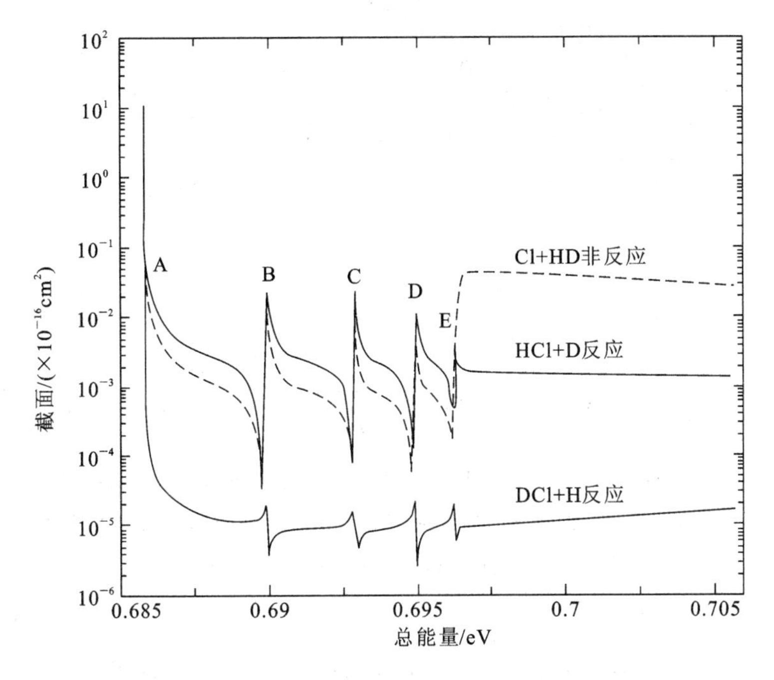

图 3.14 Cl+HD($v=1,j=0$)反应中反应和非反应散射截面与入射动能的关系(引自 Balakrishnan,N. J. Chem. Phys.,121,5563,2004. 已获授权)

由于 A 态束缚比较深且在 $v=1,j=0$ 通道不能通过散射接近,图 3.14 中没有亚稳态 A 相应的峰值。图 3.14 表明,由于共振态与反应通道的耦合比在共振态与非反应通道的耦合要强,处于准束缚态的分子是优先通过预反应而不是预离解发生衰退。图 3.16 所示的是准束缚态 B 和 E 的波函数与原子-分子间距的关系。虽然弱束缚态 E 的分子波函数延伸远超过反应的过渡态区域,但是分子弛豫仍是优先通过预反应而不是预离解。特别是当波函数的一部分处于共振态的区域时,该共振态又与反应通道耦合的时候,远离跃迁态的相互作用势能区域可能对反应有显著效果。图 3.14 表明在低温下反应以隧道效应为主,包括了 D 原子隧道效应的 DCl+H 的反应在阈值区受到显著抑制。这在文献[82]的图 4 中表现得更为清楚,图中反应截面为入射动能的函数。

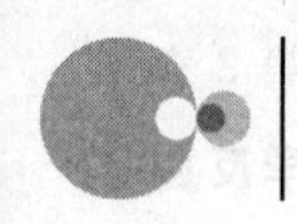

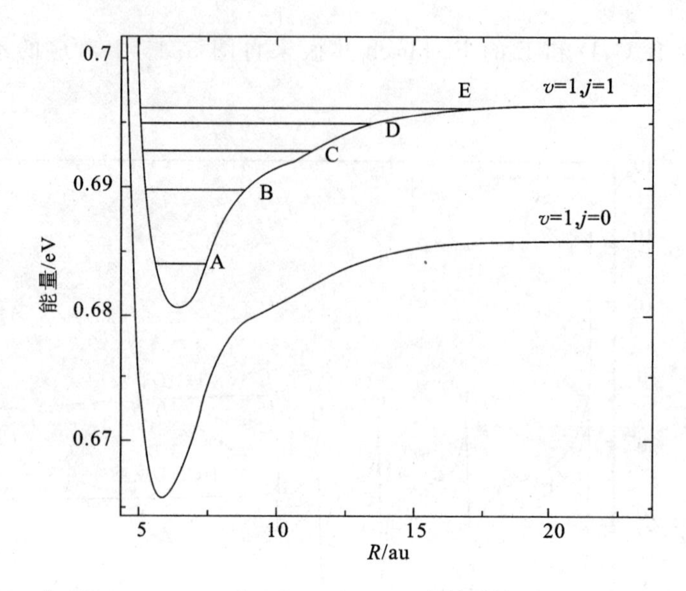

图 3.15　与 HD($v=1,j=0$)和 HD($v=1,j=1$)相关联的 Cl+HD 系统绝热势能曲线(作为原子-分子距离的函数)。B、C、D、E 是与图 3.14 的共振对应的准束缚态能级(引自 Balakrishnan, N., J. Chem. Phys., 121, 5563, 2004. 已获授权)

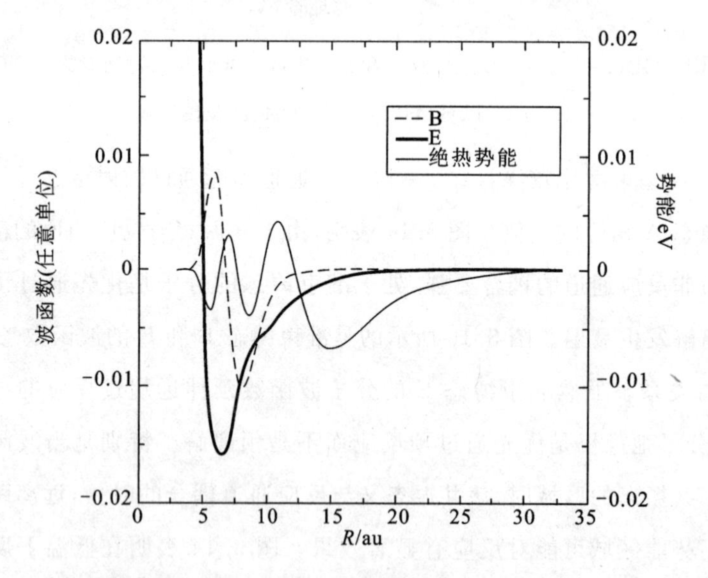

图 3.16　绝热势能曲线和图 3.15 中的准束缚态能级 B 和 E 的波函数。横坐标为原子-分子间距。为了方便作图,波函数的幅度被压缩了 10 倍(引自 Balakrishnan, N. J. Chem. Phys., 121, 5563, 2004. 已获授权)

表 3.3 提供的是一些原子和双原子化学反应在零温度淬灭速率系数，在低能下这些反应由隧道效应支配。

表 3.3　零温度隧穿主导反应的淬灭速率系数

系　统	初态(v,j)	$K_{T=0}/(\mathrm{cm^3/s})$	参考文献
$F+H_2$	$(v=0,j=0)$	1.3×10^{-12}(H+HF)	[11]
F+HD	$(v=0,j=0)$	2.8×10^{-14}(D+HF)	[74]
	$(v=0,j=0)$	0.5×10^{-14}(H+DF)	[74]
$F+D_2$	$(v=0,j=0)$	2.1×10^{-14}(D+DF)	[73]
F+HCl	$(v=0,j=0)$	1.2×10^{-17}(Cl+HF)	[88]
F+HCl	$(v=1,j=0)$	4.0×10^{-15}(Cl+HF)	[88]
		5.3×10^{-15}(F+HCl)	[88]
F+HCl	$(v=2,j=0)$	5.2×10^{-13}(Cl+HF)	[88]
		3.3×10^{-13}(F+HCl)	[88]
F+DCl	$(v=1,j=0)$	4.4×10^{-21}(Cl+DF)	[88]
H+HCl	$(v=0,j=0)$	2.4×10^{-19}($Cl+H_2$)	[83]
	$(v=1,j=0)$	7.2×10^{-14}($Cl+H_2$)	[83]
	$(v=2,j=0)$	1.9×10^{-11}($Cl+H_2$)	[83]
H+DCl	$(v=1,j=0)$	7.8×10^{-15}(Cl+HD)	[83]
	$(v=2,j=0)$	1.7×10^{-12}(Cl+HD)	[83]
Cl+HD	$(v=1,j=0)$	1.7×10^{-13}(D+HCl)	[82]
		7.1×10^{-16}(H+DCl)	[82]
		7.8×10^{-14}(Cl+HD)	[82]
Li+HF	$(v=0,j=0)$	4.5×10^{-20}(H+LiF)	[84]
	$(v=1,j=0)$	2.8×10^{-17}(H+LiF)	[84]
H+LiF	$(v=1,j=0)$	3.8×10^{-15}(Li+HF)	[85]
		1.6×10^{-14}(H+HF)	[85]
	$(v=2,j=0)$	1.7×10^{-14}(Li+HP)	[85]
		2.7×10^{-13}(H+LiF)	[85]

3.3.2　无势垒反应

3.3.2.1　三个碱金属原子的碰撞系统

正如 Hutson 和 Soldán 在最近两篇综述性论文[6][14]中讨论的那样，制备超冷分子和在碱金属系统中产生分子玻色-爱因斯坦凝聚的研究工作推动了超冷原子-双原子分子碱金属碰撞的理论研究工作。在这里我们对 Li+Li_2[94]~[97]、Na+Na_2[98][99]以及 K+K_2[100]自旋极化三原子碱金属系统中的计算工作做一个回顾。这些结果全部用 Launay 和 Le Dourneuf[101]编写的反应散射编码获得,这些编码是基于不含时量子形式编写。参考文献[94][95][97]和[100]描述了势能面(PESs)和动力学计算的细节。参考文献[98]和[99]中量子动力学研究是利用 Higgins 及其同事[102]计算的 Na_3 势能面,参考文献[96]得到的结果是用 Colavecchia 及其同事[103]计算的 Li_3 的势能面,另外一个 Li_3 的势能面[104]是 Brue 及其同事构建。

量子散射理论计算表明,碱金属原子和碱金属二聚体的超冷反应比起遂穿驱动过程更有效。这可以通过如下考虑来解释。首先,原子的不可区分性发挥了作用。对于同核三原子系统,三种可能的排列通道是相同的。而在所有三种排列通道中出现的全同两体势,也有可能增加三体相互作用势的深度。让我们来考虑以等边三角排布的三原子系统中的两体项(附加项)。因为三个全同原子之间的距离是相同的,相同的双原子势叠加三次后就获得了三原子系统中的两体相互作用项。如果双原子势是深势阱或排斥势,那么等边三角中的两体项将会三倍于深势阱或排斥势。相反,对可区分原子的三原子系统而言,双原子对是不相同的。例如,对于 Li+HF 系统,三个双原子对是不同的,它们有完全不同的电子结构和性质,如极小值、平衡距离、转折点以及相互作用的性质和范围。因此,对于三个原子之间距离完全相等,但双原子势能有所不同(其中一个可能是吸引的,而另外两个可能是排斥的),以及具有等边三角结构的三原子系统,其总的两体相互作用比单独的两体相互作用势弱。这可能导致三原子相互作用部分比同核三原子系统的相互作用弱些。

其次,势能面的拓扑结构起了重要的作用。对于所有碱金属三原子系统,如 Soldán 及其同事[105]提出的最小能量构型在几何等边或共线时出现。此外,当势能面不存在势垒时,所有碱金原子-双原子分子碰撞通道都是能量容许的。相反,前面所讨论的大多数的非碱金属系统都以共线(或弯曲)原子-双原子路径为特征,在三原子跃迁态区域受到相互排斥势垒控制。这种势能面特殊拓扑结构来源于三体相互作用势。另外三原子系统中不同电子势能面的耦合形成锥体的交叉,在跃迁态区域产生一个相互排斥的势垒。如果势垒高且宽,则隧道效应效率很低,导致 Wigner 区域中的反应速率系数的值非常小。

虽然当共振出现时可以提高反应速率，但在反应截面中的背景散射通常是很小的。与此相反，对于几乎所有碱金属三原子系统而言，在原子间距小的地方出现锥体交叉，在该处势能面排斥作用很强，但在超低能量下锥体交叉不起显著作用，反应不受这样的排斥势垒影响。

最后，系统的态密度起重要作用。如果态密度小，如轻系统，则典型的能级间距就相当大。对于重系统，如碱金属系统，态密度非常大并且能级间距窄，可导致非常强的耦合，特别是在避免交叉区域。强耦合会导致不同的量子态之间有效的能量转移。这也可以用来解释在碱金属原子-双原子分子碰撞时，振动淬灭速率系数对分子初始振动态有相对较弱的依赖关系。

图3.17所示的是能量范围为$10^{-9}\sim10^{-2}$ K，$^{39}K+^{39}K_2(v=1,j=0)$[100]碰撞时弹性速率系数和淬灭速率系数与碰撞能量的关系，结果包括总角动量量子数J从0到5的贡献。在超低能量下，对于低振动能态的K_2双原子分子，淬灭过程要比弹性散射更为有效。在温度为10^{-9} K时，相应于弹性散射系数10^{-13} cm^3/s，淬灭速率系数约为10^{-10} cm^3/s，淬灭过程导致分子碰撞后弛豫到较低的振转能态，造成俘获损耗。

类似的结果从$Na+Na_2$[98][99]和$Li+Li_2$[94][96][97]碰撞中可以得到，这些系统中的零能淬灭速率系数在$10^{-11}\sim10^{-10}$cm^3/s数量级。在超冷温度下，淬灭过程比弹性碰撞过程更为有效。因此，振动激发的碱金属双原子分子和碱金属原子碰撞时淬灭速率较大。由散射理论计算得出的速率系数的典型数值与实验结果一致。在最近的实验中，Staanum及其同事[106]获得温度为60×10^{-6} K低振动能级的铯分子与铯原子碰撞时弛豫速率为9.8×10^{-11} cm^3/s。在另一个分立的实验中，Zahzam及其同事[107]获得同一系统在温度为40×10^{-6} K时的淬灭速率为2.6×10^{-11} cm^3/s。Wynar及其同事[108]估算出$Rb+Rb_2$碰撞中非弹性碰撞速率系数为8×10^{-11} cm^3/s，Mukaiyama及其同事[109]获得了Na原子和利用Feshbach共振方法产生的Na_2分子碰撞的非弹性碰撞速率系数为5.5×10^{-11} cm^3/s，Syassen及其同事[110]得到Rb原子与Rb_2分子碰撞的速率系数为2×10^{-10} cm^3/s。

在原子和双原子分子间距R比较大的时候，相互作用势能可用一个由排斥的离心项和长程相互作用势能组成的有效势能近似。对于碱金属三原子系统，原子-双原子长程势能是变化趋势为$-C_6/R^6$的范德瓦尔斯相互作用势。经典俘获模型(众所周知的Langevin模型)已经被证明在特定的能量区域完全适用于上述系统[100]。Langevin 模型是基于这样的假设,如果系统的总能量高于有效势垒,则发生弹性碰撞几率为零,淬灭几率为1。反过来说,弹性碰撞几率是1,淬灭几率为零,势垒阻止原子与分子通过其他通道在强耦合区域相互接近。

图 3.17 所示的是根据 Langevin 模型对于 $K+K_2$ 系统计算的量子结果。对于 $K+K_2$ 系统可以分三个不同区域。第一区域的碰撞能量低于 10^{-6} K,对应于阈值定律适用的 Wigner 区域。在这个区域内,淬灭速率系数趋于常数,弹性速率系数以碰撞能量的平方根接近零。该区域需要一个量子模型描述动力学,经典模型不再适用。第二区域的碰撞能量高于 10^{-3} K,对应于 Langevin 区域,在这个区域内全量子计算和经典模型计算的差别在10%以内。Cvitaš 及其同事[94]在 $^7Li+^7Li_2(v=1,2,j=0)$ 和 $^6Li+^6Li_2(v=1,2,j=1)$ 碰撞的研究中获得了类似结果,他们发现在 Langevin 区域中,速率系数与分子振动能级无关。第三区域在 Winger 区域和 Langevin 区域之间,它对应的量子计算要用到两次或三次分波。如图 3.17(b)所示,垂直线描述的从 $J=1$ 到 5 有效势垒的高度,近似于所对应每个 J 淬灭速率系数的最大值。这说明当能量高于势垒时,淬灭过程是主要的。一旦弹性速率系数和碰撞速率系数相当时,就到了 Langevin 区域,相关结果如图 3.17 所示。淬灭速率几乎等于1时,弹性碰撞几率几乎等于零,弹性和淬灭跃迁矩阵元全都为1,对于两个过程的截面和速率系数都变得相似。

上面的分析表明,当能量大于 Wigner 区域的阈值时,由于强的非弹性耦合,Langevin 模型可以正确地描述无势垒原子-双原子分子碱金属碰撞的动力学,经典模型不适合描述隧穿主导反应。对于较重的系统如 $Cs+Cs_2$、$Rb+Rb_2$、$Rb+RbCs$ 和 $Cs+RbCs$ 精确量子动力学计算有庞大的计算量,对于经典模型在能量高于 s 波区域时可以定性地描述这些系统的动力学。由 Langevin 模型预测的速率系数和温度依赖关系由简单公式给出(原子单位)。

$$k_{\mathrm{Lang}}(T)=\pi\left(\frac{8k_{\mathrm{B}}T}{\pi\mu}\right)^{1/2}\left(\frac{2C_6}{k_{\mathrm{B}}T}\right)^{1/3}\Gamma\left(\frac{2}{3}\right)$$

式中:μ 是原子-双原子碰撞系统的约化质量;C_6 是占主导作用的原子-双原子长程系数。

图 3.18 所示的是根据 Langevin 模型预测的不同原子-双原子和双原子-双原子碰撞的速率系数与温度的依赖关系,这些原子或分子均是由 Rb 原子或

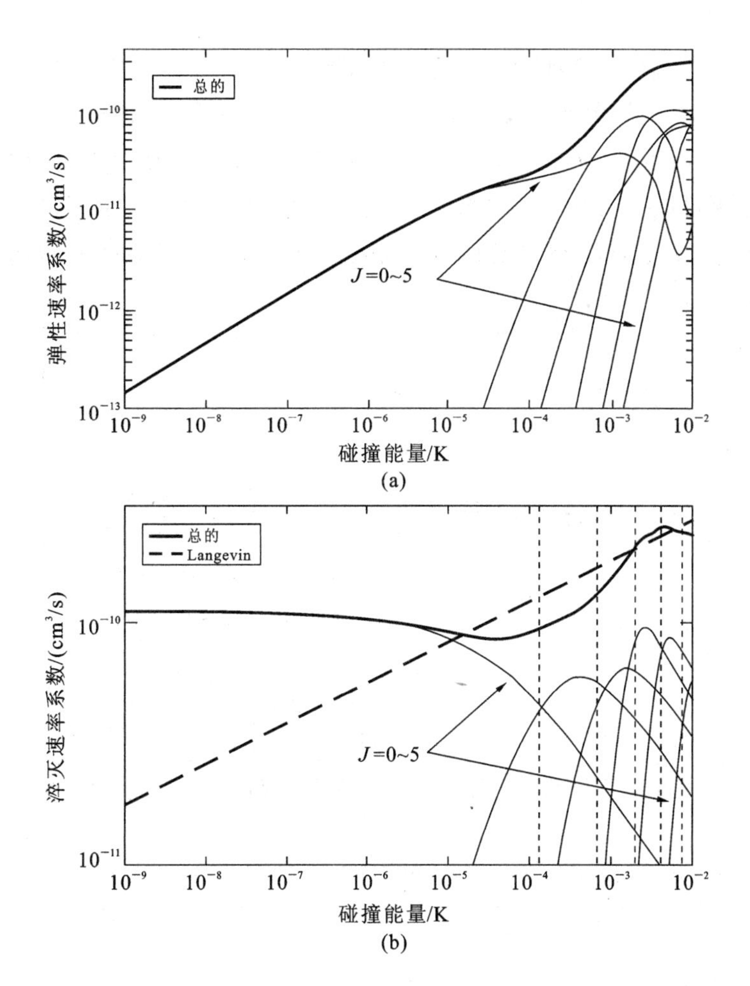

图 3.17　在 $^{39}K+^{39}K_2(v=1,j=0)$ 散射中，(a)弹性速率系数与碰撞能量的关系；(b)淬灭速率系数与碰撞能量的关系。利用俘获模型得到的淬灭过程速率系数也显示于图中(引自 Quéméner, G. et al., Phys. Rev. A, 71, 032722, 2005. 已获授权)

Cs 原子组成。对 Rb-RbCs、Cs-RbCs 和 RbCs-RbCs 碰撞，我们使用了 Hudson 及其同事[111]计算的 C_6 系数。对于没有类似数据的 $Cs+Cs_2$ 和 $Rb+Rb_2$ 碰撞，我们将原子-双原子的 C_6 系数近似为相应原子-原子 C_6 系数的 2 倍。对于 $Cs+Cs_2$ 碰撞，我们使用的是 Amiot 及其同事[112]计算的 Cs-Cs 相互作用的 C_6 系数，对 $Rb+Rb_2$ 碰撞，采用的是 Derevianko 及其同事[113]报道的 Rb-Rb 相互作用的 C_6 系数。如图 3.18 所示，对于不同的系统，Langevin 模型预言的速率系数与实验值处于同一个数量级。在报道的误差范围内，$Cs+Cs_2$、Rb+

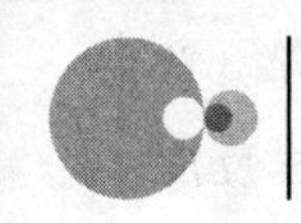

RbCs 和 Cs+RbCs 碰撞的预测结果和文献[106][107][111]中相应的实验数据吻合得很好。对于 $Rb+Rb_2$ 碰撞,Langevin 模型预言的结果和 Wynar 及其同事[108]的实验结果非常一致。综合上述,在温度为微开尔文数量级时,Langevin 模型可以有效地描述重原子系统的碰撞性质。该模型也证实了碱金属原子和双原子分子的冷碰撞和超冷碰撞基本上是由相互作用势长程部分中的主导项决定其特点的。

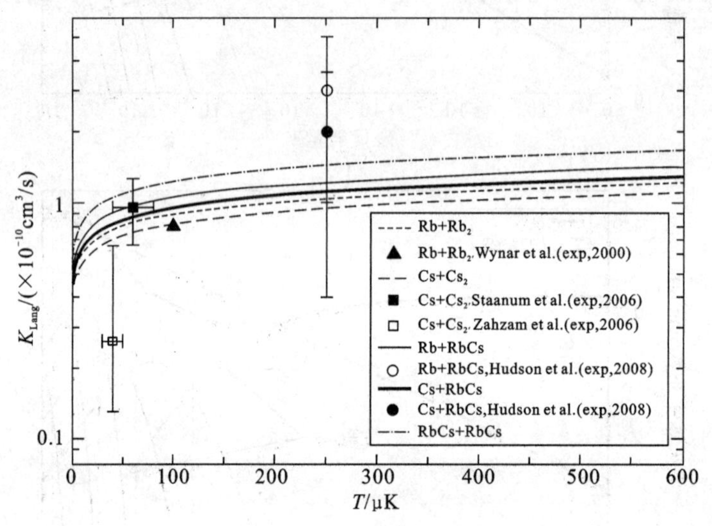

图 3.18　与 Rb 原子或 Cs 原子相关的不同碰撞的速率系数与温度的关系。曲线是根据 Langevin 模型计算的结果,符号是实验结果

3.3.2.2　*超冷反应中 PES 的作用*

在量子动力学计算中,势能面是关键因素。一般来说,人们对于两体相互作用项的理解比较透彻且正确。对于三体相互作用项来说,由于不可相加性且包含有三个原子间的关联,实现高精度计算比较困难。关于三体相互作用项的量子力学计算可能受到质量和准确度的影响。Quéméner 及其同事[99]在 $Na+Na_2(v=1,2,3,j=0)$、Cvitaš 及其同事[97]在 $Li+Li_2(v=0,1,2,3,j=0)$ 等原子-双原子分子碱金属系统中,对超冷碰撞截面对势能面细节的敏感性进行了研究。在这些研究中,引入了一个线性比例因子 λ 来调节势能面中的三体相互作用项,并将散射截面作为 λ 的函数来计算。在其他研究中也比较了使用和不使用三体相互作用项对计算 $Na+Na_2(v=1,j=0)$[98]和 $Li+Li_2(v=0,1,2,\cdots,10,j=0)$[96]碰撞动力学结果的影响。

在碰撞能量为 10^{-9} K 时，$Na+Na_2(v=1,2,3,j=0)$ 散射[99]总淬灭截面对三体相互作用项的依赖关系如图 3.19 所示，每个末态能级的贡献也在图中标出。对于 $v=1$ 的振动能级，截面对三体势的细节非常敏感。当参数 λ 有 1%的变化时，可导致截面有 75%的明显变化。在 Na_3 势能的极小值处，1%的变化大约对应 10 K 的温度变化。目前 PESs 从头算法达不到这样的精度，那么对 $Na+Na_2(v=1,j=0)$ 碰撞在截面值上计算精度高 2 个数量级是很困难的。与 $v=1$ 的分子碰撞相比，对于 $v=2$ 和 $v=3$ 总截面对三体相互作用项有较弱的依赖性，它们态分辨的截面没有表现出对三体相互作用项有强的依赖性。

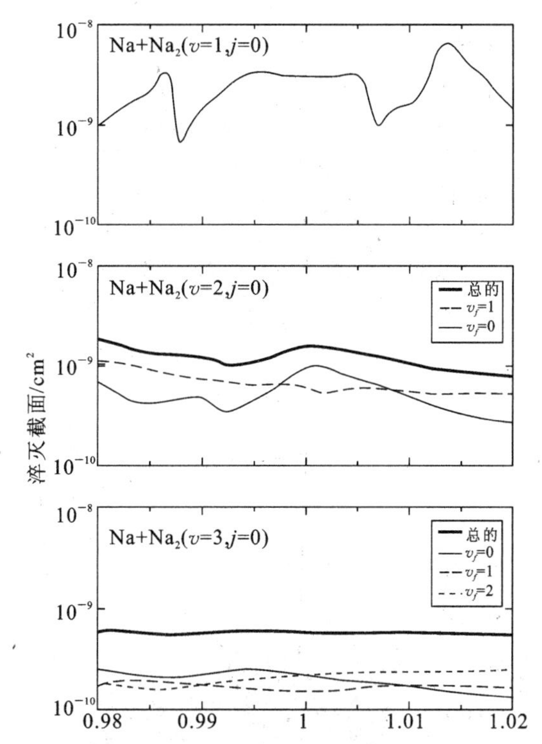

图 3.19　碰撞能量为 10^{-9} K 时，$Na+Na_2(v=1,2,3,j=0)$ 淬灭截面对三体相互作用项的依赖关系（引自 Quéméner, G. et al., Eur. Phys. J. D, 30, 201, 2004. 已获授权）

图 3.20 所示的是碰撞能量为 10^{-9} K 时，对于 $Na+Na_2(v=3,j=0)\longrightarrow Na+Na_2(v_f=2,1,0,j_f)$ 的反应，态-态截面对三体相互作用项的依赖关系。当 λ 改变时，截面的振荡是由于 Feshbach 共振引起的，该 Feshbach 共振来源于相互作用势能强度减弱（上升），一个三原子准束缚态（或虚态）与能量阈值

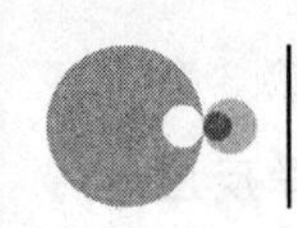

交叉引起。Cvitaš 及其同事[97]指出,当这样一个 Feshbach 共振发生时,如果非弹性耦合较弱,截面会出现强的共振峰。相反,非弹性耦合很强时,会出现最多一个数量级的弱振荡,如碱金属三原子系统。Hutson[114]已对该效应的一般形式做了讨论。三体相互作用项大的修改会显著地影响截面的数值,这个结果可以在图 3.21 中没有三体相互作用项的 Li + Li_2 碰撞动力学计算看出[96],态-态截面显现出对三体相互作用项有较强的依赖关系。

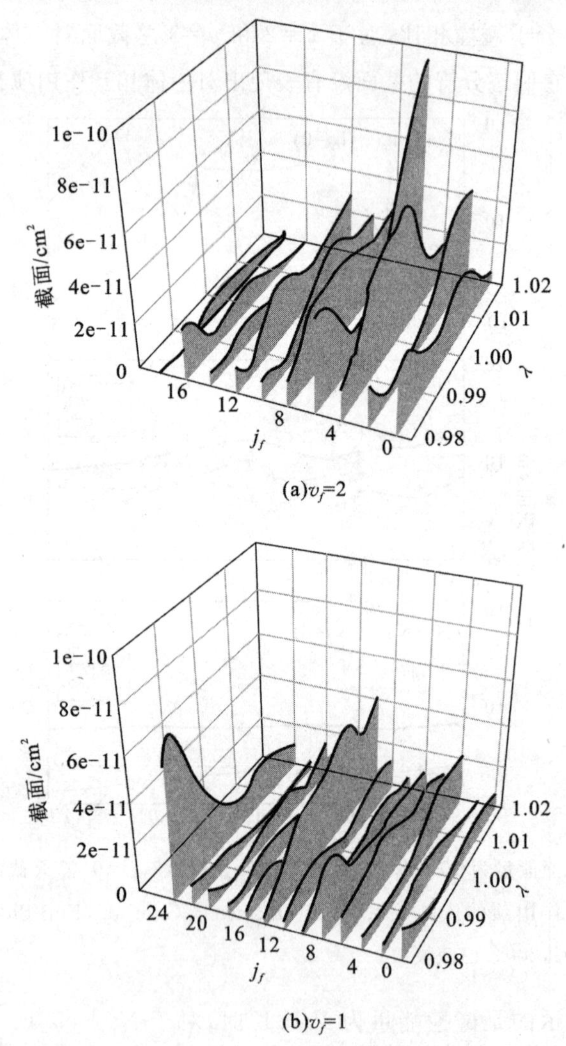

图 3.20 在碰撞能为 10^{-9} K 时,Na + Na_2($v=3, j=0$)⟶ Na + Na_2($v_f=2,1,0, j_f$)态-态截面随参数 λ 的变化,细节见正文(引自 Quéméner, G. et al., Eur. Phys. J. D, 30, 201, 2004.)

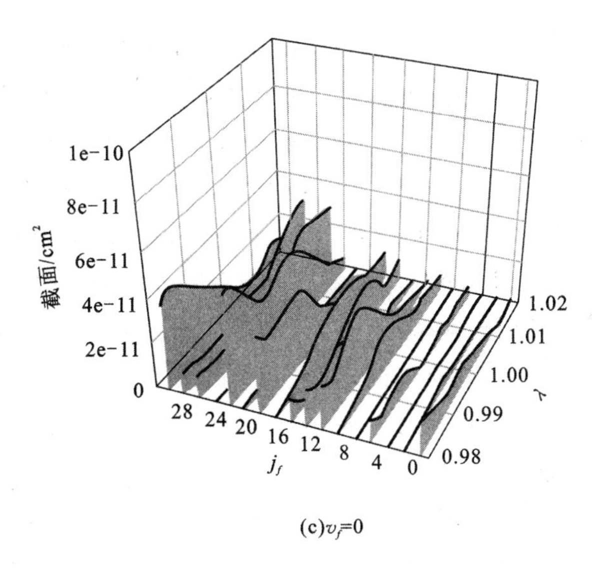

(c)v_f=0

续图 3.20

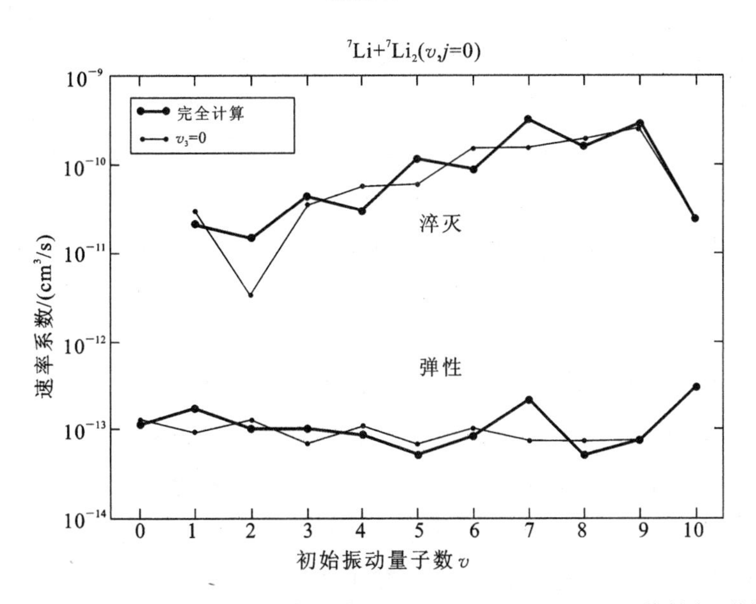

图 3.21　当碰撞能量为 10^{-9} K 时，$^7Li+^7Li_2$(v=0,1,2,…,10,j=0)散射中，弹性散射和淬灭速率系数对分子振动激发的依赖性。粗线对应于完全计算，细线对应于 PES 中没有三体相互作用项的计算(引自 Quéméner, G. et al., Phys. Rev. A, 75, 050701(R), 2007. 已获授权)

3.3.2.3　振动激发态碱金属双原子分子的弛豫

由光缔合或 Feshbach 共振制备的超冷双原子分子通常处于激发的振动

态。在量子计算中,由于有大量能量开放的反应通道存在,使得高振动激发分子的理论研究面临挑战,也给在低温下振动激发分子的计算进行了严格限制。2007 年,Quéméner 及其同事[96]报道了 $Li+Li_2$系统中处于高振动激发分子碰撞的超冷量子动力学计算。第一种是单连续态(SCSs),对应三原子系统近似分解为单原子和双原子分子的组态。第二种是双连续态(DCSs),对应三原子系统近似分解为三个分立的原子组态。因为高振动激发分子态接近或低于三原子分子离解限,与位于离解限上的双连续态耦合。因此,在涉及高振动激发双原子分子的原子-双原子体系的量子模拟中必须考虑双连续态[96],这大大增加了量子动力学问题的规模和复杂性。

图 3.21 所示的是在碰撞能量为 10^{-9} K 时$^7Li+^7Li_2$($v=0,1,2,\cdots,10$, $j=0$)的散射,弹性速率系数和淬灭速率系数对分子振动激发的依赖关系[96]。不论是对于高还是低振动能级淬灭过程,都比弹性散射更为有效。对由费米原子组成的$^6Li+^6Li_2$($v=9,j=1$)系统也发现类似的结果[96]。当分子处于高振动态时,淬灭速率系数有轻微减小,这是由于双原子分子高激发态波函数与低能态振动能级波函数重合非常小,导致初态与末态的相互作用势耦合矩阵元数值小的缘故[115]。这些结果不能直接用到在近 Feshbach 共振处产生由费米原子构成的超冷分子。正如 Petrov 及其同事[116]所解释的情况,这些实验中因原子-原子散射长度被调到大的正值产生一个有效的 Pauli 阻塞机制,因此淬灭过程被抑制。在 $Li+Li_2$碰撞的理论研究中,原子-原子散射长度小且为负值,对分子来说即使是最高的振动态也未发现淬灭过程受到抑制。可见 $Li\text{-}Li_2$散射长度的正负和大小在抑制淬灭碰撞机制中起关键作用。

从图 3.21 可以看出淬灭速率系数对分子振动态的不规则依赖关系,这已经在 $H+H_2$碰撞中出现过[28][117]。与以上两种情况对比,对 $Cs+Cs_2$ 碰撞淬灭速率系数的实验测量[106][107]发现,淬灭速率系数对分子振动态没有任何依赖性。这些系统的差别可以用以下内容加以解释。

首先,理论研究适用于自旋-极化的原子-双原子分子碱金属系统,而在实验中情况并非如此。完全的理论处理应当包括碱金属原子的电子自旋和核自旋,还应包括不同自旋的电子曲面耦合,这超出了现阶段量子动力学计算的范围,涉及与之前有显著不同的新代码开发和巨大的计算工作量。

其次,两种系统的动力学过程是不同的,与铯系统相比,锂系统要轻一些,且包含更具吸引的三体相互作用项[105]。对于轻的系统如 Li_3 系统,三原子绝热势能曲线分开得很好，而对重的系统如 Cs_3 系统，三原子绝热势能曲线非常稠密。态密度显著影响了振动弛豫的本性。对于不含三体作用项 $Li+Li_2$ 系统的态密度的计算结果表明，移去三体项后能级变得很稀疏。如图 3.21 所示，振动量子数 $v=3$ 到 $v=9$ 时，速率系数对振动能级是规则和单调的依赖关系。这一结论与 Bodo 及其同事[117]以前对 $H+H_2$ 系统的研究结果一致。他们在增加了三原子系统的态密度时，发现速率系数对分子振动态没有显著的依赖关系。然而对于振动能级 $v=10$，有和没有三体项都得到相同的结果。三体相互作用项的作用在高振动能级的分子碰撞不是很重要，这是因为三体相互作用项只在短程相互作用区才是重要的，当原子与分子间距离很大时，三体相互作用项趋于零。高振动态所涉及的是空间距离增大的分子，且受相互作用势的长程部分影响。因而，对三原子系统数值计算最困难的三体相互作用项，在高振动激发分子动力学中可以近似忽略。

从实验中已经测量 $Cs+Cs_2$ 系统在温度为 40×10^{-6} K[107]和 60×10^{-6} K[106]时的速率系数。对 $Li+Li_2$ 系统在温度为 10^{-9} K 时的速率系数也做了理论计算，该温度对应 Wigner 阈值区域。实验测量中测不到 Wigner 区域速率系数的极限值是有可能的。

3.3.2.4　碱金属双原子分子系统异核和同位素置换反应

包括异核分子在内的反应碰撞引起了人们极大的研究兴趣，最近实验的一个主要目的就是制备处于基态电子态的异核碱金属双原子分子，包括 RbCs[111][118][119]、NaCs[120][121]、KRb[122][123]、LiCs[124]和混合同位素 $^6Li^7Li$[125]。异核系统的量子动力学计算更加困难。由于异核分子碰撞的反应通道可以从非弹性通道区分出来，所以从化学远景来看对于异核系统的研究更有趣。

Cvitaš 及其同事[95][97]对 $^7Li+^6Li^7Li(v=0,j=0)$、$^7Li+^6Li_2(v=0,j=1)$、$^6Li+^7Li_2(v=0,j=0)$和 $^6Li+^6Li^7Li(v=0,j=0)$碰撞的量子动力学进行了研究。图 3.22(a)所示的是在一个宽的碰撞能量范围内，$^7Li+^6Li^7Li(v=0,j=0)$在总角动量量子数 $J=0$ 时碰撞弹性散射截面和化学反应截面。在能量到 10^{-4} K 时截面是收敛的，导致在超低能量下 $^6Li+^7Li_2(v=0,j=0)$的反应过程超过弹性散射处于主导地位。然而在前面讨论的同核碱金属系统中，反应过程不如振动弛豫过程有效。例如，在碰撞能量为 10^{-9} K 时，图 3.22 所示的为反应截面和弹性碰撞截面的比值，同核分子系统比异核分子系统要大一些。Cvitaš 及其同事认为，反应截面和弹性碰撞截面存在较小比值的原因是由于

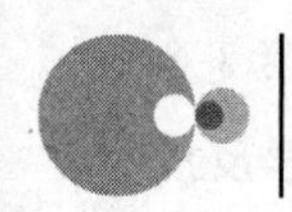

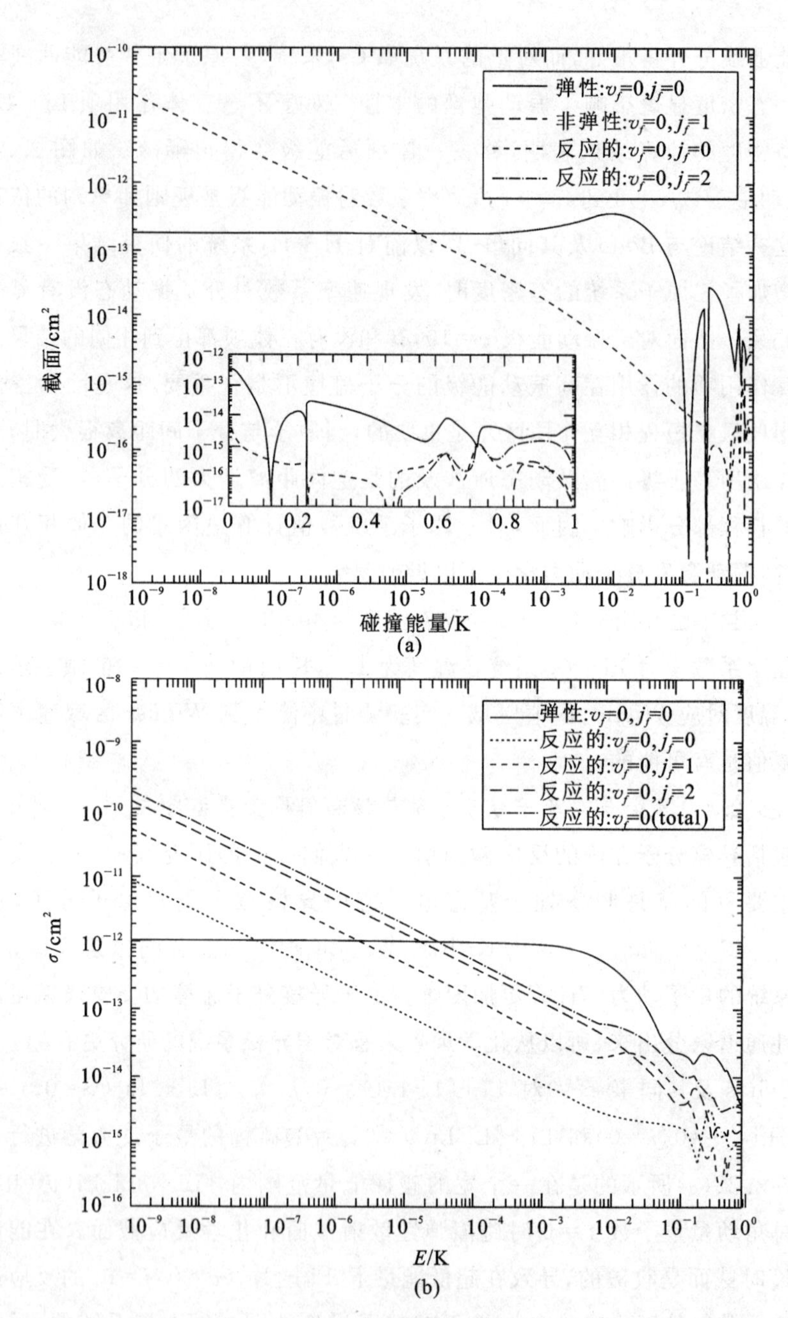

图 3.22 (a)$^7Li+^6Li^7Li$ ($v=0, j=0$)的弹性和反应 s 波截面;(b)$^7Li+^6Li_2$ ($v=0, j=1$)的弹性和反应 s 波截面(引自 Cvitaš, M. T. et al., Phys. Rev. Lett., 94, 200402, 2005. 已获授权)

在异核反应中只有一个开放的渠道存在。

^{7}Li+^{6}Li$_2$(v=0,j=1)碰撞时,总角动量量子数 $J=1$ 的弹性截面和反应截面如图 3.22(b)所示。在 Wigner 区域生成^{6}Li^{7}Li 分子的反应过程比弹性散射效率稍高。其他可能的碰撞过程是^{6}Li+^{6}Li^{7}Li(v=0,j=0)和^{6}Li+^{7}Li$_2$(v=0,j=0)。在超低碰撞能量下,这些系统中只有弹性散射发生。

这些结果对在超冷^{6}Li 和^{7}Li 原子混合物中制备^{6}Li^{7}Li 的实验提供了重要的依据。Cvitaš 及其同事建议在制备好处于基态的^{6}Li^{7}Li 分子之后,迅速移走^{7}Li 原子气体以阻止破坏性的反应性过程的发生。因为只有弹性碰撞是可能的,故保留^{6}Li 原子气体来协同冷却^{6}Li^{7}Li 分子。移走^{6}Li 原子,将在阱中留下费米异核^{6}Li^{7}Li 分子。当^{6}Li 原子不在时,由于泡利不相容原理使全同的费米子双原子分子的 s 波碰撞受到抑制,由费米子^{6}Li^{7}Li 分子间碰撞产生蒸发冷却将不再有效。

表 3.4 提供了不同碱金属三聚体系统零温度淬灭速率系数。

表 3.4 不同原子-双原子碱金属系统在零温度淬灭速率系数

系统	初态(v,j)	$K_{T=0}$/(cm^3/s)	参考文献
^{39}K+^{39}K$_2$	(v=1,j=0)	1.1×10^{-10}	[100]
^{40}K+^{40}K$_2$	(v=1,j=1)	8.0×10^{-11}	[100]
^{41}K+^{41}K$_2$	(v=1,j=0)	9.8×10^{-11}	[100]
^{7}Li+^{7}Li$_2$	(v=1,j=0)	2.1×10^{-11}	[96]
	(v=2,j=0)	1.5×10^{-11}	[96]
	(v=3,j=0)	4.4×10^{-11}	[96]
	(v=4,j=0)	3.0×10^{-11}	[96]
	(v=5,j=0)	1.2×10^{-10}	[96]
	(v=6,j=0)	8.9×10^{-11}	[96]
	(v=7,j=0)	3.3×10^{-10}	[96]
	(v=8,j=0)	1.6×10^{-10}	[96]
	(v=9,j=0)	2.9×10^{-10}	[96]
	(v=10,j=0)	2.4×10^{-11}	[96]
^{6}Li+^{6}Li$_2$	(v=1,j=1)	3.3×10^{-11}	[96]
	(v=2,j=1)	2.0×10^{-11}	[96]
	(v=3,j=1)	5.1×10^{-11}	[96]

续表

系　统	初态	$K_{T=0}/(cm^3/s)$	参考文献
$^7Li+^7Li_2$	$(v=1,j=0)$	5.6×10^{-10}	[94]
	$(v=2,j=0)$	9×10^{-11}	[94]
$^6Li+^6Li_2$	$(v=1,j=1)$	2.8×10^{-10}	[94]
	$(v=2,j=1)$	4×10^{-10}	[94]
$^{23}Na+^{23}Na_2$	$(v=1,j=0)$	2.9×10^{-10}	[99]
	$(v=2,j=0)$	1.1×10^{-10}	[99]
	$(v=3,j=0)$	6.1×10^{-11}	[99]
$^7Li+^6Li^7Li$	$(v=0,j=0)$	4.1×10^{-12}	[97]
	$(v=1,j=0)$	2.1×10^{-10}	[97]
	$(v=2,j=0)$	4.4×10^{-10}	[97]
	$(v=3,j=0)$	4.0×10^{-10}	[97]
$^7Li+^6Li_2$	$(v=0,j=1)$	4.4×10^{-11}	[97]
	$(v=1,j=1)$	5.2×10^{-10}	[97]
	$(v=2,j=1)$	2.6×10^{-10}	[97]
	$(v=3,j=1)$	3.0×10^{-10}	[97]
$^6Li+^6Li^7Li$	$(v=1,j=0)$	2.6×10^{-10}	[97]
	$(v=2,j=0)$	3.5×10^{-10}	[97]
	$(v=3,j=0)$	4.4×10^{-10}	[97]
$^6Li+^7Li_2$	$(v=1,j=0)$	2.8×10^{-10}	[97]
	$(v=2,j=0)$	5.3×10^{-10}	[97]
	$(v=3,j=0)$	4.6×10^{-10}	[97]

3.4　分子-分子非弹性碰撞

许多对冷和超冷分子的研究集中于原子-分子碰撞的反应性和非反应性散射。当俘获的分子密度高时,分子-分子碰撞需要考虑。碰撞双方都有转动和振动自由度存在,使得分子-分子系统特别有趣,但是这又使得分子-分子碰撞的量子动力学计算更有挑战性。大多数分子-分子散射动力学计算使用刚性转子近似,最近的一些研究采用了耦合状态近似。对高碰撞能量时的计算,应用了更多基于半经典分析的近似方法。在这里我们给出一个最近关于 H_2+H_2 系统的动力学计算，简要讨论了一些后续关于 H_2-H_2 碰撞中振转跃迁的全维度量子计算。以 O_2+O_2 和 OH+OH/OD+OD 系统作为例子，我们也简要讨论了在分子-分子系统中的超精细跃迁。

3.4.1 处于基态振动态的分子

作为描述双原子分子碰撞的原型，H_2+H_2 系统是最简单的中性四原子系统。虽然在过去几年中，人们对于 H_2+H_2 系统[126]进行了一些实验和理论研究，但对该系统在冷和超冷区域碰撞动力学的研究很少。

Forrey[127]应用刚性转子模型，研究了在冷和超冷碰撞能量下 $H_2(v=0,j=2)+H_2(v'=0,j'=2)$ 碰撞中的转动跃迁。计算了 $H_2(v=0,j=2,4,6,8)+H_2(v'=0,j'=j)$ 碰撞中复数散射长度的实部和虚部。发现虚部随着转动量子数 j、j' 的增加而减小，由于散射长度的虚部比实部要小，导致小的非弹性截面。Maté 及其同事[128]进行了温度在 2～110 K 时 $H_2(v=0,j=0)+H_2(v'=0,j'=0)\longrightarrow H_2(v_f=0,j_f=0)+H_2(v_f'=0,j_f'=2)$ 跃迁速率系数的实验研究。他们发现实验结果和基于刚体转子模型（用了 Diep 和 Johnson 报道的 PES[129]）的量子动力学计算吻合得很好。Montero 及其同事[130]研究了处于基态振动态的 H_2 分子的非弹性冷碰撞，气体混合物是比例为 3∶1 的正氢和仲氢，他们得到的实验数据和以 DJ PES 为基础的理论计算一致。

利用以刚性转子模型为基础的量子形式，Lee 及其同事[126]最近给出了在低和超低能量下 H_2 分子的转动非弹性碰撞截面的比较性分析，研究中用了两种不同的势能面，得到 $H_2(v=0,j=0)+H_2(v'=0,j'=0)$ 碰撞的弹性截面，如图 3.23 所示。在超低能量区域的弹性散射截面极限值用 Boothroyd、Martin、Keogh 和 Peterson(BMKP)[131] PES 计算得到的值是 1.91×10^{-13} cm^2，用 DJ PES 计算得到的值是 1.74×10^{-13} cm^2[129]。在低碰撞能量时，动力学对相互作用势的按角度展开的较高阶各向异性项敏感。用 DJ PES 得到的双原子-双原子的散射长度为 5.88 Å，用 BMKP PES 得到的双原子-双原子的散射长度为 6.16 Å。在低能和超低能下，$H_2(v=0,j=2)+H_2(v'=0,j'=0)$ 和 $H_2(v=0,j=2)+H_2(v'=0,j'=2)$ 碰撞中转动激发的 H_2 分子的淬灭截面也已计算出来。

最近由 Yang 及其同事[132][133]做了与 H_2 分子发生冷和超冷碰撞的 CO 分子转动弛豫的量子计算，他们研究了转动量子数 $j=1,2,3$ 的 CO 分子分别与正氢和仲氢碰撞的淬灭碰撞速率系数[132]。由于 H_2 和 CO 系统有相对深的范

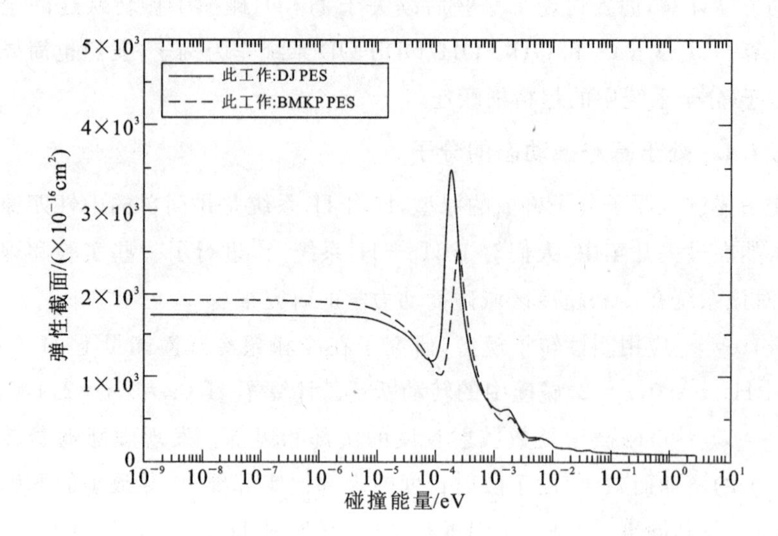

图 3.23　$H_2(v=0,j=0)+H2\ (v'=0,j'=0)$弹性截面和碰撞能量的关系(引自 Lee, T. G. et al. ,J. Chem. Phys. ,125,114302,2006. 已获授权)

德瓦尔斯相互作用势,在碰撞能量为 1.0～40.0 cm^{-1}之间,截面出现一系列细窄的共振。从速率系数对温度的依赖关系图上,可以看到共振现象。当温度在 10^{-2}～50 K 之间时,共振表现出宽的振荡特点[132]。

Bohn 及其同事进行了大量关于超冷分子-分子碰撞中超精细结构跃迁的计算。Avdeenkov 和 Bohn[134]研究了 O_2分子间的超冷碰撞,他们的量子力学研究以刚性转子为基础,并考虑了 O_2分子电子自旋结构。分子转动角动量同电子自旋的耦合导致了转动精细结构的产生。Avdeenkov 和 Bohn 讨论了 $^{17}O_2+^{17}O_2$和$^{16}O_2+^{16}O_2$碰撞中弹性和非弹性的损耗过程,发现能量小于 10^{-2} K 时,弹性碰撞截面大于非弹性自旋翻转截面。基于弹性和非弹性自旋翻转截面的相对大小,对于蒸发冷却来说,$^{17}O_2$ 分子是很好的备选。在$^{16}O_2+^{16}O_2$碰撞中,非弹性碰撞比弹性碰撞更有效,因此$^{16}O_2$更易产生碰撞损耗。

Avdeenkov 和 Bohn 研究了有外场时 OH[135][136] 和 OD[137] 自由基的超冷碰撞。他们发现对于费米 OD 分子之间的超冷碰撞,弹性散射比非弹性过程更有效[137],从而禁止有状态改变的碰撞过程发生。在外加电场 $\varepsilon=100$ V/cm 时,OH＋OH 和 OD＋OD 碰撞的弹性和非弹性截面与能量依赖关系如图 3.24 所示。一方面在 Wigner 区域,玻色子系统(OH 分子)和费米子系统

(OD分子)的弹性截面都趋向有限值;另一方面,非弹性碰撞截面的变化出现完全不同的特点。对于超低能量,由于分子和电场相互作用,对于玻色子系统,s波散射产生按 $E_{coll}^{-1/2}$ 发散的非弹性截面,而对费米子系统,p波散射产生按 $E_{coll}^{1/2}$ 消失的非弹性截面,这样费米子系统非弹性过程受到抑制。这种差别归根于分子玻色子/费米子特性和外加电场的作用。在没有外加电场时,费米子系统的弹性截面按 E_{coll}^{2} 减弱,非弹性碰撞截面按 $E_{coll}^{1/2}$ 减弱,弹性截面的减弱比非弹性碰撞截面减弱得要快。后来 Ticker 和 Bohn[138] 研究了有磁场时 OH-OH 碰撞,他们发现当磁场为几千高斯时,可以降低非弹性碰撞约两个数量级。基于这一结果他们得出的结论是磁场俘获可能更适用于 OH 分子。

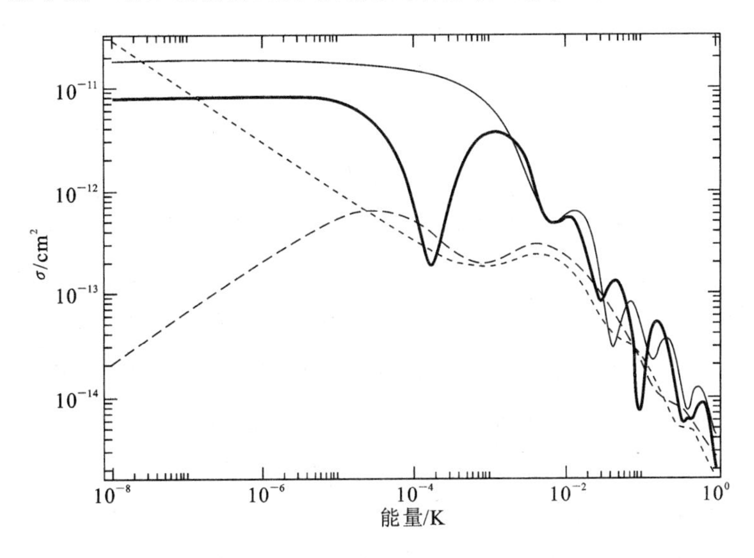

图3.24 在外电场为ε =100 V/cm时,OD+OD(粗灰线)和OH+OH(细黑线)的弹性和非弹性截面,实线和虚线分别表示弹性和非弹性截面(引自 Avdeenkov, A. V. and Bohn, J. L., Phys. Rev. A, 71, 022706, 2005. 已获授权)

3.4.2 振动非弹性跃迁

上面给出的分子-分子碰撞的理论研究涉及刚性转子分子。Pogrebnya 和 Clary[139][140] 利用角动量退耦合近似,在分子参考系下利用全维量子动力学研究了氢分子碰撞中的振动弛豫,他们研究了碰撞能量从1 meV(11.6 K)到1 eV(11604 K)的 $H_2(v=1,j)+H_2(v=0,j')$ 碰撞(包括仲氢-仲氢和正氢-正氢组合)。近年来,人们采用基于多组态含时 Hartree 近似的量子力学计算方

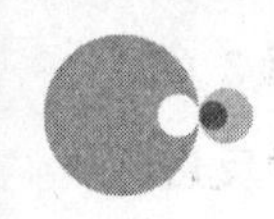

法研究 H_2-H_2系统的全维量子动力学[141][142]。但是上述这些方法仅适用于高能量碰撞，不能用于研究冷碰撞和超冷碰撞。最近 Quéméner 及其同事[143]利用基于 Krems[144]的新编码全维量子理论研究了仲氢分子间超冷碰撞的振动能转移机制（表 3.5 给出了不同振转初态的计算结果）。Arthurs 和 Dalgarno[145]、Takayanagi[146]、Green[147]、Alexander 和 Depristo[148]等描述的理论是量子散射计算的基础。H_2分子最初处于振动量子数为 v 和转动量子数为 j 的不同量子态。两个 H_2的振转态组合称为组合分子态（CMS）。一个 CMS 用 $(vjv'j')$表示，代表了碰撞之前或之后的双原子-双原子系统单量子态。

图 3.25(a)所示的是 $H_2(v=1,j=0)+H_2(v=0,j=0)$、$H_2(v=1,j=2)+H_2(v=0,j=0)$以及 $H_2(v=1,j=0)+H_2(v=0,j=2)$碰撞截面。应用 CMS 标记，上述三种碰撞分别与初始 CMSs(1000)、CMSs(1200)和 CMSs(1002)对应。弹性截面基本不依赖分子的不同初始振转态，而非弹性截面对 H_2分子的初始振动和转动能级有很强的依赖性。在温度为 10^{-6} K 时，$H_2(v=1,j=0)$与 $H_2(v=0,j=2)$碰撞的非弹性弛豫比与 $H_2(v=0,j=0)$碰撞的非弹性弛豫高出近 6 个数量级，比 $H_2(v=1,j=2)$与 $H_2(v=0,j=0)$碰撞高出 2 个数量级。在温度为 25.45 K 时，也就是 CMSs(1002)与 CMSs(1200)能量之差时，$H_2(v=1,j=2)+H_2(v=0,j=0)$与 $H_2(v=1,j=0)+H_2(v=0,j=2)$两个碰撞的非弹性截面几乎相等。非弹性散射截面取决于碰撞的类型和碰撞包含的分子振转能级的组合，即是否包含基态分子 $H_2(v=0,j=0)$、振动激发态分子 $H_2(v=1,j=0)$、转动激发态分子 $H_2(v=0,j=2)$或是振转激发态分子 $H_2(v=1,j=2)$。H_2分子的长程相互作用很弱，可以用弱范德瓦尔斯相互作用描述。在该系统中获得的速率系数不能代表碱金属双原子分子系统中的强相互作用。例如，Mukaiyama 及其同事[109]报道了由 Feshbach 共振制备的两个弱束缚 Na_2分子碰撞的非弹性速率系数为 5.1×10^{-11} cm^3/s，在类似的研究中，Syassen 及其同事[110]报道了两个 Rb_2分子的碰撞速率系数为 3×10^{-10} cm^3/s。Zahzam 及其同事[107]估计了两个 Cs_2分子碰撞速率系数约为 10^{-11} cm^3/s。Ferlaino 及其同事[149]测量了在 nonhalo 区域 Cs_2分子碰撞速率为 9×10^{-11} cm^3/s，他们还给出了可调 halo 双原子 Cs_2分子碰撞的非弹性速率系数与原子-原子散射长度的关系。由于强的非弹性耦合和较深的势阱导致碱金属双原子分子系统有较大的非弹性速率系数。

表3.5 汇总了不同分子-分子系统中转动和振动淬灭零温度速率系数

系　统	初态(v,j,v',j')	$K_{T=0}$/(cm^3/s)	参考文献
H_2+H_2	($v=1,j=0,v'=0,j'=0$)	8.9×10^{-18}	[143]
	($v=2,j=0,v'=0,j'=0$)	3.9×10^{-17}	[143]
	($v=3,j=0,v'=0,j'=0$)	1.2×10^{-16}	[143]
	($v=4,j=0,v'=0,j'=0$)	1.8×10^{-16}	[143]
	($v=5,j=0,v'=0,j'=0$)	6.9×10^{-16}	[143]
	($v=6,j=0,v'=0,j'=0$)	2.9×10^{-15}	[143]
	($v=1,j=0,v'=1,j'=0$)	2.7×10^{-16}	[143]
	($v=2,j=0,v'=1,j'=0$)	1.3×10^{-14}	[143]
	($v=3,j=0,v'=1,j'=0$)	1.6×10^{-14}	[143]
	($v=4,j=0,v'=1,j'=0$)	9.0×10^{-15}	[143]
	($v=2,j=0,v'=2,j'=0$)	6.1×10^{-16}	[143]
H_2+H_2	($v=0,j=2,v'=0,j'=0$)	3.9×10^{-14}	[143]
	($v=1,j=2,v'=0,j'=0$)	3.7×10^{-14}	[143]
	($v=2,j=2,v'=0,j'=0$)	8.7×10^{-14}	[143]
	($v=3,j=2,v'=0,j'=0$)	1.5×10^{-13}	[143]
	($v=4,j=2,v'=0,j'=0$)	2.5×10^{-13}	[143]
	($v=1,j=2,v'=1,j'=0$)	8.8×10^{-14}	[143]
	($v=2,j=2,v'=1,j'=0$)	6.1×10^{-14}	[143]
H_2+H_2	($v=1,j=0,v'=0,j'=2$)	5.6×10^{-12}	[143]
	($v=2,j=0,v'=0,j'=2$)	3.4×10^{-12}	[143]
	($v=3,j=0,v'=0,j'=2$)	2.7×10^{-12}	[143]
	($v=4,j=0,v'=0,j'=2$)	2.1×10^{-12}	[143]
	($v=2,j=0,v'=1,j'=2$)	5.2×10^{-12}	[143]
H_2+CO	($v=0,j=0,v'=0,j'=1$)	2.0×10^{-12}	[132]
	($v=0,j=0,v'=0,j'=2$)	3.0×10^{-11}	[132]
	($v=0,j=0,v'=0,j'=3$)	1.2×10^{-10}	[132]
H_2+CO	($v=0,j=1,v'=0,j'=1$)	1.2×10^{-11}	[132]
	($v=0,j=1,v'=0,j'=2$)	4.0×10^{-11}	[132]
	($v=0,j=1,v'=0,j'=3$)	8.5×10^{-11}	[132]

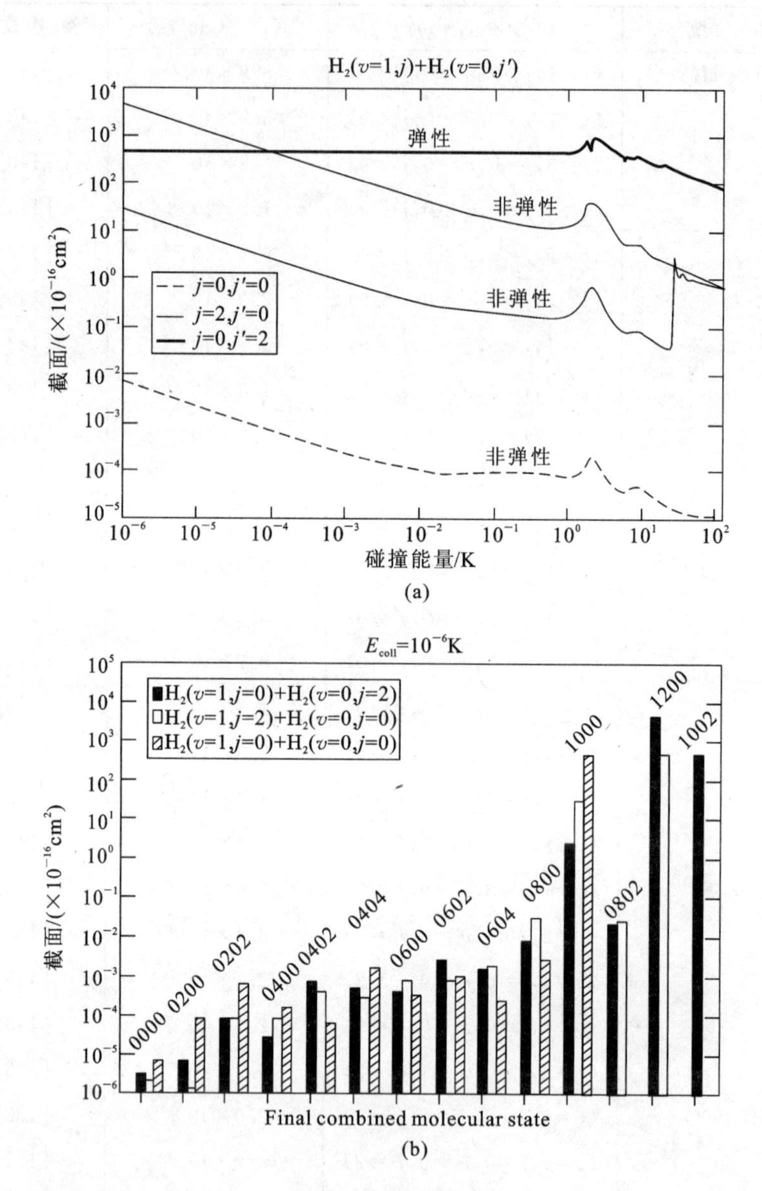

图 3.25　$H_2(v=1,j=0)+H_2(v=0,j=0)$、$H_2(v=1,j=2)+H_2(v=0,j=0)$和 $H_2(v=1,j=0)+H_2(v=0,j=2)$碰撞的弹性和非弹性截面。(a)总截面;(b)在 10^{-6} K 时的态-态截面(引自 Quéméner,G. et al.,Phys. Rev. A,77,030704 (R),2008. 已获授权)

图 3.25(b)所示的是 H_2-H_2系统的三种振转态组合的态-态截面。非弹性截面的大小取决于双原子-双原子系统对碰撞分子的内能和总转动角动量守恒的倾向[143]。$H_2(v=1,j=0)+H_2(v=0,j=0)$碰撞的最终态-态分布说明，对于两个碰撞分子在哪个转动能级布居没有特殊的倾向性。总转动角动量守恒意味着分子内能发生很大的变化。由于能隙大，纯振动跃迁(1000)→(0000)效率不高。另一方面内能(接近)守恒要求碰撞分子总转动角动量有大的变化，跃迁(1000)→(0800)同样没有占主导地位。在 $H_2(v=1,j=2)+H_2(v=0,j=0)$碰撞中的态-态截面表明，跃迁(1200)→(1000)要比其他组合跃迁都要高效，在这个跃迁中，总转动角动量变化和内能转移都比较小，导致更高效的能量转移。$H_2(v=1,j=0)+H_2(v=0,j=2)$碰撞的态-态截面给出了有趣的图景，在这里(1002)→(1200)的跃迁效率和选择性都高。在此情况下，由于总转动角动量守恒而内能几乎没有改变((1200)和(1002)的能量差仅为 25.45 K)导致容易发生近共振能量转移过程。由于在原子-双原子系统中分子的转动角动量和内能不可能同时守恒，这个特殊的机制不可能在原子-双原子系统中发生。这个机制让我们回想起前面讨论的关于原子与转动激发的双原子分子碰撞中的准共振能量转移[21][53][54][60]，但这里完全源于量子效应。近共振过程是超冷原子光缔合制备超冷分子和通过化学反应制备全同分子中碰撞能量转移的重要机制。

3.5 总结和展望

在本章中，我们对最近在冷和超冷温度下原子-分子和分子-分子碰撞理论研究进行了回顾。在最近几十年间，在较高的碰撞能量下人们对这类系统进行了广泛的研究，特别是在制备密集的冷和超冷分子样品实验上的新突破为人们在研究温度接近绝对零度时的弹性、非弹性和反应碰撞提供了前所未有的机会。这些研究揭示了在热碰撞中无法看到的独特的分子碰撞和能量转移机制。

在冷和超冷温度下，长的碰撞时间和大的德布罗意波长产生了有趣的量子效应。计算表明，在温度接近零度时，具有不可超越的势垒的反应仍有可能发生，在某些情况下反应速率系数还比较大。隧道效应主导反应成为最近许多研究的主题，并可能很快被推广到冷和超冷区域的实验研究中。利用振动激发的分子可以提高反应速率系数是超冷化学反应实验研究的一个有趣方案。

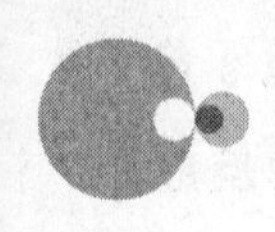

对碱金属同核和异核三原子分子系统的研究引起了人们对超冷温度下化学反应的兴趣。如何描述有高振动激发分子参与的碰撞是理论研究的一个挑战性工作。最近的理论计算发现,对于高振转能级激发态分子的三体相互作用势能可以忽略,这极大地简化了计算工作。即便如此,对于重的碱金属三原子分子系统计算仍然存在着极大的挑战。

超冷分子-分子碰撞的定量描述是另一挑战性课题。由于重原子系统振转能级的数目比较多,使得最近关于 H_2-H_2系统的工作很难应用到较重的原子系统中。对 H_2-H_2碰撞的研究表明,对某些振转能级的组合,能量可能转移到特定终态的振转态。在这种情况下,计算时可以用少量基矢,而不破坏它的准确性。

目前人们极感兴趣的就是利用外电场和磁场操控碰撞的结果。虽然分子碰撞的相干控制及化学反应的概念已存在多年,人们也获得了一些重要的进展,但制备特定量子态的相干密集分子样品的可能性给可控化学带来了新的活力。我们期待未来几年看到在冷及超冷分子方向有更多的研究,以及实现电场或磁场对化学反应方面的操控。在超冷碰撞下,电子非绝热效应尚属于未开发的领域,预期会吸引更多人的注意力。

致谢

感谢美国国家科学基金 PHY-0555565 (N. B.),AST-0607524 (N. B.),化学科学、地球科学和生命科学部的基础能源部和美国能源部的支持。

参考文献

[1] Doyle,J.,Friedrich,B.,Krems,R. V.,and Masnou-Seeuws,F.,Editorial:Quo vadis,cold molecules? Eur. Phys. J. D,31,149,2004.

[2] Krems,R. V.,Cold controlled chemistry,Phys. Chem. Chem. Phys.,10,4079,2008.

[3] Bahns,J. T.,Stwalley,W.,and Gould,P. L.,Formation of cold ($T \leqslant 1$ K) molecules,Adv. At. Mol. Opt. Phys.,42,171,2000.

[4] Masnou-Seeuws,F. and Pillet,P.,Formation of ultracold molecules ($T <$ 200 μK) via photoassociation in a gas of laser-cooled atoms,Adv. At. Mol. Opt. Phys.,47,53,2001.

[5] Bethlem, H. L. and Meijer, G., Production and application of translationally cold molecules, Int. Rev. Phys. Chem., 22, 73, 2003.

[6] Hutson, J. M. and Soldan, P., Molecule formation in ultracold atomic gases, Int. Rev. Phys. Chem., 25, 497, 2006.

[7] Willitsch, S., Bell, M. T., Gingell, A. D., Procter, S. R., and Softley, T. P., Cold reactive collisions between laser-cooled ions and velocity-selected neutral molecules, Phys. Rev. Lett., 100, 043203, 2008.

[8] Krems, R. V., Molecules near absolute zero and external field control of atomic and molecular dynamics, Int. Rev. Phys. Chem., 24, 99, 2005.

[9] Wigner, E. P., On the behavior of cross sections near thresholds, Phys. Rev., 73, 1002, 1948.

[10] Balakrishnan, N., Kharchenko, V., Forrey, R. C., and Dalgarno, A., Complex scattering lengths in multi-channel atom-molecule collisions, Chem. Phys. Lett., 280, 5, 1997.

[11] Balakrishnan, N. and Dalgarno, A., Chemistry at ultracold temperatures, Chem. Phys. Lett., 341, 652, 2001.

[12] Zuev, P. S., Sheridan, R. S., Albu, T. V., Truhlar, D. G., Hrovat, D. A., and Borden, W. T., Carbon tunneling from a single quantum state, Science, 299, 867, 2003.

[13] Weck, P. F. and Balakrishnan, N., Importance of long-range interactions in chemical reactions at cold and ultracold temperatures, Int. Rev. Phys. Chem., 25, 283, 2006.

[14] Hutson, J. M. and Soldán, P., Molecular collisions in ultracold atomic gases, Int. Rev. Phys. Chem., 26, 1, 2007.

[15] Bodo, E. and Gianturco, F. A., Collisional quenching of molecular ro-vibrational energy by He buffer loading at ultralow energies, Int. Rev. Phys. Chem., 25, 313, 2006.

[16] Takayanagi, T., Masaki, N., Nakamura, K., Okamoto, M., and Schatz, G. C., The rate constants for the $H+H_2$ reaction and its isotopic analogs at low temperatures: Wigner threshold law behavior, J. Chem. Phys., 86, 6133, 1987.

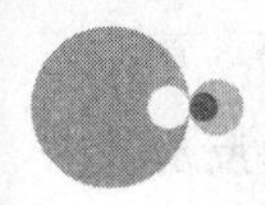

[17] Hancock, G. C., Mead, C. A., Truhlar, D. G., and Varandas, A. J. C., Reaction rates of $H(H_2)$, $D(H_2)$, and $H(D_2)$ van der Waals molecules and the threshold behavior of the bimolecular gas-phase rate coefficient, J. Chem. Phys., 91, 3492, 1989.

[18] Takayanagi, T. and Sato, S., The bending-corrected-rotating-linear-model calculations of the rate constants for the $H+H_2$ reaction and its isotopic variants at low temperatures: The effect of van derWaals well, J. Chem. Phys., 92, 2862, 1990.

[19] Balakrishnan, N., Forrey, R. C., and Dalgarno, A., Quenching of H_2 vibrations in ultracold ^3He and ^4He collisions, Phys. Rev. Lett., 80, 3224, 1998.

[20] Forrey, R. C., Balakrishnan, N., Kharchenko, V., and Dalgarno, A., Feshbach resonances in ultracold atom-diatom scattering, Phys. Rev. A, 58, R2645, 1998.

[21] Forrey, R. C., Balakrishnan, N., Dalgarno, A., Haggerty, M. R., and Heller, E. J., Quasiresonant energy transfer in ultracold atom-diatom collisions, Phys. Rev. Lett., 82, 2657, 1999.

[22] Forrey, R. C., Kharchenko, V., Balakrishnan, N., and Dalgarno, A., Vibrational relaxation of trapped molecules, Phys. Rev. A, 59, 2146, 1999.

[23] Balakrishnan, N., Forrey, R. C., and Dalgarno, A., Vibrational relaxation of CO by collisions with 4He at ultracold temperatures, J. Chem. Phys., 113, 621, 2000.

[24] Zhu, C., Balakrishnan, N., and Dalgarno, A., Vibrational relaxation of CO in ultracold ^3He collisions, J. Chem. Phys., 115, 1335, 2001.

[25] Balakrishnan, N. and Dalgarno, A., On the quenching of rovibrationally excited molecular oxygen at ultracold temperatures, J. Phys. Chem. A, 105, 2348, 2001.

[26] Muchnik, P. and Russek, A., The HeH2 energy surface, J. Chem. Phys., 100, 4336, 1994.

[27] Wilson, G. J., Turnidge, M. L., Solodukhin, A. S., and Simpson, C. J. S. M., The measurement of rate constants for the vibrational deactivation

of $^{12}C^{16}O$ by H^2, D^2 and ^4He in the gas phase down to 35 K, Chem. Phys. Lett., 207, 521, 1993.

[28] Balakrishnan, N., Forrey, R. C., and Dalgarno, A., Threshold phenomena in ultracold atom-molecule collisions, Chem. Phys. Lett., 280, 1, 1997.

[29] Dashevskaya, E. I., Kunc, J. A., Nikitin, E. E., and Oref, I., Two-channel vibrational relaxation of H_2 by He: Abridge between the Landau-Teller and Bethe-Wigner limits, J. Chem. Phys., 118, 3141, 2003.

[30] Côté, R., Dashevskaya, E. I., Nikitin, E. E., and Troe, J., Quantum enhancement of vibrational predissociation near the dissociation threshold, Phys. Rev. A, 69, 012704, 2004.

[31] Uudus, N., Magaki, S., and Balakrishnan, N., Quantum mechanical investigation of ro-vibrational relaxation of H_2 and D_2 by collisions with Ar atoms, J. Chem. Phys., 122, 024304, 2005.

[32] Lee, T.-G., Rochow, C., Martin, R., Clark, T. K., Forrey, R. C., Balakrishnan, N., Stancil, P. C. Schultz, D. R., Dalgarno, A., and Ferland, G. J., Close-coupling calculations of low-energy inelastic and elastic processes in 4He collisions with H_2: A comparative study of two potential energy surfaces, J. Chem. Phys., 122, 024307, 2005.

[33] Boothroyd, A. I., Martin, P. G., and Peterson, M. R., Accurate analytic HeH_2 potential energy surface from a greatly expanded set of ab initio energies, J. Chem. Phys., 119, 3187, 2003.

[34] Reid, J. P., Simpson, C. J. S. M., and Quiney, H. M. A new HeCO interaction energy surface with vibrational coordinate dependence. II. The vibrational deactivation of CO ($v=1$) by inelastic collisions with ^3He and ^4He, J. Chem. Phys., 107, 9929, 1997.

[35] Krems, R. V., Vibrational relaxation of vibrationally and rotationally excited CO molecules by He atoms, J. Chem. Phys., 116, 4517, 2002.

[36] Krems, R. V., Vibrational relaxation in CO+He collisions: Sensitivity to interaction potential and details of quantum calculations, J. Chem. Phys., 116, 4525, 2002.

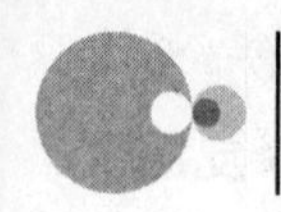

[37] Bodo, E., Gianturco, F. A., and Dalgarno, A., Quenching of vibrationally excited CO ($v=2$) molecules by ultra-cold collisions with ^{4}He atoms, Chem. Phys. Lett., 353, 127, 2002.

[38] Stoecklin, T., Voronin, A., and Rayez, J. C., Vibrational deactivation of F_2($v=1, j=0$) by ^{3}He at very low energy: A comparative study with the He-N_2 collision, Phys. Rev. A, 68, 032716, 2003.

[39] Stoecklin, T., Voronin, A., and Rayez, J. C., Vibrational quenching of HF ($v=1, j$) molecules by ^{3}He atoms at very low energy, Chem. Phys., 294, 117, 2003.

[40] Bodo, E. and Gianturco, F. A., Collisional cooling of polar diatomics in ^{3}He and ^{4}He buffer gas: a quantum calculation at ultralow energies, J. Phys. Chem. A, 107, 7328, 2003.

[41] Campbell, W. C., Tsikata, E., Lu, H.-I., van Buuren, L. D., and Doyle, J. M., Magnetic trapping and Zeeman relaxation of NH ($X\,^3\Sigma^-$), Phys. Rev. Lett., 98, 213001, 2007.

[42] Hoekstra, S., Metsälä, M., Zieger, P. C., Scharfenberg, L., Gilijamse, J. J., Meijer, G., and van de Meerakker, S. Y. T., Electrostatic trapping of metastable NH molecules, Phys. Rev. A, 76, 063408, 2007.

[43] van de Meerakker, S. Y. T., Smeets, P. H. M., Vanhaecke, N., Jongma, R. T., and Meijer, G., Deceleration and electrostatic trapping of OHradicals, Phys. Rev. Lett., 94, 023004, 2005.

[44] Sawyer, B. C., Lev, B. L., Hudson, E. R., Stuhl, B. K., Lara, M., Bohn, J. L., and Ye, J., Magnetoelectrostatic trapping of ground state OH molecules, Phys. Rev. Lett., 98, 253002, 2007.

[45] Krems, R. V., Sadeghpour, H. R., Dalgarno, A., Zgid, D., Klos, J., and Chalasinski, G., Low-temperature collisions of NH($X\,^3\Sigma^-$) molecules with He atoms in a magnetic field: An ab initio study, Phys. Rev. A, 68, 051401(R), 2003.

[46] Krems, R. V., Sadeghpour, H. R., Dalgarno, A., Klos, J., Groenenboom, G. C., van der Avoird, A., Zgid, D., and Chalasinski, G., Interaction of NH($X\,^3\Sigma^-$) with He: Potential energy surface, bound states,

and collisional Zeeman relaxation, J. Chem. Phys., 122, 094307, 2005.

[47] González-Sánchez, L., Bodo, E., and Gianturco, F. A., Quantum scattering of OH($X^2\Pi$) with He(^1S): Propensity features in rotational relaxation at ultralow energies, Phys. Rev. A, 73, 022703, 2006.

[48] Weinstein, J. D., deCarvalho, R., Guillet, T., Friedrich, B., and Doyle, J. M., Magnetic trapping of calcium monohydride molecules at millikelvin temperatures, Nature, 395, 148, 1998.

[49] Balakrishnan, N., Groenenboom, G. C., Krems, R. V., and Dalgarno, A., The HeCaH($^2\Sigma^+$) interaction. II. Collisions at cold and ultracold temperatures, J. Chem. Phys., 118, 7386, 2003.

[50] Groenenboom, G. C., and Balakrishnan, N., The HeCaH($^2\Sigma^+$) interaction. I. Threedimensional ab initio potential energy surface, J. Chem. Phys., 118, 7380, 2003.

[51] Krems, R. V., Dalgarno, A., Balakrishnan, N., and Groenenboom, G. C., Spin-flipping transitions in $^2\Sigma$ molecules induced by collisions with structureless atoms, Phys. Rev. A, 67, 060703(R), 2003.

[52] Krems, R. V., Breaking van derWaals molecules with magnetic fields, Phys. Rev. Lett., 93, 013201, 2004.

[53] Stewart, B., Magill, P. D., Scott, T. P., Derouard, J., and Pritchard, D. E., Quasiresonant vibration-rotation transfer in atom-diatom collisions, Phys. Rev. Lett., 60, 282, 1988.

[54] Magill, P. D., Stewart, B., Smith, N., and Pritchard, D. E., Dynamics of quasiresonant vibration-rotation transfer in atom-diatom scattering, Phys. Rev. Lett., 60, 1943, 1988.

[55] Forrey, R. C., Balakrishnan, N., Dalgarno, A., Haggerty, M. R., and Heller, E. J., The effect of quasiresonant dynamics on the predissociation of van der Waals molecules, Phys. Rev. A, 64, 022706, 2001.

[56] Forrey, R. C., Prospects for cooling and trapping rotationally hot molecules, Phys. Rev. A, 66, 023411, 2002.

[57] Flasher, J. C. and Forrey, R. C., Cold collisions between argon atoms and hydrogen molecules, Phys. Rev. A, 65, 032710, 2002.

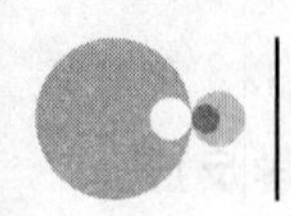

[58] Florian, P., Hoster, M., and Forrey, R. C., Rotational relaxation in ultracold CO+He collisions, Phys. Rev. A, 70, 032709, 2004.

[59] Mack, A., Clark, T. K., Forrey, R. C., Balakrishnan, N., Lee, T.-G., and Stancil, P. C., Cold He+H_2 collisions near dissociation, Phys. Rev. A, 74, 052718, 2006.

[60] Ruiz, A. and Heller, E. J., Quasiresonance, Mol. Phys., 104, 127, 2006.

[61] McCaffery, A. J., Vibration-rotation transfer in molecular super rotors, J. Chem. Phys., 113, 10947, 2000.

[62] McCaffery, A. J. and Marsh, R. J., Vibrational predissociation of van der Waals molecules: An internal collision, angular momentum model, J. Chem. Phys., 117, 9275, 2002.

[63] Marsh, R. J. and McCaffery, A. J., Quantitative prediction of collision-induced vibration-rotation distributions from physical data, J. Phys. B: At. Mol. Opt. Phys., 36, 1363, 2003.

[64] Bodo, E., Scifoni, E., Sebastianelli, F., Gianturco, F. A., and Dalgarno, A., Rotational quenching in ionic systems at ultracold temperatures, Phys. Rev. Lett., 89, 283201, 2002.

[65] Stoecklin, T. and Voronin, A., Strong isotope effect in ultracold collision of N_2^+ ($v=1, j=0$) with He: A case study of virtual-state scattering, Phys. Rev. A, 72, 042714, 2005.

[66] Guillon, G., Stoecklin, T., and Voronin, A., Spin-rotation interaction in cold and ultracold collisions of N_2^+ ($^2\Sigma^+$) with ^3He and ^4He, Phys. Rev. A, 75, 052722, 2007.

[67] Althorpe, S. C. and Clary, D. C., Quantum scattering calculations on chemical reactions, Annu. Rev. Phys. Chem., 54, 493, 2003.

[68] Hu, W. and Schatz, G. C., Theories of reactive scattering, J. Chem. Phys., 125, 132301, 2006.

[69] Smith, I. W. M., Laboratory studies of atmospheric reactions at low temperatures, Chem. Rev., 103, 4549, 2003.

[70] Castillo, J. F., Manolopoulos, D. E., Stark, K., and Werner, H.-J., Quantum mechanical angular distributions for the F+H_2 reaction, J.

Chem. Phys. ,104,6531,1996.

[71] Takayanagi,T. and Kurosaki,Y. ,van der Waals resonances in cumulative reaction probabilities for the F + H_2, D_2, and HD reactions, J. Chem. Phys. ,109,8929,1998.

[72] Skodje, R. T. , Skouteris, D. , Manolopoulos, D. E. , Lee, S. -H. , Dong, F. ,and Liu,K. ,Resonance-mediated chemical reaction: F+HD ⟶ HF +D,Phys. Rev. Lett. ,85,1206,2000.

[73] Bodo,E. ,Gianturco,F. A. ,and Dalgarno,A. ,F + D_2 reaction at ultracold temperatures,J. Chem. Phys. ,116,9222,2002.

[74] Balakrishnan,N. and Dalgarno,A. ,On the isotope effect in F+HD reaction at ultracold temperatures,J. Phys. Chem. A,107,7101,2003.

[75] Bodo,E. ,Gianturco,F. A. ,Balakrishnan,N. ,and Dalgarno,A. ,Chemical reactions in the limit of zero kinetic energy: virtual states and Ramsauer minima in F+H_2 ⟶ HF+H,J. Phys. B: At. Mol. Opt. Phys. ,37, 3641,2004.

[76] Qui,M. ,Ren,Z. ,Che,L. ,Dai,D. ,Harich,A. A. ,Wang,X. ,Yang,X. , Xu,C. ,Xie,D. ,Gustafsson,M. ,Skodje,R. T. ,Sun,Z. ,and Zhang,D. H. ,Observation of Feshbach resonances in the F+H_2 ⟶ HF+H reaction,Science,311,1440,2006.

[77] Aldegunde,J. , Alvariño,J. M. , de Miranda, M. P. , Sáez Rábanos V. , and Aoiz,F. J. ,Mechanism and control of F + H_2 reaction at low and ultralow collision energies,J. Chem. Phys. ,125,133104,2006.

[78] Lee,S. -H. ,Dong,F. ,and Liu,K. ,A crossed-beam study of the F+HD ⟶ HF+D reaction: The resonance-mediated channel,J. Chem. Phys. , 125,133106,2006.

[79] Tao,L. and Alexander,M. H. ,Role of van der Waals resonances in the vibrational relaxation of HF by collisions with H atoms, J. Chem. Phys. ,127,114301,2007.

[80] De Fazio, D. , Cavalli, S. , Aquilanti, V. , Buchachenko, A. A. , and Tscherbul,T. V. ,On the role of scattering resonances in the F+HD reaction dynamics,J. Phys. Chem. A,111,12538,2007.

[81] Skouteris, D., Manolopoulos, D. E., Bian, W. S., Werner, H.-J., Lai, L. H., and Liu, K., van der Waals interactions in the Cl+HD reaction, Science, 286, 1713, 1999.

[82] Balakrishnan, N., On the role of van der Waals interaction in chemical reactions at low temperatures, J. Chem. Phys., 121, 5563, 2004.

[83] Weck, P. F. and Balakrishnan, N., Chemical reactivity of ultracold polar molecules: investigation of H+HCl and H+DCl collisions, Eur. Phys. J. D, 31, 417, 2004.

[84] Weck, P. F. and Balakrishnan, N., Quantum dynamics of the Li+HF ⟶H+LiF reaction at ultralow temperatures, J. Chem. Phys., 122, 154309, 2005.

[85] Weck, P. F. and Balakrishnan, N., Heavy atom tunneling in chemical reactions: Study of H+LiF collisions, J. Chem. Phys., 122, 234310, 2005.

[86] Weck, P. F. and Balakrishnan, N., Reactivity enhancement of ultracold $O(^3P)+H_2$ collisions by van der Waals interactions, J. Chem. Phys., 123, 144308, 2005.

[87] Weck, P. F., Balakrishnan, N., Brandao, J., Rosa, C., and Wang, W., Dynamics of the $O(^3P)+H_2$ reaction at low temperatures: Comparison of quasiclassical trajectory with quantum scattering calculations, J. Chem. Phys., 124, 074308, 2006.

[88] Quéméner, G. and Balakrishnan, N., Cold and ultracold chemical reactions of F+HCl and F+DCl, J. Chem. Phys., 128, 224304, 2008.

[89] Stark, K. and Werner, H.-J., An accurate multireference configuration interaction calculation of the potential energy surface for the $F+H_2$⟶HF+H reaction, J. Chem. Phys., 104, 6515, 1996.

[90] Baer, M., Strong isotope effects in the F+HD reactions at the low-energy interval: aquantum-mechanical study, Chem. Phys. Lett., 312, 203, 1999.

[91] Zhang, D. H., Lee, S.-Y., and Baer, M., Quantum mechanical integral cross sections and rate constants for the F+HD reactions, J. Chem. Phys., 112, 9802, 2000.

[92] Aguado, A., Paniagua, M., Sanz, C., and Roncero, O., Transition state spectroscopy of the excited electronic states of LiHF, J. Chem. Phys., 119, 10088, 2003.

[93] Tscherbul, T. V. and Krems, R. V., Quantum theory of chemical reactions in the presence of electromagnetic fields, J. Chem. Phys., 129, 034112, 2008.

[94] Cvitaš, M. T., Soldán, P., Hutson, J. M., Honvault, P., and Launay, J.-M., Ultracold Li + Li_2 collisions: Bosonic and fermionic cases, Phys. Rev. Lett., 94, 033201, 2005.

[95] Cvitaš, M. T., Soldán, P., Hutson, J. M., Honvault, P., and Launay, J.-M., Ultracold collisions involving heteronuclear alkali metal dimers, Phys. Rev. Lett., 94, 200402, 2005.

[96] Quéméner, G., Launay, J.-M., and Honvault, P., Ultracold collisions between Li atoms and Li_2 diatoms in high vibrational states, Phys. Rev. A, 75, 050701(R), 2007.

[97] Cvitaš, M. T., Soldán, P., Hutson, J. M., Honvault, P., and Launay, J.-M., Interactions and dynamics in Li + Li_2 ultracold collisions, J. Chem. Phys., 127, 074302, 2007.

[98] Soldán, P., Cvitaš, M. T., Hutson, J. M., Honvault, P., and Launay, J.-M., Quantum dynamics of ultracold Na + Na_2 collisions, Phys. Rev. Lett., 89, 153201, 2002.

[99] Quéméner, G., Honvault, P., and Launay, J.-M., Sensitivity of the dynamics of Na + Na_2 collisions on the three-body interaction at ultralow energies, Eur. Phys. J. D, 30, 201, 2004.

[100] Quéméner, G., Honvault, P., Launay, J.-M., Soldán, P., Potter, D. E., and Hutson, J. M., Ultracold quantum dynamics: Spin-polarized K + K_2 collisions with three identical bosons or fermions, Phys. Rev. A, 71, 032722, 2005.

[101] Launay, J.-M. and Le Dourneuf, M., Hyperspherical close-coupling calculation of integral cross sections for the reaction $H + H_2 \longrightarrow H_2 + H$, Chem. Phys. Lett., 163, 178, 1989.

[102] Higgins, J., Hollebeek, T., Reho, J., Ho, T.-S., Lehmann, K. K., Rabitz, H., and Scoles, G., On the importance of exchange effects in three-body interactions: The lowest quartet state of Na_3, J. Chem. Phys., 112, 5751, 2000.

[103] Colavecchia, F. D., Burke, J. P., Jr., Stevens, W. J., Salazar, M. R., Parker, G. A., and Pack, R. T., The potential energy surface for spin-aligned Li_3 ($1\ ^4A'$) and the potential energy curve for spin-aligned Li_2 ($a\ ^3\Sigma_u^+$), J. Chem. Phys., 118, 5484, 2003.

[104] Brue, D. A. and Parker, G. A., Conical intersection between the lowest spin-aligned Li_3 ($^4A'$) potential-energy surfaces, J. Chem. Phys., 123, 091101, 2005.

[105] Soldán, P., Cvitaš, M. T., and Hutson, J. M., Three-body nonadditive forces between spin-polarized alkali-metal atoms, Phys. Rev. A, 67, 054702, 2003.

[106] Staanum, P., Kraft, S. D., Lange, J., Wester, R., and Weidemüller, M., Experimental investigation of ultracold atom-molecule collisions, Phys. Rev. Lett., 96, 023201, 2006.

[107] Zahzam, N., Vogt, T., Mudrich, M., Comparat, D., and Pillet, P., Atom-molecule collisions in an optically trapped gas, Phys. Rev. Lett., 96, 023202, 2006.

[108] Wynar, R., Freeland, R. S., Han, D. J., Ryu, C., and Heinzen, D. J., Molecules in a Bose-Einstein condensate, Science, 287, 1016, 2000.

[109] Mukaiyama, T., Abo-Shaeer, J. R., Xu, K., Chin, J. K., and Ketterle, W., Dissociation and decay of ultracold sodium molecules, Phys. Rev. Lett., 92, 180402, 2004.

[110] Syassen, N., Volz, T., Teichmann, S., Dürr, S., and Rempe, G., Collisional decay of ^{87}Rb Feshbach molecules at 1005.8 G, Phys. Rev. A, 74, 062706, 2006.

[111] Hudson, E. R., Gilfoy, N. B., Kotochigova, S., Sage, J. M., and DeMille, D., Inelastic collisions of ultracold heteronuclear molecules in an optical trap, Phys. Rev. Lett., 100, 203201, 2008.

[112] Amiot, C. and Dulieu, O., The Cs_2 ground electronic state by Fourier transform spectroscopy: dispersion coefficients, J. Chem. Phys., 117, 5155, 2002.
[113] Derevianko, A., Johnson, W. R., Safronova, M. S., and Babb, J. F., High-precision calculations of dispersion coefficients, static dipole polarizabilities, and atom-wall interaction constants for alkali-metal atoms, Phys. Rev. Lett., 82, 3589, 1999.
[114] Hutson, J. M., Feshbach resonances in ultracold atomic and molecular collisions: threshold behaviour and suppression of poles in scattering lengths, New J. Phys., 9, 152, 2007.
[115] Stwalley, W. C., Collisions and reactions of ultracold molecules, Can. J. Chem., 82, 709, 2004.
[116] Petrov, D. S., Salomon, C., and Shlyapnikov, G. V., Weakly bound dimers of fermionic atoms, Phys. Rev. Lett., 93, 090404, 2004.
[117] Bodo, E., Gianturco, F. A., and Yurtsever, E., Vibrational quenching at ultralow energies: Calculations of the $Li_2(^1\Sigma_u^+; v>>0)$ + He superelastic scattering cross sections, Phys. Rev. A, 73, 052715, 2006.
[118] Kerman, A. J., Sage, J. M., Sainis, S., Bergeman, T., and DeMille, D., Production and state-selective detection of ultracold RbCs molecules, Phys. Rev. Lett., 92, 153001, 2004.
[119] Sage, J. M., Sainis, S., Bergeman, T., and DeMille, D., Optical production of ultracold polar molecules, Phys. Rev. Lett., 94, 203001, 2005.
[120] Haimberger, C., Kleinert, J., Bhattacharya, M., and Bigelow, N. P., Formation and detection of ultracold ground-state polar molecules, Phys. Rev. A, 70, 021402, 2004.
[121] Kleinert, J., Haimberger, C., Zabawa, P. J., and Bigelow, N. P., Trapping of ultracold polar molecules with a thin-wire electrostatic trap, Phys. Rev. Lett., 99, 143002, 2007.
[122] Mancini, M. W., Telles, G. D., Caires, A. R. L., Bagnato, V. S., and Marcassa, L. G., Observation of ultracold ground-state heteronuclear molecules, Phys. Rev. Lett., 92, 133203.

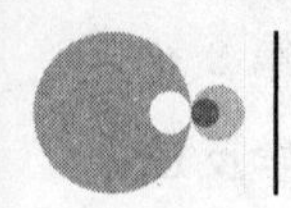

[123] Wang, D., Qi, J., Stone, M. F., Nikolayeva, O., Hattaway, B., Gensemer, S. D., Wang, H., Zemke, W. T., Gould, P. L., Eyler, E. E., and Stwalley, W. C., The photoassociative spectroscopy, photoassociative molecule formation, and trapping of ultracold $^{39}K^{85}Rb$, Eur. Phys. J. D, 31, 165, 2004.

[124] Kraft, S. D., Staanum, P., Lange, J., Vogel, L., Wester, R., and Weidemüller, M., Formation of ultracold LiCs molecules, J. Phys. B: At. Mol. Opt. Phys., 39, S993, 2006.

[125] Schloder, U., Silber, C., and Zimmermann, C., Photoassociation of heteronuclear lithium, Appl. Phys. B: Lasers Opt., 73, 801, 2001.

[126] Lee, T.-G., Balakrishnan, N., Forrey, R. C., Stancil, P. C., Schultz, D. R., and Ferland, G. J., State-to-state rotational transitions in H_2+H_2 collisions at low temperatures, J. Chem. Phys., 125, 114302, 2006.

[127] Forrey, R. C., Cooling and trapping of molecules in highly excited rotational states, Phys. Rev. A, 63, 051403(R), 2001.

[128] Maté, B., Thibault, F., Tejeda, G., Fernandez, J. M., and Montero, S., Inelastic collisions in para-H_2: Translation-rotation state-to-state rate coefficients and cross sectionsat low temperature and energy, J. Chem. Phys., 122, 064313, 2005.

[129] Diep, P., and Johnson, J. K., An accurate H_2-H_2 interaction potential from first principles, J. Chem. Phys., 112, 4465, 2000.

[130] Montero, S., Thibault, F., Tejeda, G., and Fernández, J. M., Rotranslational stateto-state rates and spectral representation of inelastic collisions in low-temperature molecular hydrogen, J. Chem. Phys,. 125, 124301, 2006.

[131] Boothroyd, A. I., Martin, P. G., Keogh, W. J., and Peterson, M. J., An accurate analytic H_4 potential energy surface, J. Chem. Phys., 116, 666, 2002.

[132] Yang, B., Stancil, P. C., Balakrishnan, N., and Forrey, R. C., Quenching of rotationally excited CO by collisions with H_2, J. Chem. Phys., 124, 104304, 2006.

[133] Yang, B., Perera, H., Balakrishnan, N., Forrey, R. C., and Stancil, P. C., Quenching of rotationally excited CO in cold and ultracold collisions with H, He and H_2, J. Phys. B: At. Mol. Opt. Phys., 39, S1229, 2006.

[134] Avdeenkov, A. V. and Bohn, J. L., Ultracold collisions of oxygen molecules, Phys. Rev. A, 64, 052703, 2001.

[135] Avdeenkov, A. V. and Bohn, J. L., Collisional dynamics of ultracold OH molecules in an electrostatic field, Phys. Rev. A, 66, 052718, 2002.

[136] Avdeenkov, A. V. and Bohn, J. L., Linking ultracold polar molecules, Phys. Rev. Lett., 90, 043006, 2003.

[137] Avdeenkov, A. V. and Bohn, J. L., Ultracold collisions of fermionic OD radicals, Phys. Rev. A, 71, 022706, 2005.

[138] Tickner, C. and Bohn, J. L., Influence of magnetic fields on cold collisions of polar molecules, Phys. Rev. A, 71, 022709, 2005.

[139] Pogrebnya, S. K. and Clary, D. C., A full-dimensional quantum dynamical study of vibrational relaxation in H_2+H_2, Chem. Phys. Lett., 363, 523, 2002.

[140] Pogrebnya, S. K., Mandy, M. E., and Clary, D. C., Vibrational relaxation in H_2+H_2: full-dimensional quantum dynamical study, Int. J. Mass. Spectrom., 223-224, 335, 2003.

[141] Panda, A. N., Otto, F., Gatti, F., and Meyer, H.-D., Rovibrational energy transfer in ortho-H_2 + para-H_2 collisions, J. Chem. Phys., 127, 114310, 2007.

[142] Otto, F., Gatti, F., and Meyer, H.-D., Rotational excitations in para-H_2 + para-H_2 collisions: Full-and reduced-dimensional quantum wave packet studies comparing different potential energy surfaces, J. Chem. Phys., 128, 064305, 2008.

[143] Quéméner, G., Balakrishnan, N., and Krems, R. V., Vibrational energy transfer in ultracold molecule-molecule collisions, Phys. Rev. A, 77, 030704(R), 2008.

[144] Krems, R. V., TwoBC—quantum scattering program, University of

British Columbia,Vancouver,Canada,2006.

[145] Arthurs,A. M. and Dalgarno,A. ,The theory of scattering by a rigid rotator,Proc. Roy. Soc. A,256,540,1960.

[146] Takayanagi,K. ,The production of rotational and vibrational transitions in encounters between molecules, Adv. At. Mol. Phys. , 1, 149,1965.

[147] Green,S. ,Rotational excitation in H_2-H_2 collisions:Close-coupling calculations,J. Chem. Phys. ,62,2271,1975.

[148] Alexander,M. H. and DePristo,A. E. ,Symmetry considerations in the quantum treatment of collisions between two diatomic molecules,J. Chem. Phys. ,66,2166,1977.

[149] Ferlaino, F. , Knoop, S. , Mark, M. , Berninger, M. , Schöbel, H. , Nägerl,H. -C. , and Grimm,R. ,Collisions between tunable halo dimers:exploring an elementary four-body process with identical bosons,Phys. Rev. Lett. ,101,023201,2008.

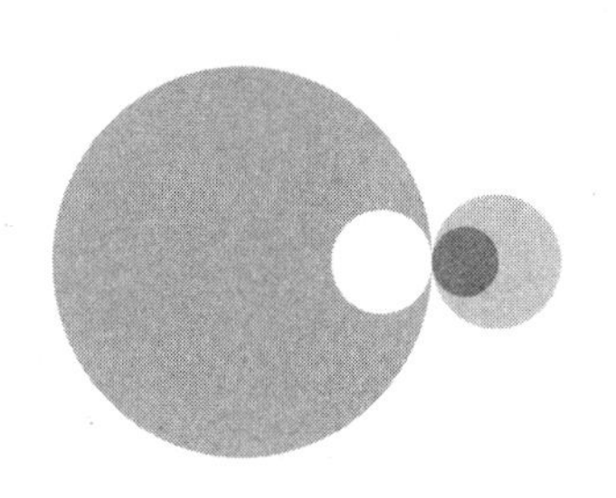

第4章 外电磁场对低温分子碰撞的影响

4.1 引言

正如本书第 9 至 17 章所述，近年来包含非配对电子的双原子分子越来越受到从事低温气体、凝聚态物理、精密光谱和量子计算研究者的关注。在冷和超冷温度下，磁场与开壳层分子的相互作用可以进行分子的磁俘获和热隔离（见第 13 章），第 15 和 16 章将研究基本对称性的新方法和外部控制分子碰撞的机制。开壳层分子的这些应用以及其他应用促进了实验室超导磁体的设计[1]，目前可以产生高达 6 T 的磁场。第 14 章所描述的关于斯塔克减速分子的实验推动了高达 200 kV/cm 可调谐电场的产生。而正如第 12 章所描述，与微波场结合，直流电场可以用来控制囚禁在光晶格中的超冷极性分子的长程相互作用势。电场也可以用于囚禁静电阱中的超冷分子[2]，并用于制备可调速率的超冷分子[3]。因此，超冷分子与外电磁场的相互作用在理论和实验上对冷和超冷分子的研究都有重要贡献。

通常情况下，当温度低于 1 K 时，外部电磁场对分子能级的扰动大于分子自身的动能。因此,冷气体中分子碰撞受外场影响较大。本章的目的在于讨论冷和超冷分子在外场作用下的碰撞动力学,展望低温下分子-场相互作用研究的前景。在外场作用下的低温分子碰撞动力学的实验研究将会带动低温可控化学研究领域的发展[4]。我们将会着重讨论外场控制分子间相互作用的机制。本章使用的大部分结果都基于严格的量子力学计算。外场作用下分子碰撞的量子理论已在第1章中详述。

4.2 磁阱中的碰撞

磁场[5]、静电场[2]、光学阱[6]囚禁冷分子实验技术的发展为分子物理新领域的研究提供了可能性。例如,将分子囚禁在外场阱中可以获得较长的光谱测量时间[7]。这个技术已经被用于以前所未有的精度测量分子能级的辐射寿命[8]。外场阱提供了热隔离的手段,这对实现冷却分子到超冷温度非常必要。俘获场可以改变分子间相互作用的对称性,同时,俘获场中的分子也具有热分子所不具有的有趣的动力学特性。第13章将详述磁场俘获的实验。在一个较大的温度范围(1 μK~700 mK)内,磁俘获阱已经用于囚禁和热隔离顺磁性分子的大系综(数目约 10^{13}),这使得磁俘获阱成为实验研究冷和超冷温度下分子碰撞的有效装置。然而,磁俘获阱的多种用途被碰撞诱导的塞曼弛豫所限制。

4.2.1 塞曼弛豫

开壳层分子的转动能级结构将会在磁场中分裂为塞曼子能级组态。图4.1所示的是电子基态为 $^2\Sigma$ 的 CaD 分子的塞曼子能级随着磁场的变化情况。CaH 是第一种在磁俘获阱中被热隔离的分子[5]。磁俘获会选择处于最低转动角动量 $N=0$ 和电子自旋投影与磁场方向平行的分子,如图 4.1 中虚线所示。具有对于磁场是正导数的塞曼能级通常被称为“低场趋近态(low-field-seeking,LFS)”,具有对于磁场是负导数的塞曼能级通常被称为“高场趋近态(high-field-seeking,HFS)”。LFS 碰撞不稳定,将会衰减到最低能级的高场趋近态。这个过程导致俘获损耗,将会加热在第13章中描述的缓冲气体冷却实验中的分子样品。磁俘获分子的碰撞诱导塞曼弛豫在理论[9]~[17]和实验上[18][19]已被许多研究者关注。

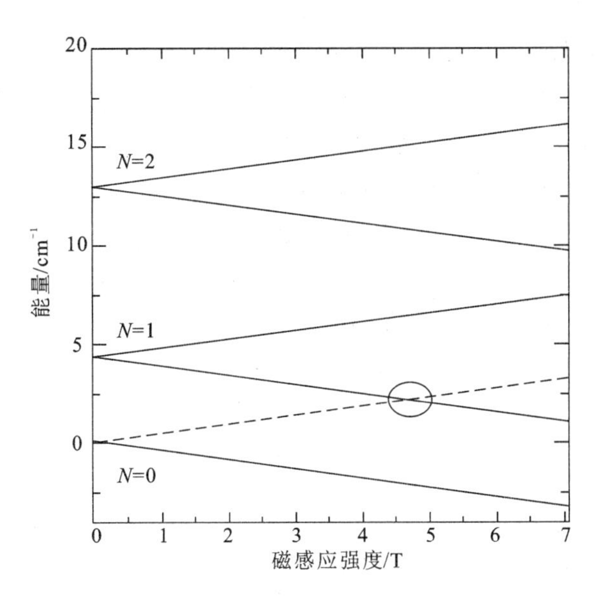

图 4.1　CaD($^2\Sigma$)分子的塞曼能级结构。虚线是磁俘获阱中俘获分子所处的能级

在缓冲气体冷却实验中，分子平动动能的加热可以通过与氦原子的弹性碰撞相抵消。为了估算缓冲气体冷却实验的效率，我们需要去理解塞曼弛豫的机制，并估算低温($T\approx0.5\sim1$ K)下分子和氦原子弹性碰撞的截面和塞曼弛豫的截面。图 4.2 所示的是转动基态 NH 分子与^{3}He 原子碰撞的弹性散射截面与塞曼弛豫截面的比率随碰撞能量和磁感应强度的变化关系。NH 分子正在缓冲气体冷却实验中进行研究[19]。NH 分子的电子基态是$^3\Sigma$态，磁场中的分子能级结构比图 4.1 所示的能级要稍微复杂。NH 分子转动基态的总角动量 $J=1$。总角动量包含电子自旋和分子的转动角动量。$J=1$ 态可导致三个塞曼子能级存在，分别对应于 J 在磁场轴向上的三个投影：$M_J=0$，-1 和 $+1$。$M_J=+1$ 子能级是低场趋近态，缓冲气体冷却实验通过磁俘获阱将分子囚禁在这个态。塞曼弛豫存在于 $M_J=1$ 到 $M_J=0$ 和 $M_J=-1$ 的跃迁。图 4.2 展示的结果是这两个跃迁的共同作用。

图 4.2 表明 NH-He 碰撞中塞曼弛豫的几率较小，并且在较低碰撞能量下对外部磁感应强度非常敏感。Σ电子态分子碰撞塞曼弛豫的效率是由自旋-转动的幅度和自旋-自旋相互作用的强度决定[13]。自旋-自旋相互作用导致分子精细结构。图 4.2 的结果表明 NH 分子的精细结构间的相互作用较弱。Σ电子态的其他大多数稳定自由基的自旋-转动和自旋-自旋相互作用效应是很

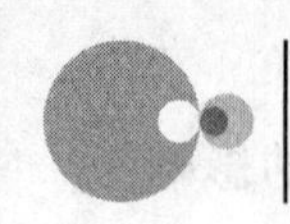

明显的,这样其他双原子分子与氦原子碰撞的塞曼弛豫就会比较有效。氦原子作为一个较小的微扰,NH 分子与氦原子的相互作用较弱。分子碰撞中的角动量转移是由于碰撞双方之间相互作用势的各向异性引起的。因此,分子和其他原子的碰撞和分子-分子碰撞中的塞曼弛豫是比较明显的。图 4.2 也证明了塞曼弛豫的相对几率在 1 K 附近一个窄的碰撞能量间隙内被显著加强,这表示发生了散射共振。散射共振对非弹性碰撞的影响在第 3 章中已经做了讨论并会在以后的章节中继续讨论。

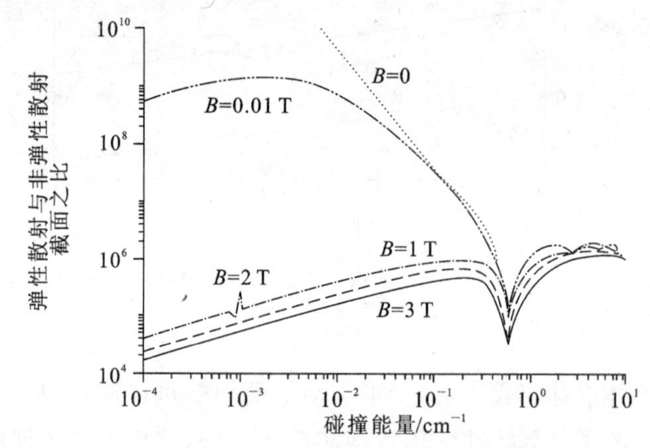

图 4.2 转动基态($^3\Sigma$)NH 分子与^{3}He 原子(1 K=0.695 cm^{-1})碰撞的弹性散射截面与塞曼弛豫截面的比率随碰撞能量和磁感应强度的变化关系。每条曲线对应于不同的磁感应强度(引自 Cybulski, H. et al., J. Chem. Phys., 122, 094307, 2005. 已获授权)

Volpi 和 Bohn 首先发现超冷分子碰撞中的塞曼弛豫对外磁场的磁感应强度很敏感[12]。当分子反应时,低温下碰撞复合体的转动运动产生一个抑制碰撞的离心力。正如第 1 章所说,碰撞复合体总的散射波函数可以被分解为称为分波的转动运动的不同角动量。超冷温度(<1 mK)下的碰撞完全是由单一的分波散射决定的。对于玻色子或可分辨的费米子的碰撞,这是一个零轨道角动量的态。由于总角动量在外场方向上投影守恒,发生碰撞诱导塞曼弛豫时,碰撞复合体转动的轨道角动量必然会发生改变。如果初始碰撞通道可以用零轨道角动量来表征,碰撞复合体的转动运动会由于塞曼弛豫而被加速,这将会导致在出射碰撞通道中产生长程离心势垒。外场的强度决定了塞曼能级之间的分裂,并因此同样决定了非弹性跃迁所释放的动能大小。如果动能

大于长程离心势垒的最大值，非弹性跃迁将会是不受限的、有效的。然而，在较低的外场下，出射碰撞通道的离心势垒会抑制非弹性散射。图 4.3 展示了这种机制。图 4.4 展示了转动基态 $NH(^3\Sigma)$ 分子和 ^3He 原子碰撞塞曼弛豫的零温速率常数随磁场的变化情况。

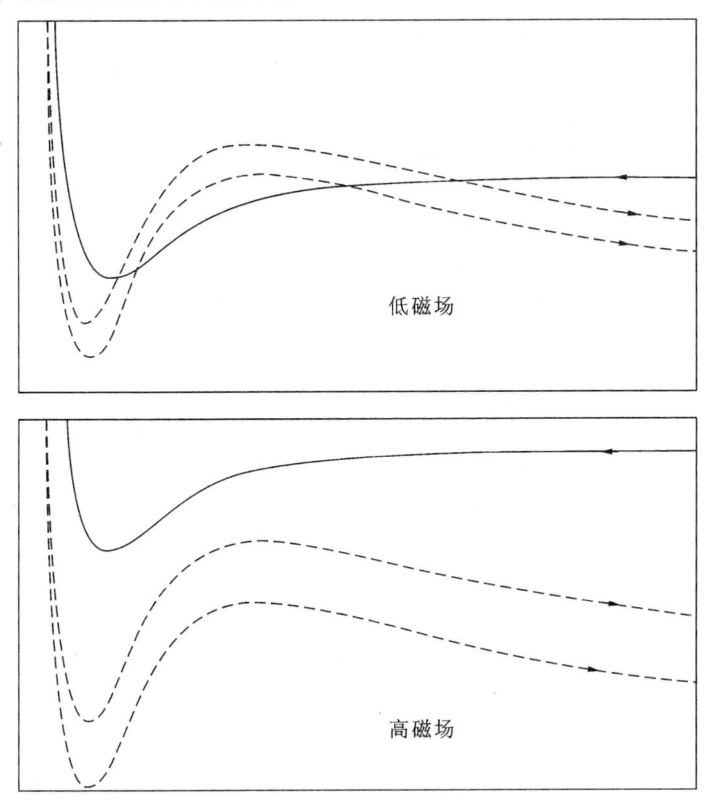

图 4.3　外场抑制离心势垒在出射反应通道的作用。入射反应通道用实线表示，出射反应通道用虚线表示。外场隔离了初通道和末通道的能量，并且增加了出射通道的动能(引自 Krems, R. V., Int. Rev. Phys. Chem., 24, 99, 2005. 已获授权)

超冷原子系综一般通过磁俘获阱中原子的蒸发冷却来制备。蒸发冷却依赖于俘获原子间碰撞平动能的重复性再加热。蒸发冷却分子到超冷温度依赖于分子-分子弹性碰撞平动能的循环加热。分子-分子碰撞的塞曼弛豫比上面描述的分子-原子碰撞的塞曼跃迁要强很多。然而，磁场下分子-分子碰撞截面的精确量子计算是比较复杂的，需要强大的计算处理能力。目前，没有关于磁感应强度小于 1 T、碰撞能量低于 1 K 的分子-分子碰撞塞曼弛豫率的可靠数据。

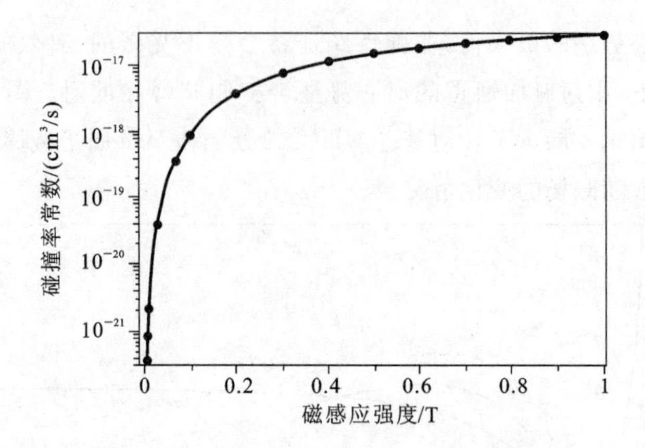

图 4.4　处于最大拉伸自旋能级的转动基态 NH($^3\Sigma$)分子与^{3}He 原子碰撞塞曼弛豫的零温速率常数。这种对场的依赖关系对于无超精细相互作用的超冷原子、分子碰撞的塞曼和斯塔克弛豫是比较典型的。较小约化质量系统的弛豫速率随场的变化较强,并且会延续到较大的场值(引自 Krems,R. V. ,Int. Rev. Phys. Chem. ,24,99,2005. 已获授权)

非零电子轨道角动量电子态的分子间碰撞的塞曼弛豫机制与Σ态分子间的碰撞机制是不同的。非Σ态分子对磁场的响应取决于开壳层电子的自旋和轨道角动量。电子的轨道移动引起电子的各向异性,这将会引起碰撞体之间的多重绝热相互作用势[20]。例如,考虑一个位于 P 激发态的氢原子与某个结构简单的原子(如 He)的碰撞系统。原子间的相互作用可以用一个有效势来描述,这个有效势随着原子间距和电子 P 轨道方向与原子连线之间的角度变化而变化。这个势的角度依赖是电子各向异性。原子间的相互作用的另一种描述方法是基于双原子系统的 Born-Oppenheimer 势。P 态原子和一个闭壳层原子的相互作用引起两个具有Σ和Π对称的绝热势。相互作用势的能量间隔是由电子各向异性决定的。包含非Σ态分子碰撞系统的绝热电子势的能量间隔比冷碰撞的动能大得多。电子各向异性直接耦合开壳层分子的塞曼子能级,因此这些分子间碰撞中的塞曼弛豫是非常有效的[21]。非Σ电子态在磁俘获阱中蒸发冷却是不可能的,除非冷却过程可以在超浅磁俘获阱中发生,这样塞曼弛豫将会被前面所讨论的离心势垒效应抑制。

4.2.2　可调谐的势形共振

图 4.5 表示转动基态 NH 分子与 He 原子碰撞的$|M_S=1\rangle\rightarrow|M_S=-1\rangle$跃迁截面随碰撞能量和磁感应强度的变化。在碰撞能量约为 1 K 时,NH 与 He 的

弹性碰撞在零磁场碰撞截面存在一个显著的峰[15]。这种增强是由势形共振导致的(见第1章)。塞曼弛豫的截面也同样得到增强。图4.5展示了$|M_S=1\rangle \to |M_S=-1\rangle$跃迁的截面有两个峰值。在较高能量的峰位置与磁场无关,然而较低能量的峰位置会随着磁感应强度的增加向更低碰撞能量的方向移动。这个现象说明,第一个峰是由于对应于$|M_S=+1\rangle$态入射碰撞通道的离心势垒之后的俘获,而第二个峰的产生则是由于对应于$|M_S=-1\rangle$态出射碰撞通道的离心势垒。由于塞曼态之间的间隔随着磁感应强度增加而增加,出射碰撞通道的有效动能增加,$|M_S=-1\rangle$态共振位置接近$|M_S=+1\rangle$态碰撞阈值。磁俘获NH分子中,势形共振对塞曼弛豫截面的间接效应最近已经由Campbell小组在实验上发现[19]。

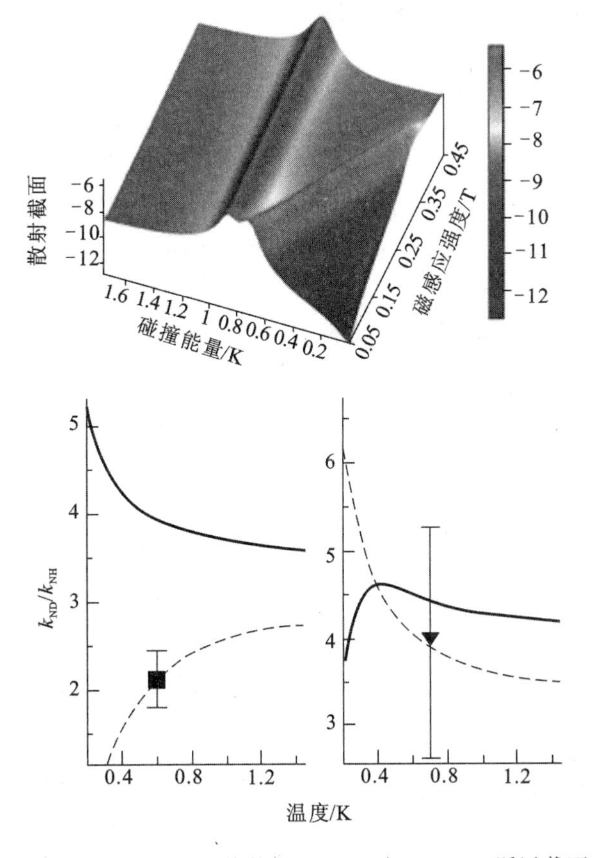

图4.5 NH分子与^3He原子碰撞的$|M_S=1\rangle \to |M_S=-1\rangle$跃迁截面的对数与磁感应强度和碰撞能量的关系(引自Campbell, W. C. et al., Phys. Rev. Lett., 102, 013003, 2009.已获授权)

在原子-分子散射过程中,势形共振的数量一般是随着碰撞体的质量和碰撞体之间相互作用强度的增加而增加。如果分子有较大的偶极矩和较小的转动常数,势形共振的数量和位置将对外加电场较为敏感。图 4.6 所示的是在碰撞能量为 0.1 K 时,YbF($^2\Sigma$)分子和 He 原子非弹性塞曼截面和超精细弛豫散射截面与磁场的关系。图中显示,散射共振使非弹性散射的概率增加了几个数量级。当分子系综温度降低时,分子速度的麦克斯韦-玻尔兹曼分布会变窄。因此,能量分辨散射共振对冷气体的弹性和非弹性碰撞速率产生一个显著的效应[14]。例如,CaH 分子和 He 原子在碰撞能量为 0.02 cm^{-1}时,一个势形共振使能量为 0.4 K 处的碰撞诱导自旋弛豫增强了三个数量级[14]。本节所示结果表明,冷气体的碰撞速率可以通过外场诱导散射共振来调谐。在接下来的章节中,我们将会更详细地讨论电场或者交叠电磁场对冷和超冷分子的影响。

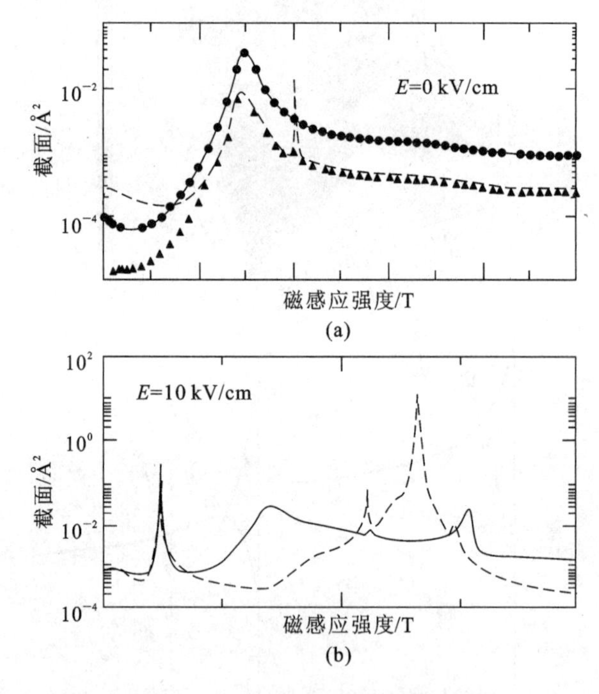

图 4.6 零电场下塞曼截面(实线)和超精细弛豫截面(虚线)与磁感应强度的关系。(a)E=0 kV/cm;(b)E=10 kV/cm;(c)E=20 kV/cm。图(a)中的符号是在没有考虑自旋-转动相互作用情况下的计算结果,碰撞能量为 0.1 K(引自 Tscherbul,T. V. et al.,Phys. Rev. A,75,033416,2007. 已获授权)

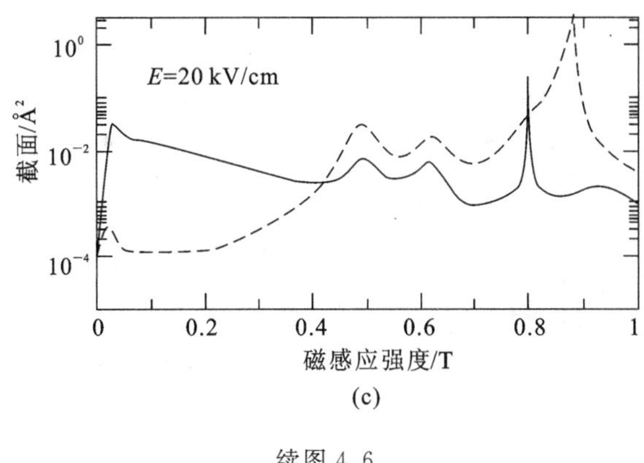

(c)

续图 4.6

4.2.3 可调谐的 Feshbach 共振

Gonzalez-Martinez 和 Hutson 展示了磁场中 NH($^3\Sigma$)分子和 He 原子碰撞的散射 Feshbach 共振的详细研究[16]。为了分析 Feshbach 共振附近 NH-He 碰撞截面的磁场和能量依赖关系，他们编写了一个程序包去计算碰撞复合体束缚态的能量和波函数。当阈值能量和碰撞复合体的束缚态能量简并时将会发生零能 Feshbach 共振。正如第 9 章到第 11 章关于超冷原子的实验中将要描述的那样，碰撞分子的 Feshbach 共振可以通过变化磁场来调谐。然而，包含分子碰撞的磁场 Feshbach 共振的特性不同于那些碱金属原子的碰撞。例如，Gonzalez-Martinez 和 Hutson 发现亚稳激发态分子碰撞的 Feshbach 共振可能被有效的非弹性过程大幅度抑制。激发态分子弹性碰撞截面的共振峰比纯基态原子或分子碰撞的截面小很多，更多内容请参考第 1 章和参考文献[17]。

4.3 电场中的碰撞

4.3.1 斯塔克弛豫

处于电场中的极性分子的转动能级将会分裂为多个斯塔克子能级组态。例如，图 4.7 所示的是电场对基态 OH 分子转动结构的影响。利用斯塔克效应可以囚禁静电阱中低场趋近态分子。为了理解静电阱中分子系综的稳定性，Bohn 实验小组进行了许多电场中超冷分子碰撞率的量子计算[22]~[26]。一般来讲，超冷碰撞能量下斯塔克弛豫的速率常数比较大，这排除了静电阱中分子蒸发冷却的可能性。

分子碰撞的塞曼和斯塔克弛豫都取决于分子间相互作用的各向异性。然

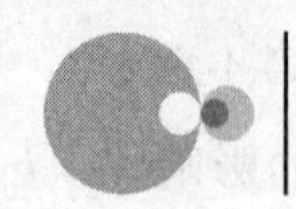

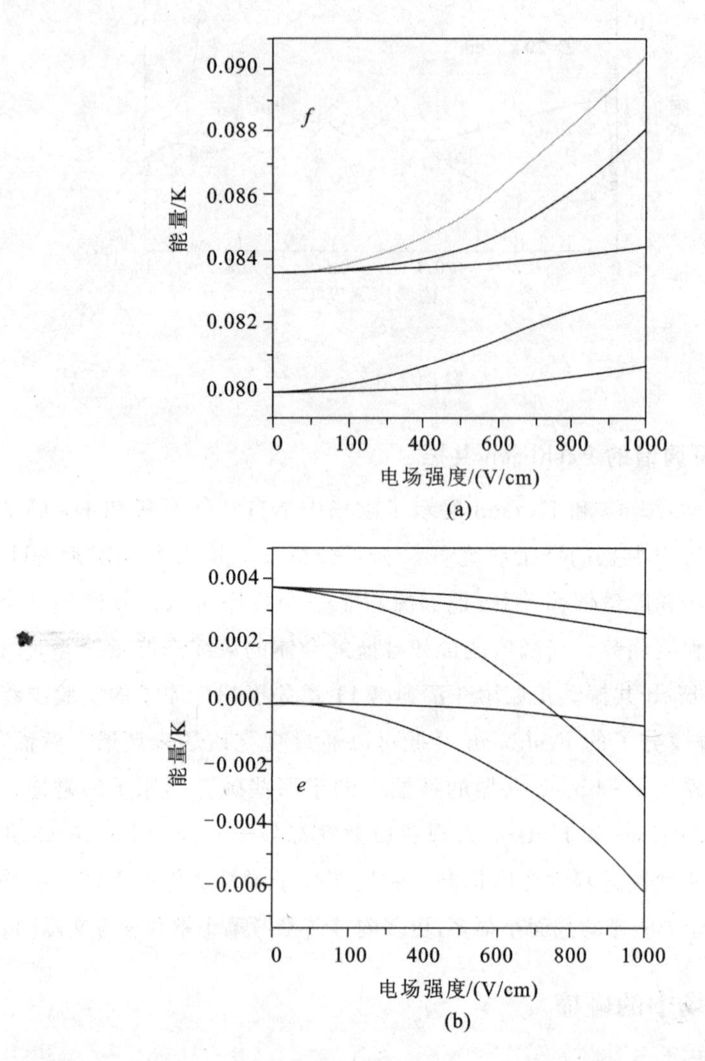

图 4.7　基态 OH 分子的斯塔克效应。(a)在零电场中具有奇宇称的态;(b)在零电场中具有偶宇称的态。在零电场时,f 态和 e 态被 Λ 双线能量分离(引自 Ticknor,C.,and Bohn,J. L.,Phys. Rev. A,71,022709,2005. 已获授权)

而,Σ态分子碰撞跃迁的塞曼和斯塔克弛豫机制是不同的。例如,CaH 分子和 He 原子碰撞的塞曼弛豫是由两种机制共同作用导致的,分别是原子-分子相互作用各向异性耦合分子的不同转动态,以及自旋-转动相互作用耦合电子自旋态和分子的转动运动。[2]Σ态分子的塞曼跃迁在没有自旋-转动相互作用的情况下是不能发生的，即使原子-分子相互作用的各向异性非常大。相反，极性分子的斯塔克能级直接通过分子和其碰撞对象的相互作用的各向异性耦合形成。原子-分子和分子-分子相互作用的各向异性通常是非常大的，这将会导致高效的冷分子碰撞斯塔克弛豫。

对于塞曼弛豫，超冷分子 s 波碰撞的斯塔克跃迁必定会伴随着角动量转移，角动量转移将会引起出射散射通道的长程角动量势垒。因此，图 4.3 所示的角动量效应将会同时抑制斯塔克和塞曼跃迁。这种抑制在较轻的分子和较弱的长程相互作用的系统中会更加有效，这种相互作用往往体现在非零分波态的大的离心势垒上。在较浅的静电阱中，超冷极性分子碰撞的斯塔克弛豫的抑制是否大到足以进行分子系综的蒸发冷却还有待验证。

4.3.2 分子偶极子的散射

分子的超冷碰撞主要取决于碰撞分子间相互作用势的长程部分。正如第2章所讨论的，电场中极性分子碰撞的长程相互作用取决于偶极-偶极力，这个力可以通过改变外加电场来调谐。图 4.8 给出了弹性散射和非弹性碰撞的速率常数对电场强度的特征依赖。振荡是由具有长程偶极-偶极相互作用的双分子复合体的束缚态所导致。同时，Avdeenkov 和 Bohn[22][23][24]的计算表明，偶极-偶极相互作用可能会导致分子-分子相互作用势存在长程最小值和势垒。这些长程最小值和势垒的形状依赖于外电场的强度，这些外电场将相互作用的分子极化。偶极-偶极相互作用也可以被用来抑制超冷温度下的分子碰撞。第 12 章详细讨论了如何使用偶极-偶极相互作用去构建外场阱中的超冷极性分子间的排斥相互作用。

分子间的偶极-偶极相互作用取决于分子的特性，如转动常数、永久偶极矩，以及外电场的强度和方向。Ticknor 最近得出：在高场极限下，纯基态的超冷分子碰撞截面对偶极-偶极相互作用有一个普遍性的依赖关系[27]。特别是，他发现在高电场时，也就是在强偶极散射的情况下，弹性散射截面是由碰撞粒子的质量、诱导偶极矩和碰撞能量决定的，与短程相互作用势的细节无关。详细的分析是基于无量纲化的多通道薛定谔方程

$$\left[\frac{\mathrm{d}^2}{\mathrm{d}y^2}-\frac{l(l+1)}{y^2}+\xi\right]\psi_l=-\sum_{l}\frac{C_{ll'}}{y^3}\psi_{l'} \tag{4.1}$$

式中：l 是第 1 章中引入的分波展开指数；$y=R/D$，R 是分子间距，D 是长度单位；$C_{ll'}$ 表示耦合碰撞分子不同分波态的偶极-偶极相互作用矩阵元，短程相互

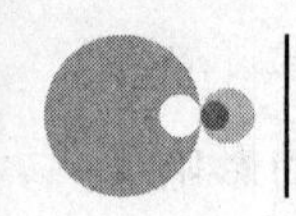

作用势已经被忽略。

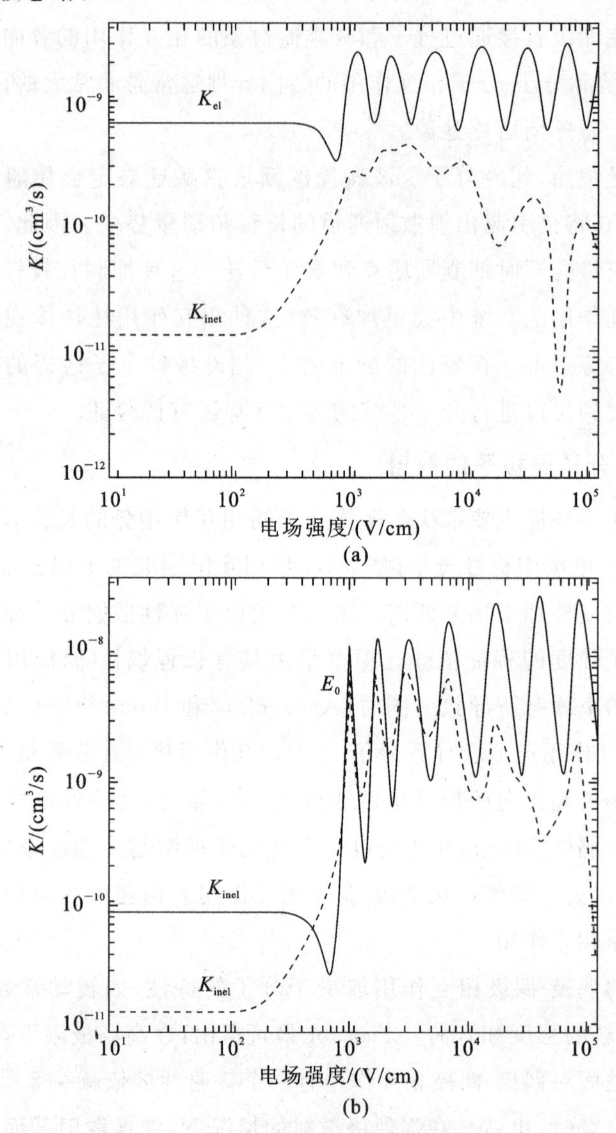

图 4.8 初态为$|F=2M_F=2,\epsilon=-\rangle$(见图 4.7 中的灰线)的 OH 分子速率常数随电场的变化。(a)和(b)所示的分别为碰撞能为 100 mK 和 1 mK 时的情况。实线表示弹性散射情况下的速率,虚线表示非弹性散射情况下的速率,在非弹性散射中有一个或两个分子都改变它们的内态。当电场强度超过临界值(大约 1000 V/cm)时,这些速率常数都会显现出特征振荡(引自 Avdeenkov,A. V. and Bohn,J. L.,Phys. Rev. A,66,052718,2002. 已获授权)

方程(4.1)依赖于一个单一参数 ξ。强偶极散射区域对应于 ξ 的较大值。图 4.9 给出：在 $\xi>100$ 时，不同分子碰撞的 T 矩阵元随 ξ 的变化收敛到同一条线。这就表明高电场下任何碰撞系统的分子偶极碰撞截面可以用单模型系统的量子计算结果来估量。

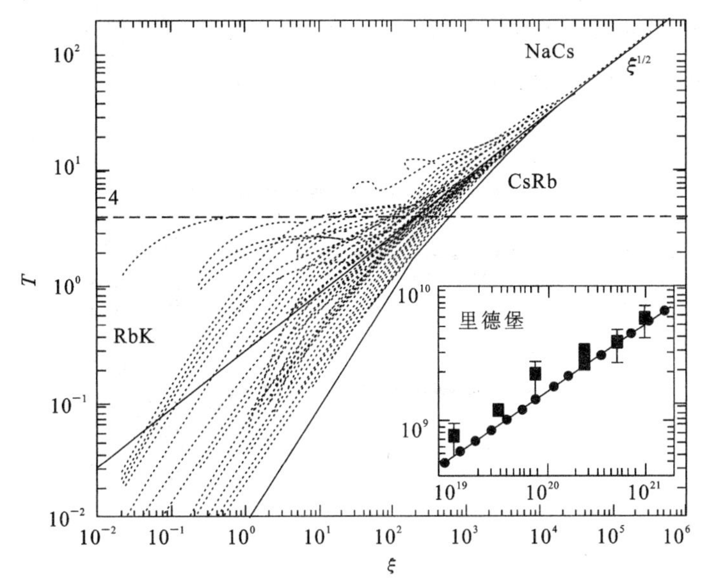

图 4.9 纯基态分子散射碰撞 T 矩阵元随 ξ 的变化(引自 Ticknor, C., Phys. Rev. Lett., 100, 133202, 2008. 已获授权)

4.3.3 电场诱导共振

电场可以通过多种机制来调谐势形散射共振和 Feshbach 散射共振。由于出射斯塔克态离心势垒的俘获，斯塔克效应会导致可调谐的势形共振。这种共振和图 4.5 所示的出射塞曼态的势形共振是相似的。然而，正如前面所讲，对于Σ态分子，斯塔克态之间的耦合通常比不同塞曼态之间的矩阵元耦合要大得多。因此，较低能量斯塔克态的共振对分子碰撞动力学的作用相比低能量塞曼态显著不同。例如，图 4.5 所示的依赖于场的共振不改变 LFS 塞曼态分子弹性散射截面。HFS 附近的类似斯塔克共振则会影响 LFS 分子弹性通道的散射波函数。电场使碰撞复合体的束缚能级发生了移动，这个碰撞复合体包含关于碰撞阈值的极性分子，另外，束缚能级的移动可能导致分子能级的分裂，这与第 1 章中所讨论的情况相似。斯塔克效应也可能产生零能 Feshbach 共振，类似于顺磁性分子碰撞中磁场诱导的 Feshbach 共振。

不同于磁场的是,电场耦合碰撞复合体的不同分波和不同宇称的态,这种耦合可能对极性分子的微分散射有显著效应(请看 4.4 节),并且改变势形散射共振。图 4.10 验证了电场对 LiF 分子与 H 原子化学反应概率和第一振动激发态 LiF 分子与 H 原子在低能碰撞时振转弛豫截面的影响。电场显然会产生导致势形共振位置移动的耦合,这将会抑制化学反应的截面和碰撞能在 1 K 附近的振动非弹性过程[28]。

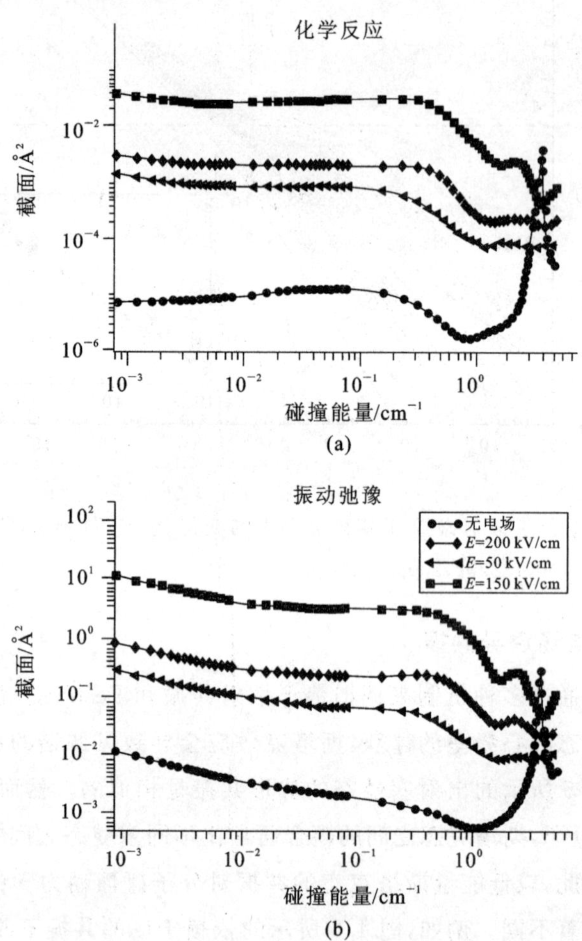

图 4.10 (a)LiF(v=1,N=0)分子和 H 原子化学反应总截面随碰撞能量的变化,其中,电场强度为 0(圆形)、100 kV/cm(三角形)、150 kV/cm(正方形)、200 kV/cm(菱形);(b)LiF(v=1,N=0)分子和 H 原子碰撞非化学反应振动弛豫截面(引自 Tscherbul, T. V. and Krems, R. V., J. Chem. Phys., 129, 034112, 2008. 已获授权)

4.4 交叠电磁场中的碰撞

相对于单一外场，交叠的电场和磁场可以在较大范围内控制原子和分子之间的微观相互作用。例如，电场可以移动磁场调谐的 Feshbach 共振的位置或加宽共振。下面的小节讨论在冷和超冷温度下组合电磁场对原子分子碰撞动力学的影响。具体来说，第 4.4.1 节讲述电场如何改变磁 Feshbach 共振，或通过耦合不同轨道角动量散射态来诱导超冷碰撞的新共振。在外场阱中，冷分子的实验研究将会作为一种新奇的方法去探索组合电磁场对分子碰撞的影响。当分子被俘获后，它们的电偶极矩或磁偶极矩可沿囚禁场排列（见第 13 章）。分子偶极矩排列限制了碰撞体相互作用势的对称性。然后，交叠外场可以被用来诱导俘获分子的重新取向，导致不同电子态的非绝热跃迁。这将会改变非弹性散射的机制和低温化学反应，并导致碰撞速率的增强或是抑制。第 4.4.2 节将证明组合电磁场可以被用于产生沿磁偶极矩取向排列的磁分子，这个磁偶极矩对碰撞微扰较为敏感。第 4.4.3 节将给出分子碰撞过程中的一些例子，分子碰撞过程不仅对交叠电磁场的强度而且对交叠电磁场的相对取向也较为敏感。第 4.4.4 节将描述电磁场对冷极性分子的角分辨的微分散射影响。

4.4.1 电场对磁 Feshbach 共振的影响

超冷碰撞的持续时间很长。因此，超冷原子分子散射动力学对外场作用下的弱相互作用也较为灵敏。例如，参考文献[29]和[30]的结果说明超冷原子的碰撞可以通过直流电场控制。当两种不同原子碰撞时，它们形成一个具有可以和外场反应的瞬间偶极矩的异核碰撞复合体。碰撞复合体的偶极矩函数通常在振动基态双原子分子的平衡间距附近有一个典型的峰，并且会随着原子间距增大而快速减小。仅有少部分的散射波函数在原子间距处的偶极矩波函数是重要的，这样散射波函数的振荡结构消除了碰撞复合体与外电场的相互作用。因此，原子的碰撞通常对中等强度直流电场（<200 kV/cm）不敏感，同时，与外电场的相互作用将不同轨道角动量的态耦合起来。超冷原子的零角动量 s 波运动耦合到一个 p 波散射激发态，在这个态中碰撞原子以角动量 $l=1$ au 相互旋转。在较小原子间距下的 p 波散射波函数的几率密度通常比较小，s 波和 p 波碰撞态的耦合被抑制。然而，s 波和 p 波散射态的相互

作用在散射共振附近被显著增强。

图 4.11 用散射截面与双原子碰撞系统的约化质量之间的关系阐述了这个现象。随着约化质量的增加,具有相互作用势的束缚态数目也会随之增加;同时当一个新束缚态出现在碰撞阈值时会产生一个新的共振。弹性 s 波截面的峰对应于零能 s 波共振,弹性 p 波截面的峰对应于零能 p 波共振。s 波和 p 波共振处的 s→p 截面增强。这个现象说明,s→p 耦合和碰撞复合体与电场的相互作用既可以通过零能 s 波共振也可以通过零能 p 波共振来增强。s→p 耦合的共振增强使 s→p 跃迁截面增强了 4～6 个数量级。图 4.12 说明了图 4.11 中近 p 波或 s 波共振处,两个原子发生超冷碰撞的弹性截面随电场强度的变化情况。分子间相互作用通常可以用偶极矩函数来表征。例如,图 4.13 说明 RbCs-RbCs 碰撞复合体的偶极矩大小将达到 6 D,这个值和图 4.11 和图 4.12 中的 LiCs 偶极矩大小可以相比拟。因此,上述描述的电场控制机制可以用于操控超冷碰撞和分子化学反应。

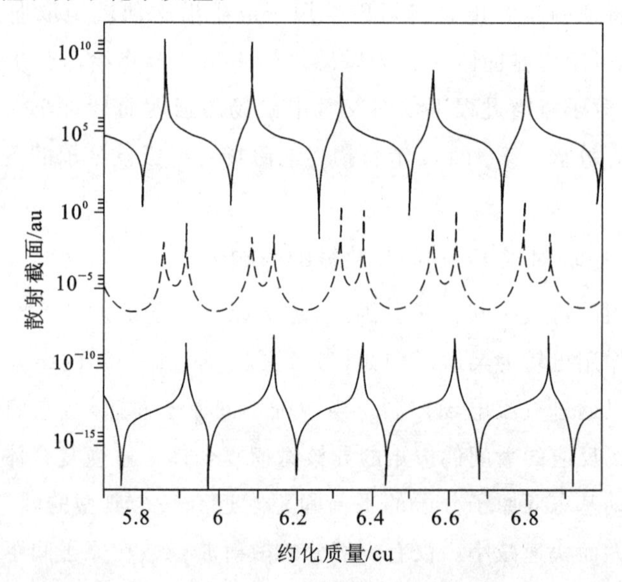

图 4.11 在碰撞能为 10^{-11} cm^{-1}时,零电场弹性 s 波散射截面(上面的实线)、零电场弹性 p 波散射截面(下面的实线),电场强度为 100 kV/cm 时,s→p 跃迁截面(虚线)随约化质量的变化关系。约化质量的增加带来更多束缚态的产生。弹性 s 波截面的峰值位置对应于零能 s 波共振,弹性 p 波截面的峰值位置对应于零能 p 波共振。s→p 截面在 s 波和 p 波共振处都得到增强

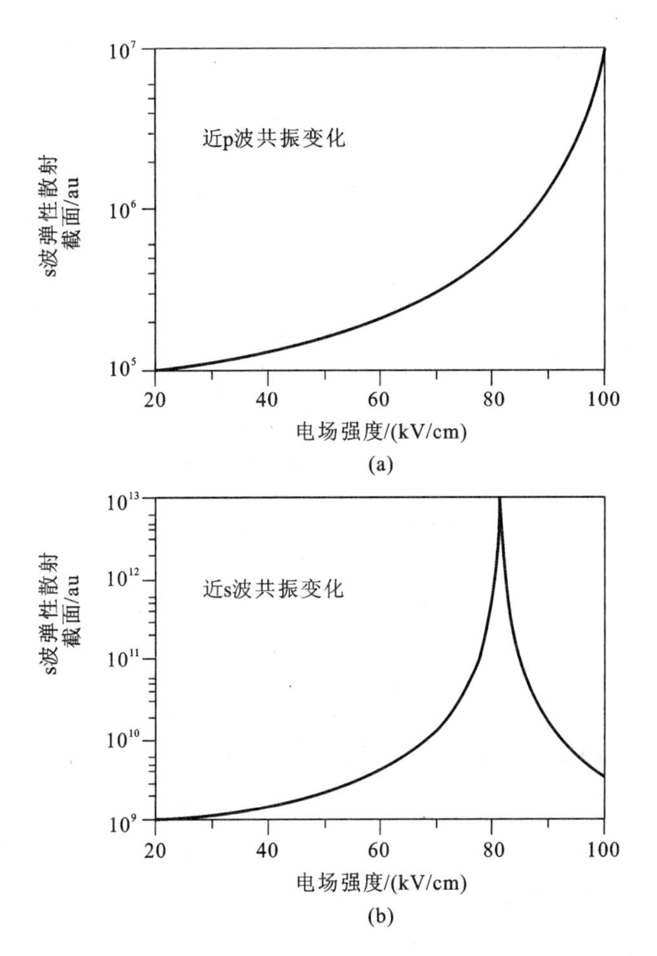

图 4.12　零碰撞能弹性 s 波散射截面随电场强度的变化。(a)阈值附近的 p 波共振;(b)阈值附近的 s 波共振。这个阈值是在图 4.11 所示的共振下,使用单通道模型计算得到

4.4.2　可调谐回避交叉附近的碰撞

参考文献[13]的分析和参考文献[14]的量子计算证明了转动基态$^2\Sigma$态分子碰撞的塞曼跃迁是由两种机制导致的,这两种机制分别是转动激发态的自旋转动相互作用和分子转动基态-激发态间的耦合。随着磁感应强度的增加,$^2\Sigma$分子最低 LFS 的能量接近对应于转动激发态的 HFS 的能量(见图 4.1)。例如,在磁感应强度为 4.65 T 时,CaD 分子 $N=0$ 自旋向上塞曼态的能量和 $N=1$ 自旋向下塞曼态的能量简并。$N=0$ 的 LFS 态和 $N=1$ 的 HFS 态具有不同的对称性。因此,图 4.1 所示的圆形区域磁场的变化不影响俘获的 CaD

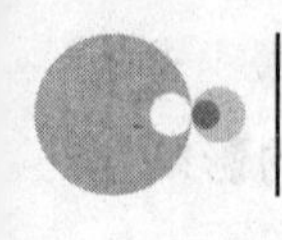

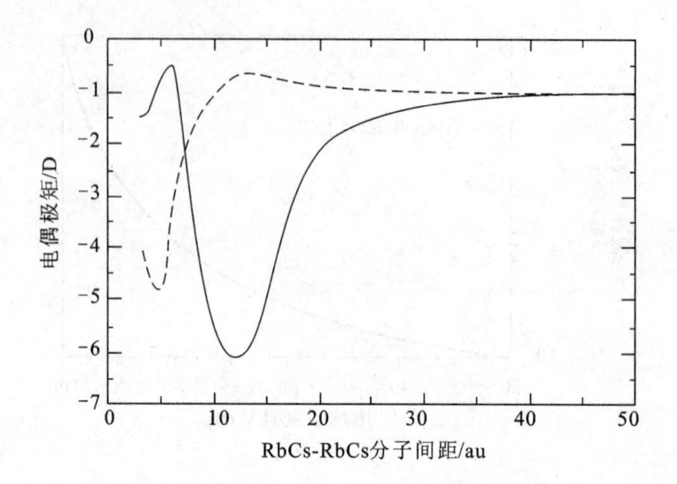

图 4.13　RbCs-RbCs 分子复合体偶极矩函数,这个函数是通过具有 Stuttgart 1997 的有效核芯势的 MRCISD 量子化学方法计算得到。实线是 z 分量,虚线是 y 分量。计算结果是 Cs 原子指向分子的 T 形结构复合体的情况(计算由马里兰大学 Dr. Jacek Klos 完成)

分子的碰撞动力学[31]。然而,外电场可以耦合不同对称性的分子态。在电场存在的情况下,图 4.2 所示的圆形区域的交叉成为回避交叉,低场趋近塞曼态 CaD 分子的碰撞动力学对电场和磁场都会非常敏感。

为了说明这个效应,图 4.14 展示了计算获得的碰撞能为 0.5 K 时,CaD 分子和 He 原子碰撞中磁自旋再取向截面随电场和磁场的变化情况。在没有电场或磁场远失谐于图 4.1 所示的圆形区域,与 He 原子的碰撞不能明显改变分子的电子自旋取向。然而,在确定的电场和磁场组合下,CaD 分子的自旋向上态变得非常不稳定,甚至微弱的碰撞微扰都能导致自旋重新取向。因此,转动基态的$^2\Sigma$分子碰撞自旋重新取向的效率可以通过交叠电磁场控制。这个机制可以被用来诱导在开壳层结构分子和开壳层结构原子的反应中不同绝热态的跃迁[32],以及操控磁俘获阱中的自旋禁戒化学反应效率。

例如,考虑转动基态$^2\Sigma$态双原子分子(如 CaH)和一个在^2S电子态有一个未配对电子的原子(如 Na)在磁俘获阱中的化学反应。$^2\Sigma$态分子和^2S态原子的相互作用产生两个电子态,这两个电子态对应于反应复合体总自旋为 $S=1$ 和 $S=0$。俘获场的结构确保了原子和分子的磁极矩的排列是有序的[5]。因此,如果原子和分子都囚禁在磁俘获阱中,它们最初在总自旋 $S=1$ 的态。^2S态原子和在三重自旋态的$^2\Sigma$态分子的相互作用通常会显现强烈的排斥交换力,并导致较大的反应势垒。单重自旋态 $S=0$ 的相互作用通常是强吸引的，导致短程最小核间距以及伴随着化学反应。图 4.15 所示的为这些相互作用的示意图。当 $S=0$ 态和 $S=1$ 态不存在非绝热相互作用时，在取向磁极矩下的原子和分子化学反应应该比单重自旋态的反应要慢得多。碰撞复合体的不同电子态 $A(^2S)$-$BC(^2\Sigma)$ 的非绝热耦合可以通过自旋-转动相互作用诱导，这种自旋-转动相互作用会导致上述 CaH-He 碰撞的自旋重新取向[32]。正如图 4.14 所示，自旋-转动相互作用可以被一个组合的外电场和磁场有效操控。

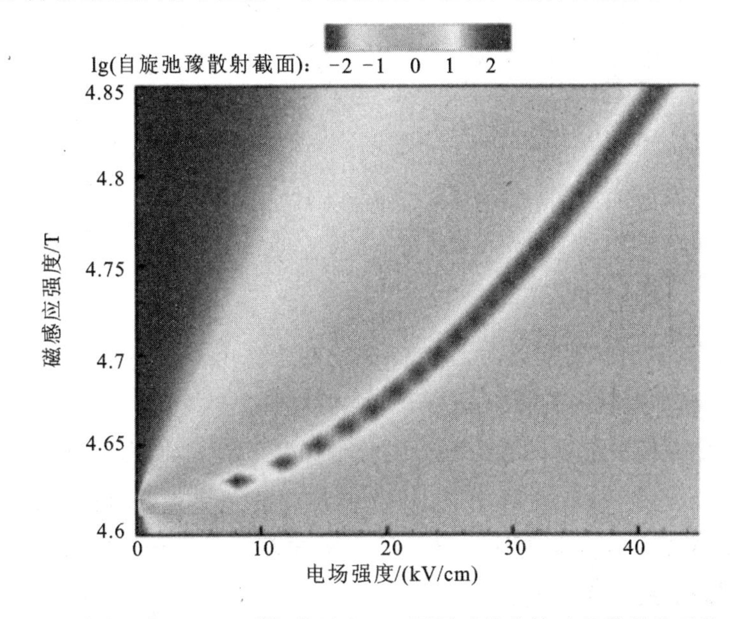

图 4.14　转动基态的 $CaD(^2\Sigma)$ 分子和 He 原子碰撞自旋弛豫散射截面的十进制对数随电场和磁场的变化。场是平行场，碰撞能量是 0.5 K。截面在回避交叉处呈指数增加（引自 Abrahamsson, E. et al., J. Chem. Phys., 127, 044302, 2007, American Institute of Physics. 已获授权）

4.4.3　场取向效应

电磁场中顺磁性极性分子的能级不仅依赖于场的强度，而且依赖于它们之间的相对取向。交叉电场和磁场破坏了散射对称性，耦合不同总角动量的投影，将会导致问题变得复杂。即使对于像氢原子这样简单的系统，处于交叉电磁场中有时也会变得非常复杂[35]。交叉场对 $^2\Sigma$ 分子光谱的影响可以通过如下哈密顿量描述[32][33][34]：

$$\boldsymbol{H}=B_e\boldsymbol{N}^2+\gamma\boldsymbol{N}\cdot\boldsymbol{S}+2\mu_0\boldsymbol{B}\cdot\boldsymbol{S}-\boldsymbol{E}\cdot\boldsymbol{d} \tag{4.2}$$

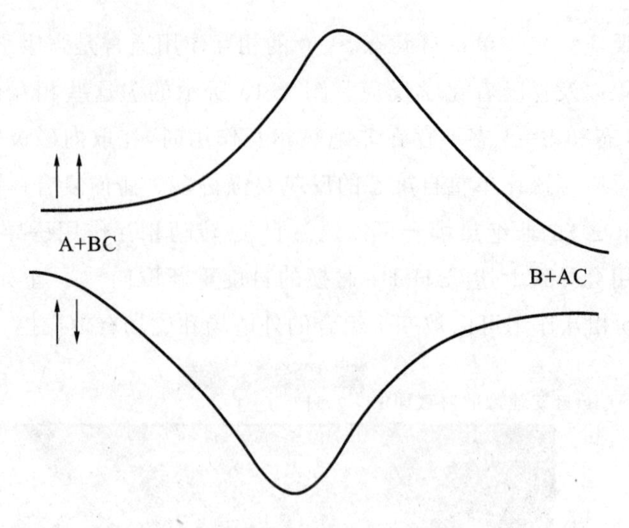

图 4.15　单重(下面的曲线)和三重(上面的曲线)自旋电子态 $A(^2S)+BC(^2\Sigma)$化学反应最低能量剖面示意图。电场可以诱导不同自旋态的非绝热跃迁并改变反应机制

式中:B_e是分子的转动常数;γ是自旋-转动相互作用常数;$\boldsymbol{N}$是转动角动量;$\boldsymbol{S}$是电子自旋;$\boldsymbol{E}$是电场矢量;$\boldsymbol{d}$是分子永久偶极矩。

如果把磁场矢量 $\boldsymbol{B}$ 的方向定为实验坐标系下的 z 轴,那么分子与磁场的相互作用可写为 $2\mu_0 BS_z$,其中,S_z是电子自旋的 z 分量,μ_0是玻尔磁子。方程(4.2)的最后一项可以写为$-Ed\cos\theta$,θ是电场矢量与分子轴向的角度。根据球面谐波加法定理[36]得到

$$-Ed\cos\theta=-Ed\,\frac{4\pi}{3}\sum_q Y_{1q}^*(\hat{d})Y_{1q}(\hat{E})\tag{4.3}$$

其中,球谐函数Y_{1q}依赖于单位矢量$\hat{d}$的取向和实验室坐标系中$\hat{E}$的相对取向(相对于磁场的方向)。

为了获得分子的能级,需要考虑与空间没有耦合的基矢方程(4.2)的哈密顿量的矩阵形式[13][36]。这种与空间没有耦合的基矢为

$$|NM_N\rangle|SM_S\rangle\tag{4.4}$$

式中:$|NM_N\rangle$是分子的转动波函数;$|SM_S\rangle$是分子的自旋波函数。

总角动量的投影为$M_J=M_N+M_S$。转动角动量、自旋-转动相互作用和磁场的矩阵元见参考文献[13]和[36]。与电场相互作用(见方程(4.3))的矩阵元可以写为

$$\langle SM_S \mid \langle NM_N \mid -Ed\cos\theta \mid SM'_S \rangle \mid N'M'_N \rangle$$
$$= -\delta_{M_S M'_S} Ed \frac{4\pi}{3} \times \sum_q \langle NM_N \mid Y^*_{1q}(\hat{d}) \mid N'M'_N \rangle Y_{1q}(\hat{E}) \tag{4.5}$$

为了求三个球谐函数的积分[36]，我们可以把方程(4.5)写为[32]

$$\langle SM_S \mid \langle NM_N \mid -Ed\cos\theta \mid SM'_S \rangle \mid N'M'_N \rangle$$
$$= -\delta_{M_S M'_S} Ed(-1)^{M_N} \left(\frac{4\pi}{3}\right)^{1/2} [(2N+1)(2N'+1)]^{1/2} \begin{pmatrix} N & 1 & N' \\ 0 & 0 & 0 \end{pmatrix} \tag{4.6}$$
$$\times \begin{pmatrix} N & 1 & N' \\ -M_N & M_N - M'_N & M'_N \end{pmatrix} Y1, M'_N - M_N(\chi, 0)$$

其中，我们假设在 x-z 平面上电场与磁场的角度为 χ，即 $\hat{E}=(\chi,0)$(注意参考文献[32]中有印刷上的错误：①方程 7 右边应该乘以 $(4\pi/3)^{1/2}$；②方程 13 与 14 中不同 M_N之间与电场相互作用矩阵元应该除以$\sqrt{6}$而不是$\sqrt{3}$；③方程 13 的基矢态应该写为$\left|1\ -1\ \frac{1}{2}\right\rangle$，而不是$\left|1\ 1\ \frac{1}{2}\right\rangle$)。方程(4.6)给出了极性分子在电场诱导下相互作用的普遍形式。例如，当 $\chi=0$ 时，我们得到偶极矩与电场平行时这种特殊情况下的相互作用矩阵元[32][34]：

$$\langle SM_S \mid \langle NM_N \mid -Ed\cos\theta \mid SM'_S \rangle \mid N'M'_N \rangle_{\parallel}$$
$$= -\delta_{M_S M'_S} \delta_{M_N M'_N} Ed(-1)^{M_N} [(2N+1)(2N'+1)]^{1/2} \tag{4.7}$$
$$\times \begin{pmatrix} N & 1 & N' \\ 0 & 0 & 0 \end{pmatrix} \begin{pmatrix} N & 1 & N' \\ -M_N & 0 & M_N \end{pmatrix}$$

方程(4.7)说明了在平行场中不同 M_N 态之间没有耦合。这个现象与线偏光激发分子的选择定则 $\Delta M_N=0$ 类似[36]。

考虑到下文的讨论，我们有必要研究垂直电场和磁场时的情况。把 $\chi=\pi/2$ 代入方程(4.6)得到

$$\langle SM_S \mid \langle NM_N \mid -Ed\cos\theta \mid SM'_S \rangle \mid N'M'_N \rangle_{\perp}$$
$$= \pm \delta_{M_S M'_S} \delta_{M_N M'_N \mp 1} Ed(-1)^{M'_N} \frac{1}{\sqrt{2}} [(2N+1)(2N'+1)]^{1/2} \tag{4.8}$$
$$\times \begin{pmatrix} N & 1 & N' \\ 0 & 0 & 0 \end{pmatrix} \begin{pmatrix} N & 1 & N' \\ -M_N & M_N - M'_N & M'_N \end{pmatrix}$$

这个方程证明了只有 $\Delta M_N=\pm 1$ 的态可以在垂直电场和磁场中耦合。因此，方程(4.8)给出的耦合矩阵元与分子和圆偏光的相互作用有相同的选择

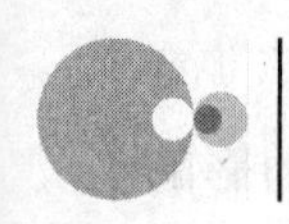

定则[36]。

运用方程(4.6)，Abrahamsson、Tscherbul 和 Krems[32]对哈密顿量进行数值对角化，并得到了 $\mathrm{CaD}(^2\Sigma)$分子能级随角度 χ 的变化情况。这些结果说明，在4.4.2节中讨论过的回避交叉附近，斯塔克偏移随角度 χ 的变化非常显著。当偶极矩与电场和磁场平行和垂直时，在回避交叉附近的分子能级可以被解析计算[32]。

首先考虑平行场情况。CaD 分子的最低磁俘获态是 $|N=0,M_N=0,M_S=1/2\rangle$。电场将这个态和 $|N=1,M_N=0,M_S=1/2\rangle$ 转动激发态耦合，$|N=1,M_N=0,M_S=1/2\rangle$ 态反过来与自旋向下态 $|N=1,M_N=1,M_S=-1/2\rangle$ 通过自旋-转动相互作用耦合。以这三个态为基矢，哈密顿量的矩阵形式为

$$\left(\begin{array}{c|c|c} \left|0\ 0\ \frac{1}{2}\right\rangle & \left|1\ 1\ -\frac{1}{2}\right\rangle & \left|1\ 0\ \frac{1}{2}\right\rangle \\ \hline \mu_0 B/2 & 0 & -Ed/\sqrt{3} \\ 0 & 2B_\mathrm{e}-\mu_0 B/2-\gamma/2 & \gamma/\sqrt{2} \\ -Ed/\sqrt{3} & \gamma/\sqrt{2} & 2B_\mathrm{e}+\mu_0 B/2 \end{array}\right) \begin{array}{l} |0\quad 0\quad 1/2\rangle \\ |1\quad 1\quad -1/2\rangle \\ |1\quad 0\quad 1/2\rangle \end{array} \tag{4.9}$$

其中，简化符号 $|N\ M_N\ M_S\rangle$ 代替方程(4.4)的基矢态。随着磁场的增强，自旋向上态 $\left|0\ 0\ \frac{1}{2}\right\rangle$ 的能量增加而自旋向下态 $\left|1\ 1\ -\frac{1}{2}\right\rangle$ 的能量减少。在由 $B=\frac{1}{\mu_0}(2B_\mathrm{e}-\gamma/2)$ 定义的交叉点，矩阵(4.9)解析对角化后得到

$$\epsilon_1=\mu_0 B/2,\quad \epsilon_{2,3}=B_\mathrm{e}+\mu_0 B/2\pm B_\mathrm{e}\left(1+\frac{\gamma^2}{2B_\mathrm{e}^2}+\frac{E^2d^2}{3B_\mathrm{e}^2}\right)^{1/2} \tag{4.10}$$

方程(4.10)显示电场诱导一个简并塞曼能级之间的回避交叉，使简并增加了 $\Delta=\epsilon_1-\epsilon_3=B_\mathrm{e}\left(\sqrt{1+\gamma^2/2B_\mathrm{e}^2+E^2d^2/3B_\mathrm{e}^2}-1\right)$。与分子的转动常数相比，如果偶极矩与电场的相互作用是个小量，平方根展开后显示出分裂与电场强度的关系为二次方 $\Delta\approx B_\mathrm{e}(\gamma^2/2B_\mathrm{e}^2+d^2E^2/3B_\mathrm{e}^2)$。当没有电场时，能级交叉是真实存在的，并且由于自旋-转动相互作用的非对角矩阵元使转动激发能量发生偏移，从而使交叉发生在一个略微不同的磁场。当自旋-转动相互作用被忽略时，能级交叉也是真实存在的，准简并态 $\left|0\ 0\ \frac{1}{2}\right\rangle$ 和 $\left|1\ 1\ -\frac{1}{2}\right\rangle$ 将会保持非耦合状态。自旋-转动相互作用和电场的共同作用导致基态能级和第一激发转动能级的回避交叉[34]。

然后考虑垂直场情况，方程(4.8)说明初始自旋向上态$\left|0\ 0\ \frac{1}{2}\right\rangle$与两个转动激发态$\left|1\ 1\ \frac{1}{2}\right\rangle$和$\left|1\ -1\ \frac{1}{2}\right\rangle$耦合。第二个态通过自旋-转动相互作用耦合变换为态$\left|1\ 0\ -\frac{1}{2}\right\rangle$。以这三个态为基矢的哈密顿量(见方程(4.2))的矩阵形式为

$$\left(\begin{array}{ccc} \left|0\ 0\ \frac{1}{2}\right\rangle & \left|1\ 0\ -\frac{1}{2}\right\rangle & \left|1\ -1\ \frac{1}{2}\right\rangle \\ \hline \mu_0 B/2 & 0 & -Ed/\sqrt{6} \\ 0 & 2B_e-\mu_0 B/2 & \gamma/\sqrt{2} \\ -Ed/\sqrt{6} & \gamma/\sqrt{2} & 2B_e+\mu_0 B/2-\gamma/2 \end{array}\right) \begin{array}{l} \\ \left|0\quad 0\quad \frac{1}{2}\right\rangle \\ \left|1\quad 0\quad -\frac{1}{2}\right\rangle \\ \left|1\quad -1\quad \frac{1}{2}\right\rangle \end{array} \tag{4.11}$$

在这种情况下，基态和第一转动激发态的能级交叉发生在$B=\frac{2}{\mu_0}B_e$。对于这个较为特殊的磁场值，矩阵(4.11)可以解析对角化后得到

$$\epsilon_1=\mu_0 B/2,\quad \epsilon_{2,3}=B_{e\gamma}+\mu_0 B/2\pm B_{e\gamma}\left(1+\frac{\gamma^2}{2B_{e\gamma}^2}+\frac{E^2 d^2}{6B_{e\gamma}^2}\right)^{1/2} \tag{4.12}$$

其中，$B_{e\gamma}=B_e-\gamma/4$。方程(4.10)和方程(4.12)说明塞曼能级与电场的关系类似于它与交叉电磁场和平行电磁场的关系。然而，由于方程(4.11)中依赖垂直电场的对角矩阵元比其他场的小了$1/\sqrt{2}$，因此垂直场中能级之间的分裂较小。

如果电场和磁场之间的角度不等于 0 或$\pi/2$，需要 5 个基矢态来表征哈密顿矩阵[32]。能级可以通过对包含所有相关耦合项的哈密顿矩阵进行数值对角化得到。当恒定电场强度为 20 kV/cm 时，图 4.16 给出了在固定电场和磁场角度下 CaD 分子能级随磁场的变化情况。对于平行场，$\left|0\ 0\ \frac{1}{2}\right\rangle$和$\left|1\ 1\ -\frac{1}{2}\right\rangle$能级之间只有一个回避交叉。另一个交叉可以通过转动磁场得到，图 4.16(b)给出了$\chi=\pi/4$的结果。随着角度χ的增加，两个回避交叉会相互接近并在角度为$\pi/2$时合并。正如方程(4.9)和方程(4.11)所展示的，垂直磁场的交叉将会向高磁场区域移动$\gamma/(2\mu_0)$。

方程(4.9)和方程(4.11)确定了回避交叉可以在具有相反宇称的近简并塞曼态之间发生。近简并可以通过在一个固定磁场下改变电场来获得。图 4.17

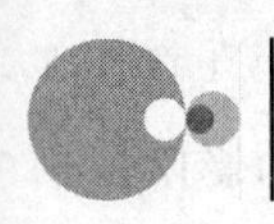

证明了不同斯塔克能级可以在不同电场下产生回避交叉,这类似于图 4.16 中塞曼能级的行为。图 4.16 和图 4.17 的结果说明,改变磁感应强度和电场强度以及磁场和电场之间的相对取向都可以用来控制交叉的位置。而且,图 4.16 和图 4.17 证明了通过转动电场和磁场可以将交叉转变为回避交叉。

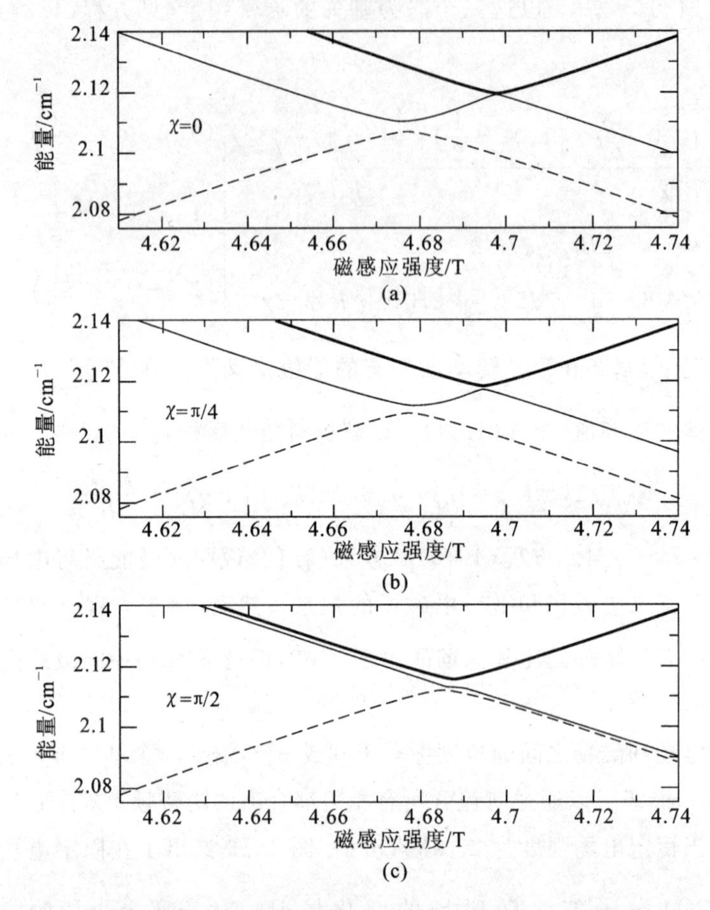

图 4.16　在 $N=0$ 和 $N=1$ 的能级(见图 4.1 所圈出的)回避交叉附近,CaD 分子的能级随磁感应强度的变化。电场和磁场之间的角度是 0(见图(a))、π/4(见图(b))和 π/2(见图(c))。低场趋近塞曼初态用虚线表示,电场强度为 20 kV/cm

正如前面所提到的那样,自旋-转动相互作用可以在基态 $^2\Sigma$ 分子和 He 原子的碰撞中耦合不同的自旋态并诱导自旋弛豫。如图 4.17 所示,通过增强电场强度可以将初始的纯自旋态通过绝热转移到不同自旋态的混合,这样就会诱导自旋弛豫。改变场之间的角度可以用来控制分子碰撞的自旋改变跃迁。图

4.18 展示的是平行和垂直场中 CaD 分子与 He 原子碰撞的自旋弛豫截面[32]。当平行电场强度为 22 kV/cm 和垂直场电场强度为 24 kV/cm 时，截面呈指数增加。图 4.18 中共振的位置和图 4.17 中回避交叉的位置相匹配。图 4.18 的结果证明了随着电场和磁场之间角度的增大，通过回避交叉产生的共振会向较小的电场移动。图 4.18 所示的非弹性截面的峰值可以高达 100 Å^2，可与弹性散射截面的峰值相比拟。

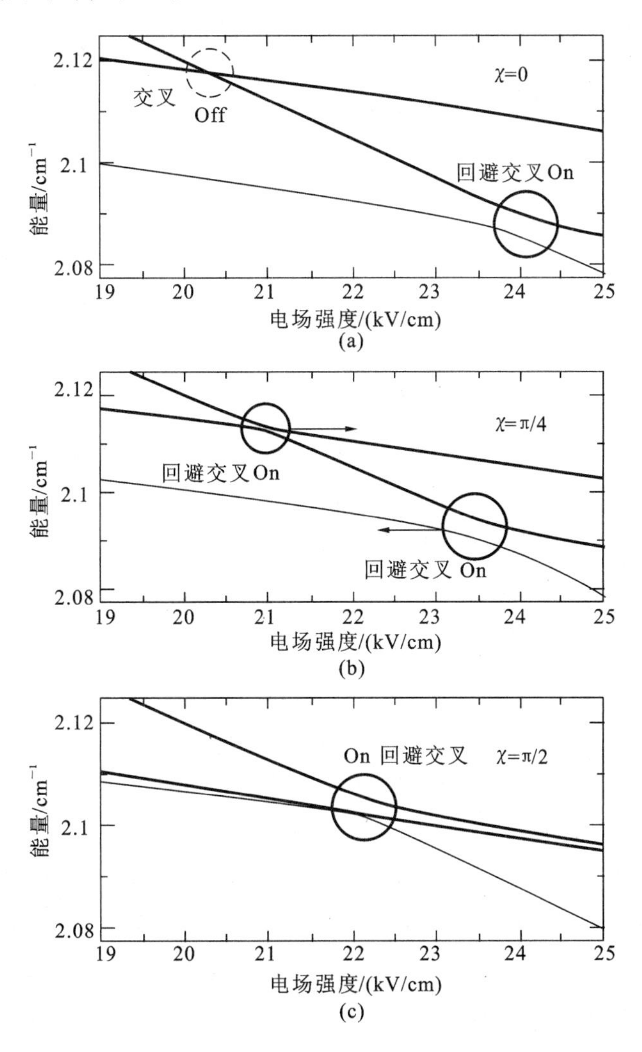

图 4.17 不同电场与磁场角度 χ 下，CaD($^2\Sigma$)能级与电场强度之间的关系。磁感应强度为 4.7 T(引自 Abrahamsson, E. et al., J. Chem. Phys., 127, 044302, 2007. 已获授权)

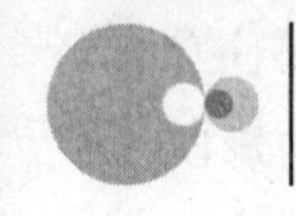

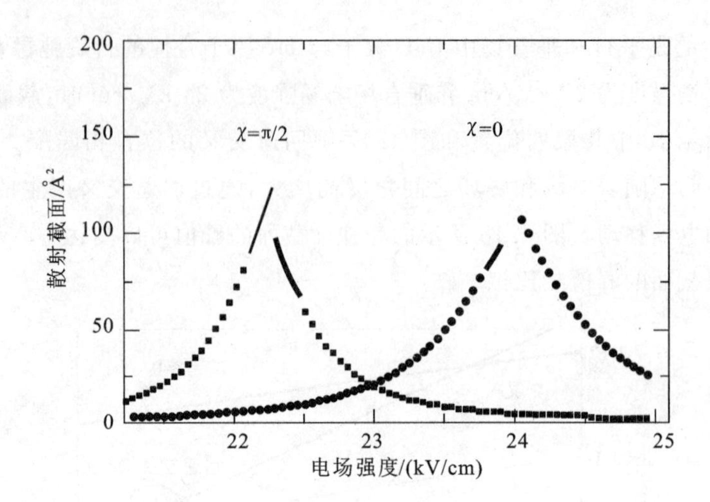

图 4.18 在电场与磁场角度为 $\chi=0$ 和 $\chi=\pi/2$ 时,自旋弛豫截面随电场强度的变化。磁感应强度为 4.7 T(引自 Abrahamsson, E. et al., J. Chem. Phys., 127, 044302, 2007. 已获授权)

4.4.4 电磁场中微分散射

第 14 章将描述制备慢分子束的实验技术的发展为研究分子态和电磁场中角分辨的微分散射提供了独特的可能性。斯塔克减速分子束实验和导向的分子束实验可以被用来完全探测态分辨的微分截面(differential cross-sections,DCSs),这些截面包含了碰撞过程的详细信息。这些信息可以用于理解反应机制[41][42]、精细调节分子间相互作用势[43]以及识别反应散射共振[42]。

不同于积分截面和速率常数,微分截面是不同分波的相干叠加。不同散射态的干涉会引起微分截面随散射角变化的振荡结构,这个散射角对相互作用势的具体形式非常敏感。这说明在较低碰撞能量下,微分截面的角度依赖对势能面和场的强度很敏感。

换言之,微分截面也可以被看作是一个物质波散射到非穿透型目标而引起衍射模式。与光学类比并运用能量突变近似,Lemeshko 和 Friedrich[39] 利用夫琅和费衍射模型推导出了散射振幅的近似表达式。当碰撞能量为 442 cm^{-1} 时,基于夫琅和费模型计算的 $NO(^2\Pi)$-Ar 微分截面与先前密耦计算的结果在数值上吻合得很好[40]。与先前理论工作不同的是,Lemeshko 和 Friedrich 考虑了更为一般的情况,也就是最初的碰撞粒子流不平行于以电场定义的量子化轴。转动入射的碰撞粒子流方向会在散射波函数的展开式中引入额外的

Bessel 函数，导致微分和积分截面的明显变化[39]。

场缀饰态 α 和 α' 之间跃迁微分截面可以写为[13][44]

$$\frac{\mathrm{d}\sigma_{\alpha\to\alpha'}}{\mathrm{d}\hat{R}_i\mathrm{d}\hat{R}}=\frac{1}{k_\alpha^2}\left|q_{\alpha\to\alpha'}(\hat{R}_i,\hat{R})\right|^2 \tag{4.13}$$

式中：

$$q_{\alpha\to\alpha'}(\hat{R}_i,\hat{R}) = 2\pi\sum_{l,m_l}\sum_{l',m_{l'}}i^{l-l'}Y^*_{lm_l}(\hat{R}_i)Y_{l'm_{l'}}(\hat{R})T_{\alpha lm_l;\alpha'l'm_{l'}} \tag{4.14}$$

是入射($\hat{R}_i$)和出射($\hat{R}$)碰撞流[13]方向描述的散射振幅；Y_{lm_l} 是球谐函数。

方程(4.14)的 T 矩阵元 $T_{\alpha lm_l;\alpha'l'm_{l'}}$ 可以通过第 1 章描述过的精确量子散射计算获得。前面所述的全平均积分截面可以通过微分截面对 $\hat{R}_i$ 平均，然后对 $\hat{R}$ 积分来获得

$$\sigma_{\alpha\to\alpha'} = \frac{1}{4\pi}\int\mathrm{d}\hat{R}_i\int\mathrm{d}\hat{R}\,\frac{\mathrm{d}\sigma_{\alpha\to\alpha'}}{\mathrm{d}\hat{R}_i\mathrm{d}\hat{R}} \tag{4.15}$$

在交叉分子束散射实验中，反应物靠近的方向通过碰撞束的结构来固定[41]。由于入射流矢量方向沿着固定空间中的 z 方向(与电场 $\boldsymbol{E}$ 和磁场 $\boldsymbol{B}$ 方向平行)，我们得到$\hat{R}_i=0$，因此散射振幅(4.14)的一般表达式简化为

$$q_{\alpha\to\alpha'}(\hat{R}) = \pi^{1/2}\sum_{l}\sum_{l',m_{l'}}i^{l-l'}(2l+1)^{1/2}Y_{l',m_{l'}}(\hat{R})T_{\alpha l0;\alpha'l'm_{l'}} \tag{4.16}$$

将方程(4.16)的结果代入方程(4.13)中，我们可以得到对应于$\hat{R}_i=0$ 的微分截面为

$$\frac{\mathrm{d}\sigma_{\alpha\to\alpha'}}{\mathrm{d}\hat{R}} = \frac{\pi}{k_\alpha^2}\left|\sum_{l}\sum_{l',m_{l'}}i^{l-l'}(2l+1)^{1/2}Y_{l'm_{l'}}(\hat{R})T_{\alpha l0;\alpha'l'm_{l'}}\right|^2 \tag{4.17}$$

值得注意的是，由于我们需要入射平面波的波矢与固定空间量子轴向平行，方程(4.16)和方程(4.17)中的投影 m_l 将会消失。在没有场存在的传统原子-分子碰撞理论中也往往这样处理[45]。通常来讲，初始碰撞流可能和量子轴向(由外场的方向定义)不平行，方程(4.13)所示的微分截面必须同时依赖于入射流的取向和出射流的方向。在这一节，我们仅讨论$\hat{R}_i=0$ 时(方程(4.17))的微分截面。

方程(4.17)给出了微分截面与散射角 θ 的关系，θ 通过在 $\phi=0$ 处 $\hat{R}=(\theta,\phi)$ 来定义[44]。图 4.19 展示了在磁感应强度为 0.5 T 时，三个典型碰撞能量下自旋弛豫的微分截面，每个能量下对应的主要分波跃迁为：① $l=0\to l'=2$($E_c=10^{-9}\ \mathrm{cm}^{-1}$)；② $l=1\to l'=1$($E_c=10^{-2}\ \mathrm{cm}^{-1}$)；③ $l=3\to l'=3$($E_c=0.5\ \mathrm{cm}^{-1}$)。

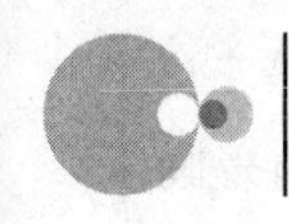

甚至在最低的碰撞能量下,截面都显示出显著的角依赖关系,这是由于跃迁①到③散射振幅的各向异性导致的。相反,弹性碰撞微分截面(未展示)是由 $l=0\rightarrow l'=0$跃迁决定的,因此在低碰撞能量极限下与散射角 θ 无关。

图 4.19 所示的微分截面的角度依赖关系可以通过方程(4.17)的定义来解释。Krems 和 Dalgarno[13]证明自旋弛豫跃迁必须伴随着轨道角动量投影 $m_l\rightarrow m_l'=m_l+1$ 的改变。因此,方程(4.17)中的求和可以简化为 $|T_{\alpha 00,\alpha' 21}Y_{21}(\cos\theta,0)|^2$,因此跃迁①的微分截面可以写为 $d\sigma_{l=0\rightarrow l'=2}/d\theta\propto\sin^2(2\theta)$。图 4.19 证明了当碰撞能量为 10^{-9} cm^{-1} 时,计算的微分截面呈现一个类似的双峰结构,尽管这两个峰由于 $l=1$ 分波混合而具有不同的幅度。

同样,跃迁③的微分截面的角度依赖关系可以写为 $d\sigma_{l=1\rightarrow l'=1}/d\theta\propto\sin^2\theta$,在图 4.19 中表示碰撞能量为 0.01 cm^{-1}时,存在一个宽的极大值。正如参考文献[14]和[44]中所说,跃迁③的微分截面由于入射碰撞通道中 $l=3$ 的势形共振而得到较大增强[14]。在共振附近,自旋弛豫的微分截面正比于 $|Y_{31}(\theta,0)|^2$,或等价于 $d\sigma_{l=3\rightarrow l'=3}/d\theta\propto\sin^2\theta(4-5\sin^2\theta)^2$。在 $\theta_{1,2}=\sin^{-1}(\pm 2/\sqrt{5})$处,以这种形式表述的微分截面有两个非平庸的节点。当碰撞能为 $E_c=0.5$ cm^{-1}时,$\theta_1=63°$和 $\theta_2=117°$对应于图 4.19 中决定最小微分截面的角度。这些简单的表达式说明,在低温下自旋弛豫微分截面随角度的关系完全可以由一个分波决定。在势形共振附近也是这种情况。因此,实验测量自旋弛豫微分截面可以提供每个分波和冷碰撞中势形共振的详细信息。

方程(4.17)表明微分截面对角度的依赖关系是由不同 l 态之间 T 矩阵元的相对权重决定的。由于磁场不改变分波的贡献[44],自旋弛豫微分截面在碰撞能量为 0.01 cm^{-1}和 0.5 cm^{-1}时对角度的依赖关系对磁场不是很敏感。在参考文献[31]中,多重分波情况下积分截面的绝对幅度对磁场也只是一个缓变函数。

相反的,自旋弛豫截面的分波结构在电场中变化较大[44]。图 4.20 所示的是不同电场下自旋弛豫微分截面的能量-角度曲线,磁感应强度为 0.5 T。零电场下的微分截面有三个峰值,对应于 $l=3$ 的势形共振[14]。电场可以耦合不同转动态和分波,这使得微分截面对角度的依赖关系变得复杂。例如,在碰撞能量为 0.01~1 cm^{-1}时,微分截面是四个不同分波跃迁的叠加[44]。图 4.20 揭示了增加电场后角动量分布存在向后移动的趋势。在最低碰撞能量下,电场中的微分截面由于 $l=0\rightarrow l'=2$ 跃迁显现出一个较小的向前的峰。

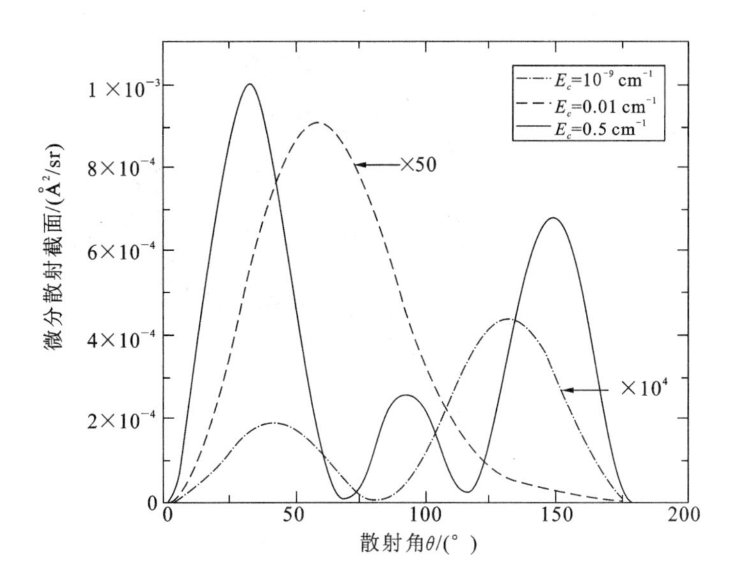

图 4.19　自旋弛豫微分截面随散射角度的变化情况，碰撞能量分别为 10^{-9} cm^{-1}（虚点线）、0.01 cm^{-1}（虚线）和 0.5 cm^{-1}（实线）。选定的碰撞能对应于文中讨论的跃迁①、②和③（引自 Tscherbul，T. V.，J. Chem. Phys.，128，244305，2008. 已获授权）

自旋弛豫动力学在直流电场中会发生一些较大的改变。在超低温度下，电场诱导的基转动态和激发转动态之间的耦合会导致不同分波之间的间接耦合[44]和 $l=0\to l'=2$ 禁戒跃迁的增强[13]。反过来，这种特性会导致自旋弛豫截面增加几个数量级[31][44]。我们已经发现，在较低能量下自旋弛豫微分截面对角度的依赖关系可以由球谐函数 $|Y_{l'm'}(\theta,0)|^2$ 近似地描述，其中，l'取决于给定碰撞能量下的主要分波，由于总角动量投影守恒，投影 m_l' 不变，即 $m_l'=1$[13]。特别是，图 4.20 展示了在 $l=3$ 势形共振附近，微分截面有三个极大值，这三个极大值由 $|Y_{31}(\theta,0)|^2$ 得到。微分截面对角度的依赖关系不受磁场影响。相反，电场诱导不同 l 态的耦合并使散射分子的角分布向后移动，如图 4.20 所示。

图 4.20 所示的结果可能对理解冷分子交叉光束散射实验有很大帮助。这类实验探测实验室中散射分子的角分布而不是平均积分截面。图 4.20 所示的结果说明微分截面随散射角的变化可以通过高达 100 kV/cm 的电场强度来改变。本节所示结果对所有$^2\Sigma$分子都适用，包括 CaF 和 YbF。这些分子的自旋弛豫角依赖关系原则上可以使用第 14 章中所描述的慢分子束观测到。

微分截面包含丰富的原子和分子相互作用的信息，因为微分截面可以将

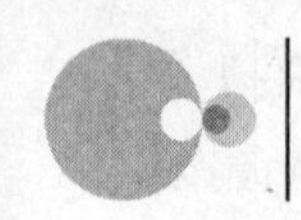

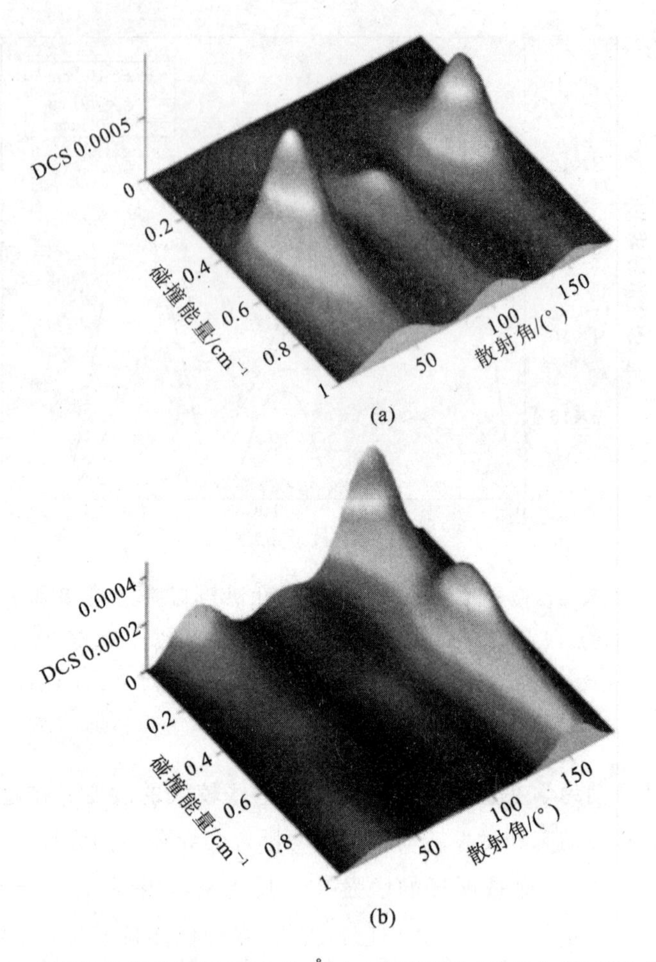

图 4.20　自旋弛豫微分截面(单位为 $Å^2/sr$)随散射角(单位为度)和碰撞能量(单位为 cm^{-1})的变化情况。(a)$E=0$ kV/cm;(b)$E=100$ kV/cm。磁感应强度为 0.5 T(引自 Tscherbul, T. V., J. Chem. Phys., 128, 244305, 2008. 已获授权)

分波平均效应分解进而分别分析每个 l 波的作用[43]。而且,自旋弛豫截面对原子-分子相互作用势非常敏感[19]。因此,我们期望自旋弛豫微分截面可用于灵敏探测各向异性分子的相互作用。由 4.2 节可知,电场增强了 $l\rightarrow l\pm1$ 跃迁,也就是说增强了截面对相互作用势的各向异性的敏感性。图 4.20 说明了自旋弛豫微分截面在势形共振附近呈现一个特殊的散色角 θ 依赖,这可以被用来探测和标定冷碰撞的势形共振。

动能冷却技术[46]依赖于热分子束碰撞,通过满足特定束缚动能的平动能去减速分子。为了使动能冷却更加有效，让大量分子在特定方向散射是必要的，这个方向是由碰撞束最初的结构和速度决定的[46]。图 4.20 展示了电场将非弹性散射的 CaD 分子的角分布从峰的一侧移动到峰的后面。一个外加直流电场可以通过将这个角分布调节到最佳方向来增大冷分子的产率。

4.5 受限空间中的碰撞

正如第 9 章所讲的，反向传输的激光光束产生的驻波场可以被用来俘获超冷原子并产生光晶格[47]。光晶格中超冷原子光缔合将会产生一个由三维激光场将分子囚禁的格子，这个可以被用来研究独立分子之间的碰撞。光晶格可以被用来在低维空间中限制超冷分子的运动，改变分子碰撞动力学，为研究受限空间中分子间的相互作用提供可行性[48][49][50]。实验上，在光阱中，将分子制备并囚禁在雪茄型（一维）或者是薄饼型（二维）光学阱[51]中，这样的技术为控制分子相互作用的研究开启了新的可能性。例如，Petrov 和 Shlyapnikov 证明，在强谐波限制存在时，超冷原子的非弹性碰撞因俘获势的改变而改变[49]。为了研究薄饼型光格子对俘获分子的非弹性碰撞和反应碰撞的影响，我们首先考虑（非真实情况）紧束缚极限情况。此时，分子仅可在二维平面内运动。

正如 Sadeghpour 小组解释的那样[48]，弹性和反应性截面对能量的依赖关系取决于碰撞系统的维数。Wigner 展示了近阈值无约束三维碰撞散射截面对能量的依赖关系取决于碰撞复合体碰撞之前和之后的轨道角动量的值[52]。特别是，他证明了弹性（内部能量守恒）散射截面在近阈值附近以 $v^{2l+2l'}$ 变化，其中，v 是碰撞速度，l 是碰撞前轨道角动量的值，l' 是碰撞后出射散射波轨道角动量的值。他也给出了碰撞能量弛豫（非弹性散射）截面在近阈值附近以 $v^{(2l-1)}$ 变化。量子数 l 不是通过两维中的碰撞定义的。囚禁在一个平面内两个粒子的相对运动可以通过下述哈密顿量描述（原子单位）：

$$H=-\frac{1}{2\mu\rho}\frac{\mathrm{d}}{\mathrm{d}\rho}\rho\frac{\mathrm{d}}{\mathrm{d}\rho}+\frac{l_z^2(\phi)}{2\mu\rho^2}+H_{\mathrm{as}}+V \tag{4.18}$$

式中：ρ 是质心间距；μ 是碰撞粒子的约化质量；l_z 是描述碰撞复合体相对量子轴转动的算符；ϕ 是表征速度矢量在空间固定坐标系中的角度；H_{as} 是描述分离原子或分子的渐进哈密顿量；V 是粒子间相互作用势。

量子轴向是从正常平面指向受限平面。

总的波函数以直积波函数 $R_{sm}(\rho)\Theta_m(\phi)\psi_s$ 为基矢展开，其中，ψ_s 是 H_{as} 的本征函数，$\Theta_m=\frac{1}{\sqrt{2\pi}}e^{im\phi}$ 是 l_z 算符的本征函数，其本征值为 m。哈密顿量 H_{as} 的本征值 ψ_s 对应于相互作用粒子的渐近能。碰撞通道使用量子数 s 和 m 来标注。具有相同 s 值的碰撞通道是简并的。原子或分子之间的相互作用势在原子或分子碰撞时可以诱导不同碰撞通道的跃迁。碰撞过程可以通过如下的耦合微分方程来描述：

$$\left(\frac{1}{\rho}\frac{d}{d\rho}\rho\frac{d}{d\rho}-\frac{m^2}{\rho^2}+k_s^2\right)R_{sm}(\rho)=2\mu\sum_{s'm'}V_{sm;s'm'}R_{s'm'}(\rho) \tag{4.19}$$

式中：$k_s^2=2\mu(E-\epsilon_s)$，E 是系统的总能量；$V_{sm;s'm'}$ 是相互作用势矩阵元。

当 $\rho\to+\infty$ 时，中性原子或分子之间的相互作用势比 $1/\rho^3$ 衰减得快。如果满足这个条件，在较大 ρ 的情况下可以忽略相互作用势，方程(4.19)的解可以写为第一类 $H_m^{(1)}(k_s\rho)$ 和第二类 $H_m^{(2)}(k_s\rho)$ 的 Hankel 函数的叠加。对应于通道 (sm) 碰撞波函数的输入部分 $I_{sm}(k_s\rho)$ 和输出部分 $E_{sm}(k_s\rho)$ 的解为

$$I_{sm}(k_s\rho)=\sqrt{\frac{\pi\mu}{2}}(-i)^m e^{-i\frac{\pi}{4}}H_m^{(2)}(k_s\rho)\Theta_m(\phi)\psi_s$$

$$E_{sm}(k_s\rho)=\sqrt{\frac{\pi\mu}{2}}(i)^m e^{-i\frac{\pi}{4}}H_m^{(1)}(k_s\rho)\Theta_m(\phi)\psi_s \tag{4.20}$$

如果碰撞流处于单一量子通道(sm)，碰撞波函数可以写为

$$I_{sm}-\sum_{s'm'}U_{sm;s'm'}E_{s'm'} \tag{4.21}$$

这个表达式定义了碰撞 U 矩阵[52]。弹性和非弹性散射的积分截面可以通过 U 矩阵元的形式表述

$$\sigma_{sm;s'm'}=\frac{1}{k_s}\left|(-1)^{m+1}e^{i\frac{\pi}{2}}U_{sm;s'm'}-\delta_{s,s'}\delta_{m,m'}\right|^2 \tag{4.22}$$

为了获得上述表达式，我们假设入射碰撞流是通过在 x 方向上行进的平面波表述的，并使用平面波的 Jacobi-Anger 展开来表达入射和出射散射波的形式（见方程(4.20)）：

$$\left(\frac{ks}{\mu}\right)^{-\frac{1}{2}}e^{iksx}\psi_s=\sum_m(-1)^m e^{i\frac{\pi}{4}}k_s^{-\frac{1}{2}}\left[I_{sm}(k_s\rho)+(-1)^m e^{-i\frac{\pi}{2}}E_{sm}(k_s\rho)\right] \tag{4.23}$$

在较小碰撞速度极限下，上述碰撞问题的公式可以让我们直接通过文献

[52]的 Wigner 形式来得到二维散射截面对碰撞能量的关系。Wigner 给出方程(4.21)的 U 矩阵的表述为

$$\boldsymbol{U}=\omega[1+ij(\boldsymbol{q}-\boldsymbol{R})^{-1}\mathrm{j}]\omega \tag{4.24}$$

式中:$\boldsymbol{R}$ 是 Wigner 的 R 矩阵;$\boldsymbol{q}$ 是方程(4.20)中 E_{sm} 的对数微分矩阵,$q_{sm}=E_{sm}/e_{sm}$,$e_{sm}=\frac{1}{2}\mu \mathrm{d}E_{sm}/\mathrm{d}\rho$;$\omega$ 是通过下式定义的幺正对角

$$e_{sm}=|e_{sm}|\omega_{sm}^{*} \tag{4.25}$$

对角矩阵 j_{sm} 定义为

$$j_{sm}^{2}=i(q_{sm}-q_{sm}^{*}) \tag{4.26}$$

在较小碰撞速度下,U 矩阵的阈值与碰撞能量的关系可以通过分析散射波(见方程(4.20))的形式解析获得。

$m=0$ 对应于二维 s 波散射。在小的 $\eta=k_s\rho$ 极限下,Hankel 函数 $H_0^{(1)}$ 变为

$$H_0^{(1)}(\eta)\rightarrow 1-\frac{\eta^2}{4}+\frac{2i}{\pi}\left(\ln\frac{\eta}{2}+\gamma\right) \tag{4.27}$$

Hankel 函数对 η 求导:

$$(H_0^{(1)}(\eta))'\rightarrow -\frac{\eta}{2}+\frac{2i}{\pi\eta} \tag{4.28}$$

使用这些表达式及方程(4.25)和方程(4.26),我们发现 $j_{s0}^2\propto \mathrm{const}$,而且由于 $\eta\rightarrow 0$ 导致 $1/\ln\eta$ 项消失,因此矩阵元含有 m 和 m' 中一个或者两个的 $[(q-R)^{-1}]_{sm;sm'}$ 等于 0。

运用方程(4.22)和方程(4.21),弹性散射截面可写为

$$\sigma_{s0,s0}=\frac{1}{k_s}|1+i\omega_{s0}^2+i\omega_{s0}^2 j_{s0}^2((q-R)^{-1})_{s0,s0}|^2 \tag{4.29}$$

$(1+i\omega_{s0}^2)$ 与 k_s^2 成正比。当 k_s 较小时,通过与第三项比较我们可以忽略 $1+i\omega_{s0}^2$,并发现 s 波散射的弹性截面与能量的关系为

$$\sigma_{s0,s0}\propto\frac{1}{k_s\ln^2 k_s} \tag{4.30}$$

对于改变轨道角动量的投影($s0\rightarrow sm$)的碰撞过程,截面可写为[52]

$$\sigma_{sm;sm'}=\frac{1}{k_s}|j_{sm}j_{sm'}((q-R)^{-1})_{sm;sm'}|^2 \tag{4.31}$$

为了研究$|m|>0$的碰撞通道散射截面的阈值行为,我们将方程(4.20)中的Hankel函数写为Bessel和Neuman函数形式。使用Bessel和Neuman函数的渐进展开,我们发现当$k_s\to 0$时,$j_{sm}^2\propto k_s^{2|m|}$。这将会导致如下的近阈值截面对能量的依赖关系:

$$\sigma_{s0;sm}\propto k_s^{2|m|-1}\frac{1}{\ln^2 k_s} \tag{4.32}$$

在超冷温度下,方程(4.32)所描述的过程对非弹性碰撞和二维俘获分子的角动量去极化是非常重要的。

我们也必须考虑非零角动量m的态之间的跃迁。这种跃迁决定了俘获在二维空间的分子和费米原子的碰撞特性。使用上述结果$j_{sm}^2\propto k_s^{2|m|}$并注意到当$k_s\to 0$时$[(q-R)^{-1}]_{sm;sm'}\propto\text{const}$,我们发现截面对能量有如下依赖关系:

$$\sigma_{sm;sm'}\propto k_s^{2|m|+2|m'|-1} \tag{4.33}$$

当碰撞释放能量,近阈值散射截面对能量的依赖关系不再依赖于末碰撞通道的角动量。例如,三维碰撞中的非弹性伴随能量转换的截面与k_s^{2l-1}成比例[52]。由于反应和非弹性碰撞改变量子数s,方程(4.31)变为

$$\sigma_{sm;s'm'}=\frac{1}{k_s}|j_{sm}j_{s'm'}((q-R)^{-1})_{sm;s'm'}|^2 \tag{4.34}$$

根据Wigner[52],如果$m\neq 0$,在较小碰撞能量下,非对角矩阵元$[(q-R)^{-1}]_{sm;sm'}$不依赖于能量。对于$m=0$,我们得到

$$[(q-R)^{-1}]_{sm;s'm'}\propto\frac{1}{\ln k_s} \tag{4.35}$$

因此,非弹性s波散射截面对能量的依赖关系与方程(4.30)所示的弹性截面对能量的依赖关系相同,即

$$\sigma_{s0;s'm'}\propto\frac{1}{k_s\ln^2 k_s} \tag{4.36}$$

当$|m|>0$时,散射振幅的能量依赖关系取决于$j_{sm}^2\propto k_s^{2|m|}$,因此角动量为$m$的碰撞非弹性截面为

$$\sigma_{sm;s'm'}\propto k_s^{2|m|-1} \tag{4.37}$$

上面的分析可以推广到具有简谐囚禁的一维光晶格中分子的碰撞。碰撞系统的哈密顿量可以写为

$$H=-\frac{1}{2\mu}\Delta+V+H_{\text{as}}+V_z \tag{4.38}$$

其中，囚禁势 $V_z=az^2$ 只对初态为 s 态的碰撞粒子作用，并且在短程时可以被忽略[49]。在有限的相互作用距离内，碰撞动力学可以通过一个在 Jacobi 三维坐标系中耦合的微分方程组来描述[29]。当原子和分子反应生成其他粒子或是改变它们的内态 s 时，它们的平动能变得比 V_z 大得多，因此它们不再被囚禁。在无限的粒子间距下，相互作用势 V 消失，方程(4.38)可以写为方程(4.18)与描述沿 z 坐标运动的哈密顿量的总和。总波函数可以在直积态 $F_{s,\alpha}(x,y,z)\psi_s$ 基矢上展开。对于初始碰撞通道 s，函数 $F_{s,\alpha}(x,y,z)$ 可以写为 $R_{sm}(\rho)\Theta_m(\phi)\chi(z)$，其中，$\chi(z)$ 描述了粒子沿 z 方向的简谐运动，$R_{sm}(\rho)$ 可以写为方程(4.20)定义函数的叠加。对于其他所有 $s'\neq s$ 的通道，函数 $F_{s',\alpha}(x,y,z)=F_{s'lm}(R)Y_{lm}(\hat{R})$，其中，$R$ 是碰撞粒子的质心间距，Y_{lm} 是球谐函数。函数 $F_{s'lm_l}$ 可以写为是球 Hankel 函数的叠加。通过适当的归一化过程，$F_{s'lm_l}$ 函数对应于 Wigner 函数 $E_{s'lm}$[52]。对于弹性散射，我们必须去考虑初始通道和方程(4.22)，产生方程(4.30)的结果。对于反应性散射，方程(4.31)必须修正为包含 $j_{s'lm'}$ 和 $[(q-R)^{-1}]_{sm;s'lm'}$ 的形式，在无穷原子间距下 $j_{s'lm'}$ 和 $[(q-R)^{-1}]_{sm;s'lm'}$ 由 $F_{s'lm'}$ 函数表述。然而，这个修正不改变依赖于能量的散射截面关系式(见式(4.37))，截面由 j_{sm} 和方程(4.20)的扩展式 $[(q-R)^{-1}]_{sm;s'lm'}$ 决定。方程(4.30)、方程(4.37)和方程(4.33)的结果也可以应用于伴随着囚禁损耗的准二维结构的散射。

表 4.1 总结了对应于三维无约束碰撞和强束缚碰撞下，能量依赖的弹性和非弹性截面与碰撞速度的关系对比。Petrov 和 Shlyapnikov 将这种情况称之为“准二维”[49]。虽然表 4.1 没有提供截面绝对值的信息，但是它表明了在较小碰撞能量下，准二维散射分子非弹性碰撞被抑制。外部囚禁也改变了长程分子间相互作用的对称性。例如，在三维超冷 s 波散射极限下，极性分子散射波函数平均下的偶极-偶极相互作用消失(见第 2 章)，但是在二维时仍然很重要。在受限空间中分子的碰撞测量可以实现对长程分子间相互作用和碰撞物理量子现象较灵敏的探测。在低维度下，囚禁的分子可以作为一个有用的工具去增加超冷分子气体的稳定性。碰撞问题中的对称性会被囚禁激光场和外静电磁场的结合完全破坏[50]。在受限空间中对化学反应的测量可以作为研究超冷温度下的空间动力学和微分散射的新奇方法。

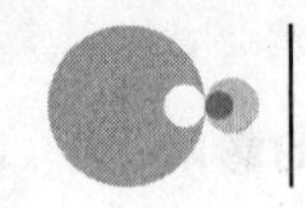

表 4.1　散射截面对近阈值碰撞速度 v 的依赖关系

弹性碰撞	三　维	准　两　维
s 波	$\sigma=\text{const}$	$\sigma\propto\frac{1}{v\ln^2 v}$
s 波到无 s 波	$\sigma\propto v^{2l'}$	$\sigma\propto v^{2\|m\|-1}\frac{1}{\ln^2 v}$
无 s 波到无 s 波	$\sigma\propto v^{2l+2l'}$	$\sigma\propto v^{2\|m\|+2\|m'\|-1}$
非弹性碰撞	—	—
s 波弛豫	$\sigma\propto 1/v$	$\sigma\propto\frac{1}{v\ln^2 v}$
无 s 波弛豫	$\sigma\propto v^{2l-1}$	$\sigma\propto v^{2\|m\|-1}$

4.6　低温可控化学

自开展化学反应动力学实验以来[53],许多研究者在外场操控化学反应上做了很多工作。然而,外场操控气相分子碰撞还是一个较大的挑战。外场操控双分子反应时因分子热运动而变得复杂,因为分子热运动使分子碰撞随机化,消除了外场对分子碰撞的影响。热运动妨碍了分子碰撞的相干操控[54]。将分子气体冷却到较低温度,可以减弱热运动的影响。只有当分子的平动能比外场相互作用的微扰小时,电磁场才可以较大程度地影响分子碰撞。可在实验室获得的静磁场(高达 5 T)、静电场(高达 200 kV/cm)和失谐激光场等实验手段可以将分子能级移动几个开尔文,因此外场操控气相分子动力学在温度接近或低于 1 K 时更好实现。制备密集冷分子系综的实验工作和电磁场中分子间相互作用的研究为开创一个关于低温可控化学新研究方向提供了良好的条件。

冷和超冷温度下的化学研究可以产生一些实用的和基础的应用。当分子被冷却到较低温度时,非弹性和反应性碰撞变得具有态选择性,布居到某个振转能态的趋向大大提高(参见第 3 章)。通过反转布居内部能级和新型原子分子激光器的发展,可以有效制备原子和分子。受激玻色光离解可以被用于控制分子纠缠对的制备[55]。空间分离分子的纠缠对于研究量子信息转移和基于原子分子系统的量子计算机制的发展是很有必要的。纠缠分子的制备也可以被用于实现双分子化学反应的相干操控[54]。低温缓冲气体中的化学反应可以为低速分子束提供一个较为丰富的分子源[56]。低速分子束在化学研究中有许多应用,从高精密光谱到新奇散射实验以及低温强相互作用系统的集体动力学研究。

外场中低温化学反应的研究可以解释一些近代化学物理的基本问题。正如本章所讲的,电场可以诱导未耦合态间的回避交叉。测量分子碰撞截面和化学反应截面随电场强度的变化可以提供关于回避交叉作用和分子化学动力学相关的几何相位信息。电磁阱中化学反应的测量是探测分子排列和分子间相互作用对称性对分子碰撞影响的新方法。在低温下测量化学反应,通常在这种情况下分子碰撞是由少数的分波决定,可以消除不同散射态的相干和轨道势形共振对化学动力学的影响。冷却到低温的分子可以被囚禁于特殊的几何结构中[57][58],这种特殊几何结构可以被用于研究复规范势对分子结构和碰撞的影响。

受限空间中超冷分子的研究可以产生许多基础应用。受限和准受限空间中分子碰撞截面的能量依赖与三维 Wigner 阈值定律是不同的[48][49][50]。在外部囚禁下的化学反应和分子的非弹性碰撞也因此会改变。外部囚禁也会改变长程分子间相互作用对称性。例如,在三维超冷 s 波散射极限下,极性分子散射波函数平均下的偶极-偶极相互作用消失,但是在二维时仍然很显著。受限空间中分子碰撞的测量为碰撞物理中的长程相互作用势和量子现象的研究提供了一种灵敏的探测手段。在低维下,囚禁的分子可以作为增加超冷分子气体稳定性的一个有用工具。碰撞问题中的对称性会被囚禁激光场和外加静电磁场的结合完全破坏[50]。受限空间中化学反应的测量可以作为研究超冷温度下的空间化学和微分散射的新方法。

正如本章所说,电磁场可以调控精细相互作用,这种相互作用决定低温下分子间的能量转移。外场下分子碰撞的研究可以被用于探测类似自旋-转动相互作用或二阶自旋-轨道耦合这样的精细相互作用在决定冷分子的化学反应性中的作用。在超冷分子碰撞中使用电磁场去诱导散射 Feshbach 共振,是研究分子能量转移和多原子分子内部能量重新分配的一个重要工具。Feshbach 共振增强了反应物的反应时间。这强烈影响了散射共振下的能量转移动力学和化学反应。在包含多原子分子的碰撞中,调节散射共振是阐明分子能量转移的遍历性和多重碰撞问题的好方法。共振也可能影响超冷气体的集体特性,如扩散。外电磁场中超冷气体动力学测量也可导致分子气体强相互作用新现象的观察和新理论的发展。

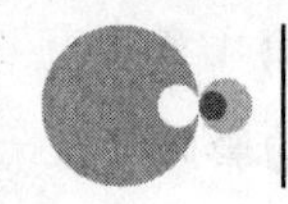

致谢

感谢 Alisdair Wallis 对本章一些公式的核实。

参考文献

[1] Harris, J. G. E. , Campbell, W. C. , Egorov, D. , Maxwell, S. E. , Michniak, R. A. , Nguyen, S. V. , van Buuren, L. D. , and Doyle, J. M. , Deep superconducting magnetic traps forneutral atoms and molecules, Rev. Sci. Instrum. , 75, 14, 2004.

[2] van Veldhoven, J. , Bethlem, H. L. , Schnell, M. , and Meijer, G. , Versatile electrostatic trap, Phys. Rev. A, 73, 063408, 2006.

[3] Heiner, C. E. , Bethlem, H. L. , and Meijer, G. , Molecular beams with a tunable velocity, Phys. Chem. Chem. Phys. , 8, 2666, 2006.

[4] Krems, R. V. , Cold controlled chemistry, Phys. Chem. Chem. Phys. , 10, 4079, 2008.

[5] Weinstein, J. D. , deCarvalho, R. , Guillet, T. , Friedrich, B. , and Doyle, J. M. , Magnetic trapping of calcium monohydride molecules at millikelvin temperatures, Nature, 395, 148, 1998.

[6] Grimm, R. , Weidemüller, M. , and Ovchinnikov, Y. B. , Optical dipole traps for neutral atoms, Adv. At. Mol. Opt. Phys. , 42, 95, 2000.

[7] Doyle, J. , Friedrich, B. , Krems, R. V. , and Masnou-Seeuws, F. , Quo vadis, cold molecules?, Eur. Phys. J. D, 31, 149, 2004.

[8] van de Meerakker, S. Y. T. , Vanhaecke, N. , van der Loo, M. P. J. , Groenenboom, G. C. , and Gerard Meijer, Direct measurement of the radiative lifetime of vibrationally excited OH radicals, Phys. Rev. Lett. , 95, 013003, 2005.

[9] Bohn, J. L. , Molecular spin relaxation in cold atom-molecule scattering, Phys. Rev. A, 61, 040702, 2000.

[10] Bohn, J. L. , Cold collisions of O_2 with helium, Phys. Rev. A, 62, 032701, 2000.

[11] Avdeenkov, A. V. and Bohn, J. L. , Ultracold collisions of oxygen molecules, Phys. Rev. A, 64, 053602, 2001.

[12] Volpi, A. and Bohn, J. L., Magnetic-field effects in ultracold molecular collisions, Phys. Rev. A, 65, 052712, 2002.

[13] Krems, R. V. and Dalgarno, A., Quantum mechanical theory of atom-molecule and molecular collisions in a magnetic field: Spin depolarization, J. Chem. Phys., 120, 2296, 2004.

[14] Krems, R. V., Dalgarno, A., Balakrishan, N. and Groenenboom, G. C., Spin-flipping transitions in doublet-sigma molecules induced by collisions with structureless atoms, Phys. Rev. A, 67, 060703, 2003.

[15] Krems, R. V., Sadeghpour, H. R., Dalgarno, A., Zgid, D., Klos, J., and Chalasinski, G., Low-temperature collisions of NH($X\ ^3\Sigma$) molecules with He atoms in a magnetic field: An ab initio study, Phys. Rev. A, 68, 051401(R), 2003.

[16] Gonzalez-Martinez, M. L. and Hutson, J. M., Ultracold atom-molecule collisions and bound states in magnetic fields: tuning zero-energy Feshbach resonances in He+NH($^3\Sigma$), Phys. Rev. A, 75, 022702, 2007.

[17] Hutson, J. M., Feshbach resonances in ultracold atomic and molecular collisions: threshold behaviour and suppression of poles in scattering lengths, New. J. Phys., 9, 152, 2007.

[18] Maussang, K., Egorov, D., Helton, J. S., Nguyen, S. V., and Doyle, J. M., Zeeman relaxation of CaF in low temperature collisions with helium, Phys. Rev. Lett., 94, 123002, 2004.

[19] Campbell, W. C., Tscherbul, T. V., Lu, H.-I., Tsikata, E., Krems, R. V., and Doyle, J. M., Mechanism of collisional spin relaxation in $^3\Sigma$ molecules, Phys. Rev. Lett., 102, 013003, 2009.

[20] Krems, R. V., Groenenboom, G. C., and Dalgarno, A., Electronic interaction anisotropy between atoms in arbitrary angular momentum states, J. Phys. Chem. A, 108, 8941, 2004.

[21] Ticknor, C. and Bohn, J. L., Influence of magnetic fields on cold collisions of polar molecules, Phys. Rev. A, 71, 022709, 2005.

[22] Avdeenkov, A. V. and Bohn, J. L., Collisional dynamics of ultracold OH molecules in an electrostatic field, Phys. Rev. A, 66, 052718, 2002.

[23] Avdeenkov, A. V. and Bohn, J. L., Linking ultracold polar molecules, Phys. Rev. Lett., 90, 043006, 2003.

[24] Avdeenkov, A. V., Bortolotti, D. C. E., and Bohn, J. L., Field-linked states of ultracoldpolar molecules, Phys. Rev. A, 69, 012710, 2004.

[25] Ticknor, C. and Bohn, J. L., Long-range scattering resonances in strong-field-seeking states of polar molecules, Phys. Rev. A, 72, 032717, 2005.

[26] Avdeenkov, A. V., Kajita, M., and Bohn, J. L., Suppression of inelastic collisions of polar $^1\Sigma$ state molecules in an electrostatic field, Phys. Rev. A, 73, 022707, 2006.

[27] Ticknor, C., Collisional control of ground state polar molecules and universal dipolar scattering, Phys. Rev. Lett., 100, 133202, 2008.

[28] Tscherbul, T. V. and Krems, R. V., Quantum theory of chemical reactions in the presence of electromagnetic fields, J. Chem. Phys., 129, 034112, 2008.

[29] Li, Z. and Krems, R. V., Electric-field-induced Feshbach resonances in ultracold alkali metal mixtures, Phys. Rev. A, 75, 032709, 2007.

[30] Krems, R. V., Controlling collisions of ultracold atoms with dc electric fields, Phys. Rev. Lett., 96, 123202, 2006.

[31] Tscherbul, T. V. and Krems, R. V., Controlling electronic spin relaxation of cold molecules with electric fields, Phys. Rev. Lett., 97, 083201, 2006.

[32] Abrahamsson, E., Tscherbul, T. V., and Krems, R. V., Inelastic collisions of cold polar molecules in non-parallel electric and magnetic fields, J. Chem. Phys., 127, 044302, 2007.

[33] Brown, J. M. and Carrington, A., Rotational Spectroscopy of Diatomic Molecules, Cambridge University Press, 2003.

[34] Friedrich, B. and Herschbach, D., Steric proficiency of polar $^2\Sigma$ molecules in congruent electric and magnetic fields, Phys. Chem. Chem. Phys., 2, 419, 2000.

[35] Wiebusch, G., Main, J., Krüger, K., Rottke, H., Holle, A., and Welge, K. H., Hydrogen atom in crossed magnetic and electric fields, Phys.

Rev. Lett. ,62,2821,1989.

[36] Zare,R. N. ,Angular Momentum,Wiley,New York,1988.

[37] Svanberg,S. ,Atomic and Molecular Spectroscopy:Basic Aspects and Practical Applications,Sect. 7. 1. 5,Springer,2004.

[38] Mark,M. ,Kraemer,T. ,Waldburger,P. ,Herbig,J. ,Chin,C. ,Nägerl,H.-C. ,and Grimm,R. ,Stückelberg interferometry with ultracold molecules,Phys. Rev. Lett. ,99,113201,2007.

[39] Lemeshko,M. and Friedrich,B. ,An analytic model of rotationally inelastic collisions of polar molecules in electric fields,J. Chem. Phys. ,129,024301,2008.

[40] de Lange,M. J. L. ,Drabbels,M. ,Griffiths,P. T. ,Bulthuis,J. ,Stolte,S. and Snijders,J. G. ,Steric asymmetry in state-resolved NO-Ar collisions,Chem. Phys. Lett. ,313,491,1999.

[41] Bernstein,R. B. ,Chemical Dynamics via Molecular Beam and Laser Techniques,Clarendon Press,Oxford,1982. 166 Cold Molecules:Theory,Experiment,Applications.

[42] Skodje,R. T. ,Skouteris,D. ,Manolopoulos,D. E. ,Lee,S.-H. ,Dong,F. ,and Liu,K. ,Resonance-mediated chemical reaction:F+HD→HF+D,Phys. Rev. Lett. ,85,1206,2000.

[43] Buck,U. ,Huisken,F. ,Schleusener,J. ,and Pauly,H. ,Differential cross sections for the excitation of single rotational quantum transitions:HD+Ne,Phys. Rev. Lett. ,38,680,1977.

[44] Tscherbul,T. V. ,Differential scattering of cold molecules in superimposed electric and magnetic fields,J. Chem. Phys. ,128,244305,2008.

[45] Balint-Kurti,G. G. ,The theory of rotationally inelastic molecular collisions,in International review of Science,Ser. II,Vol. 1,Eds. Buckingham,A. D. and Coulson,C. A. ,Butterworths,1975,p. 286.

[46] Elioff,M. S. ,Vaneltini,J. J. ,and Chandler,D. W. ,Formation of NO ($j'=7.5$) molecules with sub-kelvin translational energy via molecular beam collisions with argon using the technique of molecular cooling by inelastic collisional energy-transfer,Eur. Phys. J. D,31,385,2004.

[47] Bloch, I. and Greiner, M., Exploring quantum matter with ultracold atoms in optical lattices, Adv. At. Mol. Phys. 52, 1, 2005.

[48] Sadeghpour, H. R., Bohn, J. L., Cavagnero, M. J., Esry, B. D., Fabrikant, I. I., Macek, J. H., and Rau, A. R. P., Threhsold phenomena in atomic and molecular physics, J. Phys. B: At. Mol. Opt. Phys., 33, R93, 2000.

[49] Petrov, D. S. and Shlyapnikov, G. V., Interatomic collisions in a tightly confined Bose gas, Phys. Rev. A, 64, 012706, 2001.

[50] Li, Z., Alyabyshev, S. V., and Krems, R. V., Ultracold collisions in two dimensions, Phys. Rev. Lett., 100, 073202, 2008.

[51] Bloch, I., Ultracold quantum gases in optical lattices, Nature Physics, 1, 23, 2005.

[52] Wigner, E. P., On the behavior of cross sections near thresholds, Phys. Rev., 73, 1002, 1948.

[53] Tailor, E. H. and Datz, S., Study of chemical reaction mechanisms with molecular beams: The reaction of K with HBr, J. Chem. Phys., 23, 1711, 1955.

[54] Shapiro, M. and Brumer, P., Principles of the Quantum Control of Molecular Processes, Wiley Inter-Science, 2003.

[55] Moore, M. G. and Vardi, A., Bose-enhanced chemistry: amplification of selectivity in the dissociation of molecular Bose-Einstein condensates, Phys. Rev. Lett., 88, 160402, 2002.

[56] Maxwell, S. E., Brahms, N., deCarvalho, R., Glenn, D. R., Helton, J. S., Nguyen, S. V., Patterson, D., Petricka, J., DeMille, D., and Doyle, J. M., High-flux beam source for cold, slow atoms or molecules, Phys. Rev. Lett., 95, 173201, 2005.

[57] Patterson, D. and Doyle, J. M., Bright, guided molecular beam with hydrodynamic enhancement, J. Chem. Phys., 126, 154307, 2007.

[58] Heiner, C. E., Carty, D., Meijer, G., and Bethlem, H. L., A molecular synchrotron, Nature Phys., 3, 115, 2007.

第Ⅱ部分

光 缔 合

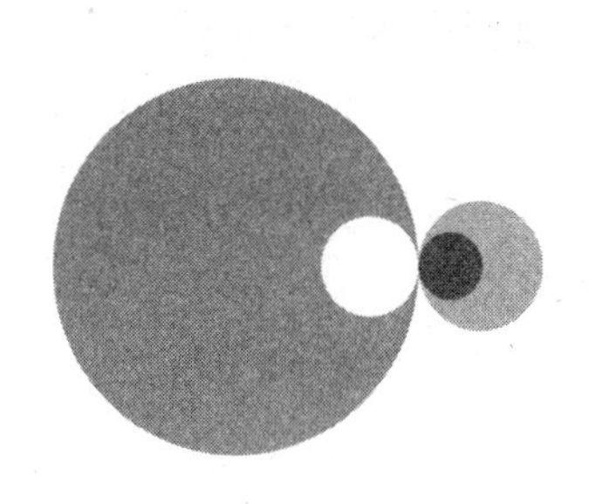

第 5 章 光缔合制备超冷分子

5.1 超冷分子的制备

5.1.1 冷分子和超冷分子的制备

制备冷分子和超冷分子系综(平动温度分别低于 1 K 和 1 mK)的基本方法有两种:①直接冷却热分子;②将系综原子冷却到“冷”和“超冷”范围,然后通过缔合冷原子形成冷分子,在这个过程中没有明显的加热效应。前者常用的方法包括:氦气的缓冲气体冷却(通常称为“协同冷却”),这方面的工作将由 Campbell 和 Doyle 在第 13 章中详细介绍;电偶极减速(更为常见的是磁偶极减速和极化减速),这方面的工作将由 van de Meerakker、Bethlem 和 Meijer 在第 14 章中详细介绍。其他产生冷分子的方法也可以在第 13 章和第 14 章中或文献[1][2]中找到。

将原子系综冷却到超冷范围的方法已广为人知,比如在磁光阱(magneto-optical trap,MOT)中可制备温度为数百微开尔文的原子,这里不再详述。许多方法可以将原子(在不显著加热的情况下)缔合成分子。最早采用的简单方

法(见 5.1.3.1 节)是常规的(单色)光缔合(photoassociation,PA),即自由原子吸收一个红失谐于原子共振的光子形成束缚的激发态分子,随后发生束缚态-束缚态或束缚态-自由态跃迁,前者产生由两个基态原子形成的束缚态分子。另外,也可采用双色光缔合方法,特别是第 7 章和第 8 章描述的短脉冲激光方法(分别对应"PUMP-DUMP"和"绝热拉曼")。人们常把双色光缔合方法比作"光学 Feshbach 共振",这种方法可以很容易地调谐两束激光频率差。尽管双原子分子在给定的渐近线下方(见 Julienne 的第 6 章)和上方(见 Hutson 的第 1 章)都有很复杂的振转超精细能级结构,但是使用高分辨连续激光,并使光强足够小,可以使近离解限能级结构不受光强影响。

其他非光学 Feshbach 共振可通过磁场(或电场,或两者结合)来调谐。当一个 Feshbach 共振被调谐到接近合适的渐近线时,磁缔合(magnetoas sociation,MA)或电场缔合形成分子的几率变大。通过调谐磁缔合,人们首次在两个费米原子形成的玻色"Feshbach 分子"(如$^{6}Li_2$、$^{40}K_2$)中实现了"分子玻色-爱因斯坦凝聚"(Bose-Einstein Condensate,BEC),尽管这些分子处于弱束缚态(这些态与 Feshbach 共振相联系,能量为负值)。第 4 章讲述原子碰撞中的 Feshbach 共振,第 9 章到第 11 章具体讲述磁缔合和相关的少体物理问题,如所谓的 BEC-BCS(Bardeen-Coofer-Schrieffer)渡跃。最近的研究表明,在 Feshbach 共振阈值附近,调节磁场可以将光缔合率增强或抑制几个数量级[3][4]。

5.1.2 光缔合过程

长期以来,原子系综与特定频率光的相互作用在物理学和天文学领域都引起了人们广泛的关注。例如,H、He、Ne、Ar 和 Hg 吸收和发射中的线状光谱在量子力学发展过程中起到关键作用。在原子密度较大时,线状谱将发展为具有一定频率宽度、形状复杂的谱线;谱线形状,特别是在谱线的两翼,与原子间的一部分相互作用有关。通常情况下,原子线型(如 Li 的 2S→2P 跃迁)包含与两个基态 Li(2S)原子间的相互作用以及激发态原子 Li(2P)与基态原子 Li(2S)间的相互作用相关的所有势能曲线。为了简化计算,2P 原子态较小的自旋-轨道相互作用常被忽略。这些势能曲线(见图 5.1)中,两个 Li(2S)原子对应于 $X\ ^1\Sigma_g^+$ 和 $a\ ^3\Sigma_u^+$ 态,一个 Li(2P)原子和一个 Li(2S)原子对应于$2\ ^1\Sigma_g^+$、

$A\ ^1\Sigma_u^+$、$1^1\Pi_g$、$B^1\Pi_u$、$1\ ^3\Sigma_g^+$、$2\ ^3\Sigma_u^+$、$1\ ^3\Pi_g$ 和 $b\ ^3\Pi_u$ 态。然而，考虑到电子态之间电偶极跃迁选择定则（$\Delta\Lambda=0,\pm1,\Delta S=0:u\leftrightarrow g$），只有 $A\ ^1\Sigma_u^+$ 和 $B\ ^1\Pi_u$ 态与 $X\ ^1\Sigma_g^+$ 态之间存在跃迁，$1\ ^3\Sigma_g^+$ 和 $1\ ^3\Pi_g$ 态与 $a\ ^3\Sigma_u^+$ 态之间存在跃迁。这样的话，会有四对不同的电子态对吸收谱的展宽和线型产生影响。

另外，碰撞中的原子可吸收光子以形成不同束缚激发态分子或者连续（或"自由"）态分子，连续态分子将会离解成 Li(2P)+Li(2S)态自由原子。这两个过程分别被称为自由→束缚和自由→自由吸收。自由→束缚吸收过程又称为光缔合，通常发生在频率低于跃迁线（"红"失谐）的一端。在 Li(2S→2P)跃迁"红"失谐一端，占主导的三重态贡献来自于 $a\ ^3\Sigma_u^+$ 态到 $1\ ^3\Sigma_g^+$ 态的吸收[5]，如图 5.1 所示。

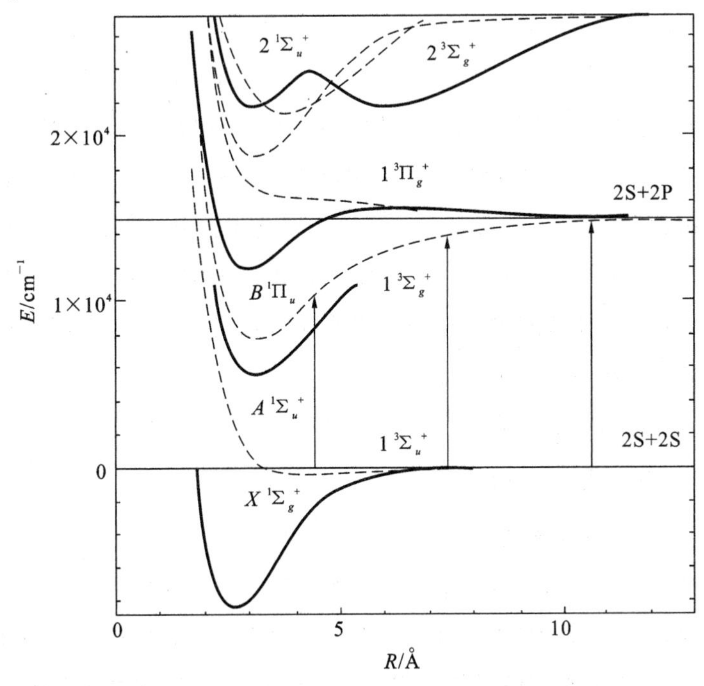

图 5.1 Li_2 的势能曲线图。用于模拟高压(1 atm)、高温(2033 K)条件下 Li 原子(2S→2P)共振线附近的吸收光谱。竖直线指示着选定的从碰撞原子到 Li_2 分子束缚态 $1\ ^3\Sigma_g^+$ 发生光缔合过程中的激光频率（在相对于共振的低频率"红"失谐一端，线型的贡献主要来源于三重态部分）（引自 Erdman, P. S. et al., J. Quant. Spectrosc. Radiat. Transf., 88, 447, 2004. 已获授权）

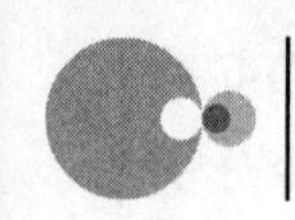

在热 Li 原子系综里通常会存在 Li_2 分子(例如,在 1 个大气压、温度为 2033 K 的热力学平衡的 Li 原子系综中[5],Li_2 分子压力为 0.01 atm,1 atm=101325 Pa)。这些分子大部分处于强束缚 $X\,^1\Sigma_g^+$ 态,只有一小部分处在弱束缚的 $a\,^3\Sigma_u^+$ 态上。处在这两个态的分子都能够吸收光子以形成束缚的激发态分子(束缚→束缚吸收)或自由的激发态分子(它将会离解成 Li(2P)+Li(2S)原子;束缚→自由吸收)。这种束缚→自由吸收过程又称为光离解。

对更高激发态原子的光谱线型也可以做类似的分析,如 K($4S\rightarrow4D_{5/2}$)偶极禁戒跃迁。虽然在 27397.01 cm^{-1} 处的原子跃迁强度非常弱,然而在延伸到远红失谐处,碰撞的 $a\,^3\Sigma_u^+$ 态原子具有强光缔合过程,其主峰位置在 17400 cm^{-1} 处,见参考文献[6]的综述。这是因为分子中 $2\,^3\Pi_g\leftarrow a\,^3\Sigma_u^+$ 的电子跃迁偶极矩随着核间距 R 的减小而迅速增加,这种跃迁在孤立原子中是不存在的。图 5.2 所示的是来源于参考文献[6]中 $2\,^3\Pi_g\leftarrow a\,^3\Sigma_u^+$ 光缔合过程,图中的实验结果和理论模型吻合得很好。注意,虽然该模型中包含 $2\,^3\Pi_g$ 态的数千个振转能级($v'\leqslant50$,$J'\leqslant300$),以及 $a\,^3\Sigma_u^+$ 态的碰撞原子在温度为 800 K 时的玻尔兹曼分布以及电偶极跃迁函数(在 $R\rightarrow+\infty$ 时消失),但可以明显地看到,图 5.2 中的光谱线型非常简单,所以包含的信息很少,这主要是因为碰撞能量和角动量大范围热分布的平均效应。在下面的章节中我们将看到当碰撞的原子温度降低几百万分之一或更低时这种状况将如何显著改变。

发射光谱的线型和展宽也可做类似分析,这里不再论述。

5.1.3 超冷原子光缔合

5.1.3.1 同种原子光缔合

超冷原子($T<1$ mK)光缔合光谱(见图 5.3,来源于文献[7])和第 5.1.2 节中讨论的高温光缔合光谱有显著的不同。超冷原子热碰撞能量的玻尔兹曼分布非常窄,通常在数百微开尔文数量级。300 μK 对应的能量展宽为 6 MHz (0.0002 cm^{-1}),如此窄的宽度在低强度光缔合光谱中可以被观测到。然而,可以达到较小核间距(<100 Å)的碰撞角动量也极大地减小。图 5.4 中的 ^{39}K,$J=3$(对应 f 波)的离心势垒高度接近 4 mK,$J>3$ 的离心势垒则更高,因此当核间距小于 50 Å 时,除 s($J=0$)、p($J=1$)、d($J=2$)波外,其余分波不能发生光缔合。d 波碰撞吸收一个光子跃迁到 $\Omega=0$ 态可以产生 J 最大为 3 的分

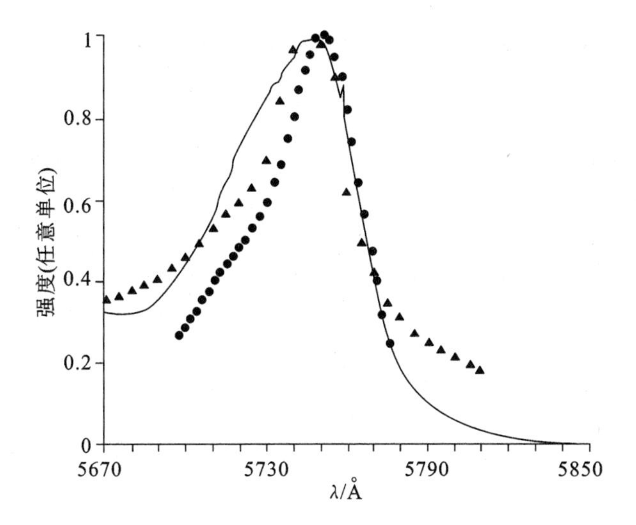

图 5.2 对应于 $2^3\Pi_g \leftarrow a^3\Sigma_u^+$ 光缔合的 K_2 扩展带在 800 K 温度下的吸收测量(●,▲),实线表示量子力学的模拟(引自 Luh,W. T. et al. ,Chem. Phys. Lett. ,144,221,1988. 已获授权)

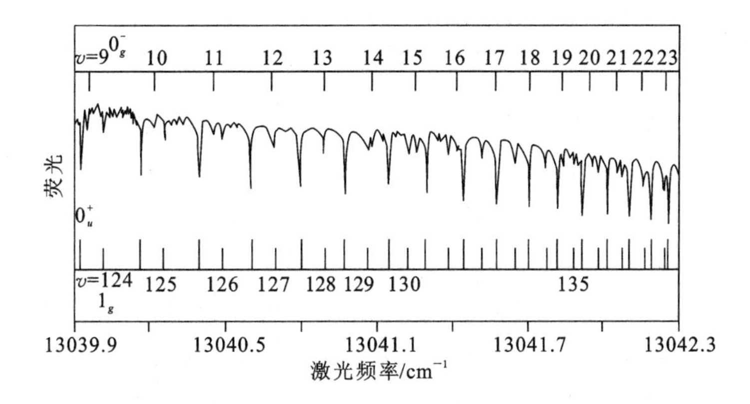

图 5.3 $^{39}K_2$分子 $4P_{3/2}+4S_{1/2}$渐近线附近的俘获损耗光谱。这个光谱清晰地展示了 0_g^-、0_u^+ 和 1_g 的振动能级。K($4S^2S \rightarrow 4P^2P_{3/2}$)的跃迁波数是 13042.876 cm^{-1}。分辨率很高时每一个俘获损耗峰都有转动结构。这里仅标记了 0_g^- 和 1_g的振动量子数(引自 Stwalley,W. C. and Wang,H. ,J. Mol. Spectrosc. ,195,194,1999. 已获授权)

子,如果跃迁到 $\Omega=1$ 态则可以产生 J 最大为 4 的分子[8],如图 5.5 所示。

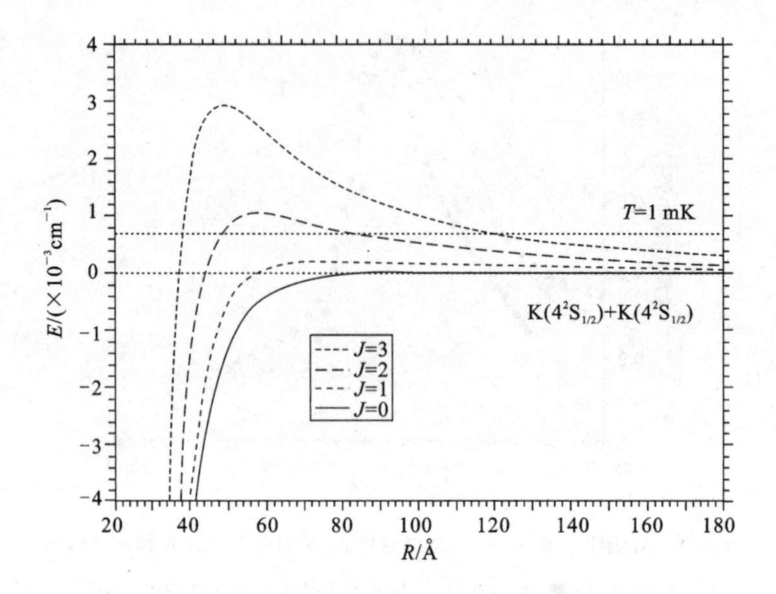

图 5.4　两个碰撞基态^{39}K 原子的长程势能($J=0$)和 $J=1,2,3$ 有效势能 $U_J=V+\{\hbar^2[J(J+1)-\Omega^2]/2\mu R^2\}$。即使能量为 $3kT$(约 1 mK)时,也只有 s、p 和 d 波可以达到小于 100 Å 的距离(引自 Stwalley,W. C. and Wang,H. ,J. Mol. Spectrosc. ,195,194,1999. 已获授权)

超冷原子光缔合的势能曲线由 Thorsheim、Weiner 和 Julienne[9] 在一篇里程碑式的论文中给出,他们在计算中使用了温度相对较高(10 mK)的原子。1993 年,两篇具有里程碑意义的实验文章[10][11]报道了更低温度下超冷 Na_2 和 Rb_2 光缔合实验。

有多种技术可以观察光缔合光谱,如表 5.1 所示。图 5.3 所示的是最初利用俘获损耗技术探测 Rb_2 光缔合的实验结果[11],而图 5.5 所示的结果和最初 Na_2 光缔合实验都是利用直接分子电离技术的一些例子。第三种是只用于预离解能级的碎片光谱技术[12],如图 5.6 所示。第四种技术是超冷分子的直接探测,超冷分子由光缔合后自发辐射形成与两个基态原子相关联的 $X\ ^1\Sigma_g^+$ 和 $a\ ^3\Sigma_u^+$ 分子态。在本书中多处涉及此方法的应用。在第 5.1.3.2 节中,这种方法也是探测光缔合形成异核分子的有效方法。

最近,Jones 等人对超冷原子(主要是同种原子)的光缔合进行了较为全面的综述[13]。参考文献[14][15] 综述了早期关于 Na_2 和 Rb_2 分子的光缔合工作。参考文献[7]详细描述了非常适合研究的 K_2 分子光缔合，Masnou-Seeuws 和 Pillet[16] 对 Cs_2 分子光缔合进行了详细评述。参考文献[17]则是对冷和超冷碰撞(不止光缔合)领域进行了出色的总结。我们在这里只能涉及少许几个主题。

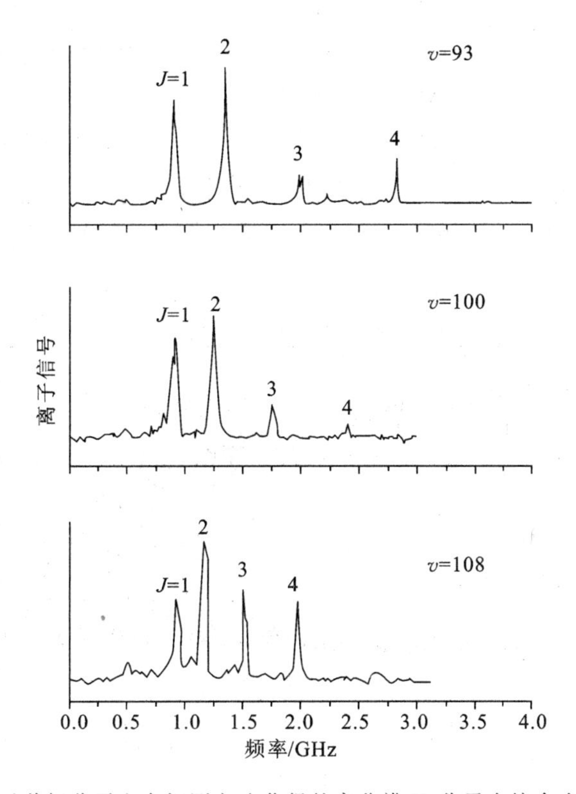

图 5.5　通过共振分子电离探测方法获得的高分辨 K_2 分子光缔合光谱：$1_g(4P^2P_{3/2})$ 能级的 v=93,100,108 振动态分别被束缚于 25.6 cm^{-1}，16.8 cm^{-1} 及 9.9 cm^{-1} 处(引自 Pichler, M. et al., J. Chem. Phys., 118,7837,2003. 已获授权)

表 5.1　超冷碱金属原子 M 光缔合(Photoassociation, PA)过程的探测技术

类　　型	方　　程	评　　注
Ⅰ. 俘获损耗(原子荧光减小)	$M_2^* \rightarrow M+M+h\upsilon'$	冷原子(无损耗) 热原子(损耗)
	$M_2{}^* \rightarrow M^2+h\upsilon''$	$X^1\Sigma_g^+$ 或 $a^3\Sigma_u^+$(损耗)

续表

类　型	方　程	评　注
Ⅱ.分子电离	$M_2^* + (1或2)h\upsilon''$ $\rightarrow M_2^+ + e^-$ $\rightarrow M + M^+ + e^-$	自发电离或 双光子电离
Ⅲ.碎片	$M_2^* \rightarrow M + M^*$ $M^* + 2h\upsilon' \rightarrow M^+ + e^-$	共振增强多光子电离[a]
Ⅳ.X,a 态电离	$M_2^* \rightarrow M_2 + h\upsilon''$ $M_2 + (2或3)h\upsilon'' \rightarrow M_2^+ + e^-$	共振增强多光子电离

[a] 共振增强多光子电离,通常涉及两个或三个光子,双色电离比单色电离使用更频繁,探测离子时可以进行也可以不进行质量分辨。

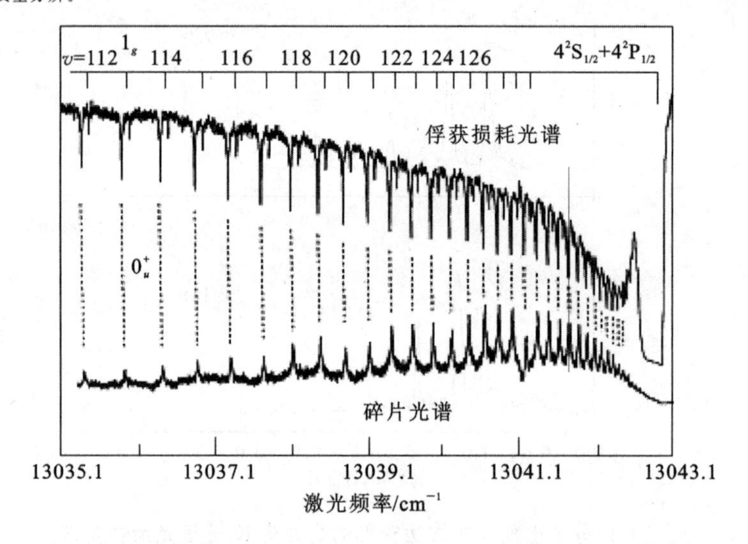

图 5.6　在 $4S+4P_{3/2}$ 渐近线负失谐 8 cm^{-1} 处,^{39}K 光缔合高分辨俘获损耗光谱和碎片光谱(引自 Stwalley, W. C. and Wang, H., J. Mol. Spectrosc., 195, 194, 1999. 已获授权)

首先,虽然很多非碱金属原子(如 H、He(2^3S)、Ca、Sr、Yb)在超低温中已经实现了光缔合,但我们并没有看到关于直接探测光缔合形成超冷非碱金属分子的报道。因此,本章我们主要关注碱金属原子和分子的研究。

其次,单色光缔合研究主要集中在碱金属 $n_{\min}S + n_{\min}P_J$ 两条渐近线附近(对于 Li、Na、K、Rb、Cs 的 $n_{\min}=2,3,4,5,6$,$J=1/2,3/2$)。M. Pichler 等人在 Cs(6S)+Cs($7P_J$)渐近线附近进行了出色的研究[18][19]。虽然光谱很微弱

且数据有限，也没有与之对应的精确理论，但在蓝失谐处确实存在类似于红失谐共振那样的超精细分裂的光缔合共振。人们认为这种蓝失谐的特性来源于与势垒相关的准束缚态，而这些势垒经常出现在这些渐近线附近。当然，在 $n_{\min}\mathrm{S}+n_{\min}\mathrm{P}_{3/2}$ 渐近线和 $n_{\min}\mathrm{S}+n_{\min}\mathrm{P}_{1/2}$ 渐近线之间的许多被观察到的分子态能够预离解，因此也是准束缚态。图 5.6 所示的就是通过碎片光谱技术对 K_2 分子 $0_u^+(\mathrm{P}_{3/2})$ 态预离解进行探测的例子[12]。

以上只是对单色光缔合进行讨论(通常只有一个光子，即使早期 Na_2 分子光缔合的实验[10]使用了第二个光子去电离光缔合分子，但其频率与光缔合光子频率相同)。然而，双色双光子光缔合是对单色光缔合技术的有效扩展。图 5.7 给出两种不同情况："阶梯型"和"Λ 型"。阶梯型技术也被称为泵浦-探测光学-光学双共振技术(pump-probe optical-optical double resonance，PPOODR)，Λ 型技术也可以被称为泵浦-退泵浦光学-光学双共振技术(pump-dump optical-optical double resonance，PDOODR)或受激拉曼过程。Λ 型方法以形成 X 或 a 态分子为目标，是第 6、7、8 章的重要内容。上述技术与常规 OODR 的关键差别在于它们的初态是连续态(尽管有超冷的动能)。

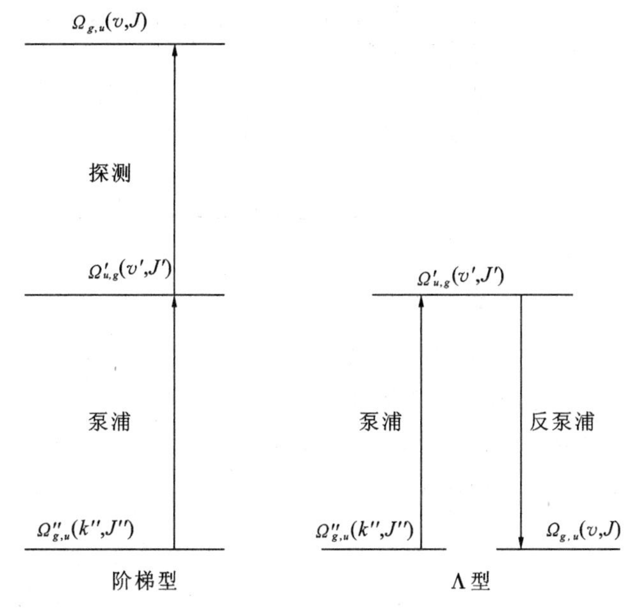

图 5.7　自由-束缚-束缚双色双光子缔合(光学-光学双共振)的两种方案：阶梯型和 Λ 型，这两种方案的初态都是连续态 $\Omega''_{g,u}(k'',J'')$(引自 Stwalley，W. C. and Wang，H.，J. Mol. Spectrosc.，195，194，1999. 已获授权)

参考文献[21]给出了一个典型的阶梯型双色光缔合例子,图 5.8 画出了 Na_2分子两步激发自电离态的形成过程,这个自电离态所处的势能曲线位置比 Na_2^+分子离子势能曲线稍微靠外。参考文献[23]给出了另一个有趣的例子,在 4S+6S,7S,4D,5D 和 6D 渐近线[22]附近可以形成高激发弱束缚长程态 K_2分子(见图 5.9)[20],并且高于 K_2^+(v=0,J=0)能级的部分分子可以自电离并被探测。与本书特别相关的最后一个例子是基于 Band-Julienne 提出的阶梯型双色光缔合[24]。这种方案已经被用来产生超冷基态 $X\,^1\Sigma_g^+(v''=0)$的 K_2 分子[25],这已在第 5.2.2.1 节讨论。其他形成 X 态 $v''=0$ 超冷分子的方法在本节后面和第 5.2.2 节中均有讨论。

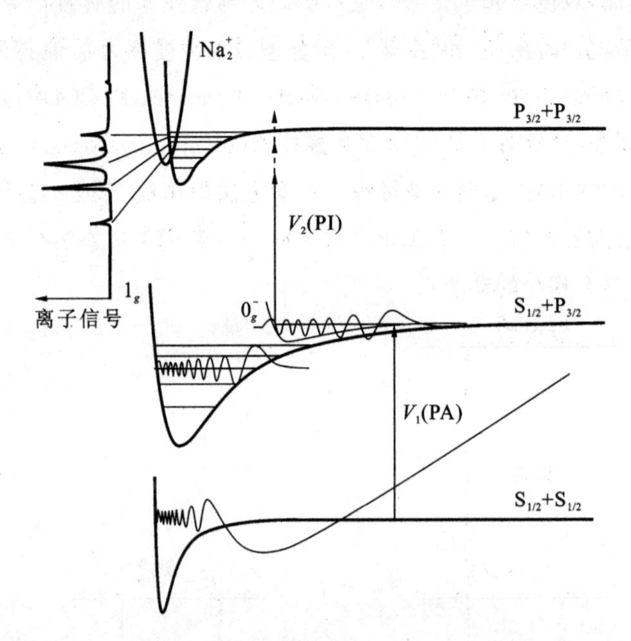

图 5.8 Na_2分子阶梯型双色光缔合实验的示意图。缔合光频率(红失谐)锁定在单光子激发的 1_g 或者 0_g^- 势能的振转能级上,光电离(photoionization,PI)光(蓝失谐)在双光子激发态 $3P_{3/2}+3P_{3/2}$ 渐近线附近扫描。在这个渐近线下,离子由双光子激发态的自电离产生(引自 Amelink, A. et al., Phys. Rev. A, 61, 042707, 2000. 已获授权)

Λ 型双色光缔合方法已经被广泛应用于研究两个基态原子近离解限区域的复杂分子结构,如第 6 章中详细讲述的 Li_2[27][28][29]、Rb_2[26]和 K_2[30]分子。图 5.10 所示的是参考文献[26]中的一个例子,其中“拉曼”激光频率差 $\upsilon_2-\upsilon_1$

直接决定了两个基态^{85}Rb原子最低超精细能级渐近线20 GHz范围内12个能级的结合能。

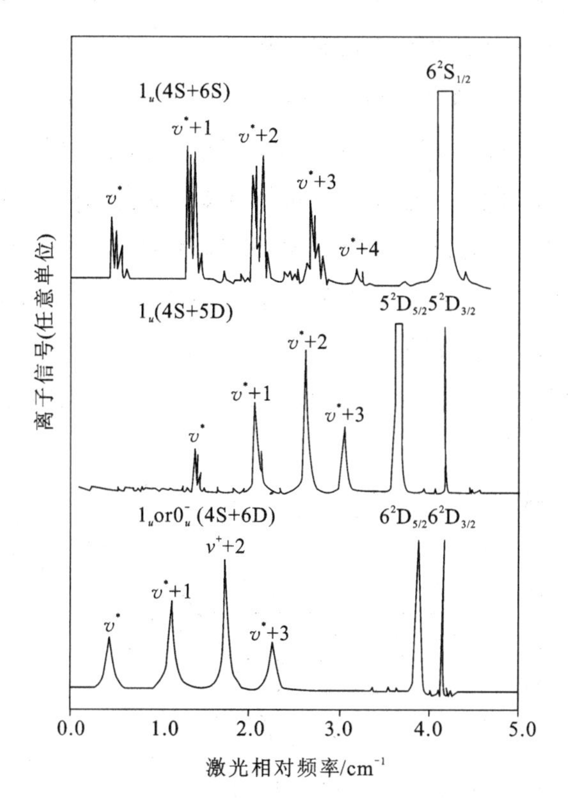

图5.9　0_g^-($4P_{3/2}$)态$v'=0$,$J'=2$能级的双色阶梯型光学-光学双共振光缔合光谱。这些图分别展示了低于4S+6S(上)、4S+5D(中)和4S+6D(下)渐近线的光谱。与理论计算结果进行比较,可以得到绝对振动量子数,图中$v^*=0$[22](引自Normand, B. and Stwalley, W. C., J. Chem. Phys., 121,285,2004.已获授权)

更普遍的,Λ型双色光缔合方法可以为制备基态$X(v''=0,J''=0)$同核分子提供基础。这种超低温分子(如没有原子背景的$X(v''=0,J''=1)$态的同核分子)不易碰撞弛豫,因此容易形成玻色-爱因斯坦凝聚(分子本身就是复合玻色子)。值得注意的是,大量核自旋态$|I,m_I\rangle$的近简并将不利于实现BEC,这在参考文献[1]和下面的第5.1.3.4节中会有讨论。

然而,理论预测和实验均得出:在较小的失谐下,单色光缔合后自发辐射可以形成高振动能级的X态和a态超冷分子(如同在第5.2.1节讨论的那

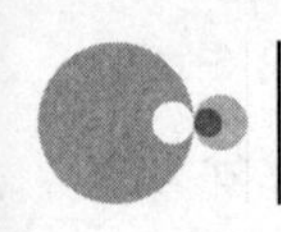

样)。例如,在$^{85}Rb_2$分子中,观察到了 $X\,^1\Sigma_g^+$态的 $v''=111\sim117$ 振动能级(光缔合频率低于离解限 13 cm^{-1})[33]。理论预言应该可以形成更高振动能级的分子,但是在实验中会很快地光离解。在$^{39}K_2$分子 $X\,^1\Sigma_g^+$态中,实际上 $v''=0$ 没有布居,$v''=35,36$ (束缚能约 1900 cm^{-1})是 $X\,^1\Sigma_g^+$态能观察到分子布居的最低振动能级[31]。对于 K_2分子,可以通过受激拉曼技术将分子从 $X\,^1\Sigma_g^+$的连续区转移到 $v''=36$ 的束缚态(自由→束缚→束缚跃迁);然后另一束受激拉曼激光将分子从 $v''=36$ 态以接近100%的效率转移到 $v''=0$ 态上(束缚→束缚→束缚跃迁)[1](见图 5.11)。下面的章节将会进一步讨论受激拉曼转移过程:第 5.1.3.4 节(量子简并气体)、第 5.1.3.5 节(外场和 Feshbach 共振)、第 5.2.2.4 节(拉曼转移到深束缚能级),以及讨论超快光缔合的第 7 章和第 8 章。

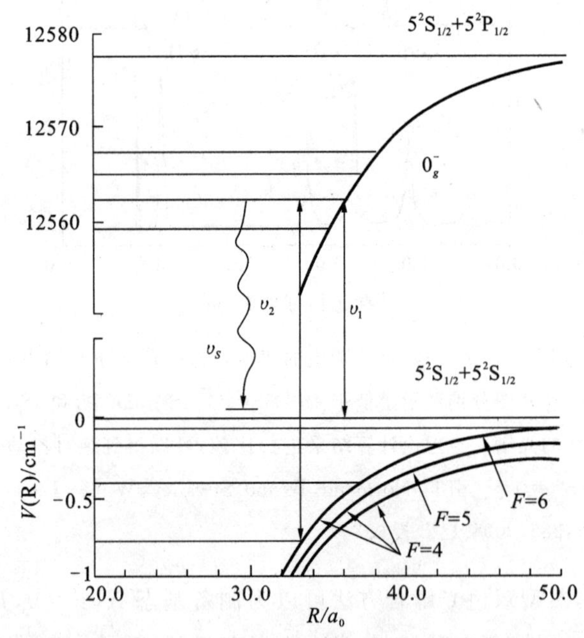

图 5.10 $^{85}Rb_2$分子的双色 Λ 型光缔合光谱。频率为 υ_1 和 υ_2 的激光作用于相互碰撞俘获的超冷^{85}Rb 原子。激发态的自发辐射(频率为 υ_S)导致了俘获阱中原子的损耗。当频率差 $\upsilon_2-\upsilon_1$ 与低态振动能级的束缚能一致时,可以观察到光学-光学双共振信号(自由-束缚-束缚)(引自 Tsai,C. C. et al. ,Phys. Rev. Lett. ,79,1245,1997. 已获授权)

大量的理论研究和光谱数据对同核碱金属二聚体光缔合光谱的标定和理解有很大帮助[7][13][34]。人们已经知道了长程分子势，包括它们相互作用的准确值（"Movre-Pichler" 分析），图 5.12 给出了 K_2 分子的例子。高精度的从头算法计算了 K_2 分子基态和激发态在较短核间距下的势能曲线。K_2 分子短程态和长程态之间的关联如图 5.13 所示。从头算法也可以计算所有碱金属二聚体的偶极矩和跃迁偶极矩[13][35][36]。基于这些势能曲线（或实验获得的势能曲线，如 RKR，IPA），求解径向薛定谔方程可以得到束缚态和自由（连续）态的振转能量 $E_{v,J}$ 和径向波函数 $\Psi_{v,J}(R)$。由初态和末态的径向波函数和能量，我们能够得到 Franck-Condon 因子 $|\langle v',J'|v'',J''\rangle|^2$，它可以用于估计所有吸收和辐射过程的相对强度，这里 v'、J' 代表高电子态，v''、J'' 代表低电子态。如果能够得到两个电子态之间的跃迁偶极矩函数，就可以精确计算出爱因斯坦 A 系数和 B 系数的绝对值（A 代表自发辐射系数，B 代表受激辐射和吸收系数）。给定径向波函数间的矩阵元，也可以计算其他过程（如光缔合激发态能级的预离解[8]）。

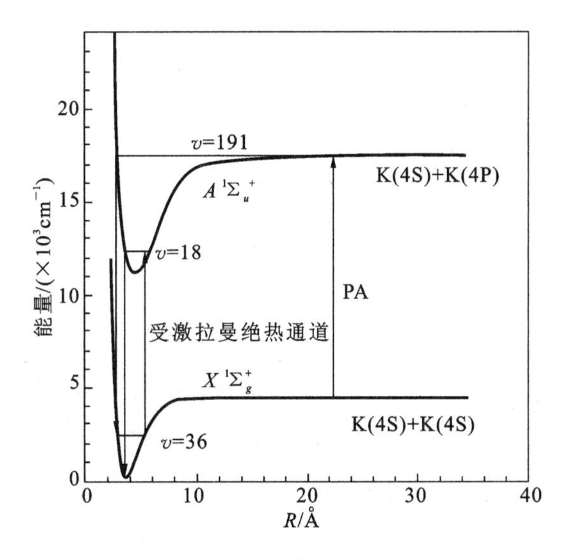

图 5.11　利用受激拉曼绝热通道技术[32]（Stimulated Raman adiabatic passage, STIRAP）将平动冷却的 $X\ ^1\Sigma_g^+$ $(v''=36)$ 态超冷 $^{39}K_2$ 分子[31]转化为少量平动冷却的 $X\ ^1\Sigma_g^+$ $(v''=0)$ 态 $^{39}K_2$ 分子（引自 Bahns, J. T. et al., Adv. At. Mol. Opt. Phys., 42, 171, 2000. 已获授权）

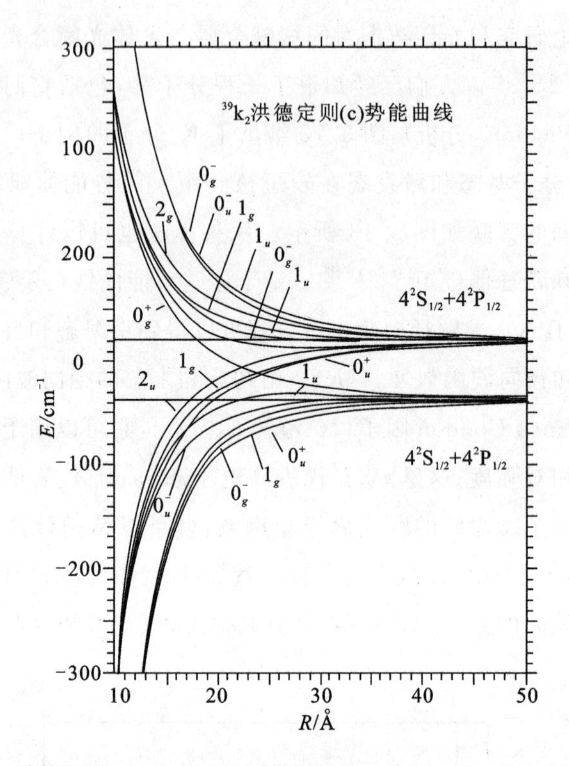

图 5.12　洪德定则(c)下，K_2分子离解到 $4S_{1/2}+4P_{3/2}$ 和 $4S_{1/2}+4P_{1/2}$ 渐近线附近的 16 条绝热势能曲线，计算基于参考文献[7]中 C_3、C_6 和 C_8 值。七条实线表示可以用光学方法从 $4S_{1/2}+4S_{1/2}$ 渐近线制备的束缚态（引自 Stwalley, W. C. and Wang, H., J. Mol. Spectrosc., 195, 194, 1999. 已获授权）

通常认为从低于 $n_{min}{}^2S_{1/2}+n_{min}{}^2P_{1/2,3/2}$ 渐近线的分子电子态直接辐射形成 $X\,^1\Sigma_g^+$ 还是 $a\,^3\Sigma_u^+$ 态分子，取决于上能态是 u 对称还是 g 对称。最近，人们对这个假设是否适用于 Rb_2[33] 分子和 Cs_2[37] 分子产生了质疑，例如，从 $1_g\sim1\,^1\Pi_g$ 态到 $0_u^+\sim A\,^1\Sigma_u^+$ 态的自发辐射能导致 $A\,^1\Sigma_u^+\rightarrow X\,^1\Sigma_g^+$ 的辐射，从而产生 X 态低振动能级的分子（而不是 a 态的分子）。此外，对所有除 $v''=0$ 外的低振动能级进行光泵浦可导致分子在 $v''=0$ 能级上布居积聚[37][38]，在参考文献[37]中 70%的 Cs_2 分子最终布居在 $v''=0$ 态上。

通常也认为，通过单色光缔合很难形成大失谐（比如大于 100 cm^{-1}）能级的分子。然而最早关于 Rb_2 分子光缔合的实验显示情况并非如此[11]，在频率

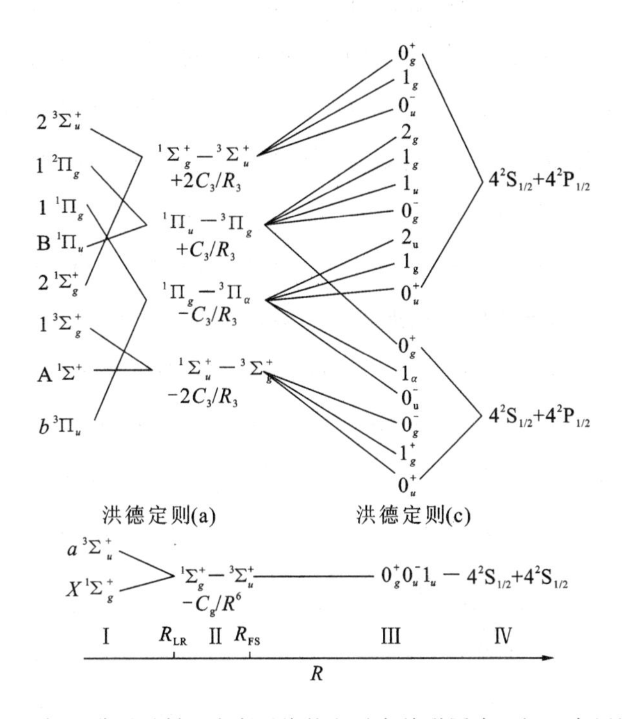

图 5.13 组成 K_2 分子最低三个渐近线的电子态关联图表。短程态用洪德定则(a)或者(b)描述。随着 R 的增加，特别是 4P 态的自旋-轨道分裂超出相互势能强度时，短程态的 Ω 分量分裂成多个洪德定则(c)电子态(引自 Stwalley, W. C. and Wang, H., J. Mol. Spectrosc., 195, 194, 1999. 已获授权)

最大失谐为 953 cm^{-1} 处仍可观察到光缔合信号。最近的另一个基于 LiCs 分子的实验(见第 5.1.3.2 节)，是通过光缔合形成 $B\,^1\Pi$ 态 $v'=4$(经典转折点在 3.5 Å 和 5 Å)能级的分子，这个能级的分子随后自发辐射到振动能级低至 $v''=0$ 的 X 态能级上[39]。理论预言光缔合形成的 $3\,^1\Sigma_u^+$ 态 Cs_2 分子弛豫形成 $X\,^1\Sigma_g^+(v''=0)$ 基态分子的效率约为 8%[40]。将来，对远红失谐的分子态进行标定以及直接有效地形成 X 态 $v''=0$ 能级的分子是研究的重要方向，尤其是采用包含双势阱的势垒或共振耦合方法来增强光缔合率，这方面的工作将分别在第 5.2.2.2 节和第 5.2.2.3 节中讨论。

5.1.3.2 不同原子光缔合

人们很早以前就认识到，不同种类的碰撞原子对能够通过光缔合形成极

性异核分子[41]。但是直到最近，人们才首次通过光缔合方法制备了 RbCs 超冷极性分子[42]，目前通过光缔合形成的超冷极性分子只有四种，分别是 RbCs[42][43]、KRb[44][45]、NaCs[46] 和 LiCs[39]。最近人们也报道了 YbRb 极性分子的光缔合光谱，但并未探测到对应的基态分子[47]。由于对 KRb 分子的研究最为全面，我们这里主要讨论它。

KRb 分子在短程（见图 5.14）、长程（见图 5.15）及中等核间距（见图 5.16）的势能曲线可以帮助我们详细理解在光缔合过程中形成的八个具有吸引势的洪德定则(c)电子态。从图 5.15 中可以看到：在长程区域，较低的三组电子态（2(1)、2(0^+)和 2(0^-)）离解到 K(4S)＋Rb($5P_{1/2}$)渐近线；第二个三组电子态（3(1)、3(0^+)和 3(0^-)）及两组电子态（4(1)和 1(2)）离解到 K(4S)＋Rb($5P_{3/2}$)渐近线。通过探测 KRb^+ 离子，实验上观察到了 KRb 分子八个电子态中的七个，图 5.17 展示了一部分光缔合光谱。

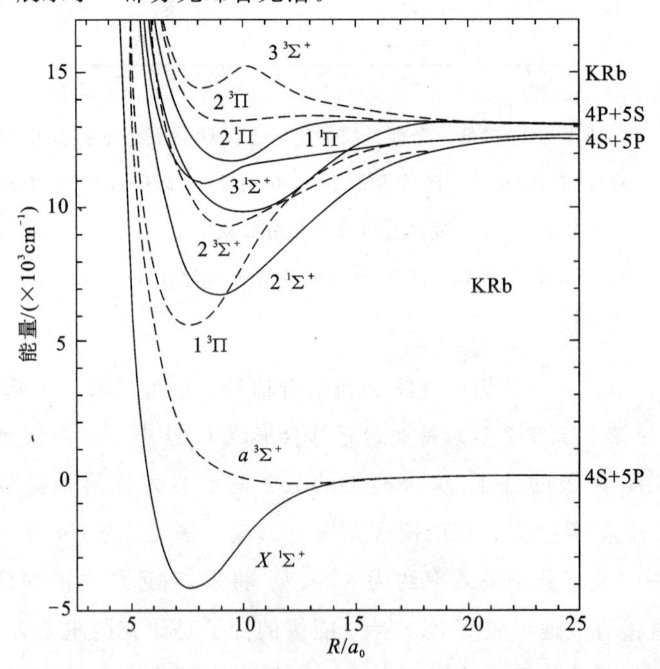

图 5.14　基于 Rousseau 及其同事[48]的高精度从头算法的 KRb 分子势能曲线（纵坐标以 $10^3 cm^{-1}$ 为单位，横坐标以 a_0 为单位）（引自 Wang, D. et al., Eur. Phys. J. D, 31, 165, 2004. 已获授权）

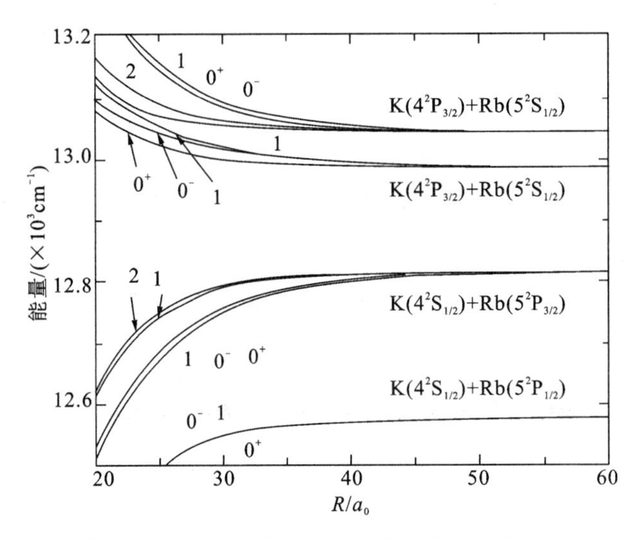

图 5.15　KRb 在 K($4P_{1/2,3/2}$)+Rb($5S_{1/2}$) 和 K($4S_{1/2}$)+Rb($5P_{1/2,3/2}$) 渐近线附近的 16 条激发态(洪德定则(c))的长程势能曲线。在两条较低的渐近线处表现为吸引势,而在两条较高的渐近线处表现为排斥势(引自 Wang, D. et al., Eur. Phys. J. D, 31, 165, 2004. 已获授权)

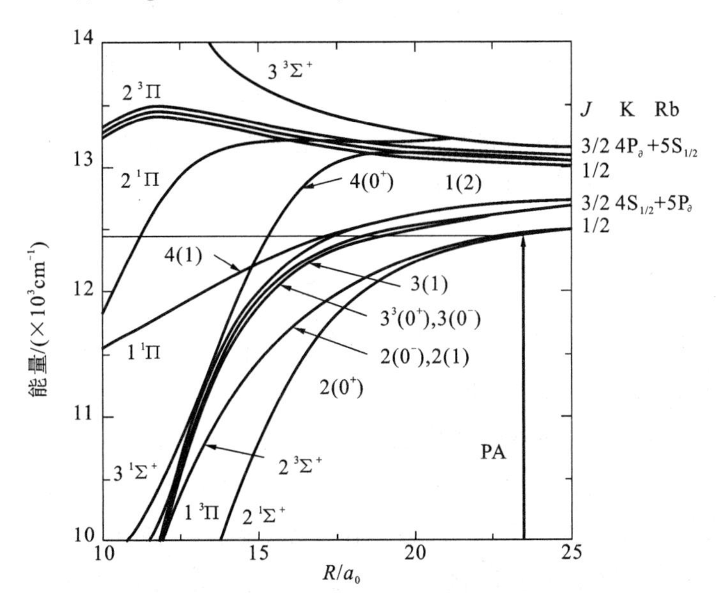

图 5.16　中等核间距势能曲线,给出了图 5.14 短程态($^{2S+1}\Lambda^{\pm}$)和图 5.15 长程态($\Omega^{\pm}$)势能曲线的关联。同时粗略地给出了低于 K($4S_{1/2}$)+Rb($5P_{1/2}$)渐近线 95 cm^{-1} 处对应的三组电子态的最小光缔合距离(约 $23a_0$)(引自 Wang, D. et al., Eur. Phys. J. D, 31, 165, 2004. 已获授权)

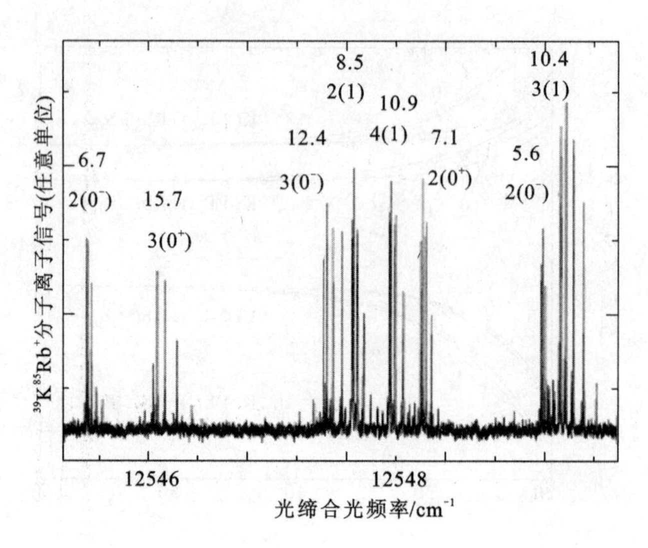

图 5.17 $^{39}K^{85}Rb$ 分子在 12545.3～12549.8 cm^{-1} 范围内的八个振动带(来源于七个电子态)的光缔合光谱。每个振动带都标识了起始态的量子数和 $\Omega^{(\pm)}$ 对称性的值。需要注意的是,很多能级都受到干扰,因而不能用单个振动态来很好地表示。图中也给出了 $B_v\times 10^3\ cm^{-1}$ 的数值,较小的转动常数对应于更长分子间距,对应着较大外转折点的能级。考虑电子态的对称性和允许的偶极跃迁,所有的八个电子态(包括没有在图上出现的 $\Omega=2$ 电子态)都可以由相互碰撞的基态原子($\Omega=0^\pm$,1)得到(引自 Wang,D. et al.,Eur. Phys. J. D,31,165,2004. 已获授权)

在图 5.16 和图 5.18 中,当 R 减小时,电子态有许多交叉(其关联图与图 5.13 中 K_2 分子的关联图相似)。图 5.16 所示的是 $4S_{1/2}+5P_{1/2,3/2}$ 渐近线间能级的预离解"路径图",例如已知的 $1\ ^1\Pi\sim4(1)$ 和 $2\ ^1\Pi\sim5(1)$ 态的预离解[49]。4(1)态与 1(2)态首先在离解限附近混合,1(2)态在 $13a_0$ 附近会与 $2\ ^3\Pi$ 态其他组分混合,而 $2\ ^3\Pi$ 态在 $12a_0$ 附近与 $2\ ^3\Sigma^+$ 态会再次混合,最后通过 $2\ ^3\Sigma^+$ 态预离解到 $4S_{1/2}+5P_{1/2}$ 渐近线。5(1)态的情况更为复杂,可能以 4(1)态混合为起始点。这些复杂的多通道预离解过程并没有像简单的两通道"曲线交叉"预离解(如 K_2 分子 1_g 态通过 0_g^+ 态预离解[8])那样在理论上被解决。

表 5.2 比较了同种原子与不同种原子光缔合的差别。参考文献[36]精确计算并综述了异核碱金属二聚体 X 和 a 态的偶极矩函数。同核二聚体只能通过具有极长寿命(至少几天)的四极矩辐射发射光子,与之不同的是,异核二聚

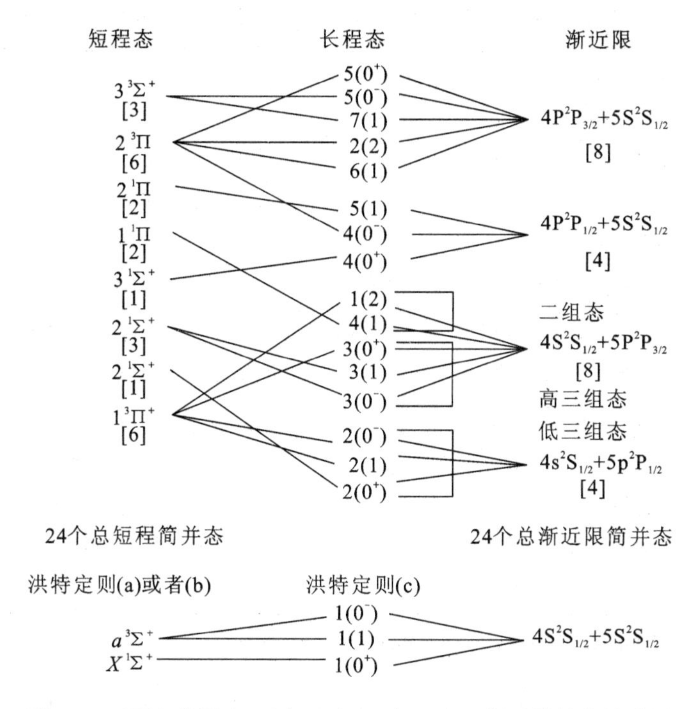

图 5.18　KRb 分子在 4S+5S 和 $4S+5P_{1/2,3/2}$ 渐近线处的关联图

体可以通过偶极矩辐射发射光子。KRb 分子有相对较小的偶极矩，其所有振动能级的辐射寿命至少为 10^3 s，近离解线能级甚至更长[50]。对于大多数短寿命异核碱金属二聚体(类似于 LiCs 分子)来说，其寿命至少为 0.4 s，最简单的估算方法是将偶极矩的平方与振动频率[50]的三次方相乘，其中偶极矩来自于参考文献[36]的计算结果。$X\ ^1\Sigma^+$ 态不同振动能级偶极矩的期望值变化很大，而在近离解限附近变化很小。作为例子，表 5.3 列出了一部分文献计算的重要偶极特性。

从表 5.3 可以看出，KRb 分子 $X\ ^1\Sigma^+$ 态偶极矩的变化范围较大，$v=98$ 和 $v=0$ 的偶极矩期望值相差了 10^4 倍。然而，实验室观测到的通过光缔合制备的超冷分子能级($v=86\sim92$)，其偶极矩与 $v=0$ 相比只小一个数量级。有趣的是，$v=1$ 能级的寿命比大多数能级的寿命更长，除了非常靠近离解限的能级以外。对于较低振动量子数的能级，最强辐射发生于比它更低的相邻能级。例如，对于 $v=86$ 和 $v=92$ 的振动能级来说，最大的爱因斯坦 A 系数分别对应于向 $v=76$ 和 $v=78$ 振动态的跃迁。

表 5.2　光缔合制备束缚激发态碱金属同核双原子分子和异核双原子分子的对比

同　核	异　核
无偶极子	小到大偶极子
无 IR 散射	慢 IR 散射($\tau>0.1$ s)
强激发态 LR (C_3/R^3)	弱激发态 LR(C_6/R^6)
光缔合强	光缔合弱
弱束缚→束缚散射	强束缚-束缚散射
X 态和 a 态分子数目具有可比性	X 态和 a 态分子数目具有可比性
X 态和 a 态光子可使用 REMPI	X 态和 a 态光子可使用 REMPI
REMPI 在散展带工作很好	REMPI 在扩展带工作很好
俘获损耗探测工作很好	俘获损耗探测有困难
u,g 对称(忽略超精细耦合)	无 u,g 对称
可辐射到 X 或者 a 态	总是辐射到 a 态,有时会辐射到 X 态
偶尔离解到 $P_{3/2}$～$P_{1/2}$之间	经常离解到 $P_{3/2}$～$P_{1/2}$之间

注:LR,长程势能;IR,红外线;REMPI,共振增强多光子电离。

表 5.3　$^{39}K^{85}Rb$ 分子 $X\,^1\Sigma^+$ 基态的不同振动态 v(转动量子数 $J=0$)的偶极特性

v	束缚能 $\epsilon_v/\text{cm}^{-1}$	偶极距期望值 $(\mu_v,0)/(\text{e}\mathring{A})$	辐射寿命 $\tau_{v,0}/(\times10^3\,\text{s})$	Δv[d]
0	−4179.5523	0.136	—	—
1	−4104.1648	0.136	142.9	−1
4	−3880.7997	0.136	32.11	−1
12	−3306.1028	0.134	7.935	−2
40	−1561.8206	0.117	1.265	−2
60	−635.5175	0.088	1.013	−3
80	−95.8234	0.036	2.044	−7
86[a]	−29.7656	0.018	4.048	−10
92[b]	−4.0526	0.0042	15.67	−14
98[c]	−0.0036	0.000017	1719	−20

注:[a]用光缔合观察最低能级[51];

[b]用光缔合观察最高能级[51];

[c]最后能级预测[50];

[d]散射最可能的 Δv[50]。

同核和异核分子的一个重要区别在于组成分子的基态原子和激发态原子间的长程相互作用形式分别为：C_3/R^3（偶极-偶极相互作用）与 C_6/R^6（范德瓦尔斯相互作用）。这种相互作用的形式对于自由-束缚吸收和接下来的束缚-束缚跃迁是非常重要的[35]，决定了在探测同核和异核分子时，俘获损耗技术和REMPI技术的相对优点，这将在第5.2.1节中讨论。

提到REMPI探测，有必要指出碱金属扩散带（同核和异核均适用）[52]所对应的波长是REMPI探测的有效区域。许多扩散带起源于浅束缚态 $a\ ^3\Sigma_u^+$，约有3/4的基态原子碰撞后会处于这个态。此外，与同核二聚体相比，异核二聚体 $4s_{1/2}+5p_{1/2,3/2}$ 渐近线的所有电子态都可以跃迁到 $a\ ^3\Sigma^+$ 态。而且，如表5.4所示，在小失谐情况下，只（或主要）跃迁到 $a\ ^3\Sigma^+$ 态。异核分子的情况与同核分子形成鲜明的对比，同核分子中的 u/g 对称导致 g 激发态只能辐射跃迁到 $a\ ^3\Sigma_u^+$ 态，u 激发态只能辐射跃迁到 $X\ ^1\Sigma_g^+$ 态。

表5.4　渐进（约 $50a_0$）分子态到单重态（→$1(0^+)\sim X\ ^1\Sigma^+$）和三重态（→$1(0^-)$ 及 $1(1)\sim a\ ^3\Sigma^+$）的相对自发辐射，这些分子态来自于与 K(4s)+Rb($5p_J$) 渐近线相关联的洪德定则(c)态

渐近态	上态	比例分布	
		单态	三态
$4S+5P_{1/2}$	$2(0^+)$	0.18	0.82
	$2(0^-)$	0.00	1.00
$4S+5P_{3/2}$	$3(0^+)$	约0.25[a]	约0.75[a]
	$3(0^-)$	0.00	1.00
	3(1)	约0.25[a]	约0.75[a]
	4(1)	约0.25[a]	约0.75[a]
	1(2)	0.00	1.00

[a] 统计：无可利用的跃迁偶极矩。

如上所述，我们认为 $P_{3/2}-P_{1/2}$ 带隙的预离解在异核中比同核中更为普遍。不仅是因为异核中不存在 u/g 对称，而且因为异核中有更多的曲线交叉，以及异核耦合（$\Delta\Omega=\pm1$）和同核耦合（$\Delta\Omega=0$）。如图5.16所示，由于 $4S_{1/2}+5P_{1/2,3/2}$ 渐近线和 $4P_{1/2,3/2}+5S_{1/2}$ 渐近线的近简并（800 cm^{-1} 以内），KRb分子含有大量距离很近的电子态。

与同核分子情况不同，至今仍未实现异核分子在“阶梯型”和“Λ型”中的

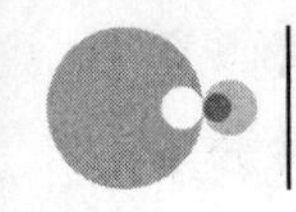

双色光缔合。其中一个原因可能是超冷分子光谱技术的限制,关于这方面的内容在第5.2节中将会详细描述。

5.1.3.3 分子光缔合

很明显,原子-分子碰撞对或分子-分子碰撞对能够通过光缔合形成多原子分子。然而,由于缺乏高密度的超冷分子样品,至今我们仍没有获得任何相关的结果。类似于仲氢(para-H_2)这种处于单一量子态的冷分子,光缔合效率应该会更高。因此,当前有人提出可以研究位于 Cs $7P_{1/2}$ + para-H_2 和 Cs $7P_{3/2}$ + para-H_2 渐近线之下的 Cs + para-H_2 的光缔合过程[53],这主要是基于人们已经非常了解其在较高温度下的反应过程:

$$Cs(7P_{1/2,3/2}) + H_2 \rightarrow CsH + H \tag{5.1}$$

在低温下,对于激发的 Cs-H_2 复合体,其反应和弛豫辐射之间的竞争将会是非常有趣的研究方向。

5.1.3.4 量子简并气体中的分子

本节和下面两节在内容上紧密联系,最重要的原因是基于磁调谐的 Feshbach 共振技术和大量光晶格技术被越来越多地应用于量子简并气体的研究。本小节的目的是介绍几个与 Feshbach 共振技术和多种光晶格技术有关的内容。

首先介绍量子简并气体系统,它是处于特定量子态的玻色碱金属原子系综(玻色-爱因斯坦凝聚体,Bose-Einstein condensates,BECs)。BEC 中典型的原子温度为 100 nK,密度为 10^{14} atoms/cm^3,这与磁光阱中原子温度为 100 μK,密度为 10^{11} atoms/cm^{-3} 形成对比,BEC 中的光缔合过程更快并且线宽更窄。例如,Wynar 等人[54]的标志性工作:他们发现双色光缔合线宽可以小到 1.5 kHz;与之相比,磁光阱中双色光缔合典型线宽为 10~100 MHz。窄线宽允许我们研究原子凝聚和分子凝聚的平均场效应[54]以及缔合光诱导的微小光谱频移[55][56]。

人们首先在 ^{23}Na 原子[57]中观察到了非常高的光缔合率,这个实验也证实了之前的理论预言,即 BEC 中的光缔合率与非凝聚系统相比有 2 倍的减小[13]。长期以来,人们都认为这种高的光缔合率可能存在饱和效应;最近,在 ^{7}Li 中确实观测到了这种饱和效应[56]。参考文献[13]很好地综述了涉及的多种问题和理论预测(如参考文献[58][59][60])。

几年前,有人认为在原子 BEC 和“分子”BEC 间可能实现相干循环转变[61][62]。需要注意的是,此处所说的“分子”处于束缚非常弱的亚稳态能级(如参考文献[54]中所说的636 MHz的束缚),而不是$v=0$,$J=0$电子基态。基于此的进一步工作[58][59][63][64]尚未完全实现相干循环转变。

量子简并原子费米气体应该也很容易被光缔合。然而,除了一篇理论文章给出了费米子在BEC-BCS渡越中的双色光谱[65],迄今为止,我们还没有看到更多这个领域的工作。相反,费米气体在近Feshbach共振区域的磁缔合(参见下一节,以及第9~11章)已经得到广泛的研究,我们也已经理解了在这些Feshbach共振线附近的光缔合获得有效增强的原因[3][4]。

最后,参考文献[13]提出了在低温和高密度量子简并气体中,使用微波或射频(radio frequency,RF)光子直接光缔合制备电子基态分子的可能性。目前,人们已经开始利用射频场(或更低频率)来制备分子[66][67][68],也提出了在具有电偶极矩的异核系统中使用微波[69]或红外光子[70]制备分子的方案。射频场已经用于获得近离解限附近Li_2和Cs_2分子能级的束缚-束缚跃迁和束缚-自由跃迁光谱(如Innsbruck小组)[71]~[75]。

5.1.3.5 电磁场中的分子

超冷原子和分子物理的研究通常涉及电磁场中原子、分子的俘获和操控,因此必须考虑这些外场对原子和分子的能级、线宽和散射特性等因素的影响。在场强较弱时,会发生人们熟知的斯塔克和塞曼偏移。使人们更感兴趣的是,发生在从弱磁场到中等磁场中的Feshbach共振,通过静磁场可以实现对原子间相互作用的精确控制[76][77][78](参阅第1,4,6,9,10和11章)。Feshbach共振是一种简单而有效的操控超冷气体工具。

当磁场从较低值调谐到共振位置时,那么高于碰撞渐近线的共振能量将降低到零。此时,散射长度a偏离至$-\infty$。当新的束缚态出现时,散射长度将反转到$+\infty$;进一步增加磁场会使得散射长度又逐渐减小。人们对^{85}Rb的这种散射特性尤为感兴趣,这是因为它的零场散射长度是负值,使得^{85}Rb玻色-爱因斯坦凝聚在体积较大时变得不稳定[79]。然而,如果将磁场调谐到大于155 G(见图5.19),散射长度变为正值则可形成稳定的BEC[79]。

我们定义如下术语:Feshbach共振阈值(碰撞渐近线处共振能量对应的磁场值)通常简称为“Feshbach共振”。低于阈值,但明显与某个特定的Feshbach共振有关联,且具有负能量的束缚态分子有时称为“Feshbach分子”。

用磁场快速改变散射长度会产生其他效应,弹性散射截面(全同粒子为

$8\pi a^2$)在近共振处变得非常大,而在 $a=0$ 时趋近于零[80],这与非弹性散射截面相同。最近,人们发现近阈值的 Feshbach 共振能够将光缔合率增强几个数量级[3][4]。

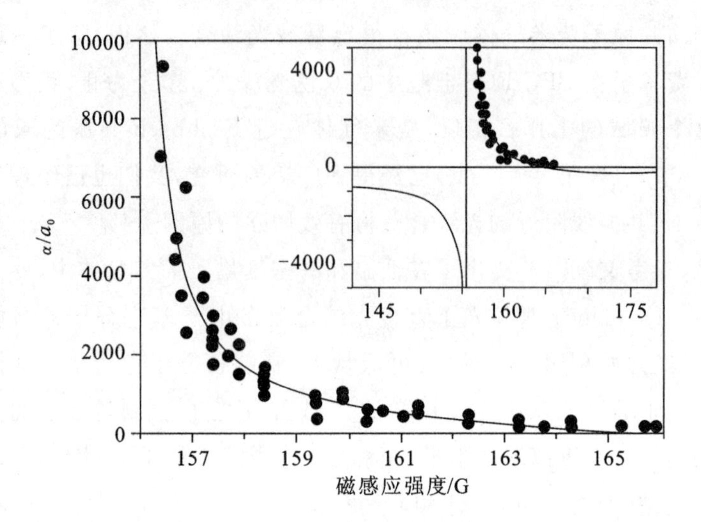

图 5.19　散射长度(以 a_0 为单位)与磁感应强度的关系。实线表示 Feshbach 共振附近散射线型的预期行为。使用了之前测量的 Feshbach 共振峰值位置和宽度。插图给出了 Feshbach 共振附近散射长度线型的全貌(引自 Cornish, S. L. et al., Phys. Rev. Lett., 85, 1795, 2000. 已获授权)

使用光缔合方法,可以容易地探测到磁 Feshbach 共振分子,见参考文献[81]。第 9～11 章讨论了采用不同技术对大量同核或异核分子 Feshbach 共振的探测。2003 年,研究人员获得了费米对的玻色-爱因斯坦凝聚,通过磁缔合形成 $^6Li_2$ 和 $^{40}K_2$ Feshbach 分子[82]~[85],同时也实现了有趣的 BECs 到所谓的 BCS 量子气体的渡越现象,这个渡越体系没有两体束缚分子,而是多体束缚的 Cooper 对[86]。最后需要指出,Feshbach 分子到深束缚态低能级的转移是一个 Λ 型束缚-束缚拉曼转移过程,而不是光缔合过程。第 5.2.2.4 节将讨论这种拉曼过程。

理论上,通过调谐静电场[87]或光场(或者射频场、微波场等)[88][89]及它们的组合[87][90],都可以观测 Feshbach 共振。目前已经可以精确模拟极性分子中光缔合对电场的依赖关系[91][92]。

5.1.3.6　光晶格中的分子

装载着原子和(或)分子的光晶格意味着一个新的快速发展的"人造"固态

物理前沿科学，在光晶格中，晶格结构和种类都有很大的选择空间，就像一个“量子仙境”[93]~[96]。光晶格（一维、二维、三维、准一维或准二维）都由激光光束的驻波形成。极化的原子或分子处于能量最低的驻波波腹处，两波腹间隔为激光波长的一半。在Na原子中首次实现了三维光晶格[97]。在周期性最小势能之间的势垒，可通过激光强度来调谐。高势垒对原子可产生强的局域化作用（晶化），低势垒可使原子在晶格间跳跃（“融化”甚至“超流”）。理论上，也可以使用其他类型的原子和分子阱（如磁阱）获得晶格，但这里我们不作讨论。

当晶格中一定数目的原子占据给定区域时，也可能在光晶格中产生原子Mott绝缘相[98]。当每个晶格位点中有两个原子时，通过光缔合（或磁缔合）制备双原子分子是非常理想的，并且可以阻止原子间的碰撞。从某种意义上说，由于两个原子被限定在光晶格中，光缔合过程也就是从自由-束缚变成束缚-束缚的过程。人们已经提出使用这种方法以及其他方法制备同核和异核双原子分子的方案（可分别参考文献[99]和[100]），并且最近实验上也观察到了相应结果（可分别参考文献[101]～[104]和[67][105]）。

类似地，每个晶格位点中放置三个原子进行两步光缔合进而制备三聚体或许是一个理想的方案。首先形成二聚体，然后使用光缔合将剩余原子和二聚体制备成三聚体。四聚体、五聚体等诸如此类的分子可以通过向晶格位点中装载更多的原子来形成。另外，由于没有光子的耗散，在光晶格中形成排斥的“束缚”原子对也是有趣的研究方向[106]。

5.2 超冷碱金属二聚体的特性和态-态转移

5.2.1 近离解限能级

将超冷原子通过光缔合形成电子激发态分子是产生超冷分子的第一步。这个激发态的分子会辐射到最低电子单态（X 态）或是三重态（a 态），从而形成稳定的无辐射弛豫分子。一般来说，光缔合过程更有利于形成近离解限的高振动能级激发态分子，这是由于近离解限的能级与碰撞原子的初始连续波函数有更好的交叠。由于这些激发态的外转折点在较大的分子间距处，所以当它们弛豫到 X 态或是 a 态时，趋向于布居在基态分子的高振转能级。

在通过光缔合首次产生超冷分子的报道之后[107]，X 态或 a 态的分子通常可以由如下方法探测:使用一束脉冲激光的 REMPI 技术对分子进行电离,然后通过飞行时间质谱方法分辨二聚体离子和原子离子。这种探测方法不仅很有效,而且可以进行态选择探测。通过扫描电离激光的频率,我们可以获得不同振动能级的分子数布居信息。这种态选择探测方法对许多超冷分子的应用都是很重要的,如态转移和超冷化学。当然,这种探测方法要求脉冲激光的带宽小于振转能级间隔。在 Rb_2 分子和 KRb 分子的实验中,一束带宽为 0.2 cm^{-1} 的脉冲染料激光足以清晰地分辨不同振动能级的布居。然而,需要指出的是,在实验的初始探测阶段,既要寻找光缔合的激光频率,也需要寻找探测的激光频率,此时使用一束频率足够宽以至于能电离一系列能级的探测光是十分有利的。接下来,我们将简要介绍产生和探测处于 X 和 a 态高振动态 Rb_2 分子和 KRb 分子的实验,并着重介绍(处于 X 态的)KRb 分子。

正如在 5.1.3.2 节讲到的,同核 Rb_2 和异核 KRb 分子的主要区别体现在其长程激发态势能上。对于 KRb 分子,其长程激发态势能用 C_6/R^6 来表示,然而 Rb_2 分子的长程激发态势能通常用 C_3/R^3 来表示。对于给定失谐频率的光缔合激光,相对于 Rb_2 分子,KRb 分子的光缔合发生在更小原子核间距处。由于 KRb 分子和 Rb_2 分子的基态势能相似,在长程处都用 C_6/R^6 描述,加之 Franck-Condon 因子的作用,KRb 分子相对于 Rb_2 分子更有利于弛豫到更深束缚的基态分子上。

对于 KRb 分子,观察光缔合导致的俘获损耗比同核分子系统(如 Rb_2 分子等同核分子系统)更加困难,因此使用离子探测尤为重要,其原因也在于长程激发态的势能特性。KRb 分子的长程激发态势能用 C_6/R^6 来表示,意味着光缔合过程将会发生在短程区域,而在此处可参与光缔合的原子对数目较少。然而,当光缔合过程发生后,KRb 分子相比 Rb_2 分子具有更大的几率弛豫到深束缚基态能级,而不是离解后返回连续原子态。也就是说,两种系统会产生相近数目的分子,但是 Rb_2 分子的光缔合过程更容易,而 KRb 分子弛豫形成基态分子的效率更高。

俘获损耗探测的另一个问题是在特定的实验中会出现同核俘获损耗和异核俘获损耗的竞争,这使得标定分子态变得非常困难。比如,在探测 KRb 分子低于 $4S_{1/2}+5P_{1/2}$ 渐近线的俘获损耗时,同时会探测到强烈的 Rb_2 分子低于 $5S_{1/2}+5P_{1/2}$ 渐近限的俘获损耗。然而,在通过 REMPI 探测 X 态和 a 态的 KRb^+ 分子离子的过程中,并不存在 Rb_2 分子光缔合离子的影响(因为我们可以很容易地从飞行时间质谱上区分 Rb^+ 原子离子和 $Rb_2{}^+$ 分子离子)。因此，我们认为通过 REMPI 飞行时间质谱来探测 X 态和 a 态异核分子的方法比俘获损耗光谱技术更有优势。

KRb 分子的实验是在一个双气体蒸气池磁光阱(MOT)中进行的[45]。波长为 767 nm 和 780 nm 的半导体激光器分别用于暗磁光阱中 ^{39}K 和 ^{85}Rb 原子的冷却和俘获。原子密度为 3×10^{10} cm^{-3}、温度为 300 μk 的 ^{39}K 原子和原子密度为 1×10^{11} cm^{-3}、温度为 100 μk 的 ^{85}Rb 原子被同时制备。连续可调谐钛宝石激光器(Coherent 899-29)输出的激光作用在重合的冷原子团上，实现光缔合过程。钛宝石激光的线宽约为 1 MHz，输出功率为 500 mW，激光聚焦后(光斑直径约为 300 μm，以匹配原子团尺寸)作用到原子团上。

为了对产生的 X 态和 a 态分子进行离子探测，我们使用由 Nd:YAG 激光的倍频输出泵浦的脉冲染料激光器(Continuum ND6000)作为电离光，Nd:YAG 激光的工作频率为 10 Hz。染料激光脉冲的能量大于 1 mJ，脉宽为7 ns，聚焦后直径约为 1 mm，略大于磁光阱中原子团的尺寸。由于缔合光的存在，分子会连续不断地产生；但由于没有被俘获，所以分子会向四周扩散并下落。大直径的电离光束意味着可以照射更大体积的扩散原子分子团，从而增大离子信号强度。离子被加速到附近的倍增管探测器上。强脉冲激光可以对更多的原子进行多光子电离从而产生原子离子，而且磁光阱本身也可以产生能被电离的同核分子。由于电离过程是脉冲化的，所以探测器探测到的飞行时间质谱通常有几个微秒，这个时间足以分辨每种离子(K^+、Rb^+、K^+、Rb^+、KRb^+)的质量。我们使用取样平均器去选择感兴趣的离子，使其和其他离子信号区别开来，比如这里选择的是 KRb^+ 分子离子。离子信号可以用来测量超冷分子的温度，关闭光缔合激光停止分子的制备，通过改变探测激光脉冲的延迟时间，可以获得探测区域中的分子由于热运动(和重力)而飞出探测区域的信息。

如图 5.20 所示，通过关联于 K(4S)+Rb(4D)渐近线的 $4\ ^1\Sigma^+$ 态，KRb 分子的 X 态高振动能级可以被有效电离，电离光频率约为 16500 cm^{-1}。第二个相同频率的光子将会电离产生 KRb^+ 分子离子。第一个共振激发过程通常是饱和的，而电离过程则不是。这种脉冲电离过程可探测不同粒子的光谱。为了获得光缔合光谱，我们将探测光频率锁定在一个基态到激发态振动能级的跃迁上，然后扫描光缔合激光频率。另一方面，如果我们将光缔合激光锁定在

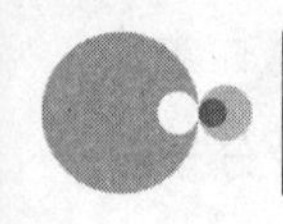

一个共振跃迁上,通过扫描探测激光频率,可以获得超冷分子振动能级的布居[51],也可以获得用于探测的激发态光谱[108]。由于基态高振动能级的间距比相关的激发态振动能级间距小,所以很容易区分基态和激发态能级。基态的能级间距为 5 cm^{-1},而激发态的能级间距为 20 cm^{-1},光电离谱中基态和激发态能级会以相应的间距重复出现。图 5.21 和图 5.22 分别给出了宽能级间距和窄能级间距的例子。

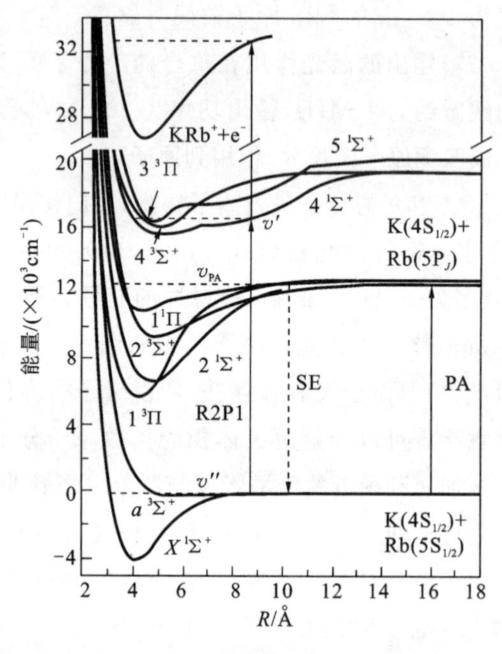

图 5.20 超冷 KRb 分子的制备和探测机制。这些分子由光缔合后的自发辐射(SE)产生并通过共振双光子电离技术(R2PI)探测。$4\,^1\Sigma^+$ 作为中间态用于 $X\,^1\Sigma^+$ 高振动能级的电离探测(引自 Wang, D. et al., Phys. Rev. A, 72,032502,2005. 已获授权)

通过记录不同缔合光频率失谐下的电离光谱,可以得到基态分子振动布居随光缔合过程的变化。当把光缔合激光调谐在距离离解限较远的位置时,光缔合过程将会如预测的那样发生在较小的核间距 R 上,接着会辐射到更深束缚的基态能级上。例如,对于关联于 $K(4S_{1/2})+Rb(5P_{3/2})$ 渐近线的 $3(0^+)$ 态,我们发现,当光缔合激光失谐 $\Delta_{PA}=-246.66$ cm^{-1}时,产生的 X 态振动布居在 $v=89$ 处出现峰值;当光缔合激光失谐为 $\Delta_{PA}=-307.69$ cm^{-1}时,产生的 X 态振动布居在 $v=88$ 处出现峰值,对比结果如图 5.22 所示。实验中获得的给定光缔合激光失谐下振动布居的趋势和细节，与计算获得的光缔合能级辐射跃迁的 Frank-Condon 因子吻合得相当好。

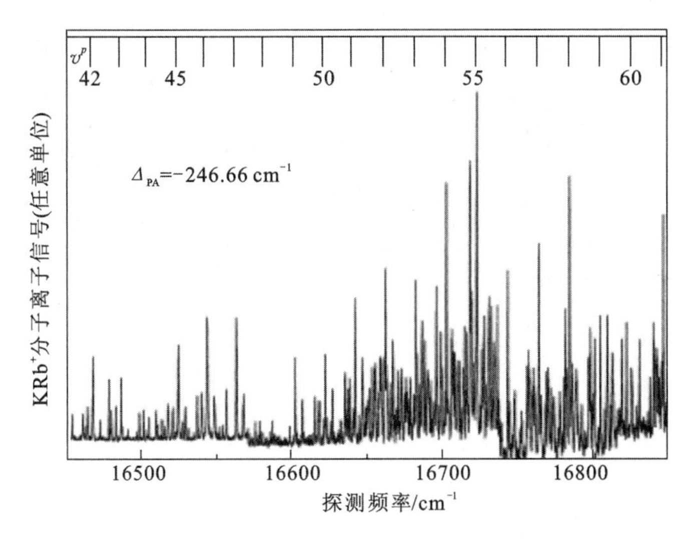

图 5.21　KRb 分子 $X\ ^1\Sigma^+$ 态的典型电离光谱。根据电离过程中的 $4\ ^1\Sigma^+$ 态的振动能级，可以标定对应的能级组（引自 Wang，D. et al.，Phys. Rev. A，72，032502，2005. 已获授权）

一个非常类似的探测机制可被用来探测处于 a 态的 KRb 分子。此时，脉冲探测激光先将 a 态分子激发到 $4\ ^3\Sigma^+$ 态，然后进行电离。同样的，由于较大的能级间距，a 态的振动结构很容易从激发态光谱中分辨出来。

相对于单态分子，三重态分子的探测需要更大的激光能量，这会产生一些由双光子激发产生的里德堡态（如 5S→13D）带来的原子光谱线。Rb^+ 原子离子信号强度比较大，并且会因为空间电荷效应使其飞行时间展宽，从而掺杂在 KRb^+ 分子离子飞行时间质谱中。关断光缔合激光并重复扫描这个过程，会清晰地看到这个原子离子信号，这种特性可以用于波长校准。

上述脉冲电离探测方法可以测量振动能级的布居，但是由于脉冲激光具有较大带宽因而不能分辨转动结构。我们可以使用一个新技术——离子损耗技术[109]，去观察每个振转跃迁，如图 5.23 所示。脉冲电离可用于监测给定振动能级的布居（如 $X\ ^1\Sigma^+(v=89)$），而单频连续激光可使该能级的布居数发生损耗。当损耗激光与特定的振转跃迁（如 $X\ ^1\Sigma^+(v=89, J=2)\rightarrow 3\ ^1\Sigma^+(v', J')$）共振时，该损耗光通过光学泵浦将耗散一部分 $v=89$ 的布居。当扫描该

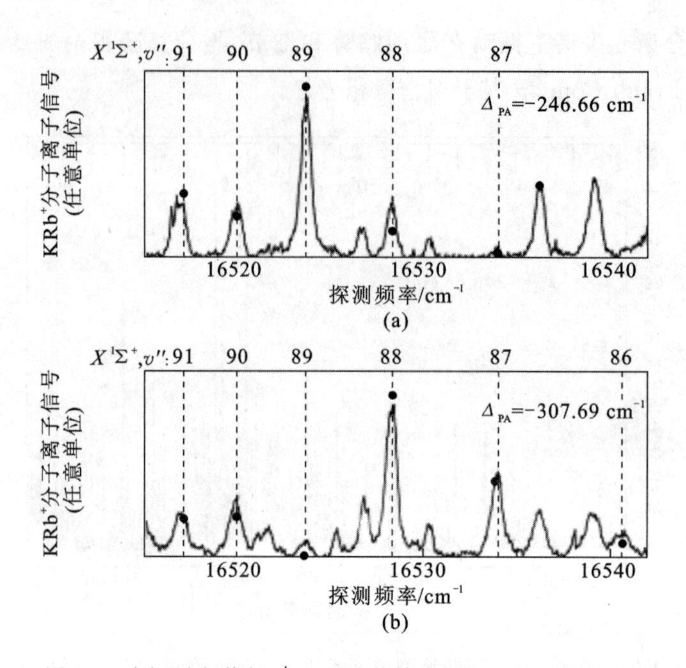

图 5.22　图 5.21 中探测光谱在 $v'=45$ 处的放大图。图中的能级线是根据 PA 布居的 $X\,^1\Sigma^+$ 振动能级标定的。(a)和(b)分布表示两种不同的 PA 失谐。实圈表示图 5.20 中自发辐射(SE)的 Frank-Condon 因子计算值(引自 Wang,D. et al. ,Phys. Rev. A,72,032502,2005.)

损耗激光时,可以从离子信号的明显凹陷处分辨出转动共振,如图 5.24 所示。分析这些光谱不仅可以获得基态转动布居,而且可以获得基态和激发态的转动能级间隔。最初报道的低分辨率的脉冲电离探测光谱对确定这些损耗跃迁的位置起到很大的促进作用。在这个光谱范围内(约 11500 cm^{-1}),上述方法需做如下微小改变。来自于脉冲染料激光的两个光子没有足够的能量去电离分子,所以将倍频 YAG 激光后的 532 nm 激光用于电离过程。由于该方法可以将共振激发过程(该过程很容易达到饱和)与电离过程(需要高强度激光)分离,因此这种双色探测机制是非常通用的方法。

我们也使用具有振动高分辨的电离探测方法去研究同核 Rb_2 的 $X\,^1\Sigma_g^+$[33] 和 $a\,^3\Sigma_u^+$[110] 态。对应的激发态分别是 $2\,^1\Sigma_u^+$ 和 $2\,^3\Sigma_g^+$ 态。采用的技术与上述探测 KRb 分子高振动态是相同的,但是结果却大为不同。正如上文所讨论的,对于给定的光缔合失谐频率,相比于 KRb 分子,Rb_2 分子的长程 C_3/R^3 激发态势能,导致形成较少的深束缚振动能级。通常,对处于 $X\,^1\Sigma^+$ 态的 KRb

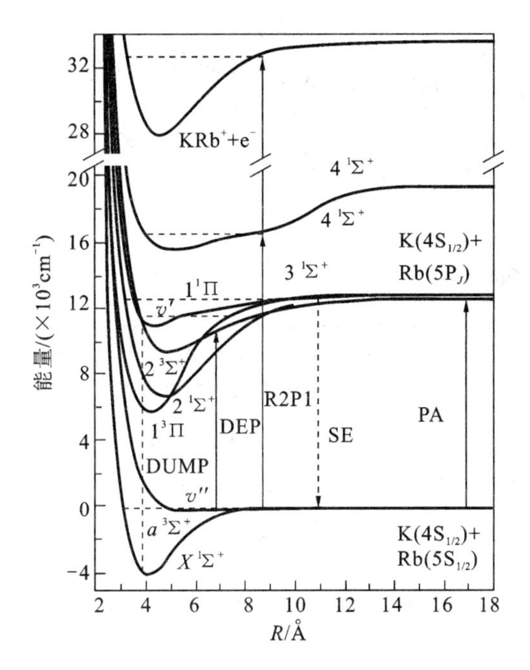

图 5.23　转动能级可分辨的损耗光谱机制。分子制备(PA 和 SE)和离子探测(R2PI)的过程与图 5.20 所示的一致。利用束缚态-束缚态跃迁,一束连续的损耗激光(DEP)将处于特定 $X\ ^1\Sigma^+(v'',J'')$ 能级的分子泵浦到 $3\ ^1\Sigma^+(v',J')$ 态上,从而在离子信号上产生共振凹陷(引自 Wang, D. et al., Phys. Rev. A, 75, 032511, 2007. 已获授权)

分子,在实验上可以观察到束缚高达 30 cm^{-1} 的能级,然而对 $X\ ^1\Sigma_g^+$ 态的 Rb_2 分子,其布居都被限制在束缚能小于约 12 cm^{-1} 的电子态。尽管如此,理论预测 KRb 分子与 Rb_2 分子的上述差别比这个更显著。这主要是由以下两个原因引起的:首先,对于我们所研究的光缔合 Rb_2 分子 0_u^+ 态,两个 0_u^+ 态之间的共振耦合会给出长程和短程激发态波函数的振幅。长程部分将会增强光缔合过程,然而短程部分将会使分子弛豫辐射到更深的束缚态。在下面的 5.2.2.3 节将会具体讨论这个问题。第二个原因是我们所测量的分子布居不一定和光缔合后产生的分子初始布居相同。$X\ ^1\Sigma_g^+$ 态的高振动能级分子可以被光缔合激光非共振激发回到光缔合能级,通过这个过程它们可以辐射到连续态。虽然这种破坏性的再激发是接近于束缚能的非共振激发,但分子也会被强光缔合激光照射几毫秒的时间。经过估算,在我们的实验条件下,束缚能小于 0.8 cm^{-1} 的分子在探测之前就会被破坏掉。事实上,实验中确实没有观察到与这些能

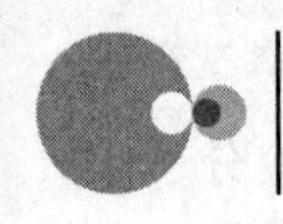

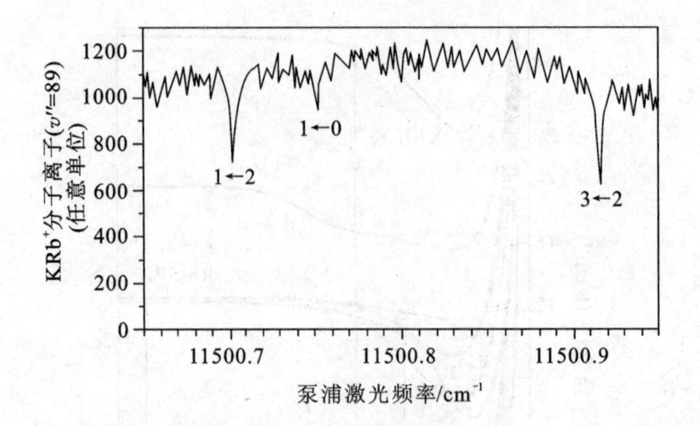

图 5.24　损耗光谱。扫描损耗激光频率，当激光频率共振于 $X\ ^1\Sigma^+(v''=89)$ 和 $3\ ^1\Sigma^+(v'=40,J')$ 的转动能级时，离子信号出现凹陷（引自 Wang, D. et al., Phys. Rev. A, 75, 032511, 2007. 已获授权）

级对应的分子。对于俘获的分子，由于它们被缔合激光照射的时间更长，这种效应会变得更加显著。

虽然这里我们更加关注 KRb 分子和 Rb_2 分子方面的工作，但脉冲激光电离法已经被若干小组的各种分子系统所采用，来探测通过光缔合过程或是磁光阱自身激光产生的近离解分子。我们在这里并没有给出全面的综述，而是简要介绍了一些例子。在一些实验中，分子态被选择性探测并且对获得的光谱进行了标定，所以能够确定特定的振动布居。几个小组实现了超冷 Rb_2 高振动能级的脉冲电离[111][112][113]。一些异核系统也广泛使用了这种探测方法，如 KRb[114]、NaCs[115]、RbCs[43][116] 和 LiCs[117]。在对 Cs_2[118][119] 和 RbCs [105] 的非弹性碰撞研究中，也利用了脉冲电离方法，以实现态选择测量。与使用脉冲激光相比，使用连续光电离使我们获得了 Na_2 最高能级的振转分辨光谱[120]。

5.2.2　深束缚 X 态能级

5.2.2.1　光缔合制备 X 态分子

虽然光缔合自发辐射有利于形成近离解能级的分子，但深束缚的分子也可通过光缔合直接形成，或是从高振动态能级的转移获得。在 K_2 分子中，使用光缔合形成的 $A\ ^1\Sigma_u^+$ 态可以获得振动能级为 $v\approx36$ 的 $X\ ^1\Sigma_g^+$ 态超冷分子[31]。这些能级的束缚深度为 1900 cm^{-1}，这几乎是阱深的一半。通过 REMPI 可以实现振动态的选择探测，具体为使用波长约 710 nm 的脉冲激光

将分子泵浦到 $B\ ^1\Pi_u$ 态，然后使用第二束波长为 532 nm 的激光去电离。由于自发辐射的 Franck-Condon 因子较小，分子的产率相当低，约为 1000 个分子/秒。基态和激发态的波函数的内转折点的交叠对分子产生起到作用。

为了提高超冷分子产率，Band 和 Julienne[24] 提出了一种两步“R 转移”技术，并在 K_2 分子上实现[25]。为了提高分子激发态和基态深束缚能级的交叠，首先通过光缔合形成长程激发态分子，然后激发形成短程高振动电子态分子，如图 5.25 所示。光缔合形成的 $1\ ^1\Pi_g$ 态分子被一束 853 nm 连续激光“R 转移”到 $5\ ^1\Pi_u$ 或 $6\ ^1\Pi_u$ 态。探测过程仍然使用以 $B\ ^1\Pi_u$ 态为中间态的脉冲电离方法，尽管使用较短的波长(630～640 nm)，但可探测更深束缚的 $X\ ^1\Sigma_g^+$ 态分子。在探测光谱中可以明显地看到跃迁峰，但是在许多情况下不同振动态跃迁的交叠阻碍了能级的明确标定。通过使用一束额外的连续激光，调谐激光频率使振动能级大于 17 的 X 态分子光离解，我们可以明确地标定分子态并清晰地观测到 $v=0$ 的分子。正如预期的那样，“R 转移”技术提供了一个获得更大分子产率(大约为原来的 100 倍)以及更低振动能级的方法。提高效率的代价是需要加入额外一台与分子跃迁保持共振的连续激光器，获得的光谱也更为复杂。

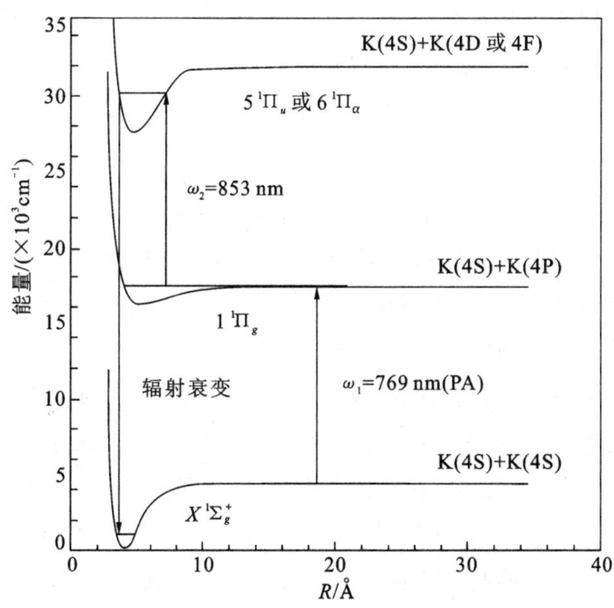

图 5.25 两步“R 转移”技术制备深束缚能级 K_2 分子的机制(引自 Nikolov, A. N. et al., Phys. Rev. Lett., 84, 246, 2000. 已获授权)

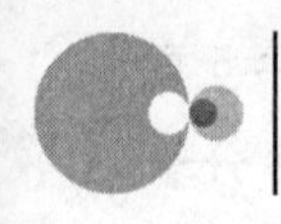

在最近一个引人关注的结果中,通过单步光缔合和自发辐射将超冷 LiCs 分子制备到了 $X\ ^1\Sigma^+$ 态 $v=0$ 的能级上[39]。该实验首先通过光缔合将分子制备到 $B\ ^1\Pi$ 态低振动能级上,之后分子再通过自发辐射跃迁到 $X\ ^1\Sigma^+$ 态的低振动能级上。利用脉冲激光 REMPI 技术,通过 $B\ ^1\Pi$ 中间态对这些分子进行探测。对于光缔合产生的 $v=4$ 激发态分子,自发辐射到 $X\ ^1\Sigma^+(v=0)$ 的 Franck-Condon 因子是很大的,基态 $J=2$ 的分子产率约为 5×10^3 个/秒。使用另外一束光缔合形成的激发态转动能级($J=1$ 而不是 $J=2$)也可以制备绝对基态分子($v=0$, $J=0$),但是产率只有 $J=2$ 的五十分之一。令人好奇的是,为什么光缔合产生的 $v=4$ 分子可以有效产生深束缚能级的分子?原因在于这个能级处在低于 $Li(2S_{1/2})+Cs(6P_{3/2})$ 渐近限下 1167 cm^{-1} 的位置,它的外转折点在短程处(约 5 Å)。另外一个通过单步光缔合制备深束缚能级分子的例子是 NaCs。在 $Na(3S_{1/2})+Cs(6P_{3/2})$ 渐近线下,合适失谐(约 30 cm^{-1})的光缔合过程可以产生 $X\ ^1\Sigma^+$ 态 $v=19\sim25$ 振动能级的分子。产生的基态分子被俘获在一个静电 TWIST 阱中[121]。此处,依然使用脉冲激光电离方法来探测这一过程。

5.2.2.2 双势阱的增强现象

双势阱是用于增强单光子光缔合,以便直接制备低振动、更深束缚振动能级分子的第一种方法,使用的上能级势能曲线具有两个势阱,这两个势阱之间有一个势垒[107][122]。这样的双势阱在碱金属二聚体中普遍存在[123][124][125]。Cs_2 分子的 0_g^- 态由于有利于产生 $a\ ^3\Sigma_u^+$ 态更深束缚能级分子而被详细研究[126][127]。人们也研究了其他有潜力的双势阱态[40][128]。不同情况下,双势阱中势垒所处的核间距和能量是非常重要的。如图 5.26 所示,对于接近势垒最大值处能量的振动能级,在势垒附近的振动波函数会有一个较大的振幅。这个振幅比内转折点处的典型振幅要大很多,这是由于在势垒最大值处,势能曲线的斜率会趋于零,并且势垒顶端附近有明显的隧穿效应。图 5.26 所示的 $v'=94$ 能级能够自发辐射到更深束缚能级(例如,有 27%跃迁到图中第(2)步所示的 $v''=70\sim80$ 能级,8%跃迁到图中第(3)步所示的 $v''=0$ 能级)[40]。

到目前为止,我们讨论的只是绝热双势阱。事实上,大多数的双势阱来源于具有不同电子特性的两个绝热势能曲线的回避交叉。接近势垒最大值附近的振动能级可以被认为是短程波函数(内势阱)和长程波函数(外势阱)的线性组合。正是短程和长程组分的混合增强了到 X 态短程能级(包括 $v''=0$)的辐

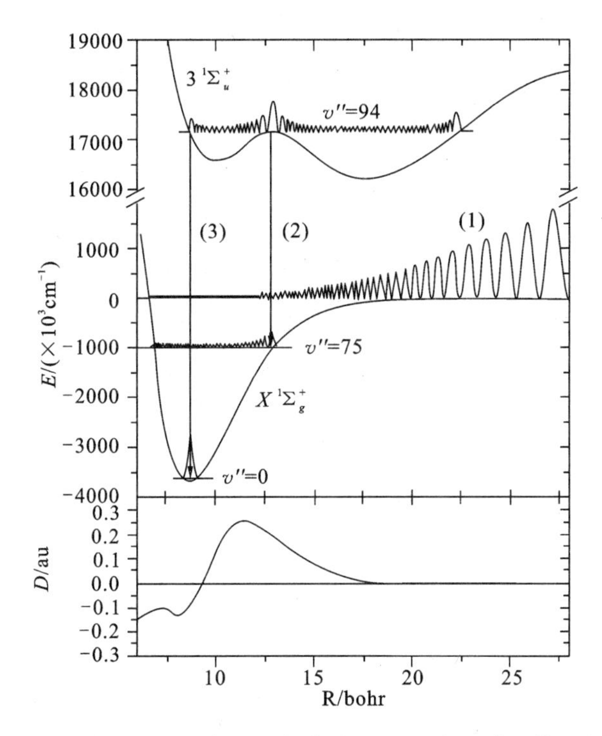

图 5.26　Cs_2分子基态和双势阱态的势能曲线，以及对应的波函数和如下所述的辐射跃迁：①光缔合制备分子到束缚态 $3\ ^1\Sigma_u^+$态；②在分离两个势阱的势垒处，$3\ ^1\Sigma_u^+ \rightarrow X\ ^1\Sigma_g^+$的跃迁；③在 $3\ ^1\Sigma_u^+$势能曲线内阱，$3\ ^1\Sigma_u^+ \rightarrow X\ ^1\Sigma_g^+$的跃迁(引自 Pichler, M. et al., Phys. Rev. A, 69, 013403, 2004. 已获授权)

射。双势阱并不是发生这种现象的唯一情形。下一章我们将会讨论另一种情形——“共振增强”。对于选定的上能态振动波函数，其电子混合可以同时实现高效的光缔合(主要是长程部分)以及强自发辐射到 X 态深束缚能级(主要是短程部分)。

5.2.2.3　激发态共振耦合的增强现象

具有相同对称性但来源于不同渐近线的激发分子态可以通过自旋-轨道相互作用产生强烈耦合。一个典型例子是重碱金属二聚体的一对 0_u^+态收敛于 $S+P_{1/2}$和 $S+P_{3/2}$离解限。在 $S+P_{1/2}$离解限下，$0_u^+(P_{1/2})$势阱中的弱束缚振动能级能量间隔较小，并且外转折点在长程范围。与此相反，由于 $0_u^+(P_{3/2})$势阱中的能级是深束缚能级，能量间隔较大且外转折点在短程范围。$0_u^+(P_{3/2})$的任何一个能级都可以和邻近的 $0_u^+(P_{1/2})$能级微扰混合。当这种混合较强时(共振耦合)，产生的波函数既有对应于 $0_u^+(P_{1/2})$态的长程部分，也有来源于 $0_u^+(P_{3/2})$

态的短程部分。共振耦合提供了一个两全其美的情形:将用于光缔合的长程波函数振幅和用于自发辐射到深束缚能级的短程波函数振幅组合起来。这个现象首先在 Cs_2 分子中被观察到,深束缚能级(>10 cm^{-1})$X\,^1\Sigma_g$ 的布居数,通过共振耦合到 $0_u^+(P_{1/2})$ 能级的光缔合过程得到较大增强[18][130]。最近,在 $^{85}Rb_2$ 分子中人们也观测到了相似的效应:图 5.27 显示,存在共振耦合[129]下,处于 $X^1\Sigma_g^+(v=112\sim116)$ 振动态(束缚能量为 2~9 cm^{-1})上的分子数目增加了 5 倍。与此紧密相关的工作是,同位素 Rb_2 分子产率的显著差别也归结于共振耦合效应[131]。

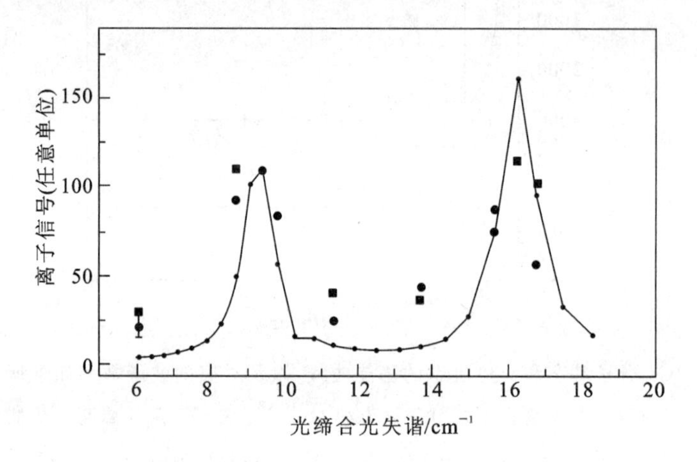

图 5.27　共振耦合增强形成 $^{85}Rb_2$ 分子。图中显示的是 $X\,^1\Sigma_g^+(v=112\sim116)$ 态分子的相对布居随缔合光失谐的变化(失谐相对于 $5S_{1/2}+5P_{1/2}$ 离解限)。实线是理论值。双峰对应两个 0_u^+ 态强耦合的光缔合能级,这种耦合可以带来有效的光缔合以及到束缚能级的较强辐射(引自 Pechkis, H. K. et al., Phys. Rev. A, 76, 022504, 2007. 已获授权)

从 X 态 $v''=0$ 能级分子产率增强来看,研究共振耦合是很有意义的。为了通过自发辐射或受激辐射形成 $v''=0$ 的基态分子,我们希望上能态波函数和处于以 R_e 为中心的 $v''=0$ 波函数有很强的交叠,其中 R_e 是基态势能的平衡核间距。如图 5.28 所示,以 KRb 分子为例,R_e 处的竖直线标记了强交叠的能级。从图中可以看出,选择的 $2\,^1\Sigma^+$ 和 $3\,^1\Sigma^+$ 振动能级与 $1\,^1\Pi$ 和 $2\,^1\Pi$ 态的振动能级在内转折点处与能级 $v''=0$ 有很好的交叠。然而,高效的光缔合过程也是必要的,所以我们需要考虑上能态的能级。例如,在图 5.28 中,水平线表示光缔合分子能级(12579.0003 cm^{-1}),它低于 $K(4S)+Rb(5P_{1/2})$ 渐近线。水平线和竖直线的交叉处通常是共振耦合最佳区域，当然，前提是该区域存在与光缔合形成的长程态有充分耦合的电子态。对于KRb分子来说，$2\ ^1\Pi$态是比较理想的电子态。当这个态接近$K(4P_{3/2})+Rb(5S)$渐近线时，在势能曲线上有一个势垒，因此如果没有共振耦合，不可能通过光缔合制备这个态。由于这个势垒的存在，当核间距大于外转折点(约$11a_0$)时，绝热$2\ ^1\Pi$态最高束缚态振动波函数的长程行为表现为快速指数衰减。

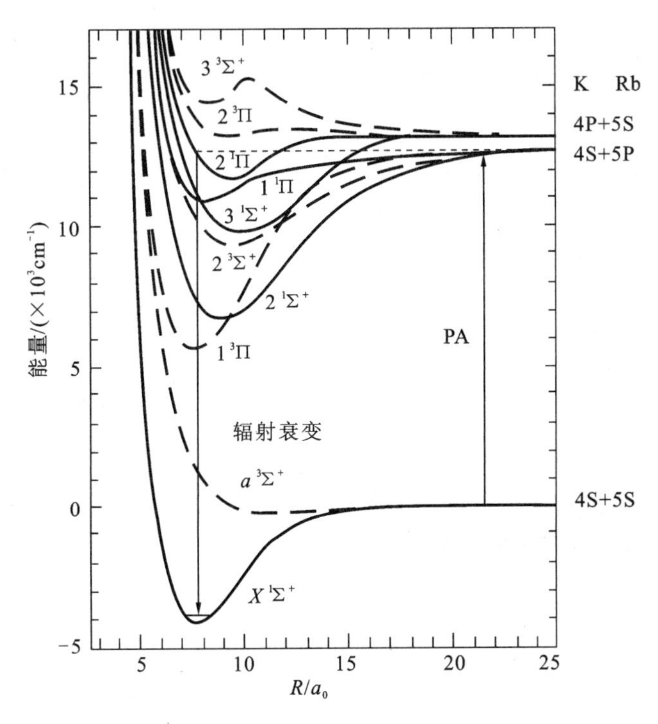

图5.28　来自图5.14的KRb分子势能曲线，展示了一个可能的共振耦合机制。水平方向的点线表示$K(4S)+Rb(5P_{1/2})$的离解限。竖直箭头表示X态，$v''=0$态波函数与$2\ ^1\Pi$态近离解限能级内转折点在$7.7a_0$处有很好的交叠

幸运的是，$2\ ^1\Pi$态事实上和$1\ ^1\Pi$态是共振耦合的。这两个态的相互微扰最先被传统双共振激光光谱确定[49][132]。参考文献[44][45]给出了微扰能级相对于$K(4S)+Rb(5P_{1/2})$渐近线的失谐，虽然没有对$2\ ^1\Pi$态进行标定，但标定了$1\ ^1\Pi$态$v'=61\sim63$能级。最近在对原始数据的再分析中，我们着重研究了理论上预测的存在共振耦合的$2\ ^1\Pi$态$v'=17$能级和$1\ ^1\Pi$态$v'=60$能级，现在能够标定这两个振动能级的$J=1\sim4$的转动结构。我们预测这些能级以及其他大失谐下的耦合能级将会较强地辐射跃迁到X态的$v''=0$能级。验证

这些预测的实验正在进行中。我们希望借助相同的原理,也可以在包括异核碱金属二聚体在内的其他系统中发现类似的耦合态。

5.2.2.4 受激拉曼转移制备深束缚能级分子

无论是光缔合还是磁缔合制备的初始态分子都不处于深束缚能级,我们可以通过双光子拉曼过程将最初处于高振动能级的分子最后布居到低振动能级上。这个过程需要一个与初态和末态均具有合适 Franck-Condon 因子的中间激发态。这种转移已在 RbCs 中实现[133],具体过程为:通过光缔合产生的$a\ ^3\Sigma^+$态高振动能级($v=37$)的分子使用脉冲激光(0.2 cm^{-1}线宽)转移到 $X\ ^1\Sigma^+$态的 $v=0$ 振动能级。转移过程利用了一个混合的 $^3\Sigma^+-B\ ^1\Pi-b\ ^3\Pi$ 中间态,它同时具有满足转移所需要的单态和三重态特性。使用相同脉冲激光(532 nm 脉冲激光用于电离过程)的 REMPI 过程可用来探测初态和末态的分子布居。实验获得具有振动分辨的光谱,但转动光谱不能分辨。转移效率约为 6%。

在 Rb_2 分子[134]和 KRb 分子[135]中,也实现了弱束缚能级到深束缚能级的相干转移,其初态弱束缚分子是由磁缔合制备的。当泵浦和退泵浦脉冲以反常规顺序出现时,受激拉曼绝热转移过程具有较高的转移效率(见图 5.29)。脉冲连续激光的使用是为了保证转移过程的相位相干。在最初研究中,制备的末态分子并不处于深束缚能级,例如,末态 Rb_2 分子能级低于离解限约 600 MHz,末态 KRb 分子能级低于离解限约 10 GHz。在最近的工作中,已经实现了深束缚态分子的制备。在 Cs_2 分子中,我们有效制备了束缚能大于 1000 cm^{-1} 的$X\ ^1\Sigma_g^+$态分子[136];KRb 分子和 Rb_2 分子已经被转移到 $a\ ^3\Sigma^+$,$v=0$ 能级[75][137],特别是 KRb 分子已经实现了$X\ ^1\Sigma^+$,$v=0$ 绝对基态的制备。由于在实现这些深束缚能级转移时所需要的泵浦和退泵浦激光波长差异较大,为了保证相干,这两束激光分别锁定在一个频率梳的不同梳齿上。在所有的这些实验中,通过将分子转移返回到初始分子态来监测分子布居和转移效率。通过相反的磁缔合过程,初始态分子的数目可由原子的吸收成像来测量。

最近一个非同寻常的技术被用来转移光缔合产生的 Cs_2 分子到 $X\ ^1\Sigma_g^+$态的最低振动能级[37]。用超快(100 fs)脉冲可以将 $v=1\sim7$ 初态分子宽带泵浦回激发态。这些激发态分子将会自发辐射到 $X\ ^1\Sigma_g^+$态。泵浦光的光谱被整形后,排除了 $v=0$ 振动态跃迁到激发态的频率部分。因此,如果一个分子自发辐射到$v=0$,它将一直布居在这个态。在一系列整形宽带脉冲的作用下,70% 的 $v=1\sim7$ 的初态分子将会累积在 $v=0$ 上。$X\ ^1\Sigma_g^+$态的各个振动能级布居数

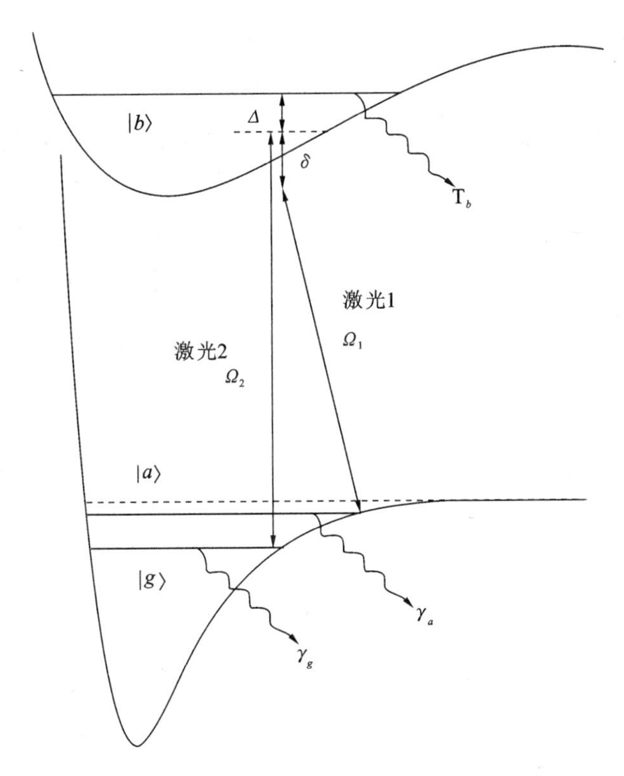

图 5.29 利用 STIRAP 将 $^{87}Rb_2$ 分子转移到深束缚能级的原理图。泵浦光(1)和退泵浦光(2)分别将初态 $|a\rangle$ 和末态 $|g\rangle$ 与中间态 $|b\rangle$ 耦合。倾斜的"激光 1"实际上应该是垂直的,因为由于电子跃迁发生时,核间距几乎是固定的(Franck-Condon 近似)(引自 Winkler,K. et al.,Phys. Rev. Lett.,98,043201,2007. 已获授权.)

可通过态选择的脉冲电离监测。

5.3 超冷分子研究展望

5.3.1 超冷分子离子

在本书的第 18 章中,Roth 和 Schiller 对冷分子离子进行了详细的讨论。然而,他们并未讨论如下主题:通过对光缔合(PA)或者磁缔合(MA)形成的超冷中性分子进行光电离,是否可以形成超低温度和低密度未俘获的分子离子。实际上,如前文所述,超冷中性分子的电离已经被广泛地用于分子的探测。其中,态选择电离形成超冷分子离子是一个可行的方法。图 5.30 所示的就是这种方法的一个例子。这个例子展示了如何利用光缔合电离方法[7]获得 Na_2 分

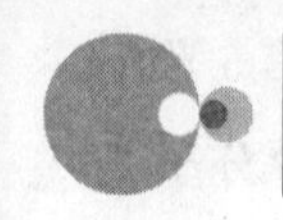

子的自电离能级,这一能级与高温 Na_2 分子的全光学三光子共振光谱形成的自电离能级[138]完全相同。参考文献[138]中的自电离能级可以自电离形成 Na_2^+ 分子离子的最低振转基单态。正如我们所预期的,这种通过自电离方式形成的最低态分子离子能级也存在于其他同核和异核碱金属二聚体中。研究这种最低振转态的碰撞将是一项很有意义的工作,因为这种体系不存在使分子离子内部能态降低的非弹性碰撞(不包括超精细交换碰撞)。

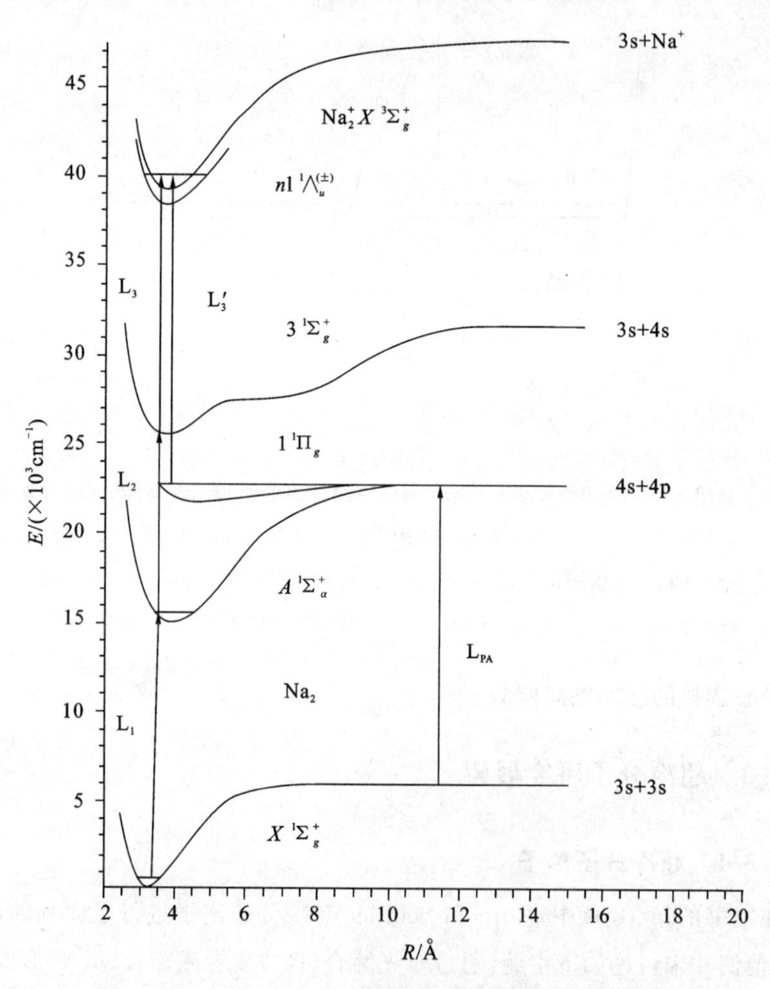

图 5.30　Na_2 分子的三色(L_1-L_2-L_3)双共振光电离和超冷 Na 原子经过 $1_g(4P_{3/2})$ 态的光缔合电离(L_{PA}-L_3'),$1_g(4P_{3/2})$ 态对应于短程的 $1\,^1\Pi_g$ 态。这两个过程都会导致相同的自电离共振,即产生只有 $v=0$,$J=0$ 的 Na_2^+ 分子离子(引自 Stwalley,W. C. and Wang,H. ,J. Mol. Spectrosc. ,195,194,1999. 已获授权)

5.3.2 基本物理常数测量和对称性检验

光缔合形成的超冷分子非常适合于精密测量和对基本物理的检验,因为它们的速度接近静止,且利用磁阱或光阱可以保持很长的测量时间。对基本物理的测量中,在如下情形中分子比原子更具优势:①存在固有的偶极矩或者非常大的极化率;②存在丰富的能态。本书的第15.2节对分子在基本原理检验的应用做了详尽总结。

很明显,光缔合和精密测量间不存在必然内在的联系,甚至有些情况下,其他分子制备技术更有优势。一般来说,当磁光阱可以制备需要的原子时,光缔合或者磁缔合是最易想到的方法。在一些实验中,原子缺少循环跃迁因而不能进行激光冷却,但组成的分子却有很好的应用。例如,测量电子内禀电偶极矩(electron dipole moment,EDM)的实验,需要一个分子具有相对论效应的电子和大的极化率。第15章详细介绍了这类分子的处理方法和技术,如YbF。此外,还可以利用分子离子进行相似的测量,如HfF^+[139]。第18章将会对分子离子光谱技术做进一步的讨论。

在很多情况下,选择合适的分子及制备方法是一个复杂的权衡过程,因为我们需要考虑分子特性、信噪比和实验可行性等因素。一个很好的例子是研究基本物理常数与时间的关系,这将是第16章的主题。电子和质子的质量比$\mu=m_e/m_p$可能存在的微小变化引起了研究人员的很大兴趣,这种微小变化很容易在分子中进行测量,因为在分子能态中很容易找到一对随$d\mu/dt$变化的不同的态。第16章将详细介绍基于不同分子的各种测量,其中涉及Cs_2分子和Sr_2分子[140][141]的两个实验,利用了光缔合形成的振动激发态分子的高精度测量。这些机制的高灵敏度得益于高精度的光学测量。

现在观察系统平衡是如何移动的已成为可能,因为已经可以得到光学俘获的基态分子,如RbCs和KRb分子,这其中包括用磁缔合和拉曼转移制备的处于绝对基态($X\,^1\Sigma^+(v=0,J=0)$),温度为350 nK[137]的KRb分子。这些异核碱金属分子虽然在检验基本对称性和$d\mu/dt$时的灵敏度不高,但它们的长相互作用时间和窄线宽等特性在实验中更为重要。

在微波或红外光范围,用光学俘获的超冷分子作为备选的频率标准也是一个有意义的研究方向。到目前为止,还不曾看到有关这些研究内容的报道。异核分子由于自身具有的偶极矩,因此纯粹的转动-振动偶极跃迁是比较弱的。大部分碱金属二聚体都具有极长的寿命[50],使其线宽仅有亚毫赫兹数量

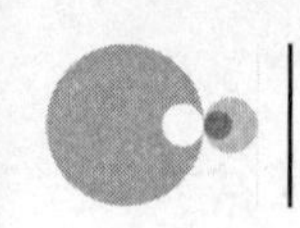

级,具有应用于计量学的潜力,尽管人们对冷碰撞和交流斯塔克偏移导致的系统势能问题的研究尚未开始。为了获得足够长的测量时间,我们可能需要将分子俘获在准静电光学阱(quasi-electrostatic optical trap,QUEST)中,因此俘获频移也是需要关注的问题。值得庆幸的是,最近对处于静电场下异核碱金属二聚体转动混合的研究[142]表明,对于大多数分子而言,处于 $v=30\sim50$ 之间振动能级的直流斯塔克位移会经过零点,这意味着如果选择合适的振动能级就可以实现不受电场影响的分子跃迁。

5.3.3 超冷极性分子的量子计算

超冷极性分子具有可操控的偶极相互作用和长的退相干时间,特别适用于量子信息处理。几年前 David DeMille 发表了一篇开创性的论文[143],其影响力经久不衰,经常被研究光缔合制备超冷分子的文章引用。这个方案以及据此提出的其他想法,将在第 17 章进行详细讨论。

5.3.4 超冷碰撞和超冷化学

对于超冷分子碰撞也有很多值得研究的内容[144][117],本书第 1 章到第 4 章包含了这一研究领域的绝大部分内容。我们必须提到,光缔合形成的分子团中通常包含原子和光缔合形成的分子。因此,对于一个由 M 原子形成的光缔合分子团 M_2 中,通常也包括 M 原子,使得 $M+M_2$ 这样的原子-分子碰撞的研究很容易发生。另外,使用一束共振光束可以很方便地将原子移除,这样就可以研究 M_2+M_2 这样的分子-分子碰撞。

对于异核分子 MM′,情况类似,我们可以将 M、M′,或者同时将两者用共振光移除。通常,只有一种原子会与基态的分子发生化学反应。例如,对于处于 X 态的 KRb 分子($v=0$,$J=0$),K 原子会与 KRb 分子反应形成 K_2 分子,但 Rb 原子不会与 KRb 分子反应形成 Rb_2 分子[45]。对于同核分子离子和异核分子离子的碰撞,情况类似。

另一个研究内容是同核分子的总核自旋效应[1]。当不存在与顺磁性气体(如 M 原子)碰撞时,同核 M_2 分子将会以两种形态存在:仲分子(当原子的核自旋为半整数时,转动量子数 J 为偶数)和正分子(当原子的核自旋为半整数时,转动量子数 J 为奇数)。因此,无论是 $J=0$ 的仲分子还是 $J=1$ 的正分子,其 X 态 $v=0$ 振动态的 M_2 分子都可以形成玻色-爱因斯坦凝聚,因为 M_2+M_2 碰撞不会改变核自旋,也不会减少 $J=1$ 能级上的分子数目。

5.3.5 展望

毫无疑问，由光缔合或者磁缔合制备的超冷分子的应用将会超出上述讨论的范围。目前还提出了其他一些想法：分子光学和“分子激光”（原子光学和“原子激光”在分子系统中类似的实现）；对原子分子晶核形成团簇分子（纳米粒子）的研究，其中包括高亚稳态元素；光晶格中由超冷分子构成的人造“固体”；具有实用前景的超冷分子集成电路；中空光纤光学网络，以及其他实用性的器件。因此，基于超冷稀薄气体形成的这种新型的“量子材料”在“量子纳米科学”中将会发挥巨大的作用。

致谢

我们衷心感谢来自 NSF 的 PHY-0354869 和 PHY-0555481 的资助。

参考文献

[1] Bahns, J. T., Gould, P. L., and Stwalley, W. C., Formation of Cold ($T \leqslant$ 1 K) Molecules, Adv. At. Mol. Opt. Phys., 42, 171, 2000.

[2] Bethlem, H. and Meijer, G., Production and Application of Translational Cold Molecules, Int. Rev. Phys. Chem., 22, 73, 2003.

[3] Pellegrini, P., Gacesa, M., and Côté, R., Giant formation rates of ultracold molecules via Feshbach optimized photoassociation, Phys. Rev. Lett., 101, 053201, 2008.

[4] Mackie, M., Fenty, M., Savage, D., and Kesselman, J., Cross-Molecular Coupling in Combined Photoassociation and Feshbach Resonances, Phys. Rev. Lett., 101, 040401, 2008.

[5] Erdman, P. S., Larson, C. W., Fajardo, M., Sando, K. M., and Stwalley, W. C., Optical Absorption of Lithium MetalVapor at High Temperatures, J. Quant. Spectrosc. Radiat. Transfer, 88, 447, 2004.

[6] Luh, W. T., Sando, K. M., Lyyra, A. M., and Stwalley, W. C., Free-bound-free resonance fluorescence in the K_2 yellow diffuse band: theory and experiment, Chem. Phys. Lett., 144, 221, 1988.

[7] Stwalley, W. C. and Wang, H., Photoassociation of ultracold atoms: a

new spectroscopic technique, J. Mol. Spectrosc., 195, 194, 1999.

[8] Pichler, M., Chen, H. M., Wang, H., Stwalley, W. C., Ross, A. J., Martin, F., AubertFrecon, M., and Russier-Antoine, I., Photoassociation of Ultracold K Atoms: Observations of High-Lying Levels of the $1_g \sim 1\,^1\Pi_g$ Molecular State of K_2, J. Chem. Phys., 118, 7837, 2003.

[9] Thorsheim, H. R., Weiner, J., and Julienne, P. S., Laser-induced photoassociation of ultracold sodium atoms, Phys. Rev. Lett., 58, 2420, 1987.

[10] Lett, P. D., Helmerson, K., Phillips, W. D., Ratliff, L. P., Rolston, S. L., and Wagshul, M. E., Spectroscopy of Na_2 by photoassociation of laser-cooled Na, Phys. Rev. Lett., 71, 2200, 1993.

[11] Miller, J. D., Cline, R. A., and Heinzen, D. J., Photoassociation spectrum of ultracold Rb atoms, Phys. Rev. Lett., 71, 2204, 1993.

[12] Wang, H., Gould, P. L., and Stwalley, W. C., Fine-tructure predissociation of ultracold photoassociated $^{39}K_2$ molecules observed by fragmentation spectroscopy, Phys. Rev. Lett., 80, 476, 1998.

[13] Jones, K. M., Tiesinga, E., Lett, P. D., and Julienne, P. S., Ultracold photoassociation spectroscopy: long-range molecules and atomic scattering, Rev. Mod. Phys., 78, 483, 2006.

[14] Lett, P. D., Julienne, P. S., and Phillips, W. D., Photoassociative spectroscopy of laser cooled atoms, Ann. Rev. Phys. Chem., 46, 423, 1995.

[15] Heinzen, D. J., Collisions of ultracold atoms in optical fields, inAtomic Physics 14, Wineland, D. J., Wieman, C. E., and Smith, S. J., Eds., AIP Press, New York, 1995, p. 369-388.

[16] Masnou-Seeuws, F. and Pillet, P., Formation of ultracold molecules ($T \leqslant 200\ \mu K$) via photoassociation in a gas of laser-cooled atoms, Adv. At. Mol. Opt. Phys., 47, 53, 2001.

[17] Weiner, J., Bagnato, V. S., Zilio, S. C., and Julienne, P. S., Experiments in cold and ultracold collisions, Rev. Mod. Phys., 71, 1, 1999.

[18] Pichler, M., Qi, J., Stwalley, W. C., Beuc, R., and Pichler, G., Observation of blue satellite bands and photoassociation at ultracold tempera-

tures,Phys. Rev. A,73,021403,2006.

[19] Pichler,M. ,Qi,J. ,Stwalley,W. C. ,Beuc,R. ,and Pichler,G. ,Blue satellite bands and photoassociation spectra of ultracold cesium,inSpectral Line Shapes,AIP Conf. Proc. vol. 874,Oks,E. and Pindzola,M. ,Eds. , AIP Press,New York,2006,p. 179- 190.

[20] Bergeman,T. ,Julienne,P. S. ,Williams,C. J. ,Tiesinga,E. ,Manaa,M. R. ,Wang,H. ,Gould,P. L. ,and Stwalley,W. C. ,Predissociations in 0^+ u and 1gStates of K_2 ,J. Chem. Phys. ,117,7491,2002.

[21] Amelink,A. ,Jones,K. M. ,Lett,P. D. ,van der Sträten,P. ,and Heideman,H. G. M. ,Spectroscopy of autoionizing doubly excited states in ultracold Na_2 molecules produced by photoassociation,Phys. Rev. A,61, 042707,2000.

[22] Normand,B. and Stwalley,W. C. ,Calculations of long range potential wells for highly excited homonuclear and heteronuclear alkali dimers,J. Chem. Phys. ,121,285,2004.

[23] Wang,H. ,Wang,X. T. ,Gould,P. L. ,and Stwalley,W. C. Optical-optical double resonance photoassociative spectroscopy of ultracold ^{39}K atoms near highly excited asymptotes,Phys. Rev. Lett. ,78,4173,1997.

[24] Band,Y. B. and Julienne,P. S. ,Ultracold-molecule production by laser-cooled atom photoassociation,Phys. Rev. A,51,R4317,1996.

[25] Nikolov,A. N. ,Ensher,J. R. ,Eyler,E. E. ,Wang,H. ,Stwalley,W. C. , and Gould,P. L. ,Efficient production of ground-state potassium molecules at sub-mK temperatures by two-step photoassociation,Phys. Rev. Lett. ,84,246,2000.

[26] Tsai,C. C. ,Freeland,R. S. ,Vogels,J. M. ,Boesten,H. M. J. M. ,Verhaar,B. J. ,and Heinzen,D. J. ,Two-color photoassociation spectroscopy of ground state Rb_2 ,Phys. Rev. Lett. ,79,1245,1997.

[27] Abraham,E. R. I. ,McAlexander,W. I. ,Sackett,C. A. ,and Hulet,R. G. ,Spectroscopic determination of thes-wave scattering length of lithium,Phys. Rev. Lett. ,74,1315,1995..

[28] Abraham,E. R. I. ,McAlexander,W. I. ,Gerton,J. M. ,Hulet,R. G. ,

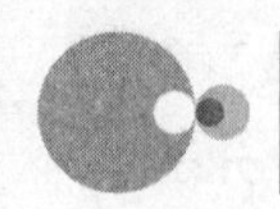

Côté, R. , and Dalgarno, A. , Singlets-wave scattering lengths of ^{6}Li and ^{7}Li, Phys. Rev. A, 53, R3713, 1996.

[29] Schlöder, U. , Deuschle, T. , Silber, C. , and Zimmermann, C. , Autler-Townes splitting in two-color photoassociation of ^{6}Li, Phys. Rev. A, 68, 051403, 2003.

[30] Wang, H. , Nikolov, A. N. , Ensher, J. R. , Gould, P. L. , Eyler, E. E. , Stwalley, W. C. , Burke, J. P. , Bohn, J. L. , Greene, C. H. , Tiesinga, E. , Williams, C. J. , and Julienne, P. S. , Ground-state scattering lengths for potassium isotopes determined by doubleresonance photoassociative spectroscopy of ultracold ^{39}K, Phys. Rev. A, 62, 052704, 2000.

[31] Nikolov, A. N. , Eyler, E. E. , Wang, X. T. , Li, J. , Wang, H. , Stwalley, W. C. , and Gould, P. L. , Observation of ultracold ground-state potassium molecules, Phys. Rev. Lett. , 82, 703, 1999.

[32] Bergmann, K. , Theuer, H. , and Shore, B. W. Coherent population transfer among quantum states of atoms and molecules, Rev. Mod. Phys. , 70, 1003, 1998.

[33] Huang, Y. , Qi, J. , Pechkis, H. K. , Wang, D. , Eyler, E. E. , Gould, P. L. , and Stwalley, W. C. , Formation, detection, and spectroscopy of ultracold Rb2in the ground $X\ ^1\Sigma_g^+$ state, J. Phys. B, 39, S857, 2006.

[34] Kleiber, P. D. , Stwalley, W. C. , and Sando, K. M. Scattering-state spectroscopy as a probe of molecular dynamics, Annu. Rev. Phys. Chem. , 44, 13, 1993.

[35] Azizi, S. , Aymar, M. , and Dulieu, O. , Prospects for the formation of ultracold ground state polar molecules from mixed alkali atom pairs, Eur. Phys. J. D, 31, 195, 2004.

[36] Aymar, M. and Dulieu, O. , Calculation of accurate permanent dipole moments of the lowest $^{1,3}\Sigma^+$ states of heteronuclear alkali dimers using extended basis sets, J. Chem. Phys. , 122, 204302, 2005.

[37] Viteau, M. , Chotia, A. , Allegrini, M. , Bouloufa, N. , Dulieu, O. , Comparat, D. , and Pillet, P. Optical pumping and vibrational cooling of molecules, Science, 321, 232, 2008.

[38] Bahns, J. T., Stwalley, W. C., and Gould, P. L. Laser cooling of molecules: a sequential scheme for rotation, translation and vibration, J. Chem. Phys., 104, 9689, 1996.

[39] Deiglmayr, J., Grochola, A., Repp, M., Mörtlbauer, K., Glück, C., Lange, J., Dulieu, O., Wester, R., and Weidemüller, M., Formation of ultracold polar molecules in the rovibrational ground state, Phys. Rev. Lett., 101, 133004, 2008.

[40] Pichler, M., Stwalley, W. C., Beuc, R., and Pichler, G., Formation of ultracold Cs_2 molecules through the double-minimum Cs_2 3 $^1\Sigma_u^+$ state, Phys. Rev. A, 69, 013403, 2004.

[41] Wang, H. and Stwalley, W. C., Ultracold photoassociative spectroscopy of heteronuclear alkali-metal diatomic molecules, J. Chem. Phys., 108, 5767, 1998.

[42] Kerman, A. J., Sage, J. M., Sainis, S., Bergeman, T., and DeMille, D., Production of ultracold, polar $RbCs^*$ molecules via photoassociation, Phys. Rev. Lett., 92, 033004, 2004.

[43] Bergeman, T., Kerman, A., Sage, J., Sainis, S., and DeMille, D., Prospects for production of ultracold $X\ ^1\Sigma^+$ RbCs molecules, Eur. Phys. J. D, 31, 179, 2004.

[44] Wang, D., Qi, J., Stone, M. F., Nikolayeva, O., Wang, H., Hattaway, B., Gensemer, S. D., Gould, P. L., Eyler, E. E., and Stwalley, W. C., Photoassociative production and trapping of ultracold KRb molecules, Phys. Rev. Lett., 93, 243005, 2004.

[45] Wang, D., Qi, J., Stone, M. F., Nikolayeva, O., Hattaway, B., Gensemer, S. D., Wang, H., Zemke, W. T., Gould, P. L., Eyler, E. E., and Stwalley, W. C., The photoassociative spectroscopy, photoassociative molecule formation, and trapping of ultracold $^{39}K^{85}Rb$, Eur. Phys. J. D, 31, 165, 2004.

[46] Haimberger, C., Kleinert, J., Dulieu, O., and Bigelow, N. P., Processes in the formation of ultracold NaCs, J. Phys. B, 39, S957, 2006.

[47] Nemitz, N., Baumer, F., Münchow, F., Tassy, S., and Görlitz, A., Pro-

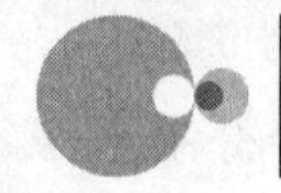

duction of ultracold heteronuclear $YbRb^*$ molecules by photoassociation,2008,arXiv:0807.0852v1.

[48] Rousseau,S.,Allouche,A. R.,and Aubert-Frécon,M. Theoretical study of the electronic structure of the KRb molecule,J. Mol. Spectrosc.,203,235,2000.

[49] Kasahara, S., Fujiwara, C., Okada, N., Katô, H., and Baba, M., Doppler-free optical-optical double resonance polarization spectroscopy of the $^{39}K^{85}Rb$ 1 $^1\Pi$ and 2 $^1\Pi$ states,J. Chem. Phys.,111,8857,1999.

[50] Zemke,W. T. and Stwalley,W. C.,Radiative transition probabilities,lifetimes and dipole moments for the vibrational levels of the $X\ ^1\Sigma^+$ ground state of $^{39}K^{85}Rb$,J. Chem. Phys.,120,88,2004.

[51] Wang,D.,Eyler,E. E.,Gould,P. L.,and Stwalley,W. C.,State-selective detection of near-dissociation ultracold KRb $X\ ^1\Sigma^+$ and $a\ ^3\Sigma^+$ molecules,Phys. Rev. A,72,032502,2005.

[52] Pichler,G.,Milosevic,S.,Veza,D.,and Beuc,R.,Diffuse bands in the visible absorption spectra of dense alkali vapours, J. Phys. B, 16, 4619,1983.

[53] Pichler, M., Producing Cold and Ultracold Cs_2 and CsH Molecules through Photoassociation and Reactions, Ph. D. thesis, University of Connecticut,2001.

[54] Wynar,R. H.,Freeland,R. S.,Han,D. J.,Ryu,C.,and Heinzen,D. J., Molecules in a Bose-Einstein Condensate,Science,287,1016,2000.

[55] Gerton,J. M.,Frew,B. J.,and Hulet,R. G.,Photoassociative frequency shift in a quantum degenerate gas,Phys. Rev. A,64,053410,2001.

[56] Junker,M.,Dries,D.,Welford,C.,Hitchcock,J.,Chen,Y. P.,and Hulet,R. G.,Photoassociation of a Bose-Einstein condensate near a Feshbach resonance,2008,arXiv:0803.1167v2.

[57] McKenzie,C.,Denschlag,J. H.,Häffner,H.,Browaeys,A.,de Araujo,L. E. E.,Fatemi,F. K.,Jones,K. M.,Simsarian,J. E.,Cho,D.,Simoni,A.,Tiesinga,E.,Julienne,P. S.,Helmerson,K.,Lett,P. D.,Rolston,S. L.,and Phillips,W. D.,Photoassociation of sodium in a Bose-Einstein

condensate, Phys. Rev. Lett., 88, 120403, 2002.

[58] Javanainen, J. and Mackie, M., Rate limit for photoassociation of a Bose-Einstein condensate, Phys. Rev. Lett., 88, 090403, 2002.

[59] Naidon, P. and Masnou-Seeuws, F., Pair dynamics in the formation of molecules in a Bose-Einstein condensate, Phys. Rev. A, 68, 033612, 2003.

[60] Gasenzer, T., High-light-intensity photoassociation in a Bose-Einstein condensate, Phys. Rev. A, 70, 021603, 2004.

[61] Javanainen, J. and Mackie, M., Coherent photoassociation of a Bose-Einstein condensate, Phys. Rev. A, 59, R3186, 1999.

[62] Heinzen, D. J., Wynar, R., Drummond, P. D., and Kheruntsyan, K. V., Superchemistry: Dynamics of coupled atomic and molecular Bose-Einstein condensates, Phys. Rev. Lett., 84, 5029, 2000.

[63] Mackie, M., Kowalski, R., and Javanainen, J., Bose-stimulated Raman adiabatic passage in photoassociation, Phys. Rev. Lett., 84, 3803, 2000.

[64] Mackie, M., Härkönen, K., Collin, A., Suominen, K.-A., and Javanainen, J., Improved efficiency of stimulated Raman adiabatic passage in photoassociation of a Bose-Einstein condensate, Phys. Rev. A, 70, 013614, 2004.

[65] Koštrun, M. and Cõté, R., Two-color spectroscopy of fermions in mean-field BCS -BEC crossover theory, Phys. Rev. A, 73, 041607, 2006.

[66] Thompson, S. T., Hodby, E., and Wieman, C. E., Ultracold Molecule Production via a Resonant Oscillating Magnetic Field, Phys. Rev. Lett., 95, 190404, 2005.

[67] Ospelkaus, C., Ospelkaus, S., Humbert, L., Ernst, P., Sengstock, K., and Bongs, K., Ultracold heteronuclear molecules in a 3D optical lattice, Phys. Rev. Lett., 97, 120402, 2006.

[68] Zirbel, J. J., Ni, K. K., Ospelkaus, S., Olsen, M. L., Julienne, P. S., Wieman, C., Ye, J., and Jin, D., Heteronuclear molecules in an optical dipole trap, Phys. Rev. A, 78, 013416, 2008.

[69] Kotochigova, S., Prospects for making polar molecules with microwave fields, Phys. Rev. Lett., 99, 073003, 2007.

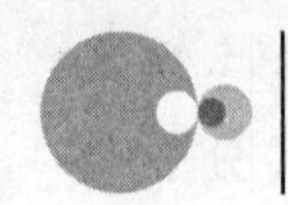

[70] Juarros, E. , Pellegrini, P. , Kirby, K. , and Côté, R. , One-photon-assisted formation of ultracold polar molecules, Phys. Rev. A, 73, 041403 (R), 2006.

[71] Chin, C. and Julienne, P. S. , Radio-frequency transitions on weakly bound ultracold molecules, Phys. Rev. A, 71, 012713, 2005.

[72] Bartenstein, M. , Altmeyer, A. , Riedl, S. , Geursen, R. , Jochim, S. , Chin, C. , Denschlag, J. H. , Grimm, R. , Simoni, A. , Tiesinga, E. , Williams, C. J. , and Julienne, P. S. , Precise determination of ^{6}Li cold collision parameters by radio-frequency spectroscopy on weakly bound molecules, Phys. Rev. Lett. , 94, 103201, 2005.

[73] Chin, C. , Bartenstein, M. , Altmeyer, A. , Riedl, S. , Jochim, S. , Denschlag, J. H. , and Grimm, R. , Observation of the pairing gap in a strongly interacting fermi gas, Science, 305, 1128, 2004.

[74] Mark, M. , Ferlaino, F. , Knoop, S. , Danzl, J. G. , Kraemer, T. , Chin, C. , Nägerl, H. -C. , and Grimm, R. , Spectroscopy of ultracold trapped cesium Feshbach molecules, Phys. Rev. A, 76, 042514, 2007.

[75] Lang, F. , van der Straten, P. , Brandstätter, B. , Thalhammer, G. , Winkler, K. , Julienne, P. S. , Grimm, R. , and Denschlag, J. H. , Cruising through molecular bound-state manifolds with radiofrequency, Nature Phys. , 4, 223, 2008.

[76] Stwalley, W. C. , Stability of spin-aligned hydrogen at low temperatures and high magnetic fields: New field-dependent scattering resonances and predissociations, Phys. Rev. Lett. , 37, 1628, 1976.

[77] Uang, Y. -H. , Ferrante, R. F. , and Stwalley, W. C. Model calculations of magnetic- fieldinduced perturbations and predissociations in ^{6}Li^{7}Li near dissociation, J. Chem. Phys. , 74, 6267, 1981.

[78] Tiesinga, E. , Verhaar, B. J. , and Stoof, H. T. C. Threshold and resonance phenomena in ultracold ground-state collisions, Phys. Rev. A, 47, 4114, 1993.

[79] Cornish, S. L. , Claussen, N. R. , Roberts, J. L. , Cornell, E. A. , and Wieman, C. E. , Stable ^{85}Rb Bose-Einstein condensates with widely tunable

interactions, Phys. Rev. Lett., 85, 1795, 2000.
[80] Roberts, J. L., Claussen, N. R., Burke, J. P., Greene, C. H., Cornell, E. A., and Wieman, C. E., Resonant magnetic field control of elastic scattering in cold ^{85}Rb, Phys. Rev. Lett., 81, 5109, 1998.
[81] Courteille, P., Freeland, R. S., Heinzen, D. J., van Abeelen, F. A., and Verhaar, B. J., Observation of a Feshbach resonance in cold atom scattering, Phys. Rev. Lett., 81, 69, 1998.
[82] Strecker, K. E., Partridge, G. B., and Hulet, R. G., Conversion of an atomic Fermi gas to a long-lived molecular Bose gas, Phys. Rev. Lett., 91, 080406, 2003.
[83] Cubizolles, J., Bourdel, T., Kokkelmans, S. J. J. M. F., Shlyapnikov, G. V., and Salomon, C. Production of long-lived ultracold Li_2 molecules from a Fermi gas, Phys. Rev. Lett., 91, 240401, 2003.
[84] Jochim, S., Bartenstein, M., Altmeyer, A., Hendl, G., Riedl, S., Chin, C., Denschlag, J. H., and Grimm, R., Bose-Einstein condensation of molecules, Science, 302, 2101, 2003.
[85] Greiner, M., Regal, C. A., and Jin, D. S., Emergence of a molecular Bose-Einstein condensate from a Fermi gas, Nature, 426, 537, 2003.
[86] Chin, C., Grimm, R., Julienne, P., and Tiesinga, E., Feshbach Resonances in Ultracold Gases, 2008, arXiv:0812.1496.
[87] Li, Z. and Krems, R. V., Electric-field-induced Feshbach resonances in ultracold alkali-metal mixtures, Phys. Rev. A, 75, 032709, 2007.
[88] Theis, M., Thalhammer, G., Winkler, K., Hellwig, M., Ruff, G., Grimm, R., and Denschlag, J. H., Tuning the scattering length with an optically induced Feshbach resonance, Phys. Rev. Lett., 93, 123001, 2004.
[89] Thalhammer, G., Theis, M., Winkler, K., Grimm, R., and Denschlag, J. H., Inducing an optical Feshbach resonance via stimulated Raman coupling, Phys. Rev. A, 71, 033403, 2005.
[90] Lara, B. L. L. M. and Bohn, J. L., Loss of molecules in magneto-electrostatic traps due to nonadiabatic transitions, 2008, arXiv:0806.2245v1.

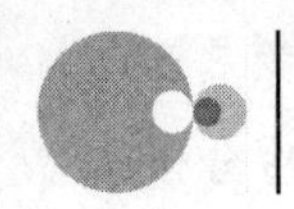

[91] González-Férez,R. ,Mayle,M. ,and Schmelcher,P. ,Formation of ultracold heteronuclear dimers in electric fields, Europhys. Lett. , 78, 53001,2007.

[92] González-Férez,R. ,Weidemüller,M. ,and Schmelcher,P. ,Photoassociation of cold heteronuclear dimers in static electric fields,Phys. Rev. A, 76,023402,2007.

[93] Bloch,I. ,Ultracold quantum gases in optical lattices,Nature Phys. ,1, 23,2005.

[94] Osborne, I. and Coontz, R. , Quantum Wonderland, Science, 319, 1201,2008.

[95] Bloch,I. ,Quantum gases,Science,319,1202,2008.

[96] Greiner,M. and Fölling,S. ,Optical lattices,Nature,453,736,2008.

[97] Westbrook,C. I. ,Watts,R. N. ,Tanner,C. E. ,Rolston,S. L. ,Phillips, W. D. ,Lett,P. D. ,and Gould,P. L. ,Localization of atoms in a three-dimensional standing wave,Phys. Rev. Lett. ,65,33,1990.

[98] Greiner,M. ,Mandel,O. ,Esslinger,T. ,Hänsch,T. W. ,and Bloch,I. , Quantum phase transition from a superfluid to a Mott insulator in a gas of ultracold atoms,Nature,415,39,2002.

[99] Jaksch,D. ,Venturi,V. ,Cirac,J. I. ,Williams,C. J. ,and Zoller,P. Creation of a molecular condensate by dynamically melting a Mott insulator, Phys. Rev. Lett. ,89,040402,2002.

[100] Damski,B. ,Santos,L. ,Tiemann,E. ,Lewenstein,M. ,Kotochigova, S. ,Julienne,P. ,and Zoller,P. ,Creation of a dipolar superfluid in optical lattices,Phys. Rev. Lett. ,90,110401,2003.

[101] Rom,T. ,Best,T. ,Mandel,O. ,Widera,A. ,Greiner,M. ,Hänsch,T. W. ,and Bloch,I. ,State selective production of molecules in optical lattices,Phys. Rev. Lett. ,93,073002,2004.

[102] Ryu,C. ,Du,X. ,Yesilada,E. ,Dudarev,A. M. ,Wan,S. ,Niu,Q. ,and Heinzen,D. J. Oscillation between an atomic and a molecular quantum gas,2005,arXiv:condmat/ 0508201v1.

[103] Thalhammer,G. ,Winkler,K. ,Lang,F. ,Schmid,S. ,Grimm,R. ,and

Denschlag, J. H., Long-lived Feshbach molecules in a three-dimensional optical lattice, Phys. Rev. Lett., 96, 050402, 2006.

[104] Volz, T., Syassen, N., Bauer, D. M., Hansis, E., Dürr, S., and Rempe, G., Preparation of a quantum state with one molecule at each site of an optical lattice, Nature Phys., 2, 692, 2006.

[105] Hudson, E. R., Gilfoy, N. B., Kotochigova, S., Sage, J. M., and DeMille, D., Inelastic collisions of ultracold heteronuclear molecules in an optical trap, Phys. Rev. Lett., 100, 203201, 2008.

[106] Winkler, K., Thalhammer, G., Lang, F., Grimm, R., Denschlag, J. H., Daley, A. J., Kantian, A., Büchler, H. P., and Zoller, P., Repulsively bound atom pairs in an optical lattice, Nature, 441, 853, 2006.

[107] Fioretti, A., Comparat, D., Crubellier, A., Dulieu, O., Masnou-Seeuws, F., and Pillet, P., Formation of cold Cs_2 molecules through photoassociation, Phys. Rev. Lett., 80, 4402, 1998.

[108] Wang, D., Eyler, E. E., Gould, P. L., and Stwalley, W. C., Spectra of ultracold KRb molecules in near-dissociation vibrational levels, J. Phys. B, 39, S849, 2006.

[109] Wang, D., Kim, J. T., Ashbaugh, C., Eyler, E. E., Gould, P. L., and Stwalley, W. C., Rotationally resolved depletion spectroscopy of ultracold KRb molecules, Phys. Rev. A, 75, 032511, 2007.

[110] Lozeille, J., Fioretti, A., Gabbanini, C., Huang, Y., Pechkis, H. K., Wang, D., Gould, P. L., Eyler, E. E., Stwalley, W. C., Aymar, M., and Dulieu, O., Detection by two-photon ionization and magnetic trapping of cold Rb_2 triplet state molecules, Eur. Phys. J. D, 39, 261, 2006.

[111] Gabbanini, C., Fioretti, A., Lucchesini, A., Gozzini, S., and Mazzoni, M., Cold rubidium molecules formed in a magneto-optical trap, Phys. Rev. Lett., 84, 2814, 2000.

[112] Fioretti, A., Amiot, C., Dion, C. M., Dulieu, O., Mazzoni, M., Smirne, G., and Gabbanini, C., Cold rubidium molecule formation through photoassociation: A spectroscopic study of the 0_g^- long-range state of $^{87}Rb_2$, Eur. Phys. J. D, 15, 189, 2001.

[113] Kemmann, M., Mistrik, I., Nussmann, S., Helm, H., Williams, C. J., and Julienne, P. S., Near-threshold photoassociation of $^{87}Rb_2$, Phys. Rev. A, 69, 022715, 2004.

[114] Mancini, M. W., Telles, G. D., Caires, A. R. L., Bagnato, V. S., and Marcassa, L. G., Observation of ultracold ground-state heteronuclear molecules, Phys. Rev. Lett., 92, 133203, 2004.

[115] Haimberger, C., Kleinert, J., Bhattacharya, M., and Bigelow, N. P., Formation and detection of ultracold ground-state polar molecules, Phys. Rev. A, 70, 021402, 2004.

[116] Kerman, A. J., Sage, J. M., Sainis, S., Bergeman, T., and DeMille, D., Production and State-Selective Detection of Ultracold RbCs Molecules, Phys. Rev. Lett., 92, 153001, 2004.

[117] Kraft, S. D., Staanum, P., Lange, J., Vogel, L., Wester, R., and Weidemüller, M., Formation of ultracold LiCs molecules, J. Phys. B, 39, S993, 2006.

[118] Staanum, P., Kraft, S. D., Lange, J., Wester, R., and Weidemüller, M., Experimental Investigation of Ultracold Atom-Molecule Collisions, Phys. Rev. Lett., 96, 023201, 2006.

[119] Zahzam, N., Vogt, T., Mudrich, M., Comparat, D., and Pillet, P., Atom-molecule collisions in an optically trapped gas, Phys. Rev. Lett., 96, 023202, 2006.

[120] Fatemi, F. K., Jones, K. M., Lett, P. D., and Tiesinga, E., Ultracold ground-state molecule production in sodium, Phys. Rev. A, 66, 053401, 2002.

[121] Kleinert, J., Haimberger, C., Zabawa, P. J., and Bigelow, N. P., Trapping of ultracold polar molecules with a thin-wire electrostatic trap, Phys. Rev. Lett., 99, 143002, 2007.

[122] Comparat, D., Drag, C., Fioretti, A., Dulieu, O., and Pillet, P., Photoassociative spectroscopy and formation of cold molecules in cold cesium vapor: Trap-loss spectrum versus ion spectrum, J. Mol. Spectrosc., 195, 229, 1999.

[123] Pichler,G. ,Bahns,J. T. ,Sando,K. M. ,Stwalley,W. C. ,Konowalow, D. D. ,Li,L. ,Field,R. W. ,and Müller,W. ,Electronic assignments of the violet bands of sodium,Chem. Phys. Lett. ,129,425,1986.

[124] Tsai,C.-C. ,Bahns,J. T. ,Whang,T. J. ,Wang,H. ,Stwalley,W. C. , and Lyyra,A. M. ,Optical-optical double resonance spectroscopy of the $^1\Sigma_g^-$ shelf states and $^1\Pi_g$ states of Na_2 using an ultrasensitive ionization detector,Phys. Rev. Lett. ,71,1152,1993.

[125] Kim,J. T. ,Wang,H. ,Bahns,J. T. ,and Stwalley,W. C. ,The exotic potential curve of 3 $^1\Pi_g$ State of K_2 by optical-optical double resonance spectroscopy,J. Mol. Spectrosc. ,181,389,1997.

[126] Fioretti,A. ,Comparat,D. ,Drag,C. ,Amiot,C. ,Dulieu,O. ,Masnou-Seeuws,F. ,and Pillet,P. ,Photoassociative spectroscopy of the Cs_2 0_g^- long-range state,Eur. Phys. J. D,5,389,1999.

[127] Vatasescu,M. ,Dulieu,O. ,Amiot,C. ,Comparat,D. ,Drag,C. ,Kokoouline, V. ,MasnouSeeuws,F. ,and Pillet,P. ,Multichannel tunneling in the Cs_2 0_g^- photoassociationspectrum,Phys. Rev. A,61,044701,2000.

[128] Dulieu,O. ,Kosloff,R. ,Masnou-Seeuws,F. ,and Pichler,G. ,Quasi-bound states in long-range alkali dimers:grid method calculations,J. Chem. Phys. ,107,10633,1997.

[129] Pechkis,H. K. ,Wang,D. ,Huang,Y. ,Eyler,E. E. ,Gould,P. L. , Stwalley,W. C. ,and Koch,C. P. ,Enhancement of the formation of ultracold $^{85}Rb_2$ molecules due to resonant coupling,Phys. Rev. A,76, 022504,2007.

[130] Dion,C. M. ,Drag,C. ,Dulieu,O. ,Laburthe Tolra,B. ,Masnou-Seeuws,F. ,and Pillet,P. ,Resonant coupling in the formation of ultracold ground state molecules via photoassociation,Phys. Rev. Lett. ,86, 2253,2001.

[131] Fioretti,A. ,Dulieu,O. ,and Gabbanini,C. ,Experimental evidence for an isotopic effect in the formation of ultracold ground-state rubidium dimers,J. Phys. B,40,3283,2007.

[132] Okada,N. ,Kasahara,S. ,Ebi,T. ,Baba,M. ,and Katô,H. ,Optical-optical

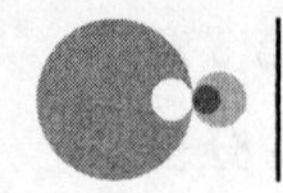

double resonance polarization spectroscopy of the $B\ ^1\Pi$ state of $^{39}K^{85}Rb$, J. Chem. Phys. ,105,3458,1996.

[133] Sage,J. M. ,Sainis,S. ,Bergeman,T. ,and DeMille,D. ,Optical production of ultracold polar molecules,Phys. Rev. Lett. ,94,203001,2005.

[134] Winkler,K. ,Lang,F. ,Thalhammer,G. ,van der Straten,P. ,Grimm, R. ,and Denschlag,J. H. ,Coherent optical transfer of Feshbach molecules to a lower vibrational state,Phys. Rev. Lett. ,98,043201,2007.

[135] Ospelkaus,S. ,Pe'er,A. ,Ni,K. -K. ,Zirbel,J. J. ,Neyenhuis,B. ,Kotochigova,S. ,Julienne,P. S. ,Ye,J. ,and Jin,D. S. ,Efficient state transfer in an ultracold dense gas of heteronuclear molecules,Nature Phys. ,4,622,2008.

[136] Danzl,J. G. ,Haller,E. ,Gustavsson,M. ,Mark,M. J. ,Hart,R. ,Bouloufa,N. ,Dulieu,O. ,Ritsch,H. ,and Nägerl,H. -C. ,Quantum gas of deeply bound ground state molecules,Science,321,1062,2008.

[137] Ni,K. -K. ,Ospelkaus,S. ,de Miranda,M. H. G. ,Pe'er,A. ,Neyenhuis,B. ,Zirbel,J. J. ,Kotochigova,S. ,Julienne,P. S. ,Jin,D. S. ,and Ye,J. ,A high phase-space-density gas of polar molecules,Science, 322,231,2008.

[138] Tsai,C. C. ,Bahns,J. T. ,and Stwalley,W. C. ,Observation of Na_2 Rydberg states and autoionization resonances by high resolution all-optical triple resonance spectroscopy,Chem. Phys. Lett. ,236,553,1995.

[139] Meyer,E. R. ,Bohn,J. L. ,and Deskevich,M. P. ,Candidate molecular ions for an electron electric dipole moment experiment,Phys. Rev. A, 73,062108,2006.

[140] Zelevinsky,T. ,Kotochigova,S. ,and Ye,J. ,Precision test of mass-ratio variations with lattice-confined ultracold molecules,Phys. Rev. Lett. ,100,043201,2008.

[141] DeMille,D. ,Sainis,S. ,Sage,J. ,Bergeman,T. ,Kotochigova,S. ,and Tiesinga,E. ,Enhanced sensitivity to variation of m_e/m_p in molecular spectra,Phys. Rev. Lett. ,100,043202,2008.

[142] González-Férez,R. ,Mayle,M. ,Sánches-Moreno,P. ,and Schmelcher,

P. ,Comparative study of the rovibrational properties of heteronuclear alkali dimers in electric fields,Europhys. Lett. ,83,43001,2008.

[143] DeMille, D. , Quantum computation with trapped polar molecules, Phys. Rev. Lett. ,88,067901,2002.

[144] Stwalley,W. C. Collisions and reactions of ultracold molecules,Can. J. Chem. ,82,709,2004.

[145] Krems,R. V. ,Molecules near absolute zero and external field control of atomic and molecular dynamics,Int. Rev. Phys. Chem. ,24,99,2005.

[146] Hutson,J. M. and Soldán,P. ,Molecule formation in ultracold atomic gases,Int. Rev. Phys. Chem. ,25,497,2006. 147. Krems,R. V. ,Cold controlled chemistry,Phys. Chem. Chem. Phys. ,10,4079,2008.

[147] Krems,R. V. ,Cold controlled chemistry,Phys. Phys. ,10,4079,2008.

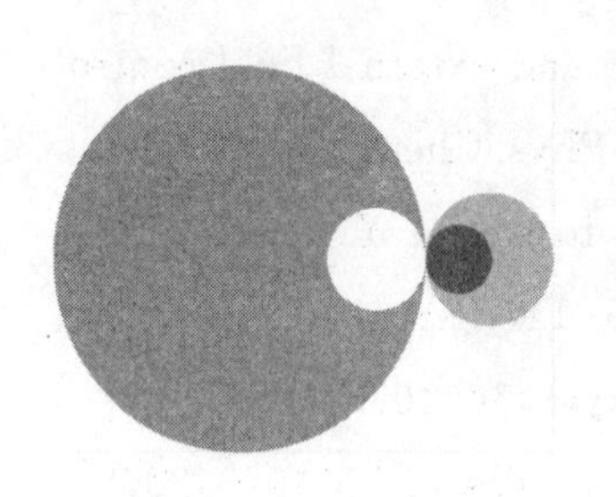

第6章 近碰撞阈值分子态

6.1 引言

真实原子是具有自旋结构的基态和激发态的复杂物质。由原子形成的分子在考虑分子自旋、转动、振动的时候，具有丰富的近阈值束缚和准束缚分子态光谱。超冷气体中的原子处于一个特殊的量子态，当精确控制原子能量使其接近于相互作用原子的碰撞阈值能量 $E=0$ 时，原子间发生碰撞。碰撞使得双原子形成分子复合物的近阈值光谱易受外部电磁场影响。通过精确调谐外部磁场或电磁场去耦合碰撞原子，可以使其到达某个特定分子态，这一过程被认为是一个散射共振。这既允许我们探测近阈值能级位置（对温度为 1 μK 的原子，精确度在 $E/h=10$ kHz 的量级）并且可获得极高的光谱精度，也可实现对碰撞过程的精确共振控制，这种控制决定了量子气体在静力学和动力学上的宏观特性。因此，理解近阈值束缚态和散射态，对理解超冷原子碰撞和相互作用过程具有重要意义，同时对理解超冷分子的相互作用也很有意义。

本章主要集中于理解通过磁场调谐形成 Feshbach 共振态[1]，或通过调谐光场形成光缔合共振态[2]去缔合两个冷原子形成分子的过程。这些共振提供了一种通过冷原子制备超冷分子的机制。此外,磁场调谐共振已经被成功用于控制超冷量子气体的特性。本章使用相同的散射理论去处理磁调谐和光调谐分子共振。量子亏损理论在概念上强调,要将原子间的相互作用分成短程和长程区域,这些区域有着非常不同的能量和长度尺度特性。关于近阈值碰撞和束缚态的研究,以及获得这些研究所使用的实用工具,都可以利用这种区域分离的方法获得[3]~[11]。分子物理较多地关注与"普通分子"相关联的强短程相互作用,而超冷物理中关注的是散射态以及在接近 $E=0$ 阈值处非常弱的分子束缚态。与距离 R 成 $1/R^n$ 关系的长程势在连接这两个区域中起重要的作用。

这里我们简要地总结冷碰撞理论,这个理论在第 1 章中已详细阐述过。散射波函数在具有不同相对角动量的两个原子态上展开,这些态由分波量子数 $\ell=0,1,2,\cdots$表征。通常情况下,原子初始时被制备在几个量子态之一,且散射通道可通过选择量子数 α 来表示每个原子的态和分波。通过求解系统的薛定谔方程,在 $E>0$ 时,碰撞的短程相互作用效应可以通过 $R\to+\infty$时的散射波函数经归一化的单位 S 矩阵来表征。只有最低阶的几个分波对冷碰撞起到作用,在 $E\to 0$ 的极限条件下,只有 $\ell=0$ 的 s 波通道具有不可忽略的碰撞截面。使用复散射长度 $a-\mathrm{i}b$ 表示在极限 $E\to 0$ 时 s 波的 S 矩阵元 $S_{\alpha\alpha}=\exp[-2\mathrm{i}k(a-\mathrm{i}b)]$,在通道 α 中 s 波碰撞对弹性散射截面的贡献可表示为

$$\sigma_{c1}=\lim_{E\to 0} g\frac{\pi}{k^2}|1-S_{\alpha\alpha}|^2=4g\pi(a^2+b^2) \tag{6.1}$$

其中,$\hbar k=\sqrt{2\mu E}$是约化质量为 μ 的原子对在质心坐标系下的相对碰撞动量。在 $E\to 0$ 时,s 波非弹性碰撞可以将原子移出通道 α,率系数 $K_{\text{loss}}=\sigma_{\text{loss}}v$ 可表示为

$$K_{\text{loss}}=\lim_{E\to 0} g\frac{\pi\hbar}{\mu k}(1-|S_{\alpha\alpha}|^2)=2g\frac{h}{\mu}b \tag{6.2}$$

其中,$v=\hbar k/\mu$ 是碰撞的相对速度。当原子是不处于全同态的玻色子或费米子时,对称因子 g 等于 1,$g=2$ 或 $g=1$ 分别对应于全同态的两个玻色子,它们分别处于通常热气体或玻色-爱因斯坦凝聚体的情况,$g=0$ 代表两个全同态费米子。如果没有放热的非弹性碰撞通道,那么 $b=0$,而且只可能有弹性碰撞。

薛定谔方程也可确定具有离散能级 $E_i<0$ 的束缚态。通常对分子束缚态

的计数方式是通过从最低基态向上的振动量子数 $v=0,1,\cdots$ 表征，现在对近阈值能级的讨论，计数方式采用通过从 $E=0$ 离解限向下的量子数 $i=-1,-2,\cdots$ 来表征则更方便。尤其是在 $a\rightarrow+\infty$ 的情况，最后一个束缚 s 波分子态 $i=-1$ 的能量只依赖于 a 和 μ 并且具有如下通用形式：

$$\text{当 } a\rightarrow+\infty \text{ 时}, E_{-1}=-\frac{\hbar^2}{2\mu a^2} \tag{6.3}$$

第 6.2 节将描述具有范德瓦尔斯长程形式的单势能的束缚以及散射特性，第 6.3 节将处理方法扩展到多重态和散射共振的情况。第 6.4 和 6.5 节将分别讨论磁场和光场调谐分子共振态的特性。

6.2 单势阱特性

在本节中，我们忽略任何原子内部的复杂结构，并且首先考虑两个原子 A 和 B，它们通过简单的绝热玻恩-奥本海默（Born-Oppenheimer）相互作用势 $V(R)$ 相互作用，如图 6.1 所示。系统的波函数写作 $|\alpha\rangle|\psi_\ell\rangle/R$，其中 $|\alpha\rangle$ 表示电子和转动自由度，并且相对运动波函数可由径向薛定谔方程给出，即

$$-\frac{\hbar^2}{2\mu}\frac{\mathrm{d}^2\psi_\ell}{\mathrm{d}R^2}+\left[V(R)+\frac{\hbar^2\ell(\ell+1)}{2\mu R^2}\right]\psi_\ell=E\psi_\ell \tag{6.4}$$

解方程(6.4)可以给出具有能量 $E_{i\ell}=-\hbar^2k_{i\ell}^2/(2\mu)<0$ 的束缚分子态 $\psi_{i\ell}$ 和具有碰撞动能 $E=\hbar^2k^2/(2\mu)>0$ 的散射态 $\psi_\ell(E)$ 的光谱。这里 $k_{i\ell}$ 和 k 的单位是(长度)$^{-1}$。当 $R\rightarrow+\infty$，束缚态以 $\mathrm{e}^{-k_{i\ell}R}$ 弛豫，散射态趋于

$$\psi_\ell(E)\rightarrow c\ \sin(kR-\pi\ell/2+\eta_\ell)/k^{1/2} \tag{6.5}$$

束缚态被归一化到 1，$|\langle\psi_{i\ell}|\psi_{i\ell}\rangle|^2=\delta_{ij}\delta_{\ell\ell'}$。我们选择归一化常数 $c=\sqrt{2\mu/\hbar^2\pi}$ 以使散射态被归一化为单位能量，$\langle\psi_\ell(E)|\psi_{\ell'}(E')\rangle=\delta(E-E')\delta_{\ell\ell'}$。因此，当考虑散射态矩阵元时，态的能量密度被包含在波函数里。

两个原子间的长程相互作用势随 $-C_n/R^n$ 变化。我们对 $n=6$ 时，两个中性原子间的范德瓦尔斯相互作用很感兴趣。这一项是许多超冷实验中用于表征原子势能与 $1/R^n$ 相关的长程态势能展开式中的首项。这个相互作用势具有一个特征距离 $R_{\mathrm{vdw}}=\sqrt[4]{2\mu C_6/\hbar^2}/2$，其值与 μ 和 C_6 的取值有关[2]。Derevianko[12] 将碱金属的 C_6 值制成表格，Prosev 和 Derevianko[13] 将碱土金属的 C_6 值制成表格。我们更喜欢使用由 Gribakin 和 Flambaum 推导出的范德瓦尔斯长度[14]。

$$\bar{a}=4\pi/\Gamma(1/4)^2R_{\mathrm{vdw}}=0.955978\cdots R_{\mathrm{vdw}} \tag{6.6}$$

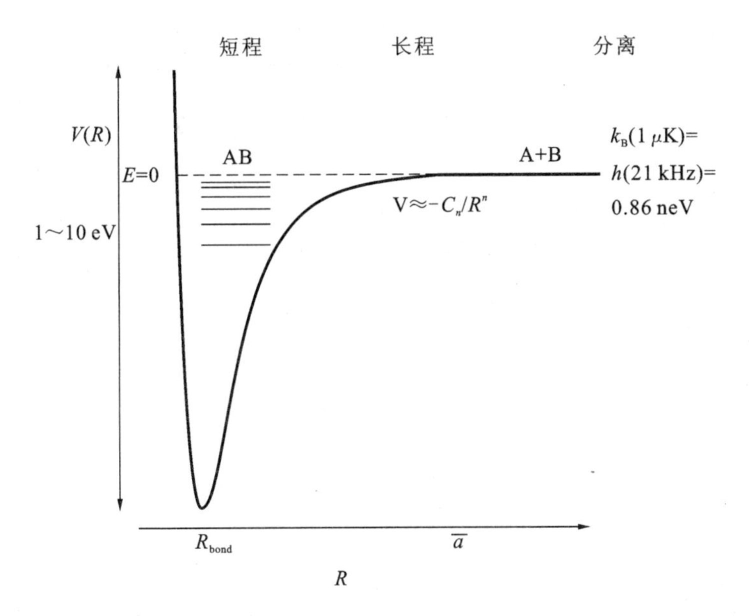

图6.1　势能曲线$V(R)$随两个原子A和B核间距R变化的示意图。标注AB的水平线表征分子束缚态在近离解限$E=0$的光谱，离解限由虚线表示。长程势变化由$-C_n/R^n$表示，正文给出R_{bond}和$\bar{a}$的定义

其中，$\Gamma(x)$是伽马(Gamma)函数。这个长度定义了一个能量标度$\bar{E}=\hbar^2(2\mu\bar{a}^2)$。参数$\bar{a}$和$\bar{E}$经常出现在基于范德瓦尔斯势的公式中。当$R\gg\bar{a}$时，波函数趋于渐近形式；当$R\leqslant\bar{a}$时，波函数受势能影响较大。表6.1给出了几种在超冷实验中用到的样品的$\bar{a}$和$\bar{E}$参数值。

冷原子的动力学温度一般在纳开尔文到毫开尔文数量级。对应于温度T的能量为k_BT，其中k_B是玻尔兹曼常数。例如，当$T=1\ \mu K$时，$k_BT=0.86$ neV，$k_BT/h=21$ kHz。当原子以化学键长度量级的较小间距R_{bond}形成分子时，其基态、激发态相互作用能通常是1～10 eV，比上述超冷能量大9到10个数量级。在冷碰撞过程中，最初分立的两个原子具有较小的碰撞能量$E=\hbar^2k^2/(2\mu)\approx 0$和较长的德布罗意波长$2\pi/k$。两个原子从较大间距$R$开始结合，通过原子间的相互作用势$V(R)$加速，因此当两个原子间的距离为$R_{bond}$数量级时，它们具有非常大的动能，大约为$|V(R_{bond})|$数量级。短程态势能曲线经典部分的分子德布罗意波长为$2\pi/k(R,E)$，其中$k(R,E)=\sqrt{2\mu(E-V(R))}/\hbar$，该波长比分立原子的德布罗意波长小几个数量级，与趋近于0的E基本无关。

表 6.1 不同原子中表征范德瓦尔斯特性的参数 $\bar{a}$ 和 $\bar{E}$

元 素	质量/amu	C_6/au	$\bar{a}/a_0$	$\bar{E}/h$/MHz	$\bar{E}/k_B$/mk
^{6}Li	6.015122	1393	29.88	671.9	32.25
^{23}Na	22.989768	1556	42.95	85.10	4.084
^{40}K	39.963999	3897	62.04	23.46	1.126
^{87}Rb	86.909187	4691	78.92	6.668	0.3200
^{88}Sr	87.905616	3170	71.76	7.974	0.3827
^{133}Cs	132.905429	6860	96.51	2.916	0.1399
^{174}Yb	173.938862	1932	72.20	3.670	0.1761

注意:1 amu=1/12 ^{12}C 原子质量,1 au=$1E_h a_0^6$,其中 E_h 是 1 hartree,$1a_0$=0.0529177 nm。

如图 6.2 所示,以碰撞能量为 $E/k_B=1\ \mu K$ 时 s 波函数为例,给出了这种能量尺度的间隔,其中将 E 除以 k_B 可以使我们用温度单位来表征能量。该例子用的是 Yb 原子同位素组成的三种原子对,原子是无自旋的 $^1S_0$ 电子结构,采用单重基态玻恩-奥本海默势 $V(R)$。Yb 原子是介绍该章节原理的一个很好的例子,这主要是 Yb 原子有 7 个稳定的同位素,不同同位素组成 28 种不同双原子组合,对于不同的原子组合,其阈值也已得到计算[15]。所有的组合具有相同的 $V(R)$ 值,尽管它们的约化质量不同。这种质量尺度上的近似忽略了与质量有关的势能修正值,除了质量较轻的原子如 Li 原子外,通常是适用的。作为例子,图 6.2 给出了其中三个的径向波函数,在通常的长程德布罗意波长 $2\pi/k=6300a_0$ 下,它们有相似的相移正弦波。对于小的核间距 R,其中 $kR\ll1$,正弦函数随着 $c\sin k(R-a)/k\to c\sqrt{k}(R-a)$ 逐渐消失。由于势能的影响,在较小 R 处,实际波函数发生快速振荡。当 $k\to0$ 时,$kR\ll1$ 的渐近形式随 $k^{1/2}$ 变化,因此短程态振荡的振幅也与 $k^{1/2}$ 成正比,这是为了当 $k\to0$ 时能很好地与渐近线形式连接。这个特性表明,表征 Feshbach 共振和 s 波非弹性散射的阈值矩阵元与 $k^{1/2}$ 成正比。图 6.3 清晰地给出了短程阈值散射及束缚态波函数特性。当给定一个合适的短程归一化后,R 小于长程势区域 $\bar{a}$ 时,近阈值散射和束缚态波函数将具有相同的振幅和相移。虽然这可以通过量子亏损理论来严格定量表示,但使用熟知的 JWKB 近似可以更容易地表示。我们可以把波函数写成是相移-振幅形式 $\psi_1(R,E)=\alpha_\ell(R,E)\sin\beta_1(R,E)$,把薛定谔方程(6.4)

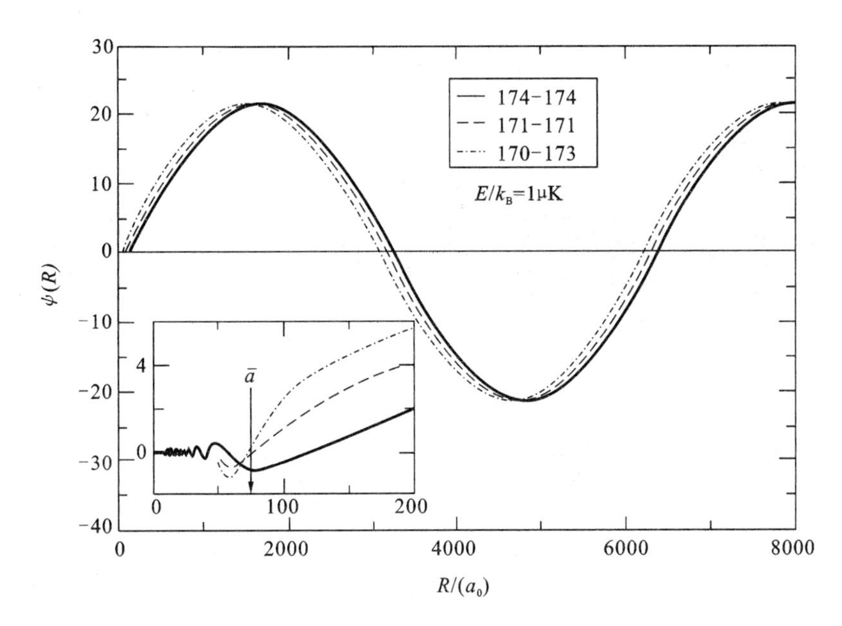

图 6.2 不同原子对在 $E/k_B=1\ \mu K$，$\ell=0$ 时的径向波函数 $\psi_0(R)$，其中^{174}Yb-^{174}Yb(实线)、^{171}Yb-^{171}Yb(虚线)和^{170}Yb-^{173}Yb(点虚线)，散射长度分别是 $105a_0$、$-3a_0$ 和 $-81a_0$[15]。插图是在 $\bar{a}$ 数量级的小范围长度内波函数的展开，$\bar{a}$ 是范德瓦尔斯势的特征长度。^{174}Yb-^{174}Yb 展示了当 $R<\bar{a}$ 时产生的振荡

转换为一组与 α_l 和 β_l 有关的方程。当 $R\to+\infty$ 时，方程(6.5)中渐近函数 $\psi_1(R,E)$ 与 $\alpha_l\to c/k^{1/2}$ 的变化趋势一致。另一个熟知的表示方法是 JWKB 半经典波函数 $\psi_\ell^{\mathrm{JWKB}}(R,E)$，$\alpha_l$ 和 β_l 相应的表达式为

$$\alpha_\ell^{\mathrm{JWKB}}(R,E)=c/k_\ell(R,E)^{1/2} \tag{6.7}$$

$$\beta_\ell^{\mathrm{JWKB}}(R,E)=\int_{R_t}^{R}k_\ell(R',E)\mathrm{d}R'+\frac{\pi}{4} \tag{6.8}$$

式中：R_t 是势能曲线的经典内转折点。

当碰撞能量 E 足够大时，不存在阈值效应，JWKB 近似对于所有的 R 值都有很好的近似，因此方程(6.7)中的 $\alpha_\ell^{\mathrm{JWKB}}(R,E)$ 对于所有的 R 值都适用，当 $R\to+\infty$ 时转化成修正的量子极限。另一方面，在碰撞能量较低时 JWKB 近似对 s 波将不再适用。在 R 接近 $\bar{a}$ 的区域，碰撞能量 E 接近或低于 $\bar{E}$ 时，JWKB 近似也不再适用。方程(6.5)渐近形式的实际波函数是在方程(6.7)归一化下 JWKB 近似波函数与参量 $C_\ell(E)$ 的乘积，因此当 $E\to0$ 时，

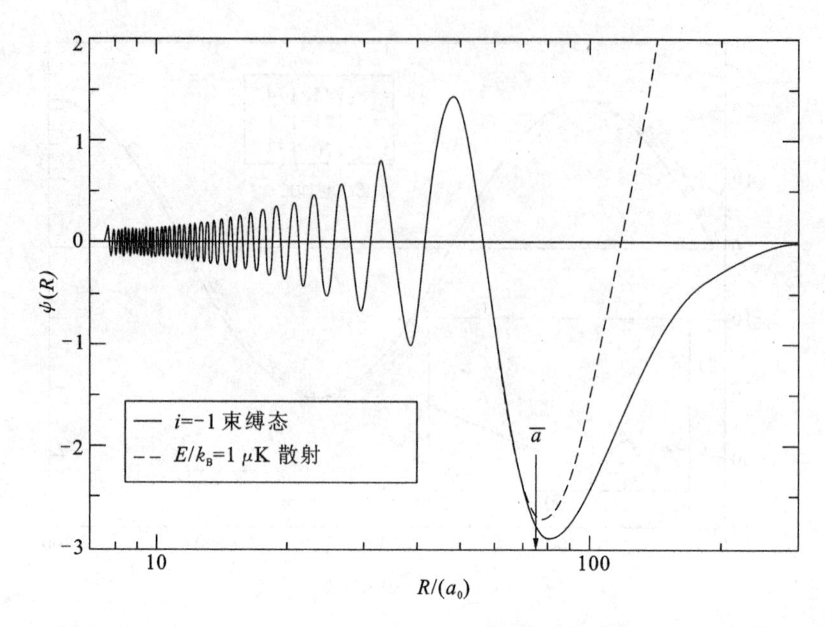

图 6.3　两个^{174}Yb 原子的波函数。$E_{-1,0}/h=-10.6$ MHz 时 $i=-1$ s 波束缚态波函数(实线)和 $E/h=0.02$ MHz($E/k_B=1$ μK)时 s 波散射态波函数(虚线)。在 $R\ll\bar{a}$ 时，两个波函数都作了 JWKB 归一化，在 $R<\bar{a}$ 基本无区别。势能曲线对 $N=72$ 的束缚态也是成立的，$i=-1$，$v=71$ 的能级波函数有 $N-1=71$ 个节点

$$\psi_\ell(R,E)=C_\ell(E)^{-1}\psi_\ell^{\mathrm{JWKB}}(R,0) \tag{6.9}$$

对于随 $1/R^6$ 变化的范德瓦尔斯势，当 $k\to 0$ 时，s 波的阈值形式是 $C_0(E)^{-2}=k\bar{a}[1+(r-1)^2]$，其中，$r=a/\bar{a}$ 是以 $\bar{a}$ 为单位的无量纲散射长度[8]。对于 $R<\bar{a}$ 和 $k<1/a$ 的情况，方程(6.9)给出了阈值 $\psi_0(R,E)$ 很好的近似。在较高的能量下，即 $E\gg\bar{E}$ 时，$C_0(E)^{-1}$ 接近于 1，$\psi_0(R,E)$ 的 JWKB 近似对所有的 R 值都适用。

单位归一化的束缚态波函数 $\psi_{i\ell}(R)$ 乘以 $|\partial i/\partial E_{i\ell}|^{1/2}$ 可以转换为“能量归一化”形式，其中 $-\partial i/\partial E_{i\ell}>0$ 是态的能量密度。远离阈值时，这仅是能级间平均间隔的倒数，而对于范德瓦尔斯势能曲线阈值附近的 s 波能级而言，当 $k_{-1,0}=1/a\to 0$ 时[8]，$\partial i/\partial E_{i0}\to r/(2\pi\bar{E})^{-1}$。在势能曲线经典区域内，$\psi_{i\ell}$ 与能量归一化 JWKB 形式的关系是

$$\psi_{i\ell}(R,E_{i\ell})=\left|\frac{\partial i}{\partial E_{i\ell}}\right|_{E_{i\ell}}^{1/2}\psi_\ell^{\mathrm{JWKB}}(R,E_{i\ell}) \tag{6.10}$$

图6.3描绘了散射态的$C_0(E)\psi_0(R,E)\approx\psi_0^{\mathrm{JWKB}}(R,0)$和$i=-1$束缚态的$[\partial i/\partial E_{i0}]^{1/2}\psi_{i0}(R,E_{i0})\approx\psi_0^{\mathrm{JWKB}}(R,0)$的图像。当给定一个通用的短程态归一化时,近阈值束缚态和散射态的波函数几乎是相同的,且当$R<\bar{a}$时可以通过ψ_0^{JWKB}近似表示。当$R>\bar{a}$,波函数逐渐趋于$R\to+\infty$时的渐近形式。当R较小,与R_{bond}同量级时,波函数的形状和几开尔文温度下E/k_{B}对应的E值无关。当ℓ较小时,短程态的势能曲线与ℓ取值无关,这是由于转动能量与通常的$V(R_{\mathrm{bond}})$值比起来很小。然而,波函数的振幅不仅与决定a值的整个势能曲线密切相关,而且与长程势能曲线解析相关。

$R>\bar{a}$和$R<\bar{a}$空间尺度的间隔是超冷物理的一个重要特征,它使有关分子束缚和准束缚态以及碰撞物理研究和实际近似得到了发展。如果C_6、μ、s波散射长度已知,利用方程(6.5)并将$k\to0$作为边界条件,薛定谔方程(6.4)可实现向内积分,因而可给出在$E\to0$时$R<\bar{a}$的波函数和节点数。假设可以挑选出满足$R_{\mathrm{bond}}\ll R_{\mathrm{m}}\ll\bar{a}$的$R=R_{\mathrm{m}}$值,那么$V(R_{\mathrm{m}})$可以通过它的范德瓦尔斯形式很好地表征。从而在$R_{\mathrm{m}}$处波函数的导数的对数也可以被计算出来,其值在很大范围内与E值无关,并可以作为一个内边界条件与较大R值的波函数相匹配。因此,我们可以看到,在知道C_6、μ和a值,$R>R_{\mathrm{m}}$的所有近阈值处束缚及散射态甚至$\ell>0$的情况都可以很好地被近似计算。

图6.4给出了以$\bar{E}$为单位,ℓ的取值到5时在两种散射长度下的束缚态$E_{i\ell}$的光谱,这是基于Gao等人的范德瓦尔斯量子亏损理论计算获得的[9][10]。图6.4(a)表示$a=\pm\infty$时的情况,在$E=0$时存在一个束缚态。$a=\pm\infty$时的束缚态位置定义了"箱子"的边界,在这个箱子中对于任意的a值,有且只有一个s波束缚态,例如,$-3.6\bar{E}<E_{-1,0}<0$和$-249\bar{E}<E_{-2,0}<-36.1\bar{E}$。图6.4(a)也显示了随着$\ell$的增大,所对应每个能级的转动的变化。$a=\pm\infty$的范德瓦尔斯情况也遵循"4定则",其中分波$\ell=4,8,\cdots$在$E=0$处也存在一个束缚态。图6.4(b)描述了在$a=\bar{a}$时的光谱变化情况,在$E=0$处存在一个d波能。对于任何的$a$,相似的光谱可以被计算出来。

Gribakin和Flambaum[14]证明了在$a\gg\bar{a}$的情况下近阈值s波束缚态的范德瓦尔斯势可以从公式(6.3)的通用形式修改而来:

$$E_{-1}=-\frac{\hbar^2}{2\mu(a-\bar{a})^2} \tag{6.11}$$

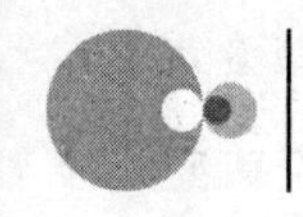

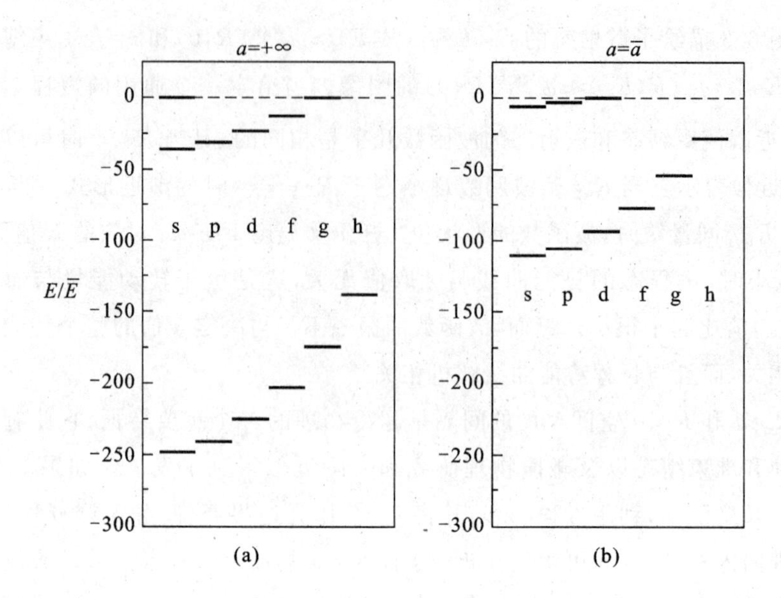

图 6.4　分波 $\ell=0,1,\cdots 5$(s,p,d,f,g,h)的无量纲束缚态能量 $E_{i\ell}/\bar{E}$。(a)$a=\pm\infty$ 的情况;(b)$a=\bar{a}$ 的情况

这个形式在 $a\gg\bar{a}$ 时接近于普适极限,此时 s 波函数有普通的形式 $\psi_0(R,E)=\sqrt{2/a}\,\mathrm{e}^{-R/a}$,这样一个奇特的束缚态分子称为“halo 分子”,这个态主要存在于长程势能曲线外经典拐点处的非经典区域,这个区域 R 的期望值为$a/2$,当 $a\rightarrow+\infty$时势能是无限增长的[1]。

束缚态和散射特性是密切相关的。设想有一些可控的参数 λ 使得散射长度能从$+\infty$变化到$-\infty$,同时改变相应的束缚态光谱。实现这一方案的一种方法是改变约化质量,当然这在实际中是无法实现的。然而,那些有多种同位素的原子使得获得大范围内分立约化质量成为可能。说明这种情况的一个典型例子就是镱原子,如图 6.2 和图 6.3 所示。相对质量为 168、170、174 和 176 的稳定同位素是无自旋的玻色子。相对质量为 171 和 173 的同位素是自旋角动量分别为 1/2 和 5/2 的费米子。Yb 原子可以被冷却到微开尔文数量级,所有的同位素包括那些在不同自旋态的费米子都有 s 波相互作用。组成的 Yb_2 分子的 Yb 原子不同同位素 $\ell=0$ 和 2 的阈值束缚态的位置已经被测量,而且长程势能曲线的参数和散射长度也已经确定[15]。

图 6.5 显示了 s 波散射长度和束缚态的结合能随连续可控参数 $\lambda=2\mu$ 的变化情况。物理上,在 $\lambda=168\sim176$ 之间有 28 个离散值。在 $\lambda=167.3$、172.0 和 177.0

时，随着 λ 的增大散射长度会出现一个奇点，同时会出现一个新的束缚态。167.3 和 172 之间的范围与所用的势能模型中 $N=71$ 的束缚态完全对应。在 $\lambda=167.3$ 附近，随着 $-\hbar^2/(2\mu a^2)$ 中的 $a\rightarrow+\infty$，最后一个 s 波束缚态能量 $E_{-1,0}\rightarrow0$。随着 λ 增大，a 减小，且结合能 $|E_{-1,0}|$ 变大，因此随着 $a\rightarrow-\infty$，在 $-36.1\bar{E}$ 处，范德瓦尔斯势能 $E_{-1,0}$ 接近其"箱子"的下边缘。当 λ 超出 172.0 时，一个"最后"新的 $i=-1$ 束缚态出现在光谱中，导致 $i=-1$ 能级变为 $i=-2$ 能级。

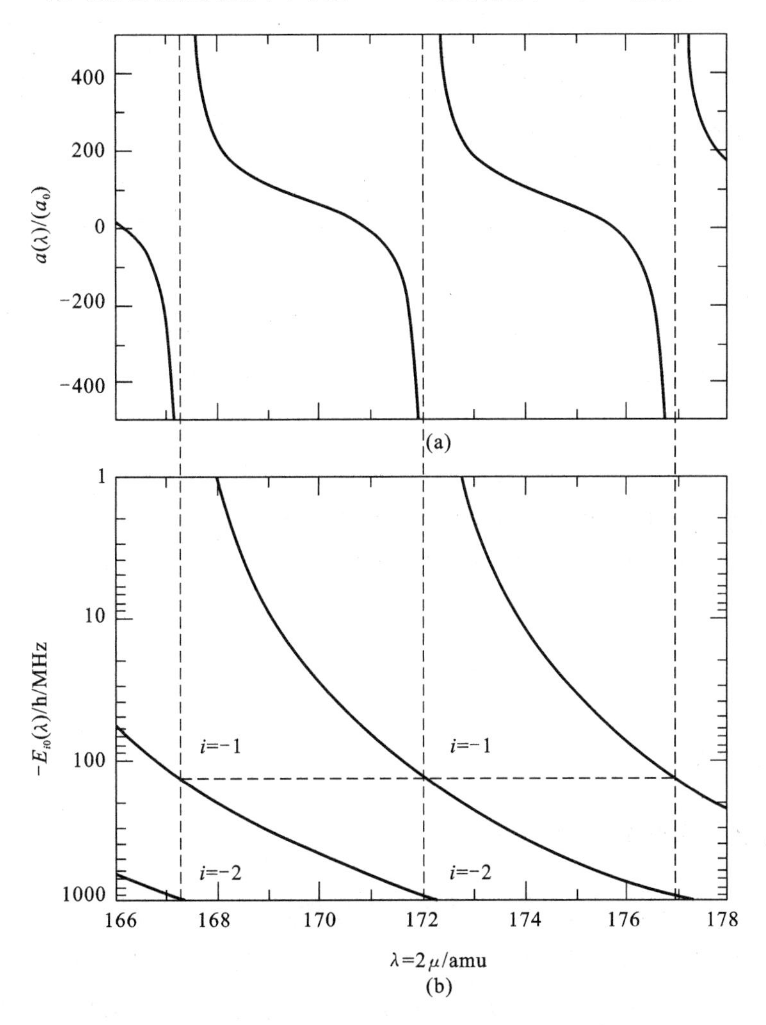

图 6.5　Yb_2 分子二聚体。(a)s 波散射长度；(b)束缚态结合能 $-E_{i0}(\lambda)$ 与控制参数 $\lambda=2\mu$ 的关系。竖直虚线表示 $a(\lambda)$ 的奇点值。水平虚线表示 $i=-1$ 和 $i=-2$ 能级所能存在的箱子边界

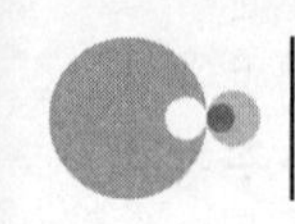

散射长度随 2μ 的变化关系由一个简单的公式给出。然而在阈值处半经典理论不再适用,Gribakin 和 Flambaum[14] 证明 a 和势能之间确切的量子力学关系是

$$a=\bar{a}\left[1-\tan\left(\Phi-\frac{\pi}{8}\right)\right] \tag{6.12}$$

式中:

$$\Phi=\int_{R_t}^{+\infty}\sqrt{-2\mu V(R)/\hbar^2}=\beta_0^{\mathrm{JWKB}}(+\infty,0)-\pi/4 \tag{6.13}$$

势阱中所包含的束缚态数量 $N=[\Phi/\pi-5/8]+1$,其中[…]表示其整数部分。这些表达式与实际吻合得很好。虽然图 6.5 的结果是通过求解一个真实的势能曲线的薛定谔方程得到的,但是与方程(6.12)得到的 a 值结果也相同。实际上,如果将参考文献[14]中简化的硬核范德瓦尔斯模型应用在势能曲线上,a 和 E_{i0} 与图 6.5 所示的有相同的数量级,即当 $R\geqslant R_0$ 时,$V(R)=-C_6/R^6$,当 $R<R_0$ 时,$V(R)=+\infty$。通过选择合适的截止值 R_0 去拟合两种不同的同位素的 a 或 $E_{-1,0}$。方程(6.13)中质量正比于$\sqrt{\mu}$,两个同位素的 C_6 和 $E_{-1,0}$ 决定所有同位素对的 a 和 $E_{-1,0}$ 的值。即使对于较大 $|i|$ 值或 $\ell>0$ 的能级,这个近似也足够好,但是当 $|i|$ 或 ℓ 增加时,这个近似就不再适用了。

总之,分立原子和深束缚态分子之间在能量和长度尺度上有很大的不同,利用这些差异将会很有用处,这使我们可以引进一个广义的"量子亏损"方法来理解阈值物理过程[3][6][7][8][10]。阈值束缚态和散射特性主要取决于长程势能曲线,整个势能曲线可以从 s 波散射长度得到。类似的分析方法可以被用在其他长程势上,例如,具有 $1/R^4$ 形式的离子-诱导偶极子或具有 $1/R^3$ 形式的偶极-偶极相互作用。

6.3 多势阱的相互作用

通常,实验中涉及的冷原子都有未考虑的角动量(电子轨道/电子自旋/核自旋),因此在碰撞过程中除了有散射通道 α 外,还会有其他一些散射通道。每个散射通道都有一个独立的原子通道能 E_α。通过引入附加的势能和势能在 E_α 极限处对应的光谱参数,可以修正图 6.1 来描述这些散射通道。如果碰撞系统的总能量为 E_{tot},那么指定的开通道和闭通道的相应能量分别满足 $E_{\mathrm{tot}}>E_\alpha$ 或 $E_{\mathrm{tot}}<E_\alpha$。当 $E_\alpha>E_\beta$ 时,入射通道 α 的非弹性碰撞可能会打开出射通道

β，然而当 $E_\alpha<E_{tot}<E_\beta$ 时，闭通道 β 中存在由散射共振形成的准束缚态。通过调谐共振态去控制散射特性，或将其转化为真正的分子束缚态是超冷物理的一个重要研究领域。人们在玻色子和费米子原子中已开展了大量的相关实验研究[1]。

我们首先研究了开通道存在时可能的 s 波非弹性碰撞速率的大小。公式(6.2)中 b 的幅度决定了这个碰撞速率常数，在跃迁中，b 的典型数量级为 $b\approx\bar{a}$，也就是说，在系统的哈密顿量中存在着大的短程相互作用。速率常数可表示为

$$K_{loss}=0.84\times10^{-10}g\,\frac{b\ \mathrm{au}}{\mu\ \mathrm{amu}}\mathrm{cm}^3/\mathrm{s} \tag{6.14}$$

其中，b 用原子单位表示(1 au=0.0529177 nm)，μ 是原子质量单位(对于 ^{12}C，$\mu=12$)。在此过程中，K_{loss} 的数量级通常是 $10^{-10}\ \mathrm{cm}^3/\mathrm{s}$。s 波对应的 K_{loss} 值可能会更大，S 矩阵的幺阵性 $0\leqslant1-|S_{\alpha\alpha}|^2\leqslant1$ 使得 b 存在一个上限值 $b_u=1/(4k)$。因为碰撞损失率的寿命为 $\tau=1/(K_{loss}n)$，其中 n 为碰撞对的密度，所以在典型的量子简并密集气体中，碰撞过程导致快速损失的时间 $\tau\leqslant1$ ms。这不仅适用于原子与原子的碰撞，而且适用于原子与分子、分子与分子的碰撞。原子或分子处于不经历快速碰撞损失的态就能够避免这种损失，比如最低基态能级不存在放热的两体出射通道。或者，可以将样品束缚在只允许存在一个原子或分子的光晶格中以避免这种碰撞损失。

改写公式(6.2)可以得到另一种碰撞损失速率表达式，不需要取极限 $E\to0$，而是引入一个碰撞能量为 E 的热平均麦克斯韦分布，即

$$K_{loss}=g\,\frac{1}{Q_T}\,\frac{k_B T}{h}\sum_\alpha\langle1-|S_{\alpha\alpha}|^2\rangle_T \tag{6.15}$$

式中：Q_T 是平动部分的函数，$1/Q_T=(2\pi\mu k_B T/h^2)^{3/2}=\Lambda_T^3$，$\Lambda_T$ 是分子的热德布罗意波长；$<\cdots>_T$ 是速度分布的热平均；总和代表动力学参数 f_D，当 $T\to0$ 时，f_D 随 $T^{1/2}$ 发生变化，如果在幺正极限处 ℓ_{max} 分波有作用，那么对 s 波有上限值，约为 ℓ_{max}^2。

虽然在 $T\to0$ 的 s 波限制下，公式(6.15)简化为公式(6.14)，但也可以得到碰撞速率的另一种表达式为

$$\tau^{-1}=K_{loss}n=g(n\Lambda_T^3)\frac{k_B T}{h}f_D \tag{6.16}$$

这个表达式体现了任何原子与分子碰撞的一般原理。无量纲因子 $n\Lambda_T^3$ 反映了碰撞速率与碰撞双方的相空间密度成正比(原子相空间密度的计算由质量比

转化得到)。因子 $k_B T/h$ 给出了与 T 相关联的固有的比率标度(时间倒数量纲)。无量纲因子 f_D包含了所有详细的碰撞动力学。即使使用随时间变化的快速操作来控制 f_D,也不会改变由相空间密度和 $k_B T/h$ 因子决定的基本热力学极限。给定公式(6.14)、(6.15)以及 b 或 f_D的合理假设值,我们就可以估算出各种条件下原子与分子碰撞过程的时间尺度。

现在我们研究闭通道存在下的可调谐共振散射这一重要情况。假设 α 为入射开通道,选其能量 $E_\alpha=0$,通过系统哈密顿量的项耦合到闭通道 β,耦合项能量满足 $0<E<E_\beta$,那么处于 β 通道的分子束缚态就成为 α 通道散射共振的准束缚态。使用共振散射理论的 Fano 形式[16],假设闭通道 $\beta=c$ 中,存在一个"纯态"或者近似非耦合束缚态 $|C\rangle=\psi_c(R)|c\rangle$,以及入射通道 $\alpha=bg$ 中存在能量为 E 的纯背景散射态 $|E\rangle=\psi_{bg}(R,E)|bg\rangle$。耦合系统的散射相移 $\eta(E)=\eta_{bg}(E)+\eta_{\rm res}(E)$ 引起了共振作用,这主要是由于纯通道间哈密顿的耦合项 $W(R)$引起。其中 η_{bg} 是由非耦合单背景通道引起的相移(这部分内容已经在上一节中介绍),同时

$$\eta_{\rm res}(E)=-\arctan\frac{\frac{1}{2}\Gamma(E)}{E-E_c-\delta E(E)} \tag{6.17}$$

该表达式中有标准的 Breit-Wigner 共振散射项。共振的两个显著特征是它的宽度

$$\Gamma(E)=2\pi|\langle C|W(R)|E\rangle|^2 \tag{6.18}$$

和它的偏移

$$\delta E(E)=p\int_{-\infty}^{+\infty}\frac{|\langle C\mid W(R)\mid E'\rangle|^2}{E-E'}{\rm d}E' \tag{6.19}$$

"普通"共振和 $E\to 0$ 的阈值共振的主要区别在于:对于前者,我们假设 $\Gamma(E)$ 和 $\delta E(E)$的值是在 $E=E_c$处得出的,且 $\Gamma(E)$和 $\delta E(E)$的值在穿过共振时与 E 值无关。相比之下,阈值共振的显著特点是:$\Gamma(E)$和 $\delta E(E)$的值对能量有依赖关系[11][17][18]。对于 s 波,在 $E\to 0$ 这种极限情况下,

$$\frac{1}{2}\Gamma(E)\to(ka_{bg})\Gamma_0 \tag{6.20}$$

$$E_c+\delta E(E)\to E_0 \tag{6.21}$$

式中:Γ_0 和 E_0是与 E 无关的常数项。

由于 $\Gamma(E)$是正定的,所以 Γ_0 和 a_{bg} 有相同的符号。假设一个入射通道没

有非弹性损失，那么 $\eta_{bg}(E)\to -ka_{bg}$。为了使表达式具有一般性，通过不可逆过程，在束缚态 $|C\rangle$ 的衰减中增加一个衰减率 $\gamma_c/\hbar$，给出了 $E\to 0$ 这一极限情况下的形式

$$\tilde{a}=a-\mathrm{i}b=a_{bg}-\frac{a_{bg}\Gamma_0}{E_0-i(\gamma_c/2)} \tag{6.22}$$

这个方程说明了利用冷原子制备冷分子有两种可调谐共振方法，即磁调谐共振和光调谐共振。现在我们将依次讨论这两种方法。

6.4 磁调谐共振

冷的碱金属原子有很多可调谐的磁共振，这种特性已被应用于很多实验研究，以实现对量子气体特性的控制或超冷分子的制备。在大多数情况下，这些实验在没有非弹性损失通道或在损失率特别小的原子中实现。因此，为了更接近实际情况，我们在研究大量的磁调谐共振时可以设定共振衰减率 $\gamma_c=0$。尽管可以建立通常的耦合通道方法来求解多通道薛定谔方程[1]，但我们仍将使用简单的模型来解释可调谐 Feshbach 共振态的基本特征。

碱金属样品的很多共振发生在其 ^{2}S 电子基态，这是因为这些电子基态有复杂的超精细结构，以及由于能级分裂产生的比 k_BT 大得多的塞曼子能级结构。如果闭自旋通道存在能量接近入射通道 α 能量为 E_α 的束缚态，那么它可作为阈值碰撞可调谐的散射共振通道。可调谐共振的关键是共振态 $|C\rangle$ 的磁矩 μ_c 与入射通道中两个独立原子对的磁矩 μ_{atoms} 是不同的。纯束缚态的能量可以通过改变磁场强度 B 来改变

$$E_c(B)=\delta\mu(B-B_c) \tag{6.23}$$

式中：$\delta\mu=\mu_{\mathrm{atoms}}-\mu_c$ 是磁矩差；B_c 是阈值 $E_c(B_c)=0$ 处的磁场强度。

当 $b=0$ 时，散射长度为实数，并且满足以下共振形式

$$a(B)=a_{bg}-a_{bg}\frac{\Delta}{B-B_0} \tag{6.24}$$

式中：

$$\Delta=\frac{\Gamma_0}{\delta\mu},\quad B_0=B_c+\delta B \tag{6.25}$$

注意到入射通道和闭通道之间的相互作用改变了 $a(B)$ 的奇点位置，使其从 B_c 变化到 B_0。这种磁调谐 Feshbach 共振的特点可由以下四个参数来描

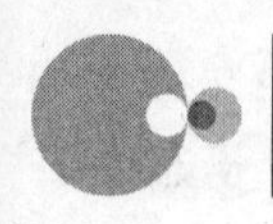

述,分别是背景散射长度 a_{bg}、磁矩差 $\delta\mu$、共振宽度 Δ 和共振位置 B_0。

图 6.6 给出了接近分立原子最低能量自旋通道处的 $^{40}K^{87}Rb$ 分子的散射长度和束缚态能量。^{87}Rb 原子两个电子基态的自旋量子数分别为 1、2,它们间的超精细分裂为 6.835 GHz,^{40}K 原子两个电子基态的自旋量子数分别为 9/2、7/2,它们之间超精细分裂(反转)为 −1.286 GHz。在 $E_\alpha>E_1$ 的系统还有 11 个与最低能量自旋通道 $\alpha=1$ 具有相同总量子数投影的其他封闭自旋通道。由于这些通道具有不同的磁矩,使得某一闭合通道的束缚态能量可以被调谐到与 s 波通道 $\alpha=1$ 中分离的两个原子相同的能量。由于多通道哈密顿量中的耦合项,越过阈值的束缚态与入射通道耦合,使得在 $a(B)$ 上引起一个共振结构。一个 ^{40}K 冷原子和一个 ^{87}Rb 冷原子在磁感应强度 B_0 为 54.6 mT(546 G)处被缔合成一个近阈值态 $^{40}K^{87}Rb$ 分子,这个分子具有 1 MHz 或更小数量级的结合能[19]。

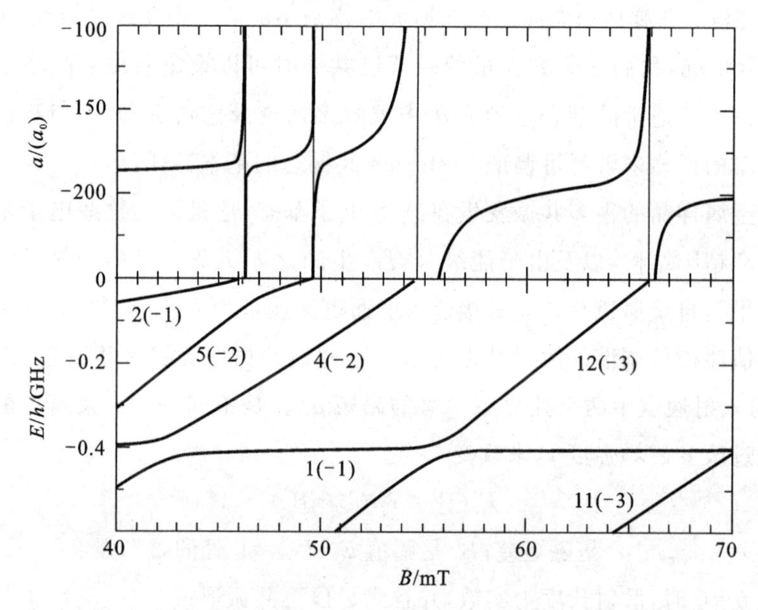

图 6.6 $^{40}K^{87}Rb$ 费米子分子最低能量 s 波自旋通道 $\alpha=1$ 的分子束缚态能量(下图)和散射长度(上图)与以 mT(1 mT=10 G)为单位的磁感应强度的关系。束缚态的能量是以两个分立原子的通道能量 E_1 为参考 0 点。$\alpha=1$ 自旋通道中的 ^{40}K 和 ^{87}Rb 的自旋投影量子数分别为 −9/2 和 +1,总的投影是 −7/2。在这个分子中还有另外 11 个 $E_\alpha>E_1$ 的封闭 s 波通道,并且具有相同的投影 −7/2。束缚态量子数为 $\alpha(i)$,其中 i 是相对于闭通道 $\alpha=2,3,\cdots,12$ 离解限的振动量子数。在图中 B 的范围越过阈值的四个束缚态在散射长度上产生奇点

引入长程范德瓦尔斯势的特性非常有用，它利用了上节中短程和长程分离的物理讨论。假设相互作用项 $W(R)$ 的作用范围仅限于 $R\ll\bar{a}$，方程(6.18)矩阵元定义的 $\Gamma(E)$ 可以表示为

$$\Gamma(E)=C_{bg,\ell}(E)^{-2}\bar{\Gamma} \tag{6.26}$$

式中：$\bar{\Gamma}$ 是共振强度的测量值，仅取决于 $E=0$ 附近与能量无关的短程物理量，且与渐近边界条件完全无关。

因此，在 $E\neq0$ 时，$\bar{\Gamma}$ 可用于描述散射态和束缚态的特性。

远离 $E=0$ 处的共振特性依赖于与长程势能有关的另外两个参数 μ 和 C_6，这两个参数决定 $\bar{a}$ 和 $\bar{E}$ 的大小。我们定义一个无量纲的共振强度参数

$$s_{\text{res}}=\frac{a_{bg}\delta\mu\Delta}{\bar{a}\bar{E}}=r_{bg}\frac{\Gamma_0}{\bar{E}} \tag{6.27}$$

式中：$r_{bg}=a_{bg}/\bar{a}$。

运用上节 $C_{bg,0}(E)^{-1}$ 中的阈值范德瓦尔斯形式，我们可以得到

$$\frac{\bar{\Gamma}}{2}=(s_{\text{res}}\bar{E})\frac{1}{1+(1-r_{bg})^2} \tag{6.28}$$

上述阈值散射特性是从散射相移 $\eta(E)=\eta_{bg}(E)+\eta_{\text{res}}(E)$ 中得到的，一旦知道 E_c、$\Gamma(E)$ 和 $\delta E(E)$，就可以从方程(6.17)中得到 $\eta_{\text{res}}(E)$。前两项可以从方程(6.23)和方程(6.26)中得到，最后一项由下式得到

$$\delta E(E)=\frac{\bar{\Gamma}}{2}\tan\lambda_{bg}(E) \tag{6.29}$$

当 a_{bg} 给定时，$\tan\lambda_{bg}(E)$ 是由范德瓦尔斯势决定的函数。当 $E\to0$ 时，有极限值 $\tan\lambda_{bg}(E)=1-r_{bg}$；当 $E\gg\bar{E}$ 时，$\tan\lambda_{bg}(E)=0$[3][8]。因此，散射长度奇点的位置不再是纯束缚态交叉点 B_c 处，偏移量为

$$\delta B=B_0-B_c=\Delta\frac{r_{bg}(1-r_{bg})}{1+(1-r_{bg})^2} \tag{6.30}$$

当能量处于 $\bar{E}$ 量级或更大时，使用含有方程(6.26)和方程(6.29)中“量子亏损”形式的范德瓦尔斯势计算出来的散射相移，与使用完全耦合通道方法得到的数值结果吻合较好[11]。

基于长程势能性质的耦合通道量子亏损方法也可以得到近阈值处束缚分子态的性质。当 s 波束缚态对应的阈值能量 $E_b(B)=-\hbar k_B(B)^2/(2\mu)$ 很小时,即 $|E_b(B)|\ll\bar{E}$ 或 $k_B(B)\bar{a}\ll1$,由量子亏损方法得到的 $E_b(B)$ 的表达式为

$$(E_c(B)-E_b(B))\left(\frac{1}{r_{bg}-1}-k_B(B)\bar{a}\right)=\frac{\bar{\Gamma}}{2} \tag{6.31}$$

当 $\bar{\Gamma}=0$ 时,系统恢复成非耦合的纯束缚态;当 $\bar{\Gamma}>0$ 时,这个方程给出了一个耦合的"缀饰"束缚态。阈值束缚态在 $B=B_0$ 处"消失"成为连续原子态,在该处 $a(B)$ 有个奇点。在 $E_b(B)=0$ 处,利用方程(6.30)中的相移可以求解得到 $E_c(B_0)$。

s_{res} 和 r_{bg} 的幅度严重影响阈值束缚态的性质。当耦合束缚态的波函数展开为闭通道 $|c\rangle$ 和背景通道 $|bg\rangle$ 的混合态时,闭通道组分的 $Z(B)$ 体现了一个重要特性;入射通道形式是 $1-Z(B)$。Z 的值可以从 $E_b(B)$ 中得到,因为 $Z=|\delta\mu^{-1}\partial E_b/\partial B|$[1]。

有两种基本的共振类型。一种是入射通道主导共振,这种共振情况下 $s_{res}\gg1$。当 $B-B_0$ 主要变化范围在 $|\Delta|$ 时,这些共振的 $Z(B)\ll1$。此外,在这个范围内大部分的束缚态能量由方程(6.11)给出。另一种是闭通道主导共振,这种共振情况下 $s_{res}\ll1$。这种共振 $Z(B)$ 较大,数量级为 1。当 $|B-B_0|$ 在 $|\Delta|$ 内大范围变化时,在 B_0 附近远小于 $|\Delta|$ 的较小范围内只有一个"通用的"束缚态。当 $0<E<\bar{E}$ 时,入射通道主导的共振具有 $\Gamma(E,B)>E$,以至于阈值以上的部分没有尖峰共振的特征,其中 $a(B)<0$,并且最后一个束缚态消失。相反,闭通道主导共振的 $|r_{bg}|$ 不大,当 $0<E<\bar{E}$ 时,$\Gamma(E,B)<E$,以至于在阈值以上还会出现尖峰共振特征,在进入 $a(B)<0$ 区域后,最后一个束缚态还是一个 $E>0$ 的准束缚态。

图 6.7 是 $^{40}K^{87}Rb$ 分子 4(−2)共振能级在 54.6 mT 处的展开图。图中显示了束缚态进入阈值 B_0 后的性质。当 $|B-B_0|$ 的变化范围比 Δ 的 1/3 小时,在这个范围内分子态是个普通的"halo"束缚态。当 $|B-B_0|$ 增大时,随着 Z 趋于 1,束缚态逐渐具有了闭通道 4(−2)能级的特性。图 6.8 给出了具有非常宽共振的 ^6Li 原子 $\alpha=1$ 最低能级 s 波通道的例子,此时需要两个 ^6Li 费米子在不同的自旋态。这是个强的入射通道主导共振,其中在 $|B-B_0|$ 范围内

$Z \ll 1$，这个范围与 Δ 值一样大。在大于 100 G 的范围，最后一个束缚态分子是普适的 halo 分子。修正后的方程(6.11)在更大范围内仍是个很好的近似。散射长度曲线图显示在这个范围内 halo 态尺寸约为 $a(B)/2$，与 $\bar{a}=30a_0$ 比起来大很多(参考表 6.1)。

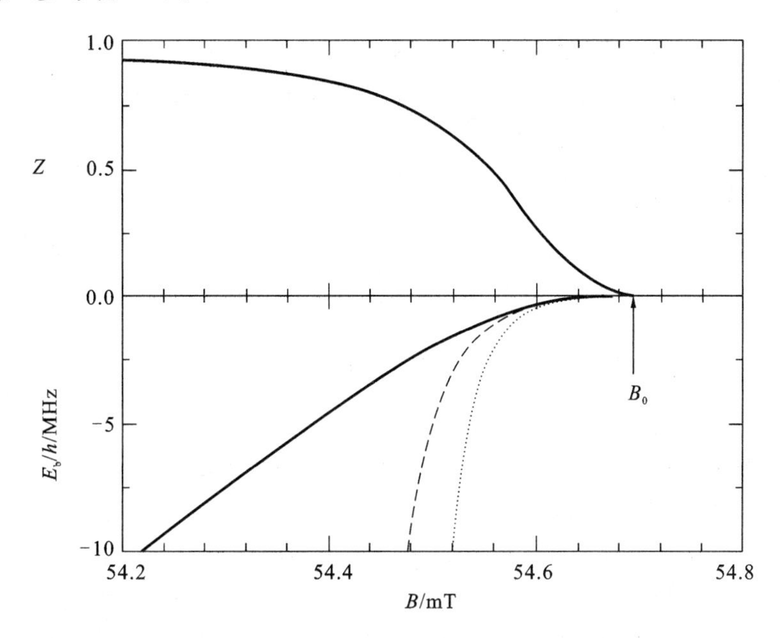

图 6.7　下半部分是图 6.6 中 $^{40}K^{87}Rb$ 分子在 $B_0=54.693$ mT(546.93 G) 共振附近 $E_b(B)$ 的展开图。实线是包含了相同投影量子数 $-7/2$ 的所有 12 个通道的耦合通道计算结果。虚线和点线分别代表方程(6.3)的能量和方程(6.11)的范德瓦尔斯关联能。上图显示的是闭通道的形式 $Z(B)$。宽度 $\Delta=0.310$ mT(3.10 G)，$a_{bg}=-191a_0$ 以及 $\delta\mu/h=33.6$ MHz/mT(3.36 MHz/G)。当 $\bar{a}=68.8a_0$，$\bar{E}/h=13.9$ MHz 时，这是一个 $s_{res}=2.08$ 的边界入射通道主导共振

对于将两个冷原子制备成处于阈值附近弱束缚态分子，磁调谐散射共振已被证明是很有用的方法。这个方法在参考文献[1]中进行了详细的综述。磁缔合(MA)的第一步是在 $B>B_0$(假设 $\delta\mu>0$)处制备双原子气体的混合物，此处没有阈值束缚态。通过及时地扫描降低磁感应强度使 $B<B_0$，能量 $E>0$ 的碰撞原子对将结合形成能量 $E<0$ 的束缚态双原子分子。形成分子的效率取决于磁场扫描速率和初始气体的相空间密度。如果初始的原子对处于单个光晶格中而不是以一团原子气体形式存在，那么分子生成率将接近 100%。一

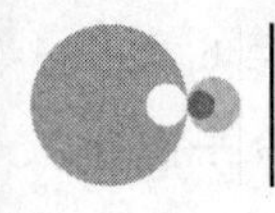

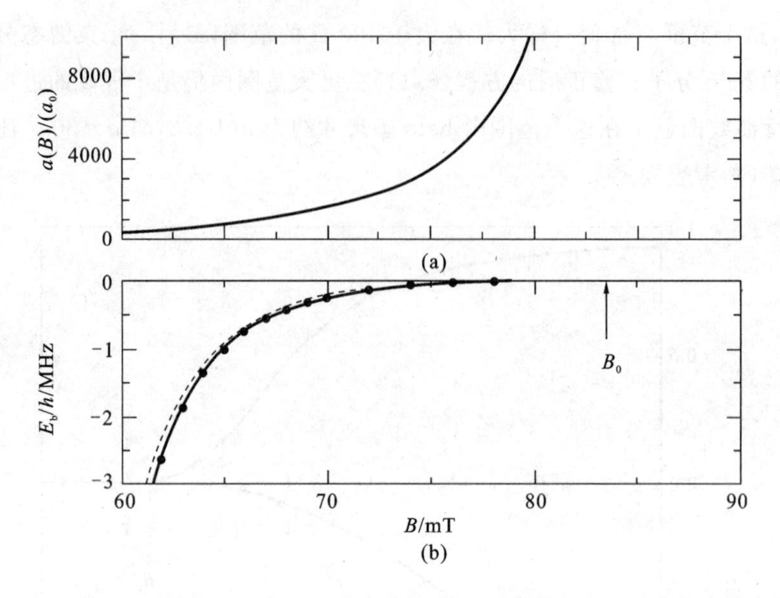

图 6.8 ${}^6Li_2$分子的最低能级 $\alpha=1$ 的 s 波自旋通道。(a)散射长度;(b)分子束缚态能量随磁感应强度的变化情况。这个通道中,一个原子处于最低+1/2 投影态,另一个原子处于最低−1/2 投影态,总的投影量为 0。还有四个额外的投影量为 0 的闭通道。在这个磁感应强度范围内,只有一个束缚态穿过 $B_0=83.4$ mT(834 G)的阈值。下图表示的是由耦合通道(实心圆)、方程(6.3)的通用极限(虚线)和方程(6.11)的修正极限(实线)计算得到的 $E_b(B)$值。宽度 $\Delta=30.0$ mT(300 G),$a_{bg}=-1405a_0$,$\delta\mu/h=28$ MHz/mT(2.8 MHz/G)。这是一个强入射通道主导共振,在图中 B 范围内 $s_{res}=59$,$Z<0.06$

个简单的 Landau-Zener 图像能准确地对这种晶格进行描述,阱中 $i=0$ 的基态原子对的转换效率为 $1-e^{-A}$,其中

$$A=\frac{2\pi}{\hbar}\frac{W_{ci}^2}{E_c} \tag{6.32}$$

这里 $i\geqslant 0$ 代表囚禁在阱中原子对离解限以上的能级,接下来 $i\leqslant -1$ 代表阈值以下二聚物的能级。对于一个三维简谐势阱,频率 $\omega_x=\omega_y=\omega_z=\omega$,矩阵元 $W_{ci}=\langle C|W(R)|i\rangle$ 可近似表示为 $W_{ci}=\sqrt{\Gamma(E_i)/2\pi}\sqrt{\partial E_i/\partial i}$,其中$\partial E_i/\partial i=2\hbar\omega$ 和 $\Gamma(E_i)=2k_i a_{bg}\delta\mu\Delta$。对于 $i=0$ 的俘获基态,其相对运动 $k_i=\sqrt{3\mu\omega/\hbar}$(参见方程(6.18)、(6.20)和(6.25))。此处的处理方法是引入方程(6.10)中的态密度,以便从包含能量归一化的散射态矩阵元$\langle C|W(R)|E\rangle$中求解两个束缚态之间的矩阵元 W_{ci}。使用相同的方法,可以通过纯闭通道态和入射通道中 $i<0$ 的

束缚态得到矩阵元。这些矩阵元描述了图 6.6 中 E/h 约为 -0.4 MHz,B 约为 43 mT 处的回避交叉。最后,有必要指出的是,Landau-Zener 模型可以用来描述一个快速扫描磁场导致的分子离解。人们也建立了一个唯象模型来描述冷气体缔合形成分子的过程,这个过程比光晶格中双原子更为复杂[20]。

6.5 光缔合

正如第 5、7、8 和 9 章所介绍,利用光缔合技术也可以将冷原子耦合成束缚态分子。图 6.9 描述了光缔合过程,相互碰撞的原子通过吸收一个或两个光子耦合成束缚态分子。参考文献[2]综述了光缔合光谱和分子形成过程的理论及实验工作。上节中介绍的利用磁调谐共振制备的分子处于弱束缚态,结合能受到小范围可调谐磁场的限制。光缔合具有的优点是:激光频率可调谐范围大,以至利用光学方法可将分子制备到许多束缚态上,甚至可以得到 $v=0$ 的最低振动能级。另一个优点是,激光可以在不同的时间灵活开启、关断或改变强度,易于控制。

正如方程(6.22)所示,光缔合本身是个衰减共振的共振散射过程,该方程适用的条件是单一频率光,能量 $E_c=E_v^*-h\upsilon_1$,强度 $a_{bg}\Gamma_0(I)=\Gamma(E,I)/(2k)$,偏移为 $\delta E(I)$。当激光强度较小时,后两项与激光强度呈线性关系。一般可通过冷原子的非弹性碰撞损失来探测光缔合过程,这主要是由于处于激发态的分子自发辐射时会产生热原子或深束缚态的分子。当 $E\to 0$ 时,复数散射长度可写为

$$a(\upsilon_1,I)=a_{bg}-L_{\text{opt}}\frac{\gamma_c E_0}{E_0^2+(\gamma_c/2)^2} \tag{6.33}$$

$$b(\upsilon_1,I)=\frac{1}{2}L_{\text{opt}}\frac{\gamma_c^2}{E_0^2+(\gamma_c/2)^2} \tag{6.34}$$

式中:$E_0=E_v^*-h\upsilon_1+\delta E(I)$ 是偏离共振的失谐量,包括随强度变化的偏移,光学长度定义为 $L_{\text{opt}}=a_{bg}\Gamma_0(I)/\gamma_c$。

目前已经在大量的碱金属及混合碱金属中广泛研究了它们的光缔合光谱、光谱线型以及频移。在较高温度下的磁光阱中,光缔合光谱来源于高次谐波的贡献,如 p 波或 d 波,这已经在许多例子中被观察到。这个理论可以很容易扩展到更高次分波。通过引入一个随能量变化的复数散射长度,适用于s 波的理论可以扩展到阈值外的有限能量 E 处,用于解释光晶格中囚禁维度的减

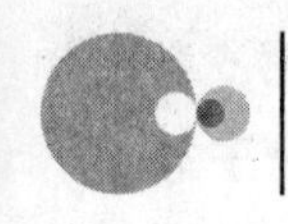

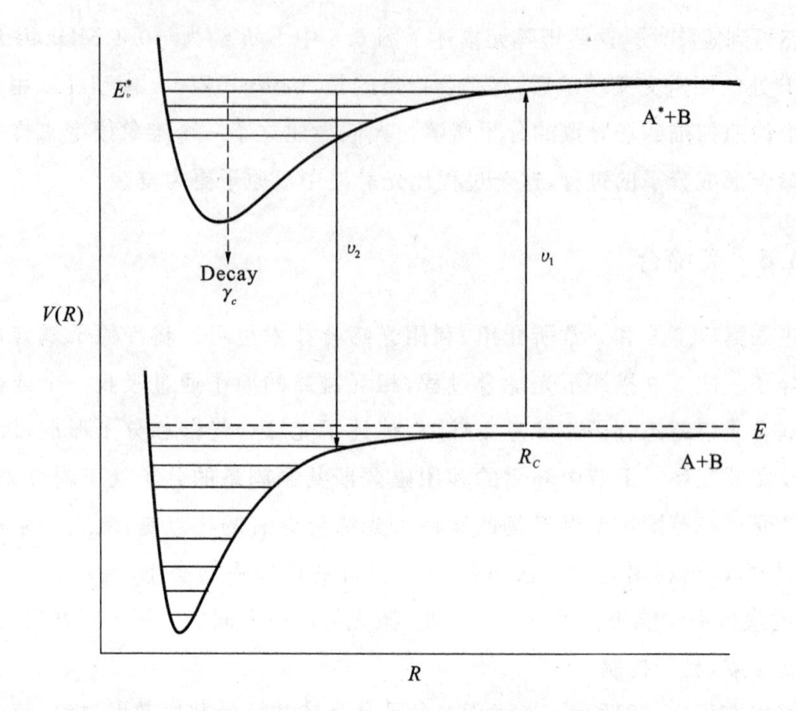

图 6.9　单色和双色光缔合(PA)示意图。能量为 E 的两个碰撞基态原子吸收一个频率为 υ_1 的光子,形成了能量为 E_υ^* 的束缚激发态分子。束缚激发态分子以 $\gamma_c/\hbar$ 的速率发生自发辐射。如果第二束激光的频率是 υ_2,且满足 $h(\upsilon_2-\upsilon_1)=E-E_\upsilon$ 条件,激发态分子也可以耦合到振动能级为 υ、能量为 E_υ 的基态。PA 过程依赖于跃迁过程中 Condon 点处的基态波函数,其中 $h\upsilon_1$ 等于基态与激发态之间的能量差

少带来的影响[21]。

共振强度的光学长度公式对于衰减共振过程非常重要。如果方程(6.25)中的 Γ_0 被定义为共振长度 $a_{bg}\delta\mu\Delta/\gamma_c$,且等于 L_{opt}[22],这个光学长度公式也适用于磁调谐衰减共振过程。当激光调谐为 $E_0=\pm\gamma_c/2$ 时,散射长度有最大变化范围 $a_{bg}\pm L_{\text{opt}}$,当 $b=L_{\text{opt}}$,碰撞损失在 $E_0=0$ 达到最大。当失谐很小时,约为 γ_c 的量级,散射长度在 $\bar{a}$ 数量级上的变化将会伴随着较大的碰撞损失(参考方程(6.14))。通过增大失谐可以避免碰撞损失,这是因为当 $(\gamma_c/E_0)\ll 1$,$b=(L_{\text{opt}}/2)(\gamma_c/E_0)^2$ 时,a 的变化范围仅为 $a-a_{bg}=-L_{\text{opt}}(\gamma_c/E_0)$。要使 $a-a_{bg}$ 的变化足够大且满足 $(\gamma_c/E_0)\ll 1$,就意味着 L_{opt} 和 $\bar{a}$ 比起来要足够大。

L_{opt} 的振幅依赖于矩阵元 $\langle C|\hbar\Omega_1(R)|E\rangle$,其中 $\hbar\Omega_1(R)$ 表示基态和激发态

之间的光学耦合。利用方程(6.18)、(6.20)以及上面定义的 L_{opt}，分析得出相对常数 $\hbar\Omega_1$ 值

$$L_{\text{opt}}=\pi\frac{|\hbar\Omega_1|^2}{\gamma_c}\frac{F(E)}{k} \tag{6.35}$$

Frank-Condon 交叠因子是

$$F(E)=\left|\int_0^{+\infty}\psi_v^*(R)\psi_0(R,E)\mathrm{d}R\right|^2 \tag{6.36}$$

$$\approx\frac{\partial E_v^*}{\partial v}\frac{1}{D_c}|\psi_0(R_c,E)|^2 \tag{6.37}$$

式中：D_c 是在 Condon 点 R_c 处激发态与基态之间势能值之差的导数；$\partial E_v^*/\partial v$ 是激发态振动能级间隔。

方程(6.37)是一个很好的反射近似，其中在Condon点 R_c 处，分子势能差值等于 $h\upsilon_1$，$F(E)$与基态波函数的平方成正比(见图 6.9)。因此，$F(E)$可以用分别代表 $R_c\gg\bar{a}$ 或 $R_c\ll\bar{a}$ 条件下的方程(6.5)或方程(6.9)来计算。E 在很大范围内取值时，反射近似都适用，相比于 s 波，反射近似更适用于高次分波。通过改变激光频率 ν_1 来选取一系列激发态能级 v，从而改变 Condon 点 R_c，就可以在一系列 R 处画出基态波函数的形状和节点结构。

从方程(6.35)可以很明显得到一些光学长度的重要性质。第一，Ω_1 和 γ_c 都与跃迁偶极矩的平方成正比，L_{opt} 与跃迁强弱无关但在各种跃迁中都可以达到很大。第二，$L_{\text{opt}}\propto|\Omega_1|^2$，因此可以通过增大激光强度来增大 L_{opt}。第三，对于 s 波入射通道，当 $E\to0$ 时，由于 $F(E)\propto k$，所以在低能时，$L_{\text{opt}}\propto F(E)/k$ 与 E 或 k 无关。然而，光学长度通过 Frank-Condon 因子强烈地依赖于分子结构。事实上，如果要实现如碱金属中那样的具有较大衰减率的强跃迁，就需要使用远离阈值的激发态分子能级，这些能级具有大的束缚能。这对实现远失谐于原子与分子共振是非常必要的。这个要求意味着这些能级有小的 $F(E)$ 因子，这主要是由于方程(6.37)中大的 D_c 值导致的。另一方面，具有小弛豫率的弱跃迁，如碱土金属中的 Sr，其 $^1S_0\to{}^3P_1$ 是弱互组跃迁，可导致较大的 L_{opt} 值。这是由于以 γ_c 为单位的大失谐可以通过接近激发态阈值的能级来实现。这些能级通常具有较大的 Frank-Condon 因子。实际上，在 Sr 原子弱的互组跃迁线附近，PA 跃迁 L_{opt} 的值比 Rb 的分子强跃迁线大好几个数量级[23]。因此，一定程度上，在 Ca、Sr 或 Yb 的超冷气体中利用光学共振控制碰

撞有很好的研究前景。

当增加一束频率为 υ_2 的激光,双色 PA 也是可能实现的,如图 6.9 所示。当激光频率差值满足 $h(\upsilon_2-\upsilon_1)=E-E_{i\ell}$,基态 $i\ell$ 分子能级对应的能量与碰撞能量 E 共振。保持 υ_1 不变,改变 υ_2 的值,双色 PA 光谱可以用来探测能级对应的能量。这就是得到 Yb_2 分子束缚能的方法[15],同时这个方法也可以用来获得图 6.5。在这种情况下,不同同位素的 12 个不同能级都进行了测量,包含能级 $i=-1$ 和 -2,$\ell=0$ 和 2。在一些碱金属同核分子中已经实现了双色光缔合光谱。

双色光缔合过程也是将两个冷原子制备成一个平动的冷分子的好方法。早期制备冷分子的方法是利用激发态分子的自发辐射将分子布居在基态的一系列能级上。自发辐射的缺点是跃迁过程的不可选择性。然而,通过选择合适的激光频率,一些特定能级可以被选为目标能级。一个早期实验是将玻色-爱因斯坦凝聚态中的两个 ^{87}Rb 原子缔合成分子,使其分子能级处于一个特定的能级,能级能量为 $h(-636)$ MHz[24]。

人们对将冷分子制备在 $\upsilon=0$ 的振动基态有非常大的热情。对于极性分子更是如此,主要是由于处于 $\upsilon=0$ 态的极性分子具有大的偶极矩。另一方面,阈值能级的偶极矩可以忽略,这是由于原子之间有较大的原子间距(约为 $\bar{a}$),从而导致原子之间无电荷转移。一个理想的方法是用一个可调谐的 Feshbach 共振磁场将原子磁缔合成处于阈值能级的分子,然后用一个双色拉曼过程将分子布居到深束缚的分子态。尽管气体中的分子由于受到冷原子或其他分子的碰撞将会很快损耗掉(参考方程(6.14)),但在单独的光晶格俘获阱中形成的分子,可以免受这种碰撞的破坏。双色拉曼过程可以用来制备更多的深束缚态分子,这些分子稳定且不易被碰撞破坏。这个方法已经成功制备出 $^{87}Rb_2$ 分子[25]。将来这个方法可能用来制备处于 $\upsilon=0$ 态的极性分子,这样就可以研究一系列有趣的物理现象[26][27]。

参考文献

[1] Köhler, T., Góral, K., and Julienne, P. S., Production of cold molecules via magnetically tunable Feshbach resonances, Rev. Mod. Phys., 78, 1311, 2006.

[2] Jones, K. M., Tiesinga, E., Lett, P. D., and Julienne, P. S., Photoassocia-

tion spectroscopy of ultracold atoms: long-range molecules and atomic scattering, Rev. Mod. Phys., 78, 483, 2006.

[3] Julienne, P. S. and Mies F. H., Collisions of ultracold trapped atoms, J. Opt. Soc. Am. B, 6, 2257, 1989.

[4] Moerdijk, A. J., Verhaar, B. J., and Axelsson, A., Resonances in ultracold collisions of ^{6}Li, ^{7}Li, and ^{23}Na, Phys. Rev. A, 51, 4852, 1995.

[5] Vogels, J. M., Verhaar, B. J., and Blok, R. H., Diabatic models for weakly bound states and cold collisions of ground-state alkali-metal atoms, Phys. Rev. A, 57, 4049, 1998.

[6] Burke, J. J. P., Greene, C. H., and Bohn J. L., Multichannel cold collisions: simple dependences on energy and magnetic field, Phys. Rev. Lett., 81, 3355, 1998.

[7] Vogels, J. M., Freeland, R. S., Tsai, C. C., Verhaar, B. J., and Heinzen, D. J., Coupled singlet-triplet analysis of two-color cold-atom photoassociation spectra, Phys. Rev. A, 61, 043407, 2000.

[8] Mies, F. H. and Raoult M., Analysis of threshold effects in ultracold atomic collisions, Phys. Rev. A, 62, 012708, 2000.

[9] Gao, B., Zero-energy bound or quasibound states and their implications for diatomic systems with an asymptotic van der Waals interaction, Phys. Rev. A, 62, 050702, 2000.

[10] Gao, B., Angular-momentum-insensitive quantum-defect theory for diatomic systems, Phys. Rev. A, 64, 010701, 2001.

[11] Julienne, P. S. and Gao, B., Simple theoretical models for resonant cold atom interactions, in Atomic Physics 20, Roos, C., Häffner, H., and Blatt, R., Eds., AIP, Melville, New York, 2006, p. 261-268, physics/0609013.

[12] Derevianko, A., Johnson, W. R., Safronova, M. S., and Babb, J. F., High-precision calculations of dispersion coefficients, static dipole polarizabilities, and atom-wall interaction constants for alkali-metal atoms, Phys. Rev. Lett., 82, 3589, 1999.

[13] Porsev, S. G. and Derevianko A., High-accuracy calculations of dipole,

quadrupole, and octupole electric dynamic polarizabilities and van der Waals coefficients C_6, C_8, and C_{10} for alkaline-earth dimers, JETP 102, 195, 2006, [Pis'maZh. Eksp. Teor. Fiz., 129, 227-238 (2006)].

[14] Gribakin, G. F. and Flambaum, V. V., Calculation of the scattering length in atomic collisions using the semiclassical approximation, Phys. Rev. A, 48, 546, 1993.

[15] Kitagawa, M., Enomoto, K., Kasa, K., Takahashi, Y., Ciurylo, R., Naidon, P., and Julienne, P. S., Two-color photoassociation spectroscopy of ytterbium atoms and the precise determinations of s-wave scattering lengths, Phys. Rev. A, 77, 012719, 2008.

[16] Fano, U., Effects of configuration interaction on intensities and phase shifts, Phys. Rev. A, 124, 1866, 1961.

[17] Bohn, J. L. and Julienne, P. S., Semianalytic theory of laser-assisted resonant cold collisions, Phys. Rev. A, 60, 414, 1999.

[18] Marcelis, B., van Kempen, E. G. M., Verhaar B. J., and Kokkelmans S. J. J. M. F., Feshbach resonances with large background scattering length: Interplay with open-channel resonances, Phys. Rev. A, 70, 012701, 2004.

[19] Ospelkaus C., Ospelkaus S., Humbert L., Ernst P., Sengstock K., and Bongs K., Ultracold heteronuclear molecules in a 3D optical lattice, Phys. Rev. Lett., 97, 120402, 2006.

[20] Hodby E., Thompson S. T., Regal C. A., Greiner M., Wilson A. C., Jin D. S., Cornell E. A., and Wieman C. E., Production efficiency of ultracold Feshbachmolecules in Bosonic and Fermionic systems, Phys. Rev. Lett., 94, 120402, 2005.

[21] Naidon P. and Julienne P. S., Optical Feshbach resonances of alkaline-earth atoms in a 1D or 2D optical lattice, Phys. Rev. A, 74, 022710, 2006.

[22] Hutson J. M., Feshbach resonances in ultracold atomic and molecular collisions: threshold behaviour and suppression of poles in scattering lengths, New J. Phys., 9, 152, 2007.

[23] Zelevinsky T., Boyd M. M., Ludlow A. D., Ido T., Ye J., Ciurylo, R.,

Naidon, P., and Julienne, P. S., Narrow line photoassociation in an optical lattice, Phys. Rev. Lett., 96, 203201, 2006.

[24] Wynar R., Freeland R. S., Han D. J., Ryu C., and Heinzen D. J., Molecules in a Bose-Einstein condensate, Science, 287, 1016, 2000.

[25] Winkler K., Lang F., Thalhammer G., van der Straten P., Grimm R., and Hecker Denschlag, J., Coherent optical transfer of Feshbach molecules to a lower vibrational state, Phys. Rev. Lett., 98, 043201, 2007.

[26] Lewenstein M., Polar molecules in topological order, Nature Phys., 2, 309, 2006.

[27] Büchler H. P., Micheli A., and Zoller P., Three-body interactions with cold polar molecules, Nature Phys., 3, 726, 2007.

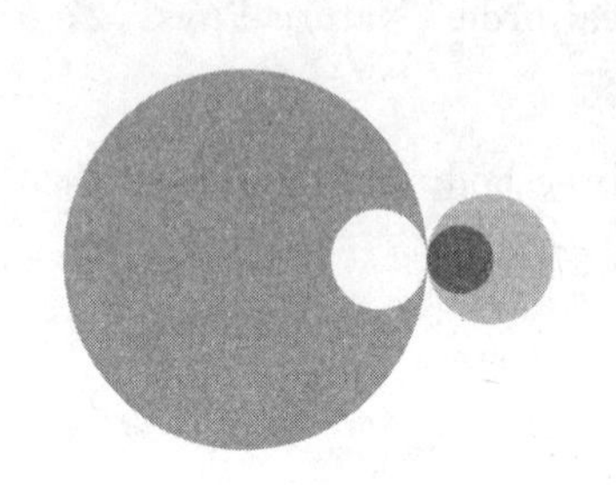

第7章 啁啾激光脉冲光缔合控制超冷分子形成的前景

7.1 引言:超快激光是否可以应用到超冷光缔合中

7.1.1 光缔合超冷原子制备超冷分子

制备处于电子基态最低振转能级的超冷分子是目前研究的热点。所谓的超冷分子,我们这里定义为温度远低于 1 mK 的分子。正如 W. Stwalley 小组以及 Paul Julienne 在本书第 5 章和第 6 章中所讨论的,光缔合(PA)制备分子[1][2]是一个非常有效的方法。尽管激光冷却技术不能够直接用来冷却分子,但从激光冷却后的冷原子样品出发,通过光缔合原子对形成处于电子激发态的冷分子是可能的。为了这一目标,大多数实验利用频率红失谐于原子共振线的连续波激光器,调谐激光器的频率与二聚体的一个弱束缚振动能级共振。由于处于电子激发态,光缔合形成的分子寿命很短,因而为了获得稳定分子很有必要采用第二步,在下文我们称之为稳定化步骤。处于激发态的分子经自发辐射衰减，重新分裂成冷原子对，或者布居到电子基态的各个振动能级(对碱金属二聚体，则布居到最低的三重态)[3][4][5]。后一种情况确实形成了稳定的分子，增加其分子产率的机制很大程度上依赖于分子光谱的具体结构(如激发态势能曲线中长程阱的存在，或者两个激发通道之间的共振耦合[6][7])。由此可以看出，分子光谱在冷分子领域中是十分重要的一部分。

相比于本书中讨论的其他非光学方法制备冷分子，光缔合技术的主要优点是能够制备大量稳定的超冷分子，获得与初始冷原子样品相同的平动温度(几微开尔文，或者更低)。与扫描磁场 Feshbach 共振形成的“halo 分子”相比，光缔合形成的稳定分子处于更深的束缚态振动能级。这种方法的缺点是通过自发辐射而稳定化的过程将分子布居散布到各个激发振动能级，因而形成的分子并非处于单一的某个振动态，仍需要进一步冷却振动和转动自由度。

本章研究利用啁啾激光脉冲或者更普遍的整形脉冲，而不是通过连续波激光来实现光缔合，以及通过诱导跃迁实现稳定化的方案。这个方案主要是通过充分利用光学技术的各种可能性来更好地实现对光缔合过程和稳定分子过程的控制。超快激光(皮秒或者飞秒区域)和激光整形技术的应用不仅能够提高分子的产率，预期也能使实时动力学现象可观察和可控。

7.1.2 与相干控制场的联系

两个碰撞的超冷原子形成一个束缚态分子是在极低温度下激光诱导化学反应的一个简单的例子。正如第8章中 Evgueny A. Shapiro 和 Moshe Shapiro 所讨论的，在室温或者更高温度下，已经相当完善的相干控制技术依赖于对激光脉冲进行整形来控制化学反应产物的产率。能否将类似的方案应用到低温下的光缔合以及稳定性反应仍然是有待解决的问题，为了给出答案，需要仔细研究泵浦-退泵浦实验的可行性和有效性以选择性地制备处于电子基态 $v=0$ 能级的超冷分子。

从实验方面来看，短脉冲技术的实施是很有争议的。事实上，对于与精密光谱相联系的超冷研究领域，连续波激光器技术初看起来是最适用的。当采用短脉冲和整形脉冲时，可能会失去光谱细节的灵敏度，而这是成功的关键。此外，用含时光谱实验分析光缔合分子或稳定化的分子，也就是确定不同电子态的振转能级上的布居数，并不是很完善。然而，一些小组[9][10][11]已经开始了对磁光阱中铷原子的飞秒激光缔合制备分子的实验。虽然由于第一束脉冲大

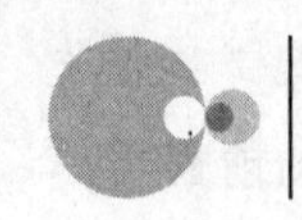

量地破坏了阱中已经产生的分子而使得这些实验还没有充足的说服力,但是这一领域已经有了飞快的进展。

从理论方面来看,超冷领域的不同之处在于对两个碰撞冷原子初始态的描述。室温下哈密顿量主要由动能决定,采用高斯波包作含时处理的方法已经很完善。在微开尔文范围内,高斯波包的扩散比它传播得更快,因此初态必定包含一些碰撞定态的分布。早期的光缔合实验[12][13]已经说明了用上述初态描述碰撞动力学是足够的:扫描连续波激光频率,实验信号的最小值对应于 s 波散射径向波函数出现节点的位置。因此,本章用数值方法来计算激光脉冲开启时定态碰撞波函数在大范围核间距内退局域化的时间演化。

7.1.3 本章概述

在 Orsay 的理论小组与 Ronnie Kosloff 和 Jerusalem 小组合作对这一问题做了重要的理论工作。这一工作最早是 1996 年 Mihaela Vatasescu[14][15][16]在其论文中提出的,之后 Jiri Vala 又做了重要的工作[17]。由于欧洲研究培训网络在 2002 年末的建立(由欧洲委员会资助,合同为 HPRNCT 2002 00290,题目为“冷分子:制备,俘获和动力学”),这一研究工作得到进一步的发展。用定态碰撞波函数作为初始态的首次含时计算结果发表于 2004 年[18][19]。主要参与的博士后 Christiane Koch[20]~[24]、Jordi Mur-Petit[25]和 Shimshon Kallush[26][27][28],以及 Pascal Naidon[29][30]和 Kai Willner[31][32]的工作,极大促进了项目的发展。

本章主要展示后者论文的部分内容,同时关注了对相干控制和超冷分子这两个领域交叉结合的可能性的持续争议。这一章的结构如下。

7.2 节:提出了利用啁啾激光脉冲进行光缔合的模型,以铯原子为研究对象。

7.3 节:数值计算的结果。计算结果表明,对于优化的脉冲参数,可以得到完全的绝热布居跃迁,因此原子间距处于“光缔合窗口”范围内的原子对全部形成束缚态分子,同时给出了对这种光缔合分子总数的估算。

7.4 节:考虑到可以优化泵浦-退泵浦实验中形成稳定基态分子的一种聚焦效应,提出了对激发态振动波包整形的可能性。

7.5 节:分析了光缔合后初态波包的动力学孔洞和动量反冲导致的压缩现象。研究结果表明,增加一束激光脉冲,其频率红失谐于第一束激光脉冲,能有效地布居处于激发态中更深束缚能级的分子。

7.6 节:在核间距较大的情况下,包含非绝热跃迁过程的另一种可能的光缔合机制。

7.7 节:结论及对未来理论和实验工作的展望。

7.2 用啁啾激光脉冲模拟光缔合

7.2.1 物理问题:光缔合制备处于长程阱的铯分子实例与 100 ps 的激光脉冲的选择

7.2.1.1 选择铯分子作为研究对象

因为实验[3][13]中已经观测到了大量稳定超冷铯分子的形成,所以铯分子是一个很好的研究对象。在这里以光缔合反应

$$2Cs(6S,F=4)+\hbar(\omega(t))\rightarrow Cs_2(0_g^-(6S+6P_{3/2});v,J) \tag{7.1}$$

获得的 $0_g^-(6S+6P_{3/2})$ 电子态外阱中的分子作为一个例子来进行研究。在该反应中,处于 6S 基态的两个超冷铯原子,在温度为 50 μK 的范围内进行碰撞,吸收一个红失谐于原子共振线的光子,形成一个处于激发态外势阱的束缚能级 (v,J) 的分子。光缔合激光的频率随时间变化。对于许多光缔合实验,其光谱已经是熟知的[33]。铯分子的势能曲线已经有很好的描述[18],如图 7.1 所示。v_{tot} 表示双阱势中的振动量子数,v 表示外阱中的振动量子数;后者至少包含 226 个能级,从 $v=0(v_{tot}=25)$ 到 $v=225(v_{tot}=256)$。初始电子态是 $a\,^3\Sigma_u^+(6S+6S)$;这里只考虑 s 波散射,分子的转动激发是禁戒的。因此,计算采用的是比较真实的势能,拟合了实验光谱,但是这种方法仍然是简化的模型,因为我们忽略了超精细结构以及通过双(多)光子吸收而布居到里德堡激发电子态的可能性。

7.2.1.2 光缔合的定性解释

利用连续波激光进行光缔合时,通过改变激光失谐,当与分子的某个 (v,J) 能级共振时,获得该能级布居的分子。光缔合的概率由初始连续能级和最终束缚振动能级之间偶极跃迁的矩阵元,也即相应波函数的 Franck-Condon 交叠所决定。这两个能级的波函数都离域化到很大的范围,这是因为对于长程分子,振动运动延伸到很大的范围。在激发态势能的这一渐进区域内,振动运动变得很慢,所以在振动周期的大部分时间里,原子间距保持在 R_{out}(外经典转

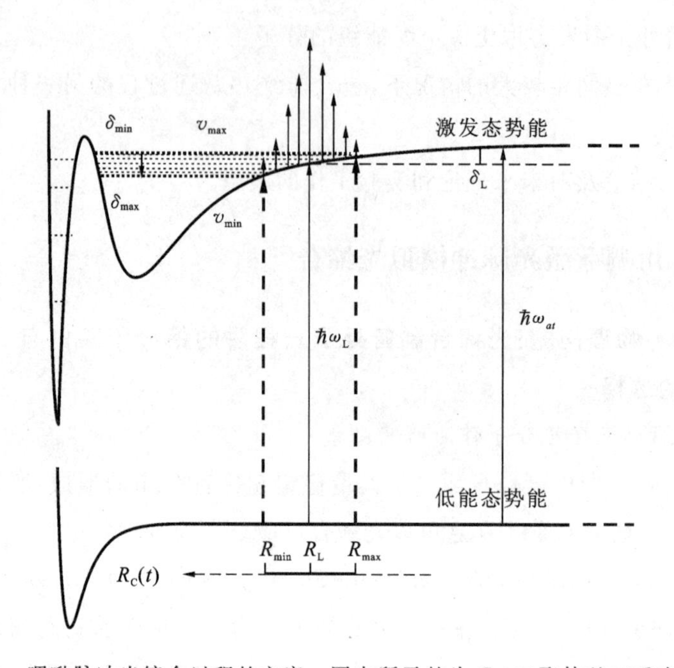

图 7.1　啁啾脉冲光缔合过程的方案。图中所示的为 Cs_2 二聚体基三重态 $a\ ^3\Sigma_u^+$ 和双阱 $0_g^-(6S+6P_{3/2})$ 激发态的势能曲线。目前,研究表明制备处于外阱振动能级的分子是最高效的 PA 方案。图中也标明了一束典型的带有负啁啾参数 χ 脉冲的时间窗口 t(图中上面的水平线),能量区域$[\delta_{min},\delta_{max}]$内的共振窗口(向下的箭头)以及光缔合窗口$[R_{min},R_{max}]$(下面的水平线)(引自 Luc-Koenig, E. et al., Phys. Rev. A, 70, 033414, 2004. 已获授权)

折点)附近。假设反射规则是正确的[2],则可以很方便地认定在这段距离处发生垂直跃迁。PA 也可以理解为是两个距离为 R_{out} 的原子吸收了一个光子。这一模型也解释了当 R_{out} 处于定态碰撞径向波函数的某一节点处光缔合概率小的原因[12][13]。

接着考虑一束带宽较宽的激光脉冲,此时多个能级都能够共振,我们应在能量范围上定义一个共振窗口。相似的,R_{out} 跨越了一定的距离,这可以定义光缔合窗口(详见 7.2.2.2 节)。

7.2.1.3　激发态中振动运动的时间尺度和特征距离

表 7.1 给出了光缔合实验中典型的振转能级的一些参数值。根据 Le Roy-Bernstein 定律,对于以 R^{-3} 的渐进行为描述的势,其束缚能 $|E_v|$ 由

$(v_D-v)^6$ 度量，这里 v_D 为常数，多数情况下是非整数。经典的振动周期可由下式估算：

$$T_{vib}(v)\approx 2\pi\hbar\frac{\partial v}{\partial E}\approx\frac{4\pi\hbar}{E_{v+1}-E_{v-1}} \tag{7.2}$$

对于铯二聚体，$|E_v|<25\ \mathrm{cm^{-1}}$ 或者 $v>42$，该振动周期处于几百皮秒范围内。对具有 $-C_3/R^3$ 渐进行为的势采用标度律，以此来估算其他碱金属二聚体[15]，表明对于束缚能在 1 $\mathrm{cm^{-1}}$ 附近，T_{vib} 通常从 120 ps(Li_2)到 550 ps(Cs_2)变化。由于振动周期与束缚能 $|E_v|^{-5/6}$ 有关，对于很多光缔合实验振动周期的幅度约为 100 ps 数量级。由于势具有很高的非简谐性，所以对于不同的振动量子数，能级间隔和振动周期变化相当大。讨论对啁啾脉冲的优化，需要考虑恢复周期，定义为[35]

$$T_{rev}(v)\approx\frac{4\pi\hbar}{|E_{v+1}-2E_{v+}E_{v-1}|} \tag{7.3}$$

用其描述不同周期的相邻能级振动运动恰好同步的情形。实际上，因为振动周期 $T_{vib}(v)$ 和 $T_{vib}(v-1)$ 不同，所以两个相邻能级波包的运动直到恢复以前仍然是不同相位的。

表 7.1　在两个共振窗口内，铯分子 $0_g^-(6S+6P_{3/2})$ 电子态长程势阱中一些能级的特征常数

v_{tot}	v	$R_{out}/(a_0)$	$E_v/\mathrm{cm^{-1}}$	T_{vib}/ps	T_{rev}/ns
159	128	135	−0.456	1095	37.0
153	122	$R_L^{122}=148.5$	−0.675	784	28.5
149	118	176	−0.869	635	24.3
137	106	107.5	−1.74	350	15.7
129	98	$R_L^{98}=93.7$	−2.65	250	15.3
122	92	85.5	−3.57	196	10
29	4	30	−70.3	20.2	24.5

注：v_{tot} 是振动量子数，而 v 仅限于在外阱中的能级。R_{out} 是外经典转折点，表明振动运动被延伸至距离约为 $100a_0$ 处。对于 $v=98$ 和 $v=122$ 能级，外转折点分别用 R_L^{98} 和 R_L^{122} 表示，径向波函数在图 7.2 中画出。E_v 是负的束缚能，T_{vib} 为方程(7.2)中定义的经典振动周期，T_{rev} 是方程(7.3)中定义的恢复周期。注意由于势的强非简谐性，图中标出了作为振动量子数函数的振动间隔与 T_{vib} 的变化。能级组[92]~[106]定义了脉冲 $P_\pm^{98}$ 的共振窗口，而组[118]~[128]定义为 $P_\pm^{122}$ 脉冲的共振窗口。最后一行给出了更深能级的特征常数。

表 7.1 和图 7.2 中也同时标明了不同的距离 R_{out},即共振窗口内能级的外部经典转折点。注意到 R_{out} 的值比较大时,通常对应于长程分子。对于在文后所讨论的两个能级,$v=98$ ($R_{out}=R_L^{98}=93.7a_0$) 和 $v=122$ ($R_{out}=R_L^{122}=150.4a_0$),径向振动波函数 $\varphi_{e,v}(R)$ 分别如图 7.2(a)和(d)所示。R_{out} 附近的几率最大值证明了"光缔合距离"图景的正确性。

7.2.1.4 碰撞初态的描述

我们选择 $t=t_{init}$ 时刻的定态碰撞波函数作为初态,即

$$\Psi_g(R,t_{init})=\varphi_{g,E}(R)$$

因为动能 E 很小,在一个很宽的距离范围内定态碰撞波函数的相对运动完全由势能决定。图 7.2(b)和(c)所示的为各个碰撞能级的径向波函数 $\varphi_{g,E}$ 和 $a\ ^3\Sigma_u^+$ 势阱中最高束缚能级 $v''=53$ 的径向波函数(注意,根据参考文献[18]和[19],这个势能的散射长度是 $539a_0$,作为对比,实验值为 $2440a_0$[36])。

在 $R\leqslant R_N=82.3a_0$ 处的节点结构与能量无关是显而易见的。对能量的依赖主要体现在归一化因子上:在 7.3.4 节将会用这个性质对一个单一能量进行玻尔兹曼平均。

同样很明显,波函数 $\varphi_{g,E}(R)$ 的节点在 R_N 处,距离 $R_L^{98}=93.7a_0$ 很近,因此 $v=98$ 能级与初态的连续能级的 Franck-Condon 交叠将会很小(见图 7.2(d))。相反,对于 $v=122$ 能级,外转折点对应初态波函数 $\varphi_{g,E}$ 的最大值,预期会产生更大的交叠(见图 7.2(a))

7.2.1.5 "最后"节点 R_N 的位置

波函数 $\varphi_{g,E}$ 的节点结构和能量无关的区域在 R_N 以下,R_N 是 $E=0$ 阈值波函数的最后一个节点,该点对散射长度 $a>R_N$ 的系统不适用。对于低能 s 波径向散射波函数,势能曲线具有 $-C_6/R^6$ 渐进行为,R_N 可由如下散射长度 a 的函数估算:

$$\frac{1}{2}\left(\frac{b}{R_N}\right)^2=\arctan\frac{\eta b-a}{\eta b}+\frac{3\pi}{8}+p\pi \tag{7.4}$$

式中:$b=\left(\frac{2mC_6}{\hbar^2}\right)^{1/4}$ 是一个特征长度,m 是约化质量;$\eta=\frac{2\pi}{\Gamma(1/4)^2}=0.477989$ 是常数;整数 p 是使方程(7.4)右侧为正值的最小整数[37]。

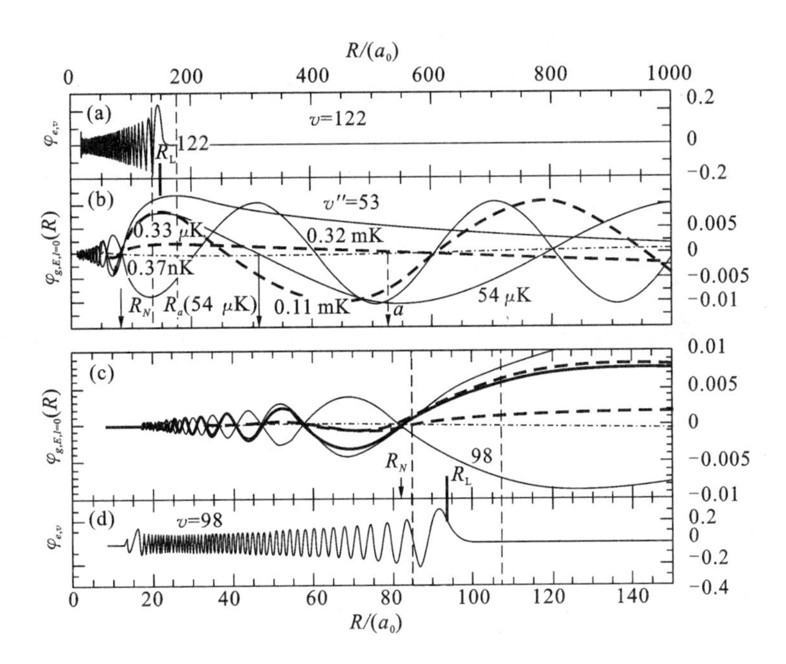

图7.2 初始碰撞态的波函数和共振光缔合能级以及 Franck-Condon 交叠。(a)铯分子 $Cs_2\ 0_g^-(6S+6P_{3/2})$电子态外阱振动能级 $v=122$ 的径向波函数 $\varphi_{e,v}(R)$。虚线框表示的是在脉冲 $P_\pm^{122}$ 作用下,中心在 R_L^{122} 的 PA 窗口,这个 PA 窗口对应波函数 $\varphi_{g,E}(R)$的最大处。(b)不同能量 E 下 s 波散射长度的径向波函数 $\varphi_{g,E}(R)$以及 $a\ ^3\Sigma_u^+$ 势最高的振动能级 $v''=53$ 的径向波函数。(c)初态的短程行为:对 $R\leqslant R_N=82.3a_0$,节点的结构与能量无关;对 $R>R_N$,节点的位置和能量有关。因为 $a>R_N$,所以 $R>R_N$ 后的第一个节点对于零能量在 $R=a$ 处,而对 $E=54\ \mu$K,第一个节点在 $R_a(54\ \mu$K)处。(d) 与(a)类似,$v=98$ 能级情形。虚线框表示的是在脉冲 $P_\pm^{98}$ 作用下,中心在 R_L^{98} 的 PA 窗口,这个窗口距离 $\varphi_{g,E}(R)$的一个节点很近(图(b)和(c)引自 Koch,C. P. et al. ,J. Phys. B:Atom. Mol. Opt. Phys. ,39,S1017-S1041,2006.)

7.2.2 皮秒数量级线性啁啾脉冲的选择

为了处理一些合理数量的光缔合能级,同时为了能够观测振动波包各组分在脉冲期间或者脉冲过后的行为,也为了在某些情况下整形该波包(参考7.4节),我们选择脉冲在 10~100 ps 范围来进行计算。动力学是在比激发态寿命还短的时间尺度上研究的,因此自发辐射将会被忽略。这一时间尺度同

样比 T_{vib} 还短,以至于脉冲间原子的相对运动也可以被忽略。

7.2.2.1 啁啾脉冲、中心频率、能量、光谱和时域宽度

我们考虑一个具有能量 E_{pulse} 的高斯啁啾脉冲,中心频率在时间 t_P、频率 ω_L(见图 7.3(b))的情形:

$$\omega(t)=\omega_L+\chi\cdot(t-t_p)=\frac{d}{dt}(\omega_L(t)+\phi(t)) \tag{7.5}$$

$\omega_L(t)$随着载波频率线性变化。χ 是时域的线性啁啾率,因此电场的相位是

$$\phi(t)=\frac{1}{2}\chi(t-t_p)^2+\phi(t_p) \tag{7.6}$$

激光频率相比原子 D_2 线在 ω_{at} 处的红失谐是

$$\delta_L=\hbar(\omega_{at}-\omega_L) \tag{7.7}$$

与能量 $|E_v|\approx\delta_L$ 的激发态中束缚能级 v 共振。光谱宽度 $\delta\omega$ 定义为强度分布的半高全宽(FWHM),与具有相同带宽 $\delta\omega=4\ln2/\tau_L\approx14.7\ \mathrm{cm}^{-1}/\tau_L$ 的变换极限脉冲的持续时间 τ_L 有关。脉冲在包含高斯包络 $f(t)$(见图 7.3(a))的区域 σ 的瞬时光强表示为

$$I(t)=\frac{E_{pulse}}{\sigma\tau_C}\sqrt{\frac{4\ln2}{\pi}}\exp\left[-4\ln2\left(\frac{t-t_p}{\tau_C}\right)^2\right]=I_L[f(t)]^2 \tag{7.8}$$

半高全宽等于 $\tau_C(\geqslant\tau_L)$ [19],τ_C 和 τ_L 之间的关系为

$$\chi^2\tau_C^4=(4\ln2)^2\left[\left(\frac{\tau_C}{\tau_L}\right)^2-1\right] \tag{7.9}$$

$$[f(t_P)]^2=\frac{\tau_L}{\tau_C} \tag{7.10}$$

相应的电场为

$$\varepsilon(t)=\varepsilon_0 f(t)\cos(\omega_L t+\phi(t)) \tag{7.11}$$

$$\varepsilon_0{}^2=\frac{2}{c\epsilon_0}\frac{E_{pulse}}{\sigma}\frac{1}{\tau_L}\sqrt{\frac{4\ln2}{\pi}} \tag{7.12}$$

式中:c 是光速;ϵ_0 是真空的介电常数;

脉冲能量 $E_{pulse}=\sigma\sqrt{\pi/(4\ln2)}I_L\tau_L$ 不依赖 χ。

实际上 98%的能量集中在窗口$[t_P-\tau_C,t_P+\tau_C]$里。

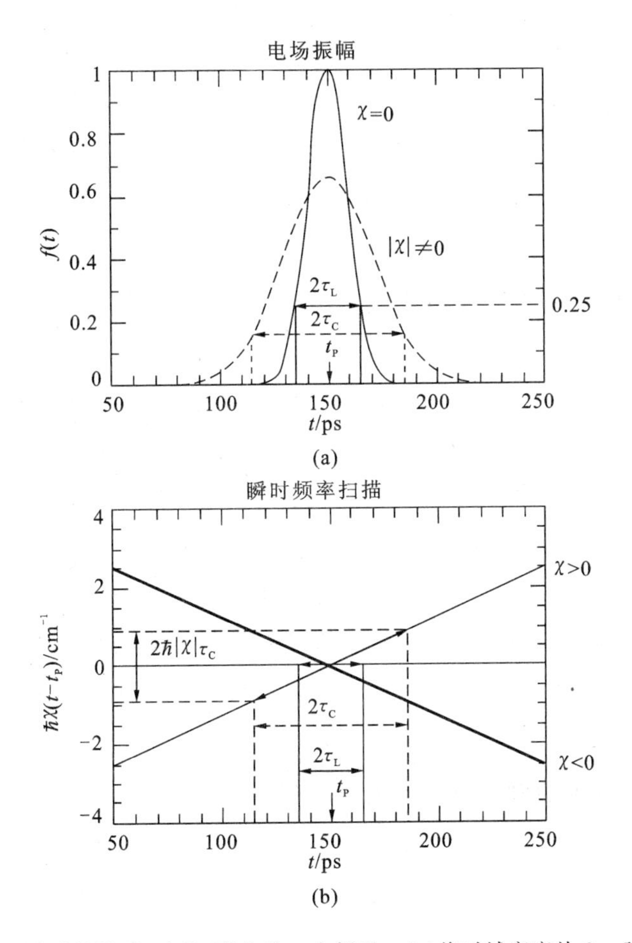

图7.3　啁啾脉冲的性质，选择 $P_{\pm}^{98}$ 作为一个例子。(a)将时域宽度从 $2\tau_L$ 延伸到 $2\tau_C$。电场的包络 $f(t)$（见方程(7.11)）（实线）开始于宽度为 $2\tau_L=2\times15$ ps 的变换极限脉冲，当线性啁啾参数设为 $|\chi|=4.79\times10^{-3}$ ps^{-2} 时，$f(t)$ 延伸到 $2\tau_C=2\times34.8$ ps（虚线），而其最大值在 $t=t_P$ 处从1减小到 $\sqrt{\tau_L/\tau_C}$。时间窗口 $[t_P-\tau_C, t_P+\tau_C]$ 由一水平虚线指出。(b)扫描中心频率：方程(7.5)定义的中心频率 $\omega(t)$ 以 $\chi(t-t_P)$ 的形式线性变化，其中啁啾参数 χ 是正的（细实线）或是负的（粗实线）。当负啁啾时，共振窗 $2\hbar|\chi|\tau_C$ 从较高能量到较低能量扩展，当正啁啾时共振窗从较低能量到较高能量扩展。这里我们假设载波频率 ω_L 与 Cs_2 0_g^- $(6S+6P_{3/2})$ 态外阱中 $v=98$ 能级共振，我们用一个垂直实线表示 $\hbar\omega(t)$ 在 $\hbar\omega_L$ 附近的变化，其在时间窗内扩展了 1.83 cm^{-1}（引自 Luc-Koenig, E. et al., Phys., Rev. A, 70, 033414, 2004. 已获授权）

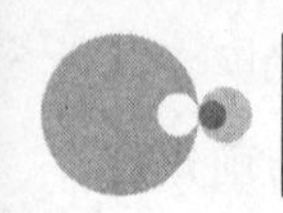

7.2.2.2　光缔合过程:时间窗、共振窗、光缔合窗的概念

对于光缔合的物理解释,考虑脉冲能量在时间窗$[t_P-\tau_C, t_P+\tau_C]$期间转移给原子对是很方便的。在这个$2\tau_C$周期内,瞬时激光频率与束缚能在范围$[\delta_{min}=\delta_L-\hbar|\chi|\tau_C, \delta_{max}=\delta_L+\hbar|\chi|\tau_C]$内的所有激发能级共振。因此,定义了在能量域内的一个窗口$2\hbar|\chi|\tau_C$,本文随后称之为共振窗,并定义了其中一系列共振能级$[v_{min}, v_{max}]$。假设PA是在共振能级的外转折点的垂直跃迁,共振窗可被转变为在R域内的窗口$[R_{min}, R_{max}]$,以后标注为PA窗,将在7.2.3.1节中做更精确的定义。

时间窗、共振窗和PA窗如图7.1所示。参考文献[18]和[19]考虑很多种不同的脉冲,详细讨论了光缔合结果对脉冲参数(失谐、强度、光谱宽度、线性啁啾率)选择的敏感性。在本文中,我们考虑两束典型的脉冲,以后称为$P_{\pm}^{98}$和$P_{\pm}^{122}$,两束脉冲的中心频率分别被选定为与振动能级$v=98$和$v=122$共振,如表7.1和图7.2所示。7.6节的讨论也将考虑两束其他脉冲。我们在表7.2中给出了不同脉冲的参数,以及相应的PA窗。参考文献[18]详细讨论了与辐射有关的另一个特征时间尺度——拉比周期,相比于这里考虑的啁啾脉冲,拉比周期要大20 ps。

7.2.3　双通道耦合方程和旋波近似的选择

基态波函数和激发态波函数由激光场耦合的振动动力学可以通过含时薛定谔方程的非微扰解来描述。在这种幺正处理中,布居数是守恒的,因此在基态和激发态布居的总和保持恒定。我们考虑了这两个电子态的所有振动(束缚+连续)能级,这样就自然地解释了量子阈值效应(见7.3.4.2节)。本章中,只考虑s波散射,并引入了一个二组分径向波函数$\Psi(R,t)$,描述在基电子态$\Psi_{ground}(R,t)$和激发态$\Psi_{exc}(R,t)$中核的相对运动。

$$\hat{H}\Psi(t)=(\hat{H}_{mol}+\hat{W}(t))\Psi(t)=\mathrm{i}\hbar\frac{\partial}{\partial t}\Psi(t) \tag{7.13}$$

分子哈密顿量$\hat{H}_{mol}=\hat{T}+\hat{V}_{el}$是由动能算符$\hat{T}$和电子的势能算符$\hat{V}_{el}$组成的,其中包含了基态势能面$V_{ground}$和激发态势能面$V_{exc}$这两个组分。耦合项采用偶极近似写为

$$\hat{W}=-\boldsymbol{D}_{ge}(\boldsymbol{R})\cdot\boldsymbol{e}_L\varepsilon(t) \tag{7.14}$$

这个式子包含了分子的电子基态和电子激发态之间的跃迁偶极距$\boldsymbol{D}_{ge}(\boldsymbol{R})$和电

场。后者由一个极化向量 $\boldsymbol{e}_L$ 定义，假定其是常数，振幅为$\varepsilon(t)$(见方程(7.11))。$\varepsilon(t)$的振荡导致哈密顿量 $\hat{H}$ 具有快速的时间依赖性，该依赖性在旋波近似的框架下被消除。这里我们考虑两种参考频率的选择方式。

表 7.2　参考文献[18][19][22][24]和[38]中考虑到的几个泵浦脉冲 $P^v_{\pm,0}$ 的参数

标号	δ_L /cm^{-1}	I_L /(kw·cm$^-$2)	$\hbar\delta\omega$ /cm^{-1}	τ_L /ps	τ_C /ps	$100\hbar\chi$ /(cm^{-1}·ps)	光缔合窗 /(a_0)	10^4 P_e^{box}	A
P_-^{98}	2.656	120	0.98	15	34.8	−2.5	107.5→93.7→85.5	3.2	95%
P_+^{98}	2.656	120	0.98	15	34.8	+2.5	85.5→93.7→107.5	3.5	95%
P_0^{98}	2.656	120	0.98	15	15	0	布局转移很有限	0.4	
P_-^{122}	0.675	120	0.26	57.5	110	−0.2	176→148.5→135	20	140%
P_+^{122}	0.675	120	0.26	57.5	110	+0.2	135→148.5→176	30	140%
P_-^{opt}	0.675	750	0.26	57.5	370	−6.7	非绝热	3	150%
P_-^{nad}	2.656	120	2.45	6	96.3	−2.5	非绝热	600	50%

注：中心失谐 δ_L，假设认为与能级 v 共振；最大强度 $I_L\tau_L/\tau_C$(其中 I_L 是变换极限脉冲 P_0^v 的最大强度)，能量范围与光谱宽度 $\hbar\delta\omega$ 有关系；时域宽度(τ_L 和 τ_C)；线性啁啾参数 χ；PA 窗内的距离(正啁啾情况，缀饰势能曲线的交叉距离增加；负啁啾情况则是降低的，见 7.2.3.1 节)；P_e^{box} 是 PA 脉冲诱导的从基态到激发态的布居跃迁几率，这个几率等于处在用长度 $L=19250a_0$ 做箱归一化的态的光缔合分子数；A 是绝热窗(在 7.3.3 节中讨论)和时间窗的比率：对于时间窗期间总的绝热布居跃迁，条件 $A>100\%$应被满足。最后两行描述了两种超快脉冲，在这两种脉冲作用下，冲击近似或是绝热近似不再正确，这将在 7.6 节讨论。P_-^{opt}脉冲优化了压缩效应，而 P_-^{nad}提供了在核间距较远情况下实现非绝热布居转移的例子。

7.2.3.1　瞬时频率下的旋波近似：光缔合窗口的定义

一个可行的变换是使用在方程(7.5)中定义的瞬时频率在两个通道中引入新的径向波函数

$$\Psi_g(R,t)=\Psi_{\text{ground}}(R,t)\exp(-\mathrm{i}(\omega_L t+\phi(t))/2) \tag{7.15}$$

$$\Psi_e(R,t)=\Psi_{\text{exc}}(R,t)\exp(+\mathrm{i}(\omega_L t+\phi(t))/2) \tag{7.16}$$

这里相位 $\phi(t)$在方程(7.6)中已定义。当耦合项中的高频成分可被忽略时(旋波近似)，耦合的径向方程可写为

$$\mathrm{i}\hbar\frac{\partial}{\partial t}\begin{pmatrix}\Psi_g(R,t)\\ \Psi_e(R,t)\end{pmatrix}=\begin{pmatrix}\hat{T}+V_g(R)+\frac{\hbar}{2}\frac{\mathrm{d}\varphi}{\mathrm{d}t} & W\\ W & \hat{T}+V_e(R)-\frac{\hbar}{2}\frac{\mathrm{d}\varphi}{\mathrm{d}t}\end{pmatrix}\begin{pmatrix}\Psi_g(R,t)\\ \Psi_e(R,t)\end{pmatrix} \tag{7.17}$$

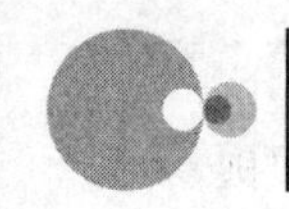

其中势能 $V_g(R)$ 和 $V_e(R)$ 依赖于载波频率,即

$$\begin{aligned} V_g(R) &= V_{\text{ground}} + \hbar\omega_{\text{L}}/2 \\ V_e(R) &= V_{\text{exc}} - \hbar\omega_{\text{L}}/2 \end{aligned} \tag{7.18}$$

并在距离 R_{L} 处相交。耦合项是实数,其时间依赖性只取决于高斯包络 $f(t)$,即

$$W(R,t) = -\frac{1}{2}\boldsymbol{D}(\boldsymbol{R}) \cdot \boldsymbol{e}_{\text{L}}\varepsilon_0 f(t) \tag{7.19}$$

考虑方程(7.17)中的对角项,如 $\frac{\mathrm{d}\phi}{\mathrm{d}t} = \chi(t - t_{\text{P}})$,定义含时的缀饰势能也是很方便的:

$$\begin{aligned} \bar{V}_g(R,t) &= V_g + \frac{\hbar}{2}\chi(t - t_{\text{P}}) = V_{\text{ground}} + \hbar\omega(t)/2 \\ \bar{V}_e(R,t) &= V_e - \frac{\hbar}{2}\chi(t - t_{\text{P}}) = V_{\text{exc}} - \hbar\omega(t)/2 \end{aligned} \tag{7.20}$$

在时间窗期间,它们在 $R_{\text{C}}(t)$ 处的交点贯穿了如下距离:

$$\chi > 0 \rightarrow R_{\min} = R_{\text{C}}(t_{\text{P}} - \tau_{\text{C}}), R_{\max} = R_{\text{C}}(t_{\text{P}} + \tau_{\text{C}}) \tag{7.21}$$

$$\chi < 0 \rightarrow R_{\max} = R_{\text{C}}(t_{\text{P}} - \tau_{\text{C}}), R_{\min} = R_{\text{C}}(t_{\text{P}} + \tau_{\text{C}}) \tag{7.22}$$

将其定义为 PA 窗。

7.2.3.2 中心频率的旋波近似

另一个可行的变换是考虑中心激光频率 ω_{L},因此两个通道新的径向波函数是

$$\widetilde{\Psi}_g(R,t) = \Psi_{\text{ground}}(R,t)\exp(-\mathrm{i}\omega_{\text{L}}t/2) \tag{7.23}$$

$$\widetilde{\Psi}_e(R,t) = \Psi_{\text{exc}}(R,t)\exp(+\mathrm{i}\omega_{\text{L}}t/2) \tag{7.24}$$

当耦合项中高频成分可以被忽略时(旋波近似),径向耦合方程变为

$$\mathrm{i}\hbar\frac{\partial}{\partial t}\begin{pmatrix} \widetilde{\Psi}_g(R,t) \\ \widetilde{\Psi}_e(R,t) \end{pmatrix} = \begin{pmatrix} \hat{T} + V_g(R) & W\exp(\mathrm{i}\phi) \\ W\exp(-i\phi) & \hat{T} + V_e(R) \end{pmatrix}\begin{pmatrix} \widetilde{\Psi}_g(R,t) \\ \widetilde{\Psi}_e(R,t) \end{pmatrix} \tag{7.25}$$

这里由载波频率缀饰的势能已经在方程(7.18)中给出定义,其中的耦合项不再是实数。

$$W(R,t)\exp(-\mathrm{i}\phi(t)) = -\frac{1}{2}\boldsymbol{D}(\boldsymbol{R}) \cdot \boldsymbol{e}_{\text{L}}\varepsilon_0 f(t)\exp\left(-\frac{\mathrm{i}}{2}\chi(t - t_{\text{P}})^2\right)\exp(-\mathrm{i}\phi(t_{\text{P}})) \tag{7.26}$$

包含了一个随着电场的相位变化而变化的含时相位(见方程(7.6))。

这个动力学构想已经被应用到了计算中,同时方程(7.17)则被用于物理

解释。实际上，对于一个线性啁啾脉冲，当旋波近似有效时，计算的结果不取决于参考频率的选择，因为每个通道(如 $|\Psi_{\mathrm{exc}}|^2=|\Psi_e|^2=|\widetilde{\Psi}_e|^2$)的几率密度是相同的，同时因为缓慢振荡的贡献对非对角量 $\Psi^*_{\mathrm{ground}}\hat{W}\Psi_{\mathrm{exc}}\exp(-\mathrm{i}\omega_{\mathrm{L}}t)$ 和 $\Psi^*_g W\Psi_e\exp(\mathrm{i}\phi)$ 是相同的，与模型无关。在7.5节将会介绍，正是这个非对角量的相位对动量的控制起作用。

正如7.3.3节所描述的，在瞬时频率处做旋波近似的优势，是它会得出我们更为熟悉的二能级系统图像，从而使耦合项有一个缓慢的含时性，这是由电场的包络所决定。

7.3 数值模拟结果：光缔合窗口内绝热转移的解释

7.3.1 数值方法

含时薛定谔方程的数值解所包含的主要成分如下。

(1)波函数的数值表象是基于一种排列方法，包括在格点处的函数值和一组插入的函数。应用到长程分子，Kokoouline 和他的同事[40]采用了映射傅里叶格点方法，其中，网格步长由波函数局域德布罗意波长的值重新定标。本文中，插入函数是一组正弦函数[31][32]。利用有限扩展到 L 的格点来离散化如下连续态；该连续态的波函数 $\varphi_{g,E}(R)$ 在两个端点都有节点，且能级密度为 $\left.\frac{\mathrm{d}n}{\mathrm{d}E}\right|_{E_n}^{L}=\frac{mL^2}{n\hbar^2\pi^2}$，其中 m 是约化质量。这里，一个非常大的 L 对于表征能量在微开尔文范围的初始连续态、光缔合过程中相邻的连续能级和 $a\ ^3\Sigma_u^+$ 分子态最高束缚能级是必要的。对于所研究的 Cs_2，典型的格子范围是 $L\approx20000a_0$ 和1024个格点，可表示的最低能量为36 nK。

(2)传播采用离散的步骤，选择 Δt 远远短于所研究问题(脉冲时间、振动周期、拉比周期)的相应特征时间，这些特征时间都比10 ps长：在常用的计算中，我们选择 $\Delta t\approx0.05$ ps。

(3)通过 Chebychev 多项式展开演化算符 $\exp(-\mathrm{i}\hat{H}\Delta t/\hbar)$[39][41]对含时薛定谔方程在 t 和 $t+\Delta t$ 时间内求解。这需要对 Chebychev 多项式从1阶到 N 阶所有值的 $\hat{H}^p\Psi$ 进行估计，量级一般为100阶。

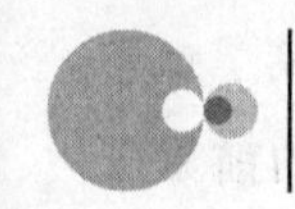

7.3.2 单碰撞能量计算的结果

激光脉冲后,束缚分子被同时制备到激发态和基态。作为一个例子,我们这里展示在温度 $T=54\ \mu K$ 时,P_{-}^{98}脉冲对基态铯原子样品激发的数值计算结果如表 7.2 所示。

7.3.2.1 共振窗内的光缔合

在图 7.4(a)中,我们展现了布居数转移到 $Cs_2\ 0_g^-(6S+6P_{3/2})$激发态上相应振动能级的几率。光缔合脉冲作用过程中,由于在短时间内时间-能量的不确定性,分子被布居到许多能级,包括高度不共振能级。拉比振荡在脉冲作用过程中是可见的。由于从不同时刻相干转移到某一能级波幅之间的干涉,该能级上也会观察到“瞬态现象”,这部分将在 7.3.6 节中讨论。

脉冲之后,激发态内只有约 15 个振动能级仍然有分子布居。这些能级位于被瞬时激光频率扫描的能量域范围内,如 7.2.2 节中定义的共振窗。相反的,分子不再处于共振窗外的能级中布居。布居跃迁的值非常小(在10^{-4}范围),这与我们在一个大箱内所归一化的初始连续态的选择有关;大多数原子对间距很远,并且不受 PA 窗范围内激发的影响。更实际地,如图 7.4(b)所示的竖直标度,在体积 $V=10^{-3}\ cm^3$,包括10^8 个原子的典型势阱中,分子数的估算包括了 7.3.4 节所描述的热平均步骤。每个脉冲形成分子数的量级将在下面讨论。

7.3.2.2 光学诱导 Feshbach 共振形成“halo”分子

在激光脉冲之后,基态的两个较高振动能级 $v''=52$ 和 $v''=53$(见图 7.4(b))也存在布居;这样就以单色的方式形成了稳定的分子,这是因为脉冲的含时频率扫描经过了光学 Feshbach 共振。在缀饰势能图像中,基态势能 $\bar{V}_g(R,t)$的初始连续能级与激发势能 $\bar{V}_e(R,t)$的某一束缚能级共振。注意该过程的效率:制备到基态的两个能级上的分子数与激发态内 15 个能级上光缔合形成的分子数相等。参考文献[19]已经讨论了不同 PA 脉冲对于该布居跃迁的效率。与激发态内共振窗(约 $1.74\ cm^{-1}$)相比,$v''=53$ 能级和 $v''=52$ 能级的束缚能分别是$5\times10^{-6}\ cm^{-1}$和 $0.042\ cm^{-1}$。由于具有很小的束缚能,正如 Koehler 和其同事[8]所定义的,这些分子是“halo 分子”:它们作为 PA 过程的副产品,其产生过程也应该被深入研究。最近,Kallush 和 Kosloff[28]讨论了 PA 过程的非微扰特征,总布居数的守恒需要对初始态进行很大的修正,要同时包含束缚

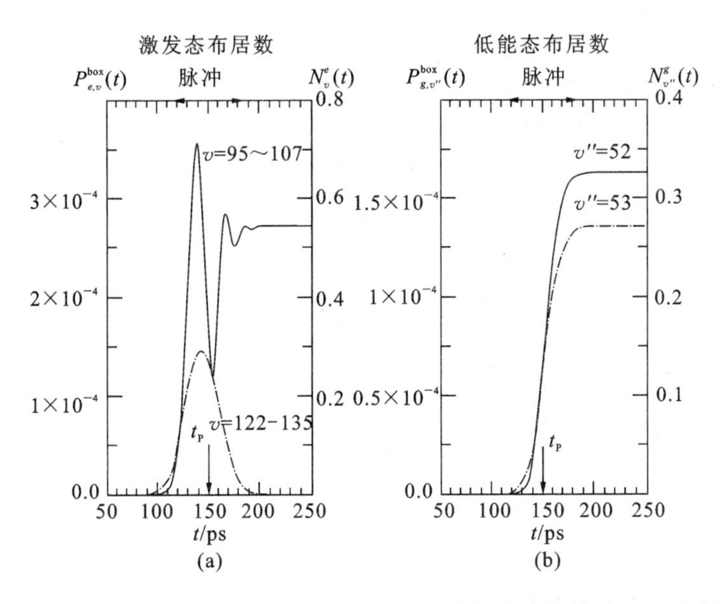

图7.4 共振窗内PA形成的分子和光学Feshbach共振形成的分子。(a)布居跃迁概率 $P^{\text{box}}_{e,v}(t)$，在泵浦脉冲 P^{98}_{-} 作用过程中和作用过程后，布居跃迁到激发态的一些振动能级 v。$v=95\sim107$ 的能级(实线)位于共振窗，并且在脉冲后仍然有布居。相反的，对于在共振窗外的能级(点划线)，脉冲后没有布居。(b)通过扫描光学Feshbach共振，到 $a\ ^3\Sigma_u^+$ 态最后两个振动能级 $v''=52$(实线)和 $v''=53$(点划线)的布居跃迁概率 $P^{\text{box}}_{g,v''}(t)$。初始态是定态碰撞态，能量 $E=k_B T$，其中 $T=54\ \mu\text{K}$，这个态用 $\text{L}=19250a_0$ 做箱中归一化。对于箱归一化的初始态，两个图左侧竖轴的尺度为布居数的跃迁概率，而右侧的是在阱的体积为 $V=10^{-3}\ \text{cm}^3$，包含 10^8 个原子，在热平均 $T=50\ \mu\text{K}$ 后的条件下，分别光缔合到激发态和基态的分子数 $N^e_v(t)$、$N^g_{v''}(t)$(参阅7.3.4节)(引自Luc-Koenig, E. et al., Phys. Rev. A, 70, 033414, 2004.已获授权)

能级(在这讨论的)和连续能级(在7.5.4中进一步讨论)的布居。

7.3.2.3 共振窗的选择:布居数最终分布对脉冲参数的依赖

我们已经举例描述了在共振窗内光缔合分子选择性制备到一些振动能级的结果。通过改变脉冲参数讨论这一概念的适用性是很有趣的，如图7.5所示。

对于负啁啾，对脉冲 P^{122}_{-} 的计算表明，当强度从 I_L 增加到 $9I_L$ 时，布居到 $0_g^-(6S+6P_{3/2})$ 态中的能级仍然留在共振窗内(见图7.5(a))。另外，布居对强度 I_L 的依赖很弱。相反的，对于 P^{122}_{+}，布居分布扩展到PA窗外的能级，这一

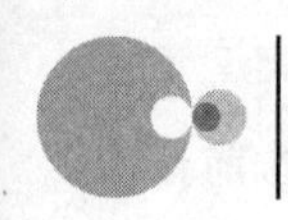

效应随着光强增大而变得显著。对于正啁啾,布居数稍大,其对应的布居扩展也会随 I_L 的增加而增大。

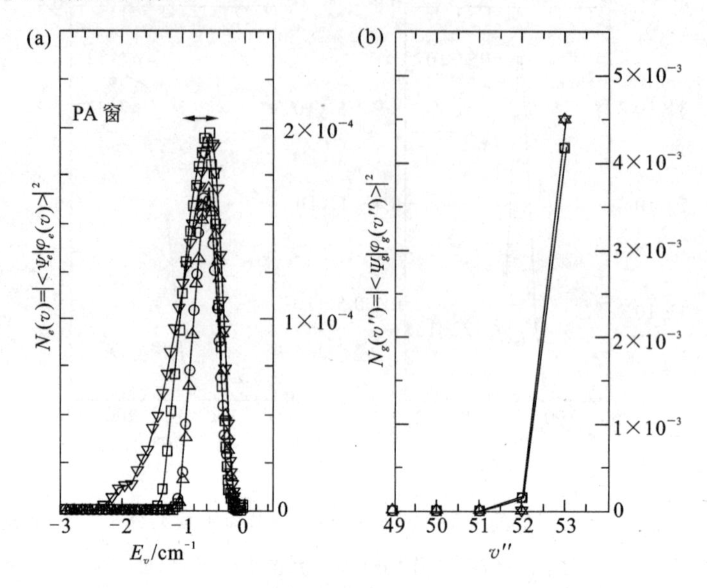

图 7.5　利用脉冲参数(啁啾的符号,强度)控制光缔合分子的振动能级的分布。(a)当通过强度为 $I_L=120$ kW·cm^{-2} 的脉冲 P_{-}^{122}(圆)和 P_{+}^{122}(正方形)照射时,分子布居数的分布为激发态振动能级的函数,也就是束缚能的函数。对于负啁啾的情况,布居数(圆圈)限制于 PA 窗,由平行箭头指出。当 P_{-}^{122} 的强度改变到 $9I_L$(上三角形)时,布居数分布保持不变。对于正啁啾的情况(正方形)PA 效率会好一些,共振窗下同样有一些能级布居。另外,当强度增加到 $9I_L$(倒三角形)时这个效应会更明显。(b)$a\ ^3\Sigma_u^+$ 态上最低束缚能级(halo 分子)布居数随着振动量子数 v'' 变化的函数。激励与 P_{-}^{122}(圆)、P_{+}^{122}(正方形)的相同;对于负(上三角)和正(倒二角)啁啾,当强度增加到 $9I_L$ 时,束缚能级的布居不改变

正如参考文献[9][42]所讨论的,对于 $\chi<0$,瞬时频率"跟随"吸引势 V_e 中波包的运动,因此对于足够大的强度,布居数重新回到初始态或者跃迁到更高的态上。这个现象在参考文献[42]中被称为"多重作用"。对于 $\chi>0$,这个循环效应更弱:一旦布居到一个能级,瞬时频率不再和这个能级共振,布居仍然保留在这个光缔合能级上。

相反的,基态最高束缚能级的布居对啁啾的正负以及脉冲强度都不敏感(见图 7.5(b))。

最后,我们强调需要一个具有最小强度的脉冲,同时,正如下一节(7.3.3节)即将描述的,我们必须强调共振窗的概念是与绝热跃迁有关的。

7.3.3 两能态模型的分析:光缔合窗内绝热跃迁的概念

当脉冲持续时间比振动周期短时,也就是说,当

$$\tau_C \ll T_{vib}$$

时,在当前计算中是满足的,那么冲击脉冲近似[43]是有效的。忽略脉冲期间原子核的运动,方程(7.17)中的动能项可合理地被忽略,允许以依赖 R 和 t 的两能级系统为框架解释数值结果。采用参考文献[44]中的标记,我们定义在每一个核间距 R 和每一时间 t 下,相应的基态和激发态之间的分裂为

$$\begin{aligned} 2\Delta(R,t) &= V_e(R) - V_g(R) - \hbar\chi(t-t_P) \\ &= V_{exc}(R) - V_{ground}(R) - \hbar\omega_L - \hbar\chi(t-t_P) \end{aligned} \tag{7.27}$$

因此

$$2\Delta(\infty,t_P) = \delta_L$$

和激光脉冲引起的一个耦合项,写为

$$W(t) = W_L \times f(t) \tag{7.28}$$

假设我们忽略跃迁偶极距对 R 的依赖,然后将矩阵对角化

$$\begin{pmatrix} \Delta(R,t) & W(t) \\ W(t) & -\Delta(R,t) \end{pmatrix} \tag{7.29}$$

对于绝热基矢,我们引入了一个混合角

$$\tan\theta(R,t) = \frac{|W(t)|}{\Delta(R,t)} \tag{7.30}$$

如果绝热过程是有效的,$\Delta(R,t)$会在 PA 窗内的某一距离处改变符号,那么这两个缀饰态应在脉冲从开始到结束期间改变自身的特征,从而允许布居数反转。

缀饰势曲线如图 7.6(a)所示,正如以上讨论的,其交叉点跨越 PA 窗 $[R_{min}, R_{max}]$。对于三个时刻 ($t = t_P - \tau_C, t_P, t_P + \tau_C$),方程(7.30)得出的混合角 $\theta(R,t)$ 如图 7.6(b)所示;PA 窗内,$\theta(R,t)$ 的变化是 π,因此证实了布居数反转的条件。在 PA 窗以外,在脉冲期间跃迁到激发态的布居重新回到更低的电子态。结合反射近似,假设在外转折点处通过一个垂直跃迁在激发态的振动能级上产生布居,这个简单的模型与我们的数值计算结果一致。后者可被解释为 PA 窗 $[R_{min}, R_{max}]$ 内一个总的绝热布居数反转。这意味着所有初始距离在这个原子间距范围内的原子对跃迁成为束缚态分子。然而,这个解释绝热跃迁的模型不是完全定量的。

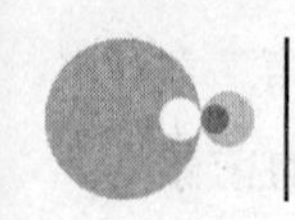

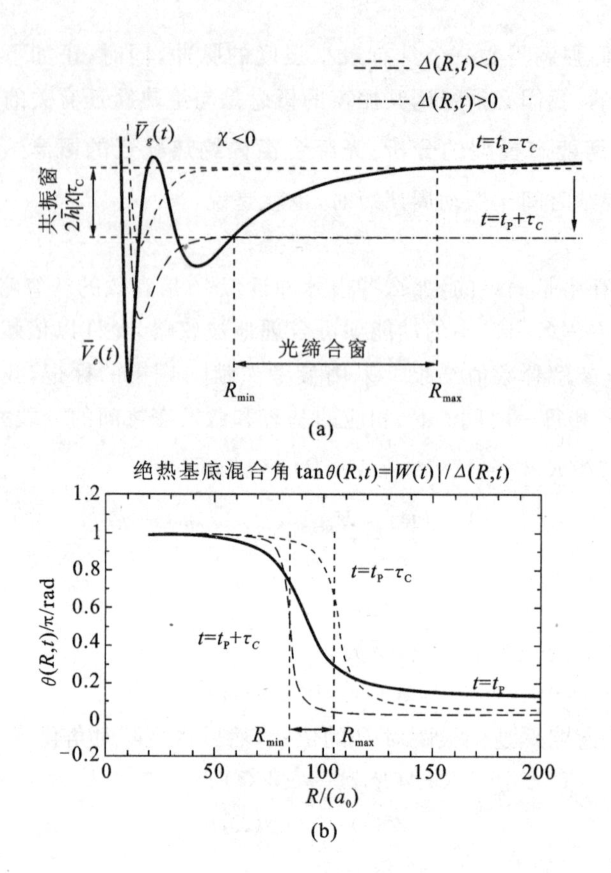

图 7.6 (a)对于负啁啾参数,$\chi<0$,通过在时间窗的开始端($t=t_P-\tau_C$,短虚线和点划线)和末端($t=t_P+\tau_C$,长虚线和点划线)固定激发态 $V_e(R,t)$(实线)和描绘基态$\bar{V}_g(t)=\bar{V}_e(R,t)-2\Delta(R,t)$获得共振窗。长虚线和短虚线对应于负分裂 $\Delta(R,t)$,而点划线对应于正值。交叉点从 R_{min} 到 R_{max} 跨越 PA 窗。(b)以 π 为单位的混合角 $\theta(R,t)$(见方程(7.30)),表征在固定核间距 R 上二能级系统的绝热基矢。图中画出了 3 个给定时刻 $\theta(R,t)$随 R 的变化:在时间窗的开端 $t=t_P-\tau_C$(短虚线),在脉冲的最大处 $t=t_P$(实线),以及在时间窗的尾端 $t=t_P+\tau_C$(长虚线)(引自 Luc-Koenig, E. et al., Phys. Rev. A, 70, 033414, 2004. 已获授权)

实际上,正如参考文献[18][19]中详细讨论的,绝热演化的条件是

$$\left|\frac{\partial\theta}{\partial t}(R,t)\right| \ll 4\sqrt{\Delta^2(R,t)+W^2(t)} \tag{7.31}$$

并且需要在瞬时交叉点 $R_C(t)$附近有一个强激光耦合。这个条件在脉冲两翼或是啁啾率过大时不能成立。在时间窗内的瞬时交叉点 $R_C(t)$处,对于脉冲参数和跃迁偶极距的一个必要条件是

$$\hbar|\chi|\tau_C \ll W_L^2 \frac{\tau_L}{2\hbar} \tag{7.32}$$

这个条件要求激光强度和跃迁偶极距耦合足够大，并限制啁啾参数。绝热条件(7.31)只在绝热窗内成立，当 $t_P-\alpha\tau_C\leqslant t_P\leqslant t_P+\alpha\tau_C$，其中参考文献[19]的式 28定义了参数 α 的上限 α_{max}。因此，以上讨论的模型需要 $\alpha_{max}\gg 1$ 以保证所有时间窗在绝热窗内。我们在表 7.2 的最后一栏指出绝热 PA 窗的最大百分比 A，其中 $A=100\alpha_{max}$。

对于脉冲 $P_{\pm}^{98}$，A 只等于 95%，所以在脉冲两翼表现出一些非绝热效应。正如图 7.6 所示，从 $t_P-\tau_C$ 到 $t_P+\tau_C$ 时间里，混合角改变量为 π 仅仅在 PA 窗中心才可被观察到。绝热条件在脉冲两翼瞬时交叉点处不满足；在时间窗的两端，不会发生完全的绝热布居数转移。另外，在 PA 窗外，也就是在略小于 R_{min} 或是略大于 R_{max} 的距离处，一些布居转移仍可发生。

非绝热效应和 PA 窗外的布居转移将在 7.3.6 和 7.6 节中进一步讨论。

7.3.4 初始速度分布的平均：标度律的使用

为了和实验对比，每一脉冲的总 PA 概率 $P(T)$ 必须对温度为 T 热平衡的超冷原子系综作平均。正如参考文献[24]中所述，这个概率由下式给出：

$$P(T)=\frac{1}{Z_{eq}}\mathrm{Tr}[\hat{U}^{+}(t_f,t_0)\hat{P}_e\hat{U}(t_f,t_0)\mathrm{e}^{-\beta\hat{H}_g}] \tag{7.33}$$

式中：$\hat{P}_e$ 是对应在电子激发态上的投影算符；$\hat{U}(t_f,t_0)$ 表示时间演化算符(包括与 PA 激光的作用)；$\hat{\rho}_T(t_0)=\mathrm{e}^{-\beta\hat{H}_g}/Z_{eq}$ 是初始密度算符，这里 $\beta=1/(k_BT)$ (k_B 是玻尔兹曼常数)，$Z_{eq}=\mathrm{Tr}[\mathrm{e}^{-\beta\hat{H}_g}]$ 是配分函数，$\hat{H}_g$ 是基态哈密顿量。

因为以上提出的算法中初始的定态是哈密顿量 $\hat{H}_g$ 所对应的本征态，已在边长为 L 的箱中归一化。计算玻尔兹曼平均的方法已经在参考文献[24]中给出。下面将利用两种不同的方法加以检验和比较。

7.3.4.1 有限大格点表象的玻尔兹曼平均

纯数值方法要考虑一系列对应于最高到 l_{max} 的不同分波的初始三维箱态的完备集，还需要检查方程(7.33)中 Z_{eq}^L 的分子和分母对于箱子尺寸 L 和分波数量的收敛性。在低温($T\approx 100\ \mu$K)下，一个箱子长度($L\approx 5000a_0$)对应的态密度已经足够高，可以正确地描述热分布。Z_{eq}^L/L^3 随 l_{max} 的收敛是很慢的(通常需要包括 100 个分波)，但其收敛值变得与理想气体的解析分波函数理论所给的结果相同。相反的是，分子随 l_{max} 的情况，其收敛是很快的。一般来说，由于离心势垒的高度，最多应该考虑 10 个分波，在 $^{87}Rb_2$ 的例子中，当势形共振发生时，正确处理高 l 次分波变得更重要。因此，这种方法对方程(7.33)的分子

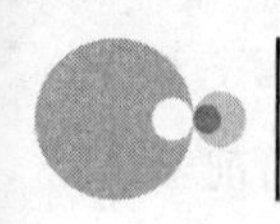

进行解析计算就足够了,可以用理想气体的解析配分函数来表示方程(7.33)中的分母。

7.3.4.2 引入与箱子无关的能量归一态:近阈值附近标度律的使用

对于s波散射,参考文献[19]采用另一个半解析方法。它依赖于一个标度律,该标度律可用来找到原子对的核间距在PA窗内的几率。对于失谐足够大的脉冲是有效的,这种脉冲使PA窗出现在距离比7.2.1.5节定义的R_N距离还小处。这里,正如图7.2所示和7.2.1.4讨论的,$\varphi_{g,E}$的节点结构在所考虑的能量范围内与E无关。能量依赖性主要集中在标度因子$C^{-2}(E)$上,该因子是F. Mies根据多通道量子亏损理论[45][46]的一般形式提出的。

有很多方法去定义连续波函数$\varphi_{g,E}$的归一化。在数值计算中,箱子里离散能级的径向波函数可被归一化为1。这些单位箱归一化函数被写为$\varphi_{g,E}^{\mathrm{box}}(R)$,其明确地写出了$\varphi_{g,E}^{\mathrm{box}}(R)$对箱子尺寸$L$的依赖性。在长程,它们表现为正弦函数。另外,能量归一化径向波函数$\bar{\varphi}_{g,E}(R)$与单位箱归一化波函数通过在箱子中能量E处的态密度$E\mathrm{d}n/\mathrm{d}E|_E^{\mathrm{box}}$相联系,所以

$$\bar{\varphi}_{g,E}(R)=\sqrt{\frac{\mathrm{d}n}{\mathrm{d}E}\bigg|_E^{\mathrm{box}}}\varphi_{g,E}^{\mathrm{box}}(R)$$

对于足够低的碰撞能量E,在短距离($R\leqslant R_N$)范围内,WKB近似依然有效,同时$\bar{\varphi}_{g,E}(R)$表示为

$$\bar{\varphi}_{g,E}(R)=\frac{1}{C(E)}\sqrt{\frac{2m}{\pi\hbar p(R)}}\cos\left(\int_{R_{\mathrm{in}}}^{R}p(R')\mathrm{d}R'-\frac{\pi}{2}\right),R<R_N \quad (7.34)$$

其中,R_{in}是经典运动的内转折点;$p(R)$是局域经典动量。在区域$R\leqslant R_N$,方程(7.34)的一个重要的特征是动量$p(R)=\sqrt{2m(E-V_{\mathrm{ground}}(R))}$几乎只由势能决定,与$E$无关。

这解释了对于$R\leqslant R_N$,$\bar{\varphi}_{g,E}(R)$的能量依赖性只与标度因子$C(E)^{-2}$有关的原因,如图7.7所示。对于以R^{-6}渐进行为和散射长度a为特征的一般的势能形式,Crubellier和Luc-Koenig[37]估算了这种情况下的标度因子$C(E)^{-2}$。他们发现对于较大的$|a|$值,结果大大偏离Wigner阈值定律所描述的$E\to 0$时$C(E)^{-2}\propto\sqrt{E}$。在这种情况下,由于共振效应,观察到了处于短程处分子的态密度会明显变大,这被解释为阈值量子效应。在参考文献[37]中,半解析计算以约化单位的形式给出了对各种冷碰撞系统的一般估计。为了与真实情况对比,图7.7描述了在$^{87}Rb_2$分子和$^{85}Rb_2$分子$X\,^1\Sigma_g^+$基态势以及$^{133}Cs_2$的$a\,^3\Sigma_u^+$态势的碰撞中,能量对标度因子$C(E)^{-2}$的依赖性。当Cs的三重态$a\,^3\Sigma_u^+$散射长度从$a=2440a_0$减小至$a=538a_0$时[36],由于量子增强效应几乎消失,标度

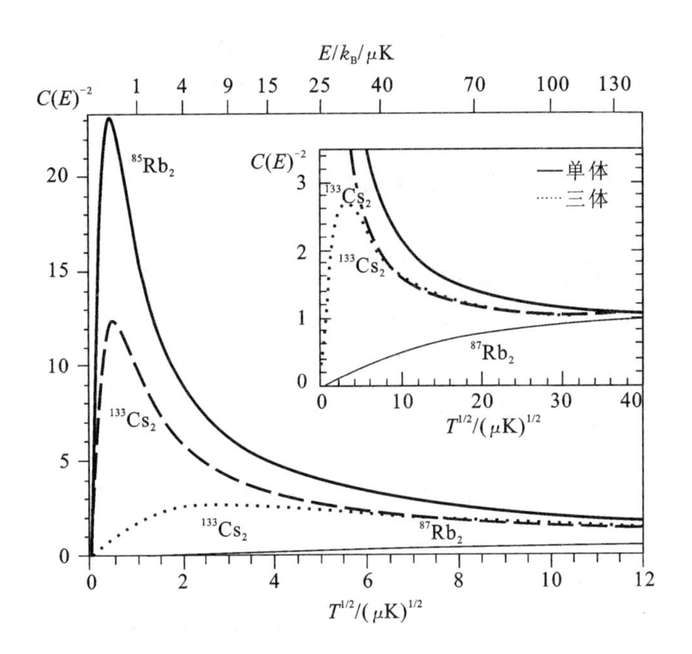

图 7.7　量子增强效应:标度因子 $C(E)^{-2}$ 随$\sqrt{E}$的变化,这决定了能量归一化的 s 波径向散射波函数的短程几率,描述了在$^{85}Rb_2$ 分子(粗实线)和$^{87}Rb_2$(细实线)的基单重势以及$^{133}Cs_2$ 的最低三重势在能量 E 处的冷碰撞,对于$^{133}Cs_2$,散射长度分别取两个值(长虚线和点划线)。在所有可能中,对于较大能量,$E/k_B>50\ \mu K$,WKB 值 $C(E)=1$,在小能量处观察到了 Wigner 阈值定律($C^{-2}(E)\approx\sqrt{E}$)。对于绝对值足够大的散射长度$|a|$,在中间能量区域观察到了标度因子显著增强。对应散射长度的值分别是$^{85}Rb_2$[47]为 $3650a_0$,$^{87}Rb_2$[48]为 $90.6a_0$,$^{133}Cs_2$ 为 $2440a_0$[36](长虚线)。本章中选择点划线对应于$^{133}Cs_2$ 分子散射长度为 $a=538a_0$,在这里极大地减弱了量子增强效应。参考文献[37]更加系统地介绍了在 Rb_2 及 Cs_2 二聚体的基单重势和最低的三重势中的碰撞(引自 Koch,C. P. et al.,J. Phys. B:Atom. Mol. Opt. Phys.,39,S1017-S1041,2006. 获得授权)

因子 $C(E)^{-2}$变得对散射长度 a 的值很敏感。

由图 7.7 足以计算在长 L 的箱子中单一能量 E_0 的 PA 几率 $P_e^{box}(E_0)$,并利用标度律

$$\overline{P}_e(E)=P_e^{box}(E_0)\left[\frac{C(E)}{C(E_0)}\right]^{-2}\left[\frac{\left.\frac{dn}{dE}\right|_{E_0}^{box}}{\left.\frac{dn}{dE}\right|_{E}^{box}}\right] \tag{7.35}$$

得到在单位能量范围内光缔合一对能量为 E 的原子对的几率 $\overline{P}_e(E)$。这种方法极大地减少了计算工作。对于一对原子,每脉冲的总 PA 几率通过函数$\overline{P}_e(E)$

对 E 积分获得,函数 $\overline{P}_e(E)$ 带有权重因子 $e^{-\beta E}/Z$,其中 Z 为理想气体配分函数。这个方法,最初限制于 s 波,现在可被推广为更高的 l 波。参考文献[24]讨论了不同分波的贡献。

7.3.5 光缔合形成分子的绝对数目

考虑一个典型的密度为10^{11} cm^{-3}的铯 MOT,在 50 μK 温度上包含 $N=10^8$ 个原子,理论计算被限制到 s 波。利用 P_-^{98} 脉冲,每脉冲大约有一个分子形成,利用 P_-^{122}[19][24],每脉冲形成六个分子,且 P_-^{122} 脉冲具有一个更合适的失谐(见表 7.2)。

(1)失谐的效应:从 P_-^{98} 到 P_-^{122} 的 PA 效率的增强主要因为 PA 窗区域内原子对的密度更大;几率密度比率 0.0026/0.0003 可与表 7.2 中获得的 PA 几率 P_e^{box} 20/0.3 相比。正如图 7.2 所示,第一种情况,PA 窗位于初始定态波函数 $\varphi_{g,E}$的节点附近。第二种情况,PA 窗位于强度最大值附近,这可以形成一个很好的 Franck-Condon 重叠。

(2)啁啾符号(正负)的影响。对于 P_-^{98} 脉冲,改变啁啾的正负不会很严重地改变所获得的结果,因为 PA 窗内总绝热布居数的转移是有效的且脉冲期间的拉比振荡的数目(1.5)比较小;脉冲 P_+^{98} 诱导转移的最终布居略微变大(增加 7%)。相对的,对于 P_+^{122},最终布居转移远大于 P_-^{122} 导致的布居转移(增加 45%),这与 P_e^{box} 的增加相一致(见表 7.2)。实际上,尽管这个脉冲(表中参数 A)更加满足绝热条件,对于负啁啾,大量的拉比振荡(5.3)导致了一个很严重的布居再循环。激发势中,激光激励的共振条件 $R_C(t)$ 随着波包向短程运动。与此相反,对于正啁啾,在时刻 t 布居数被共振激发到 V_{exc},当 $t'>t$ 时,不再与光学频率共振,从而抑制了再循环。

当考虑所有分波时,每个脉冲形成的分子数分别增加到 1.4 和 10。

参考文献[24]同样也介绍了 Rb 的 PA 结果,显示出由一个脉冲形成分子少于上面的例子。对于 Rb 的情况,PA 发生在更短的距离上,对应一种不同的机制(共振耦合),因此不能直接做比较。

之前的讨论限于一个脉冲。在实验中,分子总数将取决于激光的重复率和初始散射波函数的动力学孔洞被填满的效率,动力学孔洞将会在 7.5 节中讨论,它是在 PA 窗内由于全部布居转移产生的。然而,在一个典型 MOT 的条件下,利用连续激光通过 PA 形成的分子数大约为每秒10^6 个。如果采用我们所讨论的重复率为10^8 Hz(两个脉冲间隔 10 ns)的啁啾脉冲,并假设后一个脉冲没有破坏由前一个脉冲形成的分子,那么形成的分子数应该比连续波激光光缔合形成的分子数大 1～2 个数量级。

7.3.6 暂态效应

脉冲期间有一个从初始态到电子激发态布居的相干转移。时间间隔$[t,t+\mathrm{d}t]$内布居跃迁的分波振幅相干干扰了在$t'<t$时已经转移的布居数振幅。对于能级v,t_{P}时刻对应的分波跃迁最大,这时有最大的光强。同时在t_{res}^{v}时刻,当能级被共振激发,瞬时交叉点$R_{\mathrm{C}}(t)$被置于其外转折点处。如图 7.8 所示,在脉冲达到最大值前,对于与激光的瞬时频率$\omega(t)$将要共振的能级,振荡可被观察到。对于$\chi<0$,振荡的振幅较强,其中激发态中波包的运动跟随激光激发。对于$\chi>0$,激发态振动运动抑制了$t'>t$时刻布居的退激发。这种振荡是布居转移中强非绝热效应的标志,这表明了它们在大于时间窗的时间内能够被观察到的。绝热条件在脉冲两翼的瞬时交叉点处不成立。之前,对于一个线性啁啾脉冲作用下的二能级系统的相干激发,已经在微扰条件下对"相干暂态"进行了研究[49],这种现象最近在 Rb 的含时 PA 中被观察到[50]。

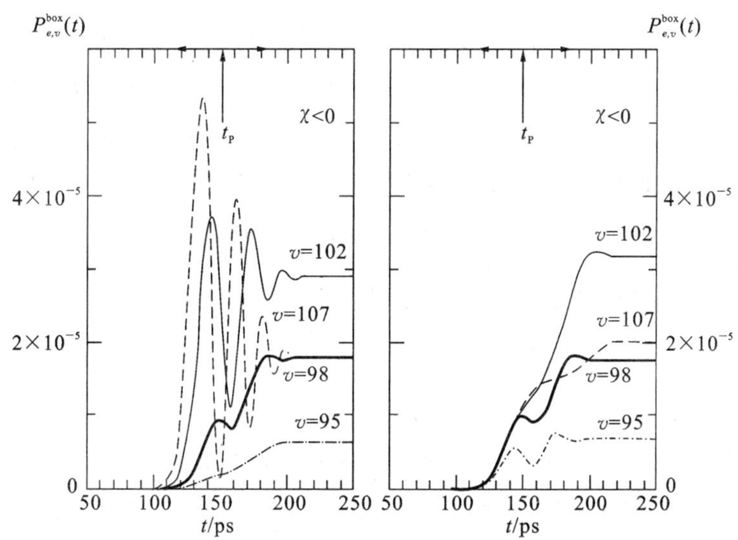

图 7.8　激发态振动能级布居的相干暂变。在$P_{\pm}^{98}$脉冲的时间窗内,电子激发态的振动能级v的相对布居随时间的变化。$v=107$,虚线;$v=102$,细实线线;$v=98$,粗实线;$v=95$,点划线。左(右)框图对应于$\chi<0(\chi>0)$。$t=t_{\mathrm{P}}$对应于脉冲的最大强度,$v=98$发生共振。对于负(正)啁啾,$v>98(v<98)$能级在t_{P}前共振,$v<98(v>98)$在t_{P}后共振。对于t_{P}前共振激发的能级,特别是对于负啁啾率χ,可以观察到布居的强烈振荡,这时激光激发的交叉点$R_{\mathrm{C}}(t)$随着激发波包向更短距离R运动(引自 Luc-Koenig,E. et al.,Phys. Rev. A,70,033414,2004. 已获授权)

7.4 整形激发态的振动波包以优化分子可以稳定到基态的深束缚能级

当啁啾激光应用在PA过程中,一个相干波包在激发态中形成,这个波包包含了共振窗内所有的振动能级。在脉冲之后,这个波包向短程方向传播。因为布居数在第二束(退泵浦)脉冲作用下转移回到初始态是一个相干过程,因此利用这个特性来充分制备超冷稳定分子是很方便的。选择Cs_2 0_g^-(6S+$6P_{3/2}$)作为例子,通过制备一个聚焦波包可以优化它和电子基态束缚能级的含时Franck-Condon交叠。

7.4.1 整形激发态的振动波包

实际上,对于一个给定的处于振动能级v的光缔合分子,在激发后的半个振动周期,在内转折点上使布居跃迁至电子基态的束缚能级是最理想的。因此,退泵浦脉冲应该延迟$T_{vib}/2$。然而,因为0_g^-(6S+$6P_{3/2}$)势具有强烈的非简谐性,相邻能级的振动周期T_{vib}有明显的不同(见表7.1),这可以通过选择一个具有负啁啾参数的PA脉冲来弥补,以便首先在具有较大振动周期的能级上布居(见图7.9)。由于对T_{vib}和恢复时间T_{rev}的标度律,可选择一个线性啁啾χ_{foc}[18][23],因此脉冲之后所有成分在同一时刻$t_d=t_P+\frac{1}{2}T_{vib}(v_L)$到达内部势垒,其中$v_L$是与脉冲强度最大处共振的能级。因此,我们获得一个聚焦波包,如图7.10(a)所示。

之前的工作提出了通过设计激光场来产生空间压缩分子波包[51][52]的各种方法。因为之前的工作考虑低振动能级,所以需要一个数值最优化过程。这里,我们处理长程分子,其运动由渐进势能控制,对于原子的里德堡波包,标度律的适用性使优化更容易。

7.4.2 双色泵浦-退泵浦实验的提出

在参考文献[22]中,详细地讨论了通过双色泵浦-退泵浦实验制备稳定分子的可能性。振动波包$\psi_e(R,t=t_P+\tau_C)$由脉冲P_-^{98}制备,今后称为泵浦脉冲,在激发态势能上自由演化一段时间;接着一个延迟的脉冲转移布居至最低三重态。下文将要讨论如何选择理想的延迟。

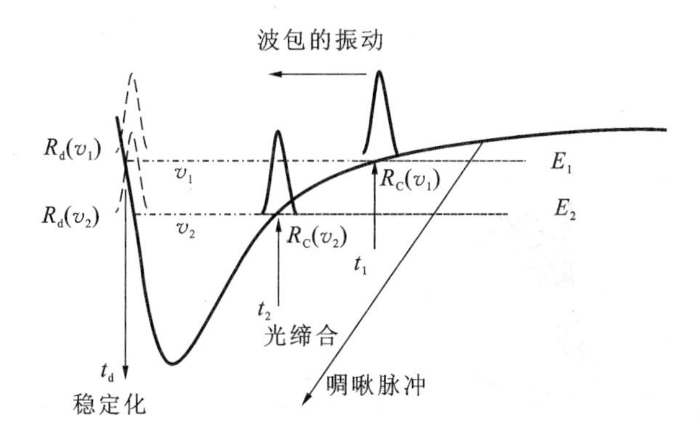

图 7.9　如何得到一个聚焦的振动波包：PA 脉冲相干激发了带有略微不同周期 T_{vib} 的振动能级。t_1 时刻，利用一个负啁啾，周期 $T_{vib}(v_1)$ 较长的较高能级首先被布居，之后 t_2 时刻，周期 $T_{vib}(v_2)$ 较短的较低能级被布居。在半个振动周期过后，假设时间延迟 t_2-t_1 补偿了振动周期不同造成的延迟 $[T_{vib}(v_1)-T_{vib}(v_2)]/2$，各个振动能级对应的分波波包在 t_d 时刻同时达到内转折点（引自 Koch, C. P. et al., Phys. Rev. A, 73, 033408, 2006. 已获授权）

7.4.2.1　含时的 Franck-Condon 交叠

选择不同的时间 $t_{dyn}=t-t_P$，可以发现波包 $\psi_e(R,t=t_P+t_{dyn})$ 和初始态中束缚能级的稳定振动波函数 $\varphi_{g,v''}(R)$ 具有不同的 Franck-Condon 交叠矩阵元。我们定义含时的 Franck-Condon 交叠因子

$$F_{v''}(t_{dyn})=|\langle\psi_e(R,t=t_P+t_{dyn})|\varphi_{g,v''}(R)\rangle|^2$$

$$F(t_{dyn})=\sum_{v''=0}^{v''=53}F_{v''}(t_{dyn}) \tag{7.36}$$

其中，$F(t_{dyn})$是所有基态束缚能级的重叠因子的总和，其时间依赖性如图 7.10(b)所示。PA 脉冲之后，在时间 $t_P+40\ \text{ps}\approx t_P+\tau_C$，基态的大部分束缚能级对应的因子 $F_{v''}(t_{dyn})$是可以忽略的。这里，除了最高束缚能级 $v''=53$ 的因子，因为该能级的束缚非常弱，因此 $F(t_{dyn})$是可以忽略的。在波包 $\psi_e(R,t=t_P+t_{dyn})$运动到短程的过程中，含时的 Franck-Condon 因子增加，特别是当波包位于内转折点附近。由于聚焦效应，$F(t_{dyn}=t_d)$确实在 $t_d=T_{vib}/2$ 附近的短时间段内有一个最大值。然而，这个最大值远小于 1；最多 20%激发态布居数可以被转移到 $a\ ^3\Sigma_u^+$ 态的束缚能级。剩余的布居数转移到连续态能级，成为基态原子对。

这个结果是由激发态势能和 $a\ ^3\Sigma_u^+$ 态势能显著不同造成的。对于两个势

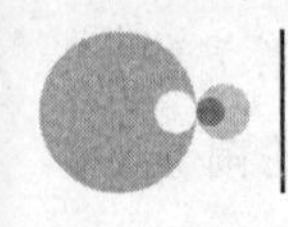

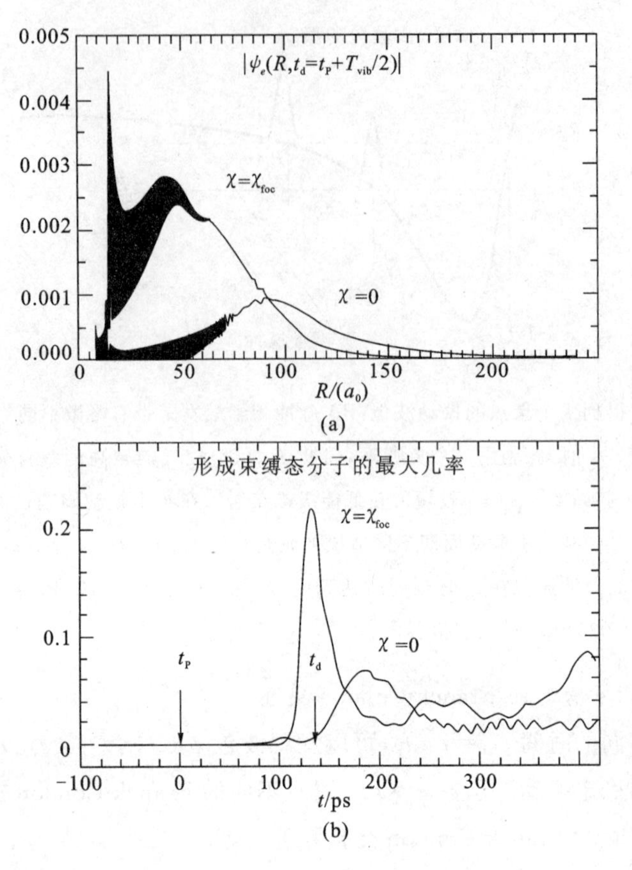

图 7.10　(a)在光缔合之后半个振动周期 $t_d=t_P+1/2T_{vib}(v_L)$ 时刻获得激发态聚焦波包 $|\Psi_e(R,t_d)|$(细实线)的例子。所用的脉冲是负啁啾的 P_-^{98}，P_-^{98} 的啁啾率为 χ_{foc} 并在 $t=t_P$ 有最大强度。为了对比，通过带有 $\chi=0$ 的变换极限脉冲 P_0^{98} 的光缔合获得的波包以细实线画出。注意到啁啾导致布居急剧增加(一般约 8 倍)。(b)方程(7.36)定义的 Franck-Condon 因子 $F(t_{dyn})$ 随时间的变化(引自 Koch，C. P. et al.，Phys. Rev. A，73，033408，2006。已获授权)

能相似的情况(如对于由碱金属原子构成的异核二聚体的情况)，布居数转移至束缚态的比例会更大。这种情况再次表明了光谱的重要性。

7.4.2.2　制备稳定分子的双色光缔合实验

如在参考文献[22]中所描述的，提出的实验机制如图 7.11 所示。

第一束脉冲(泵浦)得到激发态的一个整形波包。在半个振动周期之后，当聚焦效应最明显时，第二束脉冲(更短的)将布居的分子转移至 $a\,^3\Sigma_u^+$ 态的束

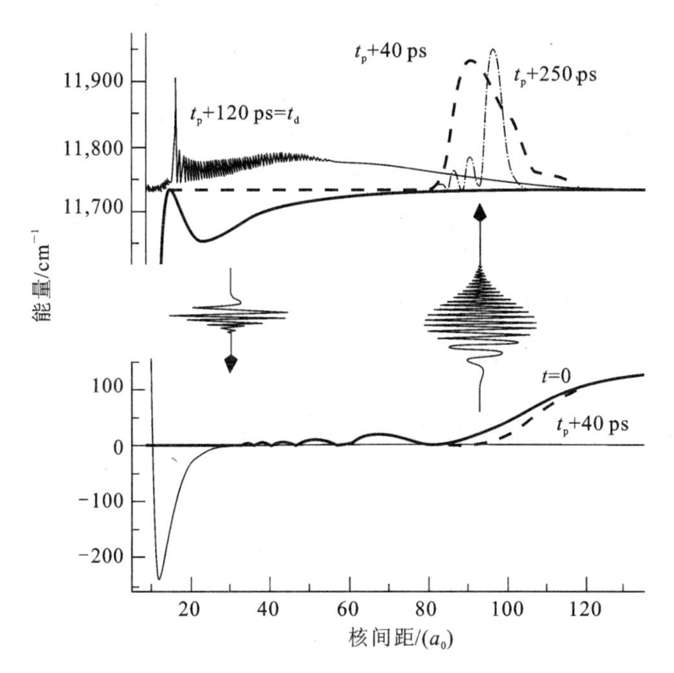

图 7.11　一个双色泵浦-退泵浦实验。用细线表示两个势 $V_{\mathrm{ground}}(R)$ 和 $V_{\mathrm{exc}}(R)$。脉冲作用之前，三重态 $a\ ^3\Sigma_u^+$ 定态波函数的平方用实线画出。PA 脉冲（在右侧向上的箭头）使分子布居至 $0_g^-(6S+6P_{3/2})$ 电子态。在 $t=t_p$ 脉冲有最大强度。泵浦脉冲之后，在 $t=t_p+40$ ps 时刻，得到激发态的一个振动波包，模 $|\Psi_e(R,t_d)|^2$ 用长虚线表示，脉冲在 $|\Psi_g(R,t)|^2$ 上形成一个孔洞（长虚线）。半个振动周期后，在 $t=t_d$ 时，一个聚焦波包（细线）到达内转折点处被一个优化的退泵浦脉冲（左侧下箭头）转移至 $a\ ^3\Sigma_u^+$ 态。一个振动周期之后，在 $t=t_p+250$ ps，激发态上的波包回到外转折点（虚点线）（引自 Koch，C. P. et al.，Phys. Rev. A，73，033408，2006. 已获授权）

缚能级 v''。参考文献[22]讨论了两种可行的方法。

（1）选择短的退泵浦脉冲，最大地转移布居到 $a\ ^3\Sigma_u^+$ 电子态中的几个束缚能级是可能的。例如，当泵浦脉冲是 P_-^{98}，一个在 15 fs 内的短 π 脉冲可以通过退泵浦将所有分子布居在基态。然后，最多只有 20％的布居数保留在这个束缚能级，而剩下的 80％则进入连续态，主要成为热的基态原子对。退泵浦激光的啁啾特性对于抑制影响强度的拉比振荡是有效的。

（2）通过减小退泵浦脉冲的光谱宽度，有可能使分子只布居至束缚能级，甚至去选择一个单一的能级去布居。在选择的例子中，一个宽度为 5 ps 左右的退泵浦脉冲选择性地布居到更深的束缚能级 $v''=14$（束缚能为 113 cm^{-1}）。

直接布居到 $v''=0$ 能级是不可能的,因为激发曲线外阱的位置与 $V_{\text{ground}}(R)$ 的最小值所在的位置较远。在这种情况下,退泵浦脉冲在 $t_d=t_p+T_{\text{vib}}/2$ 只转移布居数的 12%到 $a\ ^3\Sigma_u^+$ 态;激发态中剩余的布居数可通过自发辐射衰减。或者也可以再经过一个振动周期之后,也就是在 $t=t_p+3T_{\text{vib}}/2$ 即当振动波包第二次被聚焦时,通过另一个退泵浦脉冲将剩余的布居数转移到基态的束缚能级。

设计一系列泵浦和退泵浦激光是一个很有前景的方向。之前的讨论再次显示了研究上述系统光谱的重要性。

7.5 初始态波函数的动力学孔洞:压缩效应

如果与第一个脉冲完全相同的第二个泵浦脉冲在短暂的延迟后照射到样品,其效率明显减小,因为所有在 PA 窗$[R_{\min},R_{\max}]$内距离为 R 的原子对都已经被制备成为激发态分子。原子对初始态的波函数的破坏主要是由于短脉冲激光激发分子所导致的结果,在以前关于相干控制的报道[43][45]中很常见,在下文中称为“动力学孔洞”。这一结果与“动量反冲力”有关系。这种结果同样在超冷区域中也会出现[27],参考文献[38]对这个效果进行了详细的分析。

从图 7.1 可以看出,在 PA 窗区域,初始态的势能是可以被忽略的,因此经典加速度是零,然而对于具有 R^{-3} 渐进行为的激发态 $V_{\text{exc}}(R)$,势能不能被忽略。

7.5.1 损耗孔洞、动量反冲力和压缩效应的唯象观察

带有短脉冲的 PA 导致了初始 $a\ ^3\Sigma_u^+$ 电子态的损耗孔洞的形成,这种现象可以利用基态和激发态波包的相位振幅表达式来解释。

$$\begin{aligned}\psi_{g/e}(R,t) &= A_{g/e}(R,t)\exp\left(\frac{\mathrm{i}S_{g/e}(R,t)}{\hbar}\right)\\ &= A_{g/e}(R,t)\exp\left[\frac{\mathrm{i}\int^{R}p_{g/e}(R,t)\mathrm{d}R}{\hbar}\right]\end{aligned}\tag{7.37}$$

式中:$P_g(R,t)(P_e(R,t))$是半经典解释中基态(激发态)的局域动量[54][55]。

我们强调非零的局域动量存在于一个空间区域,该区域中波包的相位 $S_{g/e}(R,t)$与 r 有关。

根据以上介绍的数值计算,经过脉冲 P_-^{122} 照射之后振幅的演化如图 7.12 所示。经过激光脉冲照射后,在 PA 窗的区域内很明显出现一个孔洞,表 7.2 列出该 PA 窗的范围为 $148a_0<R<176a_0$。在这个区域,基态的势能和经典加

速度可以被忽略。脉冲以后,损耗孔洞开始以约4.2 m/s的速度向核距离变小的方向移动,该速度比处在R^{-6}渐进势$a\ ^3\Sigma_u^+$中温度为$T=54\ \mu K$的原子碰撞的经典速度大两个量级。

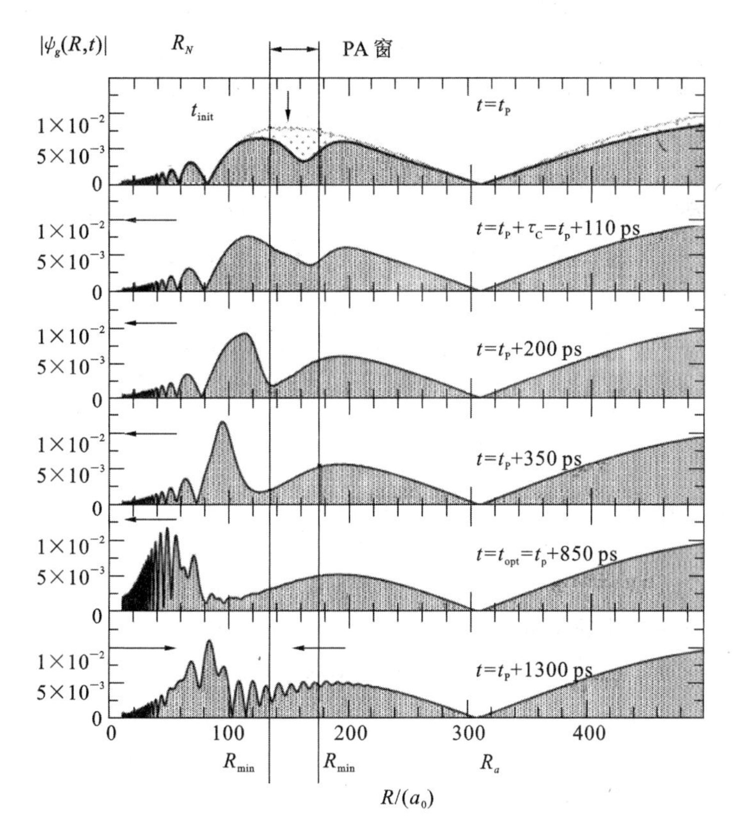

图7.12　动力学孔洞和压缩效应。顶部框图:在没有外部场的情况下,一对带有能量$E=k_BT$、$T=54\ \mu K$和零角动量的基态铯原子碰撞的初始稳定散射波函数的振幅$|\Psi_g(R,t=t_{init})|$(虚灰线)。注意"第一个外部节点"的位置为R_a,最后一内节点的位置为R_N。顶部框图:在$t=t_P$脉冲强度达到最大值时,用脉冲P^{122}照射原子系统时的振幅$|\Psi_g(R,t=t_P)|$(细黑线);脉冲在初始波函数上刻了一个孔洞。这个孔洞确实位于PA窗的区域$[R_{min},R_{max}]$,被两条垂直线限定。下一幅框图:脉冲之后,$\Psi_g(R,t)$"波包"向内移动,注意在内部区域其振幅最大值的增加。在$t-t_p\approx 850$ ps,部分波包被位于$R\approx 10a_0$的$a\ ^3\Sigma_u^+$内部势能墙反射。注意到这个反射的发生在时间尺度上接近于光缔合制备处于激发态分子能级的经典振动半周期([300 ps,600 ps])(引自Mur-Petit,J. et al.,Phys. Rev. A,75,061404(R),2007.已获授权)

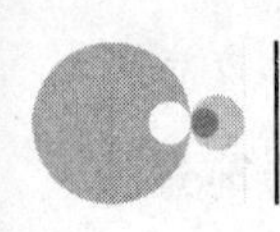

孔洞的运动被限制于波包的小范围内,在距离大于 $R_a=314a_0$ 处的波函数没有变动。在 R_a 的节点保持不变(正如图 7.2 指出,R_a(54 μK),下文表示为 R_a,它是在 54 μK 时"外部"区域的第一个波节,这与 $T\approx 0$ K 时阈值波函数中位于 $R\approx a$ 处的节点相对应。在外部区域波节的位置是与能量有关的)。

相对的,我们在小于 PA 窗的距离处观察到了几率密度的增加,显示了波包的"压缩"。压缩效应使几率密度产生了第二个最大值,并且向基态对应的排斥势能墙移动,移动的时间约为几百皮秒,大约为激发态的半振动周期。由于激光导致两个态之间的耦合,"动量反冲力"确实作用在了初始态波包上。

"压缩"效应在 $t=t_{\mathrm{opt}}$ 时达到最大,然后波包被内部势能墙反射。

7.5.2 利用部分积分质量流和布居数对动量转移的分析

参考文献[38]中提出了一个关于 Bohmian 动力学[56]经典极限的分析。它考虑了在每个通道中局部几率流随时间的变化,几率流定义为

$$\begin{aligned} mj_{g/e}(R,t) &= \frac{\hbar}{2i}\left[\Psi_{g/e}^*(R,t)\frac{\partial \Psi_{g/e}(R,t)}{\partial R}-\frac{\partial \Psi_{g/e}^*(R,t)}{\partial R}\Psi_{g/e}(R,t)\right] \\ &= p_{g,e}(R,t)\left|\Psi_{g/e}(R,t)\right|^2 \end{aligned} \tag{7.38}$$

局部几率密度为

$$\left|\Psi_{g/e}(R,t)\right|^2=\left[A_{g/e}(R,t)\right]^2$$

两个量在区域 $R<R_a$(54 μK)内部积分,$R<R_a$(54 μK)包含了 PA 窗。外部区域中第一波节的位置在 R_a(54 μK)处,以下称为 R_a,在之前章节中已进行了讨论。在每个通道中我们定义在 0 到 R_a 之间的部分积分质量流

$$mI_{g/e}^{\mathrm{part}}(t)\Big|_0^{R_a}=\int_0^{R_a} p_{g/e}(R,t)\left|\Psi_{g/e}(R,t)\right|^2\mathrm{d}R \tag{7.39}$$

和一个局部的布居数,在每个通道:

$$N_{g/e}^{\mathrm{part}}(t)\Big|_0^{R_a}=\int_0^{R_a}\left|\Psi_{g/e}(R,t)\right|^2\mathrm{d}R \tag{7.40}$$

在脉冲期间,基态或激发态波包内部部分导致动量平均值的增加,即动量反冲力,可利用质量流和部分布居数表示,即

$$<p_{g/e}^{\mathrm{part}}(t)>=\frac{mI_{g/e}^{\mathrm{part}}(t)}{N_{g/e}^{\mathrm{part}}(t)} \tag{7.41}$$

如图 7.13 所示,这样的分析被用于带有负啁啾脉冲 P_{-}^{122} 的光缔合中。如果将部分积分质量流和布居数与在箱子的边界 L 上积分获得的 $mI_{g/e}(t)$ 和 $N_{g/e}(t)$ 相比,可以发现在时间窗内,主要在较大核间距 $R>R_a$ 处,两个通道间有一个大的布居数交换。相反,由于 $mI_{g/e}(t)\approx mI_{g/e}^{\mathrm{part}}(t)$,动量交换在核间距较小处发生。实际上对于 $R>R_a$,波包的振幅 $A_{g/e}(R,t)$ 和相位 $S_{g/e}(R,t)$ 与 R 无关。这个公式与 PA 窗的概念一致,当具有非定域特征的初始态被引入到相应模型时非常方便,这比在参考文献[9][27]中描述的方法更有效,后面的方法考

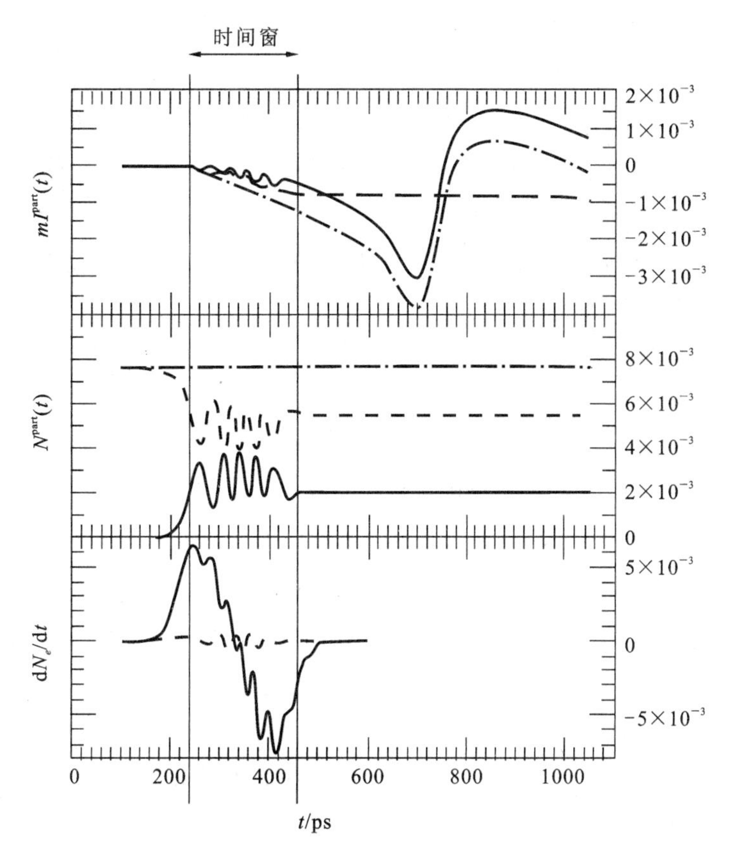

图 7.13 分析在 $t-t_p=350$ ps 时刻，脉冲 P_{-}^{122}PA 的最大值。时间窗 $[t_p-\tau_C, t_p+\tau_C]$ 由水平箭头指出。时间窗外：没有辐射耦合。上部框图：基态中质量流 $mI_g^{part}(R,t)$ 的变化（长虚线），激发态中 $mI_e^{part}(R,t)$ 的变化（实线），它们的总和（点划线）是关于时间的函数。注意脉冲期间的拉比振荡。在 PA 窗范围内，经典加速度在基态是零。脉冲之后，I_g^{part} 保持恒定但是在一个长时间延迟后是负的。波包的内部部分以约 2.7 m/s 恒定的平均速度向短程方向移动。之后（在本图看不见）波包通过短程势加速并被反射。在激发态，波包以更大的速度向短程方向移动，并在 600 ps 后被反射。中部框图：脉冲期间在基态（$N_g^{part}(t)$，长虚线）和激发态（$N_e^{part}(t)$，实线）部分布居数随时间的变化。注意两个拉比振荡有相反的相位，而 $N_g^{part}(t)+N_e^{part}(t)$（点划线）的和保持恒定。下部框图：在激发态 $\frac{dN_e}{dt}$（实线）中总布居和部分布居 $\frac{dN_e^{part}}{dt}$（断线）随时间变化的比较。脉冲期间有一个布居的较大瞬时转变，主要发生在 PA 窗外核间距较大处（引自 Mur-Petit, J. et al., Phys. Rev. A, 75, 061404(R), 2007. 已获授权）

虑了在整个 R 域积分的物理量，并把 Heisenberg 方程用到了局部控制理论中。

图 7.13 中比较了 $mI_{g/e}^{\text{part}}(t)$、$N_{g/e}^{\text{part}}(t)$、$\frac{\mathrm{d}N_e}{\mathrm{d}t}$ 和$\frac{\mathrm{d}N_e^{\text{part}}}{\mathrm{d}t}$随时间的变化。

(1)在时间窗的起点处,对于 $t_{\text{p}}-\tau_{\text{C}}<t<t_{\text{p}}$,在两个通道中的质量流 mI_g 和mI_e 在其平均值上下以相差 π 的相反相位振荡,但其平均值的总和不振荡。由于在激发势中有大的负加速度,这个负质量流的绝对值会缓慢增加。通常情况下,由于具有 R^{-3}渐近行为的 0_g^- $(6\text{S}+6\text{P}_{3/2})$势,这两个通道都同样感受到这个很强的经典加速度。

(2)然后,我们观察到对于 $t_{\text{p}}<t<t_{\text{p}}+\tau_{\text{C}}$,在基态获得的质量流大于在激发态获得的质量流:在对应的两个通道中加速度不再相等。

(3)脉冲过后,对于 $t>t_{\text{p}}+\tau_{\text{C}}$,$I_g^{\text{part}}$ 在很长的时间间隔(约 600 ps)内保持恒定。这个现象可以用一个在基态中且可以被忽略的经典力来解释。因为布居数 N_g^{part} 不再变化,这个质量流对应于一个约 2.7 m/s 的常数平均速率。

通过比较由不同脉冲获得的结果,参考文献[38]总结了在脉冲期间布居数循环和这个布居数回到初始态的重要转变对流向短程区域的布居流的制备的作用。换句话说,理想的脉冲应该尽可能接近类似于负啁啾的$(2n)\pi$ 脉冲,这里循环数 n 比较大。布居流可以通过脉冲得到,这个脉冲在一个很长时间内伴随激发波包并且能够引发拉比振荡的多次完整循环。“理想”脉冲的选择将在 7.6.1 中描述。

7.5.3 利用第二束脉冲进行的光缔合产生压缩效应的优势

为了研究压缩波包可能带来的影响,图 7.14 显示了压缩效应最大时的$\Psi_g(R,t=t_{\text{opt}})$与激发态外阱中不同的束缚振动能级对应的定态波函数 $\varphi_{e,v}$之间的 Franck-Condon 交叠变化。我们几乎可以利用 V_{exc} 外势阱中的所有能级来获得比较重要的交叠。$v=29$,$v_{\text{ext}}=4$ 是能够被布居的最深能级,相应的束缚能为 70 cm^{-1},其内转折点在 $R=30a_0$ 处。这个能级与位于 $a\ ^3\Sigma_u^+$ 势阱中的$v''=42$ 和 $v''=33$ 能级有好的 Franck-Condon 交叠,它们的束缚能分别位于3.7 cm^{-1}和 20.5 cm^{-1}处,这一好的交叠可以提高稳定化过程的效率。相反的,对于初始波包 $\Psi_g(R,t=t_{\text{init}})$,只有接近于 V_{exc} 势能离解限的振动能级,才可获得不可忽略的 Franck-Condon 交叠。

正如在参考文献[38]中所讨论的,压缩效应表明了相对第一束脉冲红失谐的第二束脉冲的光缔合过程,该过程使布居跃迁到激发态的深束缚能级。对于理想的情况,激发态深束缚能级上的布居可以有效地跃迁至电子基态深束缚能级，成为振动冷却的稳定分子。实际上，PA 反应的瓶颈是相对距离较短的冷原子对形成分子的几率密度较小，这样，压缩效应的存在对于提高 PA 效率看起来是一个有趣的步骤。

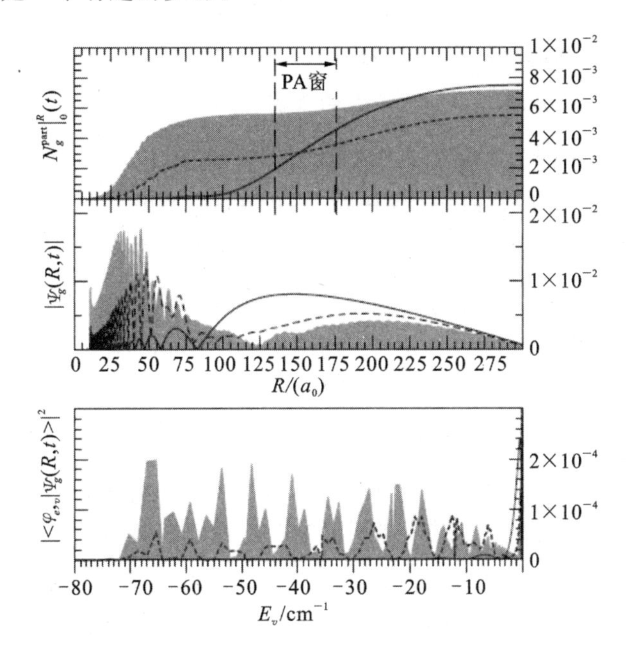

图 7.14 压缩效应及其优化；比较了与两个碰撞原子的初始波包和压缩波包（虚线）有关的量，后者是被 P_{-}^{122} 照射后，在时间 $t_{opt}=t_p+950$ ps 压缩效应达到最大时的波包（实线）。同样展示了在 $t'_{opt}=t_p+350$ ps 时刻，经过理想脉冲 P_{-}^{opt} 照射之后的压缩波包（阴影曲线）。上部框图：初始碰撞态的积分布居 $N_g^{part}|_0^R(t)=\mathrm{Int}$（虚线）；由于量子反射效应（参考文献[57]以及 Paul Julienne 所著的第 6 章），找到两个核间距小于 $100a_0$ 的铯原子对的几率是可以忽略的；一个 PA 脉冲之后，在压缩效应的最大值处（$t=t_{opt}$（实线）和 $t=t'_{opt}$（阴影曲线）），这个几率不可再被忽略。中间框图：初始碰撞态的波包振幅 $|\Psi_g(R,t)=t_{init}|$（虚线）；经过脉冲 P_{-}^{122} 照射之后的基态波包 $|\Psi_g(R,t_{opt})|$（实线）以及经过脉冲 P_{-}^{opt} 照射之后的波函数 $|\Psi_g(R,t'_{opt})|$（阴影曲线）。下部框图：对于在 $t=t_{init}$ 的初始态（虚线）和对于在 $t=t_{opt}$（实线），以及在 $t=t_{init}$（阴影曲线）产生的波包，所有在激发势能曲线的束缚态振动能级本征函数与初始态的交叠 $|\langle\varphi_{e,v}|\Psi_g(R,t)\rangle|^2$ 随着束缚能 E_v 变化的曲线。与初始态波包相反，压缩波包显示了初始态与激发势中较低振动能级间较大的交叠。三幅框图的阴影区域显示了通过一个类似于激发态的半个振动周期的时间段 τ_C，在采用非冲击脉冲 P_{-}^{opt} 后压缩效应如何被显著地提高，这将在 7.6.1 节详述（引自 Mur-Petit, J. et al., Phys. Rev. A, 75, 061404(R), 2007. 已获授权）

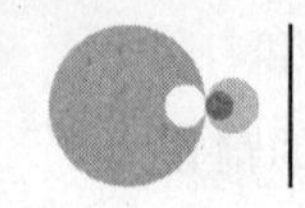

7.5.4 光缔合脉冲后基态布居的重新分布

在激光脉冲之后,动力学孔洞的存在意味着 $a\ ^3\Sigma_u^+$ 态的波包与初始碰撞定态的波包不同,初始碰撞定态的波包具有完整定义的碰撞能量 E_{init};其在束缚态 $\varphi_{g,v''}$ 和带有不同能量的连续态能级上都具有极大的投影。

7.5.4.1 Cs 光缔合中 $a\ ^3\Sigma_u^+$ 态的重新分布

位于势阱中的两个最高束缚能级的布居数已经在 7.3.2.2 节提及并在图 7.4 中给出。对于不同脉冲强度和啁啾符号,图 7.15 给出了 V_{ground} 势的各个连续能级上布居的重新分布。能量归一化连续态能级的布居密度 $\mathrm{d}N_g(E')/\mathrm{d}E'$ 与啁啾的符号无关。相反的,脉冲强度的最大值随着 I_L 增大而增加(见方程(7.8)),碰撞能量重新分布的宽度明显减小,曲线下的区域被大致保留了。至于"halo 分子"的产生(见 7.3.2.2 节),与脉冲参数无关。

7.5.4.2 关联的热原子对

由于脉冲期间的拉比循环,基态布居的重新分布产生了热原子的关联对,如图 7.15 所示。接下来将讨论实现凝聚的可能方法。

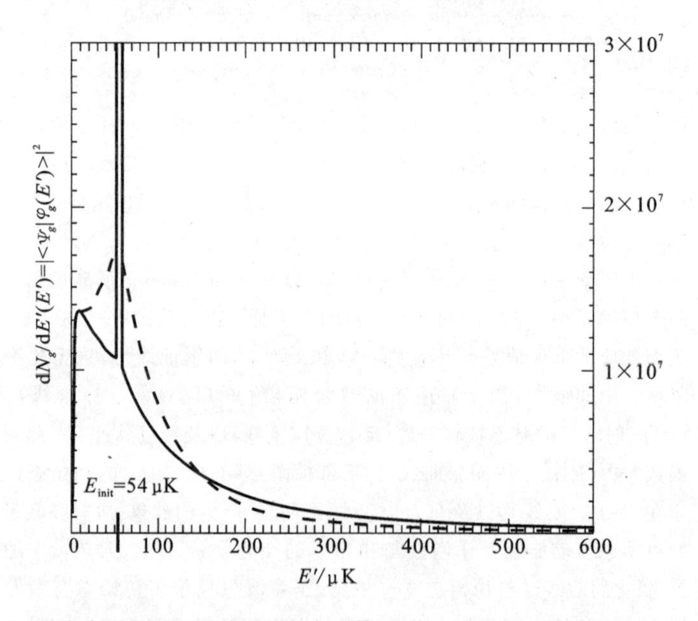

图 7.15 基态布居的重新分布:用脉冲 P_-^{122}(实线)和强度更高的相似脉冲照射之后对波包的分析,这里强度的增大是通过将方程(7.8)中的因子 I_L 变为 $9I_L$(虚线)实现的。计算结果和啁啾的正负没有关系

7.6 超越冲击近似或绝热近似:新机制

本节关注于一种激励机制。在这种机制下,一个 PA 窗内,由基态到激发态的布居跃迁发生在冲击近似的条件下。正如参考文献[18][19][23][28]所讨论的,其他机制也确实存在,并且可能存在更多有趣的应用。

7.6.1 利用非冲击脉冲诱导多个拉比循环控制压缩效应

从 7.5 节得出的结论可以看出,利用一束脉冲能够优化基态波包的压缩效应。描述为表 7.2 中 P_{-}^{opt} 的新脉冲,是通过增加脉冲 P_{-}^{122} 的啁啾率 χ,也即增加持续时间而获得的。对于这个脉冲,持续时间 $\tau_{\mathrm{C}}=376.13$ ps,相当于激发态中振动周期 T_{vib} 的一半。这一强度的增加是为了获得 24 个拉比振荡,这相当于 $(2n)\pi$ 脉冲的结果。激发的几率 P_{e}^{box} 显著下降(3×10^{-4} 而不是 2×10^{-3})。图 7.14 描述了一个显著的压缩效应,在 $t'_{\mathrm{opt}}=t_{\mathrm{p}}+350$ ps 时刻,观察到了最大值。压缩波包与处在激发态外阱中低能级的含时 Franck-Condon 因子的较大值有关系,这里,红失谐于 P_{-}^{opt} 以及相对于 P_{-}^{opt} 有 350 ps 延迟的第二束脉冲适合于 PA。

7.6.2 非绝热宽带脉冲:长程的激发

7.6.2.1 PA 窗外布居数的大量跃迁

当共振瞬时频率扫过的能量范围 $\hbar|\chi|\tau_{\mathrm{C}}$ 和脉冲光谱宽度 $\hbar\delta\omega$ 足够小以满足条件

$$\hbar(\delta\omega+|\chi|\tau_{\mathrm{C}})=\hbar\delta\omega\left(1+\sqrt{1-(\tau_{\mathrm{C}}/\tau_{\mathrm{L}})^{-2}}\right)<\delta_{\mathrm{L}} \tag{7.42}$$

时,限制于 PA 窗内的光缔合需要足够大的脉冲持续时间 t_{L} 才能够确保激发态连续能级没有布居。但是这个条件通常是不成立的。作为例子,我们在表 7.2 中给出了脉冲 P_{-}^{nad} 的参数,失谐 δ_{L}、强度 I_{L} 及啁啾率 χ 与 P_{-}^{98} 的相同,这保证了聚焦条件,但是当脉冲 P_{-}^{nad} 的带宽 $\hbar\delta\omega$ 增加至 2.45 cm^{-1} 时,带宽几乎等于失谐 δ_{L}。

图 7.16 对窄带脉冲 P_{-}^{98} 和宽带脉冲 P_{-}^{nad} 的 PA 反应的动力学过程进行了比较。然而,对于 P_{-}^{98},绝热跃迁在 PA 窗内进行。对于 P_{-}^{nad},激发态中布居 $P_{e}^{\mathrm{box}}(t)$ 的时间演化表现为拉比振荡,这是显著非绝热效应的特征。在脉冲结束之后,大约 6% 的布居仍然处于电子的激发态,聚焦时间内的光缔合波包 $\Psi_{e}(R,t_{\mathrm{d}}=t_{\mathrm{p}}+T_{\mathrm{vib}}/2)$ 的径向分布主要发生在核间距离较大的位置处。在这一区域,激发态波包的振幅与初始散射波函数 $\Psi_{g}(R,t_{\mathrm{init}})=\varphi_{g,E_{\mathrm{init}}}(R)$ 的振幅成比例,其比例常数为 β,且在阈值范围内与 R 和 E_{init} 无关。脉冲结束后,模 $|\beta|=$

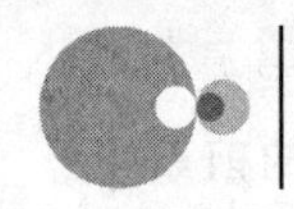

$\sqrt{0.060}$,和时间是没有关系的。因此,我们可以简单地通过减去长程贡献来将短程贡献从激发态波包中进行分离。$|\Psi_e(R,t=t_p+T_{vib}/2)-\beta\Psi_g(R,t_{init})|$的振幅代表了在短程 $\Psi_e^{window}(R,t=t_p+T_{vib}/2)$处波包的跃迁,如图 7.16 所示。这个短程贡献延伸到 PA 窗的空间范围$[R_{min},R_{max}]$内。然而,因为激发态布居的能级主要是连续的,对应于一对 Cs(6S)+Cs(6P)原子,而不是一个束缚分子,在 PA 实验中应避免这个贡献。

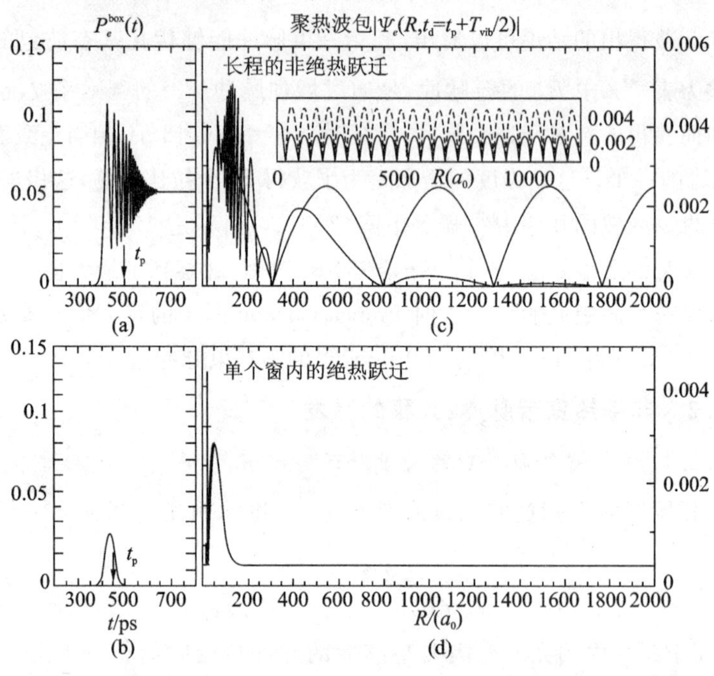

图 7.16 光缔合的两种机制:(a)、(c)对于具有较宽光谱宽度($\hbar\delta\omega=2.453\ cm^{-1}$,$\tau_L=6$ ps,$\tau_C=96$ ps)的脉冲 P_-^{nad},在长程区域的非绝热跃迁;(b)、(d)PA 窗内的绝热转变(对于有窄带宽 $\hbar\delta\omega=0.981\ cm^{-1}$,$\tau_L=15$ ps,$\tau_C=36$ ps 的窄带脉冲 P_-^{98})。两个脉冲有相同的失谐,有相同的啁啾率 χ,并对于变换极限脉冲有相同的强度 I_L(见表 7.2)。(a)、(b)PA 过程中激发态中布居 $P_e^{box}(t)$(在格点中总布居数归一化为 1)的时间演化,t_p 对应于脉冲的最大值。由于在这里选择纵轴的坐标(与图 7.4 对比),跃迁到激发态束缚能级的布居在(b)中是不可见的。(c)、(d)$t_d=t_p+T_{vib}/2$ 时刻的激发态波包$|\Psi_e(R,t)|$(粗黑实线),此时波包聚焦在内转折点(见图 7.10),$t_d=t_p+T_{vib}/2$ 表示脉冲最大值对应的 $t=t_p$ 再经过半个振动周期的时刻。(c)中的细线显示了文中定义的短程激发波函数 $\Psi_e^{window}(R,t)$的贡献。为了对比,插图中显示的是在核间距较大势能较低处的初始散射波函数 $\varphi_{g,E_{init}}$,对应能量为 $E/k_B=54\ \mu K$(对应于插图中的点划线)

7.6.2.2 热平均

如果短程和长程贡献之间的干涉项可以被忽略，即使布居数在长程区域转移，也可以估计每一脉冲将一对原子缔合成分子的总几率(见方程(7.33))。实际上，第一个贡献项 $P_{\text{window}}(T)$对应于 $\Psi_e^{\text{window}}(R,t)$，可以通过对初始速度分布的平均来估算，这正如7.3.4.2节所述。与$\beta(t)\Psi_g(R,t_{\text{init}})$有关的长程贡献的玻尔兹曼平均是微小的，因为它反映了原子对最初分布的热平均。然而，这种方式形成的分子容易衰减成热的基态原子对。因此，只有当找到有效的稳定机制来稳定分子时，计算这种光缔合分子的数目才是有趣的。在长程贡献占主导的情况下，用热高斯波包描述初始态比利用定态散射态描述更合适。

7.7 结论和对未来的展望

在这一章中，我们讨论了利用啁啾激光脉冲作为PA光，通过缔合超冷原子控制超冷分子形成的可能性。理想脉冲的选择是由所考虑分子的光谱来决定的。这里，我们以超冷Cs原子为特例，介绍和分析了PA的数值计算结果。利用线性的啁啾系数，其典型的弛豫时间一般为几十皮秒，这种啁啾脉冲在小失谐时很好地适用于PA。在计算中，初始状态不是用高斯波包而是用定态散射波函数去描述一对超冷原子的碰撞。本章也介绍了玻尔兹曼平均的方法，包括依赖于波函数阈值行为的标度律的使用。计算结果表明，大幅度地增加PA率显然是可能的。一个有效的机制是PA窗内的绝热布居跃迁。在脉冲作用期间，把其瞬时频率扫描越过两个缀饰的势能曲线的交叉点的范围定义为光缔合窗口。全绝热布居跃迁意味着相对距离在PA窗内所有的原子对转变成束缚态分子。

在激发态内制备了一个相干振动波包。选择啁啾参数以整形这个波包是很容易的。特别的，由于势的强非简谐性造成的振动周期间的差异，可以通过简单的负啁啾弥补。经过一半的振动周期，在内转折点附近获得聚焦的波包。在双色泵浦-退泵浦实验中，通过退泵浦脉冲，布居的最大值可以被转移到基态束缚能级，形成具有低振动温度的超冷稳定分子。

PA步骤中，有一部分布居被转移到初始电子态最高束缚振动能级。光致

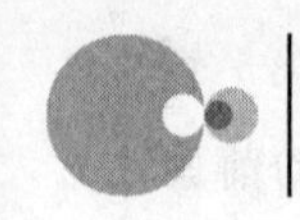

Feshbach 共振形成的"halo 分子"应该被进行深入探究。连续态上的布居数的重新分布形成了热原子。

由于 PA 窗内所有的原子对都被转化为激发态中的束缚分子,啁啾激光脉冲在初始态波函数中产生了一个损耗孔洞。脉冲之后,由于负动量冲力,几率密度被向里推进,极大地增加了短程区域内的原子对数量。物理上利用每一通道中质量流的时间相关性以及对各个通道的布居来解释 PA 脉冲参数的作用。通过这些参数展现了对基态波包中压缩效应的优化。由于短程几率密度增加超过两个数量级,我们预测跃迁到激发态深束缚能级的 PA 率会因为第二束脉冲的使用而显著增加,第二束脉冲相对于第一束脉冲红失谐,并且适当延迟。激发态深束缚能级有利于有效地制备基态的深束缚能级,并因此有利于振动冷分子的形成。

本章得出的结论是,为了高效地得到实验成果,需要对一系列不同的泵浦、退泵浦然后再泵浦的脉冲进行优化。今后的工作应该考虑不同脉冲间相位的关系是否会进一步提高上述效率。目前的工作专注于一个或两个啁啾脉冲的设计,避免下一个脉冲破坏稳定分子的重要问题还没有被解决。因此,下一步应该精心设计一系列啁啾脉冲。

本章完成后,新的实验结果已经发表[58]。该结果采用了一系列全同非相干飞秒脉冲,对 Cs 原子进行光缔合,制备处于基态 $v=0$ 能级的超冷 Cs_2 分子。在这一工作中,遵从参考文献[59][60]中的观点,脉冲的振幅经过整形消除了 $v=0$ 能级的激发频率带,从而阻止了这个态的布居数被再激发。结合本章展示的观点,考虑到这种方法中啁啾脉冲的优势,这一实验将会非常有趣。

致谢

本章的工作受到了欧洲委员会的支持,该工作是基于合同 HPRN-CT-2002-00290 下冷分子的协同合作框架的。我们感谢与 Ronnie Kosloff, Christiane Koch, Jordi Mur-Petit, Pascal Naidon, MihaelaVatasescu 和 Kai Willner 高效以及愉快的合作。Aimé Cotton 实验室是 Fédération Lumiere Matière (LUMAT, FR 2764)的一部分。

参考文献

[1] Thorsheim, H. R., Weiner, J., and Julienne, P. S., Laser-induced photoassociation of ultracold sodium atoms, Phys. Rev. Lett., 58, 2420, 1987.

[2] Jones, K. M., Tiesinga, E., Lett, P. D., and Julienne, P. S., Ultracold photoassociation spectroscopy: Long-range molecules and atomic scattering, Rev. Mod. Phys., 78, 483-535, 2006.

[3] Fioretti, A., Comparat, D., Crubellier, A., Dulieu, O., Masnou-Seeuws, F., and Pillet, P., Formation of cold Cs^2 molecules through photoassociation, Phys. Rev. Lett., 80, 4402-4405, 1998.

[4] Nikolov, N., Eyler, E. E., Wang, X. T., Li, J., Wang, H., Stwalley, W. C., and Gould, Ph., Observation of translationally ultracold ground state potassium molecules, Phys. Rev. Lett., 82, 703-706, 1999.

[5] Gabbanini, C., Fioretti, A., Lucchesini, A., Gozzini, S., and Mazzoni, M., Cold rubidium molecules formed in a magneto-optical trap, Phys. Rev. Lett., 84, 2814-2817, 2000.

[6] Dion, C. M., Drag, C., Dulieu, O., Laburthe-Tolra, B., Masnou-Seeuws, F., and Pillet, P., Resonant coupling in the formation of ultracold ground state molecules via photoassociation, Phys. Rev. Lett., 86, 2253-2257, 2001.

[7] Dulieu, O. and Masnou-Seeuws, F., Formation of ultracold molecules by photoassociation: Theoretical developments, J. Opt. Soc. Am. B, 20, 1083, 2003.

[8] Koehler, T., Góral, K., and Julienne, P. S., Production of cold molecules via magnetically tunable Feshbach resonances, Rev. Mod. Phys., 78, 1311-1361, 2006.

[9] Brown, B. L., Dicks, A. J., and Walmsley, I. A., Coherent control of ultracold molecule dynamics in a magneto-optical trap by use of chirped

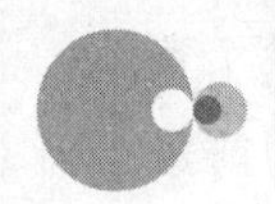

femtosecond laser pulses, Phys. Rev. Lett., 96 173002, 2006.

[10] Salzmann, W., et al., Coherent control with shaped femtosecond pulses applied to ultracold molecules, Phys. Rev. A, 73, 023414, 2006.

[11] Veshapidze, G., Trachy, M. L., Jang, H. U., Fehrenbach, C. W., and DePaola, B. D., Pathway for two-color photoassociative ionization with ultrafast optical pulses in a Rb magneto-optical trap, J. Phys. B: Atom. Mol. Opt. Phys., 39, 1417-1446, 2006.

[12] Côté, R., Dalgarno, A., Sun, Y., and Hulet, R. G., Photoabsorption by ultra-cold atoms and the scattering length, Phys. Rev. Lett., 74, 3581-3583, 1995.

[13] Masnou-Seeuws, F. and Pillet, P., Formation of ultracold molecules ($T < 200\ \mu K$) via photoassociation in a gas of laser-cooled atoms, Adv. Atomic. Mol. Opt. Phys., 47, 53-127, 2001.

[14] Vatasescu, M., Etude théorique de la réaction de photoassociation entre deux atomesde césium refroidis: mise en évidence d'un effet tunnel et traitement dépendant dutemps, Thèse de doctorat en sciences (PhD Thesis), Ecole doctorale Ondes et Matière, Universite Paris-Sud, 1999.

[15] Vatasescu, M., Dulieu, O., Kosloff, R., and Masnou-Seeuws, F., Toward optimal control of photoassociation of cold atoms and photodissociation of long range molecules: Characteristic times for wavepacket propagation, Phys. Rev. A, 63, 033407, 2001.

[16] Vatasescu, M. and Masnou-Seeuws, F., Time-dependent analysis of tunneling effect in the formation of ultracold molecules via photoassociation of laser-cooled atoms, Eur. Phys. J. D, 21, 191-204, 2002.

[17] Vala, J., Dulieu, O., Masnou-Seeuws, F., Pillet, P., and Kosloff, R., Coherent control of cold-molecule formation through photoassociation using a chirped-pulsed-laser field, Phys. Rev. A, 63(1), 013412, 2001.

[18] Luc-Koenig, E., Kosloff, R., Masnou-Seeuws, F., and Vatasescu, M.,

Photoassociation of cold atoms with chirped laser pulses: Time-dependent calculations and analysis of the adiabatic transfer within a two-state model, Phys. Rev. A, 70, 033414, 2004.

[19] Luc-Koenig, E., Vatasescu, M., and Masnou-Seeuws, F., Optimizing the photoassociation of cold atoms by use of chirped laser pulses, Eur. Phys. J. D, 31, 239-262, 2004.

[20] Koch, C. P., Palao, J., Kosloff, R., and Masnou-Seeuws, F., How to obtain ultracold $v=0$ molecules using optimal control theory, Phys. Rev. A, 70, 013402, 2004.

[21] Koch, C. P., Masnou-Seeuws, F., and Kosloff, R., Creating ground state molecules with optical Feshbach resonances in tight traps, Phys. Rev. Lett., 94, 193001, 2005.

[22] Koch, C. P., Luc-Koenig, E., and Masnou-Seeuws, F., Making ultracold molecules in a two color pump-dump photoassociation scheme using chirped pulses, Phys. Rev. A, 73, 033408, 2006.

[23] Koch, C. P., Kosloff, R., and Masnou-Seeuws, F., Short-pulse photoassociation in rubidium below the d1 line, Phys. Rev. A, 73, 043409, 2006.

[24] Koch, C. P., Kosloff, R., Luc-Koenig, E., Masnou-Seeuws, F., and Crubellier, A., Short-pulse photoassociation with chirped laser pulses: Calculation of the absolute number of molecules per pulse, J. Phys. B: Atom. Mol. Opt. Phys., 39, S1017-S1041, 2006.

[25] Mur-Petit, J., Luc-Koenig, E., and Masnou-Seeuws, F., Dynamical interferences to probe short-pulse photoassociation of Rb atoms and stabilization of Rb_2 dimers, Phys. Rev. A, 75, 061404(R), 2007.

[26] Kallush, S., Masnou-Seeuws, F., and Kosloff, R., Grid methods for cold molecules: Determination of photoassociation lineshapes and rate constant, Phys. Rev. A, 75, 043404, 2007.

[27] Kallush, S. and Kosloff, R., Momentum control in photoassociation of

ultracold atoms,Phys. Rev. A,76,053408,2007.

[28] Kallush,S. and Kosloff,R. ,Unitary photoassociation:One-step production of groundstate bound molecules,Phys. Rev. A,77,023421,2008.

[29] Naidon,P. ,Etude théorique de la formation de molécules diatomiques dans un condensat par photoassociation,Thèse de doctorat (PhD thesis),Ecole doctorale de Physique de la région parisienne,Université Pierre et Marie Curie Paris Ⅵ,Paris,France,2004.

[30] Naidon,P. and Masnou-Seeuws,F. ,Photoassociation and optical Feshbach resonances in an atomic Bose-Einstein condensate: Treatment of correlation effects,Phys. Rev. A,73,043611,2006.

[31] Willner,K. ,Dulieu,O. ,and Masnou-Seeuws,F. ,A mapped sine grid method for long range molecules and cold collisions,J. Chem. Phys. ,120,548-561,2004.

[32] Willner,K. ,Theoretical study of weakly bound vibrational states of the sodium trimer:Numerical methods; prospects for the formation of Na_3 in an ultracold gas,Thèse de doctorat (PhD thesis) and Doktor der Naturwissenschaften dr. rer. nat. ,Université Paris-Sud Ⅺ and Universität Hannover, Orsay (France) and Hannover (Germany),2005.

[33] Fioretti,A. ,Comparat,D. ,Drag,C. ,Amiot,C. ,Dulieu,O. ,Masnou-Seeuws,F. ,and Pillet,P. ,Photoassociative spectroscopy of the Cs_2 0_g^- long range state,Eur. Phys. J. D,5,389-403,1999.

[34] Le Roy,R. J. and Bernstein,R. B. ,Dissociation energy and long-range potential of diatomic molecules from vibrational spacings of higher levels,J. Chem. Phys. ,52,3869-3879,1970.

[35] Averbukh,I. S. and Perelman,N. F. ,Fractional revivals:Universality in the long-term evolution of quantum wave packets beyond the correspondence principle dynamics,Phys. Lett. ,139,449,1989.

[36] Chin,C. ,Vuletié,V. ,Kerman,A. J. ,and Chu,S. ,Precision Feshbach

spectroscopy of ultracold Cs_2, Phys. Rev. A, 70, 032701, 2004.

[37] Crubellier, A. and Luc-Koenig, E., Threshold effects in the photoassociation of cold atoms: R^{-6} model in the Milne formalism, J. Phys. B: Atom. Mol. Opt. Phys., 39, 1417-1446, 2006.

[38] Luc-Koenig, E., Masnou-Seeuws, F., and Kosloff, R., Dynamical hole in ultrafast photoassociation: Analysis of the compression effect, Phys. Rev. A, 76, 054711, 2007.

[39] Kosloff, R., Quantum molecular dynamics on grids, in Dynamics of Molecules and Chemical Reactions, Wyatt, R. H. and Zhang, J. Z. H., Eds., Marcel Dekker, NewYork, 1996, p. 185.

[40] Kokoouline, V., Dulieu, O., Kosloff, R., and Masnou-Seeuws, F., Mapped Fourier methods for long range molecules: Application to perturbations in the Rb_2 (0_u^+) spectrum, J. Chem. Phys., 110, 9865-9876, 1999.

[41] Kosloff, R., Propagation methods for quantum molecular dynamics, Annu. Rev. Phys. Chem., 45, 145-178, 1994.

[42] Wright, M. J., Pechkis, J. A., Carini, J. L., Kallush, S., Kosloff, R., and Gould, P. L., Coherent control of ultracold collisions with chirped light: Direction matters, Phys. Rev. A, 75, 05401, 2007.

[43] Ruhman, S., Banin, U., Bartana, A., and Kosloff, R., Impulsive excitation of coherent vibrational motion ground surface dynamics induced by intense short pulses, J. Chem. Phys., 101, 8461, 1994.

[44] Cohen-Tannoudji, C., Diu, B., and Laloë, F., Mécanique Quantique, Hermann, Paris, 1973.

[45] Mies, F. H., A multichannel quantum defect analysis of diatomic predissociation andinelastic atomic scattering, J. Chem. Phys., 80, 2514, 1984.

[46] Juliénne, P. S. and Mies, F. H., Collisions of ultracold trapped atoms, J. Opt. Soc. Am. B, 6, 2257, 1989.

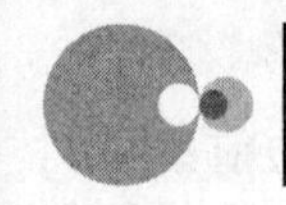

[47] Roberts, J. L. , Burke, Jr. , J. P. , Claussen, N. R. , Cornish, S. L. , Donley, E. A. , and Wieman, C. , Improved characterization of elastic scattering near a Feshbach resonance in Rb-85, Phys. Rev. A, 64, 024702, 2001.

[48] Marte, A. , Volz, T. , Schuster, J. , Durr, S. , Rempe, G. , van Kempen, E. G. M. , and Verhaar, B. J. , Feshbach resonances in rubidium 87: Precision measurement and analysis, Phys. Rev. Lett. , 89, 283202, 2002.

[49] Zamith, S. , Degert, J. , Stock, S. , de Beauvoir, B. , Blanchet, V. , Bouchene, M. A. , and Girard, B. , Observation of coherent transients in ultrashort chirped excitation of an undamped two-level system, Phys. Rev. Lett. , 87, 033001, 2001.

[50] Salzmann, W. , Mullins, T. , Eng, J. , Albert, M. , Wester, R. , Weidemuller, M. , Merli, A. , Weber, S. M. , Sauer, F. , Plewicki, M. , Weise, F. , Woeste, L. , and Lindinger, A. , Coherent transients in the femtosecond photoassociation of ultracold molecules, Phys. Rev. Lett. , 100, 233003, 2008.

[51] Averbukh, I. S. and Shapiro, M. , Optimal squeezing ofmolecularwavepackets, J. Chem. Phys. , 47, 5086, 1993.

[52] Abrashkevich, D. G. , Averbukh, I. S. , and Shapiro, M. , Optimal squeezing of vibrational wave packets in sodium dimers, J. Chem. Phys. , 101, 9295, 1994.

[53] Ashkenazi, G. , Banin, U. , Bartana, A. , Kosloff, R. , and Ruhman, S. , Quantum description of the impulsive photodissociation dynamics of I_3^- in solution, Adv. Chem. Phys. , 100, 229-315, 1997.

[54] Messiah, A. Mécanique Quantique, Dunod, Paris, 1960.

[55] Schiff, L. I. , Quantum Mechanics, McGraw-Hill, NewYork, Toronto, London, 1955.

[56] Bohm, D. , A suggested interpretation of the quantum theory in terms of "hidden" variables. ii, Phys. Rev. , 85, 180, 1952.

[57] Côté, R. , Heller, E. J. , and Dalgarno, A. , Quantum suppression of cold atom collisions, Phys. Rev. A. , 53, 234, 1996.

[58] Viteau, M. , Chotia, A. , Allegrini, M. , Bouloufa, N. , Dulieu, O. , Comparat, D. , and Pillet, P. , Optical pumping and vibrational cooling of molecules, Science, 321, 232-234, 2008.

[59] Tannor, D. J. , Bartana, A. , and Kosloff, R. , Laser cooling of internal degrees of freedom of molecules by dynamically trapped states, Faraday Discussions, 113, 365, 1999.

[60] Bartana, A. , Kosloff, R. , and Tannor, D. J. , Laser cooling of molecules by dynamically trapped states, Chem. Phy. , 267, 195, 2001.

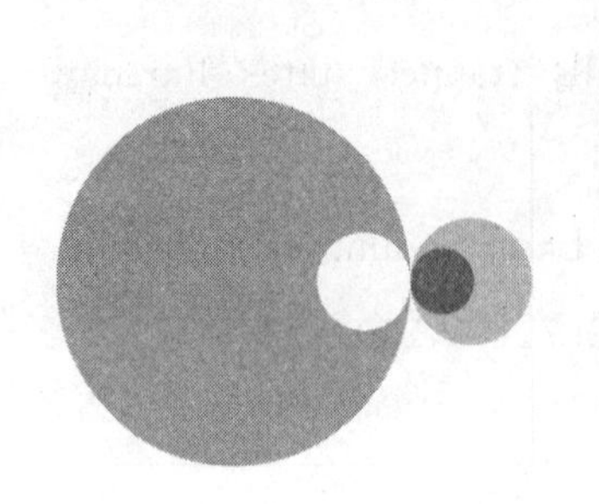

第 8 章 利用整形激光脉冲的绝热拉曼光缔合

8.1 引言

绝热拉曼光缔合(Adiabatic Raman photoassociation,ARPA)是一种利用相干拉曼散射将超冷原子对结合形成超冷分子的方法[1]。ARPA 的本质是将三能级的受激拉曼绝热通道(three-level stimulated Raman adiabatic passage,STIRAP)[2]~[6]拓展到初始态为两个碰撞原子的连续态。在近 10 年,利用相干拉曼光可以将大量的原子从初始组态转移到最低能级的双原子分子束缚态,这一基本观点吸引了很多研究者的关注。大量的理论[1][7]~[18]与实验[19]~[23]文章都对这一课题进行了专门的讨论。

在本章中,我们重点关注碰撞原子的初始态是由分子连续态构成的波包的情况,或者是一系列近离解限束缚能级的情况,如被囚禁于势阱中的原子对。我们同样考虑了"混合态"的情形,在这种情形下原子样品初始位于一个能量不可忽略的热系综中。接着,我们展示了原子样品为"纯态"的情形,AR-

PA 过程可以被认为是一种对碰撞原子的入射波包进行投影测量的方法，该测量基本上可以通过激光脉冲诱导的光缔合(photoassciation，PA)来控制。这一过程与量子操控[24][25][26]及波包重建技术[27]~[32]的应用有关，这两种技术可以用来获得不能通过强度型测量来获取的相应波函数信息。最近，在小型势阱(如原子芯片[33][34]、偶极阱[35]和光晶格[36][37])中关于原子与分子的多体动力学的实验研究，加深了人们对波包重建技术的兴趣。

我们通过对 Rb+Rb 形成 Rb_2 和 K+Rb 形成 KRb 的光缔合进行数值模拟来说明上述所讨论的观点。这些模拟证明，我们可以测量被编译到入射波包瞬时结构或双通道结构中的量子比特信息。

8.2 绝热拉曼光缔合

在分子物理中，许多依赖于量子力学效应的过程都需要对分子的平动自由度进行冷却。在大多数情况下，分子被制备在单一的(电子、振动和转动)能量本征态上。不同于原子的情况，由于分子包含很多的(振动和转动)能级，直接用激光对分子进行平动冷却至超冷温度已经被认为是一项不可能完成的任务。然而，人们在早期的研究中就意识到，通过光缔合将碰撞的原子对制备成双原子冷分子是可以实现的[38]。根据两步光缔合机制，第一步，在能量上处于分子(见图 8.1(a))连续态所对应的近阈值能量附近的两个碰撞原子，吸收一个“泵浦”光子跃迁到激发的分子束缚态|1〉。第二步，形成的处于激发的束缚态分子经一个自发辐射过程[38]或者是由另一束(“退泵浦”)激光脉冲诱导的受激辐射过程[39]，(部分)会转化为基态分子。

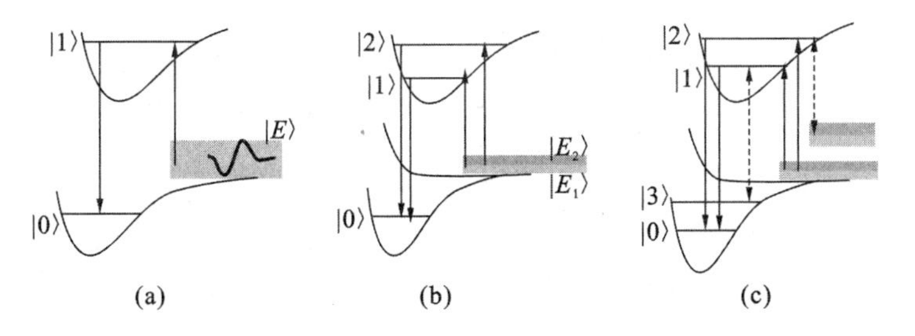

图 8.1　光缔合过程。(a)单通道光缔合；(b)包含两个入射通道和两个中间束缚态的 ARPA；(c)KRb 分子双通道光缔合的实际过程。虚线表示了在强泵浦激光脉冲驱动下不希望出现的跃迁

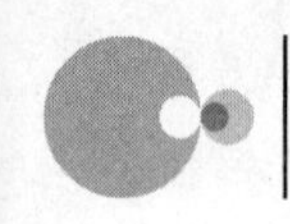

尽管两步光缔合作为一种研究分子光谱的方法[40]~[48](见由 W. Stwalley、P. Gould 和 E. Eyler 所著的第 5 章)是很成功的,但其作为一种制备冷分子的方法会受到自发辐射所引起损失的影响。即使存在由“退泵浦”激光[39]产生的受激辐射过程,非相干的自发辐射也会产生大量处于振转基态(或是亚稳态)的分子,导致形成平动冷却而内态未冷却的分子系综。

相对而言,“单步”绝热拉曼光缔合方法[1]能够克服这些困难。在这个方案中,光缔合通过使用 STIRAP[2]~[6]的“退泵浦-泵浦”脉冲顺序相干地进行。STIRAP 的形式非常简单,它具有“Λ 形”的能态结构,包括初始态$|i\rangle$、最终态$|f\rangle$和一个中间高能态$|1\rangle$。在 STIRAP 过程中,从一个态到另一个态要尽可能实现完全转移,从态$|i\rangle$到态$|f\rangle$的转移是通过两个光场将上述三个态耦合:一个调谐到$|i\rangle\leftrightarrow|1\rangle$的近共振跃迁的“泵浦”光场和一个“先于”泵浦场调谐到$|1\rangle\leftrightarrow|f\rangle$的近共振跃迁的“退泵浦”光场。当$|i\rangle\leftrightarrow|f\rangle$的跃迁满足双光子共振,且对应的脉冲足够长时,这个所谓的“反直觉”脉冲序列将布居在$|i\rangle$态的分子完全转移到$|f\rangle$态:关闭退泵浦脉冲同时打开泵浦脉冲,可以观察到与初态$|i\rangle$相关的场缀饰态(所谓的“暗态”),并实现分子到$|f\rangle$态的转移,而分子始终不会布居在中间激发态$|1\rangle$,因此消除了来自激发态$|1\rangle$对应自发辐射的影响。

已经在理论上对热系综和玻色-爱因斯坦凝聚中的 ARPA 过程进行了详尽的研究[1][7][8][11]~[18]。第一个实验[21][22][23]证实了文献[1]中预测的场缀饰“暗态”的存在,这个“暗态”来源于初始连续态和两个(中间态和末态)束缚态构成的强耦合 Λ 型系统。另外,实验还观测到由“Feshbach 共振”产生的弱束缚态分子经相关的绝热过程形成了具有深束缚的低振动分子[49][50][51]。

最初,我们对 ARPA 过程中连续态的绝热转变本质缺乏清楚的认识,从而导致了关于其可行性的互相矛盾观点[7][11][12]。参考文献[11]指出,与 STIRAP 类似的三能级图像无法解释这一问题。在 ARPA 过程中,不同(连续态)能量本征态上的布居数分布是非常重要的。产生相矛盾的观点[1][7][11][12]是由于考虑这个影响时采用了不同方法导致的。经证明,初始布居扩散的性质影响(泵浦和退泵浦)脉冲的性质,而该(泵浦和退泵浦)脉冲可以使 ARPA 过程的效率达到最大化,这点会在下文中进行说明。

下面从理论上对 ARPA 的两种情况进行描述:初始连续态和一系列(密集)的初始束缚态。这两种情况下光缔合的结果由入射多通道波函数在一个波包上的投影决定,而该波包与绝热过程中的(深束缚的)靶态相关。波包的形状由泵浦和退泵浦激光脉冲的形状来决定。因此,可把 ARPA 看作是通过将其投影到一组(实验可控的)已知形式的波包来测量连续态波函数的过程。

我们的方法建立在参考文献[1]和[17]的工作上,同时对近期的工作做了扩展,该工作研究了分子离解中的相干可控绝热通道[52]。在目前的研究中,我们描述了原子温度对光缔合的影响,并演示了如何使用 ARPA 来读取编译在入射波函数中的信息。根据参考文献[17]中的计算,我们讨论了非相干初始条件的作用。

本章的内容如下安排。8.3 节给出了多通道波包绝热光缔合的一般理论。8.4 节通过模拟 Rb_2 分子光缔合中入射单通道波包形状描述了 ARPA 方法。同时我们还研究了对 KRb 分子光缔合中双通道叠加信息进行读取的可能性,并讨论了温度在该过程中所起的作用。8.5 节给出用来处理在激光诱导形成 $^{85}Rb_2$ 和 ^{40}K-^{87}Rb 的输入分子数据的模型。8.6 节展示结果和讨论。

8.3 多通道光缔合理论

8.3.1 多通道光缔合中两个态的描述

如图 8.2 所示,以 Rb_2 分子为例,展示了两个碱金属原子经光缔合形成分子时的势能。我们考虑了图 8.1(a)和(b)中对应的 ARPA 过程,从两个处在 $X\,^1\Sigma_g^+$ 势阱中或是处在 $X\,^1\Sigma^+$ 和 $a\,^3\Sigma^+$ 双原子势阱(异核分子的光缔合)中碰撞的原子开始。为了实现图 8.1(a)所示的过程,可以使用一对激光脉冲:一个泵浦脉冲,将初始波包 $|\Psi_i\rangle$ 耦合至态 $|1\rangle$,态 $|1\rangle$ 是由 LS 耦合形成的 $A\,^1\Sigma_u^+$-$b\,^3\Pi_u$ 束缚态中一个电子态;另外一个反 Stokes 的退泵浦脉冲,把激发态 $|1\rangle$ 耦合到靶态 $|0\rangle$,态 $|0\rangle$ 是电子基态 $X\,^1\Sigma_g^+$ 深束缚态中的一个电子态。

在图 8.1(b)所示的双通道情况中,包括两个连续的入射通道、两个中间态($|1\rangle$ 和 $|2\rangle$)和两对泵浦和退泵浦激光脉冲。这里,两对泵浦和退泵浦激光同时作用,泵浦脉冲相对退泵浦脉冲有延迟,这与反直觉机制一致。

一般来说,两个原子的碰撞发生在几个势能平面的叠加处,并可以通过总角动量 F 和(或)其投影 m_F 区分。在以下的推导过程中,我们假设有 N 个入射开通道(阈值能量 E_{th} 小于总能量 E)。另外,对于俘获在势阱中原子的光缔合,我们假设俘获的非简并束缚态有 N 个组态。这里,我们选择位于激发态势阱中的 N 个非简并的束缚能级作为中间态,并使用 N 个泵浦和 N 个

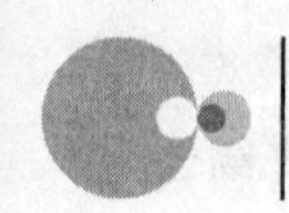

(反 Stokes)退泵浦激光脉冲。

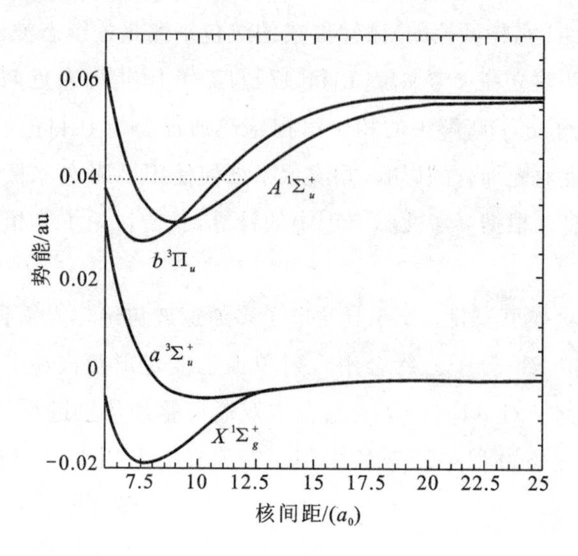

图 8.2　参考文献[53]中 Rb_2 的 Born-Oppenheimer 势能,我们计算中涉及了这个势能。点线表示了计算中 ARPA 中间态所对应的能级区域

系统总的哈密顿量可以写成

$$\hat{H}=\hat{H}_M-2\hat{\mu}\sum_{n=1}^{N}\{\epsilon_{\mathrm{P,n}}(t)\cos(\omega_{\mathrm{P,n}}t+\phi_{\mathrm{P},n})+\epsilon_{\mathrm{D},n}(t)\cos(\omega_{\mathrm{D},n}t+\phi_{\mathrm{D},n})\}\tag{8.1}$$

式中:$\hat{H}_M$ 是无场情况下原子的哈密顿量;$\epsilon_{\mathrm{P},n}(t)$,$\omega_{\mathrm{P},n}$,$\phi_{\mathrm{P},n}$,$\epsilon_{\mathrm{D},n}(t)$,$\omega_{\mathrm{D},n}$ 和 $\phi_{\mathrm{P},n}$ 分别对应为缓慢变化的退泵浦-泵浦激光的振幅、频率和相位;$-2\hat{\mu}$ 为对应于基态到激发态的跃迁电偶极矩。

根据单通道光离解和 PA 中的理论[1][24][54],对于第一种情况(初始的某一个连续态),原子的波函数(原子单位,au)可以表示为

$$|\Psi(t)\rangle=b_0(t)\mathrm{e}^{-\mathrm{i}E_0t}\,|0\rangle+\sum_{n=1}^{N}bn(t)\mathrm{e}^{-\mathrm{i}E_nt}\,|n\rangle+\sum_{k=1}^{N}\int_{E_{\mathrm{th},k}}^{+\infty}\mathrm{d}Eb_E(t)\mathrm{e}^{-\mathrm{i}Et}\,|E,k^+\rangle\tag{8.2}$$

式中:$|0\rangle$表示靶态;$|n\rangle$表示中间的束缚态;$|E,k^+\rangle$表示一个散射态,在 $t\to-\infty$时对应于能量为 E 的自由平动态与第 k 个内态(如电子态)[24][55]的乘积。

那么,E_n 和 E 对应为在无场情况下相应能态的能量:

$$(E_0-\hat{H}_M)|0\rangle=(E_n-\hat{H}_M)|n\rangle=(E-\hat{H}_M)|E,k^+\rangle=0\tag{8.3}$$

对于第二种情况(俘获于势阱中的原子)：

$$|\Psi(t)\rangle = b_0(t)\mathrm{e}^{-\mathrm{i}E_0 t}|0\rangle + \sum_{n=1}^{N} b_n(t)\mathrm{e}^{-\mathrm{i}E_n t}|n\rangle + \sum_{k=1}^{N}\sum_{m_k} b_{m_k}(t)\mathrm{e}^{-\mathrm{i}E_{m_k} t}|m_k\rangle \tag{8.4}$$

式中：E_{m_k} 和 $|m_k\rangle$ 分别为势阱中原子的本征值和本征态，并满足 $(E_{m_k}-\hat{H}_M)|m_k\rangle=0$。

我们假设所有退泵浦激光的频率与共振跃迁的频率一致，即 $\omega_{0,n}\equiv E_n-E_0$。同样假设所有泵浦激光的频率与能量为 E(或 E_{m_k})对应的入射态跃迁频率近共振。这里，失谐可以定义为

$$\begin{aligned} &\Delta_{n,E}\equiv\omega_{P,n}-(E_n-E)(\text{相应于情况 1})\\ &\Delta_{n,m_k}\equiv\omega_{P,n}-(E_n-E_{m_k})(\text{相应于情况 2})\end{aligned} \tag{8.5}$$

考虑上述泵浦脉冲的选择，根据旋波近似(rotating wave approximation，RWA)[56]，泵浦激光可以将各个入射波包的第 k 分量耦合到某个单个中间束缚态。公式(8.2)的传播系数可以通过解以下形式的矩阵薛定谔方程来获得：

$$\dot{b}_0 = i\sum_{n=1}^{N}\Omega_{n,0}^{*}b_n \tag{8.6}$$

$$\dot{b}_n = i\Omega_{n,0}b_0-\Gamma_n^f b_n+i\sum_{k=1}^{N}\int_{E_{\mathrm{th},k}}^{\infty} b_{E,k}\Omega_{n,E,k}\mathrm{e}^{\mathrm{i}\Delta_{n,E}t}\mathrm{d}E \tag{8.7}$$

$$\dot{b}_{E,k} = i\sum_{n=1}^{N} b_n\Omega_{n,E,k}^{*}\mathrm{e}^{-\mathrm{i}\Delta_{n,E}t} \tag{8.8}$$

对于上述的第二种情况(见式(8.4))，最后两个等式被替换为

$$\dot{b}_n = i\Omega_{n,0}b_0-\Gamma_n^f b_n+i\sum_{k=1}^{N}\sum_{m_k} b_{m_k}\Omega_{n,m_k}\mathrm{e}^{\mathrm{i}\Delta_{n,m_k}t} \tag{8.9}$$

$$\dot{b}_{m_k} = i\sum_{n=1}^{N} b_n\Omega_{n,m_k}^{*}\mathrm{e}^{-\mathrm{i}\Delta_{n,m_k}t} \tag{8.10}$$

那么，式(8.6)和式(8.10)的复数拉比频率定义为

$$\Omega_{n,0}=\epsilon_{D,n}\mu_{n,0}\mathrm{e}^{-\mathrm{i}\phi_{D,n}},\quad \Omega_{n,m_k}=\epsilon_{P,n}\mu_{n,m_k}\mathrm{e}^{-\mathrm{i}\phi_{P,n}},\quad \Omega_{n,E,k}=\epsilon_{P,n}\mu_{n,E,k}\mathrm{e}^{-\mathrm{i}\phi_{P,n}} \tag{8.11}$$

式(8.7)积分下限 $E_{\mathrm{th},k}$ 为第 k 个入射通道的阈值连续能量。式(8.7)和式(8.9)中的经验项 $\Gamma_n^f b_n$ 描述了激发束缚态 $|n\rangle$ 的非辐射弛豫。初始态 $|E,k^+\rangle$ 或 $|m_k\rangle$ 被认为不受类似的非径向弛豫过程影响。为了方便标记，忽略了实验中

观测到的由外场引起的入射态和靶态的弛豫。

通过解 b_{m_k} 或 $b_{E,k}$

$$b_{E,k}(t)=b_{E,k}(0)+i\sum_{n=1}^{N}\int_0^t \mathrm{d}t'\Omega_{n,E,k}^{*}b_n(t')\mathrm{e}^{-\mathrm{i}\Delta_{n,E}t'}$$
$$b_{m_k}(t)=b_{m_k}(0)+i\sum_{n=1}^{N}\int_0^t \mathrm{d}t'\Omega_{n,m_k}^{*}b_n(t')\mathrm{e}^{-\mathrm{i}\Delta_{n,m_k}t'} \tag{8.12}$$

我们获得了可以替代式(8.7)和式(8.9)的运动方程,其对应的矩阵表示为

$$\dot{b}_0=i\Omega_{\mathrm{D}}^{\dagger}\cdot\boldsymbol{b}_{\mathrm{exc}}$$
$$\dot{\boldsymbol{b}}_{\mathrm{exc}}=ib_0\boldsymbol{\Omega}_{\mathrm{D}}-\int_0^t \mathrm{d}t'\Gamma^{(\mathrm{full})}(t-t')\cdot\boldsymbol{b}_{\mathrm{exc}}(t')+i\boldsymbol{f}^{(\mathrm{full})}(t) \tag{8.13}$$

式中:$\boldsymbol{b}_{\mathrm{exc}}\equiv(b_1\cdots b_N)^{\mathrm{T}}$ 是激发束缚态振幅的列向量(因此有转置符号 T);$\boldsymbol{\Omega}_{\mathrm{D}}\equiv(\Omega_{1,0}\cdots\Omega_{n,0})^{\mathrm{T}}$ 为初态$|0\rangle$与激发束缚态之间跃迁拉比频率的向量;$\Omega_{\mathrm{D}}^{\dagger}$ 是与其对应的共轭转置。

在第一种情况下,矩阵 $\boldsymbol{\Gamma}^{\mathrm{full}}$ 由以下式子给出

$$\boldsymbol{\Gamma}_{nn'}^{(\mathrm{full})}(\tau)=\boldsymbol{\Gamma}_n^f\delta_{n,n'}+\sum_{k=1}^{N}\int_{E_{\mathrm{th},k}}^{+\infty}\Omega_{n,E,k}\Omega_{n',E,k}^{*}\exp(\mathrm{i}\Delta_{n,E}\tau)\mathrm{d}E \tag{8.14}$$

对于第二种情况,由下面的式子给出

$$\boldsymbol{\Gamma}_{nn'}^{(\mathrm{full})}(\tau)=\boldsymbol{\Gamma}_n^f\delta_{n,n'}+\sum_{k=1}^{N}\sum_{m_k}\Omega_{n,m_k}\Omega_{n',m_k}^{*}\exp(\mathrm{i}\Delta_{n,m_k}\tau) \tag{8.15}$$

这里,N 组分的向量 $\boldsymbol{f}^{\mathrm{full}}(t)$ 描述从初始的多通道波包到多重束缚激发态所对应的泵浦过程,且由下式给出:

$$f_n^{(\mathrm{full})}(t)=\sum_k\int_{E_{\mathrm{th},k}}^{+\infty}\Omega_{n,E,k}b_{E,k}(0)\mathrm{e}^{\mathrm{i}\Delta_{n,E}t}\mathrm{d}E\ (\text{相应于情况 1})$$

或

$$f_n^{(\mathrm{full})}(t)=\sum_k\sum_{m_k}\Omega_{n,m_k}b_{m_k}(0)\mathrm{e}^{\mathrm{i}\Delta_{n,m_k}t}\ (\text{相应于情况 2}) \tag{8.16}$$

方程(8.13)可以通过“平连续(flat continuum)”或“缓变连续”近似(slowly varying continuum approximation,SVCA)进一步简化。这个近似假设能量超过泵浦激光带宽的偶极矩阵元的变化是可以忽略的。有了这个假设,在改变每个连续通道的积分下限为$-\infty$后,我们可以将式(8.14)中的第二项改写为

$$\begin{aligned}&\sum_{k=1}^{N}\int_{E_{\mathrm{th},k}}^{+\infty}\Omega_{n,E,k}\Omega_{n',E,k}^{*}\exp(\mathrm{i}\Delta_{n,E}\tau)\mathrm{d}E\\&\approx\sum_{k=1}^{N}\Omega_{n,E_0,k}\Omega_{n',E_0,k}^{*}\int_{-\infty}^{+\infty}\exp(\mathrm{i}\Delta_{n,E}\tau)\mathrm{d}E\\&\approx 2\pi\delta(\tau)\sum_{k=1}^{N}\Omega_{n,E_0,k}\Omega_{n',E_0,k}^{*}\end{aligned}\tag{8.17}$$

其中，E_0 是在泵浦脉冲带宽内的部分能量。那么，式(8.13)可以变为

$$\dot{\boldsymbol{b}}_{\mathrm{exc}}=ib_0\boldsymbol{\Omega}_{\mathrm{D}}-\boldsymbol{\Gamma}_{n,n'}^{(\mathrm{SVCA})}\cdot\boldsymbol{b}_{\mathrm{exc}}(t)+i\boldsymbol{f}^{(\mathrm{full})}(t)\tag{8.18}$$

其中，

$$\boldsymbol{\Gamma}_{n,n'}^{(\mathrm{SVCA})}=\boldsymbol{\Gamma}_{n}^{f}\delta_{n,n'}+\pi\sum_{k=1}^{N}\Omega_{n,E_0,k}\Omega_{n',E_0,k}^{*}\tag{8.19}$$

(注意，将式(8.13)代入式(8.18)时，我们用了关系式 $\int_{0}^{+\infty}\delta(\tau)\mathrm{d}\tau=1/2$)。

在令人感兴趣的能量范围内(对于冷原子碰撞则为近阈值附近的区域)，SVCA 近似的适用性取决于在泵浦带宽内连续能谱的变化。大量的研究表明，SVCA 近似为光缔合过程提供了一个很好的描述。

对于第二种情况，一个类似于 SVCA 的简化近似要求每个 k 对应的 m_k 都要从 $-\infty$ 到 $+\infty$ 求和，并且对于每个 k，拉比频率微弱依赖于 m_k，即 $\Omega_{n,m_k}\equiv\Omega_{n,k}$。因此，式(8.15)变为

$$\begin{aligned}&\sum_{k=1}^{N}\sum_{m_k}\Omega_{n,m_k}\Omega_{n',m_k}^{*}\exp(\mathrm{i}\Delta_{n,m_k}\tau)\\&\approx\sum_{k=1}^{N}\Omega_{n,k}\Omega_{n',k}^{*}\sum_{m_k=-\infty}^{+\infty}\exp(\mathrm{i}\Delta_{n,m_k}\tau)\\&\approx 2\pi\sum_{k=1}^{N}\Omega_{n,k}\Omega_{n',k}^{*}\sum_{j=-\infty}^{+\infty}\delta(t-j'T_k^{(\mathrm{vib})})\end{aligned}\tag{8.20}$$

其中，$T_k^{(\mathrm{vib})}=2\pi\times(\mathrm{d}E_{m_k}/\mathrm{d}m_k)^{-1}$ 是势阱中第 k 个组态对应波包的振动周期。假设 $T_k^{(\mathrm{vib})}$ 超过了激光脉冲的持续时间(即势阱中的束缚能级相比于激光脉冲宽度非常密集)，式(8.18)中的 $\Gamma_{n,n'}^{(\mathrm{SVCA})}$ 可写为

$$\boldsymbol{\Gamma}_{n,n'}^{(\mathrm{SVCA})}=\boldsymbol{\Gamma}_{n}^{f}\delta_{n,n'}+\pi\sum_{k=1}^{N}\Omega_{n,k}\Omega_{n',k}^{*}\tag{8.21}$$

向量 $\boldsymbol{f}_k^{(\mathrm{full})}(t)$ 在 SVCA 近似下可以因式分解为(下面的式子分别对应于第一种和第二种情况)

$$f_n^{(\text{full})}(t)=\sum_n \Omega_{n,E_0,k} f_k^{(0)}(t)=\Omega_{\text{P}} f^{(0)}(t)$$

$$f_k^{(0)}(t)=\int_{-\infty}^{+\infty} b_{E,k}(0)\,\mathrm{e}^{\mathrm{i}\Delta_{n,E}t}\,\mathrm{d}E\ (\text{相应于情况 } 1) \tag{8.22}$$

和

$$f_n^{(\text{full})}(t)=\sum_n \Omega_{n,k} f_k^{(0)}(t)=\Omega_{\text{P}} \boldsymbol{f}^{(0)}(t)$$

$$f_k^{(0)}(t)=\sum_{m_k=-\infty}^{+\infty} b_{m_k}(0)\,\mathrm{e}^{\mathrm{i}\Delta_{n,k}t}\ (\text{相应于情况 } 2) \tag{8.23}$$

与向量 $\boldsymbol{f}^{(\text{full})}(t)$不同,$N$ 组分向量 $\boldsymbol{f}^{(0)}(t)\equiv(f_1^{(0)}(t)\text{K},f_k^{(0)}(t)\text{K})^{\text{T}}$ 描述了不考虑特定泵浦跃迁过程的系统初始态。矩阵中的 Ω_{P} 元素是由各入射通道到各中间激发态跃迁所对应的拉比频率组成的。因此,可以把非齐次项写成线性泵浦脉冲的形式和初始波包的傅里叶变换的乘积。在半经典区域,$\boldsymbol{f}^{(0)}(t)$ 描述了沿着经典的相空间轨迹移动的入射波包的包络[58]~[61]。

现在引入束缚态-束缚态跃迁对应的有效平均拉比频率,即

$$\boldsymbol{\Omega}_{\text{bb}}\equiv\sqrt{\boldsymbol{\Omega}_{\text{D}}^{\dagger}\cdot\boldsymbol{\Omega}_{\text{D}}} \tag{8.24}$$

激发束缚态的有效平均振幅为

$$b_{\text{eff}}\equiv\frac{\boldsymbol{\Omega}_{\text{D}}^{\dagger}\cdot\boldsymbol{b}_{\text{exc}}}{\boldsymbol{\Omega}_{\text{bb}}} \tag{8.25}$$

利用这些记号,薛定谔方程式(8.18)可写为

$$\dot{b}_0=i\Omega_{\text{bb}}b_{\text{eff}} \tag{8.26}$$

$$\dot{b}_{\text{eff}}=i\Omega_{\text{bb}}b_1-\frac{\boldsymbol{\Omega}_{\text{D}}^{\dagger}\cdot\boldsymbol{\Gamma}^{(\text{SVCA})}\cdot\boldsymbol{b}_{\text{exc}}(t)}{\Omega_{\text{bb}}}+i\frac{\boldsymbol{\Omega}_{\text{D}}^{\dagger}\cdot\Omega_{P}\cdot\boldsymbol{f}^{(0)}(t)}{\Omega_{\text{bb}}} \tag{8.27}$$

在下一节的起始部分,我们考虑仅包含一个入射通道和仅有一个中间态$|1\rangle$的问题。在这种情况下,$b_{\text{eff}}=b_1\Omega_{1,0}^{*}/|\Omega_{1,0}|$,式(8.27)的衰减项有一个简单的表达形式:$-\boldsymbol{\Omega}_{\text{D}}^{\dagger}\cdot\Gamma\cdot\boldsymbol{b}_{\text{exc}}/\Omega_{\text{bb}}=-\Gamma_{1,1}b_1$。一般对于多通道的光缔合,这个衰减项有一个相当复杂的时间依赖性,因为它是由所有激发束缚态的振幅共同决定的。然而,因为在绝热过程的研究中激发态几乎没有粒子布居,所以我们在定性的分析中忽略了衰减项的迅速变化。这个近似的准确性将在下一节的数值模拟中被证实。现在,我们将式(8.27)中的$-\boldsymbol{\Omega}_{\text{D}}^{\dagger}\cdot\Gamma\cdot\boldsymbol{b}_{\text{exc}}/\Omega_{\text{bb}}$项替换为有效的衰减项$-\Gamma_{\text{eff}}(t)b_{\text{eff}}$。

采用以上近似,薛定谔方程可以写为类似于单通道波包的光离解和光缔

合的形式[1][24][54]：

$$\frac{\mathrm{d}}{\mathrm{d}t}\boldsymbol{b}=i\{\boldsymbol{H}\cdot\boldsymbol{b}(t)+\boldsymbol{f}(t)\}\tag{8.28}$$

其中，

$$\boldsymbol{b}(t)=\begin{pmatrix}b_0(t)\\b_{\mathrm{eff}}(t)\end{pmatrix},\quad \boldsymbol{H}=\begin{pmatrix}0&\Omega_{\mathrm{bb}}^*\\\Omega_{\mathrm{bb}}&i\Gamma_{\mathrm{eff}}\end{pmatrix}\tag{8.29}$$

以及

$$\boldsymbol{f}(t)=\begin{pmatrix}0\\\boldsymbol{\Omega}_{\mathrm{D}}^{\dagger}\cdot\Omega_P\cdot\boldsymbol{f}^{(0)}/\Omega_{\mathrm{bb}}\end{pmatrix}\tag{8.30}$$

8.3.2 作为一个投影测量的 *ARPA*

我们按照参考文献[1]和[54]中所描述的步骤，继续求解绝热近似下的方程(8.28)。为此，我们首先求解 $\boldsymbol{H}$ 本征值的矩阵 $\boldsymbol{\varepsilon}$，这个矩阵满足

$$\boldsymbol{U}\cdot\boldsymbol{H}=\boldsymbol{\varepsilon}\cdot\boldsymbol{U}\tag{8.31}$$

$\boldsymbol{\varepsilon}$有两个非零元素，$\varepsilon_{1,1}=\varepsilon_+$，$\varepsilon_{2,2}=\varepsilon_-$，这里

$$\varepsilon_{\pm}=\frac{1}{2}\left\{i\Gamma_{\mathrm{eff}}\pm\sqrt{4\left|\Omega_{\mathrm{bb}}\right|^2-\Gamma_{\mathrm{eff}}^2}\right\}\tag{8.32}$$

对角矩阵 $\boldsymbol{U}$ 是一个复正交变换，可以参数化地表示为

$$\boldsymbol{U}=\begin{pmatrix}\cos\theta&\sin\theta\\-\sin\theta&\cos\theta\end{pmatrix}\tag{8.33}$$

其中，θ 为一个复角。利用式(8.31)可以得到

$$\tan\theta=\varepsilon_+/\Omega_{\mathrm{bb}}\tag{8.34}$$

当忽略非绝热的耦合矩阵 $\boldsymbol{U}^{-1}\cdot\mathrm{d}\boldsymbol{U}/\mathrm{d}t$ 时，可以获得绝热近似(在参考文献[57]已经做了详尽描述)。这样，我们可以把式(8.28)写成如下形式

$$\frac{\mathrm{d}}{\mathrm{d}t}\boldsymbol{a}=i\varepsilon(t)\cdot\boldsymbol{a}+i\boldsymbol{g}\tag{8.35}$$

其中，$\boldsymbol{a}(t)=\boldsymbol{U}(t)\cdot\boldsymbol{b}(t)$，且

$$\boldsymbol{g}(t)=\begin{pmatrix}\sin\theta\boldsymbol{\Omega}_{\mathrm{D}}^{\dagger}\cdot\Omega_{\mathrm{P}}\cdot\boldsymbol{f}^{(0)}/\Omega_{\mathrm{bb}}\\\cos\theta\boldsymbol{\Omega}_{\mathrm{D}}^{\dagger}\cdot\Omega_{\mathrm{P}}\cdot\boldsymbol{f}^{(0)}/\Omega_{\mathrm{bb}}\end{pmatrix}\tag{8.36}$$

我们可以采用下面的式子来求解式(8.35)：

$$\boldsymbol{a}(t)=\exp\left[i\int_0^t\mathrm{d}t'\varepsilon(t')\right]\cdot\boldsymbol{\alpha}(t)\tag{8.37}$$

从而可以将 $\boldsymbol{b}(t)=\boldsymbol{U}^{-1}\cdot\boldsymbol{\alpha}(t)$写为下面的表达式

$$\begin{aligned}b_0(t)=&i\cos\theta(t)\int_0^t \mathrm{d}t'\exp\left[i\int_{t'}^t \varepsilon_+(t'')\mathrm{d}t''\right]\sin\theta(t')\boldsymbol{\Omega}_{\mathrm{D}}^\dagger\cdot\Omega_{\mathrm{P}}\cdot\boldsymbol{f}^{(0)}/\Omega_{\mathrm{bb}}\\&-i\sin\theta(t)\int_0^t \mathrm{d}t'\exp\left[i\int_{t'}^t \varepsilon_-(t'')\mathrm{d}t''\right]\cos\theta(t')\boldsymbol{\Omega}_{\mathrm{D}}^\dagger\cdot\Omega_{\mathrm{P}}\cdot\boldsymbol{f}^{(0)}/\Omega_{\mathrm{bb}}\end{aligned}\tag{8.38}$$

$$\begin{aligned}b_{\mathrm{eff}}(t)=&i\sin\theta(t)\int_0^t \mathrm{d}t'\exp\left[i\int_{t'}^t \varepsilon_+(t'')\mathrm{d}t''\right]\sin\theta(t')\boldsymbol{\Omega}_{\mathrm{D}}^\dagger\cdot\Omega_{\mathrm{P}}\cdot\boldsymbol{f}^{(0)}/\Omega_{\mathrm{bb}}\\&+i\cos\theta(t)\int_0^t \mathrm{d}t'\exp\left[i\int_{t'}^t \varepsilon_-(t'')\mathrm{d}t''\right]\cos\theta(t')\boldsymbol{\Omega}_{\mathrm{D}}^\dagger\cdot\Omega_{\mathrm{P}}\cdot\boldsymbol{f}^{(0)}/\Omega_{\mathrm{bb}}\end{aligned}\tag{8.39}$$

ARPA 过程的最终结果可用几率 $P_0=|b_0(t\rightarrow+\infty)|^2$ 来定义。利用式(8.32)和式(8.34),可知 $\cos\theta(t\rightarrow+\infty)=0$,所有的激发束缚态的振幅以及 b_{eff}都会消失。将 $\cos\theta(t\rightarrow+\infty)=0$ 和 $\sin\theta(t\rightarrow+\infty)=1$ 代入式(8.38)中可得到

$$b_0(t\rightarrow+\infty)=\int_0^{+\infty}\boldsymbol{f}_{\mathrm{ARPA}}(t)\boldsymbol{f}^0(t)\mathrm{d}t\equiv\langle\boldsymbol{f}_{\mathrm{ARPA}}^*\mid\boldsymbol{f}^{(0)}\rangle\tag{8.40}$$

其中,

$$\boldsymbol{f}_{\mathrm{ARPA}}(t)=-i\exp\left(i\int_0^t \varepsilon_-(t')\mathrm{d}t'\right)\cos\theta(t)\boldsymbol{\Omega}_{\mathrm{D}}^\dagger\cdot\Omega_{\mathrm{P}}/\Omega_{\mathrm{bb}}\tag{8.41}$$

这样,光缔合振幅 $b_0(t\rightarrow+\infty)$由 $\boldsymbol{f}^{(0)}$ 在与靶分子态$|0\rangle$绝热关联的特定波包上的投影给出。这个波包的形状由 $\boldsymbol{f}_{\mathrm{ARPA}}^*$给出,且可以通过 $\boldsymbol{\Omega}_{\mathrm{D}}(t)$和 $\boldsymbol{\Omega}_{\mathrm{P}}(t)$的振幅和相位来控制。这里,与 $\boldsymbol{f}_{\mathrm{ARPA}}^*$正交的波包在 ARPA 过程中不能被光缔合,而在 $\boldsymbol{f}_{\mathrm{ARPA}}^*$上有投影分量的波包则可以。

我们的结论是,必须通过整形脉冲选取合适的 $\boldsymbol{f}_{\mathrm{ARPA}}$和利用 ARPA 寻找 $\boldsymbol{f}^{(0)}$在该初始波包上的投影才能对初态波包的形状进行测量。为了说明这一点,在下一节中,我们将采用一个和两个入射连续态来探索光缔合过程中入射连续态波包的瞬时和多通道结构。

8.4 数值举例

8.4.1 一个波形的单通道 ARPA 过程

首先考虑图 8.1(a)中的 ARPA 过程,这里我们关注在 $X\,^1\Sigma_g^+$势阱上碰撞

的两个^{85}Rb原子近阈值s波散射态构成的初始波包的PA过程(在8.5节和参考文献[17]中给出了数值参数)。泵浦脉冲将该初态耦合到$A\,^1\Sigma_u^+ - b^3\Pi_u$自旋-轨道耦合态的一个中间态,该中间态可以表示为$|1\rangle = A\,^1\Sigma_u^+ - b^3\Pi_u(v=133, J=1)(E_1=0.042848\ \text{au})$。反Stokes的退泵浦脉冲将这个中间态耦合到靶态$|0\rangle = X\,^1\Sigma_g^1(v=4, J=0)(E=-0.01823\ \text{au})$。

图8.3表示了初始连续态波包的两个包络。图8.3(a)展示了Ψ_+态的包络$f^{(0+)}(t)$,其扩散系数可以用下面的式子表示,即

$$b_E^{(+)}(t=0) = (\delta_E^2\pi)^{-1/4}\exp(-(E-E_0)^2/2\delta_E^2 + i(E-E_0)t_0) \tag{8.42}$$

其中,$E_0=100\ \mu\text{K}$,$\delta_E=70\ \mu\text{K}$,$t_0=1220\ \text{ns}$。图8.3(b)展示了Ψ_-态的包络$f^{(0-)}(t)$,该包络是通过用$f^{(0+)}(t)$乘以$\sin(2\delta_E(t-t_0))$然后将相应的波函数成比例扩大至满足归一化条件$\langle f^{(0)}|f^{(0)}\rangle_t = 2\pi$而获得的。

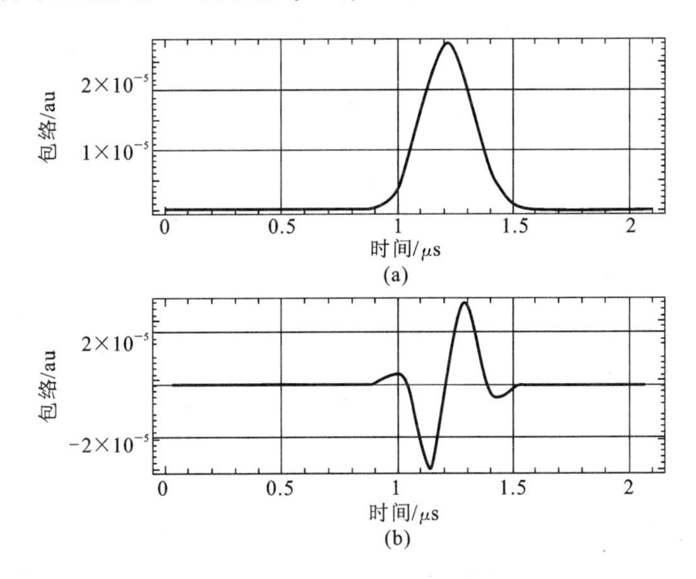

图8.3 两个连续态波包的包络$f^{(0+)}$(见图(a))和$f^{(0-)}$(见图(b)),这两个包络可以作为模拟的初始条件

从更精密的角度来说,波包的对称性提供了一种在有利温度环境下编码多个量子比特的方法[62][63][64]。对坐标有依赖关系的斯塔克偏移会改变带有相位冲击的自由运动的波包周期,通过改变波包的周期可以对其进行量子编码并完全控制波包的量子演化过程[65]。量子信息编码于俘获阱中原子的动力学波函

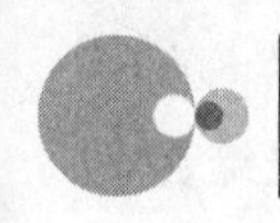

数中,解码这些量子比特信息的本质是从偶对称的波形中提取出奇对称的波形。接下来的计算给出了区分偶对称波形 $f^{(0+)}$ 和奇对称波形 $f^{(0-)}$ 的几率。

在最初的计算中,我们用一对简单的 $\sin^2(\alpha t)$ 型激光脉冲对光缔合进行了检验。退泵浦脉冲激光是强度为 $1.12\times10^5\ \mathrm{W/cm^2}$,中心波长为 733 nm 的 σ^- 型偏振光,其频率为靶态 $|0\rangle$ 到中间态 $|1\rangle$ 的共振跃迁频率。泵浦激光脉冲是强度为 $1.6\times10^5\ \mathrm{W/cm^2}$,中心波长为 1063.4 nm 的 σ^+ 型偏振光,其频率为 $X\,^1\Sigma_g^+$ 势散射态到中间态 $|1\rangle$ 的共振跃迁频率,$X\,^1\Sigma_g^+$ 势散射态的平均能量为 100 μK 对应的能量。两个脉冲的持续时间都为 750 ns(对应于振幅分布的半高全宽),这里泵浦脉冲的峰值相对于退泵浦脉冲延迟 600 ns。

设定 $1/\Gamma_f=30$ ns,我们在 SVCA 近似下通过数值方法解相应的薛定谔方程。图 8.4(a)表示两个激光脉冲的包络。图 8.4(b)所示的为该序列中的 $\mathrm{Re}(f_{\mathrm{ARPA}}(t))$,除了在 $t=0.963\ \mu$s 附近的一小段时间(这里 $2\Omega_{\mathrm{D}}=\Gamma$,$\cos\theta$ 是发散的),其他情况下 $\mathrm{Im}(f_{\mathrm{ARPA}}(t))$ 可以忽略不计。

根据式(8.40),在 ARPA 过程中必须能够分辨出偶型初始连续态 $f^{(0+)}$ 和奇型初始连续态 $f^{(0-)}$。这是因为它们在 f^*_{ARPA} 上有不同的投影:$|\langle f^*_{\mathrm{ARPA}}|f^{(0+)}\rangle_t|^2=0.9$,而 $\langle f^*_{\mathrm{ARPA}}|f^{(0-)}\rangle_t=0.05$。图 8.4(c)、(d)表示由计算给出不同初态 Ψ_+ 和 Ψ_- 对应的靶态上的布居数 $P_0(t)$ 随时间的演化。初始态 Ψ_+ 的最终光缔合几率等于 0.89,而初始态 Ψ_- 的最终光缔合几率等于 0.001。可以看出,入射态为偶态的光缔合几率比奇态所对应的光缔合几率大 900 倍。

泵浦和退泵浦激光脉冲的形状决定 f_{ARPA} 的形状。因此,可以通过对脉冲的整形来选择光缔合过程中从初始连续态转移的波形。根据式(8.41),f_{ARPA} 是 $\varepsilon_-(t)$、$\cos\theta(t)$、$\Omega P(t)$ 和比率 $\Omega_{\mathrm{D}}^*/\Omega_{\mathrm{bb}}$ 的函数。尽管 $\varepsilon_-(t)$ 和 $\cos\theta(t)$ 只取决于激光强度的绝对值,但它们的相位是很难控制的。另一方面,泵浦光拉比频率 Ω_{P} 的振幅以及泵浦光和退泵浦光脉冲之间的相位(即乘积 $\Omega_{\mathrm{D}}^*\Omega_{\mathrm{P}}$ 的相位)都可以比较容易地通过标准的实验方法来控制。

图 8.5(a)显示了泵浦光和退泵浦光脉冲的包络,该激光脉冲被用于具有奇对称性的入射波包的光缔合。奇态的光缔合可以在 $t=t_0$ 时刻通过翻转相位 $\epsilon_{\mathrm{P,1}}(t)$ 来获得,图 8.5(b)所示的为序列中的 $\mathrm{Re}(f_{\mathrm{ARPA}}(t))$。图 8.5(c)和(d)

分别显示了初态为 Ψ_+ 和 Ψ_- 对应的靶态布居数的动力学演化，其相应投影的平方分别为 $|\langle f^*_{\mathrm{ARPA}}|f^{(0+)}\rangle_t|^2=0.04$ 和 $|\langle f^*_{\mathrm{ARPA}}|f^{(0-)}\rangle_t|^2=0.7$。

对于初始连续态波函数为偶函数的包络，通过模拟可知光缔合几率 $P_0(\tau_{\mathrm{ARPA}})$ 为 0.002，对于奇函数的光缔合几率则为 0.68。初始连续态波函数为奇函数的光缔合几率是偶函数对应的光缔合几率的 340 倍。我们可以通过反转所选的泵浦激光脉冲的相位将入射波函数为偶函数的光缔合转变为入射波函数为奇函数的光缔合。

值得注意的是，上述数值方法给出的光缔合几率比解析方法得到的结果要高。如图 8.3 所示，光缔合几率的数值优化需要对入射波包相对于理论上 f_{ARPA} 的最大值做一个微小的时间变化（见图 8.4(b)和 8.5(b)）。

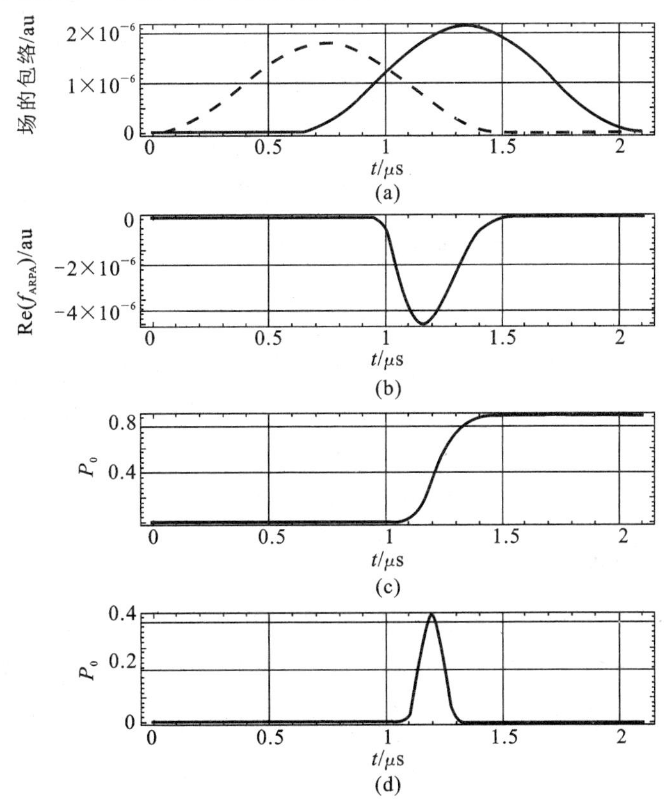

图 8.4　高斯激光脉冲对应的 ARPA 过程。(a)泵浦（实线）和退泵浦（虚线）激光脉冲的振幅；(b)$\mathrm{Re}(f_{\mathrm{ARPA}}(t))$；(c)初始连续态波包 Ψ_+ 的光缔合中靶态 $|0\rangle$ 的布居；(d)初始连续态波包 Ψ_- 的光缔合中靶态的布居

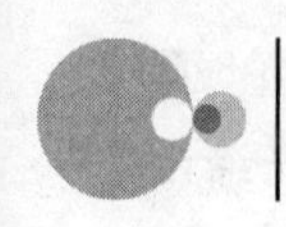

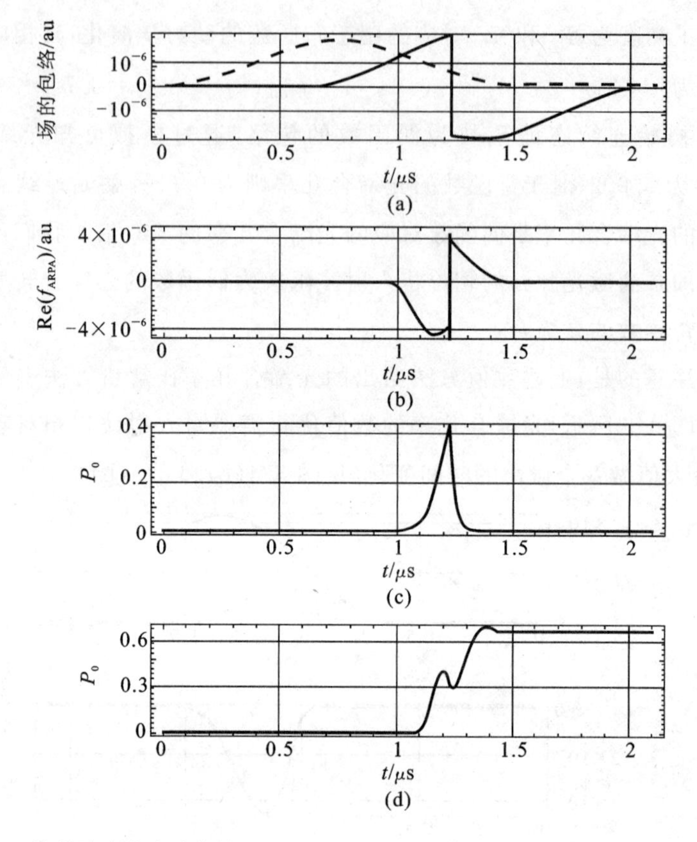

图 8.5　整形泵浦脉冲对应的 ARPA 过程。(a)两束激光脉冲的幅度,在 $t_0=1150$ ns 处,泵浦脉冲相位的反转引起了其振幅正负符号的突然变化;(b)Re($f_{ARPA}(t)$);(c)初始连续态波包 Ψ_+ 的光缔合中靶态的布居;(d)初始连续态波包 Ψ_- 的光缔合中靶态的布居

8.4.2　热平均

现在讨论初始态为热系综时热平均对 ARPA 效率的影响。下面我们展示了由非零温度导致的能量分布决定了泵浦和退泵浦激光脉冲形状的最佳参数。这也反过来定义了式(8.41)中的 f_{ARPA},并设置了光缔合率的上限。

在温度为 100 μK 的 Rb 原子热系综的 ARPA 模拟中,我们优化了激光脉冲的参数[17]。这里,泵浦和退泵浦交叠时间需要与温度为 100 μK 的碰撞原子对的平均相干时间匹配,且激光脉冲的线宽等于热系综的能量分布。激光脉冲的持续时间决定了激光的强度,因为低于脉冲包络的区域必须足够大,以保证绝热和布居数的有效转移(注意,这个实验中的脉冲强度高于参考文献

[17]中的脉冲强度,我们研究的重点是干涉造成的影响,而不是寻找可以满足要求的激光能量的最低值)。

初始样品可以表示成一个由许多能量本征态组成的混合态,或是相空间中混合态的高斯波包。第一个表达式(见式(8.38))可以给出样品经过平均后一个准确的数值解[17],第二个表达式(见式(8.39))可以更方便地对 ARPA 过程做简单的估算。

为了估计每对激光脉冲中原子光缔合的比例[1][17],我们需要用 $P(E)$乘以在激光脉冲中一个原子的碰撞次数(这等价于 t_0 时刻所有可能值的平均),$P(E)$是在能量 E 处每次碰撞的光缔合几率。在激光脉冲下,原子的碰撞次数按如下方式计算:给定能量为 E,速度为 $v=(2E/m)^{\frac{1}{2}}$ 的原子,经过一个持续时间为 τ_{laser} 的脉冲,穿过的距离是 $v\tau_{\text{laser}}$。碰撞截面是 πb^2,这里 b 是碰撞参数,其与分波角动量 J 之间的关系是:$b=(J+1/2)/p=(J+1/2)/(2mE)^{\frac{1}{2}}$。因此,两个激光脉冲作用下原子发生的碰撞次数是:$N=\rho\pi b^2 v\tau_{\text{laser}}$,其中 ρ 是原子密度。对于 $J=0$ 的情况,每对激光脉冲下被光缔合的原子的比例是

$$f(E)=\frac{P(E)\pi\rho\,(2E/m)^{\frac{1}{2}}\tau_{\text{laser}}}{8mE}=\frac{P(E)\,\pi\rho\tau_{\text{laser}}}{4m^{3/2}\,(2E)^{\frac{1}{2}}} \tag{8.43}$$

根据估计值 $P(E)=1$,$\tau_{\text{laser}}=750$ ns,$\rho=10^{11}$ cm^{-3},$E=100$ μK,以及原子的约化质量 $m=1823\times85/2$ au,我们得到每对激光脉冲下有 $f\approx6\times10^{-7}$。

这个估算值需要进行调整,以将 $a\,^3\Sigma_u^+$ 势能表面近阈值附近大约四分之三的 Rb 原子发生的碰撞考虑在内,而由于选定频率处的跃迁选择定则,在实际处理过程是不受影响的。

这里,我们可以通过形成玻色-爱因斯坦凝聚或将原子成对放入光晶格的单势阱中来增加初始原子样品的相空间密度[66][67],进而提高光缔合率。参考文献[68][69][70]和第7章(E. Luc-Koenig 和 F. Masnou-Seeuws 著)讨论了一些利用激光脉冲使核间距更短的碰撞原子增加相空间密度的方法。另外,我们也可以多次重复同一组光缔合激光脉冲,通过一个不可逆的过程来防止由一组激光脉冲形成的分子被另一组激光脉冲破坏。这可以通过两种方法进行:将已经形成的分子从激光的焦点处移开,或者利用另外的激光脉冲通过 ARPA 过程产生激发态的分子,接着该分子经弛豫形成 $X\,^1\Sigma_g^+$ 势阱内低振动态的分子[1][17]。

8.4.3 一个叠加态的光缔合:决定了多通道结构

式(8.40)和式(8.41)表明,对于多通道和单通道的 ARPA,含时激光脉冲的振幅和相位决定了光缔合过程中波形的瞬时结构。现在假设所有激光脉冲有着相似且简单的时间分布,并关注于用光缔合去确定入射波包的多通道结构。这种测量方法是基于控制 ARPA 过程中的多通道量子相干效应的,且每个通道通过一个中间态$|1\rangle\cdots|n\rangle$对应着一个绝热通道。

如式(8.25)和式(8.27)所示,泵浦的效果等价于决定多通道动力学的系数 b_{eff}。这里,b_{eff} 的乘积来源项是入射向量 $\boldsymbol{f}^{(0)}$ 在多通道向量$(\boldsymbol{\Omega}_{\text{D}}^{\dagger}\cdot\boldsymbol{\Omega}_{\text{P}})^{\dagger}$上的投影(在比例上)。另外,该乘积的来源项也可以被看成向量 $\boldsymbol{\Omega}_{\text{P}}\cdot\boldsymbol{f}^{(0)}$ 在退泵浦脉冲的拉比频率 $\boldsymbol{\Omega}_{\text{D}}^{*}$ 向量上的投影。由于矩阵 $\boldsymbol{\Omega}_{\text{P}}$ 和向量 $\boldsymbol{\Omega}_{\text{D}}^{*}$ 均可以通过泵浦和退泵浦激光的振幅进行控制,因此,有很大的可能性控制光缔合过程中入射向量 $\boldsymbol{f}^{(0)}$ 的投影测量。

例如,假设在一特定时间入射波函数仅由第 j 个通道构成,且 $\boldsymbol{f}_j^{(0)}=(0,\cdots,1_j,\cdots,0)^{\text{T}}$。在这种情况下,源向量 $\boldsymbol{\Omega}_{\text{P}}\cdot\boldsymbol{f}^{(0)}$ 与矩阵 $\boldsymbol{\Omega}_{\text{P}}$ 的第 j 列 $\boldsymbol{\Omega}_{\text{P},j}$ 一致,且对于一个确定的退泵浦脉冲,其最大光缔合率可以在向量 $\boldsymbol{\Omega}_{\text{D}}^{*}$ 与向量 $\boldsymbol{\Omega}_{\text{P}}\cdot\boldsymbol{f}^{(0)}$ 平行时获得,这里所需要满足的条件为

$$\boldsymbol{\Omega}_{\text{D}}^{*}\propto\boldsymbol{\Omega}_{\text{P},j}\tag{8.44}$$

另一方面,如果向量 $\boldsymbol{\Omega}_{\text{D}}^{*}$ 与 $\boldsymbol{\Omega}_{\text{P},j}$ 正交,那么光缔合几率为零。这些结论与参考文献[52]中介绍的绝热拉曼离解的结论类似。这里的式(8.44)是主要暗态定义的一个结果,且在 $t\to-\infty$ 时与初始束缚态相关联,而在 $t\to+\infty$ 时与第 j 个连续通道的末态相关联。

上面的估计不包括光缔合波形不受控制时衰减的影响。在这种情况下,以上的分析在数值上证实了叠加态的光缔合,该叠加态是由分别属于单重态 $X^1\Sigma^+$ 和三重态 $a^3\Sigma^+$ 上的两个 KRb 的连续通道叠加形成的(见图 8.1(b)、(c))。在近阈值区域内的光缔合,是通过一对分别位于 LS 耦合形成的 $A^1\Sigma^+$ 和 $b^3\Pi_u$ 势的中间能级来实现的。8.5 节详细描述了我们模拟中用到的 KRb 分子数据。

根据我们的观察,如果两个中间能级的弛豫率可以被人为设为 Γ_f,那么式(8.44)就可以正确预测对应于光缔合率最大和最小时所需的两个退泵浦激光脉冲的比率。然而,如果考虑外场引起的弛豫,光缔合率的最大值和最小值

可以通过强度比率获得，这与式(8.44)的预计不同。另外，这里总有不期望的附属跃迁存在。如图8.1(c)所示(黑色虚线箭头)，泵浦激光的频率可以耦合低能量中间态$|1\rangle$到入射连续态，同时也可以耦合高能量$|2\rangle$态到另一个更多能量的连续态，而这些态在初始波包中不存在。同样，如图8.1(c)所示，泵浦激光的频率可以耦合入射连续态和更高的能态$|2\rangle$，也可以耦合能量较低的态$|1\rangle$与$X\,^1\Sigma_g^+$势阱中的高激发束缚态(见图8.1(c)中的态$|3\rangle$)。

为了将入射波包向量分解为$\boldsymbol{f}_1^{(0)}(t)$(属于$X\,^1\Sigma_g^+$势阱)和$\boldsymbol{f}_2^{(0)}(t)$(属于$a\,^3\Sigma_u^+$势阱)的成分，我们需要得到退泵浦脉冲中的复数部分$\boldsymbol{\Omega}_{D(1)}^*$，它仅可以投影到向量$\boldsymbol{\Omega}_P\boldsymbol{f}_1^{(0)}$上；以及$\boldsymbol{\Omega}_{D(2)}^*$，它仅可以投影到向量$\boldsymbol{\Omega}_P\boldsymbol{f}_2^{(0)}$上。通过对比退泵浦分别为$\boldsymbol{\Omega}_D^*=\boldsymbol{\Omega}_{D(1)}^*$和$\boldsymbol{\Omega}_D^*=\boldsymbol{\Omega}_{D(2)}^*$情况下光缔合的结果，我们可以获得入射波包的多通道结构。

如果将中间态$|1\rangle$和$|2\rangle$分别耦合至连续的单重态和三重态，那么以上的数值分析可以极大简化。如果存在一个靶态$|0\rangle$，它与分子态$|1\rangle$和$|2\rangle$耦合时有相同量级的Franck-Condon交叠，那么问题则可以得到更进一步的简化。对于KRb，我们所选的中间态$|1\rangle$为$A\,^1\Sigma_u^+\text{-}b\,^3\Pi_u(v=108, J=1)$态($E_1=0.04292$ au)，中间态$|2\rangle$为$A\,^1\Sigma_u^+\text{-}b\,^3\Pi_u(v=141, J=1)$态($E_2=0.04659$ au)。中间态$|1\rangle$主要耦合至能量比较低的连续态$a\,^3\Sigma_u^+$，而中间态$|2\rangle$主要耦合至连续态$X\,^1\Sigma_g^+$。从具有阈值能量的入射连续态跃迁到那些束缚态的能级分别需要波长为1062 nm和977.7 nm的泵浦激光。将靶态$|0\rangle$选择为$X\,^1\Sigma_g^+(v=13, J=0)$态($E=-0.01434$ au)，则对应的从两个中间态$|1\rangle$和$|2\rangle$到基态$|0\rangle$跃迁所需的退泵浦激光的波长分别为796 nm和748 nm。

如上所述，附属跃迁使问题变得更加复杂。这里，波长为1062 nm的强泵浦激光将中间态$|2\rangle$耦合到能量为$E\approx0.00367$ au(1160 K)的散射态，而波长为976 nm的强泵浦激光将中间态$|1\rangle$耦合到位于势能平面$X\,^1\Sigma^+$上的$v=55$振动量子态，且相应的能量为$E_3=-3.61\times10^{-3}$ au。这些额外的跃迁和能级已包含在我们的模拟中(见图8.1(c))。

在第一组计算中，两个泵浦激光脉冲的强度峰值为$I_P=5\times10^7$ W/cm^2。在第一次模拟中，$I_{1D}=3\times10^5$ W/cm^{2}和$I_{2D}=0$。当初始波包为$\boldsymbol{f}_1^{(0)}$时，对应的最终光缔合几率为$P_{0(1)}=7\times10^{-6}$。当初始波包为$\boldsymbol{f}_2^{(0)}$时，对应的最终光缔合几率为$P_{0(2)}=0.14$。这一差别(约为2×10^4倍)主要是源于$\boldsymbol{f}_1^{(0)}$表示的连续态$X\,^1\Sigma_g^+$与中间态$|1\rangle$的退耦合。在第二次模拟中，$I_P=2\times10^8$ W/cm^2，

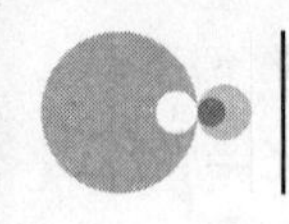

$I_{2D}=3\times10^5$ W/cm^2 和 $I_{1D}=0$,相应的光缔合几率为 $P_{0(1)}=0.04$ 和 $P_{0(2)}=7\times10^{-5}$,且对应的比值 $P_{0(1)}/P_{0(2)}\approx570$。

在上述计算中,忽略了弛豫矩阵(见式(8.19))的非对角元素,该弛豫矩阵的非对角元通过连续态将两个中间态互相耦合。这些弛豫矩阵的非对角元引起了中间态之间的相干叠加,产生关于弛豫的"暗"态或"明"态[24][71][72][73],并在强激光场的作用下形成原子和分子的稳定干涉[74][75][76]。利用这些态去优化和控制光缔合是一个非常有趣的研究。在时域上通过对激光脉冲整形来实现对多通道结构或者入射波包的时间结构进行信息编码,这仍然是一未被探索的领域。

8.5 分子数据

在以上对 Rb_2 分子的计算中,其对应的 Born-Oppenheimer(BO)势能如图 8.2 所示。在 Rb_2 的光缔合中,我们选择研究中间束缚态主要是因为在对应于从连续态到束缚态跃迁的波长处能产生持续时间很长(至微秒)的脉冲,以及所选的中间态能很好地与其相邻的束缚态分开。正是基于这样的考虑,我们选择的中间态属于双原子分子势能的自旋轨道耦合 $A\,^1\Sigma_u^+$ 和 $b\,^3\Pi_u$ 的电子态。选择 $A\,^1\Sigma_u^+$-$b\,^3\Pi_u$ 作为中间态有两个特点:一是这些振动能级与入射的连续初始态有一个很大的 Franck-Condon(FC)交叠;二是这些能级与连续态的能量间隔等同于 1064 nm 光子的能量。选择位于势阱 $X\,^1\Sigma_g^+$ 中的振动能级为靶态,因此退泵浦对应的跃迁也可以用已有的激光激发。我们使用势能的 BO 近似从原理上模拟了 KRb 分子的多通道光缔合。

对中间能级的另一个选择[40][68][69][70][77][78]是位于 $A\,^1\Sigma_u^+$-$b\,^3\Pi_u$ 连续态阈值下具有高度扩展的"次连续"束缚态。与这些态相关的初始连续束缚态的 FC(Franck-Condon)因子很大,因此可以使用较弱的泵浦激光。这个过程或者需要利用一个不相干的弛豫将分子大量布居在激发态和势阱 $X\,^1\Sigma_g^+$ 及 $a\,^3\Sigma_u^+$ 上的连续态;或者需要控制处于次连续态的分子的长程行为,这反过来依赖于决定着动力学行为的多势能之间的耦合(目前对此了解较少)。在相干控制激发的次连续态演化的过程中,另一个潜在的困难是必须使用较强宽带激光脉冲,其频率接近于冷却和俘获原子。最近关于能否通过控制这些态的行为对光缔合率进行大幅度优化的尝试仍没有一个明确的结果[77]~[80]。

非极性 Rb_2分子以及极性 KRb 分子光缔合过程的不同主要是因为偶对称和非偶对称的存在：Rb_2中从 $a\,^3\Sigma_u^+$态到 $A\,^1\Sigma_u^+$或 $b^3\Pi_u$ 态的偶极跃迁是不允许的。因此，对于发生在 Rb_2的 $a\,^3\Sigma_u^+$势能表面的碰撞，从 $a\,^3\Sigma_u^+$态到$X\,^1\Sigma_g^+$态的 ARPA 过程是不可能存在的。

在对 Rb_2的 ARPA 过程的分析中，我们仅仅考虑到了属于 $X\,^1\Sigma_g^+$通道的连续态波函数。在 KRb 分子中，$X\,^1\Sigma^+$ 和 $a\,^3\Sigma^+$ 势阱上的连续态都通过偶极相互作用耦合到 $A\,^1\Sigma^+$-$b^3\Pi_u$ 势阱中的振动态。一般情况下，入射波函数由 $X\,^1\Sigma^+$ 和 $a\,^3\Sigma^+$ 势能叠加的部分给出。这种对应于势能叠加部分的单通道系数取决于由超精细耦合和外场影响引起的核间距。

KRb 分子数据的模型参照参考文献[17]中对 Rb_2的描述。Rb_2和 KRb 分子的短程势分别从参考文献[81]和参考文献[82]中获得的。长程 $X\,^1\Sigma^+$ 和 $a\,^3\Sigma^+$势能可以通过色散项$-C_6/r^6$来描述，对于 Rb_2分子 $C_6=4426$ au[83]，对于 KRb 分子$C_6=4106.5$ au[84]。长程和短程势在 38～52 au 区域衔接，以确保$^{85}Rb_2$[85][86]和^{40}K-^{87}Rb[87]有正确的散射长度。文献[17]对衔接过程做了更详细的描述。Rb_2的电子态 $A\,^1\Sigma^+$ 和 $b\,^3\Pi_u$ 间平均值大约为 50 cm^{-1}量级的自旋轨道耦合对坐标的依赖关系可从参考文献[81]中得出。在 KRb 分子计算中，为了正确地再现这些势能面的回避交叉，我们把这一值设为 335 cm^{-1}[82]。

束缚态能量、波函数和束缚态-束缚态跃迁的 FC 因子可以通过有限差分算法 FDEXTR[88]获得。在计算从 $X\,^1\Sigma^+$ 和 $a\,^3\Sigma^+$ 交叠的连续态到由 $A\,^1\Sigma^+$态和 $b\,^3\Pi_u$ 态耦合形成的中间束缚态跃迁的复杂的 FC 因子时，$A\,^1\Sigma^+$-$b\,^3\Pi_u$ 态振动量子态的能量被作为一个输入量用于 FC 因子的人工通道计算[89]。图 8.6 展现了相应的计算结果。计算连续束缚态跃迁 FC 因子时，散射的能量为 100 μK 对应的能量。值得注意的是，只要满足归一化条件$\int |T(E)|^2 dE=1$，从连续态到束缚态跃迁的 FC 因子 $T(E)$实际上可以大于 1。

在势阱 $X\,^1\Sigma_g^+$ 上，两个^{85}Rb 原子的 s 波散射受到共振增强的影响，其对应的散射长度可以提高到 2400 au 以上[85][86]。共振出现在最后的(准)束缚态上，这个态与连续散射态对应的阈值非常接近[90]。因此，在内部区域的连续态波函数的振幅相对于非共振情形有很大的增加。这增大了 Rb_2中连续态-束缚态 $X\,^1\Sigma_g^+$-$A\,^1\Sigma_u^+$-$b\,^3\Pi_u$ 跃迁的 FC 因子，因此所需的激光强度低于非共振的情况。在 KRb 分子中，从连续态到束缚态跃迁的 FC 因子取决于碰撞能量，对应

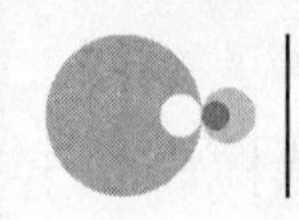

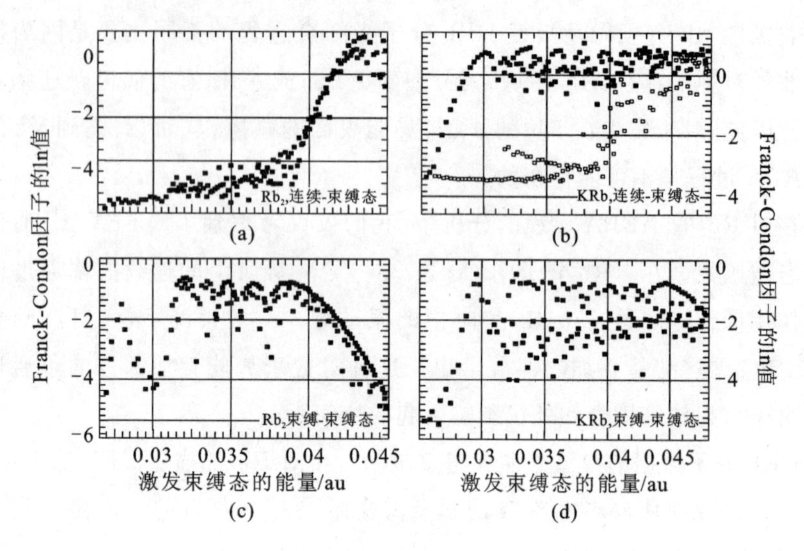

图 8.6　Rb_2 和 KRb 分子的跃迁所对应的 Franck-Condon(FC)因子。(a)Rb_2 从连续态到束缚态 $X\,^1\Sigma_g^+$-$A\,^1\Sigma_u^+$-$b\,^3\Pi_u$ 跃迁的 FC 因子随束缚态 $A\,^1\Sigma_u^+$-$b\,^3\Pi_u$ 能量的变化；(b)KRb 分子从连续态 $X\,^1\Sigma^+$(空心正方形)和 $a\,^3\Sigma^+$(实心正方形)到束缚态 $A\,^1\Sigma^+$-$b\,^3\Pi_u$ 跃迁的 FC 因子随束缚态 $A\,^1\Sigma^+$-$b\,^3\Pi_u$ 能量的变化；(c)Rb_2 的束缚态 $X\,^1\Sigma_g^+(v=4)$ 到不同束缚态 $A\,^1\Sigma^+$-$b\,^3\Pi_u$ 跃迁的 FC 因子随不同束缚态 $A\,^1\Sigma^+$-$b\,^3\Pi_u$ 能量的变化；(d)KRb 分子的束缚态 $X\,^1\Sigma^+$ 到束缚态 $A\,^1\Sigma^+$-$b\,^3\Pi_u(v=13)$ 跃迁的 FC 因子随束缚态 $A\,^1\Sigma^+$-$b\,^3\Pi_u$ 能量的变化

的关系式为 $T(E)\sim E^{1/4}$[91]。但在 Rb_2 分子中，由于共振的出现，从连续态到束缚态跃迁的 FC 因子变得更加复杂[17]。

在 Rb_2 光缔合的计算中，我们估计 $X\,^1\Sigma_g^+$-$A\,^1\Sigma_u^+$ 态的电偶极矩为 $\mu=3$ au。这一值对应于在圆偏振极化场中 Rb 原子 $5S_{1/2}(m-1/2)-5P_{3/2}(m=3/2)$ 的跃迁，而且与极化光场中 Rb 原子其他 5S－5P 的跃迁矩阵元一致。原子的约化偶极矩阵元的准确值可在文献[92]中找到。在 KRb 分子 $X\,^1\Sigma^+\leftrightarrow A\,^1\Sigma^+$ 的跃迁中，跃迁电偶极矩阵元为 $3.5ea_0$，而对于 $a\,^3\Sigma^+\leftrightarrow 1\,^3\Pi$ 的跃迁电偶极矩阵元则为 $0.5\,ea_0$，这里根据文献[93][94]中的数据来估计跃迁电偶极矩阵元的量级。

8.6　结论

在这一章中，我们解决了过去的一些具有争议性的问题[1][7][11][12]，并说明了在 ARPA 过程中什么从入射通道被转移了。我们展示了 ARPA 过程将入射波函数投影到一个特定的多通道波形,其形状由泵浦和退泵浦激光脉冲的振幅和相位决定(见式(8.40)和式(8.41))。通过这种方法可以选择光缔合中投影测量的基矢。我们还讨论了初始样品温度对 ARPA 过程的影响和限制。

以上的思想曾被应用于测量 Rb 原子经光缔合形成 Rb_2 的单通道入射波包的瞬时结构,以及 K+Rb 经双通道光缔合形成 KRb 的多通道结构。我们展示了在光缔合过程中可以测量被编码于波包形状中的量子比特信息,以及被编码于叠加的双通道中的量子信息。

在光缔合的数值模拟中,所需驱动场的瞬时形状与理论预测相符合。但另一方面,控制双通道光缔合的光强和相位的简单比例关系与模拟的结果不一致。我们认为这个偏差是由复杂的衰减效应所导致,在简单的理论分析中不考虑这些衰减就可以得到式(8.44)。

我们利用有关能级耦合和弛豫率的知识来寻找数值参量,该参数有助于测量波函数的多通道结构。另外,也可以将中间能级耦合至仅仅一个(如 $a\,^3\Sigma_u^+$)入射通道,而不是耦合至其他入射通道来测量波函数的多通道结构。

在简化的理论中不考虑其他束缚态,这不会破坏探测机制的有效性。但这不能应用于 KRb 分子的模拟中,因为其中一个泵浦脉冲的中心波长与我们不期望出现的中间态 $|1\rangle$ 和 $|3\rangle$ 之间的共振跃迁相差 1.2 nm(见图 8.1(c))。我们把该方法的优越之处归因于利用了一个具有反直觉结构的激光脉冲序列:当泵浦激光脉冲耦合中间态 $|3\rangle$ 和 $|1\rangle$ 时,中间态 $|1\rangle$ 已经与 $|0\rangle$ 耦合,所以中间态 $|1\rangle$ 上的布居数始终可以忽略不计。

我们在理论研究中用到的最重要的近似是公式(8.41)的因式分解,即 $\boldsymbol{f}_{\mathrm{ARPA}}=\boldsymbol{\Omega}_{\mathrm{P}}\boldsymbol{f}^{(0)}(t)$,这可以被缓变的连续近似(slowly varying continuum approximation,SVCA)所证实,但并不是这个 SVCA 近似中必要的部分。假设这个因式分解不成立,那么 ARPA 过程可以测量与坐标有关的 Franck-Condon 窗口滤过的初始态。

致谢

感谢 S. Lunell 和 D. Edvardsson 能让我们分享了他们计算的数据[81],以及 S. Kotochigova 提供的分子数据。我们同样很感谢 I. Thannopulos,J. Ye 和 A. Pe'er,他们与我们进行过多次探讨。

参考文献

[1] Vardi, A., Abrashkevich, D. G., Frishman, E., and Shapiro, M., Theory of radiative recombination with strong laser pulses and the formation of ultracold molecules via stimulated photo-recombination of cold atoms, J. Chem. Phys., 107, 6166-6174, 1997.

[2] Oreg, J., Hioe, F. T., and Eberly, J. H., Adiabatic following in multilevel systems, Phys. Rev. A, 29, 690-697, 1984.

[3] Gaubatz, U., Rudecki, P., Sciemann, S., and Bergmann, K., Population transfer between molecular vibrational levels by stimulated Raman scattering with partially overlapping laser fields. A new concept and experimental results, J. Chem. Phys., 92, 5363-5376, 1990.

[4] Coulston, G. W. and Bergmann, K., Population transfer by stimulated Raman scattering with delayed pulses: Analytical results for multilevel systems, J. Chem. Phys., 96, 3467-3475, 1992.

[5] Bergmann, K., Theuer, H., and Shore, B. W., Coherent population transfer among quantum states of atoms and molecules, Rev. Mod. Phys., 70, 1003-1025, 1998.

[6] Vitanov, N. V., Fleischauer, M., Shore, B. W., and Bergmann, K., Coherent manipulation of atoms and molecules by sequential laser pulses, Adv. At. Mol. Opt. Phys., 46, 55-190, 2001, and references therein.

[7] Mackie, M. and Javanainen, J., Quasi-continuum modelling of photoassociation, Phys. Rev. A, 60, 3174-3186, 1999.

[8] Mackie, M., Kowalski, R., and Javanainen, J., Bose-stimulated Raman adiabatic passage in photoassociation, Phys. Rev. Lett., 84, 3803-3806, 2000.

[9] Anglin, J. R. and Vardi, A., Dynamics of a two-mode Bose-Einstein condensate beyond mean-field theory, Phys. Rev. A, 64, 013605, 2001.

[10] Vardi, A., Yurovsky, V. A., and Anglin, J. R., Quantum effects on the dynamics of a two-mode atom-molecule Bose-Einstein condensate, Phys.

Rev. A,64,063611,2001.

[11] Vardi,A. ,Shapiro,M. ,and Anglin,J. R. ,Comment on"Quasicontinuum modeling of photoassociation",Phys. Rev. A,65,027401,2002.

[12] Javanainen,J. and Mackie,M. ,Reply to"Comment on'Quasicontinuum modeling of photoassociation'",Phys. Rev. A,65,027402,2002.

[13] Drummond,P. D. ,Kheruntsyan,K. V. ,Heinzen,D. J. ,and Wynar,R. H. ,Stimulated Raman adiabatic passage from an atomic to a molecular Bose-Einstein condensate,Phys. Rev. A,65,063619,2002.

[14] Ling,H. Y. ,Pu,H. ,and Seaman,B. ,Creating a stable molecular condensate using a generalized Raman adiabatic passage scheme,Phys. Rev. Lett. ,93,250403,2004.

[15] Mackie,M. ,Kari Härkönen,K. ,Collin,A. ,Suominen,K. -A. ,and Javanainen,J. ,Improved efficiency of stimulated Raman adiabatic passage in photoassociation of a Bose-Einstein condensate, Phys. Rev. A, 70, 013614,2004.

[16] Mackie,M. ,Collin,A. ,and Javanainen,J. ,Stimulated Raman adiabatic passage from an atomic to a molecular Bose-Einstein condensate,Phys. Rev. A,71,017601,2005.

[17] Shapiro,E. A. ,Shapiro,M. ,Pe'er,A. ,and Ye,J. ,Photoassociation adiabatic passage of ultracold Rb atoms to form ultracold Rb_2 molecules, Phys. Rev. A,75,013405,2007.

[18] Zhoua,X. -T. ,Liub,X. -J. ,Jingc,H. ,Laib,C. H. ,and Ohb,H. ,Manipulating quantum states of molecules created via photoassociation of Bose-Einstein condensates,quant- ph/0701080v1,2007.

[19] Wynar,R. H. ,Freeland,R. S. ,Han,D. J. ,Ryu,C. ,and Heinzen,D. J. , Molecules in a Bose-Einstein condensate,Science,287,1016-1019,2000.

[20] Donley,E. A. ,Claussen,N. R. ,Thompson,S. T. ,and Wieman,C. E. , Atom-molecule coherence in a Bose-Einstein condensate,Nature,417, 529-533,2002.

[21] Winkler,K. ,Thalhammer,G. ,Theis,M. ,Ritsch,H. ,Grimm,R. ,and

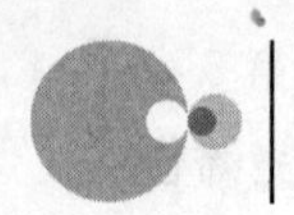

Hecker Denschlag, J., Atom-molecule dark states in a Bose-Einstein condensate, Phys. Rev. Lett., 95, 063202, 2005.

[22] Dumke, R., Weinstein, J. D., Johanning, M., Jones, K. M., and Lett, P. D., Sub-natural- linewidth interference features observed in photoassociation of a thermal gas, Phys. Rev. A, 72, 041801(R), 2005.

[23] Ryu, C., Du, X., Yesilada, E., Dudarev, A. M., Wan, S., Niu, Q., and Heinzen, D. J., Raman-induced oscillation between an atomic and a molecular quantum gas, cond-mat/0508201, 2005.

[24] Shapiro, M. and Brumer, P., Principles of the Quantum Control of Molecular Processes, John Wiley & Sons, NewYork, 2003.

[25] Rice, S. A. and Zhao, M., Optical Control of Molecular Dynamics, John Wiley & Sons, New York, 2000.

[26] Rabitz, H., de Vivie-Riedle, R., Motzkus, M., and Kompa, K., Whither the future of controlling quantum phenomena? Science, 288, 824-828, 2000.

[27] Dunn, T. J., Walmsley, I. A., and Mukamel, S., Experimental determination of the quantum-mechanical state of a molecular vibrational mode using fluorescence tomo-graphy, Phys. Rev. Lett., 74, 884-887, 1995.

[28] Shapiro, M., Imaging of wave functions and potentials from time resolved and frequency-resolved fluorescence data, J. Chem. Phys., 103, 1748-1754, 1995.

[29] Leonhardt, U. and Raymer, M. G., Observation of moving wavepackets reveals their quantum state, Phys. Rev. Lett., 76, 1985-1989, 1996.

[30] Leichtle, C., Schleich, W. P., Averbukh, I. Sh., and Shapiro, M., Quantum state holography, Phys. Rev. Lett., 80, 1418-1421, 1998.

[31] Katsuki, H., Chiba, H., Girard, B., Meier, C., and Ohmori, K., Visualizing picometric quantum ripples of ultrafast wave-packet interference, Science, 311, 1589-1592, 2006.

[32] Monmayrant, A., Chatel, B., and Girard, B., Quantum state measurement using coherent transients, Phys. Rev. Lett., 96, 103002, 2006.

[33] Weinstein, J. D. and Libbrecht, K. G., Microscopic magnetic traps for

neutral atoms, Phys. Rev. A, 52, 4004-4009, 1995.

[34] Fortagh, J. and Zimmermann, C., Magnetic microtraps for ultracold atoms, Rev. Mod. Phys., 79, 235-289, 2007, and references therein.

[35] Schlosser, N., Reymond, G., Protsenko, I., and Grangier, P., Sub-poissonian loading of single atoms in a microscopic dipole trap, Nature, 411, 1024-1027, 2001.

[36] Jaksch, D. and Zoller, P., The cold atom Hubbard toolbox, Ann. Phys., 315, 52-79, 2005, and references therein.

[37] Bloch, I., Ultracold quantum gases in optical lattices, Nature Phys., 1, 23-30, 2005, and references therein.

[38] Thorsheim, H. R., Weiner, J., and Julienne, P. S., Laser-induced photoassociation of ultracold sodium atoms, Phys. Rev. Lett., 58, 2420-2423, 1987.

[39] Band, Y. B. and Julienne, P. S., Ultracold-molecule production by laser-cooled atom photoassociation, Phys. Rev. A, 51, R4317-R4320, 1995.

[40] Stwalley, W. C. and Wang, H., Photoassociation of ultracold atoms: A new spectroscopic technique, J. Mol. Spectr., 195, 194-228, 1999, and references therein.

[41] Dion, C. M., Drag, C., Dulieu, O., Laburthe Tolra, B., Masnou-Seeuws, F., and Pillet, P., Resonant coupling in the formation of ultracold ground state molecules via photoassociation, Phys. Rev. Lett., 86, 2253-2256, 2001.

[42] Nikolov, A. N., Ensher, J. R., Eyler, E. E., Wang, H., Stwalley, W. C., and Gould, P. L., Efficient production of ground-state potassium molecules at sub-mK temperatures by two-step photoassociation, Phys. Rev. Lett., 84, 246-249, 2000.

[43] Sage, J. M., Sainis, S., Bergeman, T., and DeMille, D., Optical production of ultracold polar molecules, Phys. Rev. Lett., 94, 203001, 2005.

[44] Fioretti, A., Comparat, D., Crubellier, A., Dulieu, O., Masnou-Seeuws, F., and Pillet, P., Formation of cold Cs_2 molecules through photoassociation, Phys. Rev. Lett., 80, 4402-4405, 1998.

[45] Takekoshi, T., Patterson, B. M., and Knize, R. J., Observation of optically trapped cesium molecules, Phys. Rev. Lett., 81, 5105-5108, 1998.

[46] Wynar, R., Freeland, R. S., Han, D. J., Ryu, C., and Heinzen, D. J., Molecules in Bose-Einstein condensate, Science, 287, 1016-1019, 2000.

[47] Kemmann, M., Mistrik, I., Nussmann, S., Helm, H., Williams, C. J., and Julienne, P. S., Near-threshold photoassociation of $^{87}Rb_2$, Phys. Rev. A, 69, 022715, 2004.

[48] Wang, D., Qi, J., Stone, M. F., Nikolayeva, O., Wang, H., Hattaway, B., Gensemer, S. D., Gould, P. L., Eyler, E. E., and Stwalley, W. C., Photoassociative production and trapping of ultracold KRb molecules, Phys. Rev. Lett., 93, 243005, 2004.

[49] Winkler, K., Lang, F., Thalhammer, G., Straten, P. v. d., Grimm, R., and Hecker Den-schlag, J., Coherent optical transfer of Feschbach molecules to a lower vibrational state, Phys. Rev. Lett., 98, 043201, 2007.

[50] Ospelkaus, S., Pe'er, A., Ni, K.-K., Zirbel, J. J., Neyenhuis, B., Kotochigova, S., Julienne, P. S., Y, J., and Jin, D. S., Ultracold dense gas of deeply bound heteronuclear molecules, arXiv:0802.1093, 2008.

[51] Danzl, J. G., Haller, E., Gustavsson, M., Mark, M. J., Hart, R., Bouloufa, N., Dulieu, O., Ritsch, H., and Naegrl, H.-C., Quantum gas of deeply bound ground state molecules, Science, DOI:10.1126/science.1159909, 2008.

[52] Thanopulos, I. and Shapiro, M., Coherently controlled adiabatic passage to multiple continuum channels, Phys. Rev. A, 74, 031401(R), 2006.

[53] Spiegelmann, F., Pavolini, D., and Daudey, J.-P., Theoretical study of the excited states of heavier alkali dimers: II. The Rb_2 molecule, J. Phys. B: At. Mol. Opt. Phys., 22, 2465-2484, 1989.

[54] Shapiro, M., Theory of one- and two-photon dissociation with strong laser pulses, J. Chem. Phys., 101, 3844-3851, 1994.

[55] Taylor, J. R., Scattering Theory, John Wiley & Sons Inc., New York, 1972.

[56] Shore, B. W., The Theory of Coherent Atomic Excitation, John Wiley & Sons, New York, 1990.

[57] Vardi, A. and Shapiro, M. , Two-photon dissociation. Ionization beyond the adiabatic approximation, J. Chem. Phys. , 104, 5990-5496, 1996.

[58] Kasperkovitz, P. and Peev, M. , Long time evolution of semiclassical states in anharmonic potentials, Phys. Rev. Lett. , 75, 990-993, 1995.

[59] Jie, Q. L. , Wang, S. J. , and Fu Wei, L. , Partial revivals of wavepackets: An action-angle phase-space description, Phys. Rev. A, 57, 3262-3267, 1997.

[60] Shapiro, E. A. , Forms of localization of Rydberg wavepackets, J. Exp. Theor. Phys. , 91, 449-457, 2000.

[61] Shapiro, E. A. , Angular orientation of wavepackets in molecules and atoms, Laser Phys. , 12, 1448-1454, 2002.

[62] Shapiro, E. A. , Spanner, M. , and Ivanov, M. Yu. , Quantum logic approach to wavepacket control, Phys. Rev. Lett. , 91, 237901, 2003.

[63] Shapiro, E. A. , Spanner, M. , and Ivanov, M. Yu. , Quantum logic in coarse-grained control of wavepackets, J. Mod. Opt. , 52, 897-915, 2005.

[64] Lee, K. F. , Villeneuve, D. M. , Corkum, P. B. , and Shapiro, E. A. , Phase control of rotational wavepackets and quantum information, Phys. Rev. Lett. , 93, 233601, 2004.

[65] Shapiro, E. A. , Ivanov, M. Yu. , and Billig, Yu. , Coarse-grained controllability of wavepackets by free evolution and phase shifts, J. Chem. Phys. , 120, 9925-9933, 2004.

[66] Greiner, M. , Mandel, O. , Esslinger, T. , Hänsch, T. W. , and Bloch, I. , Quantum phase transition from a superfluid to a Mott insulator in a gas of ultracold atoms, Nature, 415, 39-44, 2002.

[67] Jaksch, D. , Venturi, V. , Cirac, J. I. , Williams, C. J. , and Zoller, P. , Creation of a molecular condensate by dynamically melting a Mott insulator, Phys. Rev. Lett. , 89, 040402, 2002.

[68] Luc-Koenig, E. , Vatasescu, M. , and Masnou-Seeuws, F. , Optimizing the photoassociation of cold atoms by use of chirped pulses, Eur. Phys. J. D, 31, 239-262, 2004.

[69] Koch, C. P. , Palao, J. P. , Kosloff, R. , and Masnou-Seeuws, F. , Stabiliza-

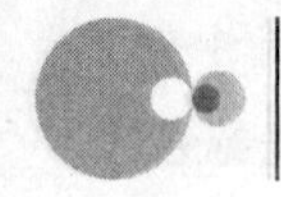

tion of ultracold molecules using optimal control theory, Phys. Rev. A, 70, 013402, 2004.

[70] Koch, C. P., Kosloff, R., and Masnou-Seeuws, F., Short-pulse photoassociation in rubidium below the D_1 line, Phys. Rev. A, 73, 043409, 2006.

[71] Shapiro, M. and Brumer, P., S-matrix approach to the construction of decoherence free subspaces, Phys. Rev. A, 66, 052308, 2002.

[72] Frishman, E. and Shapiro, M., Suppression of the spontaneous emission in atoms and molecules, Phys. Rev. A, 68, 032717, 2003.

[73] Christopher, P. S., Shapiro, M., and Brumer, P., Overlapping resonances in the coherent control of radiationless transitions: Internal conversion of pyrazine, J. Chem. Phys., 123, 064313, 2005.

[74] Fedorov, M. V., Atomic and Free Electrons in Strong Light Field, World Scientific, Singapore, 1997.

[75] Fedorov, M. V. and Poluektov, N. P., Two-color interference stabilization of atoms, Phys. Rev. A, 69, 033404, 2004.

[76] Sukharev, M. E., Charron, E., Suzor-Weiner, A., and Fedorov, M. V., Calculations of photodissociation in intense laser fields: Validity of the adiabatic elimination of the continuum, Int. J. Quantum Chem., 99, 452-459, 2004.

[77] Brown, B. L., Dicks, A. J., and Walmsley, I. A., Coherent control of ultracold molecular dynamics in a magneto-optical trap using chirped femtosecond laser pulses, Phys. Rev. Lett., 96, 173002, 2006.

[78] Salzmann, W., Poschinger, U., Wester, R., et al., Coherent control with shaped femtosecond pulses applied to ultracold molecules, Phys. Rev. A, 73, 023414, 2006.

[79] Wright, M. J., Pechkis, J. A., Carini, J. L., Kallush, S., Kosloff, R., and Gould, P. L., Coherent control of ultracold collisions with chirped light: Direction matters, Phys. Rev. A, 75, 051401(R), 2007.

[80] Salzmann, W., Mullins, T., Eng, J., et al., Coherent transients in the femtosecond photoassociation of ultracold molecules, Phys. Rev. Lett.,

100,233003,2008.

[81] Edvardsson,D.,Lunell,S.,and Marian,C. M.,Calculation of potential energy curves for Rb_2 including relativistic effects, Mol. Phys., 101, 2381-2389,2003.

[82] Rousseau, S., Allouche, A. B., and Aubert-Frecon, M., Theoretical study of the electronic structure of the KRb molecule,J. Mol. Spectroscopy, 203, 235-243, 2000; http://lasim. univ-lyon1. fr/allouche/pec. html(accessed February 01,2007).

[83] Marinescu,M.,Sadeghpour,H. R.,and Dalgarno,A.,Dispersion coefficients in alkali-metal dimers,Phys. Rev. A,49,982-988,1994.

[84] Marinescu,M.,http://www. cfa. harvard. edu/~dvrinceanu / Mircea / disp / KRb. Html(accessed February 01,2007).

[85] Roberts,J. L.,Claussen,N. R.,Burke,J. P.,Jr.,Greene,C. H.,Cornell,E. A.,and Wieman,C. E.,Resonant magnetic field control of elastic scattering in cold ^{85}Rb,Phys. Rev. Lett.,81,5109-5112,1998.

[86] Vogels,J. M.,Tsai,C. C.,Freeland,R. S.,Kokkelmans,S. J. J. M. F., Verhaar,B. J.,and Heinzen,D. J.,Prediction of Feshbach resonances in collisions of ultracold rubidium atoms, Phys. Rev. A, 56, R1067-R1070,1997.

[87] Simoni, A., Ferlaino, F., Roati, G., Modugno, G., and Inguscio, M., Magnetic control of interaction in ultracold KRb molecules,Phys. Rev. Lett.,90,163202,2003.

[88] Abraskevich,A. G. and Abraskevich,D. G.,Finite-difference solution of the coupled channel Schrödinger equation using Richardson extrapolation,Comput. Phys. Commun.,82,193-208,1994; FDEXTR,a program for the finite-difference solution of the coupled-channel Schroedinger equation using Richardson extrapolation,Comput. Phys. Commun.,82, 209-220,1994.

[89] Shapiro,M.,Dinamics of dissociation. 1. Computational investigation of unimolecular breakdown processes, J. Chem. Phys., 56, 2582-

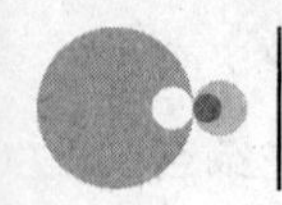

2591,1972.

[90] Landau, L. D. and Lifshitz, E. M., Quantum Mechanics: Non-relativistic Theory, Butterworth-Heinemann, Oxford, 1981.

[91] Weiner, J., Bagnato, V. S., Zilio, S., and Julienne, P. S., Experiments and theory in cold and ultracold collisions, Rev. Mod. Phys., 71, 1-85, 1999.

[92] Safronova, M. S., Johnson, W. R., and Derevianko, A., Relativistic many-body calculations of energy levels, hyperfine constants, electric-dipole matrix elements, and static polarizabilities for alkali-metal atoms, Phys. Rev. A, 60, 4476-4487, 1999.

[93] Kotochigova, S., Tiesinga, E., and Julienne, P. S., Photoassociative formation of ultracold polar KRb molecules, Eur. Phys. J. D, 31, 189-194, 2004.

[94] Kotochigova, S., Julienne, P. S., and Tiesinga, E., Ab initio calculation of the KRb dipole moments, Phys. Rev. A, 68, 022501, 2003.

第Ⅲ部分

少体或多体物理

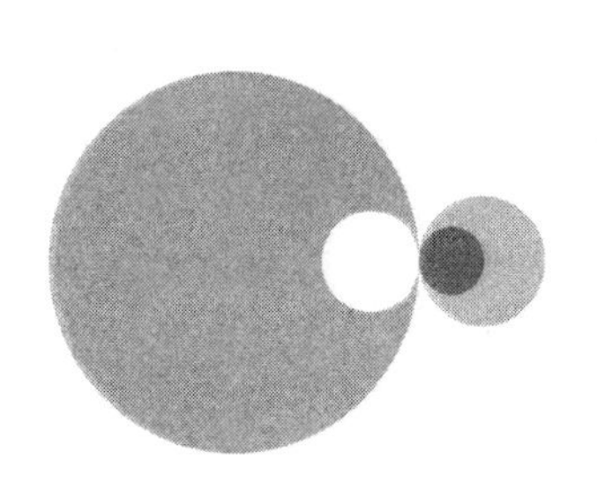

第9章 超冷 Feshbach 分子

9.1 引言

目前,实验上可以制备的温度最低的分子是由超冷原子通过缔合技术产生的超冷双原子分子。基本的思路是将具有极低动能的碰撞原子对束缚形成分子。如果在形成分子的过程中没有任何内能被释放,那么形成的分子将具有初始原子的超低温度,甚至可以达到纳开尔文。如果形成的超冷分子可以被选择性地布居到一个单一的分子量子态,则整个系统的熵也不会增加。能够实现这个方案的一个非常有效的方法是基于磁场可控制的 Feshbach 共振分子缔合技术,形成的超冷分子简称为"超冷 Feshbach 分子",这种技术已经在量子简并气体、玻色-爱因斯坦凝聚和费米量子气体中成功实现。Feshbach 共振技术使得从原子量子气体到分子量子气体的转化成为可能,为进入超冷分子世界打开了一扇大门。

在这一章节里,我们介绍了超冷 Feshbach 分子的制备和一些相关的应用。我们使用的例子主要来自于奥地利 Innsbruck 大学研究组的实验工作,同时对一些其他研究组的部分工作也有涉及。

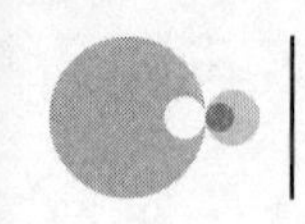

9.1.1 超冷原子和量子气体

以两次诺贝尔物理学奖为标志,中性原子的冷却和俘获技术已经大大地推动了物理学研究的发展。由于“利用激光冷却和俘获原子”的实验和理论工作,Steven Chu、Claude Cohen-Tannoudji 和 William D. Phillips 三位科学家共同获得了 1997 年的诺贝尔物理学奖[1][3]。2001 年,Eric A. Cornell、Wolfgang Ketterle 和 Carl E. Wieman 共同获得了当年的诺贝尔物理学奖,其获奖理由是“实现了碱金属原子稀薄气体的玻色-爱因斯坦凝聚,并且对凝聚体的性质进行了一些基本的研究”[4][5]。

激光冷却技术允许研究人员可以在实验室中制备温度在微开尔文数量级的原子样品。这一关键技术是在 20 世纪 80 年代初被提出并获得迅速发展,细节的描述可以见参考文献[6][7]。简单来说,共振辐射压力可以将热原子束的运动速度减小到足够低,以至于可以被俘获到一个被称为磁光阱的系统中。此外,蒸气中的低速原子也可以被直接俘获。在磁光阱中,通过多普勒冷却可以使原子的温度进一步降低到毫开尔文数量级。对某些元素,亚多普勒冷却的方法也是有效的,原子样品的温度可以降低到微开尔文数量级。典型的激光冷却获得的原子样品包含多达约 10^{10} 个原子,原子数密度具有 10^{11} cm^{-3} 的数量级。激光冷却产生的原子样品已经被应用在很多领域,其中一个特别重要的应用是可以实现超高精度的冷原子钟[8][9]。

实现量子简并需要原子的德布罗意波长相比拟或大于原子间的距离。然而,激光冷却技术获得的冷原子样品的相空间密度通常很小,难以达到量子简并的要求,因此需要对其进一步冷却。一种非常有效的方法是蒸发冷却技术[10],它可以被应用在像磁阱一样的保守势阱中。蒸发冷却技术的原理是:通过原子间的弹性碰撞过程,将处于热平衡分布中的具有高能量的原子选择性地去除。具体手段可以通过连续降低势阱的深度来实现。在这个过程中,尽管损失了一个数量级的原子数,但是原子样品的相空间密度通常可以提高三个数量级,并最终实现量子简并。量子简并气体通常具有 10^6 的原子数,密度为 10^{14} cm^{-3},温度可以达到纳开尔文数量级。

目前,玻色子和费米子的量子简并均已实现。稀薄超冷气体的玻色-爱因斯坦凝聚的实现标志着物理学一个新时代的开始[11][12][13],而几年后简并费米气体也成功实现[14][15][16]。读者可以参考1998年和2006年 Varenna 暑期学校的会议记录[17][18]，它描述了这一领域令人兴奋的发展和成就。有关玻色子和费米子量子简并气体的理论研究可以在参考文献[19]～[22]中获得。俘获势阱的性质在很多超冷物质的应用中扮演着重要的角色，包括本章中将论述的利用超冷原子制备超冷分子的研究。大部分制备超冷分子的实验是在光学偶极阱[23]中完成的，其主要原因有两个：一是光阱可以俘获和存储电子基态为任何塞曼态或超精细子能级的原子样品，其中包括人们特别感兴趣的最低内态，而磁阱则无法实现；二是光学偶极阱允许我们自由地应用任何外部磁场，而在磁阱中则相反，在施加外磁场时将大大影响势阱的几何形状。在一种特殊的光学偶极俘获条件下可以产生光晶格[24][25]，这种晶格被建立在光学驻波模式下。在三维情况下，它提供了一系列具有波长尺度的微势阱，其中每一个微势阱可以装载一个超冷分子。

在2002—2003年，超冷分子量子气体的相关研究得到了快速发展。一些研究小组报道了在^{85}Rb[26]、^{133}Cs[27]、^{87}Rb[28]和^{23}Na[29]等元素中的玻色-爱因斯坦凝聚和在^{40}K[30]与^{6}Li[31][32][33]等元素的量子简并或近量子简并费米气体中形成了 Feshbach 分子。通过使用光缔合技术，在玻色-爱因斯坦凝聚中产生的分子特征已经被观察到[34]。2003年秋，在原子费米气体中制备分子玻色-爱因斯坦凝聚（molecular Bose-Einstein condensates，mBEC）的研究迅速达到了高潮[35][36][37]。随后的一些年里，异核 Feshbach 分子的研究开始成为国际研究的热点。到目前为止，很多异核 Feshbach 分子可以被成功制备，如^{87}Rb-^{40}K[38]玻色-费米混合、^{85}Rb-^{87}Rb[39]和^{41}K-^{87}Rb[40]玻色-玻色混合。超冷 Feshbach 分子的研究正在快速发展，在弱束缚和强束缚区域同核或异核分子的研究仍然吸引人们的研究兴趣。

9.1.2 Feshbach 共振的基础物理

Feshbach 共振是控制超冷气体原子间相互作用的重要工具。我们将在这一小节中简要介绍 Feshbach 共振与近阈值附近分子结构的潜在联系。更为详细的理论背景可以参见第6章和第11章。读者也可以参考最新的两篇综述参考文献[41][42]。

如图9.1所示，我们简单考虑两个分子势能曲线 $V_{\mathrm{bg}}(R)$ 和 $V_{\mathrm{c}}(R)$。在核

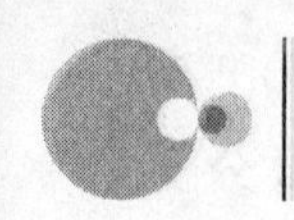

间距 R 很大的情况下,超冷分子基态势能曲线 $V_{bg}(R)$ 的渐进线部分与两个自由原子的能态相关联。对于具有非常小的动能 E 的碰撞过程,这个势能曲线代表了开通道,通常称为"入射通道"。另一个势能曲线 $V_c(R)$ 代表了闭通道,由于它可以提供开通道的近阈值部分的分子束缚态,因此非常重要。

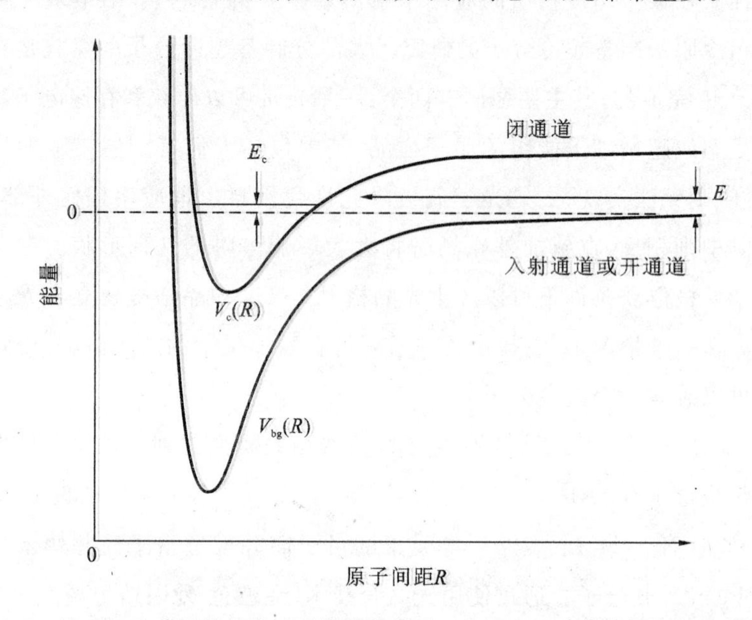

图 9.1 Feshbach 共振的基本双通道散射模型。当处于开通道的能量为 E 的两个原子碰撞时,会共振耦合形成一个处于闭通道的能量为 E_c 的束缚态分子。在超冷区域下,碰撞发生在能量近似为零的区域内,即 $E \to 0$。如果处于开通道的原子和处于闭通道的分子有不同的磁矩,那么可以通过调节磁场使分子束缚态的能量 E_c 调谐到零能附近来产生共振耦合

当处于闭通道的分子束缚态与处于开通道的散射态能量非常接近时,一些耦合导致两个通道之间出现混合,因此出现 Feshbach 共振现象。如果两者之间的磁矩不同,可以通过磁场控制分子束缚态和原子散射态之间的能量差。这种方案产生了磁场可调谐的 Feshbach 共振,对于碰撞能量几乎为零的超冷气体,这是实验上实现共振耦合的通用方法。

磁场可调谐的 Feshbach 共振可以用一个简单的表达式描述,其中 s 波散射长度 a 是磁感应强度 B 的函数,即

$$a(B) = a_{bg}\left(1 - \frac{\Delta}{B - B_0}\right) \tag{9.1}$$

图 9.2(a)给出了这个共振表达式所对应的物理图像。背景散射长度 a_{bg} 是 $V_{bg}(R)$对应的非共振时散射长度。a_{bg} 与 $V_{bg}(R)$的最后振动能级的能量直接相关。参数 B_0 代表了共振位置，此处散射长度趋于无穷大($a \to \pm\infty$)，参数 Δ 则代表了共振宽度。

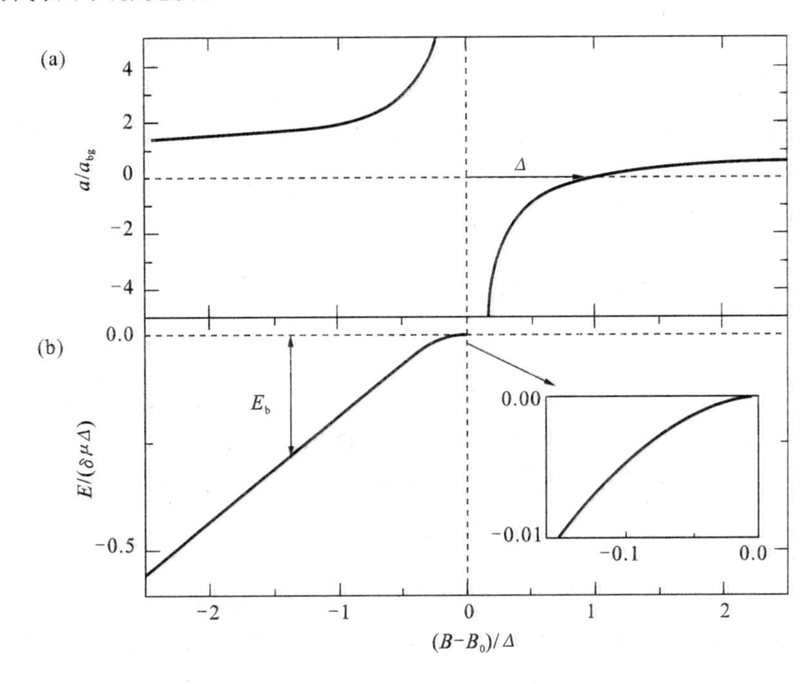

图 9.2　散射长度 a(见图(a))和分子结合能 E(见图(b))在磁场可调谐的 Feshbach 共振附近的变化。插图为 Feshbach 共振点附近所对应的一个普适的区域，其相应的散射长度 a 为负值且其绝对值非常大

图 9.2(b)所示的为接近共振位置 B_0 处的分子弱束缚态的能量，该能量参考于两个零动能碰撞原子的阈值。在散射长度 a 为正极大值的一侧，分子束缚态能量趋近于阈值。离开共振位置后，能量随着磁感应强度 B 的改变呈线性变化，斜率为 $\delta\mu$，其物理意义为开通道和闭通道的磁矩差值。接近共振位置时，连续的入射通道和处于分子束缚态的闭通道之间的耦合变得非常强烈。

在共振位置 B_0 附近，两个通道的耦合非常强烈，对应的散射长度变得非常大。对于大的正值 a，一个“缀饰的”分子态出现，其束缚能可以由下式给出：

$$E_b = \frac{\hbar^2}{2m_r a^2} \tag{9.2}$$

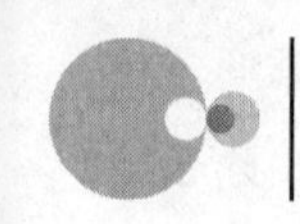

式中:m_r是原子对的约化质量。

在这个范围内,E_b以二次方的形式依赖于磁场的失谐 $B-B_0$,并且导致了图 9.2 中插图的弯曲现象。由于它的普适性,这个近共振区域是特别令人感兴趣的,详细的讨论可以参见第 6 章和第 11 章。在这个区域形成的分子具有非常弱的束缚,并且可以用超出经典范围的波函数来描述。这样的奇异分子通常称为 halo 二聚体,我们将在 9.4 节中讨论它迷人的物理性质。

研究表明,Feshbach 共振与分子弱束缚态之间具有内在的联系。对于实验应用来说,关键问题是如何在一个可控的量子态上制备超冷分子,我们将在 9.2 节中讨论这个问题。

9.1.3 束缚能量的区域

超冷原子气体在 Feshbach 共振作用下可以产生双原子分子,Feshbach 分子即以其产生的方法进行命名。那么,Feshbach 分子有什么物理性质,以及其准确的定义是什么呢?显然,处于近离解限的 Feshbach 分子有高的振动激发态,与处于振动基态的分子相比具有很弱的束缚能。尽管可以对 Feshbach 分子进行定义,但很难清楚地涵盖具有不同束缚能的 Feshbach 分子所具有的特性,而且定义本身也并没有包含与 Feshbach 分子相关的清楚的物理特性。由 Feshbach 共振产生的分子可以在近离解限附近的不同量子态之间转移(见9.3 节),或者具有更深束缚态的分子(见 9.5 节),这样就可以获得更为传统的分子。到此,我们仍然很难给其一个准确的定义,区分什么样的分子是 Feshbach 分子,以及在什么情况下这些分子会失去 Feshbach 分子的特点。因此,我们给出了一个对于 Feshbach 分子比较宽松的定义,即处于离解限附近,且在一定振动能量范围内的分子的定义。处于深束缚态且具有很大束缚能的分子,与通常指的 Feshbach 分子是不同的。

如图 9.3 所示,以铯的双原子分子为例,对具有不同束缚能的分子划分了若干范围。根据上述对 Feshbach 分子的定义,较重的 Cs_2 束缚能仅仅为 $h\times$ 100 MHz,而对于较轻的 Li_2 则可以达到 $h\times2.5$ GHz。但相比于基态分子的束缚能(基三重态的约为 $h\times10$ THz,基单态的约为 $h\times100$ THz),这些值都是非常小的。然而,Feshbach 分子可以作为产生具有很大束缚能的深束缚态分子或基态分子的初始态,这将会在 9.5 节讨论。

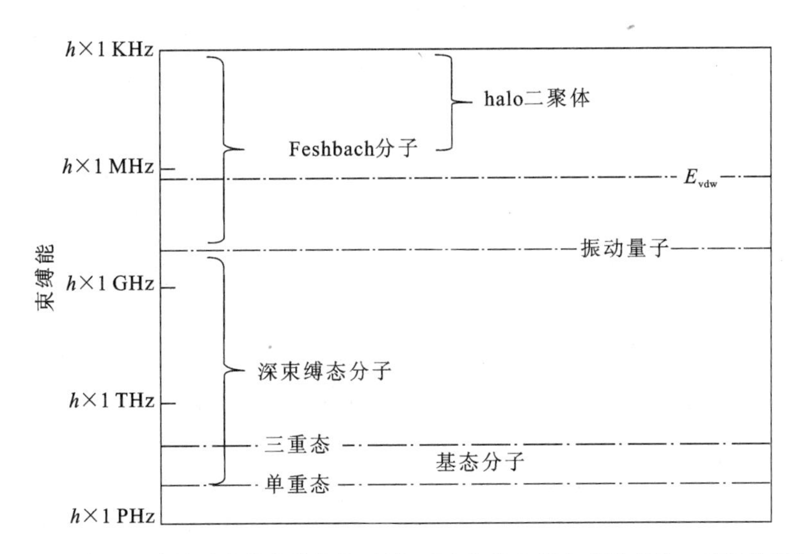

图 9.3　铯分子二聚体对应的束缚能量区域，对应的纵坐标为对数变化。对于长程范德瓦尔斯相互作用，引入了一个典型的能量 E_{vdw}（见第 6 章和 9.4 节）。在阈值以下，至少存在一个分子的束缚态，该阈值下所对应的能量范围（约为 $40E_{vdw}$）称为振动量子，见第 6 章的图 6.4。处于基三重态和基单重态势阱中的振转能级所对应的能量比这个振动量子的能量范围大 5 到 6 个数量级

在近离解限附近，可以产生两种特殊的 Feshbach 分子。halo 区域要求其束缚能要小于范德瓦尔斯相互作用能 E_{vdw}，对于 Cs_2 和 Li_2 分别为 3 MHz 和 600 MHz。然而，处于高次分波态的分子可以位于离解限上方，由高次分波所产生的离心势垒足够可以阻止分子离解成自由原子，这样就可以形成所谓的亚稳态 Feshbach 分子，并具有负的束缚能。

9.2　制备和探测 Fashbach 分子

本节从量子简并或近量子简并的超冷原子气体出发来讨论怎么样制备超冷分子。三个主要的实验步骤已展现在图 9.4 中。首先，选定一个 Feshbach 共振点并扫描磁场实现原子到分子的转化，如图 9.4(a)所示。然后，将剩余的原子样品移除，如图 9.4(b)所示，得到纯的分子样品。最后，反扫磁场经 Feshbach 共振点，如图 9.4(c)所示，进一步将分子离解成对应的原子以方便对其探测。为探测通过 Feshbach 共振形成的较少的分子样品，需要用 Stern-Gerlach 磁场将从势阱中释放的原子和二聚体分离，该成像的结果已展现在图 9.5 中。下面我们将在对量子统计特性讨论之后，描述分子的制备、纯化和离解的三个过程。

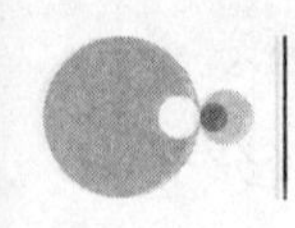

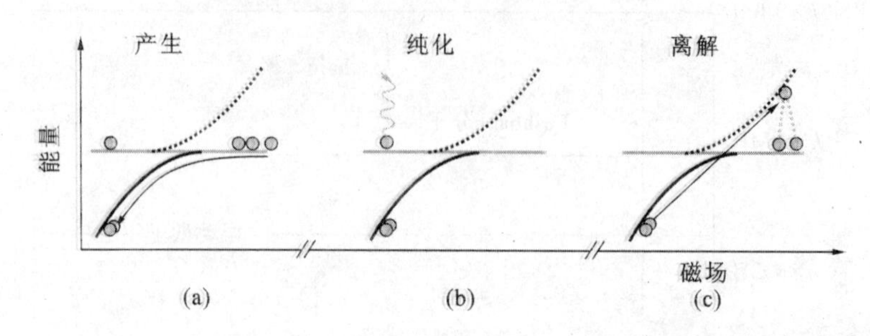

图 9.4 展现了一个典型的产生、纯化和探测 Feshbach 分子的步骤。(a)在 Feshbach 共振点附近通过扫描磁场产生 Feshbach 分子;(b)选择性地使原子和分子样品分离;(c)反扫磁场并越过 Feshbach 共振点使先前形成的分子离解成自由原子。在分子离解后,用吸收成像技术对由分子离解成的原子云进行探测。其中,实线表示分子的束缚态,与表示阈值的水平灰线交叉产生 Feshbach 共振。参考图 9.2,虚线暗示了位于离解限上方的分子,此时形成的分子为准束缚态的分子,并耦合到了连续的散射态

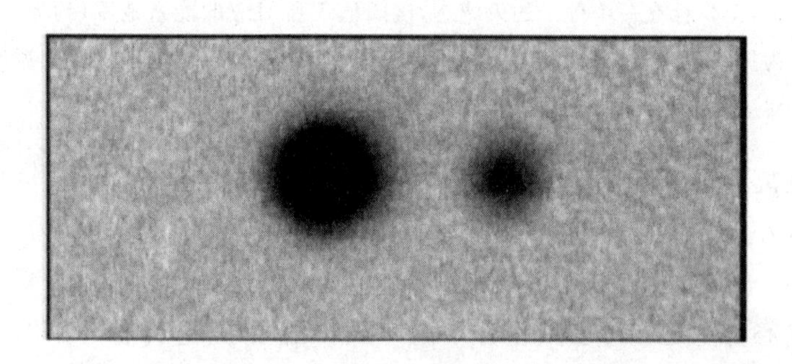

图 9.5 这是一个对分子样品纯化的例子。在光阱中,^{87}Rb 的玻色-爱因斯坦凝聚通过扫描磁场越过 Feshbach 共振点产生 Feshbach 分子。释放光阱中的原子分子样品,利用 Stern-Gerlach 技术将原子和分子在空间上分开。其中,左边为原子,右边为分子。最后,通过一个反向的 Feshbach 扫描将分子离解成原子,并用吸收成像对其进行探测。对应图片的实际大小为 1.7 mm×0.7 mm (由 S. Dürr 和 G. Rempe 提供)

9.2.1 玻色子和费米子的量子统计特性

超冷双原子分子既可以由两个玻色子组成,也可以由两个费米子组成,甚至可以是一个玻色子和一个费米子的结合。前两种情况所构成的分子具有玻色子的特性,而后者则具有费米子的特性。对于玻色子,其波动方程具有全同粒子的交换对称性;相反,对于费米子来说,其波动方程是反对称的。这样的

不同会对形成的分子产生一个很重要的影响。

全同玻色子(费米子)可以发生偶次(奇次)分波碰撞。在第1章中,我们已经讨论了分波碰撞的作用。这里我们用 ℓ 表示相应的角动量量子数。对于玻色子和费米子而言,相应的一阶分波分别为 s 波($\ell=0$)和 p 波($\ell=1$)[43]。在超低温度条件下,仅有 s 波碰撞会发生,那么全同费米子相应的碰撞将会被抑制。所以,费米子不能直接用 s 波的碰撞来进行蒸发冷却。对处于不同超精细能级或塞曼子能级上的费米原子气体,情形将会发生变化,原子样品可以发生任何分波的碰撞。由两个费米子组成的分子通常是指处于两个不同态上的费米子经自旋混合后发生 s 波碰撞形成的。总之,当两个原子的种类不同时,所有分波的相互作用都是可以发生的,不论它们是具有玻色子还是费米子的特性。

分子的量子统计特性可以影响它的碰撞稳定性。原子-分子碰撞和分子-分子碰撞引起的振动弛豫对处于高振动激态的 Feshbach 分子影响很大。如果这样的非弹性碰撞发生,其释放的能量比势阱的深度要大很多,会使势阱中碰撞的分子很快损耗掉。这里存在一种特殊情况,由两个费米子组成的束缚分子处于 halo 态,对非弹性弛豫表现出极强的稳定性,这是泡利抑制效应导致的结果。两组分费米子的混合物不可能出现弛豫过程,该过程需要两个全同的费米子。那么,玻色子和费米子构成的 Feshbach 分子是处于上述二者之间的一个特例。这里,碰撞稳定性依赖于参与碰撞的原子,即一个玻色子或一个费米子。仅仅当组成分子的两个原子都为费米子时,碰撞过程才会引入泡利抑制效应。

由玻色子构成的分子的稳定性与费米子构成的分子的稳定性表现出完全不同的结果。到目前为止,基于原子 BEC 制备 mBEC 是一种最好的方法。但是,由两个费米子形成的 Feshbach 分子具有很高的稳定性,是制备 mBEC 的最佳选择(见 9.4.4 节)。为了获得由两个玻色子构成的分子玻色-爱因斯坦凝聚,首先将其转化成振转基态(见 9.5 节)的分子可能是唯一可行的办法。

9.2.2 缔合方法的概述

制备分子的最佳方案取决于与具体实验系统有关的许多因素,其中最主要的是组成分子的原子的量子统计特性和 Feshbach 共振点的选取。超低温度和很高的相空间密度是制备超冷分子的最基本条件。因此,所有制备分子的方法都要求以超冷原子样品作为起点。

目前被广泛采用的通过缔合形成分子的方法需要使用一个随时间变化的

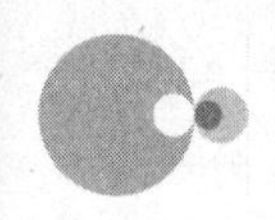

磁场。扫描磁场可以改变处于束缚态的分子和处于散射态的原子的能量差。当这两个态具有相同的能量时,散射长度会发生畸变,这时在散射长度为正($a>0$)的区域内产生束缚态的分子(见 9.1.2 小节)。

扫描磁场的时序可以是线性扫描、跳变或者周期性振荡式的。图 9.4(a)给出了一个线性扫描的磁场,通常被称为"Feshbach 扫描"[45][46][47]。扫描一对亥姆霍兹线圈产生的磁场越过 Feshbach 共振点时,散射长度由 $a<0$ 变为 $a>0$。通过 Feshbach 扫描,原子对和分子的耦合消除了在交叉点两者能级的简并,在能级交叉处可以绝热的方式将碰撞的原子对转化为分子,图 9.4(a)中的箭头指示了该过程。如果 Feshbach 分子由两个费米子组成,转化效率仅仅依赖于磁场扫描的速度和原子气体的初始相空间密度[48],并且效率几乎可以达到 1。然而,两个玻色子经 Feshbach 扫描形成分子时,转化效率受到非弹性碰撞的影响。在 Feshbach 共振点附近,原子的三体复合率会剧增,在形成分子后,原子和分子的三体混合物会经快速的碰撞弛豫形成自由原子和分子。在 Feshbach 扫描的过程中,为提高形成分子的产率需要一个足够慢的磁场扫描速率,但是很慢的 Feshbach 扫描又会导致原子的损耗。因此,在具体实验时需要找一个比较合适的扫描速率。

非弹性碰撞损失的不利影响可以通过设计一个精巧的磁场时序或采用共振射频技术来克服。这里,我们主要想引入一个最有效的原子-分子耦合,同时在 Feshbach 共振点附近停留的时间最短。因为在 Feshbach 共振点附近,非弹性相互作用产生的热量会加热系统致使原子样品大量、快速地损耗。一个有效的方法是,给均匀的磁场加一个很小的正弦调制。振荡的磁场会使束缚态分子和散射态原子之间的能量差与之同步地调制起来。当调制频率正好和分子的束缚能相等时,会形成分子[49],相应的调制频率的范围一般为几千赫兹到几百千赫兹。在制备分子的过程中,当原子数减少时,说明磁场扫描到了 Feshbach 共振点附近,即有分子产生,如^{85}Rb[50]、^{40}K[51]和同位素^{85}Rb 与^{87}Rb[39]的混合物的实验。采用射频激发也可以对原子对和分子进行耦合,这种方法可以导致处于散射态的原子对和束缚态分子间的跃迁,而不会对二者能量差产生调制。对于异核的^{40}K^{87}Rb 分子,这种技术在光晶格中[38]和光学偶极阱中[52]曾经被采用。

我们也可以通过采用一个合适的势阱来抑制由碰撞引起的损失。首先,将超冷原子气体装载到光晶格中,这里每两个原子占据一个格点。然后,我们可以通过 Feshbach 扫描来产生稳定的分子[53][54],且所形成的每一个分子占据一个格点。

一个完全不同的制备分子的方法被应用在产生由^{6}Li 费米子构成的分子。这种特殊的方法为产生^{6}Li 的 mBEC 提供了一个简单而有效的途径[36][37](同样见 9.4.4 小节)。在 Feshbach 共振附近处于很大的正散射长度处,原子的三体复合会产生 halo 二聚体。在三体复合过程中,两个非全同的费米子结合形成一个分子,同时第三个原子带走剩余的能量。一般而言,三体复合过程释放出来的能量足够使参与碰撞的原子立即逃逸出光阱。但是,halo 二聚体的束缚能与俘获在光阱中的原子样品的温度是一个数量级,该能量比光阱的深度要小很多[18]。因此,三体复合形成的 halo 二聚体所释放的能量对系统有很小的加热,其引起的原子数损失也可以忽略不计。这种制备分子的原理可以用原子-分子的热平衡理论来解释[55][56],原子-分子达到热平衡所需的时间为 100 ms~1 s。另外,该过程要求由费米子组成的分子在 halo 区域下具有很高的碰撞稳定性。如图 9.6 所示,纯的^{6}Li 原子样品经热平衡后转化为原子-分子的混合物[32]。

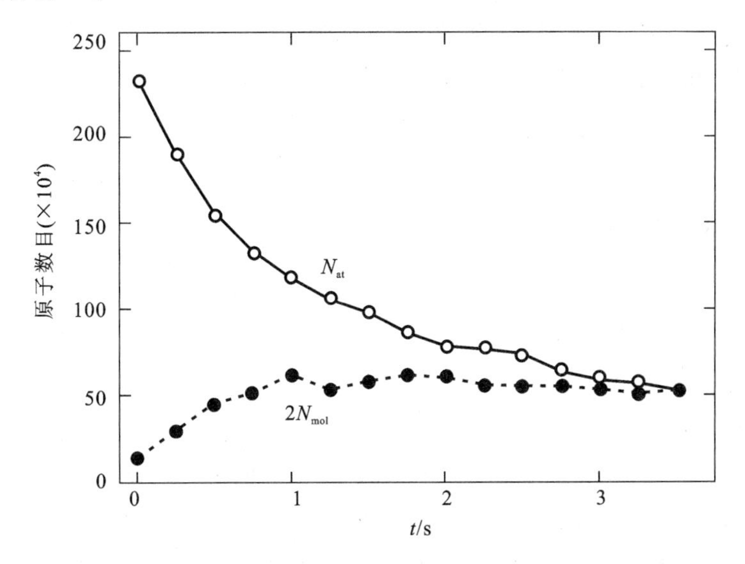

图 9.6 三体复合形成的$^6Li_2$的 halo 二聚体。一个温度为 3 μK 的^{6}Li 原子样品被俘获在光阱中,不同自旋组成的混合态可以产生分子。实验是在一个宽的 Feshbach 共振附近进行的,其对应的散射长度 $a=+1420\ a_0$,能量 $E=k_B\times 15\ \mu K=h\times 310\ kHz$。$N_{at}$ 和 N_{mol} 分别为非束缚的原子和分子数(引自 Jochim,S. et al.,Phys. Rev. Lett.,91,240402,2003.)

9.2.3 分子的纯化机制

在制备 Feshbach 分子时,纯化是最重要的步骤之一。将剩余的原子从分子样品中移除以减少由碰撞引起的损失。另外,一些与超冷分子相关的其他研究也需要制备纯的超冷分子样品。大部分对分子样品进行纯化的方法是有选择性地作用到原子上,且所用的时间一定要小于分子的寿命。

一种可行的纯化方法是充分利用原子和分子具有各自的磁矩且不相等的特点。如图 9.5 所示,我们可以用 Stern-Gerlach 方法使量子气体中的原子和分子样品在梯度磁场下分开[27][28]。这种方法通常被用于在空间中从光阱中释放的原子和分子气体。

利用一束共振光通过共振辐射压力也可以将俘获于势阱中的冷原子与分子样品分开,这是一种快速且十分有效的方法[29][53][57]。采用的激光频率与原子循环跃迁的能级共振,并允许连续的光子散射。在许多情况下,原子样品并非处于光学循环跃迁的基态上,一个用于转移的中间步骤需要被考虑。作为一个最简单的应用,光学泵浦过程只会对原子样品有作用,而对分子没有影响。另外,微波脉冲可以将原子转移到合适的塞曼子能级上。这种所谓的双共振方法具有很强的选择性,同时对系统的加热和分子的损耗可以达到最小化。

9.2.4 探测方法

一种非常有效的探测 Feshbach 分子的方法是将分子转换成原子对,然后用吸收成像[27][28]的方法对由分子离解形成的原子进行探测。从原则上讲,经上述的各种缔合方法形成的分子都可以经历一个相反的过程,该相反的过程则为对应的离解机制。

反向扫描 Feshbach 磁场是一个简单且通用的离解方法,如图 9.4(c)所示。通常情况下,反向扫描 Feshbach 磁场的速率比缔合磁场的扫描速率快。此时,分子束缚态转变成比原子阈值大的准束缚态,且很快离解成原子对,并将离解能转换为动能。反向扫描 Feshbach 磁场经常在自由空间进行,其扫描开始的时间为分子从俘获阱中释放的瞬间或者在分子从俘获阱释放后自由飞行一段时间(10~30 ms)。随着探测延迟时间的不同,利用吸收成像可以得到不同的信息。对于长时间的延迟,随着分子样品的扩散,可以获得分子样品的空间动量分布,因此吸收成像的图片中会包含与离解能[59]相关的信息。对于短时间的延迟，吸收成像的信息则仅反映了离解前分子的空间分布。

如果要快速并且有效地离解分子，那么就要求分子态和连续的散射态具有足够强的耦合。具有高转动量子数 ℓ 的分子态通常和连续的散射态有较弱的耦合，并且具有较高的离心势垒。Feshbach 共振产生的 $\ell=8$ 的 Cs_2 就是一个明显的例子（部分角动量量子数是偶数 $\ell=0,2,4,6,8$ 的分波，通常分别被定义为 s、d、g、i 和 l 波。角动量量子数为奇数 $\ell=1,3,5,7$ 分别称为 p、f、h 和 k 波[43]）。由于这些具有高转动量子数的分子不能够与处于连续态的原子有效耦合，所以它们的离解是被抑制的。目前，有两种方法可以探测这类分子：第一种方法是采用缔合方法的时间反演去离解（见 9.3.2 小节）[60]；第二种方法则是利用这类分子和高于阈值的 $\ell\leqslant 4$ 的准束缚态的交叉和混合进行强制离解[61]。

离解的方法也能够提供许多额外的光谱信息。如图 9.7 所示，由于 d 波共振[58]的存在会改变 $^{87}Rb_2$ 的离解方式。

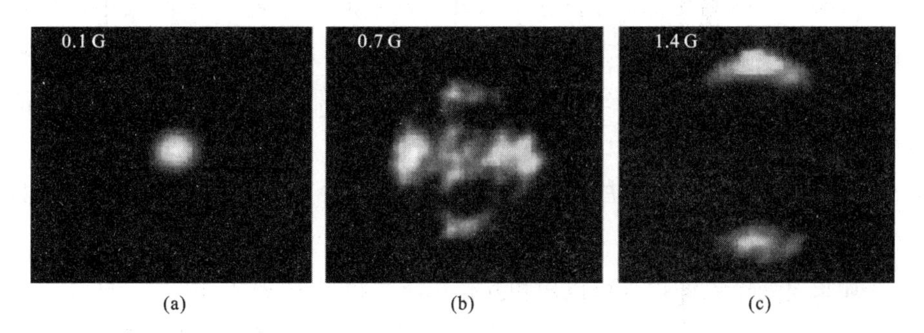

图 9.7　在 d 波势形共振附近离解 $^{87}Rb_2$ 分子。分子经离解后可以直接形成连续态的原子，也可以形成位于离心势垒后的 d 波势形共振态。(a)分子经直接离解后主要布居在具有各向同性的 s 波散射态上；(b)势形共振的情况，分瓣的原子团为 s 波和 d 波干涉的结果；(c)纯的出射 d 波。实验中所用到的磁感应强度参考于实验中分子离解时对应的磁场(引自 Volz，T. et al.，Phys. Rev. A，72，010704(R)，2005)

在 halo 区域下，分子可以直接利用成像进行探测[37][62]。对于 halo 分子，吸收成像的探测光的频率非常接近原子共振频率。假定第一个光子使分子离解成两个原子，然后这两个原子就可以吸收接下来的光子。对于异核分子，在宽的结合能范围内，直接成像是可以实现的，这是因为基态和激发态的分子势能都随着核间距的变化而变化，且对应的变化关系为 $1/R^6$，详细内容可以参考第 5 章。对于同核分子，激发态势能随着核间距的变化为 $1/R^3$[63]。

9.3 近阈值条件下的内态操控

在原子阈值以下,有很多分子态存在。这些分子态对应着不同的振动、转动和磁量子数,且位于与不同超精细态相关的势阱中。由于具有不同的磁矩,所以当磁场变化时,许多能级会发生交叉。能级回避交叉的原理具有普遍性,并且在很多物理领域得到了应用。在9.2节中,我们已经讨论了回避交叉在缔合分子中的应用。

在超冷分子领域,关于回避交叉的内容对描述分子的光谱和理解不同态的耦合机制起着重要的作用。同时,在回避交叉附近,如果某些分子态不能通过Feshbach共振得到,那么控制这些态之间的转换则为制备这些分子态提供了可能。

9.3.1 能级回避交叉

如果一个回避交叉能够很好地和其他任意的回避交叉分开,其中包括在近阈值附近来自连续散射态耦合导致的回避交叉,那么这种交叉就可以利用一个简单的二能级模型来分析。考虑两个非绝热的分子态 $\varphi_i(i=1,2)$,则依赖于磁场的束缚能 E_i 可以表示为

$$E_i(B)=\mu_i(B-B_c)+E_c \tag{9.3}$$

式中:μ_i 是磁矩;B_c 和 E_c 分别表示在交叉点处的磁场和能量(见图9.8)。

如果这两个态的耦合可以用相互作用哈密顿量 H 表征,即 $\langle\varphi_1|H|\varphi_2\rangle\neq 0$,那么这个交叉可以用绝热态来描述。为了得到两个态的能量,需要解下面的本征方程

$$\begin{pmatrix} E_1 & V \\ V & E_2 \end{pmatrix}\begin{pmatrix} \varphi_1 \\ \varphi_2 \end{pmatrix}=E\begin{pmatrix} \varphi_1 \\ \varphi_2 \end{pmatrix}$$

式中:$V=\langle\varphi_1|H|\varphi_2\rangle$ 表示两个绝热态之间的耦合强度,相应的绝热能量为

$$2E_{\pm}=(E_1+E_2)\pm\sqrt{(E_1-E_2)^2+4V^2} \tag{9.4}$$

E_+ 和 E_- 分别表示为处于回避交叉上、下的两个绝热能级,两个能级差的绝对值为

$$\Delta E=|E_+-E_-|=\sqrt{(\mu_1-\mu_2)^2\ (B-B_c)^2+4V^2} \tag{9.5}$$

可以得到,在交叉点处能级差的绝对值是耦合强度的两倍,即 $\Delta E(B_c)=2\ V$。

以 Cs_2 为例分析能级的回避交叉,其对应的近阈值光谱展现在图9.9中。

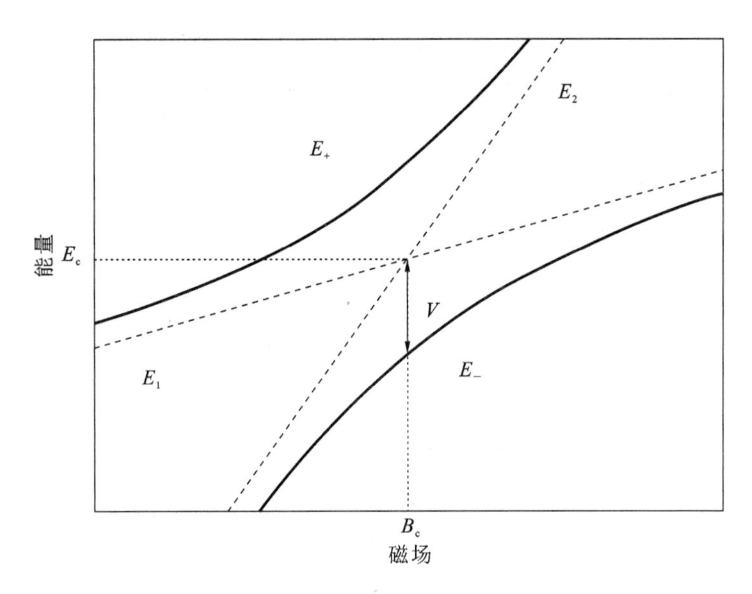

图 9.8 两个分子态之间的回避交叉原理。虚线表示了能量分别为 E_1 和 E_2 的非绝热态随磁场的变化，且存在一个交叉点 B_c。实线则表示了能量为 E_+ 和 E_- 的绝热态，这是由两个非绝热态经 V 耦合而形成的

这个分子光谱含有许多回避交叉，主要有两个原因：首先是密集的分子能级，由于较大的分子质量使得分子能级具有较小的振动和转动间隔，同时大的核自旋也导致很多亚超精细能级；其次是相对较强的自旋-自旋偶极相互作用和二阶自旋与轨道相互作用也耦合了其中的一些态。图 9.9 中大部分的交叉实际上都是回避交叉，作为例子，插图是一个局部放大图。这里，两个能级能够很好地被分开，因此简单的二能级模型能够很好地解释回避交叉。

人们可以利用不同的方法获得交叉位置 B_c 和耦合强度 V。通过释放势阱中的分子样品，测量磁场梯度对其影响就可以得到与磁矩相关的光谱。通过控制磁场梯度的开断，在分子团飞行一段时间后，飞行所能到达的位置则与其磁矩成正比。在回避交叉的区域，绝热分子态的磁矩随着磁场的快速变化而变化，这一技术已经被应用到绘制 Cs_2 的一些回避交叉能谱，如图 9.10(a)所示。另一种方法是利用两个绝热态之间射频激发直接测量 ΔE，如参考文献[64]所述的 $^{87}Rb_2$ 分子。

更为成熟的测量方法主要依赖于 Ramsey-type 干涉或 Stückelberg 干涉，并且这两种方法分别应用到了 $^{87}Rb_2$[64] 和 Cs_2[60] 的回避交叉中。在 Ramsey

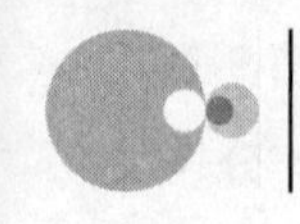

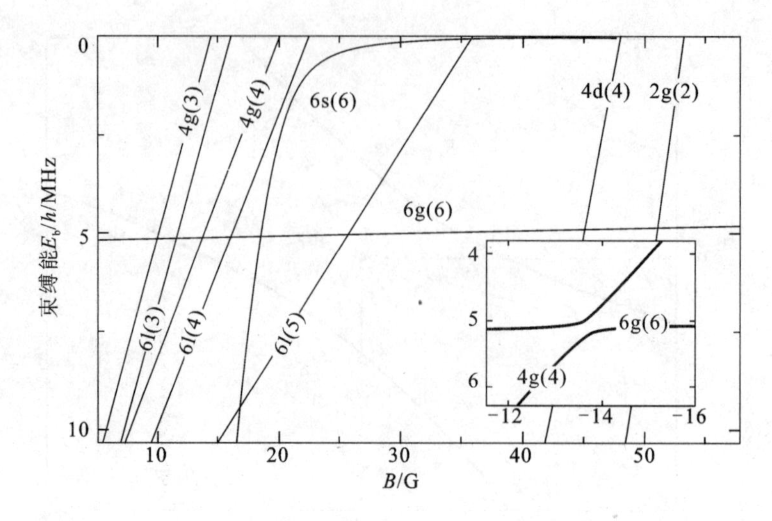

图 9.9　在两个自由的且处于超精细子能级上的 Cs 原子对应的阈值下的 Cs_2 分子的能级结构。位于阈值附近的分子态可以用量子数 $|f,m_f;\ell,m_\ell\rangle$ 来描述,其中 f 为各原子自旋 $F_{1,2}$ 的总和,ℓ 是转动量子数,相应的投影量子数分别为 m_f 和 m_ℓ。相互作用哈密顿量对应的 $f+\ell$ 为守恒量,且 m_f+m_ℓ 的值始终保持不变。例如,量子数为 $m_f+m_\ell=6$ 的原子对,经 Feshbach 缔合形成分子时,仅仅考虑量子数为 $m_f+m_\ell=6$ 的分子态。因此,量子数 $f\ell(m_f)$ 足以标定所形成的分子态。由于自旋-自旋偶极相互作用和二阶自旋-轨道相互作用,和 ℓ 分波相对应的转动量子数最高可以达到 $\ell=8$,如 Cs。插图展现了分子态之间的一个窄的回避交叉(引自 Mark,M. et al.,Phys. Rev. A,76,042514,2007.)

方法中,射频脉冲导致了绝热态的相干叠加,在第一个脉冲持续一段时间后,且第二个脉冲到来之前,测量一个分支态上分子的布居。分子的布居表现为随射频持续时间振荡的函数,相应的振荡频率为 $\Delta E/h$。在 Stückelberg 方法中,扫描磁场通过回避交叉点以获得相干叠加,详见 9.3.2 小节。扫描一段时间后反向扫描磁场,可以测量两个分支态上分子的布居,分子布居的谐振频率也是 $\Delta E/\hbar$。图 9.10(b)呈现了利用 Stückelberg 方法得到的非常窄的回避交叉。

9.3.2　分子光谱的研究

不同态的转换可以通过在回避交叉区域扫描磁场来实现。通过缓慢扫描磁场,分子的布居会随着绝热态的变化而变化,这被称为绝热扫描。如果磁场的扫描速率很快,分子不会经历绝热态之间的耦合,因此保持最初的状态,称为非绝热扫描。Landau-Zener 模型能够描述磁场扫描结束之后最终的分子态

分布。绝热转移的几率为

$$p = 1 - \exp(-\dot{B}_c / |\dot{B}|) \tag{9.6}$$

式中：$\dot{B}$ 表示线性的磁场扫描速率；$\dot{B}_c = 2\pi V^2 / (\hbar |\mu_1 - \mu_2|)$。

绝热过程要求磁场的扫描速率 $|\dot{B}| \ll \dot{B}_c$，而非绝热过程则要求 $|\dot{B}| \gg \dot{B}_c$
。

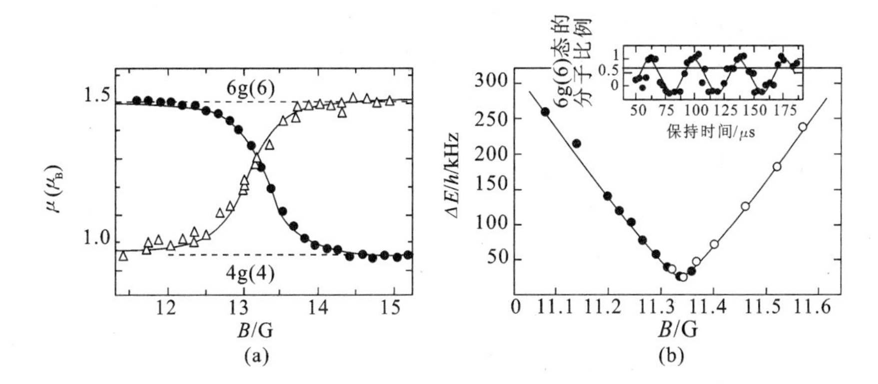

图 9.10　以 Cs_2 分子为例，用两种不同的方法去观测回避交叉现象。(a)两个分子态 6g(6)和 4g(4)回避交叉附近的磁矩谱，且磁矩作为一个磁场的函数被测量，获得的拟合参数为 $B_c = 13.29(4)$ G 和 $V = h \times 164(30)$ kHz(引自 Mark, M. et al., Phys. Rev. A, 76, 042514, 2007. 已获授权)；(b)两个回避交叉分子态 6g(6)和 6l(3)的 Stückelberg 干涉。实线是用方程(9.5)拟合的结果，所获得的拟合参数为 $B_c = 11.339(1)$ G 和 $V = h \times 14(1)$ kHz。插图：原始数据给出了一个在回避交叉点处分子处于 6g(6)态右侧能级的一个布居振荡(引自 Mark, M. et al., Phys. Rev. Lett., 99, 113201, 2007. 已获授权)

由于扫描磁场过程中没有耗散，越过回避交叉点对分子布居的操控是完全相干的。一个适中的磁场扫描速率可以导致处于两个分子态上的布居数产生相干分裂。Stückelberg 干涉描述了这一性质，以一个可变的扫描时间扫描磁场会通过一个回避交叉点，与其相应的在不同态上的分子布居有明显的振荡现象，如图 9.10(b)所示。这要求磁场的扫描速率为 1 G/μs 的数量级，相应的交叉耦合强度 $V \approx h \times 100$kHz。

通过扫描磁场越过回避交叉的技术，可以用来制备一些无法直接通过 Feshbach 共振形成的分子态，包括那些与原子阈值不交叉的态，如图 9.9 所示的 6g(6)态。与原子阈值交叉但具有高的转动量子数的分子态，其与原子连续

态的耦合较弱,同样也不能够产生 Feshbach 分子。例如,对于 $\ell>4$ 的 Cs_2 分子态,如图 9.9 所示的 l 波,就不存在 Feshbach 共振。在参考文献[57]和[61]中,描述了利用回避交叉的方法在 l 波的分子态上形成分子。作为一个例子,图 9.11 所示的为一种在 l 波分子态上产生分子的方法。

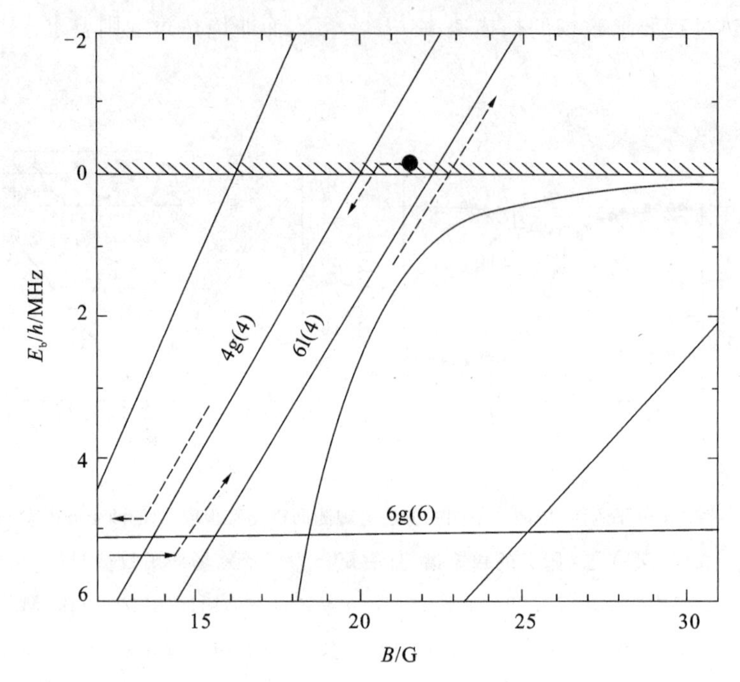

图 9.11 Cs_2 6l(4)态的布居机制。利用 19.8 G 处的 g 波 Feshbach 共振经缔合形成处于 4g(4)态上的分子,通过降低磁感应强度使 Feshbach 分子转移到束缚能更大的能态上。当束缚能约为 $h\times5$ MHz 时,通过回避交叉可以绝热地转移到 6g(6)态上。然后,快速地反向扫描磁场,在通过回避交叉点后,缓慢地向磁感应强度更大的方向扫描磁场以实现分子从 6g(6)态到 6l(4)态的转变。由于 6l(4)态对应有一个很大的离心势垒来抑制分子的离解,所以处于 6l(4)态上的分子具有高于原子阈值的能量(引自 Knoop,S. et al.,Phys. Rev. Lett.,100,083002,2008. 已获授权)

对于无法直接通过 Feshbach 共振得到的高于原子阈值的分子态,由于与原子连续态的耦合较弱,在这些态上的分子的离解受到了抑制,因此分子在这些态的布居与其寿命有关。通过研究分子样品的寿命发现,l 波分子态的寿命较长,大概为 1 s[61]。制备处于原子阈值之上的长寿命的 Feshbach 分子,为获得具有强关联的新颖的亚稳态提供了可能。

越过回避交叉点的方法实际上仅限于应用到能级分裂小于 $h\times200$ kHz

的情况。对于很强的回避交叉，快速扫描磁场难以实现越过回避交叉点，同时扫描磁场会有绝热过程发生，这导致不能直接对转移后的分子态进行选择。但是，在射频激发的辅助下可以实现态的选择[64]。对于$^{87}Rb_2$，当 Feshbach 共振磁感应强度从 1 kG 扫描到 0 时，磁场可以通过九个能级交叉点。这可以有效地制备束缚能为 $E_b = h\times3.6$ GHz 的分子。这种结合扫描磁场和射频激发的方法可以用来研究复杂的分子能级结构。这里，能谱可以作为一个“地图”，通过直接越过交叉点或者向左或向右调节以达到预期的目的。

9.4　halo 二聚体

在接近 Feshbach 共振处的分子束缚态是非常弱的束缚态，对应的分子可以变为 halo 二聚体。由于其具有普适的特性，halo 区域是令人非常感兴趣的，包括其内禀行为(见 9.4.1 小节)和少体相互作用特性(见 9.4.2 小节)，特别是其在 Efimov 物理背景下的特性(见 9.4.3 小节)。由费米子组成的 halo 二聚体的特性将在第 10 章深入讨论，该特性表明实现分子的玻色-爱因斯坦凝聚(mBEC)是可能的，在 9.4.4 小节中将以此为主题展开讨论。

9.4.1　halo 二聚体与其普适性

对于大的散射长度 a，Feshbach 分子进入了 halo 区域。在该区域中，分子的束缚能由方程(9.2)给出，它与磁场的依赖关系被展现在图 9.2 的插图中。halo 态可以用一个散射长度为 a 的有效分子势来描述。图 9.12(a)展现了一个典型的随着核间距 R 变化的 halo 分子波函数。halo 分子波函数表现出的属性可以被扩展到更远的经典禁区，这也正是 halo 态具有普适性的核心含义。halo 分子波函数的渐近形式与 $e^{-R/a}$ 成正比，其中两个原子间的平均距离为 $a/2$(可参见 11.5 节)。

在 halo 区域下，散射长度 a 比两体势能所对应的范围大很多。对于处于基态的碱金属原子，其特征范围可以用范德瓦尔斯长度 $R_{vdw}=1/2\ (2m_rC_6/\hbar^2)^{1/4}$ 来表示，其中 C_6 为范德瓦尔斯色散系数(参见第 6 章和第 10 章)；对应的范德瓦尔斯能量为 $E_{vdw}=\hbar^2/(2m_rR_{vdw}^2)$。因此，一个分子是否为 halo 二聚体可依据标准 $a\gg R_{vdw}$ 与 $E_b\ll E_{vdw}$ 来判定。表 9.1 给出了一些分子的范德瓦尔斯势的特征参数，其中 R_{vdw} 是以玻尔半径 $a_0=0.529\times10^{-10}$ m 为单位来表示的。

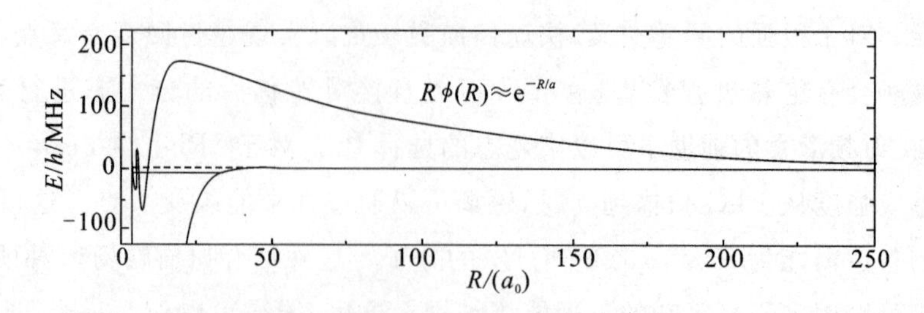

图 9.12　halo 二聚体的径向波动方程,其中 R 是两原子之间的距离,并将其延伸至经典禁区内,对应的波动方程与 $e^{-R/a}$ 成正比。该波动方程是在 Lennard-Jones 势的前提下计算的,且 $m_r=3$ amu[65]。在 halo 区域下,通过调谐势阱的深度,可以获得最大振动能级为 $v=5$

halo 区域对应的普适区为 $a>0$,其普适性的概念为:任意物理系统在 $|a|$ 远大于具有相互作用的范围时,其表现出的性质都可以由 a 来决定,因此所有的这些系统都表现出相同的普适行为[66]。在普适区域内,通常不考虑短程相互作用,因为波函数的长程性质决定了所有的物理性质。halo 二聚体在正极大值 a 处的存在证明了两体物理的普适性[67]。halo 态在核物理中已经被广为知晓,氘核就是一个显著的例子。在分子物理中,氦的二聚体多年来一直被作为 halo 态的主要例子。具有 halo 特性的 Feshbach 分子与其他 halo 态相比极为特殊,这是由于它们可以通过磁场进行控制。特别是,我们可以扫描磁场从 halo 二聚体的普适区域到非 halo 的 Feshbach 分子所对应的非普适区域。

表 9.1　所选例子的范德瓦尔斯特征范围 R_{vdw} 和能量 E_{vdw}

	$^{6}Li_2$	$^{40}K_2$	$^{40}K^{87}Rb$	$^{85}Rb_2$	$^{133}Cs_2$
$R_{vdw}/(a_0)$	31	65	72	82	101
E_{vdw}/h/MHz	614	21	13	6.2	2.7

通常来说,每个 Feshbach 共振都有一个对应 halo 区域。然而,实际上只有少数几个共振适合在实验上对其区域进行研究。这些共振具有很大的线宽 $|\Delta|$(典型的远大于 1 G)和背景散射长度 $|a_{bg}|$(大于 R_{vdw})[41][42]。典型的例子可在双费米子系统 ^{6}Li 和 ^{40}K,以及玻色系统 ^{39}K、^{85}Rb 和 ^{133}Cs 中找到,在 11.5 节将深入讨论这一问题。

halo 二聚体的另一个普适特性是其自发离解,这种情况下对应的原子都不在其最低的内态，且处于具有弛豫过程的开通道时才可能发生。在 halo 区域下，离解率系数为 a^{-3}，并在 $^{85}Rb_2$ 分子中已经被实验证实[68]，这可以通过比较大的 halo 二聚体波函数的直接结果来理解[69]。

9.4.2 碰撞特性与少体物理

普适性的概念已经从两体物理拓展到少体物理中，包括 halo 二聚体的低能散射特性。非弹性碰撞性质是非常重要的，因为非弹性碰撞经常导致俘获损耗，并决定了俘获的 halo 二聚体样品的寿命。同样地，它们作为一种常规的实验观测对象来研究少体物理。大体来讲，二聚体的损耗由以下几率方程来描述：

$$\dot{n}_D = -\alpha n_D^2 - \beta n_D n_A \tag{9.7}$$

式中：α、β 分别是二聚体-二聚体和原子-二聚体间碰撞的损耗率系数；n_A（n_D）为原子（分子）的密度。

在非普适区域中，Feshbach 分子的快速俘获损耗现象已经被观察到，α 与 β 为 $10^{-11}\sim10^{-10}\,cm^3/s$ 的数量级（参见 3.3 节）。损耗系数 α 可以很方便地通过采用一个纯分子样品测量获得。为了获得 β 值，需要一个原子-二聚体的混合物，实验中通常需要原子数远远超过分子数，只有这样才可以获得理想的结果。

在普适区域中，α 与 β 简单的比例关系可以被推导出来。对于两个全同玻色子组成的 halo 二聚体，β 随 a 线性变化[70][71]，导致在 Feshbach 共振附近出现显著增强的二聚体损耗。相反地，对于由两个处于不同自旋态的费米子组成的 halo 二聚体，得到了分别与 α 和 β 对应的关系为 $a^{-2.55}$ 与 $a^{-3.33}$[44]，而这与在 Feshbach 共振附近的分子样品的碰撞稳定性相关，如 9.2.1 小节所讨论的。普适的标度律在其他原子-二聚体系统中同样适用[52][72]，同时原子样品中相关的三体复合问题也已被证实[71][72]。

非弹性二聚体-二聚体散射表现为一种基本的四体过程。对于四个全同玻色子，由于四体问题相比三体问题更具挑战性，因而对普适性的假设到目前为止还没有完全被实验证实。实验上可以采用在全同玻色子组成的 halo 二聚体的纯分子样品中测量 α 值的方案来研究这一过程，目前在 Cs_2 中已经开展了相关研究工作[73]。如图 9.13 给出的结果，表明了 α 值对散射长度有很强的依赖关系。在散射长度大约为 $500a_0$ 处观察到 α 的一个显著的最小损耗，随后 α

值随散射长度 a 线性增大。目前还无法解释这一奇特的行为,这也进一步激励对于四体问题的理论研究。

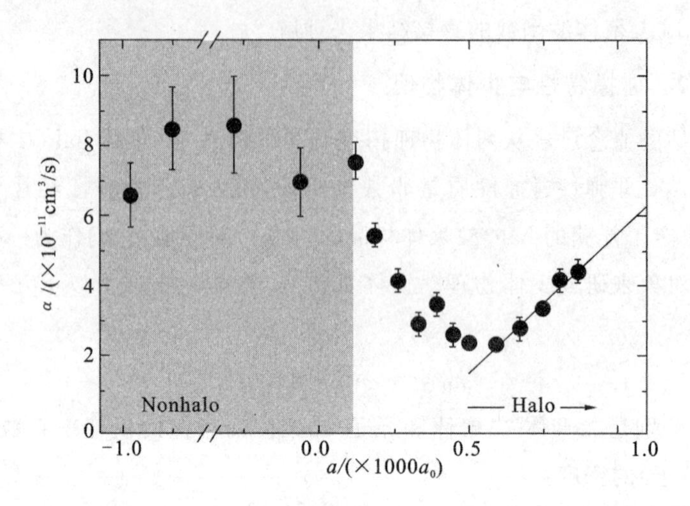

图 9.13　halo 二聚体之间相互作用的实验研究。对于光阱中俘获的纯的 Cs 的 Feshbach 分子,测量了非弹性二聚体-二聚体的散射弛豫率系数随着散射长度 a 的变化。实验充分利用了 Cs 原子在很大范围内可调谐的散射长度,尤其在 halo 区域下。实线是在 $a \geqslant 500a_0$ 的范围内对实验数据的线性拟合。对应的阴影部分为 $a < R_{vdw}$ 的区域,且 Feshbach 分子不处于 halo 态(引自 Ferlaino, F. et al., Phys. Rev. Lett., 101, 023201, 2008. 已获授权)

对于弹性散射,普适的标度律已经在费米子组成的 halo 二聚体中被证实。原子-二聚体和二聚体-二聚体散射长度分别以原子-原子的散射长度 a(即 $1.2a$[74] 和 $0.6a$[44])定标。因此,弹性散射截面正比于散射长度的平方,且在 halo 区域中有很大的值。这直接导致原子-二聚体的混合物以及纯二聚体样品中会出现快速碰撞而被加热的现象,从而为实现分子的蒸发冷却提供了可能。对于玻色子组成的 halo 二聚体,其少体问题更为复杂,而且对于其弹性散射性质的普适性理论研究也尚属空白。

9.4.3　Efimov 三体束缚态

三个全同玻色子[75][76]组成的 Efimov 量子态,是少体物理中的一个范例。由于其奇异和反常的特性,这对于实验物理学家来讲是一个一直困惑了 35 年的现象,Efimov 态吸引了人们相当大的兴趣。2006 年,Efimov 态在超冷铯原子气体中被实现并报道[77]。在超冷量子气体的背景下,Efimov 物理展现出其三体衰变特性,如三体复合中的共振以及原子-二聚体的弛豫损耗率。考虑到 9.4.2 小节的普适标度律,这些共振特性出现在非共振"背景"散射行为的顶部。

图 9.14 说明了 Efimov 的物理图像,显示了三体系统的能量作为散射长度倒数 $1/a$ 的函数。对于 $a<0$,三体离解阈值处于零能位置。下面的态为三聚体态,上面的态为三个自由原子的连续态。对于 $a>0$,离解阈值由 halo 二聚体的束缚能给定;在该阈值处,一个三聚体离解为一个 halo 二聚体和一个原子。Efimov 预言了一个普适性的弱束缚三聚体态。当散射长度随普适比例因子 e^{π/s_0} 增大时,一个新的 Efimov 态便随之产生,该态仅随这一因子变大,并且拥有与因子 $e^{2\pi/s_0}$ 相关的弱束缚能。对于三个全同的玻色子,$s_0\approx1.00624$,所以对应散射长度和束缚能的比例因子分别为 22.7 和 $22.7^2\approx515$。对于 $a<0$,Efimov 态为"Borromean"态[67],这意味着在弱束缚两体态缺失的情况下存在一个弱束缚的三体共振态。三个原子结合在一起,却没有成对地束缚,这一特性也是 Efimov 态奇异特性的一部分。

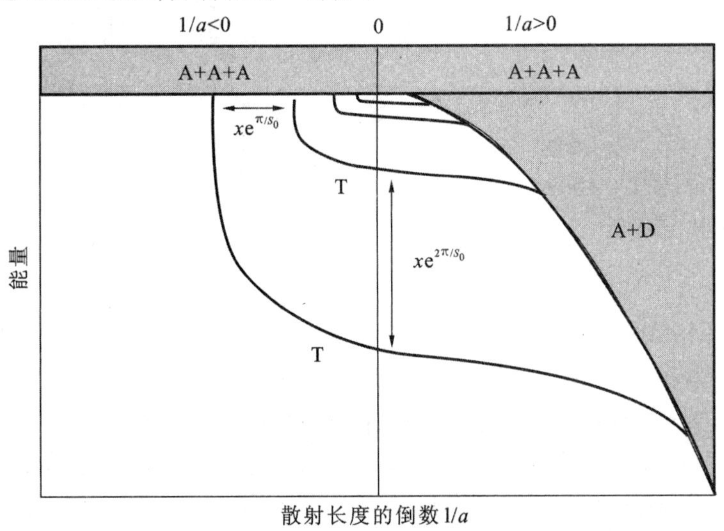

图 9.14 在 Efimov 区域内,有一系列无穷多的弱束缚三聚体对应的 Efimov 共振态存在,其散射长度和束缚能呈现出对数周期性,且分别具有普适性的比率系数 e^{π/s_0} 和 $e^{2\pi/s_0}$。图中所示束缚能是两体散射长度倒数 $1/a$ 的函数。图中灰色的区域表示处于连续散射态的三个原子(A+A+A)和对应的一个原子与一个 halo 二聚体(A+D)。为了在图中能显示存在一系列的 Efimov 态,具有普适性的比率因子通常被设定为 2

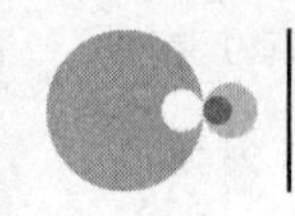

Efimov 三聚体改变了三体散射特性。当一个 Efimov 态与连续阈值在 $a<0$一侧相交时,三体复合带来的损耗将会增强。此时,三个原子向一个 Efimov 态的共振耦合开通了快速衰变通道,使其形成紧束缚二聚体加一个自由原子。这样一个 Efimov 共振已经在超冷铯原子气体中被观察到[77]。对于 $a>0$,同样的现象也被预言,在 Efimov 态与原子-二聚体对应的阈值[81][82]相交处,原子-二聚体的散射共振发生。β 的共振增强在 Cs 原子与其 halo 二聚体的混合体中也被观察到[78],如图 9.15 所示。共振的不对称性可以解释为背景散射行为,随着散射长度 a 的增大呈线性增大。

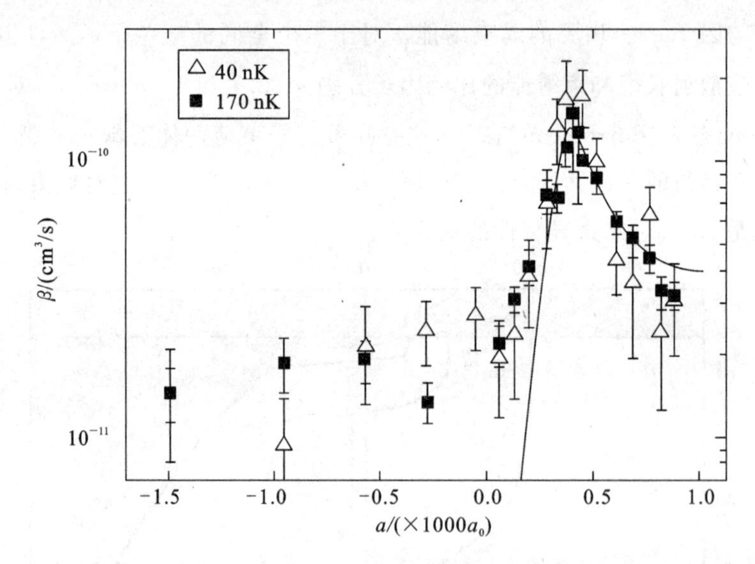

图 9.15　光阱中超冷 Cs 原子和 Cs_2 二聚体间散射共振的测量。像图 9.13 一样,充分利用了 Cs 原子有一个可以在很大范围内调谐的散射长度。原子-二聚体对应的弛豫损耗率系数分别在温度为 40(10) nK 和 170(20) nK 的情况下获得。在散射长度为 $+400a_0$ 处(对应的磁感应强度为 25 G),有一个很强的共振信号。实线为基于场论[66]的解析模型对 $a>R_{\mathrm{vdw}}$ 范围内的实验数据的拟合(引自 Knoop, S. et al., Nature Phys. (in press, 2009), http://arxiv.org/abs/0807.3306 已获授权)

Efimov 态不仅影响了三个全同玻色子的散射特性,而且影响了任意三体系统。有趣的是,由于不同组分的质量比和粒子的统计特性,比例因子 e^{π/s_0} 可以远远小于 22.7,这有助于在未来的实验中观察到更多的 Efimov 共振现象[83]。

9.4.4 分子玻色-爱因斯坦凝聚

从简并的费米气体出发制备分子的玻色-爱因斯坦凝聚，在超冷量子气体领域备受关注。实验上已经在超冷费米气体中实现了^{6}Li 和^{40}K 的分子玻色-爱因斯坦凝聚，这成为一个极好的起点来研究所谓的 BEC-BCS 渡越以及强相互作用费米气体的特性[18][20]。Feshbach 的 mBEC 的实现只能在 halo 区域才可以进行，这里的碰撞是最有效的(见 9.4.2 小节)。

由^{6}Li 原子的两个最低的超精细态组成的自旋混合态，是通往 mBEC 最简单的路径[36]。在光学偶极阱中，我们可以在 Feshbach 共振附近的 halo 区域中采用恒定磁场通过蒸发冷却来获得 BEC。在蒸发冷却的初始阶段，超冷气体为纯原子样品，那么分子可以通过三体复合来获得(见 9.2.2 小节)。随着温度的降低，原子-分子的平衡态则会倾向于形成分子，这样一个纯的分子样品可以经冷却形成 BEC。在这个过程中，对应的弛豫损耗被极大抑制，同时极大的原子-二聚体和二聚体-二聚体的散射长度有助于实现高效的蒸发冷却过程。采用这种方法，可以获得凝聚比率超过 90%的 mBECs。

在^{40}K 的实验中采用了不同的方法来获得 mBEC[35]。对于^{40}K 的费米气体，halo 二聚体相对不稳定，其损耗不利于短程的三体相互作用。因此，样品首先被冷却到 Feshbach 共振点之上，在这里散射长度 a 很大，而且为负值，从而获得一个深度简并的费米原子气体。随后在 Feshbach 共振位置附近扫描磁场，将分子样品转变为部分凝聚的分子云。图 9.16 显示了^{40}K 的 mBEC。

对于大的 a 值，halo 二聚体的大小开始与粒子间的间距相等，由费米子组成的原子对的特性开始由多体物理来决定。对于 $a<0$，两体物理不再支持弱束缚的分子态，此时的原子对具有多体效应。特别地，在共振 $a<0$ 的一侧，即弱相互作用的极限处，原子对可以通过 BCS 理论来理解，该理论是在 20 世纪 50 年代研究超导问题时发展起来的。这里，费米对常称为 Cooper 对。BEC-BCS 的极限可以很自然地在气体的强相互作用区域联系起来。BEC-BCS 渡越在多体量子物理中引起了很大的关注[18][20][84]。对于这一挑战性问题的理论描述是极为困难的，已经发展了多种方法来解决这个物理问题。利用可控的费米气体已经成为一个很独特的实验平台来研究与 BEC-BCS 渡越的相关问题。

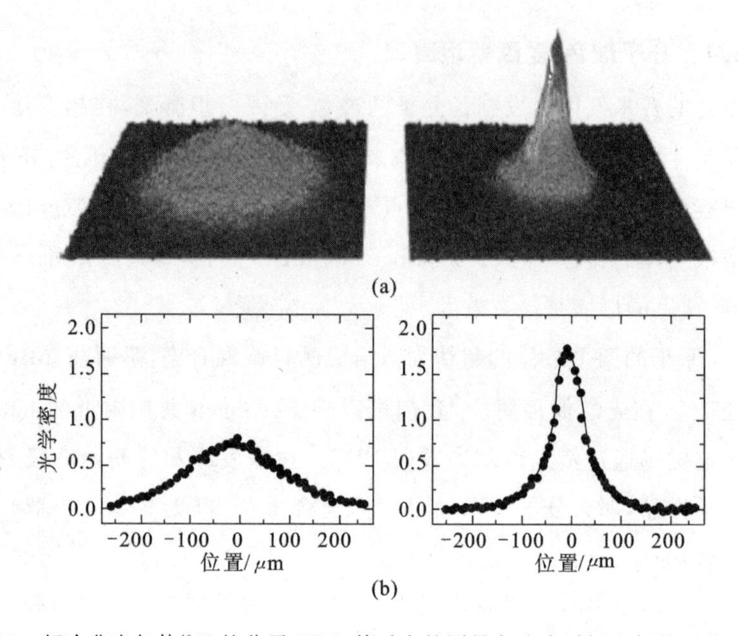

图 9.16　超冷费米气体^{40}K 的分子 BEC,其对应的测量方法为时间飞行的吸收成像法。(a)冷分子密度在二维平面上的分布;(b)散射截面沿一个方向的变化。首先将费米气体冷却到 19%的费米温度下,然后扫描磁场经过 Feshbach 共振位置形成分子,但对应形成的分子的温度相对还是比较高。在图(a)和(b)左边的两个图中可以看出没有出现 mBEC。但是,当费米气体冷却到 6%的费米温度下,通过扫描磁场可以形成 Feshbach 分子,其相应的结果分别展现在图(a)和(b)右侧的两个图中。这里有 12%的分子样品形成分子的玻色-爱因斯坦凝聚(引自 Greiner,M. et al. ,Nature,426,537,2003. 已获授权)

9.5　基态分子的制备

超冷基态分子与现有的原子量子体系相比有着更为复杂的相互作用,因而对于新奇量子系统有巨大的研究价值。对于分子系统的实验研究,碰撞稳定性是一个重要的前提。这使得处于振转基态的分子成为一个首选,因为振动弛豫在能量上被彻底抑制。

以二聚体稳定的 BEC 为起点,来合成由更多复杂组分构成的分子玻色-爱因斯坦凝聚。一个特别的研究动机源自于异核二聚体分子具有极大的电偶极矩(见第 2 章)。这对应为长程的偶极-偶极相互作用,由于其各向异性的特点,因而可以通过电场来操控。因此,人们可以预见很多丰富多彩的现象,包括对物理概念的挑战和有趣的实验现象。目前,人们已经提出了很多的研究方案,从对新奇量子相位的研究与对凝聚态系统的量子模拟(见第 12 章)到基础物理的探测(见第 15 章和第 16 章)以及量子信息处理等(见第 17 章)。

受激拉曼绝热转移方法作为一个高效的途径实现了相干转移原子对或者 Feshbach 分子到更深的分子束缚态,并已经获得了极大的关注[85]。该方法不会对分子样品加热,因而提供了一个高的转移效率,使得超冷气体所具有的很高相空间密度得以保持不变。为了制备具有碰撞稳定性的基态分子的量子气体,国际上很多小组正在对此进行积极地探索。

9.5.1 受激拉曼绝热通道

受激拉曼绝热通道(STIRAP)的基本思想是在两个量子态间实现布居的转移,其可以通过构造一个相干双光子拉曼跃迁实现,并涉及转移过程中一个相干的暗态。关于其原理的具体描述以及之前应用的概述,读者可以见参考文献[86]。

我们考虑一个三能级的系统,其中 $|a\rangle$ 和 $|b\rangle$ 分别代表两个不同的基态能级,$|e\rangle$ 为电子激发态,如图 9.17 所示。激光 1(2)耦合态 $|a\rangle$($|b\rangle$)到态 $|e\rangle$,而拉比频率 Ω_1(Ω_2)表征了相应的耦合强度[87]。拉比频率定义为 $d \cdot E/h$,其中 E 为激光场的电场幅度,d 为偶极矩阵元。态 $|a\rangle$ 和 $|b\rangle$ 的寿命较长,而激发态 $|e\rangle$ 则可以经过自发辐射后转变为更低的能态。

这样一个相干耦合的三能级系统的关键特性在于一个暗态 $|D\rangle$ 作为该系统的一个本征态的存在,该暗态通常在两个激光有相同的共振失谐时出现,也就是双光子失谐为 0。这个态称为暗态的原因是:由于其可以从激发态 $|e\rangle$ 退耦合,因而不受辐射衰变的影响。该暗态可以理解为态 $|a\rangle$ 和 $|b\rangle$ 的相干叠加:

$$|D\rangle = \frac{1}{\sqrt{\Omega_1^2 + \Omega_2^2}}(\Omega_2 |a\rangle - \Omega_1 |b\rangle) \tag{9.8}$$

这样就不会涉及激发态 $|e\rangle$。

受激拉曼绝热通道的主要思想是:系统始终保持在暗态,同时缓慢改变拉比频率 Ω_1 与 Ω_2,这就避免了来自激发态 $|e\rangle$ 的自发辐射对应的散射行为导致的损耗[88]。这就使人们感觉像常规的双光子拉曼跃迁一样,首先通过应用激光 1,然后利用激光 2 来实现转移。受激拉曼绝热转移实际上采用的是一种相反的激光脉冲时序,其中激光 2 首先被开启。最初,粒子只被布居到态 $|a\rangle$,如图 9.17(a)所示;这对应于只有激光 2 引起的暗态 $|D\rangle$。此时,如果缓慢地引

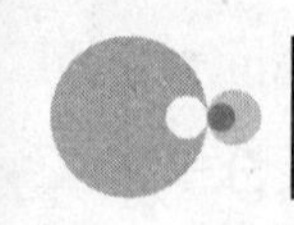

入激光 1,暗态 $|D\rangle$ 开始演化为态 $|a\rangle$ 和 $|b\rangle$ 的叠加态(见图 9.17(b))。通过绝热地减小激光 2 的功率,并增强激光 1 的强度,叠加态的特性将会发生变化,该混合态中态 $|b\rangle$ 的成分会增加(见图 9.17(c)、(d))。当最终激光 1 开启、激光 2 关闭后,粒子数的布居完全转移到态 $|b\rangle$ 上(见图 9.17(e))。这一绝热通道充分利用了暗态 $|D\rangle$,因而不会涉及辐射衰变的激发态 $|e\rangle$。这里需要注意的是,两个激光场需要具有相干的相位,这是受激拉曼绝热通道最基本的要求。此外,相干时序是可以时间反演的,从而可以实现由态 $|b\rangle$ 向态 $|a\rangle$ 的转移。

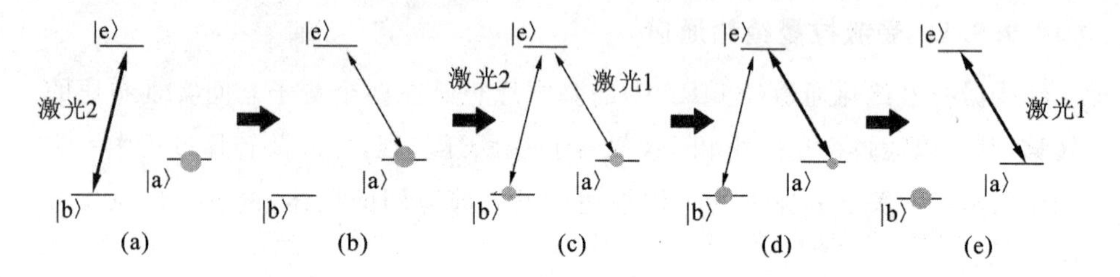

图 9.17 受激拉曼绝热通道的基本原理。在将样品从态 $|a\rangle$ 转移到态 $|b\rangle$ 的过程中,分子始终布居在一个暗态上(见方程(9.8))。初始的拉比频率分别为 $\Omega_2=1$ 和 $\Omega_1=0$,随着能态的转移其拉比频率分别变为 $\Omega_2=0$ 和 $\Omega_1=1$

9.5.2 受激拉曼绝热通道实验

在制备具有碰撞稳定性的基态分子的量子气体实验中,初始 $|a\rangle$ 态的布居为 Feshbach 分子,而 $|b\rangle$ 态则是深束缚的分子态。在选取分子激发态 $|e\rangle$ 时,必须满足两个条件。首先,为了获得两个足够大的光学拉比频率 Ω_1 和 Ω_2,分子激发态 $|e\rangle$ 必须同时与态 $|a\rangle$、态 $|b\rangle$ 都有足够强的耦合,具体表现为除了在特定波长下足够强的激光场外,还要有耦合很强的偶极矩阵元。同时,能态 $|e\rangle$ 需要很好地和其他激发态区分开,这是由于这些态间的耦合会破坏相干叠加态的暗态性质。

在同核 $^{87}Rb_2$[89] 和异核 $^{40}K^{87}Rb$[90] 分子的实验中已经验证了这个原理,分子可以在一个或更多的振动量子态之间转移。其中,$^{87}Rb_2$ 分子的受激拉曼绝热通道是从 Feshbach 分子开始的。为了确定和优化实验参数,首先必须对"暗共振"做一详尽的研究(见图 9.18)。受激拉曼绝热通道可以有效地将分子从最低的束缚振转能级($E_b=h\times 24$ MHz)转移到倒数第二个振转能级($h\times$ 637 MHz),其效率接近于 90%。在异核 $^{40}K^{87}Rb$ 分子的实验中,受激拉曼绝热通道可以获得束缚能高达 $h \times 10$ GHz 的基态分子。

随着后续实验的进行，可以获得更深束缚态的分子，特别是三重势和单重势中的振转基态分子。为了连接受激拉曼绝热通道中的巨大的能级范围，在实验技术和物理原理方面都受到了很大的挑战。特别是考虑光学拉比频率时，光学跃迁矩阵元成为一个重要的因素。在分子物理中，Franck-Condon 原理指出光学跃迁不能够改变原子对的核间距。因此，分子基态与激发态波函数的交叠被定义为 Franck-Condon 因子，并包含在跃迁矩阵元中。为了寻找大的 Franck-Condon 因子，基于简单的经典论证，可以给出一个通用的经验法则。波函数所对应的最大值出现在特定分子势能中经典振荡运动的转折点处。当经典转折点对于基态和激发态近似一致时，对应的光学跃迁可以得到一个大的 Franck-Condon 因子。

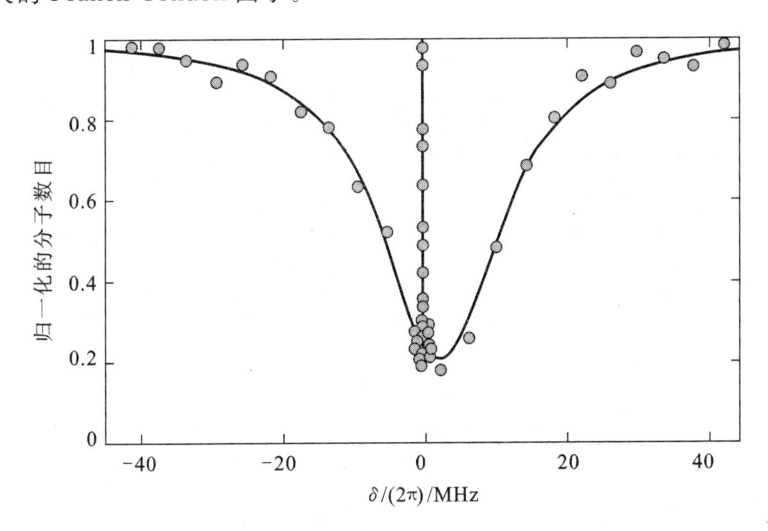

图 9.18　对 $^{87}Rb_2$ 的 Feshbach 分子的两个振动能级相干叠加所形成暗态的实验测量。同时打开两个激光场，激光 1 的频率可变，而激光 2 的频率保持不变。这样，我们可以改变对应双光子跃迁的失谐。分子在激发态 $|e\rangle$ 上的布居会造成一个很强的背景损耗，这主要因为处于激发态的分子经自发辐射可以形成其他振动态的分子，且具有对应于单光子跃迁的线宽。如果双光子共振的条件为 $\delta=0$，那么在一个很窄的频率范围内将会出现损耗抑制现象，这说明了对激发态的退耦合。根据实验的相关参数可以用一个三能级系统来模拟该实验现象。实际上，暗态的研究是应用 STIRAP 的一个重要步骤(引自 Winkler，K. et al.，Phys. Rev. Lett.，98，043201，2007.)

在实验上已经获得了束缚能约为 $h \times 32$ THz 的 $^{133}Cs_2$[91] 分子。以此为契机，实验开始时制备了束缚能为 $h \times 5$ MHz 的弱束缚态 $|a\rangle$ 的 Feshbach 分子样品。这里采用的是标准的制备和纯化的方法，正如在 9.2 节中描述的那样。为了选取一个合适的激发态 $|e\rangle$，需要寻找一个 Franck-Condon 因子很大的跃迁，如图 9.19(a)所示，竖直箭头表明在该核间距处会有最大几率的波函数叠加。图 9.19(b)所示的为实验中所用到的时序，在受激拉曼绝热通道的第一个脉冲序列中，分子在 15 μs 从态 $|a\rangle$ 转移到态 $|b\rangle$。在态 $|b\rangle$ 保持一段时间之后，经过一个时间反演的受激拉曼绝热通道脉冲序列，深束缚态的分子被再次转移为 Feshbach 分子。该 Feshbach 分子随后被离解，并通过吸收成像技术进行探测。图 9.19(c)中的实验结果表明，65％的初始原子样品在经历一个完全的双受激拉曼绝热通道脉冲序列后再次出现，表明单次受激拉曼绝热通道的效率可以达到 80％。

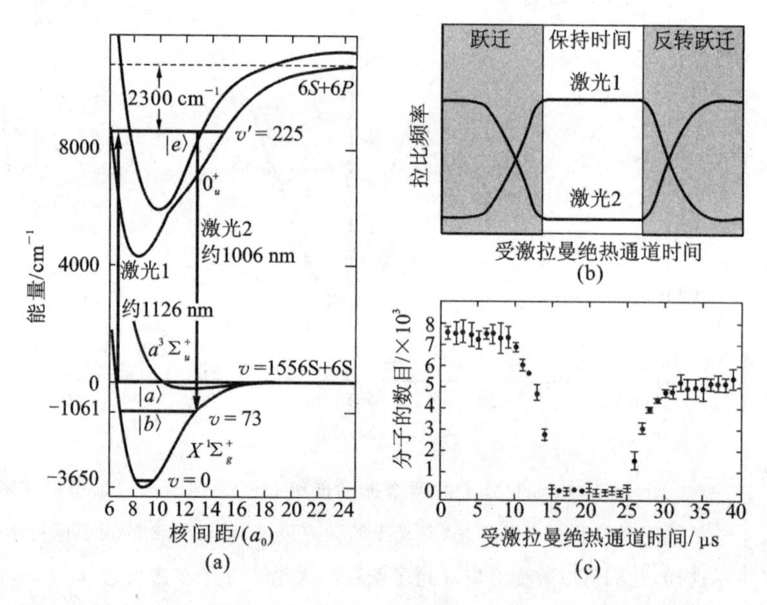

图 9.19 超冷 Cs 的 Feshbach 分子的受激拉曼绝热通道实验。(a)相关的分子势能曲线以及在实验中需要用到的能级，竖直的箭头为对应光学跃迁，其位置说明了对应原子核间距，在经典转折点处有最大的 Franck-Condon 耦合；(b)在一个激光脉冲序列中对应拉比频率的变化；(c)实验结果展现了在双 STIRAP 序列中，分子在 $|a\rangle$ 态的布居是时间的函数(引自 Danzl, J. G. et al., Science, 321, 1062, 2008. 已获授权)

最近,在制备振转基态分子的三个不同实验中,再次取得突破。在参考文献[92]中,处于三重势($E_b = h \times 7.2$ THz)和单重势($h \times 125$ THz)的基态极性 $^{40}K^{87}Rb$分子在实验上被获得。参考文献[93]中也获得了处于三重势($h \times 7.0$ THz)中的振转基态的同核$^{87}Rb_2$分子。进一步地,在参考文献[94]中,实验上成功制备了处于单重势($h \times 109$ THz)中的振转基态$^{133}Cs_2$分子。

实验上成功制备$^{40}K^{87}Rb$分子也证明了 Franck-Condon 理论的重要性。最初,我们或许会惊讶在单次的受激拉曼绝热通道中所涉及的单重基态会有如此大的束缚能量差。这里,关键在于找到一个合适的分子激发态$|e\rangle$,它提供了一个和 Feshbach 分子态具有强耦合的经典临界隧穿点。对应的内部临界隧穿点处的核间距正好与处于振转基态分子的核间距一致。如果没有找到合适的激发态,在受激拉曼绝热通道中将不可能获得较高的跃迁转换率。参考文献[85][94]中,受激拉曼绝热通道引入了两个不同的激发态,希望能提出一个通用的方法可以将任何同核或异核的 Feshbach 分子有效地转换成基态的分子。

9.6 展望和总结

对于冷分子相关研究的快速发展而言,用 Feshbach 共振产生超冷分子对于研究超冷量子物质起到了十分重要的作用。在这一章,我们阐述了研究冷分子的一些基本实验方法以及今后该领域的一些主要发展方向。在最后的章节中,简要介绍了一些尚未报道的发展方向,以期望在该研究领域的概述中增加更多令人感兴趣的内容。

当利用 Feshbach 共振在光晶格中获得超冷分子时,凝聚态物理中许多令人疑惑的现象可能被观测到,在这个具有空间周期性的环境中,Feshbach 分子可以作为两个很好的相干可控的原子源,或者作为一种检测原子对相干性的有效工具。最近的一个实验[95]演示了在一个三维光晶格中的 Feshbach 分子,通过一个外加的扫描磁场,使得束缚态的分子经离解限后形成“排斥的束缚原子对”,这些原子对在晶格的不同位置相互靠近并跳跃。这种反常现象主要因为晶格的能带隙无法提供用来支撑一个能态的相互作用能。

另一个凝聚态物理学中的精彩例子是每一个晶格恰好对应一个 Feshbach 分子的量子态,如图 9.20 所示。这个态的熵逐渐消失并与 Mott 绝缘态很类似[96]。它为强相关多体态的实验(见第 12 章)和量子信息处理(见第 17 章)以

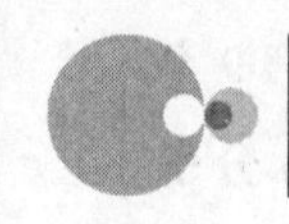

及在内部基态上的分子玻色-爱因斯坦凝聚的产生[85]提供了一个很好的起点。在后一种情况下,基本思想是将具有碰撞不稳定性的 Feshbach 分子转化为处于振转基态的稳定的分子。这样就不再需要用光晶格将分子样品彼此分开,通过缓降光晶格势阱实现有序态的动力学混合,最终可能形成 mBEC。

在低维俘获系统中,也可以观察到与 Feshbach 分子相关的新奇现象,如在二维光晶格中实现的一维管道。这里,与在自由空间的情况刚好相反,对于负的散射长度,也存在一个两体束缚态[97]。低维势阱还为产生强关联多体效应提供了一个非常好的环境。反直觉地,Feshbach 分子对非弹性衰变的灵敏特性,可以抑制损耗并形成一个稳定的关联态,这被俘获在一维势阱中的$^{87}Rb_2$分子的实验所证实[98]。

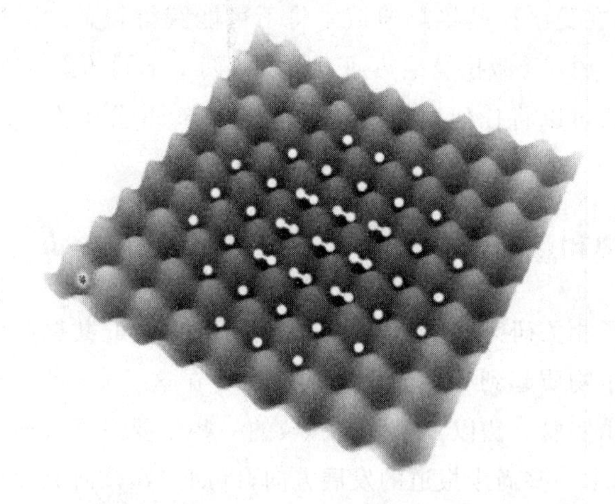

图 9.20　光晶格中位于每个格点上的分子有一个对应的量子态。在三维光晶格的中心区域内,每个格点处都会有一个处于振动基态的分子出现。这里,实验上对应为$^{87}Rb_2$的 Feshbach 分子(引自Volz, T. et al., Nature Phys., 2, 692, 2006.已获授权)

各种超冷原子的混合物为超冷异核分子提供了一个广阔的平台,目前正在探索一些不同的组合,包括由玻色子和费米子组成的系统。超冷费米子和费米子的系统则提供了一个完全不同的领域,人们最近成功实现了^{6}Li和^{40}K[99][100]形成的分子,在类似系统中形成的分子为玻色子,它在多体物理背景下,可以形成新型的原子对关联态与新奇的强相互作用的费米流体。

另一个有趣的问题是比双原子分子更复杂的超冷分子能否产生。为了实现这个目标,需要观察超冷二聚体间的散射共振。这里,观察了在光学阱中的$^{133}Cs_2$分子样品的碰撞衰变,发现超冷双原子分子经共振耦合形成四聚体[101]。

在本章介绍的所有例子突出了当前在接近量子简并条件下可以完全控制各种超冷分子的内部和外部自由度,并取得一个很伟大的进步。这将很快开启许多新的应用,包括从高精度测量和量子计算到少体物理的探索以及新颖的关联多体量子态。这几个主要的研究主题是显著的,并无疑将取得巨大的成功,同时我们也相信,这个领域还有现在我们几乎无法想象的许多潜在的惊喜和进展。

致谢

我们要感谢 Innsbruck 小组("超冷原子和量子气体"项目小组)的所有成员对我们在 Feshbach 分子研究项目的贡献。尤其感谢 Johannes Hecker Denschlag 和 Hanns-Christoph Nägerl 在该课题上的长期合作。我们也感激 Cheng Chin、Paul Julienne 和 Eite Tiesinga 与我们的成员共同准备关于 Feshbah 共振态的一篇综述性文章并给予了许多有益的建议(R. G.)。感激奥地利科学基金(FWF)对我们的超冷分子相关项目的大力支持。F. F. 是 FWF 的 Lise-Meitner 成员,S. K. 由欧洲委员会的欧盟玛丽居里奖学金资助。

参考文献

[1] Chu,S. ,Nobel Lecture:The manipulation of neutral particles,Rev. Mod. Phys. ,70,685,1998.

[2] Cohen-Tannoudji,C. N. ,Nobel Lecture:Manipulating atoms with photons,Rev. Mod. Phys. ,70,707,1998.

[3] Phillips,W. D. ,Nobel Lecture:Laser cooling and trapping of neutral atoms,Rev. Mod. Phys. ,70,721,1998.

[4] Cornell,E. A. and Wieman,C. E. ,Nobel Lecture:Bose-Einstein condensation in a dilute gas,the first 70 years and some recent experiments, Rev. Mod. Phys. ,74,875,2002.

[5] Ketterle,W. ,Nobel lecture:When atoms behave as waves:Bose-Einstein condensation and the atom laser,Rev. Mod. Phys. ,74,1131,2002.

[6] Arimondo,E. ,Phillips,W. D. ,and Strumia,F. ,Eds. ,Laser Manipula-

tion of Atoms and Ions, North Holland, Amsterdam, 1992; Proceedings of the International School of Physics "Enrico Fermi", Course CXVIII, Varenna, 9-19 July 1991.

[7] Metcalf, H. J., and van der Straten, P., Laser Cooling and Trapping, Springer, NewYork, 1999.

[8] Bize, S., Laurent, P., Abgrall, M., et al., Cold atom clocks and applications, J. Phys. B, 38, S449, 2005.

[9] Hollberg, L., Oates, C., Wilpers, G., Hoyt, C., Barber, Z., Diddams, S., Oskay, W., and Bergquist, J., Optical frequency/wavelength references, J. Phys. B, 38, S469, 2005.

[10] Ketterle, W. and van Druten, N. J., Evaporative cooling of trapped atoms, Adv. At. Mol. Opt. Phys., 96, 181, 1997.

[11] Anderson, M. H., Ensher, J. R., Matthews, M. R., Wieman, C. E., and Cornell, E. A., Observation of Bose-Einstein condensation in dilute atomic vapor, Science, 269, 198, 1995.

[12] Bradley, C. C., Sackett, C. A., Tollett, J. J., and Hulet, R. G., Evidence of Bose-Einstein condensation in an atomic gas with attractive interactions, Phys. Rev. Lett., 75, 1687, 1995.

[13] Davis, K. B., Mewes, M. O., Andrews, M. R., van Druten, N. J., Durfee, D. S., Kurn, D. M., and Ketterle, W., Bose-Einstein condensation in a gas of sodium atoms, Phys. Rev. Lett., 75, 3969, 1995.

[14] DeMarco, B. and Jin, D. S., Onset of Fermi degeneracy in a trapped atomic gas, Science, 285, 1703, 1999.

[15] Schreck, F., Khaykovich, L., Corwin, K. L., Ferrari, G., Bourdel, T., Cubizolles, J., and Salomon, C., Quasipure Bose-Einstein condensate immersed in a Fermi sea, Phys. Rev. Lett., 87, 080403, 2001.

[16] Truscott, A. G., Strecker, K. E., McAlexander, W. I., Partridge, G. B., and Hulet, R. G., Observation of Fermi pressure in a gas of trapped atoms, Science, 291, 2570, 2001.

[17] Inguscio, M., Stringari, S., and Wieman, C. E., Eds., Bose-Einstein Condensation in Atomic Gases, IOS Press, Amsterdam, 1999; Proceed-

ings of the International School of Physics "Enrico Fermi", Course CXL, Varenna, 7-17 July 1998.

[18] Inguscio, M., Ketterle, W., and Salomon, C., Eds., Ultracold Fermi Gases, IOS Press, Amsterdam, 2008; Proceedings of the International School of Physics "Enrico Fermi", Course CLXIV, Varenna, 20-30 June 2006.

[19] Dalfovo, F., Giorgini, S., Pitaevskii, L. P., and Stringari, S., Theory of Bose-Einstein condensation in trapped gases, Rev. Mod. Phys., 71, 463, 1999.

[20] Giorgini, S. Pitaevskii, L. P., and Stringari, S., Theory of ultracold Fermi gases, Rev. Mod Phys., 80, 1215, 2008.

[21] Stringari, S. and Pitaevskii, L., Bose-Einstein Condensation, Oxford University Press, London, 2003.

[22] Pethick, C. J. and Smith, H., Bose-Einstein Condensation in Dilute Gases, Cambridge University Press, 2008.

[23] Grimm, R. Weidemüller, M., and Ovchinnikov, Yu. B., Optical dipole traps for neutral atoms, Adv. At. Mol. Opt. Phys., 42, 95, 2000.

[24] Bloch, I., Ultracold quantum gases in optical lattices, Nature Phys., 1, 23, 2005.

[25] Greiner, M. and Fölling, S., Condensed-matter physics: Optical lattices, Nature, 453, 736, 2008.

[26] Donley, E. A., Clausen, N. R., Thompson, S. T., and Wieman, C. E., Atom-molecule coherence in a Bose-Einstein condensate, Nature, 417, 529, 2002.

[27] Herbig, J., Kraemer, T., Mark, M., Weber, T., Chin, C., Nägerl, H.-C., and Grimm, R., Preparation of a pure molecular quantum gas, Science, 301, 1510, 2003.

[28] Durr, S., Volz, T., Marte, A., and Rempe, G., Observation of molecules produced from a Bose-Einstein condensate, Phys. Rev. Lett., 92, 020406, 2004.

[29] Xu, K. Mukaiyama, T. Abo-Shaeer, J. R., Chin, J. K., Miller, D. E., and

Ketterle, W., Formation of quantum-degenerate sodium molecules, Phys. Rev. Lett., 91, 210402, 2003.

[30] Regal, C. A., Ticknor, C., Bohn, J. L., and Jin, D. S., Creation of ultracold molecules from a Fermi gas of atoms, Nature, 424, 47, 2003.

[31] Cubizolles, J., Bourdel, T., Kokkelmans, S. J. J. M. F., Shlyapnikov, G. V., and Salomon, C., Production of long-lived ultracold Li2 molecules from a Fermi gas, Phys. Rev. Lett., 91, 240401, 2003.

[32] Jochim, S., Bartenstein, M., Altmeyer, A., Hendl, G., Chin, C., Hecker Denschlag, J., and Grimm, R., Pure gas of optically trapped molecules created from fermionic atoms, Phys. Rev. Lett., 91, 240402, 2003.

[33] Strecker, K. E., Partridge, G. B., and Hulet, R. G., Conversion of an atomic Fermi gas to a long-lived molecular Bose gas, Phys. Rev. Lett., 91, 080406, 2003.

[34] Wynar, R. Freeland, R. S., Han, D. J., Ryu, C., and Heinzen, D. J., Molecules in a Bose-Einstein condensate, Science, 287, 1016, 2000.

[35] Greiner, M., Regal, C. A., and Jin, D. S., Emergence of a molecular Bose-Einstein condensate from a Fermi gas, Nature, 426, 537, 2003.

[36] Jochim, S. Bartenstein, M., Altmeyer, A., Hendl, G., Riedl, S., Chin, C., Hecker Denschlag, J., and Grimm, R., Bose-Einstein condensation of molecules, Science, 302, 2101, 2003.

[37] Zwierlein, M. W. Stan, C. A., Schunck, C. H., Raupach, S. M. F., Gupta, S., Hadzibabic, Z., and Ketterle, W. Observation of Bose-Einstein condensation of molecules, Phys. Rev. Lett., 91, 250401, 2003.

[38] Ospelkaus, C., Ospelkaus, S., Humbert, L., Ernst, P., Sengstock, K., and Bongs, K., Ultracold heteronuclear molecules in a 3D optical lattice, Phys. Rev. Lett., 97, 120402, 2006.

[39] Papp, S. B. and Wieman, C. E., Observation of heteronuclear Feshbach molecules from a ^{85}Rb-^{87}Rb gas, Phys. Rev. Lett., 97, 180404, 2006.

[40] Weber, C. Barontini, G., Catani, J., Thalhammer, G., Inguscio, M. and Minardi, F., Association of ultracold double-species bosonic molecules, Phys. Rev. A, 78, 061601, 2008.

[41] Köhler, T., Góral, K., and Julienne, P. S., Production of cold molecules via magnetically tunable Feshbach resonances, Rev. Mod. Phys., 78, 1311, 2006.

[42] Chin, C., Grimm, R., Julienne, P., and Tiesinga, E., Rev. Mod. Phys. (submitted), preprint available at http://arxiv.org/abs/0812.1496.

[43] Russell, H. N., Shenstone, A. G., and Turner, L. A., Report on notation for atomic spectra, Phys. Rev., 33, 900, 1929.

[44] Petrov, D. S., Salomon, C., and Shlyapnikov, G. V., Weakly bound molecules of fermionic atoms, Phys. Rev. Lett., 93, 090404, 2004.

[45] van Abeelen F. A. and Verhaar, B. J., Time-dependent Feshbach resonance scattering and anomalous decay of a Na Bose-Einstein condensate, Phys. Rev. Lett. 83, 1550, 1999.

[46] Mies, F. H., Tiesinga, E., andJulienne, P. S., Manipulation of Feshbach resonances in ultracold atomic collisions using time-dependent magnetic fields, Phys. Rev. A, 61, 022721, 2000.

[47] Timmermans, E., Tommasini, P., Hussein, M., and Kerman, A., Feshbach resonances in atomic Bose-Einstein condensates, Phys. Rep., 315, 199, 1999.

[48] Hodby, E. Thompson, S. T., Regal, C. A., Greiner, M., Wilson, A. C., Jin, D. S., and Cornell, E. A., Production efficiency of ultra-cold Feshbach molecules in bosonic and fermionic systems, Phys. Rev. Lett., 94, 120402, 2005.

[49] Hanna, T. M., Köhler, T., and Burnett, K., Association of molecules using a resonantly modulated magnetic field, Phys. Rev. A, 75, 013606, 2007.

[50] Thompson, S. T., Hodby, E., and Wieman, C. E., Ultracold molecule production via a resonant oscillating magnetic field, Phys. Rev. Lett., 95, 190404, 2005.

[51] Gaebler, J. P., Stewart, J. T., Bohn, J. L., and Jin, D. S., p-wave Feshbach molecules, Phys. Rev. Lett., 98, 200403, 2007.

[52] Zirbel, J. J., Ni, K.-K., Ospelkaus, S., D'Incao, J. P., Wieman, C. E., Ye, J., and Jin, D. S., Collisional stability of fermionic Feshbach mole-

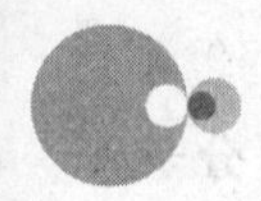

cules,Phys. Rev. Lett. ,100,143201,2008.

[53] Thalhammer, G. , Winkler, K. , Lang, F. , Schmid, S. , Grimm, R. , and Hecker Denschlag,J. ,Long-lived Feshbach molecules in a three-dimensional optical lattice,Phys. Rev. Lett. 96,050402,2006.

[54] Volz,T. ,Syassen,N. ,Bauer,D. ,Hansis,E. ,Dürr,S. ,and Rempe,G. , Preparation of a quantum state with one molecule at each site of an optical lattice,Nature Phys. ,2,692,2006.

[55] Chin,C. and Grimm,R. ,Thermal equilibrium and efficient evaporation of an ultracold atom-molecule mixture,Phys. Rev. A,69,033612,2004.

[56] Kokkelmans, S. J. J. M. F. , Shlyapnikov, G. V. , and Salomon, C. , Degenerate atom-molecule mixture in a cold Fermi gas,Phys. Rev. A,69, 031602,2004.

[57] Mark,M. ,Ferlaino,F. ,Knoop,S. ,Danzl,J. G. ,Kraemer,T. ,Chin,C. , Nägerl,H. -C. ,and Grimm,R. ,Spectroscopy of ultracold trapped cesium Feshbach molecules,Phys. Rev. A,76,042514,2007.

[58] Volz, T. , Dürr, S. , Syassen, N. , Rempe, G. , van Kempen, E. , and Kokkelmans,S. ,Feshbach spectroscopy of a shape resonance, Phys. Rev. A,72,010704(R),2005.

[59] Mukaiyama, T. , Abo-Shaeer, J. R. , Xu, K. , Chin, J. K. , and Ketterle, W. ,Dissociation and decay of ultracold sodium molecules, Phys. Rev. Lett. ,92,180402,2004.

[60] Mark,M. ,Kraemer,T. ,Waldburger,P. ,Herbig,J. ,Chin,C. ,Nägerl, H. -C. ,and Grimm,R. ,Stückelberg interferometry with ultracold molecules,Phys. Rev. Lett. ,99,113201,2007.

[61] Knoop,S. ,Mark,M. ,Ferlaino,F. ,Danzl,J. G. ,Kraemer,T. ,Nägerl, H. -C. ,and Grimm,R. ,Metastable Feshbach molecules in high rotational states,Phys. Rev. Lett. ,100,083002,2008.

[62] Bartenstein,M. ,Altmeyer,A. ,Riedl,S. ,Jochim,S. ,Chin,C. ,Hecker Denschlag,J. ,and Grimm,R. ,Crossover from a molecular Bose-Einstein condensate to a degenerate Fermi gas, Phys. Rev. Lett. , 92, 120401,2004.

[63] Zirbel, J. J., Ni, K.-K., Ospelkaus, S., Nicholson, T. L., Olsen, M. L., Wieman, C. E., Ye, J., Jin, D. S., and Julienne, P. S., Heteronuclear molecules in an optical dipole trap, Phys. Rev. A, 78, 013416, 2008.

[64] Lang, F., vander Straten, P., Brandstätter, B., Thalhammer, G., Winkler, K., Julienne, P. S., Grimm, R., and Hecker Denschlag, J., Cruising through molecular bound-state manifolds with radiofrequency, Nature Phys., 4, 223, 2008.

[65] Le Roy, R. J., LEVEL 8.0: A Computer Program for Solving the Radial Schrodinger Equation for Bound and Quasibound Levels (University of Waterloo Chemical Physics Research Report CP-663, 2007), available at http://leroy.uwaterloo.ca/programs/.

[66] Braaten, E. and Hammer, H.-W., Universality in few-body systems with large scattering length, Phys. Rep., 428, 259, 2006.

[67] Jensen, A. S., Riisager, K., Fedorov, D. V., and Garrido, E., Structure and reactions of quantum halos, Rev. Mod. Phys., 76, 215, 2004.

[68] Thompson, S. T., Hodby, E., and Wieman, C. E., Spontaneous dissociation of ^{85}RbFeshbach molecules, Phys. Rev. Lett., 94, 020401, 2005.

[69] Köhler, T., Tiesinga, E., and Julienne, P. S., Spontaneous dissociation of long-range Feshbach molecules, Phys. Rev. Lett., 94, 020402, 2005.

[70] Braaten, E. and Hammer, H.-W., Enhanced dimer relaxation in an atomic and molecular Bose-Einstein condensate, Phys. Rev. A, 70, 042706, 2004.

[71] D'Incao, J. P. and Esry, B. D., Scattering length scaling laws for ultracold three-body collisions, Phys. Rev. Lett., 94, 213201, 2005.

[72] D'Incao, J. P. and Esry, B. D., Suppression of molecular decay in ultracold gases without Fermi statistics, Phys. Rev. Lett., 100, 163201, 2008.

[73] Ferlaino, F., Knoop, S., Mark, M., Berninger, M., Schöbel, H., Nägerl, H.-C., and Grimm, R., Collisions between tunable halo dimers: exploring an elementary four-body process with identical bosons, Phys. Rev. Lett., 101, 023201, 2008.

[74] Skorniakov, G. V. and Ter-Martirosian, K. A., Three-body problem for

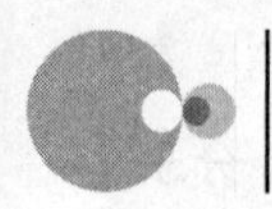

short range forces I. Scattering of low-energy neutrons by deutrons, Sov. Phys. JETP, 4, 648, 1957.

[75] Efimov, V., Energy levels arising from resonant two-body forces in a three-body system, Phys. Lett. B, 33, 563, 1970.

[76] Efimov, V., Weakly-bound states of three resonantly-interacting particles, Sov. J. Nucl. Phys., 12, 589, 1971.

[77] Kraemer, T., Mark, M., Waldburger, P., Danzl, J. G., Chin, C., Engeser, B., Lange, A. D., et al., Evidence for Efimov quantum states in an ultracold gas of caesium atoms, Nature, 440, 315, 2006.

[78] Knoop, S., Ferlaino, F., Mark, M., Berninger, M., Schöbel, H., Nägerl, H.-C., and Grimm, R., Observation of an Efimov-like resonance in ultracold atom-dimer scattering, Nature Phys. (in press, 2009), preprint available at http://arxiv.org/abs/0807.3306.

[79] Braaten, E. and Hammer, H.-W., Three-body recombination into deep bound states in a Bose gas with large scattering length, Phys. Rev. Lett., 87, 160407, 2001.

[80] Esry, B. D., Greene, C. H., and Burke, J. P., Recombination of three atoms in the ultracold limit, Phys. Rev. Lett., 83, 1751, 1999.

[81] Braaten, E. and Hammer, H.-W., Resonant dimer relaxation in cold atoms with a large scattering length, Phys. Rev. A, 75, 052710, 2007.

[82] Nielsen, E., Suno, H., and Esry, B. D., Efimov resonances in atom-diatom scattering, Phys. Rev. A, 66, 012705, 2002.

[83] D'Incao, J. P. and Esry, B. D., Enhancing the observability of the Efimov effect in ultracold atomic gas mixtures, Phys. Rev. A, 73, 030703, 2006.

[84] Bloch, I., Dalibard, J., and Zwerger, W., Many-body physics with ultracold gases, Rev. Mod. Phys., 80, 885, 2008.

[85] Jaksch, D., Venturi, V., Cirac, J., Williams, C., and Zoller, P., Creation of a molecularcondensate by dynamically melting a Mott insulator, Phys. Rev. Lett., 89, 40402, 2002.

[86] Bergmann, K., Theuer, H., and Shore, B. W., Coherent population

transfer among quantum states of atoms and molecules, Rev. Mod. Phys. ,70,1003,1998.

[87] Kuklinski,J. R. ,Gaubatz,U. ,Hioe,F. T. ,and Bergmann,K. ,Adiabatic population transfer in a three-level system driven by delayed laser pulses,Phys. Rev. A,40,6741,1989.

[88] Oreg,J. ,Hioe,F. T. ,and Eberly,J. H. ,Adiabatic following in multilevel systems,Phys. Rev. A,29,690,1984.

[89] Winkler,K. ,Lang,F. ,Thalhammer,G. ,Straten,P. v. d. ,Grimm,R. , and Hecker Denschlag,J. ,Coherent optical transfer of Feshbach molecules to a lower vibrational state,Phys. Rev. Lett. ,98,043201,2007.

[90] Ospelkaus, S. , Pe'er, A. , Ni, K. -K. , Zirbel, J. J. , Neyenhuis, B. , Kotochigova, S. , Julienne, P. S. , Ye, J. , and Jin, D. S. , Efficient state transfer in an ultracold dense gas of heteronuclear molecules, Nature Phys. ,4,622,2008.

[91] Danzl,J. G. ,Haller,E. ,Gustavsson,M. ,Mark,M. J. ,Hart,R. ,Bouloufa,N. , Dulieu, O. , Ritsch, H. , and Nägerl, H. -C. , Quantum gas of deeply bound ground state molecules,Science,321,1062,2008.

[92] Ni,K. -K. ,Ospelkaus,S. ,de Miranda,M. H. G. ,Pe'er,A. ,Neyenhuis, B. ,Zirbel,J. J. ,Kotochigova,S. ,Julienne,P. S. ,Jin,D. S. ,and Ye,J. , A high phase-space-density gas of polar molecules, Science, 322, 231-235,2008.

[93] Lang,F. ,Winkler,K. ,Strauss,C. ,Grimm,R. ,and Hecker Denschlag, J. ,Ultracold molecules in the ro-vibrational triplet ground state,Phys. Rev. Lett. ,101,133005,2008.

[94] Nägerl,H. -C. ,private communication.

[95] Winkler, K. , Thalhammer, G. , Lang, F. , Grimm, R. , Hecker Denschlag,J. ,Daley,A. J. ,Kantian,A. ,Büchler,H. P. ,and Zoller,P. ,Repulsively bound atom pairs in an optical lattice,Nature,441,853,2006.

[96] Greiner,M. ,Mandel,O. ,Esslinger,T. ,Hänsch,T. W. ,and Bloch,I. , Quantum phase transition from a superfluid to a Mott insulator in a gas of ultracold atoms,Nature,415,39,2002.

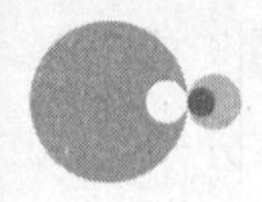

[97] Moritz, H., Stöferle, T., Günter, K., Köhl, M., and Esslinger, T., Confinement induced molecules in a 1D Fermi gas, Phys. Rev. Lett., 94, 210401, 2005.

[98] Syassen, N., Bauer, D. M., Lettner, M., Volz, T., Dietze, D., Garcia-Ripoll, J. J., Cirac, J. I., Rempe, G., and Dürr, S., Strong dissipation inhibits losses and induces correlations in cold molecular gases, Science, 320, 1329, 2008.

[99] Taglieber, M., Voigt, A.-C., Aoki, T., Hänsch, T. W., and Dieckmann, K., Quantum degenerate two-species Fermi-Fermi mixture coexisting with a Bose-Einstein condensate, Phys. Rev. Lett., 100, 010401, 2008.

[100] Wille, E., Spiegelhalder, F. M., Kerner, G., Naik, D., Trenkwalder, A., Hendl, G., Schreck, F., et al., Exploring an ultracold Fermi-Fermi mixture: Interspecies Feshbach resonances and scattering properties of ^{6}Li and ^{40}K, Phys. Rev. Lett., 100, 053201, 2008.

[101] Chin, C., Kraemer, T., Mark, M., Herbig, J., Waldburger, P., Nägerl, H.-C., and Grimm, R., Observation of Feshbach-like resonances in collisions between ultracold molecules, Phys. Rev. Lett., 94, 123201, 2005.

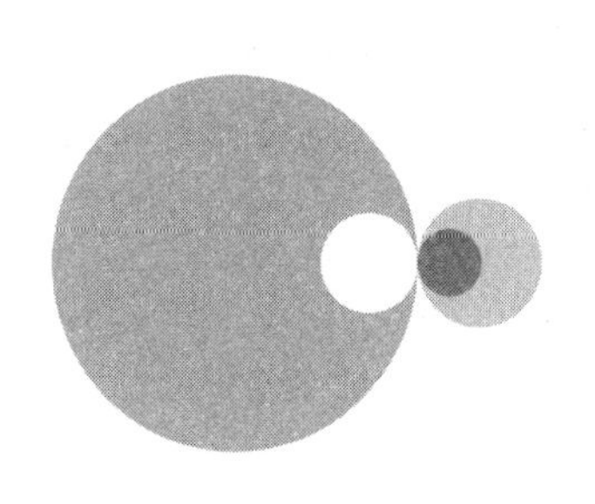

第 10 章 超冷费米气体中的分子形式

10.1 引言

10.1.1 最新研究现状

量子气体领域在费米子超冷原子气体方向上得到迅速发展，目的在于揭示新奇的宏观量子态，以及获取各种超流态。最初的设想是在双组分费米系统中获得 Bardeen-Cooper-Schrieffer (BCS)超流相变，这要求不同组分的原子间具有吸引相互作用。这种相变最简单的形式是在足够低的温度下，不同组分且在费米面具有相反动量的费米子，在动量空间形成相关（库珀）对，导致在单粒子激发光谱中出现能隙和超流态现象[1]。在稀薄的超冷双组分费米气体中，s 波通道中不同组分之间的相互作用（负的 s 波散射长度 a）是形成库珀对最有效的方法。然而，对于常见的 a 值，超流体的相变温度极低。鉴于这个原因，许多实验小组致力于用 Feshbach 共振改变组分之间的相互作用强度。由于 Feshbach 共振附近的散射长度 a 可在（$-\infty$，$+\infty$）之间调整，因而在相关研究领域取得了极大的进展（见参考文献[2]）。例如，在强相互作用系统

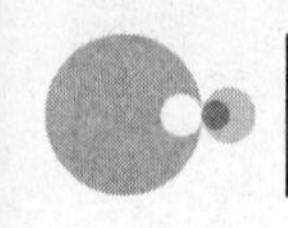

$(n|a|^3 \geqslant 1$，n 为气体密度）中通过涡旋的形成[3]来直接观察超流体的行为，以及研究超流体中两个不同组分费米气体之间的不平衡效应[4]~[8]。

这里，我们的研究重点是由费米子原子形成的弱束缚双原子分子体系的物理内涵，其中有一些超出常规预期的物理现象，将分子和凝聚态物理联系起来。在正散射长度方向共振（$a>0$）形成的弱束缚分子[9]~[12]是目前得到的最大的双原子分子，其大小约为 a，而且在最近的实验中已经达到几千埃。因此，它们的结合能是非常小的（10 μK 或者更小）。作为复合玻色子，这些分子遵循玻色统计，JILA 用$^{40}K_2$[13][14]和奥地利 Innsbruck 大学[15][16]、MIT[17][18]、ENS[19]、Rice[20]以及 Duck[21]用$^6Li_2$ 所做的实验中获得了玻色凝聚。然而，这些分子的某些相互作用特性反映了形成分子的单个原子服从费米统计，尤其是这些分子对碰撞弛豫有很显著的稳定性。在最高的振转态下，密度大约为 $10^{13}\,cm^{-3}$时，在超过数秒的时间上它们都不会因碰撞弛豫而达到深束缚态，这比玻色子原子组成的类似分子寿命长四个数量级。同核双原子分子是由具有不同内态（超精细态）的原子所形成的双组分费米气构成。我们对其讨论的关键是揭示如何获得弱束缚分子弹性相互作用的严格普适结果，以及怎样由原子的费米统计抑制它们碰撞弛豫到深束缚态。需要强调的是，分子间弹性相互作用的排斥特征和分子显著的碰撞弛豫稳定性，是我们研究它们的玻色-爱因斯坦凝聚和对这些凝聚后的系统进行一些感兴趣的操控的主要原因。

目前，用于研究不同组分简并费米气的新一代实验[22][23]已有了进展，可以揭示质量的不同对超流体特性的影响，并寻找超流体配对的新类型。在散射共振的正方向可以形成异核弱束缚分子，尤其是制备偶极气体，这吸引了人们极大的兴趣。实验上也已经获得弱束缚分子^6Li-^{40}K[24]。我们在下文中将分析组分原子的质量比会怎样影响分子之间的弹性相互作用及其碰撞稳定性。我们的讨论集中在由质量差比较大的费米子形成的分子、三聚体束缚态的形成和 Efimov 效应。接着我们展示这种分子的多体系统可以出现气相-晶体量子相变。值得一提的是，原子系统本身仍很稀薄，而晶体的有序是源自轻费米子交换所产生的分子间的长程相互作用。晶体相的实现需要形成分子的原子有非常大的质量比以抑制分子的动能，这可以用光学晶格中的重原子来实现，这种情况下稀薄分子系统晶体相以超晶格形式出现，我们将讨论相关的物理内容。

本章概述操控费米子原子形成弱束缚分子的前景，包括超冷温度的获取、费米子 BCS 相变、偶极量子气体的制备以及在光学晶格中特定三聚体束缚态的观察。

10.1.2 Feshbach 共振和双原子分子

在极低温度下，当原子的德布罗意波长大大超过原子间相互作用对应的特征半径时，原子碰撞和相互作用通常仅取决于 s 波散射。因此，在双组分费米气体中可以只考虑不同组分原子间的相互作用，其作用强弱可以通过 Feshbach 共振调谐。

为了描述一个 Feshbach 共振附近的多体系统，我们需要了解关于两体问题的详细知识。共振附近，开通道中相对运动原子对的能量接近于另一个超精细域(闭通道)分子态的能量。这些通道之间的耦合使散射振幅以共振的形式依赖于闭通道分子态能量对开通道阈值的失谐 δ，该失谐可以通过外磁场(或激光)调控，这样散射长度就依赖于外场(见图 10.1)。

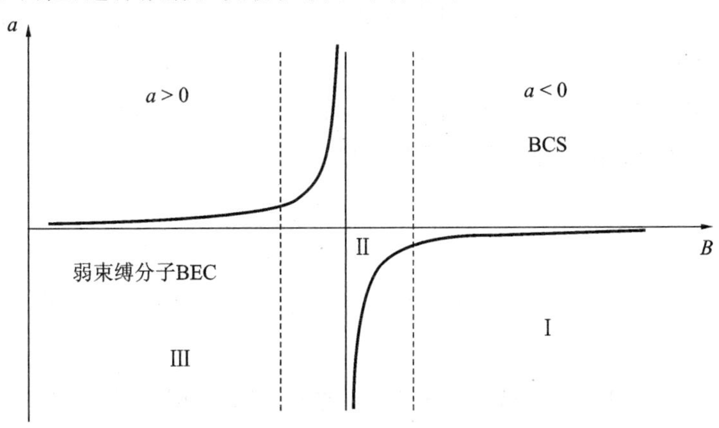

图 10.1　Feshbach 共振附近散射长度随磁场的变化。图中Ⅰ、Ⅱ、Ⅲ区域分别表示简并费米原子气体弱相互作用体系、BCS-BEC 渡越强相互作用体系和弱束缚分子体系。在极低温度下，区域Ⅰ符合 BCS 超流体配对，区域Ⅲ分子服从玻色-爱因斯坦凝聚

Feshbach 效应是一个可以用 Breit-Wigner 散射[25][26]描述的双通道问题，而且 Feshbach[27]和 Fano[28]已经从不同角度讨论过这种问题。参考文献[29]阐述了冷原子物理中 Feshbach 共振思想，参考文献[30]～[33]分析讨论了光

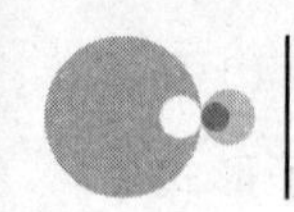

诱导的共振现象。

在共振处散射长度从$+\infty$变化到$-\infty$，共振附近满足不等式$n|a|^3\geqslant 1$，其中n为气体密度。这样的气体属于强相互作用体系，但是粒子间的平均间距远大于粒子间相互作用特征半径R_e，就该意义上讲气体仍然是稀薄的。对于两体相互作用幅度(散射长度)大于粒子间平均间距的量子简并体系，传统的平均场方法不再适用。

对于大失谐系统，气体处于弱相互作用体系，也就是说，不等式$n|a|^3\ll 1$成立。在散射共振的负方向($a<0$)，两种费米气体在足够低的温度下，在可分辨费米子之间存在BCS配对，这在参考文献[1]中有详细的描述。在散射共振的正方向($a>0$)，属于不同组分的两个原子组成双原子分子。当$a\gg R_e$时，这些分子处于弱束缚态，其大小约为a。

近年来，从BCS到BEC的渡越行为引起了人们极大的兴趣，尤其是关于超流体配对、相变温度以及元激发的本质。早期，关于超导体[34]~[37]和^{3}He[38][39]在二维薄膜中的超导性研究的相关文献已经讨论过这种过渡。参考文献[40]和[41]提出一个想法，通过Feshbach共振的共振耦合来获得在超冷费米气体中的超流相变，对于其二维情况也在参考文献[42]中讨论过。

如果背景散射长度(很小)忽略不计，Feshbach共振的两体物理将起主导作用，那么对于低碰撞能ε，散射振幅可以写为[26]

$$F(\varepsilon)=-\frac{\hbar\gamma/\sqrt{2\mu}}{\varepsilon+\delta+i\gamma\sqrt{\varepsilon}} \tag{10.1}$$

式中：$\hbar\gamma/\sqrt{2\mu}\equiv W$表示开通道和闭通道的耦合；$\mu$是双原子的约化质量；散射长度为$a=-F(0)$。

如果分子束缚态能量低于原子碰撞的连续态能量，则公式(10.1)中的失谐δ是正的。当$\delta>0$时，散射长度为正；当$\delta<0$时，散射长度为负。下面介绍一个特征长度，即

$$R^*=\hbar^2/(2\mu W) \tag{10.2}$$

用粒子的相对动能$k=\sqrt{2\mu\varepsilon}/\hbar$来表示散射振幅，我们可以将公式(10.1)改为如下形式：

$$F(k)=-\frac{1}{a^{-1}+R^*k^2+ik} \tag{10.3}$$

公式(10.3)的成立并不要求满足$kR^*\ll 1$，同时该公式形式上与一个低速粒子

经过具有相同的散射长度 a 和有效作用范围 $R=-2R^*$（在 $k|R|\ll 1$ 的条件下获得）的势能散射后的散射振幅一致。

长度 R^* 是 Feshbach 共振的内禀变量，用来描述共振宽度。从式(10.1)和式(10.2)可以看出，小 W 和大 R^* 对应窄共振，而大 W 和小 R^* 对应宽共振。术语“宽”通常用于 R^* 下降（减小）时的情形，即根据式(10.3)要求 $kR^*\ll 1$。在一个简并费米气体中，粒子的特征动量就是费米动量 $k_F=(3\pi^2 n)^{1/3}$。这样，在强相互作用体系以及散射共振的负方向($a<0$)，对于一个给定的 R^*，宽共振的条件依赖于气体密度 n，并且 $k_F R^*\ll 1$[43]~[47]。

对于 $a>0$ 的弱束缚态分子（假设相互作用的特征半径 $R_e=a$）系统，宽共振的标准是不同的。弱束缚态分子的束缚能取决于散射振幅的极值。我们发现，仅当 $a>0$ 且满足条件：

$$R^*\ll a \tag{10.4}$$

时，才存在这种态。束缚能表示为

$$\varepsilon_0=\hbar^2/(2\mu a^2) \tag{10.5}$$

弱束缚态分子的波函数仅仅包含很少的闭通道分量，分子大小约为 a，分子中原子的特征动量约为 a^{-1}，就此而言，式(10.4)给出了分子系统宽共振的判据。

在这些条件下，原子-分子、分子-分子相互作用仅取决于一个参数——原子-原子散射长度 a，因此这个问题具有普遍性。它相当于两体相互作用问题，其相互作用势能的特点是有一个大的正散射长度 a 和一个具有弱束缚分子态的势阱，如果背景散射长度不能忽略，在某种程度上要修改宽共振条件[51]，物理图像仍然一样。

大多数正在进行的基于两个不同内态（超精细态）的费米原子气的实验，利用的都是宽 Feshbach 共振[52]。例如，实验[10]~[20]中已经通过长度 $R^*\leqslant 20$ Å 的 Feshbach 共振产生了弱束缚分子 $^6Li_2$ 和 $^{40}K_2$。对于所得到的散射长度 a（从 500 Å 到 2000 Å），比值 $R^*/a<0.1$。本章将讨论宽共振的情形。

10.2 费米气体中的同核双原子分子

10.2.1 弱相互作用玻色分子气体：分子-分子间弹性相互作用

在前面的章节中已经介绍过，在两种费米气体中原子-原子正散射长度 a

的一端形成弱束缚玻色分子(见图 10.1 中的区域Ⅲ),其大小约为 a。因此在 $na^3=1$ 时,原子形成这些弱相互作用的气体分子。而且在这个条件下,具有相同浓度的两个原子组分,当温度比分子结合能 ε_0 低很多时,实际上所有原子对都转变为分子[53],尤其在温度低于简并温度 $T_d=2\pi\hbar^2 n^{2/3}/M$(若有不同组分的费米子,则取最低的一个,即 M 是最重原子的质量)时一定会这样。通过比较 T_d 和式(10.5)所给出的 ε_0,我们可以清楚地看到这一点。因此,我们可以得到弱相互作用的玻色气体,现在需要关心的第一个问题是分子间弹性相互作用。

对于弱相互作用气体,其相互作用能等于所有原子对相互作用能之和,每个粒子的能量是 ng(对于非凝聚玻色气体为 $2ng$),g 为耦合常数。对于我们讨论的问题,耦合常数 $g=4\pi\hbar^2 a_{dd}/(M+m)$,$a_{dd}$ 是分子-分子(二聚体-二聚体)s 波弹性散射的散射长度,M 和 m 分别是重原子和轻原子的质量,a_{dd} 对于分子气体蒸发冷却到玻色-爱因斯坦凝聚以及凝聚后的稳定性很重要,当分子间是排斥作用($a_{dd}>0$)时,玻色-爱因斯坦凝聚是稳定的,而对 $a_{dd}<0$ 则不稳定。

因此我们认为,分析分子玻色气体的宏观特性要解决的第一个问题是两个分子间的弹性相互作用(散射)。对于不同(内态)组分的费米子形成的同核分子,在本节中我们就该问题给出一个严格解,$M\neq m$ 的情况会在 10.3 节中讨论。通过假设原子-原子散射长度 a 远远大于原子间势能的特征半径 R_e,即

$$a\gg R_e \tag{10.6}$$

参考文献[49]和[50]得到了 $M=m$ 的解。那么,在费米子[54]~[57]三体问题的情形中,弹性相互作用强度仅仅取决于 a,可以通过对原子间相互作用势做零距离近似来得到。

Bethe 和 Peierls 在两体物理中介绍过这个方法[58],主要思想就是通过给波函数 ψ 设定 $r\to 0$ 的边界条件,来解两个粒子的自由相对运动方程。假设粒子间的距离 $r'\to 0$ 时边界条件为

$$\frac{(r\psi)'}{r\psi}=-\frac{1}{a},\quad r\to 0 \tag{10.7}$$

也可以写为

$$\psi\propto(1/r-1/a),\quad r\to 0 \tag{10.8}$$

然后可以得到在距离 $r\gg R_e$ 时波函数的正确表达式。当 $a\gg R_e$ 时,方程(10.8)正确地表述了弱束缚和连续态波函数,甚至在比 a 小很多的距离处也成立。

我们现在利用 Bethe-Peierls 方法解决分子-分子(二聚体-二聚体)弹性散射问题,可以用下列薛定谔方程描述这个四体问题。

$$\left\{-\frac{\hbar^2}{m}(\nabla_{r_1}^2-\nabla_{r_2}^2-\nabla_R^2)+U(r_1)+U(r_2)+\sum_{\pm}U\left[(\boldsymbol{r}_1+\boldsymbol{r}_2\pm\sqrt{2}\boldsymbol{R})/2\right]-E\right\}\Psi=0 \tag{10.9}$$

式中:m 为原子质量。

用 ↑ 和 ↓ 标记费米子原子的不同内态,其中两个给定的 ↑ 和 ↓ 费米子间的距离为 $\boldsymbol{r}_1$,另两个费米子间的距离为 $\boldsymbol{r}_2$。这两个原子对的质心间距为$\boldsymbol{R}/\sqrt{2}$,$(\boldsymbol{r}_1+\boldsymbol{r}_2\pm\sqrt{2}\boldsymbol{R})/2$ 是另外两个可能的 ↑ ↓ 配对中 ↑ 和 ↓ 费米子的距离(见图 10.2)。系统的总能量为 $E=-2\varepsilon_0+\varepsilon$,$\varepsilon$为碰撞能量,$\varepsilon_0=h^2/ma^2$ 是二聚体的结合能,波函数 Ψ 关于全同玻色对 ↑ ↓ 的交换是对称的,而关于全同费米子的交换是反对称的。

$$\Psi(\boldsymbol{r}_1,\boldsymbol{r}_2,\boldsymbol{R})=\Psi(\boldsymbol{r}_2,\boldsymbol{r}_1,-\boldsymbol{R})=-\Psi\left(\frac{\boldsymbol{r}_1+\boldsymbol{r}_2\pm\sqrt{2}\boldsymbol{R}}{2},\frac{\boldsymbol{r}_1+\boldsymbol{r}_2\mp\sqrt{2}\boldsymbol{R}}{2},\pm\frac{\boldsymbol{r}_1-\boldsymbol{r}_2}{\sqrt{2}}\right) \tag{10.10}$$

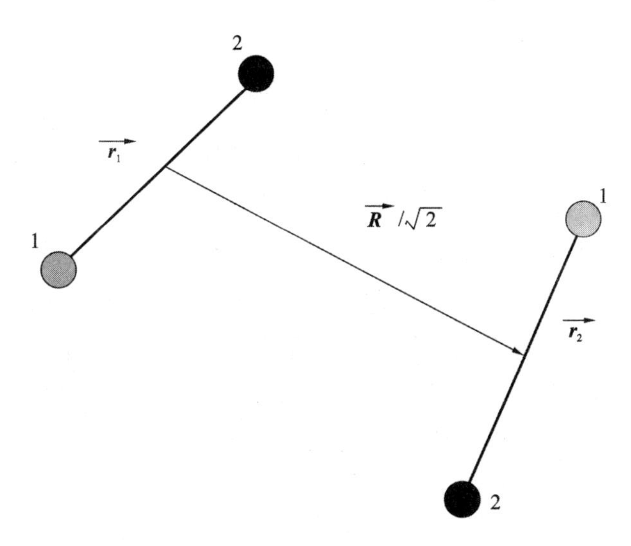

图 10.2 四体问题的坐标

如果分子中原子的结合很弱,假设两体散射满足不等式(10.6),则除了与 R_e 相当或比其小的非常短的间距,对于其他所有原子间距(甚至比 a 小的间距),四体系统中的原子运动可以用自由粒子薛定谔方程表示,即

$$-\left[\nabla_{r_1}^2+\nabla_{r_2}^2+\nabla_R^2+\frac{mE}{\hbar^2}\right]\Psi=0 \tag{10.11}$$

该方程适用的条件是:在零间距时,也就是说,在 $\boldsymbol{r}_1\to 0,\boldsymbol{r}_2\to 0,\boldsymbol{r}_1+\boldsymbol{r}_2\pm\sqrt{2}\boldsymbol{R}\to 0$ 时,四体波函数 Ψ 的任何↑和↓费米子对满足 Bethe-Peierls 边界条件。由于方程(10.10)的对称条件,要求波函数 Ψ 只在其中一个边界处有适当的行为,对于 $\boldsymbol{r}_1\to 0$ 的边界条件,

$$\Psi(\boldsymbol{r}_1,\boldsymbol{r}_2,\boldsymbol{R})\to f(\boldsymbol{r}_2,\boldsymbol{R})\left(\frac{1}{4}\pi r_1-\frac{1}{4}\pi a\right) \tag{10.12}$$

当第一对粒子重合时,$f(\boldsymbol{r}_2,\boldsymbol{R})$包含第二对粒子的信息。

超冷条件下,有

$$ka\ll 1 \tag{10.13}$$

分子-分子散射主要是 s 波通道的贡献,式(10.13)等效于$\varepsilon\ll\varepsilon_0$,因此 s 波散射可以通过方程(10.11)中满足 $E=-2\varepsilon_0<0$ 的解来分析。对于大 R,相应的波函数表达为

$$\Psi\approx\phi_0(r_1)\phi_0(r_2)(1-\sqrt{2}a_{\mathrm{dd}}/R),\quad R\gg a \tag{10.14}$$

其中,弱束缚分子的波函数为

$$\phi_0(r)=\frac{1}{\sqrt{2\pi a}\,r}\exp(-r/a) \tag{10.15}$$

结合方程(10.12)和方程(10.14),可以得到远距离 R 处 f 的形式

$$f(\boldsymbol{r}_2,\boldsymbol{R})\approx(2/r_2 a)\exp(-r_2/a)(1-\sqrt{2}a_{\mathrm{dd}}/R),\quad R\gg a \tag{10.16}$$

在 s 波散射中,函数 f 仅依赖于三个变量:$\boldsymbol{r}_2$、$\boldsymbol{R}$ 的绝对值以及它们之间的夹角,下面我们来推导并求解 f 满足的方程。分子-分子散射长度 a_{dd}的值可以通过方程(10.16)中 f 在很大的 R 处的行为来得到。

首先,根据方程(10.12)的边界条件以及方程(10.10)的对称关系,建立一个满足方程(10.11)的波函数的一般形式。这里总能量 $E=-2\hbar^2/(ma^2)<0$,方程(10.11)的格林函数为

$$G(X)=(2\pi)^{-9/2}(Xa/\sqrt{2})^{-7/2}K_{7/2}(\sqrt{2}X/a) \tag{10.17}$$

式中:$X=|S-S'|$;$K_{7/2}(\sqrt{2}X/a)$是衰减贝塞尔函数;$\boldsymbol{S}=\{\boldsymbol{r}_1,\boldsymbol{r}_2,\boldsymbol{R}\}$是一个九分量矢量。

于是,$|S-S'|=\sqrt{(\boldsymbol{r}_1-\boldsymbol{r}'_1)^2+(\boldsymbol{r}_2-\boldsymbol{r}'_2)^2+(\boldsymbol{R}-\boldsymbol{R}')^2}$。除了↑和↓费米子对无限近距离外,四体函数 Ψ 是规则的,因此可以通过 $G(|S-S'|)$来表

示，其中 S' 与某两个↑和↓费米子对无限接近的情形相对应，也就是 $\boldsymbol{r}'_1\to 0$，$\boldsymbol{r}'_2\to 0$ 或者 $(\boldsymbol{r}'_1+\boldsymbol{r}'_2\pm\sqrt{2}\boldsymbol{R}')/2\to 0$。

这样可以得到满足对称性条件式(10.10)的波函数 Ψ 为

$$\Psi(S)=\Psi_0+\int \mathrm{d}^3 r'\mathrm{d}^3 R'[G(|S-S_1|)+G(|S-S_2|)\\-G(|S-S_+|)-G(|S-S_-|)]h(\boldsymbol{r}',\boldsymbol{R}') \tag{10.18}$$

式中：$S_1=\{0,\boldsymbol{r}',\boldsymbol{R}'\}$；$S_2=\{\boldsymbol{r}',0,-\boldsymbol{R}'\}$；$S_\pm=\{\boldsymbol{r}'/2\pm\boldsymbol{R}'/\sqrt{2},\boldsymbol{r}'/2\mp\boldsymbol{R}'/\sqrt{2}\mp\boldsymbol{r}'\sqrt{2}\}$。

函数 Ψ_0 是方程(10.11)满足对称性的非发散解，对于原子间任何距离，该函数都是行为规则的。对于 $E<0$，该方程只有平庸解 $\Psi_0=0$。我们必须根据方程(10.18)在 $\boldsymbol{r}'_1\to 0$ 时比较 Ψ 以及方程(10.12)的边界条件来确定函数$h(\boldsymbol{r}_2,\boldsymbol{R})$。

考虑到限制性条件 $\boldsymbol{r}_1\to 0$，我们选出方程(10.18)右边的主要项，这些项表现为 $1/r_1$ 或是在这个限制条件下的有限值，由方程(10.18)方括号中的最后三项可得：

$$\int \mathrm{d}^3 r'\mathrm{d}^3 R' h(\boldsymbol{r}',\boldsymbol{R}')[G(|\bar{S}_2-S_2|)-G(|\bar{S}_2-S_+|)-G(|\bar{S}_2-S_-|)] \tag{10.19}$$

式中：$\bar{S}_2=\{0,\boldsymbol{r}_2,\boldsymbol{R}\}$。

为了找到方括号中第一项的贡献，我们同时加减一个辅助量，即

$$h(\boldsymbol{r}_2,\boldsymbol{R})\int G(|S-S_1|)\mathrm{d}^3 r'\mathrm{d}^3 R'=\frac{h(\boldsymbol{r}_2,\boldsymbol{R})}{4\pi r_1}\exp(-\sqrt{2}r_1/a) \tag{10.20}$$

减法的结果产生一个有限的贡献，在 $r_1\to 0$ 时可以写为

$$\int \mathrm{d}^3 r'\mathrm{d}^3 R'[h(\boldsymbol{r}',\boldsymbol{R}')-h(\boldsymbol{r}_2,\boldsymbol{R})]G(|S-S_1|)\\=P\int \mathrm{d}^3 r'\mathrm{d}^3 R'[h(\boldsymbol{r}',\boldsymbol{R}')-h(\boldsymbol{r}_2,\boldsymbol{R})]G(|\bar{S}_2-S_1|),\quad r_1\to 0 \tag{10.21}$$

符号 P 表示对 $\mathrm{d}r'$(或 $\mathrm{d}R'$)积分的主值，方程(10.21)的详细推导和方程第二行积分的收敛性已经在参考文献[50]中给出。

在 $r_1\to 0$ 的极限下，方程(10.20)的右边等于

$$h(\boldsymbol{r}_2,\boldsymbol{R})(1/4\pi r_1-\sqrt{2}/4\pi a) \tag{10.22}$$

因此，我们发现当 $\boldsymbol{r}_1\to 0$ 时，方程(10.18)的波函数 Ψ 变为

$$\Psi(\boldsymbol{r}_1,\boldsymbol{r}_2,\boldsymbol{R})=\frac{h(\boldsymbol{r}_2,\boldsymbol{R})}{4\pi r_1}+\Re,\quad r_1\to 0 \tag{10.23}$$

$\Re$ 是方程(10.19)和方程(10.21)中依赖于 $\boldsymbol{r}_1$ 的非发散项与方程(10.22)右边第二项之和,方程(10.23)必须和方程(10.12)一致。通过对这些方程的发散项进行比较,我们发现 $h(\boldsymbol{r}_2,\boldsymbol{R})=f(\boldsymbol{r}_2,\boldsymbol{R})$。由于 $\Re$ 必须与方程(10.12)的非发散项一致,也就是等于 $-f(\boldsymbol{r}_2,\boldsymbol{R})/(4\pi a)$,可以得到关于函数 f 的下列方程:

$$\begin{aligned}&\int \mathrm{d}^3 r'\mathrm{d}^3 R'\{G(|\overline{S}-S_1|)[f(\boldsymbol{r}',\boldsymbol{R}')-f(\boldsymbol{r},\boldsymbol{R})]\\&+[G(|\overline{S}-S_2|)-\sum_{\pm}G(|\overline{S}-S_{\pm}|)]f(\boldsymbol{r}',\boldsymbol{R}')\}\\&=(\sqrt{2}-1)f(\boldsymbol{r},\boldsymbol{R})/(4\pi a)\end{aligned} \tag{10.24}$$

其中,$\overline{S}=\{0,\boldsymbol{r},\boldsymbol{R}\}$,在方程(10.24)的第一行我们省略了主值积分符号。

就像我们上面所提到的,对于 s 波散射,函数 $f(\boldsymbol{r},\boldsymbol{R})$ 仅取决于 $\boldsymbol{r}$、$\boldsymbol{R}$ 的绝对值以及它们之间的夹角。因此,对于三个变量的函数来说,方程(10.24)是一个积分方程。我们将方程(10.24)转化为动量空间的方程,以更方便地获得分子-分子散射长度。根据傅里叶变换:

$$f(\boldsymbol{k},\boldsymbol{p})=\int \mathrm{d}^3 r\mathrm{d}^3 R f(\boldsymbol{r},\boldsymbol{R})\exp(\mathrm{i}\boldsymbol{k}\cdot\boldsymbol{r}/a+\mathrm{i}\boldsymbol{p}\cdot\boldsymbol{R}/(\sqrt{2}a))$$

可以得到如下表达式:

$$\begin{aligned}&\sum_{\pm}\int\frac{f(\boldsymbol{k}\pm(\boldsymbol{p}'-\boldsymbol{p})/2,\boldsymbol{p}')\mathrm{d}^3 p'}{2+p'^2/2+[\boldsymbol{k}\pm(\boldsymbol{p}'-\boldsymbol{p})/2]^2+[\boldsymbol{k}\pm(\boldsymbol{p}'+\boldsymbol{p})/2]^2}\\&=\int\frac{f(\boldsymbol{k}',-\boldsymbol{p})\mathrm{d}^3 k'}{2+k'^2+k^2+p^2/2}-\frac{2\pi^2(1+k^2+p^2/2)f(\boldsymbol{k},\boldsymbol{p})}{\sqrt{2+k^2+p^2/2}+1}\end{aligned} \tag{10.25}$$

通过 $f(\boldsymbol{k},\boldsymbol{p})=[\delta(\boldsymbol{p})+g(\boldsymbol{k},\boldsymbol{p})/p^2]/(1+k^2)$ 进行替代,将方程(10.25)约化为函数 $g(\boldsymbol{k},\boldsymbol{p})$ 的非齐次方程:

$$\begin{aligned}&\frac{1}{(1+k^2+p^2/4)^2-(kp)^2}+\frac{2\pi^2(1+k^2+p^2/2)g(\boldsymbol{k},\boldsymbol{p})}{p^2(1+k^2)(\sqrt{2+k^2+p^2/2}+1)}\\&=-\sum_{\pm}\int\frac{g(\boldsymbol{k}\pm(\boldsymbol{p}'-\boldsymbol{p})/2,\boldsymbol{p}')\mathrm{d}^3 p'}{p'^2\{2+p'^2/2+[k\pm(p'-p)/2]^2+[k\pm(p'+p)/2]^2\}\times\{1+[k\pm(p'-p)/2]^2\}}\\&+\int\frac{g(\boldsymbol{k}',-\boldsymbol{p})\mathrm{d}^3 k'}{p^2(2+k'^2+k^2+p^2/2)(1+k'^2)}\end{aligned} \tag{10.26}$$

对于 s 波散射,函数 $g(\boldsymbol{k},\boldsymbol{p})$ 取决于 $\boldsymbol{k}$、$\boldsymbol{p}$ 的绝对值以及这些向量之间的夹角。$\boldsymbol{p}\to 0$ 时,该函数趋近于一个与 $\boldsymbol{k}$ 无关的有限值。在方程(10.16)和 $g(\boldsymbol{k},\boldsymbol{p})$ 定

义的基础上，分子-分子散射长度很容易由 $a_{\mathrm{dd}}=-2\pi^2 a \lim_{p\to 0} g(\boldsymbol{k},\boldsymbol{p})$ 给出。对方程(10.26)进行数值计算得到精确度为2%[48]，

$$a_{\mathrm{dd}}=0.6a>0 \tag{10.27}$$

这个结果首次在参考文献[49]和[50]中给出，其方法是将获得的 $f(\boldsymbol{r},\boldsymbol{R})$ 与方程(10.16)在大 R 处的渐近形式进行拟合，然后直接数值求解方程(10.24)。计算中没有发现四体弱束缚态，f 在小 R 处的形式表明，在接近于 a 的范围内，二聚体之间的相互作用是软核排斥势。

方程(10.27)的结果是精确的，它揭示出分子BEC塌缩的稳定性。早期的一些研究假设 $a_{\mathrm{dd}}=2a$[37][59]，与它们相比，方程(10.27)给出的分子凝聚小2倍，弹性碰撞速率小一个数量级。Monte Carlo的计算[60]和图解法[61][62]证实了方程(10.27)的结果，参考文献[59]中给出 $a_{\mathrm{dd}}=0.75a$ 的近似图解法。

10.2.2 碰撞弛豫的抑制

我们现在讨论的弱束缚二聚体是处于最高振转态(见图10.3)的双原子分子，在它们与其他分子碰撞时可以弛豫到深束缚态。比如，发生碰撞的一个分子可能弛豫到深束缚态，而另一个则发生离解(包括p波相互作用，我们可以把形成的深束缚态看作两个全同费米子↑(或↓))。所以，两个弱束缚态分子的碰撞，能够形成两个费米子原子↑(或↓)的深束缚态，以及两个非束缚的费米子↓(或↑)。释放的能量是生成深束缚态的结合能，数量级为 $\hbar^2/mR_e^2$。这部分能量转化为碰撞出射通道中粒子的动能，使其从束缚气体中逃逸出来。因此，弱束缚分子的碰撞弛豫过程决定这些分子气体的寿命和形成玻色凝聚的可能性。

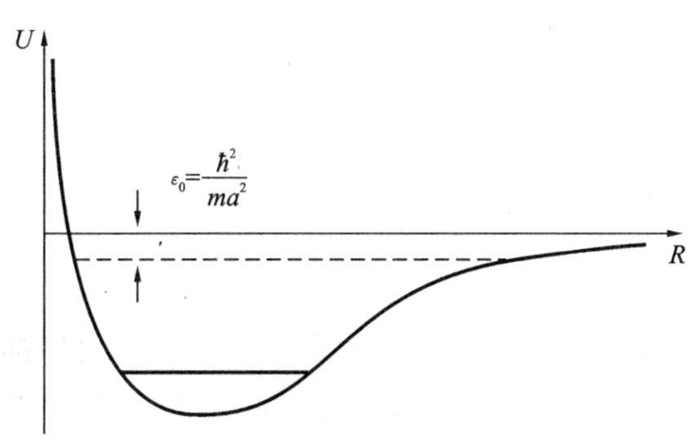

图10.3 两个可分辨费米子相互作用势能 U 随其间距 R 的变化，虚线表示弱束缚分子的能级，实线表示深束缚分子的能级

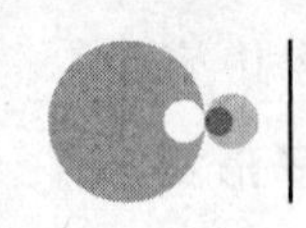

下面我们将证明,原子服从费米统计以及弱束缚分子所具有的大尺寸共同抑制了碰撞弛豫[49][50]。弱束缚分子的结合能是$\varepsilon_0=\hbar^2/ma^2$,大小为$a\gg R_e$,而深束缚态分子的大小为$R_e$的数量级。所以,当至少三个费米子彼此间距离约为$R_e$时,弛豫就可能发生,由于其中两个必然完全相同,根据泡利不相容原理,弛豫几率包含一个与qR_e的幂次方成比例的小因子,q约为$1/a$,是处于弱束缚分子态下原子的特征动量。

依据不等式$a\gg R_e$,我们提出一个不需要对系统的短程行为进行详细分析就可以得出弛豫速率与散射长度a之间关系的方法。假设非弹性弛豫过程的振幅比弹性散射振幅小得多,那么弛豫速率随a的变化仅与初态四体波函数Ψ对a的依赖性有关。我们仍然考虑式(10.13)所描述的超冷极限条件,在这一条件下分子-分子s波散射主导弛豫过程。

关键的一点是弛豫过程要求仅三个原子彼此靠近到大约R_e的短距离范围内。第四个粒子可以离这三个很远,从而不参与弛豫过程,其距离为一个分子大小的量级,约为a。因此,我们发现对弛豫速率有贡献的位形空间,可以看作彼此间距离约为R_e的一个三原子系统加上第四个离这个系统的距离约为a的原子(见图10.4),这时四体波函数分解为一个乘积:

$$\Psi=\eta(z)\Psi^{(3)}(\rho,\Omega) \tag{10.28}$$

式中:$\Psi^{(3)}$是三个费米子系统的波函数;ρ和Ω是这些原子的超球半径和超球角集;z是它们的质心到第四个粒子的距离;波函数$\eta(z)$描述这个原子的运动而且是归一化的。

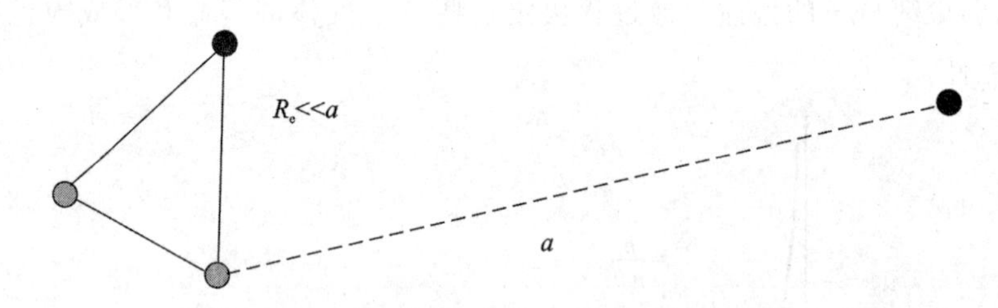

图10.4 对弛豫几率有贡献的位形空间

注意:对任意满足$\rho\ll|z|\approx a$的超球半径,方程(10.28)都成立。

三原子系统向深束缚双原子态的转化不改变第四个原子的波函数$\eta(z)$,因此,把跃迁几率对第四个粒子的运动取平均,二聚体-二聚体碰撞中非弹性弛豫的速率常数可写为

$$\alpha_{\mathrm{rel}} = \alpha^{(3)} \int |\eta(z)|^2 \mathrm{d}^3 z = \alpha^{(3)} \tag{10.29}$$

式中：$\alpha^{(3)}$是三原子系统的弛豫速率常数。

弛豫在相互作用距离约为R_e及超球半径$\rho \ll a$时发生，波函数$\Psi^{(3)}$取决于能量为零时的薛定谔方程的解，其中只有归一化系数依赖于散射长度a，即

$$\Psi^{(3)} = A(a)\psi, \quad \rho \ll a \tag{10.30}$$

其中，函数ψ与a无关。因此，距离约为R_e时弛豫概率和弛豫速率常数与$|\psi|^2$成正比。因此，可以得到

$$\alpha_{\mathrm{rel}} = \alpha^{(3)} \propto |A(a)|^2 \tag{10.31}$$

故而，我们的目标就是得到系数$A(a)$，这决定弛豫速率对a的依赖关系。

为了达到这个目的，这里可以认为当$a \gg \rho \gg R_e$时，方程(10.30)仍然适用。那么利用零距离近似，我们可以发现三体波函数$\Psi^{(3)}$与坐标的关系。在参考文献[50]中给出了其推导过程，即

$$\Psi^{(3)} = A(a)\Phi_\nu(\Omega)\rho^{\nu-1}, \quad \rho = a \tag{10.32}$$

式中：$\Phi_\nu(\Omega)$是超球角度的归一化函数，系数ν取决于$\Psi^{(3)}$的对称性。

因子$A(a)$与a的关系可由四体问题的下列标度参数决定，在我们的问题中散射长度a是唯一的长度标度，我们可以以a为单位测量所有距离。利用两个重新标度的坐标$\rho = a\rho'$和$z = az'$，方程(10.32)和方程(10.28)中的$\Psi^{(3)}$变为一个以ρ/a为变量的函数与$A(a)a^{\nu-1}$的乘积。波函数$\eta(z)$是归一化的，因此它是一个以z/a为变量的函数与$a^{-3/2}$的乘积。那么，方程(10.28)四体波函数Ψ是标度下坐标的函数和系数$A(a)a^{\nu-5/2}$的乘积。利用相同的新标度将方程(10.14)和方程(10.15)相结合，我们发现上述系数与a^{-3}成正比。因而有$A(a) \propto a^{-\nu-1/2}$和$\alpha_{\mathrm{rel}} \propto a^{-s}$，这里

$$s = 2\nu + 1$$

最强弛豫通道对应于ν的最小值，对于波函数$\Psi^{(3)}$描述的三体系统，如果满足p波对称性，则可以得到最小值为$\nu = 0.773$，从而$s \approx 2.55$。设短程物理的特征长度为R_e，能量标度为$\hbar^2/mR_e^2$，我们可以恢复到原始标度，从而得到

$$\alpha_{\mathrm{rel}} = C(\hbar R_e/m)(R_e/a)^s, \quad s \approx 2.55 \tag{10.33}$$

系数C依赖于特定的系统，用零距离近似无法获得。

三体系统中的p波对称性，对应于一个分子中的费米子原子(以下称为第三个费米子)对另一个分子的p波散射。那么，第四个粒子对该分子也进行p

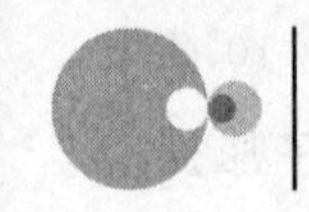

波散射,以满足分子-分子碰撞的总轨道角动量等于零。因为第三个和第四个费米子彼此束缚在大小为 a 的分子态中,它们与另一个分子碰撞的相对动量约为 $1/a$,因而根本不能抑制 p 波散射。通过第三个费米子与分子 s 波散射的弛豫通道,可以得出 $\nu=1.1662$,因而弛豫速率与 $a^{-3.33}$ 成正比,与超冷原子-分子碰撞[49][50]的情形一致。因此,对于 a 比较大的情况这个机制可以忽略。对于第三个(和第四个)费米子与轨道角动量 $\ell>1$ 的分子之间的散射通道,其弛豫速率随 a 的增大而快速减小,因此可以忽略。

10.2.3　碰撞的稳定性和分子 BEC

方程(10.33)意味着弱束缚分子间存在一种很明显的碰撞稳定性,这里的分子由两个具有不同内态的费米子原子构成,其弛豫速率随两体散射长度 a 的逐渐增加而急剧减小,与我们的直觉完全相反。目前获得的散射长度 a 约为 1000 Å,弛豫过程的抑制因子 $(R_e/a)^s$ 的大小约为四个数量级,这种效应来自于原子的费米统计。对于由玻色原子形成的弱束缚分子,即使它们具有同样大小的尺寸,也不存在这种情况。事实上,当弱束缚分子的大小约为 a 时,参与弛豫过程的相同费米子原子有非常小的相对动量 $k\approx 1/a$。如果它们彼此靠近到约为 R_e 的短距离内,则会出现弛豫过程,与玻色分子的情况相比,它们靠近彼此的概率被抑制为 $(kR_e)^2\approx(R_e/a)^2$。由于弛豫过程中的 Franck-Condon 因子和三体动力学原理,方程(10.33)中的指数 s 并不是 2。JILA[12][13][14]、Innsbruck[11][15][16]、MIT[17][18]、ENS[10][19]、Rice[20] 和 Duke[21] 的实验都观察到了包含两个费米子原子的弱束缚分子 K_2 和 Li_2 显著的碰撞稳定性。在分子密度 $n\approx 10^{13}\ cm^{-3}$ 时,气体的寿命从几十毫秒到几十秒,这取决于散射长度 a 的值。根据方程(10.33),弛豫速率随 a 的逐渐增加而急剧减小,与实验数据一致。JILA[12] 对钾的实验和 ENS[19] 对锂的实验给出了弛豫速率常数 $\alpha_{rel}\propto a^{-s}$;对于 K_2,$s\approx 2.3$;对于 Li_2,$s\approx 1.9$;在实验允许的误差范围内与理论值($s\approx 2.55$)相一致。图 10.5 和图 10.6 给出钾和锂的实验和理论结果,散射长度 $a\approx 110$ nm 时,$^6Li_2$ 凝聚后的弛豫速率常数的绝对值为 $\alpha_{rel}\approx 1\times 10^{-13}\ cm^3/s$。同一个 a 值[12]下,由于 K_2 的相互作用特征半径 R_e 较大,导致 K_2 弛豫速率常数的绝对值比 $^6Li_2$ 的高一个数量级。

弱束缚费米子分子弛豫衰减率的抑制,对这些分子的物理有至关重要的影响。在实际的实验温度下,弛豫速率常数 α_{rel} 比弹性碰撞的速率常数 $8\pi a_{dd}^2 v_T$

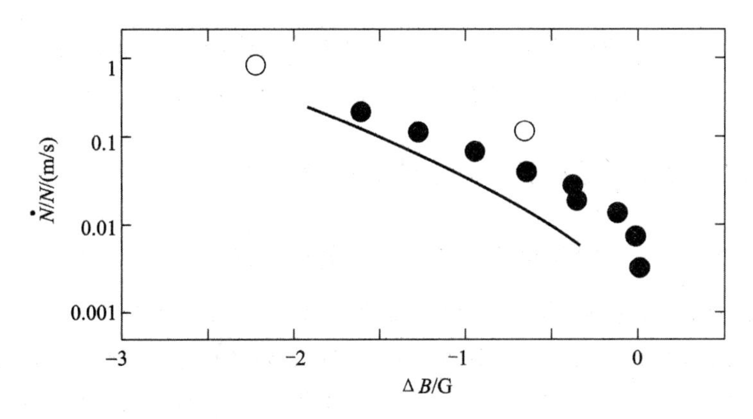

图 10.5 $^{40}K_2$ 超冷分子气体的两体衰减率，横轴是磁场相对于$^{40}K_2$ 在 202 G 处 Feshbach 共振的失谐量。黑点表示实验值，实线表示理论结果（归一化到 $\Delta B=-1.6$ G 的实验值）

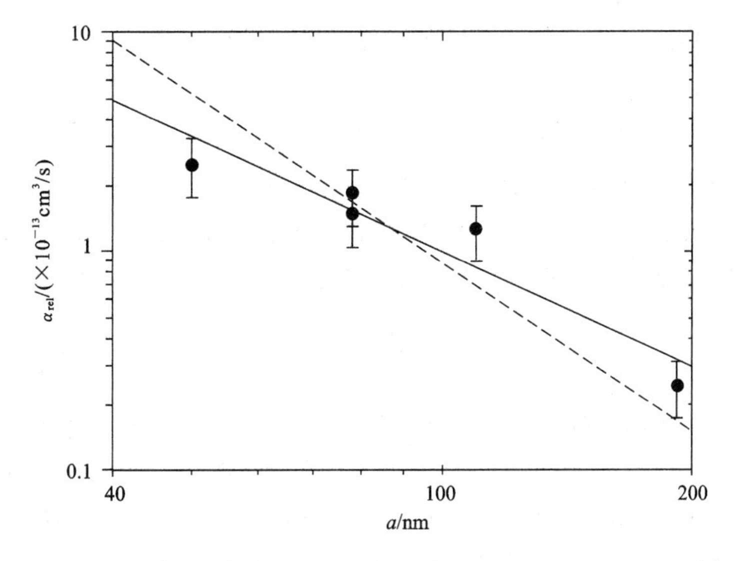

图 10.6 $^6Li_2$ 分子凝聚的两体衰减率 α_{rel}，横轴是^{6}Li 在 834 G 处 Feshbach 共振附近的原子间散射长度。实线：最小二乘法拟合，$\alpha_{\mathrm{rel}}\propto a^{-1.9\pm0.8}$。虚线：理论值 $\alpha_{\mathrm{rel}}\propto a^{-2.55}$。理论弛豫速率归一化到在 $a=78$ nm 时与实验值相等

小很多，这里 v_T 是热速度。比如，在温度 $T=3$ μK、$a\approx800$ Å 下，弱束缚 Li_2 分子的这两个常数比值约为10^{-4}或10^{-5}。这种稳定性为达到分子 BEC 以及将玻色凝聚气体的温度冷却到其化学势的数量级提供了极大的可能性。在 JILA[13][14] 对$^{40}K_2$，以及 Innsbruck[15][16]、MIT[17][18]、ENS[19]、Rice[20]、Duke[21] 和

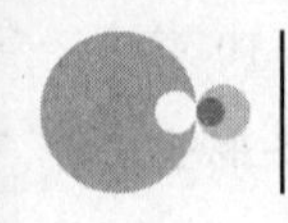

最近 Melbourne[63] 以及 Tokyo[64] 对 $^6Li_2$ 的实验中,都观察到了弱束缚分子的长寿命 BEC。对分子-分子散射长度的测量证实 $a_{dd}=0.6a$,精确度达到 30%[16][19]。

10.3 费米-费米混合气中的异核分子

10.3.1 分子间弹性相互作用的质量比效应

我们现在考虑异核分子的新颖物理现象,异核分子预计会在两个不同费米子原子的混合气(费米-费米混合)的两体散射长度 a 为较大正值处形成。在某些方面,其物理过程与上面所讨论的由不同内态的费米子原子形成的同核分子相似。然而,如果原子有很大的质量比,情况大不相同,这与三体束缚 Efimov 态的存在有关。一般而言,三体束缚 Efimov 态的存在使人们无法只用两体散射长度 a 来描述分子-分子散射。

我们开始计算包括重(质量 M)和轻(质量 m)费米原子的弱束缚异核分子之间弹性相互作用(散射)的振幅,假设原子-原子散射长度满足不等式 $a\gg R_e$,并且考虑条件方程(10.13)所决定的超冷限制。这种情况下,散射由 s 波通道决定,这里我们给出参考文献[65]中零距离近似下的精确结果。在条件 $ka\ll 1$ 下,碰撞能量比分子的结合能ε_0小很多,因此,设总能量等同于$-2\varepsilon_0=-\hbar^2/\mu a^2$ 时,我们可以对 s 波分子-分子弹性散射进行分析。零距离近似下,我们可以解四体自由粒子薛定谔方程,表示为方程(10.11)的形式

$$[-\nabla_{r_1}^2-\nabla_{r_2}^2-\nabla_{\boldsymbol{R}}^2+2/a^2]\Psi=0$$

这里 $\boldsymbol{r}_1$ 为其中两个给定重、轻费米子间的距离,$\boldsymbol{r}_2$ 为另外两个(见图 10.7)的距离。为了方便,将这些费米子对的质心间的距离定义为 $\beta\boldsymbol{R}$,其他两个可能的重-轻费米子对中的重、轻费米子间距定义为 $\boldsymbol{r}_\pm=\alpha_\pm\boldsymbol{r}_1+\alpha_\mp\boldsymbol{r}_2\pm\beta\boldsymbol{R}$,其中 $\beta=\sqrt{2\alpha_+\alpha_-}$,$\alpha_+=\mu/M$,$\alpha_-=\mu/m$,$\mu=mM/(m+M)$,$\mu$ 是约化质量。

对称性条件表示为

$$\Psi(\boldsymbol{r}_1,\boldsymbol{r}_2,\boldsymbol{R})=\Psi(\boldsymbol{r}_2,\boldsymbol{r}_1,-\boldsymbol{R})=-\Psi(\boldsymbol{r}_\pm,\boldsymbol{r}_\mp,\pm\beta(\boldsymbol{r}_1-\boldsymbol{r}_2)\mp(\alpha_+-\alpha_-)\boldsymbol{R}) \tag{10.34}$$

对于任意的重-轻费米子对,在距离为零即 $\boldsymbol{r}_1\to 0$,$\boldsymbol{r}_2\to 0$,$\boldsymbol{r}_\pm\to 0$ 时,满足 Bethe-Peierls 边界条件。$\boldsymbol{r}_1\to 0$ 时,对应的 Bethe-Peierls 边界条件仍然由方程(10.12)给出。

由于对坐标定义的改变,波函数 Ψ 在大距离 R 处的渐近式写为

$$\Psi \approx \phi_0(r_1)\phi_0(r_2)(1-a_{dd}/\beta R), \quad R \gg a \tag{10.35}$$

这里符号 a_{dd} 仍然是分子-分子散射长度，弱束缚分子的波函数由方程(10.15)给出，函数 $f(\boldsymbol{r}_2, \boldsymbol{R})$ 在大 R 处的渐近表达式为

$$f(\boldsymbol{r}_2, \boldsymbol{R}) \approx (2/r_2 a)\exp(-r_2/a)(1-a_{dd}/\beta R), \quad R \gg a \tag{10.36}$$

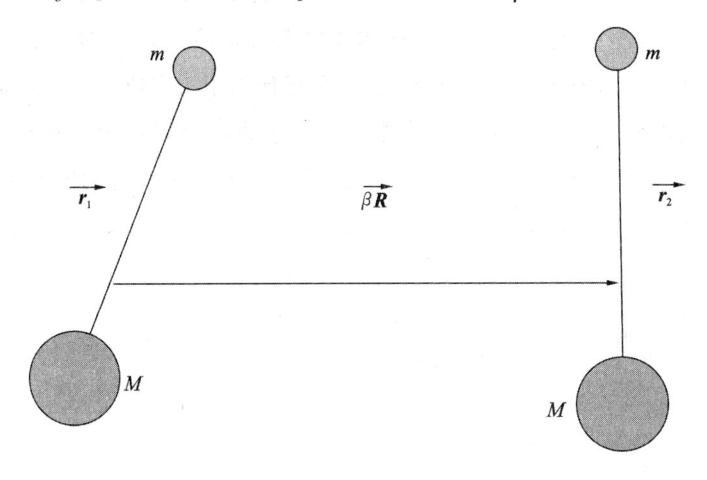

图 10.7　含两个异核分子的四体系统的坐标集

对于 s 波散射，函数 f 只取决于三个变量：$\boldsymbol{r}_2$ 和 $\boldsymbol{R}$ 的绝对值，以及它们之间的夹角。利用 10.2 节中描述的过程，我们得到对于 f 相同的积分方程(10.24)。

在矢量 $\boldsymbol{S}_\pm$ 的表达式中考虑了不同质量的影响，写为

$$\boldsymbol{S}_\pm = \{\alpha_\mp \boldsymbol{r}' \pm \beta \boldsymbol{R}', \alpha_\pm \boldsymbol{r}' \mp \beta \boldsymbol{R}', \mp \beta \boldsymbol{r}' \mp (\alpha_+ - \alpha_-)\boldsymbol{R}'\}$$

为了获得分子-分子散射长度与质量比 M/m 的关系，将函数 $f(\boldsymbol{r}, \boldsymbol{R})$ 的积分方程转化为动量空间的方程更方便。引入函数 $f(\boldsymbol{r}_2, \boldsymbol{R})$ 的傅里叶变换：

$$f(\boldsymbol{k}, \boldsymbol{p}) = \int d^3 r d^3 R f(\boldsymbol{r}, \boldsymbol{R}) \exp(i\boldsymbol{k} \cdot \boldsymbol{r}/a + i\beta \boldsymbol{p} \cdot \boldsymbol{R}/a)$$

得到以下动量空间方程：

$$\begin{aligned} &\sum_\pm \int \frac{f(\boldsymbol{k} \pm \alpha_\mp (\boldsymbol{p}' - \boldsymbol{p}), \boldsymbol{p}') d^3 p'}{2 + \beta^2 p'^2 + (\boldsymbol{k} \pm \alpha_\mp (\boldsymbol{p}' - \boldsymbol{p}))^2 + (\boldsymbol{k} \pm \alpha_\pm (\boldsymbol{p}' + \boldsymbol{p}))^2} \\ &= \int \frac{f(\boldsymbol{k}', -\boldsymbol{p}) d^3 k'}{2 + k'^2 + k^2 + \beta^2 p^2} - \frac{2\pi^2 (1 + k^2 + \beta^2 p^2) f(\boldsymbol{k}, \boldsymbol{p})}{\sqrt{2 + k^2 + \beta^2 p^2} + 1} \end{aligned} \tag{10.37}$$

通过等价替换 $f(\boldsymbol{k}, \boldsymbol{p}) = [\delta(\boldsymbol{p}) + g(\boldsymbol{k}, \boldsymbol{p})/p^2]/(1+k^2)$，我们将方程(10.37)约化为函数 $g(\boldsymbol{k}, \boldsymbol{p})$ 的非齐次方程。该方程与方程(10.26)相似，由于其复杂性，我们现在不作介绍。同样地，在 $M=m$ 的情况下，当 $\boldsymbol{p} \to 0$ 时，函数 $g(\boldsymbol{k}, \boldsymbol{p})$ 趋近于一

个与 $\boldsymbol{k}$ 无关的有限值。分子-分子散射长度由式子 $a_{dd}=-2\pi^2 a\lim\limits_{p\to 0} g(\boldsymbol{k},\boldsymbol{p})$ 给出。图 10.8 给出了参考文献[65]提出的 a_{dd}/a 与质量比 M/m 之间的关系。对于同核分子($M=m$)的情况,我们发现分子-分子散射长度 $a_{dd}=0.6a$。

当 $M/m<13.6$ 时,图 10.8 所给出的 a_{dd}/a 与质量比的关系就可以在零距离近似中确定。后来的计算表明不存在四体弱束缚态,$M/m\approx1$ 时,f 的行为反映分子间存在半径约为 a 的软核排斥势。当质量比大于极限值 13.6 时,分子-分子散射的描述需要一个三体参数,该参数取决于包含一个轻费米子和两个重费米子[54][55]的三体子系统的短程行为。10.3.3 节会给出这种行为的定性解释。

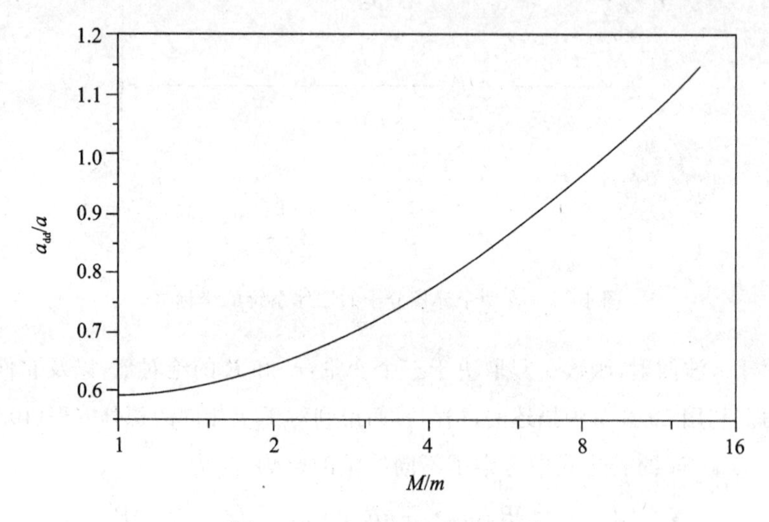

图 10.8　a_{dd}/a 与 M/m 的关系

10.3.2　中等质量比的碰撞弛豫

对于不同的费米原子组成的弱束缚(异核)玻色分子,最激动人心的物理现象是关于它们的碰撞稳定性。除了上面讨论的同核分子,这些玻色分子处于最高振转态,因而在分子-分子碰撞中弛豫到深束缚态,导致了体系的衰减。碰撞弛豫决定弱束缚分子玻色气体的寿命,其中很值得考虑的问题是质量比 M/m 是否影响和如何影响弛豫过程[65]的抑制,该过程源于原子的费米统计且在同核分子中有重要作用。类似的,它们在大的分子间距处表现为质点状玻色子,而当分子间距离小于分子大小(约为 a)时,异核分子“记起”它们是由费米子组成的。弛豫要求至少存在三个彼此间距离约为 R_e 的费米子,其中两个必定全同,所以,由于泡利不相容原理,弛豫速率包含一个很小的且与 qR_e 的幂次方成比例的因子，其中 $q\approx 1/a$ 是弱束缚分子态中原子的特征动量。当形成分子的费米子具有不同的质量时，上述图像会发生什么变化呢？

我们首先考虑如下分子-分子弛豫碰撞：其质量比率小于极限值 13.6，并且短程物理过程不影响弛豫速率与两体散射长度 a 的依赖关系。除了 10.2 节中同核分子的情况外，我们假设不等式 $a\gg R_e$ 成立，并且考虑方程(10.13)所描述的超冷极限。那么对弛豫概率有贡献的位形空间仍然可以看作如下系统：该系统只有彼此间距离(R_e)很近的三个原子，第四个原子距前三个较远，约为 a。根据方程(10.28)，四体波函数分解为一个乘积的形式：$\Psi=\eta(z)\Psi^{(3)}(\rho,\Omega)$，$\Psi^{(3)}$ 是三费米子系统的波函数，$\rho\ll a$ 和 Ω 分别是超球半径和这些费米子的超球角集，系统质心与第四个原子质心距离为 z，函数 $\eta(z)$ 描述第四个原子的运动。就不同质量的费米子原子而言，将三体系统从四个费米子中选出来有两种可能，而最重要的弛豫发生在一个质量为 m、两个更大质量为 M 的原子系统中。

我们使用 10.2 节中相同的方法得到，在距离 $R_e\ll\rho\ll a$ 时描述函数 $\Psi^{(3)}$ 的方程(10.32)：$\Psi^{(3)}=A(a)\Phi_\nu(\Omega)\rho^{\nu-1}$。根据方程(10.31)：$\alpha_{\mathrm{rel}}=\alpha^{(3)}\propto|A(a)|^2$ 可知，系数 $A(a)$决定弛豫速率与 a 的依赖关系。利用类似于 10.2 节中的扩展过程得到 $\alpha_{\mathrm{rel}}\propto a^{-s}$，其中 $s=2\nu+1$，同时再恢复到原始标度，我们可以将弛豫速率写为方程(10.33)的形式：$\alpha_{\mathrm{rel}}=C(\hbar R_e/m)(R_e/a)^s$，系数 C 取决于质量比和短程物理过程。

然而，指数 s 现在不仅取决于三体波函数 $\Psi^{(3)}$ 的对称性，还取决于质量比 M/m。ν 的最小值对应于大距离 a 处的主要弛豫通道，对于由一个轻费米子和两个重费米子[55]组成的系统，在满足 p 波对称时可以得到。在区间 $\ell\leqslant\nu<2$ 中可以通过如下方程[55]的解给出：

$$\lambda(\nu)=\frac{\nu(\nu+2)}{\nu+1}\cot\frac{\pi\nu}{2}+\frac{\nu\sin\gamma\cos(\nu\gamma+\gamma)-\sin(\nu\gamma)}{(\nu+1)\sin^2\gamma\cos\gamma\sin(\pi\nu/2)}\tag{10.38}$$

式中：$\gamma=\arcsin[M/(M+m)]$。

参考文献[55]中给出了方程(10.38)的详细推导。

在质量相等的情况下，我们发现在 10.2 节中得到 $s=2\nu+1\approx 2.55$，随着质量比的增加，它缓慢地减小(见图 10.9)。对于 $M/m\approx 1$ 没什么特别之处：随着两体散射长度 a 的逐渐增加，弛豫速率被抑制，比起同核分子，这种抑制效应较小。然而对于质量比接近极限值 13.6 的情况，指数 s 先到达零再变为负值，表现为弛豫速率甚至随 a 增大而增大。我们将通过对含有两个重原子和一个轻原子

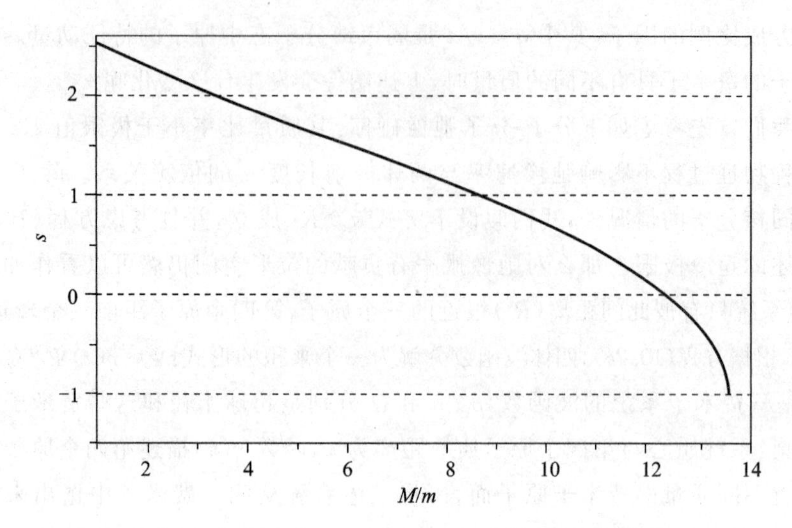

图 10.9　方程(10.33)中指数 $s=2\nu+1$ 与质量比 M/m 的关系

的系统利用 Born-Oppenheimer 近似,对这种现象给出一个定性的解释。

10.3.3　碰撞弛豫的 Born-Oppenheimer 图像

在 Born-Oppenheimer 近似中,假设一个快速轻原子根据两个慢速重原子的位置 $\boldsymbol{R}_1$ 和 $\boldsymbol{R}_2$ 绝热地调整其量子态,在一个给定的间距 $\boldsymbol{R}=\boldsymbol{R}_1-\boldsymbol{R}_2$ 上,我们就可以得到轻原子和两个重原子的束缚态波函数和能量。为方便起见,从现在开始我们改变标记方式,用 $\boldsymbol{R}$ 表示两个重原子间的距离,$\boldsymbol{r}$ 表示轻原子相对它们质心的坐标。通常,在两个重原子范围内的轻原子有两个态,重原子交换位置($\boldsymbol{R}\rightarrow-\boldsymbol{R}$)波函数不变的对称态(+)和该操作下波函数改变符号的反对称态(−),相应的波函数为

$$\psi_R^{\pm}(\boldsymbol{r})=\mathcal{N}_{\pm}\left(\frac{\mathrm{e}^{-\kappa_{\pm}(R)\,|\boldsymbol{r}-\boldsymbol{R}/2|}}{|\boldsymbol{r}-\boldsymbol{R}/2|}\pm\frac{\mathrm{e}^{-\kappa_{\pm}(R)\,|\boldsymbol{r}+\boldsymbol{R}/2|}}{|\boldsymbol{r}+\boldsymbol{R}/2|}\right)\tag{10.39}$$

式中:$\mathcal{N}_{\pm}$ 是依赖于 R 的归一化系数。

相应的结合能为

$$\epsilon_{\pm}(R)=-\hbar^2\kappa_{\pm}^2(R)/(2m)\tag{10.40}$$

参量 $\kappa_{\pm}(R)$ 由

$$\kappa_{\pm}(R)\mp\exp(-\kappa_{\pm}(R)R)/R=1/a\tag{10.41}$$

得出。在轻-重原子零间距处 $|\boldsymbol{r}\pm\boldsymbol{R}/2|$,对方程(10.39)的波函数 $\psi_R^{\pm}$ 应用 Bethe-Peierls 边界条件(见方程(10.8)),就得到方程(10.41)。

反对称态(−)能量总比对称态(+)能量高,然而对于 $R<a$,反对称态不

是束缚态,我们可以只处理对称束缚态。在 $R \ll a$ 的限制下,方程(10.41)给出 $\kappa_+ = 0.56$,那么对称束缚态的能量由下式给出,它代表了重原子相对运动的有效势能:

$$\epsilon_+(R) = -0.16\hbar^2/(mR^2) \tag{10.42}$$

由此我们可以看出,当重原子彼此间距离 $R \ll a$ 时,轻原子的运动在重原子间等效出 $1/R^2$ 的吸引力。事实上,从三体系统中有效相互作用的 Efimov 图像可以得出相同的结果[54],Born-Oppenheimer 近似只是对该图像给出直观的解释[65][66],对于大质量比,有效吸引势能 $\epsilon_+(R) = -0.16\hbar^2/(mR^2)$ 极大地改变了弛豫过程的物理图像。这个有效相互作用与泡利原理相竞争,后者表现为重原子间离心 $1/R^2$ 排斥相互作用。在重原子交换时,轻原子的波函数 $\psi_R^+(\boldsymbol{r})$ 不改变符号,这可以清楚地看出这种排斥的存在。由于三体系统总的波函数 $\psi_R^+(\boldsymbol{r})\chi(\boldsymbol{R})$ 在这种置换下是反对称的,重原子相对运动的波函数 $\chi(\boldsymbol{R})$ 应该改变符号。所以,$\chi(\boldsymbol{R})$ 仅包含奇角动量的分波,对于最小的角动量(p 波)离心势垒为 $U_c(R) = 2\hbar^2/(MR^2)$。当质量相当时,明显比 $\epsilon_+(R)$ 强。因此,我们得到前面讨论过的同核分子情况下的物理图像:泡利不相容原理(离心势垒)降低原子在短距离处的概率,结果就使弛豫速率随原子-原子散射长度 a 的增大而减小。

有效吸引作用随 M/m 的增大而增大,因而弛豫速率随 a 的增大而减小。方程(10.33)中的指数 s 随 M/m 的增大而持续减小,当 $M/m = 12.33$ 时减小为零(见图 10.9)。在 Born-Oppenheimer 图像中意味着在这点介质吸引和离心排斥间是平衡的,M/m 的进一步增大使 s 成为负值。当质量比达到临界时,$M/m = 13.6$,$s = -1$。因而,在 $12.33 < M/m < 13.6$ 范围,弛豫速率随 a 增大而增大。

当质量比 $M/m > 13.6$ 时,对应一个我们熟知的现象,在引力势 $1/R^2$ 中,一个粒子落向中心[26]。这种情况下,在距离大约为 R_e 处波函数的形状能显著影响长程波函数的行为,因而需要一个短程三体参数来描述这个系统。重原子波函数 $\chi(\boldsymbol{R})$ 在短程距离 R 处有多个节点,这表明存在三体 Efimov 束缚态。

10.3.4 具有大质量比费米子原子的分子

前面小节的讨论表明,当质量比 M/m 接近临界值 13.6 时,具有大质量比费米子的弱束缚分子的碰撞变得不稳定,在距离 $R \ll a$ 时,泡利不相容原理的效应比轻原子诱导的重原子间吸引力弱。然而,该图像只解释了弛豫速率与两体散射长度 a 的关系。同时对于异核分子,弛豫速率和弹性分子-分子相互

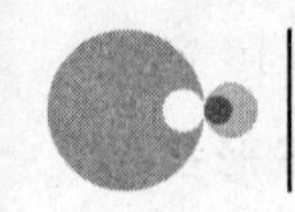

作用的振幅也取决于质量比,而与 a 的值和短程物理无关。为了说明这种关系,我们将在大分子间隔时研究具有大质量比费米子分子间的相互作用。

在 Born-Oppenheimer 近似中,我们来考虑这样两个分子间的相互作用,计算固定在 $\boldsymbol{R}_1$、$\boldsymbol{R}_2$ 的两个重原子的势场中两个轻费米子的波函数和结合能。根据它们之间的间隔 $R=|\boldsymbol{R}_1-\boldsymbol{R}_2|$,相应结合能的总和为重费米子提供了一个有效的相互作用势 U_{eff}。

对于 $R>a$,一个轻原子和重原子对的相互作用,有两个束缚态:对称态(+)和反对称态(−)。方程(10.39)给出了它们的波函数,相应的结合能可由方程(10.40)和方程(10.41)得到。当 R 很大并满足条件 $\exp(-R/a)=1$ 时,方程(10.40)写为

$$\epsilon_{\pm}(R)\approx-|\varepsilon_0|\mp2|\varepsilon_0|\frac{a}{R}\exp(-R/a)+\frac{U_{\mathrm{ex}}(R)}{2} \tag{10.43}$$

其中,单分子的结合能 ε_0 由式(10.5)给出,其约化质量 μ 非常接近轻原子质量 m:

$$U_{\mathrm{ex}}(R)=4|\varepsilon_0|\frac{a}{R}\left(1-\frac{a}{2R}\right)\exp(-2R/a) \tag{10.44}$$

因为轻费米子是全同的,它们的两体波函数是对称和反对称波函数的乘积做反对称化

$$\psi_{\boldsymbol{R}}(\boldsymbol{r}_1,\boldsymbol{r}_2)=[\psi_{\boldsymbol{R}}^{+}(\boldsymbol{r}_1)\psi_{\boldsymbol{R}}^{-}(\boldsymbol{r}_2)-\psi_{\boldsymbol{R}}^{+}(\boldsymbol{r}_2)\psi_{\boldsymbol{R}}^{-}(\boldsymbol{r}_1)]/\sqrt{2} \tag{10.45}$$

Born-Oppenheimer 绝热方法在 $R>a$ 时适用,分子间有效相互作用势 U_{eff} 是 $\epsilon_{+}(R)$ 与 $\epsilon_{-}(R)$ 的和(应该加上 $2|\varepsilon_0|$,使得 $R\to+\infty$ 时 $U_{\mathrm{eff}}(R)\to0$),该势能如图 10.10 所示。

对于足够大的重原子间距,方程(10.43)适用,有效势能可以写为

$$U_{\mathrm{eff}}(R)=\epsilon_{+}(R)+\epsilon_{-}(R)+2|\varepsilon_0|\approx U_{\mathrm{ex}}(R) \tag{10.46}$$

势能 U_{ex} 源于轻费米子的交换,因此可看作交换相互作用。根据方程(10.44)可知,这是纯排斥的,且在大 R 处具有 Yukawa 势的渐近形式,直接计算表明对于 $R\geqslant1.5a$,U_{ex} 是 U_{eff} 一个非常好的近似。

现在我们来讨论 $M/m\gg1$ 极限[67]下,二聚体-二聚体散射长度 a_{dd} 的计算。在 Born-Oppenheimer 近似中,双分子相对运动薛定谔方程可写为

$$[-(\hbar^2/m)\nabla_{\boldsymbol{R}}^2+U_{\mathrm{eff}}(R)-\varepsilon]\Psi(\boldsymbol{R})=0 \tag{10.47}$$

这里 ε 是碰撞能量。值得注意的是,排斥有效势能与轻原子质量 m 成反比,而方程(10.47)中的动能算符有一个前置因子 $1/M$。所以,对于大质量比 M/m,在距离小

于 a 的范围内，重原子互相靠近的隧穿几率呈指数减小，$P \propto \exp(-B\sqrt{M/m})$，其中 $B \approx 1$。这导致弛豫速率常数

$$\alpha_{\text{rel}} \propto \exp(-B\sqrt{M/m}) \tag{10.48}$$

随质量比 M/m 的增大而急剧减小。

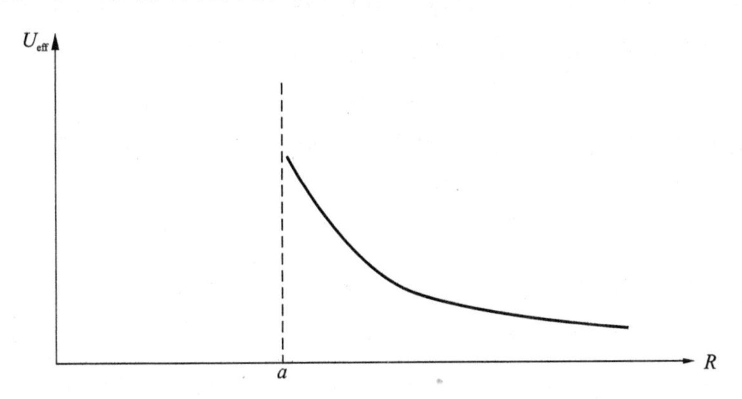

图 10.10　大质量比费米子组成的分子之间的相互作用势能随重原子间距 R 的变化

分析显示，对于 $M/m \geqslant 20$，利用方程(10.47)可以计算散射振幅的弹性部分，而且有非常高的准确度，并且我们选择的波函数在 $R=a$ 处的边界条件几乎不影响结果。对散射的主要贡献来自于距离在 $R=a_{\text{dd}} \gg a$ 的附近，此时有效势能可以通过方程(10.44)用一个常数前置因子近似描述：

$$U_{\text{eff}}(R) \approx 2h^2(maa_{\text{dd}})^{-1}\exp(-2R/a) \tag{10.49}$$

那么方程(10.47)的零能解在更小的 R 处衰减，可写为

$$\Psi(R) = \frac{a}{R}K_0\left(\sqrt{\frac{2M}{m}\frac{a}{a_{\text{dd}}}}\mathrm{e}^{-R/a}\right) \tag{10.50}$$

K_0 是衰减贝塞尔函数，通过与方程(10.50)在大 R 处的渐近行为 $\Psi(R) \propto (1-a_{\text{dd}}/R)$ 比较，我们得到 a_{dd} 的方程为

$$a_{\text{dd}} = \frac{a}{2}\ln\left(\frac{\mathrm{e}^{2\gamma}}{2}\frac{M}{m}\frac{a}{a_{\text{dd}}}\right) \tag{10.51}$$

给出

$$a_{\text{dd}} \approx a\ln\sqrt{M/m} \tag{10.52}$$

和散射截面

$$\sigma_{\text{dd}} = 8\pi a_{\text{dd}}^2 \tag{10.53}$$

从方程(10.50)可以看出，在 $R=a_{\text{dd}}$ 附近波函数发生改变的间隔约为 a 的数量级，这证明方程(10.49)的运用是合理的。事实上，可以通过比较方程

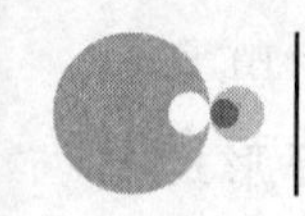

(10.44)和方程(10.49)的不同来修正方程(10.51)。用这种方法对二聚体-二聚体散射长度的一阶修正为$-\frac{3}{4}a^2/a_{dd}$,其中a_{dd}由方程(10.51)决定。

定性地来讲,$U_{eff}(R)$就可看作半径为a_{dd}的硬球势能,只在边缘为$a \ll a_{dd}$的长度范围内被软化。因此,二聚体-二聚体碰撞的超冷极限,也就是式(10.53)成立的条件,通过二聚体的相对动量k满足如下不等式来实现:

$$ka_{dd} \ll 1 \tag{10.54}$$

把U_{eff}近似成半径为a_{dd}的纯硬球势是很有帮助的(见参考文献[68]),这种方法在$ka \ll 1$的条件下有效,该条件比式(10.54)更宽松。

我们看到在数值模拟中[67],二聚体-二聚体散射振幅没有共振,而共振会出现在两个二聚体的弱束缚态中,这里我们对这些弱束缚态的缺失做一个定性解释。假设有这样一个态,能量$\varepsilon \to 0$,那么在$R>a$处的重原子的波函数在距离尺度$a\sqrt{m/M} \ll a$处应该指数减小。因为U_{eff}表示势垒高度约为$1/ma^2$的势能,这就意味着在这种束缚态下的重原子主要局限在小于a的范围内,对称轻原子也被束缚在这个范围,这可以从函数ψ^+的形态看出来。反对称轻原子相对局部三聚体的运动可以看作角动量为奇数值的散射,由于离心势垒,这个原子与三聚体的束缚态局限在距重原子a处。这种情况下,人们希望Born-Oppenheimer近似奏效,因为反对称轻原子比重原子运动快得多。然而这形成一个矛盾,因为在上述讨论的Born-Oppenheimer近似中,在重原子间隔$R<a$处无法形成反对称束缚态。因此我们得出结论,两个二聚体的弱束缚态不存在。

尽管在二聚体-二聚体碰撞中无共振,但在散射振幅中存在分支奇点,这与分子-分子碰撞的非弹性过程有关,表示发生碰撞的二聚体之一弛豫到深束缚态,而另一个二聚体被离解;或者形成由两个重原子和一个轻原子组成的束缚三聚体,另一个轻原子带走释放出来的结合能。

10.3.5 三聚态

在很多情况下称为Efimov态的三聚态有一些很有趣的特征,它们可以从对称态下两个重原子和一个轻原子的Born-Oppenheimer图像中找到。Born-Oppenheimer近似下,在轻原子创造的有效势能中,三体问题归纳为对有效势能中重原子相对运动的计算。对称态下轻原子的有效势能为$\epsilon_+(R)$,这可以在之前的章节中找到,重原子相对运动波函数$\chi_\nu(\boldsymbol{R})$的薛定谔方程为

$$\hat{H}\chi(\boldsymbol{R})=[-(h^2/M)\nabla_{\boldsymbol{R}}^2+\epsilon_+(R)]\chi_\nu(\boldsymbol{R})=\epsilon_\nu\chi_\nu(\boldsymbol{R}) \tag{10.55}$$

三聚态只不过是有效势能$\epsilon_+(R)$中重原子的束缚态。因此,它们相当于光谱ϵ_ν的分立部分,这里的符号ν表示角量子数(ℓ)和径向量子数(n)的集合。对于$R\ll a$,势能$\epsilon_v(R)$与$-1/R^2$成正比(见方程(10.42))。如果这种有效吸引大于离心势垒,我们就得到一个熟知的现象:在引力势$1/R^2$中一个粒子落向中心。对于给定的轨道角动量子数ℓ,径向部分χ_ν可以写为

$$\chi_\nu(R)\propto R^{-1/2}\sin(s_\ell \ln R/r_0),\quad R\ll a \tag{10.56}$$

式中:

$$s_\ell=\sqrt{0.16M/m-(l+1/2)^2} \tag{10.57}$$

三体参数r_0决定波函数在小距离处的相位,在原则上由ℓ决定。波函数(10.56)有无穷多个节点,这就意味着在零距离近似中有无穷多个三聚态,这是Efimov[54]发现的共振相互作用三体系统的特点之一。我们可以看出,只要质量比足够大,那么在很多角动量轨道中落向中心都是可能的。但是为了实用、简单,只需考虑一种情况就足够了,就是对于给定的宇称,只对很小的轨道角动量数ℓ才有Efimov效应。这就意味着,当重原子是费米子并且其中一个的角动量量子数ℓ为奇数时,为了将角动量量子数限制在$\ell=1$上,我们需要将质量比限制在$14\leqslant M/m\leqslant 76$范围内。对于$\ell$为偶数的重玻色原子,我们设定$\ell=0$,并且认为$M/m\leqslant 39$以避免$\ell\geqslant 2$的Efimov效应。两种情况我们都需要一个三体参数r_0。

只有$\epsilon_\nu<-2|\varepsilon_0|$时,在超冷二聚体-二聚体碰撞中才有可能形成Efimov三聚体,这意味着我们感兴趣的三聚体是相对束缚较紧密的,而且尺寸小于a。所以,对于大的质量比,三聚体的形成过程以指数形式减小,因为重原子必须隧穿排斥势垒$U_{\text{eff}}(R)$。况且,该过程要求四个原子彼此靠近到间距小于a的范围内,其形成速率随三聚体增大而减小,因为对两个全同轻原子来说,出现在越小的体积内越困难。

从方程(10.56)可以看出,如果r_0乘以

$$\lambda_\ell=\exp(\pi/s_\ell) \tag{10.58}$$

那么三体系统的行为不变。另一方面,量纲分析表明,量$\epsilon_\nu/\varepsilon_0$仅取决于比值$a/r_0$。这就是说,除了对$a$进行简单缩放外,当$a$乘以或除以$\lambda_\ell$时,三体系统的特性不变。三体系统的这种离散比例对称性,在三体可观察量的对数周期关系中表现出来,但仍然需要在实验上观察。在Born-Oppenheimer近似不适用的三

个全同玻色子情况下,必须精确解决三体问题[54]。离散缩放结果的观察需要把 a 改变 λ(为 22.7)倍,这对用冷原子进行的实验来说,技术上是非常困难的。在这方面,对于质量比很大的三体系统,由于 λ 的值更小,因而更有利进行。例如,为了看到 Cs－Cs－Li 三体系统的一个对数周期,只需要把 a 改变 λ(约为 5)倍。

在这点上值得强调的是,在轻-重二聚体气体中可以观察到三体效应,此时来自于轻费米子交换的二聚体间的排斥作用,强烈降低了与二聚体弛豫到深束缚态有关的弛豫速率。在二聚体-二聚体碰撞中形成的三聚体对 Efimov 态的位置和大小非常敏感,测量形成速率可用于证明三体系统的离散比例对称性。事实上,该速率对 a 有对数周期依赖性,可以通过测量二聚体气体的寿命来测量这个速率。

除了 Efimov 三聚态,一个轻原子和两个重原子可能形成用零距离近似就能很好地描述"普适的"三聚体态,无需用到三体参数[69]。特别地,当轨道角动量数 $\ell=1$,质量比低于临界值时就存在这种三聚体,此时 Efimov 效应不存在,也不需要考虑短程物理效应。在 $M/m\approx 8$ 时出现 Efimov 态,并且在 $M/m\approx 12.7$ 时与三聚体的形成阈值($\epsilon_{tr}=-2|\varepsilon_0|$)相交,Born-Oppenheimer 近似中也可以看到这个态。它在 $l=1$、势能为 $\epsilon_+(R)$ 下以费米子重原子束缚态的形式出现。其他态存在于接近于临界 M/m 时,永远不会成为冷二聚体-二聚体碰撞中形成的深束缚态。在 $l>1$ 且 $M/m>13.6$ 时,也存在普适的三聚态[69]。然而,在这个质量比下,二聚体-二聚体碰撞中三聚体的形成取决于更小 l 的 Efimov 三聚体的贡献。因此,下面我们着重讨论 Efimov 三聚体的形成。

一个三聚体本征寿命的计算需要详细的短程物理相关知识,而且是一项单调乏味的工作。Cs_3 三聚体[70]的实验数据显示,三聚体能量 τ^{-1} 虚部的估算大约比实部 ϵ_ν(这时 $\eta_*\approx 0.06$)小四倍。从超球角度来看,我们不期望结合能为 $\epsilon_\nu<-2|\varepsilon_0|$ 的三聚体有很长的寿命,但可以有相对窄的共振区,我们对弹性参数 η_* 的各种值做了计算[67]。

10.3.6 具有大质量比费米子分子的碰撞弛豫和三聚体的形成

现在我们讨论二聚体-二聚体碰撞的非弹性过程,先从二聚体到深束缚态的弛豫开始。深束缚态的典型尺寸约为相应原子间势能的特征半径。首先考虑如下弛豫通道:要求一个轻原子和两个重原子在距离 $R_e\ll a$ 上相互靠近。与三聚体的形成不同,这种弛豫机制是纯粹的三体过程,另一个轻原子只是旁观者。这个过程的定性图像如下：通过一个对大 M/m 而言，几率呈指数抑制的隧道效应，两个二聚体彼此靠近到距离为 $R\approx a$ 范围内，然后在势能为 $\epsilon_+(R)$ 中的重原子向彼此加速运动。从函数 ψ^+ 的形态可以看出，处于对称态的轻原子总是和重原子紧密结合。重原子(和对称轻费米子)在原子间间隔约为 R_e 时发生弛豫跃迁。弛豫速率常数当然满足方程(10.48)，但是我们也应该找出怎样把三聚体态和其形成考虑到弛豫过程中。为此，最方便的方法是将三体参数 r_0 看作一个复变量，并引入所谓的弹性参数 $\eta_*=-s_l\mathrm{Arg}(r_0)$[71]。如波函数(见方程(10.56))的渐近表达式所示，如果 r_0 的辐角为负数，就可以保证重原子的入射流不小于出射流：

$$\Phi_{\mathrm{out}}/\Phi_{\mathrm{in}}=\exp(4s_l\mathrm{Arg}(r_0))=\exp(-4\eta_*)\leqslant 1 \tag{10.59}$$

这与进入深束缚态的弛豫导致小距离处的原子流失的情况类似，在 Efimov 态的分析中，r_0 的虚部导致ϵ_ν 出现虚部，这意味着由于弛豫导致任何 Efimov 态都有一个有限的寿命 τ。对小 $|\mathrm{Arg}(r_0)|$ 和小于距离 a 处的三聚态，有 $\tau^{-1}/|\epsilon_\nu|=4|\mathrm{Arg}(r_0)|=4\eta_*/s_\ell$。严格来讲，不可能将弛豫过程和三聚体的形成分开，因为三聚体最终会因为弛豫而衰减。然而，三体参数的模长和辐角都可以通过测量三聚体气体的寿命来得到，从而在一个轻原子和两个重原子形成的三体子系统中，得出大量关于 Efimov 三聚体结构的定量预测。

另一个弛豫通道是两个轻原子向一个重原子靠近到距离为 $R_e=a$ 范围时的通道。然而由于轻原子的费米统计，该通道被抑制，这大大降低了在小体积中捕获它们的概率。结果对于实际的参数，这个弛豫机制比一个轻原子和两个重原子组成的系统的弛豫机制弱很多[67]。

研究分子-分子碰撞中三聚态的形成，要求我们打破常规的 Born-Oppenheimer 近似，因为对于重原子间距 $R<a$ 的反对称轻原子，这个近似不成立。在最近发展的“杂化 Born-Oppenheimer”近似[67]中，Born-Oppenheimer 方法被用于对称轻费米子，其特点是波函数 $\psi_{\boldsymbol{R}}^+(\boldsymbol{r})$ 和能量$\epsilon_+(R)$根据重原子的运动绝热地调整，然后通过对对称轻原子的积分给出重原子的能量$\epsilon_+(R)$。完成这步后，最初的四体问题就约化为薛定谔方程描述的三体问题：

$$[\hat{H}-(\hbar^2/2\mu_3)\nabla_r^2-E]\Psi(\boldsymbol{R},\boldsymbol{r})=0 \tag{10.60}$$

这里，$\hat{H}$ 已经在方程(10.55)中给出，$\mu_3=2mM/(2M+m)$，$E=-2|\varepsilon_0|+\varepsilon$是质心参考系中四体系统的总能量，$\varepsilon$ 是二聚体-二聚体的碰撞能量。接着用和 Bethe-Peierls 一样的方法处理这个问题，在轻-重原子间距零距离 $|r\pm R/2|$ 处

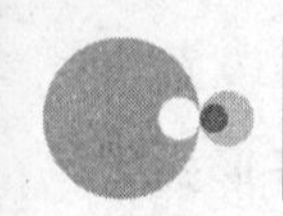

对 Ψ 的 Bethe-Peierls 边界条件（见方程(10.8)）包含了轻原子和重原子的相互作用。该原子的反对称性可通过下列条件考虑：

$$\Psi(\boldsymbol{R},\boldsymbol{r})=-\Psi(\boldsymbol{R},-\boldsymbol{r}) \tag{10.61}$$

由于重原子是全同费米子，所以有 $\Psi(\boldsymbol{R},\boldsymbol{r})=-\Psi(-\boldsymbol{R},\boldsymbol{r})$，结合式(10.61)得到条件 $\Psi(\boldsymbol{R},\boldsymbol{r})=\Psi(-\boldsymbol{R},-\boldsymbol{r})$。因此，$\Psi(\boldsymbol{R},\boldsymbol{r})$ 描述有偶数角动量的原子-二聚体散射，对于超冷碰撞我们必须求解 s 波原子-二聚体散射问题。

为了求解式(10.60)，我们采用参考文献[55]的方法，再引入一个辅助函数 $f(\boldsymbol{R})$，将波函数 $\Psi(\boldsymbol{R},\boldsymbol{r})$ 写为下列形式：

$$\Psi(\boldsymbol{R},\boldsymbol{r})=\sum_{\nu}\int_{R'}\chi_{\nu}(\boldsymbol{R})\chi_{\nu}^{*}(\boldsymbol{R}')K_{\kappa_{\nu}}(2\boldsymbol{r},\boldsymbol{R}')f(\boldsymbol{R}') \tag{10.62}$$

其中，

$$K_{\kappa_{\nu}}(2\boldsymbol{r},\boldsymbol{R}')=\frac{\mathrm{e}^{-\kappa_{\nu}|\boldsymbol{r}-\boldsymbol{R}'/2|}}{4\pi|\boldsymbol{r}-\boldsymbol{R}'/2|}-\frac{\mathrm{e}^{-\kappa_{\nu}|\boldsymbol{r}+\boldsymbol{R}'/2|}}{4\pi|\boldsymbol{r}+\boldsymbol{R}'/2|} \tag{10.63}$$

$$\kappa_{\nu}=\begin{cases}\sqrt{2\mu_{3}(\epsilon_{\nu}-E)}/\hbar, & \epsilon_{\nu}>E\\ -\mathrm{i}\sqrt{2\mu_{3}(E-\epsilon_{\nu})}/\hbar, & \epsilon_{\nu}<E\end{cases} \tag{10.64}$$

对 $\epsilon_{\nu}<E$，三聚体可以在 ν 态中形成，这种情况下 κ_{ν} 是虚数，函数(10.63)描述了一种远离三聚体的轻原子出射波。方程(10.64)中符号的选择确保了在原子-三聚体通道中没有入射流。

利用波函数（见方程(10.62)）在 $|\boldsymbol{r}\pm\boldsymbol{R}/2|\to 0$ 时的 Bethe-Peierls 边界条件（见方程(10.8)），可以得到函数 $f(\boldsymbol{R})$ 的一个积分方程：

$$\left[\hat{L}-\hat{L}'+\sin^{2}\theta\frac{\sqrt{2\mu(-\varepsilon_{0}-E)}/h-1/a}{4\pi}\right]f(\boldsymbol{R})=0 \tag{10.65}$$

式中：$\mu=mM/(m+M)$；$\theta=\arctan\sqrt{1+2M/m}$；

$$\hat{L}'f(\boldsymbol{R})=\int_{\boldsymbol{R}'}\sum_{\nu}[\chi_{\nu}(\boldsymbol{R})\chi_{\nu}^{*}(\boldsymbol{R}')K_{\kappa_{\nu}}(\boldsymbol{R},\boldsymbol{R}')-\chi_{\nu}^{0}(\boldsymbol{R})\chi_{\nu}^{0}{}^{*}(\boldsymbol{R}')K_{\kappa_{\nu}^{0}}(\boldsymbol{R},\boldsymbol{R}')]f(\boldsymbol{R}') \tag{10.66}$$

$$\hat{L}f(\boldsymbol{R})=P\int_{\boldsymbol{R}'}\{G(|\boldsymbol{R}-\boldsymbol{R}'|)[f(\boldsymbol{R})-f(\boldsymbol{R}')]\pm G(\sqrt{R^{2}+R'^{2}-2\boldsymbol{R}\cdot\boldsymbol{R}'\cos(2\theta)})f(\boldsymbol{R}')\} \tag{10.67}$$

$$G(X)=\frac{\sin(2\theta)M(-\varepsilon_{0}-E)K_{2}[\sqrt{M(-\varepsilon_{0}-E)}X/(\hbar\sin\theta)]}{8\hbar^{2}\pi^{3}X^{2}} \tag{10.68}$$

$K_{2}(z)$是指数衰减贝塞尔函数，参考文献[67]给出了详细推导，这里就略过了。

算符 $\hat{L}$ 和 $\hat{L}'$ 是角动量算符，将函数 $f(\boldsymbol{R})$ 在球谐函数中展开，得到一组退耦合的关于每个径向函数 $f_\ell(R)$ 的一维积分方程。下面介绍 s 波二聚体-二聚体散射的结果。

在大距离($R \gg a$)处，约化的波函数 $\Psi(\boldsymbol{R},\boldsymbol{r})$ 可以写为如下形式：

$$\Psi(\boldsymbol{R},\boldsymbol{r}) \approx \Psi(\boldsymbol{R})\psi_{\boldsymbol{R}}^{-}(\boldsymbol{r}) \tag{10.69}$$

可以证明：

$$\Psi(\boldsymbol{R}) \propto f(\boldsymbol{R}), \quad R \gg a \tag{10.70}$$

因此，$f(\boldsymbol{R})$ 可作为大距离处二聚体-二聚体运动的波函数。特别是它包含二聚体-二聚体散射的相移。

二聚体-二聚体 s 波散射振幅 $a_{\rm dd}$ 由方程(10.65)在 $E=2\varepsilon_0$ 处的解在远距离处的渐近形式决定，在 $R \gg a\ln\sqrt{M/m}$ 处应该和下式相匹配：

$$f_0(R) \propto (1/R - 1/a_{\rm dd}) \tag{10.71}$$

图 10.11 中，我们将其结果 $a_{\rm dd}/a$ 和方程(10.51)所得结果相比较，这两组结果甚至在中等 M/m 时都吻合得很好，并与图 10.8 所示的 $M/m<13.6$ 时四体方程的精确计算也一致[65]，同时与 $M/m<20$ 时的 Monte Carlo 结果也一致。

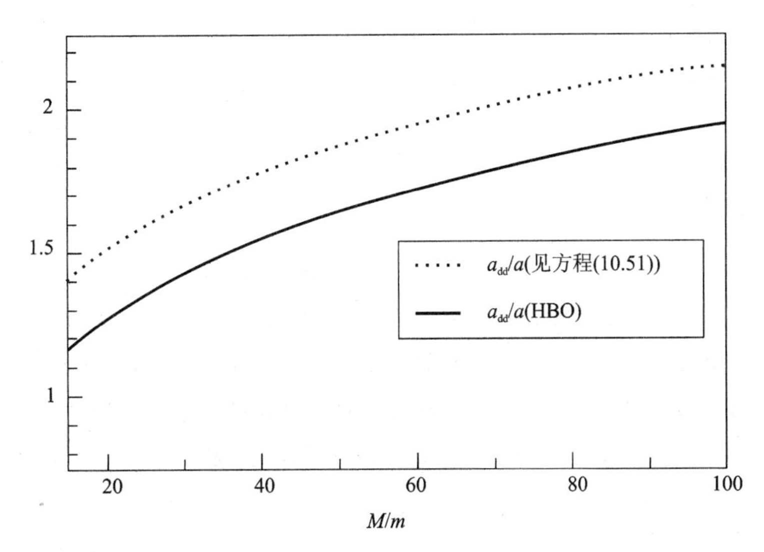

图 10.11　二聚体-二聚体 s 波散射长度 $a_{\rm dd}/a$。实线表示杂化 Born-Oppenheimer 近似(HBO)所得的结果，点线表示方程(10.51)的结果

容易扩展这一理论来解释三聚体形成的非弹性过程和二聚体进入深束缚

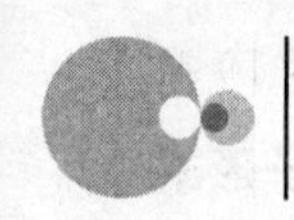

态的弛豫过程。首先假设弛豫到深束缚态的速率可以忽略，从而忽略这个过程。那么，三体参数是实数，三聚体形成率由 s 波散射长度的虚部决定，速率常数由参考文献[26]给出：

$$\alpha=-\frac{16\hbar\pi}{M}\mathrm{Im}(a_{\mathrm{dd}}) \tag{10.72}$$

或者，如果想知道处于 ν 态的三聚体形成的速率，可以将方程(10.65)的解代入方程(10.62)计算出 $\boldsymbol{r}\to+\infty$ 时的轻原子流，对 ν 求和后得到与方程(10.72)相同的结果。我们发现最高"危险"三聚态的作用是最主要的，α 对该态的位置很敏感。

现在看看二聚体到深束缚态的弛豫。如同上面所述，轻—重—重弛豫过程可以通过给三体参数添加一个虚部来描述，这样，总的非弹性衰减率仍由方程(10.72)给出。但是严格来说，我们不能区分特定态三聚体的形成和碰撞弛豫，因为三聚体最终会因为弛豫而衰减。从这个意义上来说，唯一的衰减通道就是弛豫。然而，对于足够长寿命的三聚体，也就是说，如果三聚态是窄共振，仍然可以观察到非弹性总衰减率对最高"危险"三聚态位置明显的依赖性。

图 10.12 给出了质量比为 $M/m=28.5$ 的非弹性碰撞速率的结果，^{171}Yb-^{6}Li二聚体的特征比值就是该值。实线对应实数三体参数情况，引入一个相关变量 a_0，其定义为三聚态的能量 ϵ_ν 刚好等于 $E=-2\varepsilon_0$ 时 a 的值。这个新的"危险"三聚态对于 $a>a_0$ 束缚得更深，碰撞速率常数也急剧增加。它与原子-三聚体出射通道的态密度成比例，相应的轨道角动量数等于 1，阈值定律可以写为(见图 10.12 插图)：

$$\alpha\propto\mathrm{const}+(E-\epsilon_\nu)^{3/2}\propto\mathrm{const}+(a-a_0)^{3/2} \tag{10.73}$$

方程(10.73)的常数项表示更深束缚态的贡献，通常非常小。实际上，随着三聚体压缩得更紧，两个轻原子互相靠近并靠近重原子，以形成三聚体。因为它们是全同费米子，这对形成这些深束缚态的三聚体是一个很强的抑制。

α 对 a/a_0 的依赖在对数尺度上呈现周期性，需要乘以因子 $\lambda_1\approx7.3$。虚线、点线和虚-点线分别对应 $\eta_*=0.1,0.5,1$，$\Phi_{\mathrm{out}}/\Phi_{\mathrm{in}}$ 分别为 0.67，0.14，0.02。水平线表示 $\eta_*=+\infty$ 或 $\Phi_{\mathrm{out}}=0$ 的情况，可观察量只取决于质量和原子散射长度，从这个意义上来说是具有普适性的。

对于一个非常弱的轻—重—重弛豫，二聚体-二聚体非弹性碰撞可看作三聚体(以速率常数 α)的形成，并因弛豫而缓慢衰减。这种情况下，我们可以考

虑用光谱检测三聚体。然而，我们注意到即使对于图 10.12 中虚线对应的条件，也就是对于 η_* 的取值小至 0.1，三聚态的衰减率 $\tau^{-1}\approx 0.25|\epsilon_\nu|/\hbar$ 还是相当快，这将有可能使其难以直接检测。对于大 η_*，不可能将三聚体的形成和它们内在的弛豫衰减分开，α 实际上是弛豫速率常数。值得注意的是，如果 η_* 增大到 0.5 甚至更大，α 对三聚态的位置（这种情况共振）依旧敏感。这表明，测量二聚体气体的寿命随 a 的变化可以为三聚体的可观测量提供重要信息。此外，对于小的 η_*，“危险”三聚态远离三聚体的形成阈值，在一个足够宽的范围内的 a，都有可能制备稳定的分子气体。

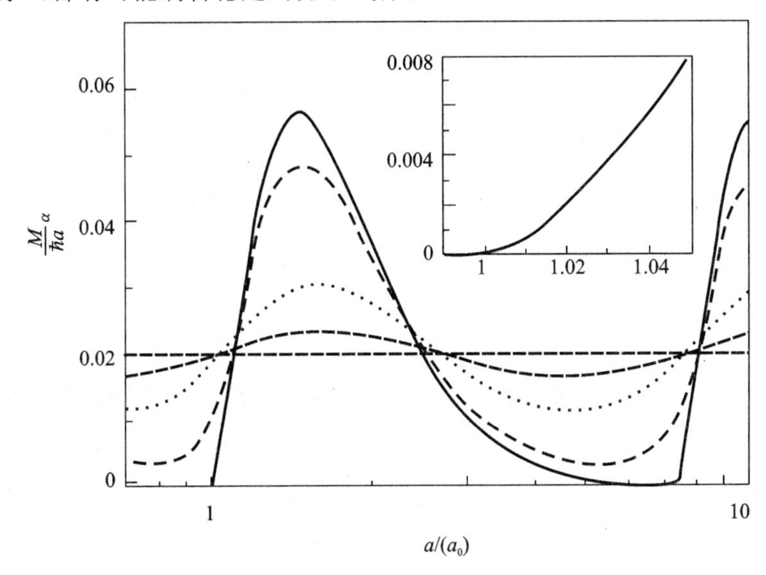

图 10.12　$M/m=28.5$ 的玻色二聚体非弹性速率常数随原子-原子散射长度 a 的变化。实线对应实数三体参数情况，虚线、点线、虚-点线和虚-点-点线分别对应弹性参数值 $\eta_*=0.1$，0.5，1，…下的轻—重—重弛豫过程。变量 a_0 是 a 在三聚态能量为 $E=-2\varepsilon_0$ 时的值，同时打开一个新的非弹性通道。为了看到临界值附近的行为，插图很详细地画出了 $a\approx a_0$ 区域

质量比在范围 $20<M/m<76$ 的非弹性速率 α 也已经报道过[67]。它与散射长度的关系与图 10.12 所描述的相同。速率常数的最大值可通过公式 $\alpha_{\max}=5.8(\hbar a/M)\exp(-0.87\sqrt{M/m})$ 拟合，水平线 $\eta_*=+\infty$ 的位置满足公式 $\alpha_{+\infty}=1.6(\hbar a/M)\exp(-0.82\sqrt{M/m})$。方程(10.58)、(10.57)以及 $\ell=1$ 给出对数周期依赖性中的乘积因子。

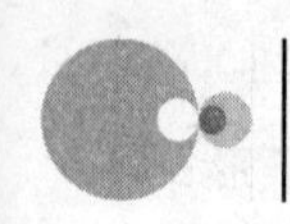

在质量比 $M/m>12.7$ 但低于 Efimov 效应起始临界值时,同样的方法被用来估算轨道角动量数 $\ell=1$ 的普适三聚态的形成[67]。速率常数随 M/m 增大而增大,接近临界质量比时达到 $\alpha=0.2(\hbar a/M)$,这对应于散射长度的虚部 $\mathrm{Im}a_{dd}\approx-4\times10^3 a$,是四体计算获得的 a_{dd} 实部的 1/300[66]。因此,这种三聚态的形成不改变图 10.8 所示的弹性散射振幅 a_{dd}。

现在我们来估算二聚体 ^{171}Yb-^{6}Li 的碰撞速率。在图 10.12 所示结果的基础上,我们发现当 $a=20$ nm 时非弹性散射速率的上界是 $\alpha_{max}\approx4\times10^{-13}$ cm^3/s。对于 $a\approx20$ nm 和 $T\approx100$ nK 的热气体,弹性速率常数为

$$\alpha_{el}\approx8\pi\,|a_{dd}|^2\sqrt{2T/M}\approx4\times10^{-11}\ \mathrm{cm^3/s} \tag{10.74}$$

这里我们使用计算得到的 s 波二聚体-二聚体散射长度 $a_{dd}\approx1.4a$。我们发现,α_{el} 比 α 大很多,而且由于比例关系 $\alpha_{el}\propto a^2$ 和 $\alpha_{max}\propto a$,对于较大的 a 这个不等式更明显。因此,大质量比费米子分子气体很适合蒸发冷却到玻色-爱因斯坦凝聚。

10.4 分子晶体相

10.4.1 具有大质量比费米子分子多体系统中的 Born-Oppenheimer 势能

大质量比费米原子的弱束缚分子间的远程强排斥相互作用,不仅对弛豫过程重要,对分子系统的宏观特性也很重要。相比由不同内态原子所组成的双组分费米气体,即使粒子间平均距离远远超过分子的大小,即

$$\bar{R}\gg a \tag{10.75}$$

异核费米-费米混合物也可以组成分子晶体相。

考虑等浓度、大质量比费米原子的混合物,并且它们之间的相互作用对应一个大的正散射长度,满足不等式 $a\gg R_e$。在零温时,所有分子将转化成弱束缚分子,并且在条件 $\bar{R}\gg a$ 下,分子大小(约为 a)将比分子间平均距离更小。那么,用 Born-Oppenheimer 近似对轻原子的运动做积分,得到全同(复合)玻色子体系,满足如下哈密顿量:

$$\hat{H}=-\frac{\hbar^2}{2M}\sum_i\Delta\boldsymbol{R}_i+\frac{1}{2}\sum_{i\neq j}U_{eff}(R_{ij}) \tag{10.76}$$

i 和 j 标记不同玻色子,它们的坐标分别表示为 $\boldsymbol{R}_i$ 和 $\boldsymbol{R}_j$,$R_{ij}=|\boldsymbol{R}_i-\boldsymbol{R}_j|$ 是第 i 和第 j 个玻色子间的距离,假设轻原子的运动是三维的,有效排斥势由方程

(10.44)给出,且与重原子的质量 M 无关。所以,在大质量比 M/m 处,由于动能与 M 成反比,势能将占主导,这可能导致晶体相的形成。

接下来将讨论这种情况:把重原子的运动限制在二维,而轻原子的运动可以是二维或者三维。我们将证明,方程(10.76)的哈密顿量和方程(10.44)的 U_{eff} 会导致 $T=0$ 处的一阶量子气体-晶体相变[68]。这种相变类似于超导体中的磁通晶格融化(相变),磁通线被映射到一个由二维 Yukawa 势相互作用的玻色子系统[73]。在这种情况下,Monte Carlo 研究[74][75]区分开了零度和有限温度下一阶流体-晶体的相变。除了相互作用势的不同,该系统的一个显著特点是与它的稳定性有关。分子可以碰撞弛豫到深束缚态,或者形成弱束缚三聚体分子。另一个微妙的问题是,对于分子-分子相互作用,到底系统多稀薄时才可以使用分子-分子两体相互作用近似,进而得到方程(10.76)和方程(10.44)。

首先考虑 N 分子系统,然后推导该系统的 Born-Oppenheimer 相互作用势。忽略轻原子(全同)间相互作用,只需要找出 N 个最低单粒子本征态,它们的能量和就是这些分子相互作用势。对于轻原子和重原子间的相互作用,我们用 Bethe-Peierls 方法,则单个轻原子的波函数可以写为

$$\Psi(\{\boldsymbol{R}\},\boldsymbol{r})=\sum_{i=1}^{N}C_iG_k(\boldsymbol{r}-\boldsymbol{R}_i) \tag{10.77}$$

式中:$\boldsymbol{r}$ 是它的坐标;$\boldsymbol{R}$ 是重原子的坐标集;格林函数 G_k 满足 $(-\nabla_r^2+\kappa^2)G_\kappa(\boldsymbol{r})=\delta(\boldsymbol{r})$。

式(10.77)描述的量子态的能量为 $\epsilon=-\hbar^2\kappa^2/2m$,这里只关心单粒子负能量。系数 C_i 和 κ 与 $\{R\}$ 的关系可以通过 Bethe-Peierls 边界条件得到:

$$\Psi(\{\boldsymbol{R}\},\boldsymbol{r})\propto G_{\kappa_0}(\boldsymbol{r}-\boldsymbol{R}_i),\quad \boldsymbol{r}\to\boldsymbol{R}_i \tag{10.78}$$

除了归一化常数,G_{κ_0} 是能量为 $\varepsilon_0=-\hbar^2\kappa_0^2/2m$ 的单分子束缚态的波函数,分子大小为 κ_0^{-1}。用格林函数 G_{κ_0} 表示的 Bethe-Peierls 边界条件(见方程(10.78))可以用于描述轻原子的二维或三维运动。对于后者有 $\kappa_0=a^{-1}$,当 $|\boldsymbol{r}-\boldsymbol{R}_i|\to 0$ 时,格林函数为 $G_{\kappa_0}(\boldsymbol{r}-\boldsymbol{R}_i)\propto(|\boldsymbol{r}-\boldsymbol{R}_i|^{-1}-a^{-1})$,方程(10.78)与方程(10.8)一致。

从方程(10.77)和方程(10.78)可以得到 N 个方程:$\sum\limits_j A_{ij}C_j=0$,其中 $A_{ij}=\lambda(\kappa)\delta_{ij}+G_\kappa(R_{ij})+G_\kappa(R_{ij})(1-\delta_{ij})$,$R_{ij}=|\boldsymbol{R}_i-\boldsymbol{R}_j|$,$\lambda(\kappa)=\lim\limits_{r\to 0}[G_\kappa(r)-G_{\kappa_0}(r)]$,单粒子能级由下式决定:

$$\det[A_{ij}(\kappa,\{\boldsymbol{R}\})]=0 \tag{10.79}$$

对于 $R_{ij}\to+\infty$，方程(10.79)给出 $\kappa=\kappa_0$ 的 N 重简并基态。对有限大 R_{ij}，该能级分裂成窄带。给定一个小参数

$$\xi=G_{\kappa_0}(\bar{R})/\kappa_0|\lambda'_\kappa(\kappa_0)|\ll 1 \tag{10.80}$$

式中：$\tilde{R}$ 是重原子可以相互靠近的特征距离；带宽 $\Delta\epsilon\approx 4|\varepsilon_0|\xi\ll|\varepsilon_0|$。

所有最低 N 态都有负能量，并与连续态间隔 $|\varepsilon_0|$，这是绝热近似成立的重要条件。

现在我们准确到 ξ 的二阶来计算单粒子能量，在此二阶近似下有

$$\kappa(\lambda)\approx\kappa_0+\kappa'_\lambda\lambda+\kappa''_{\lambda\lambda}\lambda^2/2$$

将 $A_{ij}(\kappa)$ 变为 $A_{ij}(\lambda)$：

$$A_{ij}=\lambda\delta_{ij}+[G_{\kappa_0}(R_{ij})+\kappa'_\lambda\lambda\partial G_{\kappa_0}(R_{ij})/\partial\kappa](1-\delta_{ij}) \tag{10.81}$$

其中，导数都取 $\lambda=0$ 时的值，将 A_{ij} 代入方程(10.79)得到一个关于 λ 的 N 阶多项式。方程的解 λ_i 给出轻原子的能谱 $\epsilon_i=-\hbar^2\kappa^2(\lambda_i)/(2m)$，总能量 $E=\sum_{i=1}^N\epsilon_i$ 由下式给出：

$$E=-\frac{\hbar^2}{2m}\left[N\kappa_0^2+2\kappa_0\kappa'_\lambda\sum_{i=1}^N\lambda_i+(\kappa\kappa'_\lambda)'_\lambda\sum_{i=1}^N\lambda_i^2\right] \tag{10.82}$$

只保留到 ξ 的二阶项，利用行列式高次方程解的基本性质可以发现一阶项为零，能量写为 $E=-N\varepsilon_0+\frac{1}{2}\sum_{i\neq j}U(R_{ij})$，其中，

$$U(R)=-\frac{\hbar^2}{m}\left[\kappa_0(\kappa'_\lambda)^2\frac{\partial G_{\kappa_0}^2(R)}{\partial\kappa}+(\kappa\kappa'_\lambda)'_\lambda G_{\kappa_0}^2(R)\right] \tag{10.83}$$

因此，准确到 ξ 的二阶项，N 个分子系统的相互作用是两体相互作用之和。如果轻原子的运动是三维的，格林函数为 $G_\kappa(R)=\frac{1}{4}\pi R\exp(-\kappa R)$，$\lambda(\kappa)=(\kappa_0-\kappa)/(4\pi)$，分子大小 κ_0^{-1} 等于三维散射长度 a，方程(10.83)给出一个排斥势 $U_{\rm ex}$（见方程(10.44)），现在表示为 $U_{\rm ex}^{\rm 3D}$：

$$U_{\rm ex}^{\rm 3D}(R)=4|\varepsilon_0|[1-(2\kappa_0R)^{-1}]\exp(-2\kappa_0R)/\kappa_0R \tag{10.84}$$

判断标准（见方程(10.80)）为：$(1/\kappa_0R)\exp(-\kappa_0R)\ll 1$。对于轻原子的二维运动，有 $G_\kappa(R)=\frac{1}{2}\pi K_0(\kappa R)$ 和 $\lambda(\kappa)=-\frac{1}{2}\pi\ln(\kappa/\kappa_0)$，其中 K_0 是衰减贝塞尔函数，κ_0^{-1} 见参考文献[76]，这导致分子间排斥势：

$$U_{\rm ex}^{\rm 2D}(R)=4|\varepsilon_0|[\kappa_0RK_0(\kappa_0R)K_1(\kappa_0R)-K_0^2(\kappa_0R)] \tag{10.85}$$

在 $K_0(\kappa_0 R)=1$ 时成立。为了简化,两种情况表示为 2×3 和 2×2,当 $\kappa_0 R\approx 2$ 时,两种情形都成立。

10.4.2 气体-晶体量子跃迁

我们可以认为不等式 $\kappa_0 \bar{R}\geqslant 2$ 是用哈密顿量(见方程(10.76))描述系统的条件,U_{eff}分别由描述轻原子三维运动的方程(10.84)或轻原子的二维运动的方程(10.85)给出。系统状态由两个参数决定:质量比 M/m 和新标度的二维密度 $n\kappa_0^{-2}$。对于大 M/m,排斥势能大于动能,这将导致晶体相基态的形成。当间隔 $R_{ij}<\kappa_0^{-1}$时,绝热近似不适用,但是远程相互作用 $U(R)$表现为强排斥势。因此,即使重原子间平均距离 $\bar{R}$ 接近于 $2/\kappa_0$ 时,它们在小于 κ_0^{-1} 的距离处以一个小隧穿几率 $P\propto\exp(-\beta\sqrt{M/m})=1$ 相互靠近,这里 $\beta\approx 1$。按照满足如下条件的方式将 $U_{\text{ex}}^{3\text{D}}(R)$(或 $U_{\text{ex}}^{2\text{D}}(R)$)扩展为 $R\leqslant\kappa_0^{-1}$:这种方式能给出合适的真空分子-分子散射相移,同时能证明多体系统的相图并不灵敏地依赖所选择的扩展方式[69]。

图 10.13 画出了扩散 Monte Carlo 方法[68]获得的零温相图,用了 30 个粒子进行计算模拟,表明固相是一个二维三角晶格。对于最大的密度,增大粒子数对模拟结果几乎没有影响。

对于 2×3 和 2×2 两种情况,跃迁线上,分子相对 $\bar{R}$ 偏离的均方根与 $\bar{R}$ 的(Lindemann)比值 γ 从 0.23 变化到 0.27。对于低密度 n,分子的德布罗意波长为 $\Lambda\approx\gamma\bar{R}\gg\kappa_0^{-1}$ 和 $U_{\text{ex}}^{3\text{D}}(R)$(或 $U_{\text{ex}}^{2\text{D}}(R)$)可以近似成直径为二维散射长度的硬圆盘势能。对硬圆盘势玻色子的扩散 Monte Carlo(DMC)模拟结果[77],得到图 10.13 中实线所示的跃迁线。对于大密度 n,有 $\Lambda<\kappa_0^{-1}$,利用 $U(R)$在晶体中平衡位置附近的简谐近似展开计算 Lindemann 比值,并选择合适的 γ 拟合 Monte Carlo 数据(见图 10.13 中虚线)。

10.4.3 光学晶格中的分子超晶格

如果要观察晶体序,则要求质量比大于 100。对重原子可以从小填充因子光学晶格中获得这个质量比,在晶格中的有效质量比 M_* 可以非常大,从而所研究的固相应表现为超晶格。与最近研究的填充因子在 1 左右的三角晶格中的固体、超固体不同,超晶格和基础光学晶格间无相互作用[78][79][80]。本章所讨论的超晶格仍可压缩,里面有两种模式的声子。

光学晶格中弱束缚态分子的气相和固相是亚稳定的,至于自由空间中这

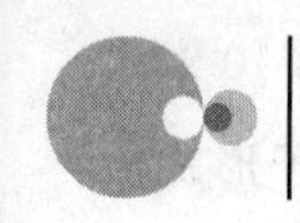

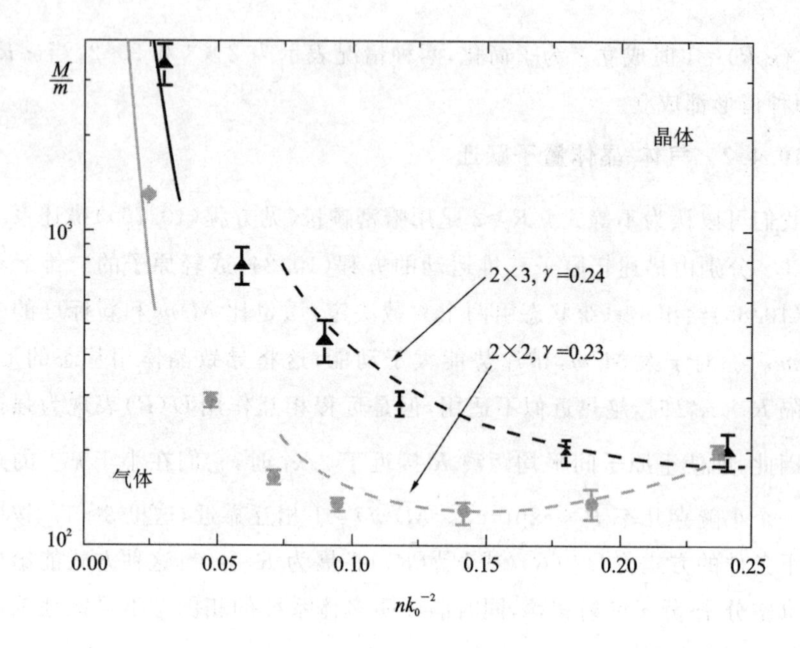

图 10.13　扩散 Monte Carlo 模拟得出的轻原子三维(三角)和二维(圆圈)运动的气体-晶体跃迁线。实线表示低密度硬圆盘极限,虚线表示简谐近似的结果

种分子的气体,其主要弛豫通道有两个:一是分子到深束缚态的弛豫;二是包含一个轻原子、两个重原子的三聚态的形成。到深束缚态的弛豫很慢,即使在二维密度为$10^9\ cm^{-2}$时,弛豫时间超过 10 s[68]。

最有趣的是三聚态的形成。在光学晶格中,三聚体是哈密顿量 $H_0=-\frac{\hbar^2}{2M_*}\sum_{i=1,2}\Delta R_i+\epsilon_+(R_{12})$的本征态,在深晶格中,可以忽略所有的高能带,将 $\boldsymbol{R}_i$ 看作离散晶格坐标,Δ 看作晶格拉普拉斯算子,重原子的费米特性阻止它们占据同一个格点,对于一个非常大的质量比 M_*/m,哈密顿量 H_0 中的动能项可以忽略,三聚态最低能量$\epsilon_{tr}\approx\epsilon_+(L)$,$L$ 为晶格周期。它包含局限在近邻格点的一对重原子和一个处于对称态的轻原子。更高三聚态由局限在间隔 $R>L$ 的格点上的重原子组成。该图像在大 R 处不再成立,此时三聚态能级间距与隧穿能量 $\hbar^2/M_*L^2$ 相当,重原子是离域的。

多体分子系统中,方程(10.76)中的能量尺度比$|\varepsilon_0|$小很多,因此在分子-分子碰撞中,只有当三体结合能$\epsilon_{tr}<-2\varepsilon_0$时,三聚体才可以形成。因为在光学晶格中最低三聚态能量为$\epsilon_+(L)$,三聚体的形成要求$\epsilon_+(L)\leqslant-2\varepsilon_0$,在 2×3

的情况中相当于 $\kappa_0^{-1}\geqslant 1.6L$，$2\times 2$ 情况中相当于 $\kappa_0^{-1}\geqslant 1.25L$。这意味着，当分子足够小或晶格周期 L 很大时，不能形成三聚体。

较大的分子或较小的 L 都可以形成三聚体。参考文献[68]利用杂化 Born-Oppenheimer 近似对形成速率进行了计算，这里我们只介绍结果和对其进行定性解释。为了形成一个束缚三聚态，两个分子必须在 $R\leqslant\kappa_0^{-1}$ 处通过隧穿效应彼此靠近，这可看作质量为 M_* 的粒子在排斥势 $U_{\text{eff}}(R)$ 中的隧穿。因此，缩短重原子间距，并靠近到能够形成三聚体，该过程发生的概率包含一个小因子 $\exp(-J\sqrt{M_*/m})$，其中 $J\approx 1$，形成速率也包含该因子。所以，我们可以通过增大比值 M_*/m 来抑制三聚体的形成。另一方面，当 $M_*/m\leqslant 100$ 时，在时间尺度为 $\tau\leqslant 1\text{ s}$ 内可以形成这些特殊的束缚态。

值得注意的是光学晶格中的三聚态，至少最低的那些态，比气相中的态具有更长的寿命。内禀弛豫衰减被极大抑制，因为它需要三聚体的两个重原子相互靠近并占据同一格点。当三聚体中一个重原子被它自己的轻原子和另一个轻原子靠近到轻-重原子间隔为 R_e 时，三聚态也会发生衰减。然而，这种衰减通道更慢，即使在二维密度 $n=10^9\ \text{cm}^{-2}$ 时，衰减时间也超过几十秒[68]。

10.5 总结评论和前景展望

费米原子组成的弱束缚玻色分子的最显著特征就是它们卓越的碰撞稳定性，尽管它们处在最高的振转态。如同引言中所提到的，在密度为 $10^{13}\ \text{cm}^{-3}$ 时，这种分子的寿命大约为几秒甚至几十秒，具体则取决于两体散射长度的值。这可能允许我们对这种分子进行一些有趣的操控。其中一个想法是在 $a<0$ 的费米原子气体中获得极低温度和超流 BCS 体系。由于弹性碰撞的泡利阻塞阻止了费米原子的蒸发冷却，使得这一体系到目前为止还未实现。我们可以按如下方案获得 BCS：首先，对分子玻色凝聚气体进行深度蒸发冷却，达到与化学势数量级相当的温度；然后，我们绝热地将散射长度变为负值，从而将分子的 BEC 转变为费米原子。这将提供进一步的冷却，获得极低温度的费米原子气体，温度不大于 $10^{-2}T_F$（T_F 是费米温度）时，气体进入超流 BCS 体系[81]。此外，在这个温度下，弹性碰撞被很强的泡利阻塞所抑制，因而是无碰撞体系，这就很有希望通过观察集体振荡或自由膨胀来识别 BCS 对[16][19][82][83][84]。

将费米原子形成的弱束缚分子转化到它们的振转基态（或较低激发态）的

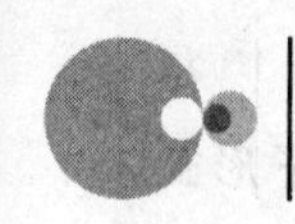

研究，也是非常有趣的。对于玻色原子形成的分子，已经通过双光子光谱[85][86][87]和磁场耦合邻近分子态来实现，这使得原本禁戒的微波频率跃迁成为可能[88]。在密度为$10^{13}\ cm^{-3}$时，相比更短寿命的玻色原子分子，费米原子组成的长寿命弱束缚分子可以更有效地制备基态分子。然后我们可以对分子的玻色-爱因斯坦凝聚进行广泛研究。此外，异核基态分子有一个相对大的永久偶极矩，并且可以被电场极化。这可以用于制备包含各向异性远程相互作用力的偶极子气体，从而极大地改变玻色-爱因斯坦凝聚的物理特性（见参考文献[89]和其中的文献）。在 JILA 进行的实验中已经制备了弱束缚费米子^{40}K-^{87}Rb分子，并且转化到低振转态[90]，最近又转化到基态[91][92]。它们已经被冷却到温度非常接近于量子简并区域，提供了未来在偶极费米气体中研究非常规超流配对的可能性。

在过去几年，冷原子研究中一项重要的目标就是观察 Efimov 效应。如 10.3 节中所讨论的，气相中 Efimov 三聚体寿命短且表现出窄共振特性，Efimov 效应的碰撞速率与两体散射长度具有对数周期形式的依赖关系。另外这也可以描述原子三体复合的速率[70]以及分子-分子碰撞[67]中三聚体形成的速率。从这个意义上看，在大质量比率费米子（如 LiYb）组成的玻色分子气体中，三聚体的形成吸引了人们很大的兴趣，因为观察其 Efimov 振荡所需的两体散射长度的变化比全同玻色子系统的小（7 或 5 倍）。

特别有意思的是，光晶格中有由两个重费米子和一个轻费米子组成的三聚体。当二维密度大约为$10^{8}\ cm^{-2}$时，三聚体的形成时间为几秒，这些态可以进行光学探测。如同 10.4 节中所提到的，晶格中的三聚体有很长的寿命，可以达到几十秒。因此，研究这些非常规态（重原子被束缚在不同格点而轻原子分布离域化到多个格点）在多大程度上可以表现出 Efimov 效应是非常有趣的。

在光学晶格中制备分子超晶格看起来也是可行的。一个合适的候选对象是^{6}Li-^{40}K 混合体，因为 Li 原子在晶格中可以自由隧穿，而重 K 原子是局域化的，这可以达到很高的质量比率。一个周期为 250 nm 的晶格结合 K 的有效质量 $M^{*}=20M$，可以提供足够快的隧穿速率（约$10^{3}\ s^{-1}$）来形成晶体。Feshbach 共振附近 $a=500$ nm 时结合能相当于 300 nK，实际气体中的温度应当达到 300 nK 以下。当二维密度处于$10^{7}\sim10^{8}\ cm^{-2}$时，可以得到图 10.13 中的参数 $n\kappa_0^{-2}$，而实验中这样的密度很容易获得。

致谢

本章的编写得到IFRAF研究所、ANR(基金号05-BLAN-0205和06-Nano-014)、ESF(Femix项目)的EuroQUAM子项目、Nederlandse Stichtung voor Fundamenteel Onderzoek derMaterie (FOM)、俄罗斯基础研究基金的资助。LKB是隶属于CNRS、ENS和Pierre et Marie Curie大学的编号为8552的一个研究项目。LPTMS是隶属于CNRS和Paris-Sud大学的编号为8626的一个混合研究项目。

参考文献

[1] Lifshitz,E. M. and Pitaevskii,L. P. ,Statistical Physics,Pergamon Press,Oxford,1980,Part 2.

[2] Ultra-cold Fermi gases,Proceedings of the International School of Physics "Enrico Fermi", Course CLXIV, Inguscio, M. , Ketterle, W. , and Salomon,C. ,Eds. ,IOS Press,2007.

[3] Zwierlein,M. W. ,Abo-Shaeer,J. R. ,Schirotzek,A. ,Schunck,C. H. ,and Ketterle,W. ,Vortices and superfluidity in a strongly interacting Fermi gas,Nature,435,1047,2005.

[4] Zwierlein,M. W. ,Schirotzek,A. ,Schunck,C. H. ,and Ketterle,W. ,Fermionic Superfluidity with imbalanced spin populations, Science, 311, 492,2006.

[5] Partridge,G. B. ,Li,W. H. ,Kamar,R. I. ,Liao,Y. A. ,and Hulet,R. G. , Pairing and phase separation in a polarized Fermi gas, Science, 311, 503,2006.

[6] Zwierlein,M. W. ,Schirotzek,A. ,Schunck,C. H. ,and Ketterle,W. ,Direct observation of the superfluid phase transition in ultracold Fermi gases,Nature,442,54,2006.

[7] Shin,Y. ,Zwierlein,M. W. ,Schunck,C. H. ,Schirotzek,A. ,and Ketterle,W. ,Observation of phase separation in a strongly interacting imbalanced Fermi gas,Phys. Rev. Lett. ,97,030401,2006.

[8] Partridge,G. B. ,Li,W. H. ,Liao,Y. A. ,Hulet,R. G. ,Haque,M. ,and

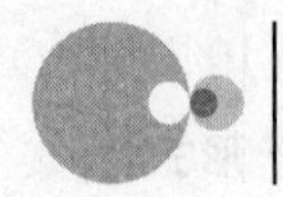

Stoof, H. T. C., Deformation of a trapped Fermi gas with unequal spin populations, Phys. Rev. Lett., 97, 190407, 2006.

[9] Regal, C. A., Ticknor, C., Bohn, J. L., and Jin, D. S., Creation of ultracold molecules from a Fermi gas of atoms, Nature, 424, 47, 2003.

[10] Cubizolles, J., Bourdel, T., Kokkelmans, S. J. J. M. F., Shlyapnikov, G. V., and Salomon, C., Production of long-lived ultracold Li_2 molecules from a Fermi gas, Phys. Rev. Lett., 91, 240401, 2003.

[11] Jochim, S., Bartenstein, M., Altmeyer, A., Hendl, G., Chin, C., Hecker Denschlag, J., and Grimm, R., Pure gas of optically trapped molecules created from fermionic atoms, Phys. Rev. Lett., 91, 240402, 2003.

[12] Regal, C. A., Greiner, M., and Jin, D. S., Lifetime of molecule-atom mixtures near a Feshbach resonance in 40 K, Phys. Rev. Lett., 92, 083201, 2004.

[13] Greiner, M., Regal, C., and Jin, D. S., Emergence of a molecular Bose - Einstein condensate from a Fermi gas, Nature, 426, 537, 2003.

[14] Regal, C. A., Greiner, M., and Jin, D. S., Observation of resonance condensation of fermionic atom pairs, Phys. Rev. Lett., 92, 040403, 2004.

[15] Jochim, S., Bartenstein, M., Altmeyer, A., Hendl, G., Riedl, S., Chin, C., Hecker Denschlag, J., and Grimm, R., Bose-Einstein condensation of molecules, Science, 302, 2101, 2003; Bartenstein, M., Altmeyer, A., Riedl, S., Jochim, S., Chin, C., Hecker Denschlag, J., and Grimm, R., Crossover from a molecular Bose-Einstein condensate to adegenerate Fermi gas, Phys. Rev. Lett., 92, 120401, 2004.

[16] Bartenstein, M., Altmeyer, A., Riedl, S., Jochim, S., Chin, C., Hecker Denschlag, J., and Grimm, R., Collective excitations of a degenerate gas at the BEC-BCS crossover, Phys. Rev. Lett., 92, 203201, 2004.

[17] Zwierlein, M. W., Stan, C. A., Schunck, C. H., Raupach, S. M. F., Gupta, S., Hadzibabic, Z., and Ketterle, W., Observation of Bose-Einstein condensation of molecules, Phys. Rev. Lett., 91, 250401, 2003.

[18] Zwierlein, M. W., Stan, C. A., Schunck, C. H., Raupach, S. M. F., Kerman, A. J., and Ketterle, W., Condensation of pairs of fermionic atoms near a Feshbach resonance, Phys. Rev. Lett., 92, 120403, 2004.

[19] Bourdel, T., Khaykovich, L., Cubizolles, J., Zhang, J., Chevy, F.,

Teichmann, M., Tarruell, L., Kokkelmans, S. J. J. M. F., and Salomon, C., Experimental study of the BEC-BCS crossover region in lithium 6, Phys. Rev. Lett., 93, 050401, 2004.

[20] Partridge, G. B., Streker, K. E., Kamar, R. I., Jack, M. W., and Hulet, R. G., Molecular probe of pairing in the BEC-BCS crossover, Phys. Rev. Lett., 95, 020404, 2005.

[21] Joseph, J., Clancy, B., Luo, L., Kinast, J., Turlapov, A., and Thomas, J. E., Measurement of sound velocity in a Fermi gas near a Feshbach resonance, Phys. Rev. Lett., 98, 170401, 2007.

[22] Taglieber, M., Voigt, A. C., Aoki, T., Haensch, T. W., and Dieckmann, K., Quantum degenerate two-species Fermi-Fermi mixture coexisting with a Bose-Einstein condensate, Phys. Rev. Lett., 100, 010401, 2008.

[23] Wille, E., Spiegelhalder, F. M., Kerner, G., Naik, D., Trenkwalder, A., Hendl, G., Schreck, F. et al., Exploring an ultracold Fermi-Fermi mixture: Interspecies Feshbach resonances and scattering properties of ^{6}Li and ^{40}K, Phys. Rev. Lett., 100, 053201, 2008.

[24] Voigt, A.-C., Taglieber, M., Costa, L., Aoki, T., Wieser, W., Hänsch, T. W., and Dieckmann, K., Ultracold heteronuclear Fermi-Fermi molecules, Phys. Rev. Lett., 102, 020405, 2009.

[25] Breit, G. andWigner, E., Capture of slow neutrons, Phys. Rev., 49, 519, 1936.

[26] Landau, L. D. and Lifshitz, E. M., Quantum Mechanics, Butterworth-Heinemann, Oxford, 1999.

[27] Feshbach, H., A unified theory of nuclear reactions II, Ann. Phys., 19, 287, 1962; Theoretical Nuclear Physics, Wiley, NewYork, 1992.

[28] Fano, U., Effects of configuration interaction on intensities and phase shifts, Phys. Rev., 124, 1866, 1961.

[29] Moerdijk, A. J., Verhaar, B. J., and Axelsson, A., Resonances in ultracold collisions of ^{6}Li, ^{7}Li, and ^{23}Na, Phys. Rev. A, 51, 4852, 1995; see also Tiesinga, E., Verhaar, B. J., and Stoof, H. T. C., Threshold and resonance phenomena in ultracold ground-state collisions, Phys. Rev. A, 47,

4114,1993.

[30] Fedichev, P. O. , Kagan, Yu. , Shlyapnikov, G. V. , andWalraven, J. T. M. ,Influence of nearly resonant light on the scattering length in low-temperature atomic gases,Phys. Rev. Lett. ,77,2913,1996.

[31] Bohn,J. L. and Julienne,P. S. ,Semianalytic theory of laser-assisted resonant cold collisions,Phys. Rev. A,60,414,1999.

[32] Theis, M. , Thalhammer, G. , Winkler, K. , Hellwig, M. , Ruff, G. , Grimm, R. ,and Hecker Denschlag, J. , Tuning the scattering length with an optically induced Feshbach resonance,Phys. Rev. Lett. ,93,123001,2004.

[33] Thalhammer,G. ,Theis,M. ,Winkler,K. ,Grimm,R. ,and Hecker Denschlag,J. ,Inducing an optical Feshbach resonance via stimulated Raman coupling,Phys. Rev. A 71,033403,2005.

[34] Eagles,D. M. ,Possible pairing without superconductivity at low carrier Concentrations in bulk and thin-film superconducting semiconductors, Phys. Rev. ,186,456,1969.

[35] Leggett,A. J. ,Diatomic molecules and Cooper pairs,in Modern Trends in the Theory of Condensed Matter, Pekalski, A. and Przystawa, J. , eds. ,Springer,Berlin,1980.

[36] Nozieres, P. and Schmitt-Rink, S. , Bose condensation in an attractive Fermi gas——from weak to strong coupling superconductivity, J. Low Temp. Phys. ,59,195,1985.

[37] See for review Randeria, M. , Crossover from BCS theory to Bose-Einstein condensation,in Bose-Einstein Condensation, Griffin, A. , Snoke, D. W. , and Stringari, S. Eds. ,Cambridge University Press,Cambridge,1995.

[38] Miyake,K. ,Fermi-liquid theory of dilute submonolayer ^{3}He on thin ^{4}He film——dimer bound state and Cooper pairs,Progr. Theor. Phys. ,69, 1794,1983.

[39] See for review Kagan,M. Yu. ,Fermi-gas approach to the problem of superfluidity in 3-dimensional and 2-dimensional solutions of ^{3}He in He-4, Sov. Physics Uspekhi,37,69,1994.

[40] Holland,M. ,Kokkelmans,S. J. J. M. F. ,Chiofalo,M. L. ,and Walser, R. ,Resonance superfluidity in a quantum degenerate Fermi gas,Phys.

Rev. Lett. ,87,120406,2001.

[41] Timmermans,E. ,Furuya,K. ,Milonni,P. W. ,Kerman,A. K. ,Prospect of creating a composite Fermi-Bose superfluid, Phys. Lett. A, 285, 228,2001.

[42] Petrov,D. S. ,Baranov,M. A. ,and Shlyapnikov,G. V. ,Superfluid transition in quasi-twodimensional Fermi gases, Phys. Rev. A, 67, 031601,2003.

[43] Bruun,G. M. ,and Pethik,C. ,Effective theory of Feshbach resonances and many-body properties of Fermi gases, Phys. Rev. Lett. , 92, 140404,2004.

[44] Bruun,G. M. ,Universality of a two-component Fermi gas with a resonant interaction,Phys. Rev. A,70,053602,2004.

[45] De Palo,S. ,Chiofalo,M. L. ,Holland,M. J. ,and Kokkelmans,S. J. J. M. F. ,Resonance effects on the crossover of bosonic to fermionic superfluidity,Phys. Lett. A,327,490,2004.

[46] Cornell,E. A. ,Discussion on Fermi gases,KITP Conference on Quantum Gases,Santa Barbara,May 10-14,2004.

[47] Diener,R. and Ho,T.-L. ,The condition for universality at resonance and direct measurement of pair wavefunctions using rf spectroscopy, cond-mat/0405174.

[48] Petrov,D. S. ,Three-boson problem near a narrow Feshbach resonance, Phys. Rev. Lett. ,93,143201,2004.

[49] Petrov,D. S. ,Salomon,C. ,and Shlyapnikov,G. V. ,Weakly bound dimers of fermionic atoms,Phys. Rev. Lett. ,93,090404,2004.

[50] Petrov,D. S. ,Salomon,C. ,and Shlyapnikov,G. V. ,Scattering properties of weakly bound dimers of fermionic atoms, Phys. Rev. A, 71, 012708,2005.

[51] Drummond, P. D. and Kheruntsyan, K. , Coherent molecular bound states of bosons and fermions near a Feshbach resonance,Phys. Rev. A, 70,033609,2004.

[52] (Experimental studies of a narrow resonance with $^6Li_2$ molecules have been performed at Rice) Strecker,K. E. ,Partridge,G. B. ,and Hulet,R.

G. ,Conversion of an atomic Fermi gas to a long-lived molecular Bose gas,Phys. Rev. Lett. ,91,080406,2003.

[53] Kokkelmans, S. J. J. M. F. , Shlyapnikov, G. V. , and Salomon, C. , Degenerate atom-molecule mixture in a cold Fermi gas, Phys. Rev. A, 69, 031602,2004.

[54] Efimov,V. N. ,Energy levels arising from resonant two-body forces in a three-body system,Phys. Lett. ,33,563,1970; Weakly-bound states of 3 resonantly-interacting particles, Sov. J. Nucl. Phys. ,12,589,1971; Energy levels of three resonantly interacting particles, Nucl. Phys. A,210, 157,1973.

[55] Petrov,D. S. ,Three-body problem in Fermi gases with short-range interparticle interaction,Phys. Rev. A,67,010703,2003.

[56] Skorniakov,G. V. and Ter-Martirosian,K. A. ,Three-body problem for short range forces I. Scattering of low-energy neutrons by deutrons, Sov. Phys. JETP,4,648,1957.

[57] Danilov, G. S. , On the 3-body problem with short-range forces, Sov. Phys. JETP,13,349,1961.

[58] Bethe,H. and Peierls,R. ,Quantum Theory of the Diplon,Proc. R. Soc. London,Ser. A,148,146,1935.

[59] Pieri,P. and Strinati,G. C. ,Strong-coupling limit in the evolution from BCS superconductivity to Bose-Einstein condensation,Phys. Rev. B,61, 15370,2000.

[60] Astrakharchik,G. E. ,Boronat,J. ,Casulleras,J. ,and Giorgini,S. ,Equation of state of a Fermi gas in the BEC-BCS crossover: A quantum Monte Carlo study,Phys. Rev. Lett. ,93,200404,2004.

[61] Brodsky, I. V. , Kagan, M. Y. , Klaptsov, A. V. , Combescot, R. , and Leyronas,X. ,Exact diagrammatic approach for dimer-dimer scattering and bound states of three and four resonantly interacting particles, Phys. Rev. A,73,032724,2006.

[62] Levinsen, J. and Gurarie, V. , Properties of strongly paired fermionic condensates,Phys. Rev. A,73,053607,2006.

[63] Fuchs,J. ,Duffy,G. J. ,Veeravalli,G. ,Dyke,P. ,Bartenstein,M. ,Vale,

C. J., Hannaford, P., and Rowlands, W. J., Molecular Bose-Einstein condensation in a versatile low power crossed dipole trap, J. Phys. B, 40, 4109, 2007.

[64] Inada, Y., Horikoshi, M., Nakajima, S., Kuwata-Gonokami, M., Ueda, M., and Mukaiyama, T., Critical temperature and condensate fraction of a fermion pair condensate, Phys. Rev. Lett., 101, 180406, 2008.

[65] Petrov, D. S., Salomon, C., and Shlyapnikov, G. V., Diatomic molecules in ultracold Fermi gases-novel composite bosons, J. Phys. B, 38, S645, 2005.

[66] The Born-Oppenheimer approach for the three-body system of one light and two heavy atoms was discussed in: Fonseca, A. C., Redish, E. F., and Shanley, P. E., Efimov effect in a solvable model, Nucl. Phys. A, 320, 273, 1979.

[67] Marcelis, B., Kokkelmans, S. J. J. M. F., Shlyapnikov, G. V., and Petrov, D. S., Collisional properties of weakly bound heteronuclear dimers, Phys. Rev. A, 77, 032707, 2008.

[68] Petrov, D. S., Astrakharchik, G. E., Papoular, D. J., Salomon, C., and Shlyapnikov, G. V., Crystalline phase of strongly interacting Fermi mixtures, Phys. Rev. Lett., 99, 130407, 2007.

[69] Kartavtsev, O. I. and Malykh, A. V., Low-energy three-body dynamics in binary quantum gases, J. Phys. B, 40, 1429, 2007; Universal description of the rotational-vibrational spectrum of three particles with zero-range interactions, Pis'ma Zh. Eksp. Teor. Fiz., 86, 713, 2007.

[70] Kraemer, T., Mark, M., Waldburger, P., Danzl, J. G., Chin, C., Engeser, B., Lange, A. D. et al., Evidence for Efimov quantum states in an ultracold gas of cesium atoms, Nature, 440, 315, 2006.

[71] Braaten, E. and Hammer, H.-W., Efimov physics in cold atoms, Ann. Phys., 322, 120, 2007.

[72] von Stecher, J., Greene, C. H., and Blume, D., BEC-BCS crossover of a trapped two-component Fermi gas with unequal masses, Phys. Rev. A, 76, 053613, 2007.

[73] Nelson D. R. and Seung, H. S., Theory of melted flux liquids, Phys.

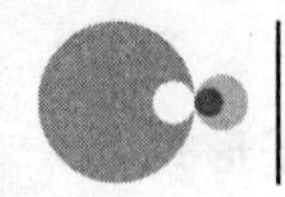

Rev. B,48,411,1993.

[74] Margo W. R. and Ceperley, D. M. , Ground state of two-dimensional Yukawa bosons: Applications to vortex melting, Phys. Rev. B, 48, 411,1993.

[75] Nordborg, H. and Blatter, G. , Vortices and 2D bosons: A path-integral Monte Carlo study, Phys. Rev. Lett. ,79,1925,1997.

[76] In the 2D regime achieved by confining the light-atom motion to zero point oscillations with amplitude l_0, the weakly bound molecular states exist at a negative a satisafying the inequality $|a| \ll l_0$. See Petrov, D. S. and Shlyapnikov, G. V. , Interatomic collisions in a tightly confined Bose gas, Phys. Rev. A,64,012706,2001.

[77] Xing, L. , Monte Carlo simulations of a two-dimensional hard-disk boson system, Phys. Rev. B,42,8426,1990.

[78] Wessel, S. and Troyer, M. , Supersolid hard-core bosons on the triangular lattice, Phys. Rev. Lett. ,95,127205,2005.

[79] Heidarian, D. and Damle, K. , Persistent supersolid phase of hard-core bosons on the triangular lattice, Phys. Rev. Lett. ,95,127206,2005.

[80] Melko, R. G. , Paramekanti, A. , Burkov, A. A. , Vishwanath, A. , Sheng, D. N. , and Balents, L. , Supersolid order from disorder: hard-core bosons on the triangular lattice, Phys. Rev. Lett. ,95,127207,2005.

[81] Carr, L. D. , Shlyapnikov, G. V. , and Castin, Y. , Achieving a BCS transition in an atomic Fermi gas, Phys. Rev. Lett. ,92,150404,2004.

[82] Menotti, C. , Pedri, P. , and Stringari, S. , Expansion of an interacting Fermi gas, Phys. Rev. Lett. ,89,250402,2002.

[83] O' Hara, K. M. , Hemmer, S. L. , Gehm, M. E. , Granade, S. R. , and Thomas, J. E. , Observationof a strongly interacting degenerate Fermi gas of atoms, Science,298,2179,2002.

[84] Kinast, J. , Hemmer, S. L. , Gehm, M. E. , Turlapov, A. , and Thomas, J. E. , Evidence for superfluidity in a resonantly interacting Fermi gas, Phys. Rev. Lett. ,92,150402,2004.

[85] Kerman, A. J. , Sage, J. M. , Sainis, S. , Bergeman, T. , and DeMille, D. , Production and state-selective detection of ultracold RbCs molecules,

Phys. Rev. Lett. ,92,153001,2004.

[86] Sage,J. M. ,Sainis,S. ,Bergeman,T. ,and DeMille,D. ,Optical production of ultracold polar molecules,Phys. Rev. Lett. ,94,203001,2005.

[87] Winkler,K. ,Lang,F. ,Thalhammer,G. ,Straten,P. v. d. ,Grimm,R. , and Hecker Denschlag,J. ,Coherent optical transfer of Feshbach molecules to a lower vibrational state,Phys. Rev. Lett. ,98,043201,2007. In this experiment the presence of an optical lattice suppressed inelastic collisions between molecules of bosonic ^{87}Rb atoms, which provided a highly efficient transfer of these molecules to a less excited ro-vibrational state and a long molecular lifetime of about 1 second.

[88] Lang,F. ,Straten,P. v. d. ,Brandstatter,B. ,Thalhammer,G. ,Winkler, K. ,Julienne, P. S. , Grimm, R. , and Hecker Denshlag, J. , Cruising through molecular bound-state manifolds with radiofrequency, Nature Physics,4,223,2008.

[89] Santos, L. and Pfau, T. , Spin-3 chromium Bose-Einstein condensates, Phys. Rev. Lett. ,96,190404,2006.

[90] Ospelkaus, S. , Pe'er, A. , Ni, K. -K. , Zirbel, J. J. , Neyenhuis, B. , Kotochigova,S. ,Julienne,P. S. ,Ye,J. ,and Jin,D. S. ,Ultracold dense gas of deeply bound heteronuclear molecules,Nature Physics,4,622,2008.

[91] Ni,K. -K. ,Ospelkaus,S. ,de Miranda,M. H. G. ,Pe'er,A. ,Neyenhuis, B. ,Zirbel,J. J. ,Kotochigova,S. ,Julienne,P. S. ,Jin,D. S. ,and Ye,J. , A high phase-space-density gas of polar molecules, Science, 322, 231,2008.

[92] Ospelkaus,S. ,Ni,K. -K. ,de Miranda,M. H. G. ,Neyenhuis,B. ,Wang, D. ,Kotochigova,S. ,Julienne,P. S. ,Jin,D. S. ,and Ye,J. ,Ultracold polar molecules near quantum degeneracy,arXiv:0811. 4618.

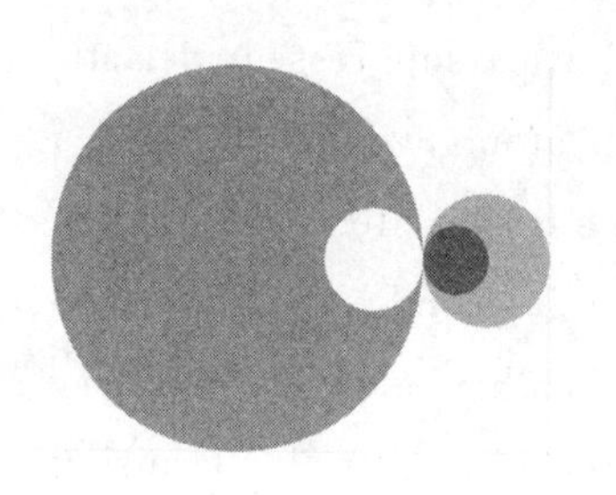

第11章 超冷 Feshbach 分子理论

11.1 引言

粒子碰撞散射截面的共振在原子和分子物理[1][3]以及核物理[4][5]中有着悠久的理论研究史。最近有一些基于冷分子的 Feshbach 共振现象的研究，通常是将稀薄原子的系综置于空间均匀的磁场中，借助这样的实验装置，可以用磁场调节原子间的相互作用。早期也有人指出操控稀薄的自旋极化的氢、氘[6]以及锂[7]原子气体碰撞散射截面的可能性。在亚或微开尔文温度区域，已有一些关于 Feshabch 共振应用的设想，例如在俘获的碱金属原子气体的散射态与分子束缚态的阈值区间内，对其 s 波散射长度[8]以及分子的形成[9]进行磁场调节。

自从实验上证明了可以在钠的玻色-爱因斯坦凝聚体中操控其散射长度[10]之后，用磁场调控玻色[11]~[14]和费米[15]~[19]气体的 Feshbach 共振产生超冷分子，就成为实验研究的方向。比如在参考文献[20]中，可以找到关于冷分子的综述。至于详细的从 Bardeen-Cooper-Schrieffer 配对(BCS 配对)过渡到分子玻色-爱因斯坦凝聚方面的应用，见参考文献[21]～[26]。

通过磁场调控超冷原子气体的 Feshbach 共振可以产生双原子分子，本章对描述这类分子性质的理论方法进行概述。第 11.2 节总结了用耦合通道理论对双原子能谱的微观描述，包括对碱金属原子超精细结构的塞曼效应和超冷气体中原子间基本相互作用的简要描述。第 11.3 节概述了用双通道近似模拟散射态和束缚态阈值附近的 Feshbach 共振的方法。第 11.4 节应用这些方法，描述散射长度的奇点与分子最高振动激发束缚态的能量之间的关系。第 11.5 节将这些应用延伸到超冷气体散射阈值附近有限能量范围内，并研究了 Feshbach 共振增强碰撞过程以及相关的束缚态性质。第 11.6 节总结了本章内容。

11.2 Feshbach 分子的微观理论

11.2.1 碱金属原子超精细结构的塞曼效应

用磁场调节双原子分子的束缚态和散射特性，取决于碱金属原子超精细结构的塞曼效应。在磁场 $\boldsymbol{B}$ 中的原子分裂到 $^2S_{1/2}$ 电子基态的子能级，可以由下面的哈密顿量来描述，哈密顿量由超精细项和塞曼相互作用项组成[27]：

$$H_{\text{int}}=\frac{C_{\text{hf}}}{h^2}\boldsymbol{s}\cdot\boldsymbol{i}+\mu_{\text{B}}(g_{\text{e}}\boldsymbol{s}+g_{\text{n}}\boldsymbol{i})\cdot\boldsymbol{B} \tag{11.1}$$

式中：$\boldsymbol{s}$ 表示单个未配对价电子的自旋；$\boldsymbol{i}$ 表示核自旋；C_{hf} 是超精细结构常数；g_{e} 和 g_{n} 分别是电子和原子核的旋磁比；μ_{B} 是玻尔磁子。

公式(11.1)中 g_{n} 的符号约定与参考文献[27]中的一致。

在零磁场下，电子的基态分裂成两个超精细能级，用量子数 f 描述，f 是原子总角动量 $\boldsymbol{f}=\boldsymbol{s}+\boldsymbol{i}$ 的量子数，根据角动量叠加的一般关系，有

$$\boldsymbol{s}\cdot\boldsymbol{i}=\frac{1}{2}(\boldsymbol{f}^2-\boldsymbol{s}^2-\boldsymbol{i}^2) \tag{11.2}$$

从方程(11.1)的超精细相互作用得到的每个能级的能量修正由下式决定[28]

$$\Delta E=\frac{C_{\text{hf}}}{2}[f(f+1)-s(s+1)-i(i+1)] \tag{11.3}$$

这里 i 是核自旋角动量的量子数，而电子自旋则简单地用 $s=1/2$ 描述。

在强度为$B=|\boldsymbol{B}|$的外部磁场作用下,总角动量量子数为f的超精细能级分裂为塞曼子能级。由于沿磁场方向的旋转对称性守恒,这些子能级可以用$\boldsymbol{f}$沿这个方向分量的磁量子数m_f来描述,图11.1给出了$i=3/2$碱金属原子的例子。虽然方程(11.1)中的哈密顿量与$\boldsymbol{f}^2$不对易,但是塞曼子能级通常还是用量子数对(fm_f)标记,它们绝热地关联到零磁场极限下超精细结构的简并态。参考文献[27]列出了所有的碱金属原子稳定同位素的核自旋量子数i、g_e和g_n的数值,以及它们电子基态$^2S_{1/2}$的超精细跃迁频率。

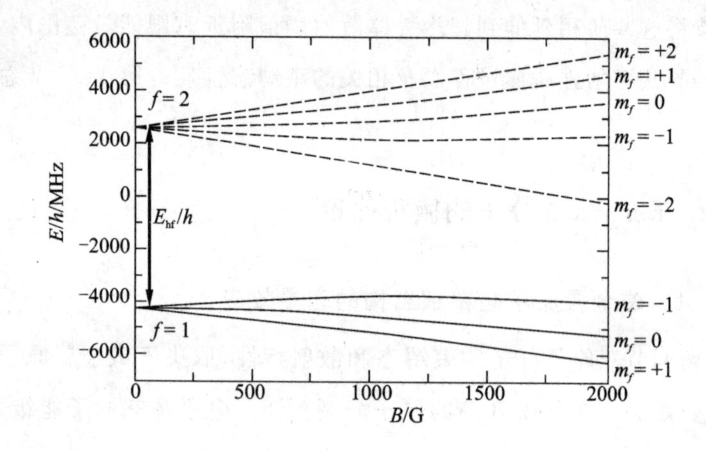

图11.1 ^{87}Rb电子基态$^2S_{1/2}$的$f=1$(实线)和$f=2$(虚线)的塞曼分裂超精细能级随磁感应强度B的变化,对于给定核自旋量子数$i=3/2$[27],以及$s=1/2$,在零磁感应强度下,$f=1$和$f=2$子能级之间的超精细跃迁频率为$E_{hf}/h=6835$ MHz[27],其超精细常数C_{hf}与E_{hf}的关系$C_{hf}=E_{hf}/2$与方程(11.3)的一致

11.2.2 原子间的相互作用

利用Born-Oppenheimer近似,在磁场中描述分子束缚态的相对运动及两个基态碱金属原子间碰撞的哈密顿量可表示为[8][29]

$$H=-\frac{\hbar^2}{2\mu}\nabla^2+\sum_{n=1}^{2}H_n^{\text{int}}+V_{\text{int}} \tag{11.4}$$

式中:μ是约化质量;H_1^{int}和H_2^{int}是在方程(11.1)中定义的每个原子的哈密顿量;V_{int}是依赖于原子相对位置$\boldsymbol{r}$的有效相互作用势。

在许多实际应用中,比如宽共振散射和与之相关的Feshbach分子,V_{int}只包含具有旋转对称的单重态和三重态 Born-Oppenheimer 势能 $V_{S=0}$ 和 $V_{S=1}$。下标 $S=0$ 和 $S=1$ 指的是两个价电子总自旋角动量 $\boldsymbol{S}=\boldsymbol{S}_1+\boldsymbol{S}_2$ 的量子数的可能值。在这种近似下，方程(11.4)相互作用部分可以用下式表示[8][29]

$$V_{\text{int}}=V_0\,\mathcal{P}_0+V_1\,\mathcal{P}_1 \tag{11.5}$$

这里$\mathcal{P}_0$和$\mathcal{P}_1$是投影到具有确定电子总自旋量子数 $S=0,1$ 的子空间的算符。

有些更复杂的应用，比如重碱金属原子的窄共振散射的预测，或者塞曼激发态原子碰撞的自旋弛豫，可能在方程(11.5)中包含了高阶修正项(见参考文献[29]~[32])。相比于单重态和三重态势能只取决于原子间的距离 $r=|\boldsymbol{r}|$，这些高阶相互作用修正项通常是有方向的，也就是说，在原子的相对运动中会耦合不同的分波。但是，本章中所有的束缚态和散射现象都可以基于各向同性的 Born-Oppenheimer 势能进行描述，至少可以定性地描述。

11.2.3 单重态和三重态势能

图 11.2 中的插图给出了典型的由同种碱金属原子间的相互作用形成的单重态和三重态势能曲线。在短距离处，势能形式由两个电子云的泡利斥力决定。在原子间距离比较远时，它们的渐近行为由相互吸引的范德瓦尔斯势能决定，即

$$V_S(r)\underset{r\to+\infty}{\approx}-C_6/r^6 \tag{11.6}$$

这里的范德瓦尔斯系数 C_6 对于单重态和三重态都是相同的。

为了用方程(11.4)对低能散射的共振磁场提供精确预测，Born-Oppenheimer 势能通常需要校准，使得它能给出准确的 C_6 系数(见参考文献[36]~[39])以及相关的散射长度(见参考文献[33][40]~[52])。单重态和三重态的散射长度分别是 a_s 和 a_t，由定态薛定谔方程的解来决定

$$\left[-\frac{\hbar^2}{2\mu}\frac{\mathrm{d}^2}{\mathrm{d}r^2}+V_S(r)\right]r\phi_0(r)=0 \tag{11.7}$$

其解在无穷远处的长程渐近行为是[53]

$$r\phi_0(r)\propto r-a \tag{11.8}$$

这里的 a 是指 a_s 或者 a_t。图 11.2 给出了这些波函数以及决定单重态和三重态的散射长度的线性渐近线。表 11.1 汇总了在 Born-Oppenheimer 势能下相同的碱金属原子对的参数 a_s、a_t 以及 C_6。理想情况下，单重态和三重态势能仅取决于化学元素，而不同同位素的 a_s 和 a_t 的差别仅来源于方程(11.7)中它们不同的约化质量。

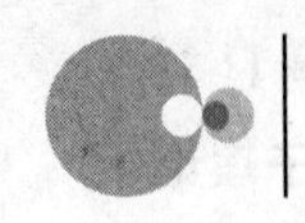

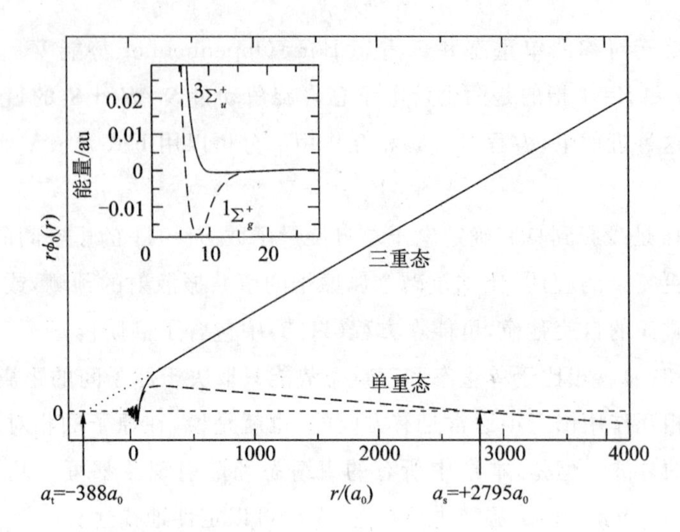

图 11.2 单重态(虚线)和三重态(实线)零能散射波函数示意图。横轴是以波尔半径 $a_0=0.0529$ nm 为单位的原子间距,对应的散射长度分别为 a_s 和 a_t。这里涉及的^{85}Rb 的 a_s 和 a_t 的值由散射波函数渐近线的零点决定。插图:两个基态 Rb 原子($^2S_{1/2}$)相互作用的单重态(虚线)和三重态(实线)Born-Oppenheimer 势能[34][35]

表 11.1 同核碱金属原子对相互作用的单重态和三重态的散射长度 a_s 和 a_t 以及长程范德瓦尔斯色散系数 C_6

Species	$a_s/(a_0)$	$a_t/(a_0)$	C_6/au
^{6}Li	45.167(8)[50]	−2140(18)[50]	1393.39(16)[37]
^{7}Li	33(2)[41]	−27.6(5)[41]	1393.39(16)[37]
^{23}Na	19.20(30)[46]	62.51(50)[46]	1561[38]
^{39}K	138.49(12)[52]	−33.48(18)[52]	3927.171[52]
^{40}K	104.41(9)[52]	169.67(24)[52]	3927.171[52]
^{41}K	85.53(6)[52]	60.54(6)[52]	3927.171[52]
^{85}Rb	2795^{+420}_{-290}[33]	−388(3)[33]	4703(9)[33]
^{87}Rb	90.4(2)[33]	98.98(4)[33]	4703(9)[33]
^{133}Cs	280.37(6)[49]	2440(25)[49]	6860(25)[49]

注:所有单位都是原子单位。

11.2.4 束缚态和散射态共振

方程(11.4)对应的哈密顿量的定态薛定谔方程,其解决定电子基态下的分子能级以及碱金属原子对的散射共振。为了计算分子的束缚态和连续能级，对原子的相对运动角动量 ℓ 的定态波函数进行分波分析是很方便的。对于有确定大小 $\hbar\sqrt{\ell(\ell+1)}$ 的 ℓ 和它在磁场方向的分量 $\hbar m_\ell$，渐近散射通道由如下通道状态定义，即

$$|\alpha\rangle = |\{f_1 m_{f_1}, f_2 m_{f_2}, l m_l\}\rangle \tag{11.9}$$

这里的量子数对$(f_1 m_{f_1})$和$(f_2 m_{f_2})$对应原子相距无穷远时的塞曼能级。方程(11.9)右边大括号表示如果原子是相同的玻色子，则通道状态是对称的；如果原子是相同的费米子，则是反对称的[29]。

相应的通道能量由原子对在相距无穷远时的最低能量决定，即

$$E_\alpha = E_{f_1 m_{f_1}} + E_{f_2 m_{f_2}} \tag{11.10}$$

这里 $E_{f_1 m_{f_1}}$ 和 $E_{f_2 m_{f_2}}$ 是单个原子的塞曼态能量。对于给定的由哈密顿量（见方程(11.4)）决定的定态波函数对应的能量 E，当通道能量 E_α 低于 E 时，用 α 标记的散射通道称为开通道，反之则称为闭通道。稳定的分子束缚态和连续能级由散射（或离解）阈值分开，该散射（或离解）阈值由最低通道能量决定。长寿命的分子亚稳态即使存在，也是在有衰减开通道的情况下存在（见参考文献[54]）。

原子对的定态波函数 $\Psi(r,E)$ 可以用耦合通道的方法确定[29][31][55]。为此，$\Psi(\boldsymbol{r},E)$ 可以用方程(11.9)中定义的通道态 $\psi_\alpha(r,E)$ 为基组展开。利用径向波函数

$$F_\alpha(r,E) = r\psi_\alpha(r,E) \tag{11.11}$$

分子的束缚态和连续能级满足下面的耦合方程组：

$$\frac{\partial^2 F_\alpha(r,E)}{\partial r^2} + \frac{2\mu}{\hbar^2}\sum_\beta [E\delta_{\alpha\beta} - V_{\alpha\beta}(r)] F_\beta(r,E) = 0 \tag{11.12}$$

这里 α 和 β 标记不同的散射通道，

$$V_{\alpha\beta}(r) = \left[E_\alpha + \frac{\hbar^2 \ell(\ell+1)}{2\mu r^2}\right]\delta_{\alpha\beta} + V_{\alpha\beta}^{\text{int}}(r) \tag{11.13}$$

是原子间的相互作用势。利用方程(11.5)中的近似，在方程(11.12)中的散射通道之所以互相耦合，仅仅只是因为方程(11.9)中塞曼态的直积态并不一定对应确定的电子总自旋 $\boldsymbol{S}$。由于这个原因，方程(11.13)中非对角部分包含单重态和三重态势能的线性组合。在原子的相对运动中，附加的定向力进一步导致不同分波的耦合[29]。由于在磁场方向的旋转对称性，代表双原子总角动量 $\boldsymbol{F}_{\text{total}} =$

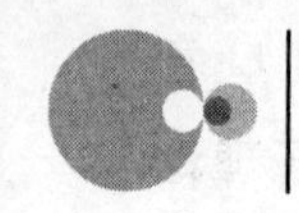

f_1+f_2+l 磁场方向投影的量子数 $M=m_{f_1}+m_{f_2}+m_l$ 是严格守恒的[29]。

图 11.3 所示的是根据方程(11.13)计算出的$^{87}Rb_2$分子 $\ell=0$ 的位于($f_1=1, m_{f_1}=+1; f_2=1, m_{f_2}=+1$)散射阈值之下的束缚态能量随 B 的变化,该计算只包含单重态和三重态势能。根据守恒定则 $M=m_{f_1}+m_{f_2}=2$,在这个例子中有 5 个耦合的 s 波散射通道,分别是($f_1, m_{f_1}; f_2, m_{f_2}$)=(1,1;1,1),(1,1;2,1),(1,0;2,2),(2,1;2,1),(2,0;2,2)。在零磁感应强度下,束缚态的标记(f_1, f_2)v 表示从(f_1, f_2)阈值开始往下数对应的一系列分子能级的振动量子数 $v=-1,-2,-3,\cdots$ [56]。在图 11.3 中,这些束缚态能量和散射阈值的交点用实心原点标记,预期这些交点将导致处在塞曼基态($f=1, m_f=+1$)的^{87}Rb 原子对的零能量碰撞散射截面的共振增强。

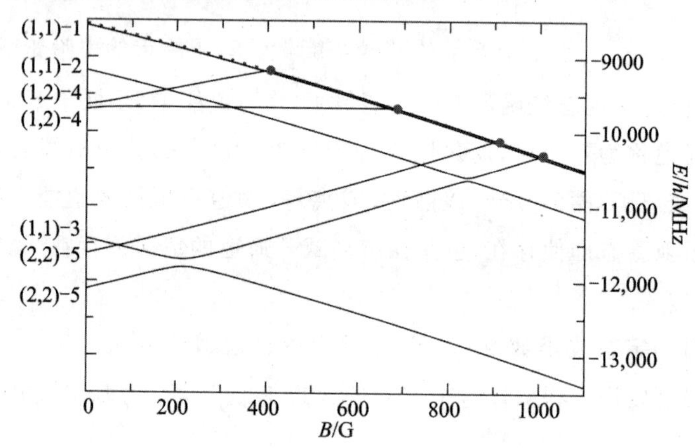

图 11.3 $^{87}Rb_2$分子位于($f_1=1, m_{f_1}=+1; f_2=1, m_{f_2}=+1$)散射阈值(点线)之下的几个耦合通道的束缚态能量(实线)随 B 的变化。计算中包含了 5 个 s 波通道球形模型且只考虑方程(11.5)中的中心区的相互作用。左边的束缚态用量子数(f_1, f_2)v 标记。束缚态能级和散射阈值的交点处,会出现最低塞曼能级的^{87}Rb 原子对的零动能碰撞散射截面的共振增强,实验观察到的这种共振增强用实心圆表示。这里提到的以及其他几个共振散射的精确预测和相关的实验测量在参考文献[56]有报道

11.3 Feshbach 共振

11.3.1 双通道双势能方法

多通道碰撞物理过程的散射截面共振增强,通常采用闭通道共振态的

Feshbach 理论来描述[57]。Feshbach 理论的一般形式是将定态薛定谔方程投影到互补的开通道和闭通道子空间，这一理论已通过各种不同的方法应用到超冷碱金属原子气体在阈值附近的碰撞过程（见参考文献[9][30][58]）。

如果仅考虑实际会用到的有限范围的能量和磁感应强度，Feshbach 共振导致的超冷双原子相互作用的增强可以用简单的双通道双势能或者双通道单共振方法做参数化的描述。这类描述方法可以基于如下一般形式的双通道哈密顿量[59]：

$$H=\begin{pmatrix} H_{bg} & W(r) \\ W(r) & H_{cl}(B) \end{pmatrix} \tag{11.14}$$

这里 r 是原子间距，B 是匀强磁场的磁感应强度。方程(11.14)中的对角元包含如下形式的动能和势能项：

$$H_{bg}=-\frac{\hbar^2}{2\mu}\nabla^2+V_{bg}(r) \tag{11.15}$$

$$H_{cl}(B)=-\frac{\hbar^2}{2\mu}\nabla^2+V_{cl}(B,r) \tag{11.16}$$

这里 H_{bg}是假设没有通道间耦合时的孤立入射通道哈密顿量，描述存在 s 波相互作用的超冷原子气体所处的塞曼态；势能 $V_{bg}(r)$则描述孤立入射通道下原子间的相互作用。

当入射通道仅仅只显著耦合到一个闭通道对应的原子对塞曼态时，可以采用上述双通道方法。相应的孤立闭通道的哈密顿量 $H_{cl}(B)$描述了没有通道间耦合时的原子对，这意味着 $V_{cl}(B,r)$和 $V_{bg}(r)$的离解阈值之差是闭通道和入射通道的塞曼态能量之差。在本章剩下的内容中，能量零点定义为入射通道势能的离解阈值。根据这个定义，哈密顿量(见方程(11.14))中只有闭通道哈密顿量依赖于磁感应强度 B。在方程(11.14)右边的非对角矩阵元 $W(r)$是通道间的耦合。尽管 $V_{bg}(r)$和 $V_{cl}(B,r)$通常选择具有双原子势能的典型形式，在短程距离主要是泡利斥力，而当 $r\to+\infty$时主要是范德瓦尔斯引力$-C_6/r^6$，但是实际上耦合矩阵元 $W(r)$模拟的是微观自旋交换或偶极相互作用。

图 11.4 所示的是由方程(11.14)、方程(11.15)、方程(11.16)所决定的这类双通道双势能模型的示意图。这个例子描述了弱束缚$^{23}Na_2$分子态导致的处在($f=1,m_f=+1$)塞曼基态的^{23}Na 原子对在磁感应强度为 907 G 附近的 s 波碰

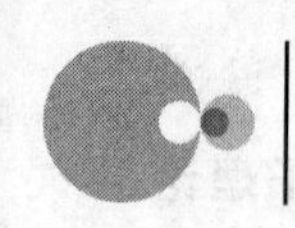

撞截面的共振增强[60]。在这个模型中,$V_{bg}(r)$和$V_{cl}(B,r)$被认为有相同的形状,两者之间的能量差由^{23}Na超精细结构的塞曼效应决定。它们的势阱和长程行为已经校准到能够给出准确的钠三重态的散射长度a_t、最高激发振动能级的位置以及C_6系数。为简单起见,这里将$V_{bg}(r)$和$V_{cl}(B,r)$包含的振动能级数减少到5,而不是实际上的三重态势能的完整的16个能级。这个模型中用到的描述通道间的耦合的非对角矩阵元$W(r)$包含一个任意形式的指数衰减函数。

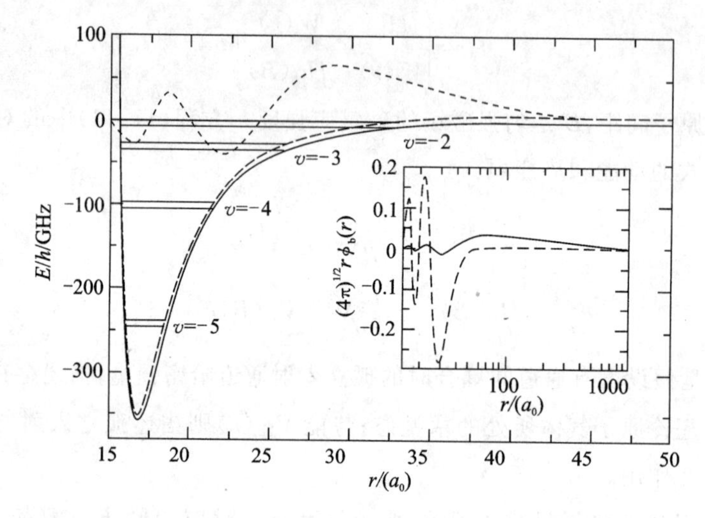

图 11.4　有效入射通道(实线)和闭通道(虚线)势能随原子间距离 r 变化的示意图。水平线是指几个孤立入射通道和闭通道振动能级的位置,从势阱的顶部开始计数(不包含 $v=-1$,因为它太接近离解阈值)。在这种情形下,$v=-2$ 闭通道振动能级与入射通道零能级散射阈值简并,对应的共振态径向波函数 $\sqrt{4\pi}r\phi_{res}(r)$用虚线表示。插图:通过双通道双势能模型得到的入射通道(实线)和闭通道(虚线)的最高激发振动束缚态的径向波函数,共振失谐是 $E_{res}(B)/\hbar=-10$ MHz。图中的模型势能、非对角耦合和共振斜率$\partial E_{res}/\partial B$是从参考文献[60]得到的,是对$^{23}Na_2$分子在磁感应强度为907 G附近的描述

11.3.2　双通道单共振方法

当磁场可调节闭通道的振动态能量$E_{res}(B)$与入射通道的离解阈值简并时,超冷双原子碰撞中存在很强的通道间相互作用,这时闭通道 Feshbach 共

振态$|\phi_{res}\rangle$由下面的薛定谔方程的解给出：

$$H_{cl}(B)|\phi_{res}\rangle=E_{res}(B)|\phi_{res}\rangle \quad (11.17)$$

在图 11.4 所示的例子中，共振态是由钠的三重态势能 $V_{cl}(B,r)$从顶部往下数第二个，即由标记为 $v=-2$ 的振动能级决定的。其相应的径向波函数$\sqrt{4\pi}r\phi_{res}(r)$在图中用虚线表示。

假定通道间的相互作用主要是由于$|\phi_{res}\rangle$引起的，则闭通道的哈密顿量可以简单地用下面的一维形式代替：

$$H_{cl}(B)\rightarrow|\phi_{res}\rangle E_{res}(B)\langle\phi_{res}| \quad (11.18)$$

这里的共振态$|\phi_{res}\rangle$被认为是归一化的，即$\langle\phi_{res}|\phi_{res}\rangle=1$。这样的双通道哈密顿量被称为单共振或者组态相互作用模型[3]。与双通道双势能方法相反，方程(11.18)总是可以解析求解哈密顿量(见方程(11.14))对应的定态薛定谔方程的孤立束缚和连续态[3][59]。

11.4 散射长度的磁场调节

11.4.1 共振宽度和背景散射长度

超冷原子碰撞往往可以通过一个单一的相互作用参数即 s 波的散射长度 a 来描述，该参数依赖于方程(11.18)中的 $E_{res}(B)$，可以随磁感应强度 B 很灵敏地变化。只考虑有限的磁感应强度范围时，双通道单共振的方法是适用的，共振态能量通常可以用线性函数近似描述，即

$$E_{res}(B)=\frac{\partial E_{res}}{\partial B}(B-B_{res}) \quad (11.19)$$

这里假设$\partial E_{res}/\partial B$ 是常数，等于闭通道和入射通道的塞曼态原子对磁矩之差，B_{res}是 $E_{res}(B)$和入射通道的离解阈值相交的磁感应强度。当方程(11.19)有效时，定态薛定谔方程在能量为零的解析结果给出如下散射长度的参数表达式，与参考文献[30]中的结果一致：

$$a(B)=a_{bg}\left(1-\frac{\Delta B}{B-B_0}\right) \quad (11.20)$$

这里 a_{bg}是指背景散射长度，在不考虑通道间耦合时，根据方程(11.17)和方程(11.18)用入射通道势能 $V_{bg}(r)$代替 $V_s(r)$可以推导出来。

根据方程(11.20)，散射长度在磁感应强度 B_0 处有一个奇点，这被称为共振位置，还有一个零点，它到 B_0 的距离是共振宽度 ΔB。图 11.5 给出了磁感

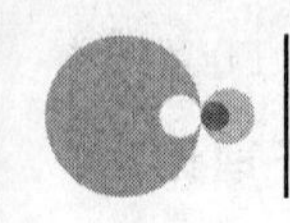

应强度在 1007 G 附近时在($f=1, m_f=+1$)塞曼基态的^{87}Rb 原子的两两碰撞的这些参数以及 a_{bg}。根据图 11.3,$B=0$ 时对应量子数为($f_1=2, f_2=2$) $v=-5$ 的分子振动能级最接近共振磁场 $B_0=1007.4$ G 所对应的散射阈值[61]。略低于这个阈值的近共振振动能级的能量和磁矩[13],以及上面所述的低能双原子碰撞物理过程,通常可以用一个适当调整的双通道模型来描述。

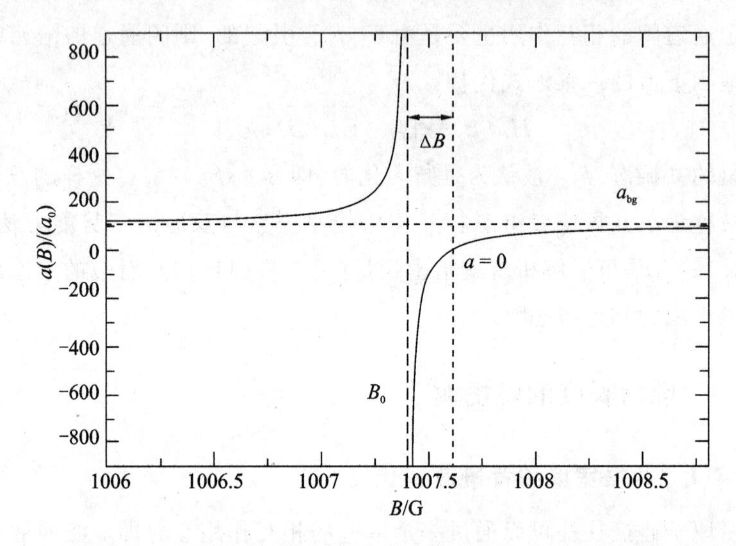

图 11.5　方程(11.20)描述的 s 波共振增强的散射长度 $a(B)$(实线)随磁感应强度 B 的变化。相关的参数包括共振位置 B_0(垂直虚线)、共振宽度 ΔB 以及背景散射长度 a_{bg}(水平点线)。共振宽度决定共振位置与散射长度的零点(垂直虚线表示)之间的距离。该图所示的共振是($f=1, m_f=+1$)塞曼基态^{87}Rb 原子间的碰撞,所用的参数是由参考文献[61][62]中的实验确定的

11.4.2　束缚态能量与共振位置的关系

图 11.6 显示了实验测量的^{23}Na 原子对的散射长度的变化幅度,其中^{23}Na 原子处在($f=1, m_f=+1$)塞曼基态,磁感应强度为共振位置 $B_0=907$ G 的奇点附近[10]。根据图 11.6 中的下半图,共振位置正好对应最高激发双原子振动束缚态能量 $E_b(B)$与离解阈值简并时的磁感应强度的位置。这个耦合通道束缚态$|\phi_b\rangle$,通常称为 Feshbach 分子,由定态薛定谔方程决定

$$H|\phi_b\rangle=E_b|\phi_b\rangle \tag{11.21}$$

根据不同近似程度,这里 H 可以是方程(11.4)中的微观哈密顿量或者是

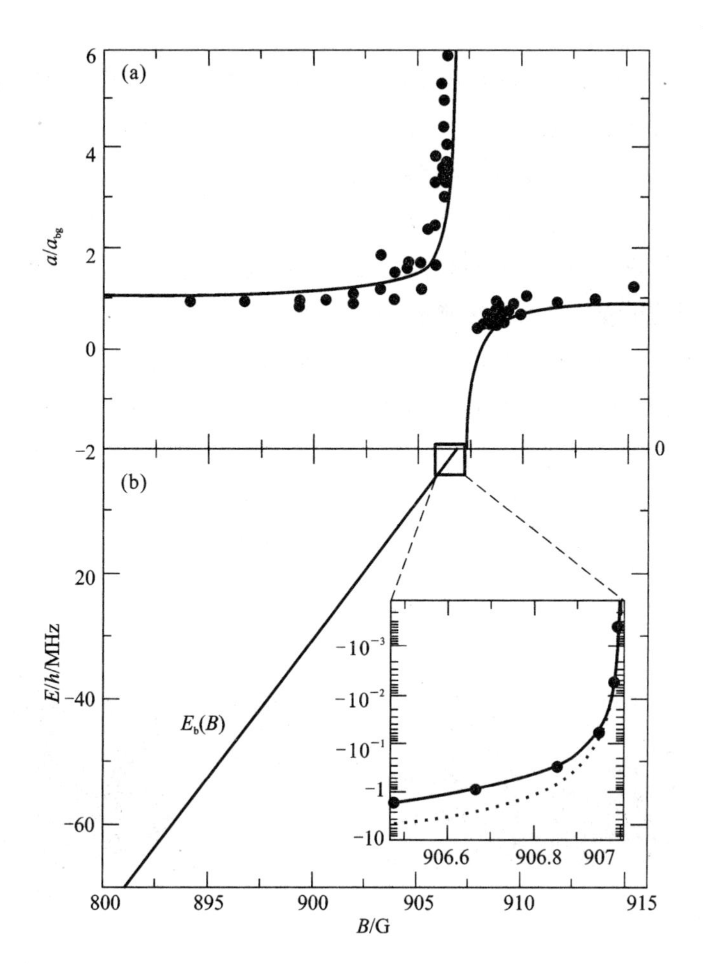

图 11.6 (a)^{23}Na 原子对在$(f=1,m_f=+1)$塞曼基态,$B_0=907$ G 附近散射长度 $a(B)$ 随磁感应强度 B 的变化。圆圈表示散射背景长度归一化的测量数据,而曲线指的是预测的共振参数[63]。(b)Feshbach 分子态的能量(实线标记 E_b)随磁感应强度的变化。插图是在共振附近束缚态能量的放大图,分别根据参考文献[60]中双通道双势能方法(实心圆)、双通道单共振方法(实线)以及普适公式 $E_b=-\hbar^2/(2\mu a^2)$估计方法(虚线)得到。(a)图中 $a(B)$的奇点位置,与 $E_b(B)$和零能入射通道离解阈值简并时对应的磁感应强度是一致的(引自 Inouye,S. et al.,Nature,392,151,1998.已获授权)

方程(11.14)中的双通道哈密顿量。当 $E_b(B)$接近离解阈值时,散射长度总是正的,并且在奇点处改变符号,在奇点处 Feshbach 分子消失到连续能态中。这种过程通常称为零能共振[53],或者在超冷气体领域称为 Feshbach 或者

Fano-Feshbach 共振。

方程(11.20)给出了散射长度奇点的参数描述,在一定的磁感应强度范围内单一的共振图像是适用的。利用双通道单共振方法,图 11.7 描述了偏离散射阈值的窄共振^{23}Na($\Delta B=1$ G;参考文献[60][63],共振位置 $B_0=907$ G)以及宽共振^{85}Rb($\Delta B=10.71$ G;参考文献[64],共振位置 $B_0=155$ G)的 Feshbach 分子束缚态能量和 s 波碰撞截面变化的示意图。由于通道间的耦合,在散射阈值之上的未受扰动的共振能量 $E_{res}(B)$通常是偏移和加宽的[1]~[5]。对于图 11.7(a)中的窄共振,最大的碰撞截面和束缚态能量 $E_b(B)$同样有 $E_{res}(B)$的线性变化趋势,两条直线之间相隔一个难以分辨的离解阈值的能量范围。对于图 11.7(b)中的宽共振,碰撞截面的斜率和宽度以及束缚态能量与磁感应强度 B 的依赖关系,在所示的整个能量范围内定性地不同于 $E_{res}(B)$。详细的分析[58][65]表明,相关的通道间强相互作用,是由于^{85}Rb 相对比较宽的$B_0=155$ G 零能量共振与负的背景散射长度 $a_{bg}=-443a_0$ 的结合[64]。

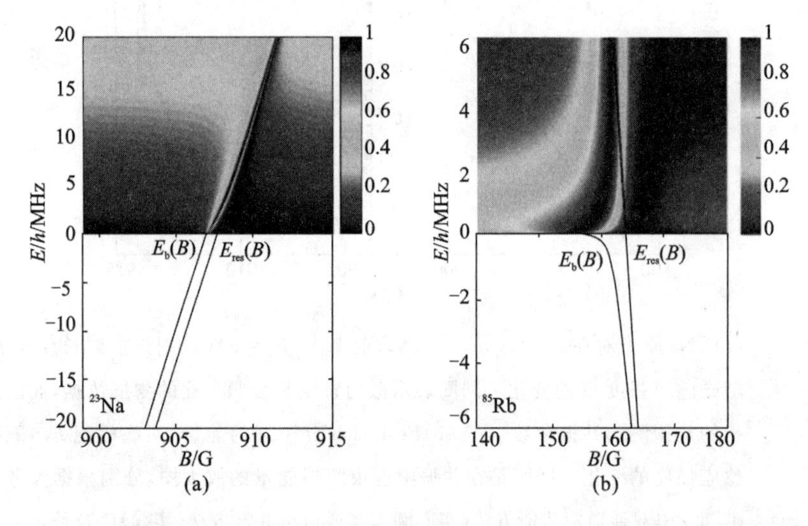

图 11.7 低于离解阈值的 Feshbach 分子束缚态能量和高于它的 s 波碰撞截面随磁感应强度 B 变化的示意图。(a)图 11.6 中的^{23}Na 在 $B_0=907$ G 附近零能共振;(b)在($f=2,m_f=-2$)塞曼态的^{85}Rb 原子对在 $B_0=155$ G 附近的零能共振。s 波碰撞截面 $\sigma(k)$是无量纲的,满足$\sin^2\vartheta(k)=k^2\sigma(k)/(8\pi)$,这里 k 是与原子对相对运动对应的角波数,$\vartheta(k)$是 s 波的散射相移[53]。正能量$E=\hbar^2k^2/(2\mu)$指的是双原子碰撞,而负能量 $E<0$ 指的是束缚态

11.5 共振分类

11.5.1 闭通道主导的共振

s 波的碰撞截面在有限动能的共振增强的现象已被观察到，例如，在 Feshbach 分子离解实验中，用快速变化的磁场扫过 B_0，可以观察到散射长度从正值变化到负值[62]。作为一个例子，图 11.8 画出了计算的 Feshbach 分子离解片段的能谱，不同曲线分别是在以不同速度线性变化的磁场中，塞曼基态^{87}Rb 原子对的零能窄共振（$\Delta B=6.2(6)$ mG；参考文献[62]）离解过程。随着磁场变化率 $\dot{B}$ 的增加，一个明显的峰出现在最终磁场确定的能量处，考虑到共振是非常窄的，比如这个例子中 Rb 的零能共振，只在图 11.3 中 $B_0=685$ G 附近可见，或者在图 11.6 中的 Na 的共振附近可见。在一个很好的近似下，离解能谱图 11.8 中的峰值位置与在最终磁感应强度 $B_f=B_0+40$ mG 的最大 s 波碰撞截面的动能是一致的。相关的共振态只出现在散射阈值附近一个很窄的能量范围内，并且是由闭通道主导的，与图 11.7(a)左上图所示的 s 波碰撞截面的共振相似。

对于给定的初始和最终磁感应强度，随着磁场变化率 $\dot{B}$ 的减少，离解能谱接近它的普适极限形式[66]，如图 11.8 中的点线，它只与 $a_{bg}\Delta B$ 和 $\dot{B}$ 有关。图 11.8 中的插图显示了在 $B_0=907$ G 附近测量的 Feshbach 分子离解片段相对运动的动能，该动能是在极限能谱分布条件对应的线性变化磁场中的 Na 零能共振离解产生的[66]。鉴于离解谱的这种渐近形状对于所有的零能共振是普适的，图 11.8 中尖峰的外观由在散射阈值之上的共振宽度决定，比它的能量要小得多，如图 11.7(a)所示。

11.5.2 入射通道主导的共振

图 11.7 所示的零能宽共振通常意味着通道间的强相互作用。闭通道和入射通道之间的相互作用强度，可以基于共振宽度 ΔB、a_{bg}、$\partial E_{res}/\partial B$ 以及表征 Born-Oppenheimer 势能的长程行为的单一参数，即范德瓦尔斯长度

$$l_{vdW}=\frac{1}{2}(2\mu C_6/\hbar^2)^{1/4} \tag{11.22}$$

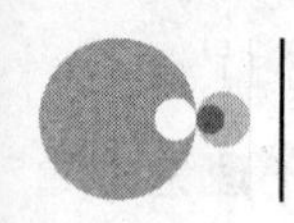

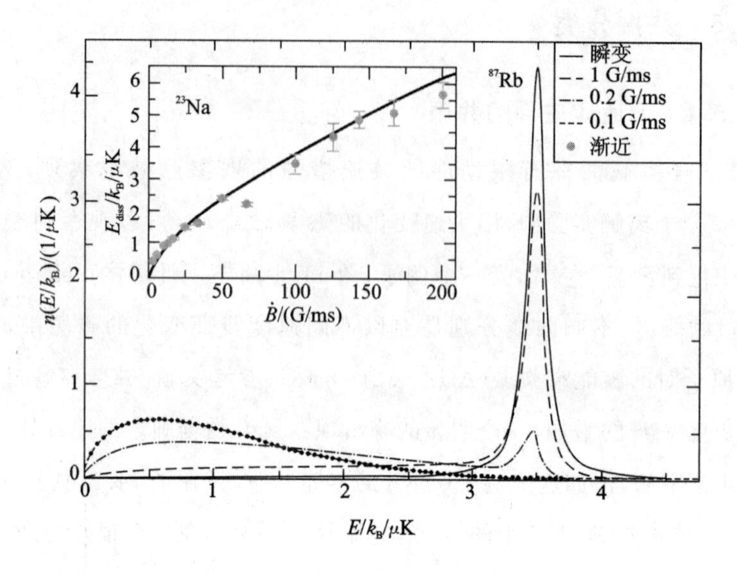

图 11.8　计算出的在以不同速度线性变化的磁场中,$^{87}Rb_2$ 的 Feshbach 分子离解成自由原子对之后,其相对运动动能 E 的概率密度图。根据相关的实验[62],磁感应强度在($f=1,m_f=+1$)塞曼基态的 ^{87}Rb 原子零能共振 $B_0=685$ G 附近变化,扫描范围从 $B_i=B_0-50$ mG 开始,在 $B_f=B_0+40$ mG 结束。实线和点线分别指:覆盖零能共振的磁感应强度从 B_i 到 B_f 无限快速瞬变的理想情况,以及开始和最终磁场都无限远离 B_0 的宽范围慢变磁场扫描。插图:计算的原子对平均动能与利用宽范围慢变磁场扫描图 11.6 所示的 ^{23}Na 零能共振附近的 Feshbach 分子离解后的动能的对比(引自 Mukaiyama, T. et al., Phys. Rev. Lett. 92, 180402, 2004,版权属于美国物理学会(2004),已获授权)

来进行估算。给定参数 ΔB、a_{bg} 和 $\partial E_{res}/\partial B$,在散射阈值之上的共振能量宽度[30][60]可以结合 Wigner 阈值定律[68]估计如下[66]:

$$\Gamma_{res}(E)=ka_{bg}(\partial E_{res}/\partial B)\Delta B \tag{11.23}$$

这里 k 是碰撞原子相对运动能量 $E=\hbar^2k^2/(2\mu)$ 对应的角波数。当共振宽度超过范德瓦尔斯长度对应的能量 $E_{vdW}=\hbar^2/(2\mu l_{vdW}^2)$ 时,可以认为通道间的相互作用是强相互作用,如图 11.7 所示。利用公式(11.23)和 $k=1/l_{vdW}$,上述要求对应下面的宽共振的判断准则[65][69]:

$$\frac{\hbar^2/(2\mu l_{\rm vdW}^2)}{a_{\rm bg}(\partial E_{\rm res}/\partial B)\Delta B/l_{\rm vdW}} \ll 1 \tag{11.24}$$

根据方程(11.24)，能量低于阈值的宽共振 Feshbach 分子束缚态，在实验测量的绝大部分磁感应强度范围内是由入射通道主导的。图 11.9 显示了束缚态能量 E_b 随磁感应强度 B 变化的一个典型的例子，就是图 11.7(b)所示的^{85}Rb 在 $B_0=155$ G 附近的零能共振。随着 B 朝着共振位置 B_0 减小，也就是当$a(B)$发散到无穷远时，能量 $E_b(B)$平滑地接近满足如下普适公式的离解阈值[71][72]：

$$E_b = -\hbar^2/(2\mu a^2) \tag{11.25}$$

由于 $E_b(B)$只依赖于散射长度，这表明对应的束缚态波函数几乎只包含入射通道的成分，它在 $a\to+\infty$极限下的渐近形式[72]为

$$\phi_b(r) = \frac{1}{\sqrt{2\pi a}}\frac{e^{-r/a}}{r} \tag{11.26}$$

如图 11.6 中的插图所示，方程(11.25)渐近束缚态能量也适用于在 $B_0=$ 907 G 附近由闭通道主导的^{23}Na$_2$ 的 Feshbach 分子的零能窄共振(按照方程(11.24)定义宽共振的方法)。在磁感应强度稍低于 B_0 时，图 11.4 中的插图所示的^{23}Na 的 Feshbach 分子波函数也含有方程(11.26)给出的通用的入射通道组分。

在 $a\to+\infty$极限下，方程(11.26)中的束缚态波函数可以有任意长的范围，该范围只由散射长度确定，如此大的范围使原子间的经典引力可以忽略不计。普通的 Feshbach 分子的键长也就是它的平均原子距离，可以表示为

$$\langle r\rangle = 4\pi\int_0^{+\infty} r^2 {\rm d}r r|\phi_b(r)|^2 = a/2 \tag{11.27}$$

这种量子物理空间范围与经典运动的外转折点可比拟，通过方程(11.25)中束缚态能量和长程范德瓦尔斯势能的关系 $E_b=-C_6/r_{\rm classical}^6$，可以得到

$$r_{\rm classical} = [a\,(2l_{\rm vdW})^2]^{1/3} \ll a/2 = \langle r\rangle \tag{11.28}$$

从这个意义上讲，图 11.9 中测得束缚态能量的 Feshbach 分子处于经典禁区。由于这个原因，方程(11.26)中的长程入射通道波函数在 $a\to+\infty$极限下的普适形式，可以参照方程(11.25)对应的能量为 E_b 的无相互作用定态薛定谔方程的波函数。

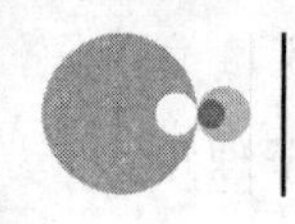

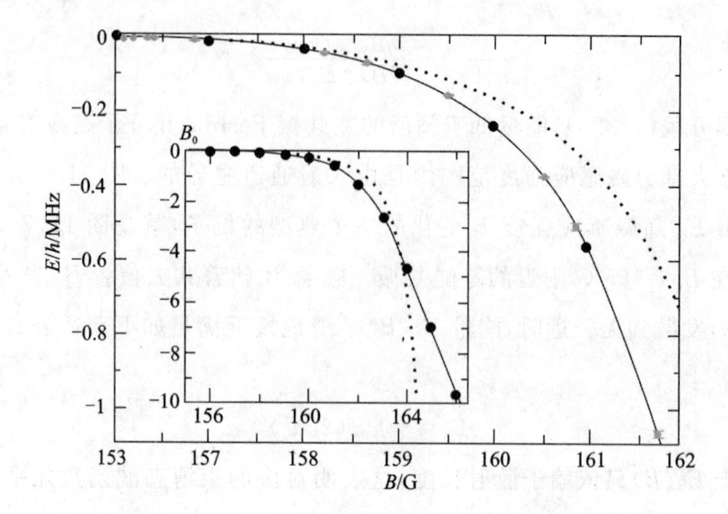

图 11.9 $^{85}Rb_2$ 的 Feshbach 分子束缚态能量在磁感应强度 $B_0=155$ G 附近随磁感应强度的变化,与图 11.6(b)相似。带有误差范围的方点是在共振附近利用参考文献[11]中提到的原子-分子 Ramsey 干涉方法[64]的测量值,实心圆圈是耦合通道计算值[70]。为了对比,虚线是用方程(11.25)对 $E_b(B)$ 的普适估计。插图:对比了随着磁场偏离共振位置的增加,不同理论结果的偏差也都增加(引自 Claussen, N. R. et al., Phys. Rev. A, 67, 060701(R), 2003,版权归美国物理学会所有(2003),已获授权)

11.6 结论

最后,本章概述了几种用来描述碱金属原子超冷气体的 s 波散射长度以及它与 Feshbach 双原子分子的关系的理论方法。这些方法包括微观耦合通道理论、约化的有效双通道方法,以及 Feshbach 分子的一般描述。对这些模型的概述说明了模型的适用范围随着能量对散射阈值偏离的增加以及磁感应强度对零能共振位置偏离的增加而减小。

致谢

我们非常感谢 Chris Greene、Eleanor Hodby、Wolfgang Ketterle、Servaas Kokkelmans、Takashi Mukaiyama、Sarah Thompson 和 Carl Wieman 允许我们使用他们的实验和理论数据。这项工作得到了英国工程和物理科学研究理事会(授权号 EP/E025935/2)和英国皇家学会大学研究奖学金的支持。

参考文献

[1] Rice, O. K., Predissociation and the crossing of molecular potential energy curves, J. Chem. Phys., 1, 375, 1933.

[2] Fano, U., On the absorption spectrum of noble gases at the arc spectrum limit, NuovoCimento, 12, 154, 1935. English translation edited by Pupillo, G., Zannoni, A., and Clark, C. W., e-print cond-mat/0502210.

[3] Fano, U., Effects of configuration interaction on intensities and phase shifts, Phys. Rev., 124, 1866, 1961.

[4] Feshbach, H., Unified theory of nuclear reactions, Ann. Phys. (NY), 5, 357, 1958.

[5] Feshbach, H., A unified theory of nuclear reactions II, Ann. Phys. (NY), 19, 287, 1962.

[6] Stwalley, W. C., Stability of spin-aligned hydrogen at low temperatures and high magnetic fields: Newfieldd-ependent scattering resonances and predissociations, Phys. Rev. Lett., 37, 1628, 1976.

[7] Uang, Y. H., Ferrante, R. F., and Stwalley, W. C., Model calculation of magnetic-fieldinduced perturbations and predissociations in $^{6}Li^{7}Li$ near dissociation, J. Chem. Phys., 74, 6267, 1981.

[8] Tiesinga, E., Verhaar, B. J., and Stoof, H. T. C., Threshold and resonance phenomena in ultracold grounds-tate collisions, Phys. Rev. A, 47, 4114, 1993.

[9] Timmermans, E., Tommasini, P., Hussein, M., and Kerman, A., Feshbach resonances in atomic Bose-Einstein condensates, Phys. Rep., 315, 199, 1999.

[10] Inouye, S., Andrews, M. R., Stenger, J., Miesner, H.-J., Stamper-Kurn, D. M., and Ketterle, W., Observation of Feshbach resonances in a Bose-Einstein condensate, Nature(London), 392, 151, 1998.

[11] Donley, E. A., Claussen, N. R., Thompson, S. T., and Wieman, C. E., Atom-molecule coherence in a Bose-Einstein condensate, Nature (London), 417, 529, 2002.

[12] Herbig, J., Kraemer, T., Mark, M., Weber, T., Chin, C., Nägerl, H.-C., and Grimm, R., Prepara-tion of a pure molecular quantum gas, Science, 301, 1510, 2003.

[13] Dürr, S., Volz, T., Marte, A., and Rempe, G., Observation of molecules produced from a Bose-Einstein condensate, Phys. Rev. Lett., 92, 020406, 2004.

[14] Xu, K., Mukaiyama, T., Abo-Shaeer, J. R., Chin, J. K., Miller, D. E., and Ketterle, W., Formation of quantum-degenerate sodium molecules, Phys. Rev. Lett., 91, 210402, 2003.

[15] Regal, C. A., Ticknor, C., Bohn, J. L., and Jin, D. S., Creation of ultracold molecules from a Fermi gas of atoms, Nature (London), 424, 47, 2003.

[16] Strecker, K. E., Partridge, G. B., and Hulet, R. G., Conversion of an atomic Fermi gas to a long-lived molecular Bose gas, Phys. Rev. Lett., 91, 080406, 2003.

[17] Cubizolles, J., Bourdel, T., Kokkelmans, S. J. J. M. F., Shlyapnikov, G. V., and Salomon, C., Pro-duction of long-lived ultracold Li_2 molecules from a Fermi gas, Phys. Rev. Lett., 91, 240401, 2003.

[18] Jochim, S., Bartenstein, M., Altmeyer, A., Hendl, G., Chin, C., HeckerDenschlag, J., and Grimm, R., Pure gas of optically trapped molecules created from fermionic atoms, Phys. Rev. Lett., 91, 240402, 2003.

[19] Zwierlein, M. W., Stan, C. A., Schunck, C. H., Raupach, S. M. F., Gupta, S., Hadzibabic, Z., and Ketterle, W., Observation of Bose-Einstein condensation of molecules, Phys. Rev. Lett., 91, 250401, 2003.

[20] Hutson, J. M. and Soldan, P., Molecular collisions in ultracold atomic gases, Int. Rev. Phys. Chem., 26, 1, 2007.

[21] Castin, Y., Basic theory tools for degenerate Fermi gases, in Ultracold Fermi Gases, Inguscio, M., Ketterle, W., and Salomon, C. Eds., Proceedings of the International School of Physics "Enrico Fermi", CourseCLXIV, Varenna, 20-30 June 2006, to appear, IOS Press, Amsterdam, 2008; e-print cond-mat/0612613.

[22] Regal, C. A. and Jin, D. S., Experimental realization of the BCS-BEC crossover with a Fermi gas of atoms, Adv. At. Mol. Opt. Phys., 54, 1, 2007. e-printcond-mat/0601054.

[23] Ketterle, W. and Zwierlein, M. W., Making, probing and understanding ultracold Fermi gases, in Ultracold Fermi Gases, Inguscio, M., Ketterle, W., and Salomon, C., Eds., Proceedings of the International School of Physics Enrico Fermi, Course CLXIV, Varenna, 20-30 June 2006, IOS Press, Amsterdam, 2008, p. 95; e-print arXiv:0801.2500.

[24] Grimm, R., Ultracold Fermi gases in the BEC-BCS crossover: A review from the Innsbruck perspective, in Ultracold Fermi Gases, Inguscio, M., Ketterle, W., and Salomon, C. Eds., Proceedings of the International School of Physics "Enrico Fermi", Course CLXIV, Varenna, 20-30 June 2006, IOS Press, Amsterdam, 2008, p. 413; e-print cond-mat/0703091.

[25] Tarruell, L., Teichmann, M., McKeever, J., Bourdel, T., Cubizolles, J., Khaykovich, L., Zhang, J., Navon, N., Chevy, F., and Salomon, C., Expansion of an ultra-cold lithium gas in the BEC-BCS crossover, in Ultracold Fermi Gases, Inguscio, M., Ketterle, W., and Salomon, C., Eds., Proceedings of the International School of Physics "Enrico Fermi", Course CLXIV, Varenna, 20-30 June 2006, IOS Press, Amsterdam, 2008, p. 845; e-print cond-mat/0701181.

[26] Stringari, S., Dynamics and superfluidity of an ultracold Fermi gas, in Ultracold Fermi Gases, Inguscio, M., Ketterle, W., and Salomon, C. Eds., Proceedings of the International School of Physics "Enrico Fermi", Course CLXIV, Varenna, 20-30 June 2006, IOS Press, Amsterdam, 2008, p. 53; e-print cond-mat/0702526.

[27] Arimondo, E., Inguscio, M., and Violino, P., Experimental determinations of the hyperfine structure in the alkali atoms, Rev. Mod. Phys., 49, 31, 1977.

[28] Bransden, B. H. and Joachain, C. J., Physics of Atoms and Molecules, Pearson Education Ltd., Harlow, 2003.

[29] Stoof, H. T. C. , Koelman, J. M. V. A. , and Verhaar, B. J. , Spin-exchange and dipole relaxation rates in atomic hydrogen: Rigorous and simplified calculations, Phys. Rev. B, 38, 4688, 1988.

[30] Moerdijk, A. J. , Verhaar, B. J. , and A. Axelsson. Resonances in ultracold collisions of ^{6}Li, ^{7}Li, and ^{23}Na, Phys. Rev. A, 51, 4852, 1995.

[31] Mies, F. H. , Julienne, P. S. , Williams, C. J. , and Krauss, M. , Estimating bounds on collisional relaxation rates of spin-polarized ^{87}Rb atoms at ultracold temperatures, J. Res. Nat. Inst. Stand. Technol. , 101, 521, 1996.

[32] Kotochigova, S. , Tiesinga, E. , and Julienne, P. S. , Relativistic ab initio treatment of the second-order spin-orbit splitting of the $a\ ^{3}\Sigma_{u}^{+}$ potential of rubidium and cesium dimers, Phys. Rev. A, 63, 012517, 2001.

[33] van Kempen, E. G. M. , Kokkelmans, S. J. J. M. F. , Heinzen, D. J. , and Verhaar, B. J. , Interisotope determination of ultracold rubidium interactions from three high-precision experiments, Phys. Rev. Lett. , 88, 093201, 2002.

[34] Burke, J. P. , Bohn, J. L. , Esry, B. D. , and Greene, C. H. , Prospects for Mixed-isotope Bose-Einstein condensates in rubidium, Phys. Rev. Lett. , 80, 2097, 1998.

[35] Klausen, N. N. , Bohn, J. L. , and Greene, C. H. , Nature of spinor Bose-Einstein condensates in rubidium, Phys. Rev. A, 64, 053602, 2001.

[36] Marinescu, M. , Sadeghpour, H. R. , and Dalgarno, A. , Dispersion coefficients for alkali-metal dimers, Phys. Rev. A, 49, 982, 1994.

[37] Zong-ChaoYan, James F. Babb, Dalgarno, A. , and Drake, G. W. F. , Variational calculations of dispersion coefficients for interactions among H, He, and Li atoms, Phys. Rev. A, 54, 2824, 1996.

[38] Kharchenko, P. , Babb, J. F. , and Dalgarno, A. , Long-range interactions of sodium atoms, Phys. Rev. A, 55, 3566, 1997.

[39] Derevianko, A. Johnson, W. R. , Safronova, M. S. , and Babb, J. F. , High-precision calculations of dispersion coefficients, static dipole polarizabilities, and atom-wall interaction constants for alkali-metal atoms, Phys. Rev. Lett. , 82, 3589, 1999.

[40] Vogels, J. M., Tsai, C. C., Freeland, R. S., Kokkelmans, S. J. J. M. F., Verhaar, B. J., and Heinzen, D. J., Prediction of Feshbach resonances in collisions of ultracold rubidium atoms, Phys. Rev. A, 56, R1067, 1997.

[41] Abraham, E. R. I., McAlexander, W. I., Gerton, J. M., Hulet, R. G., Côté, R., and Dalgarno, A., Triplet s-wave resonance in ^{6}Li collisions and scattering lengths of ^{6}Li and ^{7}Li, Phys. Rev. A, 55, R3299, 1997.

[42] Roberts, J. L., Claussen, N. R., Burke, J. P., Greene, C. H., Cornell, E. A., and Wieman, C. E., Resonant magnetic field control of elastic scattering in cold ^{85}Rb, Phys. Rev. Lett., 81, 5109, 1998.

[43] Bohn, J. L., Burke, J. P., Greene, C. H., Wang, H., Gould, P. L., and Stwalley, W. C., Collisional properties of ultracold potassium: Consequences for degenerate Bose and Fermi gases, Phys. Rev. A, 59, 3660, 1999.

[44] Burke, J. P., Greene, C. H., Bohn, J. L., Wang, H., Gould, P. L., and Stwalley, W. C., Determination of ^{39}K scattering lengths using photoassociation spectroscopy of the 0_g^- state, Phys. Rev. A, 60, 4417, 1999.

[45] Wang, H., Nikolov, A. N., Ensher, J. R., et al., Ground-state scattering lengths for potassium isotopes determined by double-resonance photoassociative spectroscopy of ultracold ^{39}K, Phys. Rev. A, 62, 052704, 2000.

[46] Samuelis, C., Tiesinga, E., Laue, T., Elbs, M., Knkel, H., and Tiemann, E., Cold atomic collisions studied by molecular spectroscopy, Phys. Rev. A, 63, 012710, 2000.

[47] Modugno, G., Ferrari, G., Roati, G., Brecha, R. J., Simoni, A., and Inguscio, M., Bose-Einstein condensation of potassium atoms by sympathetic cooling, Science, 294, 1320, 2001.

[48] Loftus, T., Regal, C., Ticknor, C., Bohn, J., and Jin, D., Resonant control of elastic collisions in an optically trapped Fermi gas of atoms, Phys. Rev. Lett., 88, 173201, 2002.

[49] Chin, C., Vuletic, V., Kerman, A. J., Chu, S., Tiesinga, E., Leo, P. J., and Julienne, P. S., Precision Feshbach spectroscopy of ultracold Cs_2, Phys. Rev. A, 70, 032701, 2004.

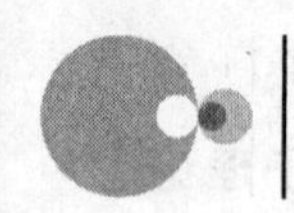

[50] Bartenstein, M. , Altmeyer, A. , Riedl, S. , et al. , Precise determination of ^{6}Li cold collision Parameters by radio-frequency spectroscopy on weakly bound molecules, Phys. Rev. Lett. , 94, 103201, 2005.

[51] D'Errico, C. , Zaccanti, M. , Fattori, M. , Roati, G. , Inguscio, M. , Modugno, G. , and Simoni, A. , Feshbach resonances in ultracold ^{39}K, New J. Phys. , 9, 223, 2007.

[52] Falke, S. , Knöckel, H. , Friebe, J. , Riedmann, M. , Tiemann, E. , and Lisdat, C. , Ground-state scattering lengths for potassium isotopes determined by double-resonance photoassociative spectroscopy of ultracold ^{39}K, Phys. Rev. A, 78, 012503, 2008.

[53] Taylor, J. R. , Scattering Theory, Wiley, NewYork, 1972.

[54] Thompson, S. T. , Hodby, E. , and Wieman, C. E. , Spontaneous dissociation of ^{85}Rb Feshbach molecules, Phys. Rev. Lett. , 94, 020401, 2005.

[55] Gao, B. , Theory of slow-atom collisions, Phys. Rev. A, 54, 2022, 1996.

[56] Marte, A. , Volz, T. , Schuster, J. , Dürr, S. , Rempe, G. , van Kempen, E. G. M. , and Verhaar, B. J. , Feshbach resonances in rubidium 87: Precision measurement and analysis, Phys. Rev. Lett. , 89, 283202, 2002.

[57] Feshbach, H. , Theoretical Nuclear Physics, Wiley, NewYork, 1992.

[58] Marcelis, B. , van Kempen, E. G. M. , Verhaar, B. J. , and Kokkelmans, S. J. J. M. F. , Feshbach resonances with large background scattering length: Interplay with open-channel resonances, Phys. Rev. A, 70, 012701, 2004.

[59] Child, M. S. , Molecular Collision Theory, Academic, London, 1974.

[60] Mies, F. H. , Tiesinga, E. , and Julienne, P. S. , Manipulation of Feshbach resonances in ultracold atomic collisions using time-dependent magnetic fields, Phys. Rev. A, 61, 022721, 2000.

[61] Volz, T. , Dürr, S. , Ernst, S. , Marte, A. , and Rempe, G. , Characterization of elastic scattering near a Feshbach resonance in ^{87}Rb, Phys. Rev. A, 68, 010702(R), 2003.

[62] Dürr, S. , Volz, T. , and Rempe, G. , Dissociation of ultracold molecules with Feshbach resonances, Phys. Rev. A, 70, 031601(R), 2004.

[63] van Abeelen, F. A. and Verhaar, B. J., Unpublished, quoted by Inouye, S. et al. in Ref. [10], 1998.

[64] Claussen, N. R., Kokkelmans, S. J. J. M. F., Thompson, S. T., Donley, E. A., Hodby, E., and Wieman, C. E., Very-high-precision bound-state spectroscopy near a ^{85}Rb Feshbach resonance, Phys. Rev. A, 67, 060701 (R), 2003.

[65] Julienne, P. S. and Gao, B., Simple theoretical models for resonant cold atom interactions. In Roos, C., Häffner, H., and Blatt, R. Eds., Atomic Physics, Vol. 20, American Institute of Physics, Conference Proceedings 869, 2006, p. 261-268; e-print physics/0609013.

[66] Mukaiyama, T., J. R. Abo-Shaeer, Xu, K., Chin, J. K., and Ketterle, W., Dissociation and decay of ultracold sodium molecules, Phys. Rev. Lett., 92, 180402, 2004.

[67] Jones, K. M., Tiesinga, E., Lett, P. D., and Julienne, P. S., Ultracold photoassociation spectroscopy: Long-range molecules and atomic scattering, Rev. Mod. Phys., 78, 483, 2006.

[68] Wigner, E. P., On the behavior of cross-sections near thresholds, Phys. Rev., 73, 1002, 1948.

[69] Petrov, D. S., Three-boson problem near a narrow Feshbach resonance, Phys. Rev. Lett., 93, 143201, 2004.

[70] Servaas Kokkelmans, private communication, quoted by Donley, E. A. et al. in Ref. [11], 2002.

[71] Braaten, E. and Hammer, H. W., Universality in few-body systems with large scattering length, Phys. Rep., 428, 259, 2006.

[72] Bethe, H. A., Theory of the effective range in nuclear scattering, Phys. Rev., 76, 38, 1949.

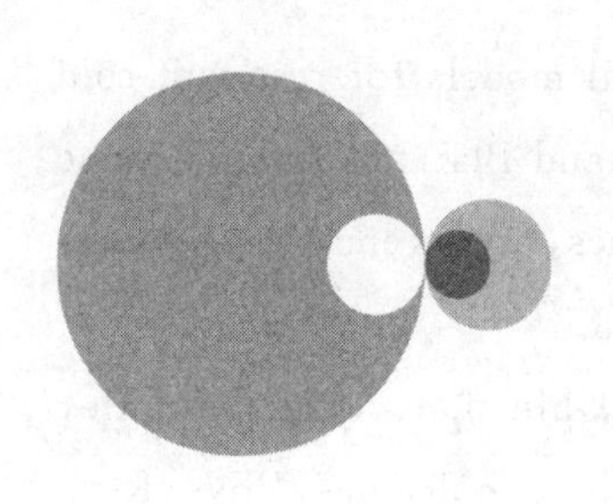

第12章 冷极性分子中的凝聚态物理

12.1 引言

在过去十几年中，利用冷原子实现玻色-爱因斯坦凝聚和量子简并费米气体已成为原子物理实验的一大突破[1]。鉴于近期在实验上制备冷分子方面取得的重要进展，我们期待在分子物理领域中也会出现一个类似的大突破[2]~[22]。冷原子和冷分子气体的突出性质与外场对这些系统参数的调控性相结合为实验实现多体哈密顿量提供微观信息。操控外场的途径有：①控制磁场、电场和光阱将量子气体的行为限制在一维、二维和三维空间上；②通过Feshbach共振技术[23][24]改变粒子散射长度进而调节粒子间的相互作用。以上操控技术是实验上实现量子相的关键，如费米原子气体的BEC-BCS渡越[25]~[29]、Kosterlitz-Thouless相变[30][31][32]和光晶格中冷玻色原子的超流-Mott绝缘体的量子相变[33][34]。最近的一个亮点工作是实现^{52}Cr原子的简并磁性偶极气体[35][36][37]。

在本章中，我们将主要讨论电子基态和振动基态上的异核分子。极性分子拥有与转动激发相关的大电偶极矩特征，这一特征使得分子间具有强的偶极-偶极相互作用，而且可以通过外加直流场和交流微波场来调控。基于这种相互作用(强、长程和各向异性)的可操控性，冷极性分子系综有望成为一种强关联系统[38]~[54]。

本书的第1、2、3、4章(分别由Hutson、Bohn、Dalgarno和Krems撰写)介绍了近期许多关于偶极气体冷碰撞的研究工作[55]~[61]。关于简并分子气体，最近的很多研究都集中在弱相互作用区域，因为在这个区域，各向同性的接触相互作用与各向异性的长程偶极-偶极相互作用会发生竞争。例如，在弱相互作用的偶极气体中预言了旋子的存在[62]~[70]，另外，旋转系统[71]~[76]和光晶格中的极性分子[77]~[85]也产生了许多有趣的现象。在本章中，我们将着重讨论极性分子在强相互作用极限下的多体动力学，尤其是发展一套用于构造多体系统哈密顿量的方法，其基础是通过外加直流场和交流场来控制电偶极矩进而调节分子间的相互作用。在极性分子中，该方法是预言新奇量子相的基础。我们讨论的重点将会是凝聚态物理，但同时也涉及了Yelin、DeMille和Côté在量子信息领域中做的一些工作[86]~[91]。

本章共分5个小节。在12.2节中，我们将定性地给出构建哈密顿量以及探索相应量子相的核心概念。12.3.1节和12.3.2节涉及少量计算的内容，将详细给出一种粒子间相互作用仅为$1/r^3$排斥势的二维装置。同时，我们也讨论如何使用直流场和交流场来设计更加复杂的相互作用。在12.4节中，我们将介绍如何通过调节分子间相互作用来实现量子模拟和产生强关联相。

12.2 综述:强相互作用下的冷极性分子

在本节中，我们将定性描述冷极性分子系统在强相互作用下的多体物理。在接下来的几节中，我们先回顾一些概念，然后再进行深入讨论。

12.2.1 有效的多体哈密顿量

在凝聚态物理中，描述N个无内部结构的玻色子或费米子的哈密顿量具有如下普遍形式：

$$H_{\text{eff}} = \sum_{i=1}^{N}\left[\frac{\boldsymbol{P}_i^2}{2m} + V_{\text{trap}}(\boldsymbol{r}_i)\right] + (V_{\text{eff}}^{3\text{D}}(\{\boldsymbol{r}_i\}) \tag{12.1}$$

式中:$\boldsymbol{P}_i^2/2m$ 是动能项;$V_{\text{trap}}(\boldsymbol{r}_i)$是俘获势;$V_{\text{eff}}^{3\text{D}}(\{\boldsymbol{r}_i\})$反映有效的 N 体相互作用,它可以展开成两体和多体相互作用势,即

$$V_{\text{eff}}^{3\text{D}}(\{\boldsymbol{r}_i\}) = \sum_{i<j}^{N} V^{3\text{D}}(\boldsymbol{r}_i - \boldsymbol{r}_j) + \sum_{i<j<k}^{N} W^{3\text{D}}(\boldsymbol{r}_i, \boldsymbol{r}_j, \boldsymbol{r}_k) + \cdots \tag{12.2}$$

在多数情况下,我们只需考虑两体相互作用。需要指出的是,系统的高能自由度通过积分消除后获得一个低能近似结果,只有在这样的低能近似下才可以把 $V_{\text{eff}}^{3\text{D}}(\{\boldsymbol{r}_i\})$理解为有效的相互作用。接下来,我们将从电子和振动基态下的冷极性分子系综中导出多体哈密顿量,然后给出如何通过外场操控转动激发来获得有效的 N 体相互作用 $V_{\text{eff}}^{3\text{D}}(\{\boldsymbol{r}_i\})$,这是一种适用于极性分子的特殊方法。

首先,讨论电子和振动基态上的异核冷分子气体的哈密顿量

$$H(t) = \sum_{i}^{N}\left[\frac{\boldsymbol{P}_i^2}{2m} + V_{\text{trap}}(\boldsymbol{r}_i) + H_{\text{in}}^{(i)} - \boldsymbol{d}_i\boldsymbol{E}(t)\right] + \sum_{i<j}^{N} V_{\text{dd}}(\boldsymbol{r}_i - \boldsymbol{r}_j) \tag{12.3}$$

其中,俘获势 $V_{\text{trap}}(\boldsymbol{r}_i)$可以通过光晶格、电阱或磁阱来实现。$\boldsymbol{H}_{\text{in}}^{(i)}$ 描述分子内部的低能激发。对于一个闭电子壳层$^1\Sigma(v=0)$的分子(如 SrO、RbCs 或 LiCs),其低能激发对应于分子轴向的转动自由度并可以用刚性转子模型来描述,即 $H_{\text{in}}^{(i)} \equiv H_{\text{rot}}^{(i)} \equiv B\boldsymbol{J}_i^2$,其中 B 是转动常数(其大小通常有几个到几十个千兆赫兹),$\boldsymbol{J}_i$ 是无量纲的角动量。沿量子化 z 轴的转动本征态$|J,M\rangle$具有本征能量 $BJ(J+1)$,它可以与静电场(直流)或微波场(交流)$\boldsymbol{E}$ 通过电偶极矩 $\boldsymbol{d}_i$ 相耦合,其电偶极矩大小通常有几个德拜(Debye)长度。方程(12.3)的最后一项描述分子间的偶极-偶极相互作用,其具体形式是

$$V_{\text{dd}}(\boldsymbol{r}) = \frac{\boldsymbol{d}_i \cdot \boldsymbol{d}_j - 3(\boldsymbol{d}_i \cdot \boldsymbol{e}_r)(\boldsymbol{e}_r \cdot \boldsymbol{d}_j)}{r^3} \tag{12.4}$$

式中:$r \equiv |\boldsymbol{r}| = |\boldsymbol{r}_i - \boldsymbol{r}_j|$是两个极性分子间的相对距离;$\boldsymbol{e}_r$ 是沿着碰撞轴方向的单位矢量。

由于电偶极矩较大,分子间的偶极-偶极相互作用是一种相对较强、长程、各向异性的相互作用。

因此,冷极性分子的多体动力学可以由直流场和交流场缀饰并操控的转动态和强偶极-偶极相互作用来决定。在没有外电场的情况下,处在转动基态($J=0$)上的分子没有净偶极矩,它们通过范德瓦尔斯势 $V_{\text{vdw}} \approx -C_6/r^6$ 产生相

互作用，而这种分子间的相互作用类似于处于电子基态的碱金属冷原子之间的相互作用。电场将与转动激发态混合，并且诱导静偶极矩或振荡偶极矩，这些偶极矩产生如式(12.4)中具有 $1/r^3$ 型依赖关系的偶极-偶极相互作用 V_{dd}。两个偶极子平行排列时会相互排斥，而沿碰撞轴排列时则变成相互吸引，这种分子间的相互吸引有可能导致多体系统的不稳定。所以，通常情况下，稳定的多粒子相只发生在低维中，即系统受俘获势 $V_{trap}(\boldsymbol{r}_i)$ 作用。最后，我们仍需指出，微波激发的极性分子转动态具有较长的寿命，可以抑制典型的退相干。这与原子系统正好相反，在原子系统中，激光诱导的电子激发态会发生自发辐射，这种自发辐射是导致退相干的主要因素。

运用 Born-Oppenheimer 近似可以得到 N 分子的哈密顿量(见方程(12.3))与有效哈密顿量(见方程(12.1))的关系。哈密顿量(见方程(12.3))包含转动激发和缀饰场。首先，在给定的空间坐标 $\{\boldsymbol{r}_i\}$ 下将哈密顿量 $H_{BO}=\sum_i^N(H_{in}^i-\boldsymbol{d}_i\boldsymbol{E})+\sum_{i<j}^N V_{dd}(\boldsymbol{r}_i-\boldsymbol{r}_j)$ 对角化[92]，得到一系列能量本征值 $V_{eff}^{3D}(\{\boldsymbol{r}_i\})$，这些能量本征值反映了单通道多体哈密顿量(见方程(12.1))的有效的 N 粒子势能。$V_{eff}^{3D}(\{\boldsymbol{r}_i\})$ 对电场 $\boldsymbol{E}$ 的依赖关系为我们提供了一种调控多体相互作用(见方程(12.2))的手段。绝热近似的有效性以及与之相关的 Born-Oppenheimer 通道的退耦合将会在下面讨论。

依据以上结果，我们将进一步讨论如何构建极性分子多体哈密顿量及探索相关量子相。在12.2.2节和12.2.3节中，我们将结合几个例子来说明如何运用直流场和交流场的形式去构造具体的两体和三体相互作用。在12.2.2节中，我们把这些方法应用到光晶格中，并导出极性分子的 Hubbard 模型。在12.2.5节中，我们将这些结论推广到具有非零电子自旋的分子中。在12.2.6节中，我们将运用含有声子的扩展 Hubbard 模型来讨论自组装偶极晶体中的分子运动。

12.2.2 自组装晶体

最简单的例子是静电场作用下的横向强束缚冷极性分子系统。从物理的角度看，这个最简单的例子已能提供足够的信息。图12.1(a)描述了该装置。一个沿 z 方向的弱静电场在每个分子的基态上诱导出一个电偶极矩 $\boldsymbol{d}$。因此，

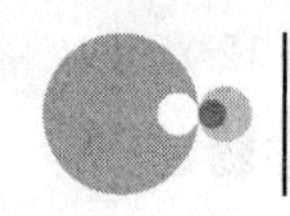

分子间的相互作用是有效的偶极-偶极相互作用，即 $V_{\mathrm{eff}}^{\mathrm{3D}}(\boldsymbol{r})=D(r^2-3z^2)/r^5$，其中，$D=d^2$。对于受限在垂直于电场$(x,y)$平面上的分子，其相互作用势是纯排斥势。当分子在 z 方向平移 $z>r/\sqrt{3}$，其相互作用变成吸引，从而导致了多体系统的不稳定性。当 z 方向上增加一个足够强的俘获势 $V_{\mathrm{trap}}(z_i)$时，极性分子在非共振光场诱导的光学力作用下[46]，被紧紧地限制在二维平面内。这种二维限制可以抑制系统的不稳定性。

将 z 方向的快变运动通过积分消去后，扁平结构的二维动力学由以下哈密顿量描述：

$$H_{\mathrm{eff}}^{\mathrm{2D}}=\sum_i\frac{\boldsymbol{p}_{\rho_i}^2}{2m}+\sum_{i<j}V_{\mathrm{eff}}^{\mathrm{2D}}(\boldsymbol{\rho}_{ij}) \tag{12.5}$$

方程(12.5)包含(x,y)平面上的动能项和偶极排斥势 $V_{\mathrm{eff}}^{\mathrm{2D}}(\boldsymbol{\rho})$，其中，

$$V_{\mathrm{eff}}^{\mathrm{2D}}(\boldsymbol{\rho})=D/\rho^3 \tag{12.6}$$

$\boldsymbol{\rho}_{ij}\equiv(x_j-x_i,y_j-y_i)$是$(x,y)$平面上的一个矢量（见图 12.1(b)中的实线）。由哈密顿量描述的图像有一个新的特征，即调节偶极矩大小 d 可以驱动系统从一个弱的相互作用气体（对于玻色子，它是一种二维超流体）向具有强的排斥偶极-偶极相互作用的晶体相转变。但在短程相互作用的玻色原子气体中，不会出现这种晶体相的转变，原因是玻色原子气体的相互作用由给定散射长度的赝势决定。

粒子间强的长程排斥偶极力与在(x,y)平面上附加的约束势会达到一种平衡，并促使这些粒子在平衡位置附近做小幅振动，这种粒子在强相互作用下小幅振动产生了晶体相。相关的参数是

$$r_d\equiv\frac{E_{\mathrm{pot}}}{E_{\mathrm{kin}}}=\frac{D/a^3}{\hbar^2/ma^2}=\frac{Dm}{\hbar^2a} \tag{12.7}$$

它是相互作用能与粒子间平均间距 a 处的动能的比值。参数 r_d 可以通过电偶极矩大小 d 实现从较小值到较大值的调节。当 $r_d\gg1$ 时，相互作用占主导，因而晶体形成。对于偶极晶体，这是产生高密度极性分子的极限。对于高密度的极性分子系综，分子间的碰撞成为不利因素。但是，晶体相的出现又会抑制冷极性分子系综的（不利的）近邻碰撞。这种密度依赖关系与 Wigner 晶体有所不同，Wigner 晶体由 $1/r$ 型库仑相互作用决定并可以在激光冷却并陷俘的离子中进行模拟[93]。对于 Wigner 晶体，$r_d=(e^2/a)/\hbar^2/ma^2\approx a$，粒子密度较低。另外，电荷 e 是固定值，而电偶极矩大小 d 可以通过静电场进行调控。

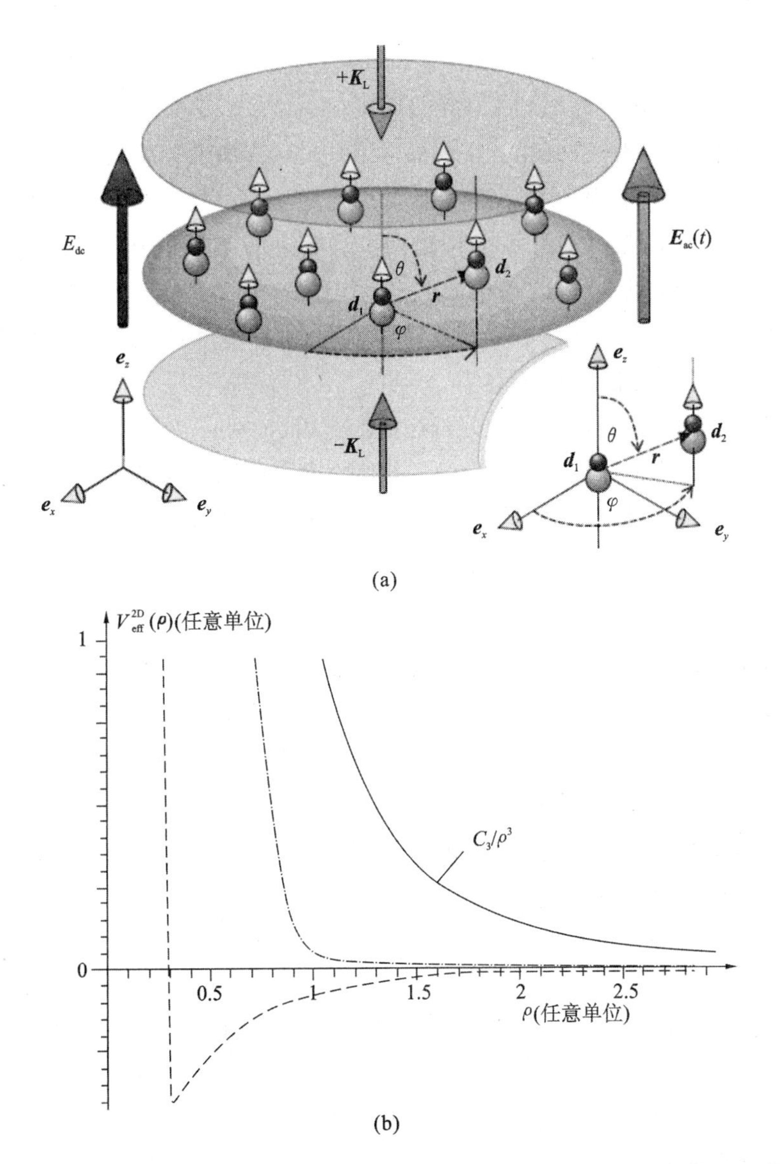

图 12.1 (a)系统装置。波矢分别为$\pm\boldsymbol{K}_L=\pm K_L\boldsymbol{e}_z$的两束反向激光形成光晶格，它将极性分子俘获在 x-y 平面上。在静电场 $\boldsymbol{E}_{dc}\equiv E_{dc}\boldsymbol{e}_z$ 作用下，偶极矩都沿 z 轴排列。同时也引入了一个交流微波场。

插图：在给定的空间坐标下，分子内碰撞轴 $\boldsymbol{r}_{12}$ 与 z 轴的极角为 ϑ，方位角为 φ。(b)极性分子在二维(扁平型)几何中的有效势 $V_{eff}^{2D}(\boldsymbol{\rho})$，其中，$\boldsymbol{\rho}=r_{12}\sin\vartheta(\cos\varphi,\sin\varphi,0)$是 $z=0$ 平面的二维坐标，$\rho=r_{12}\sin\vartheta$(见图(a)插图)。实线：静电场诱导的排斥偶极势 $V_{eff}^{2D}(\boldsymbol{\rho})=D/\rho^3$。虚点线：由单一交流微波场和弱静电场诱导的"台阶"型势。虚线：由几个交流场和一个弱直流场共同诱导的吸引势。势 $V_{eff}^{2D}(\boldsymbol{\rho})$和间距 ρ 是在任意单位下给出的(引自 Micheli, A. et al. , Phy. Rev. A, 7, 043604, 2007.)

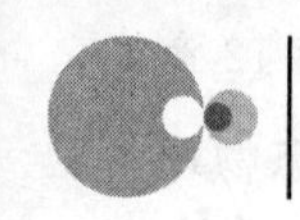

图 12.2(a)所示的是一幅关于二维偶极玻色分子气体以参数 r_d 和温度 T 为变量的示意相图。在弱相互作用极限下($r_d<1$),基态是有限(准)凝聚体构成的超流态。在相反的强相互作用极限下($r_d\gg1$),极性分子在 $T<T_m$($T_m\approx0.09D/a^3$)时处于晶体相[94]。能量最低的构型是元激发为声学支声子的三角晶格。在参考文献[46]中,我们用近期发展起来的路径积分 Monte Carlo 方法(PIMC)[95]研究了 $r_d\geqslant1$ 的中等强相互作用区域,并获得了系统从晶体相到超流相的量子溶化相变的临界相互作用强度 $r_{QM}=18\pm4$,这个结果被其他量子 Monte Carlo 方法所验证[47][48]。

在 12.4 节中,我们将再次分析这些量子相,特别是晶体相,来说明在极性分子中实现这些相的参数是可以的。晶体相除了用于研究量子偶极气体的基本特性外,还有其他一些重要的应用,譬如在量子信息领域[91]。我们将会在讨论 Hubbard 模型时研究自组装偶极晶格。

12.2.3 蓝屏蔽和三体相互作用

通过结合直流场和交流场来缀饰转动能级的组态,我们可以构造任意形状的有效相互作用势 $V^{3D}(\boldsymbol{r}_i-\boldsymbol{r}_j)$。例如,图 12.1(a)中的单一线偏振交流场会诱导图 12.2(b)中的二维"台阶"型势,即排斥势在一个小的空间区域内有显著变化。图 12.3 概述了如何得到这种有效的二维相互作用,12.3.2.2 小节将给出更加详细的讨论[46][61]。(弱的)直流场使每个分子的第一转动激发态组态($J=1$)产生裂距为 $\hbar\delta$ 的分裂,而拉比频率为 Ω 的线偏振交流场与($|g\rangle\rightarrow|e\rangle$跃迁成蓝失谐 $\hbar\Delta$(见图 12.3(a))。由于 $\hbar\delta$ 的存在和对偏振的选择,对于间距 $\rho\gg(d^2/\hbar\delta)^{1/3}$,二体相互作用的有效单粒子态变为每个分子的态 $|g\rangle$ 和 $|e\rangle$。图 12.3(b)给出了由偶极-偶极相互作用诱导的二体转动谱的激发组态分裂,从而使得失谐 Δ 与位置有关。因此,在特征共振点(Condon 点)处 $\rho_C=(d^2/\hbar\Delta)^{1/3}$ 处(在图 12.3(b)中用一个箭头表示),两粒子的裸基态与一个微波光子的结合能和一个(对称)激发态的能量发生简并。在这个 Condon 点处,场的缀饰图像中会出现一个回避交叉,而在间距 $\rho\gg\rho_C$ 和 $\rho\ll\rho_C$ 处,新的(缀饰)基态势保持了原来裸基态势和激发态势的特征。图 12.3(c)显示了缀饰基态势(拥有最大能量)在 $\rho\gg\rho_C$ 时几乎是平坦的,而在 $\rho\ll\rho_C$ 时呈现出 $1/\rho^3$ 型的强排斥行为,这与图 12.1(b)中出现的"台阶"势有关。我们指出,由于对极化的选择,基态势在 $z=0$ 的平面是排斥的,而在 $z\neq0$ 的平面,基态势变成吸引。因此,为了保证系统的稳定性,需要在图 12.1(a)中 z 轴的方向进行光学限制。

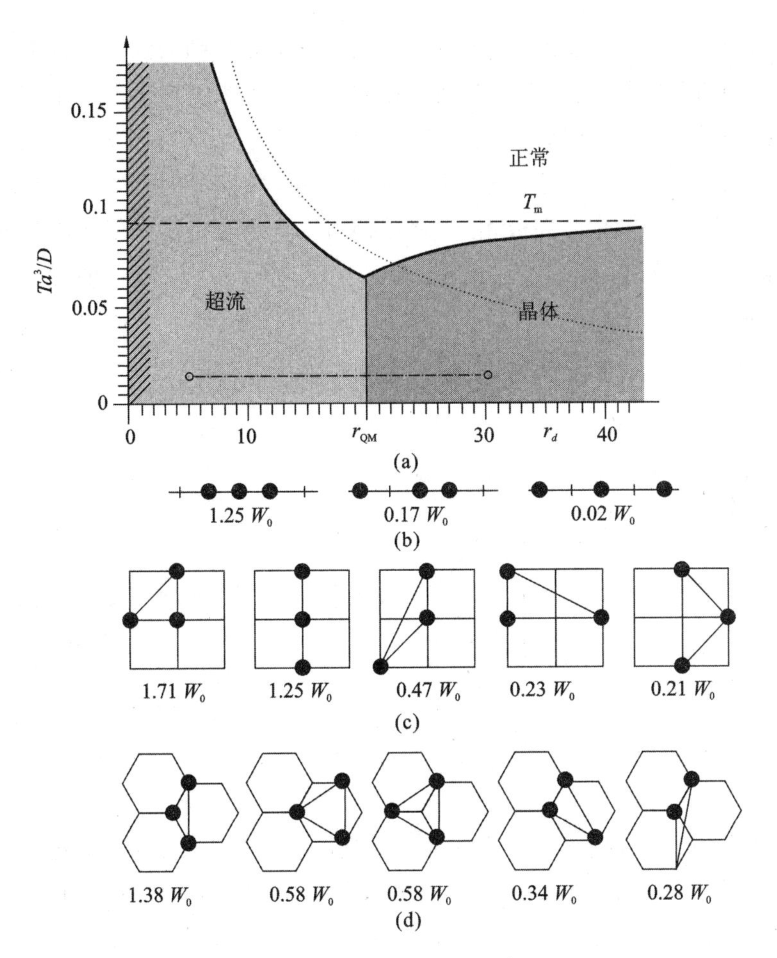

图 12.2　(a)T-r_d 平面内的示意相图：晶体相出现在参数 $r_d > r_{QM}$ 且温度低于经典溶化温度 T_m(虚线)的区域[94]。当温度低于超流临界温度时，即 $T < \pi\hbar^2 n/(2m)$，超流相出现(点线)[31][32]。我们研究在固定温度 $T=0.014D/a^3$ 和参数 $r_d=5\sim30$(虚点线)下的量子溶化相变。阴影线区域是系统在弱排斥势和有限约束 $\omega_\perp$ 下向非稳定区域的渡越。在不同的晶格几何结构下，Hubbard 模型中的三体相互作用强度 W_{ijk}。其中：(b)一维情形；(c)二维四方晶格；(d)二维六角蜂窝状晶格。特征能量 $W_0=\gamma_2 DR_0^6/a^6$ 将在方程(12.38)中讨论(引自 Micheli，A. et al.，Phys. Rev. A，76，043604，2007；Büchler，H. P.，et al.，Nature Phys.，3，726，2007.)

参考文献[61]详细讨论了只存在一个交流场时的分子间相互作用，结果表明，在没有外场约束下，该情形与中性原子在超冷碰撞背景下发展起来的(三维)光学蓝屏蔽类似[96][97][98]，然而，分子的转动激发态具有较长寿命，这个

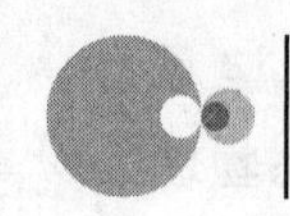

优势是冷原子的电子态所不具备的。在冷原子中观察到的强非弹性损耗在分子系统中可以通过选择合理的外场偏振并结合由紧束缚产生的二维几何结构来避免(见图 12.3)。例如,参考文献[99]已阐明,直流场和圆偏振交流场作用下的分子偶极矩会随时间旋转,因此,相互作用对时间平均后便不再是偶极-偶极相互作用。当偶极-偶极相互作用抵消后,剩余的相互作用便成为纯的三维排斥相互作用,它表现出范德瓦尔斯势 $V_{\mathrm{eff}}^{3\mathrm{D}}(\boldsymbol{r})\approx(d^4/\hbar\Delta)/r^6$ 的特征。这个三维排斥相互作用屏蔽了内部相互作用,而且会较强地抑制实验中的非弹性碰撞。这或许有助于实现分子系统的量子简并,以及产生三维紧密的晶体结构[99]。

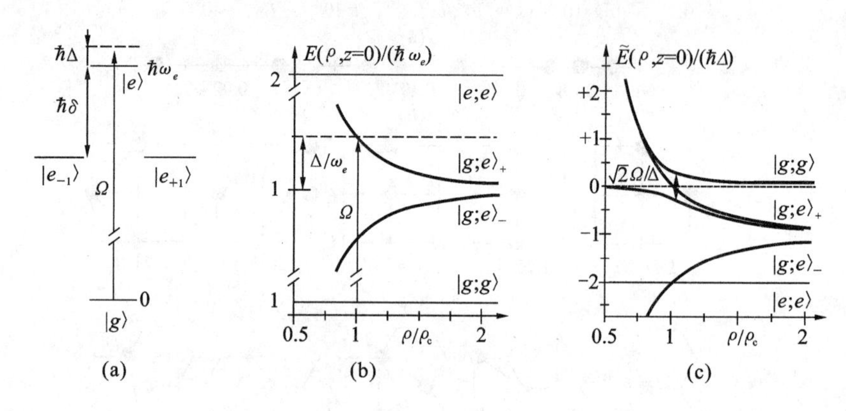

图 12.3 图 12.1(b)中“台阶”势的构造。(a)弱直流场中分子的转动谱,直流场使组态($J=1$)发生分裂,其裂距为 $\hbar\delta$。箭头表示拉比频率为 Ω、失谐为 Δ 的线偏振的微波跃迁;(b)$\Omega=0$ 时内态的 Born-Oppenheimer 势,$|g;e\rangle_{\pm}\equiv(|g;e\rangle\pm|e;g\rangle)/\sqrt{2}$,共振 Condon 点由箭头标注;(c)交流场缀饰的 Born-Oppenheimer 势。缀饰基态势具有最大能量(引自 Büchler, H. P., et al., Phys. Rev. Lett., 98, 060404, 2007.)

将起主导的两体有效相互作用(类似于前面在稠密的分子系综中讨论的相互作用)消除后,方程(12.2)中的有效三体相互作用强度 $W^{3\mathrm{D}}(\boldsymbol{r}_i,\boldsymbol{r}_j,\boldsymbol{r}_k)$ 远大于两体相互作用强度 $V^{3\mathrm{D}}(\boldsymbol{r}_i-\boldsymbol{r}_j)$,并决定了系统的基态性质。关于三体和多体强相互作用哈密顿量的研究已经引起了人们的广泛兴趣,其原因是它们可以作为模型帮助我们探索微观系统的新奇基态性质。著名的例子是由 Pfaffian 波函数描述的分数量子 Hall 态,这个波函数是一个含有三体相互作用的哈密顿量的基态波函数[100][101][102]。在这些拓扑相中,系统发生满足非 Abelian 辫子统计的任意子激发。三体相互作用也是具有弦网特征的低能简并系统的构成要素[103][104],这种系统在研究具有非 Abelian 拓扑相的模型中发挥重要作用。参考文献[85]研究了如何实现在三体相互作用中独立操控其中二体相互作用的哈密顿量。参考文献[85]还指出，用之前介绍的装置再结合一个由光晶格产生的强光学约束可以实现一种稳定的系统，在这种系统中，粒子间的相互作用是纯的三体排斥相互作用。事实上，这种强光学约束一方面保证了系统在碰撞中的稳定性，另一方面也使我们可以引入一个特征长度（晶格间距），在这样的特征长度下，两体相互作用项可以完全被消除。详细的细节将在 12.4.3 节和 12.2.4 小节中给出。在 12.2.4 小节中，我们将详细推导含有三体相互作用的扩展 Hubbard 模型。

12.2.4　Hubbard 晶格模型

Hubbard 模型描述晶格中相互作用费米子和玻色子的低能物理空格[105]。在紧束缚近似下，其哈密顿量可以写为

$$H=-\sum_{i,j,\sigma}J_{ij}^{\sigma}b_{i,\sigma}^{\dagger}b_{j,\sigma}+\sum_{i,j,\sigma,\sigma'}\frac{U_{ij}^{\sigma\sigma'}}{2}n_{i,\sigma}n_{j,\sigma'} \tag{12.8}$$

式中：$b_{i,\delta}(b_{i,\sigma}^{\dagger})$是具有内态 σ 的粒子在格点 i 处的湮灭（产生）算符；J_{ij}^{σ} 描述粒子从格点 i 到格点 j 的相干跃迁（典型的是最近邻格点）；$U_{ij}^{\sigma\sigma'}$ 描述格点内（$i=j$）和格点间（$i\neq j$）的两体相互作用；$n_{i,\sigma}=b_{i,\sigma}^{\dagger}b_{j,\sigma}$。

Hubbard 模型在凝聚态物理中具有悠久的历史，它们被用于处理紧束缚近似下的强关联系统。例如，在晶体中，当电子从一个给定的原子轨道上跃迁到近邻原子的轨道时，σ 便代表电子自旋。具有格点内相互作用的二维（费米）Hubbard 模型被用来解释酮酸盐中发现的高温超导现象[106]。

最近几年，Hubbard 模型很好地描述了俘获在光晶格中的相互作用费米子和玻色子的低能物理[107][108]。得到的低能哈密顿量具有方程（12.8）的形式。由 Hubbard 模型预言的 Mott 绝缘体到超流相的量子相变已经被一些基于超冷玻色原子的重要实验所观测[33][34]。未来两组分费米冷原子的实验可以观测二维费米 Hubbard 模型的相图[109][110]。

由于冷原子间的相互作用是短程的，所以在这些系统中 Hubbard 哈密顿量通常只有格点内相互作用（方程（12.8）中的 $U_{ij}^{\sigma\sigma'}$）。然而，当考虑方程（12.8）中的长程相互作用时，如最近邻相互作用，系统会出现如棋盘型固体和二维超固体的新奇相[83][84]。光晶格中的极性分子会产生格点间的相互作用[78]~[82]，这是一种强的（通常达到几百千赫兹）、长程的（以 $1/r^3$ 衰减）相互作用。由于受这种强相互作用的影响，两个分子无法跳跃到同一个格点上，粒子可以等效

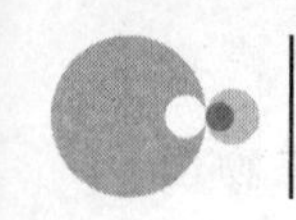

为“硬核”。

当含有粒子间相互作用的新奇(扩展)Hubbard 哈密顿量实现后,对相互作用调控是一个有趣的想法。例如,参考文献[85]给出了如何构造如下的类 Hubbard 哈密顿量

$$H=-J\sum_{\langle i,j\rangle}b_i^{\dagger}b_j+\sum_{i\neq j}\frac{U_{ij}}{2}n_in_j+\sum_{i\neq j\neq k}\frac{W_{ijk}}{6}n_in_jn_k \tag{12.9}$$

其中,$W_{ijk}n_in_jn_k$ 是格点间三体相互作用项,它与两体相互作用项 $U_{ij}n_in_j$ 无关,可以独立地调节,并可决定系统的动力学和基态性质。一般情况下,可以从两体相互作用的 Hubbard 模型出发获得有效的多体相互作用,由于这些多体形式是在 $J\ll U$ 微扰极限下得到的,因此其强度非常小[111]。与此不同,我们是直接通过方程(12.2)的有效多粒子势获得扩展 Hubbard 模型方程(12.9)的。因此,方程(12.9)中的所有参数都可以独立地调节,这样可以获得相当大的跃迁率(它决定时间和温度尺度),从而有助于探索新奇的量子相。这点非常重要,因为一维的解析结果表明,哈密顿量(见方程(12.9))拥有包含价键、电荷密度波、超流相的丰富基态相图[85]。在 12.4 节中,我们将详细地推导方程(12.9)中的有效相互作用势。

12.2.5 晶格自旋模型

除了转动自由度外,哈密顿量(见方程(12.3))还可以包含其他分子内部自由度,这为我们操控有效相互作用和探索新奇多体相提供了新的途径。例如,在光晶格中的极性分子中增加自旋 1/2 的自由度,就可以建立一个用以模拟满足任何置换对称的晶格自旋模型的完备工具箱[51]。在凝聚态物理中,晶格自旋模型是普遍存在的,并被用来解释物理系统中复杂相互作用的特征行为。

被紧束缚在给定格点内的两个极性分子构成基本结构单元,其中自旋－1/2(量子比特)来自于转动基态为 $^2\Sigma_{1/2}$ 的异核分子(如碱土金属单卤化物)的闭壳层外未配对的电子。正如之前所讨论的,异核分子具有永久的电偶极矩,从而形成强的长程各向异性偶极-偶极相互作用,这种相互作用的空间形式可以通过微波场来调控。分子中的自旋-转动耦合使得这些偶极-偶极相互作用依赖于自旋。一般的晶格自旋模型可以从这些双态之间的相互作用中建立。尽管在这里我们只给出自旋－1/2 模型的结果,但一些超精细效应还可以产生更大的自旋系统。例如,参考文献[52]设计了一系列自旋为 1 的极性分子的相互作用,它可以用以实现广义的一维 Haldane 模型[112]。

图 12.4(a)、(b)给出了具有自旋－1/2 粒子的两个高度各向异性模型。第一个模型可以在具有最近邻相互作用的二维方晶格中模拟,对应的哈密顿量为

$$H_{\text{spin}}^{(\mathrm{I})}=\sum_{i=1}^{\ell-1}\sum_{j=1}^{\ell-1}J\left(\sigma_{i,j}^{z}\sigma_{i,j+1}^{z}+\cos\zeta\sigma_{i,j}^{x}\sigma_{i+1,j}^{x}\right) \tag{12.10}$$

这个模型由 Douçot 与合作者在 Josephson 节阵列中引入[113]。当 $\zeta\neq\pm\pi/2$ 时,它有一个对第 ℓ 阶局域噪声不敏感的二重简并的基态子空间,因而有望用于存储受保护的量子比特。

可以用两个二维三角晶格组成的双边晶格模拟第二个模型,其中一个错位堆放在另一个上方。相互作用由实空间中沿着 x,y,z 三个方向的最近邻连线表征,其对应的哈密顿量为

$$H_{\text{spin}}^{(\mathrm{II})}=J_{\perp}\sum_{x\text{-links}}\sigma_{j}^{x}\sigma_{k}^{x}+J_{\perp}\sum_{y\text{-links}}\sigma_{j}^{y}\sigma_{k}^{y}+J_{z}\sum_{z\text{-links}}\sigma_{j}^{z}\sigma_{k}^{z} \tag{12.11}$$

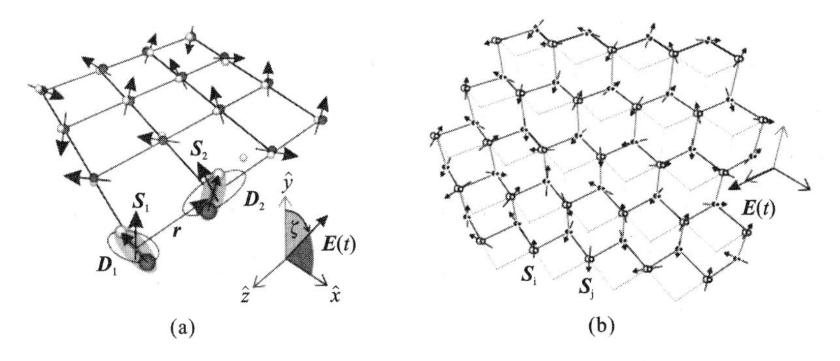

图 12.4 用光晶格中的极性分子模拟的各向异性自旋模型。(a)二维四方晶格,其中沿着 x 轴和 z 轴的 Ising 相互作用与次近邻取向有关。分子转动基态下的自旋 $\boldsymbol{S}_1$ 和 $\boldsymbol{S}_2$ 之间的有效相互作用由一个微波场 $\boldsymbol{E}(t)$ 诱导,这个微波场产生了两个分子间的偶极-偶极相互作用,其中,偶极矩分别为 $\boldsymbol{D}_1$ 和 $\boldsymbol{D}_2$;(b)两个交错排列的三角晶格,其中次近邻格点沿着正交三组基,且相互作用依赖于给定电场下链的取向(虚线用于显示立体效果)(引自 Micheli, A. et al., Nature Phys, 2, 341, 2006.)

这个模型与 Kitaev[114]引入的六角蜂窝晶格模型有着相同的自旋依赖和最近邻自旋图像。他已证明:通过控制相互作用强度 $|J_{\perp}|/|J_{z}|$ 的比值可以调节系统从具有 Abelian 任意子激发的有能隙相到无能隙相的转变,即存在磁场时,系统表现为有能隙的非 Abelian 元激发。当 $|J_{\perp}|/|J_{z}|\ll 1$ 时,哈密顿量可

以映射到一个含有四体算符的四方晶格模型,其基态编码了受拓扑保护的量子信息[115]。参考文献[116]讨论了如何利用俘获的原子在与自旋相关的光晶格中模拟自旋模型 $H_{\text{spin}}^{(\text{II})}$。那里诱导的自旋耦合是在二阶隧穿过程中通过控制与自旋相关的碰撞来实现的。极性分子可以产生大的耦合强度。在以上的两个自旋模型(Ⅰ和Ⅱ)中,相互作用的符号是无关紧要的,需要时我们可以来调节。

12.2.6 自组装偶极晶格 Hubbard 模型

忽略了光晶格势的反作用后,冷原子和冷分子的 Hubbard 模型中不存在与晶格内部动力学有关的声子自由度。因此,原子和分子的 Hubbard 模型可以用来研究没有声子效应的强关联问题。然而,模拟具有声子效应的 Hubbard 模型的动力学仍然是一大挑战。这些模型在凝聚态物理中有着重要价值,因为它们可以描述极化材料和超导材料[117]。对于原子来说,一个例子是可以把晶格中运动的原子嵌入到此原子另一个组分的 BEC 态中,这个组分的 BEC 充当了一个 Bogoliubov 元激发库[118][119][120]。另一个例子是 12.2.2 小节中讨论的分子自组装浮置晶格,此晶格给外部的原子和分子提供了一个周期势,系统的动力学可以用 Hubbard 模型[53]来描述。声子自由度由偶极晶格的振动提供。

描述额外原子或分子在自组装偶极晶格中运动的哈密顿量为

$$H = -J\sum_{\langle i,j\rangle} c_i^{\dagger} c_j + \frac{1}{2}\sum_{i,j} V_{ij} c_i^{\dagger} c_j^{\dagger} c_j c_i + H_c + \sum_{q,j} M_q \mathrm{e}^{\mathrm{i}\boldsymbol{q}\cdot\boldsymbol{R}_j^0} c_j^{\dagger} c_j (a_q + a_{-q}^{\dagger}) \tag{12.12}$$

在哈密顿量中,第一项和第二项是方程(12.8)中额外粒子的类 Hubbard 哈密顿量,其中,算符 $c_i(c_i^{\dagger})$是额外粒子的湮灭(产生)算符。第三项和第四项分别描述了晶体中的声学声子和额外粒子与晶体声子的耦合。H_c 是声子哈密顿量,即

$$H_c = \sum_q \hbar\omega_q a_q^{\dagger} a_q \tag{12.13}$$

其中,a_q 湮灭一个模式λ、准动量为 $\boldsymbol{q}$ 的声子。在强耦合极限下,通过对这些声子自由度求迹,便可得到晶体声子缀饰的额外粒子的有效 Hubbard 模型,其哈密顿量为

$$\widetilde{H} = -\widetilde{J}\sum_{\langle i,j\rangle} c_i^{\dagger} c_j + \frac{1}{2}\sum_{i,j} \widetilde{V}_{ij} c_i^{\dagger} c_j^{\dagger} c_j c_i \tag{12.14}$$

在周期势最小点之间,缀饰的额外粒子以速率 $\widetilde{J}$ 跃迁,这个速率由于晶格畸变

诱导的同向传播而被指数抑制。粒子-粒子直接相互作用与声子耦合诱导的相互作用叠加形成格点间相互作用 $\widetilde{V}_{ij}$。图12.5示意了这种装置，其中额外粒子是偶极矩为 $d_p(d_p \ll d_c)$ 的分子。额外分子与晶体分子之间具有排斥相互作用，这种排斥相互作用为额外分子提供了一个周期(六角蜂窝状)晶格势。

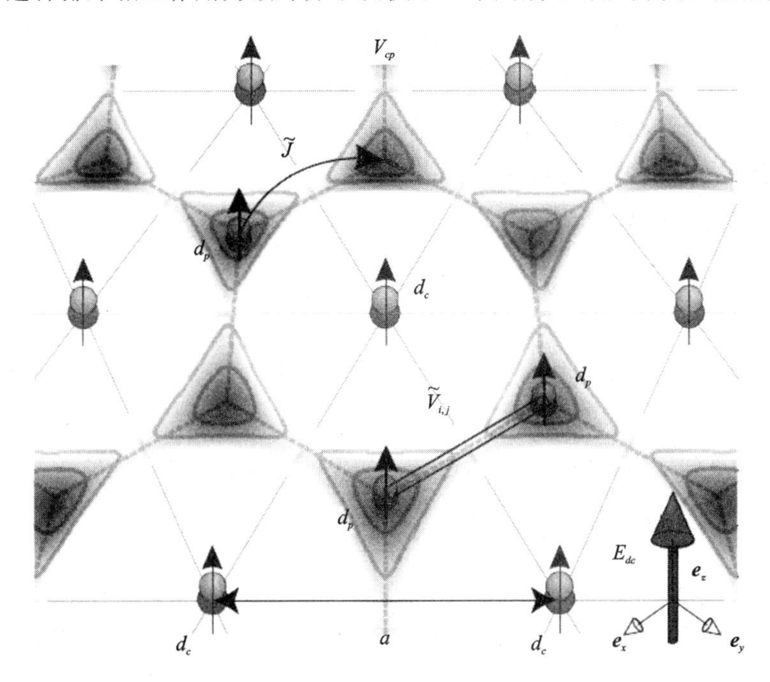

图12.5　偶极浮置晶格。极性分子的自组装偶极晶体(偶极矩 d_c)为额外分子(偶极矩 d_p)提供了一个二维六角蜂窝状晶格势 V_{cp}(阱深由阴影部分的深浅表示)，且 $d_p \ll d_c$。$\widetilde{J}$ 是跃迁项，$\widetilde{V}_{ij}$ 是长程相互作用(引自 Pupillo, G. et al., Phys. Rev. Lett., 100, 050402, 2008.)

这种晶格模型的特征描述如下。

(1)偶极分子晶体组成了一个微势阱阵列，其自身的量子动力学由声子(晶格振子)描述。晶格间距可以由外场从微米数量级到纳米数量级之间自由调控。一般情况下，这种晶格具有比光晶格更小的间距。

(2)与声子的耦合和晶格中的Hubbard(关联)动力学共同决定了额外粒子的运动。

晶格的可调性使我们能够较大范围地调节Hubbard参数和声子耦合。例如，与光晶格相比，这里的小型晶格可以极大地增强跃迁幅度，进而能够给

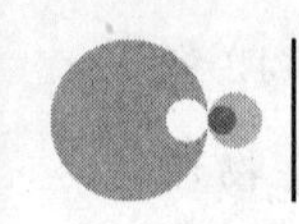

Hubbard 模型设定合适的能量尺度,同时给出实现强关联量子相的温度。

12.3　相互作用势调控

在本节中,我们详细地给出如何利用直流场和沿场方向的光学紧束缚来实现碰撞稳定的二维系统,在这个系统中粒子通过纯的 $1/r^3$ 排斥势进行相互作用。之后,通过关注图 12.1(b)中的台阶型势,讨论了如何利用交流场、直流场和光学场来构造更加复杂的相互作用。这些相互作用势的构造是 12.4 节中实现强关联相和量子模拟的核心。

12.3.1　分子哈密顿量

我们考虑电子和振动基态 $X^1\Sigma(0)$下的无自旋极性分子。接下来,我们先通过一个远失谐的(光)阱去限制分子的运动,然后利用直流电场和交流电场完成对分子转动态的操控。这些外场的应用是构造分子间有效相互作用势的关键。

描述单分子的外部运动和内部转动激发的低能有效哈密顿量为

$$H(t)=\frac{P^2}{2m}+H_{\mathrm{rot}}+H_{\mathrm{dc}}+H_{\mathrm{ac}}(t)+H_{\mathrm{opt}}(\boldsymbol{r}) \tag{12.15}$$

式中:$P^2/2m$ 是质量为 m 的单分子质心运动动能;H_{rot} 描述转动自由度;H_{dc}、$H_{\mathrm{ac}}(t)$和 $H_{\mathrm{opt}}(\boldsymbol{r})$分别表示直流电场相互作用、交流微波场相互作用和分子在电子-转动基态下的光学俘获势。

接下来我们假定,所有给定转动态的分子都感受到一个频率为 $\omega_\perp=2\pi\times 150\ \mathrm{kHz}$ 的紧束缚简谐光学势。也就是说,我们忽略了可能出现的张量偏移,该张量偏移是由光学俘获场诱导的,并与分子转动激发态能量相当。因此,这个张量偏移可以通过选择合适的附加激光场来补偿[61]。于是,对于沿 z 轴的束缚,$H_{\mathrm{opt}}(\boldsymbol{r})$可以写为与内部(转动)量子态无关的形式,即 $H_{\mathrm{opt}}(r)=m\omega_\perp^2 z^2/2$ [44][121]。

12.3.1.1　转动谱

方程(12.15)中的 H_{rot}描述了一个刚性球面转子,其哈密顿量为[122]

$$H_{\mathrm{rot}}=B\boldsymbol{J}^2 \tag{12.16}$$

该哈密顿量刻画了总角动量为 $\boldsymbol{J}$ 的分子绕着核间轴的转动[122][123][124]。转动是分子内能量最低的激发。B 是分子处于电子和振动基态时的转动常数,其量级为 $B\approx h\times 10\ \mathrm{GHz}$[125]。我们将哈密顿量的能量本征态标记为$|J,M\rangle$,$J$

是总的内部角动量量子数，M 是在空间量子化轴方向上投影的角动量量子数。激发谱是非简谐的，即 $E_J=BJ(J+1)$。每一个能级 J 是$(2J+1)$重简并的。

极性分子具有电偶极矩 $\boldsymbol{d}$。对于Σ态的分子，该电偶极矩沿着核间轴 $\boldsymbol{e}_{ab}$ 方向，即 $\boldsymbol{d}=d\boldsymbol{e}_{ab}$，其中 d 是分子处于电子和振动基态时的永久电偶极矩。这个偶极矩诱导了两个分子之间的偶极-偶极相互作用。

在空间固定的球面基$\{\boldsymbol{e}_{-1},\boldsymbol{e}_0,\boldsymbol{e}_1\}$下，偶极算符的分量是 $d_q=\boldsymbol{e}_q\cdot\boldsymbol{d}$，其中 $\boldsymbol{e}_{q=0}\equiv\boldsymbol{e}_z$ 和 $\boldsymbol{e}_{\pm1}=\mp(\boldsymbol{e}_x\pm\mathrm{i}\boldsymbol{e}_y)/\sqrt{2}$。它将转动态$|J,M\rangle$和$|J\pm1,M\pm q\rangle$耦合起来，其耦合矩阵元为

$$\langle J\pm1,M+q|d_q|J,M\rangle=d(J,M;1,q|J\pm1,M+q)$$
$$\times(J,0;1,0|J\pm1,0)\sqrt{\frac{2J+1}{2(J\pm1)+1}}$$

其中，$(J_1,M_1;J_2,M_2|J,M)$是 Clebsch-Gordan 系数。这意味着对于球对称系统，转子的本征态没有净的偶极矩，即$\langle J,M|\boldsymbol{d}|J,M\rangle=0$。但是，偶极矩与外部电场的耦合使每个分子沿着场的方向排列，因而破坏了这种球对称性。这诱导了分子转动能级之间的相互作用和转动态上的有限偶极矩，下面我们将论述之。

12.3.1.2　与外电场的耦合

方程(12.15)中的 H_{dc}和 $H_{\mathrm{ac}}(t)$是分子在外场中的电偶极相互作用，其中直流场 $\boldsymbol{E}_{\mathrm{dc}}=E_{\mathrm{dc}}\,\boldsymbol{e}_z$ 沿着$\boldsymbol{e}_0\equiv\boldsymbol{e}_z$ 方向，交流微波场 $\boldsymbol{E}_{\mathrm{ac}}(t)=E_{\mathrm{ac}}\mathrm{e}^{-\mathrm{i}\omega t}\boldsymbol{e}_q+\mathrm{c.c.}$ 相对于 $\boldsymbol{e}_z$ 为线偏振($q=0$)或圆偏振($q=\pm1$)。由于接下来我们感兴趣的是用厘米数量级(远大于系统的尺度)的微波场操控转动态，所以暂不考虑 E_{ac}对空间的依赖。于是，

$$H_{\mathrm{dc}}=-\boldsymbol{d}\cdot\boldsymbol{E}_{\mathrm{dc}}=-d_0E_{\mathrm{dc}}\tag{12.17a}$$

$$H_{\mathrm{ac}}(t)=-\boldsymbol{d}\cdot\boldsymbol{E}_{\mathrm{ac}}(t)=-d_qE_{\mathrm{ac}}\mathrm{e}^{-\mathrm{i}\omega t}+\mathrm{h.c.}\tag{12.17b}$$

如果只存在直流电场 $\boldsymbol{E}_{\mathrm{dc}}$($\boldsymbol{E}_{\mathrm{ac}},\omega_\perp=0$)，决定分子转动的哈密顿量变为 $H=H_{\mathrm{rot}}+H_{\mathrm{dc}}=B\boldsymbol{J}^2-d_0E_{\mathrm{dc}}$，它是一个描述刚性球面摆的哈密顿量[122]。此时，角动量沿着量子化轴的投影守恒，即 M 是一个好量子数。于是，能量本征值及本征态分别记为 $E_{J,M}$和$|\phi_{J,M}\rangle$，每一个$|\phi_{J,M}\rangle$都是由电偶极相互作用混合的不同$|J,M\rangle$的叠加态(这里 J 只作为一个简单的标记，并非守恒量)。

图 12.6 给出了直流电场对单个极性分子的影响：①转动谱中$(2J+1)$重简并态的分裂；②分子沿着场的方向极化。后者会在每个转动态上诱导一个

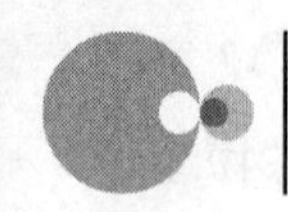

有限偶极矩。对于弱场 $\beta \equiv dE_{\mathrm{dc}}/B \ll 1$,态 $|\phi_{J,M}\rangle$ 和对应的诱导偶极矩阵元可以近似写为

$$|\phi_{J,M}\rangle = |J,M\rangle - \frac{\beta}{2}\frac{\sqrt{J^2-M^2}}{\sqrt{J^3(2J+1)}}|J-1,M\rangle + \frac{\beta}{2}\frac{\sqrt{(J+1)^2-M^2}}{\sqrt{(J+1)^3(2J+1)}}|J+1,M\rangle \tag{12.18}$$

和

$$\langle\phi_{J,M}|\boldsymbol{d}|\phi_{J,M}\rangle = d\beta\frac{3M^2/J(J+1)-1}{(2J-1)(2J+3)}\boldsymbol{e}_0$$

因此,基态获得一个沿着场方向的有限偶极矩 $\langle\phi_{0,0}|d_0|\phi_{0,0}\rangle = d\beta/3$,这是基态极性分子产生偶极-偶极相互作用的根源。

对于典型的转动常数 $B \approx h \times 10$ GHz 和偶极矩大小 $d \approx 9D$,当直流场的幅度远小于 $B/d \approx 2$ kV/cm 时,$\beta \ll 1$。

分子转动态之间的独立跃迁可以通过施加一个(或几个)非相干的微波场 $\boldsymbol{E}_{\mathrm{ac}}(t)$ 来实现,微波场可以是线偏振或圆偏振的。图 12.6 给出了 $J=0$ 组态和 $J=1$ 组态之间的跃迁,其中拉比频率为 $\Omega \equiv E_{\mathrm{ac}}\langle\phi_{1,q}|d_q|\phi_{0,0}\rangle/\hbar$,失谐量为 $\Delta \equiv \omega - (E_{1,q} - E_{0,0})/\hbar$。

在 Floquet 表象中,分子的缀饰能级可以通过哈密顿量 $H = H_{\mathrm{rot}} + H_{\mathrm{dc}} + H_{\mathrm{ac}}(t)$ 的对角化得到。首先,在基矢 $|\phi_{J,M}\rangle$ 下写出哈密顿量的矩阵形式,其中 H 的不含时部分对角化为 $H_{\mathrm{rot}} + H_{\mathrm{dc}} = \sum_{J,M}|\phi_{J,M}\rangle E_{J,M}\langle\phi_{J,M}|$,含时部分的波函数按交流场频率 ω 作傅里叶级数展开。然后,运用旋波近似(只保留能量守恒项)得到一个不含时的哈密顿量 $\widetilde{H}$,它的能量本征值与缀饰态能级相对应[61]。

12.3.2 两个分子

现在我们考虑两个极性分子 $j=1,2$ 的相互作用,这两个分子被一个沿着 z 轴、频率为 $\omega_\perp$ 的紧束缚简谐势限制在 (x,y) 平面上。距离为 $\boldsymbol{r} \equiv \boldsymbol{r}_2 - \boldsymbol{r}_1 = r\boldsymbol{e}_r$ 的两个分子间的相互作用由如下哈密顿量描述:

$$H(t) = \sum_{j=1}^{2} H_j(t) + V_{\mathrm{dd}}(\boldsymbol{r}) \tag{12.19}$$

式中:$H_j(t)$ 是方程(12.15)中的单分子哈密顿量;$V_{\mathrm{dd}}(\boldsymbol{r})$ 是方程(12.4)中的偶极-偶极相互作用。

当外场 $E_{\mathrm{dc}} = E_{\mathrm{ac}} = 0$ 时,处在转动基态下的两个分子相互作用由范德瓦尔斯势 $V_{\mathrm{vdw}} \approx C_6/r^6$ $(C_6 \approx -d^4/6B)$ 决定。这个相互作用势的表达式在 $r > r_{\mathrm{B}}$

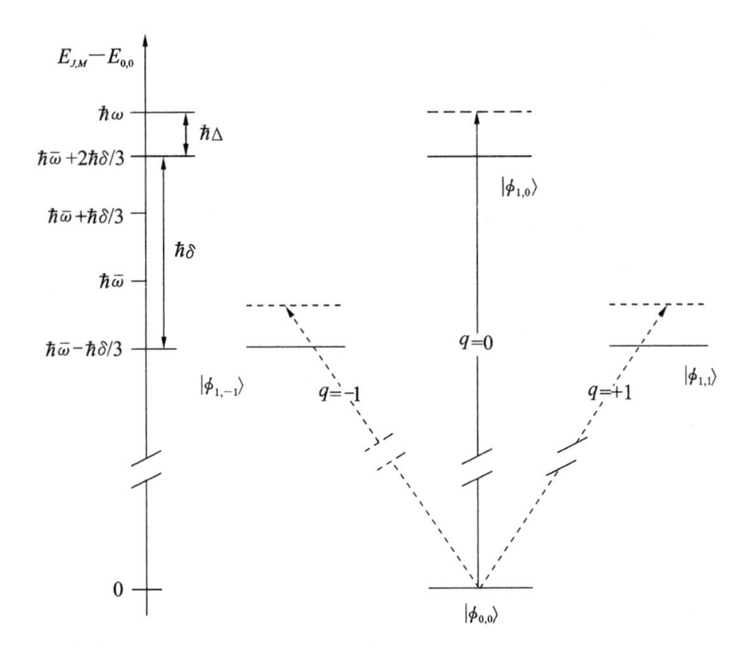

图 12.6　实线：在弱直流电场 $\boldsymbol{E}_{dc}=E_{dc}\boldsymbol{e}_0$（$\beta\equiv dE_{dc}/B\ll 1$）作用下，分子的本征能量 $E_{J,M}$（左图）和本征态 $|\phi_{J,M}\rangle$（右图），其中 $J=0,1$。直流场诱导的分裂 $\hbar\delta$ 和平均能量间隔 $\hbar\tilde{\omega}$ 分别是 $\hbar\delta=3B\beta^2/20$ 和 $\hbar\tilde{\omega}=2B+B\beta^2/6$。虚线和点线：处于直流和交流叠加场中的分子能级（缀饰态的交流斯塔克偏移没有画出）。虚线：频率 ω、线偏振 $q=0$ 和失谐 $\Delta=\omega-(\tilde{\omega}+2\delta/3)>0$ 的单色交流场。点线：偏振为 $q=\pm1$ 和频率为 $\omega'\neq\omega$ 的交流场作用下的能级结构（引自 Micheli, A. et al., Phys. Rev. A, 76, 043604, 2007.）

$\equiv(d^2/B)^{1/3}$ 的分子核区域以外是正确的，其中，r_B 是一个特征长度。在此特征长度上，分子的偶极-偶极相互作用强度与转动能进的裂劈可比拟。接下来我们将说明通过合理地选择静场和（或）微波场，可以诱导和构造长程相互作用势。事实上，将微波场和低维俘获势结合起来也可以设计一个强度和形状都可以调节的有效势。有效相互作用的导出分为以下两个步骤。

（1）将方程（12.19）分离为质心和相对坐标两个部分就可以得到一系列 Born-Oppenheimer 势，然后将固定分子位置时的相对运动哈密顿量 H_{rel} 对角化。在绝热近似下，相应的本征值视为外场作用下给定组态的有效三维相互作用势。

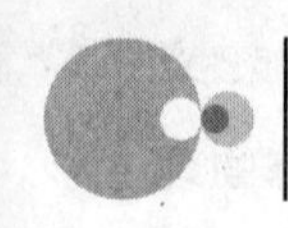

(2)在 z 轴施加一个紧束缚可以消除这个方向的运动自由度,进而得到一个相互作用势为 $V_{\text{eff}}^{2D}(\boldsymbol{\rho})$ 的有效二维动力学。

下面我们将说明如何构造相互作用势,并较为详细地讨论最简单的情形,即二维的纯排斥势 $1/r^3$,这可以通过对系统施加一个静电场来得到(见12.3.2.1节)。之后我们将简述如何利用静场和微波场来耦合每个分子的最低转动态,并构造更加精细的有效势(见 12.3.2.2 节)。

12.3.2.1　构造二维 $1/r^3$ 型排斥势

1. 直流场中的碰撞

我们考虑在没有光学俘获势的情况($\omega_\perp=0$)下,在 z 轴方向施加一个弱静电场 $\boldsymbol{E}=E_{\text{dc}}\boldsymbol{e}_0$,$\beta=dE_{\text{dc}}/B\ll 1$。在绝热近似下,通过忽略动能并在粒子坐标固定的情况下对角化哈密顿量 H_{rel},得到两粒子碰撞的有效相互作用势,其中

$$H_{\text{rel}}=\sum_{j=1}^{2}\left[B\boldsymbol{J}_j^2-E_{\text{dc}}d_{0,j}\right]+V_{\text{dd}}(\boldsymbol{r})=\sum_{n}|\Phi_n(\boldsymbol{r})\rangle E_n(\boldsymbol{r})\langle\Phi_n(\boldsymbol{r})| \tag{12.20}$$

其中,$E_n(\boldsymbol{r})$ 和 $|\Phi_n(\boldsymbol{r})\rangle$ 分别是第 n 个绝热能级的能量本征值和本征态。在 $r\to+\infty$ 极限下,$|\Phi_n(\boldsymbol{r})\rangle$ 是方程(12.18)中单粒子态 $|\phi_{J_j,M_j}\rangle_j$ 的对称直积态,然而,对于有限的 r,它们是被偶极-偶极相互作用 V_{dd} 混合的几个单粒子态的叠加态。$n\equiv(J;M;\sigma)$ 是关于本征值 $E_n(\boldsymbol{r})$ 的集体量子数,其中 $J=J_1+J_2$ 是两个分子的总转动激发态的量子数,$M\equiv|M_1|+|M_2|$ 是角动量在电场方向上的总投影,$\sigma=\pm$ 表征两粒子的交换对称性。由于存在直流场,J 已经不是守恒量,而仅仅是不同能量组态的记号。

由于我们只对基态分子的碰撞感兴趣,下面只把讨论限定在每个分子的 $J_j=0$ 和 1 组态上,它们包含了二粒子系统的 16 个转动态。图 12.7 画出了当 $\beta=1/5$ 时,对应本征能量 $E(\boldsymbol{r})$ 随粒子间距 r 的变化。在球坐标系下,$\boldsymbol{r}=(r,\vartheta,\varphi)$,其中 ϑ 和 φ 分别是极角和方向角,$z=r\cos\vartheta$。图 12.7(a)给出了能谱在分子核区 $r<r_B$ 和 $r>r_B$ 下极其不同的行为,其中 $r_B\equiv(d^2/B)^{1/3}$。事实上,当 $r<r_B$ 时,能级将出现一系列的交叉和反交叉,因此在一般情况下绝热近似并不成立。当 $r>r_B$ 时,这些能级近似地聚集为良好定义的组态,其能量间隔为 $2B$,对应于转动激发的能量。接下来我们将关注 $r>r_B$ 的区域,在这个区域内绝热近似成立。

图 12.7(b)～(e)给出了当 $\vartheta=\pi/2$ 和 $\vartheta=0$ 时,图 12.7(a)中的两个最低能级

组态在区域 $r>r_B$ 内的放大图。图 12.7(b)和(d)表明转动量子数为 $J_1+J_2=1$ 的激发组态会渐进地分裂成两个子组态。这个分裂来源于电场诱导的每个分子 $J_j=1$ 组态的分裂，并由 $\hbar\delta=3B\beta^2/20$ 决定(见图 12.6 的说明)。更重要的是，图 12.7(c)和(e)表明有效的基态势 $E_0(\boldsymbol{r})$ 在 $\vartheta=\pi/2$ 和 $\vartheta=0$ 处的性质有很大区别。事实上，$\vartheta=\pi/2$(见图 12.7(c))对应于 $z=0$ 平面上的碰撞，此时对于 $r<r_\star$，势是吸引的，而对于 $r>r_\star$，势是排斥的，并且在远距离处以 $1/r^3$ 的形式衰减，其中 $r_\star$ 是之后会定义的一个特征长度。另一方面，当 $\vartheta=0$(见图 12.7(e))时，势是一个具有偶极特征的纯吸引势。这种基态势随 ϑ 改变的特征可以从 $E_{0;0;+}(\boldsymbol{r})$ 的解析表达式中看出，其中 $E_{0;0;+}(\boldsymbol{r})$ 可以通过 $V_{\mathrm{dd}}(\boldsymbol{r})/B$ 的微扰展开为

$$V_{\mathrm{eff}}^{3\mathrm{D}}(\boldsymbol{r})\equiv E_{0;0;+}(\boldsymbol{r})\approx\frac{C_3}{r^3}(1-3\cos^2\vartheta)+\frac{C_6}{r^6} \tag{12.21}$$

其中，常数 $C_3\approx d^2\beta^2/9$ 和 $C_6\approx -d^4/6B$ 分别是基态势的偶极系数和范德瓦尔斯系数，源于直流斯塔克偏移的常数项 $2E_{0,0}=-\beta^2B/3$ 已被忽略。当 $r\gg r_B$ 和 $V_{\mathrm{dd}}(\boldsymbol{r})/B\ll 1$ 时，方程(12.21)是成立的，它反映了 $V_{\mathrm{eff}}^{3\mathrm{D}}(\boldsymbol{r})$ 在平面 $z=r\cos\vartheta=0$ 上的点 $r_\star$ 处有一个局域最大值，其中

$$r_\star\equiv\left(\frac{2\,|C_6|}{C_3}\right)^{1/3}\approx\left(\frac{3d^2}{B\beta^2}\right)^{1/3} \tag{12.22}$$

在点 $r_\star$ 处，偶极-偶极相互作用强度和范德瓦尔斯相互作用强度变得可比拟。最大值为

$$V_\star=\frac{C_3^2}{4\,|C_6|}\approx\frac{B\beta^4}{54} \tag{12.23}$$

而且势能沿 z 轴方向的曲率 $[\partial_z^2V(r=r_\star,z=0)=-6C_3/r_\star^5\equiv-m\omega_c^2/2]$ 可以定义特征频率

$$\omega_c\equiv\left(\frac{12C_3}{mr_\star^5}\right)^{1/2} \tag{12.24}$$

这个量会在后面用到。特征频率对所加电场有很强的依赖，即 $\beta^{8/3}=(dE_{\mathrm{dc}}/B)^{8/3}$。当 $r\gg r_\star$ 时，偶极-偶极相互作用强度远大于范德瓦尔斯强度，故 $V_{\mathrm{eff}}^{3\mathrm{D}}(\boldsymbol{r})\approx C_3(1-3\cos^2\vartheta)/r^3$(见参考文献[46])。于是，如果把碰撞动力学限制在 $z=0$ 平面且满足 $r\gg\{r_\star,r_B\}$，我们便能够获得空间依赖关系为 $1/r^3$ 的偶极型纯长程排斥相互作用。接下来，在沿 z 轴的一个紧束缚(如光势阱)中，我们分析实现这种系统的条件。

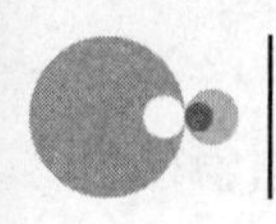

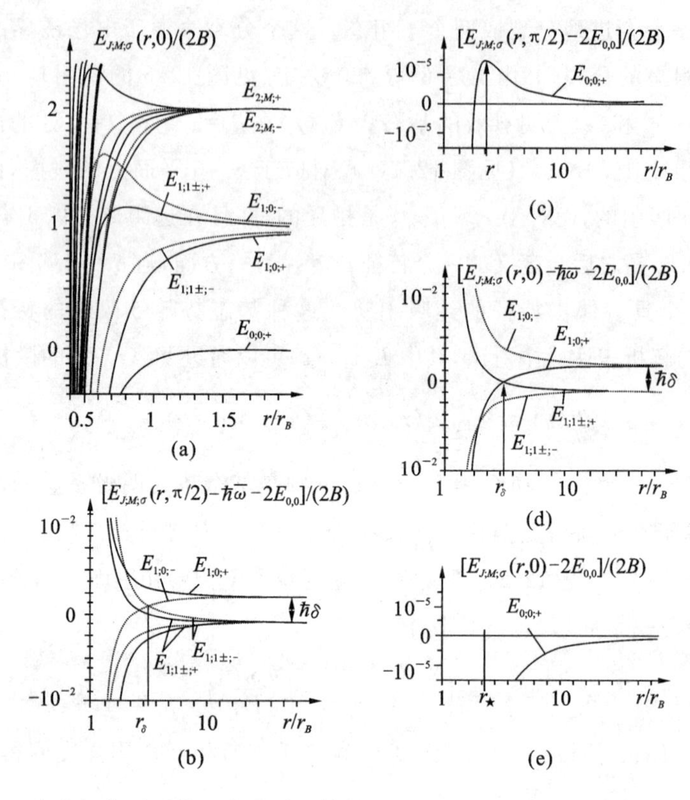

图 12.7　直流场作用下的两个分子碰撞的 Born-Oppenheimer 势 $E_{J;M;\sigma}(r,\vartheta)$，$\beta\equiv dE_{dc}/B=1/5$。实线和虚线分别对应于对称本征态($\sigma=+$)和反对称本征态($\sigma=-$)。(a)16 个最低能量本征态的 Born-Oppenheimer 势 $E_{J;M;\sigma}(r,\vartheta)$，$r<r_B=(d^2/B)^{1/3}$ 区域被认为是分子核区域，而当 $r\gg r_B$ 时，这些本征态聚集成几个组态，这些组态被转动激发的一个能量子 $2B$ 分开。(b)和(d)是对图(a)中第一激发组态在区域 $r\geqslant r_B$ 内的放大图，它们分别对应于 $\vartheta=\pi/2$ 和 $\vartheta=0$。电场诱导的分裂是 $\hbar\delta\equiv 3B\beta^2/20$。间距 $r_\delta=(d^2/\hbar\delta)^{1/3}$。在此距离下，偶极-偶极相互作用强度与 $\hbar\delta$ 可比拟。(c)和(e)是图(a)中基态势 $E_{0,0,+}(r,\vartheta)$ 在区域 $r\geqslant r_B$ 内的放大图，它们分别对应于 $\vartheta=\pi/2$ 和 $\vartheta=0$。图中标出了方程(12.22)中的间距 $r_\star$，在此距离下，偶极-偶极相互作用强度与范德瓦尔斯相互作用强度变得可比拟。值得注意，势在 $\vartheta=\pi/2$($\vartheta=0$)且 $r>r_\star$ 时具有排斥(吸引)特征(引自 Micheli, A. et al., Phys. Rev. A, 76, 043604, 2007.)

2. 抛物线型束缚

在 z 轴方向施加一个频率为 $\omega_\perp$ 的俘获势会给方程(12.21)增加一项依赖于位置的能量偏移,新的总势能为

$$V(\boldsymbol{r}) = \frac{C_3}{r^3}(1-3\cos^2\vartheta)+\frac{C_6}{r^6}+\frac{1}{4}m\omega_\perp^2 z^2 \tag{12.25}$$

正如之前所讨论的,当 $r \gg r_\star$($r_\star$ 由方程(12.22)给出)时,在 $z=0$ 平面上排斥的偶极-偶极相互作用远强于范德瓦尔斯相互作用。另外,对于 $\omega_\perp>0$,简谐势在 z 方向限制了粒子的运动。于是,偶极-偶极相互作用和简谐束缚势共同构成一个排斥势,它提供了一种将短程区域与长程区域分开的三维势垒。如果碰撞动能比势垒小得多,粒子运动将被限制在长程区域,那里的相互作用是纯排斥的。

图 12.8 给出 $V(\boldsymbol{r})$ 以 $V_{\hat{e}}$ 为单位的等高图,其中 $\beta>0$,$\omega_\perp=\omega_c/10$,$\boldsymbol{r}\equiv(\rho,z)=r(\sin\vartheta,\cos\vartheta)$(由于所研究问题具有柱对称性,故角 φ 被忽略)。深色区域对应于强排斥势,$\rho\approx 0$ 处的浅色区域对应于相互作用的短程吸引部分。在 $|z|/r_\star\approx 0$ 和 7 两处可以分辨出排斥相互作用是偶极-偶极型的还是简谐型的。稍浅的深色区域位于$(\rho_\perp,\pm z_\perp)\equiv\ell_\perp(\sin\vartheta_\perp,\pm\cos\vartheta_\perp)$,它是 $V(\boldsymbol{r})$ 极大值之间的两个鞍点,其中 $\ell_\perp=(12C_3/m\omega_\perp^2)^{1/5}$,$\cos\vartheta_\perp=\sqrt{1-(r_\star/\ell_\perp)^3}/\sqrt{5}$(见图 12.8(a)中的圆圈)。这些鞍点成为一个有效势垒并将 $r<\ell_\perp$ 的势的吸引部分与区域 $r\gg\ell_\perp\geqslant r_\star, r_B$ 分开,在后者范围内,由方程(12.25)给出的有效相互作用是纯排斥。对于碰撞能量小于这个势垒高度的情形,通过将 z 轴方向上的快速运动做平均,粒子的动力学约化成了准二维。我们注意到,相距 $r\approx\ell_\perp$ 且将长程与短程的作用区域分开的两个鞍点是一类系统的普遍特征,这类系统具有弱的横向俘获势 $\omega_\perp/\omega_c<1$(ω_c 由方程(12.24)定义)。事实上,对于一个强的横向俘获势 $\omega_\perp\geqslant\omega_c$,两个鞍点在 $z=0$,$\rho=\ell_\perp\approx r_\star$ 处合为一个点。在这种极限下,粒子被紧束缚在 $z=0$ 平面上的动力学是纯二维的。

3. 碰撞稳定性

极性分子系综的非弹性碰撞和三体复合会给系统带来潜在的不稳定性,这与偶极-偶极相互作用的吸引特性有关[62]~[70]。在我们的讨论中,这种不稳定性与短程区域 $r<\ell_\perp$ 内的分子布居数有关,但是它可以通过强的偶极-偶极相互作用和横向束缚得到抑制。事实上,碰撞能量小于势垒 $V(\rho_\perp,\pm z_\perp)$ 时,粒子主要被限制在弹性散射的长程相互作用区域。因此,在一个冷分子系综

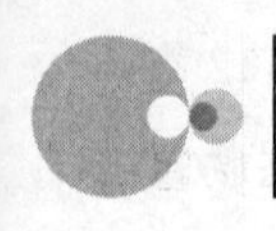

中，势垒屏蔽了两体势的短程吸引部分从而保证系统的稳定性。在这种极限下，剩余的损耗就来源于势垒的隧穿率Γ，而这可以通过合理地选择β和$\omega_\perp$的值来有效抑制。下面我们就来讨论这个问题。

势垒$V(\rho_\perp,\pm z_\perp)$的隧穿率$\Gamma=\Gamma_0 e^{-S_E/\hbar}$可以通过半经典/瞬子方法计算得到[126]。图12.8描绘了决定隧穿指数抑制的euclidian作用量S_E随$\omega_\perp/\omega_c$的变化。从该图中发现，在不同区域$\omega_\perp \ll \omega_c$和$\omega_\perp \gg \omega_c$内，$S_E$的形式有所不同。事实上，当$\omega_\perp \ll \omega_c$时，作用量随$\omega_\perp$的增加而增加，即$S_E \approx 7.01 S_0\ (\omega_\perp/\omega_c)^{1/5} = 1.43\hbar(\ell_\perp/a_\perp)^2$，其中$a_\perp=(\hbar/m\omega_\perp)^{1/2}$（点线），它依赖于$z$轴方向的约束。另一方面，当$\omega_\perp \gg \omega_c$时，$S_E \approx 5.78 S_0$，与$\omega_\perp$无关。这两种不同区域的转变反映了势$V(\boldsymbol{r})$本质上的变化。特别地，当$\omega_\perp \geqslant \omega_c$时，动力学被严格限制在$z=0$平面且与$\omega_\perp$无关。常数$\Gamma_0$对应于经典轨迹附近的量子涨落，它的取值依赖于所研究的系统。对于参考文献[46]中的晶体相，它就是所谓的碰撞“冲击频率”，这个“冲击频率”正比于声子的特征频率$\Gamma_0 \approx \sqrt{C_3/ma^5}$，其中$a$是粒子的平均间距。

在强相互作用和横向紧束缚极限下，Γ快速趋于零。我们以永久电偶极矩为$d \approx 8.9D$和质量为$m=104$ amu的SrO分子作为一个例子。对于简谐频率为$\omega_\perp=2\pi\times150$ kHz的横向紧束缚的光晶格和$\beta=dE_{dc}/B=1/3$的直流场，我们有$(C_3^2 m^3 \omega_\perp/8\hbar^5)^{1/5} \approx 3.39$和$\Gamma/\Gamma_0 \approx e^{-5.86\times3.39} \approx 2\times10^{-9}$。甚至对于$\beta=1/6$的弱直流场，我们仍然可以获得一个幅度为五阶小量的抑制，即$\Gamma/\Gamma_0 \approx e^{-5.86\times1.94} \approx 10^{-5}$。这些计算使我们确信，通过强的偶极-偶极相互作用并结合横向紧束缚可以让极性分子系统在强相互作用区域保持碰撞稳定的状态。

4. 有效二维相互作用

有效二维相互作用势可以通过积分消除粒子在z轴上的快变运动后得到。当$r>\ell_\perp \gg a_\perp$时，在z轴方向的两粒子本征函数近似地分解为两个单粒子谐振子波函数的直积$\psi_{k_1}(z_1)\psi_{k_2}(z_2)$。保留到$V_{\rm eff}^{\rm 2D}/\hbar\omega_\perp$一阶项，有效二维相互作用势为

$$V_{\rm eff}^{\rm 2D}(\boldsymbol{\rho}) \approx \frac{1}{\sqrt{2\pi}a_\perp}\int {\rm d}z e^{-z^2/2a_\perp^2} V_{\rm eff}^{\rm 3D}(\boldsymbol{r}) \tag{12.26}$$

对于大间距$\rho \gg \ell_\perp$，二维势约化为

$$V_{\rm eff}^{\rm 2D}(\boldsymbol{\rho}) = \frac{C_3}{\rho^3}$$

它是二维纯排斥相互作用势。$V_{\text{eff}}^{2D}(\boldsymbol{\rho})$ 的导出是本节的核心结果之一。之后(第 12.4 节)我们将会说明,在以冷分子量子气模拟凝聚态物理的实验中,这个相互作用势可以用于实现有趣的多体相。

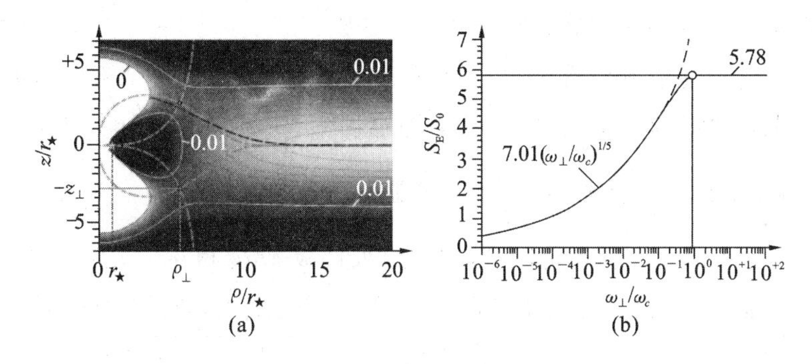

图 12.8 (a)方程(12.25)中有效势 $V(\rho,z)$ 的等高图,这个有效势描述两个极性分子在 $\beta>0$ 的直流场和 z 方向的简谐束缚势作用下的相互作用,俘获频率为 $\omega_\perp=\omega_c/10$,其中 $\omega_c\equiv(12C_3/mr_\star^5)^{1/2}$(见方程(12.24)),$r_\star=(2|C_6|/C_3)^{1/3}$(见方程(12.22))。图中给出了 $V(\rho,z)/V_\star\geqslant0,V_\star=B\beta^4/54$ 的等高线。深色区域代表强排斥相互作用。直流场诱导的偶极-偶极相互作用和简谐束缚的结合产生了一个三维排斥势。由偶极-偶极相互作用和简谐束缚共同引起的排斥相互作用在 $z\approx0$ 和 $z/r_\star\approx\pm7$ 处是可区分的。位于$(\rho_\perp,\pm z_\perp)$处的两个鞍点(圆圈)将 $1/r^3$ 型的长程排斥相互作用区域与短程吸引相互作用区域分开。势的梯度由虚点线标出。粗虚线描出势垒隧穿的瞬子解。(b)以 $\omega_\perp/\omega_c$ 为函数的 euclidian 作用量 S_E(实线)。当 $\omega_\perp<\omega'_c\approx0.88\omega_c(\omega_\perp>\omega'_c)$时,“反弹”出现在 $z(0)\neq0$ 的平面内(见正文)。点 ω'_c用圆圈标出。当 $\omega_\perp>\omega'_c$时,作用量 $S_E\approx5.78S_0(S_0=\sqrt{m|C_6|}/(\hbar r_\star^2))$,与 $\omega_\perp$ 无关,这里与出现在 $z(0)\neq0$ 平面上的“反弹”一致(见正文)(引自 Micheli, A. et al., Phys. Rev. A, 76, 043604, 2007.)

12.3.2.2 利用交流场构造 adhoc 势

我们已经阐明如何构造以 $1/r^3$ 形式衰减的纯二维有效基态相互作用。在场缀饰图像中,我们可以运用一个或几个非相干交流场把两粒子能谱中绝热基态势的空间结构和选择出的激发态势的空间结构联合起来,进而调控更加复杂的相互作用。这种基态势和激发态能的混合是由偶极-偶极相互作用贡献的。偶极-偶极相互作用解除了两粒子谱的激发态组态简并,并使得交流场对态的选择性与空间有关,我们之后会对此给出解释。结合一个强的光学束缚并考虑到转动激发态拥有较长的寿命[127],我们可以在强相互作用区域下获得碰撞稳定的分子系综。

考虑图 12.7 所示(有静电场 $\boldsymbol{E}_{\mathrm{dc}}=\beta B\boldsymbol{e}_z$ 存在时的相互作用)的单模场 $\boldsymbol{E}_{\mathrm{ac}}(t)=E_{\mathrm{ac}}(t)\mathrm{e}^{-\mathrm{i}\omega t}\boldsymbol{e}_q+\mathrm{c.c}$ 的情形,并以此来阐述上面的讨论。我们选择线偏振的场($q=0$),其中频率蓝失谐于单粒子谱跃迁线($|\phi_{0,0}\rangle\rightarrow|\phi_{1,0}\rangle$),失谐 $\Delta=\omega-2B/\hbar>0$。交流场会诱导:①每个分子的振荡偶极矩,这个振荡偶极矩产生长程偶极-偶极相互作用(也包括由静电场 $\boldsymbol{E}_{\mathrm{dc}}$ 决定的那部分),其正负号和对角动量的依赖关系由偏振 q 决定;②在共振 Condon 点 $r_c=\left(\dfrac{d^2}{3\hbar\Delta}\right)^{1/3}$ 处两粒子谱的基态和激发态组态的耦合,在该点处偶极-偶极相互作用强度与失谐 Δ 可比拟。这个耦合是场缀饰能级在 r_c 处产生回避交叉的原因,其性质强烈地依赖于偏振 q。这便是调控相互作用势的核心,这里三维有效缀饰绝热基态相互作用势在 $r\gg r_c$ 和 $r\ll r_c$ 处分别保持了裸的基态势和激发态势的特征。

图 12.9(a)、(b)反映了以上讨论的内容,其中实线和虚线分别是图 12.7 所示裸的($\boldsymbol{E}_{\mathrm{ac}}=0$)对称和反对称势 $E_{J;M;\sigma}(\boldsymbol{r})$,在共振 Condon 点 r_c 处,交流场由一个黑色的箭头标出。弱直流场将($J=1$)的组态渐进地分开,裂距为 $\hbar\delta$,如图 12.7(b)所示。当 $r\gg r_\delta=\left(\dfrac{d^2}{\hbar\delta}\right)^{1/3}$ 时,可以在激发态组态上运用绝热近似。事实上,势能 $E_{1;0;+}(\boldsymbol{r})$ 只有在 $r\ll r_\delta$ 时才与其他裸对称势的能量简并。另外,分裂 $\hbar\delta$ 还会使反对称态在 $r\ll r_\delta$ 处的能级交叉产生偏移。

当 $r\gg r_\delta=\left(\dfrac{d^2}{\hbar\delta}\right)^{1/3}$ 时,仅考虑图 12.9(b)所示的四个态,因为所有 $J=1$ 和 $J=2$ 组态对应的其他势都(至少)以量级 $\delta\gg\Delta$ 远失谐,由于对场偏振的特定选择,它们不通过交流场与裸基态 $E_{0,0;+}(\boldsymbol{r})$ 耦合。图 12.9(b)显示了由偶极-偶极相互作用诱导的($J=1$)组态的分裂致使失谐 Δ 依赖于位置,因此,在 r_c 处,裸基态和对称的裸激发态的能量变得简并。图 12.9(b)描绘了得到的缀饰基态势(黑线),当 $r>r_c$ 和 $r>r_c$ 时,它分别对应于裸势 $E_{0,0;+}(\boldsymbol{r})$ 和 $E_{1,0;+}(\boldsymbol{r})$。图 12.9(c)描绘了具有最高能量的缀饰基态势 $\widetilde{E}_{0,0;+}(\boldsymbol{r})$,当 $r\gg r_c$ 和 $r\ll r_c$ 时,它分别呈现弱和较强的排斥行为。这种基态相互作用势的特征变化与"台阶"型相互作用的构造有关。这个例子表明,两分子的三维基态相互作用可以由组合的交流和直流场很好地调节,这是本节的核心结果。更复杂的势可以由不同极化的多组分交流场来实现。

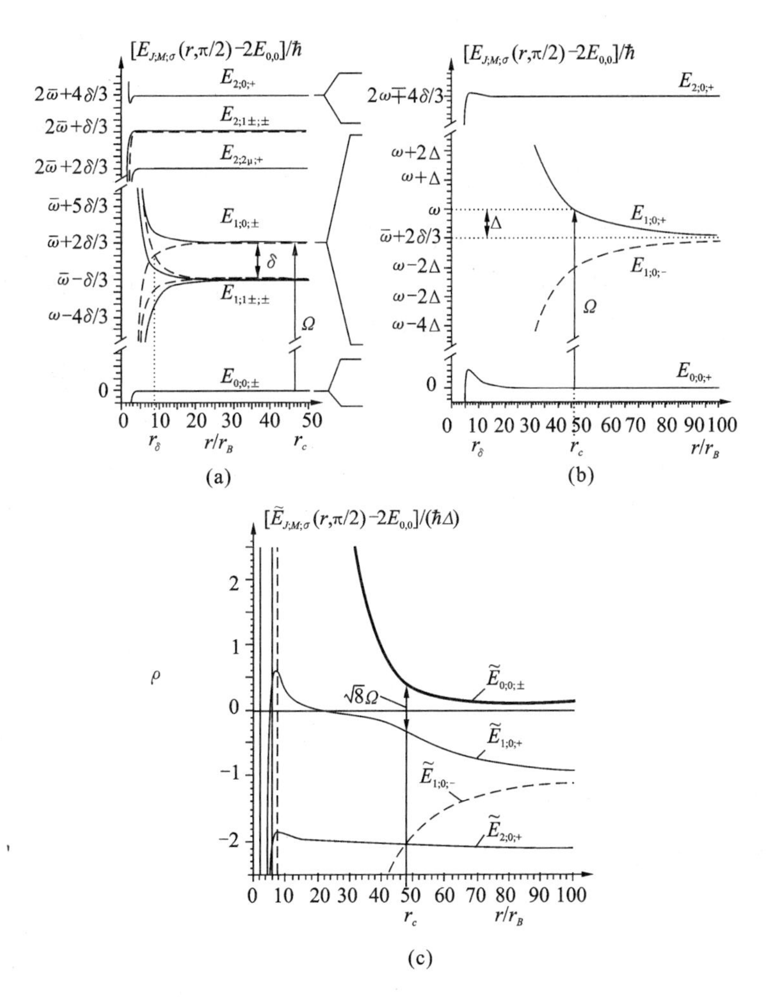

图 12.9 (a)直流微波场和交流微波场对分子两体相互作用的影响的示意图。实线和虚线分别是只有直流场存在时 12.3.2.1 节中提到的对称态($\sigma=+$)和反对称态($\sigma=-$)的裸势能 $E_n(\boldsymbol{r})\equiv E_{J;M;\sigma}(r,\vartheta)$,其中 $\vartheta=\pi/2$。直流场诱导了两粒子第一激发组态的分裂,裂距为 $\hbar\delta$。频率为 $\omega=\bar{\omega}+2\delta/3+\Delta$ 的微波场蓝失谐于单粒子转动共振点,失谐量 $\Delta>0$。偶极-偶极相互作用进一步分裂了激发组态,使得失谐依赖于位置。最终,裸的基态势能量 $E_{0;0;+}(\boldsymbol{r})$ 与交流场中光子能量(黑色箭头)的和与对称态能量 $E_{1,0;+}(\boldsymbol{r},\pi/2)$ 发生简并。在 $r\approx46r_B$ 处存在共振点 $r_c=\left(\frac{d^2}{3\hbar\Delta}\right)^{1/3}$。(b)当 $M=0$ 时,图(a)的局部放大图。缀饰基态势能用粗实线标出。(c)缀饰态图像中图(b)的四个势。缀饰基态势 $\tilde{E}_{0,0;+}(r,\pi/2)$ 具有最大能量,用粗实线标出(引自 Micheli, A. et al., Phys. Rev. A, 76, 043604, 2007.)

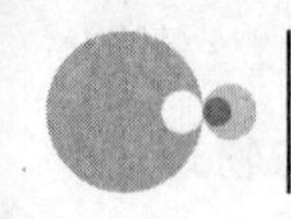

与 12.3.2.1 节所描述的情形($\boldsymbol{E}_{\mathrm{ac}}=0$)类似,图 12.9 所示的相互作用势在沿特殊方向是排斥的(如 $\theta=\pi/2$),而沿其他方向则是吸引的(如 $\theta=0$,图中没有表示出来)。对 12.3.2.1 节所描述的情形($\boldsymbol{E}_{\mathrm{ac}}=0$),当粒子多于两个时,这个吸引作用将会导致多体系统的不稳定。此外,图 12.9(c)所示的缀饰势能 $\widetilde{E}_{0,0;+}(\boldsymbol{r})$并不是最低能量,一般情况下它会产生额外的损耗通道。当粒子间距 $r\leqslant r_c$ 时,这些损耗通道可以与对称态进行非绝热耦合,即使在简单的两粒子碰撞过程中。另外,损耗通道也可以与反对称态进行耦合,该反对称态的耦合可以被三体碰撞或两个光阱俘获的粒子的非补偿张量的偏移诱导。所有的这些损耗通道都可能阻碍强相互作用分子气实现碰撞稳定的过程(然而,参考文献[99]提供了一个运用圆偏振交流场的解决方案)。同时我们之前已经证明,对于图 12.9 所示的系统,静电场会移动势场及其中的共振点,这也是当间距 $r\ll r_c$ 时,产生平面($\vartheta=\pi/2$)上的损耗通道的一个原因。这表明,通过利用类似于 12.3.2.1 节描述的横向强光学束缚将粒子的运动限制在 $z=0$ 平面上,我们可以在区域 $r>r_c$ 实现碰撞稳定的系统。参考文献[61]给出了实现这个计划的方法,其核心是偶极-偶极相互作用与光学束缚的合理组合,能有效地“屏蔽”损耗出现的 $r<r_c$ 区域,这样,碰撞系统就变得稳定了。运用前面提到的台阶型势和其他调控势可以实现强相互作用区域中冷极性分子系综的新奇相[46][61]。

12.4 冷极性分子中的多体物理

12.4.1 二维自组装晶体

上面主要讨论了分子间相互作用势和约化维度对碰撞系统稳定性的影响。这些结果为我们研究二维(修正的)偶极-偶极相互作用极性分子系综提供了微观判据。在低温 $T<\hbar\omega_{\perp}$ 条件下,一般的多体哈密顿量可以写成方程(12.5)的形式。作为可能实现新奇多体相的例子,我们在这里主要关注有效势为 $V_{\mathrm{eff}}^{2\mathrm{D}}(\boldsymbol{\rho})=D/\rho^3$(12.3.2.1 节所得方程(12.6))的相互作用玻色子。依据哈密顿量(见方程(12.5)),我们预言目前还从未在冷中性原子和分子中被观察到的新奇量子现象。

图 12.2(a)所示的是二维玻色极性分子的相图。在弱相互作用极限 $r_d<1$ 下,基态是一种超流态,该超流态由依赖温度的有限超流量 $\rho_s(T)$来刻画。当 $T=0$ 时,$\rho_s(0)=1$。而在强作用极限 $r_d\gg1$,极性分子系综在 $T<T_m$($T_m\approx0.09D/a^3\approx0.018r_dE_{R,c}$)时处在晶体相,其中 $E_{R,c}\equiv\pi^2\hbar^2/(2ma^2)$ 为晶体反冲

能量，一般为万赫兹数量级。因此，处于最低能量的晶格是 $a_L=(4/3)^{1/4}a$ 的三角晶格。晶体的元激发是声学声子，特征德拜频率为 $\hbar\omega_D\approx1.6\sqrt{r_d}E_{R,c}$，其哈密顿量由方程(12.13)给出。在 $T=0$ 时，稳定结构因子 S 在倒格矢 $\boldsymbol{K}$ 处发散，因此可以用 $S(\boldsymbol{K})/N$ 作为晶体相的序参量。

在参考文献[46]中，我们研究了 $r_d\geqslant1$ 的中等强相互作用区域，给出了超流相到晶体相的量子相变的临界相互作用强度 r_{QM}。在具体分析时，我们使用了最近基于 Worm 算法开发的 PIMC 代码[95]。Worm 算法是一种精确 Monte Carlo 方法，在比较小的温度下，它可以计算连续空间中的热力学量。处在低温 $T=0.014D/a^3$ 时，图 12.10(d)和图 12.10(e)给出了不同相互作用强度 r_d 和粒子数($N=3690$)下的序参量 ρ_s 和稳定结构因子 $S(\boldsymbol{K})/N$。我们发现在 $r_d\approx15$处，ρ_s 突变为零，而在相同的位置，$S(\boldsymbol{K})$则快速地增加。进一步通过 Monte Carlo 模拟，可以得到在 $r_d\approx15\sim20$ 区间内的一些点上，ρ_s 突然从 0 增加到 1，然后再回到 0，这意味着超流相与晶体相发生竞争。上述结果说明，超流相到晶体相的转变将发生在

$$r_{qm}=18\pm4 \tag{12.27}$$

处，ρ_s 和 $S(\boldsymbol{K})/N$ 的台阶形变化与参考文献[47]和[48]预言的一级相变相一致。在 $r_d\approx1$ 时，超流是强相互作用的，而且，当 $R<a$ 时，密度-密度关联函数为零(见图 12.10(c))。这个结果与方程(12.6)给出的二维有效相互作用势的成立条件自洽。方程(12.6)也说明了两粒子之间的距离永远不会小于 $l_\perp$。

在得到低温相图后，剩下的问题是这些相(尤其是来源于强偶极-偶极相互作用的晶体相)能否真实地出现在极性分子系综中。这个问题会在相互作用强度 $r_d=Dm/(\hbar^2a)$的等高线图(见图 12.10(a))中阐述，其中函数自变量分别是偶极矩 d(以德拜为单位)和分子间距 a(以微米为单位)。无量纲量 $\sqrt{m/200}$ amu(amu 是原子单位)依赖于分子的质量，同时它是一个适于描述如 SrO 和 RbCs 之类典型分子的量。在图中，二维分子稳定结构存在于横向(光学)俘获频率 $\omega_\perp=2\pi\times150$ Hz、超过偶极-偶极相互作用 $\hbar_\perp\omega>D/a^3$ 的区间内，即 $l_\perp=(12D/m\omega_\perp{}^2)^{1/5}<a$。这与 12.3.2.1 节讨论的稳定性条件是一致的。这幅图给出了这样一个信息：对于给定的诱导偶极矩大小 d，极性分子系综的基态是粒子间平均距离满足 $l_\perp\leqslant a\leqslant a_{max}$ 的晶体，其中 $a_{max}\equiv d^2m/(\hbar^2r_{QM})$是晶体融化成超流体的距离。对于永久偶极矩大小为 $d=8.9D(d=1.25D)$的 SrO(RbCs)分子，$a_{min}\approx200$ nm，而 a_{max}能达到数微米。

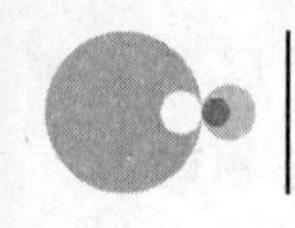

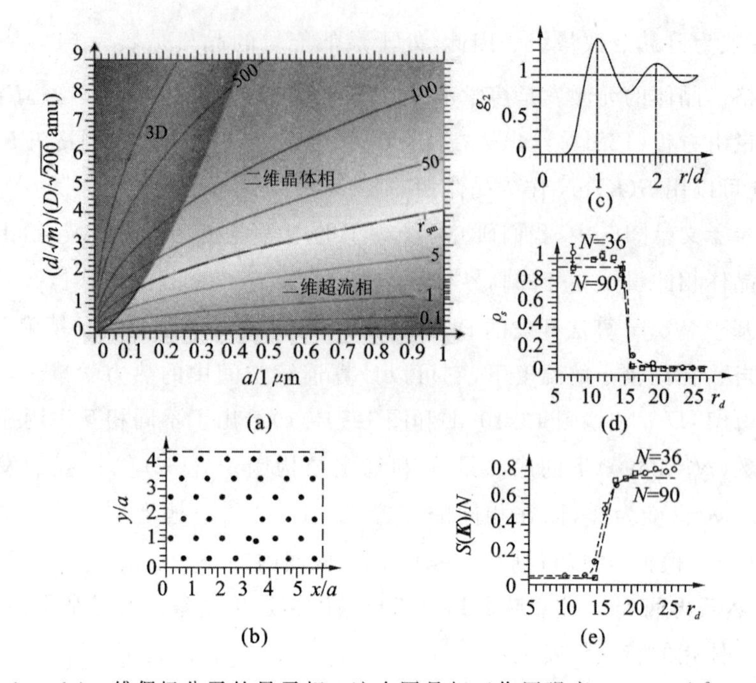

图 12.10　(a)二维偶极分子的量子相。这个图是相互作用强度 $r_d = Dm/\hbar^2 a$ 以偶极矩大小(以德拜为单位)和分子间距离为函数的等高线图,其中 m 是分子质量(200个原子单位)。图中也给出了二维超流相和晶体相的稳定区域 $\hbar\omega_\perp > D/a^3$,其中 $\omega_\perp = 2\pi\times150$ kHz 为频率的横向分量。(b)当 $r_d = 26.5$ 时,36 个粒子的平均位置在晶体相中的 PIMC 快照。(c) 当 $r_d = 11.8$ 时,36 个粒子的密度-密度(角平均)关联函数 $g_2(r)$。当 $N=36$(圆圈)和 90(方块)时,(d)超流密度 ρ_s 和(e)稳定结构因子 $S(\boldsymbol{K})/N$ 以 r_d 为变量的函数图像(引自 Büchler, H. P., et al., Phys. Rev. Lett., 98, 060404, 2007.)

当相互作用足够强时,融化温度 T_m 能够达到数个微开尔文,因此在合理的实验参数下,自组装晶体在冷极性分子中可以被观测到。

我们可以用光学布拉格散射来探测零温相(包括晶体相),而且把涡旋的出现视为一个明确的超流信号。由于二维凝聚仅与分子总密度相关,预计在时间飞行实验中只能观测到微小的相干峰。

最后,通过加入一个额外的平面光学阱,就能实现强相互作用的一维相,这些相与参考文献[49][50][91]中讨论的二维晶体相类似。对于足够强的相互作用,即 $r\gg1$,声子频率有一个简单的形式 $\hbar\omega_q = (2/\pi^2)[12r_d f_q]^{1/2}E_{R,c}$,其中 $f_q = \sum_{j>0} 4\sin(qaj/2)^2/j^5$。德拜频率是 $\hbar\omega_D \equiv \hbar\omega_{\pi/a} \approx 1.4\sqrt{r_d}E_{R,c}$,而经典

熔化温度为 $T_m \approx 0.2 r_d E_{R,c}/k_B$[91]。

12.4.2 偶极浮置晶格

在实现自组装晶体后，一个重要的应用是利用自组装晶体去浮置介观晶格势来俘获其他粒子，这些粒子可以是不同种类的原子或极性分子。我们接下来将讨论在实验允许的参数范围内，具有可调长程声子诱导相互作用的扩展 Hubbard 模型可以描述晶格声子缀饰的额外粒子系综的有效动力学。

在图 12.5、图 12.11(a)和图 12.11(b)中，俘获在二维平面晶格或一维链中的额外粒子被周期性晶格势 $\sum_j V_{cp}(\boldsymbol{R}_j - \boldsymbol{r})$ 散射，其中，$\boldsymbol{r}$ 和 $\boldsymbol{R}_j = \boldsymbol{R}_j^0 + \boldsymbol{u}_j$ 分别是粒子的坐标和晶体分子 j 的坐标，$\boldsymbol{R}_j^0$ 是平衡位置，$\boldsymbol{u}_j$ 是小位移。如果额外粒子是分子，其势函数是排斥的偶极-偶极相互作用势 $V_{cp}(\boldsymbol{R}_j - \boldsymbol{r}) = d_p d_c / |\boldsymbol{R}_j - \boldsymbol{r}|^3$，其中 $d_p \ll d_c$ 是诱导的电偶极矩；而对于原子，则可以假设相互作用为正比于弹性散射长度 a_{cp} 的短程赝势。总之，额外的分子或原子分别通过偶极势或短程势进行相互作用。

我们感兴趣的是这样一种情况：晶格中耦合声学声子的额外粒子可以用单带 Hubbard 模型(见方程(12.12))描述。在这个模型中，第一项是额外粒子幅度为 J 的最近邻跃迁；第二项是额外粒子间的相互作用 V，其中 V 可以通过每个微观模型在 $\boldsymbol{u}_j = 0$ 处的带结构计算得到；第三项是声子哈密顿量；第四项是从最低阶位移得到的声子耦合 $\boldsymbol{u}_j = i\sum_q (\hbar/2m_c N\omega_q)^{1/2} \xi_q (a_q + a_{-q}^{\dagger}) e^{i\boldsymbol{q}\cdot\boldsymbol{R}_j^0}$，其中 $M_q = \bar{V}_q \boldsymbol{q} \cdot \xi_q (\hbar/2Nm_c\omega_q)^{1/2} \beta_q$。上式中，$\xi_q$ 是声子极化，N 是晶格分子的数目，$\bar{V}_q$ 是粒子-晶体相互作用 V_{cp} 的傅里叶变换。$\beta_q = \int d\boldsymbol{r} \, |w_0(\boldsymbol{r})|^2 e^{iqr}$，其中 $w_0(\boldsymbol{r})$ 是最低 Bloch 带的 Wannier 函数[128]。单带 Hubbard 模型的成立条件是 $\{J, V\} < \Delta$ 和 $k_B T < \Delta$，其中 Δ 是第一激发 Bloch 带的能隙。

方程(12.12)中，Hubbard 参数的数量级与反冲能量的相当，即 $\{J, V\} \approx E_{R,c}$，当 $\boldsymbol{r}_r \gg 1$ 时，V 远小于 Debye 频率 $\hbar\omega_D \approx E_{R,c}\sqrt{r_d}$[129]。时间数量级的差异($\{J, V\} \ll \hbar\omega_D$)并结合与声子的耦合被高频($\hbar\omega > \{J, V\}$，参见对 M_0 的讨论)主导的事实令人联想到(光学)声子缀饰的极子，其动力学由晶格中的相干与非相干耦合给出。满足强耦合微扰理论的主方程方法可以阐述上述物理图像。这种方法的出发点是哈密顿量的 Lang-Firsov 变换，即 $H \to SHS^{\dagger}$，其中密度关联位移为

$$S=\exp\left(-\sum_{q,j}\frac{M_q}{\hbar\omega_q}\mathrm{e}^{\mathrm{i}q\boldsymbol{R}_j^0}c_j^{\dagger}c_j(a_q-a_{-q}^{\dagger})\right)$$

这个变换可以消除方程(12.12)第二项中的声子耦合项,并产生一个明确的传输动能项 $-J\sum_{<i,j>}c_i^{\dagger}c_jX_i^{\dagger}X_j$,其中,位移算符 $X_j=\exp\left(\sum_q\frac{M_q}{\hbar\omega_q}\mathrm{e}^{\mathrm{i}q\boldsymbol{R}_j^0}(a_q-a_{-q}^{\dagger})\right)$ 是缀饰粒子在跃迁过程中的格点反冲。另外,裸相互作用的重整化是 $\widetilde{V}_{ij}=V_{ij}+V_{ij}^{(1)}$,其中 $V_{ij}^{(1)}=-2\sum_q\cos(\boldsymbol{q}(\boldsymbol{R}_i^0-\boldsymbol{R}_j^0))M_q^2/(\hbar\omega_q)$。从 $\widetilde{V}_{ij}$ 可以看出,声子可以诱导且修正格点间相互作用。格点内相互作用是 $\widetilde{V}_{j,j}=V_{j,j}-2E_p$,其中 $E_p=\sum_q\frac{M_q^2}{\hbar\omega_q}$ 是极子自能或极子偏移。当 $J=0$ 时,新哈密顿量可以对角化,并且描述相互作用极子和无关联声子。后者是频率不变但平衡位置改变的晶格分子振动。产生一种稳定的晶格需要满足以下条件:平衡位置的涨落 Δu 小于 a。

把变换后动能 $-J\sum_{<i,j>}c_i^{\dagger}c_j(X_i^{\dagger}X_j-\langle\langle X_i^{\dagger}X_j\rangle\rangle)$ 作为系统与库的相互作用,其中 $\langle\langle X_i^{\dagger}X_j\rangle\rangle$ 为平衡库平均值,并结合有限温度热库条件 $\{J,V\}$ 下声子的 Born-Markov 近似,我们可以得到缀饰粒子的约化密度算符 ρ_t 的 Linblad 主方程[130]为

$$\dot{\rho}_t=\frac{i}{\hbar}[\rho_t,\widetilde{H}]+\sum_{j,l,\delta,\delta'}\frac{\Gamma_{j,l}^{\delta,\delta'}}{2\hbar}([b_{j\delta},\rho_t b_{l\delta'}]+[b_{l\delta'},\rho_t,b_{j\delta}]) \qquad (12.28)$$

其中,$b_{j\delta}=c_{j+\delta}^{\dagger}c_j$。当 $\{\widetilde{J},\widetilde{V}_{ij},E_p\}<\Delta$ 时,系统的有效哈密顿量是具有方程(12.14)形式的扩展 Hubbard 模型。缀饰粒子的相干跃迁由下式决定:

$$\widetilde{J}=J\ll X_i^{\dagger}X_j\gg\equiv J\exp(-S_T)$$

式中:$S_T=\sum_q\left(\frac{M_q}{\hbar\omega_q}\right)^2[1-\cos(\boldsymbol{qa})](2n_q(T)+1)$ 描述了粒子-声子相互作用的强度,$n_q(T)$ 是温度为 T 时的热占居[128]。

在 Lindblad 方程(12.28)中,耗散项反映热诱导的非相干跃迁(跃迁率为 $\Gamma_{j,l}^{\delta,\delta'}$),当 $k_{\mathrm{B}}T\ll\min(\Delta,E_p,k_{\mathrm{B}}T_C)$ 时,它可以被忽略[117][131]。假如 $J\ll E_p$(在一维时 $J\ll\hbar\omega_D$),方程(12.14)的修正项(正比于 J^2)相比于 $\widetilde{H}$ 是小量。因此,在所关心的参数区间内,缀饰粒子的动力学由扩展 Hubbard 哈密顿量 $\widetilde{H}$ 刻画。接下来,我们将证明这些参数确实可以达到,并且计算图 12.11(a)中不同

种类的极性分子在一维微观模型中的有效 Hubbard 参数。参考文献[53]已报道了图 12.11(b)所示构型的类似计算。

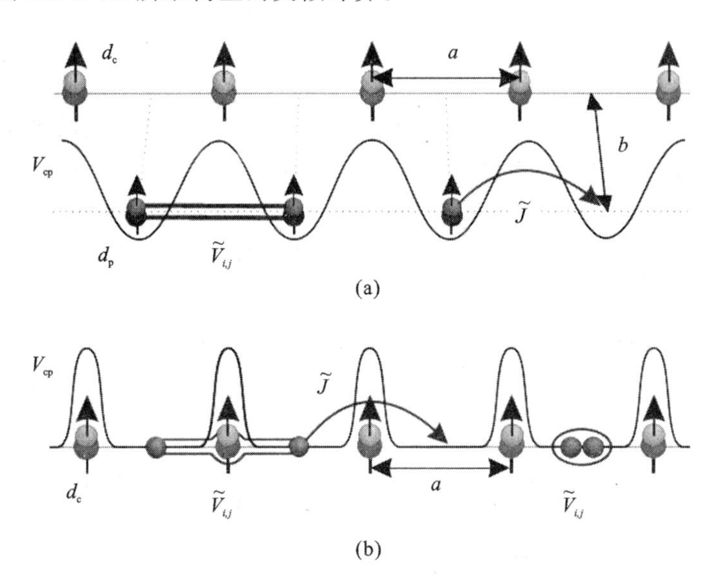

图 12.11　极性分子构成的偶极晶体为额外的原子和分子提供了一个新的周期性晶格 V_{cp}，因此能够实现跃迁项为 $\tilde{J}$、长程相互作用为 $\tilde{V}_{i,j}$ 的晶格模型（详见正文和图 12.5）。(a)晶格长度为 a 的一维偶极晶体为第二种分子提供了一个周期势，该分子运动在 b 处的一维链中；(b)偶极晶格散射的原子一维构型（引自 Pupillo，G. et al.，Phys. Rev. Lett.，100，050402，2008.）

如图 12.11(a)所示，一维俘获条件下，距离晶体链 b 处的一维光晶格俘获了另一种类型的分子。当晶体分子固定在晶格常数为 a 的平衡位置时，额外粒子将会感受到决定能带结构的周期势 $V_{cp}(x)=d_p d_c \sum_j [b^2+(x-ja)^2]^{-3/2}$。图 12.12(a)给出了晶格深度 $V_0 \equiv V_{cp}(a/2)-V_{cp}(0) \approx r_d \dfrac{d_p}{d_c}\dfrac{m_p}{m}\dfrac{e^{-3b/a}}{(b/a)^3}E_{R,p}$ 随 b/a 的变化，其中，细实线给出了 $4J<\Delta$ 区间内的结果，其中 $E_{R,p}=(\hbar\pi)^2/(2m_p a^2)$。因为粒子分离为形成晶体的单个分子，所以势函数在区间 $b/a<1/4$ 内呈梳子形，相反，当 $b/a \geqslant 1/4$ 时则呈正弦形。额外粒子的强偶极-偶极排斥相互作用充当了有效硬核约束[85]。我们发现，当 $4J<\Delta$ 及 $d_p \ll d_c$ 时，格点间的裸相互作用满足关系式 $V_{ij} \approx d_p^2/(a|i-j|)^3<\Delta$，这一关系确保我们可以使用单带近似去描述稳定晶格中的额外粒子动力学。

此时,系统中的粒子-声子耦合变为

$$M_q=\frac{d_c d_p}{ab}\left(\frac{2\hbar}{Nm_c\omega_q}\right)^{\frac{1}{2}}q^2\,\mathcal{K}_1(b\,|\,q\,|)\beta_q$$

式中:$\mathcal{K}$是第二类修正贝塞尔函数。

当 $q\to 0$ 时,$M_q\approx\sqrt{q}$。当 $b/a<1$ 时,单带近似成立,而且我们发现 M_q 在 $q\approx\pi/a$ 处出现峰值。因此,高频部分($\hbar\omega_q>J$)主导了 S_T 和 E_p 定义中的积分。同时在冷原子装置上,所谓的非绝热区间通常是难以达到的[129]。

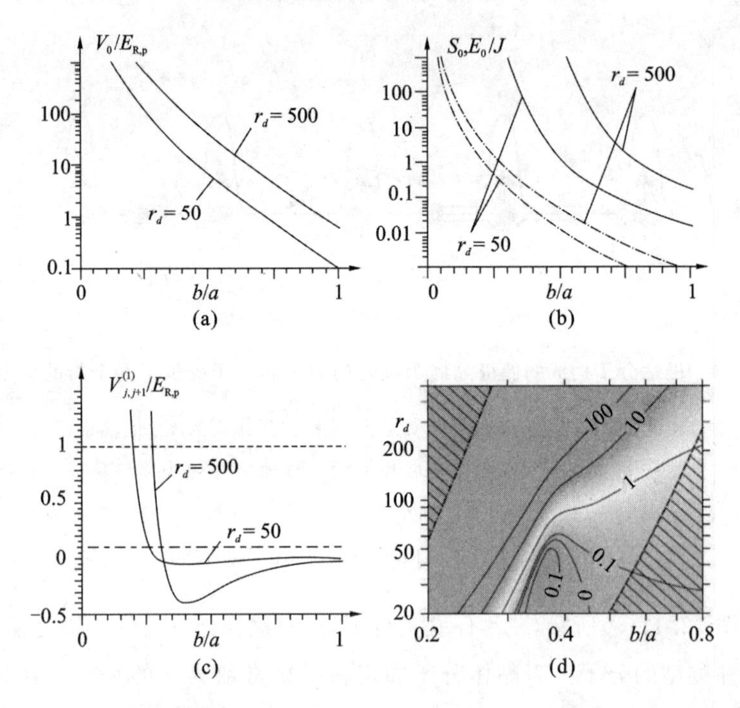

图 12.12　构型 1(见图 12.11(a)):$d_p/d_c=0.1$ 和 $m=m_p$ 时的 Hubbard 参数。(a)当 $r_d=50$ 或 500 时,晶格深度以 b/a 为变量的函数图像(单位:$E_{R,p}$),细实线:紧束缚区间 $4J<\Delta$;(b) 区间 $4J<\Delta$ 内,约化因子 S_0(点划线)和极子偏移 E_p/J(实线);(c)实线:声子诱导的相互作用 $V^{(1)}_{j,j+1}$,水平虚线:$V_{j,j+1}$;(d) 函数 $\widetilde{V}_{j,j+1}/2\widetilde{J}$ 以 b/a 和 r_d 为变量的等高线图。单带 Hubbard 模型在左边虚线区间($\{4J,V_{i,j}\}<\Delta$)和右边黑色区间($E_p<\Delta$)成立

图 12.12(b)给出了 S_0 随 b/a 的变化。我们发现 $S_0\propto\sqrt{r_d}(d_p/d_c)^2$,并且在单带近似成立区间,$S_0$ 能够从 $S_0\ll 1(\widetilde{J}-J)$ 调节到 $S_0\gg 1(\widetilde{J}\ll J)$,上下限分别对应于大极子极限和小极子极限。极子偏移 E_p 一般大于裸跃迁率 J,尤其

当 $S_0 \geqslant 1$ 时，$E_p \gg J$（见图 12.12(b)）。在 $\hbar\omega_D \gg J$ 条件下，正比于 J^2（见方程(12.14)）的修正项是个小量，因此方程(12.14)能完全描述缀饰粒子的相干动力学。

图 12.11 显示了扩展 Hubbard 模型拥有可调的格点间相互作用。这一相互作用包含额外粒子间偶极-偶极相互作用和声子诱导的相互作用 $V_{i,j}^{(1)}$。当 $b/a \leqslant 1/4$ 时，我们发现相互作用 $V_{i,j}^{(1)}$ 随两粒子间距离以 $1/|i-j|^2$ 形式进行缓慢衰减，因此它是长程相互作用。而 $V_{i,j}^{(1)}$ 的正负号是以 b/a 的函数来决定的。因此，通过改变 b/a，声子传导的相互作用能够增加或减弱额外粒子间的直接偶极-偶极排斥相互作用。作为一个例子，图 12.12(c)给出了当 b/a 增加时，$V_{i,j}^{(1)}$ 从排斥（正）到吸引（负），而且，对于足够小的 b/a，声子诱导的相互作用比直接的偶极-偶极相互作用更强。

以 r_d 和 b/a 为变量的等高线图（见图 12.12(d)）给出了有效的 Hubbard 参数 $\widetilde{V}_{j,j+1}$ 和 J。当减小 b/a 或增加 r_d 时，比率 $\widetilde{V}_{j,j+1}/(2\widetilde{J})$ 增加，而且能够远大于 1。在有效动力学中，出现强格点间相互作用是获得许多新量子相的必备条件[78]~[82]。在半填充且只考虑最近邻相互作用时，改变 b/a 与 r_d，上文提到的构型会从 Luttinger 流体（$\widetilde{V}_{i,i+1} < 2\widetilde{J}$）变到电荷密度波（$\widetilde{V}_{j,j+1} > 2\widetilde{J}$）[133]。图 12.12(d)给出：通过选择不同的参数 b/a 与 r_d（譬如 $r_d = 100, b/a \approx 0.5$）可以满足 Luttinger 流体到电荷密度波的转变条件 $\widetilde{V}_{j,j+1} = 2\widetilde{J}$。

12.4.3　三体相互作用

正如第 12.2 节所言，一件很有意思的事是设计有效多体相互作用占主导（超过两体相互作用）并决定基态性质的系统。接着，我们将说明具有偶极-偶极相互作用的$^1\Sigma$极性分子如何通过 Bohn-Oppenheimer 近似得到有效低能相互作用势 V_{eff}^{3D}（见方程(12.2)）。正如 12.3.2 节中所述，偶极-偶极相互作用可以通过利用外部静场和微波场来缀饰低能转动态。

我们先研究有静电场 $\boldsymbol{E} = E\boldsymbol{e}_z$（指向 z 轴）的分子系统。在系统中，具有能量 E_g 和 $E_{e,\pm}$ 的两个态 $|g\rangle_i \equiv |\phi_{0,0}\rangle_i$ 和 $|e_+\rangle_i \equiv |\Phi_{1,+1}\rangle_i$ 可以通过沿 z 轴传播的圆偏振微波场耦合（见图 12.13）。蓝失谐 $\Delta > 0$ 和拉比频率 $\Omega/\hbar$ 表征了微波跃迁。以下讨论可以直接推广到简并情况[85]。$E_{e,\pm}$ 的简并态 $|e_-\rangle \equiv |\phi_{1,-1}\rangle_i$ 通过额外微波场与下一组态以近共振耦合的方式解除与 $|e_+\rangle$ 的简并。因此，单个极性分子的内部结构简化为二能级系统，在引进自旋算符 S_i^z 的正（负）本征态

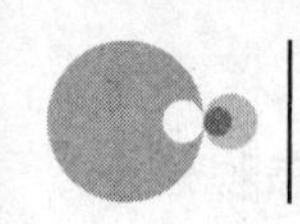

$|g\rangle_i$($|e_+\rangle_i$)后,该系统可以等效地用一个自旋$-1/2$粒子描述。运用旋转坐标系和旋波近似,极性分子内部动力学的哈密顿量写为

$$H_0^{(i)}=\frac{1}{2}\begin{bmatrix}\Delta & \Omega \\ \Omega & -\Delta\end{bmatrix}=\boldsymbol{h}\boldsymbol{S}_i \tag{12.29}$$

其中,有效磁场$\boldsymbol{h}=(\Omega,0,\Delta)$和自旋算符$\boldsymbol{S}_i=(S_i^x,S_i^y,S_i^z)$。哈密顿量的本征态记为$|+\rangle_i=\alpha|g\rangle_i+\beta|e_+\rangle_i$和$|-\rangle_i=-\beta|g\rangle_i+\alpha|e_+\rangle_i$,对应的本征能量为$\pm\sqrt{\Delta^2+\Omega^2}/2$。

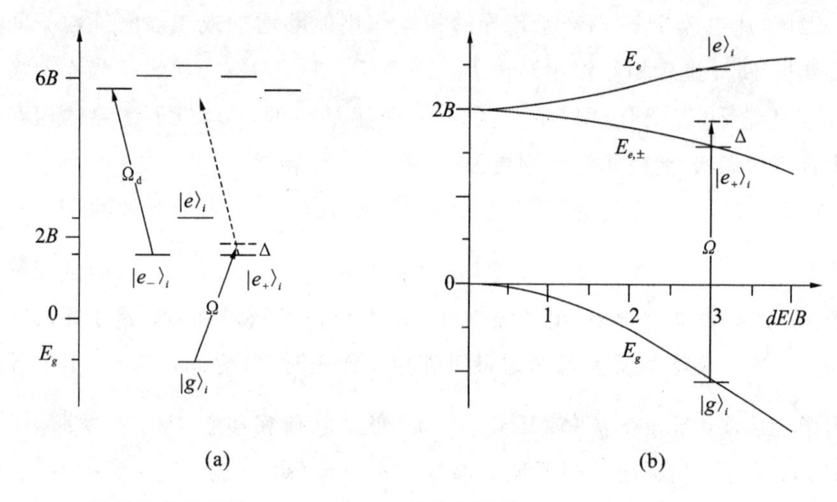

图12.13 单极性分子能谱。(a)$Ed/B=3$的能级结构:圆偏振微波场耦合基态$|g\rangle$和激发态$|e_+\rangle$,拉比频率为$\Omega/\hbar$,失谐为Δ。激发态$|e_+\rangle$由角动量本征方程$J_z|e_+\rangle=|e_+\rangle$给出。再通过施加一个反向偏振且Rabi频率为$\Omega/\hbar$的微波场,使$|e_-\rangle$共振耦合到下一组态,实现第一激发态的简并解除。(b)静电场$\boldsymbol{E}=E\boldsymbol{e}_z$中极性分子内部激发能谱(引自Büchler,H. P. et al.,Nature Phys.,3,726,2007.)

当$|r_{ij}|\gg(D/B)^{1/3}$时,方程(12.4)中两极性分子间偶极-偶极相互作用可以映射为有效自旋相互作用$H_\mathrm{d}=H_\mathrm{d}^\mathrm{int}+H_\mathrm{d}^\mathrm{shift}$,其中$D=|\langle g|d_i|e_+\rangle|^2$,$d_i$为偶极矩算符。第一项是有效自旋相互作用

$$H_\mathrm{d}^\mathrm{int}=-\frac{1}{2}\sum_{i\neq j}D\upsilon(\boldsymbol{r}_{ij})[S_i^xS_j^x+S_i^yS_j^y-\eta_-^2\,S_i^zS_j^z] \tag{12.30}$$

其中,$\eta_\pm=\eta_g\pm\eta_e$由诱导偶极矩大小$\eta_g=\partial_E E_g/\sqrt{D}$和$\eta_e=\partial_E E_{e,+}/\sqrt{D}$决定。$\upsilon(\boldsymbol{r})=(1-3\cos^2\vartheta)/r^3$揭示了偶极-偶极相互作用的各向异性行为,其中$\vartheta$是$\boldsymbol{r}$与$z$轴的夹角。另外,诱导偶极矩的各向异性导致了有效磁场的定域重整化

和能量偏移，该能量偏移为

$$H_{\mathrm{d}}^{\mathrm{shift}} = \frac{1}{2}\sum_{i\neq j} D\upsilon(\boldsymbol{r}_{ij})\left(\frac{\eta_{-}\eta_{+}}{2}S_i^z + \frac{\eta_{+}^2}{4}\right) \tag{12.31}$$

在 Bohn-Oppenheimer 近似下，偶极-偶极相互作用 $V_{\mathrm{dd}}(\boldsymbol{r})/h$ 的二阶微扰论给出了两极性分子(处于$|+\rangle_i$ 态)间有效相互作用的解析式

$$V_{\mathrm{eff}}^{3\mathrm{D}}(\{\boldsymbol{r}_i\}) = E^{(1)}(\{\boldsymbol{r}_i\}) + E^{(2)}(\{\boldsymbol{r}_i\}) \tag{12.32}$$

其中，$D/(a^3|h| = (R_0/a)^3 \ll 1$ 是微扰展开参数，a 是两粒子间距的特征长度，$R_0 = (D/\sqrt{\Delta^2+\Omega^2})^{1/3}$ 是在 12.3.2.2 节中讨论过的 Condon 点。能量偏移

$$E^{(1)}(\{\boldsymbol{r}_i\}) = \frac{1}{2}[(\alpha^2\eta_g + \beta^2\eta_e)^2 - \alpha^2\beta^2]\sum_{i\neq j} D\upsilon(\boldsymbol{r}_{ij}) \tag{12.33}$$

引起粒子的偶极-偶极相互作用，而

$$E^{(2)}(\{\boldsymbol{r}_i\}) = \sum_{k\neq i,k\neq j}\frac{|M|^2}{\sqrt{\Delta^2+\Omega^2}}D^2\upsilon(\boldsymbol{r}_{ik})\upsilon(\boldsymbol{r}_{ik}) + \sum_{i<j}\frac{|N|^2}{2\sqrt{\Delta^2+\Omega^2}}[D\upsilon(\boldsymbol{r}_{ij})]^2 \tag{12.34}$$

包含两粒子相互作用的修正和一个额外的三体相互作用。矩阵元 M 和 N 分别为

$$M = \alpha\beta[(\alpha^2\eta_g + \beta^2\eta_e)(-\eta_g + \eta_e) - (\alpha^2 - \beta^2)^2/2]$$

$$N = (\alpha\beta)^2[(\eta_e - \eta_g)^2 + 1]$$

因此，精确到$(R_0/a)^3$ 的二阶有效相互作用势约化为方程(12.2)，其中，两粒子相互作用是

$$V(\boldsymbol{r}) = \lambda_1 D\upsilon(\boldsymbol{r}) + \lambda_2 D R_0^3[\upsilon(\boldsymbol{r})]^2 \tag{12.35}$$

而三体相互作用是

$$W(\boldsymbol{r}_1,\boldsymbol{r}_2,\boldsymbol{r}_3) = \gamma_2 R_0^3 D[\upsilon(\boldsymbol{r}_{12})\upsilon(\boldsymbol{r}_{13}) + \upsilon(\boldsymbol{r}_{12})\upsilon(\boldsymbol{r}_{23}) + \upsilon(\boldsymbol{r}_{13})\upsilon(\boldsymbol{r}_{23})] \tag{12.36}$$

无量纲耦合参数为 $\lambda_1 = (\alpha^2\eta_g + \beta^2\eta_e)^2 - \alpha^2\beta^2$，$\lambda_2 = 2|M|^2 + |N|^2/2$，$\gamma_2 = 2|M|^2$。这些参数能够通过电场强度 Ed/B 以及拉比频率与失谐的比值 Ω/Δ 调控(见图 12.14)。特别值得注意的是，两粒子相互作用能够通过外场消除，即$\lambda_1 = 0$。包含 λ_2 和 γ_2 的二阶项主导了相互作用，其中，λ_2 和 γ_2 包含三体相互作用(见图 12.14(d))。当 λ_1 在 $\lambda_1 = 0$ 附近取值时，两体相互作用特性就会改变。值得注意的是，n 体相互作用项($n \geqslant 4$)来源于参数$(R_0/a)^3$ 的$(n-1)$阶微扰，因此，这些项可以忽略。

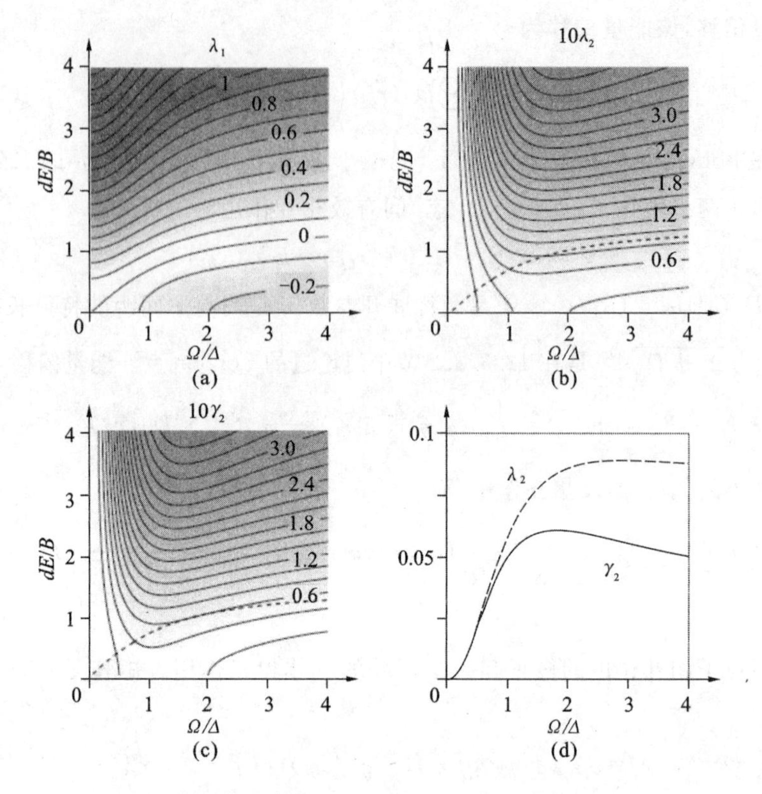

图 12.14 有效相互作用势的参数。(a)~(c)相互作用参数强度 λ_1、λ_2 和 γ_2 以外场 Ed/B 和 Ω/Δ 为变量的函数图像。当 $\lambda_1=0$ 时,一阶偶极-偶极相互作用消失(见图(b)和(c)中的虚线),此时二阶偶极-偶极相互作用占主导作用。(d) 当 $\lambda_1=0$ 时,λ_2(虚线)和 γ_2(实线)以 Ω/Δ 为变量的函数图像(引自 Büchler,H. P. et al. ,Nature Phys. ,3,726,2007.)

微扰展开要求 $a\gg R_0$。类似于 12.3.2.1 节所论述的,强(光学)横向限制($\omega_\perp$)和排斥偶极-偶极相互作用共同促使了粒子间距大于 R_0。当排斥两体相互作用满足条件:$\hbar\omega_\perp>D/R_0^3$ 和 $\lambda_1\geqslant-\lambda_2(R_0/a)^3$ 时,粒子的间距可以达到区间 $|\boldsymbol{r}_i-\boldsymbol{r}_j|<R_0$,在这个区域中隧穿率 $\Gamma\approx\left(\dfrac{\hbar}{ma^2}\right)^2\exp(-2S_E/\hbar)$ 以指数衰减,其中 $S_E/\hbar\approx\sqrt{\dfrac{Dm}{R_0\hbar^2}}$。在实验中,这种指数衰减保证了碰撞系统的稳定性。

光晶格为极性分子提供了周期结构。哈密顿量(见方程(12.1))描述了这个周期结构,其中,$V_{\text{eff}}^{\text{3D}}$ 由方程(12.32)给出。在深晶格极限下,方程(12.1)的场算符二次量子化标准展开可得强近邻相互作用的 Hubbard 模型(见方程

(12.9)),其中,场算符 $\Psi^{\dagger}(\boldsymbol{r})=\sum_{i}w(\boldsymbol{r}-\boldsymbol{R}_i)b_i^{\dagger}$,$w(\boldsymbol{r})$是最低带 Wannier 函数;$b_i^{\dagger}$ 是粒子产生算符。当 $a\gg R_0$ 时,粒子满足硬核条件。方程(12.9)中的相互作用 U_{ij} 和 W_{ijk} 可从有效相互作用 $V(\{r_i\})$得到。在严格局域 Wannier 函数极限下,它们约化为

$$U_{ij}=U_0\frac{a^3}{|\boldsymbol{R}_i-\boldsymbol{R}_j|^2}+U_1\frac{a^6}{|\boldsymbol{R}_i-\boldsymbol{R}_j|^6} \tag{12.37}$$

$$W_{ijk}=W_0\left[\frac{a^6}{|R_i-R_j|^3\,|R_i-R_k|^3}+\text{perm}\right] \tag{12.38}$$

式中:$U_0=\lambda_1 D/a^3$;$U_1=\lambda_2 DR_0^3/a^6$;$W_0=\gamma_2 DR_0^3/a^6$。

图 12.2(b)给出了不同晶格构型下三体项的大小和主导权重。对于在光晶格($a\approx500$ nm)中,永久偶极矩大小为 $d=6.3D$ 的 LiCs 分子,一阶偶极-偶极相互作用能产生 $U_0\approx55E_{\text{kin}}\left(E_{\text{kin}}=\dfrac{\hbar^2}{ma^2}\right)$ 的强近邻相互作用。另外,如果调节外电场使得 $\lambda_1=0$,这将导致三体相互作用的特征量级满足 $W_0\approx(R_0/a)^3E_{\text{kin}}$。因此,通过改变晶格深度来控制跃迁能量 J 可使系统进入三体作用占主导的区域。对于玻色子而言,解析计算表明方程(12.9)在 $U_{ij}=0$ 条件下描述的一维基态相图由特殊有理数填充的价键态、电荷密度波态和超流态组成[85]。

12.4.4 晶格自旋模型

基于前面几节阐述的相互作用调控技术,可以把极性分子超冷气体当作“完备工具箱”去构造满足任意交换对称的自旋－1/2 相互作用模型。

在这节中,我们考虑处在$^2\Sigma_{1/2}$电子态的异核分子。譬如,满壳层外有一个电子的碱土金属卤化物分子。分子角动量激发过程由如下哈密顿量描述:

$$H_{\text{m}}=B\boldsymbol{N}^2+g\boldsymbol{N}\cdot\boldsymbol{S} \tag{12.39}$$

式中:$\boldsymbol{N}$ 是核角动量;$\boldsymbol{S}$ 是约化电子自旋(以下 $S=1/2$);B 是转动常数;γ 是自旋-轨道耦合常数。

B 的典型值有几十吉赫兹,γ 通常有几百兆赫兹。与 H_m^i 本征基矢对应的第 i 个分子耦合基矢是$\{|N_i,S_i,J_i,M_{J_i}\rangle\}$,其中 $\boldsymbol{J}_i=\boldsymbol{N}_i+\boldsymbol{S}_i$,对应的本征值分别为 $E(N=0,1/2,1/2)=0$,$E(N=1,1/2,1/2)=2B-\gamma$ 和 $E(N=1,1/2,3/2)=2B+\gamma/2$。

描述光晶格中一对分子内部和外部动力学的哈密顿量为 $H=H_{\text{in}}+H_{\text{ex}}$。

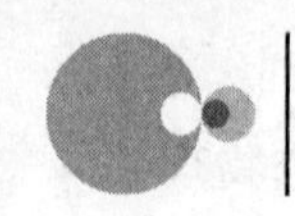

描述内部自由度的是 $H_{in}=H_{dd}+\sum_{i=1}^{2}H_{m}^{i}$,其中 H_{dd} 是偶极-偶极相互作用。描述外部自由度的是 $H_{ex}=\sum_{i=1}^{2}\boldsymbol{p}_i^2/(2m)+V_i(\boldsymbol{x}_i-\bar{\boldsymbol{x}}_i)$,其中 $\boldsymbol{P}_i$ 是第 i 个质量为 m 的分子动量;$V_i(\boldsymbol{x}-\bar{\boldsymbol{x}}_i)$ 是 $\bar{\boldsymbol{x}}_i$ 点附近的第 i 个分子的外势,$\bar{\boldsymbol{x}}_i$ 是周期势的局域(一维方均根宽度为 z_0)最小值点。我们首先假设势阱在最小值点时近似为一个能量间隔为 $\hbar\omega_{osc}$ 的简谐势,然后再假设通过耗散电磁泵将分子制备在每一个格点的基态[3]。为了方便,我们把两个分子的连线设为量子化 z 轴,即 $\bar{\boldsymbol{x}}_2-\bar{\boldsymbol{x}}_1=\Delta z\hat{z}$,其中 Δz 数倍于晶格常数。

每一个分子的基态子空间与自旋 $-1/2$ 粒子同构。我们的目的是获得相邻两分子的有效自旋-自旋相互作用。在我们的模型中,静自旋-自旋相互作用为:$H_{vdw}(r)=-(d^4/2Br^6)[1+\gamma/4B)^2(1+4\boldsymbol{S}_1\cdot\boldsymbol{S}_2/3-2S_1^zS_2^z)]$,这一相互作用来源于自旋-旋转耦合和偶极-偶极相互作用,但是它很小。第一项是著名的范德瓦尔斯 $1/r^6$ 相互作用,而依赖于自旋的部分被强烈地抑制到 $\gamma/(4B)\approx10^{-3}$(远小于1)。同时,偶极-偶极耦合的激发态可以通过调控微波场实现动力学混合。

我们假定俘获分子之间的距离为 $\Delta z\approx r_\gamma\equiv(2d^2/\gamma)^{1/3}$,其中,偶极-偶极相互作用强度是 $d^2/r_\gamma^3=\gamma/2$。在这个区间内,分子的转动与自旋可以进行强烈地耦合,而且激发态可以用洪德第三定则描述。这种情况类似于具有精细结构的两原子中偶极-偶极耦合的激发电子态。基态基本上与自旋无关。在转动量子数为 $1(N_1+N_2=1)$ 的子空间中,H_{in} 有 24 个本征态,它们是双电子自旋的线性叠加态和两分子的对称转动态。这个系统中还存在很多对称性,这些对称性能够使 H_{in} 约化为块对角矩阵。第一,在哈密顿量 H_{dd} 中,量子数 $Y=M_N+M_S$ 是守恒的,其中 $M_N=M_{N_1}+M_{N_2}$ 和 $M_S=M_{S_1}+M_{S_2}$ 分别是沿分子内部轴投影的转动量子数和总自旋量子数。第二,通过两个分子的交换操作定义的宇称是守恒的,其对称中心位于分子的中心。宇称算符的本征值仍然标记为 $g(u)$,其中 $\sigma=\pm1$ 分别对应于偶宇称和奇宇称。最后,这里还有一个所有电子的总轨道角动量的镜面反射对称性,相应的对称面为包含有分子内部轴的平面。当 $|Y|>0$ 时,所有镜面反射变换(R)后的本征态都是偶态,但是对于 0 角动量态,R 就同时存在奇偶(±1)两种态。16 个不同的本征值分别与态函数 $|Y|_\sigma^\pm(J)$ 对应,其中所有 $|Y|_\sigma^\pm(J)$ 构成了整个简并子空间。此时,J 则

表示在$r\rightarrow+\infty$时，组态($N=0,J=1/2;N=1,J$)的量子数。值得注意的是，本征值和本征态能够在图12.15(a)所示的Movre-Pichler势中解析计算。

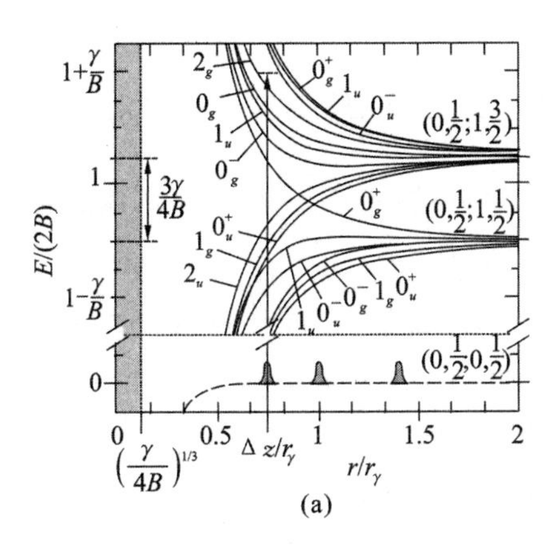

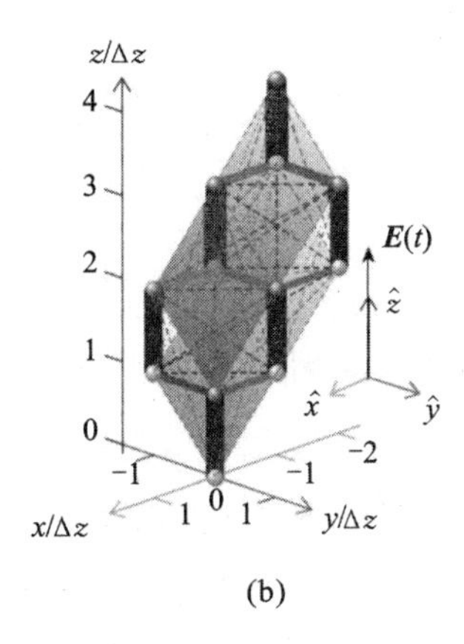

图12.15 (a) 一对分子的Movre-Pichler势以r为自变量的函数图像。图中画出了四个基态能$E(g_i(r))$(虚线)和前24个激发态能$E(\lambda(r))$(实线)。渐进组态(N_i，J_i;N_j，J_j)刻画了相应激发组态的对称性$|Y|_\sigma^\pm$。(b)自旋模型$H_{\text{spin}}^{(\text{II})}$的实现方案。图中包含12个极性分子，它们被俘获在两个平行三角晶格(阴影平面)里，两层晶格的距离连线方向垂直于平面$\Delta z/\sqrt{3}$，且相对于平面内晶格的偏移是$\Delta z\ \sqrt{2/3}$。最近邻耦合分子之间的间距$b=\Delta z$，同时在$\sqrt{2}b$处与次近邻分子发生耦合。该图的最高点对应于自旋，边界对应于一对自旋的耦合。边界宽度和阴影表征了该耦合的性质，其中粗暗边$=\sigma^z\sigma^z$，细暗边$=\sigma^y\sigma^y$，细亮边$=\sigma^x\sigma^x$，黑色="其他"。对于近邻耦合，边界宽度给出了耦合绝对值的相对强度。对于这样的方案，最近邻格点间距离是$b=r_\gamma$。朝z轴方向偏振的三个场可以诱发有效的自旋-自旋相互作用，而且在频率和耦合强度都经过优化以后，有效相互作用将近于理想值$H_{\text{spin}}^{(\text{II})}$。在最近邻格点处，失谐值分别为$\hbar\omega_1-E(1_g(1/2))=-0.05\gamma/2$，$\hbar\omega_2-E(0_g^-(1/2))=-0.05\gamma/2$和$\hbar\omega_3-E(2g(3/2))=0.10\gamma/2$，相应的拉比频率为$|\Omega_1|=4|\Omega_2|=|\Omega_3|=0.01\gamma/\hbar$。当$\gamma=40$ MHz时，产生的有效耦合强度分别为$J_z=-100$ kHz和$J_\perp=-0.4J_z$。残余的最近邻耦合强度在x及y连线方向小于$0.04|J_z|$，在z连线上则小于$0.003|J_z|$。不同的边界线形式反映了长程耦合的强弱，即$|J_1r|<0.01|J_z|$(虚线)，$|J_1r|<0.001|J_z|$(点线)。在低能状态下，若将z轴方向的一对自旋看作单个有效自旋，那么这个模型就近似成为方晶格上的Kitaev 4定域模型，相应的有效耦合强度为$J_{\text{eff}}=-(J_\perp/J_z)^4\ |J_z|/16\approx167$ Hz[115]，图中画出了方晶格上的一个子格以及二重晶格上的相邻子格(引自Micheli,A. et al.,Nature Phys.,2,341,2006.)

为了获得强的偶极-偶极相互作用,我们引入频率 ω_F 的微波场并调节拉比频率Ω 使它与$N=0\rightarrow N=1$ 的跃迁近共振。从二阶微扰论得到的基态有效哈密顿量为

$$H_{\text{eff}}(r)=\sum_{i,f}\sum_{\lambda(r)}\frac{\langle g_f|H_{\text{mf}}|\lambda(r)\rangle\langle\lambda(r)|H_{\text{mf}}|g_i\rangle}{\hbar\omega_F-E(\lambda(r))}|g_f\rangle\langle g_i| \tag{12.40}$$

式中:$|g_i\rangle$,$|g_f\rangle$是$N_1=N_2=0$ 的基态;$\{\lambda(r)\}$是$N_1+N_2=1$ 的激发态(由哈密顿量 H_{in}决定),对应的激发能为$\{E(\lambda(r))\}$。

自旋子空间内的约化相互作用项可以通过对空间运动自由度求迹得到。对于俘获在方均根宽度为 z_0 的各向同性基态简谐势中的分子,波函数可分离为质心部分和相对运动部分,其有效自旋哈密顿量是 $H_{\text{spin}}=\langle H_{\text{eff}}(r)\rangle_{\text{rel}}$。

在合理选择场参数后,式(12.40)中的哈密顿量一定会包含许多纠缠在一起的相互作用,然而我们希望以一种系统的方法来设计自旋-自旋相互作用。此时,处在微波场中的分子 1 和 2 的有效哈密顿量为

$$H_{\text{eff}}(r)=\frac{\hbar|\Omega|}{8}\sum_{\alpha,\beta=0}^{3}\sigma_1^{\alpha}A_{\alpha,\beta(r)}\sigma_2^{\beta} \tag{12.41}$$

式中:$\{\sigma^{\alpha}\}_{\alpha=0}^{3}\equiv\{1,\sigma^x,\sigma^y,\sigma^z\}$;$A$ 是个实对称张量。

方程(12.41)描述了普适的具有置换对称性的两比特哈密顿量。分量$A_{0,s}$对应于局域作用于每一个自旋的赝磁场,分量 $A_{s,t}$描述了两比特耦合。如果微波场是线偏振的,那么赝磁场就等于零,但无论如何,一个真实的磁场总能够调节定域相互作用。在足够强的梯度下,它能破坏 H_{spin}的交换对称性。

对于给定偏振的场,在激发态附近调节其频率就能诱导一个特殊的基态自旋结构。在固定两分子间距时,这些结构随着频率扫过多个共振位置而改变。表 12.1 列出了在这种方法下模拟 Ising 模型和 Heisenberg 模型所需要的参数。通过使用频率差足够大的场,有效磁场在基态上产生了额外的自旋结构。而各向异性的自旋模型 $H_{xyz}=\lambda_x\sigma^x\sigma^x+\lambda_y\sigma^y\sigma^y+\lambda_z\sigma^z\sigma^z$ 可以利用三个场来模拟:第一个场调谐到 $0_u^+(3/2)$并沿 z 轴偏振;第二个场调谐到 $0_g^-(3/2)$并沿 y 轴偏振;第三个场调谐到 $0_g^+(1/2)$并沿 y 轴偏振。强度值λ 能够通过调节拉比频率和三个场的失谐来控制。此时将外磁场和六束微波场结合,任意交换对称的两比特相互作用都可以实现。

Kitaev 模型(自旋模型 II)能够按如下方法获得:考虑三条长度为 b 的边连接的四分子系统,其中这三条边构成了垂直空间三元组。有很多种不同的微

波场构型能够在连线方向上形成相互作用 $H_{\text{spin}}^{(\text{II})}$。一个选择是使用两个向 z 轴偏振的微波场，其中一个调节到与 1_g 势共振，另一个与 1_u 势共振。图12.15(b)给出了用不同的三个微波场构型来实现模型 II 的方案。所得到的相互作用接近于仅有微小的次近邻耦合的理想值。

表 12.1　来源于方程(12.41)的自旋构型

极　化	共　振	自 旋 构 型
$\hat{x}$	2_g	$\sigma^z\sigma^z$
$\hat{z}$	0_u^+	$\vec{\sigma}\cdot\vec{\sigma}$
$\hat{z}$	0_g^-	$\sigma^x\sigma^x+\sigma^y\sigma^y-\sigma^z\sigma^z$
$\hat{y}$	0_g^-	$\sigma^x\sigma^x-\sigma^y\sigma^y+\sigma^z\sigma^z$
$\hat{y}$	0_g^+	$-\sigma^x\sigma^x+\sigma^y\sigma^y+\sigma^z\sigma^z$
$(\hat{y}-\hat{x})/\sqrt{2}$	0_g^+	$-\sigma^x\sigma^y-\sigma^y\sigma^x+\sigma^z\sigma^z$
$\cos(\xi\hat{x})+\sin(\xi\hat{z})$	1_g	$\lambda_1(\sigma^x\sigma^z+\sigma^z\sigma^x)+\lambda_2\sigma^z\sigma^z+\lambda_3(\sigma^x\sigma^x+\sigma^y\sigma^y)$
$\cos(\xi\hat{y})+\sin(\xi\hat{z})$	1_g	$\lambda_1(\sigma^y\sigma^z+\sigma^z\sigma^y)+\lambda_2\sigma^z\sigma^z+\lambda_3(\sigma^x\sigma^x+\sigma^y\sigma^y)$

说明：场的极化方向相对于分子内部轴 $\hat{z}$ 指定，当核间距为 Δz 时，所选频率 ω_F 与激发态近共振。相互作用的符号取决于正、负失谐频率(引自 Micheli，A. et al.，Nature Phys.，2，341，2006.)

参考文献

[1] For an overview，see，e. g.，Ultracold Matter，Nature Insight，Nature (London)，416，205-246，2002.

[2] See，e. g.，Special Issue：Ultracold polar molecules：Formation and collisions，Eur. Phys. J. D，31，149-445，2004.

[3] Sage，J. M.，Sainis，S.，Bergeman，T.，and DeMille，D.，Optical production of ultracold polar molecules，Phys. Rev. Lett.，94，203001，2005.

[4] Bethlem，H. L.，Berden，G.，Crompvoets，F. M. H.，Jongma，R. T.，van Roij，A. J. A.，and Meijer，G.，Electrostatic trapping of ammonia molecules，Nature (London)，406，491，2000.

[5] Weinstein，J. D.，deCarvalho，R.，Guillet，T.，Friedrich，B.，and Doyle，J. M.，Magnetic trapping of calcium monohydride molecules at millikelvin temperatures，Nature，395，148，1998.

[6] Crompvoets, F. M. H., Bethlem, H. L., Jongma, R. T., and Meijer, G., A prototype storage ring for neutral molecules, Nature (London), 411, 174, 2001.

[7] Junglen, T., Rieger, T., Rangwala, S. A., Pinkse, P. W. H., and G. Rempe, Two dimensional trapping of dipolar molecules in time-varying electric fields, Phys. Rev. Lett., 92, 223001, 2004.

[8] Tarbutt, M. R., Bethlem, H. L., Hudson, J. J., Ryabov, V. L., Ryzhov, V. A., Sauer, B. E., Meijer, G., and Hinds, E. A., Slowing heavy, ground-state molecules using an alternating gradient decelerator, Phys. Rev. Lett., 92, 173002, 2004.

[9] Rieger, T., Junglen, T., Rangwala, S. A., Pinkse, P. W. H., and Rempe, G., Continuous loading of an electrostatic trap for polar molecules, Phys. Rev. Lett., 95, 173002, 2005.

[10] Wang, D., Qi, J., Stone, M. F., Nikolayeva, O., Wang, H., Hattaway, B., Gensemer, S. D., Gould, P. L., Eyler, E. E., and Stwalley, W. C., Photoassociative production and trapping of ultracold KRb molecules, Phys. Rev. Lett., 93, 243005, 2004.

[11] van de Meerakker, S. Y. T., Smeets, P. H. M., Vanhaecke, N., Jongma, R. T., and Meijer, G., Deceleration and electrostatic trapping of OH radicals, Phys. Rev. Lett., 94, 023004, 2005.

[12] Kraft, S. D., Staanum, P., Lange, J., Vogel, L., Wester, R., and Weidemuller, M., Formation of ultracold LiCs molecules, J. Phys. B, 39, S993, 2006.

[13] Ospelkaus, S., Pe'er, A., Ni, K.-K., Zirbel, J. J., Neyenhuis, B., Kotochigova, S., Julienne, P. S., Ye, J., and Jin, D. S., Ultracold Dense Gas of Deeply Bound Heteronuclear Molecules, arXiv:0802.1093.

[14] Knoop, S., Mark, M., Ferlaino, F., Danzl, J. G., Kraemer, T., Naegerl, H.-C., and Grimm, R., Metastable Feshbach molecules in high rotational states, Phys. Rev. Lett., 100, 083002, 2008.

[15] Lang, F., Straten, P. v. d., Brandstatter, B., Thalhammer, G., Winkler, K., Julienne, P. S., Grimm, R., and Hecker Denschlag, J., Cruising

through molecular bound-state manifolds with radiofrequency, Nature Phys. ,4,223,2008.

[16] Sawyer,B. C. ,Lev,B. L. ,Hudson,E. R. ,Stuhl,B. K. ,Lara,M. ,Bohn, J. L. , and JunYe, Magneto-electrostatic trapping of ground state OH molecules,Phys. Rev. Lett. ,98,253002,2007.

[17] Stwalley, W. C. ,Efficient conversion of ultracold Feshbach-resonance-related polar molecules into ultracold ground state ($X^{+}\Sigma^{+}$ $v=0$, $J=0$) molecules,Eur. Phys. J. D,31,221,2004.

[18] Hudson, E. R. ,Bochinski, J. R. , Lewandowski, H. J. , Sawyer, B. C. , and Ye, J. , Efficient Stark deceleration of cold polar molecules, Eur. Phys. J. D,31,351,2004.

[19] Inouye,S. ,Goldwin,J. ,Olsen,M. L. ,Ticknor,C. ,Bohn,J. L. ,and Jin, D. S. ,Observation of heteronuclear Feshbach resonances in a mixture of bosons and fermions,Phys. Rev. Lett. ,93,183201,2004.

[20] Greiner, M. , Regal, C. A. , and Jin, D. S. , Emergence of a molecular Bose-Einstein condensate from a Fermi gas,Nature,426,537-540,2003.

[21] Regal,C. A. ,Ticknor,C. ,Bohn,J. L. ,and Jin,D. S. ,Creation of ultra-cold molecules from a Fermi gas of atoms,Nature,424,47,2003.

[22] Volz,T. ,Syassen,N. ,Bauer,D. M. ,Hansis,E. ,Dürr,S. ,and Rempe, G. ,Preparation of a quantum state with one molecule at each site of an optical lattice,Nature Phys. ,2,692,2006.

[23] Fano,U. ,Effects of configuration interaction on intensities and phase shifts,Phys. Rev. ,124,1866,1961;Fano,U. ,Sullo spettro di assorbimento dei gas nobili presso il limite dello spettro d arco,Nuovo Cimento, 12,154, 1935; in English at Fano, U. , Pupillo, G. , Zannoni, A. , and Clark,C. W. ,On the absorption spectrum of noble gases at the arc spectrum limit, J. Res. Natl. Inst. Stand. Technol. ,110,583,2005.

[24] For a review on Feshbach resonances see e. g. R. A. Duine and Stoof,H. T. C. , Atom molecule coherence in Bose gases, Phys. Rep. , 396, 115,2004.

[25] Regal,C. A. ,Greiner,M. ,and Jin,D. S. ,Observation of resonance con-

densation of Fermionic atom pairs,Phys. Rev. Lett. ,92,040403,2004.

[26] Bartenstein,M. ,Altmeyer,A. ,Riedl,S. ,Jochim,S. ,Chin,C. ,Hecker Denschlag,J. ,and Grimm,R. ,Crossover from a molecular Bose-Einstein condensate to a degenerate Fermi gas,Phys. Rev. Lett. ,92,120401,2004.

[27] Zwierlein,M. W. ,Abo-Shaeer,J. R. ,Schirotzek,A. ,Schunck,C. H. ,and Ketterle,W. ,Vortices and superfluidity in a strongly interacting Fermi gas,Nature,435,1047,2005.

[28] Partridge,G. B. ,Strecker,K. E. ,Kamar,R. I. ,Jack,M. W. ,and Hulet,R. G. ,Molecular probe of pairing in the BEC-BCS crossover,Phys. Rev. Lett. ,95,020404,2005.

[29] Chin,C. ,Bartenstein,M. ,Altmeyer,A. ,Riedl,S. ,Jochim,S. ,Hecker Denschlag,J. ,and Grimm,R. ,Observation of the pairing gap in a strongly interacting Fermi gas,Science,305,1128,2005.

[30] Hadzibabic,Z. ,Krüger,P. ,Cheneau,M. ,Battelier,B. ,and Dalibard,J. B. ,Berezinskii-Kosterlitz-Thouless crossover in a trapped atomic gas,Nature,441,1118,2006.

[31] Berezinskii,V. L. ,Destruction of long-range order in one-dimensional and two dimensional systems possessing a continuous symmetry group,Sov. Phys. JETP,34,610,1972.

[32] Kosterlitz,J. M. and Thouless,D. J. ,Ordering,metastability and phase transitions in two-dimensional systems,J. Phys. C:Solid State Physics,6,1181,1973.

[33] Greiner,M. ,Mandel,O. ,Esslinger,T. ,Hänsch,T. W. ,and Bloch,I. ,Quantum phase transition from a superfluid to a Mott insulator in a gas of ultracold atoms,Nature,415,39,2002.

[34] Spielman,I. B. ,Phillips,W. D. ,and Porto,J. V. ,Mott-insulator transition in a two dimensional atomic bose gas,Phys. Rev. Lett. ,98,080404,2007.

[35] Koch,T. ,Lahaye,T. ,Metz,J. ,Fröhlich,B. ,Griesmaier,A. ,and Pfau,T. ,Stabilizing a purely dipolar quantum gas against collapse,Nature

Phys.,4,218,2008.

[36] Lahaye, T., Koch, T., Fröhlich, B., Fattori, M., Metz, J., Griesmaier, A., Giovanazzi, S., and Pfau, T., Strong dipolar effects in a quantum ferrofluid, Nature, 448, 672, 2007.

[37] Griesmaier, A., Stuhler, J., Koch, T., Fattori, M., Pfau, T., and Giovanazzi, S., Comparing contact and dipolar interaction in a Bose-Einstein condensate, Phys. Rev. Lett., 97, 250402, 2006.

[38] See the up-coming review: Baranov, M. A., Theoretical progress in many-body physics with ultracold dipolar gases, Phys. Rep., in press, and references therein.

[39] Wang, D.-W., Lukin, M. D., and Demler, E., Quantum fluids of self-assembled chains of polar molecules, Phys. Rev. Lett., 97, 180413, 2006.

[40] Wang, D.-W., Quantum phase transitions of polar molecules in bilayer systems, Phys. Rev. Lett., 98, 060403, 2007.

[41] Santos, L., Shlyapnikov, G. V., Zoller, P., and Lewenstein, M., Bose-Einstein condensation in trapped dipolar gases, Phys. Rev. Lett., 85, 1791, 2000.

[42] Petrov, D. S., Astrakharchik, G. E., Papoular, D. J., Salomon, C., and Shlyapnikov, G. V., Crystalline phase of strongly interacting Fermi mixtures, Phys. Rev. Lett., 99, 130407, 2007.

[43] Pedri, P., De Palo, S., Orignac, E., Citro, R., and Chiofalo, M. L., Collective excitations of trapped one-dimensional dipolar quantum gases, Phys. Rev. A, 77, 015601, 2008.

[44] Kotochigova, S. and Tiesinga, E., Controlling polar molecules in optical lattices, Phys. Rev. A, 73, 041405(R), 2006.

[45] Kotochigova, S., Prospects for making polar molecules with microwave fields, Phys. Rev. Lett., 99, 073003, 2007.

[46] Büchler, H. P., Demler, E., Lukin, M. D., Micheli, A., Prokof'ev, N. V., Pupillo, G., and Zoller, P., Strongly correlated 2D quantum phases with cold polar molecules: Controlling the shape of the interaction potential, Phys. Rev. Lett., 98, 060404, 2007.

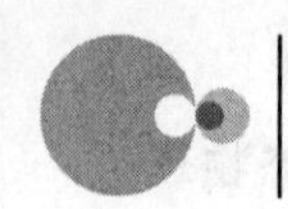

[47] Astrakharchik, G. E., Boronat, J., Kurbakov, I. L., and Lozovik, Yu. E., Quantum phase transition in a two-dimensional system of dipoles, Phys. Rev. Lett., 98, 060405, 2007.

[48] Mora, C., Parcollet, O., and Waintal, X., Quantum melting of a crystal of dipolar bosons, Phys. Rev. B, 76, 064511, 2007.

[49] Arkhipov, A. S., Astrakharchik, G. E., Belikov, A. V., Lozovik, Yu. E., Ground-state properties of a one-dimensional system of dipoles, JETP, 82, 41, 2005.

[50] Citro, R., Orignac, E., De Palo, S., and Chiofalo, M. L., Evidence of Luttinger-liquid behavior in one-dimensional dipolar quantum gases, Phys. Rev. A, 75, 051602(R), 2007.

[51] Micheli, A., Brennen, G. K., and Zoller, P., A toolbox for lattice-spin models with polar molecules, Nature Phys., 2, 341, 2006.

[52] Brennen, G. K., Micheli, A., and Zoller, P., Designing spin-1 lattice models using polar molecules, New J. Phys., 9, 138, 2007.

[53] Pupillo, G., Griessner, A., Micheli, A., Ortner, M., Wang, D.-W., and Zoller, P., Cold atoms and molecules in self-assembled dipolar lattices, Phys. Rev. Lett., 100, 050402, 2008.

[54] For studies in condensed matter setups see e. g.: Snoke, D., Spontaneous bose coherence of excitons and polaritons, Science, 298, 1368, 2002; De Palo, S., Rapisarda, F., and Senatore, G., Excitonic condensation in a symmetric electron-hole bilayer, Phys. Rev. Lett., 88, 206401 (2002); Kulakovskii, D. V., Lozovik, Yu. E., and Chaplik, A. V., Collective excitations in exciton crystal, JETP 99, 850, 2004; Kalman, G. J., Hartmann, P., Donko, Z., and Golden, K. I., Phys. Rev. Lett., 98, 236801, 2007, and references therein.

[55] Deb, B. and You, L., Low-energy atomic collision with dipole interactions, Phys. Rev. A, 64, 022717, 2001.

[56] Avdeenkov, A. V. and Bohn, J. L., Linking ultracold polar molecules, Phys. Rev. Lett., 90, 043006, 2003.

[57] Krems, R. V., Molecules near absolute zero and external field control of

atomic and molecular dynamics,Int. Rev. Phys. Chem. ,24,99,2005.

[58] Krems,R. V. ,Controlling collisions of ultracold atoms with dc electric fields,Phys. Rev. Lett. ,96,123202,2006.

[59] Ticknor,C. and Bohn,J. ,Long-range scattering resonances in strong-field-seeking states of polar molecules,Phys. Rev. A,72,032717,2005.

[60] Derevianko,A. ,Anisotropic pseudopotential for polarized dilute quantum gases,Phys. Rev. A,67,2003;Derevianko,A. ,Erratum:Anisotropic pseudopotential for polarized dilute quantum gases,Phys. Rev. A,67,033607,2003,Phys. Rev. A,72,03990,2005.

[61] Micheli,A. ,Pupillo,G. ,Büchler,H. P. ,and Zoller,P. ,Cold polar molecules in two dimensional traps:Tailoring interactions with external fields for novel quantum phases,Phys. Rev. A,76,043604,2007.

[62] Santos,L. ,Shlyapnikov,G. V. ,and Lewenstein,M. ,Roton-Maxon spectrum and stability of trapped dipolar Bose-Einstein condensates,Phys. Rev. Lett. ,90,250403,2003.

[63] O'Dell,D. H. ,Giovanazzi,S. ,and Kurizki,G. ,Rotons in gaseous Bose-Einstein condensates irradiated by a laser,Phys. Rev. Lett. ,90,110402,2003.

[64] Bortolotti,D. C. E. ,Ronen,S. ,Bohn,J. L. ,and Blume,D. ,Scattering length instability in dipolar bose-Einstein condensates,Phys. Rev. Lett. ,97,160402,2006.

[65] Ronen,S. ,Bortolotti,D. C. E. ,Blume,D. ,and Bohn,J. L. ,Dipolar Bose-Einstein condensates with dipole-dependent scattering length,Phys. Rev. A,74,033611,2006.

[66] Fischer,U. R. ,Stability of quasi-two-dimensional Bose-Einstein condensates with dominant dipole-dipole interactions,Phys. Rev. A,73,031602(R),2006.

[67] Ronen,S. ,Bortolotti,D. C. E. ,and Bohn,J. L. ,Radial and angular rotons in trapped dipolar gases,Phys. Rev. Lett. ,98,030406,2007.

[68] Lushnikov,P. M. ,Collapse of Bose-Einstein condensates with dipole-dipole interactions,Phys. Rev. A,66,051601(R),2002.

[69] Dutta,O. and Meystre,P. ,Ground-state structure and stability of dipolar condensates in anisotropic traps,Phys. Rev. A,75,053604,2007.

[70] Yi,S. and You,L. ,Trapped condensates of atoms with dipole interactions,Phys. Rev. A,63,053607,2001.

[71] Baranov,M. A. ,Osterloh,K. ,and Lewenstein,M. ,Fractional quantum hall states in ultracold rapidly rotating dipolar Fermi gases,Phys. Rev. Lett. ,94,070404,2005.

[72] O'Dell,D. H. and Eberlein,C. ,Vortex in a trapped Bose-Einstein condensate with dipole-dipole interactions,Phys. Rev. A,75,013604 ,2007.

[73] Cooper,N. R. ,Rezayi,E. H. ,and Simon,S. H. ,Vortex lattices in rotating atomic Bose gases with dipolar interactions,Phys. Rev. Lett. ,95,200402,2005.

[74] Zhang,J. and Zhai,H. ,Vortex lattices in planar Bose-Einstein condensates with dipolar interactions,Phys. Rev. Lett. ,95,200403,2005.

[75] Yi,S. and Pu,H. ,Vortex structures in dipolar condensates,Phys. Rev. A,73,061602(R),2006.

[76] Osterloh, K. , Barberán, N. , and Lewenstein, M. , Strongly correlated states of ultracold rotating dipolar Fermi gases, Phys. Rev. Lett. , 99, 160403,2007.

[77] See e. g. :Lewenstein,M. ,Sanpera,A. ,Ahufinger,V. ,Damski,B. ,Sen De,A. ,and Sen,U. ,Ultracold atomic gases in optical lattices:Mimicking condensed matter physics and beyond,Adv. Phys. ,56,243,2007; Jaksch, D. , and Zoller, P. , The cold atom Hubbard toolbox, Ann. Phys. ,315,52,2005.

[78] Góral,K. ,Santos,L. ,and Lewenstein,M. ,Quantum phases of dipolar bosons in optical lattices,Phys. Rev. Lett. ,88,170406,2002.

[79] Barnett,R. ,Petrov,D. ,Lukin,M. ,and Demler,E. ,Quantum magnetism with multicomponent dipolar molecules in an optical lattice,Phys. Rev. Lett. ,96,190401,2006.

[80] Menotti,C. ,Trefzger,C. ,and Lewenstein,M. ,Metastable states of a gas of dipolar bosons in a 2D optical lattice, Phys. Rev. Lett. , 98,

235301,2007.

[81] Kollath,C. ,Meyer,J. S. ,and Giamarchi,T. ,Dipolar bosons in a planar array of one dimensional tubes,Phys. Rev. Lett. ,100,130403,2008.

[82] Dalla Torre,E. G. ,Berg,E. ,and Altman,E. ,Hidden order in 1D Bose insulators,Phys. Rev. Lett. ,97,260401,2006.

[83] Sengupta,P. ,Pryadko,L. P. ,Alet,F. ,Troyer,M. ,and Schmid,G. ,Supersolids versus phase separation in two-dimensional lattice bosons, Phys. Rev. Lett. ,94,207202,2005.

[84] Boninsegni,M. and Prokof'ev,N. ,Supersolid phase of hard-core bosons on a triangular lattice,Phys. Rev. Lett. ,95,237204,2005.

[85] Büchler, H. P. , Micheli, A. , and Zoller, P. , Three-body interactions with cold polar molecules,Nature Phys. ,3,726,2007.

[86] Lee, C. and Ostrovskaya, E. A. , Quantum computation with diatomic bits in optical lattices,Phys. Rev. A,72,062321,2005.

[87] Yelin,S. F. ,Kirby,K. ,and Côté,R. ,Schemes for robust quantum computation with polar molecules,Phys. Rev. A,74,050301(R),2006.

[88] Charron, E. , Milman, P. , Keller, A. , and Atabek, O. , Quantum phase gate and controlled entanglement with polar molecules, Phys. Rev. A, 75,033414,2007.

[89] DeMille, D. , Quantum computation with Trapped polar molecules, Phys. Rev. Lett. ,88,067901,2002.

[90] Rabl,P. ,DeMille,D. ,Doyle,J. M. ,Lukin,M. D. ,Schoelkopf,R. J. ,and Zoller,P. , Hybrid quantum processors: Molecular ensembles as quantum memory for solid state circuits,Phys. Rev. Lett. ,97,033003,2006.

[91] Rabl,P. and Zoller,P. ,Molecular dipolar crystals as high-fidelity quantum memory for hybrid quantum computing, Phys. Rev. A, 76, 042308,2007.

[92] For oscillating time-dependent electric fields with frequency ω we transform HBO by Fourier expansion in ω to a Floquet picture,and thus a time-independent Hamiltonian, whose eigenvalues provide the dressed Born-Oppenheimer potentials.

[93] Wineland, D. J., Monroe, C., Itano, W. M., Leibfried, D., King, B. E., and Meekhof, D. M., Experimental issues in coherent quantum-state manipulation of trapped atomic ions, J. Res. Natl. Inst. Stand. Tech., 103, 259, 1998; Wigner, E., On the interaction of electrons in metals, Phys. Rev., 46, 1002, 1934.

[94] Kalia, R. K. and Vashishta, P., Interfacial colloidal crystals and melting transition, J. Phys. C, 14, L643, 1981.

[95] Boninsegni, M., Prokof'ev, N., and Svistunov, B., Worm algorithm for continuous space path integral Monte Carlo simulations, Phys. Rev. Lett., 96, 070601, 2006.

[96] Napolitano, R., Weiner, J., and Julienne, P. S., Theory of optical suppression of ultracold collision rates by polarized light, Phys. Rev. A, 55, 1191, 1997.

[97] Weiner, J., Bagnato, V. S., Zilio, S., and Julienne, P. S., Experiments and theory in cold and ultracold collisions, Rev. Mod. Phys., 71, 1, 1999.

[98] Zilio, S. C., Marcassa, L., Muniz, S., Horowicz, R., Bagnato, V., Napolitano, R., Weiner, J. and Julienne, P. S., Polarization dependence of optical suppression in photoassociative ionization collisions in a sodium magneto-optic trap, Phys. Rev. Lett., 76, 2033, 1996.

[99] Gorshkov, A. V., Rabl, P., Pupillo, G., Micheli, A., Zoller, P., Lukin, M. D., and Büchler, H. P., Suppression of inelastic collisions between polar molecules with a repulsive shield, Phys. Rev. Lett., 101, 073201, 2008.

[100] Moore, R. and Read, N., Nonabelions in the fractional quantum hall effect, Nucl. Phys. B, 360, 362, 1991.

[101] Fradkin, E., Nayak, C., Tsvelik, A., and Wilczek, F., A chern-simons effective field theory for the pfaffian quantum hall state, Nucl. Phys. B, 516, 704, 1998.

[102] Cooper, N. R., Exact ground states of rotating bose gases close to a Feshbach resonance, Phys. Rev. Lett., 92, 220405, 2004.

[103] Levin, M. A. and Wen, X. G., String-net condensation: A physical

mechanism for topological phases, Phys. Rev. B, 71, 045110, 2005.

[104] Fidkowski, L., Freedman, M., Nayak, C., Walker, K., and Wang, Z., From String Nets to Nonabelions, arXiv: cond-mat/0610583, 2006.

[105] Hubbard, J., Electron correlations in narrow energy bands, Proc. R. Soc. Lond. A, 276, 238, 1963.

[106] See, e. g.: Lee, P. A., Nagaosa, N., and Wen, X.-G., Doping a Mott insulator: Physics of high-temperature superconductivity, Rev. Mod. Phys., 78, 17, 2006, and references therein.

[107] Jaksch, D., Bruder, C., Cirac, J. I., Gardiner, C. W., and Zoller, P., Cold bosonic atoms inoptical lattices, Phys. Rev. Lett., 81, 3108, 1998.

[108] Hofstetter, W., Cirac, J. I., Zoller, P., Demler, E., and Lukin, M. D., High-temperaturesuperfluidity of fermionic atoms in optical lattices, Phys. Rev. Lett., 89, 220407, 2002.

[109] Stöferle, T., Moritz, H., Günter, K. Köhl, M., and Esslinger, T., Molecules of Fermionic atoms in an optical lattice, Phys. Rev. Lett., 96, 030401, 2006.

[110] Jordens, R., Strohmaier, N., Günter, K., Moritz, H., and Esslinger, T., A Mott insulator of Fermionic atoms in an optical lattice, arXiv: 0804.4009.

[111] Tewari, S., Scarola, V. W., Senthil, T. S. D., and Sarma, S. Emergence of artificial photons in an optical lattice, Phys. Rev. Lett., 97, 200401, 2006.

[112] Haldane, F. D. M., Two-Dimensional Strongly Correlated Electron Systems, Gan, Z. Z. and Su, Z. B., Eds., Gordon and Breach, 1988.

[113] Douçot, B., Feigel'man, M. V., Ioffe, L. B., and Ioselevich, A. S., Protected qubits and Chern-Simons theories in Josephson junction arrays, Phys. Rev. B, 71, 024505, 2005.

[114] Kitaev, A. Yu., Anyons in an exactly solved model and beyond, Annals of Physics, 321, 2, 2006.

[115] Dennis, E., Kitaev, A. Yu., Landahl, A., and Preskill, J., Topological quantum memory, J. Math. Phys., 43, 4452, 2002.

[116] Duan, L. M., Demler, E., and Lukin, M. D., Controlling spin exchange interactions of ultracold atoms in optical lattices, Phys. Rev. Lett., 91, 090402, 2003.

[117] Alexandrov, A. S., Theory of Superconductivity, IoP Publishing, Philadelphia, 2003.

[118] Illuminati, F. and Albus, A., High-temperature atomic superfluidity in lattice Bose-Fermi mixtures, Phys. Rev. Lett., 93, 090406, 2004.

[119] Wang, D.-W., Lukin, M. D., and Demler, E., Engineering superfluidity in Bose-Fermi mixtures of ultracold atoms, Phys. Rev. A, 72, R051604, 2005.

[120] Bruderer, M., Klein, A., Clark, S. R., and Jaksch, D., Polaron physics in optical lattices, Phys. Rev. A, 76, 011605(R), 2007.

[121] Friedrich, B. and Herschbach, D., Alignment and trapping of molecules in intense laser fields, Phys. Rev. Lett., 74, 4623, 1995.

[122] Herzberg, G., Molecular Spectra and Molecular Structure I, Spectra of Diatomic Molecules, Van Nostrand Reinhold, NewYork, 1950.

[123] Brown, J. M. and Carrington, A., Rotational Spectroscopy of Diatomic Molecules, Cambridge University Press, NewYork, 2003.

[124] Judd, B. R., Angular Momentum Theory for Diatomic Molecules, Academic Press, NewYork, 1975.

[125] See e. g. http://physics. nist. gov/PhysRefData/MolSpec/

[126] Coleman, S., Fate of the false vacuum: Semiclassical theory, Phys. Rev. D, 15, 2929, 1977.

[127] Kotochigova, S., Tiesinga, E., and Julienne, P. S., Photoassociative formation of ultracold polar KRB molecules, Eur. Phys. J. D, 31, 189, 2004.

[128] Mahan, G. D., Many Particle Physics, Kluwer Academic/Plenum Publishers, NewYork, 2000.

[129] This antiadiabatic regime is hard to achieve with cold atoms, see, e. g., Refs. [118] and [119].

[130] Carmichael, H. J., Statistical Methods in Quantum Optics 1, Springer-

Verlag, Berlin, 1999.

[131] Ortner, M., Micheli, A., Pupillo, G., and Zoller, P., Quantum simulations of extended Hubbard models with dipolar crystals, 2009 (submitted for publication).

[132] For single-frequency phonons in 1D, see: Datta, S., Das, A., and Yarlagadda, S., Many polaron effects in the Holstein model, Phys. Rev. B, 71, 235118, 2005.

[133] Hirsch, J. E. and Fradkin, E., Phase diagram of one-dimensional electron-phonon systems. II. The molecular-crystal model, Phys. Rev. B, 27, 4302, 1983; Niyaz, P., Scalettar, R. T., Fong, C. Y., and Batrouni, G. G., Phase transitions in an interacting boson model with near-neighbor repulsion, Phys. Rev. B, 50, 362, 1994.

[134] Movre, M. and Pichler, G., Resonant interaction and self-broadening of alkali resonance lines I. Adiabatic potential curves, J. Phys. B: Atom. Molec. Phys., 10, 2631, 1977.

Verlag Berlin, 1994).

[24] [illegible] Mendes A. [illegible] tion of extended Hubbard model [illegible] crystals [illegible] [illegible]

[25] [illegible] Das A. and [illegible] and its [illegible] effects in the Hubbard model. Phys. Rev. B [illegible]

[26] Hirsch J. E. and Fradkin E., Phase diagram of one-dimensional electron-phonon systems. II. The molecular-crystal model. Phys. Rev. B, 27 (1983) 4302; [illegible] Sandvik A. W. [illegible] transitions [illegible] model with [illegible]

[27] [illegible] and [illegible] relation and self-consistent [illegible] Phys. Rev. [illegible]

第Ⅳ部分

冷却和俘获

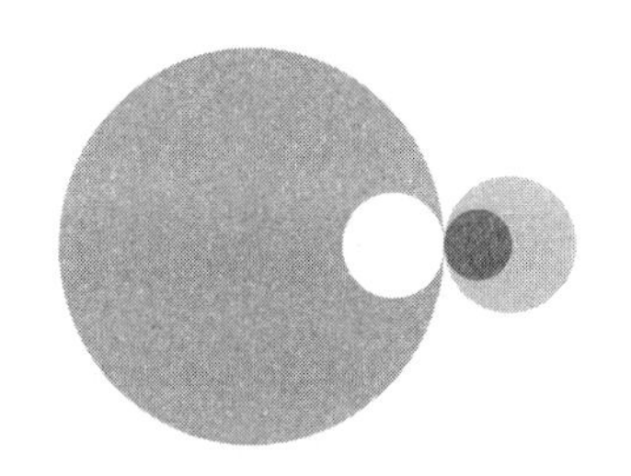

第13章 基于低温氦缓冲气体的原子分子冷却、俘获装载和原子分子束的制备

13.1 引言

自从1985年首次实现原子的磁俘获后，中性粒子的俘获和冷却极大地拓展了原子、分子和光物理领域的研究工作[1]。这类研究工作对科学的影响范围非常广泛，包括新量子系统的产生、新碰撞过程的观察、精密测量技术的提高和量子信息与模拟新方法的提出。然而，我们认为目前已开展的研究仅仅是一个开端。因为目前已知的原子、分子束有几百种，但是只有不到30种实

现了冷却和俘获。新的实验研究中将会出现新的相互作用(以及新的复杂性),这是非常值得我们期待的。需进一步研究的方向包括:光晶格中极性分子的制备(可能作为一个可调谐的 Hubbard 模型体系)、强相互作用的偶极气体的研究、寻找永久偶极矩方面的突破、大量天体物理冷碰撞过程的研究、基于单原子或分子量子比特的量子计算机以及与冷却相关元素用于进行诸如基本常数变化等物理量的精密测量(参考 Flambaum 和 Kozlov 编写的第 16 章)。这些研究工作刚刚起步,需要人们不断地努力拓展新的俘获和冷却技术。这些新技术的发展及其在新系统上的快速应用目前已取得了一系列的科研成果。

本章将介绍缓冲气体冷却、装载和慢粒子束的形成等实验技术,其中装载、慢粒子束形成技术是以缓冲气体冷却技术为基础的。缓冲气体的冷却是通过使用制冷器来冷却氦气,再通过氦气来冷却其他原子或分子气体。缓冲气体冷却的通用性和简单性来源于以下几个方面:①氦气是化学惰性气体且结构简单;②氦原子与任何其他原子或分子进行典型的冷弹性碰撞截面为 10^{-14} cm^2(可用于厘米尺度的冷却池);③在温度降至 200 mK 时,氦气具有非常大的饱和蒸气压;④利用现有技术几乎可以制备包括自由基在内的任何元素的气相样品。

本章主要包括三部分内容。首先,我们回顾缓冲气体冷却——热原子或分子进入低温氦气中进行碰撞冷却;其次,我们讨论缓冲气体的俘获装载;最后,我们阐述低温粒子束的制备——在低温缓冲气冷却池壁上增加一个小孔来制备冷分子或原子束。以上三个过程如图 13.1 所示。虽然其他气体同样可以用于温度高于 4 K 的缓冲气体冷却(如 H_2 或 Ne 冷却温度达到约 15 K),但是本章主要讨论缓冲气体冷却温度在液氦沸点温度 4.2 K 附近及更低温度的情况。本章对缓冲气体的大部分物理描述也适用于温度较高的冷却系统,尤其是用 Ne 作为缓冲气体的系统。

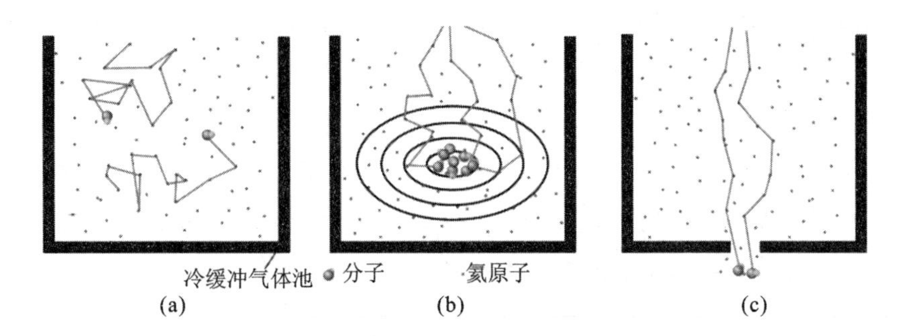

图 13.1 缓冲气体。(a)冷却;(b)装载;(c)原子或分子束的产生。(a)当热的靶粒子 A(分子或原子)进入冷却池内的低温缓冲气体后,开始进行缓冲气体冷却,最终两者都达到温度为 T 的低温。A 粒子与缓冲气体碰撞大约 100 次后,温度可以冷却到接近于 T。A 粒子随后扩散并黏附到冷却池壁上。A 与 He、He 与 He 的碰撞截面的大小决定了热平衡后的冷却池壁对 A 粒子的间接冷却效率。(b)在缓冲气体装载的过程中,A 粒子受到俘获场(如磁场或电场)势能的作用。处于俘获态的 A 粒子受到力的作用使它们回到俘获阱中心,而那些不处于俘获态的 A 粒子会继续移动并黏附在冷却池壁上。当俘获场关闭后,A 粒子下落的时间大约为 A 粒子通过整个冷却池的扩散时间。(c)A 粒子可以从低温冷却池的壁孔中逸出并形成冷却的 A 粒子束。A 粒子束的冷却俘获效率和速率取决于氦气的密度、冷却池的大小和壁孔的尺寸

13.2 缓冲气体冷却

缓冲气体冷却技术[2]是指利用低温缓冲气体原子与热原子或分子发生碰撞来降低热原子或分子的温度的技术。缓冲气体的作用是损耗待冷却粒子的平动动能,当实验样品为分子时,缓冲气体冷却技术同样也可以损耗分子的转动动能。由于不依赖于任何特定的能级模式,这种损耗冷却系统可适用于任何材料的冷却。在俘获系综进行蒸发冷却的情况下,缓冲气体的装载依赖于弹性碰撞。

在约为 1 K 的温度时,除了氦原子和某些自旋极化的样品(如氢原子)之外的所有物质的蒸气压都可忽略,因此如何使样品冷却到气相并进入缓冲气体中就成为一个问题。目前已有的五种解决方法分别为激光烧蚀、粒子束注入、毛细管装填、放电蚀刻和激光诱导原子解吸附(LIAD)。

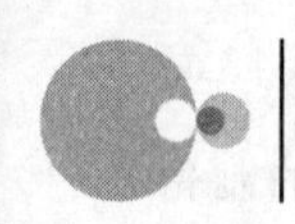

靶材料与低温氦原子之间平动动能的热交换过程,可以模拟成两个质量分别为 m(缓冲气体原子)和 M(靶粒子)的质点之间的弹性碰撞。从硬球模型的能量和动量守恒中,我们发现在碰撞热平衡后,原子或分子与缓冲气体原子碰撞前后的温度差 ΔT 可以表示为 $\Delta T=(T'-T)/\kappa$,其中,T 为缓冲气体的温度,T' 为原子或分子的初始温度,且 $\kappa\equiv(M+m)^2/(2Mm)$。相对于温度的变化,该方程可以被归纳和修正为微分的形式:

$$\frac{\mathrm{d}T_\ell}{\mathrm{d}\ell}=-(T_\ell-T)/\kappa \tag{13.1}$$

其中,T_ℓ 为原子或分子与缓冲气体原子经 ℓ 次碰撞之后的温度。方程(13.1)的一个解为

$$T_\ell/T=(T'/T-1)\mathrm{e}^{-\ell/\kappa}+1 \tag{13.2}$$

在 $T'\approx1000$ K 和 $M/m\approx50$ 的条件下,需要发生大约 100 次的碰撞才能使原子或分子的温度降低到 He 缓冲气体温度 $T=0.25$ K 的 30%之内。100 次的碰撞通常需要 0.1～10 ms 的时间,取决于缓冲气体的密度,这与我们对缓冲气体冷却的实验观察结果相符。图 13.2 显示了烧蚀脉冲后的不同延时下,低温氦气缓冲气体中的激光烧蚀 VO(氧化钒)的热平衡过程。从图中的谱线可以看到,达到平动动能的热平衡需要的时间少于 10 ms,与上述的简化模型一致。

为了确保靶粒子在撞击冷却池壁之前达到热平衡,需要保证与靶粒子发生碰撞的缓冲气体的密度足够大,使得靶粒子达到热平衡时所经历的路径小于冷却池的尺度。冷却池的直径通常为 1 cm。假定靶粒子和氦原子之间的弹性碰撞截面约为 10^{-14} cm^2(该假定是经过多次实验后精确获得的[3]~[6]),要求氦原子气体的最小密度为 3×10^{14} cm^{-3}。这就需要更低的缓冲气体温度下限。图 13.3 显示了在 1 K 左右的温度下 ^{3}He[7] 和 ^{4}He[8] 粒子数密度对温度的依赖关系。可以看出,^{3}He 的温度能够低至 180 mK,^{4}He 的温度能够低至 500 mK。

在上述关于碰撞冷却的讨论中,都假定缓冲气体的温度恒定在它们的最终温度(通常约 1 K)。对于较短时间(小于氦原子扩散到冷却池壁的时间),冷却过程必须考虑缓冲气体的热容,也就是说,这个过程中没有其他机制可以从热分子中带走能量。为使分子温度冷却到 T 的 30%以内,(预冷却)氦原子的最小数目与初始的热靶粒子(温度为 T')数目的比率Υ由$\Upsilon=(T'/T-1)/0.3$

给出。对于 $T\approx4$ K 和 $T'\approx1000$ K，这个比例$\Upsilon\approx1000$，这是"最坏的情况"。基于使用的实验装置、靶粒子和弹性截面，可以利用冷却池的冷壁来冷却缓冲气体；同时分子的数目也会略微减少。例如，靶分子穿过缓冲气体进入磁阱的中心就是这样一种情况。

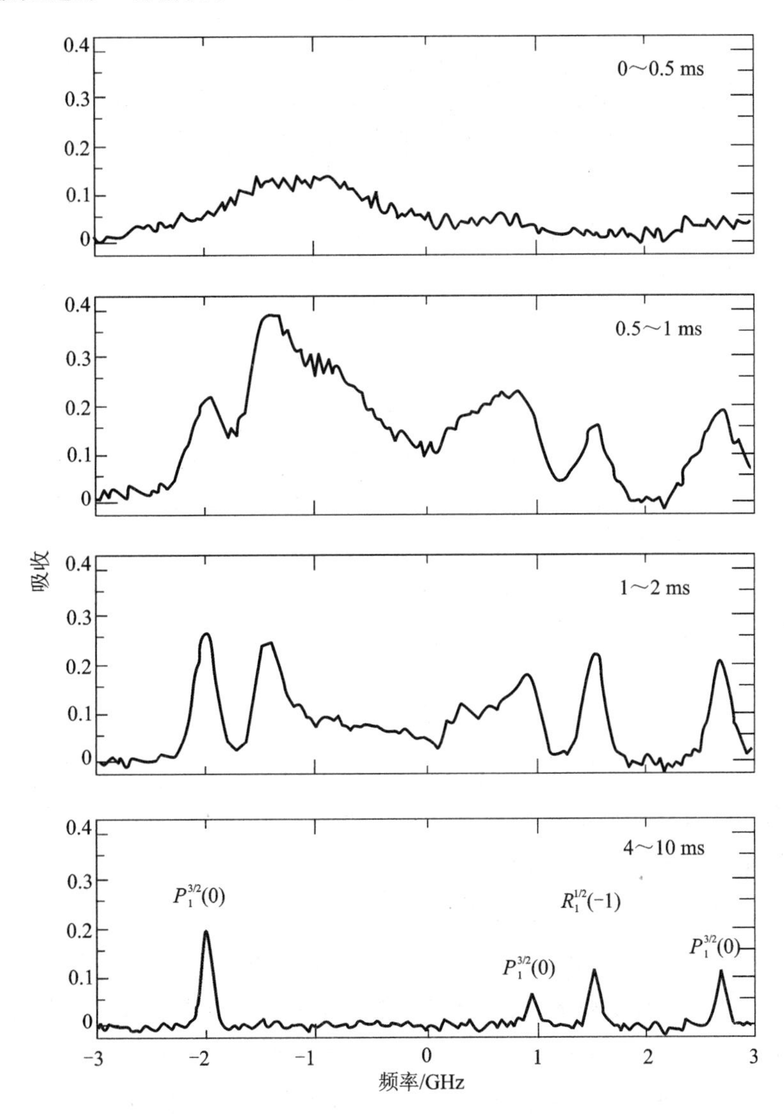

图 13.2　在低温氦气缓冲气体中激光烧蚀 VO 的热平衡过程。分子与冷却池壁的温度达到热平衡至少需要 4 ms(引自 Weinstein, J. D. et al., J. Chem. Phys., 109(7), 2656-2661, 1998. 获得授权)

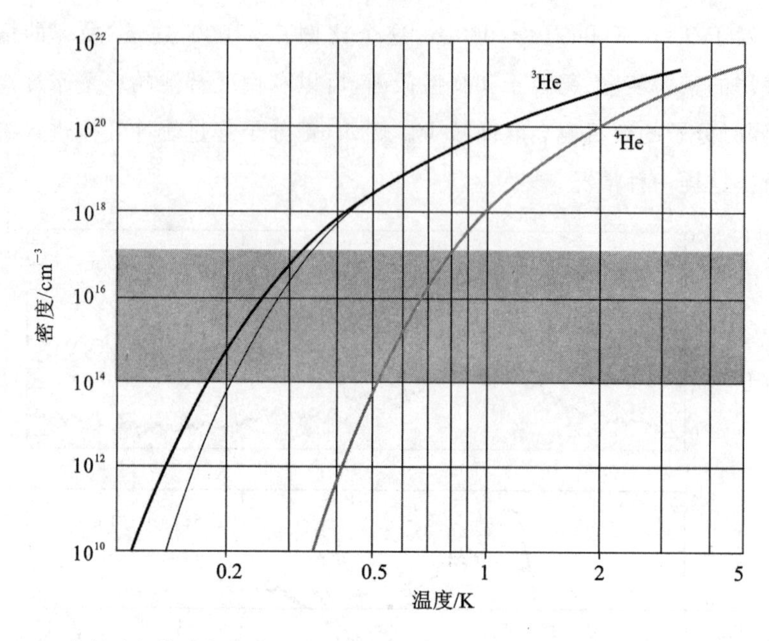

图 13.3　在缓冲气体冷却温度下氦气的饱和蒸气密度。^{4}He 的曲线是由 ITS-90 推算得到的[8]，^{3}He 的曲线来自参考文献[7],细线是旧的 ITS-90 曲线,同样来自参考文献[7],放置在此处以供大家参考。阴影区域表示用于缓冲气体装载的饱和蒸气密度的范围，^{3}He 和 ^{4}He 缓冲气体设定的最低温度分别为 180 mK 和 500 mK

13.2.1　缓冲气体中的样品装载

将样品装载到冷却缓冲气体中有五种方法(我们实验室已经使用过其中的前四种方法):激光烧蚀、靶粒子束的注入、毛细管填充、放电蚀刻和 LIAD。前四种实验方法的示意图如图 13.4 所示。

13.2.1.1　激光烧蚀和激光诱导原子解吸附(LIAD)方法

人们已经通过激光烧蚀和缓冲气体冷却了许多样品。固体材料的激光烧蚀被公认为是一种重要的方法,已经应用于许多科学和技术的研究中,包括表面处理、诊疗、质谱和材料的生长。尽管激光烧蚀具有非常广泛的应用,但是归纳该方法中的基本机制及分析该方法所涉及的所有物理过程仍然是非常困难的。例如,激光与靶样品之间的耦合机制是非常复杂的,因为激光照射区域内激发态和等离子体的形成可能会使光和热的性质发生改变。当需要发生化学反应来产生所需要的材料时,这些过程变得更为复杂且不可控。例如,由相

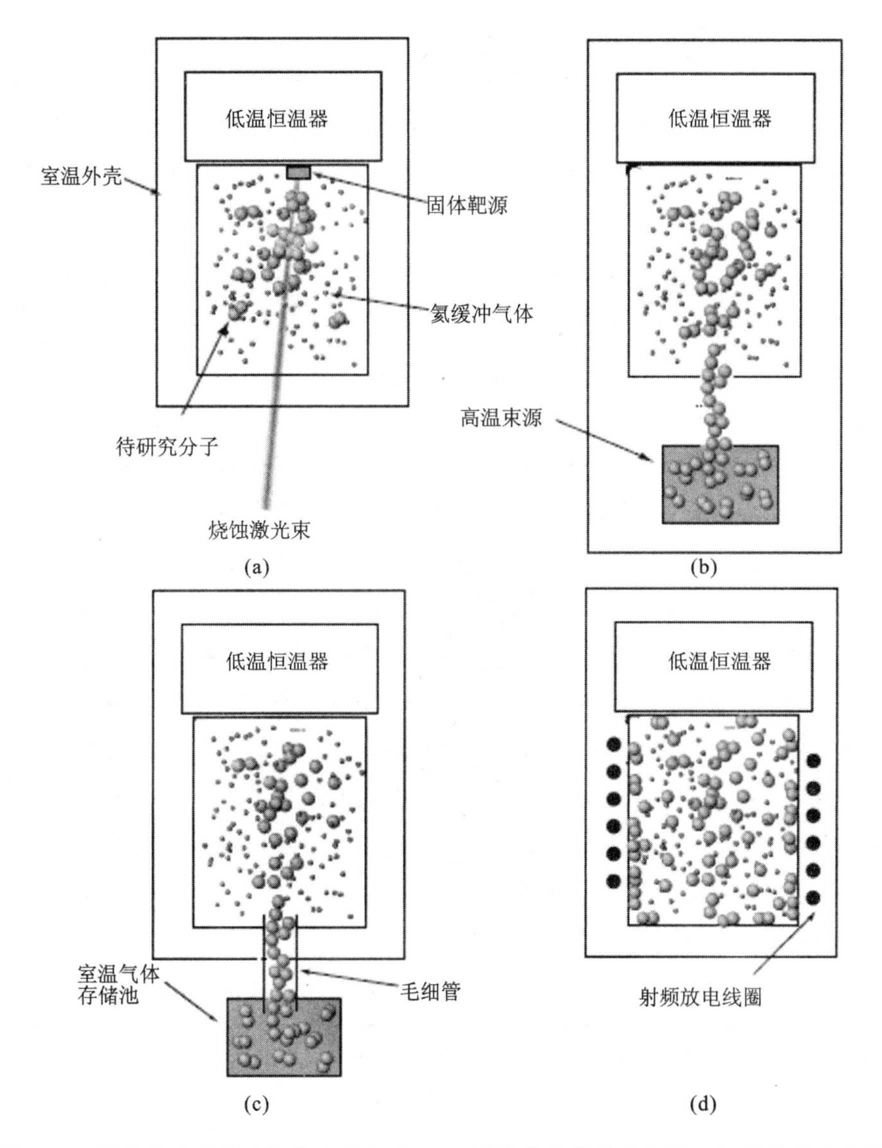

图 13.4 样品装载到缓冲气体中的方法。(a)固体样品的激光烧蚀;(b)靶粒子束的注入;(c)毛细管装填;(d)放电蚀刻

同的 532 nm 激光(4 ns 的脉冲、约 10 mJ 的能量)分别对固态的 CaF_2、CaH_2 和 V_2O_5 进行激光烧蚀制备出 CaF、CaH 和 VO 自由基的产率相差五个数量级。对于 CaH 仅仅只有 10^{-8} 的脉冲能量用于打断 CaH_2 的单个化学键来产生 CaH。因为缓冲气体会受到热效应的限制,所以通常只能使用低于 20 mJ 的

脉冲能量来进行实验。

LIAD 是一个激光诱导解吸附过程,已经用于 Rb 和 K 原子的冷却实验,如果读者希望了解更多详情请参阅参考文献[9]。简而言之,LIAD 就是利用激光激发固体金属中的等离体共振来驱动金属原子离开金属表面进入缓冲气体。

13.2.1.2　靶分子束注入

靶分子束注入可能是将靶材料注入低温缓冲气体中的一个最普遍的方法,但也是一种最困难的方法。采用的方法是在缓冲气体冷却池壁上制作一个毫米至厘米大小的小孔,使靶分子或原子束通过这个孔传送到冷却池内。基本上所有的原子或分子束都可用该方法来实现。如果在冷却池内的氦原子密度达不到足够高,那么就不能够形成原子簇(至少对于原子或简单分子是这种情况)。然而,随着注入小孔内的靶分子数目的增加,新的问题也随之产生了。首先,逃逸出冷却池的氦原子可能在冷却池外发生聚积,并碰撞散射靶分子束中的分子,阻止靶分子进入冷却池内。其次,即使这些靶分子进入冷却池,由于氦气不断地穿过壁孔进入真空区域,靶分子仍然会被流动的氦气拉出到冷却池外。最后,冷却过程中需要不断地补充氦气,因而会给低温系统增加额外的热负荷。尽管困难重重,我们已经实现了高效的靶分子束的注入装载和缓冲气体对 Rb、N、NH 和 ND_3 的冷却,包括 N 和 NH 的俘获及 ND_3 的电场引导(见表 13.1 和表 13.2)。这里利用木炭制成的低温吸附泵快速地抽运侧孔外区域的缓冲氦气是这些实验获得成功的关键。

表 13.1　冷却分子列表(这些分子已经被氦缓冲气体冷却到 10 K 温度以下)

样品	N^a	n^a /cm^{-3}	F^a /s^{-1}	T^b /K	结果	τ^c /s	γ^d /$\times 10^4$	装载	参考文献
CaF	5×10^{13}			2	冷却	0.08	1.3	激光烧蚀	[33][42]
CaH^f	1×10^8	8×10^7		0.40	俘获	0.50	10^3	激光烧蚀	[4][18]
CH_3F^g		$\leqslant 2\times 10^{13}$		1.2	冷却	—	—	毛细管填装	[43][44]
CrH	1×10^5	1×10^6		0.65	俘获	0.12	0.9	激光烧蚀	[45]
CO		$\leqslant 5\times 10^{12}$		1.3	冷却	—	—	毛细管填装	[46][47]
DCl^g		$\leqslant 5\times 10^{12}$		1.85	冷却	—	—	毛细管填装	[48]
H_2S^g		$\leqslant 5\times 10^{12}$		1	冷却	—	—	毛细管填装	[13][49]
H_2CO^g		$\leqslant 1\times 10^{13}$		1.7	冷却	—	—	毛细管填装	[15]
HCN		$\leqslant 7\times 10^{13}$		1.3	冷却	—	—	毛细管填装	[50]

续表

样品	N^{a}	n^{a} /cm^{-3}	F^{a} /s^{-1}	T^{b} /K	结果	τ^{c} /s	γ^{d} /$\times10^{4}$	装载	参考文献
MnH	1×10^{5}	1×10^{6}		0.65	俘获	0.18	0.05	激光烧蚀	[45]
ND[h]	1×10^{8}			0.55	俘获	0.50	7	源于分子束	[30][51]
NH	5×10^{11}			4	冷却	—	—	源于分子束	[6]
NH[h,i]	2×10^{8}			0.55	俘获	0.95	20	源于分子束	[52]
$(v=i)$[j]	2×10^{7}			0.615	俘获	0.033	>5	源于分子束	[16][51]
ND_3			1×10^{15}	7	粒子束	—	—	毛细管填装	[53]
ND_3			1×10^{12}	7	引导	—	—	毛细管填装	[53]
ND_3		1×10^{9}	7×10^{10}	5	引导	—	—	毛细管填装	[54]
NO[g]		$\leqslant2\times10^{12}$		1.8	冷却	—	—	毛细管填装	[14][55]
O_2			3×10^{12}	1.6～25	引导	—	—	毛细管填装	[39]
PbO	1×10^{12}			4	冷却	0.020	—	激光烧蚀	[42]
PbO			1×10^{9}	4	冷却	—	—	激光烧蚀	[37]
SrO	2×10^{12}			4	冷却	>0.02	—	激光烧蚀	[57]
SrO		1×10^{13}		粒子束	—	—	—	激光烧蚀	[57]
SrO		5×10^{10}		引导	—	—	—	激光烧蚀	[57]
ThO[k]	1×10^{13}			4	冷却	0.03	—	激光烧蚀	[58]
ThO[l]			1×10^{15}		粒子束	—	—	激光烧蚀	[58]
VO	1×10^{12}			1.5	冷却	0.06	—	激光烧蚀 S	[18][59]

a　N、n、F 分别表示最大数目、密度和流。

b　T 表示利用氦缓冲气体冷却得到的最低温度，该温度不对应于最大数目 N、密度 n 和分子流 F 栏，仅指示着可以实现的最低俘获温度。对于粒子束的情况，通常指示着粒子束的横向温度。表中的结果指示着是否分子仅仅被冷却，或是被冷却和俘获，或是被制备成一个分子束，或是被制备成一个引导束。

c　τ 指观察到的最大的寿命。在俘获的情况下，近似指在俘获阱中观察到的最大寿命。

d　γ 是扩散与自旋弛豫截面的比率。

e　装载指的是将样品导入缓冲气体的方法，如激光烧蚀、毛细管填装、LIAD 或从一个分子束中装载。

f　数据来源于参考文献[4]和[18]，对 γ 进行了重新分析。

g　分子的恒稳态流进入冷却池中，我们估计使用的氦气密度等价于大约 100 ms 的扩散寿命。

h　^{15}NH 和 ^{15}ND 也被冷却俘获。

i　^{3}He 的 $\gamma=7\times10^{4}$。

j　自发辐射限制寿命。

k　亚稳态和基态的同步产生和观察。

l　超过 3 ms 脉宽的瞬时流。

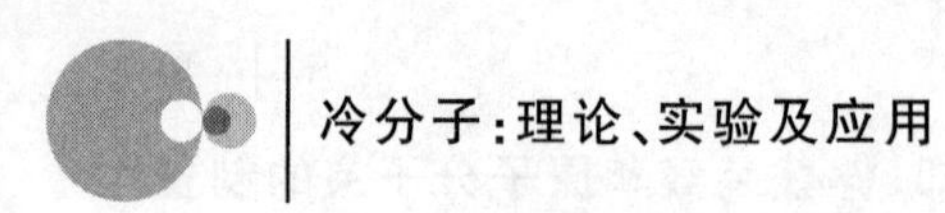

表 13.2　氦缓冲气体冷却的原子

样品	N[a]	n[a] $/\text{cm}^{-3}$	F[a] $/\text{s}^{-1}$	T[b] /K	结果	τ[c] /s	γ[d] $/\times10^4$	装载	参考文献
Ag	4×10^{13}			0.42	俘获	2.3	300	激光烧蚀	[60]
Au	1×10^{13}			0.40	冷却	0.12	>10	激光烧蚀	[60]
Bi	5×10^{11}			0.50	冷却	0.09	<4	激光烧蚀	[26]
Ce[h]	1×10^{12}			0.60	冷却	0.08	4	激光烧蚀	[61]
Cr	1×10^{12}	1×10^{13}		<0.01	俘获	>100	$\gg$[e]	激光烧蚀	[5][20]
Cr	1×10^{11}	1×10^{12}		0.35	俘获	60	$\gg$[e]	激光烧蚀	[62]
CS	2×10^{9}			4	冷却	0.002	—	激光烧蚀	[63]
Cu	3×10^{12}			0.32	俘获	8	800	激光烧蚀	[60]
Dy	2×10^{12}			0.60	俘获	>20	50	激光烧蚀	[28]
Er	2×10^{11}			0.80	俘获	0.05	4	激光烧蚀	[28]
Eu	1×10^{12}	5×10^{12}		0.25	俘获	>100	$\gg$[e]	激光烧蚀	[3]
Fe	5×10^{11}			0.60	冷却	<0.01	<0.5	激光烧蚀	[22]
Gd	1×10^{10}			0.80	冷却	0.07	nm[f]	激光烧蚀	[64]
He*[i]	5×10^{11}	5×10^{11}		<0.001	俘获	$\gg100$	$\gg$[e]	放电蚀刻	[11][65]
Hf	1×10^{12}			0.35	冷却	0.00?	<0.3	激光烧蚀	[66]
Ho	1×10^{10}			0.60	俘获	4	nm	激光烧蚀	[61]
Ho	9×10^{11}			0.80	俘获	>20	30	激光烧蚀	[28]
K	4×10^{9}			4	冷却	0.008	—	激光烧蚀	[63]
Li[j]	2×10^{13}	2×10^{12}		0.09	冷却	100	$\gg$[e]	激光烧蚀	[67]
Mn	2×10^{12}			0.85	俘获	>100	$\gg$[e]	激光烧蚀	[68][69]
Mo	2×10^{10}			0.20	俘获	>100	$\gg$[e]	激光烧蚀	[70]
N	1×10^{11}	5×10^{12}		0.55	俘获	12	$\gg$[e]	源于分子束	[71]
Na[k]			1×10^{15}	4	冷却	—	—	激光烧蚀	[37]
Na	5×10^{12}			0.48	俘获	0.3	$\gg$[e]	激光烧蚀	[72]
Nd	1×10^{12}			0.80	俘获	1	9	激光烧蚀	[28]
Ni[l]	1×10^{13}			0.60	冷却	0.02	1	激光烧蚀	[22]
Pr	3×10^{11}			0.80	俘获	0.12	10	激光烧蚀	[28]
Rb[m]		1.5×10^{11}		4.5	冷却	0.018	—	激光烧蚀	[73]

续表

样品	N[a]	n[a] /cm^{-3}	F[a] /s^{-1}	T[b] /K	结果	τ[c] /s	γ[d] /$\times 10^4$	装载	参考文献
Rb[n]	1.2×10^{12}	8×10^9		4	冷却	—	—	源于分子束	[42]
Rb		1×10^9		1.85	冷却	10	—	激光诱导原子解吸附	[9]
Re	1×10^{12}			0.50	冷却	0.45	<30	激光烧蚀	[26]
Sc	1×10^{11}			0.80	冷却	0.14	<1.6	激光烧蚀	[29]
Tb	2×10^{11}			0.80	俘获	0.12	10	激光烧蚀	[28]
Ti	4×10^{10}			0.80	冷却	0.15	~4	激光烧蚀	[29]
Tm	2×10^{11}			0.80	俘获	0.03	3	激光烧蚀	[28]
Y	1×10^{11}			0.80	冷却	0.18	<3	激光烧蚀	[74]
Yb	2×10^{13}			4	冷却	0.10	—	激光烧蚀	[39][75]
Yb			5×10^{14}		粒子束	—	—	激光烧蚀	[39]
Zr	1×10^{10}			0.80	冷却	0.10	nm[f]	激光烧蚀	[74]

a　N、n、F 分别表示为最大数目、密度和流。

b　T 表示利用氦缓冲气体冷却得到的最低温度，该温度不对应于最大数目 N、密度 n 和分子流 F 栏，仅指示着可以实现的最低俘获温度。对于粒子束的情况，通常指示着粒子束的横向温度。表中的结果表示是否分子仅仅被冷却，或冷却和俘获，或制备成一个分子束，或制备成一个引导束。

c　τ 指观察到的最大的寿命。在俘获的情况下，近似指在俘获阱中观察到的最大寿命。

d　γ 是扩散与自旋弛豫截面的比率。

e　γ 值非常高，没有观察到自旋弛豫。

f　nm，观察到的 γ 值非常低，没有做测量。

g　装载指的是将样品导入缓冲气体的方法，如激光烧蚀、毛细管填装、LIAD 或从一个分子束中装载。

h　OD>10。

i　表面蒸发下到 2 mK，射频蒸发下到 100 μK 以下。

j　从 160 mK 蒸发。

k　100 ms 脉冲的粒子流。

l　OD=6。

m　OD=75。

n　OD=1.2。

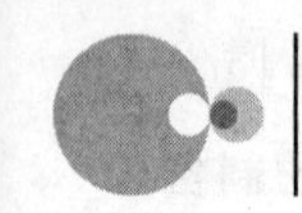

13.2.1.3　毛细管装填

毛细管装填方法也许是人们所用的第一种将原子或分子装载到缓冲气体中的方法[10]。本质上讲它与冷却池壁上的微孔类似。高温(通常不小于300 K)的气相样品通过毛细管被传输至4 K的低温冷却池中。这种结构本身有着特殊的技术问题。第一,因为充满气体样品的毛细管的一端暴露于4 K缓冲气体中,不仅会使毛细管向缓冲气体传导热量,而且在缓冲气体中的毛细管一端可能变得非常冷,从而冻结靶材料。第二,为了防止靶材料在毛细管中冻结,要求材料的温度等于或高于室温,同样这也成为一个问题,毛细管会将热量带入低温缓冲气体冷却池。第三,根据不同的流动条件,靶材料穿过毛细管时可能会在管内发生相互碰撞或与管壁碰撞。正因为如此,该方法在用于化学反应性样品时受到限制。然而,让足够多的靶样品同时快速地通过毛细管可能会部分地克服管壁效应,这样靶样品在进入冷却池之前就不会与管壁发生碰撞,惰性气体在毛细管中协同流动(coflow)是上面这种方法的改进。如果流速足够快,那么靶分子穿过惰性气体到达毛细管壁上所用的扩散时间可以小于靶分子穿过毛细管的时间(称为"驻留时间")。当扩散时间等于驻留时间时,在$T\approx 4$ K的温度下有$L\approx 0.1\dot{N}$,其中L(cm)为毛细管的长度,$\dot{N}$(sccm,标准毫升/分钟)为流速。

通常仅有一小部分种类的原子和分子在利用毛细管填装时无需借助协同流动。然而这一小部分的材料中包含有一些非常重要的分子,如O_2、NH_3、HCN和N_2等。虽然原则上可以通过加热的毛细管使原子样品(特别像Hg和Cs等低沸点金属)导入缓冲气池中,但据我们所知,还没有任何原子是通过毛细管填装的方法来实现冷却的。

13.2.1.4　放电蚀刻

将靶材料引入到低温缓冲气体中的最后一个方法是放电蚀刻,在缓冲气体中利用电场放电等离子体"蚀刻"冻结于冷却池壁上的样品使它们变成气相材料。气相材料一旦从固体材料中释放出来,放电后的等离子甚至可以激发/解离它们中的一小部分(例如,使其到达亚稳态)。到目前为止,基于这种方法我们仅进行了He^*的实验,但基于He^*实验的成功并结合先前低温制备氢原子的工作,这种方法很可能将会有更多的应用。在我们的实验室中一个$\lambda/4$的射频螺旋谐振线圈用于此类型实验的放电。这里线圈缠绕于缓冲气体冷却池内或其周围[11]。

我们的 He* 实验研究利用一个完全清空的池，其内表面预涂了一些单层的氦原子，冷却池开口一端置于高真空的环境下。该冷却池的壁上的氦原子紧密地黏附在壁的表面，因为所有的那些弱吸附的氦原子已被抽运走。一个短射频脉冲（一般为 300 μs）被加载到放电线圈上。放电开始之后，足够多的氦原子从表面上被拉出后成为缓冲气体，但一小部分氦气（大约 10^{-5}）转变成亚稳态（磁 ^{3}S 态）的氦原子然后由缓冲气体将其冷却。通过这种方法可以冷却和磁俘获大约 5×10^{11} 个亚稳态氦原子[11]。

13.2.2　转动和振动弛豫

缓冲气体冷却分子技术中的一个核心问题是对转动、振动、自旋或其他内部自由度的冷却效率。为了达到实验上计数统计的极限，这些自由度的冷却可能是至关重要的，因为这样强劲的冷却效应能够让分子布居在所期望的态上。我们也希望能够利用缓冲气体选择性地冷却某些特定的自由度，而其他自由度不被冷却。这种选择性冷却的应用包括磁阱中缓冲气体的装载（如第13.3 节所述），其中电子自旋温度必须与缓冲气体温度保持热隔离。为了评估这些实验的可行性，必须理解转动和振动等弛豫过程的时间尺度。

通常碰撞诱导的淬灭对转动自由度比振动自由度更为有效。通过氦原子与靶分子相互作用的角度各向异性来实现转动淬灭，对于一个小的碰撞参数的冷碰撞的时间尺度接近于分子一个转动周期。另一方面，振动弛豫是由依赖于分子内核间隔的相互作用势所驱动。原子核的振动比冷氦原子碰撞快得多，典型的能量分离大约为 1000 K。

典型的冷的（约 1 K）氦原子产生的转动淬灭需要 10～100 次的弹性碰撞，而实现振动淬灭需要超过 10^8 次的弹性碰撞[12]。DeLucia 和他的同事们测量了 H_2S、NO 和 H_2CO 与 He 的转动非弹性截面，在 1 K 的温度时典型的测量值在 1×10^{-16} cm^2 到 10×10^{-16} cm^2 的数量级上[13][15][56]，该值比典型的扩散截面小 10～100 倍。因此，我们期望缓冲气体可以有效地冷却靶分子的转动自由度，而不冷却靶分子的振动自由度。由于转动能和平动能的转移截面相似，缓冲气体对这两者的冷却是快速接连发生的。这里我们没有探测非平衡转动布居数。

另一方面，我们已经利用激光烧蚀和分子束的装载产生了振动热分子。我们能够平动冷却 CaH($v=1$) 的温度达到 500 mK 以下，但是并没有发现振动淬灭，氦诱导的振动淬灭截面的极限为 $v_{CaH,v=1}<10^{-18}$ cm^2[4]。我们也实现

了磁俘获 NH(v=1)，发现振动激发态分子的俘获寿命受自发辐射所限制不能够进行碰撞冷却。事实上冷却后的振动温度极高，允许我们对 NH($X\ ^3\Sigma^-$, v=1→0)的自发辐射寿命进行精确测量。我们测得的氦诱导振动淬灭系数的极限值为 $k_{\mathrm{NH},v=1}<3.9\times10^{-15}\ \mathrm{cm}^3/\mathrm{s}$[16]。

13.3 磁阱俘获的缓冲气体装载

在缓冲气体的冷却过程中需要一个俘获势来实现缓冲气体的装载。采用磁阱俘获的方式，低场趋近态(low-field seekers，LFS，意味着这些态的塞曼能量随磁场的增加而增加)冷却到缓冲气体温度并受到一个把它们拉到俘获阱中心的力(这里的磁感应强度最小)。这种“下沉(fall-in)”过程的时间尺度与缓冲气体中的分子在无外场作用下的扩散时间相当，取决于氦气密度和初始条件，这个过程能发生 $N_{\text{fall-in}}=10\sim10^4$ 次碰撞。而高场趋近态(high-field seekers，HFS)与此相反，在同样的时间尺度上能够推动靶粒子到冷却池的边缘上，使它们从俘获区域中脱离出来并黏附在冷却池壁上。

为了能够实现分子的俘获，当 LFS 扩散到俘获阱的中心被俘获时，缓冲气体的温度必须低于俘获阱的深度，并且 LFS 的初始态不能改变为其他(能量较低的(energetically favorable))态。因此，如果有一个非弹性碰撞过程，诸如由于与氦原子发生碰撞导致分子磁矩的取向发生变化，那么分子可能在俘获之前逃离。当氦原子与分子发生碰撞时，扩散率(弹性)与非弹性截面的比值 γ 必须符合条件，即 $\gamma>N_{\text{fall-in}}$，那么俘获才可能发生。

13.3.1 俘获分子的寿命

样品与氦缓冲气体发生碰撞会限制被俘获样品的寿命。图 13.5 所示的是两个假定被俘获分子样品的俘获寿命。图中呈现了四个不同的区域，每个区域代表限制分子俘获寿命的不同物理机制。与氦原子的弹性碰撞可以促使分子的能量超过俘获阱的深度(蒸发损耗发生在“死亡谷”和“扩散增强”区域内)。氦原子的碰撞也能非弹性地改变分子的内态成为一个非俘获态，从而限制了俘获寿命，该过程在图 13.5 中标记为“自旋弛豫”。为了阻止这些过程以获得热隔离的样品，并使其能够冷却到冷却池壁的温度以下，移除冷却池中的缓冲气体是非常有必要的。这部分过程显示在标记为“热隔离”的区域中，其中与氦原子的碰撞速率非常低，从而能够使俘获的靶分子具有更长的俘获寿命和更低的热运动。比较分子的俘获寿命与缓冲气体泵出到冷却池外的时间可以判断热隔离的可行性。

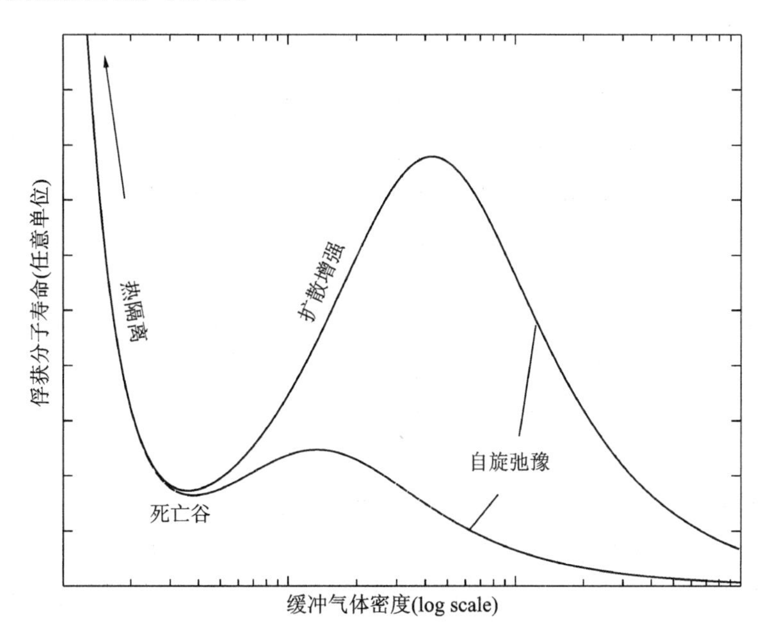

图 13.5　两个假定的分子样品，俘获分子寿命与缓冲气体密度(半对数刻度)的关系。虚线为增加了 10 倍的氦原子诱导的塞曼弛豫的横截面

13.3.1.1　蒸发损耗

靶分子的热玻尔兹曼的俘获分布总是使其具有足够的能量到达俘获阱的边缘。当靶分子到达俘获阱的边缘并黏附在缓冲气池的冷壁上时，靶分子的分布会出现一个截断。这时分布在俘获阱边缘的分子被损耗掉，这种蒸发损耗可能成为俘获分子寿命的一个限制因素。

蒸发冷却对俘获分子寿命的限制灵敏地依赖于俘获阱的深度 η，可以通过分子的平动动能来测量：

$$\eta \equiv \frac{\mu B_{\max}}{k_{\mathrm{B}} T} \tag{13.3}$$

在平均自由程较长的情况下，由于碰撞作用(扩散的平均自由程)分子的运动轨迹是随机的，总的平均自由程 λ 比俘获阱的尺寸更大。由于蒸发限制了分子的长平均自由程，假设分子沿弹道轨迹穿过俘获阱以及温度范围一直连续分布到池壁温度时，可以获得更低的分子俘获寿命下限(这种情况出现在图 13.5 中的“死亡谷”)。蒸发率可以通过到达俘获阱边缘的分子通量来获

得,即 $\phi=\dfrac{1}{4}n\bar{v}$,由此导出

$$\tau \geqslant \frac{4V_{\mathrm{eff}}}{\bar{v}_{\mathrm{molec}}A}\mathrm{e}^{\eta} \tag{13.4}$$

式中:V_{eff}是俘获阱的“有效体积”(分子总数与峰值密度的比);$\bar{v}_{\mathrm{molec}}$是分子的平均速率;A 是俘获阱边缘的表面积[2]。

对于球形四极阱(如我们使用的反亥姆霍兹俘获阱),其深度设置为冷却池的半径 r_0,$V_{\mathrm{eff}}\approx 2.7\times V_0/\eta^3$(其中 $V_0=\dfrac{4}{3}\pi r_0^3$)。

公式(13.4)描述的是长平均自由程蒸发时在低氦气密度下的限制损耗机制,弹道穿越俘获阱的假定是成立的。在较高的缓冲气体密度下,$\lambda<r_0$,氦原子推动靶分子在俘获阱中扩散,减慢了蒸发速度提升了俘获寿命,如图 13.5 中的“扩散增强”区域所示。在短平均自由程区域中,当缓冲气体装载后对俘获寿命的模拟要比长平均自由程的情况更为复杂。

上面讨论了无场情况的扩散寿命,俘获阱寿命可以通过求解扩散方程得到,方程的边界条件为柱形冷却池壁处的分子密度为零。最低阶无场扩散模式的寿命由下式给出:

$$\tau_0=\frac{16n_{\mathrm{He}}\sigma_{\mathrm{d}}}{3\sqrt{2\pi}}\sqrt{\frac{m_{\mathrm{red}}}{k_{\mathrm{B}}T}}\left[\left(\frac{\alpha_1}{r_0}\right)^2+\left(\frac{\pi}{h_0}\right)^2\right]^{-1} \tag{13.5}$$

式中:σ_{d}是扩散截面的热平均;r_0 和 h_0 分别是缓冲气体冷却池的内半径和长度;m_{red}是碰撞复合物的约化质量;$\alpha_1\approx 2.40$ 是一个数值因子[17]。

俘获场效应可以用包含有俘获阱漂移项的扩散方程的数值解来描述[18]。图 13.6 所示的是利用这种方法计算得到的寿命(单位为无场扩散寿命 τ_0)与 η 的函数关系。从图 13.6 中可以看出,当 $\eta>6$ 时,俘获寿命大于 10 倍的零场扩散时间。

13.3.1.2 缓冲气体的移除

在蒸发冷却限制俘获寿命的情况下(长平均自由程区域,参见第 13.3.1.1 节),缓冲气体的存在缩短了分子的俘获寿命。这是因为俘获的分子与缓冲气体不断地重复碰撞促使靶分子逃逸出俘获阱。如果可以消除所有的碰撞,当被俘获分子的总能量低于俘获阱的深度时将会使分子在阱中停留更长的时间,如图 13.5 中的“热隔离”部分所示。在此区域中,俘获分子的寿命可能受限于更长时间尺度效应,如 Majorana 跃迁或分子-分子碰撞。

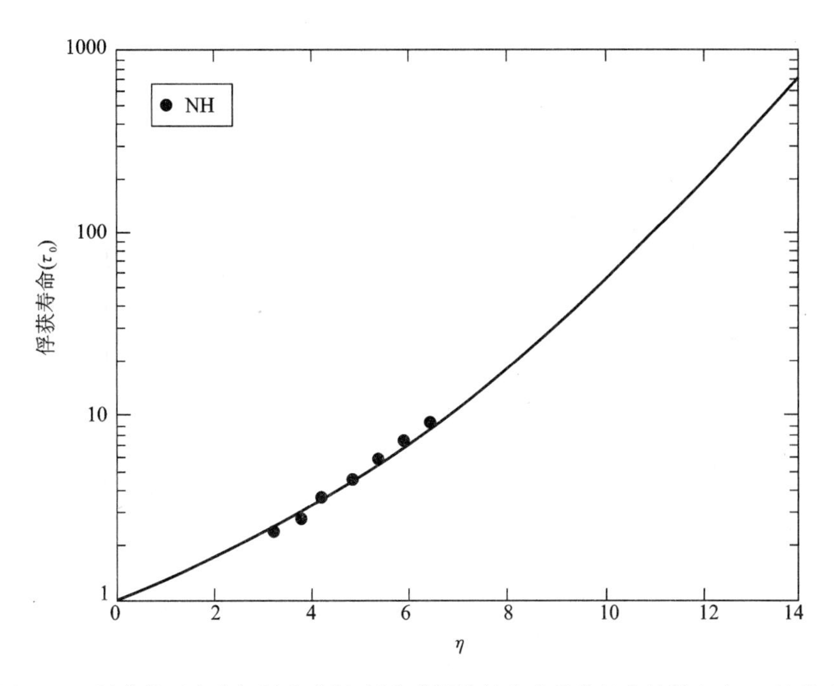

图 13.6　俘获分子寿命与俘获阱深,俘获阱深的单位为零外场的扩散寿命 τ_0(见公式(13.5))。这些数据点来自 NH 的数据[6]

移除缓冲气体是一种实现热隔离的有效方法。可以通过降低冷却池壁的温度来降低氦气的饱和蒸气密度[5](见图 13.3),或者通过冷却池的壁孔将冷却池中的氦气抽运出去[19]。为了使缓冲气体移除后俘获分子的数目仍然很大,抽运时间必须小于图 13.5 中的"死亡谷"寿命。

这种泵出氦气的方式可能引入两个新问题。首先,冷却池壁上的氦原子膜缓慢地解吸附,导致在"死亡谷"中会花更长的时间。第一层(底层)氦膜的吸附能在 100 K 的数量级,在 500 mK 时解吸附需要极长的时间。最上层氦膜的结合能约等于冷却池温度,因此能够在抽运氦气的过程中迅速地解吸附。难度出现在两者的中间层,在实验过程中,解吸附会破坏池内的真空度并保持"死亡谷"附近缓冲气体的密度,如图 13.7 所示。为了解决这一问题,在一些解吸附后可以降低冷却池的温度,这意味着此时缓冲气体的温度高于应发生在制冷器的基准温度。这与众所周知的在获得室温原子俘获 UHV 过程中进行的烘烤加热类似。一个典型的低温-烘烤过程可使温度比基准温度高 1 K。

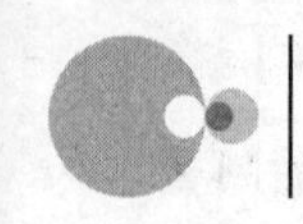

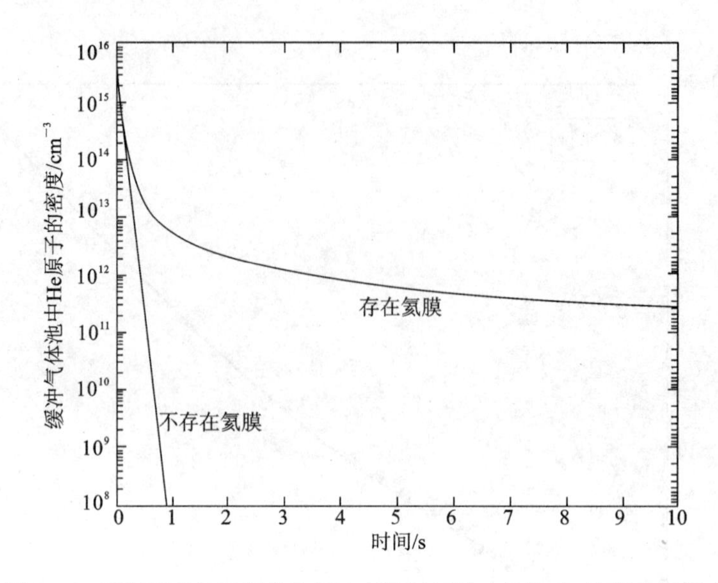

图 13.7　当打开高导通阀从冷却池中抽泵氦缓冲气体时,计算的氦缓冲气体密度随时间变化曲线[20]。在不存在氦膜的情况下可以快速地抽泵氦气,当氦膜存在时会出现缓慢的解吸附

第二个可能的问题是氦气会将俘获的分子从俘获区域中拉出来。我们已经研究了这种效应,幸运的是在大多数情况下可以避免这种情形的发生[20]。

13.3.1.3　自旋弛豫损耗(原子)

通过 LFS 塞曼子能级俘获靶粒子的一个明显缺点是,该俘获方式将会打开一个放热的非弹性碰撞通道。在碰撞过程中,处在伸缩状态[76]的 LFS 分子可以通过塞曼跃迁到一个弱俘获态或 HFS 态,这个过程称为“自旋弛豫”[77](见图 13.5)或者碰撞诱导的塞曼弛豫。利用缓冲气体的装载去俘获样品是完全不可能的,这是因为分子的外部运动可能被加热,并且实验实施于塞曼态改变之前。

原子中所有的非弹性碰撞过程在分子中同样可能存在,这里将其分类并与分子所独有的过程区别开。原子中的碰撞诱导的塞曼跃迁可以通过自旋交换、偶极弛豫、相互作用各向异性、Feshbach 共振、亚稳态衰变、势形共振以及三体重组产生。三体重组在这里不作讨论,因为当前可获得的极性冷分子密度还远远不够引起三体碰撞。

在自旋交换中,具有净自旋的原子可与它的碰撞对象交换自旋角动量。基态^{4}He 的碰撞不属于这种情况,因为它的自旋为零,但^{3}He 的核自旋和其他带有净角动量的原子能够潜在地参与自旋交换碰撞。碱金属原子和 ^{3}He 之间的自旋交换的主要机制是碱金属价电子和 ^{3}He 原子核之间的交叠，这种机制导致了(分子类型的)超精细相互作用。在室温下，碱金属原子与 ^{3}He 的自旋交换截面比弹性碰撞截面小 10^9 倍[21]，也没有分子与 ^{3}He 之间的碰撞截面大。

偶极弛豫也要求碰撞对象都具有磁矩。虽然在与氦原子的碰撞冷却中这不是一个主要问题，但是在磁场俘获样品的实验中是普遍存在的。简单地讲，两个碰撞粒子磁矩之间的自旋-自旋相互作用(这部分内容将在 $^3\Sigma$ 分子的实验中详细地进行描述)可以在电子与粒子的相对运动之间交换角动量。这能够由磁偶极-磁偶极相互作用(其在光粒子中占主导地位)产生，或者与非零电子轨道角动量态(这往往在重粒子中占主导地位)的二阶相互作用导致。偶极弛豫率系数通常小于 10^{-13} cm^3/s。

靶原子和氦原子之间的相互作用并不直接耦合到电子自旋的投影上。这与磁性粒子不同，磁性粒子可以通过自旋-自旋相互作用引起塞曼跃迁。氦原子相互作用的长程部分由范德瓦尔斯势所主导，可以看作是一种静电相互作用(尽管短程部分涉及交换类型的相互作用)。本质上此处没有一阶概率去引起一个自旋重投影：

$$\langle S, M_S \mid V_{\mathrm{He}} \mid S, M'_S \rangle \propto \delta_{M_S M'_S} \tag{13.6}$$

但是，氦原子可以使电子云的空间分布发生畸变。在这方面，电子的径向波函数和角向波函数都必须加以考虑。我们首先关注的是角向的电荷分布，其中的一些例子如图 13.8 所示。对于原子，电子电荷的角向分布由电子的轨道角动量态 $|L, M_L\rangle$ 决定。对于具有非零电子轨道角动量的原子，与氦原子的相互作用可能引入不同的 M_L 态的混合，这可以看作是电子云畸变作用的结果。原子中的自旋轨道相互作用使得 M_L 态的混合中伴随有 M_S 态的混合，可能驱动产生塞曼跃迁。

而另一方面，S 态原子只有 $M_L=0$ 并且是球对称的。为了激发塞曼跃迁，氦原子必须先与含有非零电子轨道角动量的一个态混合，如 p 轨道。这些态之间的能量劈裂往往比与氦原子的相互作用能大得多。大量的 S 态原子已经被缓冲气体冷却并装载到磁俘获阱，如 He*、Cr、Mo、Mn、Na、Li、Cu、N、Ag 和 Eu。只有 Ag 和 Cu 的 γ 足够小时，才可以在实验中测量[22]。

原本认为非 S 态原子的非弹性碰撞损耗率比 S 态原子的高得多，事实上，计算结果表明，主族元素非 S 态原子 Sr(P)、Ca(P) 和 O(P) 的 $\gamma \approx 1$[23][24][25]。此外，

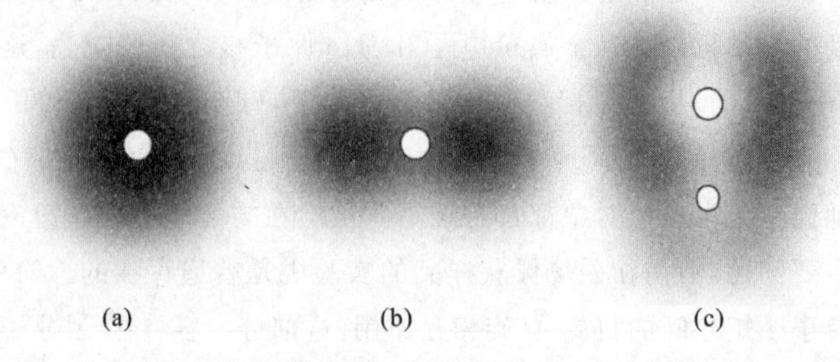

图 13.8 (a)S 态原子的角电荷分布示意图;(b)P 态原子的角电荷分布示意图;(c)双原子分子的角电荷分布示意图

已经观察到混合有大量非 S 壳的 S 态原子有相对低的 γ 值。Bi 是这些材料中最突出的一个,测量得到的 $\gamma<5\times10^4$[26]。因此,非 S 态原子具有低的γ值的结论是有坚实的实验和理论基础的。

非 S 态自旋弛豫的特征有一些重要的例外情况。由于许多原子中的电子波函数的径向部分的非平庸行为,可能形成碰撞屏蔽。具体而言,如果一个非 S 态原子的部分填充的轨道比外层填充的 s 轨道更靠近原子核,那么会存在一个有效的各向异性的屏蔽。许多稀土(和一些过渡金属)原子表现出这样的一个屏蔽壳结构(submerged shell structure)[27]。由于认识到这种结构对于碰撞冷却中的自旋弛豫可能具有抑制作用,我们开始研究非 S 态原子的俘获[28][29]。我们发现在稀土原子中不成对的电子被两个填满的 S 壳层所屏蔽,这种屏蔽效应是非常显著的。这导致了所有具有非零电子轨道角动量的态的原子(如 Tm、Er、Nd、Tb、Pr、Ho 和 Dy)的 $\gamma>10^4$(高达 10^6)[28]。对于过渡金属原子 Ti,我们发现即使是单个填满的 s 轨道也可以有效地屏蔽未填满的 d 轨道,从而导致 $\gamma=(4.0\pm1.8)\times10^4$[29]。

如果俘获粒子与氦原子之间的相互作用时间因为准束缚复合体的形成而增长,如势形共振中的情形(见图 13.9),那么塞曼跃迁几率也会增大。如果碰撞粒子的温度高到足以使粒子之间发生非 s 波的碰撞,具有非零角动量的准束缚态的寿命可能比典型的碰撞持续时间更长。结合成一个准束缚态的两个粒子可以彼此环绕运行,形成一个长寿命的复合体,由于另一个粒子扰动的影响,使靶粒子的塞曼跃迁的几率增加。当粒子的动能等于解离阈值之上的准束缚态能量,塞曼跃迁的几率将会最大。势形共振在少量分波区域类型的缓冲气体冷却中非常普遍,它们对塞曼弛豫的影响是一个活跃的研究领域[6][30]。

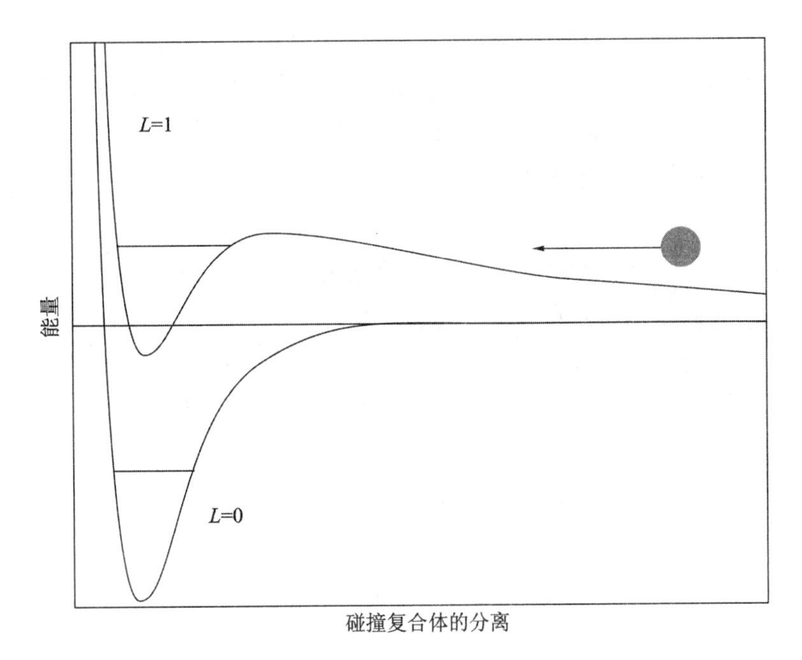

图 13.9　如果入射粒子的能量与 $L=1$ 势能的准束缚态相匹配，那么能够发生 $L=1$的势形共振

能够导致俘获损耗的另一种类型的共振相互作用是 Feshbach 共振。Feshbach 共振是通过耦合到碰撞复合体更高能态的真实束缚能级来产生的。如果这种束缚态的总能量与碰撞原子的能量相匹配，则可以增强非弹性碰撞率。用激光冷却原子来制备超冷分子的领域中，Feshbach 共振占有重要的地位（见第 9 章）。

13.3.2　分子与氦原子之间的塞曼弛豫碰撞

上述所讨论的所有原子机制能够并且确实会导致氦原子诱导的双原子分子的塞曼弛豫。然而另外一些会导致俘获损耗的通道是分子所独有的。图 13.8(c) 显示了在分子的静止参考系下，一个双原子分子假想的电子电荷密度分布。与图 13.8(a)、(b)相比较得到的一个类似的结论是，氦诱导的塞曼弛豫严重地影响着缓冲气体装载分子的能力。分子和氦原子之间极大的各向异性导致与核间轴在一定角度上的势能最小，这将允许入射的氦原子在分子上施加一个扭转力。

但是，图 13.8(c)和图 13.8(a)、(b)之间有一个重要区别。图 13.8(a)、(b)中显示了 J_Z的本征态，J_Z是总的角动量在实验室坐标系下的投影。必须考虑到分子坐标系下的电子电荷分布,不同于原子核的转动所在的实验室坐标系。这种自由度可以由转动波函数来描述,转动波函数可以给出实验室坐标系下核间轴指向特定方向(θ,ϕ)上的几率幅。我们可以写出 R 项的转动波函数,原子核的转动量子数为

$$|R,M_R\rangle = f_{R,M_R}(\theta,\phi) \tag{13.7}$$

式中:f 是核间轴和实验室坐标系(刚性转子波函数)之间的角函数。

因此,我们发现即便在分子坐标系下氦原子和分子之间具有强的各向异性势,在实验室坐标系下这个势可被平均在转动波函数上,此时氦原子可与之发生相互作用。通过转动实验室坐标系下的分子,分子坐标系下强的各向异性(见图 13.8(c))可以有效地被氦原子屏蔽。

转动几率分布如图 13.10 所示。距原点的距离是相对概率,核间轴取向在与实验室坐标系 Z 轴的夹角为 θ 的方向上。在图 13.10(a)中可以直观地看到纯的$|R=0,M_R=0\rangle$基态是球对称的,更像图 13.8(a)所示的 S 态原子。同样,第一激发转动态$|R=1,M_R=1\rangle$是高度非球形的,类似于图 13.8(b)所示的 P 态原子。因此,可以合理地预测一个纯的 $R=0$ 态比一个 $R=1$ 态更不可能经历氦原子诱导塞曼弛豫,其在实验室坐标系下表现出了显著的各向异性。正是利用了与氦原子的相互作用对转动波函数进行操控,从而可以操纵分子的碰撞诱导塞曼弛豫。

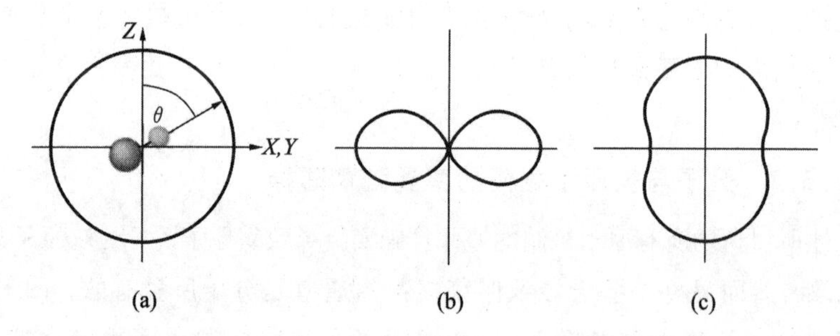

图 13.10 核间轴与实验室坐标系 Z 轴的夹角为 θ 的概率分布示意图。距原点的距离(乘以 $\sin\theta d\theta$,如果我们希望在极角 ϕ 上取平均)是转子在 $\theta \sim \theta + d\theta$ 范围内的概率。(a)一个$|R=0,M_R=0\rangle$态分子的概率分布示意图;(b)$|R=1,M_R=1\rangle$态分子的概率分布示意图;(c)一个转动基态$^1\Pi$分子的概率分布示意图

类比原子中的 L 和分子中的 R,我们可以把原子想象为由离子键形成的

分子,其中价带电子被视为一个“离子”,原子的其余部分被视为另一个离子。电子的角向波函数$|L,M_L\rangle$就是这个赝分子的转动波函数,它们由同一个球谐函数来描述。

通过上述对分子的分析得到的结论与原子的结论非常类似。对于缓冲气体装载,减小分子和氦原子之间的各向异性非常有用。大多数“球形”分子具有纯$|R=0\rangle$的转动基态。转动激发态和包含有重要的$R\neq0$的混合态分子将更容易自旋弛豫。这样可以立即消除$\Lambda\neq0$的分子,因为对于这些分子的转动基态中含有显著$R\neq0$的混合态分子的贡献,如图13.10(c)所示。此外,邻近Λ或Ω双态的反宇称的存在可能是由于彼此在能量上足够地接近,氦原子引起的斯塔克效应使它们容易混合在一起,这进一步增加了各向异性。因此,对于氦诱导的塞曼弛豫的影响,分子的Σ态比$\Lambda\neq0$态更稳定。

在分子坐标系中,选择约化的各向异性分子作为样品是非常有益的。毕竟,如果在分子坐标系中不存在各向异性,那么在实验室坐标系下氦原子相互作用的所有的转动态是球形的。因此,需要寻求短键长的分子,这可以减少分子坐标系中的电子云的各向异性。表面各向异性的分子的塞曼弛豫有被空间尺度大的近似球形的电子波函数所抑制的趋势,这与在满壳电子层的稀土元素中发现的情况非常相似。

有了这样的认识之后,需要检验导致塞曼弛豫的磁Σ态分子的特性,以便评估分子的缓冲气体装载的可行性。

13.3.2.1 $^2\Sigma$分子与氦原子的非弹性碰撞

最简单的$\Lambda=0$顺磁性分子态是$^2\Sigma$。从上面的讨论中可以知道,转动量子数N等于R,从这里开始我们用N来表示核转动,这与Σ态的标准表示相一致。一个孤立的价电子贡献$1\ \mu_B$的磁矩使得$^2\Sigma$分子可以适用于俘获。根据方程(13.6),$^2\Sigma$的转动基态是一个纯$|N=0\rangle$态,从一阶效应中消除了氦诱导的塞曼弛豫。为了改变自旋投影M_S,必须有一种可使自旋耦合到转动波函数的机制,该转动波函数可以通过静电相互作用来改变。

正如Krems和Dalgarno[31]所正式提出的,自旋-转动的相互作用$\gamma_{SR}\boldsymbol{N}\cdot\boldsymbol{S}$仅仅是其中一个机制。它可以耦合具有相同$M_S+M_N$值的态,$M_S$和$M_N$分别是分子的自旋和转动在实验室坐标系$Z$轴的投影。这可以由以下恒等式看出:

$$H_{SR}=\gamma_{SR}\boldsymbol{N}\cdot\boldsymbol{S}=\gamma_{SR}\left[N_Z S_Z+\frac{1}{2}(N_+S_-+N_-S_+)\right] \tag{13.8}$$

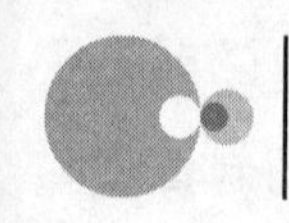

内积 $\boldsymbol{N}\cdot\boldsymbol{S}$ 依赖于 $\boldsymbol{N}$ 和 $\boldsymbol{S}$ 的相对投影,因此所有具有相同 $M_J \equiv M_S + M_N$ 值的态在 $\gamma_{SR}\boldsymbol{N}\cdot\boldsymbol{S}$ 相互作用下具有同样的能量,并且可以通过它来耦合。可以看出,对于转动的基态有 $N=0$,$M_N=0$,因此,如果不改变 M_J,自旋与转动相互作用就不能改变 M_S。因为 M_J 是一个好量子数,氦原子与 $^2\Sigma$ 分子之间的碰撞在它们的转动基态下不能直接导致自旋退极化(一阶微扰理论预测塞曼跃迁几率为零)。

尽管有以上考虑,Krems 和 Dalgarno 指出,利用碰撞氦原子的静电相互作用和分子中自旋-转动相互作用来实现自旋退极化需要三个步骤。首先,即使静电相互作用不能耦合到电子自旋上,电场仍可以混合转动态。这意味着氦原子可以在碰撞过程中扰动转动态分布使其从纯的 $N=0$ 态转变为 N 个态的混合态。其次,由于邻近的氦原子的扰动,自旋-转动相互作用能够从自旋本征态 $N>0$ 的部分混入不同的 M_S 态。最后,氦原子和这些混合态之间的静电作用在 M_J 上有非对角线元素,从而导致自旋退极化。

首次的冷分子俘获是用 $^2\Sigma$ 态的 CaH 分子来实现的[4],大约 10^8 个分子通过缓冲气体装载于磁阱中。He 与 CaH 弹性碰撞截面与塞曼弛豫横截面的比率 γ 的测量结果为 $\gamma \geqslant 10^7$[4][18][32][78]。通过降低冷却池壁的温度并低温抽运缓冲气体的热隔离方法是不成功的,由于蒸发的极限寿命小于低温抽运缓冲气体的时间(约 10 s),说明在图 13.5 中"死亡谷"的快速遍历性的重要。样品的磁矩比一个玻尔磁子高得多(CaH 的情况),如 Cr 和 Eu,通过降低冷却池壁的温度以减小氦的蒸气压来完成热隔离。这个工作是在一个更深的俘获阱中进行的,在通过"死亡谷"时氦气诱导的蒸发冷却,因此在抽运缓冲气体的过程中样品的损失量较少。另一个 $^2\Sigma$ 分子 CaF 也是通过缓冲气体冷却的,我们测量的 $\gamma=\left(1.3+\dfrac{1.3}{-0.5}\right)\times 10^4$[33],这可能是由 $N=1$ 转动激发态分子的非零热布居所主导的。

13.3.2.2 $^3\Sigma$ 分子与 He 之间的非弹性碰撞

由于移除缓冲气体需要一定的速度,$^2\Sigma$ 分子所经历的低俘获阱深度在试图实现热隔离时出现困难。由于技术方面的限制,目前最大磁阱俘获深度在大约 4 T 附近,利用较大磁矩的分子可以获得较深的俘获阱。因为这些原因,下一步会将此类研究拓展到 $^3\Sigma$ 分子上。

Krems 和 Dalgarno[31] 提出的上述机制对 $^3\Sigma$ 分子仍然适用。然而,正如他们所指出的那样，在$^3\Sigma$分子中增加的自旋-自旋相互作用将导致另一个主导自旋退极化的弛豫通道。

$^3\Sigma$分子的转动基态与$^2\Sigma$分子的不同，即使在零场下，也不是一个单纯的$|N=0\rangle$态。这是由于自旋-自旋相互作用，可以写为

$$H_{SS}=-\frac{2}{3}\lambda_{SS}\sqrt{6}\sum_{q}(-1)^q\sqrt{\frac{4\pi}{5}}Y_{2,-q}(\theta,\phi)T_q^{(2)}[\boldsymbol{S},\boldsymbol{S}] \tag{13.9}$$

式中：λ_{SS}是自旋-自旋系数；$T_q^{(2)}[\boldsymbol{S},\boldsymbol{S}]$为$\boldsymbol{S}$与自身的球形张量积[34]。

在方程(13.9)中，$\ell=2$球谐函数关联着具有不同自旋投影和转动量子数相差$\Delta N=2$的态。因此，自旋-自旋相互作用会在转动基态中混合某些$N=2$的因子：

$$|\psi,M_J\rangle\propto|N=0,M_S\rangle+\frac{\lambda_{SS}}{6B_e}\sum c'|N=2,M'_N,M'_S\rangle \tag{13.10}$$

这里B_e是转动常数。从数学形式上可知，在实验室坐标系下核间轴的空间取向通过自旋-自旋相互作用耦合到电子自旋的投影上，甚至出现在氦原子与该分子相互作用之前。$N=2$的存在取决于比率λ_{SS}/B_e。因此，在零场的极限下$^3\Sigma$分子的氦碰撞诱导塞曼弛豫的期望值为这个比率的平方[31]：

$$\sigma_{ZR}\propto|\langle\psi,M_J|V_{He}|\psi,M'_J\rangle|^2\propto\frac{\lambda_{SS}^2}{B_e^2} \tag{13.11}$$

鉴于这一比例法则，$^3\Sigma$分子具有大的转动常数和小的自旋-自旋系数，由此可以减小氦原子相互作用的各向异性及氦原子诱导的塞曼弛豫，这对缓冲气体装载是有利的。这是促使我们研究亚氨(NH)自由基的一个因素。

对于一些自旋-自旋系数(λ_{SS})比自旋转动系数(γ_{SR})更大的分子，这种自旋-自旋驱动氦诱导塞曼弛豫可能是其主要的弛豫机制。这个定性模型不能用来反映是否值得让分子从$^2\Sigma$转移到$^3\Sigma$态来获得额外的1 μ_B磁矩。如果$^3\Sigma$分子的自旋-自旋驱动塞曼弛豫非常强，那么俘获寿命将会受到非弹性碰撞的限制而俘获深度不受影响。2003年，Krems和他的同事对氦气冷却亚氨(NH)做了定量计算并预测了一个可信的塞曼弛豫率系数[35][36]。与此同时，我们组的实验结果表明，2 μ_B材料的热隔离明显比1 μ_B材料的更容易[19]。

缓冲气体直接从分子束中装载超过10^8个亚氨自由基进入磁阱，这是我们第一次实验上实现了$^3\Sigma$极性分子的俘获[6]。我们发现，亚氨基良好的碰撞性能有利于缓冲气体装载。通过在一系列的^{3}He缓冲气体密度下测量俘获寿命，我们发现比率$\gamma=7\times10^4$，这个比率非常大，足以观察到接近1 s的俘获寿命。

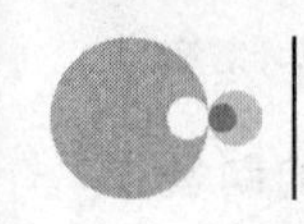

不过,有理由相信由于势形共振的存在将使这个比率降低。Krems 等人曾预测在大约 0.5 K 的碰撞能量范围内,亚氨基和 ^{3}He 之间存在一个 $l=3$ 的势形共振。此外,我们的单点测量仅有部分结果支持下面描述的自旋-自旋相互作用驱动的弛豫机制。为了进一步研究这些问题,我们首先将缓冲气体改变为同位素 ^{4}He,它的 $l=3$ 的能级是一个真实的束缚态,因而不再对应势形共振。我们发现,亚氨基与 ^{4}He 系统的碰撞诱导塞曼弛豫横截面比标准的 ^{3}He 系统小 4 倍,符合势形共振的预测。此外,通过改变 NH 的同位素(例如,从 NH 转换到 ND),对于亚氨基与 ^{4}He 系统,我们能够验证塞曼弛豫截面与 $1/B^2$ 的依赖关系[30]。

13.4 缓冲气体粒子束的产生

缓冲气体冷却已被用来产生冷分子束和原子束,可以获得比任何其他冷却源更大的冷分子流。常用的方法是在厘米尺度大小的低温池中使用缓冲气体冷却靶粒子,低温池上有一个直径在毫米至厘米数量级之间的气体出口。部分被冷却的靶粒子会从气体出口溢出或“喷出”,但这取决于低温池的结构和氦气密度。各种方式都有其特点,我们将会在下文中一一讨论。

下面概述操控缓冲气体粒子束源的基本原理,如图 13.11 所示。温度为 T 的低温氦气被引入温度同样为 T 的由缓冲气体填充的低温池中。这个低温池是一个直径为 D,长度为 L 的管子,且满足 $L \geqslant D$。管子的一端(通常与缓冲气体充入位置相反)有一个直径为 d 的出气口。实验中通过连续吹入低温氦气补充从出气口飞出的气体,以维持氦气密度 n_{He} 为常数。靶粒子 A 中的热粒子(原子或分子)同样通过指定的靶粒子“入口”位置引入到低温池中。通常情况下,进口端位于冷却池的末端,与出口孔相对(也就是接近缓冲气体入口的位置),如图 13.11 所示。

13.4.1 热平衡与成束条件

热粒子 A 经过缓冲气体碰撞 N 次后,可以无限接近于平衡态。如在 13.2 节中所述,通常经过 $N \approx 100$ 次碰撞就足够使 A 经过热平衡达到 4 K 的温度。粒子的平均自由程可以表达为 $\lambda_t = \frac{1}{\sqrt{2}} n_{\mathrm{He}} \sigma_t$,其中 σ_t 是热平均的扩散截面。达到热平衡所需的时间可以表达为 $\tau_{\mathrm{therm}} = N\lambda_t / \bar{v}_{\mathrm{A,cooling}}$,其中 $\bar{v}_{\mathrm{A,cooling}}$ 是粒子 A 在热平衡过程中经温度平均后的微观速度。粒子的热平衡长度可以表达为 $R_{\mathrm{therm}} = \alpha\lambda_t$,其中 α 由模拟获得,可以在 $\sqrt{N}$ 和 N 之间变化,主要取决于粒子 A

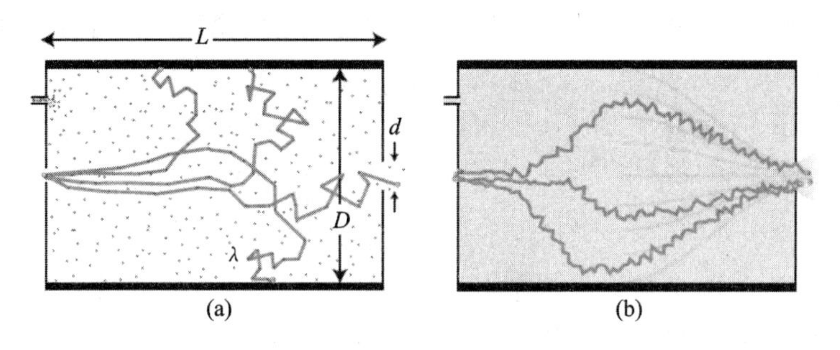

图 13.11 缓冲气体束源工作简易原理图。(a)溢出池环境；(b)流体池环境

的初始条件。为了能够完全达到热平衡，低温池必须要足够大，以满足 $D \geqslant R_{\text{therm}}$。为了讨论方便，我们假设这种热平衡条件总是满足的。

完全达到热平衡的粒子A可以通过两条途径飞出低温池：通过扩散至低温池的边缘，或者被夹带在氦气流中由流体力带出出气口。为了确定哪种方式更为有效，我们需要比较两种情况下粒子飞出出气口的时间。

达到热平衡之后，粒子的宏观纵向速度与经过低温池的氦气流速度相一致，均可表示为 $v_{\text{flow}} = (d/D)^2 v_{\text{He,thermal}}$。那么粒子A以宏观氦气流速度穿越低温池所需的时间即为 $\tau_{\text{pumpout}} = L/v_{\text{flow}}$。

另一方面，对于完全达到热平衡的粒子A，其径向运动是扩散的，扩散寿命可以表示为

$$\tau_{\text{diffusion}} = \frac{D^2}{4\lambda_c v_{\text{A,thermal}}} \tag{13.12}$$

式中：D 是低温池的直径(此处并非扩散常数)；λ_c 是冷的平均自由程，可以表示为 $\lambda_c = \frac{1}{n_{\text{He}}}\sigma_c\sqrt{1+m_A/m_{\text{He}}}$；$v_{\text{A,thermal}}$ 是低温粒子的热运动速度(the cold thermal velocity)。

无量纲参数

$$\xi \equiv \frac{\tau_{\text{diffusion}}}{\tau_{\text{pumpout}}} \tag{13.13}$$

量化地表征了系统的极限：当 $\xi \ll 1$ 时，低温池中扩散力起主导作用，称为扩散池；当 $\xi \gg 1$ 时，低温池中流体动力起主导作用，称为流动池。我们注意到此处讨论的裹挟行为与典型的超声喷嘴膨胀中的裹挟行为并不相同，在超声喷嘴膨胀过程中，碰撞既发生在喷嘴内也发生在喷嘴外，但只有喷嘴外的碰撞起关键作用，且气流速度可达到音速。而缓冲气体池中的氦气平均流动速度基本

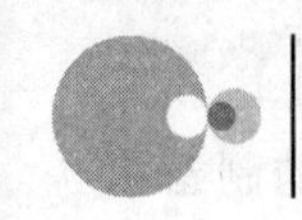

上比音速要小,大体上,$d<D$。为了使热粒子A完全达到热平衡,对于扩散池,必须要求 $\tau_{\text{therm}}<\tau_{\text{diffusion}}$,对于流动池则要求 $\tau_{\text{therm}}<\tau_{\text{pumpout}}$。

如果 $\xi\ll1$,流体力学效应可以被忽略,在这种扩散极限下,大部分粒子A都会黏附在低温池壁上。此时,飞出出气口的热平衡粒子所占的比例由出气口的立体角大小决定,通常情况下远小于1。如果 $\xi\gg1$,大部分粒子A均可被裹挟在低温池中,并被氦气流带至出气口形成粒子束。更为精确的分析依赖于低温池具体的几何结构,但当 $D\approx L$ 时,可以证明

$$\xi=\frac{\kappa d^2}{4\lambda D}=\frac{\kappa d^2 n_{\text{He}}\sigma_{\text{c}}}{4D}\sqrt{1+m_{\text{A}}/m_{\text{He}}} \tag{13.14}$$

其中,κ 是幺正变换下的无量纲参数。

13.4.2 助推条件和低速分子束约束

粒子束A的前向速度 v_{F} 依赖于 n_{He} 和 d,介于 $v_{\text{A,thermal}}$ 和 $v_{\text{supersonic}}$ 之间。具体而言,v_{F} 取决于出气口的Reynolds数(或者是Knudsen数,$\mathcal{R}_e=1/Kn$,Kn 为Knudsen数的简写),$\mathcal{R}_e=d/\lambda$。在溢出极限下,$\lambda\gg d$ 和 $v_{\text{F}}\approx v_{\text{A,thermal}}$,如图13.12所示。此时出气口外的粒子A不会发生进一步的碰撞。

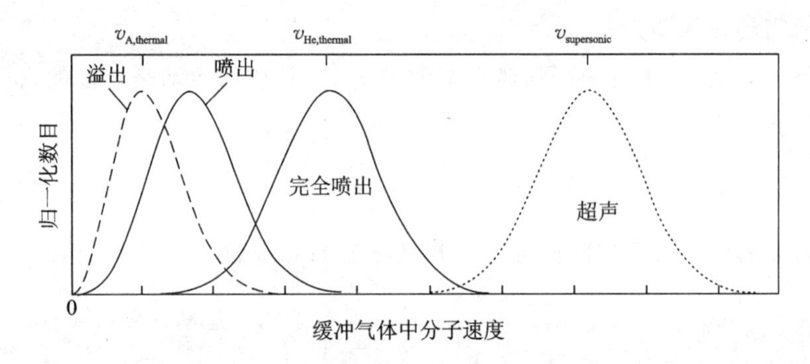

图13.12 缓冲气体粒子束在四种不同前向速度区间运行时的速度分布。四种情况都有类似的扩散速度,对应于 $v_{\text{A,thermal}}$

与之相反,当 $d\gg\lambda$ 时,粒子A的前向速度会被"助推",这是因为出气口外的氦气向外流出会与粒子A相碰撞,助推粒子A使其获得更大的前向速度。当 R_e 从1增大至100以上时,v_{F} 将从 $v_{\text{A,thermal}}$ 增大至 v_{boosted}。值得注意的是,$1<\mathcal{R}_e<100$ 的区间常被称为室温超声喷嘴作用的中间区域,而当 $\mathcal{R}_e>1000$ 时,则被称为完全超声区域。完全超声碰撞并不是获得高助推效果的必要条件。

事实证明,当缓冲气体粒子束位于流体动力作用区间时,它总是会被助

推，也就是说分子的前向速度比它们的平均热运动速度要高。对于$\xi>1$，这一点可以通过如下得到证明：公式(13.14)可以表示为

$$\mathcal{R}_e > D/d \tag{13.15}$$

我们注意到D/d总是大于1。尽管如此，对于某些实验，通过流体动力(而不是扩散力)作用使粒子束流量得到极大增强的效果还是颇具吸引力的。对于选择扩散池还是流动池来运行低温粒子束源，主要由特定的实验目的决定。从粒子束流量方面来说，流动池的产量大约比扩散池的高1000倍，但流动池的前向速度更高，对于4 K低温池，其速度约为100 m/s。另一方面，溢出低温粒子束(必须通过扩散池获得)可以获得低至10 m/s的前向速度，对应的前向动能是流体分子束的百分之一以下。

13.4.3 扩散作用粒子束成束研究

目前已经通过PbO分子及Na原子详细研究了扩散区间粒子束的行为，完整的描述已在参考文献[37]中给出。图13.11(a)给出了粒子束设备的基本设计方案。缓冲气体池是边长约10 cm的黄铜盒子。出气口直径$d=3$ mm，位于其中一个端面的中央。溅射靶材固定在盒子内部顶端，与出气口相距约6 cm。Na原子可通过激光溅射Na金属或者NaCl获得，而PbO分子通过溅射真空热压的PbO靶材获得。缓冲气体连续地流进低温池。粒子束流经区域的高真空由活性炭吸附泵维持，该泵对氦气的抽运速度约为1000 L/s。

对于这个特定的低温池，假定低温扩散截面为$\sigma_c \approx 3\times10^{15}$ cm^{-3}，当$n_{He}\approx 10^{15}$ cm^{-3}时溢出流和助推流会发生交叉($d=\lambda$的条件)。我们通过Na原子达到预期最佳条件所需要的氦气流密度来表征以上两种情况下的粒子束，氦原子密度为$n_{He}=0.2\sim5\times10^{15}$ cm^{-3}。

对于Na原子，利用池内吸收光谱可以获得达到热平衡的Na原子数目N_{Na}，以及低温碰撞扩散截面$\sigma_{c,Na}$。对于金属Na或者NaCl溅射靶材，每脉冲可获得10^{14}个Na原子。测量得到扩散寿命为$\tau(\text{ms})\approx4\times10^{-15}\times n_{He}(\text{cm}^{-3})$。由此，我们推断$\sigma_{c,Na}\approx3\times10^{-15}$ cm^2。之前的工作表明，PbO溅射产量约为每脉冲10^{12}个分子，通过池内激光诱导荧光测量表明我们也获得了相似的产量。

在图13.13中，我们给出了达到热平衡时粒子A飞出出气口的数量$N_{A,beam}$与n_{He}的关系。实验中烧蚀羽流(ablation plume)偏离出气口以确保粒子仅在与缓冲气体发生第一次碰撞时就离开低温池并形成粒子束。因此，我们可以通过检测粒子束中A的数目来监视池内达到热平衡的溅射粒子数。通过对

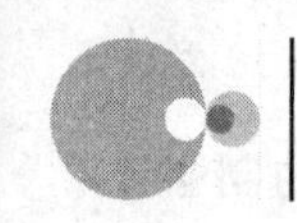

Na 原子的检测和模拟,我们发现,当 n_{He} 处于特定范围时,$N_{\mathrm{A,beam}}$ 急速增加(约正比于 n_{He}^3),当 n_{He} 大于此范围时,$N_{\mathrm{A,beam}}$ 达到极大值并基本不变。低密度区间正比于 n_{He}^3 与以下简单物理图像相符:即在近热平衡至温度 T 范围之后,粒子 A 均匀分布在 $R_{\mathrm{therm}}^3=(N\lambda)^3$ 空间中。实线的交叉点对应于溅射靶材和出气口之间的距离与热平衡长度相符时的情况。这种饱和行为对应粒子束中粒子 A 可达到的最大比例($f_{\max}$),由出气口的立体角与低温池剩余立体角之比所决定,饱和行为同时表明粒子 A 在低温池中的运动是完全扩散并且随机的。对于这种几何结构的低温池,可以得到 $f_{\max}\approx 3\times 10^{-4}$。

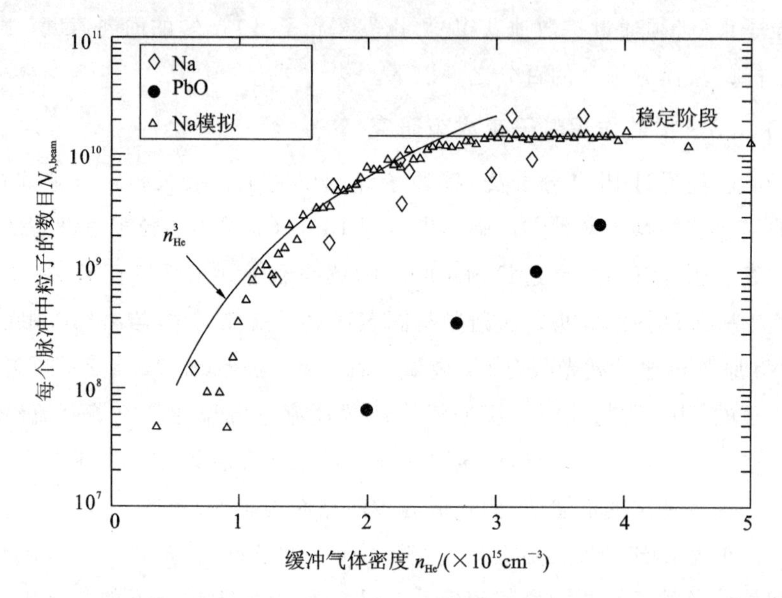

图 13.13 在溢出池区间,粒子束中的低温粒子 A 数目 $N_{\mathrm{A,beam}}$ 与缓冲气体密度 n_{He} 之间的函数关系。插入图中的具有特定函数形式的曲线代表着不同的缩放区间(引自 Maxwell,S. E. et al.,Phys. Rev. Lett.,95,173201,2005. Copyright 2005 by the American Physical Society. 获得授权)

无论是实验还是模拟,Na 原子完全达到热平衡(即所有制备的热 Na 原子都经过热平衡后接近温度 T)的条件都是显而易见的。我们发现在溢出区间的最高处,氦气密度几乎精确地等于溅射 Na 原子达到热平衡时所必需的密度。因此可以预期,这个低温池对于产生慢速(溢出方式)、低温且最大通量的 Na 原子束流,已经接近最优几何结构。与之相反,溅射获得的 PbO 导致的不同初始条件会使达到热平衡的氦密度大于 Na 原子所需密度，这也说明我们的低温池对于 PbO 并不是最优结构。尽管如此，我们发现分子束中 PbO 的平动和转动温度也接近温度 T，这是因为分子束是仅仅通过与缓冲气体相碰撞产生的。

为了验证这个低温池是在扩散区间工作的，我们可以计算 ξ 值。排空低温池所需的时间可以通过已知池子的体积和出气口的大小来计算。对于这个低温池，计算所得排空时间为 $\tau_{\text{pumpout}}=100$ ms，这比本实验中缓冲气体密度对应的扩散时间 1～10 ms 要长得多。证明了这个低温池工作在强扩散区间，也就是说 $\xi\ll 1$。

图 13.14 给出了随缓冲气体密度 n_{He} 变化时粒子束的平均前向速率。对于 Na 原子和 PbO 分子，实验数据均表明 v_{F} 随 n_{He} 线性增加。在此我们可以发现，对于工作在扩散区间的粒子束源，输出的粒子束在整个路径上都可以从溢出束流调整到强烈的助推束流（见图 13.12）。v_{F} 随缓冲气体密度线性地增加，这也与以下简单的物理图像相符合，一个慢速运动的粒子 A 飞出出气口所需的时间为 t_{e}，其中 $t_{\text{e}}\approx d/v_{\text{A}}$；在这个时间内，粒子 A 被快速地前向运动的 He 原子碰撞了 N_{e} 次，其中 $N_{\text{e}}\approx n_{\text{He}}\sigma_{\text{c}}v_{\text{He}}t_{\text{e}}$，获得了 $\Delta v_{\text{A}}\approx v_{\text{A}}d/\lambda\propto n_{\text{He}}$ 的净助推速度。当粒子密度低于完全超声区间的粒子密度时，这种物理图像是基本有效的。我们实验所测量的 Na 原子速度与该模型计算的数值是相近的，计算中所使用的 σ_{c} 值来自我们的实验测量。

13.4.4 流体作用粒子束成束研究

在我们的研究中，流体粒子束所使用的低温池要比扩散束的小，使得我们在比较容易操作的 $n_{\text{He}}\approx 10^{15}\ \text{cm}^{-3}$ 密度区间内实现 $\xi=1$ 成为可能。实验的关键部分是一个固定在低温恒温冷却台上的大小为 $a\approx 2.5$ cm 的低温池。低温池是一个铜盒子，一面有两个充气管道（一个用于充入氦气，另一个用于充入氧气），对侧是出气口，内部有 Yb 溅射靶材，还有激光窗口。这个低温池既可以用于产生 Yb 原子束，也可以产生 O_2 分子束。为了产生 O_2 分子束，我们同时把 He 和 O_2 连续地充入池中，它们在冷却池中混合并热平衡到低温池的温度。为了获得 Yb 分子束，我们把 He 连续地充入池中，并使用 YAG 脉冲激光溅射 Yb 靶材。He 的典型流动速度为 $1\times 10^{17}\sim 8\times 10^{18}$ atom/s。尽管氦气流速度很大，粒子束所经区域的真空仍维持在 3×10^{-8} torr，这个真空由二阶差分泵浦系统维持，所使用的真空泵为活性炭制作的高速低温泵。

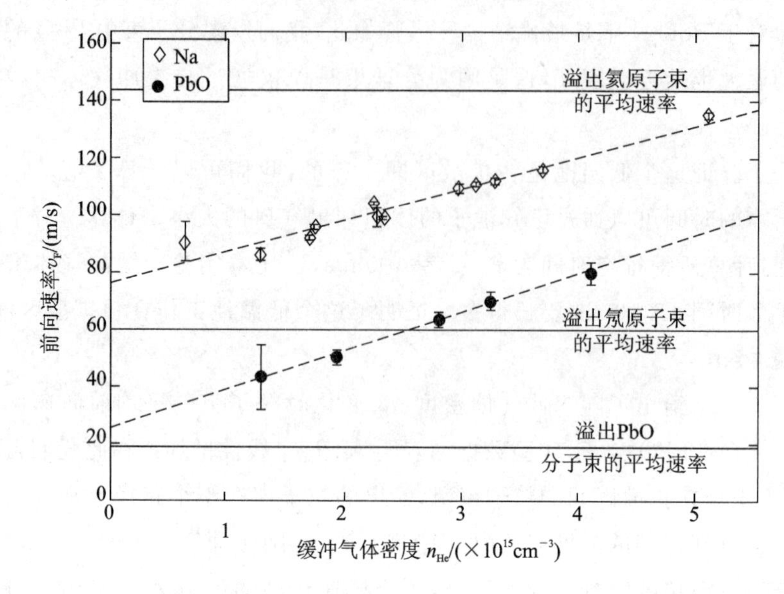

图 13.14　PbO 分子和 Na 原子束平均前向速度 v_F 与缓冲气体密度 n_{He} 之间的关系。虚线说明了通过最佳拟合线外推得到的缓冲气体密度为零的数值(引自 Maxwell, S. E. et al., Phys. Rev. Lett., 95, 173201, 2005. Copyright 2005 by the American Physical Society. 获得授权)

在这个低温池上,我们开展了两种不同类型的实验,即磁性引导(对 O_2)或非引导(对 Yb)。在磁性引导实验中,我们将 O_2 分子耦合进磁性导轨中,并通过残余气体分析仪(RGA)测量 O_2 飞出磁性导轨的流量。关于这个工作的详细描述可参阅参考文献[39]。在非引导情况下,我们使用 Yb 原子表征粒子束源,通过激光吸收光谱测量了 Yb 粒子束的流量与速度,以及低温池内 Yb 气体的密度和温度。

双出气口的结构也被用来制备 Yb 粒子束。图 13.15 给出了一个简易狭缝(1 mm×4 mm)的输出效率,这个效率是指粒子束中的 Yb 原子数目与低温池中通过激光烧蚀产生的低温 Yb 原子数目之比。在高缓冲气体流速下,$\xi>1$(流体池区间),在生成的粒子束中可以探测到高达 40%的池中低温 Yb 原子。通过比较与原子束平行方向和横向的吸收光谱中的多普勒位移可以测量粒子束的发散。相比于溢出源,该分子束具有更好的准直性,其发散性约为 0.1 立体弧度。实验中所观测到的粒子束角动量出现峰值的现象,在室温分子束实验中通过测量两种质量不同的样品同样可以观测到，并称为“Mach 数聚束”[40][41]。质量越大的样品其粒子束角动量分布越窄，其同样来自于前面提到的助推效应，也就是说，质量轻的样品从后侧撞击质量重的样品，使其横向运动随机化，但总会向前推动。这种效应在中间区域出现的峰值$\mathcal{R}_e\approx30$，远不如其在溢出区间或完全超声区间的明显。测量得到沿轴向单位立体角流量为6×10^{15} atom/(s·sr)(5×10^{12} atoms/pulse)的峰值。

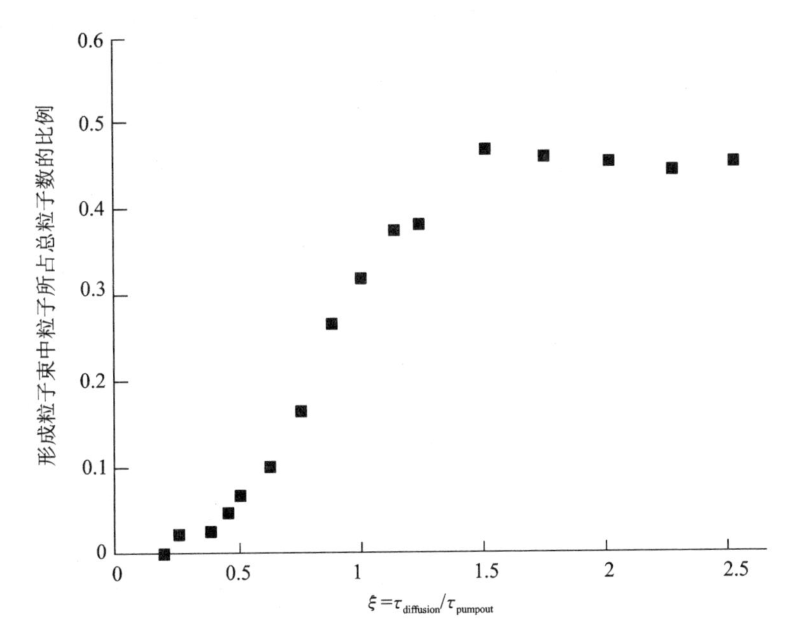

图 13.15　溅射产生的 Yb 原子数与被冷却的 Yb 原子数之比与从简单狭缝(无消音喷嘴)进入粒子束的 Yb 原子数的关系。当缓冲气体在高密度时，对应着长扩散时间，因此具有高 ξ 值(详见正文)。当瞬时流量为 5×10^{15} atom/(s·sr)时，在峰值中探测到了高达 40%的溅射 Yb 原子(引自 Patterson, D., and Doyle, J. M., J. Chem. Phys., 126, 154307, 2007. 获得授权)

为了俘获粒子，必须要求被俘获样品的总动能小于俘获阱深度(典型值约为几个开尔文)，助推前向速率高的粒子束(对于 Yb，有效温度大于 100 K)使其很难被俘获。理想的俘获条件是使用高流量(要求 $\xi>1$，也意味着$\mathcal{R}_e>1$)且 v_F 尽可能接近 $v_{A,\text{thermal}}$ 的粒子束。为了尝试使它们都达到最佳值，我们发展了一种两级孔径，称为消音喷嘴(类似于抑制器或者消音枪，它们的工作原理是非常相似的)。通过两级孔径,He-Yb 混合气仍然通过 1 mm×4 mm 狭缝飞出缓冲气体池,导致流体束流量极大增强,但相应的向前助推速度也很大($v_F > v_{A,thermal}$)。为了压缩粒子束的向前助推速度,并保持流体动力区间获得的高流量,我们在低温池狭缝出口处安装消音喷嘴。这种覆盖着孔径为 140 μm 不锈钢金属网(28%的透过率)的第二级喷嘴,扩大了出气口,并在真空区间产生了无碰撞的近溢出粒子束(事实上是大量相互平行的近溢出粒子束)。在消音喷嘴区间内的 He 密度要远低于使低温池中的热粒子达到热平衡所需的 He 密度。然而,这种密度对于通过碰撞减速的低温 Yb 原子已经足够了,这些 Yb 原子来自于第一级出口,且密度足够低,满足$\xi \ll 1$。也就是说,主要是扩散的动力学过程。在这种情况下,消音喷管自身就是一个在扩散区间工作的小型缓冲气体冷却池。

来自于消音喷嘴的 Yb 原子束平均速度为 35 m/s,扩散速度为 20 m/s。沿轴向粒子束流量为 5×10^{12} atom/(s · sr)时测量的峰值表明,激光溅射所产生的低温 Yb 原子约有 1%进入粒子束,或者说第一级出口原子数的 3%进入粒子束(扩散池与之相比仅为 0.03%)。

产生低温粒子束的一个未来方向是在一个 $L>D$ 的长管道中将热分子沿相同方向注入低温氦气流中。管道长度如此设计的原因在于当氦密度为 $n_{He}=rn_A$时,粒子 A 能够在 L/v_{flow}时间内扩散 $D/2$ 的距离,其中 n_A为粒子 A 的密度,r 值已在 13.2 节中定义。当 $\sigma_{He\text{-}He}<\sigma_{He\text{-}A}$时,粒子 A 在该系统中的冷却效果可以通过粒子 A 的压缩损失而得到增强。

13.5 结论

分子的缓冲气体冷却为研究人员提供了一种通用的获得气相冷分子的方法。这种技术因其对大量原子和分子的实用性从而扩展到磁阱俘获、定量光谱和低速粒子束的制备等领域。更进一步,缓冲气体冷却对初始状态完全处于玻尔兹曼分布的分子样品仍然具有同样的冷却效果,因而可以冷却大数目的分子(有时也表示为高密度或者高粒子束流量),相比于其他手段,这种方法产生的冷分子的数目通常要高出几个量级。由于双原子分子存在转动分裂,分裂的大小通常在 1 K 数量级,因此从概念上讲利用低温氦缓冲气体碰撞冷却双原子分子是顺理成章的事情。对于很多类型的实验,只要求转动态布居增强,这完全可以让缓冲气体冷却成为非常有吸引力的选择。

缓冲气体冷却对那些在缓冲气体温度达到平衡时仍然要保持某些自由度的实验也是有用的,如静磁俘获和亚稳态寿命测量。利用碰撞达到热平衡的过程的细致化研究结果来揭示相关物理机理也是非常重要的。我们希望通过对相关机理的理解来进一步发展低温碰撞冷却,以便在将来把低温碰撞冷却应用到协同冷却或蒸发冷却,俘获分子至超冷区域。

致谢

在此需要感谢 Harvard 实验和理论组工作的所有成员,是他们促进了缓冲气体冷却的发展。其他那些促进这一领域发展而应得到感谢的人包括:在碰撞冷却方面做出先驱工作的 F. DeLucia,以及 D. DeMille、G. Meijer、A. Peters、M. Stoll、D. Kleppner、T. Greytak 和 W. Ketterle. 这些工作由美国 NSF、DOE 和 ARO 提供资金支持。

参考文献

[1] Migdall, A. L., Prodan, J. V., Phillips, W. D., Bergeman, T. H., and Metcalf, H. J., First observation of magnetically trapped neutral atoms, Phys. Rev. Lett., 54, 2596-2599, 1985.

[2] Doyle, J. M., Friedrich, B., Kim, J., and Patterson, D., Buffer-gas loading of atoms and molecules into a magnetic trap, Phys. Rev. A, 52(4), R2515-R2518, 1995.

[3] Kim, J., Friedrich, B., Katz, D. P., Patterson, D., Weinstein, J. D., deCarvalho, R., and Doyle, J. M., Buffer-gas loading and magnetic trapping of atomic europium, Phys. Rev. Lett., 78, 3665, 1997.

[4] Weinstein, J. D., deCarvalho, R., Guillet, T., Friedrich, B., and Doyle, J. M., Magnetic trapping of calcium monohydride molecules at milikelvin temperatures, Nature, 395, 148, 1998.

[5] Weinstein, J. D., deCarvalho, R., Hancox, C. I., and Doyle, J. M., Evaporative cooling of atomic chromium, Phys. Rev. A, 65, 021604(R), 2002.

[6] Campbell, W. C., Tsikata, E., Lu, H.-I., van Buuren, L. D., and Doyle, J. M., Magnetic trapping and Zeeman relaxation of NH($X\ ^3\Sigma^-$), Phys. Rev. Lett., 98, 213001, 2007.

[7] Huang, Y. H. and Chen, G. B., A practical vapor pressure equation for helium-3 from 0.01 K to the critical point, Cryogenics, 46(12), 833-839, 2006.

[8] Pobell, F., Matter and Methods at Low Temperatures, 2nd ed., Springer, 1996.

[9] Hatakeyama, A., Enomoto, K., Sugimoto, N., and Yabuzaki, T., Atomic alkali-metal gas cells at liquid-helium temperatures: Loading by light-induced atom desorption, Phys. Rev. A, 65, 022904, 2002.

[10] Messer, J. K. and De Lucia, F. C., Measurement of pressure-broadening parameters for the CO-He system at 4 K, Phys. Rev. Lett., 53(27), 2555-2558, 1984.

[11] Doret, S., Connolly, C., and Doyle, J. M., Ultracold metastable helium, 2008. Unpublished.

[12] Forrey, R. C., Kharchenko, V., Balakrishnan, N., and Dalgarno, A., Vibrational relaxation of trapped molecules, Phys. Rev. A, 59(3), 2146-2152, 1999.

[13] Ball, C. D. and De Lucia, F. C., Direct measurement of rotationally inelastic cross sections at astrophysical and quantum collisional temperatures, Phys. Rev. Lett., 81(2), 305-308, 1998.

[14] Ball, C. D. and De Lucia, F. C., Direct observation of Λ-doublet and hyperfine branching ratios for rotationally inelastic collisions of NO-He at 4.2 K, Chem. Phys. Lett., 300, 227, 1999.

[15] Mengel, M. and De Lucia, F. C., Helium and hydrogen induced rotational relaxation of H_2CO observed at temperatures of the interstellar medium, Astrophys. J., 543, 271-274, 2000.

[16] Campbell, W. C., Groenenboom, G. C., Lu, H.-I., Tsikata, E., and Doyle, J. M., Timedomain measurement of spontaneous vibrational decay of magnetically trapped NH, Phys. Rev. Lett., 100, 083003, 2008.

[17] Hasted, J. B., Physics of Atomic Collisions, 2nd ed., chap. 1.6, American Elsevier Publishing Company, 1972.

[18] Weinstein, J. D., Magnetic trapping of atomic chromium and molecular calcium monohydride, Ph. D. thesis, Harvard University, 2001.

[19] Harris, J. G. E., Michniak, R. A., Nguyen, S. V., Brahms, N., Ketterle,

W. ,and Doyle,J. M. ,Buffer gas cooling and trapping of atoms with small effective magnetic moments, Europhys. Lett. , 67 (2), 198-204,2004.

[20] Michniak,R. ,Enhanced buffer gas loading:Cooling and trapping of atoms with low effective magnetic moments,Ph. D. thesis,Harvard University,2004.

[21] Walker,T. G. and Happer,W. ,Spin-exchange optical pumping of noble-gas nuclei,Rev. Mod. Phys. ,69(2),629-641,1997.

[22] Johnson, C. , Brahms, N. , Newman, B. , Doyle, J. , Kleppner, D. , and Greytak,T. ,Zeeman relaxation of cold atomic Fe and Ni in collisions with ^{3}He,in preparation,2008.

[23] Krems,R. V. and Dalgarno,A. ,Disalignment transitions in cold collisions of ^{3}P atoms with structureless targets in a magnetic field,Phys. Rev. A,68,013406,2003.

[24] Kokoouline,V. ,Santra,R. ,and Greene,C. H. ,Multichannel cold collisions between metastable Sr atoms, Phys. Rev. Lett. , 90 (25), 253201,2003.

[25] Santra,R. and Greene,C. H. ,Tensorial analysis of the long-range interaction between metastable alkaline-earth-metal atoms,Phys. Rev. A,67, 062713,2003.

[26] Maxwell, S. E. , Hummon, M. T. , Wang, Y. , Buchachenko, A. A. , Krems,R. V. ,and Doyle,J. M. ,Spin-orbit interaction and large inelastic rates in bismuth-helium collisions. Phys. Rev. A,78,042706,2008.

[27] Mayer,M. G. ,Rare-earth and transuarnic elements,Phys. Rev. ,60,184-187,1941.

[28] Hancox,C. I. ,Doret,S. C. ,Hummon,M. T. ,Luo,L. ,and Doyle,J. M. , Magnetic trapping of rare-earth atoms at millikelvin temperatures, Nature,431,281-284,2004.

[29] Hancox,C. I. ,Doret,S. C. ,Hummon,M. T. ,Krems,R. V. ,and Doyle, J. M. ,Suppression of angular momentum transfer in cold collisions of transition metal atoms in ground states with nonzero orbital angular momentum,Phys. Rev. Lett. ,94,013201,2005.

[30] Campbell, W. C., Tscherbul, T. V., Lu, H.-I., Tsikata, E., Krems, R. V., and Doyle, J. M., Mechanism of collisional spin relaxation in $^3\Sigma$ molecules. Phys. Rev. Lett., 102, 013003, 2009.

[31] Krems, R. V. and Dalgarno, A., Quantum-mechanical theory of atom-molecule and molecular collisions in a magnetic field: Spin depolarization. J. Chem. Phys., 120(5), 2296-2307, 2004.

[32] There is a typo in Ref. [4]; the quoted elastic-to-inelastic collision ratio should read $\sigma_e/\sigma_s > 10^4$.

[33] Maussang, K., Egorov, D., Helton, J. S., Nguyen, S. V., and Doyle, J. M., Zeeman relaxation of CaF in low-temperature collisions with helium, Phys. Rev. Lett., 94, 123002, 2005.

[34] Mizushima, M., The Theory of Rotating Diatomic Molecules, Wiley, New York, 1975.

[35] Cybulski, H., Krems, R. V., Sadeghpour, H. R., Dalgarno, A., Kłos, J., Groenenboom, G. C., van der Avoird, A., Zgid, D., and Chałasi′nski, G., Interaction of NH($X\ ^3\Sigma^-$) with He: Potential energy surface, bound states, and collisional relaxation, J. Chem. Phys., 122, 094307, 2005.

[36] Krems, R. V., Sadeghpour, H. R., Dalgarno, A., Zgid, D., Kłos, J., and Chałasiński, G., Low-temperature collisions of NH($X\ ^3\Sigma^-$) molecules with He atoms in a magnetic field: An ab initio study, Phys. Rev. A, 68, 051401(R), 2003.

[37] Maxwell, S. E., Brahms, N., deCarvalho, R., Glenn, D. R., Helton, J. S., Nguyen, S. V., Patterson, D., Petricka, J., DeMille, D., and Doyle, J. M., High-flux beam source for cold, slow atoms or molecules, Phys. Rev. Lett., 95(17), 173201, 2005.

[38] Egorov, D., Weinstein, J. D., Patterson, D., Friedrich, B., and Doyle, J. M., Spectroscopy of laser-ablated buffer-gas-cooled PbO at 4K and the prospects for measuring the electric dipole moment of the electron, Phys. Rev. A, 63, 030501(R), 2001.

[39] Patterson, D. and Doyle, J. M., Bright, guided molecular beam with

hydrodynamic enhancement, J. Chem. Phys., 126, 154307, 2007.

[40] Anderson, J. B., Separation of gas mixtures in free jets, AIChE Journal, 13(6), 1188-1192, 1967.

[41] Waterman, P. C. and Stern, S. A., Separation of gas mixtures in a supersonic jet, J. Chem. Phys., 31(2), 405-419, 1959.

[42] Egorov, D. M., Buffer-gas cooling of diatomic molecules, Ph. D. thesis, Harvard University, 2004.

[43] Crownover, R. L., Willey, D. R., Bittner, D. N., and De Lucia, F. C., Very low temperature spectroscopy: The pressure broadening coefficients for CH_3F between 4.2 and 1.9 K. J. Chem. Phys., 89, 6147-6156, 1988.

[44] Beaky, M. M., Flatin, D. C., Holton, J. J., Goyette, T. M., and De Lucia, F. C., Hydrogen and helium pressure broadening of CH_3F between 1 K and 600 K, J. Mol. Structure, 352/353, 245, 1995.

[45] Stoll, M., Buffer-gas cooling and magnetic trapping of CrH and MnH molecules, Ph. D. thesis, Humboldt-Universitat zu Berlin, 2008.

[46] Willey, D. R., Crownover, R. L., Bittner, D. N., and De Lucia, F. C., Very low temperature spectroscopy: The pressure broadening coefficients for CO-He between 4.3 and 1.7 K. J. Chem. Phys., 89, 1923, 1988.

[47] Beaky, M. M., Goyette, T. M., and De Lucia, F. C., Pressure broadening and line shift measurement of carbon monoxide in collision with helium from 1 K to 600 K, J. Chem. Phys., 105, 3994, 1996.

[48] Willey, D. R., Choong, V. E., and De Lucia, F. C., Very low temperature helium pressure broadening of DCl in a collisionally cooled cell, J. Chem. Phys., 96, 898-902, 1992.

[49] Willey, D. R., Bittner, D. N., and De Lucia, F. C., Pressure broadening cross-sections for the H_2S-He system in the temperature region between 4.3 K and 1.8 K, J. Molec. Spec., 134, 240, 1989.

[50] Ronningen, T. J. and De Lucia, F. C., Helium induced pressure broadening and shifting of HCN hyperfine transitions between 1.3 K and 20 K, J. Chem. Phys., 122, 184319, 2005.

[51] Campbell, W. C., Magnetic trapping of imidogen molecules, Ph. D. thesis, Harvard University, 2008.

[52] See, for example, Euro. Phys. J. D, 2004, Special Issue on Cold Molecules.

[53] Patterson, D., Rasmussen, J., and Doyle, J. M., Intense atomic and molecular beams via neon buffer gas cooling, New Journal of Physics, 2009(to be published).

[54] van Buuren, L. D., Sommer, C., Motsch, M., Pohle, S., Schenk, M., Bayerl, J., Pinske, P. W. H., and Rempe, G., Electrostatic extraction of cold molecules from a cryogenic reservoir. Phys. Rev. Lett., 102, 033001, 2009.

[55] Willey, D. R., Bittner, D. N., and De Lucia, F. C., Collisional cooling of the NO-He system: The pressure broadening cross-sections between 4.3 K and 1.8 K. Mol. Phys., 66, 1, 1988.

[56] Ball, C. D. and De Lucia, F. C., Direct observation of Λ-doublet and hyperfine branching ratios for rotationally inelastic collisions of NO-He at 4.2 K, Chem. Phys. Lett., 300, 227-235, 1999.

[57] DeMille, D., et al. Cold beam of SrO for trapping studies. Unpublished.

[58] Vutha, A. C., Baker, O. K., Campbell, W. C., DeMille, D., Doyle, J. M., Gabrielse, G., Gurevich, Y. V., and Jansen, M. A. H. M., Cold beam of ThO for EDM studies. Unpublished.

[59] Weinstein, J. D., deCarvalho, R., Amar, K., Boca, A., Odom, B. C., Friedrich, B., and Doyle, J. M., Spectroscopy of buffer-gas cooled vanadium monoxide in a magnetic trapping field, J. Chem. Phys., 109 (7), 2656-2661, 1998.

[60] Brahms, N., Newman, B., Johnson, C., Kleppner, D., Greytak, T., and Doyle, J. M., Magnetic trapping of silver and copper, and anomolous spinrelaxation in the Ag-He system, submitted to PRL.

[61] Newman, B., Brahms, N., Johnson, C., Kleppner, D., Greytak, T., and Doyle, J., Buffergas cooled cerium, 2008. Unpublished.

[62] Bakker, J. M., Stoll, M., Weise, D. R., Vogelsang, O., Meijer, G., and Peters, A., Magnetic trapping of buffer-gas-cooled chromium atoms and

prospects for the extension to paramagnetic molecules, J. Phys. B, 39, S1111, 2006.

[63] Parsons, M., Chakraborty, R., Campbell, W., and Doyle, J. M., Ablation studies, Unpublished, 2008.

[64] Hancox, C. I., Doret, S. C., Hummon, M. T., Luo, L., and Doyle, J. M., Buffer-gas cooling of gadolinium. Unpublished.

[65] Nguyen, S., Doret, S. C., Connolly, C., Michniak, R., Ketterle, W., and Doyle, J. M., Evaporation of metastable helium in the multi-partial-wave regime, Phys. Rev. A, 92, 060703(R), 2005.

[66] Nguyen, S. V., Doret, S. C., Helton, J., Maussang, K., and Doyle, J. M., Buffer gas cooled hafnium, 2008. Unpublished.

[67] deCarvalho, R., Brahms, N., Newman, B., Doyle, J. M., Kleppner, D., and Greytak, T., A new path to ultracold hydrogen, Can. J. Phys., 83, 293-300, 2005.

[68] Nguyen, S. V., Helton, J. S., Maussang, K., Ketterle, W., and Doyle, J. M., Magnetic trapping of an atomic ^{55}Mn-^{52}Cr mixture, Phys. Rev. A, 71, 025602, 2005.

[69] Nguyen, S. V., Harris, J. G. E., Doret, S. C., Helton, J., Michniak, R. A., Ketterle, W., and Doyle, J. M., Spin-exchange and dipolar relaxation of magnetically trapped Mn, Phys. Rev. Lett., 99, 2007.

[70] Hancox, C. I., Hummon, M. T., Nguyen, S. V., and Doyle, J. M., Magnetic trapping of atomic molybdenum, Phys. Rev. A, 71, 031402, 2004.

[71] Hummon, M. T., Campbell, W. C., Lu, H., Tsikata, E., Wang, Y., and Doyle, J. M., Magnetic trapping of atomic nitrogen(^{14}N) and cotrapping of NH($X\ ^3\Sigma^-$), Phys. Rev. A, 78, 050702(R), 2008.

[72] Nguyen, S. V., Michniak, R., and Doyle, J., Trapping of Na in the presence of buffer gas, 2004.

[73] Hong, T., Gorshkov, A. V., Patterson, D., Zibrov, A. S., Doyle, J. M., Lukin, M. D., and Prentiss, M. G., Realization of coherent optically dense media via buffer-gas cooling. Phys. Rev. A, 79, 013806, 2009.

[74] Hancox, C. I., Magnetic trapping of transition-metal and rare-earth at-

oms using buffer gas loading, Ph. D. thesis, Harvard University, 2005.

[75] Patterson, D. and Doyle, J. M., Buffer gas cooled Yb in cell, 2008. Unpublished.

[76] $m_J = \pm J$.

[77] We will focus here on the case where the magnetic moment comes entirely from electron spin, although it is possible for the magnetic moment to have contributions from electron orbital angular momentum.

[78] A more recent analysis of the data gives this value, which is larger than that quoted in Refs. [4], [18] and [32].

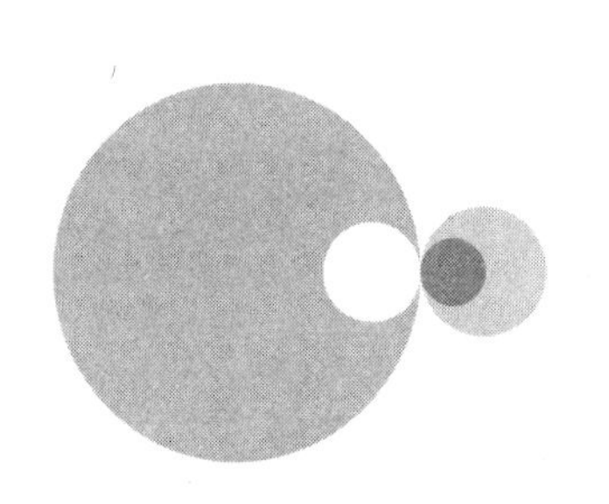

第14章 电场减速、俘获和存储极性分子

14.1 引言

原子束和分子束在物理和化学中扮演角色的重要性是不言而喻的[1]。当前，基于激光的精密技术已经能够灵敏地并且量子态可选地探测原子束和分子束。而在早期，由于缺乏这样的探测技术，人们通常利用"热线"(Langmuir-Taylor)探测器、电子碰撞电离方法，或者通过沉积，并且非原位检测安置在粒子束仪器末端的基底上沉积物来探测粒子束[2]。为了在探测过程中实现量子态可选择性，这些探测技术往往与非均匀的磁场或电场结合，以针对性地改变粒子到达探测器所经过的轨道。Otto Stern 和 Walther Gerlach 早在 1922 年首次提出了这种方法[3]。此后，该实验的主要原理，即通过空间量子化存储量子态，得到了广泛的应用。他们的实验方案是在粒子束轴向构造强的磁场或电场梯度以有效地偏转粒子。1939 年，Isidor Rabi 引入了分子束磁共振方法，

利用连续的两块磁铁产生了反向的不均匀磁场梯度。在Rabi的实验装置中,第一块磁铁造成的粒子偏折由第二块磁铁补偿,粒子以一个S形路径被引导至探测器。由磁体诱导的粒子向"空间量子化的其他态"的转换可以通过测量粒子信号的强弱来探测[4]。之后,人们设计了磁场[5][6]和电场[7]结构,将处于特定量子态的粒子聚焦到探测器上。如静电四极聚焦器,在顺次排列的四个圆柱形电极上交替施加正负电压,可以将一束氨分子束耦合进微波腔。这样一组静电四极透镜将处于反转双线中上能级的氨分子进行聚焦,同时发散那些处于下能级的氨分子。基于微波腔中氨分子的反转布居特性,1954—1955年James Gordon、Herbert Zeiger和Charles Townes发明了微波激射器[8][9]。除了利用受激辐射使微波极大地放大之外,这种聚焦单元也使得高分辨和高灵敏地记录分子束中的微波光谱成为可能。通过使用几个连续的多极聚焦器,并交错放置于与电磁辐射相互作用的区域,人们发明了用于研究原子和分子量子结构的多功能系统。在散射实验中,多极聚焦器被用来研究位阻效应,即一个攻击分子的取向如何影响它的反应性[10]。分子束共振方法以及基于量子态选择器的散射装置已经被许多实验室广泛应用,并且获得了关于稳定的分子、自由基和分子复合体的丰富信息。

利用电场和磁场操控原子束和分子束的历史几乎与原子束和分子束本身的历史一样悠久;如果无法操控原子或分子,那么原子束和分子束技术就无法得到发展。Norman Ramsey在他的自传中回顾到,当他在1937年访问Rabi的实验室时,Rabi对分子束研究的前景并不乐观,直到他发明了分子束磁共振方法[11]以后才改变了这种看法。然而,虽然利用外场操作分子束在过去已经得到广泛应用并取得巨大成功,它也仅局限于研究分子的横向运动。直到1999年才从实验上证实,适当地设计一组时变电场阵列也可以用于操控分子束中分子的纵向(前向)速度。这种所谓的"斯塔克减速器"被用于减速电中性极性分子束[12]。此后,制备聚焦的、量子态可选择的加速分子或减速分子的能力使许多新的实验成为可能。本章主要讨论如何利用电场实现完全控制电中性极性分子的三维运动,以及如何将这种控制方法应用到各种新颖的实验当中。

为简便起见,我们仅讨论电场与极性分子(即具有永久电偶极矩的分子)

之间的相互作用。然而，我们注意到，同样的讨论和原理也适用于具有磁偶极矩的粒子与磁场的相互作用。

在四极或六极聚焦器中，对称轴上的电场强度为零，通常选择对称轴与分子束轴向一致。处于轴附近时，电场强度很好地近似为对称圆柱形，并且电场强度随着与轴的距离 r 的增加而增加，对于四极场或六极场分别正比于 r 或 r^2（见图 14.1）。

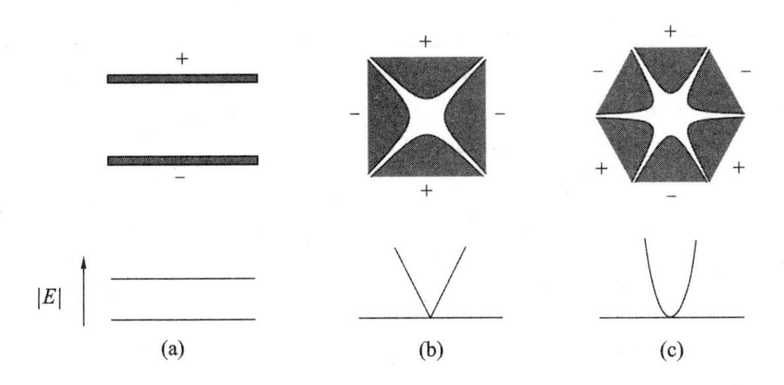

图 14.1 用于产生偶极场（见图(a)上部分）、四极场（见图(b)上部分）和六极场的电极结构（见图(c)上部分）。下面部分显示了电场强度 $|E|$ 沿着与每种结构的中心垂直的直线方向的变化。偶极结构产生一个恒定电场，四极（六极）结构产生与到中心的距离呈线性（二次方型）增长的电场

如果极性分子处于所谓的低场趋近（low-field seeking，LFS）量子态，也就是其空间固定的偶极矩反向平行于外部电场的态，分子的斯塔克能量会随着外部电场的增大而增加。分子在电场中的受力源于斯塔克能量负梯度，这说明在一个多极场中总有朝向分子束轴的回复力作用于处在 LFS 态的分子上。当这个回复力与 r 呈线性比例时，多极聚焦器类似于一个理想的透镜。对于一个斯塔克能量与电场强度呈线性关系的分子，六极聚焦器可以作为一个理想的透镜；另一方面，要完美地聚焦斯塔克能量与电场强度呈二次方关系的分子，仍然需要一个四极聚焦器。束缚势的深度取决于分子的特性以及实验可以达到的电场强度。图 14.2 显示了 OH、CO($a\ ^3\Pi_1$)、ND_3 和 H_2CO 分子相关的低转动能级的斯塔克偏移，这些分子都将出现在本章所提到的研究中。

从图 14.2 中可以看出，在可达到的 100 kV/cm 电场强度下，势阱深度可达 1 cm^{-1}（约 1.44 K）。这个势阱足以将分子横向限制在分子束轴附近，这是

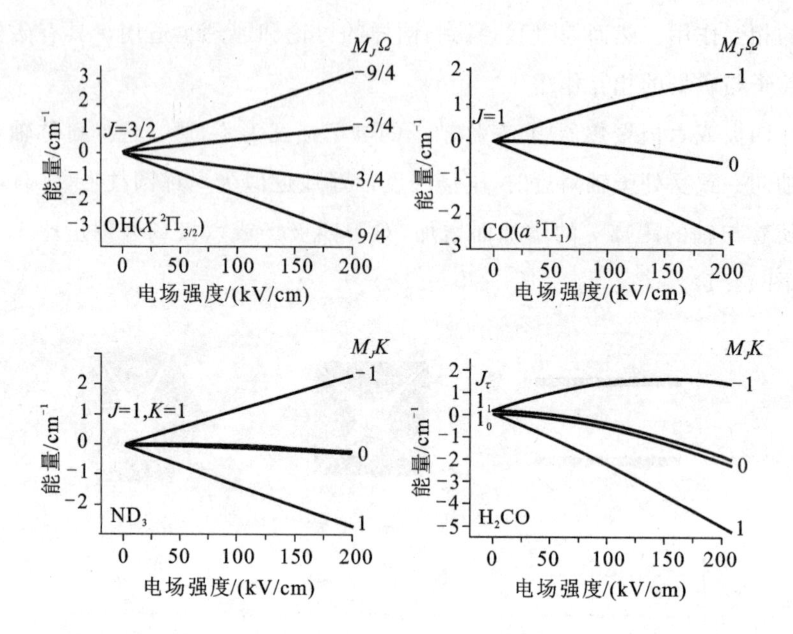

图 14.2 低转动态 OH($X\,^2\Pi_{3/2}$)、CO($a\,^3\Pi_1$)、ND_3 和 H_2CO 的斯塔克能级曲线。在零电场,两个具有反宇称的分立能级间隔很近。这种零场能级分裂是由 Λ 双线分裂(OH、CO)、反转双线分裂(ND_3)或者 K 双线分裂(H_2CO)所引起的。在一个电场中,反宇称能级耦合导致大的线性斯塔克分裂。随着电场增大,具有正的(负的)斯塔克偏移的能级称为"低场趋近态(low-field seeking,LFS)"("高场趋近态(high-field seeking,HFS)")。如果斯塔克偏移可以与转动能级的间隔相比拟,就需要考虑与高的转动态的相互作用。由于这个相互作用使转动能级下移,最终在足够高的电场下所有态都变为 HFS 态

因为在一个典型的分子束实验中,分子的横向速度分布在零附近,半高全宽(full-width at half-maximum,FWHM)为每秒几十米,只对应于亚 cm^{-1} 的横向动能范围。通常,足够长的多极聚焦器可以将分子束聚焦到相互作用位置或聚焦器之后某处的探测位置。在多极系统里,分子运动遵循正弦轨迹,如图 14.3 所示。

通过改变施加在多极电极上的电压,或者固定电压值改变电压施加时间,可以控制聚焦点的位置;利用第二种方法,人们可以消除像差。图 14.3(a)对应于当聚焦透镜理想时的情况,而图 14.3(b)对应于由于作用力的非线性导致聚焦透镜不理想时的情况。如果分子在聚焦透镜中经历了很长时间,或者俘

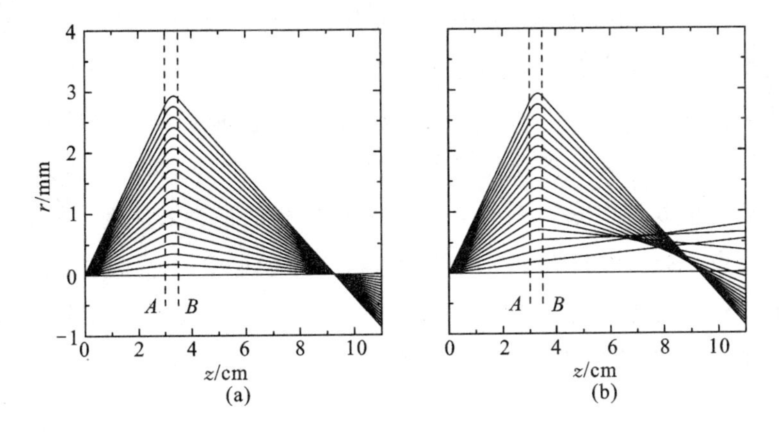

图 14.3　处于 LFS 态的分子以恒定速度穿过一个六极结构，在(r,z)平面的轨迹。其中 z 是六极结构的柱对称轴。当分子在位置 $A(B)$时六极结构被打开(关闭)。假设分子来源于同一点。(a)六极阱中的力呈完全线性时的情形，此时，分子束被聚焦在同一点上；(b)基于 Λ 双线产生零场能级分裂时的情形，在这种情况下，低电场强度作用下分子受力是非线性的，导致焦点模糊

获势能更加陡峭，那么分子将会经历多个横向振荡。俘获势能陡峭的情形，出现在诸如导轨[13]或一个静电存储环中[14]，其中静电存储环是将一个长的多极聚焦器弯曲成一个圆环，从而将粒子限制在圆轨道上。

在以往的原子束和分子束实验所用到的多极聚焦器和偏折装置中，场梯度垂直于粒子束轴，因此粒子的轴向速度分量不受影响。在一个典型的分子束实验中，前向速度以一个较高的速度(300～2000 m/s)中心分布，其 FWHM 的速度范围大约是中心速度的 10%。即使处于这个速度范围内的低速部分，分子的动能也大约在 100 cm^{-1}的数量级，其斯塔克能量如图 14.2 所示。分子的动能要远远大于由静电场施加到这些分子上的任意单势阱的深度。所以在静态势阱中直接在纵向方向上束缚分子是不可能的。另一方面，分子束的纵向速度分布的 FWHM 只对应于 1 cm^{-1}的范围，与横向动能分布的 FWHM 是相当的。由于深度为 1 cm^{-1}的势阱是可以制备的，因此如果这个势阱沿着分子束轴移动，那么一个沿分子束轴有梯度的势阱就可以纵向束缚分子。如果多极聚焦器的对称轴垂直于分子束轴，那么它应该可以制备沿分子束轴的足够强的电场梯度。如果这样一个垂直安装的多极聚

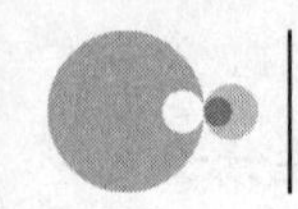

焦器能以分子的最可几速度沿分子束轴移动,那么就会提供必要的纵向束缚作用;在多极的中心附近,分子束轴上分子的位置和速度将出现振荡。这种方法虽然不会改变分子束的最可几速度,但是可以保证分子包在向前移动时依然聚集在一起。因而,这样的设备对于分子束纵向移动的作用和多极聚焦器对于横向移动的作用具有同样的优点。此外,如果可以逐渐改变势阱移动的速度,(部分)分子束可能达到所期望的任意末速度。例如,为了减速分子束,移动的势阱需要逐渐减速,这样分子束中的分子将会在纵向势阱的上升沿经历更长时间,从而受到与其运动方向相反的力的作用。为了加速分子,移动的势阱需要逐渐被加速,从而在纵向势阱的下降沿推动分子前进。以上所设想的情形实际上就是真实的斯塔克减速器中发生的情况[12]。然而,这里并不是让产生沿分子束的束缚势的电极装置机械移动,而是利用静止的电极对阵列沿分子束轴产生场梯度。通过在适当的时间接通或断开施加在邻近电极对上的电场,就能产生移动的势阱[15]。在斯塔克减速器中,分子能以恒定的速度沿轴向被输运,或者逐渐被减速或者加速到所期望的任意末速度。

斯塔克减速的第一次实验应用是将亚稳态的CO($a\ ^3\Pi_1$,$J=1$)分子束从225 m/s减速到98 m/s[12]。之前人们也曾考虑并尝试过这类实验。1958年,MIT的John King首先尝试利用电场减速中性分子。John King尝试制备一束缓慢的氨分子束,以得到超窄线宽的微波激射器。在物理化学领域,更为有名的实验是Lennard Wharton利用电场加速分子束的实验。在20世纪60年代,他在芝加哥大学搭建了一个11 m长的分子束仪器,将处于HFS态的LiF分子从0.2 eV加速到2.0 eV,并期望利用这些高能分子束进行反应性散射研究[16]。上述两个实验并没有成功,并且参与实验的博士生毕业以后也没有继续进行这方面研究[17][18]。随着激光器的发明,人们对利用慢分子作为微波激射器媒介的研究兴趣逐渐减弱,分子束加速器被气体动力学加速器所代替,这种加速器通过注入超声He或H_2粒子束实现对重粒子的加速[19]。

从斯塔克减速器出来的量子态可选的分子束具有可调谐的速度和可调谐的速度分布,可以理想地应用于许多场合。例如,基于相互作用时间较长的优势,减速的分子束可以用于高分辨光谱研究[20][21]。我们也期待这些分子束将会有利于未来的分子干涉测量和分子光学实验。减速的分子束也可以用于研究弹性(非弹性)碰撞以及反应性散射与碰撞能量的关系,甚至碰撞能量为零[22]。最后一个同样重要的例子是,斯塔克减速器可以三维俘获电中性极性分子。

“如果你能把二维聚焦的方法扩展到三维,那么你将具备俘获粒子的所有能力”。这是 Wolfgang Paul 在他的诺贝尔演讲中讲述的内容[23],如果只考虑粒子俘获的基本物理原理,这的确很简单。然而,为了在实验中实现中性粒子的俘获,必须面对制备足够慢的粒子的挑战,使其能够被俘获在相对较浅的势阱中。当粒子被限制沿一条直线运动,而不是限制在一个点附近时,对粒子动能的要求不再那么严格,可以实现将中子存储在直径为 1 m 的六极磁性圆环中[24]。只有当 Na 原子被激光冷却到足够低的温度以致能够被束缚在四极磁性俘获阱中时,才实现了三维阱中原子的俘获[25]。斯塔克减速器第一次实现了在一个四极静电俘获阱中三维俘获中性氨分子[26],甚至要比第一次在静电存储环中实现中性分子的俘获更早[14]。四极阱可以使与环境隔离的分子包的观察时间达到几秒钟。此外,基于这一优势人们可以直接测量亚稳态寿命[27]。从斯塔克减速器装载的静电俘获阱也拥有研究冷碰撞的巨大潜力。更为普遍的是,静电俘获阱是冷分子研究领域进一步发展的关键,其中一个突出的目标是制备和研究量子简并极性分子气体。

在本章的剩余部分,我们将详细介绍斯塔克减速分子束的过程,之后将描述电中性极性分子的俘获过程。我们也将概述慢速分子束和俘获分子样品的应用。在本章描述的实验中,针对不同的分子束仪器并使用不同分子,举例说明了每一个部件的工作特性。利用 OH 自由基作为一个分子系统样本阐述了 LFS 态分子的减速和三维俘获;这些实验中用到的斯塔克减速器如图 14.4 所示。利用 ND_3 分子展示了用于纵向聚焦分子束的聚束器以及存储环和同步加速器。处于 LFS 态的 ND_3 分子被减速到近似静止状态,然后被微波辐射转移到 HFS 态,因此 ND_3 分子也被用于展示电中性极性分子的交流俘获。为了解释处于 HFS 态分子减速器的操作过程,也就是所谓的交变梯度(alternating gradient,AG)减速器,我们将会对处于适当量子态的亚稳 CO 分子的实验进行重点描述。在本章中,我们将仅限于讨论和演示不同部件的基本原理,若要了解更多的细节,我们建议读者参阅原始文献。

图 14.4 斯塔克减速器的照片。分子束通过电极间 4 mm×4 mm 的通孔,插图是以分子角度看到的放大图像。两个相反电极上施加 40 kV 的电压差,通过在适当时间开关电压,分子的前向速度受到影响(引自 van de Meerakker, S. Y. T. et al., Annu. Rev. Phys. Chem., 57, 159-190, 2006. Copyright(2006) Annual Reviews www.annualreviews.org 已获授权)

14.2 电中性极性分子的斯塔克减速

14.2.1 斯塔克减速器

斯塔克减速器(或加速器)对电中性极性分子的作用与线性减速器(或加速器)对带电粒子的作用等价。斯塔克减速器利用了极性分子在电场作用下受到的与量子态相关的力。这种力是相当微弱的,通常要比在一个等效电场中单独电离分子所受到的力小八到十个数量级。然而,基于和操作带电粒子相类似的原理,这个力足以完全控制极性分子的运动。

在斯塔克减速器中,利用纵向的、不均匀的电场阵列可以操控极性分子束的纵向速度。让我们考虑这个阵列中的单个电场级,它由两个连接到相反极性电源的电极组成,如图 14.5 所示。

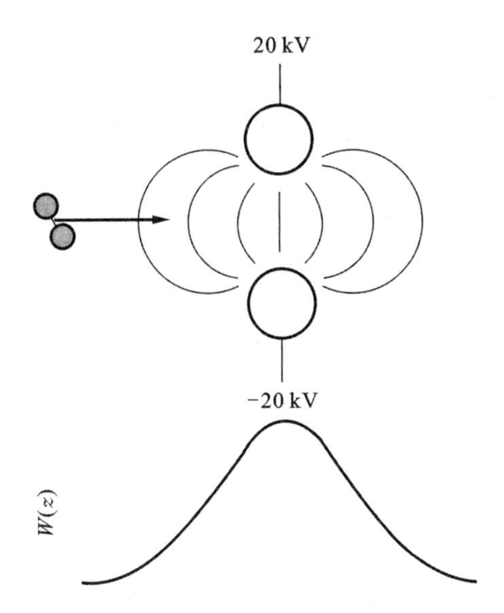

图 14.5　极性分子的势能 $W(z)$ 与沿着分子束轴的位置 z 之间的关系。分子处于 LFS 态，电场由施加了相反极性高电压的两个电极产生

处于 LFS 态的极性分子，当它接近电极的极板时，感受到逐渐增大的电场形成的势垒，分子攀爬势垒的上升沿时动能减小。然而，在沿纵坐标离开高场区域时，分子重新得到它在攀爬期间丢失的相同动能。如果使用随时间变化的电场，沿势垒下降沿的加速可以被避免：如果在分子离开高电场的区域之前电场被突然关断，分子的动能或速度不会回到它的初始值。正如前面章节所提到的，单个电场级对分子束的前向速度的作用是相当小的。为了获得速度的显著变化，这种攀爬势垒的过程需要重复许多次。所以，斯塔克减速器使用了一些多级电场组成的阵列，如图 14.6 所示。

每一组电场级包括半径为 r 的两根平行的圆柱形金属棒，距离为 $2r+d$。金属棒连接到可开关电压源，其中一个连接到正极，另一个连接到负极。金属棒交替连接。相邻电场级相互距离为 L。在一个给定时刻，偶数电场级被连接到高压，奇数电场级接地。图 14.6 给出了分子势能 $W(z)$ 沿分子束轴向 z 位置的函数。现在减速的过程非常明了：当分子到达紧挨第一个势垒的顶端位置时，偶数电场级被接地，而奇数电场级被连接到高压。这样做的结果是，分子再次处于一个势垒前面，当攀爬势垒时动能减小。当分子到达高电场区域时，对应于势垒的顶端，电压被切换回到原始的状态。通过多次重复这个过程，分子的速度可以逐步减速到任意大小。

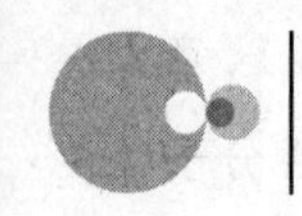

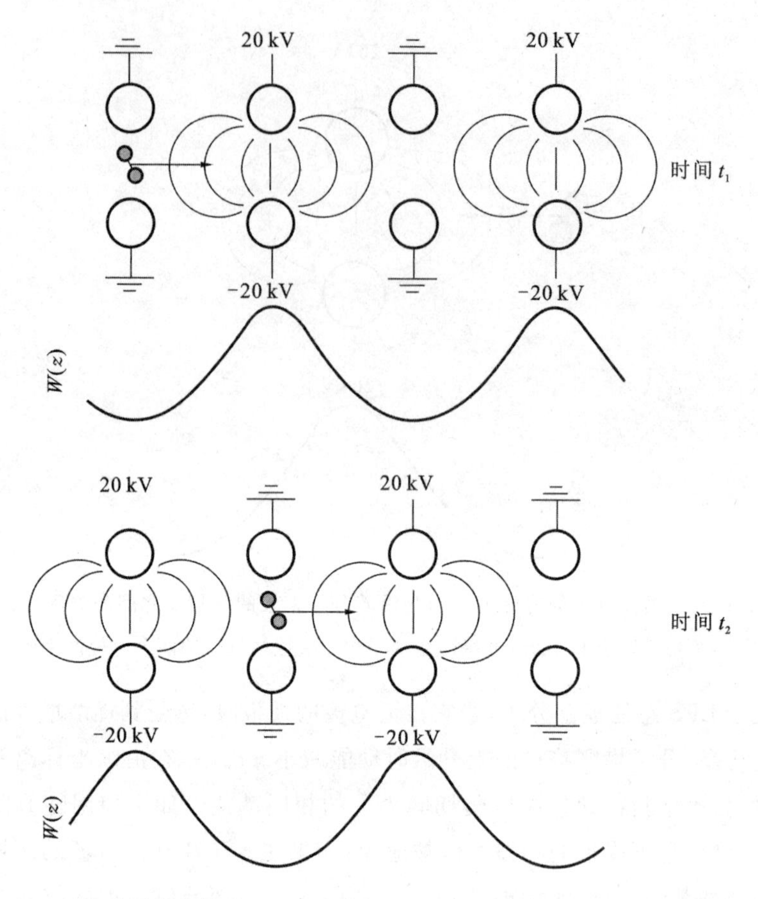

图 14.6 极性分子的势能 $W(z)$ 与电场级(电极对)阵列轴向位置 z 的函数关系，所加电压如图中所示。在时间间隔 t_2-t_1 之后，电场在高电场和低电场之间重复切换

通过每组电场级后分子损失的动能以及分子从减速器出射时的速度，取决于在电场开关时分子的确切位置。斯塔克减速器的关键特性是它不仅减速分子束中的一个单独分子，而且适用于位置和速度在一定分布范围内的所有分子，这就是减速器的包容度。因此，我们可以减速(或加速)分子束的一部分到任意期望的速度，同时被选择的部分仍然聚集为一个紧密小包。

注意在减速过程中分子必须保持在同一量子态。为此，分子的取向需要绝热地跟随电场变化，这要求电场变化足够慢。

14.2.2 斯塔克减速器中的相位稳定

理解斯塔克减速器操作原理的核心是理解同步分子和相位稳定的概念。

回到图 14.6 中，我们将电场打开时分子所处位置 z 称为“相角”，$\phi=z\pi/L$（当电场级的空间周期是 $2L$ 时，对应的相角周期是 2π）。若定义 $\phi=0^\circ$ 所对应位置为两组相邻电场级的中间位置，那么电场切换后 $\phi=90^\circ$ 位置处的电极变为接地。如果当电场切换时分子的相位 ϕ_0 总是相同的，即 ϕ_0 保持恒定，那么拥有速度 v_0 的分子称为同步分子。由于在两个连续开关操作之间的间隔时间内同步分子正好移动距离 L，使得在每组电场级一个同步分子减少恒定的动能 $\Delta K(\phi_0)$。因此，同步分子在减速器中总是与电场开关“同相位”。与同步分子的相位 ϕ 和速度 v 略有差别的分子将自动校正到平衡值 ϕ_0 和 v_0。例如，相位在特定开关时间略高于 ϕ_0 的分子将比同步分子损失更多动能，因此会减速到与同步分子速度一致。这也会相应地减小它的相位，直到它开始滞后于同步分子，此时过程反转。处于由分界线界定的相空间特定区域中的分子，会在同步分子附近经历稳定的相空间振荡。这个过程的特点称为相位稳定，这保证了一些不同步分子也会被减速，并且在减速过程中这些分子仍然会以分子包的形式聚集在一起。

为了更好地了解相位稳定，考虑分子沿分子束轴的轨迹并推导出对应的纵向运动方程是必要的。这里只列出了这个推导过程的重要步骤，更多细节可以参照其他文献[29][30]。基于势能的空间和时间傅里叶表述，可以给出数学上更加严谨的推导[31]。

分子的斯塔克能量 $W(z\pi/L)$ 是关于一组电场级（一对电极）对称的，并且可以方便地写为傅里叶级数：

$$W\left(\frac{z\pi}{L}\right)=\frac{a_0}{2}+\sum_{n=1}^{+\infty}a_n\cos\left[n\left(\frac{z\pi}{L}+\frac{\pi}{2}\right)\right]$$
$$=\frac{a_0}{2}-a_1\sin\left(\frac{z\pi}{L}\right)-a_2\cos\left(2\,\frac{z\pi}{L}\right)+a_3\sin\left(3\,\frac{z\pi}{L}\right)+\cdots \quad (14.1)$$

按照定义，同步分子在两个连续开关时间间隔内移动了距离 L。对于在特定开关时间具有相位 ϕ_0 和速度 v_0 的同步分子，在每组电场级动能变化 $\Delta K(\phi_0)=-\Delta W(\phi_0)$，由位于 ϕ_0 和 $\phi_0+\pi$ 处的势能差给出：

$$\Delta W(\phi_0)=W(\phi_0+\pi)-W(\phi_0)=2a_1\sin\phi_0 \quad (14.2)$$

因此，作用在同步分子上的平均力 $\bar{F}$ 表示为

$$\bar{F}(\phi_0)=-\frac{\Delta W(\phi_0)}{L}=-\frac{2a_1}{L}\sin\phi_0 \quad (14.3)$$

其中假设在式(14.1)中 $n>2$ 的项可以被忽略。作用在具有相位 $\phi=\phi_0+$

$\Delta\phi$,速度为 v_0 的非同步的分子上的平均力为$-\frac{2a_1}{L}\sin(\phi_0+\Delta\phi)$。因此,作为很好的近似,非同步分子相对于同步分子的运动方程为

$$\frac{mL}{\pi}\frac{\mathrm{d}^2\Delta\phi}{\mathrm{d}t^2}+\frac{2a_1}{L}[\sin(\phi_0+\Delta\phi)-\sin\phi_0]=0 \tag{14.4}$$

式中:m 是分子的质量。

图 14.7 所示的为相位稳定图。由图 14.7 可知,利用式(14.4)可对处于 $J=3/2, M\Omega=-9/4$ 态的 OH 自由基进行数值积分得出能量等高线。计算中利用了我们实验室的斯塔克减速器在同步相角 $\phi_0=0°$ 和 $\phi_0=70°$ 时的参数。实线显示了分子的相空间轨迹,虚线表示减速器中电极的位置。在相空间图中,闭合的曲线对应于束缚轨道;分子处在由粗的等高线围成的"桶"内,并在相空间内同步分子的相位和速度附近振荡。注意到减速器在 $\phi_0=0°$ 的操作对应于输运(部分)分子束匀速通过减速器。分子束的加速或减速分别发生在 $-90°<\phi_0<0°$ 和 $0°<\phi_0<90°$。分界线定义了斯塔克减速器的纵向包容度,不同的相角 ϕ_0 所对应的结果显示在图 14.8 中。可以发现,ϕ_0 越小包容度越大,而对于更大的 ϕ_0,每一级电场级的减速作用增加。由于大的包容度和强的减速作用都是必要的,所以必须在两者之间有一个平衡。

对斯塔克减速器相位稳定的一个更加广泛的描述显示存在其他相位稳定区域,这些区域在实验中已经被观察到了[30]。可以认为高阶相位稳定区域来源于含时非均匀电场傅里叶展开的高次谐波,以及它们干涉的结果[31]。

14.2.3 斯塔克减速器中的横向聚束

相位稳定只能保证分子保持在纵向相位空间"桶"内。然而,保证分子在整个减速过程中横向聚束也是不可或缺的。我们选择了紧凑型的减速器设计,电场级同时用于减速和横向聚焦。实际上,在图 14.6 所示的电极形状中,处于 LFS 态的分子仍然被横向束缚到分子束轴上。这是因为在轴上的电场总比在电极附近的电场微弱。为了在两个横向方向(x 和 y)聚焦分子,组成减速电场的棒状电极对需要交替地水平(沿 x 轴)和垂直(沿 y 轴)排布,如图 14.4 中插图所示。

通过斯塔克减速器的分子的三维轨迹是相当复杂的。在纵向,一个分子的位置和速度相对于同步分子振荡,而在横向,它在纵向(分子束)轴 z 附近振荡。涉及的振荡频率大小一般是相近的,但强烈地依赖于相角 ϕ。我们研究了

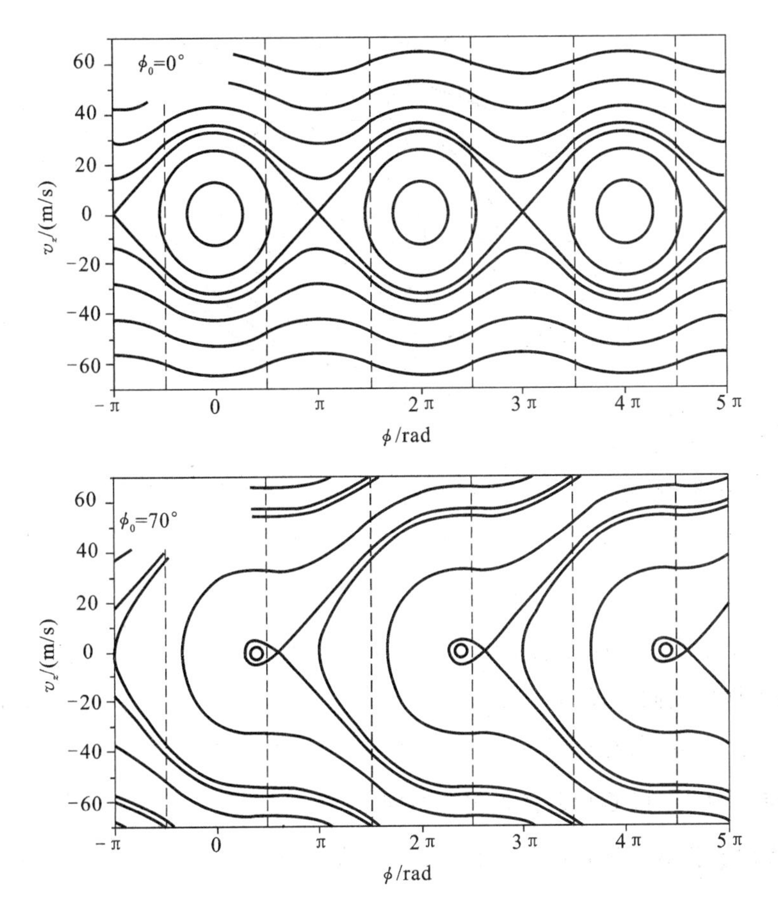

图 14.7 OH($J=3/2, M\Omega=-9/4$)自由基的相位稳定图。减速器工作于同步相角$\phi_0=0°$(上图)或$\phi_0=70°$(下图),v_z为沿着纵向坐标z的非同步分子的速度,ϕ是它的相位。$v_z=0$对应于同步分子的速度。减速器中电极的位置由虚线标出(引自 van de Meerakker, S. Y. T. et al., Annu. Rev. Phys. Chem., 57, 159-190, 2006. Copyright(2006) Annual Reviews www.annual-reviews.org 已获授权)

分子的横向运动对纵向相位稳定的影响,并且发现,对于较大的同步相位ϕ_0,横向运动实际上增大了对应于相位稳定减速的纵向相空间区域。然而,对于较小的ϕ_0,横向运动降低了斯塔克减速器的包容度,在纵向相空间出现不稳定的区域。这些效应可以用纵向和横向运动之间的耦合定量地解释,并且我们推导出了耦合运动方程用于再现实验观察到的现象。假设减速级的数量是有

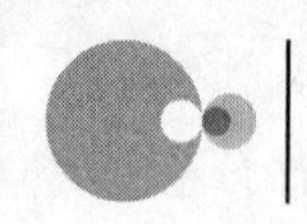

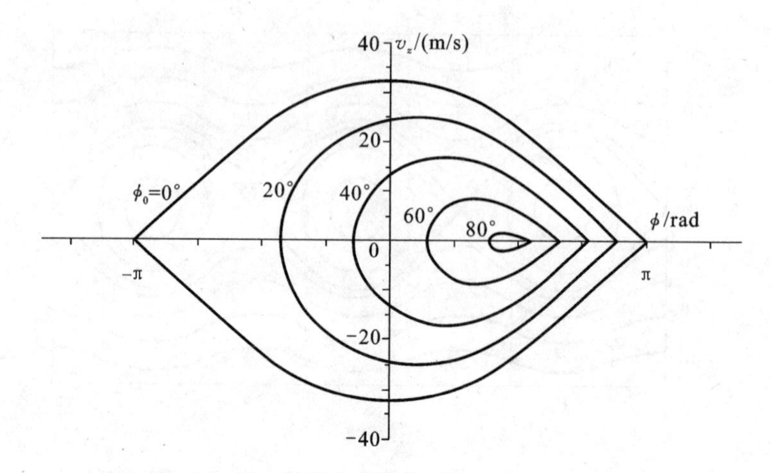

图 14.8　斯塔克减速器对处于不同同步相角 ϕ_0 的 OH 自由基的纵向包容度。其中 v_z 为沿着纵向坐标 z 的非同步分子的速度,ϕ 是它的相位。$v_z=0$ 对应于同步分子的速度

限的,这个耦合不会明显削弱斯塔克减速器的整体作用[32]。对于低的纵向速度,用于推导纵向和横向运动解析模型的假设[29][30][32]不再适合。所以,为了避免损耗,在设计减速器的最后几组电极对时必须格外注意。

14.2.4　OH 自由基的斯塔克减速

我们实验室用于减速和俘获 OH 自由基的斯塔克减速和俘获仪如图 14.9 所示。

OH 自由基脉冲束由 HNO_3 分子的光离解产生,它与通过室温脉冲电磁阀的稀有气体协同扩散。在大多数实验中,使用 Kr 或 Xe 作为载气,可以分别制备最可几速度为 450 m/s 或 360 m/s 的粒子束。在超声膨胀中,粒子束被转动和振动冷却,因此在膨胀以后大多数 OH 自由基保持在电子基态 $X\,^2\Pi_{3/2}$ 的最低转动($J=3/2$)和振动能级。这个能级有 0.055 cm^{-1} 的 Λ 双线分裂,并且当电场作用时每一个 Λ 双线分裂又被分裂(忽略超精细结构)成 $M_J\Omega=-3/4$ 和 $M_J\Omega=-9/4$ 的组分,如图 14.2 中斯塔克能量图所示。由 $M_J\Omega=-9/4$ 组分提供的斯塔克偏移比 $M_J\Omega=-3/4$ 组分的大三倍。只有处于 LFS 态上 Λ 双能级的 $M_J\Omega=-3/4$ 或者 $M_J\Omega=-9/4$ 组分的分子参与电场操作过程。分子束穿过一个漏勺,并且进入包含了减速器的第二个真空腔中。在减速腔中,OH 自由基粒子束进入一个短的六极结构,将粒子束聚焦到斯塔克减速器。

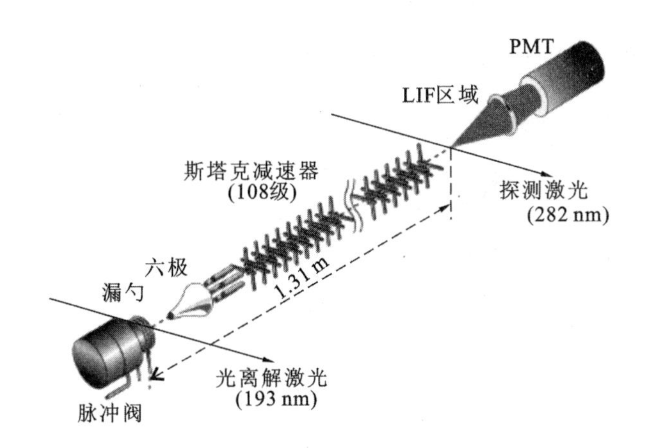

图 14.9　实验装置示意图。通过利用 ArF 激光器光离解重载气中的 HNO_3，从而得到 OH 自由基脉冲束。分子束通过一个漏勺、六极结构和斯塔克减速器进入探测区域。态选择的激光诱导荧光(laser-induced fluorescence，LIF)探测用于测量在探测区域中 OH($J=3/2$)自由基到达时间的分布(引自 van de Meerakker，S. Y. T. et al.，Annu. Rev. Phys. Chem.，57，159-190，2006. Copyright(2006) Annual Reviews www. annualreviews. org 已获授权)

1188 mm 长的斯塔克减速器包含 108 个等距离电场级组成的阵列，相邻两级之间中心到中心距离 L 为 11 mm。每组电场级包括两个平行的间隔为10 mm、直径为 6 mm 的抛光硬化钢棒，对称地布置在粒子束轴附近。电场级交替旋转 90°，形成一个 4 mm×4 mm 的空间横向包容区域。图 14.4 显示了减速器的照片，以及包括电极之间 4 mm×4 mm 开口的特写镜头。

通过施加±20 kV 的电压到电场级的相对电极上来操控减速器，在电极附近产生的最大电场强度为 115 kV/cm。使用快速的半导体高压开关将高压脉冲施加到电极上。利用非共振激光诱导荧光(LIF)探测技术，在距离最后一组电场级往下 21 mm 位置(距离喷嘴 1.307 m)检测到量子态可选的 OH 自由基。

斯塔克减速器的性能可以通过记录从减速器出射的 OH 自由基的飞行时间(TOF)谱来检验，这个时间也就是离解激光开始作用与探测激光探测到信号之间的时间间隔。另外，可以通过在减速器中将一束激光沿着分子束轴向传播，并且在那里进行空间分辨的 LIF 探测来研究分子的相空间分布。JILA

的 Jun Ye 小组采用后一种方法研究了 OH 自由基[33]。我们实验室获得了在减速器出口处 OH 自由基典型的 TOF 谱,如图 14.10 所示。

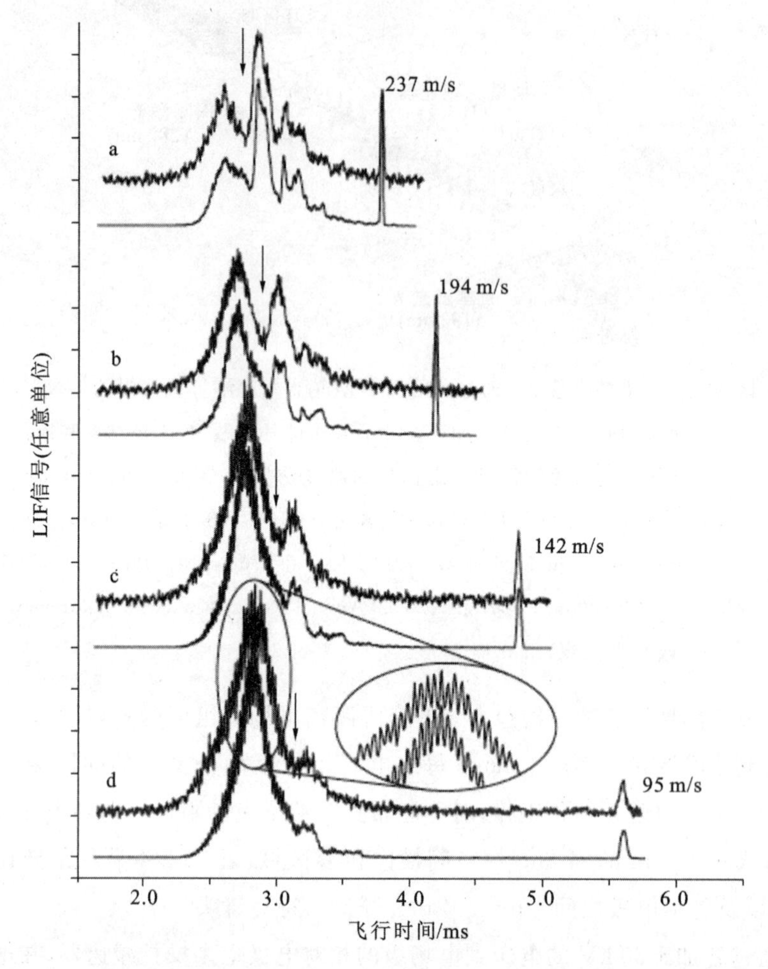

图 14.10 从斯塔克减速器出射的 OH 自由基分子束的探测和模拟 TOF 谱,图中分别给出当减速器工作于70°相角,同步分子初始速度为 470 m/s、450 m/s、430 m/s 和 417 m/s 时的情况。由减速器接收的分子从分子束中分离出来,以指定的末速度在较晚的时间到达探测区域(引自 van de Meerakker, S. Y. T. et al., Annu. Rev. Phys. Chem., 57, 159-190, 2006. Copyright (2006) Annual Reviews www. annualreviews. org 已获授权)

利用 Kr 作为载气,制备了最可几速度为 460 m/s 的分子束,从而得到这些 TOF 谱。减速器在相角 $\phi_0=70°$运行,同步分子的初始速度分别为 470 m/s

(曲线 a)、450 m/s(曲线 b)、430 m/s(曲线 c)和 417 m/s(曲线 d)。在这些设置条件下,从减速器出射的减速分子束末速度分别达到 237 m/s、194 m/s、142 m/s 和 95 m/s。未减速粒子束谱中出现的凹陷是由移除减速 OH 自由基所导致的,图中用垂直箭头标出。当末速度较低时,减速分子包的到达时间分布范围变宽。这是由分子束从减速器出口到 LIF 探测区域飞行过程中的扩散造成的,并且也与探测激光束的空间扩展有关。两种因素都体现在模拟的 TOF 谱中,如每个测量图的下方所示。在曲线 c 和 d 中,发现了快速粒子束 TOF 谱的丰富的振荡结构(插图显示了其放大图像)。这种结构来自于减速器中未减速粒子束的相空间分布调制效应[30]。

14.2.5 斯塔克减速分子束的纵向聚焦

在斯塔克减速器中,施加到极性分子上的力是保守力,因为在任意给定时刻它只取决于分子的位置。因此,在减速过程中速度和位置扩散的乘积都是恒定的,符合 Liouville 定理。在斯塔克减速器中冷却分子包的同时保持分子包内分子密度原则上是不可能的。然而,在牺牲位置扩散的情况下,减小速度扩散是可能的,反之亦然,只要保持两者的乘积恒定。这种“交换”可以通过所谓的聚束器实现。聚束器是一组额外的电场级阵列,安装在减速器之后某处。聚束器中,一束极性分子在向前的、纵向方向上处于简谐势中。这导致分子包纵向相空间分布匀速旋转。通过在合适的时间开关聚束器,可以在聚束器之后特定位置产生具有窄的空间分布或者窄的速度分布的分子束。两种可能都得到了实验验证,特别是实验上制备了一束纵向温度为 250 μK 的斯塔克减速的 ND_3 分子[34][35][36]。

图 14.11 展示了聚束的原理。当斯塔克减速器在 70°相角运行时,减速后的氨分子纵向位置扩散大约为 1 mm,纵向速度扩散约为 6.5 m/s。在减速器的最后一级之后减速分子的相空间分布如图 14.11 所示。减速器出口到聚束器的飞行过程中,氨分子包沿着分子束轴向扩散。这导致了其在纵向相空间狭长并倾斜分布,如图 14.11 所示。除了总的缩放比例之外,聚束器的结构与减速器的结构是一样的。通过开关电场使得同步分子在势阱的下降沿和上升沿经历相等的时间,因此其速度始终与初始速度相同。比同步分子稍微靠前的分子(较快的分子)在势阱的上升沿要比下降沿经历更多的时间,因此相比于同步分子得到减速。比同步分子稍微靠后的分子(较慢的分子)在势阱的上

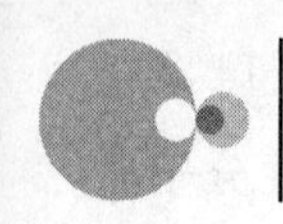

升沿要比下降沿经历更少的时间,因此相比于同步分子得到加速。关断聚束器电场时计算得到的分布如图 14.11 所示,图中显示了势阱中氨分子的等能线,等能线以同步分子的相空间位置为参考。由于势阱是近似简谐的,分子的相空间分布会顺时针匀速旋转。当聚束器电场关断之后,慢速分子加速向前而快速分子相对滞后,从而导致在后面的某个位置实现纵向空间聚焦。分子包转动的角度,以及分子包到达空间聚焦的确定位置,都可以通过改变聚束器电极上的电压或者改变聚束器电场持续时间来控制[35]。在斯塔克减速分子束中,六极结构和聚束器被用于描述在一个单元的出口和另一个单元的入口处分子横向和纵向的相空间分布。

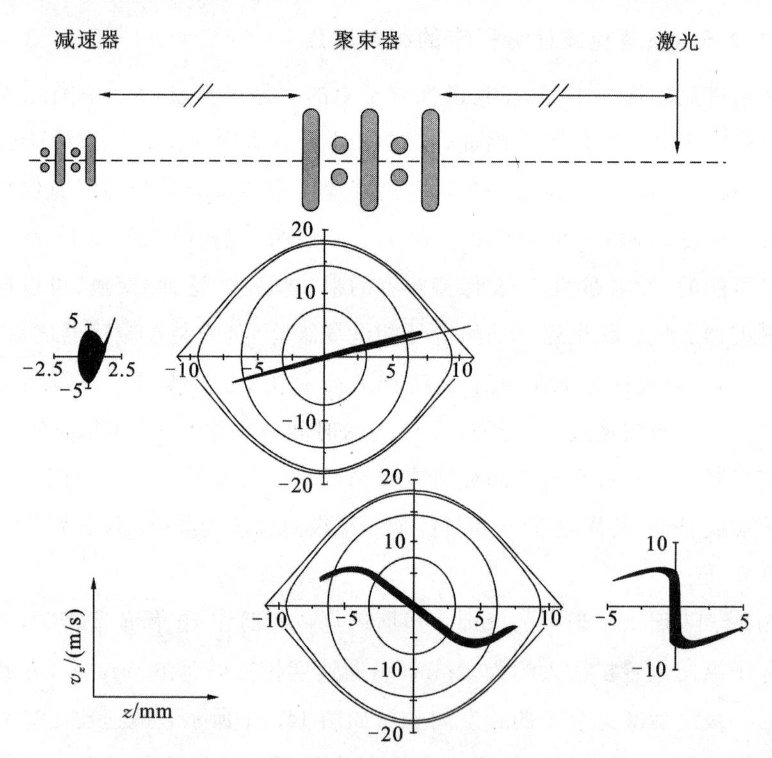

图 14.11　减速器末端、聚束器和探测区域示意图。图中显示了计算得到的与斯塔克减速器出口、聚束器入口和出口以及探测区域有关的氨分子纵向相空间分布。图中横、纵坐标分别是同步分子的位置和速度。实线表示聚束势中的等能线(相比于图 14.7)(引自 Crompvoets, F. M. H. et al., Phys. Rev. Lett., 89, 093004, 2002. Copyright American Physical Society. 已获授权)

14.2.6 高场趋近态分子的减速

看上去上述的减速和聚束技术可以直接应用于处于 HFS 态的分子。人们只要简单地让 HFS 态的分子飞出高场区域，而不是飞入即可。这对于分子的纵向运动是极为必要的。然而，保持高场趋近态同步的横向稳定性明显要比低场趋近态的更为困难。这是由于在自由空间中无法达到最大静电场强度，这也是 Maxwell 方程所要求的。因此，缺乏横向聚焦高场趋近态分子的简单方法[37]。处于 HFS 态的分子有冲到具有最高电压电极的趋势。然而，这个基本问题可以利用交变梯度(alternating gradient，AG)聚焦器来克服[38]。

图 14.12(a)显示了 AG 减速器的基本特性。AG 透镜由多对圆柱形电极组成，每对施加相同的电势差。处于 HFS 态的分子在包含电极中心线的平面散焦，而在正交平面内聚焦。随着分子沿着分子束轴向前移动，透镜的取向以及聚焦和散焦的方向交替变化。在任意的横向方向散焦透镜的影响要小于聚焦透镜，不是因为它们的强度弱(实际上并不弱)，而是因为散焦透镜作用时分子要比聚焦透镜作用时更为靠近轴。

在进入 AG 透镜的作用场时，处于 HFS 态的分子被加速，而离开这个场后分子被减速。简单地通过在合适的时间开关透镜，可以同时实现极性分子的 AG 聚焦和减速。图 14.12(b)显示了处于 $M\Omega=+1$ 的 HFS 态的亚稳 CO($a\,^3\Pi_1, v=0, J=1$)分子沿着透镜的 z 轴的势能分布。分子进入每个透镜组时电场关断，所以它们的速度没有受到影响。随后，电场被迅速打开，HFS 态分子离开透镜，从高场区域向低场区域移动时速度减小。重复这个过程直到分子达到所需的速度。

这种仪器的雏形包括 12 组 AG 透镜，已经被用于减速处于 HFS 态的亚稳 CO 分子[41]。同时，这种技术还被伦敦帝国理工学院的 Ed Hinds 小组用来减速基态 YbF 分子[42]，可参阅 Tarbutt 等人的章节(第 15 章)。预计 AG 减速器的横向包容度大约是 LFS 态分子减速器包容度的 1/100(同样的孔径)[39]。通过设计更复杂的透镜结构，即用四个电极代替两个电极，可以进一步增加包容度。在伦敦帝国理工学院已经搭建了一个新的 AG 减速器来囚禁 YbF 分子。在 Fritz-Haber-Institut，AG 聚束和减速被用于更大的分子，如氰苯[40]。我们注意到更大的分子基本没有任何 LFS 态，在这种情况下，AG 减速就成为减速这类分子的唯一选择。

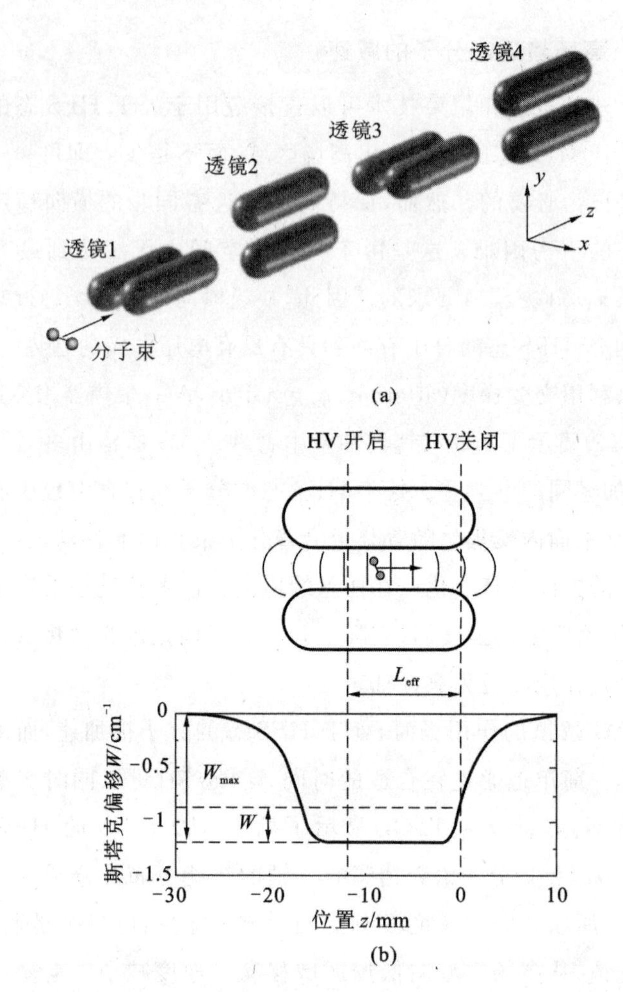

图 14.12 (a)极性分子的AG减速器设计图,图中给出了前四个减速级。每个电极对都可用于聚焦和减速分子。(b)单个透镜的剖面由两个20 mm长、尾端为半圆状的杆组成,直径6 mm,间隔2 mm。处于$a\ ^3\Pi_1$,$J=1$,$M\Omega=+1$态的亚稳态CO分子沿纵向z轴的势能如图中所示,两个电极之间的势能差为20 kV。开关高压的过程如下:分子束到达"HV开启"位置时电压被打开,到达"HV关闭"位置时电压被关断(引自 Bethlem,H. L. et al.,J. Phys. B,39,R263-R291,2006. Copyright IOP Publishing Ltd. 已获授权)

14.3 塞曼、里德堡和光学减速器

受到电场操控极性分子的启发,最近发展了类似于斯塔克减速器的磁场

形式。基于磁相互作用的减速方法可以操控无法使用斯塔克减速技术的大量原子和分子。必要的磁场快速切换是一个相当大的实验挑战。第一次在实验上实现塞曼减速技术是用于减速基态H和D原子,最初利用六个脉冲磁场级[43][44],之后用了十二个脉冲磁场级[45]。减速级包含7.8 mm长的铜线圈,磁感应强度最大可以达到1.5 T。线圈结构提供了一个柱对称的横向回复力,可以保证分子聚焦在纵轴上。当开、关线圈中的电流时,磁脉冲的上升和下降时间短到5 μs。这些实验显示磁场可以快速开关,足以满足顺磁性原子的塞曼减速和在相位稳定条件下的减速。塞曼减速技术也被用于在一个18级的减速器中减速亚稳态的Ne原子[46]。电磁线圈被铁钴磁性合金盘封装在磁性钢壳内,这个装置甚至能达到3.6 T的大磁感应强度。最近报道了利用64级磁场减速亚稳Ne原子[47]和氧分子[48],速度可达50 m/s。

相比于极性分子,处于里德堡态的原子或分子往往具有更大的电偶极矩。因此,这些粒子可以仅利用适度的电场强度,用单级或几级场来操控。密集的里德堡组态中的能级交叉限制了可用的电场强度的大小。人们利用H_2分子[49]和Ar原子[50]开创了处于高里德堡态原子和分子的电场操控。利用里德堡减速器,H原子能够在二维空间[51]或三维空间[52]中被减速和静电俘获。里德堡态固有的、较短的寿命限制了其在俘获阱中的存储和研究的时间。然而,如果在弛豫过程中向基态跃迁的荧光占主导作用,就可以制备基态的冷原子或冷分子。由于所有的原子或分子都具有里德堡态,所以这种技术可以作为制备冷原子或冷分子的通用途径。

光场是操控中性粒子运动的另一个通用手段。强的光场可以极化和排列分子[53]。在一个激光聚焦斑中,分子可以感受到与激光强度梯度成正比的力的作用。这个力可以用于聚焦和俘获分子。人们利用一束高强度的脉冲激光束聚焦[54]或偏转[55]一束CS_2,实验实现了分子的光场操控。光场力还被用于减小分子束的平动动能[56]。人们可以将苯分子从320 m/s减速到295 m/s,同时氙载气可以从320 m/s减速到310 m/s,显示了这一方法的通用性。相比于只用单束激光产生的力,利用两束近似反向传播的激光光束可以产生更大的作用力。两束激光干涉可以产生一个光晶格,也就是用于可极化原子和分子的周期性势阱阵列。利用频率稍有不同的激光光束,可以实现光晶格的移动。通过仔细控制频率差,光晶格能够以分子束中分子的速度移动。通过降低光晶格的速度,可以将分子减速到任意给定速度[57]。在这种所谓的光学斯塔克

减速器中,激光束啁啾需要被很好地控制。如何在控制啁啾的同时获得所需的高激光强度,这是一个实验挑战。最近提出了一个简单的方案,通过保持两束激光的频率偏移量恒定,可以使光晶格以稍低于分子束的速度移动[58]。通过选择合适的参量,分子在光学势中精确对应半个周期的振荡。利用这种方法,可以将 NO 分子从 400 m/s 减速到 270 m/s。

14.4 电中性极性分子俘获

14.4.1 低场趋近态分子的直流俘获

2000 年,人们利用斯塔克减速 ND_3分子第一次演示了极性分子的静电俘获[26]。这种俘获结构最早由 Wing 提出并用于俘获里德堡原子[59],它包含一个环形电极和两个双曲线型端盖组成的四极结构。这种四极阱可以直接安装在一个斯塔克减速器之后,利用图 14.13 所示的过程,一束慢速分子包通过端盖上的小孔可以被装载到俘获阱中。图中提到的参量的特定值适用于 OH 俘获实验[60]。在这种情况下,运行斯塔克减速器可以产生速度大约为 20 m/s 的分子包。分别在第一个端盖、环形电极和第二个端盖处施加 7 V、15 V 和 −15 kV电压,将一束慢速的 OH 自由基装载到静电俘获阱中。这种俘获阱"装载模式"如图 14.13 左侧所示。在这种装载结构下,俘获阱中产生了一个大于分子剩余动能的势垒。因此,入射的 OH 自由基在接近俘获阱的中心位置停滞。之后,开启俘获阱的"俘获模式",如图 14.13 右侧所示;第一个端盖处电压从 7 kV 改为 −15 kV,来产生一个(近似)对称,深度为 500 mK 的势阱。

图 14.14 所示的为 OH 减速和俘获实验中的一个典型 TOF 谱。在这个实验中,俘获阱中 OH 自由基的荧光信号可以通过端盖上小孔进行探测。利用 Kr 作为载气记录 TOF 谱,与图 14.10 所示的一系列 TOF 谱形成互补。移除减速后的 OH 自由基会在 TOF 谱快速粒子部分产生一个凹陷,图中用垂直箭头标出。减速后的 OH 自由基在其产生之后停顿大约 7.4 ms。在这个时候,俘获电极的电压被打开形成俘获模式,图中用另一个箭头线标出。在经历了初始的振荡之后,可以发现俘获阱中的 OH 自由基有一个平稳的 LIF 信号,表明分子已经被囚禁。图 14.10 的插图中显示了 10 s 时间尺度上的俘获 OH 自由基信号,通过 1/e 拟合得到俘获寿命为 1.6 s。我们注意到,当利用 Xe 作为载气时,分子束脉冲中最强的部分可以被选择、减速并俘获[28]。利用一些改

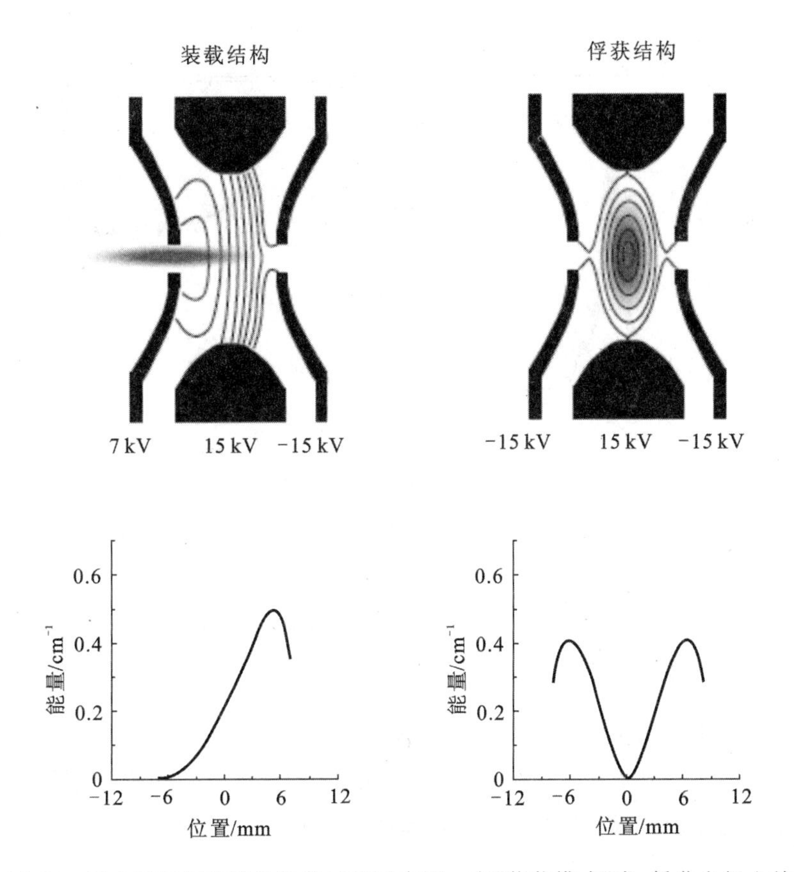

图 14.13 静电四极俘获阱的装载过程示意图。在"装载模式"中，俘获电极上施加电压使俘获阱中产生一个高于入射分子剩余动能的势垒。当分子停滞在俘获阱中心时，俘获阱开启到"俘获模式"。在这个结构中产生了一个(近似)对称的 500 mK 深的势阱，用于束缚分子(引自 van de Meerakker, S. Y. T. et al., Annu. Rev. Phys. Chem., 57, 159-190, 2006. Copyright(2006) Annual Reviews www.annualreviews.org 已获授权)

进的方案[61]优化反馈控制，可以将俘获装载过程的效率提高 40%。

人们还发展并测试了基于其他电极结构的静电俘获。一个包含了偶极、四极和六极场的四电极俘获结构被用于俘获减速后的 ND_3 分子。通过对电极施加不同电压，可以产生一个双势阱或一个环状俘获势阱。不同俘获势之间的快速切换为研究低温下碰撞行为随碰撞能量的变化提供了很好的基础[62]。

最近，JILA 实验组利用磁场和电场结合囚禁斯塔克减速分子实现了 OH 自由基的俘获。通过在磁场上叠加电场产生了一个组合电磁俘获势[63]。电场

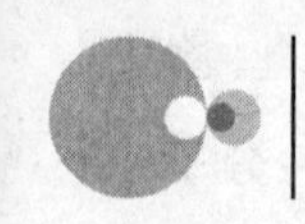

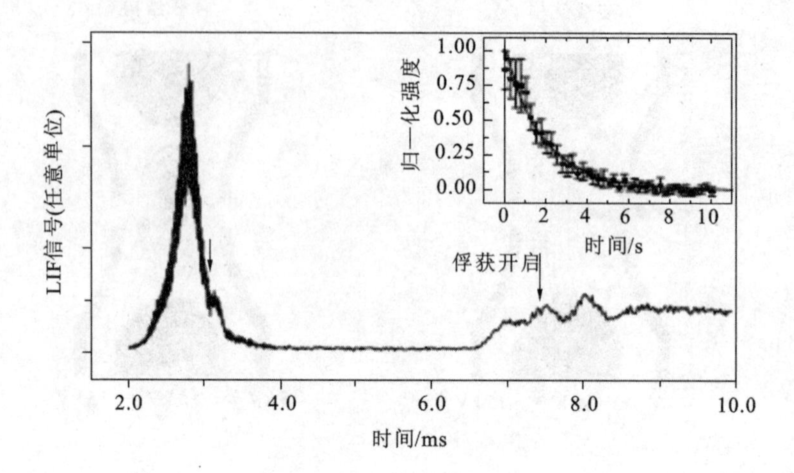

图 14.14 OH($J=3/2$)自由基俘获实验的 TOF 谱。俘获阱开启时间在图中标出。在插图中,显示了在 10 s 时间范围俘获 OH 自由基的信号(引自 van de Meerakker, S. Y. T. et al., Phys. Rev. Lett., 94, 023004, 2005. Copyright the American Physical Society. 已获授权)

的可调谐可能有利于研究低能量的偶极相互作用。

相比于主动操控快速分子来产生慢速分子,从喷射源出射的慢速分子中进行速度选择也有成功的应用;速度选择依赖于一个具有纵向曲率的弯曲的四极导轨,只有慢速分子可以沿导轨运动[13][64]。

14.4.2 存储环和分子同步加速器

简单来说,存储环就是一个俘获阱,其中的粒子受到一个圆环而不是一个点的最小势能作用。存储环相比于俘获阱的优势是,它可以囚禁大量具有非零纵向速度的粒子包。当绕圆环运动时,这些粒子可以在确定的时间和不同的位置与电磁场或者其他粒子重复地相互作用。

图 14.15(a)给出了在电磁存储环存储中性分子的实验装置[65]。其中,一束氨分子被减速到 92 m/s,利用聚束器纵向冷却到温度为 300 μK,然后聚焦到直径为 25 cm 的六极环上。通过激光电离探测方法检测存储环中氨分子的密度。图 14.15(b)显示了存储环中离子信号随存储时间的变化;时间轴的起始位置为环上高压开启的时间。当分子包通过检测区域时出现了峰值。通过连续地绕环旋转,分子包会因为具有径向剩余速度而逐渐扩散,直到填满整个环。

为了阻止分子包在环中的扩散，我们建立了一个由两个半环组成的存储环，半环缝隙间隔为 2 mm，如图 14.16(a)所示。如果在分子通过两个半环的缝隙时适当地开关电压，可以实现分子的加速、减速或聚束。这个针对中性粒子的装置与针对带电粒子的同步加速器相似。图 14.16(b)再一次显示了存储环中分子密度随存储时间的变化关系。从图中可以看出，存储分子包的宽度在最初的 25 圈路径内减小，随后保持恒定。聚束不仅保证了存储分子的高密度，而且使得在不影响已存储分子包的情况下向环内注入另外的多束同向或反向的分子包成为可能[66]。

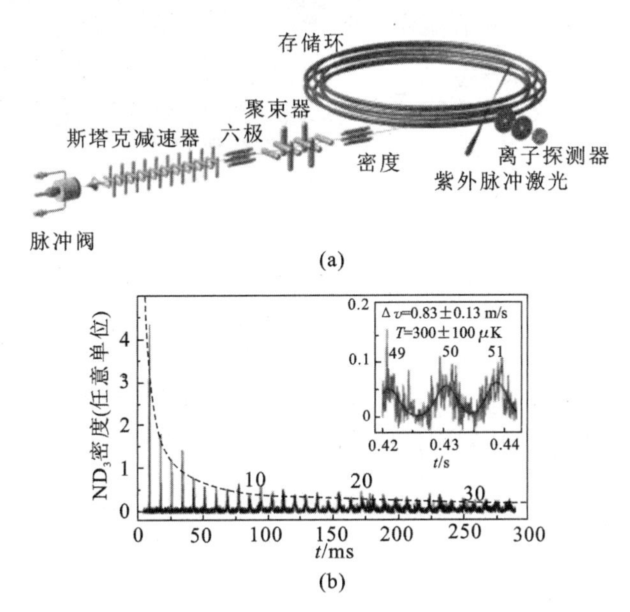

图 14.15　(a)存储环实验装置示意图，一束 ND_3 脉冲分子束被斯塔克减速到 92 m/s，利用聚束器冷却到 300 μK，然后聚焦到一个六极存储环中；(b)存储环中探测区域氨分子的密度与存储时间之间的关系，记录了高达 33 圈的运动时间。由于分子包的扩散，峰值密度减小到 $1/t$(图中虚线所示)。插图中显示了在 49 到 51 圈圆环路径之后测量到的氨分子密度，并用多峰高斯拟合(引自 Crompvoets, F. M. H. et al., Phys. Rev. A, 69, 063406, 2004. Copyright the American Physical Society. 已获授权)

14.4.3　高场趋近态分子的交流俘获

在 HFS 态俘获分子是非常有趣的，主要是由于以下两个原因。

(1)在外部扰动下系统的基态总会被降低。因此，任何分子的基态都是

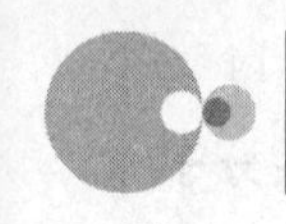

HFS态。在基态,不存在由非弹性碰撞导致的俘获损耗,这使得进一步利用蒸发冷却或协同冷却来冷却这类分子成为可能。处于激发振转态的极性分子,其偶极-偶极相互作用可能会导致非弹性碰撞的大碰撞截面[67],此时在HFS态俘获分子以避免非弹性碰撞引起的损耗是特别有意义的。

(2)包含有重原子或许多轻原子的分子,如多环碳氢化合物,具有较小的转动常数。因此,这些分子所有的态在相对较弱的磁场或电场下会变成HFS态。

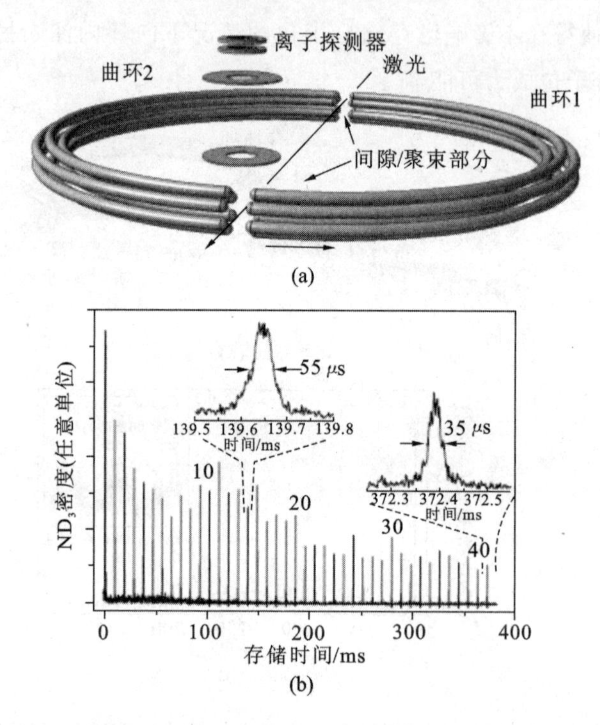

图 14.16 (a)分子同步加速器示意图,同步加速器包括两个六极的半环,半径 12.5 cm,间隔 2 mm;(b)同步加速器中探测区域氨分子密度与存储时间之间的关系,记录了高达 40 圈的运动时间。插图为两幅放大后的 TOF 谱,显示了这些峰的窄线宽(引自 Heiner,C. E. ,Nature Phys. ,3,115-118,2007. Copyright MacMillan Publishers Ltd. 已获授权)

俘获处于HFS态的分子,其存在的问题本质上与减速HFS态分子(如14.2.6节所述)是一样的。理想情况下需要一个电极,在离开电极的某些位置上可以产生最大的电场强度;然而,这违背了Maxwell方程组[37]。虽然在自由空间中不可能产生最大电场,但是产生一个具有鞍点的电场是可能的。这可以通过叠加一个非均匀电场和均匀电场实现。在这种电场中,分子沿着一个方向聚焦，而在其他方向上散焦。通过反转非均匀电场的方向，聚焦和散焦的方向可以相互转换。如果周期性地转换方向，分子将会在聚焦方向上远离鞍点而在散焦方向上靠近鞍点，从而在任意方向上产生净时间平均聚焦力。这种俘获方式同时适用于 HFS 态和 LFS 态的分子。有三种可能的电极结构可以用来产生需要的三维俘获电场[68]。到目前为止，所有这些结构在原子或分子中都已经得到应用。

图 14.17(a)显示了我们所用的圆柱形交流俘获阱的电极结构，已经被用于俘获 ND_3分子[68][69]和 Rb 原子[70]。这个俘获阱是六角对称的。因此，当正电压和负电压交替施加在俘获阱的四个电极上时，可以产生一个理想的六极场。为了产生一个鞍点，我们增加一个端盖上的电压，而减小另一个端盖上的电压。这在电场中引入了偶极项。如果六极场的方向被反转，聚焦方向和散焦方向就会交换。图 14.17(b)、(c)显示了当电场沿着对称轴 z 或与 z 轴径向距离 r 方向聚焦时这两个方向上的电场强度分布。

通过利用 LFS 态斯塔克减速，ND_3分子可以被装载到交流俘获阱中，接着用微波脉冲泵浦使得大约 20%的分子到达 HFS 态。图 14.18 给出了交流俘获阱中心的 ND_3分子的密度随开关频率的变化关系，该分子处于对位氨基态的 HFS 态或 LFS 态[68]。

为了加以区分，图 14.18 中处于 LFS 态的分子信号被垂直平移。为了校正较小的 HFS 态初始密度，HFS 信号按比例放大了五倍。在施加电场的频率较低时，交流俘获阱中分子的轨迹是不稳定的，没有探测到信号。在高于约 900 Hz 频率后，俘获阱突然变得稳定。在 1100 Hz 出现信号最大值。当频率继续增加，分子在转换时间内来不及移动，作用在分子上的净时间平均作用力减小。俘获阱的深度随之减小。俘获势的高阶项会引起一个(与频率无关的)势，从而减小处于 HFS 态分子的俘获深度，增加处于 LFS 态分子的俘获深度。因此，随着频率的增加，HFS 信号比 LFS 信号下降得更快。

对比交流俘获和 14.4.1 节中讨论的直流俘获是有指导意义的。静电俘获的深度在 1 K 数量级(取决于分子种类和俘获阱设计的细节)，典型的体积为 1 cm^3。交流俘获深度为1～10 mK，体积大约为 10^{-2} cm^3[68]。

14.4.4 俘获寿命的限制因素

回到图 14.14，可以看到 OH 自由基被存储在静电俘获阱中的时间尺度为几秒。分子可以通过几种不同的机制脱离俘获阱。由于直流四极或六极俘获

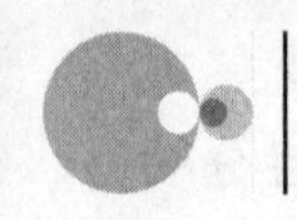

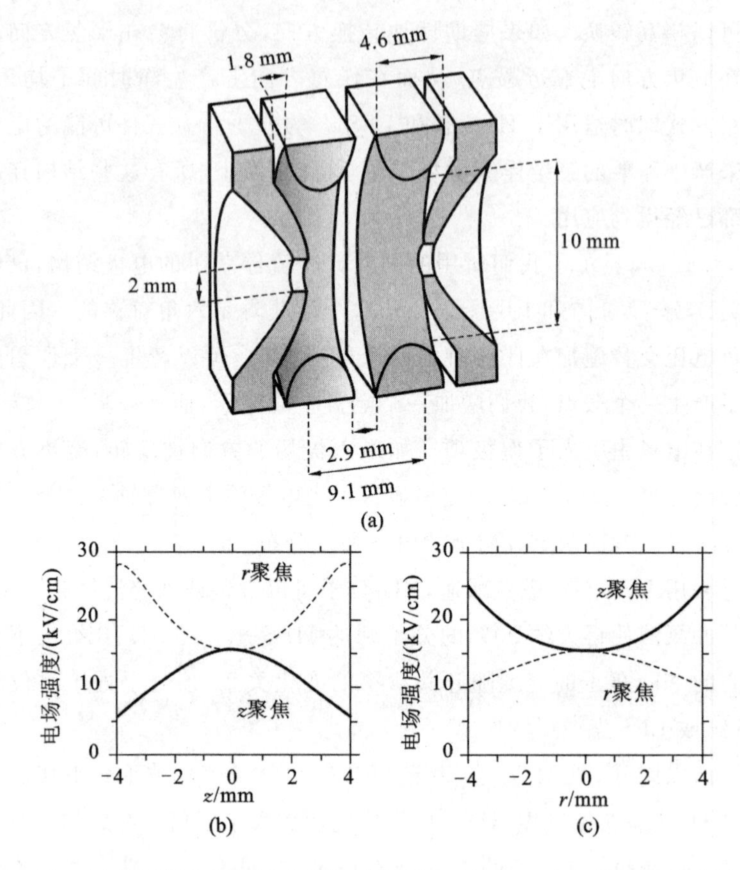

图 14.17 (a)柱对称交流俘获示意图;(b)沿着对称轴 z 的电场强度;(c)与 z 轴横向距离 r 处的电场强度。当在电极上施加 5 kV、7.5 kV、−7.5 kV 和−5 kV 电压时,处于 HFS 态的分子沿着 z 轴聚焦,沿着径向 r 散焦。当电极上施加 11 kV、1.6 kV、−1.6 kV 和−11 kV 电压时,处于 HFS 态的分子在径向 r 聚焦,沿着 z 轴散焦(引自 Bethlem, H. L. et al., Phys. Rev. A, 74, 063403, 2006. Copyright the American Physical Society. 已获授权)

阱的中心有一个零电场,分子会跃迁到不能被俘获的简并量子态。然而在实际中,这种 Majorana 跃迁(还)不是限制寿命的一个因素,不仅因为发生这些跃迁所处的空间非常小,而且因为当包含超精细结构时,分子常常唯一地处于 LFS 态,也就是说没有简并[71]。分子可以与真空腔里残余气体中的粒子碰撞发生动能转移,直接导致较浅俘获势中被俘获分子的损耗。处于俘获阱中的

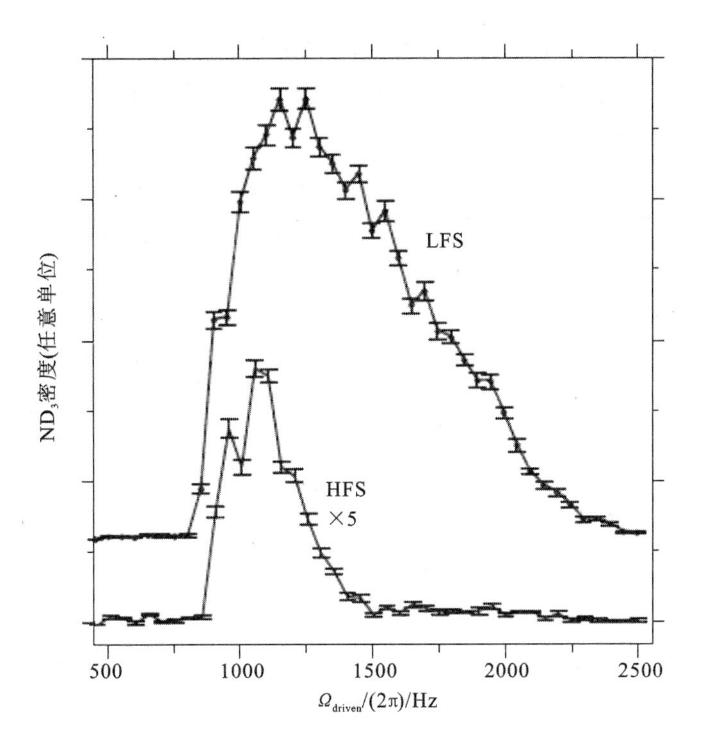

图 14.18　俘获阱中心的 $^{15}ND_3$ 分子的密度随开关频率 $\Omega_{driven}/(2\pi)$ 的变化，分子处于 $|J,K\rangle=|1,1\rangle$ 能级 LFS 和 HFS 态。在分子被装载到俘获阱 80 ms 之后开始测量。HFS 初始密度实际只有 LFS 的 20%，HFS 的信号扩大了 5 倍以补偿这一差距（引自 Bethlem, H. L. et al., Phys. Rev. A, 74, 063403, 2006. Copyright the American Physical Society. 已获授权）

分子还会相互碰撞。在这种情况下，非弹性碰撞过程会使分子从俘获态转移到一个不同的量子态，这个量子态可以是反俘获(HFS)态，或者是属于一个更低俘获势的量子态。最后，分子可以从(室温)环境中吸收黑体辐射，导致分子内部量子态的变化。

为了进一步研究俘获分子间的碰撞，定量研究所有的俘获损耗机制是非常必要的。通过监控室温静电俘获阱中 OH 和 OD 自由基的布居衰减，人们研究了由于黑体辐射光泵浦和与背景气体的碰撞所引起的俘获损耗[72]。通过在相同条件下对比同一分子类型的两种同位素，可以理解和量化俘获损耗机制。OH 自由基和 OD 自由基的室温黑体辐射的光泵浦率分别为 0.49 s^{-1} 和 0.16 s^{-1}。对于 OH 自由基的室温俘获来说，黑体辐射导致的俘获损耗是一个主要的限制。如果想要较长的俘获时间，那么俘获的分子必须屏蔽热辐射。

大多数极性分子在室温黑体辐射光谱区域存在强的电偶极允许的振转跃迁。表14.1给出了利用当前技术俘获的几个极性分子从一个特定的初始量子态逃逸所需的黑体辐射泵浦率计算值。

表14.1 两个不同温度下多个极性分子从特定初始量子态逃逸的黑体辐射泵浦率

系统	初始态	泵浦率/s^{-1}	
		295 K	77 K
OH/OD	$X\,^2\Pi_{3/2}, J=\frac{3}{2}$	0.49/0.16	0.058/0.027
NH/ND	$a\,^1\Delta, J=2$	0.36/0.12	0.042/0.021
NH/ND	$X\,^3\Sigma^-, N=0, J=1$	0.12/0.036	0.025/0.083
NH_3/ND_3	$\hat{X}\,^1A_1', J=1, \lvert K\rvert=1$	0.23/0.14	0.019/0.0063
SO	$X\,^3\Sigma^-, N=0, J=1$	0.01	$<10^{-3}$
$^6LiH/^6LiD$	$X\,^1\Sigma^+, J=1$	1.64/0.81	0.31/0.11
CaH/CaD	$X\,^2\Sigma^+, N=0, J=\frac{1}{2}$	0.048/0.063	0.0032/$<10^{-3}$
RbCs	$X\,^1\Sigma^+, J=0$	$<10^{-3}$	$<10^{-3}$
KRb	$X\,^1\Sigma^+, J=0$	$<10^{-3}$	$<10^{-3}$
CO	$a\,^3\Pi_{1,2}, J=1,2$	0.014/0.014	$<10^{-3}$/$<10^{-3}$

来源:引自 Hoekstra,S. et al.,Phys. Rev. Lett.,98(13),13301,2007.已获授权。

14.5 减速分子束和俘获分子的应用

在引言中已经提到,聚焦在三维上的减速分子包具有可调谐的速度和窄的速度分布,且具有相互作用时间较长的优势,从而可以被用于高分辨光谱和计量。这些分子束也可以用于新的分子束碰撞的研究,特别是研究弹性、非弹性碰撞以及散射过程随碰撞能量的变化。俘获的中性分子样品能够用于测量亚稳态的寿命,这对自由基尤其重要,因为目前还没有其他可靠的方法来获取自由基的亚稳态寿命信息。在接下来的一节中,我们将详细讨论这三个应用的例子和进一步的展望。

14.5.1 高分辨率光谱和计量

基本上任何光谱测量的精度都会受到辐射场与粒子相互作用时间的限制。在常规的分子束设备中,能够获得的最长的相互作用时间是毫秒数量级。通过减小分子束的速度,相互作用时间乃至可以获得的分辨率都有数量级上的提高。我们这里用一束很慢的氨分子进行的微波实验证实了这一结论[20]。在减速的 OH 自由基上也进行了相似的测量[21]。

$^{15}ND_3$分子$|J,K\rangle=|1,1\rangle$能级的反转光谱在大约 300 kHz 的频率间隔内包含 72 个超精细跃迁。由于光谱线密集，在早期的分子束实验中不能分辨出超精细结构[71]。于是我们利用斯塔克减速分子束设计了这个实验，实验装置如图 14.19(a)所示。一束氨分子从 280 m/s 减速到 100 m/s 或 50 m/s，然后聚焦到一个微波区域。微波场沿着分子束轴产生了宽度约 65 mm 的近似为矩形的场强分布。微波场驱动分子从初始较高的反转能级跃迁到一个较低的反转能级。紧靠微波区域之后，处于$|J,K\rangle=|1,1\rangle$态低反转能级的分子被探测。图 14.19(b)显示了记录到的一小部分反转光谱，分别从 280 m/s(上侧轨迹)、100 m/s(中间轨迹)或者 50 m/s(下侧轨迹)的分子束中获得。速度为 280 m/s 时测量得到的宽谱线，在对减速分子束的测量中被完全分辨开。当速度为 50 m/s 时，渡越时间限制的线宽大约为 1 kHz，这足够分辨所有的独立超精细跃迁。利用这种方法我们能够确定这个系统中所有 22 个超精细能级的绝对能量，精度高于 100 Hz[20]。

利用更长的微波作用区域或使用更慢的分子，或者两者结合，可以进一步提高精度。然而在一些位置上，由于地球引力导致的分子束偏移成为一个问题。解决这个问题的一个方法是用一个垂直的装置，如分子喷泉。目前，阿姆斯特丹自由大学激光中心正在与 Fritz-Haber-Institut 合作建立这样的喷泉装置。在这个喷泉中，氨分子被减速、冷却继而喷射出来。在受到引力作用下降之前，分子向上飞行 10～50 cm，从而两次通过了一个微波腔。这种 Ramsey 型的测量方案中有效的作用时间包含了两次通过驱动场之间的整个飞行时间，可以增加到 1 s，这样就可能获得 10^{-14} 到 10^{-12} 的精度。

在不远的将来，分子频标的精度还不太可能与原子相比拟。然而，分子的精确测量可以被用于物理学基本理论的严格验证。研究特定物理现象所引起的频率偏移的任何实验的灵敏度不仅取决于偏移的大小，也就是原子或分子的固有灵敏度，还取决于测量这个偏移的能力。尽管从原子获得的精度远远高于从分子获得的精度，但是事实上在很多情况下，分子的结构(对称)使得分子更为灵敏，足以弥补这一差距。例如，在特定的分子中，如 YbF 和 PbO，破坏时间反演对称性的相互作用要比原子中的相互作用大三个数量级[73]，而这个相互作用可以诱导产生电子的永久电偶极矩(electric dipole moment，EDM)。利

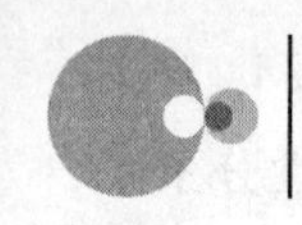

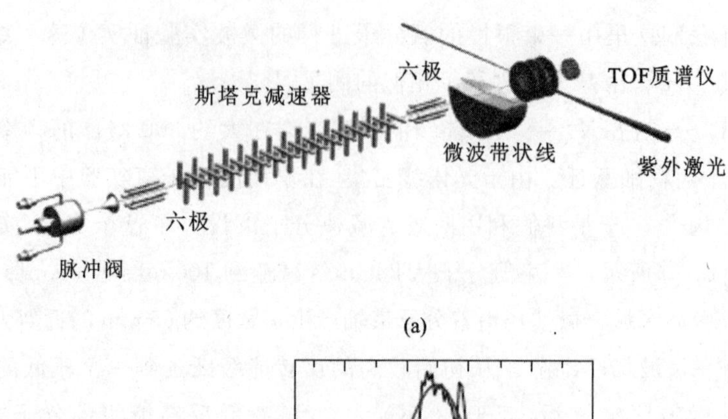

(a)

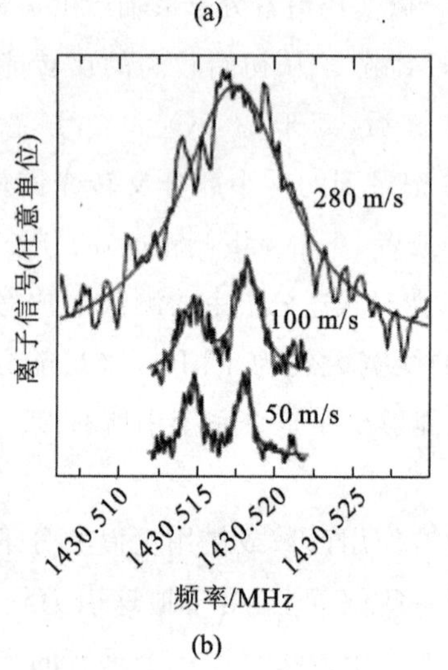

(b)

图 14.19 (a)减小渡越时间展宽的实验装置图,一束 $^{15}ND_3$ 分子从 280 m/s 减速到 100 m/s 或 50 m/s,通过一个微波区域后被探测;(b)通过减小粒子束速度,在 50 m/s 时,微波跃迁的渡越时间限制的线宽减小到 1 kHz(引自 van Veldhoven,J.,Eur. Phys. J. D,31,337-349,2004. Copyright EDP Sciences. 已获授权)

用冷分子改进 EDM 实验的分辨率的可能性已成为 AG 减速研究的重要动机[42],这部分内容可以参阅 Tarbutt 等人所著的章节(见第 15 章)。分子测量也被用于寻找手性分子(也就是分子彼此是对方的镜像)的不同跃迁频率[74],在这种情况下,利用慢速分子具有很大优势。氨的不同同位素可能是测量质子-电子质量比随时间变化的理想介质;氨的反转频率由质子通过分子的两个等效组态之间势垒的隧穿率决定,并且与约化质量呈指数关系,约化质量与质子-电子质量比密切相关,可以参阅 Flambaum 和 Kozlov 所著的章节(见第 16 章)。

14.5.2 碰撞能量可调谐的碰撞研究

通常,斯塔克减速器为以分子束速度(分布)作为重要参量的实验研究提供了新的可能。可以说，斯塔克减速分子束最有趣应用之一是散射实验，在这些实验中，速度可调谐的分子束可以用于精确测量如散射共振等现象。目前已经有利用分子束在不同的角度进行碰撞的研究[75]。利用斯塔克减速分子束，可以在一个角度固定的实验方案下以一个前所未有的能量分辨率进行这些实验。由于减速过程只作用于特定量子态，从减速器中产生了大量纯量子态的慢分子，这对研究非弹性碰撞特别重要。另外，减速分子都是具有自然的空间取向的，可以用于研究空间位阻效应。

人们在 OH-Xe 系统中第一次利用斯塔克减速分子束研究了交叉分子束散射[22]。通过将 OH 自由基的速度从 33 m/s 改变到 700 m/s，Xe 原子的速度恒定在 320 m/s，系统总的质心碰撞能量可以在 50～400 cm^{-1} 调节。因此，碰撞能量可以从非弹性散射的能量阈值扫描到 OH 自由基的第一激发转动能级。

图 14.20 显示了相对非弹性散射截面与散射到四个不同的非弹性通道的质心碰撞能量的关系，向四个通道的散射在能级图中用箭头标出。散射到 $(X\,^2\Pi_{3/2}, J=3/2, e)$ 态的通道具有最大的截面。这种 Λ 双线交换碰撞是唯一的放热通道，在低碰撞能量时这个通道的相对截面接近 100%。其他通道显示了明显的阈值行为。这种测量为理论势能面提供了一个敏感探针，从理论势能面中可以获得碰撞动力学的详细信息。图 14.20 中的实线显示了量子散射计算结果，与实验数据非常吻合。

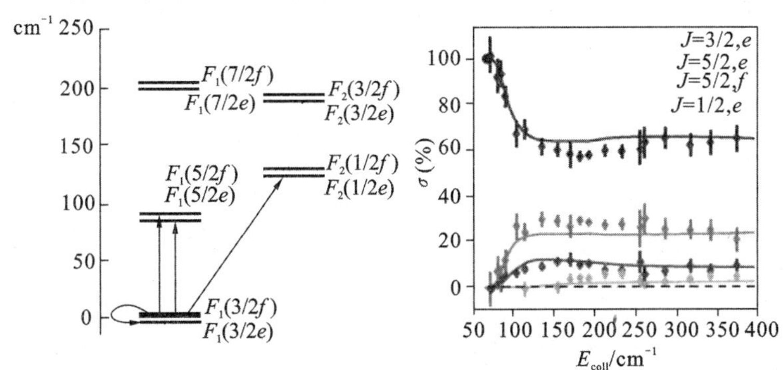

图 14.20　OH $(X\,^2\Pi_{3/2}, J=3/2, f)$ 自由基与 Xe 原子散射的相对非弹性散射截面与质心碰撞能量之间的关系。如能级图中所示，研究了碰撞后 $(X\,^2\Pi_{3/2}, J=3/2, e)$、$(X\,^2\Pi_{3/2}, J=5/2, e)$、$(X\,^2\Pi_{3/2}, J=5/2, f)$ 和 $(X\,^2\Pi_{1/2}, J=1/2, e)$ 态的布居。测量值用点表示，实线是理论预测曲线（部分引自 Gilijamse, J. J. et al., Science, 313, 1617-1620, 2006. Copyright AAAS. 已获授权）

在 OH-Xe 实验中,能量分辨率(只有)大约是 13 cm^{-1},几乎完全取决于 Xe 粒子相对较大的纵向速度分布。如果两个散射成分的运动都可以被控制,那么能量分辨率还有望得到大的改善。为了达到这一目标,现在在 Fritz-Haber-Institut 正搭建一种新型的交叉粒子束散射仪器,包含两个夹角为 90°的斯塔克减速器。这个仪器的艺术造型如图 14.21 所示。每个减速器包含 300 个电场级。利用这些相当数量的电场级,可以优化减速过程的效率,使得在相互作用区域获得散射研究所要求的粒子密度。

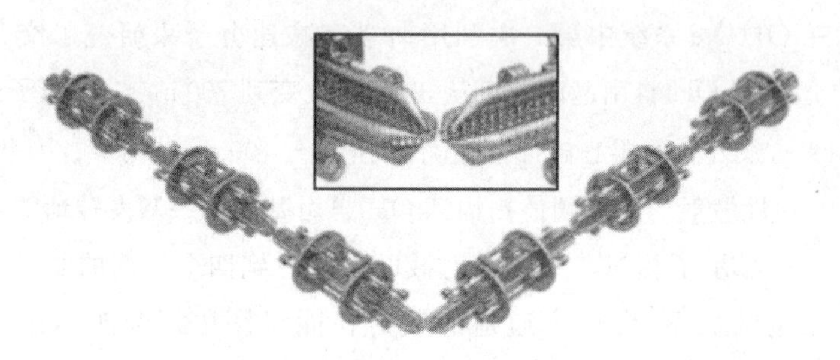

图 14.21 交叉粒子散射仪示意图。每个减速器包含一个模块化设计,共包含 300 个电场级。如插图中所示,设计减速器使它们的出口非常接近于碰撞区域,同时提供非常好的光学通道用于探测散射产物(Henrik Haak 设计)

在这个仪器中,可以研究电中性极性分子的组合,如 OH、NH($a\ ^1\Delta$)、CO($a\ ^3\Pi$)、ND_3、SO_2 和 H_2CO 之间的分子非弹性或反应性散射。散射能量在1~500 cm^{-1}区域连续可变,总的能量分辨率高于 1 cm^{-1}。这可以为诸如散射共振等提供精确映射,提供分子势能面的灵敏检测。

在交叉粒子束结构中,粒子只相互碰撞一次。在另一种结构中,减速分子束可以被装载到分子同步加速器中,这个加速器位于两束分子束交叉点。在同步加速器中包含 20 个反向传播的粒子包,一个粒子包完成 100 圈运转,经历 4000 次碰撞。我们现在正在搭建一个分子同步加速器,它与交叉粒子束仪器共同组成电中性极性分子的碰撞器。

14.5.3 亚稳态的直接寿命测量

分子俘获所提供的长观察时间可以被用于激发振转态或者电子态辐射寿命的高精度直接测量。为了演示这一点,我们将 OH 自由基静电俘获到第一振动激发 $X\ ^2\Pi_{3/2}$($v=1, J=3/2$)态,同时监测被俘获分子随时间的弛豫过程[27]。测量得到的俘获阱中振动激发态的布居与存储时间的关系如图14.22(a)

所示。从被观察到的指数弛豫得到这个态的辐射寿命为(59.0±2.0) ms,与58.3 ms的计算值基本一致[76]。因而,这个实验为OH重要的Meinel系统的爱因斯坦A系数提供了基准值。

同样的实验方法也用于精确地测量CO分子亚稳$a\,^3\Pi$电子态的寿命。处于这个态的CO分子只能通过自旋禁戒跃迁弛豫到$X\,^1\Sigma^+$电子基态(导致Cameron带),由于$a\,^3\Pi$态与$^1\Pi$态自旋-轨道混合,这个跃迁是很微弱的[78]。自旋-轨道混合使得$a\,^3\Pi$态的寿命强烈依赖于量子态。为了测量特定量子态的寿命,需要通过激光把CO分子制备在$a\,^3\Pi_1(v=0,J=1)$态或$a\,^3\Pi_2(v=0,J=2)$态,两者都可以被减速和俘获。测量到的俘获衰减曲线如图14.22(b)、(c)所示,可得$a\,^3\Pi_1(v=0,J=1)$和$a\,^3\Pi_2(v=0,J=2)$态寿命分别为(2.63±0.03) ms和(143±4) ms。虽然在测量之前并不知道这些寿命的准确值,但这些寿命的比值可以根据已知的具有光谱精度的$a\,^3\Pi$态能量获得,结果为1∶54.7。两个不同量子态独立确定的寿命与这个比率完全一致[77]。

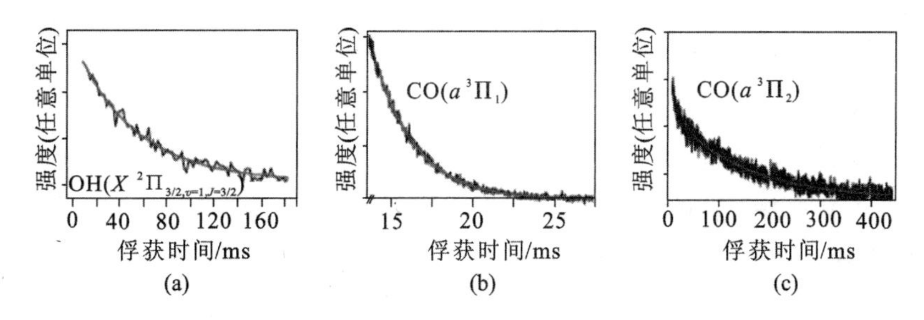

图 14.22　被俘获的OH($X\,^2\Pi_{3/2}(v=1,J=3/2)$)自由基。(a)CO($a\,^3\Pi_1(v=0,J=1)$)分子;(b)CO($a\,^3\Pi_2(v=0,J=2)$)分子;(c)布居数随俘获时间的变化关系。时间轴的零点选在俘获势的开启时刻(部分引自 van de Meerakker, S. Y. T. et al., Phys. Rev. Lett., 95(1), 013003, 2005; Gilijamse, J. J. et al., J. Chem. Phys., 127, 221002, 2007. Copyright American Physical Society 已获授权)

14.6　结论和展望

分子束方法与加速器物理方法相结合产生了操控分子运动的新手段。在过去几年里,针对中性分子的减速器、透镜、聚束器、俘获阱、存储环和同步加速器被逐一实现。现在已经可以制备可调谐速度和可调谐速度分布宽度的分子束。我们期待这一系列新的分子束技术成为从超高分辨光谱到交叉分子束

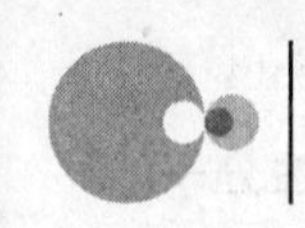

(反应性)散射实验等各种化学物理实验的一个有价值的工具。减速后的分子束能够将分子装载到各种俘获阱中。在这些俘获阱中,电场被用于将分子束缚在一个空间区域,使得我们可以在与外部环境完全隔离的情况下对分子进行研究。这样能够非常细致地研究分子特性。

如果在实验可达到的电场下有足够大的斯塔克偏移,那么斯塔克减速和俘获技术可以被应用到所有极性分子。在表 14.2 和表 14.3 中,分别列出适用于在 LFS 和 HFS 态的减速和俘获的极性分子及其相关特性。人们已经熟悉了这些分子的分子束制备和探测方法。表中给出了那些已经实现斯塔克减速或者俘获的分子,同时给出了原始实验的参考文献。

表 14.2 适用于减速和俘获实验的极性分子及其相关特性

分子	态	斯塔克减速(✓)和俘获(†)	超精细能级多重性	在 200 kV/cm 的斯塔克偏移/cm^{-1}	现有装置中所需的级数	偶极矩/D
CH	$\|X\,^2\Pi_{1/2},J=1/2,M\Omega=-1/4\rangle$		4	1.54	90	1.46
	$\|X\,^2\Pi_{3/2},J=3/2,M\Omega=-9/4\rangle$		4	1.88	71	
CF	$\|X\,^2\Pi_{1/2},J=1/2,M\Omega=-1/4\rangle$		4	0.44	533	0.65
	$\|X\,^2\Pi_{1/2},J=3/2,M\Omega=-3/4\rangle$		4	0.32	845	
CH_2F_2	$\|J_\tau M\rangle=\|2_{-2}0\rangle$			1.52*	168	1.96
CH_3F	$\|JKM\rangle=\|100\rangle$			0.54*	217	1.86
	$\|JKM\rangle=\|1\pm1\mp1\rangle$			1.05*	99	
CO	$\|a\,^3\Pi_{\Omega=1},J=1,M\Omega=-1\rangle$	✓[12]†[77]	2	1.71	89	1.37
	$\|a\,^3\Pi_{\Omega=2},J=2,M\Omega=-4\rangle$	✓[77]†[77]	2	2.87	63	
H_2CO	$\|J_\tau M\rangle=\|1_1 1\rangle$	✓[79]	6	1.44*	130	2.34
D_2CO	$\|J_\tau M\rangle=\|1_1 1\rangle$		6	1.11*	155	2.34
H_2O	$\|J_\tau M\rangle=\|1_1 1\rangle$		6	0.45	1081	1.82
D_2O	$\|J_\tau M\rangle=\|1_1 1\rangle$		6	0.72	667	1.85
HDO	$\|J_\tau M\rangle=\|1_1 1\rangle$		12	0.73	558	1.85
HCN	$\|(v_1,v_2^l,v_3),J,M\rangle=\|(0,0^0,0),1,0\rangle$		6	0.92*	177	3.01
	$\|(v_1,v_2^l,v_3),J,MI\rangle=\|(0,1^1,0),1,-1\rangle$		12	1.80*	79	
	$\|(v_1,v_2^l,v_3),J,MI\rangle=\|(0,1^1,0),2,-1\rangle$		12	2.58*	150	

续表

分子	态	斯塔克减速(√)和俘获(†)	超精细能级多重性	在 200 kV/cm 的斯塔克偏移/cm^{-1}	现有装置中所需的级数	偶极矩/D
	$\|(v_1,v_2^l,v_3),J,Ml\rangle=\|(0,1^1,0),2,-2\rangle$		12	1.66*	109	
LiH	$\|X\,^1\Sigma^+,J=1,M=0\rangle$		8	3.11	45	5.88
LiD	$\|X\,^1\Sigma^+,J=1,M=0\rangle$		12	2.67	34	
NH	$\|a\,^1\Delta,J=2,M=2\rangle$	√[80]†[81]	12	3.34	48	1.49
$^{14}NH_3$	$\|JKM\rangle=\|1\pm1\mp1\rangle$	√[29]		2.11	79	1.47
$^{15}NH_3$	$\|JKM\rangle=\|1\pm1\mp1\rangle$			2.11	84	1.47
$^{14}ND_3$	$\|JKM\rangle=\|1\pm1\mp1\rangle$	√[26]†[26]	48	2.29	65	1.50
$^{15}ND_3$	$\|JKM\rangle=\|1\pm1\mp1\rangle$	√[29]†[29,62]	32	2.29	68	1.50
NO	$\|X\,^2\Pi_{1/2},J=1/2,M\Omega=-1/4\rangle$		6	0.17	1179	0.16
N_2O	$\|(v_1,v_2^l,v_3),J,Ml\rangle=\|(0,1^1,0),1,-1\rangle$		18	0.26	1041	0.17
OCS	$\|(v_1,v_2^l,v_3),J,M\rangle=\|(0,0^0,0),1,0\rangle$		1	0.13*	1172	0.72
	$\|(v_1,v_2^l,v_3),J,M\rangle=\|(0,0^0,0),2,0\rangle$		1	0.43	1407	
	$\|(v_1,v_2^l,v_3),J,Ml\rangle=\|(0,1^1,0),1,-1\rangle$		2	0.25*	647	0.70
	$\|(v_1,v_2^l,v_3),J,Ml\rangle=\|(0,1^1,0),2,-1\rangle$		2	0.56	759	
	$\|(v_1,v_2^l,v_3),J,Ml\rangle=\|(0,1^1,0),2,-2\rangle$		2	0.24*	779	
OH	$\|X\,^2\Pi_{3/2},J=3/2,M\Omega=-9/4\rangle$	√[82]†[60,63]	4	3.22	56	1.67
OD	$\|X\,^2\Pi_{3/2},J=3/2,M\Omega=-9/4\rangle$	√[72]†[72]	6	3.22	58	1.65
SH	$\|X\,^2\Pi_{3/2},J=3/2,M\Omega=-9/4\rangle$		4	1.51	227	0.76
SD	$\|X\,^2\Pi_{3/2},J=3/2,M\Omega=-9/4\rangle$		6	1.49	235	0.76
SO_2	$\|J_\tau M\rangle=\|1_0 0\rangle$	√[83]	1	1.47	343	1.59

可参见参考文献[29]。

表中给出了在 200 kV/cm 的斯塔克偏移。如果斯塔克能量在较小的电场强度下达到最大值，由符号 * 表示，则给出最大的斯塔克偏移量。

表 14.3　适用于 AG 减速和交流俘获的分子列表及其相关特性

分　子	态	AG 减速(√)或俘获(†)	在 100 kV/cm 的斯塔克偏移/cm^{-1}	在 100 kV/cm 有效偶极矩/(cm^{-1}/(kV·cm))	转动常数	质量
CO($a\ ^3\Pi_1$)	$\|J=1, M\Omega=+1\rangle$	√[41]	−1.25	0.0135	−/1.68/−	28
OH($X\ ^2\Pi_{3/2}$)	$\|J=3/2, M\Omega=+9/4\rangle$	√	−1.62	0.0191	−/18.52/−	17
CaF	$\|J=1/2, M\Omega=+1/4\rangle$	√[84]	−3.43	0.0420	−/0.34/−	59
YbF($X\ ^2\Sigma^+$)	$\|J=1/2, M\Omega=+1/4\rangle$	√[42]	−4.91	0.0569	−/0.24/−	193
$^{15}ND_3$	$\|J=1, MK=+1\rangle$	†[69,85]	−1.27	0.0134	−/5.14/3.12	20
Pyridazine(C_4H_5N)	$\|J_{K_aK_c}\ \|M\|\rangle=\|0_{00}0\rangle$		−5.59	0.0624	0.21/0.20/0.10	80
Benzonitrile (C_7H_5N)	$\|J_{K_aK_c}\ \|M\|\rangle=\|0_{00}0\rangle$	√[40]	−6.71	0.0711	0.19/0.051/0.040	103
Tryptophan Ⅰ	$\|J_{K_aK_c}\ \|M\|\rangle=\|0_{00}0\rangle$		−6.25	0.0646	0.41/0.013/0.012	216
($C_{11}H_{12}N_2O_2$) Ⅱ			−4.72	0.0494	0.039/0.014/0.012	
Ⅲ			−1.71	0.0183	0.033/0.017/0.013	
Ⅳ			−11.68	0.120	0.032/0.016/0.013	
Ⅴ			−12.28	0.126	0.043/0.011/0.0096	
Ⅵ			−11.37	0.116	0.045/0.011/0.0095	

可参见参考文献[39]。

电中性极性分子的俘获使得在超低温度下研究分子相互作用和量子集体效应拥有巨大的前景。为此,需要进一步增加相空间密度,也就是说,需要更高的分子数密度并且(或者)更低的温度。增加被俘获分子数密度的最直接的方式是在俘获阱中积累多个分子包。然而,简单地重新装载俘获,需要打开俘获势,因此会造成已经被存储了的分子的损耗或加热。针对 NH 自由基[86]和 SO 分子[83]提出的两种不同的特定方案可以克服这个根本障碍。还可以通过降低分子的温度增加被俘获气体的相空间密度。人们已经提出各种使温度低于 1 mK 的冷却方案。最可行的方案是协同冷却,冷分子与超冷原子气体接触,通过弹性碰撞达到热平衡。最适合协同冷却的是在交流俘获阱中束缚的 HFS 分子,消除了可能导致俘获损耗的非弹性碰撞。在交流俘获阱中使磁性俘获原子与分子空间重叠的实验正在进行中[70]。

若获得了进一步冷却的俘获分子，许多新实验将变为可能。在足够低的温度下，分子的德布罗意波长变得与粒子间隔相近甚至大于粒子间隔。在这个奇异的领域中，量子简并效应主宰了粒子的动力学，并且可以形成玻色-爱因斯坦凝聚。这些实验特别有意思的地方在于分子具有永久电偶极矩。人们预测这些冷极性气体中的各向异性、长程偶极-偶极相互作用将会导致新颖的、丰富的物理现象[87]。

在Stern和Rabi时代建立的横向操作分子束的不同手段，已经被证明远非仅对分子物理本身的发展至关重要。目前，实现完全控制分子的三维运动，为利用电场操控分子的悠久和丰富的历史增加了一个新的维度[88]。

致谢

本章描述的实验是十多年来许多人的研究结果。这项研究开始于荷兰Nijmegen大学。2000年，研究小组搬到了位于荷兰Nieuwegein研究等离子体物理“Rijnhuizen”的FOM研究所。2003年，研究小组再次搬迁到目前所在的地方，即位于德国柏林的Fritz-Haber-Institut der Max-Planck-Gesellschaft。我们非常感激三个研究所的科技人员。特别是，我们感谢参与这项工作的所有学生、博士后、资深科学家和研究技术员，没有他们的努力这些实验是不可能完成的。

参考文献

[1] Scoles, G. , Ed. , Atomic and Molecular Beam Methods. Vol. 1 & 2, Oxford UniversityPress, NewYork, 1988, 1992.

[2] Friedrich, B. and Herschbach, D. , Stern and Gerlach: How a bad cigar helped reorientatomic physics, Phys. Today, 56, 53-59, 2003.

[3] Gerlach, W. and Stern, O. , The experimental evidence of direction quantisation in themagnetic field, Zeitschrift Für Physik. , 9, 349-352, 1922.

[4] Rabi, I. I. Millman, S. , Kusch, P. , and Zacharias, J. R. , The molecular beam resonancemethod for measuring nuclear magnetic moments, Phys. Rev. , 55, 526-535, 1939.

[5] Friedburg, H. and Paul, W. , Optische Abbildung mit neutralen Atomen, Die Naturwissenschaften, 38, 159-160, 1951.

[6] Bennewitz, H. and Paul, W. ,Eine Methode zur Bestimmung von Kernmomenten mitfokussiertem Atomstrahl, Z. Phys. ,139,489-497,1954.

[7] Bennewitz, H. G. ,Paul, W. ,and Schlier, C. ,Fokussierung polarer Molekule, Z. Phys. ,141,6-15,1955.

[8] Gordon, J. P. Zeiger, H. J. , and Townes, C. H. Molecular microwave oscillator and newhyperfine structure in the microwave spectrum of NH_3 ,Phys. Rev. ,95,282-284,1954.

[9] Gordon, J. P. Zeiger, H. J. ,and Townes, C. H. ,The master——new type of microwave amplifier, frequency standard, and spectrometer, Phys. Rev. ,99,1264-1274,1955.

[10] Levine, R. and Bernstein, R. ,Molecular Reaction Dynamics and Chemical Reactivity. Oxford University Press, NewYork,1987.

[11] Ramsey, N. F. Available at http://nobelprize. org/nobel_prizes/physics/laureates/1989/ramsey- autobio. html.

[12] Bethlem, H. L. ,Berden, G. ,and Meijer, G. ,Decelerating neutral dipolar molecules, Phys. Rev. Lett. ,83,1558-1561,1999.

[13] Rangwala, S. A. ,Junglen, T. ,Rieger, T. ,Pinkse, P. W. H. ,and Rempe, G. ,Continuoussource of translationally cold dipolar molecules, Phys. Rev. A,67,043406,2003.

[14] Crompvoets, F. M. H. ,Bethlem, H. L. Jongma, R. T. ,and Meijer, G. ,A prototype storagering for neutral molecules, Nature,411,174,2001.

[15] Bethlem, H. L. ,Berden, G. , van Roij, A. J. A. ,Crompvoets, F. M. H. , and Meijer, G. ,Trapping neutral molecules in a traveling potential well, Phys. Rev. Lett. ,84,5744-5747,2000.

[16] Wolfgang, R. ,Chemical accelerators, Sci. Am. ,219(4),44,1968.

[17] Golub, R. ,On Decelerating Molecules, Ph. D. thesis, MIT, Cambridge, USA,1967.

[18] Bromberg, E. E. A. ,Acceleration and Alternate-Gradient Focusing of Neutral Polar Diatomic Molecules, Ph. D. thesis, University of Chicago, USA,1972.

[19] Abuaf, N. ,Andres, J. B. A. R. P. ,Fenn, J. B. and Marsden, D. G. H. ,

Molecular beams withenergies above one volt, Science, 155, 997-999,1967.

[20] van Veldhoven,J.,Küpper,J.,Bethlem,H. L.,Sartakov,B.,van Roij,A. J. A.,and Meijer,G.,Decelerated molecular beams for high-resolution spectroscopy:The hyperfine structure of $^{15}ND_3$,Eur. Phys. J. D,31,337-349,2004.

[21] Hudson,E. R.,Lewandowski,H. J.,Sawyer,B. C.,and Ye,J.,Cold molecule spectroscopy for constraining the evolution of the fine structure constant,Phys. Rev. Lett.,96,143004,2006.

[22] Gilijamse,J. J.,Hoekstra,S.,van de Meerakker,S. Y. T.,Groeneboom,G. C.,and Meijer,G.,Near-threshold inelastic collisions using molecular beams with a tunablevelocity,Science,313,1617-1620,2006.

[23] Paul,W.,Electromagnetic traps for charged and neutral particles,Angew. Chem. Int. Ed. Engl.,29,739-748,1990.

[24] Kügler,K.-J.,Paul,W.,and Trinks,U.,A magnetic storage ring for neutrons,Phys. Lett. B,72,422-424,1978.

[25] Migdall,A. L.,Prodan,J. V.,Phillips,W. D.,Bergeman,T. H.,and Metcalf,H. J. First observation of magnetically trapped neutral atoms,Phys. Rev. Lett.,54,2596,1985.

[26] Bethlem,H. L.,Berden,G.,Crompvoets,F. M. H.,Jongma,R. T.,van Roij,A. J. A.,and Meijer,G.,Electrostatic trapping of ammonia molecules,Nature,406,491-494,2000.

[27] van de Meerakker,S. Y. T.,Vanhaecke,N.,van der Loo,M. P. J.,Groenenboom,G. C.,and Meijer,G.,Direct measurement of the radiative lifetime of vibrationally excited OH radicals, Phys. Rev. Lett., 95,013003,2005.

[28] van de Meerakker,S. Y. T.,Vanhaecke,N.,and Meijer,G.,Stark deceleration and trapping of OH radicals,Annu. Rev. Phys. Chem.,57,159-190,2006.

[29] Bethlem,H. L.,Crompvoets,F. M. H.,Jongma,R. T.,van de Meerakker,S. Y. T.,and Meijer,G.,Deceleration and trapping of ammonia

using time-varying electric fields, Phys. Rev. A, 65, 053416, 2002.

[30] van de Meerakker, S. Y. T., Vanhaecke, N., Bethlem, H. L., and Meijer, G., Higher-orderresonances in a Stark decelerator, Phys. Rev. A, 71, 053409, 2005.

[31] Gubbels, K., Meijer, G., and Friedrich, B., Analytic wave model of Stark deceleration dynamics, Phys. Rev. A, 73, 063406, 2006.

[32] van de Meerakker, S. Y. T., Vanhaecke, N., Bethlem, H. L., and Meijer, G., Transverse stability in a Stark decelerator, Phys. Rev. A, 73, 023401, 2006.

[33] Bochinski, J. R., Hudson, E. R., Lewandowski, H. J., and Ye, J., Cold free-radical molecules in the laboratory frame, Phys. Rev. A, 70, 043410, 2004.

[34] Crompvoets, F. M. H., Jongma, R. T., Bethlem, H. L., van Roij, A. J. A., and Meijer, G., Longtudinal focusing and cooling of a molecular beam, Phys. Rev. Lett., 89, 093004, 2002.

[35] Heiner, C. E., Bethlem, H. L., and Meijer, G., Molecular beams with a tunable velocity, Phys. Chem. Chem. Phys., 8, 2666-2676, 2006.

[36] Crompvoets, F. M. H., Bethlem, H. L., and Meijer, G., A storage ring for neutral molecules, Adv. At. Mol. Opt. Phys., 52, 209-287, 2006.

[37] Wing, W. H., On neutral particle trapping in quasistatic electromagnetic fields, Prog. Quant. Electr., 8, 181-199, 1984.

[38] Auerbach, D., Bromberg, E. E. A., and Wharton, L., Alternate-gradient focusing of molecular beams, J. Chem. Phys., 45, 2160, 1966.

[39] Bethlem, H. L., Tarbutt, M. R., Kupper, J., Carty, D., Wohlfart, K., Hinds, E. A., and Meijer, G., Alternating gradient focusing and deceleration of polar molecules, J. Phys. B., 39, R263-R291, 2006.

[40] Wohlfart, K., Grätz, F., Filsinger, F., Haak, H., Meijer, G., and Küpper, J. Alternating-gradient focusing and deceleration of large molecules, Phys. Rev. A, 77, 031404, 2008.

[41] Bethlem, H. L., van Roij, A. J. A., Jongma, R. T., and Meijer, G., Alternate gradient focusing and deceleration of a molecular beam, Phys. Rev. Lett., 88, 133003, 2002.

[42] Tarbutt, M. R., Bethlem, H. L., Hudson, J. J., Ryabov, V. L., Ryzhov, V. A., Sauer, B. E., Meijer, G., and Hinds, E. A., Slowing heavy, ground-state molecules using an alternatinggradient decelerator, Phys. Rev. Lett., 92, 173002, 2004.

[43] Vanhaecke, N., Meier, U., Andrist, M., Meier, B. H., and Merkt, F., Multistage Zeeman deceleration of hydrogen atoms, Phys. Rev. A, 75, 031402, 2007.

[44] Hogan, S. D., Sprecher, D., Andrist, M., Vanhaecke, N., and Merkt, F., Zeeman deceleration of H and D, Phys. Rev. A, 76, 023412, 2007.

[45] Hogan, S. D., Wiederkehr, A. W., Andrist, M., Schmutz, H., and Merkt, F., Slow beams of atomic hydrogen by multistage Zeeman deceleration, J. Phys. B: At. Mol. Opt. Phys., 41, 081005, 2008.

[46] Narevicius, E., Parthey, C. G., Libson, A., Narevicius, J., Chavez, I., Even, U., and Raizen, M. G., An atomic coilgun: Using pulsed magnetic fields to slow a supersonicbeam, New J. Phys., 9, 358, 2007.

[47] Narevicius, E., Libson, A., Parthey, C. G., Chavez, I., Narevicius, J., Even, U., and Raizen, M. G., Stopping supersonic beams with a series of pulsed electromagnetic coils: An atomic coilgun, Phys. Rev. Lett., 100, 093003, 2008.

[48] Narevicius, E., Libson, A., Parthey, C. G., Chavez, I., Narevicius, J., Even, U., and Raizen, M. G., Stopping supersonic oxygen with a series of pulsed electromagneticcoils: A molecular coilgun, Phys. Rev. A, 77, 051401, 2008.

[49] Yamakita, Y., Procter, S. R., Goodgame, A. L., Softley, T. P., and Merkt, F., Deflectionand deceleration of hydrogen Rydberg molecules in inhomogeneous electric fields, J. Chem. Phys., 121, 1419, 2004.

[50] Vliegen, E., Worner, H. J., Softley, T. P., and Merkt, F., Nonhydrogenic effects in the deceleration of Rydberg atoms in inhomogeneous electric fields, Phys. Rev. Lett., 92, 033005, 2004.

[51] Vliegen, E., Hogan, S. D., Schmutz, H., and Merkt, F. Stark deceleration and trapping of hydrogen Rydberg atoms, Phys. Rev. A, 76, 023405,

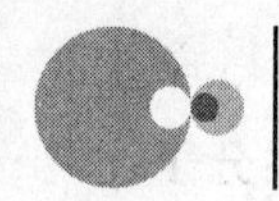

2007.

[52] Hogan,S. D. and Merkt,F. Demonstration of three-dimensional electrostatic trapping of state-selected Rydberg atoms,Phys. Rev. Lett. ,100, 043001,2008.

[53] Friedrich,B. and Herschbach,D. Alignment and trapping of molecules in intense laserfields,Phys. Rev. Lett. ,74,4623-4626,1995.

[54] Zhao,B. S. ,et al. ,Molecular lens of the nonresonant dipole force,Phys. Rev. Lett. ,85,2705-2708,2000.

[55] Stapelfeldt, H. , Sakai, H. , Constant, E. , and Corkum, P. B. , Deflection of neutral molecules using the nonresonant dipole force, Phys. Rev. Lett. ,79, 2787-2790,1997.

[56] Fulton, R. , Bishop, A. I. , and Barker, P. F. , Optical Stark decelerator for molecules, Phys. Rev. Lett. ,93,243004,2004.

[57] Barker,P. F. and Shneider,M. N. ,Slowing molecules by optical microlinear deceleration,Phys. Rev. A,66,065402,2002.

[58] Fulton, R. , Bishop, A. I. , Shneider, M. N. , and Barker, P. F. , Controlling the motion ofcold molecules with deep periodic optical potentials, Nature Phys. ,2,465-468,2006.

[59] Wing, W. H. , Electrostatic trapping of neutral atomic particles, Phys. Rev. Lett. ,45,631-634,1980.

[60] van de Meerakker,S. Y. T. ,Smeets,P. H. M. ,Vanhaecke,N. ,Jongma, R. T. , and Meijer, G. , Deceleration and electrostatic trapping of OH radicals,Phys. Rev. Lett. ,94,023004,2005.

[61] Gilijamse,J. J. ,Küpper,J. ,Hoekstra,S. ,Vanhaecke,N. ,van de Meerakker,S. Y. T. ,and Meijer,G. ,Optimizing the Stark-decelerator beamline for the trapping of cold moleculesusing evolutionary strategies,Phys. Rev. A, 73,063410,2006.

[62] van Veldhoven,J. ,Bethlem,H. L. ,Schnell,M. ,and Meijer,G. ,Versatile electrostatictrap,Phys. Rev. A,73,063408,2006.

[63] Sawyer,B. C. ,Lev,B. L. ,Hudson,E. R. ,Stuhl,B. K. ,Lara,M. ,Bohn, J. L. , and Ye, J. , Magnetoelectrostatic trapping of ground state OH

molecules, Phys. Rev. Lett., 98, 253002, 2007.

[64] Rieger, T., Junglen, T., Rangwala, S. A., Pinkse, P. W. H., and Rempe, G., Continuousloading of an electrostatic trap for polar molecules, Phys. Rev. Lett., 95, 173002, 2005.

[65] Crompvoets, F. M. H., Bethlem, H. L., Küpper, J., van Roij, A. J. A., and Meijer, G., Dynamics of neutral molecules stored in a ring, Phys. Rev. A, 69, 063406, 2004.

[66] Heiner, C. E., Carty, D., Meijer, G., and Bethlem, H. L., Amolecular synchrotron, Nature Phys., 3, 115-118, 2007.

[67] Bohn, J. L., Inelastic collisions of ultracold polar molecules, Phys. Rev. A, 63, 052714, 2001.

[68] Bethlem, H. L., vanVeldhoven, J., Schnell, M., and Meijer, G., Trapping polar moleculesin an ac trap, Phys. Rev. A, 74, 063403, 2006.

[69] van Veldhoven, J., Bethlem, H. L., and Meijer, G., AC electric trap for ground-statemolecules, Phys. Rev. Lett., 94, 083001, 2005.

[70] Schlunk, S., Marian, A., Geng, P., Mosk, A. P., Meijer, G., and Schöllkopf, W., Trapping of Rb atoms by ac electric fields, Phys. Rev. Lett., 98, 223002, 2007.

[71] van Veldhoven, J., Jongma, R. T., Sartakov, B., Bongers, W. A., and G. Meijer, Hyperfine structure of ND_3, Phys. Rev. A, 66, 032501, 2002.

[72] Hoekstra, S., Gilijamse, J. J., Sartakov, B., Vanhaecke, N., Scharfenberg, L., van deMeerakker, S. Y. T., and Meijer, G., Optical pumping of trapped neutral molecules byblackbody radiation, Phys. Rev. Lett., 98, 133001, 2007.

[73] Hudson, J. J., Sauer, B. E., Tarbutt, M. R., and Hinds, E. A., Measurement of the electron electric dipole moment using YbF molecules, Phys. Rev. Lett., 89, 023003, 2002.

[74] Daussy, C., Marrel, T., Amy-Klein, A., Nguyen, C. T., Bordé, C. J., and Chardonnet, C., Limit on the parity nonconserving energy difference between the enantiomers of achiral molecule by laser spectroscopy, Phys. Rev. Lett., 83, 1554-1557, 1999.

[75] Macdonald, R. and Liu, K., State-to-state integral cross sections for the inelastic scattering of CH($X\ ^2\Pi$)+He: Rotational rainbow and orbital alignment, J. Chem. Phys., 91, 821-838, 1989.

[76] van der Loo, M. and Groenenboom, G., Theoretical transition probabilities for the OHMeinel system, J. Chem. Phys., 126, 114314, 2007.

[77] Gilijamse, J. J., Hoekstra, S., Meek, S. A., Metsälä, M., van de Meerakker, S. Y. T., Meijer, G., and Groenenboom, G. C., The radiative lifetime of metastable CO($a\ ^3\Pi$, $v=0$), J. Chem. Phys., 127, 221102, 2007.

[78] James, T., Transition moments, Franck-Condon factors, and lifetimes of forbidden transitions. Calculation of the intensity of the Cameron system of CO, J. Chem. Phys., 55, 4118-4124, 1971.

[79] Hudson, E. R., Ticknor, C., Sawyer, B. C., Taatjes, C. A., Lewandowski, H. J., Bochinski, J. R., Bohn, J. L., and Ye, J., Production of cold formaldehyde molecules for study and control of chemical reaction dynamics with hydroxyl radicals, Phys. Rev. A, 73, 063404, 2006.

[80] van de Meerakker, S. Y. T., Labazan, I., Hoekstra, S., Küpper, J., and Meijer, G., Productionand deceleration of a pulsed beam of metastable NH($a\ ^1\Delta$) radicals, J. Phys. B, 39, S1077-S1084, 2006.

[81] Hoekstra, S., Metsälä, M., Zieger, P. C., Scharfenberg, L., Gilijamse, J. J., Meijer, G., S. Y. T. and van de Meerakker, Electrostatic trapping of metastable NH molecules, Phys. Rev. A, 76, 063408, 2007.

[82] Bochinski, J. R., Hudson, E. R., Lewandowski, H. J., Meijer, G., and Ye, J., Phase space manipulation of cold free radical OH molecules, Phys. Rev. Lett., 91, 243001, 2003.

[83] Jung, S., Tiemann, E., and Lisdat, C., Cold atoms and molecules from fragmentation of decelerated SO_2, Phys. Rev. A, 74, 040701, 2006.

[84] Tarbutt, M. R., private communications.

[85] Schnell, M., Lützow, P., van Veldhoven, J., Bethlem, H., Küpper, J., Friedrich, B., Schleier-Smith, M., Haak, H., and Meijer, G., A linear AC trap for polar molecules intheir ground state, J. Phys. Chem. A, 111, 7411-7419, 2007.

[86] van de Meerakker, S. Y. T., Jongma, R. T., Bethlem, H. L., and Meijer, G., Accumulating NH radicals in a magnetic trap, Phys. Rev. A, 64, 041401, 2001.

[87] Baranov, M., Dobrek, L., Góral, K., Santos, L., and Lewenstein, M., Ultracold dipolargases——a challenge for experiments and theory, Phys. Scr., T102, 74-81, 2002.

[88] van de Meerakker, S. Y. T., Bethlem, H. L., and Meijer, G., Taming molecular beams, Nature Physics, 4, 595, 2008.

第Ⅴ部分

基本定律检验

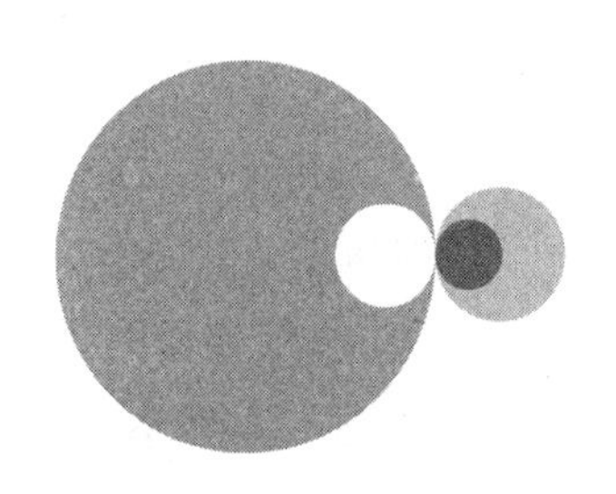

第 15 章 分子的制备和操控与基本物理参数的检验

15.1 引言

原子和原子离子在精密测量和计量中一直占据重要的地位。例如，时间单位秒是由 Cs 原子超精细结构的跃迁频率来定义的，里德堡常数是由氢原子光谱测定的，电子质子质量比是由俘获原子离子的振荡频率测定的。在分子研究领域，原子的重要性不仅在于我们可以详细地了解组成分子的原子结构，而且在技术上可以制备和操控原子和离子。近年来，无论是为了充分理解分子而发展的计算方法，还是制备和控制分子的实验手段都获得了极大的进步，大大地增强了人们利用分子进行精密测量的兴趣，特别是分子具有一些原子和离子所没有的新的特性。例如，与原子系统相比，分子内部的转动、振动和电子结构提供了更为广泛的频率范围。此外，极性双原子分子具有内在的柱对称性，更复杂的分子还存在手性，这种构象是原子所不能提供的。在本章中,我们将讨论应用分子在解决当前精密测量中所存在的问题,概述目前使部分应用成为可能的技术发展。

15.2 不变性原理的检验

15.2.1 基本常数随时间变化吗

最近的实验表明,宇宙正在加速膨胀,这要求爱因斯坦引力场方程包含"暗能量"项,而以前"暗能量"项一直假定为零[1]。对此的疑惑以及目前正在寻找的量子引力理论,导致理论物理学家对一些物理模型中最基本的假设产生质疑,包括普适常数不随时间变化的假设。

在原子和分子物理学中,有两个非常重要的基本常数,即精细结构常数 α 和电子-质子质量比 $\mu = m_e/m_p$。里德堡能量 R_y 粗略表示了电子结合能的量级。精细结构分裂是电子结合能的 α^2 倍,超精细结构分裂也会进一步减小,减小的量级与 μ 相当,μ 将原子核和电子磁矩联系起来。因此,通过在不同时刻将精细结构和电子结构进行比对的方法,有可能找到精细结构常数 α 的变化。同样可以通过比对超精细结构和其他能级尺度推断出 μ 的变化。分子[2]具有振动能级 $R_y\sqrt{m_e/M}$和转动能级 $R_y(m_e/M)$,为寻找基本常数的变化提供了新的自由度,其中 M 为约化核质量。最近,Uzan[3]对理论框架和常数的实验测定进行了总结。

到目前为止,最有效的实验方法是天文学光谱。在时间间隔超过 10 Gyr (1 Gyr=10 亿年)的量级上测量 $\Delta\alpha/\alpha$ 和 $\Delta\mu/\mu$,其测量精度为 $1/10^5$,$\dot{\alpha}/\alpha$ 或者 $\dot{\mu}/\mu$ 的不确定性为 10^{-15}/年。在这个层面上,一些可观察量会发生变化[4][5],而有的则不变[6][7]。为了解释这些天文数据,人们需要知道 α 和 μ 不同组合形式的灵敏度,而这依赖于实验室的测量数据和数值建模的结果。Reinhold 和他的同事[5]利用 H_2,发现在 12 Gyr 的时间范围内,$\dot{\mu}/\mu=(1.7\pm0.5)\times10^{-15}$/年,与零有 3.4σ 的偏差。人们在大的红移位置也观察到 OH 自由基的基态 Λ 双线结构,根据双线和超精细结构的跃迁频率可以获得 α 和 μ 的信息[7]。与目前 OH 的结构相比,对 6.5 Gyr 前发出光的天文学测量表明,在 2σ 的置信区间内其平均值为 $\dot{\mu}/\mu<2.1\times10^{-15}$/年,近似为零。最近在实验室中使用分子减速器产生慢速 OH 自由基[8]的实验(在 15.5 节中将详细介绍分子减速)提

高了目前我们对这些跃迁频率的认识。在不久的将来，我们可以通过更好的天文学的数据精确地测定 $\dot{\mu}$ 和 $\dot{\alpha}$ 的数值。对 μ 来说，另一个具有高灵敏度的频率标准是 NH_3 分子由隧道效应产生的分裂。通过对类星体吸收光谱的分析，我们比较了反转谱线和转动跃迁，提高了 μ 变化的测量极限：$\dot{\mu}/\mu=(-1\pm 3)\times 10^{-16}$/年[10]。这样的结果使天文测量引人入胜并兼具不确定性。在测量中是否有未被发现的系统误差？基本常数是否变化？如果是变化的，是否具有时间不规则性或者空间不均匀性？

上述问题可以通过实验室测量提供帮助。虽然实验室中的时间尺度很小，其量级仅为年而不是 10 亿年，然而却是一种十分有效的替代方法。最近发展的光学频率梳可以直接将光学频率与 Cs 频率标准相关联，产生一个精度高于 $1/10^{15}$ 的绝对频率标准[11]，相对频率的测量精度甚至可以达到 $1/10^{17}$[12]，人们已经在分子中开展了相关的实验。利用冷却和俘获的分子离子 H_2^+ 或 HD^+ 测量 μ 的变化[13]，其精度可达 $1/10^{15}$。第二个实验方案[14]是测量低温 ND_3 分子喷泉的反转分裂并与原子参考频率相比较。第三个正在进行的工作是测量 SF_6 分子的振动能级跃迁[15]。

15.2.2 基本对称性的检验

正如量子电动力学所述，束缚原子分子的电磁力服从 Maxwell 方程和 Dirac方程。该场论有三个重要的对称性：空间反演不变性（宇称，P）、电荷共轭宇称（粒子和反粒子的交换对称性，C）、时间反演不变性（T）。这些对称性具有深厚的实验基础。例如，原子和分子的本征态有确定的宇称（简并态除外），决定了辐射跃迁的选择定则。由于类似的原因，原子和分子没有永久电偶极矩（EDM）。例如，没有外场时，氨分子没有永久电偶极矩，这是因为氮原子在两个具有相反宇称和一定能级间隔的态之间，以该分裂大小为频率进行来回的跃迁所致。当然，由于两个能级间隔很小，一个较小的电场就可诱导感应偶极矩。

人们一度认为，所有的四种相互作用都具有这些对称性。然而 1956 年的一个实验证明，弱相互作用下宇称不守恒（译者注：吴健雄实验，杨振宁、李政道因此获诺贝尔奖），即放射性粒子衰变时具有很强的左右不对称性[16]。在接下来的十年间，K 介子的衰变实验表明，在 CP 组合操作下，强相互作用也具有

很小的不对称性[17]。描述粒子相互作用的定理(局域的,洛伦兹不变性)表示相互作用必须满足三重反演不变性 CPT。由于 CP 对称性破缺,这一定理表明时间反演对称性也具有相同程度的破缺。这些对称性(或不对称性)在建立粒子相互作用(电磁相互作用、弱相互作用和强相互作用)的标准模型中发挥了重要作用。

CP 对称性的破缺带来一个有趣的问题,即基本粒子、原子和分子究竟是否具有永久电偶极矩?这要求存在破坏空间反演 P 和时间反演 T 的相互作用,但我们知道,只有弱和强相互作用一起作用才可以做到这一点。此时,在 PT 对称性破缺的情况下,标准模型预测将产生一个极其小的电偶极矩,这是由标准模型简洁性引起的随机相消所导致的结果。当前较为紧迫的问题是在标准模型以外究竟还有什么。为了更清楚地理解质量的起源以及将量子理论与引力场论相容,实际中似乎存在比标准模型预测更多的粒子。粒子复杂性的增加导致粒子、原子或分子的电偶极矩比标准模型预测值大很多。尽管这些粒子的电偶极矩依然很小,但不再是小到无法测量。因此,寻找具有永久电偶极矩的原子或分子,意味着粒子物理学将突破标准模型的框架。分子在这个研究领域逐渐发挥了重要的作用。

电子、质子或中子的电偶极矩 $d_{e,p,n}\boldsymbol{\sigma}$ 沿各自的自旋方向 $\boldsymbol{\sigma}$ 排列。在本质上,原子或分子电偶极矩的测量包括:系统在外场中的极化,电子或原子核的电偶极矩与极化后原子或分子的相互作用 $\eta d_x\boldsymbol{\sigma}\cdot\boldsymbol{E}$。Schiff 定理[18]表明,如果原子或分子是由静电力束缚的点粒子组成,则 $\eta=0$,换言之,由于其余带电粒子的屏蔽作用,电子和原子核的电偶极矩不受外场的作用。这个定理有一个严重的漏洞:实际上原子核不是点粒子,当电子是相对论性时,其电偶极相互作用是不能被屏蔽的。因此,当选择适当的原子或分子时,η 不等于零[19][20]。例如,利用 TlF 分子可以测量质子的电偶极矩[21],考虑原子核的自旋偶极相互作用和 Tl 核的大小得出 $\eta\approx1$。中子电偶极矩的测量上限既可以直接从自由中子的测量得到[22],也可以间接地从汞原子核自旋的测量获得[23]。

与中子或质子电偶极矩的测量不同,由于电子在原子或分子内高速运动,使得 η 可以远大于 1。例如,Tl 原子对电子的电偶极矩 d_e 非常敏感,$\eta=-585$。目前,电子电偶极矩的测量极限就是来自于 Tl 原子的实验[24]。由于原子的极化与外电场成正比,其偶极相互作用 $\eta d_e\boldsymbol{\sigma}\cdot\boldsymbol{E}$ 随外电场 $\boldsymbol{E}$ 线性变化。实验室条件下的电场强度产生的极化很小,典型值为 10^{15} Hz 数量级。与此相反,较重的极性分子通过转动态(间隔为 10 GHz)的混合而被极化,其极化率比原子大五个数量级,相应的 η 也很大。当大量的分子取向与外场的一致时,转动态混合导致的极化达到饱和,$\eta \boldsymbol{E}$ 达到饱和值。例如,对于 YbF 分子,$\eta \boldsymbol{E}$ 的饱和值可达 26 GV/cm[25]。

目前,作者所在 Imperial 大学的研究组正在利用 YbF 分子测量电子的电偶极矩[26],与 Tl 原子的测量结果相比,在电子与磁场相互作用基本相同的情况下,其电偶极相互作用提高了 500 倍左右。杂散磁场是测量系统误差的主要来源,这是一个显著的优点。然而,因为 Tl 原子束的强度比 YbF 分子束的大,所以 Tl 原子束具有更小的统计噪声。目前,灵敏度的增益大致与信号的衰减相抵消,YbF 实验数据的精度与 Tl 的相近[26]。在下一代的高精密分子束实验中,如何产生密度更高、温度更低、速度更慢的原子或分子束的问题将在下一节阐述。

人们还发展了其他基于分子的电偶极矩的测量方法。DeMille 组在蒸气池中利用 PbO 分子的亚稳态 Ω 双线结构测量了电子电偶极矩[27]。Cornell 组正在研究利用俘获分子离子的方法测量电子电偶极矩的可行性[28],研究表明,HfF^+ 是一种很有希望的备选介质。另外,人们还提出制备稠密分子自由基样品(如 YbF)的方案,此方案还可以测量由外场中电子电偶极矩取向引起的介质的磁化[29]。

现在我们讨论时间反演对称下的宇称破缺问题。时间反演对称下的宇称破缺是粒子物理标准模型中弱相互作用的基本特性,这在原子物理中可通过 Cs 原子的相关测量来建立[30]。在分子物理学中,宇称不守恒仍是一个有趣的话题,其原因是由于在分子中没有观察到宇称不守恒,而更主要的原因是手性在化学中具有重要的作用。人们预测弱相互作用可以改变手性分子对映异构体之间的能谱。事实上,在建立生物大分子的手性方面,弱相互作用的宇称不守恒是否起作用仍然存在争议[31][32]。人们对甲基卤化物(CHXYZ,其中 X、Y、Z 是不同的卤素原子)做了较为深入的研究[33]。CHFBrI 在其左旋和右旋态之间具有 C—F 伸缩模式,在该模式下预测的最大偏移为 50.8 mHz。与之相比,目前最好的实验结果[34]仅达到 50 Hz 的精度,因此冷分子系统对于测量弱相互作用是必要的。近年来,在铼和锇复合物的对映异构体中预测到几个赫兹的偏移[35],在超声分子束中也许可以观察到这些偏移。

宇称不守恒对于原子核结构具有重要的作用,因此在核物理领域引起了广泛的兴趣。一个特别有趣的可能性是,原子核中的弱相互作用可导致anapole moment,它是一种不产生外场的奇宇称多极子,对应于原子核内最低阶的环形电流,Yale 大学的研究小组利用 BaF 分子测量了 ^{137}Ba 核的 anapole moment[36]。

最后提到的洛伦兹不变性是 20 世纪物理学的中心内容,自然界中至今还没有发现违反洛伦兹不变性的现象。即便如此,在普朗克能量尺度范围内,与量子引力相关的新物理可能会导致实验室条件下较小程度地违反洛伦兹不变性[37]。例如,原子能量的变化有可能依赖于其自旋取向,比如沿其运动方向。人们使用不同的原子钟完成了相关的精密测量[38]。最近,双原子分子提供了一种研究洛伦兹不变性的新方法,该方法使分子的核间轴沿某一预定的方向排列,那么对称性破缺将通过能级、键长、振动频率或转动频率的变化而获得[39]。人们计算了 H_2、HD 及其阳离子的测量灵敏度[39],认为通过测量基态振转态的跃迁可以使洛伦兹张量 $c_{\mu\nu}$ 的测量精度提高一个数量级[37][40]。利用其他极性更大的分子将有利于该领域的进一步发展,为制备、冷却和俘获分子提供技术支持。

本章的其余部分将讨论分子束特别是极性分子自由基束的制备和探测,然后介绍利用脉冲分子束研究轴向场的分布以及通过量子相干探测相互作用,最后,描述俘获极性分子的方法和优点。因为在分子系统中,人们可以探知上述基本物理现象的奇异特性,所以这些都是亟待解决的关键问题。

15.3 低温极性分子自由基束

分子束实验需要一个将大量分子制备在人们感兴趣的特定量子态的分子源。在多数情况下,分子被制备在单一的低转动量子数的量子态上,使分子的温度小于转动能级间隔,典型的温度为 1 K 或更低。在坐标空间和动量空间分布都很窄的低温脉冲分子束具有很多优点,例如,可以在真空系统中制备高强度的分子束;沿分子束方向具有高分辨和高精度的电磁场分布;可以精确制备和操控量子相干;允许通过斯塔克减速增加相干时间。本节将主要介绍低温脉冲分子束的制备和探测,低温分子自由基束可用于测量引起空间和时间反演对称性破缺的相互作用。

超声膨胀是产生低温分子束的常用技术[41][42]。高压气体通过喷嘴喷射到真空腔中,获得质心速度快且速度分布很窄的分子束,其平动自由度以及内部自由度皆被冷却。利用短时脉冲阀可以将连续分子束斩成高强度的脉冲分子束[43][44],在气体负载不变的情况下,极大地增强了单个脉冲的强度。通常情况下，在紧靠脉冲阀喷嘴外，或扩展喷嘴的里面，通过激光烧蚀技术或放电技术，分子束可以获得较低的蒸气压，此时，载气密度足够高，可以裹挟一部分制备好的分子进入腔体[45]。在我们的实验室，已利用激光烧蚀技术制备低温 YbF[46]、CaF 和 LiH 分子束[47]。采用时间分辨的无多普勒激光诱导荧光技术(LIF)探测分子束，这种探测方法非常适用于要求高灵敏度、高频率分辨率以及良好束流诊断的精密测量。

15.3.1 实验装置

典型的实验装置如图 15.1 所示，电磁阀将 Ar、Kr 或 Xe 等载气以短脉冲的形式发射到气压低于 10^{-4} mbar(1 bar=0.1 MPa)的真空腔中[48]，脉冲气体的中心通过一个放置在距束源 50～100 mm、直径为 1～2 mm 的漏勺(skimmer)，进入气压低于 10^{-7} mbar 的高真空区域。利用放置在分子束轴线上的快速电离规可以保证分子束的准直。实验中放置两个电离规，一个紧靠喷嘴外侧，另一个处于沿分子束轴向远离喷嘴的位置，它们可以检测脉冲分子束的初始宽度、速度和平动温度。利用这种阀获得的最短脉冲束的最大半高全宽(FWHM)为 81 μs[46]。理想情况下，通过超声膨胀，钢瓶中温度为 T_0 的载气获得的极限速度为

$$v_T = \sqrt{(2k_B T_0/m)\gamma/(\gamma-1)} \tag{15.1}$$

式中：γ 为比热，对于理想的单原子气体 $\gamma=5/3$；m 为载气原子的质量。

不同温度下对一系列载气的测量表明，实际速度比 v_T 大 5%～15%。

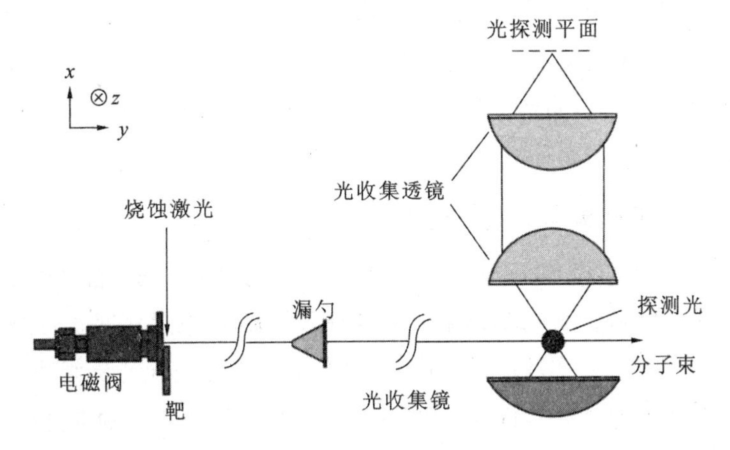

图 15.1 制备低温极性分子自由基束以及激光诱导荧光探测的实验装置示意图

利用Q开关脉冲激光溅射电磁阀喷嘴外的靶材。为了减小靶材对气体脉冲的影响,靶材在气体喷射方向很薄,通常为2~5 mm,产生的烧蚀羽的峰值沿靶材的法线方向,一般与气体束垂直,通常可以用肉眼观察到。光烧蚀产生的分子或原子混入高密度载气中,冷却到接近于载气的温度。靶材中可能已经包含形成感兴趣分子所需要的前驱体,也可以将分子的前躯体混入载气中。例如,我们可以通过激光烧蚀纯Yb靶材,与混入载气的SF_6形成YbF分子束,或通过激光烧蚀含有Yb和AlF_3粉末混合物的靶材来制备YbF分子束,前一种方法稍微简单些。这两种方法的效果都非常好。通常我们使用的烧蚀激光脉冲宽度为5~10 ns,聚焦的光斑大小为1~2 mm,对应的最佳烧蚀能量为10~50 mJ。

利用连续激光诱导荧光技术,由放置在距喷嘴一定距离(通常为10~150 cm处)的光电倍增管来探测分子。为了减少多普勒偏移,连续激光垂直入射分子束,调谐激光频率使之与较强的分子跃迁共振。由于分子经过激光光束的渡越时间通常为5~10 μs,所以这种探测方法具有很高的时间分辨率。荧光激发光谱的线宽通常大于渡越时间极限,一般是20~50 MHz。荧光光谱线宽主要包含由分子束的角分布而产生的残余多普勒展宽和激发态的自然线宽。这种高分辨率光谱可用于超精细结构的探测、相干态的操控和射频信号的读出。荧光检测法有很高的灵敏度,如果探测效率是σ(假设$\epsilon \ll 1$),在时间间隔w'内,每个脉冲有N个分子通过探测区域,那么散粒噪声极限下单个脉冲的信噪比为:$s:n=\epsilon N/\sqrt{bw'+\epsilon N}$。其中,$b$为检测到的背景光子数的几率,对于好的探测装置,$bw'\approx 1$,$\epsilon$的范围为1%~10%。若$\epsilon=0.02$,则当$N=81$时,单次脉冲的信噪比为1。

15.3.2 平动温度和束源大小

图15.2所示的为基态YbF分子的时间飞行(TOF)谱,它是由距束源分别为340 mm和1300 mm的两个LIF探测器记录的,较远探测器的TOF谱具有较小的背景噪声。实验中的YbF分子束是由激光烧蚀电磁阀喷嘴外的纯Yb靶材,与压力为4 bar,由98%的Ar和2%的SF_6所组成的混合载气生成。探测光诱导$X\,^2\Sigma^+(v''=0)-A\,^2\Pi_{1/2}(v'=0)Q(0),F=1$的超精细跃迁。TOF谱的线宽主要来自于以下四个方面:①束源处分子的瞬间扩散;②束源的空间扩散;③脉冲分子束的前向速度分布;④探测器的时间分辨率。最后一项通常

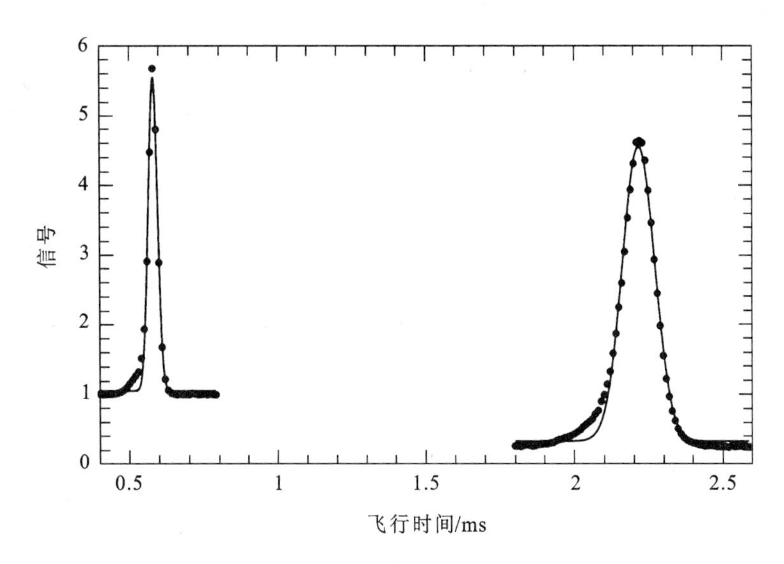

图 15.2　距束源 340 mm 和 1300 mm 的两个探测器记录的基态 YbF 分子的 TOF 谱,实线是高斯拟合的结果

很小,可以忽略不计。

速度处于 v 到 $v+\mathrm{d}v$ 间隔内的分子束通量可表示为

$$f(v)\mathrm{d}v=Av^3\exp(-M(v-v_0)^2/(2k_\mathrm{B}T))\mathrm{d}v$$

式中:M 是质量;T 是平动温度;v_0 是中心速度;A 是归一化常数。

考虑 t_s 时刻,沿轴向距束源 s 处产生的分子,它们被距离束源为 L 处的 LIF 探测器探测,测量的随时间变化的信号表示为

$$h(t,t_s,s)=\frac{A(L-s)^4}{(t-t_s)^5}\exp\left(\frac{-Mv_0^2}{2k_\mathrm{B}T}\frac{(t_0-s/v_0-t+t_s)^2}{(t-t_s)^2}\right) \tag{15.2}$$

其中,$t_0=L/v_0$。正如我们将要看到的,束源的时间和空间宽度都很小,$t_s\ll t_0$,$s\ll L$。此外,对于典型的探测距离,分子到达探测器的时间范围远小于平均到达时间。设 $t\approx t_0$(方程(15.2)中指数项的分子部分除外),在上述近似下,方程(15.2)简化为

$$h(t,t_s,\rho)\approx A\frac{L^4}{t_0^5}\exp\left(\frac{-4\ln 2(t-t_0-t_s-\rho)^2}{w^2}\right) \tag{15.3}$$

式中:$\rho=-s/v_0$;$w=(8\ln 2k_\mathrm{B}Tt_0^2/(Mv_0^2))^{1/2}$ 表示前向速度的热扩散引起的脉冲时间展宽(FWHM)。

探测器的测量信号是对束源时间和空间分布的积分。在具体分布未知的情况下,我们仍然可以测量分布的特征宽度。按照这种思路,假设束源的分布

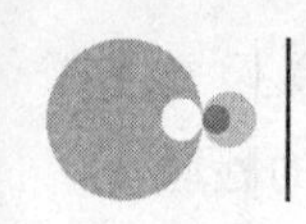

是归一化的：

$$g(t_s,\rho)=\frac{4\ln 2}{\pi\Delta_{t_s}\Delta_\rho}\exp\left(\frac{-4\ln 2t_s^2}{\Delta_{t_s}^2}\right)\exp\left(\frac{-4\ln 2\rho^2}{\Delta_\rho^2}\right)\tag{15.4}$$

则探测器记录的信号表示为

$$h(t)=\iint h(t,t_s,\rho)g(t_s,\rho)\mathrm{d}t_s\mathrm{d}\rho=A\frac{L^4}{t_0^5}\frac{w}{w'}\exp\left(-4\ln 2\frac{(t-t_0)^2}{w'^2}\right)\tag{15.5}$$

脉冲宽度为 $w'^2=w^2+\Delta_{t_s}^2+\Delta_\rho^2$，包括形成分子束时的空间和时间展宽。

由图 15.2 中的高斯拟合曲线可知，除去速度较快的部分，实验数据和理论模型符合得很好。图中的长尾巴表示分子束中含有温度较高的分子，当我们优化束源以获得最大信号及最小脉冲间涨落时，这种现象是常见的，可以通过再优化以获得低温束将其消除。通过使用两个分离的探测器获得的平动温度为

$$T=\frac{Mv_0^2}{8\ln 2k_\mathrm{B}}\frac{w_2'^2-w_1'^2}{t_2^2-t_1^2}\tag{15.6}$$

式中：w'_1、w'_2、t_1 和 t_2 分别表示高斯拟合束源远端和近端数据获得的宽度(FWHM)与到达时间。

根据拟合数据，得到分子速度 $v_0=586$ m/s，温度 $T=4.8$ K。利用这种方法可以获得确定的温度，而使用单一的探测器只能给出测量温度值的上限。如果单一探测器距束源足够远，则测量温度的上限将非常接近于真实值。对于本组数据，远端单一探测器测量的上限温度值，比双探测器测量的 4.8 K 高 1.3%。

根据测量的温度，可以获得束源处的初始时间分布 Δ_{t_s} 和空间分布 $v_0\Delta_\rho$ 的上限值。由图 15.2 所示的数据可知：$\Delta_{t_s}<14.5$ μs，$v_0\Delta_\rho<8.5$ mm。在其他实验中，使用双烧蚀技术，测得的 $\Delta_{t_s}\approx 5$ μs[47]。

15.3.3 分子流

接下来我们讨论如何由 LIF 信号确定分子束流的绝对通量。探测器记录的是光通量，我们希望通过每个分子辐射的平均光子数反推出分子流的通量。为此，我们建立了分子的三能级系统模型，并使用速率方程。每个分子开始处于能级 1，在共振激发光的作用下跃迁到能级 2，其激发速率(即受激辐射率)为 R，正比于激发光强度 I，并且与失谐量 $\delta=\omega_\mathrm{L}-\omega_{12}$ 有关，ω_L 为激发光角频

率,ω_{12}为分子的共振频率。考虑光学布洛赫方程的稳态解,可以得到

$$R=\frac{\Gamma/2}{(1+4\delta^2/\Gamma^2)}\frac{I}{I_s} \tag{15.7}$$

式中:Γ为能级2的自发辐射率;$I_s=\epsilon_0 c\hbar^2(\Gamma/2)^2/D^2$为饱和强度,$D$是能级1到2的偶极跃迁矩阵元。

能级1是稳态,能级2分别以$r\Gamma$以及$(1-r)\Gamma$的速率通过辐射衰减至能级1和能级3,能级3指分子中的所有其他能级。这里不考虑能级3的激发和衰减。

求解速率方程可以得到处于能级2的分子数与时间的关系$N_2(t)$。在激光与分子相互作用的时间τ内,对$\Gamma N_2(t)$积分即可求出每个分子辐射荧光的光子数:

$$n_p=\frac{R\Gamma}{R_+-R_-}\left(\frac{e^{-R_+\tau}-1}{R_+}-\frac{e^{-R_-\tau}-1}{R_-}\right) \tag{15.8}$$

式中:

$$R_\pm=R+\Gamma/2\pm\sqrt{R^2+rR\Gamma+\Gamma^2/4} \tag{15.9}$$

在极限条件$R_+\tau\gg1$和$R_-\tau\gg1$下,n_p的渐近值表示为

$$n_{p,\max}=1/(1-r)$$

进一步可表示为级数求和,$n_{p,\max}=\sum_{N=0}^{+\infty}r^N$。我们希望$n_p$达到最大值,以获得较高的探测效率。通常情况下,如果能级2是满足偶极跃迁的电子激发态,则典型的Γ大于$10^7\ s^{-1}$,相互作用时间大于1 μs,满足$\Gamma\tau\gg1$。如果激发光很弱,即$R\ll\Gamma$(或者$I\ll I_s$),可得

$$n_p=\frac{1-e^{-R(1-r)\tau}}{1-r},\quad \Gamma\tau\gg1,R\ll\Gamma \tag{15.10}$$

当$R(1-r)\tau\gg1$时,n_p达到极限$n_p=1/(1-r)$,这时荧光信号达到饱和。值得注意的是,通常$\Gamma\tau$大于100,但对于分子,r接近1的情况是很少的。因为相互作用时间比分子衰减至能级3(暗态)所需的时间长,即使$I\ll I_s$时,也很容易满足上述“饱和”条件。

图15.3所示的为$r=0.5$,不同$\Gamma\tau$值对应的n_p与激光强度I/I_s的关系曲线。n_p的最大值为2,当$\Gamma\tau=100$,$I=I_s/4$时,n_p与最大值相差不到1%。当$\Gamma\tau$减小时,n_p的渐近值减小,并且需要更大的光强才能趋于饱和。例如,$\Gamma\tau=10$时,n_p的渐近值为1.84,当$I=I_s$时,n_p为渐近值的78%。扫描激光频率

时,与光强有关的饱和过程也导致了谱线的功率展宽。激光强度的提高使荧光信号在共振谱线两翼的增强比中心的更多,这导致了谱线的加宽,如图 15.3 中的插图所示($r=0.5, I=I_s/3$)。

如果激发态的衰减率很小,系统可能处于相反的极限 $\Gamma\tau \ll 1$。在这种情况下,即使 $R \gg \Gamma$,每个分子散射的平均光子数也远小于 1,且与 r 无关,由于阻尼项没有起作用,这时公式(15.8)不再适用。然而,方程(15.10)(原文为(15.20))中没有阻尼项,积分后得

$$n_{\mathrm{p}} = \frac{\Gamma\tau}{2}\left[1 - \frac{\sin(\Gamma\tau\sqrt{I/(2I_s)})}{\Gamma\tau\sqrt{I/(2I_s)}}\right], \quad \Gamma\tau \ll 1, R \gg \Gamma \tag{15.11}$$

在强激光作用下,荧光达到饱和值 $\Gamma\tau/2$。

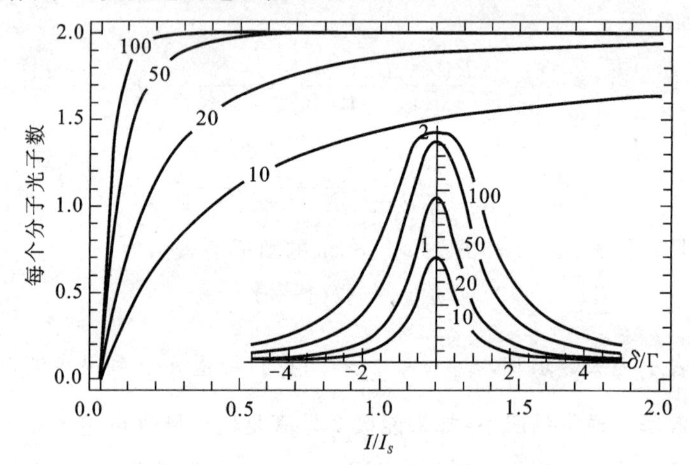

图 15.3 每个分子辐射的荧光光子数 n_{p} 和 I/I_s 的依赖关系。其中衰减至初始态的几率 $r=0.5$,$\Gamma\tau=10$、20、50、100。插图表示光强 $I=I_s/3$ 时,不同 $\Gamma\tau$ 下 n_{p} 随激光失谐 δ/Γ 的变化

最后,对于相互作用时间长($R\tau \gg 1, \Gamma\tau \gg 1$),且 r 接近于 1 的情形,每个分子都有可能散射大量的光子,公式(15.8)可以简化到我们熟悉的原子物理学的描述:

$$n_{\mathrm{p}} = \frac{R\Gamma\tau}{2R+\Gamma} = \frac{\Gamma\tau}{2}\frac{I/I_s}{1+I/I_s+4\delta^2/\Gamma^2} \tag{15.12}$$

当 $I \gg I_s$ 时,共振条件下的饱和荧光为 $\Gamma\tau/2$。

返回到对分子通量的测定,每个脉冲探测到的总光子数可以写为

$$p = \frac{1}{L^2}\iint N(x,z)\,\epsilon(x,z)\,n_{\mathrm{p}}(x,z)\,\mathrm{d}x\mathrm{d}z \tag{15.13}$$

其中，在测量平面(x,z)点附近，$\mathrm{d}x\mathrm{d}z$ 间隔内，$N(x,z)$表示单位球面度特定量子态的分子数，$\epsilon(x,z)$和 $n_{\mathrm{p}}(x,z)$分别表示探测效率和每个分子发出的荧光光子数。为了提高分子通量的测量精确度，在分子束轴向紧靠探测器的位置放置一个小孔限制探测范围，仅使一小部分分子束被探测。探测激光需要准直且在 x 方向上呈高斯分布。因此对于整个探测区域，N 和 ϵ 是常数，光子数 n_{p} 与 x 无关，但由于多普勒偏移，特别是饱和度不高时，n_{p} 是 z 的函数。这时方程(15.13)简化为

$$p = \frac{HN\epsilon}{L}\int n_{\mathrm{p}}(\theta)\mathrm{d}\theta \tag{15.14}$$

式中：$\theta=z/L$；H 是探测区域沿 x 方向的高度。

将多普勒偏移 $\delta=2\pi v_0\theta/\lambda$ 代入式(15.7)，并利用方程(15.8)和方程(15.9)(设探测光的波长与分子能级共振)直接计算方程(15.14)右边的积分。尽管 n_{p} 与 r、Γ 和 I_s 等参数相关，但是在饱和区域探测时，Γ 和 I_s 对结果几乎没有影响，而且通常 r 亦很小，因此粗略的估计就足够了。

对于图 15.1 所示的实验装置，总的探测效率表示为

$$\epsilon = (\Omega_1/4\pi)\sum_i q_i(1+\Re(\lambda_i))T_1(\lambda_i)^2\chi(\lambda_i) \tag{15.15}$$

式中：q_i 表示总发射光谱中辐射波长为 λ_i 的荧光部分；$\Re$、T_1 和 χ 分别表示与波长相关(考虑色散)的镜面反射率、透镜的透射率和探测器的量子效率；Ω_1 表示荧光收集透镜所对应的立体角。

如果装置中包括窗片和滤光片，也需要考虑其透射率。

通过测量 p 值并进行上述计算，可以确定处于某一量子态的分子通量。经过仔细的测量，不确定度有可能低于 50%。在我们的实验中利用 Ar 作为载气获得的低温 YbF 分子，测得单位球面度内每个脉冲的基态分子通量为 1.4×10^9[46]。

15.3.4 转动温度

通过扫描激光频率记录分子的转动光谱能够确定分子的转动温度。设转动温度为 T_r，转动谱线的强度正比于 $N(J)\epsilon(J)n_{\mathrm{p}}(J)$，其中 $N(J)=(2J+1)\cdot\exp[-BJ(J+1)/k_{\mathrm{B}}T_{\mathrm{r}}]$是处于转动态 J 上的相对分子数，B 为转动常数，$\epsilon(J)$、$n_{\mathrm{p}}(J)$分别表示与转动态量子数 J 有关的探测效率和每个分子散射的光子数。一般的，探测效率几乎与 J 无关，在很多情况下 $n_{\mathrm{p}}(J)$也与 J 无关，实验中我

们通过少量的转动态谱线得到谱线的相对强度,进而可以很容易地推导出转动温度。更准确的温度测量需要考虑与 J 相关跃迁矩阵元的变化。例如,$^1\Sigma-{}^1\Sigma$跃迁,对于 R 支中,M_J 取平均的 D^2 值正比于$(J+1)/(2J+1)$,当 J 由 0 变化到$+\infty$时,矩阵元由 1 减小到 1/2,而对于 P 支,$D^2\propto J/(2J+1)$,矩阵元由 0 增加到 1/2。矩阵元的变化将影响激发率 R 和分支比 r,进而改变饱和以及非饱和条件下的 $n_p(J)$。饱和时,$n_p\approx 1/(1-r)$,若 r 接近于 1,则 n_p 强烈地依赖于 J。

实验中,我们测量了 YbF、CaF 和 LiH 分子的转动温度。对于前两种分子,转动温度接近于平动温度(典型温度为 1~5 K)[46]。对于 LiH,测量的转动温度则大大高于平动温度[47]。

15.3.5 束源的噪声

束源处的分子流受脉冲分子数涨落和缓慢漂移(大多数为向下漂移)的影响。对于靶材上特定一点,其慢漂的典型时间为 $10^4\sim10^5$ 个脉冲,通常我们将靶材黏附在一个大圆盘的边缘,典型的圆盘直径为 20 cm,随着靶材的消耗,以步进的形式旋转圆盘,利用这种方法靶材的寿命可延长至 10^7 个脉冲。长时间保证束源的连续稳定输出对准确测量具有重要的意义。第二个基本要求是小的脉冲分子数涨落。在用低温 YbF 分子测量电子电偶极矩的实验中,探测器记录每个脉冲的光子数约 3000,对应于$\sqrt{N}$的光子散粒噪声极限为 2%,束源涨落应该低于该水平,但这很难实现,经过优化后,束源的短期涨落通常是2%~3%。

15.4 内态的相干操控

15.4.1 超精细能级的斯塔克和塞曼偏移

在 15.3.3 节中,我们讨论了激光激发诱导偶极跃迁制备电子激发态的方法。上能级的自发辐射极大地减小了相互作用。实际上,人们是通过测量散射光子的方法来探测分子的。本节介绍几种操控基态分子超精细子能级的方法。与光学跃迁不同,对于频率为亚吉赫兹的能级间隔,上能级的自发辐射跃迁速率很小,因此基态子能级之间的相干性不受自发辐射影响。这些相干操控为电磁场及电子电偶极矩的超高精度测量奠定了基础。

为了使讨论更加具体,我们以图 15.4 所示的两个超精细能级 $F=1$ 和

$F=0$ 为例，如处于 $X\,^2\Sigma(N=0)$ 态的双原子分子，其核自旋为0和1/2。总角动量 F 是电子角动量 $J=1/2$ 和核自旋 $I=1/2$ 之和。我们已经研究了这种分子的两个特例：^{174}YbF 和 CaF。无外场时，两个超精细能级的间距是 A，如图15.4的左图所示，$F=1$ 的三个磁子能级是简并的(CaF 分子 $A=2\pi\times123$ MHz，YbF 分子 $A=2\pi\times170$ MHz)，对这类分子超精细能级的详细讨论参见参考文献[49]。当分子处于外电场 E_z 时，主要的效应是由沿分子核间轴(z 方向)的电偶极矩 $\boldsymbol{\mu}_e$ 引起刚性转子的斯塔克偏移，这将在15.5节中详细介绍。斯塔克偏移比超精细相互作用大，如在20 kV/cm 的电场中，YbF 分子 $N=0$ 的能级向下偏移20 GHz。严格来讲，受到电子角动量 J 与核自旋 I 超精细相互作用张量部分的影响，四个超精细能级的偏移不尽相同，而作为有效近似，我们认为它们是相等的，参考文献[49]详细介绍了这种效应。如图15.4的中图所示，相对于 $F=0$，能级 $(F,M_F)=(1,0)$，$(1,\pm1)$ 分别向上偏移了 Δ_0 和 Δ_1。图15.5所示的为参考文献[49]理论计算的 YbF 分子的斯塔克能级偏移与电场的依赖关系，其结果已被实验证实。可以看到，$N=0$ 的组态超精细结构的偏移是组态本身总偏移的千分之一。弱场条件下，偶极相互作用 $-\boldsymbol{\mu}_e\cdot\boldsymbol{E}$ 小于转动常数 B，斯塔克偏移与电场一般是二次方的依赖关系，随着电场强度的增加，斯塔克偏移趋向于线性直至饱和。

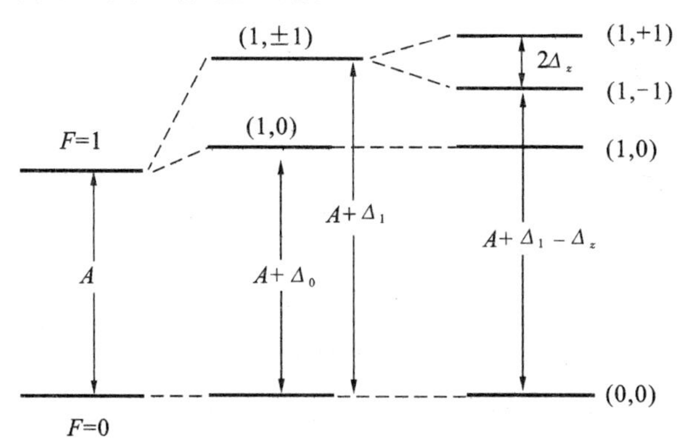

图15.4 超精细能级示意图。左图：零场能级 $F=0,1$；中图：电场导致的斯塔克能级和三重态 $F=1$ 的张量斯塔克分裂；右图：双重态 $F=1$ 的塞曼分裂，$M_F=\pm1$

值得注意的是，总哈密顿量(包括与外电场的耦合项)满足时间反演不变性。处于外电场 $\boldsymbol{E}$ 中的两个态((1,+1)和(1,-1))互为时间反演，且在电场

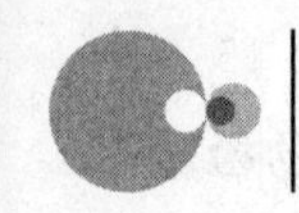

中是简并的。这样，即使分子具有沿核间轴向的电偶极矩和沿外场 z 方向的诱导电偶极矩，它仍然没有与 F_z 成正比的电偶极矩，这是时间反演对称性的直接结果。相反，如果电子具有沿自旋方向的永久电偶极矩 $\boldsymbol{d}_e$，这将消除两能级之间的简并——这是时间反演对称性破缺的直接结果，这种自旋相关的斯塔克偏移正是我们小组在 YbF 分子中所测量的，借此以寻找电子的电偶极矩。

另外如图 15.4 的右图所示，在静磁场 $\boldsymbol{B}$ 中通过塞曼相互作用，$g_F\mu_B\boldsymbol{F}\cdot\boldsymbol{B}$ 也能解除能级(1，±1)的简并，其中，μ_B 是玻尔磁子，g_F 因子表示磁矩和总角动量之比。若这种相互作用和张量斯塔克分裂 $\Delta_1-\Delta_0$ 相比很小，那么分子仅与平行(或反平行)于电场的 B_z 分量作用，导致的能级分裂为 $\pm\Delta_z=\pm g_F\mu_B B_z/\hbar$。磁场的垂直分量 $B_\perp$ 会对分裂产生额外的贡献，其量级为 $\Delta_z\left[\mu_B B_\perp/(\Delta_1-\Delta_0)\right]^2$，通常可忽略不计[26]。磁场 $\boldsymbol{B}$ 中的两个态((1，−1)和(1，+1))不是时间反演对称的，但由于时间反演操作下磁场 $\boldsymbol{B}$ 正负反转，因此没有违反时间反演对称性。另外，由于在 $(F,M_F)=(0,0)$ 和 $(1,0)$ 态下，F_z 的平均值 $\langle F_z\rangle=0$，所以这两个能级的一阶偏移为零。

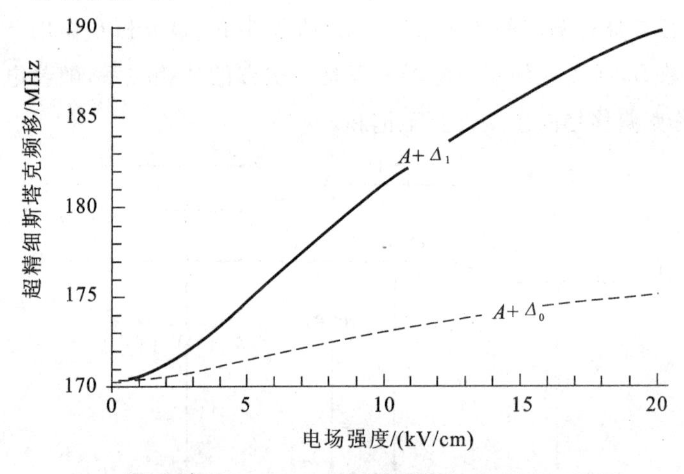

图 15.5　YbF 基态超精细能级间隔的斯塔克偏移

总之，能级(1，±1)相对于能级(0，0)的平均偏移依赖于电场强度，同时(1，+1)与(1，−1)的能级分裂依赖于磁场平行分量的大小(可能有很小部分来自电子电偶极矩的贡献)。虽然以上是利用超精细结构 $F=0$ 和 $F=1$ 的简单系统加以说明的，但其原理具有普遍性，即任意两个能级 $F,\pm M_F$ 在电场 E_z 作用下产生相同的斯塔克偏移，而 $(F,+M_F)$ 与 $(F,-M_F)$ 之间的塞曼分裂是由沿 z 轴的磁场分量(和电偶极矩)引起的。在接下来的相干操控部分，能级

(1,0)不起作用,不再考虑。剩下的三个能级简写为(0)、(+1)和(−1),相应的能量分别为 0、$A+\Delta_1+\Delta_z$ 和 $A+\Delta_1-\Delta_z$。在下一节中,为简单起见我们会重新定义能量零点。

15.4.2 三能级系统的双脉冲干涉

该系统中三个态的振幅可以写成一个列向量

$$\boldsymbol{a}_z(t)=\begin{pmatrix}a_0(t)\\a_{+1}(t)\\a_{-1}(t)\end{pmatrix}_z \tag{15.16}$$

下标 z 表示量子化轴的取向沿电场方向。在静电场和磁场中,$t_1\to t_1+\tau$ 的时间间隔内,振幅的自由演化通过传播子获得:

$$\boldsymbol{\Pi}_0(t_1,\tau)=\begin{pmatrix}\mathrm{e}^{\mathrm{i}\frac{\Omega}{2}\tau}&0&0\\0&\mathrm{e}^{-\mathrm{i}(\frac{\Omega}{2}+\Delta_z)\tau}&0\\0&0&\mathrm{e}^{-\mathrm{i}(\frac{\Omega}{2}-\Delta_z)\tau}\end{pmatrix}_z \tag{15.17}$$

即$\boldsymbol{\Pi}_z(t_1+\tau)=\boldsymbol{\Pi}_0(\mathrm{t}_1,\tau)\boldsymbol{a}_z(t_1)$。斯塔克偏移的超精细能级间隔 $A+\Delta_1$ 由 Ω 代替,为简化计算,将能量零点移到超精细能级间隔的中心。

假定分子初始制备在(0)态,可以通过沿 x 轴施加射频磁场 $\beta_x\cos(\omega t+\phi)$ 来实现(0)→(+1)及(−1)的跃迁。在射频场作用下,系统被激发至相干叠加态$(c)=\frac{1}{\sqrt{2}}[(+1)+(-1)]$,而不是与之正交的叠加态$(u)=\frac{1}{\sqrt{2}}[(+1)-(-1)]$(对于沿 y 轴的射频场来说情况恰好相反),从而提供了一组沿量子化轴 x 的基矢,在 x 基下向量 $\boldsymbol{a}$ 的振幅表示为

$$\boldsymbol{a}_x=\begin{pmatrix}a_0\\a_c\\a_u\end{pmatrix}_x=\boldsymbol{U}\boldsymbol{a}_z=\begin{pmatrix}1&0&0\\0&\frac{1}{\sqrt{2}}&\frac{1}{\sqrt{2}}\\0&\frac{1}{\sqrt{2}}&-\frac{1}{\sqrt{2}}\end{pmatrix}\begin{pmatrix}a_0\\a_{+1}\\a_{-1}\end{pmatrix}_z \tag{15.18}$$

注意,变换矩阵 $\boldsymbol{U}$ 与其逆矩阵相等,即 $\boldsymbol{U}=\boldsymbol{U}^{-1}$。在 x 基中,射频场只耦合(0)和(c)态,这样系统简化为二能级结构,因此我们可以得到在射频磁场作用下,振幅从 $t_1\to t_1+\tau$ 在 x 基下的演化。

由参照参考文献[50]中方程(V.7)的推导过程,得到

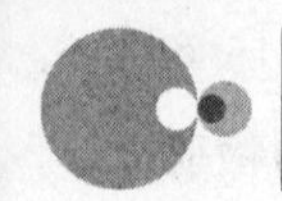

$$\boldsymbol{\Pi}_{RF}(\mathrm{t}_1,\tau)=\begin{pmatrix} Ze^{i\frac{\omega}{2}\tau} & We^{i\frac{\omega}{2}\tau}e^{i(\omega t_1+\phi)} & 0 \\ We^{-i\frac{\omega}{2}\tau}e^{-i(\omega t_1+\phi)} & Z^* e^{-i\frac{\omega}{2}\tau} & 0 \\ 0 & 0 & e^{i\frac{\Omega}{2}\tau} \end{pmatrix}_{\mathrm{x}} \tag{15.19}$$

式中:

$$Z=\mathrm{i}\cos\theta\sin(\frac{a\tau}{2})+\cos(\frac{a\tau}{2})$$

$$W=\mathrm{i}\sin\theta\sin(\frac{a\tau}{2})$$

$$a=\sqrt{(\Omega-\omega)^2+4b^2}$$

$$\cos\theta=\frac{\Omega-\omega}{a}$$

$$\sin\theta=-\frac{2b}{a}$$

$$b=\langle 0|-\mu_x\beta_x|c\rangle$$

尽管在单脉冲情况下场的相位 ϕ 并不重要,但考虑到双脉冲时相位的相关性,公式中依然保留相位因子。当激发至(c)态时,系统在任意静磁场 B_z 的作用下将会以 Larmor 频率 Δ_z 进动到第三个态(u)上。相对于射频激发过程Larmor,进动频率较小,所以推导方程(15.19)时忽略了静磁场 B_z 的影响。方程(15.17)、方程(15.18)和方程(15.19)为我们提供了研究任意射频短脉冲时序下三能级系统演化的工具。

方程(15.19)给出了利用单射频脉冲将分子从(0)态激发至(c)态的几率,即

$$P_{1\ \mathrm{Pulse}}((0)\rightarrow(c))=|W|^2=\frac{4b^2}{(\Omega-\omega)^2+4b^2}\sin^2\left(\frac{\tau}{2}\sqrt{(\Omega-\omega)^2+4b^2}\right) \tag{15.20}$$

它符合无阻尼二能级系统中磁场共振跃迁的线型。共振激发时,布居数在两个态之间呈正弦振荡(这就是 Rabi 振荡)。定义脉宽时间满足关系 $2b\tau=\pi$ 的共振脉冲为一个"π 脉冲"。在 π 脉冲的作用下,所有的分子布居将从(0)态跃迁到(c)态。在 15.4.3 节中,我们将讨论如何利用 π 脉冲实现场沿分子束方向的投影。同理"π/2 脉冲"($2b\tau=\pi/2$)仅产生一半的跃迁,这时将得到(0)态和(c)态权重相同且具有确定相位差的相干叠加态。在脉冲的末尾($t_1+\tau$ 时刻),描述这种相干态的密度矩阵元表示为:$(a_0a_c^*)_x=\frac{1}{2}i\exp\{\mathrm{i}[\omega(t_1+\tau)+\phi]\}$,

这里的相位 ϕ(除去固定因子 i)就是射频场最终的相位。

在二能级系统中,通过施加两个短 $\pi/2$ 脉冲,可以得到传统的 Ramsey 光谱[50]。如果两个脉冲之间没有延迟,跃迁是完全的,即分子全布居到激发态。如果两个脉冲之间有延迟 T,且大于脉冲宽度 τ,这时跃迁几率对于射频场与分子跃迁频率的失谐很敏感。共振条件下,两个脉冲之间累积了相位 ΩT,而射频场通过演化产生了相位 ωT,当这两者的相位差等于 π 时,系统在第二个脉冲作用下完全退激发,使所有分子布居返回到了初态。更一般的,分子处于激发态的几率为

$$P_{\text{Ramsey}}((0)\rightarrow(1))=\frac{1}{2}[1+\cos((\Omega-\omega)T-\delta\phi)] \tag{15.21}$$

假定第一个脉冲的相位是 ϕ,第二个脉冲的相位是 $\phi+\delta\phi$。布居数的振荡来自于相干和驱动场之间的拍频,称为 Ramsey 条纹。当延迟时间 T 较长的时候,我们可以测量很小的频率差 $\Omega-\omega$,从而获得高精密光谱,因此 Ramsey 条纹是非常重要的。

我们把上述过程推广到超精细三能级系统。利用方程(15.17)、方程(15.18)和方程(15.19)推导所得的结果表示为

$$\begin{aligned}P_{2\times\text{pulse}}((0)\rightarrow(1))=&1-\cos^2(b\tau)_1\cos^2(b\tau)_2-\cos^2(\Delta_z T)\sin^2(b\tau)_1\sin^2(b\tau)_2\\&+\frac{1}{2}\cos((\Omega-\omega)T-\delta\phi)\cos(\Delta_z T)\sin(2b\tau)_1\sin(2b\tau)_2\end{aligned} \tag{15.22}$$

这里,我们考虑了两个脉冲 $b\tau$ 不相同的情况,$(b\tau)_1$ 和 $(b\tau)_2$ 对于两个 $\pi/2$ 脉冲作用下的"Ramsey"情况,公式简化为

$$P_{2\times\frac{\pi}{2}-\text{pulse}}((0)\rightarrow(1))=\frac{1}{4}[3-\cos^2(\Delta_z T)+2\cos((\Omega-\omega)T-\delta\phi)\cos(\Delta_z T)] \tag{15.23}$$

设 $\Delta_z=0$,即能级$(+1)$和(-1)简并,此时态(u)为零,方程(15.23)简化为标准的二能级 Ramsey 结果(见方程(15.21))。当 $\Delta_z\neq0$ 时,可以选择 $\delta\phi=0$ 或者 π,相减得 $\cos((\Omega-\omega)T)\cos(\Delta_z T)$,进而获得 Ramsey 干涉。扫描振荡频率,由条纹的幅度获得塞曼偏移 Δ_z,同时通过条纹的相位可以得到分裂 Ω 的精确值,其精确度由脉冲延迟时间 T 控制。在 15.4.4 节中,我们将说明如何利用 Ramsey 干涉测定强电场的微弱变化。

在三能级系统中,利用两个 π 脉冲也可以实现干涉。取 $2bt=\pi$,方程

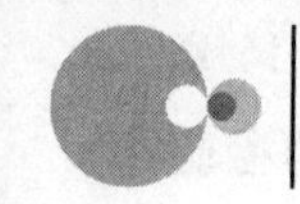

(15.22)变成

$$P_{2\times\pi-\text{pulse}}((0)\rightarrow(1))=\sin^2(\Delta_z T) \tag{15.24}$$

简单来讲,分子在第一个脉冲作用下被激发到(c)态,由于$(+1)$和(-1)态之间的分裂,(c)态演化为叠加态$\cos(\Delta_z T)(c)+\mathrm{i}\sin(\Delta_z T)(u)$。第二个脉冲使该叠加态中的$(c)$态布居退激发到(0)态,而不影响$(u)$态的布居。当扫描磁场时,(0)态布居数的变化形成了干涉条纹,其条纹间隔与脉冲延迟时间T成反比。我们可以通过相干条纹来灵敏地测量磁场以及寻找电子的电偶极矩。

15.4.3 单脉冲实验

精密测量要求严格控制和监视实验系统中相互作用区域的杂散场和外加场(包括电场和磁场),分子束脉冲微小的空间和时间展宽为这种监测提供了可能,且具有很高的空间分辨率[51]。图15.6所示的为使用YbF分子和脉冲射频场实现这种监测的实验装置。在图15.1所示的束源和探测器之间增加了泵浦激光和相互作用区域。虽然分子束的温度很低,但由于两个超精细能级间隔$A=170$ MHz,仍然比kT小很多,所以两个能级都有分子布居。波长为552 nm的泵浦激光激发$A\,^2\Pi_{1/2}-X\,^2\Sigma^+ Q(0)$的跃迁,激发光垂直作用于分子束以消除多普勒展宽,使激发谱的线宽足够窄(约20 MHz),以至于原子仅布居在$F=1$的能级上。事实上$N=0$的分子一直处于$F=0$的能态,并作为射频脉冲操控的初始态。

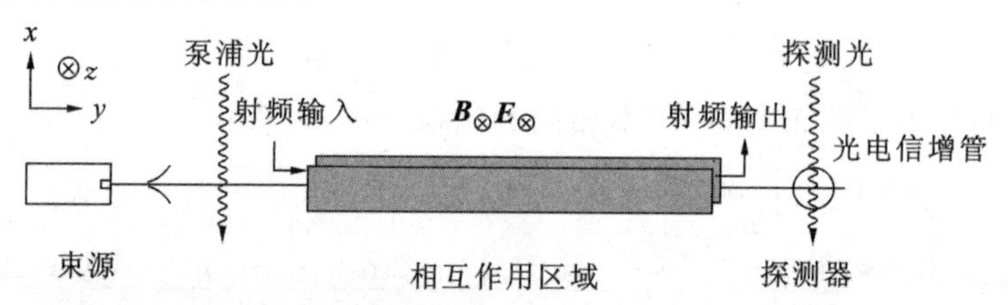

图15.6 分子束实验示意图。分子束从束源(沿y轴方向)发射,经过漏勺后由光泵浦到某个超精细态。分子进入磁屏蔽的相互作用区域并飞过沿z轴施加磁场和电场的高压区域。两个极板作为射频传输线,产生沿x轴方向的射频磁场。最后,通过激光诱导荧光的方法实现分子的探测

距漏勺450 mm处,长度为790 mm的区域为相互作用区,通过磁屏蔽抑制背景磁场,如果需要,可以在屏蔽区内利用带电导线产生磁场。在相互作用区内放置一对长750 mm、宽70 mm、相距12 mm的电极板。为了提高极板表面电势的均匀度,电极板由铸铝材料镀金加工(无镍,无磁过程)而成,其表面平整

度优于200 μm。整个无磁系统可以产生15 kV/cm的电场，其漏电流小于1 nA。

相同的极板结构同时还可以作为射频场34 Ω的传输线，传输170 MHz的平行或反平行于分子束方向的TEM波，更详细的描述见参考文献[51]。脉冲射频场在分子束沿相互作用区域传播的任何位置都可诱导超精细能级的跃迁，使分子在$F=1$的能级重新布居，产生增强的荧光信号，结果如图15.7所示。定义两极板间TEM波的射频磁场方向沿x轴，垂直于静电场，利用射频场耦合上节讨论过的(0)→(c)跃迁。

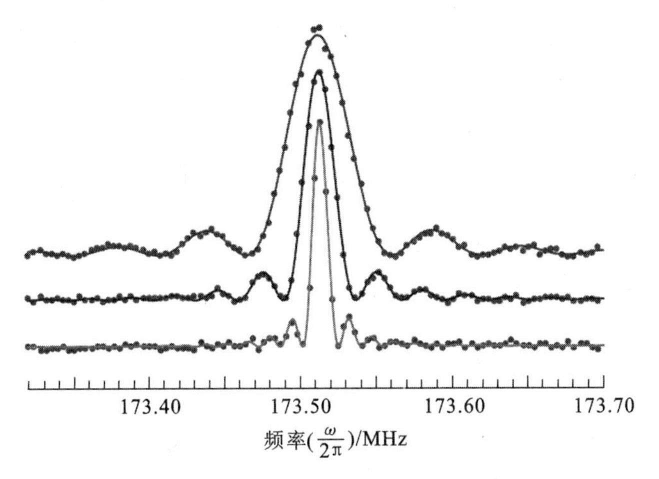

图15.7　三种π脉冲条件下，YbF分子基态$F=0\to F=1$跃迁的激发谱(上谱线，$\tau=18$ μs；中谱线，$\tau=36$ μs；下谱线，$\tau=72$ μs)。静电场强度为12.5 kV/cm，圆点表示实验数据，实线为方程(15.20)的计算结果

图15.7所示的为不同π脉冲作用下(脉宽分别为18 μs、36 μs和72 μs)，接近相互作用区域中心的分子激发光谱。叠加于数据点上的实线是方程(15.20)的拟合结果，它很好地描述了包含边带位置和相对高度的测量线型。当$2b\tau$取某些固定值θ(这里$\theta=\pi$)时，对应的谱线线型可由一个普适函数$\sin^2\left(\frac{\theta}{2}\sqrt{1+x^2}\right)/(1+x^2)$表示，其中$x=(\Omega-\omega)\tau/\theta$。这时，线宽与脉冲宽度互为倒数，脉宽越窄，线型越宽，符合脉宽和谱宽之间的傅里叶变换关系。对于π脉冲，半高全宽为$\delta_{\omega_{\mathrm{FWHM}}}=5.0/\tau$。

图15.7中跃迁几率峰值对应的频率是173.513 MHz，而不是零场时的170.254 MHz，这是由于间隔为12 mm的极板上加有15 kV的电势差而产生了如图15.4所示的斯塔克偏移Δ_1。当施加射频场时，通过斯塔克偏移可以测

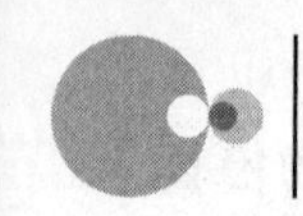

量分子所在区域的电场强度,改变射频场脉冲的持续时间,可测出沿分子束方向的电场分布[51]。射频跃迁对应的多普勒偏移只有几百赫兹,可忽略不计。如图 15.8 所示,当极板间电势差减小 203 V 时,共振频率减小了 40.246 kHz。当 π 脉冲的脉宽为 18 μs 时,对应的激发光谱足以让我们清楚地分辨这样的偏移。图 15.8 还包括了分子在 0.8 μT 的外部磁场中能级的塞曼分裂 $2\Delta_z$(见图 15.4)。为了更好地分辨 22 kHz 的谱线分裂,脉宽增加到 72 μs,在这段时间,YbF 分子以 590 m/s 的速度通过 42 mm 的距离,因此为了获得更高的光谱分辨率,损失一定的空间分辨率是必要的。对于高精度光谱来说,长射频脉冲并不理想,因为射频场的强度和极化方向在空间或时间上的起伏都将会以复杂的形式影响场的测量结果。正如 Ramsey 曾指出的,使用一对射频脉冲将会得到更加令人满意的结果,这正是下面将要讨论的问题。

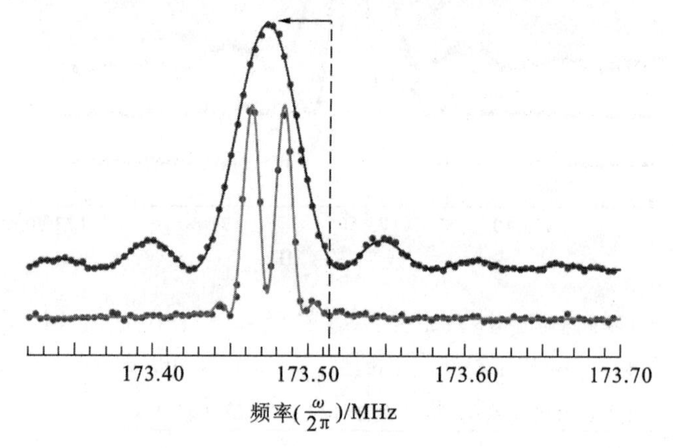

图 15.8　上谱线:电场强度减小,超精细跃迁的共振频率变小。虚线标记图 15.7 在较大电场时的共振中心位置。下谱线:磁场作用下产生的分裂

15.4.4　双脉冲实验

方程(15.23)给出了时间间隔为 T 的两个 $\pi/2$ 脉冲作用的谱线线型。为了获得 Ramsey 干涉,需要在两脉冲之间引入相位差 ϕ,且取相位 $\phi=\pi$ 和 $\phi=0$ 时的差值。Ramsey 干涉条纹满足式 $\cos(\Delta_z T)\cos((\Omega-\omega)T)$,图 15.9(a)表示理论计算的 $T=900$ μs 条件下,干涉条纹对于射频场频率和磁感应强度的依赖关系。实验中,通过步进的方式改变外加磁场 B_z 从而改变塞曼分裂 $2\Delta_z$,同时在每个磁感应强度下,在接近于 $\omega=\Omega$ 的区域多次扫描射频场频率 ω,结果如图 15.9(b)所示,实验和理论符合得很好。

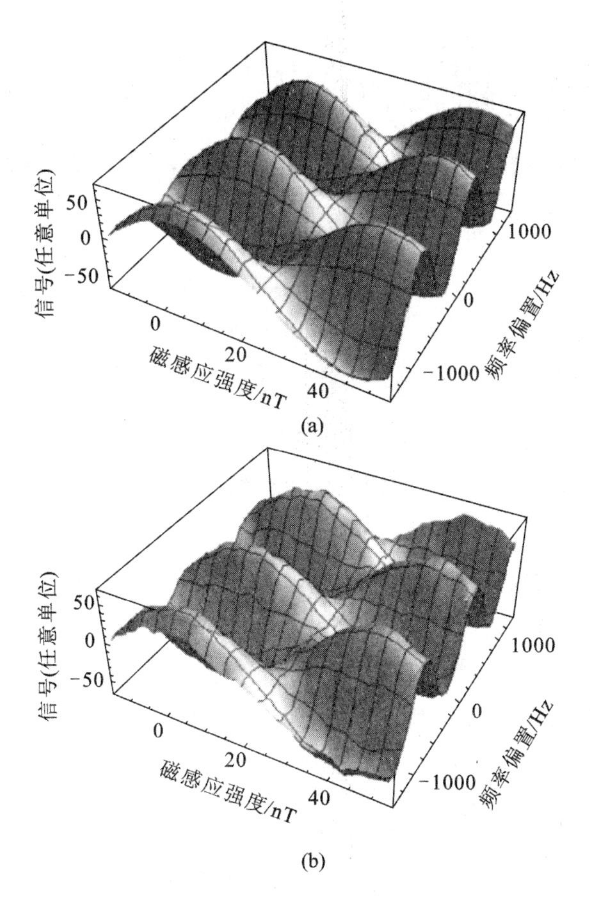

图 15.9　时间间隔 $T=900\ \mu s$ 的两个 $\pi/2$ 脉冲产生的 Ramsey 干涉信号与射频场频率 ω 和磁感应强度(nT)的关系。(a)理论计算，缩放到和实验结果相同的尺度；(b)测量结果，与理论吻合得非常好

实验中扩大频率扫描范围使其覆盖中心的 40 条 Ramsey 条纹，并使 B_z 趋于 0 且保持不变，测量结果如图 15.10 所示。由图可以看到，条纹的幅度与方程(15.23)出现偏差，即两边条纹的幅度产生了明显的减小，其原因是单个脉冲开始失谐导致幅度减小。事实上，当失谐量达到 $\pm\sqrt{15}/(4\tau)=\pm 54$ kHz 时，单脉冲脉宽为 18 μs 时跃迁几率等于 0，对应的 Ramsey 干涉条纹的幅度等于 0。

如 Ramsey 所述，二能级系统的干涉条纹轮廓是单脉冲线型[50]。然而，图 15.10 所示的光谱信号包含了第三个能级(u)，所以对弱磁场非常敏感，并且条纹轮廓也变得很复杂。方程(15.22)中假定失谐量很小(相对于 $1/\tau$)，由

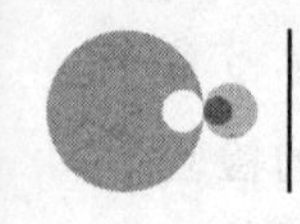

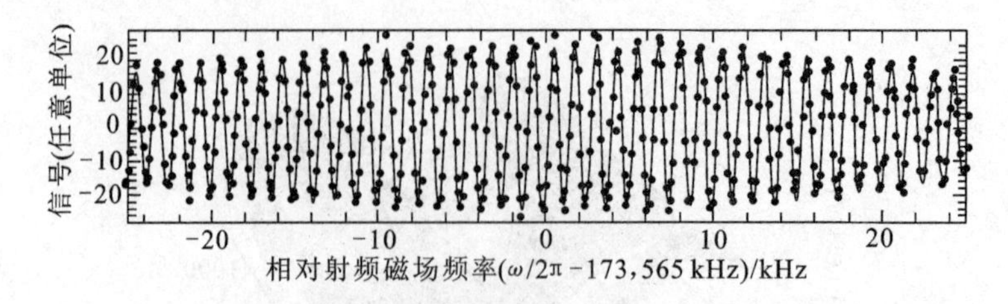

图 15.10 磁场接近于 0 时,时间间隔 $T=800\ \mu s$,脉宽为 18 μs 的两个 $\pi/2$ 脉冲作用下获得的 40 个 Ramsey 干涉条纹。圆点:实验数据;实线:理论计算,幅度调节以符合实验的结果

于目前我们没有得到失谐条件下的解析表达式,通过图 15.10 中的数据我们绘制了形如 $-\cos((\Omega-\omega)T)$ 的幅度变化曲线,该曲线仅是对振荡的测量幅度的平滑拟合。

图 15.11 中的曲线表示放大的 Ramsey 干涉中心条纹(实线)以及反向外场作用产生的干涉条纹(虚线)。两者的相位平移表示 12.5 kV/cm 的电场在其反向的过程中减小了(455±11) mV/cm。这个实验表明,分子束中超精细结构的 Ramsey 干涉可用于强电场的高灵敏监测。

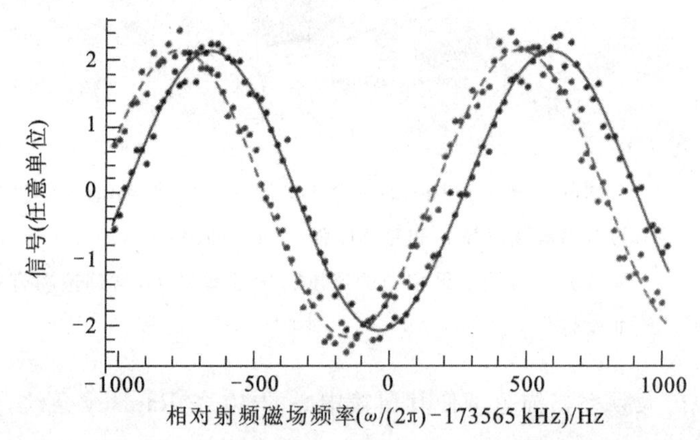

图 15.11 图 15.10 中的中心条纹。实线:与图 15.10 相同电场下实验数据的拟合。虚线:强电场反向时数据的拟合。两者明显的斯塔克偏移表明了电场强度的变化

我们现在来研究一对 π 脉冲作用下的干涉。$\pi/2$ 脉冲的 Ramsey 干涉揭示了(0)和(c)态间的射频相干,而 π 脉冲则用来制备并探测两个近简并态(+1)和(−1)之间的相干叠加。正如方程(15.24)表示的,该叠加态以(±1)态分裂的频率进行演化,产生形如 $\sin^2(\Delta_z T)$ 的干涉条纹,其中 $\hbar\Delta_z=g_F\mu_B B_z$。图 15.12

所示的为两个间隔 $T=800\ \mu s$ 的 π 脉冲作用下的干涉条纹，对应的电场强度为10 kV/cm，磁场扫描范围为 160 nT。实线表示利用公式 $A\sin^2(\Delta_z T)+C$ 对两个中心条纹的拟合，其中 C 表示处于未泵浦 $F=1$ 态的分子以及散射光造成的背景。外磁场不确定度小于 2%，条纹间距对应的磁感应强度为 44 nT，相应的 g 因子 $g_F=1$，与 $^2\Sigma$ 态超精细能级 $F=1$ 的预测结果一致。能级分裂 Δ_z 取决于总磁场 B_z，拟合过程中在总的磁场外我们还叠加了一个可调谐的偏置场，图 15.12 中的偏置场的磁感应强度为 1.7 nT，即穿透磁屏蔽层泄漏场的典型值。这个简单的方程(15.24)对于中心磁场接近于零处的两个条纹拟合得很好，而磁感应强度较大时条纹幅度明显减小，这是因为在磁场作用下，两个 π 脉冲的频率与共振跃迁失谐所致。

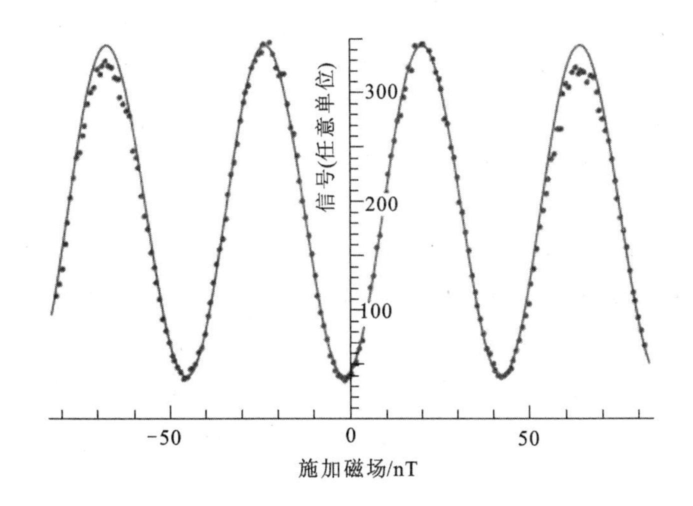

图 15.12　延迟时间间隔为 800 μs 的一对 π 脉冲扫描外磁场时的干涉条纹。圆点：实验数据；实线：$A\sin^2(\Delta_z T)+C$ 对中心两个条纹的拟合

调节磁场使条纹处于陡峭变化区，干涉条纹对两能级(±1)之间的分裂 $2\Delta_z$ 十分敏感，可以用来监测装置中磁场的变化。另外，如果电子有偶极矩 d_e，它与外电场 E 的相互作用引起的能级偏移也对 Δ_z 有贡献，其改变量为 $\pm d_e\eta E/\hbar$，η 是 15.2.2 节中讨论过的增强因子。如果电场反向，偏移随之改变符号，所以电场的翻转将引起干涉条纹的翻转，条纹模式将被调制使其两侧来回变换。这种情况下，条纹边侧的测量信号对于很小的电子电偶极矩是非常敏感的。

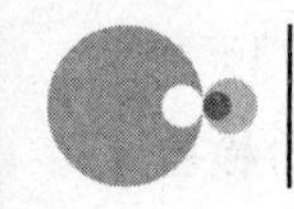

15.5 极性分子的交变梯度减速

15.5.1 引言

由 15.4 节可知,通过延长相干演化的时间 T 可以提高光谱分辨率。当分子束的速度为每秒几百米时,在 1 m 长的相互作用区域内,相干演化时间为几毫秒,对应的最小线宽为几百赫兹。如果在分子流较大的情况下,能有效控制俘获场带来的非均匀展宽,那么减速和俘获分子的技术将极大地促进精密测量的发展。减速的基本思想是利用斯塔克效应产生的作用力操控梯度电场中的极性分子。首次提出斯塔克减速[52]后,这种新技术很快用于新的测量。例如,利用减速到 52 m/s 的$^{15}ND_3$分子束,测量了$(J,K)=(1,1)$态的 22 条超精细能级,其精度小于 100 Hz[14]。利用斯塔克减速技术,极大地提高了 OH 自由基的基态 Λ 双线微波跃迁的测量精度,从而对宇宙时间尺度下精细结构常数的演化[8]做出了贡献。一旦分子被俘获,就有可能直接测量长寿命分子态的寿命[53],甚至可以测量室温下黑体辐射(时间尺度为秒量级)导致的分子光泵浦效应[54]。

本章讨论的许多精密测量都使用了较重的极性分子。将这类分子进行斯塔克减速极具挑战性,因为:①通过减速损失的动能和分子质量成正比;②低能态分子通常是强场趋近的,而斯塔克减速方法适用于弱场趋近态。第一个困难是因为通过超声膨胀形成的分子束与载气的速度一致,因此它们的速度与质量无关。这个难点可通过使用低温源来克服,如最近被证明的缓冲气体源[55][56]。

第二个难点是由于较重分子的转动能级间隔很小,当电场很强时,所有低能态都是高场趋近态,这个问题可以通过刚性转动分子的斯塔克偏移加以说明,分子具有约化质量 m'、束缚长度 R 和偶极矩 μ,其哈密顿量表示为:$H=B\boldsymbol{J}^2-\boldsymbol{\mu}\cdot\boldsymbol{E}$,其中,$B=\hbar^2/(2m'R^2)$是转动常数,$\boldsymbol{J}$ 是角动量矢量,$\boldsymbol{E}$ 为外电场。图 15.13 表示最初的 16 个能级本征值(单位是 B)随电场(单位 B/μ)的变化规律。电场使不同 J 相同 M 的态产生态混合,M 是角动量在电场方向的投影。当电场绝热地减小到零的时候,系统将演化至由量子数(J,M)标定的能态,其中(J,M)和$(J,-M)$态在所有电场下都是简并的,这是时间反演对称性的结果。需要特别注意的是,图 15.13 中所有的弱场趋近态都具有转折点,然后在电场较强时变为强场趋近态。例如,最低的弱场趋近态(1,0)在电场为 4.9 B/μ

时有一个转折点，该点对应的斯塔克偏移为 0.64 B。以具有很小转动常数的 YbF 分子为例，转折点处的电场强度仅为 18 kV/cm，对应的斯塔克偏移仅为0.15 cm^{-1}。与速度为 290 m/s、动能为 682 cm^{-1}的超声膨胀获得的 YbF 分子束相比[46]，这样的能量在分子的单级斯塔克减速中是非常小的，显然利用这种方法需要对分子进行多级减速。相反的，YbF 分子弱场趋近下的基态在 200 kV/cm 的电场中会产生 10.7 cm^{-1}的斯塔克偏移，因此斯塔克减速是可行的。对于更复杂的系统，如生物大分子，似乎更倾向于强场趋近态的情况，如参考文献[57]所述。

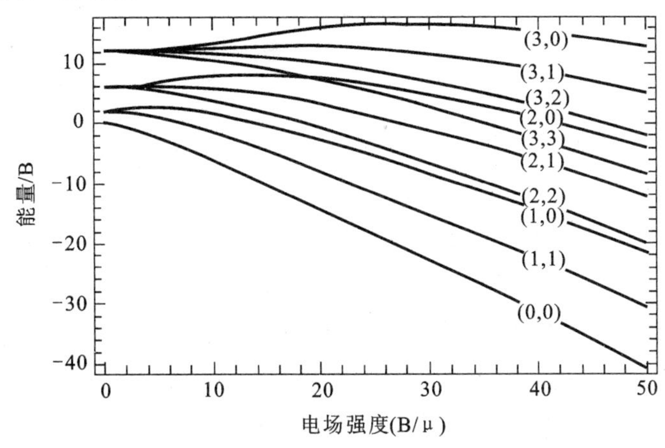

图 15.13　刚性分子低能态的斯塔克能谱。电场强度单位是 B/μ，能量单位是 B。用(J，M)来标记量子态

与聚焦于斯塔克减速器轴向的弱场趋近态不同，强场趋近态分子不能通过静电场聚焦，需要采用一种动态聚焦的办法来防止分子沉积在场强最大的电极表面。交变梯度聚焦技术解决了横向约束问题。分子穿过一组静电透镜，其中一个静电透镜沿 x 方向放置，对分子束聚焦，而另一个透镜沿 y 方向放置，使分子束发散。每两个这样的透镜为一组，交替排列组成静电透镜阵列。进入减速器的分子，位于透镜阵列的横向相空间范围，两个面的净作用使分子聚焦。理想情况下，聚焦和发散力与非共轴位移呈线性关系，由于相空间范围内分子的轨道使其远离聚焦透镜中轴，靠近发散透镜中轴，即使发散力强于聚焦力，最终分子的运动也会产生聚焦效果。

在首次实现极性分子交变梯度减速的实验中，使用了 12 个透镜阵列将强场趋近的亚稳态 CO 分子的速度从 275 m/s 降到 260 m/s[58]，并在类似的装置

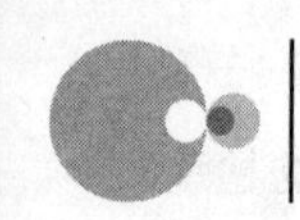

中将基态 YbF 分子的速度从 287 m/s 降到 277 m/s[59]。对减速后的亚稳态 CO 分子进行成像,可以证明交变梯度冷却具有横向聚焦性质[57]。在更长的通道中设置更为复杂的电极组合,可以实现更重极性分子的减速。

15.5.2 交变梯度减速模型

考虑一个由静电透镜阵列构成的减速器,其透镜组的聚焦和发散平面交替变化。典型的电极结构如图 15.14(a)所示。每个透镜都是由一对轴向平行于分子束的棒状电极所组成,电极之间加载大的电势差。当分子通过两透镜之间的间隙区域时,其前向的分子速度在边缘场的作用下发生变化。具体操作时,减速器在三种状态之间进行转换:①奇数透镜接高压,偶数透镜接地;②偶数透镜接高压,奇数透镜接地;③所有的透镜接地。我们需要在这样的减速器中研究分子的动力学过程。首先计算减速器中的静电场分布,然后利用电场导致的斯塔克偏移(见图 15.13)构建相互作用势。需要强调的是,该相互作用势为分子运动的斯塔克势而不是静电势。图 15.14(a)所示的电极形状是多种可能形状的一种,参考文献[57]做了详细的讨论。该文献阐明在这样的减速器中,大多数重分子的斯塔克偏移与电场强度的依赖关系是线性的。对于任何形状的电极以及所有相关的分子态来说,分子运动所处的斯塔克势在形式上是相似的,尽管它们在细节上有所差别。此处我们没有规定某种特殊的电极或分子态结构,然而可以通过对真实势的近似来阐明其动力学特性。

我们取开关态(1)的势能为

$$W(x,y,z)=W_0\{1+b[(x/r_0)^2-(y/r_0)^2]\}f(z) \tag{15.25}$$

其中,

$$f(z)=\frac{\tanh\left(\frac{z'}{d}+\frac{L}{2d}\right)-\tanh\left(\frac{z'}{d}-\frac{L}{2d}\right)}{2\tanh\frac{L}{2d}} \tag{15.26}$$

对实际 z 方向的依赖提供了很好的近似。方程(15.25)中,W_0 是初始电场,r_0 是减速器横向孔径的大小,b 是势能面的横向曲率。方程(15.26)中,$z'=\mathrm{mod}(z-D,2D)-D$,其中 $\mathrm{mod}(m,n)$ 表示 m 除以 n 后的余数,D 是两透镜间的距离,L 表示透镜的长度,d 表示透镜末端势能的变化率。开关态(2)的势能简单写为 $W(y,x,z-D)$。

图 15.14(b)、(c)表示 $L=\frac{2}{3}D$、$d=\frac{1}{15}D$ 和 $b=0.15$ 时三个方向的势能分

布，通篇我们将使用这些参数。图15.14(b)表示z方向，即沿着分子束轴线方向开关态(1)(实线)和(2)(虚线)的势能$W(0,0,z)$。图15.14(c)表示透镜中心附近的横向势能$W(x,0,0)$(实线)和$W(0,y,0)$(点线)。理想透镜中，同一方向的势能相对于透镜中心对称，大小处处相等且方向相反。

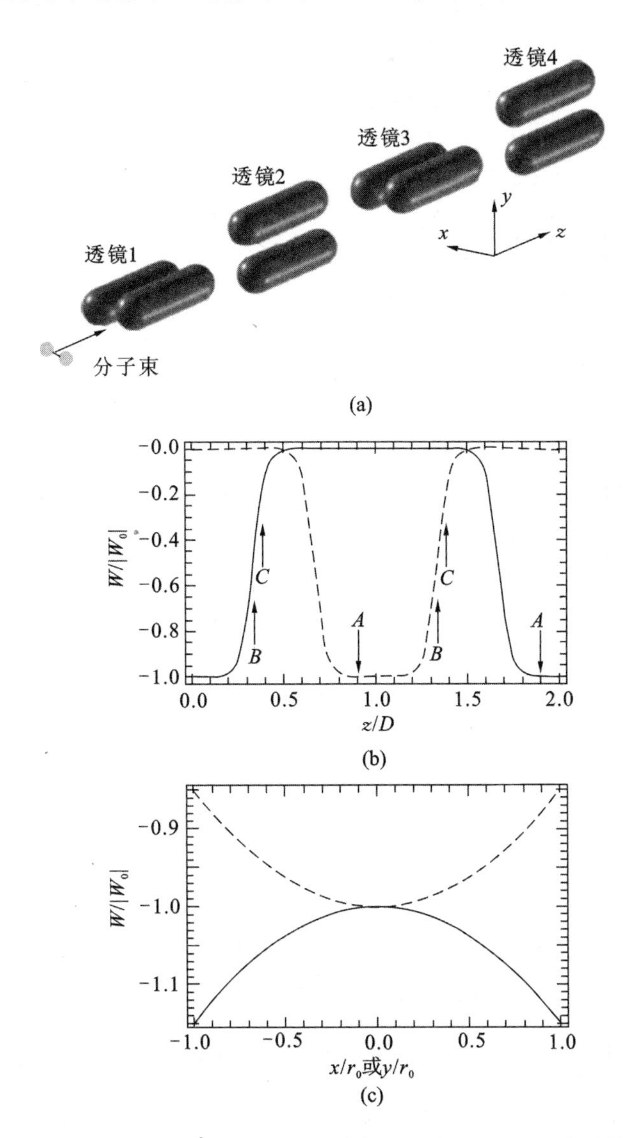

图15.14 (a)典型的交变梯度减速器的电极结构；(b)方程(15.25)所示的分子运动势。实线和虚线分别代表减速器的开关态(1)和(2)，位置A、B和C参考正文；(c)在第一个透镜的中心，沿着x轴的势能用实线表示，y轴的用虚线表示

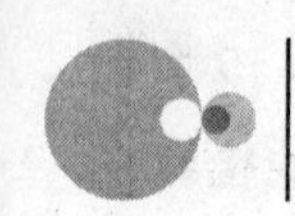

15.5.3 轴向运动

假设分子沿减速器的轴向运动,为了计算电势的转换时间,这里引入同步分子的概念,其初速度为 u_0。通过设计电场的开关时序,以确保在接通(图 15.14(b)中的 A 点)和关断(图 15.14(b)中的 B 点)电场时分子总是处于每个透镜组单元的相同位置,由 z_{on} 和 z_{off} 表示这两点的位置。当分子沿轴向移动时,总处于势能上升的位置而被减速。随着速度的降低,要求每两次开关时间的间隔相应地增加。通过一个简单的算法可构建电场开关时序,在每一对 z_{on} 和 z_{off} 之间分子满足能量守恒定律:

$$\frac{1}{2}Mu_{n-1}^2 + W(z_{on}) = \frac{1}{2}M\,(\mathrm{d}z/\mathrm{d}t)^2 + W(z) \tag{15.27}$$

其中,z 表示分子在 t 时刻的位置。将该式整理并积分求出第 n 次关断时间 $t_{off,n}$ 和开启时间 $t_{on,n}$ 的关系:

$$t_{off,n} = t_{on,n} + \int_{z_{on}}^{z_{off}} \frac{\mathrm{d}z}{\sqrt{u_{n-1}^2 + 2[W(z_{on}) - W(z)]/M}} \tag{15.28a}$$

其中,u_n 表示第 n 次关断电场瞬间同步分子的速度。第 $(n+1)$ 次打开时的速度和电场开启时间分别为

$$u_n = \sqrt{u_{n-1}^2 + 2[W(z_{on}) - W(z_{off})]/M} \tag{15.28b}$$

$$t_{on,n+1} = t_{off,n} + \frac{D - (z_{off} - z_{on})}{u_n} \tag{15.28c}$$

我们已经得到分子势能关于位置和时间的函数,对任何分子(不管是否同步)的运动方程都可以数值求解。我们定义质量为 M、初始速度为 u_0 的同步分子减到速度为 0 所需的最小减速元过程数为 N,则 $|W_0| = Mu_0^2/(2N)$。在图 15.14(b)中,A 和 B 分别表示开启和关断电场的位置,$L = \frac{2}{3}D$、$d = \frac{1}{15}D$ 及 $N = 80$ 时的计算结果如图 15.15 所示。灰线(原文为 Thick red line)表示同步分子的速度随时间的变化关系,黑线(原文为 thin blue line)表示与同步分子具有相同初速度,但位置提前了 $\frac{1}{15}D$ 的分子速度随时间的变化情况。从图中可以看出,同步分子近似于均匀减速,然而将其部分放大后,如插图所示分子的减速过程是由一系列反映势能形状的小台阶组成,当速度小时这些台阶也能在主图中看到。非同步分子的速度在同步分子的速度附近振荡,其减速过程也包含与同步分子类似的台阶状结构。如果对分子在每个关断点的位置和

速度进行快速拍照，将看不到运动的精细结构。两次快照之间，同步分子动能的改变为 $\Delta K = Mu\Delta u = MDu\Delta u/\Delta z_S = W(z_{on}) - W(z_{off})$，这里引入 Δz_S 表示两次快照之间同步分子的位移，且总符合 $\Delta z_S = D$。由于不考虑精细结构，认为同步分子做匀减速运动，上述方程表示的减速过程转化为连续形式：$MDu\mathrm{d}u/\mathrm{d}z_S = MD\mathrm{d}^2 z_S/\mathrm{d}t^2 = W(z_{on}) - W(z_{off})$。相同的步骤应用到位置坐标为 z 和速度坐标为 ν 的其他分子，得 $MD\mathrm{d}^2 z/\mathrm{d}t^2 = W(z_{on} + \tilde{z}) - W(z_{off} + \tilde{z})$，其中 $\tilde{z} = z - z_S$，通过进一步的近似 $\nu - u \ll u$，一般分子在两次开关之间移动的距离也非常接近于 D。将同步分子和一般分子的方程相减获得相对坐标下的运动方程，并定义有效作用力 F_{eff}：

$$\begin{aligned}\frac{\mathrm{d}^2 \tilde{z}}{\mathrm{d}t^2} &= \frac{W(z_{on} + \tilde{z}) - W(z_{on}) - W(z_{off} + \tilde{z}) + W(z_{off})}{MD} \\ &= F_{eff}/M \end{aligned} \tag{15.29}$$

引入相对速度 $\tilde{v} = v - u = \mathrm{d}\tilde{z}/\mathrm{d}t$，以上方程的左边写为 $\tilde{v}\mathrm{d}v/\mathrm{d}\tilde{z}$。积分后得

$$\frac{1}{2}M\tilde{v}^2 + V(\tilde{z}) - V(0) = E_0 \tag{15.30}$$

其中，E_0 是一个常数，并且

$$V(\tilde{z}) = -\int F_{eff}\mathrm{d}\tilde{z} \tag{15.31}$$

表示非同步分子和同步分子之间相对运动的有效势。

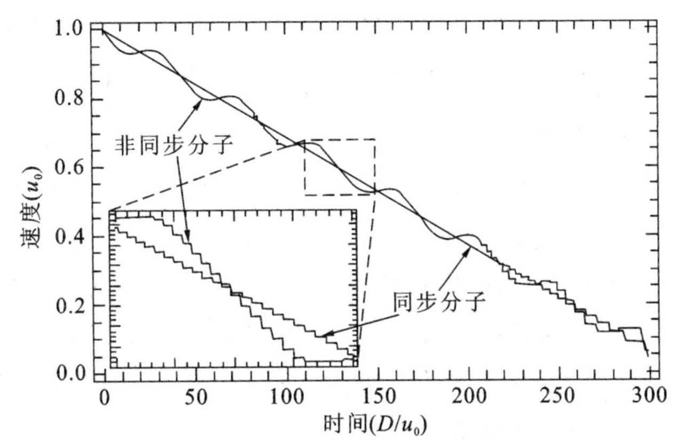

图 15.15　同步分子和非同步分子的速度随时间的变化关系，对应的势能模型和打开、关断点对应于图 15.14(b)中 A 和 B。插图显示了减速的台阶状结构

图 15.16(a)表示方程(15.25)、方程(15.26)和方程(15.31)有效势的计算

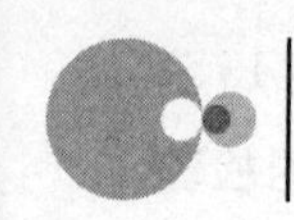

结果,实线表示 $z_{on}=-D/10$、$z_{off}=D/3$ 的结果,虚线表示 $z_{off}=11D/30$ 时有效势更小和减速更快的结果。在有效势的束缚下,非同步分子没有足够的能量到达势能的顶端,因此在同步分子的附近振荡。在图 15.16(a)的有效势(实线和虚线)作用下,用有效力求解非同步分子的相对运动方程,获得相空间的运动轨迹如图 15.16(b)、(c)所示。粗线为区分束缚和无束缚运动的分界线。分界线内的分子在整个减速过程中一直与同步分子紧邻,分界线包围的区域表示轴向相空间范围。比较图 15.16(b)和(c),可以看出势能越小,减速越快,相空间范围越小。我们注意到,在不使用有效势的情况下,通过运动方程的数值积分也可以获得相同的相空间曲线,如图 15.15 所示。从相空间的轨迹可以获得如图 15.15 中插图所示的详细结构,与有效势中(更快地)得到的结果相同。

与同步分子相比较,非同步分子的小幅度振荡具有简谐运动的形式。将方程(15.29)的右边在 $\tilde{z}=0$ 处进行泰勒展开,得到 $\mathrm{d}^2\tilde{z}/\mathrm{d}t^2-[W'(z_{on})-W'(z_{off})]\tilde{z}/(MD)=0$,其中 $z=a$ 处,$W'(a)=\mathrm{d}W/\mathrm{d}z$。对于振幅较小的轴向振动,其角频率为

$$\omega_z=\sqrt{\frac{W'(z_{off})-W'(z_{on})}{MD}} \tag{15.32}$$

对于我们的势能模型,即图 15.16(a)中的实线,可以方便地将频率表示为 $\omega_z/(2\pi)=0.309u_0/(\sqrt{N}D)$。例如,如果 $D=30$ mm,$N=80$,当 $u_0=300$ m/s 时,关断位置 B 处的频率 $\omega_z/(2\pi)=345$ Hz。

15.5.4 横向运动

在我们的模型中,沿两个横向(x,y)方向具有简谐势,其曲率随 z 变化。当分子穿过透镜时,曲率几乎保持不变,直到接近于透镜的边缘时曲率很快降为 0。为了简化分析,我们作如下近似,在整个透镜长度 L 内曲率为常数 W_0b/r_0^2,而在长度为 $S=D-L$ 的透镜边缘处为 0,且在这些值之间突变。减速器在 z 方向具有周期结构,因此可以将含时运动方程转换为关于坐标 z 的方程。对于向前运动速度为 u 的分子,运动方程表示为

$$\mathrm{d}^2x/\mathrm{d}z^2+\kappa^2Q(z)x=0 \tag{15.33}$$

其中,$Q(z)$ 在聚焦透镜内为 1,发散透镜内为 -1,透镜边缘为 0,空间频率为

$$\kappa=\sqrt{\frac{2W_0b}{Mu^2r_0^2}}=\sqrt{\frac{b}{Nr_0^2}} \tag{15.34}$$

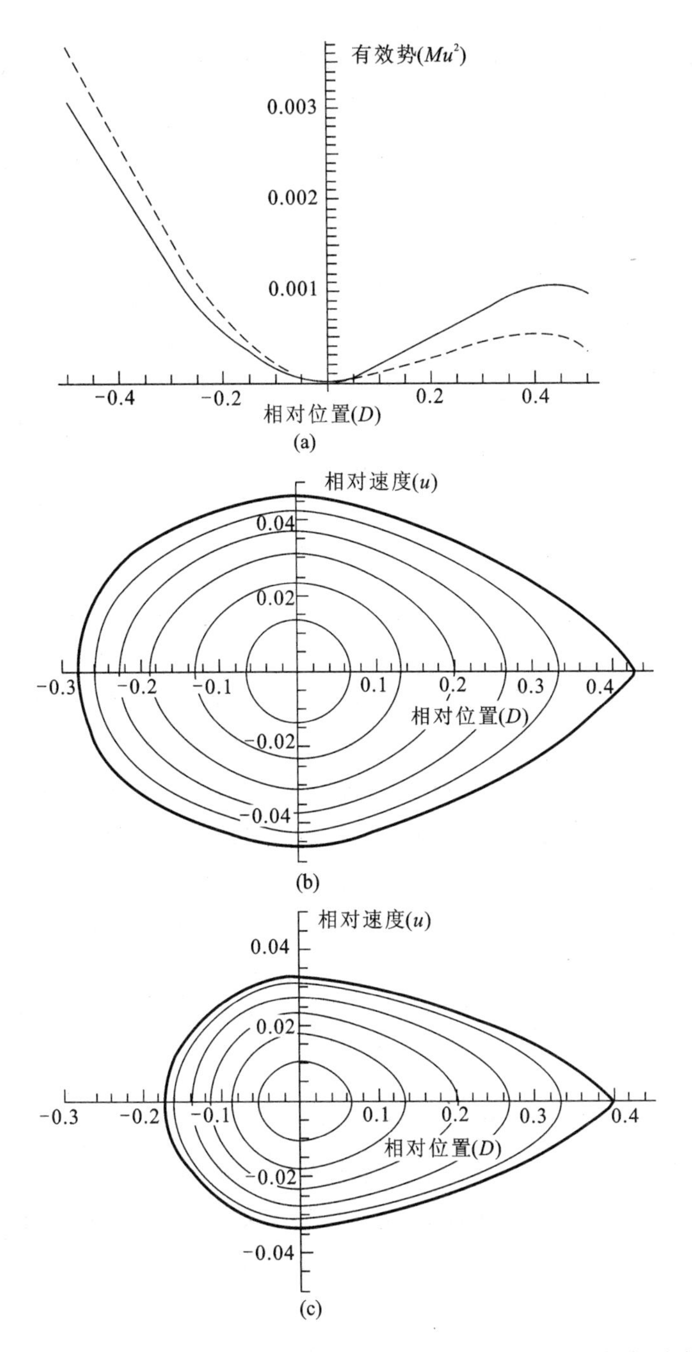

图 15.16　(a)由方程(15.31)计算的有效势与相对位置的关系。实线:中等减速(关断位置 B),虚线:强烈减速时的浅势(关断位置 C)。根据有效势计算的相空间轨迹深势(见图(b))和浅势(见图(c))。图中粗线为分界线

在聚焦透镜内，横向振荡的角频率与分子束速度 u 无关，而与 $\kappa(\Omega=\kappa u)$ 相关。

分子从初始位置 z_0 开始，通过长度为 l 的区域时，其横向坐标和速度按照下式变化

$$\begin{pmatrix} x/r_0 \\ v_x/(\Omega r_0) \end{pmatrix}_{z_0+l} = \boldsymbol{M}(z_0+l\,|\,z_0)\begin{pmatrix} x/r_0 \\ v_x/(\Omega r_0) \end{pmatrix}_{z_0} \tag{15.35}$$

这里，无量纲的传输矩阵 $\boldsymbol{M}(z_0+l\,|\,z_0)$ 在聚焦透镜内表示为 $\boldsymbol{F}(l)$，在发散透镜内为 $\boldsymbol{D}(l)$，在透镜边缘为 $\boldsymbol{O}(l)$，即

$$\boldsymbol{F}(l)=\begin{pmatrix} \cos(\kappa l) & \sin(\kappa l) \\ -\sin(\kappa l) & \cos(\kappa l) \end{pmatrix} \tag{15.36a}$$

$$\boldsymbol{D}(l)=\begin{pmatrix} \cosh(\kappa l) & \sinh(\kappa l) \\ \sinh(\kappa l) & \cosh(\kappa l) \end{pmatrix} \tag{15.36b}$$

$$\boldsymbol{O}(l)=\begin{pmatrix} 1 & \kappa l \\ 0 & 1 \end{pmatrix} \tag{15.36c}$$

假设分子从左向右运动，首先穿过矩阵 $\boldsymbol{M}_1$ 描述的区域，然后经过矩阵 $\boldsymbol{M}_2$ 描述的区域，方程(15.35)中的传输矩阵可以简单地写成这两个矩阵的积 $\boldsymbol{M}=\boldsymbol{M}_2\cdot\boldsymbol{M}_1$。这样，交变梯度阵列的一个完整单元表示为 $\boldsymbol{M}=\boldsymbol{F}(L)\cdot\boldsymbol{O}(S)\cdot\boldsymbol{D}(L)\cdot\boldsymbol{O}(S)$，$N$ 个单元表示为 $(\boldsymbol{FODO})^N$（一种紧凑且标示明显的形式）。如果条件 $-2<\mathrm{Tr}(\boldsymbol{FODO})<2$ 成立，那么分子轨道是稳定的（见参考文献[60]）。

我们想要知道分子进入透镜阵列后最终能否到达出口。对于一个较长的减速器，上面的稳定条件是必要但不充分的，在远离轴的稳定轨道上运动的分子有可能会打在电极上。我们采用 Courant 和 Snyder 首次在交变梯度同步加速器中提出的方案[61]，而不是方程(15.36)分段构建轨道的方法。方程(15.33)一般形式的解为

$$\begin{aligned} x(z)&=\sqrt{\epsilon_i\beta(z)}\cos(\psi(z)+\delta_i) \\ &=A_1\sqrt{\beta(z)}\cos\psi(z)+A_2\sqrt{\beta(z)}\sin\psi(z) \end{aligned} \tag{15.37}$$

式中：β 是与 z 有关的振幅函数，它具有与交变梯度阵列相同的周期性；ψ 是与 z 有关的相位；ϵ_i、δ_i、A_1 和 A_2 是由初始条件定义的参数。

$$\psi(z)=\kappa\int_0^z\frac{1}{\beta(z')}\mathrm{d}z' \tag{15.38}$$

$$-\frac{1}{4}\beta'^2+\frac{1}{2}\beta\beta''+\kappa^2Q(z)\beta^2=\kappa^2 \tag{15.39}$$

将方程(15.37)代入方程(15.33)可知，当满足方程(15.38)和方程(15.39)时，

方程(15.37)是方程(15.33)的有效解。

为了求解 β,我们结合方程(15.36)中给出的分段解,由方程(15.37)得

$$x'(z)=\frac{A_1\kappa}{\sqrt{\beta}}(-\alpha\cos\psi-\sin\psi)+\frac{A_2\kappa}{\sqrt{\beta}}(-\alpha\sin\psi+\cos\psi) \qquad (15.40)$$

其中,

$$\alpha=-\frac{1}{2\kappa}\beta' \qquad (15.41)$$

由方程(15.37)和方程(15.40)可得 z 和 $z+l_{\text{cell}}$ 处,坐标 x 和 v_x/Ω 之间的关系,$l_{\text{cell}}=2D$ 表示阵列的周期。利用周期性约束条件 $\beta(z+l_{\text{cell}})=\beta(z)$,可得

$$\boldsymbol{M}(z+l_{\text{cell}}|z)=\begin{pmatrix}\cos\Phi+\alpha\sin\Phi & \beta\sin\Phi \\ -\gamma\sin\Phi & \cos\Phi-\alpha\sin\Phi\end{pmatrix} \qquad (15.42)$$

其中,$\gamma=(1+\alpha^2)/\beta$,$\Phi=\psi(l_{\text{cell}})$是每个单元的相位增长。因为方程(15.38)中的积分遍及整个周期,故 Φ 与 z 无关。方程(15.42)所示的矩阵称为 Courant-Snyder 矩阵。令该矩阵与一个单元的传输矩阵相等,可求得 $\beta(z)$。例如,在聚焦透镜起点距离为 z 的地方,$\boldsymbol{M}(z+l_{\text{cell}}|z)=\boldsymbol{F}(z)\cdot\boldsymbol{O}(S)\cdot\boldsymbol{D}(L)\cdot\boldsymbol{O}(S)\cdot\boldsymbol{F}(L-z)$。我们利用关系 $\cos\Phi=\text{Tr}(\boldsymbol{M})/2$ 得 Φ,再令 $\boldsymbol{M}$ 的右上角矩阵元和 Courant-Snyder 矩阵相应的矩阵元相等,可以求出 β。

图 15.17(a)表示当 $\kappa L=1$,$\kappa S=0.5$,ϵ_i和 δ_i取任意值时,由方程(15.37)计算的一些轨迹(虚线)。这些轨迹是两个周期函数的乘积,其中一个函数的波长为 l_{cell},另一个的波长为 $2\pi l_{\text{cell}}/\Phi$。一般的,当 $\Phi\ll 2\pi$ 时,波长为 l_{cell}的调制振幅较小,称为微运动,长波长的运动称为宏运动。$\Phi=0.38\pi$ 时,微运动和宏运动的区分是明显的,如图 15.17(a)所示。当考虑大量分子时,并且分子的ϵ_i和 δ_i的值都不同,唯一的约束条件是$|\epsilon_i|<\epsilon$,那么所有分子的轨迹将被束缚于包络$\pm\sqrt{\beta\epsilon}$内,如图 15.17(a)中的粗线所示。从该图可以看出,分子束的大小以阵列的周期变化,在每个聚焦透镜的中心达到最大,发散透镜的中心最小。因为约束力和非约束力随离轴距离是线性变化的,发散透镜对分子束的影响比聚焦透镜的小,这正是交变梯度阵列稳定性的关键所在。随着透镜单元的增加,包络的调制深度也随之增加,直到稳定的边界条件 $\Phi=\pi$ 时,位于发散透镜中心的分子束大小变为 0。

我们使用方程(15.37)的第一行及其导数,获得式 $x^2+(\alpha x+\beta v_x/\Omega)^2$,并满足恒等式

$$\gamma x^2+2\alpha x v_x/\Omega+\beta(v_x/\Omega)^2=\epsilon_i \qquad (15.43)$$

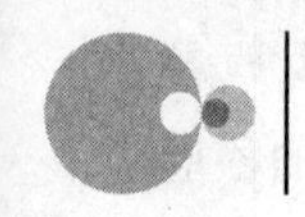

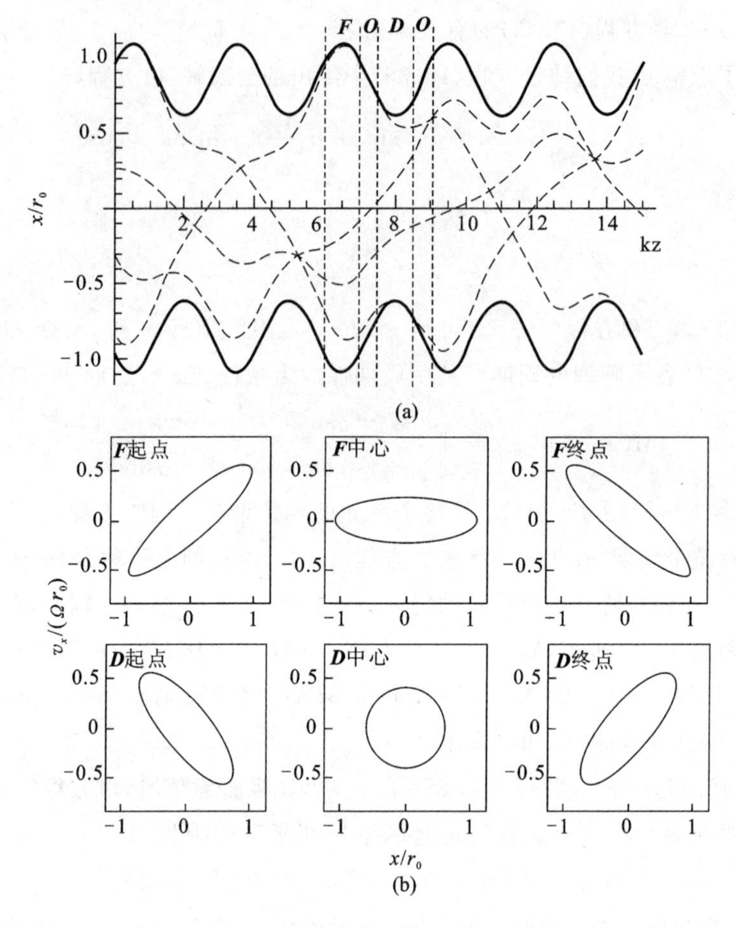

图 15.17　(a)虚线表示交变梯度阵列的典型轨迹,实线表示限定所有透射分子轨迹的包络;点线表示聚焦阵列(**F**)、发散阵列(**D**)和透镜边缘(**O**)的位置。该图显示分子束包络在聚焦透镜的中心最大,在发散透镜的中心最小。(b)通过一个阵列单元时相空间椭圆的演化

该方程表示相空间内以 x 和 v_x/Ω 为坐标轴的椭圆。具有相同ϵ_i和不同δ_i的所有分子的坐标都在这个椭圆上。当用ϵ代替ϵ_i时,所得到的椭圆包括上述讨论所涉及的整个分子集合。在保持面积$\pi\epsilon$不变的情况下,椭圆的形状随z周期性地变化。图 15.17(b)所示的为阵列中不同位置处的相空间椭圆。分子束进入聚焦透镜时是发散的,在透镜的内部相空间椭圆随分子束的传播旋转,在透镜中心处椭圆轴向最大,即它的主轴与坐标轴平行;相空间椭圆继续旋转使得分子束在聚焦透镜的出口处聚焦。聚焦状态的分子束进入发散透镜,在

发散透镜的中心，椭圆在轴向达到最小值，其主轴依然与相空间的坐标轴平行，之后分子束再一次开始发散。

若分子的运动轨道在电极构成的边界之内，分子即可传输。利用横向的特征尺度 r_0，可计算出横向的相空间范围，我们假定电极构成一个通孔，该通孔在各个横向方向的大小为 $2r_0$。如果处处满足 $\sqrt{\beta\epsilon}<r_0$，由 ϵ 表征的分子束便可以传输。特别地，在每个聚焦透镜中心，必须满足条件 $\beta=\beta_{\max}$，则由(x, v_x)定义的相空间范围为 $\pi r_0^2\Omega/\beta_{\max}$。我们利用两个无量纲参数 κL 和 κS 表示透镜组阵列，图 15.18 表示相空间范围的密度。最大相空间范围的区域处于 $\kappa L\approx1$，$S\ll L$ 的位置，并且在 $\kappa L=1.254$ 和 $\kappa S=0$ 时达到最大值 $0.744r_0^2\Omega$。

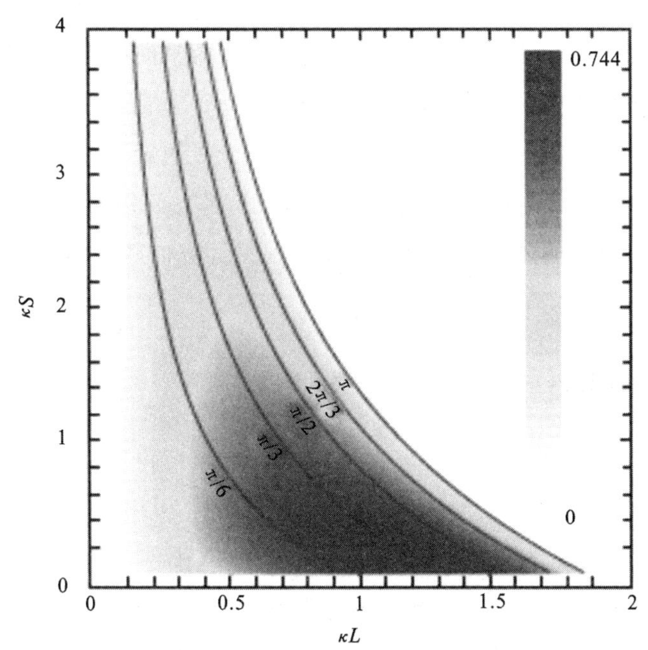

图 15.18　某一横向相空间范围与参数 κL 和 κS 的依赖关系，其单位为 Ωr_0^2

为了获得较大的相空间范围，我们要求 $\kappa L\approx1$，因此这限制了透镜的纵横比 L/r_0。由方程(15.34)，设 $\kappa L=1$，得 $L/r_0=\sqrt{N/b}$。对于最大电场强度为 200 kV/cm的减速器，其典型值为 $N=80$、$b=0.15$，求得纵横比为 $L/r_0=23.1$。由于 κ 反比于 u，当分子减速时 κ 增大。因此，为了维持较高的横向相空间范围，透镜的长度需要逐级减小以满足 $\kappa L\approx1$ 的条件。或者，交变梯度阵列可以

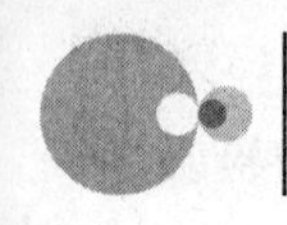

采用$(\boldsymbol{FO})^n(\boldsymbol{DO})^n$结构,$n$的值沿分子束方向减小。

15.5.5 非理想模型

在之前的小节中,我们使用了理想化的势能模型,以直观地理解分子束运动的动力学过程。该模型忽略了一些实际中存在的影响。横向的非线性力减小了横向相空间范围[57][62][63],作用力的线性部分在两透镜之间改变符号,这使分子束在整个传播过程中处于稳定状态,然而轴向一阶非线性力在聚焦和发散透镜之间符号不变,影响了分子束的动力学稳定性。即使作用力的非线性项比线性项小很多,横向相空间范围依然会显著地减小。一些典型电极结构的计算详见参考文献[57]。理想模型中,轴向和横向势能相互独立,这在任何实际减速器中是无法实现的,因为减速器所需的轴向电场梯度会改变电场与横向坐标的依赖关系。特别地,在透镜的边缘,其发散力常数相比于聚焦力有所增加,这导致了分子束的进一步损耗[57]。分子束经交变梯度减速器的实际传输过程,需要由三维的电极电场分布以及斯塔克偏移进行模拟,模拟结果显示相空间中真实的分子轨迹与使用简单模型计算的轨迹相似,只是相空间范围可能会减小很多。

15.6 结束语

本章中,我们首先概述了分子的精确测量对阐释物理规律不变性和基本相互作用方面的重要意义。随着制备和操控具有纯量子态的分子的能力逐步提高,人们开辟了新的研究方向。我们讨论了超声脉冲分子束的制备,研究了超精细能级的相干操控对电场和磁场的灵敏检测。相同的方法也为在分子中研究令人感兴趣的物理效应提供了可能,如对称性破缺或基本常数的变化,而这些都是与高能物理相关的新领域。减速和俘获技术对改进这些实验是非常重要的,通过减速分子,相干相互作用时间由微秒增加到秒。虽然我们着重于讨论减速强场趋近态的重极性分子,但是斯塔克减速方法也可用于弱场趋近的极性分子或者里德堡原子和分子。同时也可以利用光学偶极阱减速或俘获分子。我们利用冷却、减速和俘获方式可以使分子获得更低的温度和更高的密度,也可俘获更重或者更多种类的分子,因此分子将会在检验和理解基础物理规律方面具有更加重要的意义。

参考文献

[1] Peebles, P. J. E. and Ratra, B., The cosmological constant and dark energy, Rev. Mod. Phys., 75, 559, 2003.

[2] Flambaum, V. V. and Kozlov, M. G., Enhanced sensitivity to the time variation of the fine-structure constant and m_p/m_e in diatomic molecules, Phys. Rev. Lett., 99, 150801, 2007.

[3] Uzan, J.-P., The fundamental constants and their variation: observational and the oretical status, Rev. Mod. Phys., 75, 403, 2003.

[4] Webb, J. K., Murphy, M. T., Flambaum, V. V., Dzuba, V. A., Barrow, J. D., Churchill, C. W., Prochaska, J. X., and Wolfe, A. M., Further evidence for cosmological evolution of the fine structure constant, Phys. Rev. Lett., 87, 091301, 2001; Tzanavaris, P., Webb, J. K., Murphy, M. T., Flambaum, V. V., and Curran, S. J., Limits on variations in fundamental constants from 21-cm and ultraviolet quasar absorption lines, Phys. Rev. Lett., 95, 041301, 2005.

[5] Reinhold, E., Buning, R., Hollenstein, U., Ivanchik, A., Petitjean, P., and Ubachs, W., Indication of a cosmological variation of the proton-electron mass ratio based on laboratory measurement and reanalysis of H_2 Spectra, Phys. Rev. Lett., 96, 151101, 2006.

[6] Srianand, R., Chand, H., Petitjean, P., and Aracil, B., Limits on the time variation of the electromagnetic fine-structure constant in the low energy limit from absorption lines in the spectra of distant quasars, Phys. Rev. Lett., 92, 121302, 2004.

[7] Kanekar, N., et al., Constraints on changes in fundamental constants from a cosmologically distant OH absorber or emitter, Phys. Rev. Lett., 95, 261301, 2005.

[8] Hudson, E. R., Lewandowski, H. J., Sawyer, B. C., and Jun Ye, Cold molecule spectroscopy for constraining the evolution of the fine structure constant, Phys. Rev. Lett., 96, 143004, 2006.

[9] Brian C. Sawyer, Benjamin L. Lev, Eric R. Hudson, Benjamin K. Stuhl,

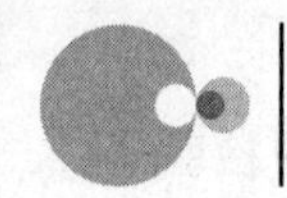

Manuel Lara, John L. Bohn, and JunYe, Magnetoelectrostatic trapping of ground state OH molecules, Phys. Rev. Lett., 98, 253002, 2007.

[10] Flambaum, V. V. and Kozlov, M. G., Limit on the cosmological variation of m_p/m_e from the inversion spectrum of ammonia, Phys. Rev. Lett., 98, 240801, 2007.

[11] Holzwarth, R., Udem, Th., Hänsch, T. W., Knight, J. C., Wadsworth, W. J., and Russell, P. St. J., Optical frequency synthesizer for precision spectroscopy, Phys. Rev. Lett., 85, 2264, 2000.

[12] Daussy, C., et al., Long-distance frequency dissemination with a resolution of 10^{-17}, Phys. Rev. Lett., 94, 03904, 2005.

[13] Schiller, S. and Korobov, V., Tests of time independence of the electron and nuclear masses with ultracold molecules, Phys. Rev. A, 71, 032505, 2005.

[14] van Veldhoven, J., Küpper, J., Bethlem, H. L., Sartakov, B., van Roij, A. J. A., and Meijer, G., Decelerated molecular beams for high-resolution spectroscopy, Eur. Phys. J. D, 31, 337, 2004.

[15] Anne Amy-Klein, Andrei Goncharov, Mickal Guinet, Christophe Daussy, Olivier Lopez, Alexander Shelkovnikov, and Christian Chardonnet, Absolute frequency measurement of a SF_6 two-photon line by use of a femtosecond optical comb and sum-frequency generation, Opt. Lett., 30, 3320, 2005.

[16] Wu, C. S., Ambler, E., Hayward, R. W., Hoppes, D. D., and Hudson, R. P., Experimental test of parity conservation in beta decay, Phys. Rev., 105, 1413, 1957.

[17] Christenson, J. H., Cronin, J. W., Fitch, V. L., and Turlay, R., Evidence for the 2π decay of the K_2^0 meson, Phys. Rev. Lett., 13, 138, 1964.

[18] Schiff, L. I., Measureability of nuclear electric dipole moments, Phys. Rev., 132, 2194, 1963; Eugene, D., Commins, J., David Jackson, David P. DeMille, The electric dipole moment of the electron: An intuitive explanation for the evasion of Schiff's theorem, Am. J. Phys., 75, 532, 2007.

[19] Sandars, P. G. H., The electric dipole moment of an atom. Phys. Lett.,

14,194,1965.

[20] Sandars,P. G. H. ,The search for violation of P or T invariance in atoms or molecules,in Atomic Physics 4,zu Putlitz,G. ,Ed. Plenum,1975,p. 71;Sushkov,O. P. and Flambaum,V. V. ,Parity breaking effects in diatomic molecules,Zh. Eksp. Teor. Fiz. ,75,1208,1978.

[21] Cho,D. ,Sangster,K. ,and Hinds,E. A. ,Tenfold improvement of limits on T violation in thallium fluoride,Phys. Rev. Lett. ,63,2559,1989; Cho,D. ,Sangster,K. ,and Hinds,E. A. ,Search for time-reversal-symmetry violation in thallium fluoride using ajet source,Phys. Rev. A,44, 2783,1991.

[22] Baker,C. A. et al. ,Improved experimental limit on the electric dipole moment of the neutron,Phys. Rev. Lett. ,97,131801,2006.

[23] Romalis,M. V. ,Griffith,W. C. ,Jacobs,J. P. ,and Fortson,E. N. ,New limit on the permanent electric dipole moment of ^{199}Hg,Phys. Rev. Lett. ,86,002505,2001;Griffith,W. C. ,Swallows,M. D. ,Loftus,T. H. ,Romalis,M. V. ,Heckel,B. R. ,Fortson,E. N. ,Improved limit on the permanent electric dipole moment of ^{199}Hg,arXiv:0901.2328.

[24] Regan,B. C. et al. ,New limit on the electron electric dipole moment, Phys. Rev. Lett. ,88,071805,2002.

[25] Kozlov,M. G. and Ezhov,V. F. ,Enhancement of the electric dipole moment of the electron in the YbF molecule,Phys. Rev. A,49,4502,1994; Kozlov,M. G. ,Enhancement of the electric dipole moment of the electron in the YbF molecule,J. Phys. B,30,L607,1997;Titov,A. V. ,Mosyagin,N. S. ,Ezhov,V. F. ,P,T-odd spin-rotational Hamiltonian for YbF Molecule,Phys. Rev. Lett. ,77,5346,1996;Quiney,H. M. ,Skaane, H. ,Grant,I. P. ,Hyperfine and PT-odd effects in YbF $^2\Sigma$,J. Phys. B, 31,L85,1998(after correcting for the trivial factor of 2 between s and σ their result becomes 26 GV/cm);Parpia,F. A. ,Ab initio calculation of the enhancement of the electric dipole moment of an electron in the YbF molecule,J. Phys. B,31,1409,1998;Mosyagin,N. ,Kozlov,M. ,Titov, A. ,Electric dipole moment of the electron in the YbF molecule,J. Phys.

B,31,L763,1998.

[26] Hudson,J. J. et al. ,Measurement of the Electron Electric Dipole Moment Using YbF Molecules,Phys. Rev. Lett. ,89,023003,2002;Sauer, B. E. ,Ashworth,H. T. ,Hudson,J. J. ,Tarbutt,M. R. ,and Hinds,E. A. ,Probing the electron EDM with cold molecules,in Atomic Physics 20,Roos,C. ,Haeffner,H. ,and Blatt,R. Eds. AIP Conf. Proc. No. 869, AIP,Melville,NY,2006,p. 44.

[27] DeMille,D. et al. ,Search for the electric dipole moment of the electron using metastable PbO. ,in Art and Symmetry in Experimental Physics, AIP Conf. Proc. No. 596,AIP,Melville,NY,2001,p. 7283;Kozlov,M. G. and DeMille,D. ,Enhancement of the electric dipole moment of the electron in PbO,Phys. Rev. Lett. ,89,133001,2002.

[28] Stutz,R. P. and Cornell,E. A. ,Search for the electron EDM using trapped molecular ions,Bull. Am. Soc. Phys. ,89,76,2004;Meyer,E. R. ,Bohn,J. L. ,Deskevich,M. P. ,Candidate molecular ions for an electron electric dipole moment experiment,Phys. Rev. A,73,062108,2006.

[29] Kozlov,M. G. and Derevianko,A. ,Proposal for a sensitive search for the electric dipolemoment of the electron with matrix-isolated radicals, Phys. Rev. Lett. ,97,063001,2006.

[30] Bennett,S. C. and Wieman,C. E. ,Measurement of the 6S-7S transition polarizability in atomic cesium and an improved test of the standard model,Phys. Rev. Lett. ,82,2484,1999;Young,R. D. ,Carlini,R. D. , Thomas,A. W. ,and Roche,J. ,Testing the standard model by precision measurement of the weak charges of quarks,Phys. Rev. Lett. ,99, 122003,2007.

[31] Quack,M. ,Howimportant is parity violation for molecular and biomolecular chirality? Angew. Chem. Int. Ed. ,41,4618,2002.

[32] Sandars,P. G. H. ,Atoy model for the generation of homochirality during polymerization,Origins of Life and Evolution of the Biosphere,33, 575,2003.

[33] Peter Schwerdtfeger,Jon K. Laerdahl,Christian Chardonnet,Calculation

of parity-violation effects for the C—F stretching mode of chiral methyl fluorides, Phys. Rev. A, 65, 042508, 2002.

[34] Ziskind, M., Daussy, C., Marrel, T., and Chardonnet, Ch., Improved sensitivity in the search for a parity-violating energy difference in the vibrational spectrum of the enantiomers of CHFClBr, Eur. Phys. J. D, 20, 219, 2002.

[35] Schwerdtfeger, P. and Bast, R., Large parity violation effects in the vibrational spectrum of organometallic compounds, J. Am. Chem. Soc., 126, 1652, 2004.

[36] DeMille, D., Cahn, S. B., Murphree, D., Rahmlow, D. A., and Kozlov, M. G., Using molecules to measure nuclear spin-dependent parity violation, Phys. Rev. Lett., 100, 023003, 2008.

[37] Colladay, D. and Kostelecky, V. A., Lorentz-violating extension of the standard model, Phys. Rev. D, 55, 6760, 1997; 58, 116002, 1998.

[38] Kostelecky, V. A. and Lane, C. D., Constraints on Lorentz violation from clockcomparison experiments, Phys. Rev. D, 60, 116010, 1999.

[39] Holger Müller, Sven Herrmann, Alejandro Saenz, Achim Peters, and Claus Lämmerzahl, Tests of Lorentz invariance using hydrogen molecules, Phys. Rev. D, 70, 076004, 2004.

[40] Colladay, D. and Kostelecky, V. A., CPT violation and the standard model, Phys. Rev. D, 55, 6760, 1997.

[41] Scoles, G., Ed., Atomic and Molecular Beam Methods, Oxford University Press, Oxford, 1988.

[42] Campargue, R., Ed., Atomic and Molecular Beams: The State of the Art 2000, Springer, Berlin, 2001.

[43] Gentry, W. R. and Giese, C. F., 10-microsecond pulsed molecular-beam source and a fast ionization detector, Rev. Sci. Instrum., 49, 595, 1978.

[44] Gentry, W. R. Atomic and Molecular Beam Methods, Scoles, G. Ed. Oxford University Press, Oxford, 1988.

[45] Powers, D. E., Hansen, S. G., Geusic, M. E., Pulu, A. C., Hopkins, J. B., Dietz, T. G., Duncan, M. A., Langridge-Smith, P. R. R., and Smalley, R. E., Supersonic metal cluster beams-laser photo-ionization studies

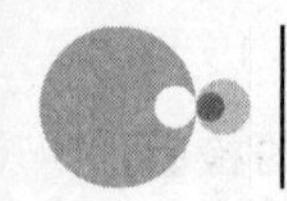

of Cu_2, J. Phys. Chem. ,86,2556,1982.

[46] Tarbutt, M. R. , Hudson, J. J. , Sauer, B. E. , Hinds, E. A. , Ryzhov, V. A. , Ryabov, V. L. ,and Ezhov, V. F. , A jet beam source of cold YbF radicals, J. Phys. B, 35, 5013, 2002.

[47] Tokunaga, S. K. , Stack, J. O. , Hudson, J. J. , Sauer, B. E. , Hinds, E. A. ,and Tarbutt, M. R. , A supersonic beam of cold lithium hydride molecules, J. Chem. Phys. , 126, 124314, 2007.

[48] To produce short pulses, we apply voltage pulses of duration 150-300 μs and of amplitude 200～350 V to a commercial solenoid valve (General Valve, Series 99, 50 Ω).

[49] Sauer, B. E. , Jun Wang, and Hinds, E. A. , Laser-rf double resonance spectroscopy of ^{174}YbF in the $X\ ^2\Sigma^+$ state: Spin-rotation, hyperfine interactions, and the electric dipolemoment, J. Chem Phys. , 105, 7412, 1996.

[50] Ramsey, N. F. , Molecular Beams, Oxford University Press, Oxford, 1956.

[51] Hudson, J. J. , Ashworth, H. T. , Kara, D. M. , Tarbutt, M. R. , Sauer, B. E. ,and Hinds, E. A. , Pulsed beams as field probes for precision measurement, Phys. Rev. A, 76, 033410, 2007.

[52] Bethlem, H. L. , Berden, G. , and Meijer, G. , Decelerating neutral dipolar molecules, Phys. Rev. Lett. , 83, 1558, 1999.

[53] van de Meerakker, S. Y. T. , Vanhaecke, N. , van der Loo, M. P. J. , Groenenboom, G. C. , and Meijer, G. , Direct measurement of the radiative lifetime of vibrationally excited OH radicals, Phys. Rev. Lett. , 95, 013003, 2005.

[54] Hoekstra, S. , Gilijamse, J. J. , Sartakov, B. , Vanhaecke, N. , Scharfenberg, L. , van deMeerakker, S. Y. T. , and Meijer, G. , Optical pumping of trapped neutral molecules by blackbody radiation, Phys. Rev. Lett. , 98, 133001, 2007.

[55] Maxwell, S. E. , Brahms, N. , deCarvalho, R. , Glenn, D. R. , Helton, J. S. , Nguyen, S. V. , Patterson, D. , Petricka, J. , DeMille, D. , and Doyle, J. M. , High-flux beam source for cold, slow atoms or molecules, Phys. Rev. Lett. , 95, 173201, 2005.

[56] Patterson, D. and Doyle, J. M. , Bright, guided molecular beam with hy-

drodynamic enhancement, J. Chem. Phys. ,126,154307,2007.

[57] Bethlem, H. L. , Tarbutt, M. R. , Kupper, J. , Carty, D. , Wohlfart, K. , Hinds, E. A. , and Meijer, G. , Alternating gradient focusing and deceleration of polar molecules, J. Phys. B, 39, R236, 2006.

[58] Bethlem, H. L. , van Roij, A. J. A. , Jongma, R. T. and Meijer, G. , Alternate gradient focusing and deceleration of a molecular beam, Phys. Rev. Lett. ,88,133003,2002.

[59] Tarbutt, M. R. , Bethlem, H. L. , Hudson, J. J. , Ryabov, V. L. , Ryzhov, V. A. , Sauer, B. E. , Meijer, G. , and Hinds, E. A. , Slowing heavy, ground-state molecules using an alternating gradient decelerator, Phys. Rev. Lett. ,92,173002,2004.

[60] Lee, S. Y. , Accelerator Physics, World Scientific, Singapore, 1999.

[61] Courant, E. D. and Snyder, H. S. , Theory of the alternating-gradient synchrotron, Ann. Phys. ,3,1,1958. Reprinted in Ann. Phys. ,281,360,2000.

[62] Kalnins, J. , Lambertson, G. , and Gould, H. , Improved alternating gradient transport and focusing of neutral molecules, Rev. Sci. Instr. ,73,2557,2002.

[63] Tarbutt, M. R. and Hinds, E. A. , Nonlinear dynamics in an alternating gradient guide for neutral particles, New J. Phys. 10,073011,2008.

第16章 分子所揭示的基本常数的变化：天体物理观测及实验室实验

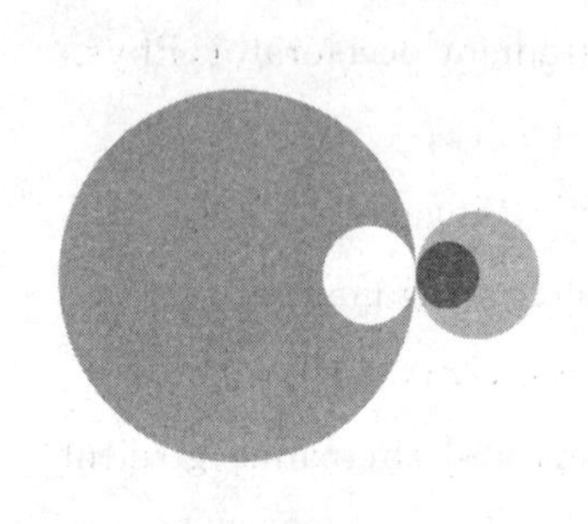

16.1 引言

本章将描述高精度的分子光谱在研究基本常数随时间和空间可能的变化方面的应用。分子光谱对精细结构常数 $\alpha=e^2/\hbar c$ 和电子-质子质量比 $\mu=m_\mathrm{e}/m_\mathrm{p}$（一些作者将 μ 定义为其倒数，即质子-电子质量比）这两个无量纲常数非常敏感。目前，NIST 给出了这两个常数的值为[1]：$\alpha^{-1}=137.035999679(94)$，$\mu^{-1}=1836.15267247(80)$。

精细结构常数 α 决定了电磁（更一般的，电弱）相互作用的强度。原则上，量子色动力学（QCD）也有一个类似的耦合常数 α_s，由于强相互作用的高度非线性,这个常数没有被很好地定义。因此,强相互作用的强度通常由参量Λ_{QCD}表征,它具有质量的量纲,并定义为强耦合常数$\alpha_s(r)=\mathrm{const}/\ln\left(\frac{r\Lambda_{QCD}}{\hbar c}\right)$的对数的Landau奇点位置,其中$r$表示相互作用粒子间的距离。

在标准模型(SM)中,还有另外一个具有质量量纲的基本参数——Higgs真空期望值(VEV),它决定了电弱统一的标度。电子质量m_e和夸克质量m_q与Higgs真空期望值成正比,所以,无量纲参数$X_e=m_e/\Lambda_{QCD}$和$X_q=m_q/\Lambda_{QCD}$将电弱统一的标度与强相互作用的标度联系起来。对于质量较轻的上(u)和下(d)夸克,$X_q\ll 1$,质子质量m_p与Λ_{QCD}成正比,X_e与μ成正比。在具体实验中,μ直接与原子和分子的可观测量相关联,接下来的讨论中将用μ代替X_e。

下面我们将看到,在原子、分子和核的密集分布能级之间的跃迁中,物理常数的相对变化明显增强。近年来,人们发现了一些能级间隔和线宽都很小的新系统。我们预期在Feshbach共振附近,冷分子和原子的碰撞将极大地加剧物理常数的变化。

首先我们回顾一下关于α和μ变化的最新研究进展,然后详细讨论天体物理观测到的分子光谱和微波谱,最后介绍在实验室中利用分子研究基本常数随时间变化的可能性。这些极具创新性的实验的结果,其准确性还不能与天体物理的观测结果相比拟(见16.7节),但是人们已经提出了一些重要的改进建议,并且有几个研究组已经着手开展相关的实验。

通过对大爆炸核合成[2]、类星体吸收光谱和Oklo天然核反应堆等数据的分析,在宇宙寿命的时间尺度(从几十亿到一百多亿年)下可以获得物理常数的时空变化。相比之下,实验室中各种原子和分子的跃迁频率在几个月到几年的时间内也会发生变化。不同时间尺度下物理常数变化的关系取决于不同的模型。但是为了比较天体物理学和实验室结果,我们通常假设常数随时间呈线性关系。通过这种方式,利用基本常数对时间的导数可以解释所有结果。在这个假设下,由类星体吸收光谱就可以得到目前为止质量比μ以及X_e变化的最佳上限值[3],即

$$\dot{\mu}/\mu=\dot{X}_e/X_e=(1\pm 3)\times 10^{-16}\ \mathrm{yr}^{-1} \tag{16.1}$$

将其与原子钟的结果相结合[4],我们就可以获得α变化上限的最好结果[5][6][7]:

$$\dot{\alpha}/\alpha=(-0.8\pm 0.8)\times 10^{-16}\ \mathrm{yr}^{-1} \tag{16.2}$$

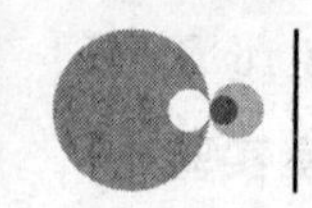

Oklo 天然反应堆中的测量结果为 $X_s = m_s/\Lambda_{QCD}$ 的变化提供了最佳上限值,m_s 是奇异夸克的质量[8][9][10],

$$|\dot{X}_s/X_s| < 10^{-18}\ \text{yr}^{-1} \tag{16.3}$$

需要注意的是,对于 Oklo 的数据来说,α 的影响远远小于 X_s 的,因此我们无法从 Oklo 的数据得出 α 变化的上限,在这个理论[10]下 α 的影响应忽略不计。

除了随时间的变化,也需要考虑常数随空间的变化。巨大的星体(恒星或星系)也可能对物理常数产生影响。换句话说,基本常数可能与引力势有关,例如,

$$\delta\alpha/\alpha = k_\alpha \delta \frac{GM}{rc^2} \tag{16.4}$$

这里 G 是引力常数,r 是距质量为 M 的星体的距离。由参考文献[6]可知,通过测量由地球轨道[4][11]离心率导致的原子频率与太阳距离的依赖关系,该变化的最佳上限值为

$$k_\alpha + 0.17k_\mu = (-3.5 \pm 6) \times 10^{-7} \tag{16.5}$$

参数 k_μ 由公式(16.4)类比得出。下面将讨论一些其他结果,包括表明基本常数非零变化的结果。

16.2 理论研究动机

物理常数的变化以及局域位置不变性(local position invariance)的破坏是如何产生的?现代宇宙学模型中很自然地引入光标量场的概念,它对包括 α 和 μ 在内的标准模型参数产生影响(标准模型的完整参数列表参见参考文献[12])。相应地,宇宙演化过程中其组分的剧烈变化也将预测标量场所产生的宇宙学尺度上的变化。

引力和其他相互作用的统一理论表明,在宇宙中可能存在物理"常数"随时间和空间的变化[13]。此外,还存在一种机制使所有的耦合常数以及基本粒子的质量具有空间、时间相关性以及局域相关性[14]。耦合常数的变化可能是非单调的,如阻尼振荡。

这些变化通常与无质量(或很轻)的标量场相关。比如伸缩子,它与引力子都是弦理论中的标量,并出现在闭弦激发的无质量多重态中。其他标量自然地出现在这样的一种宇宙模型中,即宇宙是一个漂浮在更大空间维度的

“膜”,这些标量就是这个膜在其他维度中的坐标。然而,最近发现的唯一相关的标量场:宇宙暗能量,到目前为止还没有发现可观测的变化。如 16.1 节所述,对物理常数变化可观测极限的预测是十分严格的(参见 16.1 节),仅针对于比重力小的标量耦合。

Damour 小组提出了一个可能的解释[15][16],标量的宇宙演化将导致其自退耦合。Damour 和 Polyakov[16] 进一步提出:宇宙中的物理变化(如相变)或宇宙状态方程的其他剧变引起标量场的激发,将会引起物理常数的改变。他们考虑了几种相变,在其文章发表后,人们又发现了一种新的相变,即从物质主导(减速)阶段跃迁到暗能量主导(加速)阶段。相对于宇宙红移量($z\approx0.5$)或者约 50 亿年的回顾时间来说,该相变是一个相对较新的事件。

如参考文献[17][18]所述,我们可以计算出从减速到加速阶段相变扰动随时间的变化关系。计算表明,在目前的实验条件下,自退耦合过程足以解释相变后物理常数的变化和当今实验室观测同样小的原因。但当宇宙红移量 $z\geqslant1$ 时,电磁精细结构常数变化的时间依赖关系与计算所得一致[19][21]。

16.3 原子分子光谱对 α 和 μ 的依赖

原子和分子光谱中通常使用原子单位制($\hbar=m_e=e=1$),其能量单位为 Hartrees,1 Hartrees$=\dfrac{e^4m_e}{\hbar^2}=2\text{Ry}=219474.6313705(15)\ \text{cm}^{-1}$。

人们认为,原子能量单位本身依赖于 α,并且可以表示为 $\alpha^2m_ec^2$,其中 m_ec^2 为自由电子的静止能量。我们需要通过实验测量不同跃迁频率之比随时间的变化,来寻找基本常数可能的变化。利用这样的频率之比,基本常数便不依赖于单位的选择。除特别说明外,下面我们将统一使用原子单位。

在原子单位下,对于含有无限重、点状原子核的原子来说,非相对论薛定谔方程不包含任何维度的参数。相对论修正可以解释精细结构、兰姆偏移等现象,在相对论修正下,光谱才表现出对 α 的依赖。有限的核质量和体积也导致了原子能量对 μ 具有依赖性,称为同位素效应。对原子能量更小的修正取决于 α 和 μ,即超精细结构。

原子价电子束缚能的相对论修正与 α^2Z^2(Z 是原子序数)的数量级相同,对于重元素来说较大。实验中,为方便起见,我们将原子跃迁频率对 α^2 的依赖关系表示为

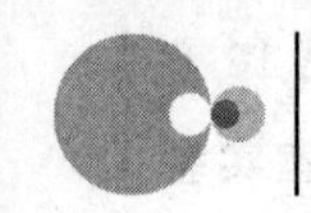

$$\omega=\omega_0+qx \tag{16.6}$$

这里,$x=(\alpha/\alpha_0)^2-1\approx 2\delta\alpha/\alpha$,$\omega_0$ 表示 $\alpha=\alpha_0$ 时的跃迁频率。从简单的单粒子模型可以粗略估计 q 因子的大小,为了获得准确值,必须考虑电子关联,这需要通过大规模的数值计算来实现。最近人们已经对原子和离子进行了相关计算[22]~[29]。

原子的同位素效应具有 $\mu\approx 10^{-3}$ 的数量级,磁超精细能级结构的尺度近似为 $\alpha^2\mu Zg_{\text{nuc}}\approx 10^{-7}Zg_{\text{nuc}}$,$g_{\text{nuc}}$ 是原子核的 g 因子。需要谨记的是 g_{nuc} 也与 μ 和夸克参数 X_q 有关,例如将 ^{133}Cs(Cs 频标)[5] 超精细跃迁或者氢的 21 cm 超精细跃迁[30][31]与大量光频跃迁[5]比较时,就必须考虑这种依赖关系。

目前有很多精确的实验对不同的光学和微波原子钟进行了对比[4][32]~[39]。这些实验对 α、μ 和 g_{nuc} 的不同组合形式随时间的变化给出了严格的上限值。正如上文所述,方程(16.2)所示的 α 变化上限由参考文献[4]中的实验得到,通过假设所有常数对时间具有线性依赖关系,我们可以得到方程(16.1)所示的上限值。关于原子实验更加详尽的讨论参见最近的综述文章(见参考文献[40][41])。

参考文献[30][31]在宇宙时间尺度上对氢原子的超精细跃迁和离子的光频跃迁进行比对,在此基础上人们研究了参数 $F=\alpha^2 g_{\text{p}}\mu$ 随时间的变化,这里 g_{p} 是质子的 g 因子。通过分析红移量为 $0.23\leqslant z\leqslant 2.35$ 的九个类星体的吸收谱线,可以得出

$$\delta F/F=(6.3\pm 9.9)\times 10^{-6} \tag{16.7}$$

$$\dot{F}/F=(-6\pm 12)\times 10^{-16}\ \text{yr}^{-1} \tag{16.8}$$

这与 μ 和 α 的零变化是一致的。

分子光谱学为研究基本常数的变化提供了更多的可能性。众所周知,μ 决定分子光谱中电子、振动和转动能级间隔的尺度,$E_{\text{el}}:E_{\text{vib}}:E_{\text{rot}}\approx 1:\mu^{1/2}:\mu$。此外,分子还具有精细和超精细结构、$\Lambda$ 双分裂和受阻转动等效应,这些效应与基本常数具有不同的依赖关系。显然,这些物理效应的比较有助于研究基本常数的各种组合形式。

密集分布的窄线宽能级跃迁,可以极大地提高对基本常数随时间变化的测量灵敏度。在原子[22][24][25][42][43]、分子[3][44][45][46][49]以及原子核[50][51]的近简并能级跃迁中,可以预期跃迁频率的相对变化 $\delta\omega/\omega$ 会显著提高。

有趣的是,在超冷原子的碰撞和分子 Feshbach 共振点附近[52],基本常数的变化出现增强效应,共振点附近的散射长度 A 对 μ 的变化非常敏感,即

$$\frac{\delta A}{A}=K\frac{\delta\mu}{\mu} \tag{16.9}$$

其中,增强因子 K 非常大,例如,对于 Cs—Cs 碰撞,K 约为 400[52],通过外场调节共振点的位置还可以进一步增大 K 因子。在窄的磁或光学 Feshbach 共振点附近,K 因子将出现多个数量级的增大。

文献[52]中 K 因子的计算主要基于参考文献[53]中散射长度的解析式。当原子间长程相互作用势与其间距 r 的 n 次幂成反比时(如中性原子为$1/r^6$),该公式是有效的,即它包括所有的非简谐修正。

据我们所知,这是除频率测量外研究常数随时间变化唯一可行的实验。将量纲为长度的参数 L 与 A 相比即可获得一个无量纲参数。在参考文献[52]中,散射长度由原子单位(a_B)定义。然而,由于方程(16.9)中 K 因子剧烈的增大效应,L 对 μ 可能的依赖变得不再重要。例如,对于 Cs 原子标准,A 的单位为米,则有 $\delta L/L=-\delta\mu/\mu$,并且有

$$\frac{\delta(A/L)}{A/L}=(K+1)\frac{\delta\mu}{\mu} \tag{16.10}$$

只要 $K\gg1$,基本常数对物理量单位的依赖性可忽略。下面,我们使用上述分析方法来讨论一些包含增强因子的其他实验。

16.4 H_2的天体物理观测

H_2是宇宙中含量最多的分子,长期以来其紫外光谱一直被用于研究 μ 可能具有的变化。对于给定的电子跃迁,每个振转跃迁频率对 μ 有不同的依赖关系[54][55]。因此,通过比较天体物理观测的振转频率与实验室测量数据,便可以获得 μ 的信息。

在绝热近似下,电子态 Λ 的振动和转动量子数分别为 υ 和 J,相应的振转能级由 Dunham 展开给出[56],即

$$E(\upsilon,J)=\sum_{k,l\geqslant0}Y_{k,l}(\upsilon+\frac{1}{2})^k[J(J+1)-\Lambda^2]^l \tag{16.11}$$

其中,$Y_{k,l}$与 μ 的关系如下:

$$Y_{k,l}\propto\mu^{l+k/2} \tag{16.12}$$

因为 μ 非常小,$Y_{k,l}$随 k 和 l 的增加迅速减小,对于小的 υ 和 J,求和通常截止于振动($k=1$)项和转动($l=1$)项。Dunham 展开的零阶项($k=l=0$)对应于电

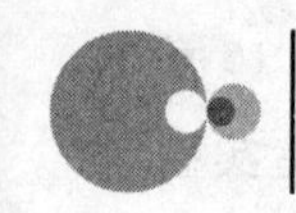

子态能量。

对于每一个电子态能带 $e\text{-}g$ 对应的振转跃迁 i,我们定义灵敏度系数 K_i[55]为

$$K_i \equiv \left(\frac{\mathrm{d}v_i}{v_i}\right) / \left(\frac{\mathrm{d}\mu}{\mu}\right) = \frac{\mu}{E_e - E_g}\left(\frac{\mathrm{d}E_e}{\mathrm{d}\mu} - \frac{\mathrm{d}E_g}{\mathrm{d}\mu}\right) \tag{16.13}$$

这里的能量 E_g 和 E_e 由式(16.11)给出。K_i 的符号取决于激发态和基态的振转能量(在类星体的吸收光谱中,只观测到从电子基态往上的跃迁)。在公式(16.11)中,电子态能量也就是 $Y_{0,0}$ 在展开式中占主导地位,系数 K_i 相对较小,其典型的数量级是 10^{-2},但是当量子数 v 和 J 很大时可以达到 0.05。

通过拟合光谱数据可以确定方程(16.11)的 Dunham 展开系数,利用方程(16.12)和方程(16.13)可以得出灵敏度系数 K_i。一些电子激发态的振转能级间隔非常小,需要在二能级模型近似下进行额外的非绝热修正[57]。

对于不同的激发谱线,μ 的变化 $\delta\mu$ 会导致不同的红移量 z_i,即

$$\zeta_i \equiv \frac{z_i - z_{q,abs}}{1 + z_{q,abs}} = -\frac{\delta\mu}{\mu}K_i \tag{16.14}$$

这里,$z_{q,abs}$ 代表类星体吸收谱的红移量。通过描绘约化红移量 ζ_i 随灵敏度系数 K_i 的变化关系曲线,可以估计 $\delta\mu/\mu$。最近,用 H_2 的天文观察数据对可能的 μ 变化的研究[20]是基于所观察到的红移量 $z_{q,abs}=3.02$ 和 2.59。通过对 H_2 两个紫外波段共 76 条谱线的分析可以得出以下结果:

$$\frac{\delta\mu}{\mu} = (-20 \pm 6) \times 10^{-6} \tag{16.15}$$

这一结果表明,在过去的 120 亿年 μ 值是增大的,其置信度为 3.5σ。假设其增大与时间呈线性关系,方程(16.15)可改写为

$$\frac{\dot{\mu}}{\mu} = (17 \pm 5) \times 10^{-16}\ \mathrm{yr}^{-1} \tag{16.16}$$

该结果应该与方程(16.1)中氨的结果(对应于大约 65 亿年的时间尺度)进行比较,这将在 16.6 节中进行更详细的讨论。

16.5 微波分子光谱的天体物理观测

之前的章节中,我们讨论了 H_2 紫外光谱的天体物理观测,相应的吸收带很强,甚至在非常大的红移条件下都可以观测到。另一方面,由于振转态能量与跃迁总能量相比非常小,方程(16.13)中的灵敏度系数 K_i 很小。而在微波光谱中,物理常数可能的变化引起的相对频移更大,所以研究分子的微波光谱

是适宜的。

16.5.1 转动光谱

1996年,Varshalovich 和 Potekhin 在参考文献[58]中将 CO 分子转动态跃迁($(J=3\rightarrow J=2)$、$(J=2\rightarrow J=1)$)的红移,和同一类天体红移量为 $z=2.286$、$z=1.944$ 的轻原子离子光谱线的红移进行了比较。由于原子的跃迁频率与 μ 无关,而转动态的跃迁频率与 μ 成正比,通过上述两种谱线红移的比较可以获得 μ 变化的上限,即

$$\frac{\delta\mu}{\mu}=(-0.6\pm3.7)\times10^{-4}\big|_{z=2.286} \tag{16.17a}$$

$$\frac{\delta\mu}{\mu}=(-0.7\pm1.0)\times10^{-4}\big|_{z=1.944} \tag{16.17b}$$

在参考文献[58]中,作者还比较了 CO 分子($J=0\rightarrow J=1$)的吸收线与天体(红移量为 $z=0.2467$)发出的 21 cm 氢原子谱线,发现这两种跃迁的谱线红移并没有任何显著的差异,这是因为 μ 的变化还受到其他因素的影响。如前所述,氢原子超精细跃迁的频率与 $\alpha^2\mu g_p$ 成正比,该结果实际上对参量 $F=\alpha^2 g_p$[59]的变化设定了一个上限。最近,对于同一类天体(红移量 $z=0.247$)和更远的天体(红移量 $z=0.6847$),Murphy 小组用更准确的数据做了类似的分析[60],并得到 F 变化的上限,即

$$\frac{\delta F}{F}=(-2.0\pm4.4)\times10^{-6}\big|_{z=0.2467} \tag{16.18a}$$

$$\frac{\delta F}{F}=(-1.6\pm5.4)\times10^{-6}\big|_{z=0.6847} \tag{16.18b}$$

红移量 $z=0.6847$ 的星体与类星体 B0218+357 的引力透镜效应(gravitational lens)有关,该星体的回顾时间约为 6.5 Gyr。在 16.5.2 小节和 16.6 节中还将介绍其他研究者对这个星体的研究。

16.5.2 OH 中 18 cm 的跃迁

我们考虑 OH 基 $^2\Pi_{3/2}$ 态的超精细子能级(Λ 双线)之间的跃迁[61][62][63]。$^2\Pi_{3/2}$ 态的 Λ 分裂是由三阶 Coriolis 相互作用引起的,相应的能级间隔与自旋-轨道相互作用引起的 $^2\Pi_{3/2}$、$^2\Pi_{1/2}$ 能级分裂成反比,即与 $\mu^3\alpha^{-2}$ 成正比,然而超精细结构的间隔与 $\alpha^2\mu g_{\rm nuc}$ 成正比。因此,超精细结构间隔与 Λ 双线间隔取决于二者之比 $\widetilde{F}=\alpha^4\mu^{-2}g_{\rm nuc}$,其高阶修正为 $\widetilde{F}=\alpha^{3.14}\mu^{-1.57}g_{\rm nuc}$[64]。

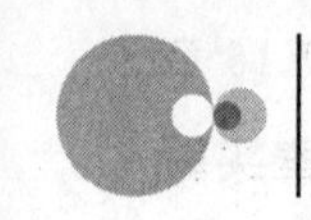

OH 自由基的超精细结构分裂约为 50 MHz,远小于 Λ 双线的间隔(约为 1700 MHz),因此,易于将 OH 自由基的 Λ 双线与 21 cm 的氢原子谱线或者 HCO^+ 分子的转动光谱线进行比较[61]~[64]。

通过对红移量 $z=0.765$ 的吸收体和 $z=0.685$ 的引力透镜效应的观测[64],可以得到 $\widetilde{F}$ 变化最严格的上限,即

$$\delta\widetilde{F}/\widetilde{F}=(0.44\pm0.36^{\text{stat}}\pm1.0^{\text{syst}})\times10^{-5} \tag{16.19}$$

其系统误差主要来自于分子云中分子速度差引起的多普勒噪声。

最近,人们利用斯塔克减速产生的冷分子重新精确测量了 OH 自由基 Λ 双线的频率[65],可能为未来更精确的天体物理观测提供参考。

16.6　氨反转谱中 μ 随时间变化的上限

2004 年,Van Veldhoven 小组提出在实验室使用减速的 ND_3 分子束研究 μ 变化的方案[46]。氨分子具有金字塔结构,其反转频率取决于三个氢(或氘)原子隧穿势垒的概率,这个概率具有指数形式[66]。因此,它对系统参数的任何变化都是非常敏感的,尤其是与振动反转模式对应的约化质量。该小组发现对于 ND_3 分子有 $\delta\omega/\omega=5.6\delta\mu/\mu$。相比于典型的分子振动频率,$ND_3$ 的反转频率对于 μ 的变化更加敏感(大一个数量级)(注:参考文献[46]中该效应的符号有印刷错误)。

然而,使用传统的或是通过斯塔克减速的分子束,其灵敏度的增幅还不足以使人们能够在实验室中观察到 μ 随时间的变化。分子喷泉似乎可以使灵敏度提高几个数量级,以满足实验的要求,目前关于分子喷泉的研究正在进行[67]。

另一方面,NH_3 的反转光谱的增强非常小,这种现象广泛存在于天体物理观测中,即使是红移量特别大的星体中也可以观测到。参考文献[3]中,利用 NH_3 的反转光谱获得了方程(16.1)的上限值,接下来我们进行更为详细的讨论。

氨的反转振动存在两个振动束缚态,这两个能级经势垒隧穿后分裂形成反转双线。较低的双线分裂间距对应的波长为 $\lambda\approx1.25$ cm,可用于氨微波激射器。分子转动会导致势能曲线的离心畸变,所以反转能级分裂与转动角动量 J 及其在分子对称轴的投影 K 具有如下依赖关系:

$$\omega_{\text{inv}}(J,K)=\omega_{\text{inv}}^{0}-c_1[J(J+1)-K^2]+c_2K^2+\cdots \tag{16.20}$$

这里我们省略了 J 和 K 的高阶项。公式中参量的测量值分别为 $\omega_{\mathrm{inv}}^{0}\approx 23.787\ \mathrm{GHz}$,$c_1\approx 151.3\ \mathrm{MHz}$,$c_2\approx 59.7\ \mathrm{MHz}$[68]。

除了方程(16.20)所表示的转动结构,氨分子的反转光谱还具有超精细结构,以丰度较大的氮同位素$^{14}\mathrm{N}$为例,其超精细结构主要由电四极相互作用(约1 MHz)决定[69]。根据偶极跃迁选择定则,$\Delta K=0$,$J=K$ 的能级处于亚稳态。在分子束实验中,相应的反转光谱线宽主要由碰撞展宽决定。在天体物理观测中,$J=K$ 的谱线与其他共振线相比,线宽更窄、强度更强,然而却无法分辨大红移光谱的超精细结构。

对于我们的研究,了解方程(16.20)中参量对基本常数的依赖关系是非常重要的。取原子单位时,分子的静电势与基本常数无关(在相对论修正下,静电势与 α 有很弱的依赖关系,这里忽略不计),因此,反转频率 $\omega_{\mathrm{inv}}^{0}$和常数 $c_{1,2}$仅是 μ 的函数。需要注意的是,系数 c_i 与分子的转动惯量成反比,因此 c_i 通过反转模的约化质量与 μ 产生关联。这意味着 $\omega_{\mathrm{inv}}^{0}$和 c_i 对于 μ 的依赖关系不同。

方程(16.20)表示的反转光谱可以近似地由如下的哈密顿量描述:

$$H_{\mathrm{inv}}=-\frac{1}{2M_1}\partial_x^2+U(x)+\frac{1}{I_1(x)}[J(J+1)-K^2]+\frac{1}{I_2(x)}K^2 \tag{16.21}$$

式中:x 是氮原子核到三个氢原子所在平面的距离;

I_1和 I_2分别是垂直和平行于分子轴的转动惯量;

M_1是反转模的约化质量。

假设在反转过程中氮—氢键的长度 d 不变,则 $M_1=2.54m_{\mathrm{p}}$,同时

$$I_1(x)\approx\frac{3}{2}m_{\mathrm{p}}d^2[1+0.2\,(x/d)^2] \tag{16.22}$$

$$I_2(x)\approx 3m_{\mathrm{p}}d^2[1-(x/d)^2] \tag{16.23}$$

$I_{1,2}$对 x 的依赖关系产生对 $C(J,K)x^2\mu$ 形式势能的修正,该修正引起了振动频率和势垒有效高度的变化,从而改变了方程(16.20)中的反转频率 ω_{inv}。

根据参考文献[70],方程(16.21)中的势能 $U(x)$表示为

$$U(x)=\frac{1}{2}kx^2+b\exp(-cx^2) \tag{16.24}$$

通过拟合 NH_3 和 ND_3 的振动频率得到 $k\approx 0.7598$ au,$b\approx 0.05684$ au,$c\approx 1.3696$ au。当势能取方程(16.24)的形式时,对于不同的 μ 值,由数值积分薛定谔方程得到

$$\frac{\delta\omega_{\text{inv}}^{0}}{\omega_{\text{inv}}^{0}}\approx 4.46\,\frac{\delta\mu}{\mu}\tag{16.25}$$

通过解析的方式,重新获得这一结果是非常有意义的。利用 WKB 近似,可得反转频率的估计值为[71]

$$\omega_{\text{inv}}^{0}=\frac{\omega_{\text{vib}}}{\pi}\exp(-S)\tag{16.26a}$$

$$=\frac{\omega_{\text{vib}}}{\pi}\exp\left(-\frac{1}{\hbar}\int_{-a}^{a}\sqrt{2M_1(U(x)-E)}\,\mathrm{d}x\right)\tag{16.26b}$$

式中:ω_{vib}是反转模的振动频率;S 是以 $\hbar$ 为单位的作用量;$x=\pm a$ 是能量为 E 时的经典转折点;最低的振动态 $E=U_{\min}+\frac{1}{2}\omega_{\text{vib}}$。

由实验值 $\omega_{\text{vib}}=950\ \text{cm}^{-1}$,$\omega_{\text{inv}}=0.8\ \text{cm}^{-1}$,可以得出 $S\approx5.9$。

利用表达式(16.26b)可以计算 ω_{inv}^{0}与质量比 μ 的依赖关系。将作用量写成 $S=A\mu^{-1/2}\int_{-a}^{a}\sqrt{U(x)-E}\,\mathrm{d}x$,其中,$A$ 是常数,积分内的平方根通过 E 依赖于 μ,则

$$\frac{\mathrm{d}\omega_{\text{inv}}^{0}}{\mathrm{d}\mu}=\omega_{\text{inv}}^{0}\left(\frac{1}{2\mu}-\frac{\mathrm{d}S}{\mathrm{d}\mu}\right)\tag{16.27a}$$

$$=\omega_{\text{inv}}^{0}\left(\frac{1}{2\mu}-\frac{\partial S}{\partial\mu}-\frac{\partial S}{\partial E}\frac{\partial E}{\partial\mu}\right)\tag{16.27b}$$

容易得出$\partial S/\partial\mu=-S/(2\mu)$,且方程(16.27b)中第三项的值取决于势垒的形状,即

$$\frac{\partial S}{\partial E}=-\frac{q}{4}\frac{S}{U_{\max}-E}\tag{16.28}$$

当势垒为方形时,$q=1$;当势垒为三角形时,$q=3$;对于更接近真实情况的势垒,$q\approx2$。我们利用方程(16.24)来确定 $U_{\max}$,然后得到

$$\frac{\delta\omega_{\text{inv}}^{0}}{\omega_{\text{inv}}^{0}}\approx\frac{\delta\mu}{2\mu}\left(1+S+\frac{S}{2}\frac{\omega_{\text{vib}}}{U_{\max}-E}\right)=4.4\,\frac{\delta\mu}{\mu}\tag{16.29}$$

这个值接近于方程(16.25)的数值结果。

由方程(16.29)可以看出,NH_3的反转频率对于 μ 的灵敏度比典型的振动频率高一个数量级,其原因是隧穿过程对应的作用量 S 很大所致。

由方程(16.21)~方程(16.23)可得方程(16.20)中的常数 $c_{1,2}$ 与 μ 的依赖关系[3]

$$\frac{\delta c_{1,2}}{c_{1,2}}=5.1\frac{\delta\mu}{\mu} \tag{16.30}$$

显然,以上的结果也适用于 ND_3 分子,相应的反转频率小 15 倍,并由方程(16.26b)得 $S\approx8.4$。由公式(16.29)可知,这在一定程度上提高了反转频率对 μ 的灵敏度。该结果与参考文献[46]中的结果一致。

$$ND_3:\begin{cases}\dfrac{\delta\omega_{inv}}{\omega_{inv}}\approx5.7\dfrac{\delta\mu}{\mu}\\[2mm]\dfrac{\delta c_2}{c_2}\approx6.2\dfrac{\delta\mu}{\mu}\end{cases} \tag{16.31}$$

由方程(16.25)和方程(16.30)可以看出,反转频率 ω_{inv}^0 和转动能级间隔 $\omega_{inv}(J_1,K_1)-\omega_{inv}(J_2,K_2)$ 与 μ 具有不同的依赖关系。原则上,通过比较氨反转光谱中不同的能级间隔可以研究 μ 随时间的变化。例如,比较转动能级间隔和反转频率,则由方程(16.25)和方程(16.30)可得

$$\frac{\delta\{[\omega_{inv}(J_1,K_1)-\omega_{inv}(J_2,K_2)]/\omega_{inv}^0\}}{[\omega_{inv}(J_1,K_1)-\omega_{inv}(J_2,K_2)]/\omega_{inv}^0}=0.6\frac{\delta\mu}{\mu} \tag{16.32}$$

如果将反转跃迁与电四极和磁超精细子能级之间的跃迁进行比较,则该效应变得更强。然而,天体物理光谱的典型线宽比超精细分裂要大很多,这种方法并不可行。

另外,类比于 OH 自由基 Λ 双线结构的分析,将 NH_3 分子的反转光谱与其他分子的转动光谱相比较更具研究前景,这里

$$\frac{\delta\omega_{rot}}{\omega_{rot}}=\frac{\delta\mu}{\mu} \tag{16.33}$$

在天体物理观测中,任何频移都与相对应的视红移(apparent redshift)相关联,即

$$\frac{\delta\omega}{\omega}=-\frac{\delta z}{1+z} \tag{16.34}$$

根据方程(16.25)和方程(16.33),对于给定的天体,其红移量 $z=z_0$,μ 的变化将导致所有转动线产生视红移 $\delta z_{rot}=-(1+z_0)\delta\mu/\mu$。氨的所有反转谱线相对应的偏移是 $\delta z_{inv}=-4.46(1+z_0)\delta\mu/\mu$。通过比较 NH_3 反转光谱的视红移 z_{inv} 与其转动光谱的视红移 z_{rot},我们发现

$$\frac{\delta\mu}{\mu}=0.289\frac{z_{rot}-z_{inv}}{1+z_0} \tag{16.35}$$

NH_3 反转光谱红移的高精度数据存在于之前提到的红移量 $z\approx0.6847$ 的天体 B0218+357 中[72],将这些数据与参考文献[73]中的 CO、HCO^+ 和 HCN 分子

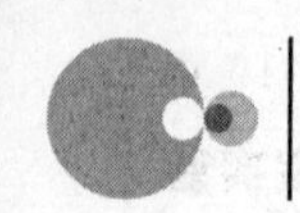

转动光谱的红移数据作比较,便可以从方程(16.35)中得到 μ 的保守上限值

$$\frac{\delta\mu}{\mu}=(-0.6\pm1.9)\times10^{-6} \tag{16.36}$$

考虑到天体 B0218+357 的红移量 $z\approx0.68$ 对应的回顾时间约为 6.5 Gyr,通过该上限值即可获得方程(16.1)所示的变化率 $\dot{\mu}/\mu$。

16.7 SF_6的实验

本节讨论利用 SF_6分子进行物理常数随时间变化的实验研究。以 SF_6分子双光子振动跃迁($v=0,J=4$)→($v=2,J=3$)的实验为例[47],这是利用超声 SF_6分子束得到的 Ramsey 型实验结果。分子束的速度为 $u=400$ m/s,相互作用区域的长度为 $D=1$ m,对应的线宽为$\frac{u}{2D}=200$ Hz。

实验中利用 CO_2激光激发双光子跃迁,其频率由 Cs 频标控制[48],也就是将 SF_6的振动频率 ω_{vib}与 Cs 的超精细跃迁频率 ω_{hfs}进行比对,所以这个实验对基本常数的组合形式 $F=g_{nuc}\mu^{-1/2}\alpha^{2.83}$非常灵敏。该实验的持续时间为 18 个月,获得的结果为

$$\dot{F}/F=(1.4\pm3.2)\times10^{-14}\ \text{yr}^{-1} \tag{16.37}$$

该上限值比通过原子钟获得的最严格上限值差一些,而且它约束了基本参数不同的组合形式。最重要的是,在原子实验中,参数 g_{nuc}、μ 总是以 $g_{nuc}\mu$ 的形式变化,而本实验中组合形式为 $g_{nuc}\mu^{-1/2}$。将原子钟的结果[4][35][37]和方程(16.37)表示的上限值相结合就有可能获得实验室中 μ 变化的最佳上限,即

$$\dot{\mu}/\mu=(3.4\pm6.5)\times10^{-14}\ \text{yr}^{-1} \tag{16.38}$$

显然,与天体物理观测所获得方程(16.1)所示的上限值相比,该结果明显更差,但可能很快就会有显著的改善。

16.8 双原子分子密集分布的窄线宽能级

本节将在双原子分子中讨论不同类型的密集分布的窄线宽能级。在分子电子基态中,这些能级可能是准简并的超精细和转动能级[45],或者准简并的精细和振动能级[49](见图 16.1)。准简并能级之间的跃迁对应于微波频率,可以实验测量,并且线宽很窄,典型的值约为 10^{-2} Hz。在这种情况下,描述相对变化的灵敏度系数 K 超过 10^5。

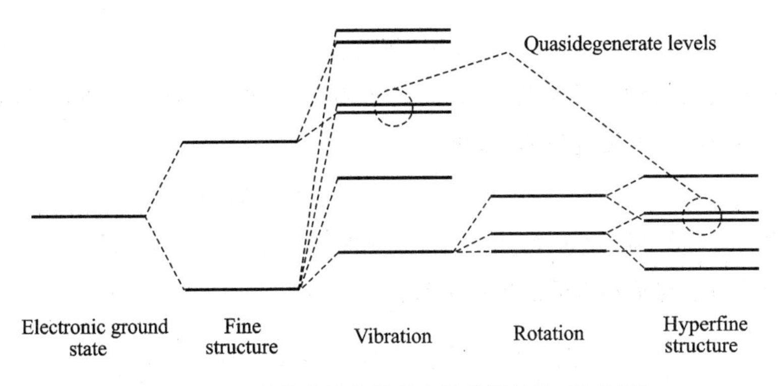

图16.1 双原子分子电子基态的能级结构(示意图)

16.8.1 具有准简并超精细能级和转动能级的分子

考虑处于基态 $^2\Sigma$ 的双原子分子(有一个未配对电子),如LaS、LaO、LuS、LuO和YbF[74]。超精细能级间隔 Δ_{hfs} 与 $\alpha^2 ZF_{rel}(\alpha Z)\mu g_{nuc}$ 成正比,其中 F_{rel} 是相对论(Casimir)因子[76]。转动能级间隔 $\Delta_{rot}\propto\mu$,且近似与 α 无关。对于 $\Delta_{hfs}\approx\Delta_{rot}$ 的分子,超精细能级和转动能级之间的分裂 ω 取决于

$$\omega\propto\mu[\alpha^2 F_{rel}(\alpha Z)g_{nuc}-\mathrm{const}] \tag{16.39}$$

其相对变化为

$$\frac{\delta\omega}{\omega}\approx\frac{\Delta_{hfs}}{\omega}\left[(2+K)\frac{\delta\alpha}{\alpha}+\frac{\delta g_{nuc}}{g_{nuc}}\right]+\frac{\delta\mu}{\mu} \tag{16.40}$$

此外,K 因子来自于 $F_{rel}(\alpha Z)$ 的变化,当 $Z\approx50$ 时,$K\approx1$。只要 $\Delta_{hfs}/\omega\gg1$,公式(16.40)中的最后一项忽略不计。

通常很难得到双原子分子超精细结构的数据,且精度不高。利用参考文献[74]中的数据,获得 $^{139}La^{32}S$ 分子的 $\omega=(0.002\pm0.01)\ \mathrm{cm}^{-1}$[45]。当 $\omega=0.002\ \mathrm{cm}^{-1}$ 时,相对频移量为

$$\frac{\delta\omega}{\omega}\approx600\frac{\delta\alpha}{\alpha} \tag{16.41}$$

随着分子超精细结构常数数据的更新,我们将很可能找到能级准简并度符合要求的分子。

16.8.2 具有准简并精细能级和振动能级的分子

精细结构能级的间隔 ω_f 随着核电荷数 Z 迅速增加,即

$$\omega_f\approx Z^2\alpha^2 \tag{16.42}$$

相反,振动能量随原子质量减小,即

$$\omega_{\mathrm{vib}} \approx M_{\mathrm{r}}^{-1/2}\mu^{1/2} \tag{16.43}$$

其中分子振动的约化质量为 $M_{\mathrm{r}}m_{\mathrm{p}}$。对于固定 Z 和 M_{r} 的谱线,如果我们期望精细结构与振动能级近似相等,即

$$\omega = \omega_{\mathrm{f}} - \upsilon\omega_{\mathrm{vib}} \approx 0, \quad \upsilon = 1,2,\cdots \tag{16.44}$$

我们可以得到 $Z=Z(M_{\mathrm{r}},\upsilon)$。利用方程(16.42)~方程(16.44),可以容易得到跃迁频率与基本常数的依赖关系:

$$\frac{\delta\omega}{\omega} = \frac{1}{\omega}\left(2\omega_{\mathrm{f}}\frac{\delta\alpha}{\alpha} + \frac{\upsilon}{2}\omega_{\mathrm{vib}}\frac{\delta\mu}{\mu}\right) \approx K\left(2\frac{\delta\alpha}{\alpha} + \frac{1}{2}\frac{\delta\mu}{\mu}\right) \tag{16.45}$$

对于给定的基本常数的变化,这里的增强因子 $K=\frac{\omega_{\mathrm{f}}}{\omega}$ 是相对频移。实验上更容易观测较大的相对频移,因此大的 K 因子更有利于实验。然而,较大的 K 值并不总能够保证我们可以获得更高的灵敏度。对于某些准简并能级,K 因子可能没有影响[42]。因此,考虑频移的绝对值并将其与跃迁的线宽比较也很重要。

由于分子种类有限,我们不期望找到一个 $\omega=0$ 的分子。然而,很多分子确实满足 $\omega/\omega_{\mathrm{f}}\ll 1$ 的条件,从而 $|K|\gg 1$。通过同位素替换,选取适当的转动能级、Ω 双线结构以及超精细子能级,在实验上可以进一步实现“能级微调”。因此,我们可以找到两个大组态:一个是超精细结构;另一个是相同或不同电子态上的振动态。如果这两个组态的能级发生交叠,我们就可以选择两对或多对跃迁,使对应的 ω 有不同的符号。在这种情况下,可以预期 $|\omega|$ 的变化必然会有不同的符号(因为变化 $\delta\omega$ 的符号总是相同的),这样可以消除一些系统误差。Budker 小组[42][43][75]在研究两个能级密集分布的镝同位素时,利用上述方法减小了系统误差。实验中,属于不同电子组态的能级差对于 ^{163}Dy 和 ^{162}Dy 的跃迁符号相反。

表 16.1 列出了参考文献[74]中所涉及的分子,其基态分裂为两个精细能级,并且近似满足方程(16.44)。我们对 Cl_2^+ 和 SiBr 尤其感兴趣,对于这两种分子,由方程(16.44)所定义的频率 ω 的数量级为 1 cm^{-1},与转动常量 B 的大小相近。这意味着通过选择适当的同位素、转动量子数 J 或者超精细子能级,ω 还能进一步减小。这就需要新的实验以准确地测定跃迁频率,从而获得满足方程(16.44)的最佳跃迁能级。我们容易得到频移测量所需的精度:根据方程(16.45),预测的频移量为

$$\delta\omega = 2\omega_f\left(\frac{\delta\alpha}{\alpha}+\frac{1}{4}\frac{\delta\mu}{\mu}\right) \tag{16.46}$$

假设 $\delta\alpha/\alpha \approx 10^{-15}$ 和 $\omega_f \approx 500\ \mathrm{cm}^{-1}$,可得 $\delta\omega \approx 10^{-12}\ \mathrm{cm}^{-1} \approx 3\times10^{-2}\ \mathrm{Hz}$。与 Cs(或 Rb)的超精细跃迁频率实验相比较可知,为了获得相似的灵敏度,频移的测量精度必须达到 10^{-5} Hz。

表 16.1　基态振动能级与精细结构是准简并的双原子分子

分　　子	电　子　态	$\omega_f/\mathrm{cm}^{-1}$	$\omega_{vib}/\mathrm{cm}^{-1}$	K/cm^{-1}
Cl_2^+	$^2\Pi_{3/2,1/2}$	645	645.6	1600
CuS	$^2\Pi$	433.4	415	24
IrC	$^2\Delta_{5/2,3/2}$	3200	1060	160
SiBr	$^2\Pi_{1/2,3/2}$	423.1	424.3	350

来源:数据摘自 Huber,K. P. and Herzberg,G. ,Constants of Diatomic Molecules,Van Nostrand,New York,1979.

注:所有的频率单位为 cm^{-1}。增强因子 K 由式(16.45)估算。

16.8.3　HfF^+ 分子离子

由于参考文献[74]中数据的缺乏,表 16.1 中列出的分子种类并不完整。接下来我们简要讨论一个近年来引起关注的有趣的例子。Cornell 小组利用 HfF^+ 或者相似的离子寻找电子电偶极矩[77][78]。为了获得长的相干时间,离子被装载在一个射频四极阱中。在类似的实验装置中也可以研究基本常数随时间的变化。根据 Petrov 小组[79]最近的计算结果,HfF^+ 的第一激发态($^3\Delta_1$)比基态($^1\Sigma^+$)的能量高 1633 cm^{-1},基态和第一激发态的振动频率分别为 790 cm^{-1}和 746 cm^{-1}。根据这些参数,基态的振动能级 $v=3$ 与第一激发态的振动能级$v=1$ 的间隔只有 10 cm^{-1}。因此,我们将方程(16.44)改写为

$$\omega = \omega_{el} + \frac{3}{2}\omega_{vib}^{(1)} - \frac{7}{2}\omega_{vib}^{(0)} \approx 0 \tag{16.47}$$

其中,上标 0 和 1 分别表示电子的基态和激发态。由于频率为 ω_{el} 的电子态跃迁不是精细结构跃迁,所以方程(16.42)不再适用。相反,通过与方程(16.6)类比,我们可以得到

$$\omega_{el} = \omega_{el,0} + qx, \quad x = \alpha^2/\alpha_0^2 - 1 \tag{16.48}$$

为了计算 HfF^+ 离子的 q 因子,对于不同的 α 值,需要考虑相对论效应进行分子计算,而这种计算尚未完成,但可以根据 Yb^+ 离子的计算做的数量级估计[24]。根据参考文献[79],在一级近似下,$^1\Sigma_1^+ - {}^3\Delta_1$ 的跃迁与铪离子

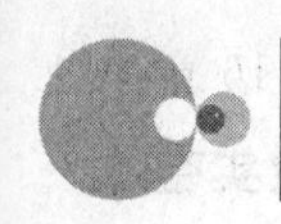

6s—5d 的跃迁是相同的。众所周知,重原子的 s 和 d 轨道值对 α 有不同的依赖关系:s 电子的结合能随 α 增加,d 电子的结合能却随 α 减小[22]~[25]。对于 Yb^+ 离子相同的跃迁(6s—5d),参考文献[24]给出 $q_{sd}=10000\ cm^{-1}$。用这个值来估计并通过类比方程(16.45),我们可以写出

$$\frac{\delta\omega}{\omega}\approx\left(\frac{2q}{\omega}\frac{\delta\alpha}{\alpha}+\frac{\omega_{el}}{2\omega}\frac{\delta\mu}{\mu}\right)\approx\left(2000\frac{\delta\alpha}{\alpha}+80\frac{\delta\mu}{\mu}\right) \tag{16.49}$$

$$\delta\omega\approx 20000\ cm^{-1}(\delta\alpha/\alpha+0.04\delta\mu/\mu) \tag{16.50}$$

假设 $\delta\alpha/\alpha\approx10^{-15}$,可得 $\delta\omega\approx0.6$ Hz。

16.8.4 准简并态自然线宽的估计

如前所述,将基本常数随时间可能的变化导致的频移与相应跃迁的线宽进行比对是非常重要的。首先来估算振动能级 υ 的自然线宽Γ_υ,即

$$\Gamma_\upsilon=\frac{4\omega_{vib}^3}{3\hbar c^3}|\langle\upsilon|\hat{D}|\upsilon-1\rangle|^2 \tag{16.51}$$

为了估计偶极矩阵元的大小,$\hat{D}$ 表示为

$$\hat{D}=\frac{\partial D(R)}{\partial R}\Big|_{R=R_0}(R-R_0)\approx\frac{D_0}{R_0}(R-R_0) \tag{16.52}$$

这里 D_0 是分子在平衡位置 R_0 处的偶极矩。利用谐振子的结果,$\langle\upsilon|x|\upsilon-1\rangle=\left(\frac{\hbar\upsilon}{2m\omega}\right)^{\frac{1}{2}}$,可得

$$\Gamma_\upsilon=\frac{2\omega_{vib}^2D_0^2\upsilon}{3c^3M_rm_pR_0^2} \tag{16.53}$$

对于同核分子 Cl_2^+,$D_0=0$,因此$\Gamma_\upsilon=0$。对于 SiBr 分子,假设 $D_0^2/R_0^2\approx0.1e^2$,由方程(16.53)可得$\Gamma_1\approx10^{-2}$ Hz。

接下来我们考虑精细结构双线 $^2\Pi_{1/2,3/2}$,并估算上能态 $^2\Pi_{3/2}$ 的宽度Γ_f。通过与方程(16.51)类比,可以写出

$$\Gamma_f=\frac{4\omega_f^3}{3\hbar c^3}|\langle{}^2\Pi_{3/2}|D_1|{}^2\Pi_{1/2}\rangle|^2 \tag{16.54}$$

其中的偶极矩阵元是在分子参考系下计算的,包括对所有最终转动态求和的结果。该矩阵元对应于双线能级之间的自旋反转,在非相对论近似下必然为零。自旋一轨道相互作用将 $^2\Pi_{1/2}$ 和 $^2\Sigma_{1/2}$ 态混合,即

$$|{}^2\Pi_{1/2}\rangle\rightarrow|{}^2\Pi_{1/2}\rangle+\xi|{}^2\Sigma_{1/2}\rangle \tag{16.55}$$

方程(16.54)中的矩阵元变为[80]

$$\langle{}^2\Pi_{3/2}|D_1|{}^2\Pi_{1/2}\rangle\approx\xi\langle\Pi|D_1|\Sigma\rangle\approx\frac{\alpha^2Z^2}{10(E_\Pi-E_\Sigma)} \tag{16.56}$$

这里,E_{Σ} 是最低Σ态的能量。将方程(16.56)代入方程(16.54),使用参考文献[74]中的能量,SiBr 分子相应的线宽估计为

$$\Gamma_f \approx 10^{-2}\ \text{Hz} \tag{16.57}$$

此处假定在 SiBr 分子中,未配对电子更靠近 Si($Z=14$)而不是 Br($Z=35$),因此 SiBr 分子的精细结构分裂小于 Cl_2^+ 的分裂,Cl 的核电荷数 $Z=17$(见表 16.1)。对于同核分子 Cl_2^+,鉴于 $g\leftrightarrow u$ 的跃迁选择规则,方程(16.54)中的偶极跃迁矩阵元为零。我们由此得出结论,分子自然线宽的数量级为 10^{-2} Hz 或更小。相比而言,Hg^+ 离子(用于原子钟实验[4])的 $^2D_{5/2}$ 态的自然线宽是 12 Hz。10^{-2} Hz 的能级宽度可能来源于黑体辐射的作用[81]。根据参考文献[81],室温下极性分子振转能级寿命的变化范围为 1~100 s。同样,我们预测同核分子的寿命更长,在超高精密的测量中有非常重要的前景[82]。

16.9 Cs_2 和 Sr_2 实验方案

本节将讨论最近两个关于冷双原子分子的实验方案,其一是 Yale 大学提出的 Cs_2[44][83],其二是 JILA 提出的 Sr_2[84]。

Yale 大学的实验是基于这样的思想[44]:将电子态能量与大量振动量子的能量进行匹配。与方程(16.42)、方程(16.43)和方程(16.44)描述的情况不同,此处电子由基态 $^1\Sigma_g^+$ 跃迁到激发态 $^3\Sigma_u^+$,在一级近似下,其跃迁频率与 α 无关,约为 3300 cm^{-1},相匹配的振动态数目的数量级为 100(见图 16.2)。当振动量子数 $\upsilon\approx 100$ 时,由于势能的非简谐性,振动能级密度较大,因此可以在两个不同的势能曲线上找到两个相近的振动能级,这将增大 μ 变化测量的灵敏度(参见方程(16.44))。实验上可以通过光缔合铯原子的方法获得特定量子态的 Cs_2 冷分子。

我们来预估该实验测量 α 和 μ 变化的灵敏度。从方程(16.48)可以得出电子跃迁的能量,如果忽略势能的非简谐性,分属两个电子态,间隔很小的振动能级之间的跃迁频率为

$$\omega = \omega_{\text{el},0} + qx + \left(\upsilon_2 + \frac{1}{2}\right)\omega_{\text{vib},2} - \left(\upsilon_1 + \frac{1}{2}\right)\omega_{\text{vib},1} \tag{16.58}$$

其中,$\upsilon_2 \ll \upsilon_1$。该跃迁频率对 α 和 μ 的依赖关系为

$$\delta\omega \approx 2q\frac{\delta\alpha}{\alpha} - \frac{\omega_{\text{el},0}}{2}\frac{\delta\mu}{\mu} \tag{16.59}$$

这里,我们利用了不等式 $\omega \ll \omega_{\text{el},0}$。对于 Cs 原子基态,$q$ 因子约为 1100 cm^{-1},与 $\frac{1}{4}\alpha^2 Z^2 \varepsilon_{6s}$ 相近,其中 ε_{6s} 是基态结合能。假设分子的电子跃迁也具有相同的

关系,可以得到$|q|\approx\frac{1}{4}\alpha^2Z^2\omega_{\mathrm{el},0}\approx120\ \mathrm{cm}^{-1}$。利用以上粗略的估计以及方程(16.59)可得

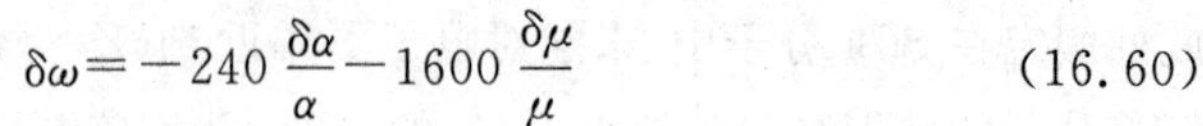

$$\delta\omega=-240\,\frac{\delta\alpha}{\alpha}-1600\,\frac{\delta\mu}{\mu} \tag{16.60}$$

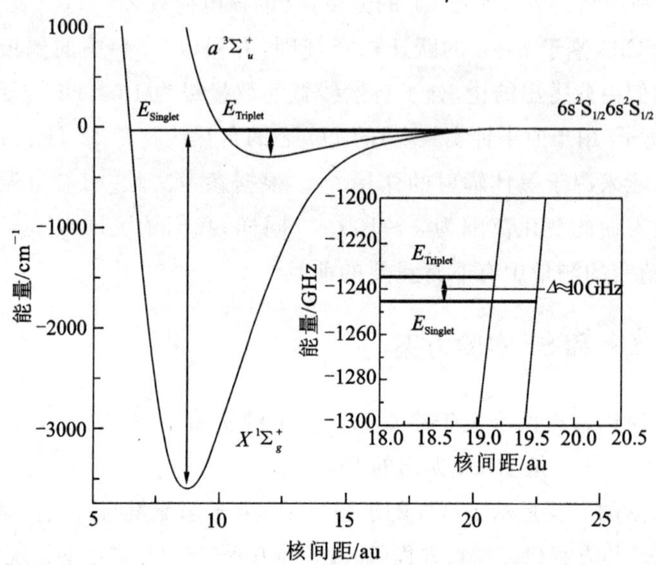

图 16.2　Cs_2分子$^1\Sigma_g^+$和$^3\Sigma_u^+$态的能级图(摘自 Sainis,S.,Two-color photoassociation spectroscopy of the $^3\Sigma_u^+$ state of Cs_2,PhD Thesis,Yale University,2005.)

假定相对论修正减小了分子的离解能,因此q是负值。这个估计表明,Cs_2分子实验对μ的变化是非常敏感的。

如上所述,对于高振动态,势能的非简谐度很高,大大降低了方程(16.60)估算的灵敏度。采用 WKB 近似[44][83],或者 Morse 势的解析解[84]也可以得到相似的结论。在 WKB 近似下,振动光谱的量子化条件为

$$\int_{R_1}^{R_2}\sqrt{2M(U(r))-E_\upsilon}\,\mathrm{d}r=\left(\upsilon+\frac{1}{2}\right)\pi \tag{16.61}$$

上式对μ求微分,可得

$$\delta E_\upsilon=\frac{\upsilon+\frac{1}{2}\delta\mu}{2\rho(E_\upsilon)\mu} \tag{16.62}$$

这里,$\rho(E_\upsilon)\equiv(\partial E_\upsilon/\partial\upsilon)^{-1}\approx(E_\upsilon-E_{\upsilon-1})^{-1}$表示振动能级的密度,对于势能的简谐部分$\rho$是常数,偏移量$\delta E_\upsilon$随着$\upsilon$线性增加,但是对于离解限附近的高振动

态,能级密度 $\rho(E)\to+\infty$ 并且 $\delta E_\upsilon\to 0$。在这种情况下,当 $\upsilon\approx 60$ 时,达到最大灵敏度约为 1000 cm^{-1},并随 υ 的增大迅速下降。Yale 小组在 $^3\Sigma_u$ 态上找到了一个合适的振动能级 $\upsilon=138$,然而其灵敏度仅约 200 cm^{-1}[83]。为了使灵敏度提高数倍,人们还提出了其他很好的实验方案去寻找 υ 更小、分布紧密的能级。

由于势能的非简谐性,方程(16.60)给出的 α 变化灵敏度进一步减小。对于电子基态的最高振动能级以及结合能较小的电子激发态的所有振动能级,其核间距较大,$R\geqslant 12$ au(见图 16.2),因此,电子波函数近似为 6s 态原子波函数对称(对于 $^1\Sigma_g^+$)或反对称(对于 $^3\Sigma_u^+$)的组合,即

$$\Psi_{g,u}(r_1,r_2)\approx\frac{1}{\sqrt{2}}[6s^a(r_1)6s^b(r_2)\pm 6s^b(r_1)6s^a(r_2)] \tag{16.63}$$

对于两个电子态,所有的相对论修正(几乎)都相同。

势能的非简谐性会减小 μ 和 α 变化的灵敏度,这也可以通过分析 Morse 势得到。该势能下的本征能量为

$$E_\upsilon=\omega_0\left(\upsilon+\frac{1}{2}\right)-\frac{\omega_0^2\left(\upsilon+\frac{1}{2}\right)^2}{4d}-d \tag{16.64}$$

其中,$\omega_0=2\pi a\sqrt{2d/M}$,$d$ 是离解能。最后一个本征能量 E_N 由条件 $E_{N+1}\leqslant E_N$ 和 $E_{N-1}\leqslant E_N$ 获得。很明显,E_N 非常接近于零,并且与 μ 和 α 以及它们的变化无关。

我们预期最高的绝对灵敏度会出现在势能曲线中部的振动能级上。然而,在光谱的这一区域,不同电子态的振动能级相隔较远,相对灵敏度 $\delta\omega/\omega$ 较小。一种选择是使用光学频率梳进行高精度的测量。这个想法由 Zelevinsky 小组[84]提出,在光晶格中,通过光缔合的方法将 Sr_2 分子制备在基态的最高振动态(见图 16.3)。如上文所述,这个能级对 μ 的变化不敏感。接下来,他们利用拉曼光将分子制备在势能曲线中间的一个对 μ 变化最为灵敏的振动态上。通过这种方式,对于一个给定的分子,将可能得到最高的绝对灵敏度。不幸的是,Sr_2 的离解能只有约 1000 cm^{-1},仅是 Cs_2 的四分之一。对于 Sr_2 分子,最高灵敏度对应的能级位置约 270 cm^{-1},略高于 Cs_2 分子 $\upsilon=138$ 的振动能级。因此,可以将这种方法应用到离解能更大的分子中。最后,我们还注意到,由于 Sr 的核电荷数 Z 较小,在 Sr_2 的实验中,α 变化的灵敏度额外下降了 $(38/55)^2\approx 1/2$。

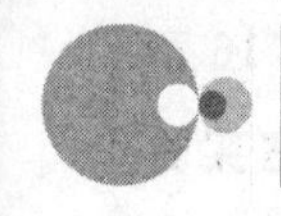

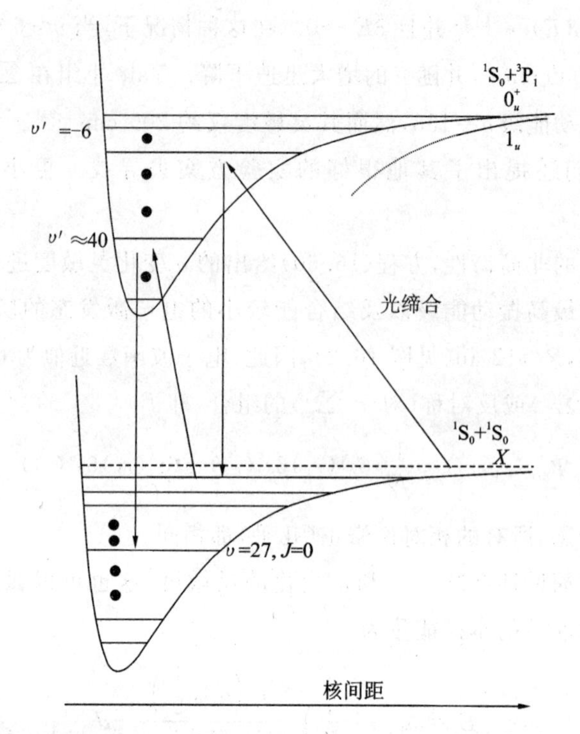

图 16.3　Sr_2基态振动能级间隔的拉曼光谱示意图。通过双色光缔合脉冲将分子制备在 $\upsilon=\upsilon_{max}-2$ 的振动态(图中由 $\upsilon=-3$ 表示)。然后,利用拉曼光脉冲,通过 0_u^+激发态的 $\upsilon'\approx40$ 的振动态耦合 $\upsilon=-3$ 和 $\upsilon=27$ 的振动态(Zelevinsky, T. et al., Phys. Rev. Lett., 100, 043201, 2008; arXiv: 0708.1806, 2007. 已授权)

16.10　氢分子离子(H_2^+和 HD^+)实验

氢分子离子结构简单且可以实现冷却与俘获,在基础研究中具有很强的吸引力。参考文献[86]和[87]提出,使用 H_2^+ 和 HD^+ 离子研究电子与质子和质子与氘核质量比 $\mu=m_e/m_p$, m_p/m_d 随时间的变化情况。离子势具有非简谐性,对于振动量子数相差较大的两个振动跃迁频率来说,其比值随 μ 变化[86],无法通过 H_2^+ 和 HD^+ 的实验提高相对灵敏度。但由于线宽很窄,可以使用光学频率梳进行高精度测量。

最近,HD^+ 离子被冷却到 50 mK 并囚禁在线性射频阱中[88],可用于测量振转跃迁频率 $\upsilon, N=0,2\to\upsilon', N'=4,3$,其绝对精度为 0.5 MHz。利用参考文献[87]中的灵敏度系数,可以计算出 μ 的精确度将达到 5×10^{-9}(5 ppb)。值得一提的是,HD^+ 现代分子理论的计算结果已达到了可比拟的精度[89]。因此,直接比较理论和实验可以得出 μ 的绝对值,其精度达 5 ppb。

16.11 结论

双原子和多原子分子光谱的天文学观测表明,在 60 亿到 120 亿年的时间尺度内,电子与质子质量比 μ 可能会发生变化。然而,到目前为止天体物理学的观测结果尚无定论(见方程(16.15)、方程(16.19)和方程(16.36))。通过天文学光谱研究精细结构常数 α 的变化,亦是如此。原则上,天体物理的观测结果可以通过 μ 和 α 复杂的时空演化来解释。然而,测量中的若干系统误差尚未被完全理清。因此,在实验室测量这些常数当前的变化对于补充天体物理学的研究是非常必要的。很多实验室已经着手开展相关的工作,大多数实验使用了原子频标和原子钟。本章讨论了最近的一些研究思路,介绍了如何通过使用分子代替原子提高实验室测量灵敏度的方案。

目前仅有的分子实验[47][48]是通过 SF_6 超声分子束实现的,给出了基本常数随时间变化的上限值,如方程(16.37)所示。虽然分子束实验结果比原子实验的最好结果差一点,但该实验采用了基本常数的不同组合形式,结合原子钟的实验结果[4][35][37],提供了实验室条件下 μ 随时间变化的最佳上限值(见方程(16.38))。实验中,通过长为 1 m 的 Ramsey 干涉仪的飞行时间谱获得的线宽是$\Gamma\approx200$ Hz。在 ND_3 实验[46]中也获得了相似的线宽。使用冷分子有可能将线宽缩小几个数量级,从而显著提高分子实验的灵敏度。

我们已经看到,在一些双原子自由基中,如 Cl_2^+ 和 SiBr,具有属于不同电子态、线宽很窄的能级,其间距不大于 1 cm^{-1},这些能级自然线宽的数量级为 10^{-2} Hz,非常接近达到灵敏度 $\delta\alpha/\alpha\approx10^{-15}$ 所需的要求,该灵敏度接近于实验室条件下原子测量的最好结果。在高精度频率测量中,其精度通常比线宽高几个数量级。为了利用这样的窄线宽谱线,必须将分子冷却。在这个方面,Cl_2^+ 离子具有很好的应用前景。

在 HfF^+ 及相似的分子离子中可以获得 α 随时间变化更高的灵敏度,这些分子离子被 JILA 的研究组用于寻找电子电偶极矩[77][78][79]。在 HfF^+ 中,$^3\Delta_1$ 和 $^1\Sigma_0$ 态之间的跃迁受到抑制。相比于 Cl_2^+ 和 SiBr,HfF^+ 的核电荷数 Z 更大,跃迁频率 ω_f 更高,导致跃迁线宽更宽。参考文献[79]估计的 $^3\Delta_1$ 态线宽约

2 Hz,与预期获得相对变化 $\delta\alpha/\alpha \approx 10^{-15}$ 所需频移的数量级相同。目前,对于这些分子离子,我们知之甚少,需要通过更多的光谱数据和理论计算,以便更可靠地估计 α 变化的灵敏度。通过本章的介绍,希望能够促进该研究的进一步发展,另外还可以在类似的实验装置和相同的分子中测量电子电偶极矩和 α 的变化。

最近,Yale 大学利用 Cs_2 光谱进行了初步的实验研究[83]。在一级近似下,Cs_2 电子态 $^3\Sigma_u^+$ 和 $^1\Sigma_g^-$ 之间的跃迁与 α 无关。另一方面,将大量的振动量子与电子跃迁相匹配,有可能会提高 μ 变化的灵敏度。但是势能的非简谐性抑制了离解限附近高振动能级的这种增强。因此,对于 $\upsilon=138$ 的振动能级,获得 μ 变化的灵敏度和方程(16.46)的结果近似相同。可能存在其他振动量子数较小且分布密集的振动态,可以获得更高的灵敏度。即使还没有发现这样的能级,使用 $\upsilon=138$ 的能级仍然能够将 μ 随时间变化的上限值提高几个数量级。

另外,JILA 的研究组最近提出了关于 Sr_2 分子的实验方案[84]。实验获得的 μ 随时间变化的灵敏度与 Cs_2 的结果类似;这些实验是对分子自由基实验的补充,它们都对 α 随时间的变化非常敏感[49]。

最后,需要说明的是多原子分子(如 NH_3 和 ND_3)的反转光谱可能对 μ 随时间的变化更为灵敏。在宇宙的时间尺度内,通过反转光谱的天体物理测量已经获得目前最严格的 μ 随时间变化的上限值(见方程(16.36))。冷分子、分子喷泉以及俘获阱为在实验室中测量常数变化的上限值提供了保证[46]。

致谢

我们感谢 J. Ye,D. DeMille 和 S. Schiller 对本文极有价值的评论,尤其感谢 D. Budker,他的建议对本章有很显著的改进。

参考文献

[1] NIST Physical Reference Data,http://www. physics. nist. gov/PhysRefData/contents. html.

[2] Dmitriev,V. F. ,Flambaum,V. V. ,and Webb,J. K. ,Cosmological variation of deuteron binding energy,strong interaction and quark masses

from big bang nucleosynthesis, Phys. Rev. D, 69, 063506, 2004.
[3] Flambaum, V. V. and Kozlov, M. G., Limit on the cosmological variation of m_p/m_e from the inversion spectrum of ammonia, Phys. Rev. Lett., 98, 240801, 2007; arXiv:0704.2301.
[4] Fortier, T. M., et al., Precision atomic spectroscopy for improved limits on variation of the fine structure constant and local position invariance, Phys. Rev. Lett., 98, 070801, 2007.
[5] Flambaum, V. V. and Tedesco, A. F., Dependence of nuclear magnetic moments on quark masses and limits on temporal variation of fundamental constants from atomic clock experiments, Phys. Rev. C, 73, 055501, 2006.
[6] Flambaum, V. V. and Shuryak, E. V., How changing physical constants and violation of local position invariance may occur? arXiv:physics/0701220.
[7] Flambaum, V. V., Variation of fundamental constants: theory and observations, Int. J. Mod. Phys. A, 22, 4937, 2007; arXiv:0705.3704.
[8] Shlyakhter, A. I., Direct test of the constancy of fundamental nuclear constants, Nature 264, 340, 1976.
[9] Gould, C. R., Sharapov, E. I., and Lamoreaux, S. K., Time variability of α from realistic models of Oklo reactors, Phys. Rev. C, 74, 024607, 2006; Petrov, Yu. V., Nazarov, A. I., Onegin, M. S., Petrov, V. Yu. and Sakhnovsky, E. G., Natural nuclear reactor at Oklo and variation of fundamental constants: Computation of neutronics of a fresh core, Phys. Rev. C, 74, 064610, 2006.
[10] Flambaum, V. V., and Shuryak, E. V., Limits on cosmological variation of strong interaction and quark masses from Big Bang nucleosynthesis, cosmic, laboratory and Oklo data, Phys. Rev. D, 65, 103503, 2002. Dmitriev, V. F. and Flambaum, V. V., Limits on cosmological variation of quark masses and strong interaction, Phys. Rev. D, 67, 063513, 2003; Flambaum, V. V. and Shuryak, E. V., Dependence of hadronic properties

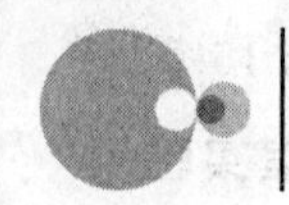

on quark masses and constraints on their cosmological variation, Phys. Rev. D, 67, 083507, 2003.

[11] Ashby, N. et al., Testing local position invariance with four Cesium-fountain primary frequency standards and four NIST Hydrogen masers, Phys. Rev. Lett., 98, 070802, 2007.

[12] Wilczek, F., Fundamental constants, 2007, arXiv:0708.4361.

[13] Marciano, W. J., Time variation of the fundamental "constants" and Kaluza-Klein theories, Phys. Rev. Lett., 52, 489, 1984; X. Calmet and H. Fritzsch, Grand unification and time variation of the gauge couplings, Eur. Phys. J. C, 24, 639, 2002; Langacker, P., Segre, G., and Strassler, M. J., Implications of gauge unification for time variation of the fine structure constant, Phys. Lett. B, 528, 121, 2002; Dent, T. and Fairbairn, M., Time-varying coupling strengths, nuclear forces and unification, Nucl. Phys. B, 653, 256, 2003.

[14] Uzan, J-P., The fundamental constants and their variation: observational and theoretical status, Rev. Mod. Phys., 75, 403, 2003.

[15] Damour, T. and Nordtvedt, K., General relativity as a cosmological attractor of tensorscalar theories, Phys. Rev. Lett., 70, 2217, 1993; Tensor-scalar cosmological models and their relaxation toward general relativity, Phys. Rev. D, 48, 3436, 1993.

[16] Damour, T. and Polyakov, A. M., The string dilaton and a least coupling principle, Nucl. Phys. B, 423, 532, 1994; arXiv:hep-th/9401069.

[17] Sandvik, H. B., Barrow, J. D., and Magueijo, J., A simple cosmology with a varying fine structure constant, Phys. Rev. Lett., 88, 031302, 2002.

[18] Olive, K. and Pospelov, M., Evolution of the fine structure constant driven by dark matter and the cosmological constant, Phys. Rev. D, 65, 085044, 2002.

[19] Murphy, M. T., Webb, J. K., and Flambaum, V. V., Further evidence for a variable fine structure constant from Keck/HIRES QSO absorp-

tion spectra, Mon. Not. R. Astron. Soc. , 345, 609-638, 2003; Webb, J. K. et al. Further evidence for cosmological evolution of the fine structure constant, Phys. Rev. Lett. , 87, 091301, 2001; Webb, J. K. , Flambaum, V. V. , Churchill, C. W. , Drinkwater, M. J. , and Barrow, J. D. , Search for time variation of the fine structure constant, Phys. Rev. Lett. , 82, 884, 1999.

[20] Ivanchik, A. , Petitjean, P. , Aracil, D. , Strianand, R. , Chand, H. , Ledoux, C. , and Boisse, P. , A new constraint on the time dependence of the proton-to-electron mass ratio. Analysis of the Q 0347-383 and Q 0405-443 spectra, Astron. Astrophys. , 440, 45, 2005; Reinhold, E. , Buning, R. , Hollenstein, U. , Ivanchik, A. , Petitjean, P. , and Ubachs, W. , Indication of a cosmological variation of the proton-electron mass ratio based on laboratory measurement and reanalysis of H_2 spectra, Phys. Rev. Lett. , 96, 151101, 2006.

[21] Levshakov, S. A. , Molaro, P. , Lopez, S. , D'Odorico, S. , Centurión, M. , Bonifacio, P. , Agafonova, I. I. , and Reimers, D. , A new measure of $\Delta\alpha/\alpha$ at redshift $z=1.84$ from very high resolution spectra of Q1101-264, Astron. Astrophys. , 466, 1077, 2007; arXiv: astroph/ 0703042.

[22] Dzuba, V. A. , Flambaum, V. V. , and Webb, J. K. , Calculations of the relativistic effects in many-electron atoms and space-time variation of fundamental constants, Phys. Rev. A, 59, 230, 1999; Space-time variation of physical constants and relativistic corrections in atoms, Phys. Rev. Lett. , 82, 888, 1999.

[23] Dzuba, V. A. , Flambaum, V. V. , Kozlov, M. G. , and Marchenko, M. , The α-dependence of transtion frequencies for ions Si II, Cr II, Fe II, and Zn II, Phys. Rev. A, 66, 022501, 2002; Berengut, J. C. , Dzuba, V. A. , Flambaum, V. V. , and Marchenko, M. V. , The α-dependence of transition frequencies for some ions of Ti, Mn, Na, C, and O, and search for variation of the fine structure constant, Phys. Rev. A, 70, 064101, 2004;

Dzuba, V. A. and Flambaum, V. V., Search for cosmological variation of the fine structure constant using relativistic energy shifts in Ge II, Sn II, and Pb II, Phys. Rev. A, 71, 052509, 2005.

[24] Dzuba, V. A., Flambaum, V. V., and Marchenko, M. V., Relativistic effects in Sr, Dy, Yb II and Yb III and search for variation of the fine structure constant, Phys. Rev. A, 68, 022506, 2003.

[25] Dzuba, V. A. and Flambaum, V. V., Fine-structure anomalies and search for variation of the fine-structure constant in laboratory experiments, Phys. Rev. A, 72, 052514, 2005; Angstmann, E. J., Dzuba, V. A., lambaum, V. V., Karshenboim, S. G., and Nevsky, A. Yu., A new option for a search for alpha variation: narrow transitions with enhanced sensitivity, J. Phys. B, 39, 1937, 2006; physics/0511180.

[26] Borschevsky, A., Eliav, E., Ishikawa, Y., and Kaldor, U., Atomic transition energies and the variation of the fine-structure constant α, Phys. Rev. A, 74, 062505, 2006.

[27] Porsev, S. G., Koshelev, K. V., Tupitsyn, I. I., Kozlov, M. G., Reimers, D., and Levshakov, S. A., Transition frequency shifts with fine structure constant variation for Fe II: Breit and core-valence correlation correction, Phys. Rev. A, 76, 052507, 2007, arXiv: 0708.1662.

[28] Dzuba, V. A. and Johnson, W. R., Coupled-cluster single-double calculations of the relativistic energy shifts in C IV, Na I, Mg II, Al III, Si IV, Ca II, and Zn II, Phys. Rev. A, 76, 062510 2007; arXiv: 0710.3417.

[29] Dzuba, V. A. and Flambaum, V. V., Relativistic corrections to transition frequencies of Fe I and search for variation of the fine structure constant, Phys. Rev. A, 77, 012514, 2008; arXiv: 0711.4428.

[30] Tzanavaris, P., Webb, J. K., Murphy, M. T., Flambaum, V. V., and Curran, S. J., Limits on variations in fundamental constants from 21 cm and ultraviolet quasar absorption lines, Phys. Rev. Lett. 95, 041301, 2005; astro-ph/0412649.

[31] Tzanavaris, P., Webb, J. K., Murphy, M. T., Flambaum, V. V., and Curran, S. J., Probing variations in fundamental constants with radio and optical observations of quasar absorption lines, Mon. Not. R. Astron. Soc., 374, 634, 2007.

[32] Prestage, J. D., Tjoelker, R. L., and Maleki, L., Atomic clocks and variations of the fine structure constant, Phys. Rev. Lett., 74, 3511, 1995.

[33] Marion, H. et al., Search for variations of fundamental constants using atomic fountain clocks, Phys. Rev. Lett., 90, 150801, 2003.

[34] Bize, B. et al., Cold atom clocks and applications, arXiv: physics/0502117.

[35] Peik, E., Lipphardt, B., Schnatz, H., Schneider, T., Tamm, Chr., and Karshenboim, S. G., Limit on the present temporal variation of the fine structure constant, Phys. Rev. Lett., 93, 170801, 2004.

[36] Bize, S. et al., Testing the stability of fundamental constants with the $^{199}Hg^{+}$ single-ion optical clock, Phys. Rev. Lett., 90, 150802, 2003.

[37] Fischer, M. et al., New limits on the drift of fundamental constants from laboratory measurements, Phys. Rev. Lett., 92, 230802, 2004.

[38] Peik, E., Lipphardt, B., Schnatz, H., Schneider, T., Tamm, Chr., and Karshenboim, S. G., Frequency comparisons and absolute frequency measurements of $^{171}Yb^{+}$ single-ion optical frequency standards, Laser Physics, 15, 1028, 2005; arXiv: physics/0504101.

[39] Peik, E., Lipphardt, B., Schnatz, H., Tamm, Chr., Weyers, S., and Wynands, R., Laboratory limits on temporal variations of fundamental constants: an update, arXiv: physics/0611088.

[40] Karshenboim, S., Flambaum, V. V., and Peik, E., Atomic clocks and constraints on variation of fundamental constants, in Springer Handbook of Atomic, Molecular and Optical Physics, Drake, G. W. F., Ed., Springer, Berlin, 2005, Ch. 30, p. 455-463; arXiv: physics/0410074.

[41] Lea, S. N., Limits to time variation of fundamental constants from comparisons of atomic frequency standards, Rep. Prog. Phys., 70, 1473, 2007.

[42] Nguyen, A. T., Budker, D., Lamoreaux, S. K., and Torgerson, J. R., Towards a sensitive search for variation of the fine-structure constant using radio-frequency E1 transitions in atomic dysprosium, Phys. Rev. A, 69, 022105, 2004.

[43] Cingöz, A. et al., Limit on the temporal variation of the fine-structure constant using atomic Dysprosium, Phys. Rev. Lett., 98, 040801, 2007.

[44] DeMille, D., Invited talk at 35th Meeting of the Division of Atomic, Molecular and Optical Physics, May 25-29, 2004, Tucson, Arizona; talk at 20th International conference on atomic physics (ICAP 2006), July 16-21, 2006, Innsbruck, Austria.

[45] Flambaum, V. V., Enhanced effect of temporal variation of the fine structure constant in diatomic molecules, Phys. Rev. A, 73, 034101, 2006.

[46] vanVeldhoven, J. et al., Decelerated molecular beams for high-resolution spectroscopy, Eur. Phys. J. D, 31, 337, 2004.

[47] Chardonnet, C., Talk at Atomic Clocks and Fundamental Constants ACFC 2007, Bad Honnef, June 3-7, 2007, avilable at http://www.ptb.de/ACFC2007/present.htm.

[48] Amy-Klein, A. et al., Absolute frequency measurement of an SF_6 two-photon line using a femtosecond optical comb and sum-frequency generation, Optics Letters, 30, 3320, 2005; arXiv: quant-ph/0509053.

[49] Flambaum, V. V. and Kozlov, M. G., Enhanced sensitivity to variation of the fine structure constant and m_p/m_e in diatomic molecules, Phys. Rev. Lett., 99, 150801, 2007; arXiv: 0705.0849.

[50] Flambaum, V. V., Enhanced effect of temporal variation of the fine structure constant and strong interaction in ^{229}Th, Phys. Rev. Lett., 97, 092502, 2006.

[51] Peik, E., Chr. Tamm, Nuclear laser spectroscopy of the 3.5 eV transition in ^{229}Th, Europhys. Lett., 61, 181, 2003.

[52] Chin, C. and Flambaum, V. V., Enhanced sensitivity to fundamental constants in ultracold atomic and molecular systems near Feshbach resonances, Phys. Rev. Lett., 96, 230801, 2006.

[53] Gribakin, G. F. and Flambaum, V. V., Calculation of the scattering length in atomic collisions using the semiclassical approximation, Phys. Rev. A, 48, 546, 1993.

[54] Thompson, R. I., The determination of the electron to proton inertial mass ratio via molecular transitions, Astrophys. Lett., 16, 3, 1975.

[55] Varshalovich, D. A. and Levshakov, S. A., On a time dependence of physical constants, JETP Lett., 58, 237, 1993.

[56] Dunham, J. L., The energy levels of a rotating vibrator, Phys. Rev., 41, 721, 1932.

[57] Hinnen, P. C., Hogervorst, W., Stolte, S., and Ubachs, W., Sub-Doppler laser spectroscopy of H_2 and D_2 in the range 91～98 nm, Can. J. Phys., 72, 1032, 1994.

[58] Varshalovich, D. A. and Potekhin, A. Y., Have the masses of molecules changed during the lifetime of the Universe? Astron. Lett., 22, 1, 1996.

[59] Drinkwater, M. J., Webb, J. K., Barrow, J. D., and Flambaum, V. V., Limits on the variation with cosmic time of physical constants, Mon. Not. R. Astron. Soc., 295, 457, 1998.

[60] Murphy, M. T., et al., Improved constraints on possible variation of physical constants from H I 21 cm and molecular QSO absorpion lines, Mon. Not. R. Astron. Soc., 327, 1244, 2001.

[61] Darling, J., Methods for constraining fine structure constant evolution with OH microwave transitions, Phys. Rev. Lett., 91, 011301, 2003; astro-ph/0305550.

[62] Chengalur, J. N. and Kanekar, N., Constraining the variation of fundamental constants using 18cm OH lines, Phys. Rev. Lett., 91, 241302, 2003; astro-ph/0310764.

[63] Kanekar, N., Chengalur, J. N., and Ghosh, T., Conjugate 18 cm OH satellite lines at a cosmological distance, Phys. Rev. Lett., 93, 051302, 2004; astro-ph/0406121.

[64] Kanekar, N., Carilli, C. L., and Langston, G. I., et al., Constraints on changes in fundamental constants from a cosmologically distant OH absorber or emitter, Phys. Rev. Lett., 95, 261301, 2005.

[65] Hudson, E. R., Lewandowski, H. J., Sawyer, B. C., and Ye, J., Cold molecule spectroscopy for constraining the evolution of the fine structure constant, Phys. Rev. Lett., 96, 143004, 2006.

[66] Townes, C. and Schawlow, A., Microwave Spectroscopy, McGraw-Hill, New York, 1955.

[67] Bethlem, R., Talk at Atomic Clocks and Fundamental Constants ACFC 2007, Bad Honnef, June 3-7, 2007, avilable at http://www.ptb.de/ACFC2007/present.htm.

[68] Simmons, J. W. and Gordy, W., Structure of the inversion spectrum of ammonia, Rhys. Rev., 73, 713, 1948.

[69] Ho, P. T. P. and Townes, C. H., Interstellar ammonia, Ann. Rev. Astron. Astrophys., 21, 239, 1983.

[70] Swalen, J. D. and Ibers, J. A., Potential function for the inversion of ammonia, J. Comp. Phys., 36, 1914, 1962.

[71] Landau, L. D. and Lifshitz, E. M., Quantum Mechanics, 3rd ed., Pergamon, Oxford, 1977.

[72] Henkel, C. et al., The kinetic temperature of a molecular cloud at redshift 0.7: ammonia in the gravitational lens B0218+357, Astronomy and Astrophysics, 440, 893, 2005.

[73] Combes, F. and Wiklind, T., Detection of water at $z=0.685$ toward B0218+357, Astrophysical Journal, 486, L79, 1997.

[74] Huber, K. P. and Herzberg, G., Constants of Diatomic Molecules, Van Nostrand, New York, 1979.

[75] Ferrell,S. J. et al. ,Investigation on the gravitational potential dependence of the fine-structure constant using atomic Dysprosium,Phys. Rev. A,76,062104,2007;arXiv:0708.0569.

[76] Sobelman, I. I. , Atomic Spectra and Radiative Transitions, Springer-Verlag,Berlin,1979.

[77] Stutz, R. and Cornell, E. , Search for the electron EDM using trapped molecular ions,Bull. Amer. Phys. Soc. ,49,76,2004.

[78] Meyer, E. R. , Bohn, J. L. , and Deskevich, M. P. , Candidate molecular ions for an electron electric dipole moment experiment, Phys. Rev. A, 73,062108,2006.

[79] Petrov,A. N. ,Mosyagin,N. S. ,Isaev,T. A. ,and Titov,A. V. ,Theoretical study of HfF^+ in search of the electron electric dipole moment, Phys. Rev. A,76,030501(R),2007;arXiv:physics/0611254.

[80] Kozlov,M. G. ,Fomichev,V. F. ,Dmitriev,Y. Y. ,Labzovskii,L. N. ,and Titov,A. V. ,Calculation of the P- & P,T-odd spin-rotational Hamiltonian of the PbF molecule,J. Phys. B,20,4939,1987.

[81] Vanhaecke,N. and Dulieu,O. ,Precision measurements with polar molecules:The role of the black body radiation,Mol. Phys. ,105,1723,2007; arXiv:0801.3158.

[82] Brian Odom,private communication.

[83] DeMille, D. , Sainis, S. , Sage, J. , Bergeman, T. , Kotochigova, S. , and Tiesinga, E. , Enhanced sensitivity to variation of m_e/m_p in molecular spectra,Phys. Rev. Lett. ,100,043202,2008;arXiv:0709.0963,2007.

[84] Zelevinsky,T. ,Kotochigova,S. ,and Ye,J. ,Precision test of mass-ratio variations with lattice-confined ultracold molecules, Phys. Rev. Lett. , 100,043201,2008;arXiv:0708.1806,2007.

[85] Sainis,S. ,Two-color photoassociation spectroscopy of the $^3\Sigma_u^+$ state of Cs_2,Ph. D. thesis,Yale University,2005.

[86] Frählich, U. , Roth, B. , Antonini, P. , Lämmerzahl, C. , Wicht, A. , and

Schiller, S., Ultracold trapped molecules: Novel systems for tests of the time-independence of the electron-to-proton mass ratio, Lect. Notes Phys., 648, 297, 2004.

[87] Schiller, S. and Korobov, V., Tests of time independence of the electron and nuclear masses with ultracold molecules, Phys. Rev. A, 71, 032505, 2005.

[88] Koelemeij, J. C. J., Roth, B., Wicht, A., Ernsting, I., and Schiller, S., Vibrational spectroscopy of HD^+ with 2 ppb accuracy, Phys. Rev. Lett., 98, 173002, 2007.

[89] Korobov, V. I., Leading-order relativistic and radiative corrections to the rovibrational spectrum of H_2^+ and HD^+ molecular ions, Phys. Rev. A, 74, 052506, 2006.

第Ⅵ部分

量 子 计 算

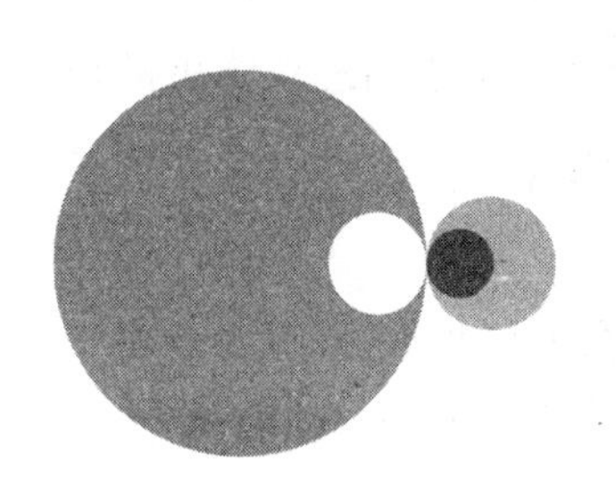

第17章 基于超冷极性分子的量子信息处理

17.1 引言

信息技术的发展对人类社会起着不可估量的影响。在过去的几十年里我们亲眼见证了摩尔定律所预言的计算容量爆炸性发展,即计算机处理器的计算能力每隔18个月将提升一倍。这种趋势是由以同样增长速度的处理器密度所决定的,但这种趋势不可能无节制地发展下去,除非对现代处理器的基本电路元件作出巨大改变。事实上,目前电路元件已经达到量子极限,其尺寸大小对应的量子现象开始主宰电路元件的物理行为。这一趋势激发了人们对“量子”信息和“量子”计算的研究,同时过去几十年的科学发现已经揭示可以利用量子现象得到一种新的高品质的计算范式。可以证明,对于大量计算问题,新的计算范式比经典计算机所使用的方法具有更快的处理速度。实际上当前已经设计出有效的量子算法用于解决经典计算所遇到的顽固性难题,如整数分解或大型数据库搜索[1][2]。

虽然对于建立这样一种全新的、更高效的前沿计算机让我们兴奋不已，但在构建通用型量子计算机的道路上仍然面临巨大的工程挑战。事实上，对于量子计算机，其最基础的部分是在一个系统中获得相干的量子态并进行可逆的量子逻辑操作。要想实现这一目标只有通过量子比特与被控制的相干物理过程发生相互作用，然而在此过程中量子干涉和纠缠态非常脆弱，因此保持系统相干性就显得尤为重要。为了实现对量子信息的操控，人们研究了许多系统，包括俘获的冷离子、光学晶格中的中性原子、晶体中的原子、粒子的自旋、腔量子电动力学中的光子或者非线性光学装置以及介观系综等。

极性分子因其同时包含电中性分子(量子比特高度可扩展性)和俘获离子(具有强相互作用的特性)的优点，而且极性分子还拥有长相干时间的特点，这为实现量子计算提供了一种很有希望的新平台[3][4][5]，比如，利用振动态本征值纠缠性和最优控制实现量子计算的方案已经被提上研究日程。本章主要阐述基于极性分子的方案，其中分子的偶极相互作用对实现量子门具有决定性作用，冷却和存储技术的发展已经使我们对单分子的精细操控成为可能[6]。此外，利用分子芯片或者连接超导线之间的微俘获结构，可以将极性分子集成到凝聚态物理器件。最近发表的一篇文章详细报道了使用超导带状线共振器实现量子信息处理的实验[5]。

在对诸如量子逻辑门和纠缠态等量子信息处理中的基本概念作简要介绍后，我们将列出可以实现量子计算的系统，随后我们将集中讨论使用极性分子来实现上文中关于量子计算的想法。在概述了极性分子的基本性质之后，我们将解释如何通过极性分子的强相互作用来实现普适的逻辑门，并在此基础上构建量子算法。本章还将阐述最基本的两量子比特门及其在光学晶格中实现的两种主要方案:其一是基于分子具有很大的永久电偶极矩;其二是基于“偶极开关”，即通过布居于不同的分子态来改变其电偶极矩。随后将讨论退相干和误码产生的原因及解决方法。最后我们将简要讨论使用极性分子实现量子计算的其他方案，如基于超导带状线的平台，或使用极性分子系综，以及两者的结合。

17.2 量子计算机综述

本节将简要描述量子信息和量子计算的基础，随后列举一些正在研发的物理系统，并展示极性分子在实现量子逻辑门方面所表现出的可行性和巨大优势。

17.2.1 量子信息和纠缠态

经典信息处理过程中的最小单位是比特，它的值具有二选一的特性，非 0 即 1。而量子信息中与其对应的最小单位被称为量子比特(qubit)，描述了最简单量子系统中的一个态[1][2]。二维空间是最小的非平庸 Hilbert 空间，我们将其矢量空间的一组标准正交基表示为$|0\rangle$和$|1\rangle$。单个比特或者量子比特最多可以代表两个数，但多个量子比特可以通过叠加而实现无限多个量子态：

$$|Q^{(1)}\rangle = c_0|0\rangle + c_1|1\rangle \tag{17.1}$$

其中，

$$|c_0|^2 + |c_1|^2 = 1, \quad c_i \in \mathbb{C}$$

对于一个制备好的一般量子叠加态，若量子寄存器拥有 N 个量子比特位，则可以同时存储 2^N个比特位的信息。相对而言，经典寄存器只能存储 N 个比特位的信息。尽管并不是量子存储器中的所有信息都可以通过物理测量而获得，但所谓的量子并行计算仍然可以使得量子计算机极为快速：它可以在一步计算中处理大量的量子叠加态，而每一步只是量子寄存器的幺正变换。为达到这个目的，一个普适的量子计算机必须完成对所有叠加态的任意幺正变换。

与经典计算机类似，量子计算机可以通过由一组基本逻辑门组成的量子电路来构建。如果这样一组逻辑门可被用于设计任何计算机，那么它就是普适的。到目前为止，所有的普适逻辑门必须同时满足两点：其一是两量子比特的非局域相互作用(以获得纠缠态)；其二是局域的操作(仅作用于单量子比特上)。一种被称为相位门的操作就是非平庸两量子比特操作的例子。这种操作就是一种幺正变换 U_ϕ，它是在两量子比特态上添加一个条件相位，例如，

$$\alpha|00\rangle + \beta|01\rangle + \gamma|10\rangle + \delta|11\rangle \xrightarrow{U_\phi} \alpha|00\rangle + \beta|01\rangle + \gamma|10\rangle + e^{i\phi}\delta|11\rangle$$

对于任意 $\phi \neq 0$，变换后的态无法用任意单量子比特的直积表示。在这样一个态上，两个量子比特之间存在强相关性，并且是非局域的。通过使用 $\phi = \pi$ 时的相位门和在单个量子比特上的简单幺正操作即可实现任意的量子计算。

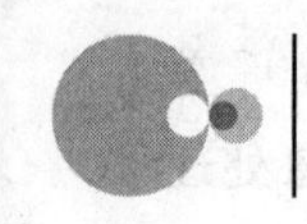

与之类似的一个例子是受控非门(CNOT),具体是指当控制量子比特$|A\rangle$处于$|1\rangle_A$态时,目标量子比特$|B\rangle$态快速改变,如$|0\rangle_B \leftrightarrow |1\rangle_B$;否则$|B\rangle$态不发生任何变化。正如相位门一样,组合受控非门和单量子比特门就足够完成所有计算。受控非门的控制本质明显类似于经典计算的最小要求,仅需要满足一个条件的两比特逻辑门(如 NAND)就足够了。

利用并行计算和纠缠特性的优点,人们不断设计出新的量子算法。与经典的计算耗时相比,已知三种最好的量子算法都表现出各自预期的加速效果。特别是 Shor 的质因数分解量子算法表现出极为完美的指数增速:随着质因数增大,量子算法所需时间呈多项式增长,而不是经典计算机所要求的指数增长。尽管不是所有的算法都依赖于纠缠特性,但大部分算法是需要的,因此纠缠特性是量子计算机应具备的关键属性。

量子比特和纠缠态的信息中包含相位,因此相位上的任何错误都会严重影响信息的准确性(比如,将纠缠态变为直积态)。为完成复杂的量子计算,我们需要在一个相对大的量子系统上制备一个精细可靠的叠加态,由于量子系统不能完全与环境隔离,因此叠加态总会退化;由于非局域相关性相当脆弱,退化极为快速,这使得纠缠态的退相干可能更快。同样对量子比特的幺正变换不可能完美无缺,这些都会增大误码。

最近在量子纠错方面的理论发展已经解决了上述问题,并表明量子计算具有容错性。

17.2.2 实现量子计算机的平台

实验的快速发展正在不断推进相干量子信息处理的进程。为了构建量子计算机的硬件,必须具备能够操作量子比特的技术,DiVincenzo 给出了建立量子计算机必须满足的判据[7],最重要的有以下几条。

(1)一组独立的可寻址的量子比特,这组量子比特的相干性要保持足够长的时间,以完成所需要的计算。

(2)量子门可以实现非平庸的两量子比特相互作用;这一点只能通过可控的量子比特之间的相干相互作用来实现。

(3)可靠且有效的读取方法。

为了实现对量子信息的处理,人们研究了很多系统。有人使用独立的原子,如俘获的冷离子、光学晶格中的中性原子和晶体中的原子。还有人则通过粒子自旋或者腔量子电动力学中的光子或非线性光学装置来实现量子计算,更为奇特的是有人将元激发的几何组合作为量子比特，比如拓扑量子计算[8]。然而以上系统在建立量子信息处理器上都尚未有十分明确的方案。原因之一是在这些系统中都存在无法回避的矛盾：既需要系统与环境之间的弱耦合以避免退相干，同时希望系统至少与一些外部模式存在强相互作用，以实现对量子比特的操作和可控的相互作用。正如在下文中描述的，极性分子作为一种候选系统，就同时满足建立量子逻辑门所需的这两个条件。

为了实现量子信息处理，极性分子需要存储在一个一维或者二维的阵列中，这样可以通过与该阵列垂直的电场来排列分子的电偶极矩。为此，我们假设最近提出的关于极性分子存储和寻址能力的两个提议完全成立(见图 17.1)。第一个假设，如参考文献[3]所建议，光学晶格的晶格间距约为 1 μm。当使用直流电场来排布电偶极矩时允许偶极-偶极排斥相互作用的存在，这有助于极性分子在晶格中均匀分布。在这种情况下，对单量子比特的寻址可以通过以下两种方法实现：通过使用非均匀直流电场来建立单一跃迁频率[3]，或者通过可见光来单一寻址。第二个假设是基于 Yale 和 Harvard 大学研究小组[5]提出的"带状线"体系。在这种情况下，分子位于自身小的俘获势阱中，这些分子同时可用于寻址，它们之间通过超导传输线相互连接以实现长程偶极-偶极相互作用，此时需要将公式(17.2)(稍后给出)中的短程相互作用项 $1/r^3$ 更换为 $1/(h^2 r)$，其中 h 是一个特征尺寸，用于描述分子与传输线之间的距离以及传输线自身大小。此时电场需要处于微波范围。

17.2.3 列表：极性分子的性质

极性分子在分子轴向坐标系下具有永久电偶极矩，但在实验室坐标系下所有分子电偶极矩的平均值为零。通过施加确定方向的外电场就可以实现对分子的重新排布，使得分子在轴向坐标系与实验室坐标系下具有相同的电偶极矩。这意味着分子的转动态是混合的，从而可以观察到分子能级的斯塔克偏移。

在分子轴向坐标系下，其电偶极矩 $\boldsymbol{\mu}(R)$ 是原子核间距 R 的函数，依赖于分子内振转态。通常情况下，由于 $\boldsymbol{\mu}(R)$ 在原子核间距很大时其值很小，因此较高的振转态电偶极矩较小，而较低振转态的电偶极矩较大。

分子内态可以用于存储信息。除了特定的转动态和/或振动态，还可以利用具有原子核与电子自旋相互作用形成的分子超精细态来存储信息。

总的来说，为确保实现具有实用价值的量子门，极性分子的性质需满足以

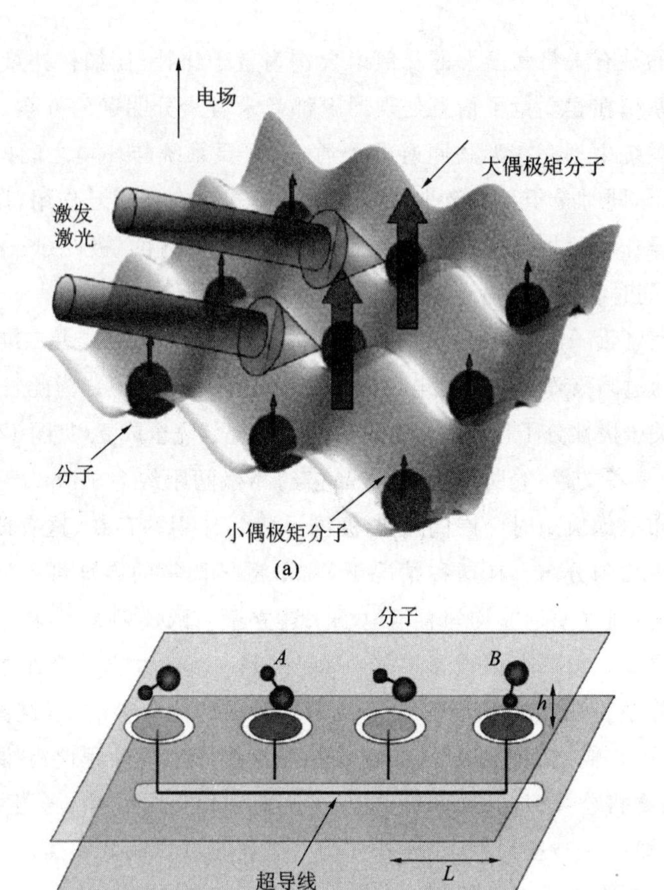

图 17.1 (a)分子存储在光学晶格中,并通过激光进行独立寻址;(b)超导线用于“传递”相互作用。以上两种情况下分子均是选择性激发,并且仅当它们都处于$|e\rangle$态时才发生相互作用(引自 Yelin, S. F. et al., Phys. Rev. A, 74, 050301, 2006; Kuznetsova, E. et al., Phys. Rev. A, 78, 012313, 2008.)

下五个要求:

(1)量子比特的选择 我们需要长寿命的态来存储信息,要求态与环境的相互作用越小越好,以减小退相干。分子电子基态的超精细态和转动态都是很好的候选系统。

(2)耦合强度 快速的单量子和两量子比特门要求有强的相互作用强度,同时存储又需要长寿命,因此存储态$|0\rangle$和$|1\rangle$之间的跃迁要有长寿命。无论是直接跃迁还是通过中间态的拉曼跃迁都可以用于实现单量子比特的操作。

(3)强偶极-偶极相互作用　对于两量子比特门,需要较强的相互作用,而相互作用强度的最大化可以通过同时选择具有最小(有效)核间距的量子比特和具有最大电偶极矩的分子来实现。

(4)冷却和俘获　为实现以上要求,分子必须冷却到亚开尔文温度,这样能够阻止分子布居在不需要的量子态上。同时分子要被强束缚,因为分子所处位置的变化会使得门操作和读出操作出错。

(5)退相干　为了使信息长时间存储,我们必须使势阱、环境和所有其他用于操作量子比特的外场之间的相互作用降低到最小。使用电偶极矩可忽略的态去存储信息有助于减小退相干时间,因为这些态之间以及它们与环境和外场的相互作用非常弱(使用全同极性分子存储信息也有类似的作用,因为仅有电偶极矩微小的差别会影响相干性)。从原则上来说,在合适的时间接通和断开强相互作用是一种极具吸引力的控制退相干方法;然而开关本身必须小心操作,以免使其成为最大的退相干源。

17.3　永久偶极子方案

本节将讨论基于永久偶极子的操作方案。

17.3.1　基本概念

文献[3]中首次给出了在大尺度量子计算机上使用极性分子作为量子比特的简单原理性方案。在本章中,分别选择(双原子刚性转子模型的)基态(第一激发态)转动能级作为量子比特的$|0\rangle$($|1\rangle$)态,且在外偏振电场$\boldsymbol{\varepsilon}$方向上的角动量投影$m=0$。对于这些偏振态,它们的电偶极矩算符$\boldsymbol{\mu}$在与电场$\boldsymbol{\varepsilon}$相同(相反)的方向上具有非零久期值。当电场强度在很大范围变化时,基态和第一激发态电偶极矩的平均值$\langle\boldsymbol{\mu}\rangle$都是常数,因此在这种情况下可以把量子态简单地想象为“偶极向上”($|0\rangle=|\uparrow\rangle$)和“偶极向下”($|1\rangle=|\downarrow\rangle$)。通过施加共振频率为$\omega=\Delta E/\hbar$的脉冲可以实现单量子比特操作,其中$\Delta E$为量子比特中电偶极矩翻转所需的能量:$\Delta E=(\langle\boldsymbol{\mu}\rangle_{\uparrow}-\langle\boldsymbol{\mu}\rangle_{\downarrow})E$。驱动场既可以是微波场(直接激发),也可以是光场(使用频率差为ω的两个外场来实现共振拉曼跃迁)。

有人建议,可以将量子比特形成的规则空间阵列组装在光学晶格中。参考文献[3]描述了带有很强横向限制的一维阵列,我们也可以直接将其扩展为

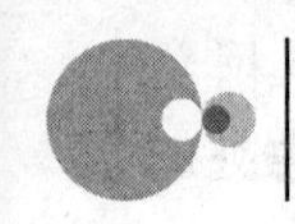

二维阵列。有人提议在阵列方向施加梯度电场后,可以通过光谱手段实现对晶格中单个位点的独立寻址,这可以确保量子比特能量 ΔE 依赖于晶格中的具体位置。在这个方案中,两量子比特受控非门(CNOT)同样可以通过光谱控制实现,最简单的设想是控制两个分离的量子比特(见图 17.2)。偶极子 a 产生的边缘电场会增强或减弱位于偶极子 b 处的外电场 $\boldsymbol{E}$,这意味着翻转偶极子 b 的能量将依赖于偶极子 a。当且仅当量子比特 a 处于 $|\uparrow\rangle$ 态,通过调节驱动频率至合适值,才有可能实现对量子比特 b 的转动,这也正是受控非门的要求。事实上,基于核磁共振(NMR)方案的量子计算机也是采用相同的方法来实现有条件的逻辑操作[1]。这种特殊门的实现也使得耦合强度和门速度之间的关系变得更为明显:根据能量-时间测不准原理,当量子比特 b 翻转时,区分量子比特 a 两个状态所需的时间反比于它们之间的相互作用强度。

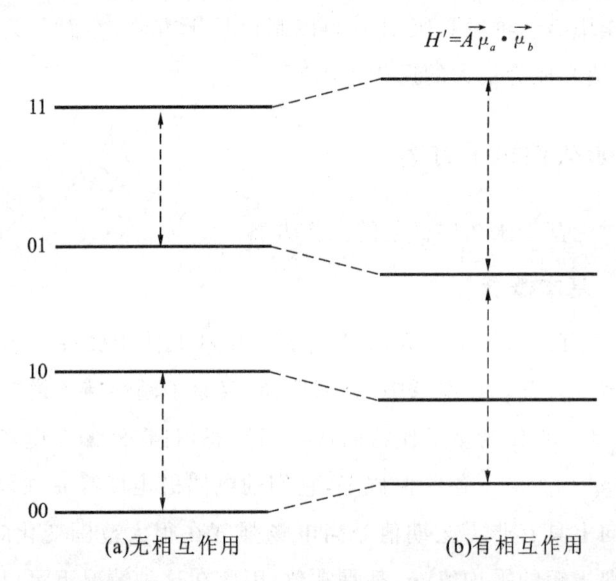

图 17.2 通过光谱控制实现 CNOT 门。图中给出了一个两量子比特系统的能级图,其中量子比特 a 与 b 的能级分裂并不相同。原则上 CNOT 门可由控制量子比特 b 和目标量子比特 a 实现:当量子比特 a 处于量子比特 b 时,对 a 施加共振的 π 脉冲即可。(a)当两个量子比特之间无相互作用时的能级图。此时,驱动量子比特 a 实现 $|0\rangle\leftrightarrow|1\rangle$ 跃迁的共振频率不依赖于 b,所以 CNOT 门并不能实现。(b)当两个量子比特之间存在作用强度为 A 的偶极-偶极相互作用时的能级图。此时驱动 a 的共振频率不同于 b 的两个态。只要能量分辨率 $\Delta E<A$ 能够满足,CNOT 门就能成功实现,即要求衰减时间 $\tau\leqslant 1/A$

初看上去,由于“总是存在”的偶极-偶极相互作用,我们并不能将这个方案推广到大量已经相互耦合的量子比特中。然而,一种有效消除这种总是存在的相互作用的方案已被用于设计基于 NMR 的量子计算机[1],在 NMR 领域这种方案被称为“再聚焦”(更普遍的叫法为“自旋回波”),可以作如下简单理解:假设我们想在一对特定的相邻量子比特间实现 CNOT 门操作,在对(长时间存在的)CNOT 施加脉冲时,我们也可以对周围的量子比特施加强共振脉冲,使其电偶极矩得到有效翻转。如果在选定的一对量子比特上进行 CNOT 操作时,周围每个量子比特花费等量的时间实现电偶极矩向上和向下的翻转,则所选定的量子比特与周围的相互作用为零(此方法依赖于以下条件:每个独立量子比特的频率与其相邻量子比特频率之差远大于相互作用能量;对于大部分候选系统这个要求都很容易满足)。然而再聚焦过程的复杂性也可能会妨碍系统量子比特位的扩展性。值得注意的是,至少从原则上已经证明这种再聚焦方式所需要的资源随系统中量子比特数增多仅呈多项式增长[9]。然而实际上对于大阵列的再聚焦操作依然相当复杂,在下文中我们将讨论具有明显优势的其他方法,用来减小或者消除这种总是存在的作用。

对于系统终态的读出同样要求位点具有空间选择性。参考文献[3]中提议,首先采用态选择的共振增强多光子电离(REMPI)法,然后对所得离子进行静电放大,并最终通过微通道板实现成像,在这个方案下单点分辨率已经非常接近现有技术的分辨极限。不过,对于读出过程空间分辨率的要求可以通过“位移寄存器”而得到放宽。例如,选择性地将位于 $1, n+1, 2n+1$ 等上的量子比特从态 $|1\rangle$ 跃迁到更高的转动“存储”态 $|s\rangle$ 上,再通过电场梯度实现空间选择性。然后利用 REMPI 探测 $|s\rangle$ 态来确定这些量子比特所处位点。之后通过同样的方法读出 $2, n+2, 2n+2$ 等序列。n 次迭代之后,可以读出所有的序列,但与整个序列同时被读出相比,此时对每一步空间分辨率的要求被降低到了 $1/n$。

17.3.2 实验参数和退相干

就目前来讲,使用光学晶格俘获在多方面限制了系统的进一步发展。例如,现有的技术限制了俘获势阱的深度,其对应的温度为毫开尔文量级或者更低。这反过来意味着分子必须达到非常低的温度,比如微开尔文数量级或者(最好是)更低。尽管近期的实验取得了快速和鼓舞人心的进展,但我们尚未完全达到这个目标。在晶格波长 λ 的选择上也是非常严格的。由于偶极-偶极

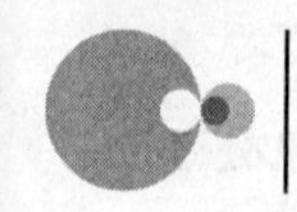

相互作用正比于 $1/r^3$,当晶格之间的距离 $r=\lambda/2$ 尽可能小时,那么,原则上就更容易实现快速门操作。然而由于晶格光子的非弹性(自发拉曼)散射,使得晶格本身可能成为系统退相干的主要因素。这种散射使得分子处于激发的转动或者振动态,并处于量子比特态空间之外。此外,对于一个给定的晶格势阱深度,这种非弹性散射的速率正比于 $1/\lambda^4$(当晶格激光频率与共振频率的失谐量足够大时)。因此,从门速度与晶格诱导退相干的比例来看,我们应选择波长较长的晶格。

接下来,我们给出这类系统相关参数的典型数值。以 SrO 分子作为具体例子,SrO 是一种非常适合直接俘获和冷却的分子[6]。我们假设 SrO 样品已经冷却到足够低的温度(在微开尔文量级或者更低),并具有很高的密度($n\geqslant(\lambda/2)^3$),将之加载到光学晶格上。晶格波长的优化依赖于所用分子的电子跃迁频率,对于 SrO,$\lambda\approx1\ \mu\text{m}$ 是近似优化波长(对于其他分子,其优化波长可能是 SrO 的$\frac{1}{3}\sim\frac{1}{2}$)。SrO 在分子坐标上的电偶极矩值异常的大,$\mu=8.9$ D,可以得到的有效电偶极矩为 $\mu_{\text{eff}}\equiv\langle\mu\rangle_{\uparrow}-\langle\mu\rangle_{\downarrow}\approx2.6ea_0$。SrO 的转动常数为 $B\approx10$ GHz,这不仅给出了电场强度的范围($\varepsilon\approx4\sim10$ kV/cm),也给出了单比特跃迁频率(相对于电场范围,跃迁频率为 $\omega\approx2\pi\times(35\sim60)$ GHz。由于 SrO 的大电偶极矩导致其相互作用强度 ΔE_{int} 也很大,为 $\Delta E_{\text{int}}=d_{\text{eff}}^2/(\lambda/2)^3\approx2\pi\times100$ kHz。这个强度确定了两量子比特门的时间尺度为 $\tau_{g2}\approx2\pi/\Delta E_{\text{int}}\approx10\ \mu\text{s}$。

原则上单量子门操作所需的时间仅依赖于分辨晶格中相邻量子比特跃迁频率之差,也就是说,在具有 N 个量子比特的晶格中,任意两个量子比特的跃迁频率之差为 $\delta\omega\approx(\omega_{\max}-\omega_{\max})/N$,则有 $\tau_{g1}\approx1/\delta\omega$。即使当量子比特的数量大到 $N\geqslant3\times10^5$,也有 $\tau_{g1}<\tau_{g2}$。实际上对于门的操作会激发晶格中的分子运动,这是很容易理解的,比如在电场梯度作用下,对于$|\uparrow\rangle$和$|\downarrow\rangle$态,最小俘获位置会发生轻微的偏移。由于任意位置电场值的不确定或波动,这种运动会导致退相干或门失效。不过,通过对门的理想绝热操作可以避免对这种运动的激发。比如在典型的晶格环境(俘获深度约 100 μK)中,$\omega_{\text{L}}\approx2\pi\times100$ kHz,也就是说在这种情况下,$\tau_{g1}\approx\tau_{g2}$。值得注意的是,在通过拉曼散射付出更大退相干的代价下,增大俘获深度可以获得更快的单量子门操作。此时,退相干速率为 $R_{\text{s}}\approx0.3\ \text{s}^{-1}$。

其他的由于技术性噪声和基本过程等潜在的退相干源都在参考文献[3]中予以说明。电场噪声会直接耦合到量子比特跃迁频率中，因此必须进行强压缩。这种噪声既可能来自电压的起伏，也可能来自电极相对晶格的运动。由于分子光频张量极化率的存在，激光强度的起伏也会与量子比特跃迁频率相耦合；对于被俘获的分子，这种张量极化率通常仅为标量极化率的几分之一。原则上似乎这两种效应都可以得到有效的控制，而仅由拉曼散射过程决定退相干速率。然而在实际中达到这样的控制水平需要突破当前一系列技术难题。不过，通过使用一些方案（如前文所述）将量子比特编码到超精细或者核自旋态而非直接的转动态，可以使控制难度降低几个数量级。

17.4 可控开关偶极子方案

本节将描述通过控制开/关偶极-偶极相互作用实现量子计算的方案。

17.4.1 基本概念

首先介绍常用的建立相位门或者普适两量子比特操作的方法，图 17.3 所示的为操控相位门的示意图[10]。假设分子可以通过光场或微波场进行独立寻址（如上一章所述，在此可以使用基于频率的寻址方案），比如选择$|0\rangle$和$|1\rangle$作为具有零电偶极矩和长相干时间的超精细态，将$|e\rangle$作为具有大电偶极矩的亚稳态。

对单量子比特的翻转可以通过光场或者微波场来完成。两个独立位点 a 和 b 的初态可以在叠加态中制备，如使用 $\pi/2$ 拉曼脉冲。

为实现两量子比特门，一个单光子或双光子跃迁与$|1\rangle$和$|e\rangle$态相干耦合，而不是$|0\rangle$和$|e\rangle$态，这可以通过极化或者频率选择来实现。只有当两个分子都处于$|e\rangle$态时，它们才发生偶极-偶极相互作用，此时系统相位为 $\phi(t)$。当 $t=\tau$，$\phi=\pi$ 时，相干激发$|e\rangle$态回到$|1\rangle$态，该操作可作如下总结：

$$\begin{array}{ccccccc}
|00\rangle & \xrightarrow{\pi-\text{pulse}} & |00\rangle & \xrightarrow{\text{dip}-\text{dip}} & |00\rangle & \xrightarrow{\pi-\text{pulse}} & |00\rangle \\
|01\rangle & \longrightarrow & |0e\rangle & \longrightarrow & |0e\rangle & \longrightarrow & |01\rangle \\
|10\rangle & \longrightarrow & |e0\rangle & \longrightarrow & |e0\rangle & \longrightarrow & |10\rangle \\
|11\rangle & \longrightarrow & |ee\rangle & \longrightarrow & -|ee\rangle & \longrightarrow & -|11\rangle
\end{array}$$

操作的结果产生了一个相位门。

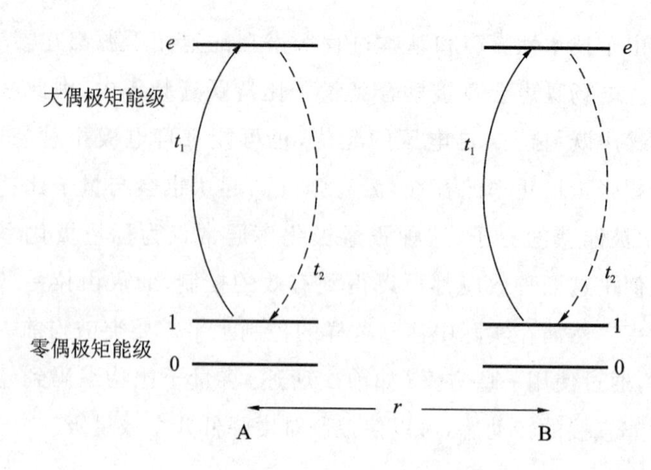

图 17.3　相位门：把距离为 r 的分子 A 和 B 分别制备在叠加态 $|0\rangle$ 和 $|1\rangle$ 上。在 $t_1=0$ 时，我们同时把 $|1\rangle$ 态激发至 $|e\rangle$ 态，由于偶极-偶极相互作用使它们获得了相位 ϕ。在 $t_2=\tau,\phi=\pi$ 时，相干激发 $|e\rangle$ 态回到 $|1\rangle$ 态（引自 Yelin, S. F. et al., Phys. Rev. A, 74, 050301, 2006; Kuznetsova, E. et al., Phys. Rev. A, 78, 012313, 2008.）

在激发和退激发 π 脉冲间隔时间 τ 内产生的 π 相移可表示为

$$\phi=\pi=\frac{1}{\hbar}\int_0^{\tau}\mathrm{d}\tau'\,\frac{\mu}{r^3}(3\cos^2\theta-1)\rho_e^2(\tau') \tag{17.2}$$

式中：μ 和 ρ_e 分别为激发态的电偶极矩和布居函数；

r 为分子 A 和 B 之间的距离；

θ 为电偶极矩之间的夹角。

这个公式考虑了有限的激发和退激发次数以及非理想的 π 脉冲的作用。

现在我们给出利用开/关相位门方案的三种可能系统[10]。第一种系统是基于一氧化碳(CO)分子。就极性分子的选择来考虑，CO 并不是一个好的体系，其基态 $X\,^1\Sigma^+$ 的电偶极矩非常小（在被认为最容易俘获的基态，其振动态的电偶极矩仅为 $\mu\approx0.1$ D)，但存在一个长寿命（$\tau_{\rm life}\approx10\sim1000$ ms）的激发态 $a\,^3\Pi$，且电偶极矩较大，$\mu\approx1.5$ D。因此，对于上述的“0”和“1”，我们可以选择具有两个核自旋投影的 ^{13}CO 基态，具体为 $X\,^1\Sigma^+,\upsilon=0,N=0,I=1/2,F=1/2$[11]。在磁场诱导的塞曼分裂下，选择激发 $|1\rangle$ 至 $|e\rangle$ 态是可能的。基态 $X\,^1\Sigma^+$ 与激发态 $a\,^3\Pi$ 之间的跃迁频率位于紫外区域（UV，约为 48000 cm^{-1}），这个波长对建立光晶格也是理想的选择。由于一个光晶格的相干时间为几秒[3]，而一次必要的偶极-偶极相互作用时间为几毫秒，因此可以进行 10^3 次操作。这种

方案是相当明确的，技术上也是可行性，因此 CO 是一个很好的研究体系。

更为普遍的情况是使用碱金属氢化物或者混合碱金属二聚体，如 LiH 或 LiCs。这类分子用于制备 $|0\rangle$ 和 $|1\rangle$ 的基态 $X\,^1\Sigma^+$ 通常具有很大的永久电偶极矩(可大至 7 D)，以及一个可用于制备 $|e\rangle$ 态的亚稳态 $a\,^3\Sigma^+$，这个亚稳态的势阱具有较大的核间距且至少能够提供一个束缚态，一般情况下这些三重态的永久电偶极矩都接近零。这些分子的性质满足 CO 方案的所有要求，因此也可以采用 CO 的方案，但有以下三个具体问题。首先，相位门需要“反转”，也就是说 $|00\rangle\to-|00\rangle$，$|01\rangle\to|01\rangle$，$|10\rangle\to|10\rangle$ 以及 $|11\rangle\to|11\rangle$。其次在有取向的直流电场作用下，分子被存储在大电偶极矩态，这很可能导致相干时间严重缩短。此外，相互作用可能发生在所有分子之间，而不是我们希望的耦合成相位门的两个分子之间。这些问题在一定程度上可以得到解决，比如仅在发生相互作用的时间段打开有取向的电场，精确控制产生 2π 相移，这和低态测量过程类似。把通过直流电场获得的 2π 相移和“负”π 相移同时作用在分子的 $|e\rangle$ 态上，则相位门可以表达为

$$\begin{array}{ccccccccc}
|00\rangle & \xrightarrow{\text{exc+dc}} & |00\rangle & \xrightarrow{\pi} & -|00\rangle & \xrightarrow{\text{de-exc}} & -|00\rangle & \xrightarrow{\text{dc}} & |00\rangle \\
|01\rangle & \longrightarrow & |0e\rangle & \longrightarrow & |0e\rangle & \longrightarrow & |01\rangle & \longrightarrow & -|01\rangle \\
|10\rangle & \longrightarrow & |e0\rangle & \longrightarrow & |e0\rangle & \longrightarrow & |10\rangle & \longrightarrow & -|10\rangle \\
|11\rangle & \longrightarrow & |ee\rangle & \longrightarrow & |ee\rangle & \longrightarrow & |11\rangle & \longrightarrow & -|11\rangle
\end{array}$$

值得注意的是，通过使用这些分子 $a\,^3\Sigma^+$ 的两个振动、转动或者超精细态制备 $|0\rangle$ 和 $|1\rangle$，使用基态 $X\,^1\Sigma^+$ 较低的振动态制备 $|e\rangle$ 态，则 CO 的方案也可以用在这些分子上。

这里我们给出的最后一种系统是“转动方案”。它是基于这样一个事实，转动基态 $N=0$ 能级的电偶极矩为零，即 $\mu=0$(这对于任意纯转动态都是成立的)。我们要求所有分子处于电子和振动的基态。如图 17.4 所示[12]，$|0\rangle$ 和 $|1\rangle$ 都是制备在转动基态 $N=0$ 能级。而 $|e\rangle$ 态则是相邻两个转动态的叠加，可表示为 $|e\rangle=|e_1\rangle+|e_2\rangle$，这种叠加态可以通过微波场进行制备。由于 $|0\rangle$ 和 $|1\rangle$ 都处于电偶极矩精确为零的绝对基态，会使得系统具有如下优点：相干时间最大化、容易存储以及无残余的偶极-偶极相互作用。此外，任意极性分子都可以使用这个方案，只要它至少含有两个超精细态。电偶极矩值在 5 D～10 D 之间的 CaF 和 NaCl 分子都是令人满意的选择。

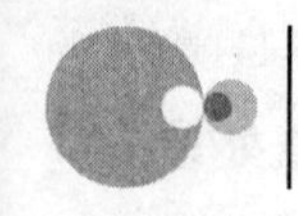

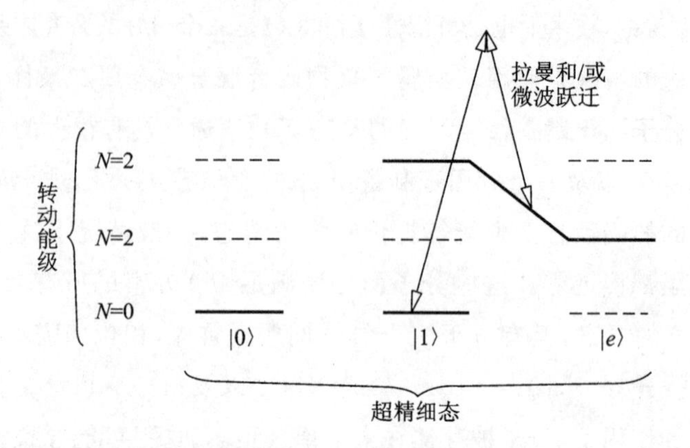

图 17.4 “转动方案”能级系统的例子:所有态均位于电子和振转基态。例如,一个激光拉曼 π 脉冲可以将 $|1\rangle$ 转换到存储态 $|s\rangle$(如 $N=2$ 的子能级)。之后通过微波 $\pi/2$ 脉冲将 $|s\rangle$ 转换到叠加态 $|e\rangle\propto|e_1\rangle+|e_2\rangle$,其中 $|e_2\rangle=|s\rangle$,而 $|e_1\rangle$ 是 $N=1$ 的亚能级。此外,如果不要求激光具体空间选择性,$|1\rangle$ 态可以直接转换到叠加态 $|e\rangle\propto|1\rangle+|e_1\rangle$,当然 $|e_1\rangle$ 仍然是 $N=1$ 的子能级(引自 Yelin,S. F. et al. ,Phys. Rev. A,74,050301,2006;Kuznetsova,E. et al. ,Phys. Rev. A,78,012313,2008.)

鉴于转动能级的间距仅在吉赫兹范围,因此仅需要低频光子即可跃迁。这种方案既可用于超导线系统,也可用于光晶格(此时至少需要一束高频的寻址激光)。对于 $\mu=10\mathrm{D}$,$r=10\ \mu\mathrm{m}$,$h=0.1\ \mu\mathrm{m}$ 的分子,必要的相互作用时间大概在 3 μs;而相干时间在 100 ms 到 1 s 之间,因此可以实现 $10^5\sim10^6$ 次操作。

参考文献[13]还对两个极性分子纯转动量子态的纠缠情况作了简要说明。文献认为纠缠情况来自于偶极-偶极相互作用,并可以通过一系列脉冲激光同时激发两个分子来进行控制。此外参考文献[13]还考虑了俘获在光晶格中的冷分子和固体基质中的冷分子。

如果所有位点可以被独立寻址,并且偶极-偶极相互作用非常强烈,那么之前的方案也可以利用所谓偶极阻塞机制的优势。这种理论已经被引入里德堡原子的量子信息处理,并推广到了介观系综和范德瓦尔斯相互作用。最初的偶极阻塞机制[14]是指激子在两个里德堡原子能级上快速“跳跃”激发,导致双激发态产生有效的分裂。当这个分裂足够大时,能级会远远地偏离未扰动时的原子共振位置,有效地消除双激发态跃迁,此时只有一个原子被激发到里德堡态,额外的里德堡激发因能级偏移而被阻塞。

类似的,阻塞机制也可以推广到极性分子,如果偶极-偶极相互作用足够

强，也就是说大于激发场的线宽，则对应于$|ee\rangle$的双激发态将因偏离共振位置而不被激发。如果 a 和 b 的位点可以被单独寻址，则对位点 b 实现 2π 跃迁的能力依赖于位点 a 是否被激发，如图 17.5 所示。在 t_1 时刻，我们通过 π 脉冲把分子 A 泵浦到$|e\rangle_a$ 态，在 t_2 时刻，我们对分子 B 施加第二个脉冲(2π)：如果分子 A 已经位于$|e\rangle_a$ 态，由于偶极-偶极相互作用使得$|e\rangle_b$ 产生频移，光子与能级非共振，因此不发生跃迁。如果分子 A 不在$|e\rangle_a$，则操作之后分子 B 获得一个 π 相位。在 t_3 时刻，使用另外一个 π 脉冲退激发 a。整个过程可总结为

$$
\begin{array}{ccccccc}
 & t_1 & & t_2 & & t_3 & \\
|00\rangle & & |00\rangle & & |00\rangle & & |00\rangle \\
|01\rangle & & |01\rangle & \longrightarrow & -|01\rangle & & -|01\rangle \\
|10\rangle & \longrightarrow & i|e0\rangle & & i|e0\rangle & \longrightarrow & -|10\rangle \\
|11\rangle & \longrightarrow & i|e1\rangle & \not\longrightarrow & i|e1\rangle & \longrightarrow & -|11\rangle
\end{array}
$$

这个方案与分子间距离无关，只要激发过程被阻塞，具体的距离并不重要。

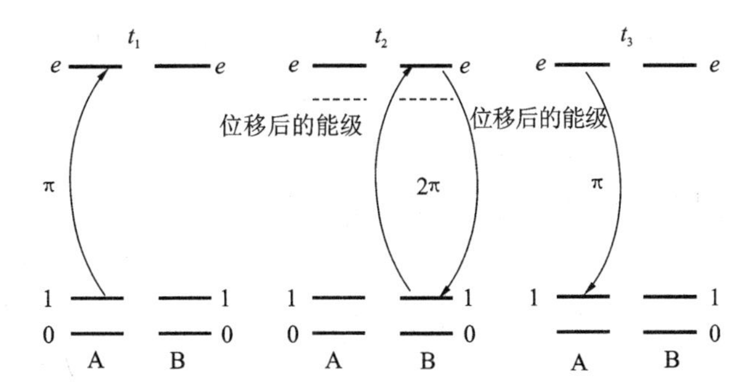

图 17.5　偶极阻塞机制(见正文)(引自 Yelin, S. F. et al., Phys. Rev. A, 74, 050301, 2006; Kuznetsova, E. et al., Phys. Rev. A, 78, 012313, 2008.)

量子比特操作的最后一步就是对量子寄存器中信息的读取。目前的几个方案都可以通过极性分子来实现。如前文所述，选择性地电离其中的一个态(0 或 1)，以及对分子离子的探测都是很容易的。但这是一种破坏性方法，分子在读取之后就丢失了，位点需要重新填满。另外一个方法就是采用“循环”的荧光跃迁，当分子发射荧光之后会直接回到它原来的态。尽管相比于原子，分子有大量的能级，使得这个方案大体上要困难些，但它具有“无损”的优点。还有一种很有前景的方法是基于目前对极性分子衰逝波反射镜的工作[15]：“0”

态会吸附到墙上,"1"态会反射出来。因为反射发生在远离反射镜表面处,由于与表面是短程相互作用,很可能实现退相干的最小化。最后一种方法是对于俘获在微波带状腔附近的分子,可以通过监视透过腔的光子弥散相移来读取量子比特态,这将在后文中给予讨论。

17.4.2 退相干和误码

事实上上文所描述的方案可能充满了大量产生误码的源头,例如我们的方案依赖于分子的内态,然而有些分子平动可能很"热"。如果分子不是处在俘获势阱的基态,那么分子的间距就存在相当大的不确定性和变化,而这会影响相位的精度。例如,在约 1 μs 的门时间中,温度为 10 μK 的 RbCs 分子运动就会导致相位产生约 3%的改变。我们可以通过多种途径来控制和减少误码的产生。低温总是首选的方案。分子间的大间距会减小这类误码,代价是门时间变长。类似地,当门的操作时间比俘获分子运动周期长数倍(分子是绝热的运动),则由于"运动平均"效果也能降低误码的产生。无论是大偶极还是短间距都会加快门操作,当门时间远小于运动周期时也能降低误码,也就是所谓的"bang-bang"控制。值得注意的是,由分子运动导致的退相干和不确定性可通过偶极阻塞来完全消除,可以实现更高的保真度。

17.4.2.1 偶极-偶极相互作用强度

两量子比特门的保真度依赖于分子偶极矩的间距和取向。我们所面对的问题是如何将每个门的平均误码率降低到某一阈值从而实现容错量子计算。令人满意的典型阈值是 0.01%,或者在实验上表明每个门的误码率为 3%,而修正时产生的错误率为 1%。对于相位门中误码的分析是在假定两个分子都处于特定态的情况下获得的,对这个态的要求是有大偶极-偶极相互作用矩阵元。当偶极-偶极相互作用被"打开"时,理想情况下就积累了 π 相移。

为了分析依赖于极性分子相对间距和取向的相位,需要假定每个分子都处在一维或者二维晶格势的平动基态。为此我们使用三维各向同性简谐势所对应的平动基态波函数来简单估算分子在光晶格势基态运动的平均自由程。势能的简谐近似可表示为 $V_0k^2\sum_i x_i^2$,对质量为 m 的分子,谐振频率为 $\omega=k\sqrt{2V_0/m}$,相对应的平动基态波函数宽度 $a=\sqrt{\hbar/(m\omega)}$。在晶格中,分子经历的典型势阱深度为 $V_0=\eta E_R$,其中 $E_R=\hbar^2/(2m\lambda^2)$为分子反冲能量。无量纲参数 η 定义了光晶格的深度,典型值为 $\eta=10\sim50$。宽度 a 可用晶格场波长 λ 和

晶格深度 η 来表征，即 $a=(2\eta)^{-1/4}\lambda/(2\pi)$。当相邻位点中分子的距离为 $R=\lambda/2$ 时，可得到 $a/R\approx0.1$。非绝热激发引起的相位不确定度与 a/R 量级相当，而绝热激发并不会引起不确定性（仅是重新归一化）。对于典型情况下 $a/R\approx0.1$，误码率太大而不能容忍，因此不得不使用偶极阻塞。如果使用相同的静电场排列静态偶极矩，那么在偶极排列上的误码就可以忽略不计。然而对于上文提及的"转动"方案，偶极矩会发生转动，其频率取决于转动能级的分裂。因此，在激励脉冲作用的时间段内产生的误码与取向误码相当，故而要牢牢控制这个时间。

17.4.2.2 分子态退相干

如果量子比特存储在基态振转态的超精细子能级上，那么相位对直流和交流电场局部波动的响应就显得相对迟钝，但对磁场的波动则显得更为敏感，这种波动应降至最小。这种最小化所需时间与俘获势阱相干时间在同一量级。用于"打开"偶极-偶极相互作用的态具有长寿命，从而将自发辐射引起的退相干最小化，当门操作时间不大于 100 μs，而亚稳态激发态的寿命为几百毫秒时，由自发辐射引起的退相干时间会很小。

当门操作不是完美绝热时，分子在大偶极态的相互作用会引起分子间的机械力，从而导致运动退相干。在偶极阻塞机制中，分子从来不会真的同时跃迁到大偶极态，因此此类运动退相干可以减小到最低。由于来自激光拉曼脉冲的动量或者电场梯度产生的作用力，当激发到相对高的平动态时可能存在相似的问题。同样的，当典型脉冲长度（如门操作时间）比平动振荡周期大得多时，绝热跃迁已足够使这种退相干减小到最小。

17.4.2.3 俘获诱导退相干

通过最小化晶格光子的散射，在远失谐光学晶格中已经实现超冷分子寿命达到 1 s。鉴于此实验，那么在与环境隔离的情况下，单分子一个核自旋态的寿命可能达到小时数量级，这也是晶格中分子的寿命。也就是说在这种情况下，通过拉曼散射进入到其他平动态是退相干的主要机制。我们的方案是以偶极阻塞机制为基础而建立的，对于门操作，不必苛求分子冷却到光晶格的平动基态。由于会激发到更高的平动态，驱动场空间分布特性会引起退相干：晶格势阱中平动基态的有限宽度会导致作用在分子上光学脉冲的拉比频率随空间变化而变化。特别是对于宽度为 σ 的高斯拉曼驱动光束，分子波函数拉比频率的改变可达到 a^2/σ^2 数量级，其中 a 为分子态的宽度。通常情况下，光

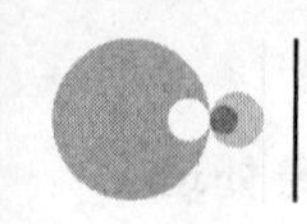

束不会聚焦到单个俘获尺度(即一个晶格位点的尺寸)以下,因此这种误码最多达到1%的数量级。此外还有其他使用量子干涉来减弱这种误码类型的方法[16]。

17.5 其他方法及展望

17.5.1 超导微波共振器

如前文所述,当前正处于实验研发中的所谓带状共振器也是一种很值得期待的方法,如图17.6所示。通过集成在芯片上的由超导带状共振器形成的新颖极性分子俘获阱(也称为"EZ俘获"),两个长条实现了桥连。这种静电的EZ俘获是通过芯片表面的电场来建立的,低温极性分子装载在俘获阱上,如同前文所描述的那样,这些极性分子的内态被用作量子比特。André及其同事[5]开展了关于CaBr的工作,其中转动角动量$N=1$和2的两个态被选作转动量子比特态$|0\rangle$和$|1\rangle$。在André提出的混合方案中,超导带状共振器可以把微波场限制在相当小的范围内。使用适当的微波辐射,每个微小的共振器可以操作临近的一个单分子。与此同时,利用带状共振器,相互距离很远的极性分子之间的偶极-偶极相互作用,可以通过交换所谓虚微波光子实现传递。通过局部调整每个分子与共振器的失谐就可以实现这一目标,比如改变每个单独EZ俘获的电压。因此,通过芯片上的带状线即可耦合两个相距很远的量子比特,从而导致该系统具有高度的可扩展性,并实现双量子比特门的操控。

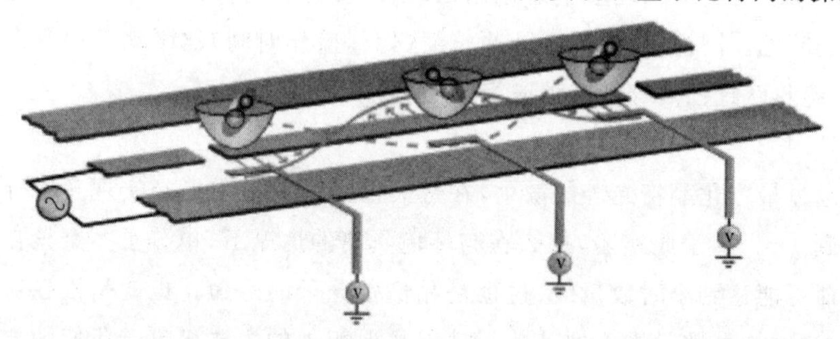

图17.6 外电场和经典微波场可用于操作EZ势阱中的极性分子,并实现转动态信息编码和单量子比特操作平台。超导带状共振器可以与不同分子耦合并实现两量子比特门。位点可以通过调节EZ俘获的电压进行选择(引自André, A. et al., Nature Phys., 2, 636; Côté, R., News & Views, Nature Phys., 2, 583, 2006.已获授权)

此外,人们还发展了一种冷却分子的巧妙方案,即通过分子与共振微波腔的强耦合所引起的共振增强自发辐射来冷却分子。更进一步,将这种强烈的耦合效应运用到探测过程中,那么使用一个共振场态依赖的相移就可以近乎完美地对一个量子比特态进行非破坏测量。将所有这些性质联合起来,那么通过全电场来控制系统中极性分子的量子比特就展现了一幅美好的前景。这对于其他固态器件的集成也是非常有吸引力的。

17.5.2 偶极系综的光学量子计算

光学量子计算是把光子作为信息载体,即量子比特。DiVincenzo 的五条判据说明两量子比特门是实现量子计算的关键[7]。因为光子不能直接发生相互作用,所以对于光子计算的思路是基于光子与分子门介质发生的相互作用,会使处在$|0\rangle$和$|1\rangle$态上的两个光子(其中 0 和 1 表示光子的存在/缺失、偏正及其他类似信息)获得非线性相移。光子与分子之间通过暗态极化子发生相互作用,也就是说耦合的光与物质激发利用了所谓的多能级系统“暗态”的良好相干特性,然后通过分子间的偶极-偶极相互作用产生非线性相移。与之前的章节对比,这种方法既有相似性,也有不同点。在前文中我们将分子视为量子比特,光子为相互作用的载流子,但此时情况有所转变,我们将光子作为量子比特,将分子介质作为相互作用的载流子。不过在以上两种情况下,规则的偶极子晶格对寻址和相干都是非常有益的(尽管俘获阱的规则性不是方案中的要点,但规则性确实是非常有益的)。

目前提出了大量关于杂化量子处理器的方案,这种处理器是以分子系综为量子存储和光学接口的。参考文献[17]中讨论了在固态量子处理器上使用冷极性分子系综形成杂化量子电路。如前文所述,量子存储是通过(系综量子比特)集体自旋态实现的,而自旋态则通过微波拉曼过程与高 Q 值的带状腔相耦合。这种方案组合了分子系综和带状共振器两者的思想。如文献[18]所给出的,这种方案的一个变化是集体激发制备在偶极晶相中偶极分子系综的转动和自旋态。在一维和二维俘获阱中,这种晶体结构保护了分子量子比特免于受到短程碰撞的破坏。

然而在另一种方案中,由俘获极性分子构成的单个介观系综也可能用于量子计算[19]。一个拥有数百量子比特的“全息量子寄存器”可以在集体激发上编码,每一个量子比特都可以通过光学拉曼过程在经典光场中独立寻址。同样,通过将量子比特态转移到带状线微波共振腔和经典微波场下构建的 Cooper 对箱,则单、双量子比特门及量子比特的读取都可能实现。

目前,大量关于混合处理器的想法正在不断涌现,然而,极性分子仍然是大有前途的平台。

17.6 总结

综上所述,极性分子为优化量子信息处理的各个方面都提供了一个非常多元化的平台,而实现这些想法,如对极性分子的制备、冷却和俘获(如在本书其余部分所描述的那样)的工具就掌握在我们手中。

致谢

Susanne F. Yelin 和 Robin Côté 要感谢来自 E. Kuznetsova 的有益讨论,以及来自 NSF 和 ARO 的基金。

参考文献

[1] Nielsen, M. A. and Chuang, I. L., Quantum Computation and Quantum Information, Cambridge University Press, Cambridge, 2000.

[2] David Mermin, N., Quantum Computer Science: An Introduction, Cambridge University Press, Cambridge, 2007.

[3] DeMille, D., Quantum computation with trapped polar molecules, Phys. Rev. Lett., 88, 067901, 2002.

[4] Lee, C. and Ostrovskaya, E. A., Quantum computation with diatomic bits in optical lattices, Phys. Rev. A, 72, 062321, 2005.

[5] André, A., DeMille, D., Doyle, J. M., Lukin, M. D., Maxwell, S. E., Rabl, P., Schoelkopf, R. J., and Zoller, P., A coherent all-electrical interface between polar molecules and mesoscopic superconducting resonators, Nature Phys., 2, 636, 2006; Côté, R., Quantum information processing—Bridge between two lengthscales, News & Views, Nature Phys., 2, 583, 2006.

[6] DeMille, D., Glenn, D. R., and Petricka, J., Microwave traps for cold polar molecules, Eur. Phys. J. D, 31, 375-384, 2004.

[7] http://www.research.ibm.com/ss_computing

[8] Collins, G. P., Computing with Quantum Knots, Scientific American, 2006.

[9] Leung, D. W., Chuang, I. L., Yamaguchi, F., and Yamamoto, Y., Efficient implementation of coupled logic gates for quantum computation, Phys. Rev. A, 61, 042310, 2000.

[10] Yelin, S. F., Kirby, K., and Côté, R., Schemes for robust quantum computation with polar molecules, Phys. Rev. A, 74, 050301, 2006; Kuznetsova, E., Côté, R., Kirby, K., and Yelin, S. F., Analysis of experimental feasibility of polar-molecule-based phase gates, Phys. Rev. A, 78, 012313, 2008.

[11] Note that, since ^{12}CO has a zero nuclear spin, isotopic ^{13}CO would have to be used.

[12] A good way to get into this superposition state would be to couple two neighboring rotation states via microwaves, as in Ref. [10].

[13] Charron, E., Milman, P., Keller, A., and Atabek, O., Quantum phase gate and controlled entanglement with polar molecules, Phys. Rev. A, 75, 033414, 2007.

[14] Jaksch, D., Cirac, J. I., Zoller, P., Rolston, S. L., Côté, R., and Lukin, M. D., Fast quantum gates for neutral atoms, Phys. Rev. Lett., 85, 2208, 2000; Lukin, M. D., Fleischhauer, M., Côté, R., Duan, L. M., Jaksch, D., Cirac, J. I., and Zoller, P., Dipole blockade and quantum information processing in mesoscopic atomic ensembles, Phys. Rev. Lett., 87, 037901, 2001; Tong, D., Farooqi, S. M., Stanojevic, J., Krishnan, S., Zhang, Y., P., Côté, R., Eyler, E. E., and Gould, P. L., Local blockade of Rydberg excitation in an ultracold gas, Phys. Rev. Lett., 93, 063001, 2004.

[15] Kallush, S., Segev, B., and Côté, R., Evanescent-wave mirror for ultracold diatomic polar molecules, Phys. Rev. Lett., 95, 163005, 2005; Kallush, S., Segev, B., and Côté, R., Manipulating atoms and molecules with evanescent-wave mirrors, Eur. Phys. J. D, 35, 3, 2005.

[16] Gorshkov, A. V., Jiang, L., Greiner, M., Zoller, P., and Lukin, M. D., Coherent Quantum Optical Control with Subwavelength Resolution, arXiv: quant-ph/0706.3879.

[17] Rabl, P. , DeMille, D. , Doyle, J. M. , Lukin, M. D. , Schoelkopf, R. J. , and Zoller, P. , Hybrid quantum processors: Molecular ensembles as quantum memory for solid state circuits, Phys. Rev. Lett. ,97,033003,2006.

[18] Rabl, P. and Zoller, P. , Molecular dipolar crystals as high-fidelity quantum memory for hybrid quantum computing, Phys. Rev. A,76,042308,2007.

[19] Tordrup, K. , Negretti, A. , and Mølmer, K. , Holographic quantum computing, arXiv:0802.4406v2 [quant-ph] 22 July 2008.

第Ⅶ部分

冷分子离子

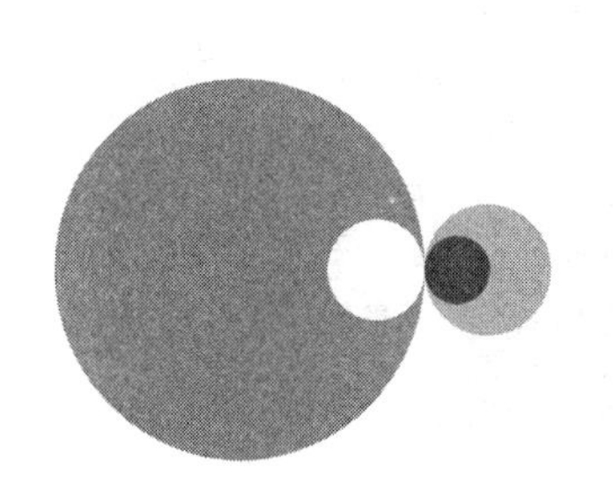

第18章 协同冷却的分子离子：从原理到第一次应用

18.1 引言

冷分子领域的研究开辟了很多新的应用方向，这些方向包括基于极性分子偶极相互作用的光与分子的相互作用[1]（例如，光与分子转动态之间的相干），超高分辨光谱学和一些其他复杂系统的研究[2]。人们期待分子光谱学的研究可以像原子光谱学那样，在激光冷却技术引入之后产生一个质的飞跃。因为某些分子的振动和转动能级有较长的寿命（数毫秒到几天），这意味着它们具有很大的品质因子。因此，有关分子的基础物理实验需要超高的分辨率和精度，这些实验包括：验证量子电动力学（QED）；测量和寻找质子-电子质量比常数随时空的变化[3]；探索振转跃迁的宇称不守恒效应[4][5]；测量分子的空间各向同性[6]。此外在低温下研究分子与原子或者分子与其他分子之间的碰撞已成为一个新的方向[7][8]。在低温条件下碰撞对象具有确定的内态[9]，这为详细研究量子机制下碰撞过程提供了必要条件。

图 18.1 中提到的这些领域都可以用中性分子或分子离子进行研究。其中一些特殊的分子系统本身就是离子,如单电子分子(氢分子离子)。目前可冷却到超低温度的分子离子种类要远多于中性分子的种类。于是人们开始将检测分子离子的方法拓展到了中性分子中。

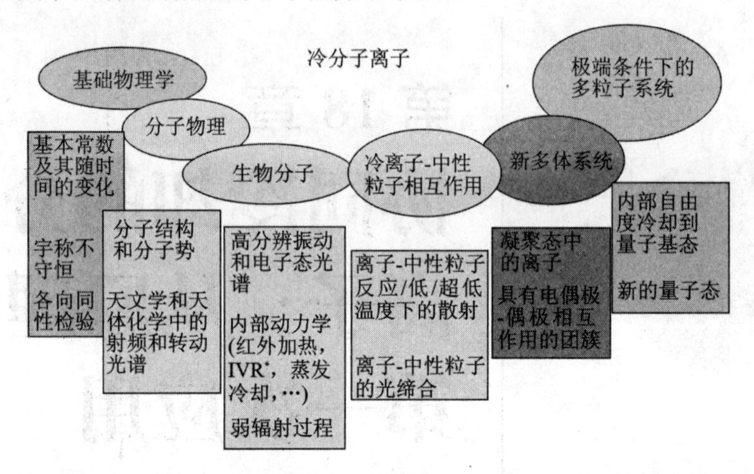

图 18.1 冷分子离子潜在应用一览(IVR*,分子内振动能量再分布)

由于缺少闭合的光学跃迁能级,激光冷却中性或带电原子的技术不能被直接应用于冷却分子。因此,人们需要寻找制备冷分子的新方法。这种新方法应该具有相当的普适性,它不依赖于粒子的内在属性,如粒子的磁偶极矩、电偶极矩和能级结构等。这种方法可以被广泛应用于不同种类分子样品的制备。可应用的分子样品的范围涵盖了从轻的双原子分子到复杂分子(如蛋白质和聚合物)。

缓冲气体(碰撞)冷却就是这样一种普适的方法,很久以前人们就已经开始利用冷的氦气制备冷分子离子,获得的冷分子离子的平动温度和内部温度可以达到几个开尔文[10]。在另一项研究工作中,人们将缓冲气体冷却与多极线性射频阱相结合[11],获得的样品温度相对较高,约为 15 K。随后多个小组用这种方法对小分子离子和大分子离子的光谱及化学反应过程进行了研究[12]~[17]。

18.2 协同冷却

协同冷却(相互作用冷却)是采用激光冷却的原子离子作为带电“缓冲气

体"实现冷却。相较于利用低温氦作为缓冲气体,该方法可以获得更低的冷却温度。这里至少有两种不同的样品被同时俘获在离子阱中,其中一种样品可以利用激光直接冷却,其余的样品(或其中的一部分样品)则通过样品间的长程库仑相互作用被最终冷却下来。人们最早在潘宁阱中利用激光冷却原子离子的实验中观察到了协同冷却[18][19],随后在射频阱中也观察到了协同冷却[20][21][22]。

协同冷却的一个重要优点是它并不依赖于粒子内部能级结构、粒子的电偶极矩和磁偶极矩,而是仅仅与粒子的质量和所带电荷有关。使用激光冷却的$^{9}Be^{+}$[23]、$^{24}Mg^{+}$[24][25][26]、$^{40}Ca^{+}$[27]、$^{114}Cd^{+}$[28]、$^{138}Ba^{+}$[29]作为原子冷却剂,目前已经分别在静电离子阱和射频离子阱中实现了多种原子样品的协同冷却。这些研究工作中,所有协同冷却的样品均为带单电荷的中等质量原子(除了一个实验中为高电荷态的氙离子[23])。

协同(原子)离子冷却同样适用于冷却分子离子。Drewsen 及其合作者在这方面进行了开创性的工作,他们利用 H_2 和激光冷却的 Mg^+ 反应制备 MgH^+ 分子离子,并在随后的实验中观察到了协同冷却和结晶现象[30][31]。Baba 和 Waki 等人也同样利用激光冷却的 Mg^+ 实现了 H_3O^+、NH_4^+、O_2^+ 和 $C_2H_5^+$ 离子的协同冷却[38],获得样品的温度相当于约为 10 K 的气相温度。这两个研究小组在协同冷却中都使用的是线性四极离子阱。

离子协同冷却的第二个优势是离子间的库仑相互作用使得冷却效果非常显著。我们在研究工作中仅用两种原子离子样品,利用协同冷却的方法可以实现从 1 amu 到 470 amu 质量范围内的任何(单电荷)原子和分子离子样品的冷却,甚至是高电荷态的重离子(质量可达到 12400 amu)的冷却,如表 18.1 所示。

表 18.1　迄今为止可进行协同冷却的分子离子

结　晶　态	非结晶态
BeH^+[34],MgH^+,O_2,MgO^+,CaO^+[30][32],	NH_4^+,H_2O^+,H_3O^+,
H_2^+,HD^+,D_2^+,H_3^+,D_3^+,H_2D^+,HD_2^+,	$C_2H_5^+$,COH^+,O_2^+[29,33],
BeH^+,BeD^+,NeH^+,NeD^+,N_2^+,OH^+,	C_{60}^+[35]
H_2O^+,O_2^+,HO_2^+,ArH^+,ArD^+,CO_2^+,	
KrH^+,KrD^+,BaO^+,$C_4F_8^+$,$AF350^+$,	
GAH^+,$R6G^+$和碎片[36],	
细胞色素 *c* 蛋白(Cyt^{12+},Cyt^{17+})[37]	

注:"结晶"指的是冷离子系综具有规则的壳层结构,温度低于 200 mK。

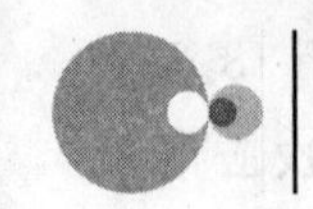

18.3 离子俘获和冷分子制备

18.3.1 射频离子阱

带电粒子可以由静电场和静磁场的组合(潘宁阱)或者静电场和射频场的组合(Paul 阱)俘获制备。有关离子阱的综述可参见参考文献[39]。与潘宁阱相比,射频阱的一个优点是没有磁场。因为磁场会导致能级的塞曼偏移、分裂和展宽,从而限制了离子可能达到的最低速度。

在这里我们考虑的线性射频阱[40]通常包括四个圆柱体电极,每一个电极从纵向剖面上由三个部分组成(见图 18.2(a))。与射频四极阱相比,线性射频阱提供了强度沿轴线逐渐减小的射频场,从而可能储存更多的微运动粒子。此外线性射频阱的装置便于光的导入和输出,这有利于进行激光冷却和光谱测量。

为了实现对带电粒子的径向约束,我们在两个对角反向的电极上施加大小为 $\Phi_0=V_0-V_{RF}\cos(\Omega t)$ 的射频电压,其中 V_{RF} 和 Ω 分别是射频驱动场的振幅和频率,另外两个电极接地。下面我们主要讨论初始电压 $V_0=0$ 的情况(初始电压不为零的情况将在 18.5.9 小节讨论)。为了实现对带电粒子的沿阱对称轴(z)的束缚,将静电压 V_{EC} 施加在 8 个端面(端盖)上。图 18.2(b)是一个完整的装置图[41]。

单离子在线性射频阱中的运动方程是 Mathieu 型微分方程,对于 x-y 平面内的运动分别存在稳定解和不稳定解,这依赖于阱的参数。在阱中能稳定俘获单个离子或无相互作用离子系综的一个必要条件是稳定(Mathieu)参数 $q=2QV_{RF}/(m\Omega^2 r_0^2)$ 的值小于 0.9,其中 Q 和 m 分别是离子的电荷和质量,r_0 是从阱中心到电极的距离。

对于被俘获的单个离子,它的运动轨迹是频率为 Ω 的快速振荡(微运动)和在阱中大范围的慢运动(久期运动)的叠加。当稳定参数 $q\ll 1$ 时,离子微运动的振幅正比于稳定参数 q。由理论拟合可知,当很多离子储存在阱中时,稳定参数 q 的取值可以很小,因此由射频场引起的热效应几乎可以忽略。

对于稳定参数 $q\ll 1$ 的情况,我们忽略离子的微运动并引入一个有效的、与时间无关的简谐势(准势能、赝势能)U_{trap},离子和俘获阱的相互作用势可以作一个近似:

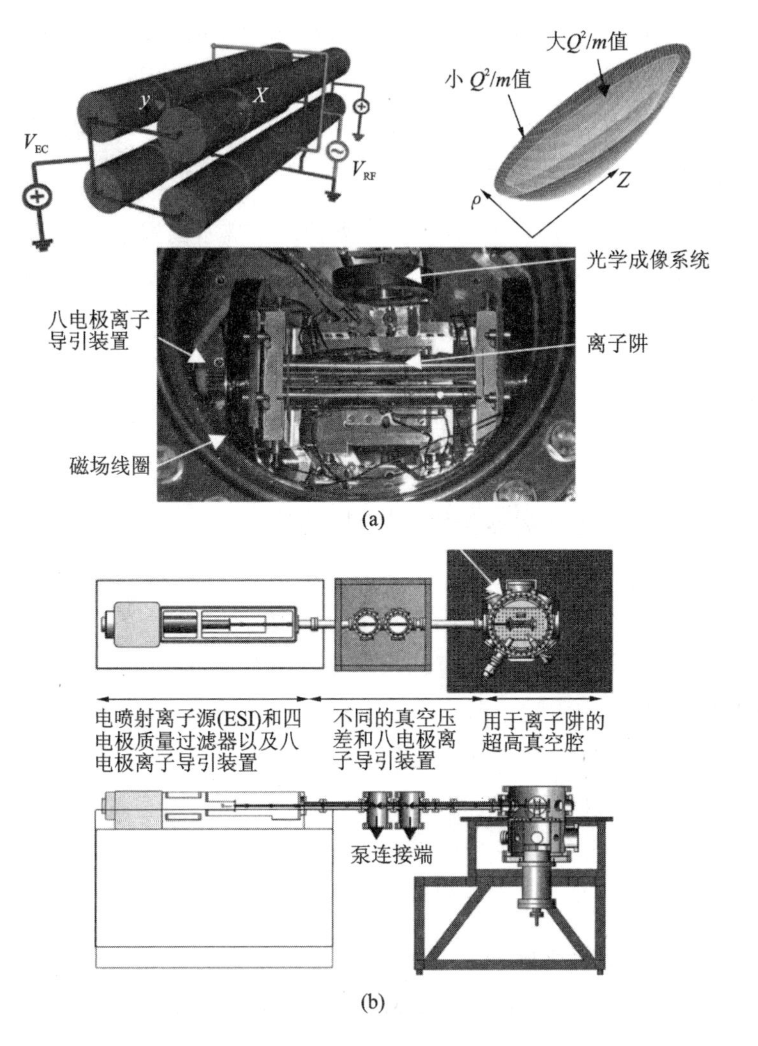

图 18.2 (a)线性射频阱,左边是线性射频阱的装置图,右边是不同 Q^2/m 值的有效俘获势,下面是装有 ESI/Ba^+ 装置的超高真空腔的照片[42]。$\rho=\sqrt{x^2+y^2}$ 和 z 分别是阱的径向和轴向坐标。(b)重分子离子的协同冷却装置

$$U_{\text{trap}}(x,y,z)=\frac{m}{2}[\omega_r^2(x^2+y^2)+\omega_z^2z^2] \tag{18.1}$$

其中,x、y 是垂直于阱轴的坐标,电极中心线均与 x 轴和 y 轴相交。单个确定质量的粒子在势阱中的运动是径向(垂直于 z 轴)简谐振荡与轴向简谐振荡的叠加。径向振荡频率为 $\omega_r=(\omega_0^2-\omega_z^2/2)^{1/2}$,轴向振荡频率为 $\omega_z=(2\kappa QV_{EC}/m)^{1/2}$,其中 $\omega_0=QV_{RF}/(\sqrt{2}m\Omega r_0^2)$,$\kappa$ 是阱的几何常数。当平均离子能量(温度)较低

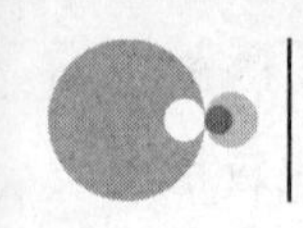

(但不是太低)时,处于这种势阱中的(具有相互作用的)离子系综具有椭球的外形,离子密度可近似为常数[43]。对于 Be^+ 离子阱和 Ba^+ 离子阱来说,有 $r_0=(4.32,4.36)$ mm,$\kappa\approx(1.5,3)\times10^{-3}$ 和 $\Omega=2\pi\times(14.2,2.5)$ MHz。

18.3.2 原子离子冷却

激光冷却技术可以有效地将不同种类的原子离子的温度降低到毫开尔文数量级,原则上这些原子离子都适合作冷却剂。

我们在研究工作中使用的冷却剂是 Be^+ 离子和 Ba^+ 离子。Be^+ 离子和 Ba^+ 离子是通过蒸发炉中的中性原子,并用电子枪将俘获阱中的原子原位电离得到。实验中使用 313 nm 的激光来冷却 Be^+ 离子,这个波长共振于 $^2S_{1/2}(F=2)\rightarrow{}^2P_{3/2}$ 的跃迁[44]。利用红失谐 1.250 GHz 的再泵浦光抑制离子自发辐射到亚稳基态 $^2S_{1/2}(F=1)$ 造成的布居数损耗。我们利用 493.4 nm 的激光来冷却 $^{138}Ba^+$ 离子,这个波长共振于 $6^2S_{1/2}\rightarrow6^2P_{1/2}$ 的跃迁[45]。采用 649.8 nm 的激光作为再泵浦光来阻止离子被光学泵浦到亚稳态 $5^2D_{3/2}$。光电倍增管或 CCD 被用于探测激光诱导的原子荧光。CCD 照相的典型曝光时间是 0.5~2 s。荧光观察的方向垂直于阱的对称轴。因为离子没有"投影",所以 CCD 的成像是全部离子系综在平行于阱轴线平面上的投影。

强劲的冷却导致样品从气相到液相继而到结晶态(库仑晶体)的转化,相关结果如图 18.6 所示。结晶化的准确含义将在 18.4 节中解释。从方程(18.1)可以知道,如果俘获势阱具有轴对称性,被冷却系综的空间分布近似为球状。

18.3.3 分子离子制备

制备协同冷却的原子和分子的方法有很多种。方法之一是将中性气体在真空室中释放,并利用穿过阱中心的电子束将中性气体原位电离[46][47]。改变中性气体的局部压力和电子束强度可以控制装载速率。

图 18.3 所示的是将 HD^+ 离子装载到预制的 Be^+ 离子系综的装置。通过改变阱参数控制径向和轴向频率的比值可以实时地改变混合样品系综的形状,如图 18.4 所示。

以下几种方法可以将带电的大分子转化到气相。其中的一个方法是电喷射电离(ESI),如图 18.5 所示。这个成熟的方法可以将溶液中的分子(甚至是重达几万个 amu 的分子)制备为带电的分子束。由针嘴喷射出的带电液滴快速蒸发变得越来越小,直到库仑爆炸使这些液滴变为具有不同质子数的单分子碎片。实验上利用四极质量过滤装置筛选实验所需荷质比的分子。图 18.5 是电喷射电离的原理图和一种特定的蛋白质质量电荷比谱(质荷比谱)。因为这些分子在离子阱外制备,所以需要使用一个射频八极离子导引装置将它们转移并注入阱中,如图 18.2(b)所示[41]。

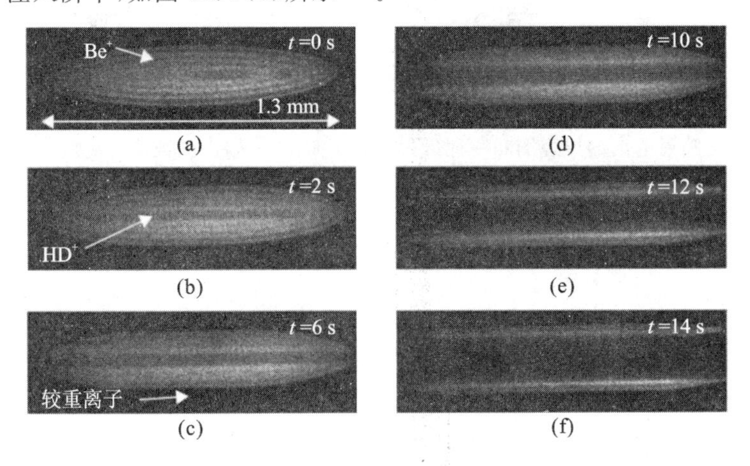

图 18.3　HD^+ 离子装载到冷(约 20 mK)Be^+ 离子晶体的演化过程。初始纯晶体中暗(无荧光)晶核的出现表明冷 HD^+ 离子的存在。较重的原子和分子离子也被装载到晶体。由于这些较重的原子和分子在阱中的束缚较弱,故它们位于荧光 Be^+ 离子系综的外部且较平坦

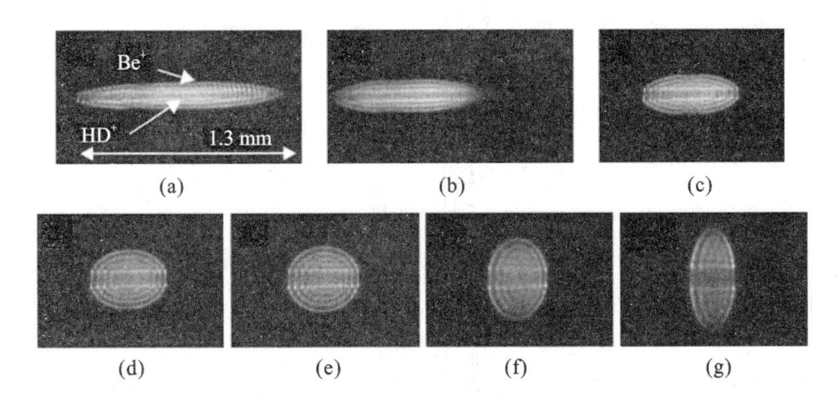

图 18.4　Be^+-HD^+ 库仑晶体的形状对阱各向异性呈现的变化。图(a)～(c)是库仑晶体形状随终端电极上的静电电压 V_{EC} 的变化(决定轴向约束)情况,图(d)～(g)是库仑晶体形状随射频驱动的振幅 V_{RF} 的变化(决定径向约束)情况。这些图片截取自 1 分钟连续记录的结果。势阱通常是柱对称的。激光光强的差异导致了沿轴向的细微不对称

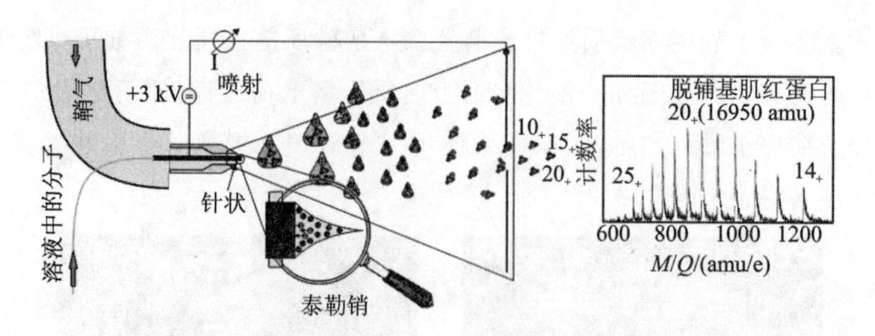

图 18.5　电喷射电离的原理图和一种蛋白质的质荷比谱，给出的数值对应质子电荷态[41]

对于很多既不能利用装载和电离中性气体制备，也不能用 ESI 源制备的分子离子样品，通常由化学反应方法来获得[45][48][49]，18.6 节将介绍这些相关的研究工作。

18.4　俘获的冷库仑团簇的性质

18.4.1　分子动力学模拟

虽然离子系综是经典系统（这里不考虑极端低温下的特殊情况），但由于较多的自由度，有限的尺寸和离子-离子非线性相互作用使得解析处理离子系统变得非常困难。幸运的是分子动力学（MD）模拟可以很好地分析离子系综及相关实验结果。20 世纪 70 年代中期，基于三维冷却俘获带电粒子系综的 MD 模拟方法被用来分析在保守简谐势中的单组分等离子体。随后在首次获得射频阱中[50][51]的单组分等离子体实验研究中，人们也进行了分子动力学模拟。

在分子动力学模拟中，需要对阱中所有的离子求解牛顿运动方程：$m_i r_i = F_i$，下标 i 代表第 i 个离子，m_i 及 r_i（原文中使用的 $\ddot{r}_i$ 是错误的）是第 i 个离子的质量和位置。作用于每个离子的合力 F_i 依赖于几个独立的因素，它们可能与离子位置、离子速度以及时间 t 有关。

$$F_i = F_i^{\text{trap}} + F_i^{\text{Coulomb}} + F_i^{\text{stochastic}} + F_i^{\text{laser}} \tag{18.2}$$

式中：F_i^{trap} 是俘获力；F_i^{Coulomb} 是其他离子对第 i 个离子的库仑作用力；$F_i^{\text{stochastic}}$ 是随机力（来源于离子与环境的相互作用，如与残余气体碰撞、散射光、电场噪声）；F_i^{laser} 是激光冷却力（包括光压力），它只作用于被激光冷却的离子。

在模拟中，由于离子的反冲能量较小，因此不必考虑每个光子吸收和发射过程。例如，Be^+ 的反冲能量等于 $k_B(11\ \mu K)$，为典型温度的 1/1000 倍[47][52][53]。

MD 模拟是一个灵活且有效的工具，它可以分别研究每个力单独的效果，也可以研究与其他力结合的效果，特别是模拟可用于随时间变化的射频阱或者赝势近似等。针对不同目的，模拟只需要计算几十毫秒内的离子动力学。因此，对离子数不太大（约1000）的分子动力学模拟，使用个人计算机是可行的（约需几个小时），这使得分子动力学模拟成为实用的工具。

MD模拟可以直接推广到包含任意多组分样品的协同冷却系综中。第一次进行这种模拟是为了解释实验获得的 Mg^+/Ca^+ 混合晶体结构[54]。

进行MD模拟，系综需具有有限（久期的）动能，也可以等同于有限温度。一个基本的结果是气体—液体—晶体相变，即随着温度的降低，相变可以通过系综的结构表现出来，如图18.6所示。在单组分系统中，通过相互作用参数 $\Gamma=\frac{Q^2}{4}\pi\epsilon_0 a k_B T$ 可以区分气态、液态和结晶态出现的区域，Γ是平均最近邻库仑能和热能的比值（a 是平均粒子间距）[43]。当温度降低且Γ≥2时，系综从气相转为液相。在液体状态，系统呈现短程空间关联性，也就是说对关联函数是非单调的。当Γ≈170时，结晶出现，这个过程伴随着反常的比热容[2]。结晶态的特征是离子的“囚禁”：离子的热运动振幅小于粒子之间的间距时，这些离子基本上呈现出局域化特征[55]。在无限的各向同性系统中，保守势下的Γ值是恒定的[56]。在忽略电荷的分立性的近似下，离子间距或离子密度 $n=a^{-3}$ 可以从Laplace方程导出，即 $n=\epsilon_0 Q V_{RF}^2/(m r_0^4 \Omega^2)$。对典型值 $a\approx 30\ \mu m$，可以推测当温度约为3 mK时，会发生库仑晶体的相变。然而，对于有限系统，相变会在更低的温度下发生，此时Γ值较大[2]。

因为俘获势起着关键作用，库仑晶体没有呈现出类似于固态晶体那样的长程序，因此“晶体”这个词只能是一种简单化的理解——用团簇描述更为合适。在典型的实验情况中，离子没有被“冻结”，而是在晶体格点之间扩散（见图18.7）。在早期的工作中，人们研究了单组分晶体的空间结构[50]。分子动力学模拟重现了实验上发现的层状结构，同时显示了层内的周期序。对于大晶体，实验上并不能直接观察到该周期序，因为迄今为止的实验只能呈现结构的单个投影图。

当温度高于几毫开尔文时（实验中常见的情况），在三维系综中大多数离子不再被局限于特定位置，而是在这些特定的位置之间扩散（见图18.7）[2]。因为CCD图像明确地显示了一些独立的斑点，所以系综看上去好像结晶化了，但实际上并不是这样的。除了一些特殊的位置，实验得到的CCD图像中的独立斑点仅是离子出现几率较高的位置，而不是单个离子被限定的位置。严格来讲，在这样一个温度下，（通常）把系综描述为结晶化（在这里）是错误的，“结构化液体”可能是更合适的描述。如图18.8所示，根据模拟结果，可以

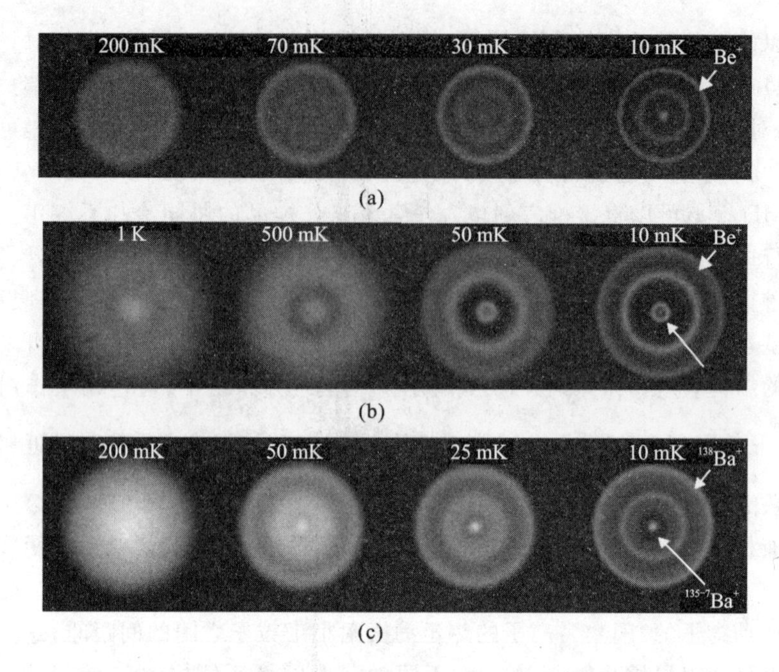

图 18.6　液相下的离子系综。不同平动温度下系综的 MD 模拟。(a)单组分(500 个 Be^+ 离子);(b)双组分(500 个 Be^+ 离子(外层)和 100 个 HD^+ 离子(内层));(c)双组分(500 个 Ba^+ 离子(外层)和 100 个钡同位素离子(内层))。图中所示的粒子轨迹是在 1 ms 内积分获得的。图像呈现的是垂直于 z 轴的部分剖面即 x-y 平面的结果。在温度约为 200 mK 时层状结构开始形成。随着温度下降,层间和层内的扩散变弱,直到温度降到几毫开尔文或更低时(不在图中),离子被限制在特殊点的紧邻位置,并在这些位置周围抖动

得到离子被强限制的位置(沿阱轴的终点位置),并可以得到它们的空间分布及久期速度分布。人们对这个信息是很感兴趣的,比如可以用它在光谱学研究中确定激光的传播方向和模拟光谱线型。

射频加热是一个非常有趣的过程,能量从俘获场转移到离子系综。一个早期的重要研究表明,即使在包括许多微粒结晶系综中,射频加热也是很小的[51]。环形阱中的 Mg^+ 离子实验证实了这个结论[57],即使冷却光关断若干秒后,在环形阱中的库仑晶体也没有熔化。

参考文献[58][59]研究了单组分系综中射频加热的 MD 模拟,且该射频加热是势阱参数的函数。参考文献[53]表明相移误差对阱电极的影响并不重要。所有这些现象表明,线性四极阱足以冷却和协同冷却含数千个离子的大系综,并不需要高阶多极阱。但这并不是说微运动是无关紧要的,同时射频加热也不应该总是被忽略。实际上微运动动能通常要比久期能量大几个数量级。

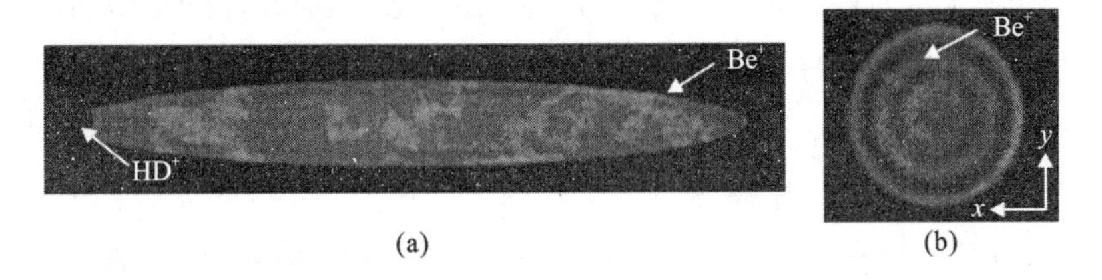

图 18.7　库仑晶体中的离子扩散。(a)温度为 10 mK 时,几个单独的 Be^+ 离子在 Be^+-HD^+ 离子晶体中的轨迹(假设有时间平均的俘获势,持续时间 1 ms)。由于存在扩散,除了特殊位置之外,CCD 图像上每个斑点并不是单个特定离子被限制的位置,而是离子出现几率高的位置;(b)图(a)中晶体的一个横截面的轴视图

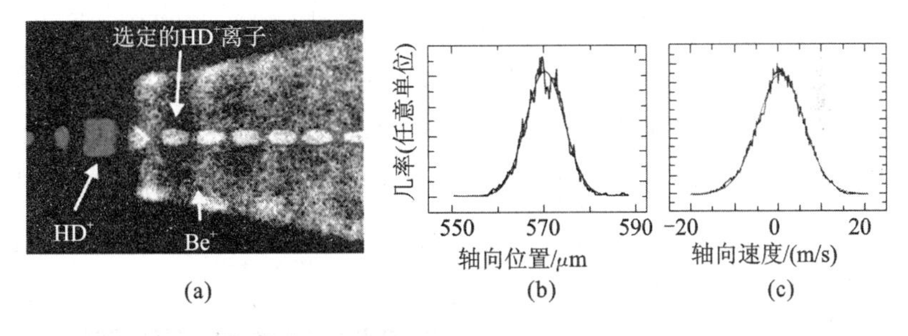

图 18.8　(a)10 mK 时局域化的单 HD^+ 离子。镶嵌在温度为 10 mK 的 Be^+ 晶体中的离子。(b)、(c)分别是离子的空间(z)分布和速度(v_z)分布,粒子轨迹模拟时间为 1 ms,光滑的曲线是高斯函数拟合的结果

图 18.9 所示的是不同组分的原子和分子系综经协同冷却(SC)获得的晶体。协同冷却的结晶化系综最重要的总体特征是组分的径向分离,这由各组分的不同赝势导致:U_{trap} 用 Q^2/m 表征,如图 18.2(a)右面的部分。另外不同样品间的相互作用大小约为 Q_1Q_2。对于带有相同的电荷数的所有离子,如果较轻的离子更接近于轴,那么总势能通常是最小的[30][54],组分间会出现径向间隔。在柱对称极限(非常扁长的系综)下,对于任意电荷比,低质荷比系综(m_1/Q_1)的外半径 r_1 和高质荷比系综(m_2/Q_2)的内半径 r_2 的比值为$(Q_2m_1/Q_1m_2)^{1/2}$[60]。图 18.11 就是这样的一个例子。

如果原子冷却剂和协同冷却离子接近时,即 $r_{LC}/r_{SC}\approx1$,它们之间的相互作用会很强。最理想的情况(相同带电量)是冷却剂比协同冷却离子稍重($M_{LC}/Q_{LC}\geqslant M_{SC}/Q_{SC}$),此时可以有效地把离子“囚禁”($r_{LC}\geqslant r_{SC}$)。这正是冷

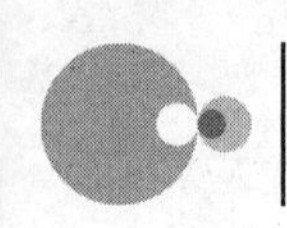

却氢分子离子时选择轻的原子冷却剂(Be^+最合适)的原因,对于冷却重分子离子时选择重的原子离子。由于原子离子质量的上限是200 amu,冷却非常重的分子离子是不容易的。但是如果这些离子带有很多的电荷,冷却也是可行的(在18.8节中介绍)。图18.3、图18.9、图18.10、图18.11所示的都为晶体径向分离的例子。特别有趣的是,具有三种或更多组分的系综会呈现"管状"结构(见图18.9(c))。

由于冷却激光的辐射压对协同冷却离子不起作用,因此单一轴向冷却激光会导致协同冷却离子的轴向不对称性。协同冷却离子的位置靠近激光(见图18.9(b)、图18.12(a))。如果协同冷却离子数明显少于原子冷却剂粒子的数量,这种特征就会出现。

对实验现象模拟的一项重要应用是用来获得离子数目和平动温度。图18.12所示的就是一个简单的例子。对不同温度和不同离子数目的系综分别进行模拟,并通过与实验图像比较找出最优参数。对于主要包含激光冷却离子的中等尺寸晶体(小于500个离子),数目的不确定性只有百分之几(见图18.13)[53]。通过MD模拟所获得的温度分辨率比直接测量原子线型所得的结果要好(见图18.12)。

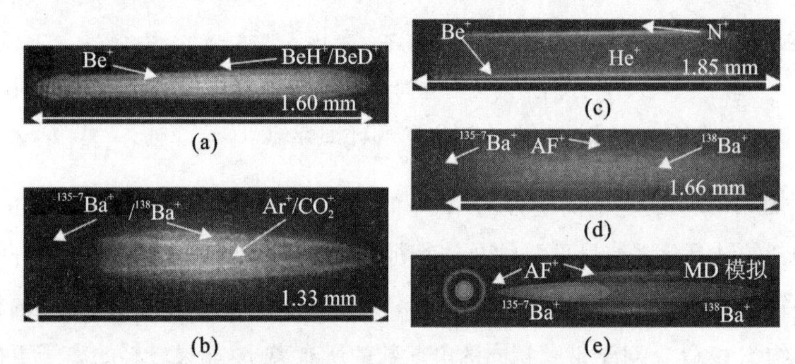

图18.9　混合组分离子晶体的例子。(a)温度为15 mK时,900个Be^+,1200个BeH^+,1200个BeD^+[48];(b)温度为20 mK时,300个$^{138}Ba^+$,150个$^{135\sim137}Ba^+$,240个BaO^+和200个Ar^+及CO^+[45];(c)温度约为12 mK时,500个Be^+,1500个He^+,800个N^+;(d)830个$^{138}Ba^+$,420个$^{135\sim137}Ba^+$,200个质子化的AF^+(质量410 amu),(包含协同冷却同位素)Ba^+的温度是25 mK,AF^+的温度约为88 mK;(e)图(d)中晶体的MD模拟(引自Roth, B. et al., Phys. Rev. A, 73, 042712, 2006; Roth, B. et al., J. Phys. B: At. Mol. Opt. Phys., 38, 3673, 2005; Ostendorf, A. et al. Phys. Rev. Lett., 97, 243005, 2006; Phys. Rev. Lett., 100, 019904(E), 2008. 已授权)

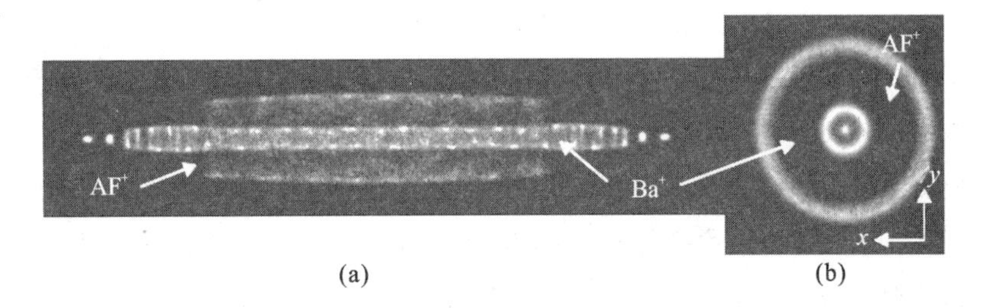

图 18.10 不同组分的空间分离。(a)一个离子晶体的模拟，该晶体含有 50 个激光冷却(LC)的 Ba^+ (温度为 15 mK)和 50 个协同冷却(SC)的 AF^+ 离子(温度为 18 mK)，这里包括了射频微运动；(b)图(a)中晶体的横截面，微运动直接朝向电极(位于 x 轴和 y 轴)，会导致 AF^+ 离子的成像在径向(轻微)模糊，在时间平均的赝势中进行模拟时发现久期运动也会造成 AF^+ 离子成像模糊(引自 Zhang, C. B. et al., Phys. Rev. A, 76, 012719, 2007. 已授权)

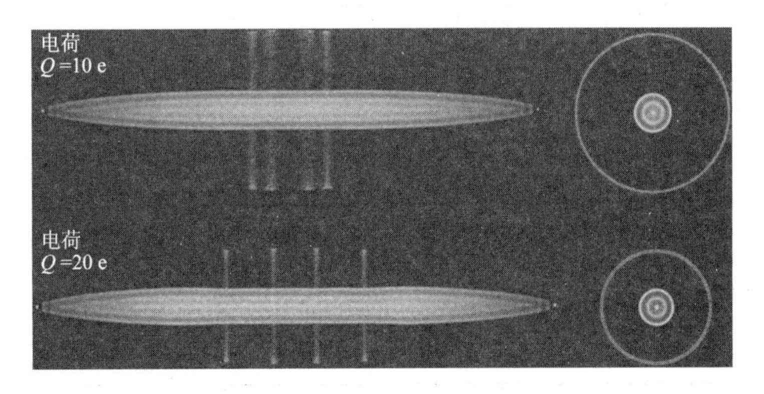

图 18.11 库仑晶体的 MD 模拟，该晶体含有 1000 个 Ba^+ 粒子和 20 个高电荷的分子离子(16000 amu)，电荷量 $Q_{SC}=10$ e(上图)和 20 e(下图)

18.4.2 离子晶体的碰撞加热

离子晶体与中性气体(弹性)碰撞下的稳定性研究是很有趣的。这种碰撞会导致相当大的加热效应。在这里离子与中性粒子的相互作用主要来自于单电荷离子势 $\varphi=-(\alpha/2)[e/(4\pi\epsilon_0 r^2)]^2$[61]诱导的偶极吸引作用。$\alpha$ 是中性原子或分子的极化率，e 是电子电荷，r 是径向距离。应用经典碰撞理论可以推导出离子与中性粒子碰撞加热(或冷却)率 h_{coll} 的表示式和动量转移碰撞率 $\gamma_{elastic}$ 的表示式[61]：

$$h_{\text{coll}}=\frac{3\times 2.21}{4}\frac{ek_{\text{B}}}{\epsilon_0}n_{\text{n}}\sqrt{\alpha\mu}\frac{T_{\text{n}}-T_{\text{c}}}{m_{\text{n}}+m_{\text{c}}},\quad \gamma_{\text{elastic}}=\frac{2.21}{4}\frac{e}{\epsilon_0}n_{\text{n}}\sqrt{\frac{\alpha}{\mu}} \tag{18.3}$$

式中:n_{n} 是中性气体的粒子密度;$m_{\text{n}}(m_{\text{c}})$和 $T_{\text{n}}(T_{\text{c}})$分别是中性(带电)粒子的质量和温度;$\mu=m_{\text{n}}m_{\text{c}}/(m_{\text{n}}+m_{\text{c}})$是约化质量。

例如,当 Ba^+ 处于温度为 300 K,压强为 10^{-9} mbar 的背景气体 N_2中时,每个离子的 Ba^+-N_2的平均弹性碰撞率为 $\gamma=0.17\ s^{-1}$。在每次碰撞过程中,平均能量传递约为 k_{B}(128 K),这会导致每个离子具有 $h_{\text{coll}}=k_{\text{B}}$(2.2 K/s)的加热速率,它将随残余气体的压强线性增长。对我们实验中俘获阱和系综的加热速率进行比较,结果如表 18.2 所示。

表 18.2　多组分系统属性的总结

组分 j	数量 N_j	温度 T_j/mK	激光冷却速率 $c_j/(k_{\text{B}}$ K/s)	加热速率 $h_j/(k_{\text{B}}$ K/s)	合成速率 $-(c_j+h_j)(k_{\text{B}}$ K/s)
$^{138}Ba^+$	830	25	−19	9.9	9.1
(LC)					(取决于 SC1,SC2)
$^{410}AF^+$	200	88	0	15.9	−15.9
(SC1)					(取决于 LC,SC2)
$^{135\sim137}Ba^+$	420	37	0	9.9	−9.9
(SC2)					(取决于 LC1,SC1)

人们可以模拟一个离子和一个残余气体原子或分子碰撞的结果。图 18.14(a)显示了 1249 个 Ba^+ 离子构成的系综的动能,以及单离子与动能为$\frac{3}{2}k_{\text{B}}$(300 K)的氦原子正碰后的动能。碰撞后 Ba^+ 离子突然获得了很大的速度(76.8 m/s)并离开离子晶体,开始在阱中振荡。其动能与势能周期性地相互转化。当离子经过离子团簇时会传递一些能量给它。离子能量损耗速率越小,离子的运动越快[62]。最后离子的初始动能分给了所有离子,整个系综达到了平衡态,此时系综中每个离子的势能和动能都有增加。对于这里的典型晶体,加热时间 $\tau\approx$ 0.2 ms。考虑微运动的分子动力学模拟,表明一些微运动能量也转化为久期能量,此时加热速率比方程(18.3)给出的值有所增加。

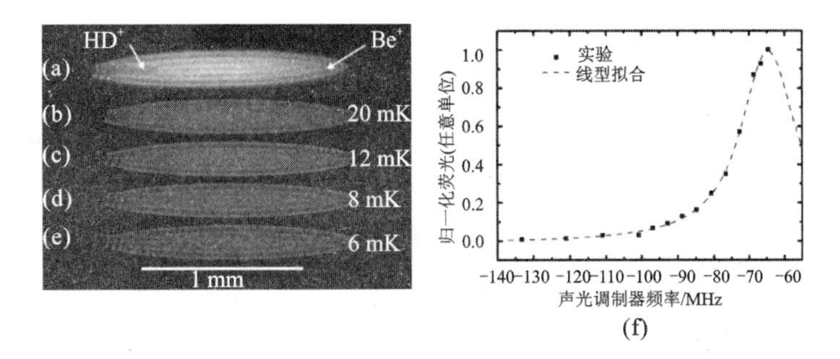

图 18.12　激光冷却和 SC 离子平动温度的确定[53]。左侧是双组分离子晶体的 CCD 图像(a)和模拟图(b)～(e)。通过直接对比实验图和 MD 图，可得到激光冷却、SC 离子的离子数(690 个 Be^+ 及 12 个 HD^+ 离子)和平动温度(10 mK)[47]。图中轴向不对称是由光压所致。(f)用 Voigt 线型来拟合荧光线型，可获得纯 Be^+ 离子晶体的平动温度，得到的温度为(5±5) mK。用声光调制器在 Be^+ 共振处扫描冷却激光频率获得荧光线型。声光调制器可以产生相对于原子共振位置的任意偏移(引自 Blythe, P. et al., Phys. Rev. Lett., 95, 183002, 2005; Zhang, C. B. et al., Phys. Rev. A, 76, 012719, 2007. 已获授权)

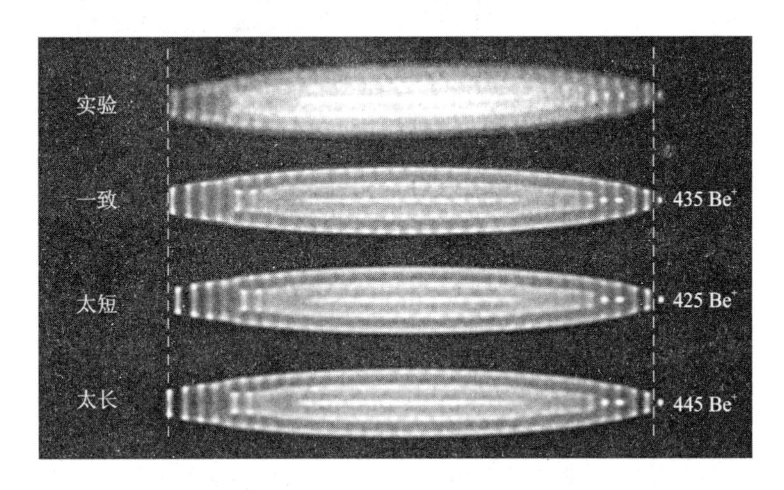

图 18.13　离子数目的确定。Be^+ 离子晶体的实验图像与离子数目不同时系综的模拟图像进行比较，当离子数目为 435 时，实验图像和模拟图像拟合效果最佳(Zhang, C. B. et al., Phys. Rev. A, 76, 012719, 2007. 已获授权)

在包含 N 个离子系综中，如果两次碰撞的时间间隔 $1/(N\gamma_{\text{elastic}})$ 比加热时间 τ 小(即 $N>1/(\gamma_{\text{elastic}}\tau)$)，该系综的碰撞加热过程就基本可以认为是连续的。当压强为 1×10^{-10} mbar 时，每个离子典型的 $\gamma_{\text{elastic}}=0.002\ \text{s}^{-1}$，通常情况下系综不满足这个条件，除非系综离子数目 $N>2500000$。实际上如果系综比

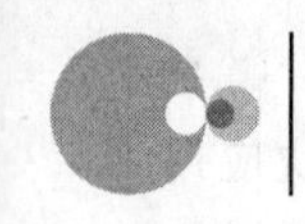

较小且观测时间比平均碰撞间隔($1/(N\gamma_{\text{elastic}})$)小很多,那么得到的系综温度可能比时间平均温度要低一些。当CCD的曝光时间为典型值2 s时,离子数$N<250$的系综符合上述情况。我们的经验的确是团簇越小,温度越低(该温度由CCD图像获得)。

当离子系综足够大($N>2000$)且CCD的曝光时间足够长时,碰撞的总次数足够多,其加热效应就可以用简单的模型来描述。此时,每个离子受到的碰撞频率高而碰撞强度小,这样系综就会很快达到平衡态,从而节省了计算时间(在模拟时间几毫秒内)。

实验上研究了在N_2的不同压强下,Ba^+离子系综的加热效应(见图18.14)。通过假定实际的冷却速率$\beta=2\times10^{-22}$ kg/s[53],我们完成了不同压强下理论计算的加热速率h_{coll}与实验结果的最优拟合。在这里,T_n-T_c(见方程(18.3))设定为300 K。对于压强高于1×10^{-9} mbar时,实验值与由方程(18.3)得到的加热速率的理论值符合得很好。其中$\alpha_{N_2}=4\pi\epsilon_0(1.76\times10^{-24}\ \text{cm}^3)$。

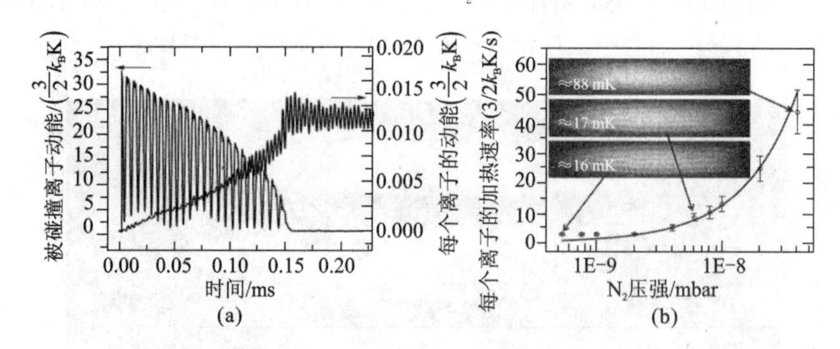

图18.14 (a)离子-中性粒子的正碰。一个Ba^+离子在与中性氮原子碰撞后,将获得的动能逐渐转移给系综的全部离子,使得每个离子的动能(右侧坐标)增加(模拟没有考虑微运动的情况);(b)Ba^+离子晶体的碰撞加热速率与N_2压强的关系。曲线:方程(18.3)的理论计算结果;符号:根据实验结果利用MD模拟得出的加热速率(引自Zhang,C. B. et al.,Phys. Rev. A,76,012719,2007. 已获授权)

在压强最低时,加热过程似乎与压强无关,这可能部分源于成像系统有限的空间分辨率(它会导致晶体成像模糊),也可能是由于没有考虑电场噪声等热源。由于这些因素很难定量化,因此我们没有把它们直接放入模拟模型中,但可以将它们带来的效果作为一个与压强无关但影响碰撞强度的参数,纳入到碰撞速度模型内[53]。

18.4.3 多组分系综的加热效应

协同冷却通过与激光冷却粒子的库仑相互作用来实现,且依赖于激光冷却及协同冷却样品的空间分布、温度及离子数目。激光冷却粒子的加热效应与协同冷却存在着竞争。加热速率 $h_j = \mathrm{d}E_j/\mathrm{d}t$ 表征子系综 j 的总能量 N_jE_j(势能、久期动能和微运动动能)的增长速率,加热效应是由俘获噪声、背景气体的碰撞和射频加热的综合作用引起的。加热速率依赖于离子子系综的空间分布,并随着离子与势阱轴距离的增加而增大,原因是微运动振幅随径向距离线性增加。给子系综设定单一的加热速率是一种近似,这是因为通常子系综的径向尺度是有限的;然而子系综内的能量交换是很快的,如果需要描述慢变过程,我们可以只考虑平均加热速率。但这个假设 $h_j = \mathrm{d}E_{j,\mathrm{secular}}/\mathrm{d}t$ 并不一定是准确的(除了一些特殊情况)。组分被加热时,它的动能增加,但空间范围也会随之扩展,从而势能也会增加[53]。因此,并不是所有的加热都会导致温度的升高。

对于给定的激光冷却离子温度,当子系综的加热速率和冷却速率大小相等时,协同冷却离子的温度就确定了。在模拟中为了方便起见,通常把激光冷却加热速率 h_{LC} 和激光冷却系数 β 作为输入参数,而不用激光冷却离子。激光冷却过程由黏滞激光冷却摩擦力 $F_i^{\mathrm{laser}} = (-\beta\dot{z}_i + \mathrm{const})e_z$ 来描述,因此激光冷却速率与温度有关。在忽略微运动的近似中,冷却速率 C_{LC} 正比于激光冷却久期动能,即正比于温度:

$$C_{\mathrm{LC}} = \left(\frac{\mathrm{d}E_{\mathrm{LC}}}{\mathrm{d}t}\right)_{\mathrm{lasercooling}} \approx -\frac{\beta}{m_{\mathrm{LC}}}k_{\mathrm{B}}T_{\mathrm{LC}} \tag{18.4}$$

激光冷却离子温度由以下三个因素共同决定:激光冷却系数 β、冷却剂加热速率 h_{LC} 以及协同冷却离子对激光冷却离子的协同加热。

首先考虑图18.12中所描述系综的简化情况。由于协同冷却离子数目非常少并嵌在激光冷却离子里。作为初步近似,我们设定一个普适的协同冷却和激光冷却加热速率以及实际的激光冷却系数。通过分别改变加热速率和两种离子的数目,我们对实验观察到的激光冷却离子系综图像进行理论拟合,得到激光冷却温度10 mK。通过单独改变激光冷却速率,人们也可以研究其对模拟结构特征的影响。当协同加热速率足够高时,会使激光冷却系综的层状结构消失,此时的协同冷却温度约为50 mK。在协同冷却离子相邻结构特征需要与实验观察相符的要求下,我们可以得到协同冷却加热速率的上限以及

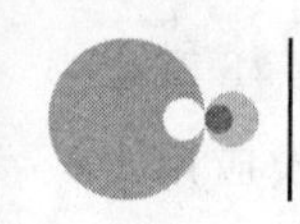

相应协同冷却离子温度的上限 $T_{SC,max}\approx 20$ mK。当然，协同冷却温度的准确性受到成像光学系统中有限空间分辨率的限制。协同冷却温度近似等于激光冷却温度也是有可能的。

当协同冷却粒子远重于激光冷却粒子(且协同冷却粒子电荷不少于激光冷却粒子电荷)时，协同冷却会出现一个极端情况。这时大的空间间距削弱了相互作用强度进而降低了冷却能量，协同冷却和激光冷却粒子的温度会出现显著差异。这和前面所述的情况不同，前述的协同冷却粒子轻于激光冷却离子且很好地嵌在其中，因此两种粒子之间具有高效的耦合。实验上很难通过CCD图像直接观察到这种极端情况，由于粒子间距大且协同冷却离子数目少，它们对激光冷却系综外形的影响也很难观察到。在这种情况下，分子动力学模拟成为一个非常重要的工具。例如，$^{138}Ba^+$ 离子对 Alexafluor 离子(AF^+，质量为 410 amu)的协同冷却(见图 18.9(d))可以通过分子动力学模拟进行表征(见图 18.9(e))。系综实际上包含五个组分：一种激光冷却的组分和四种协同冷却的组分。协同冷却中的三种组分是$^{138}Ba^+$的其他同位素 Ba^+，这些同位素合在一起作为单一的协同冷却组分(SC2)。为了建立三组分系统的模型，需引入 h_{LC}、h_{SC1}、h_{SC2} 三个加热速率。在稳态情况下，能量守恒要求这些加热速率和$^{138}Ba^+$激光冷却温度 T 之间的关系如下：

$$dE_{tot}/dt=(-\beta k_B T_{LC}/m_{LC}+h_{LC})N_{LC}+h_{SC1}N_{SC1}+h_{SC2}N_{SC2}=0 \quad (18.5)$$

为了深入了解组分之间库仑相互作用的效应，图 18.15 对多种加热和冷却相互作用同时存在的情况下对多组分离子系综进行了 MD 模拟。图的中间部分表明在不考虑两个协同冷却组分加热的情况下，系综的温度等于激光冷却粒子的温度。图的右面部分表明，两个 SC 组分之间不可避免的加热将导致系综温度的升高，由于样品不同的空间分布造成相互作用强度不同，因此三种样品具有不同的温度。分子动力模拟给出子系综的响应时间是几毫秒。

回到实验中获得的系综的特征，主要目的是确定重的协同冷却组分的温度。实验数据包括：Ba^+ 的冷却系数 $\beta/m_{Ba}\approx 760\ s^{-1}$，(有效)三组分系综的CCD图像，重 SC1 离子的数目，以及(有效)两组分系综的 CCD 图像，这里后面两个数据是通过从阱中移去 SC1 离子之后所获得的。两个 CCD 图像非常相似，这说明与激光冷却加热效果相比，激光冷却和协同冷却之间相互作用相对较弱。利用以上实验数据，通过 MD 模拟可以确定四个量：激光冷却的离子数目、SC2 离子的数目、激光冷却加热速率(假定 SC2 下 Ba^+ 的同位素具有相同的加热速率)和重离子 SC1 的加热速率。实际上可以对无 AF^+ 系统的 CCD 图像进行两组分模拟,很容易地获得温度 $T_{LC,0}$ 和离子数目 $N_{LC,0}$、$N_{SC2,0}$。从方程(18.5)可以求出普适的加热速率 $h_{LC}=(\beta/m_{LC})k_B T_{LC,0} N_{LC,0}/(N_{LC,0}+N_{SC2,0})$。由于离子数目 $N_{LC,0}$、$N_{SC2,0}$ 对 SC1 的加热速率不是很敏感,它们的值可以直接获得。最后,假定加热速率 h_{LC} 保持不变,再对含有 AF^+ 的三组分样品进行分子动力学模拟。考虑到激光冷却和 SC2 系综的体积变化很小,这个假定是合理的。加热速率 h_{SC1} 变化时,CCD 图像会重建。在这个步骤中,组分之间的相互作用是很关键的:相对距离较远的重离子把被激光冷却的离子加热到温度 T_{LC},这个温度由公式 $\beta k_B T_{LC}/m_{LC}=h_{LC}(1+N_{SC2}/N_{LC})+h_{SC1}N_{SC1}/N_{LC}$ 给出。然后就可从拟合结果得到温度 T_{SC1}。CCD 成像匹配和 β 值(加热速率和温度可以用 β 表征)的不确定性使得拟合得到的温度 T_{SC1}(即 T_{AF^+})的上下

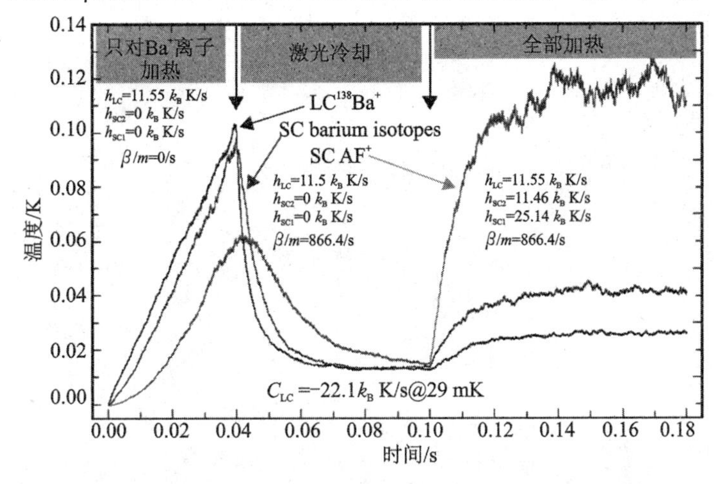

图 18.15　多组分离子系综中协同加热和冷却的 MD 模拟。当 $t=0$ 时,所有样品都处于久期温度 0 K。左侧:起初只对 $^{138}Ba^+$ 离子加热(加热速率 $h_{LC}=11.55k_B$ K/s),其他离子均被协同加热。中间:当 $t=0.04$ s 时,开启 $^{138}Ba^+$ 的冷却激光(冷却系数为 $\beta/m_{LC}=866.4\ s^{-1}$),$^{138}Ba^+$ 的温度开始降低。$^{138}Ba^+$ 开始协同冷却其他离子,系综最终达到的平衡状态温度不为零。右侧:当 $t=0.1$ s 时,协同冷却的钡同位素(加热速率 $h_{SC2}=11.46k_B$ K/s)和协同冷却的 $^{410}AF^+$ 离子(加热速率 $h_{SC1}=25.14k_B$ K/s)的加热导致了所有组分的温度升高,直至它们达到平衡状态(引自 Zhang,C. B. et al.,Phys. Rev. A,76,012719,2007. 已获授权)

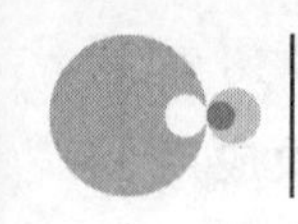

限相差三倍,上限温度为138 mK。当达到热平衡时,被所有其他离子(这里是激光冷却和SC2)冷却的重SC1离子的协同冷却率等于加热速率h_{SC1}。表18.2总结了特定实验条件($\beta/m_{LC}=760\ s^{-1}$)下的不同速率。由于通过拟合得出T_{LC}具有一定的不确定性,方程(18.5)反映的能量守恒并不完全满足。

拟合结果表明,激光冷却"功率"$c_{LC}N_{LC}$中,约有20%通过库仑相互作用施加在AF^+系综上,约46%作用于所有的协同冷却离子。

通过比较离子晶体实验观测的结果与拟合得到的结果,可以获得势阱的参数、赝势频率以及(人为假定的)补偿势。图18.16给出了一个例子。这里由于电极上的静电势,使得混合组分系综并不是轴对称的。该系综包含多种组分。即使在如此复杂的情况下,拟合获得离子数与势阱参数之后,MD模拟相比CCD图像仍然可以提供一个很好的解释,尽管CCD图像仅存在一种组分。

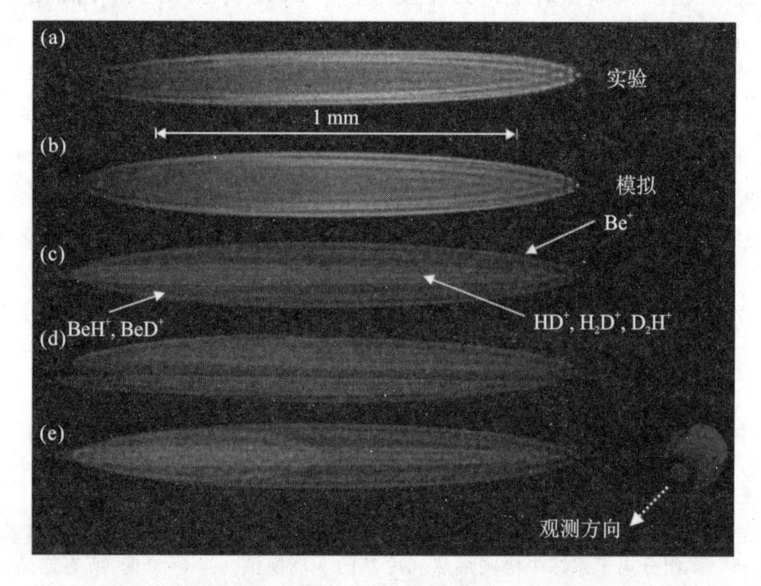

图18.16 不对称多组分冷离子晶体的MD模拟,该离子晶体包含Be^+离子和各种协同冷却分子离子组分。(a)CCD图像,观测方向在z-y平面内(见图(e)右侧箭头所示);图(b)~(e)对图(a)中晶体的MD模拟,图(b)只考虑Be^+时的MD模拟,图(c)~(e)考虑了晶体中所有组分的MD模拟。这些图像是晶体在不同平面内的投影,其中,图(b)、(c)、(e)的左侧部分对应于z-y平面上的投影;图(d)对应于z-x平面上的投影;图(e)的右侧部分对应于x-y平面上的投影

18.5 多组分系综的特性和操控

18.5.1 晶体外形

冷离子等离子体的整体外形在很大程度上依赖于俘获势的对称性及其"形状"。当俘获势具有轴向对称性时,系综是一个球状体,线性射频阱和潘宁阱中的系综也具有这种特征[32][63]。当俘获势不存在轴向对称性时,估算的等离子体外形为椭球形[64]。人们最初在潘宁阱中观察并研究了椭球形等离子体[65]。通过在势阱电极上添加一个静四极势进而产生一个各向异性的准势场,利用 Be^+ 实验装置,我们在线性射频阱中首次观测到了类似的现象[66]。这里被观测到的等离子体可以由包含两个或更多不同离子组分的晶体生成(见图 18.17)。当势阱只有较小的各向异性时,基于冷流体等离子模型的理论预测与对系综外形的实验观测相符,而各向异性较大时,理论值与实验值会出现偏差,这源于协同冷却粒子诱导的空间电荷效应。

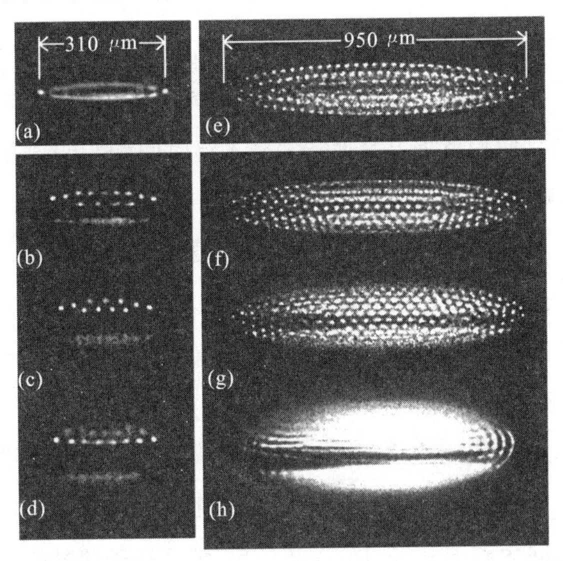

图 18.17 施加于中心电极的静四级电压 V_{dc} 产生的混合组分晶体的椭球形变。当 $V_{dc}=0$ V 时,晶体为球状。左图:包含约 20 个 Be^+ 和少量协同冷却杂质离子的小晶体,每个子图对应不同的电压,它们分别为:(a)$V_{dc}=0$ V;(b)$V_{dc}=2.8$ V;(c)$V_{dc}=3.6$ V;(d)$V_{dc}=4.2$ V。右图:包含约 500 个 Be^+ 的中等大小晶体,各子图分别对应于:(e)$V_{dc}=0$ V;(f)$V_{dc}=1.4$ V;(g)$V_{dc}=2.8$ V;(h)$V_{dc}=4.0$ V。图(b)~(d)和图(f)~(h)中的不对称性由杂散电场造成(引自 Fröhlich, U. et al., Phys. Plasmas, 12, 073506, 2005. 已获授权)

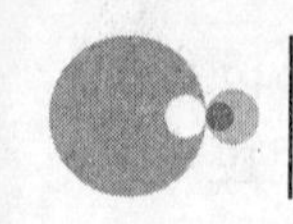

利用静四极电势使冷的多组分晶体发生可逆形变是一个饶有趣味的课题,这是因为它可以完成:①阱中重离子组分的可控喷射(见下文);②低质量协同冷却离子与激光冷却离子沿径向的完全分离;③开启了势阱中椭球形晶体(特别是多组分晶体)振荡俘获模式研究的可能性。从另一个角度来说,对阱中冷离子晶体振荡俘获模式的精密测量也可以确定有效俘获势极小的各向异性,这在精密测量应用和刻画系统效应(如补偿势[45])等方面有重要意义。

另外,通过在单个势阱电极上施加一个静态补偿势,可以在空间上操控离子晶体。例如,我们将原子离子冷却剂精细地环布于含有协同冷却离子的暗核周围(通过 CCD 观察晶体,这里的不确定度低于 20 μm),与通常使用的荧光关联测量方法[45][67]相比,势阱的缺陷就可以得到更为有效的抑制。

18.5.2 粒子识别:破坏性测量和非破坏性测量

由于在吸收自发辐射重复循环中,荧光探测的方法不适用于探测在 UHV 中俘获的分子离子,也就是说,当阱中分子离子与缓冲气体的碰撞不存在时[68],准确地辨别它们就需要其他技术。飞行时间(TOF)谱是一种常用的分子离子破坏性测量技术。我们对 Ba^+ 的实验装置进行了简化。在有限直流四极电势 V_0 的作用下,降低射频振幅可以将离子从阱中提取出来,这将导致离子的运动轨迹变得不稳定(Mathieu 参数 q 进入不稳定区域)。质量大且温度高的离子首先从阱中逃逸掉。当离子离开阱时,它会被加速至通道电子倍增管(CEM)的阴极,进行计数测量。

图 18.18 所示的是一个多组分系综的质谱图。在清晰可辨的射频振幅处可以获得离子计数的峰值,从而确认是否存在激光冷却或者协同冷却离子。如果 CEM 对不同的离子有相同的探测效率,那么离子信号的大小就可以用来获得激光冷却和协同冷却离子数目的比值。此外,这个方法也为 Ba^+ 离子协同冷却重分子的实验提供了证据,这点可以通过比较图 18.18 中的两幅插图看出。图 18.18 中插图(b)所示的是激光冷却后的 Ba^+ 离子系综的质谱。激光冷却离子和协同冷却离子的计数峰都变得更窄,表明这两种离子的能量分布也变窄了,然而这种方法不能用来精确地测定温度。

通常人们更倾向于应用非破坏性探测技术。其中一种技术是基于俘获组分的运动共振激发,共振频率可以反映组分的信息。这种技术已经用于气态或液态离子云质谱的获得[29][69]。对一个由单原子离子及协同冷却的单分子离子组成的"两离子晶体"已经提出一种具有很高的质量分辨率探测技术[31]。

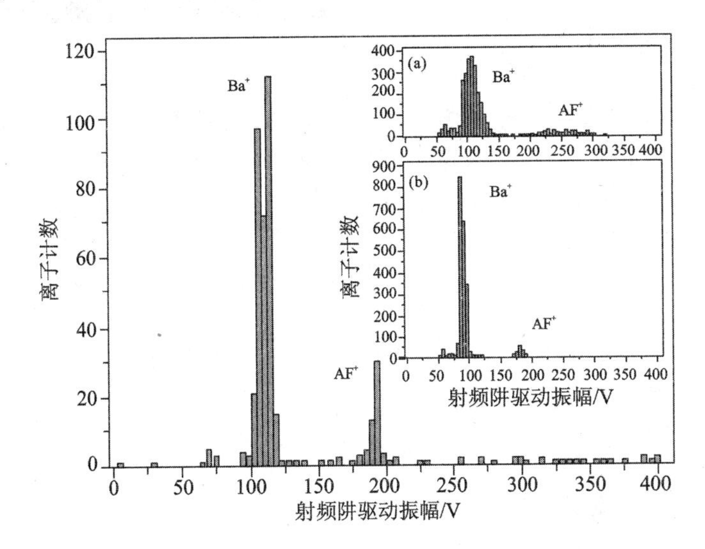

图 18.18 减少射频驱动振幅来提取阱中的离子(见图 18.9(d)中的晶体)。AF^+ 离子(质量 410 aum)首先逃逸。插图(a)在温度约为 300 K 时,非激光冷却的 Ba^+ 离子和 AF^+ 离子计数,左侧的小峰表示协同冷却的 $CO_2{}^+$ 杂质;插图(b)激光冷却后,温度为几百毫开尔文(液态)的 Ba^+ 及 AF^+ 离子云的离子计数(引自 Ostendorf, A. et al., Phys. Rev. Lett., 97, 243005, 2006; Phys. Rev. Lett., 100, 019904(E), 2008。已获授权)

对于大小、形状、对称性不相同的多组分离子晶体的复杂系统[47][52][70],基于运动共振的探测技术实现分辨原子和分子是可能的(见图 18.19)。这种方法的基本原理如下:阱中离子的径向运动被可变频率的振荡电场激发,这个振荡电场可以加在外部的电极板上,也可以加在阱中央的电极上。当激发场与晶体中某一组分的振荡模式共振时,激发场作用将增加该组分的动能。其中一部分能量通过库仑相互作用分布于晶体上,这最终会提高原子冷却剂的温度并且改变各组分可探测的荧光强度。

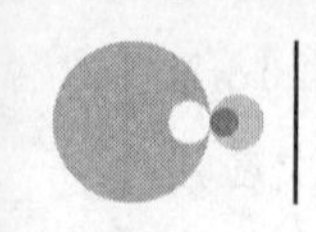

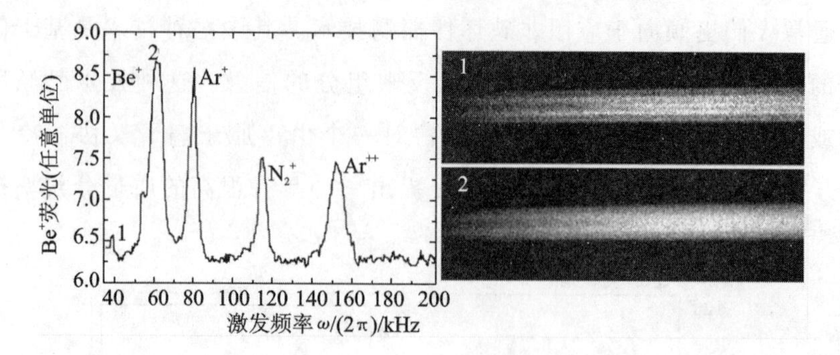

图 18.19　温度为 20 mK 时,含 Be^+、Ar^+、N_2^+ 和 Ar^{2+} 晶体的运动频谱。特定(质量特定)的俘获振荡模式与振荡电场共振时,电场把能量传递给该组分,使其动能增加,这也会加热原子冷却剂。这增加了原子的荧光强度,荧光同时由光电倍增管(曲线)和 CCD 相机(见图中的 1,2)记录。成像时所对应的频率与谱中标号为 1,2 的激发频率相同。从图(2)可以发现,特定模式的激发使晶体结构变得模糊。然而,当激发场不与特定模式共振时,晶体结构是很清晰的(从图(1)或图 18.22 都可以看出)(引自 Roth,B. et al.,J. Phys. B:At. Mol. Opt. Phys.,39,S1241,2006. 已获授权)

18.5.3　运动共振耦合

根据准势能近似,当轴向势能较弱时,离子系综被显著地拉长了,无相互作用的俘获离子的径向振荡频率可表示为 $\omega_r \approx \omega_0 \propto Q/m$(见方程(18.1))。不同单电荷离子组分的运动频率的比值等于它们的质量比。这是离子系综处于气态时得到的结果,此时气态的离子系综密度较低,因此离子相互作用也比较弱。不同组分的离子,特别是处于晶体状态时,其相互作用可使运动频率产生很大幅度的偏移。这就使得对实验谱线的分析,尤其是对于混合组分的离子晶体中所包含的协同冷却粒子具有相近质荷比的情况,变得更加复杂。图 18.20 所示的就是此类离子晶体的运动频谱。

图 18.21 所示的是多组分离子晶体及其(径向)运动共振频谱。图 18.21(b)所示的是温度为 15 mK 时,冷铍离子晶体(其中包含 Be^+、H_3^+、H_2^+ 和 H^+ 离子)的频谱。尽管测量的运动频率和计算得到的单粒子频率有偏差,但仍然可以分辨粒子组分。图 18.21(d)所示的是包含 $C_4F_8{}^+$ 离子和多种碎片离子的铍离子晶体频谱。

通常情况下,观察到的共振频率往往是诸多谱线移动效应(有时是相反的)共同作用的结果。例如,运动频率依赖于晶体中所含粒子的比例。不同组分离子间的强耦合可能导致显著的谱线移动以及某些特征谱线的展宽,使得

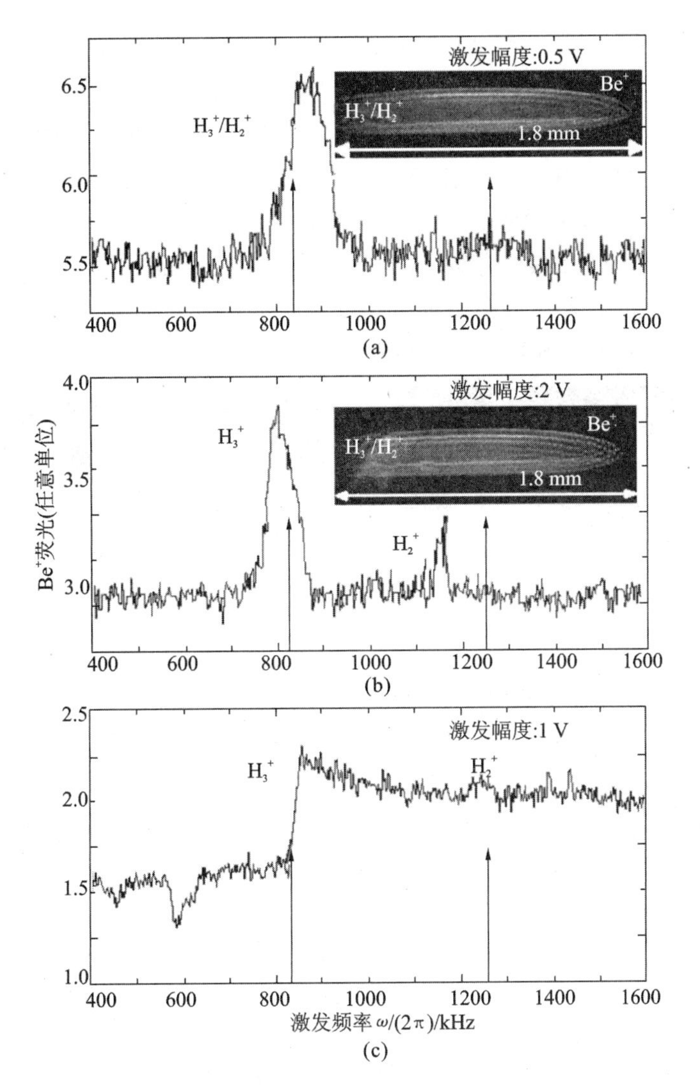

图 18.20　相互作用诱导的径向模式间的强耦合(见图(a)、(b))以及弱耦合(见图(c))。(a)温度约为 20 mK 时,包含约 1400 个 Be^+ 和约 1300 个协同冷却离子(包括约 700 个 H_2^+ 和 H_3^+ 以及约 600 个 BeH^+)的离子晶体(插图是 CCD 成像)运动频谱;(b)去除部分较轻的协同冷却离子后(减小了暗芯的尺寸),包含约 1350 个 Be^+ 和约 1200 个协同冷却离子(包括约 450 个 H_3^+,100 个 H_2^+ 和 650 个 BeH^+)的离子晶体运动频谱;(c)包含 Be^+、H_2^+ 和 H_3^+ 离子的气态/液态的离子晶体运动频谱。单粒子久期频率的计算值(箭头所示)分别是 840 kHz(H_3^+)和 1260 kHz(H_2^+)。在约为 580 kHz 处的特征是由 Be^+ 径向模(在 280 kHz)的二次谐波引起的(引自 Roth,B. et al.,Phys. Rev. A,75,023402,2007. 已获授权)

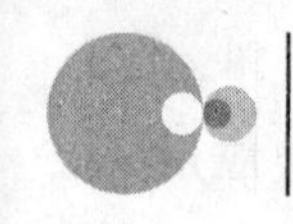

某些特征谱线无法分辨(见图 18.20(a))。然而即使在弱耦合机制下(见图 18.20(b)),空间电荷效应、阱的各向异性以及激发场的有限振幅等多种因素都可能会引起细微的谱线移动。实验获得的谱线的位置还依赖于激发场的扫描方向和等离子温度。最后,系综的物态(等离子体态、晶体态或气态/液态)直接影响离子运动共振的测量结果(见图 18.20(c))。

因此,镶嵌在大的、混合组分离子晶体中的粒子特征谱无法仅由实验测量精确获得。与 MD 模拟的结果进行比较有助于提高对特征谱线的分辨,这可以更准确地解释光谱和化学实验结果。

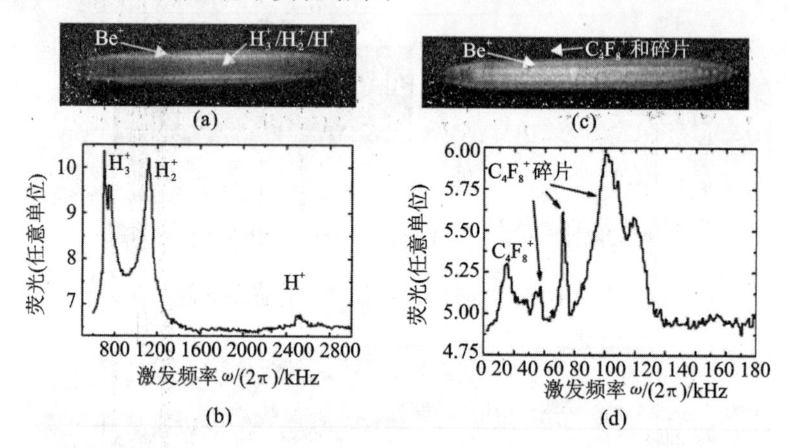

图 18.21　多组分离子晶体及其(径向)运动共振频谱。(a)温度约 15 mK 时,包含 Be^+、H_3^+、H_2^+和 H^+离子的晶体;(b)图(a)中晶体的质谱(低质量区),由于激光冷却离子与协同冷却离子之间的库仑耦合,与计算值相比,实验测得的频率有偏移(H_3^+频率为 840 kHz,H_2^+频率为 1260 kHz,H^+频率为 2520 kHz,Be^+ 频率为 280 kHz);(c)温度约 20 mK 时,包含 Be^+、$C_4F_8^+$和各种碎片的晶体;(d)图(c)中晶体的运动频谱(高质量区)。由于与其他所有组分的库仑耦合较小,$C_4F_8^+$ 单粒子频率的计算值(13 kHz)与测量值(15 kHz)符合得很好。碎片离子作为导电层,使 $C_4F_8^+$ 获得有效的协同冷却(引自 Ostendorf, A. et al., Phys. Rev. Lett., 97, 243005, 2006. 已获授权)

作为一个例子,图 18.22 所示的是混合组分离子晶体的运动频谱与动力学模拟谱的比较。首先,通过 MD 拟合 CCD 图像确定离子的数目。随后以系综热平衡状态为起点,在径向移动协同冷却粒子的位置,测量系统的演化过程,采用这样的方式获得了运动频谱。图中的 x 坐标值是傅里叶变换的结果。图中谱线在频率 58 kHz、82 kHz、122 kHz 和 166 kHz 处有非常复杂的特征结构。频率 82 kHz 处的特征谱源于协同结晶的 Ar^+ 离子,在频率为 122 kHz 和

166 kHz 的特征谱则分别归因于 N_2^+ 和 Ar^{2+} 离子。计算得到的 Ar^+、N_2^+ 和 Ar^{2+} 单粒子久期频率分别是 63 kHz、90 kHz 和 126 kHz。比较以上结果发现,离子间的库仑耦合导致了单粒子频率的显著移动。由于轴向 ω_z Be^+ 模式的激发使得 58 kHz 处的实验特征谱线的复现性并不好,另外俘获势的各向异性导致了在拟合谱线上相同位置处出现了双峰。

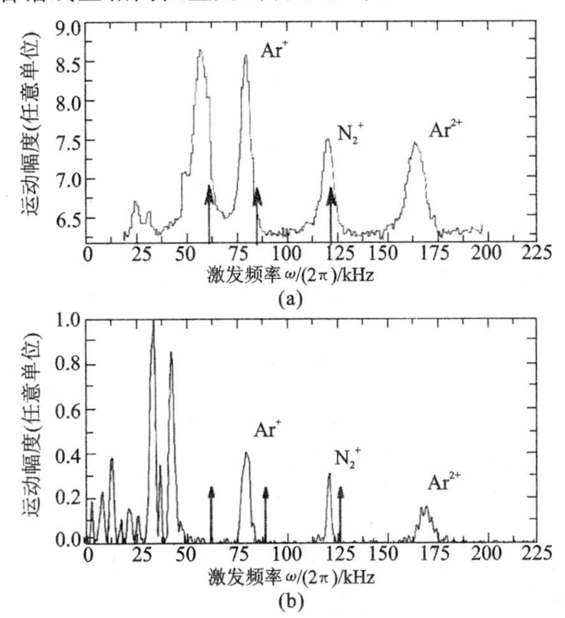

图 18.22　冷的(<20 mK)多组分离子晶体(包含 Be^+、N_2^+、Ar^+ 和 Ar_2^+)的运动频谱。(a)实验测量的运动频谱(类似于图 18.19);(b)模拟得到的运动频谱。箭头所指位置是单粒子频率(引自 Roth, B. et al., J. Phys. B: At. Mol. Opt. Phys., 39, S1241, 2006. 已获授权)

18.5.4　离子组分的选择性去除

在俘获阱中装载和电离中性气体的过程中,由于激光冷却或协同冷却,离子与中性气体发生化学反应,常常产生各种杂质离子,这使运动共振的精密测量和单离子(或少组分)等离子体系统的研究变得复杂。特别是 18.6 节和 18.7 节中提到的应用需使用单组分的协同冷却粒子晶体。因此,这要求去除晶体中无用的组分并尽量完整地保留其他组分。

质荷比大于原子冷却剂质荷比的离子位于激光冷却离子外层。通过对电极施加静态四极势 V_{dc},可将这些离子从阱内选择性去除。在适当的电场强度下,离子在某个方向的径向运动变得不稳定,这使得该组分从阱中逃逸[32][66]。

再次关闭静态四极势,杂质的消失导致了晶体形状的改变,该过程如

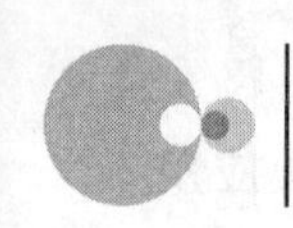

图 18.23(左)所示。图中,将 N_2^+、N^+ 和 BeH^+ 离子从冷(约 20 mK)铍离子晶体中去除后,晶体的形状由近圆柱形变为椭球形。包含较轻协同冷却离子(氢分子离子、H_3^+ 和 H_2^+)的晶体暗核未受影响。

质荷比值小于原子冷却剂质荷比的离子,处于离俘获轴更近的位置,这些离子以不同的方式从晶体中逃逸,如图 18.23(右)所示。将冷却激光频率调谐到远失谐于共振的位置,图 18.23(d)中的离子晶体相变至无序(气体)态。这种状态下,不同组分离子间的耦合比晶体态时弱得多,无用组分的久期运动被显著激发并从阱中逃逸,而其他组分不受影响。将冷却激光频率重新调谐至共振位置,剩余离子可重新结晶(见图 18.23(e))。重复这个过程,可按需求去除不同的组分。将这个过程和前面所述过程按次序操作,可以得到纯的双组分晶体。

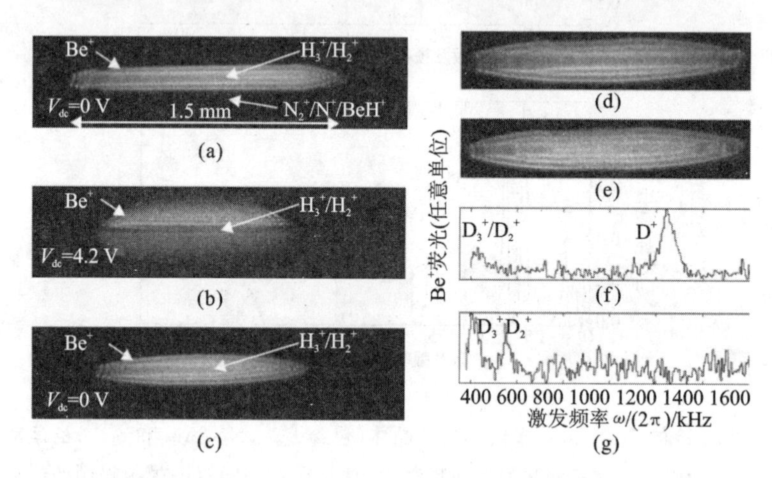

图 18.23　左图:通过静态四极势 V_{dc} 可以选择性地按组分去除离子晶体中的协同冷却重离子。图(a)、图(b)和图(c)分别是去除前、去除时和去除后 CCD 拍摄的图像。去除粒子后可观察到 Be^+ 层的重新排序。接近阱轴粒子的加热效应减小,因此,晶体的温度稍有降低。右图:轻协同冷却离子的去除。图(d)、(f)分别是 D^+ 离子逃逸前的 CCD 图像及荧光谱,图(e)、(g)分别是 D^+ 离子逃逸后的 CCD 图像及荧光谱[47]。在图(f)中,由于协同冷却组分间的强库仑耦合,D_3^+ 和 D_2^+ 的信号无法区分(与图(g)不同)。由于涉及不同的离子数目,荧光谱是在不同强度的激发场中获得的(引自 Blythe,P. et al. ,Phys. Rev. Lett. ,95,183002,2005. 已获授权)

18.6　化学反应和光致碎片

18.6.1　离子-中性粒子化学反应

在化学中,离子和中性粒子的反应性和非反应性碰撞引起了人们的普遍兴趣[71]。在理想情况下,反应可以作为碰撞能量的函数来研究,碰撞能量从微电子伏特到电子伏特变化。由于实验条件的限制,目前人们在低温下进行离子和中性粒子化学反应的研究仍然很少。例如,利用多极离子阱和冷氦缓冲气体冷却,可以推导出不同化学反应的反应速率和分支比[7][11]。在四极离子阱中,协同冷却的分子离子被用来研究温度约为10 K时 $H_3O^+ + NH_3 \longrightarrow NH_4^+ + H_2O$[38]的反应。在更低的温度下,对这类化学反应的研究有助于我们对星际云中发生的离子-中性粒子反应有更好的理解[8][12][72][73]。

协同结晶化冷离子使我们在更高精确度(因为离子密度可以确定)下研究这些化学反应过程成为可能,最终达到单个量子态的分辨率。首先也是最简单的一步是研究温度为300 K时与中性气体的化学反应。

如果中性粒子比离子轻,上述情况意味着碰撞能量(在质心坐标系)低于室温。这一领域的研究就其本身来说是有用的,同时也为将来研究超低能量下的反应做准备,如被俘获的冷离子与超冷中性原子或分子气体之间的反应。我们注意到利用冷原子气体进行非反应性的、振动—转动—钝化的碰撞,对于实现平动冷分子的内部冷却是有用的。最后,更进一步的研究是具有确定量子态的离子的碰撞。这意味着反应物不仅要有确定的碰撞能量(不确定性小于转动能级的间距),而且要处于特定的量子态。这就需要探测产物的量子态。

很多离子和中性粒子的反应,如

$$XY^+ + A \longrightarrow XA^+ Y \tag{18.6}$$

$$XY^+ + BC \longrightarrow XYB^+ C \tag{18.7}$$

均是放热的,而且反应过程没有激活势垒。对于这类反应,在恰当的低温下郎之万理论预言了一个与温度无关的速率系数[74][75],即

$$k_L = Q\sqrt{\frac{\pi\alpha}{\epsilon_0\mu}} \tag{18.8}$$

式中:Q是离子电荷;α是中性粒子反应物的极化率;μ是粒子对的约化质量。

18.6.1.1 激光冷却的原子离子反应

涉及激光冷却的原子离子与中性粒子的反应的研究是最容易的。通过激光冷却的 Ca^+ 离子和中性 O_2 分子之间的反应,人们首次研究了被俘获的冷 CaO^+ 离子的形成[32][76]。基于生成的 CaO^+ 离子,观察到了逆反应(back-reaction)$CaO^+ + CO \longrightarrow Ca^+ + CO_2$[32]。随后,通过激光冷却的 Mg^+ 离子和中性 H_2 分子之间的反应,观察到了被俘获的冷 MgH^+ 的生成[30]。通过实验均推导出了反应速率和反应物分支比。

如图18.24所示,Be^+ 和中性氢分子之间的反应需要光激活[48]。当铍离子处于基态电子态时,这个反应不能发生。但是当激光冷却的 Be^+ 离子被激发到 $^2P_{3/2}$ 态时,反应可以发生,反应速率和郎之万速率具有可比性,即

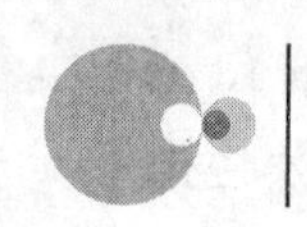

$$(Be^+)^* + HD \longrightarrow BeH^+ + D \tag{18.9}$$

$$(Be^+)^* + HD \longrightarrow BeD^+ + H \tag{18.10}$$

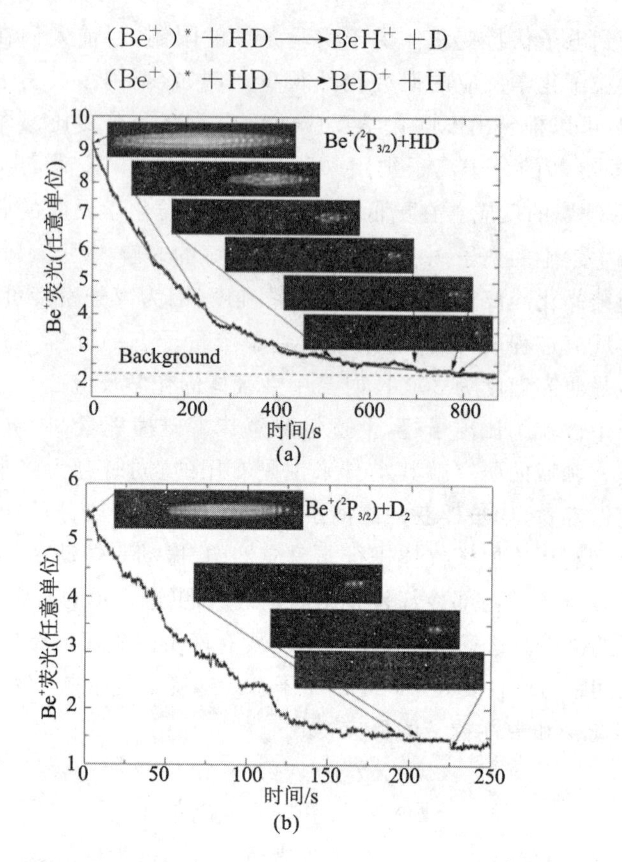

图 18.24　Be^+ 和室温氢分子气体间的化学反应。(a)在充入 HD 之后,Be^+ 小晶体的衰减(约 160 个 Be^+,约 5 mK),光滑曲线是对数据的指数拟合。反应系数 $k \approx 1.1 \times 10^{-9}\ cm^3/s$;(b)在充入 D_2 之后,约有 45 个 Be^+ 离子晶体的衰退。在反应朝向终端的过程中,荧光的阶跃变化是由于分别生成了一个 BeD^+ 和两个 BeD^+。注意晶体的右末端几乎没有发生移动。由于协同冷却产物离子未受到向右传播的冷却激光的光压,在晶体左侧形成了团簇(引自 Roth,B. et al.,Phys. Rev. A,73,042712,2006.已获授权)

产物离子被协同结晶化。反应可以一直进行,直到最后 Be^+ 离子被全部消耗。也就是说,粒子数的分辨率达到了单粒子水平。

下面的反应方程是 Ba^+ 与背景气体 CO_2 分子反应生成 $^{138}BaO^+$ 分子离子的过程。这个反应不依赖于激光激发的原子离子[45]:

$$Ba^+ + CO_2 \longrightarrow BeO^+ + CO \tag{18.11}$$

对这类反应的表征相对简单,因为:①协同冷却的离子产物可以用质谱辨别;②反应速率可以通过激光冷却的离子数目(通过 CCD 观察)随时间演化来推导,或根据原子荧光速率(用 PMT 观察)来获得。

一个有趣的结果是反应生成的离子被有效地协同冷却,这个结果从图 18.25 可以看到。MD 分析表明,几乎所有的产物离子都被协同结晶化,其中一个原因可能是由于中性产物(H 或 D)比离子产物轻得多,带走了放热反应释放的大部分动能的缘故。

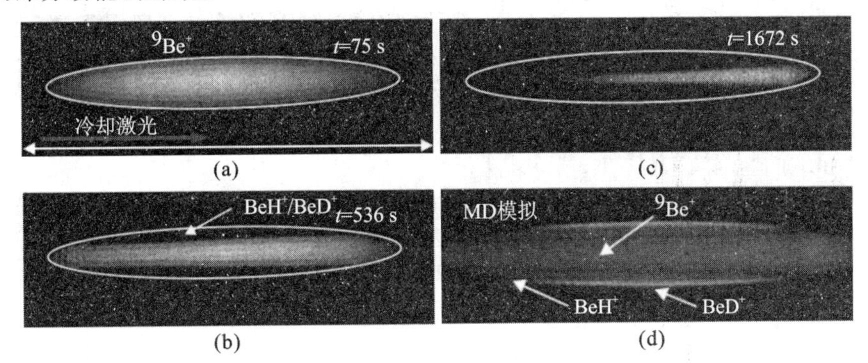

图 18.25 化学反应中的 CCD 图像,初始纯的 Be^+ 大晶体在充入 HD 气体之后,通过化学反应生成冷 BeH^+ 和 BeD^+。椭圆是对初始 Be^+ 晶体边界的拟合,生成的分子离子位于闭合的椭圆范围内。离子数目(由 MD 模拟确定):分别为(a)2100 个 Be^+;(b)900 个 Be^+,1200 个 BeH^+ 和 BeD^+(大致数目相同);(c)150 个 Be^+,1700 个 BeH^+ 和 BeD^+;(d)图(b)中晶体的 MD 模拟,晶体包含 900 个 Be^+,600 个 BeH^+ 和 600 个 BeD^+ 离子,温度约为 15 mK(引自 Roth, B. et al., Phys. Rev. A, 73, 042712, 2006. 已获授权)

18.6.1.2 分子离子反应

最基本的离子-中性粒子的反应对天体物理学也许是非常重要的,比如 H_2^+ 离子与中性 H_2 气体的放热化学反应[72]

$$H_2^+ + H_2 \longrightarrow H_3^+ + H \tag{18.12}$$

中含有两种最基本的分子离子[77]。

这个实验的次序如下:首先通过电子撞击电离中性 H_2 分子,产生冷的 H_2^+ 分子离子,然后通过激光冷却的 Be^+ 离子协同冷却 H_2^+,再充入 H_2 分子气体(见图 18.26)。因为产物离子的协同冷却非常有效,分子离子的数目没有明显变化,库仑晶体结构也几乎没有发生改变。生成的产物离子可以通过久期激发质谱辨别(见图 18.26(a))。在久期光谱中,光谱峰值的高度是对晶体中协同冷却离子数目的测量。将室温 H_2 分子气体充入冷的(约 10 mK)H_2^+ 分子离子过程中,从运动共振谱可以观察到 H_2^+ 分子离子数目的下降,而 H_3^+ 分子离子

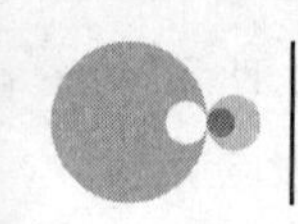

数目相对于最初的数量有所上升。对于两种分子离子组分来讲,拟合谱图中峰最高点的衰减或升高,得到 H_2^+ 的消耗速率和 H_3^+ 的生成速率。由于模式耦合效应,信号对离子数目的依赖是非线性的,这使 H_2^+ 分子离子衰减速率和 H_3^+ 分子离子生成速率有所不同。我们期望利用 MD 模拟来更详细地分析运动共振谱。

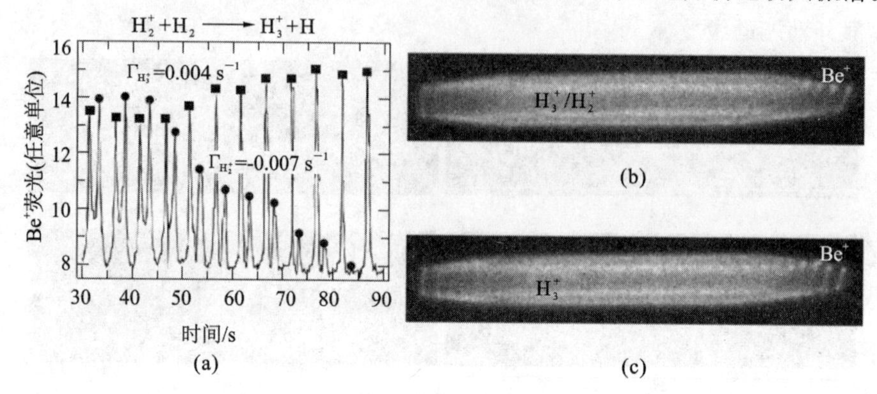

图 18.26　冷 H_2^+ 和室温 H_2 的化学反应。(a)充入中性 H_2 气体期间,多组分冷离子晶体(含 Be^+、H_3^+ 和 H_2^+ 离子)的运动频谱,H_2^+ 和 H_3^+ 共振峰分别用圆点和方块表示;(b)充入 H_2 之前采集的 CCD 图像;(c)充入 H_2 之后采集的 CCD 图像。这一过程中 Be^+ 离子无显著的损耗(引自 Roth,B.,Production,manipulation and spectroscopy of cold trapped molecular ions,habilitation thesis,Heinrich-Heine University,Düsseldorf,2007)

利用 18.5.4 节描述的方法去除在方程(18.12)反应中额外生成的 BeH^+ 离子,只留下 H_3^+ 和 Be^+ 离子(见图 18.27(a)),这是制备只含有单组分协同冷却分子离子的例子。

具有高精度的可控化学反应,可以快速有效地使分子和分子之间进行转换。将室温的 HD 气体充入冷 H_3^+ 分子离子中,通过反应(见图 18.27(b))

$$H_3^+ + HD \longrightarrow H_2D^+ + H_2 \tag{18.13}$$

生成 H_2D^+ 离子。H_2D^+ 离子对天文学的研究很重要[14]。这个反应放出 232 K 的热量[7]。继续充入室温 H_2 气体,通过反应

$$H_2D^+ + H_2 \longrightarrow H_3^+ + HD \tag{18.14}$$

又生成了 H_3^+ 分子离子。通过 H_2 分子的热能或冷 H_2D^+ 离子的内能克服这个逆反应发生的障碍。逆转换效率取决于充入中性 H_2 气体的时间,该效率能够接近 1。氢分子离子的损耗(表现为晶体中暗芯尺寸的减小)主要是与背景气体中的氮分子的反应造成的,导致较重协同冷却离子的形成,它们镶嵌在 Be^+

离子系综表面[49]。从离子晶体扁平程度的增加可以明显地观察到反应物的存在,如图 18.27(a)、(b)所示。

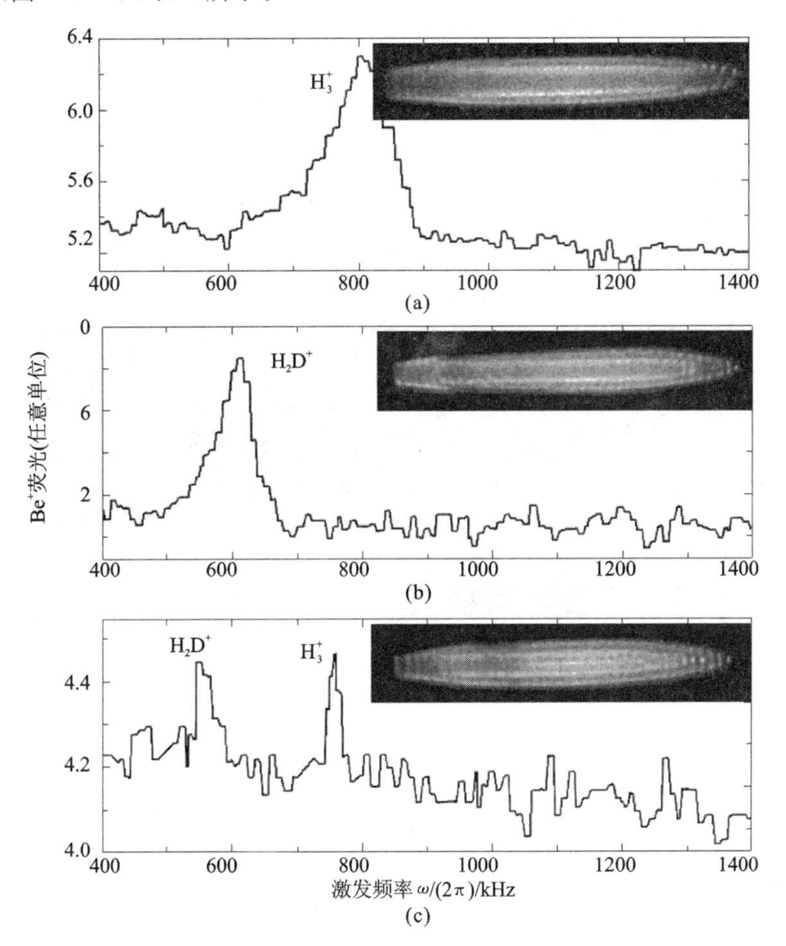

图 18.27 利用协同冷却分子离子实现分子-分子转换。(a)含有冷 H_3^+ 的 Be^+ 晶体运动(久期的)频谱;(b)充入 HD 气体后,大部分 H_3^+ 离子转换成为 H_2D^+;(c)随后充入 H_2 气体,部分 H_2D^+ 逆转换为 H_3^+。根据 CCD 图像所示,氢分子离子存在损耗,而 Be^+ 的损耗可忽略

振动和转动频率很大的异核双原子离子是高精度激光光谱和基础研究的理想体系,比如检测电子-质子质量比的时间无关性,也可作为模型系统来实现对内态的操控[79][80]。分子氢化物如 ArH^+ 和 ArD^+ 是很有趣的例子,因为它们的振转跃迁超精细结构相对简单[79][81],这些氢化物可以通过离子-中性粒子反应生成[49](见图 18.28(a)~(c))

$$Ar^+ + H_2 \longrightarrow ArH^+ + H \tag{18.15}$$

连续充入 H_2 气体,ArH^+ 离子转化成 H_3^+,即

$$ArH^+ + H_2 \longrightarrow H_3^+ Ar \tag{18.16}$$

生成单组分分子离子系综(见图 18.28(d)、(e))。

以上反应是生成冷 H_3^+ 离子两种可能的反应途径之一,第二个反应途径是

$$Ar^+ + H_2 \longrightarrow Ar + H_2^+ \tag{18.17}$$

$$\Rightarrow H_2^+ + H_2 \longrightarrow H_3^+ + H \tag{18.18}$$

对于这两种途径(分别是方程(18.15)和方程(18.16)以及方程(18.17)和方程(18.18)),所有的反应都是放热的,可以用一个与温度无关的 Langevin 反应速率常数来描述。详细介绍见参考文献[49]及其所列文献。

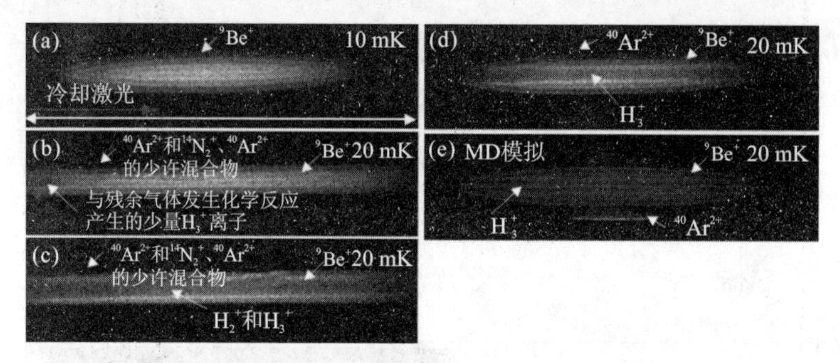

图 18.28 利用连续化学反应制备冷分子离子的 CCD 图像。(a)纯 Be^+ 离子晶体;(b)装载 Ar^+ 离子后的情况;(c)充入 H_2 之后的情况,此时形成了 H_3^+ 离子(较多)和少量的 H_2^+ 离子(可由久期激发质谱观测);(d)去除 Ar^+、ArH^+ 和更重的杂质离子之后,并且 H_2^+ 离子完全转换为 H_3^+,实验中特意保留了 Ar^{2+} 离子;(e)通过 MD 模拟得出图(d)中晶体的温度约为 20 mK,包含约 1150 个 Be^+ 离子,约 100 个 H_3^+ 离子,约 30 个 Ar^{2+} 离子(引自 Roth, B. et al., J. Phys. B: At. Mol. Opt. Phys., 39, S1241, 2006. 已获授权)

用这种方法制备的 H_3^+ 离子晶体对探索 H_3^+ 的化学性质非常有用。特别是,利用高分辨率红外光谱对 H_3^+ 特定态反应的研究,为离子-分子气相化学理论以及精确计算这类双电子分子跃迁频率提供了可靠的依据。

另一个通过两步离子-中性粒子化学反应制备分子离子的例子是 HO_2^+ 的制备,此处使用了不同的中性反应物粒子。第一步反应即方程式(18.12),紧接着的第二步反应为

$$H_3^+ + O_2 \longrightarrow HO_2^+ + H_2 \tag{18.19}$$

这一反应几乎是热中性的[82][83]。由于产物离子比原子冷却剂离子重,它们将在原子离子系综的外层结晶。因此,H_3^+ 离子的暗芯会减小,并且从 CCD 图像中可以直接观察到该反应的过程(见图 18.29)[48]。

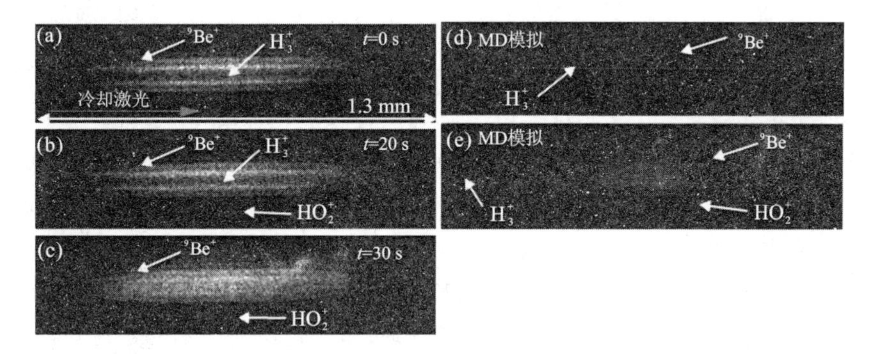

图 18.29 (a)～(c)初始纯 Be^+-H_3^+ 离子晶体在充入 3×10^{-10} mbar 中性 O_2 后不同时刻的成像。当 HO_2^+ 分子生成并镶嵌于晶体外层时,H_3^+ 从晶体芯中消失。HO_2^+ 的存在导致图(c)中晶体的上下边缘出现轻微扁平。(d)温度约 30 mK 时,对图(a)中晶体的 MD 模拟(含 1275 个 Be^+ 离子和 80 个 H_3^+ 离子)。(e)在约 30 mK 时,对图(c)中晶体的 MD 模拟(含 1275 个 Be^+ 离子,3 个 H_3^+ 离子和 75 个 HO^+ 离子)(引自 Roth,B. et al.,Phys. Rev. A,73,042712,2006. 已获授权)

小结:

(1)当激光冷却和结晶的原子离子仅仅作为"旁观者"时,反应也可以发生,这使人们可以研究很多不同类型的反应。

(2)可以研究简单分子(双原子分子、氢分子)间的反应,这对于天体化学是很重要的。

(3)可以研究发生在小系综内的反应,未来这样的小系综更有可能被制备在确定的量子态。

(4)通过设定放热无势垒化学反应的速率(通过选择中性气体压强实现),可以将反应过程变慢,从而可以完成非破坏性探测,甚至在将来可以实现激光对分子和原子内态的操控。

18.6.2 多原子分子的光致碎片

分子的激光诱导碎片研究是化学物理学的一项重要课题,对下述内容有重要的意义:

(1)冷俘获分子内态分布测量技术的发展;

(2)简单分子系统离解通道分支比的测量及操控;

(3)从头算计算量子化学中,基于第一性原理的光致碎片理论模型的发展(可对照参考文献[84]);

(4)复杂多原子分子(如气相中的蛋白质和聚合物)的光致碎片和构型动力学的研究;

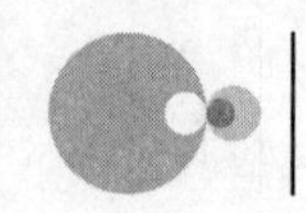

(5)作为一种(破坏性)手段,探测振转激发时振动和转动能级布居的变化。

在使用了缓冲气体冷却的俘获阱中,光致碎片已经被获得[15],并被用于研究多原子离子[15][16][85][86]。对于通过协同冷却获得的 MgH^+ 分子离子,其双光子离解及两个可能的离解通道 $Mg+H^+$ 和 Mg^++H 的分支比也已经被研究[76]。在所有这些实验中,使用的都是脉冲激光。关于 HD^+ 光解离的内容将在下一节中论述。

冷分子离子系综的优点之一就是长寿命,因此可以采用连续波辐射对光致碎片进行研究。这是一个比较有趣的领域,由于可以避免多光子过程,实验测量的碎片速率更容易与理论结果进行比较。

图 18.30 所示的为溶液中若丹明 6G 离子($R6G^+$,质量 479 amu)和甘草酸离子(GAH^+,质量 470 amu)的吸收光谱。图中的吸收谱表明 $R6G^+$ 会吸收冷却激光,并可能导致 $R6G^+$ 碎裂,但 GAH^+ 并不吸收冷却激光。这一结果在冷离子实验中被观察到了。图 18.31 和图 18.32 给出了被俘获的冷(约 0.1 K)$R6G^+$ 和 GAH^+ 离子的光致碎片谱。我们发现当存在冷却激光时,若丹明 101 离子也会被光离解。

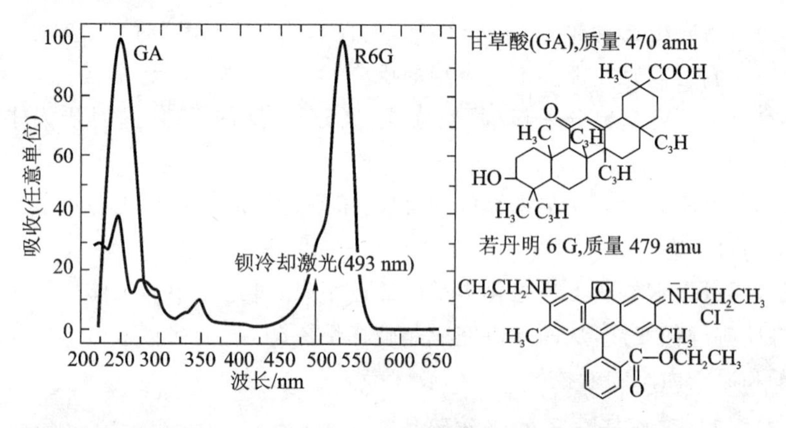

图 18.30 溶液中 GA 和若丹明 R6G 离子的吸收光谱以及它们的化学结构

目前至少有三种不同的碎片探测技术是可能的:①观测因碎片(比原子冷却剂要轻)被协同冷却到晶体的中心而导致的冷离子晶体形变;②提取并计数母体离子和碎片产物;③运动共振质谱。

前面两种方法如图 18.31 和图 18.32 所示,第三种方法在参考文献[36]中有详细描述。由于前两种方法具有内禀的限制,因此第三种方法更为重要。对于特定系统,由于存在很多不同种类的产物,导致采用第一种方法很难对结构进行解释。第二种方法是破坏性的,因为每次测量的碎片产物的数量随激光强度会变化,因此进行系统性测量会非常耗时。对于这类系统,可以选择第三种方法。

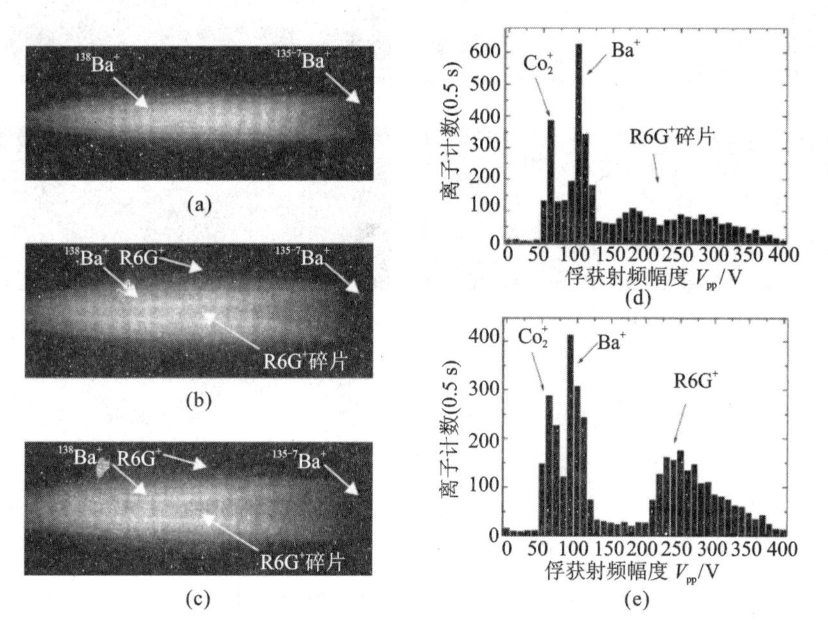

图 18.31 通过 493 nm Ba^+ 冷却激光光离解冷的、单电荷(质子化)若丹明 6G 离子。(a)和(b)分别为装载 $R6G^+$ 之前和之后的冷 Ba^+ 离子晶体。$R6G^+$ 离子(位于 Ba^+ 离子系综之外)在装载过程中吸收 493 nm 激光,会产生 $R6G^+$ 碎片。比 Ba^+ 轻的碎片镶嵌在 Ba^+ 离子系综之中,并产生图(b)中的暗芯。比 Ba^+ 重的碎片位于 Ba^+ 与 $R6G^+$ 离子系综之间,这些碎片也可以被冷却激光离解。典型情况下,比 Ba^+ 重的离子会导致 Ba^+ 离子晶体形变(形变依赖于重离子的数目及荷质比),但是图中形变并不明显。(c)$R6G^+$ 吸收 Ba^+ 冷却激光(493 nm)60 s 之后的 CCD 图像。轻于 Ba^+ 的碎片数目增加,暗芯的体积增加。(d)离子晶体的质谱,该离子晶体与(c)类似,包含冷的 Ba^+、CO_2^+(杂质:左侧窄峰)以及重于 Ba^+ 离子的 $R6G^+$ 碎片(右侧宽峰),该晶体中也可能包含轻于 Ba^+ 的 $R6G^+$ 碎片,这些碎片隐于图中强的 CO_2^+ 谱峰之下。该质谱是通过对离子提取并计数获得的。(e)未被激光冷却的离子系综质谱,其中并没有 $R6G^+$ 碎片生成。图(e)中谱峰要比图(d)中(相应的)谱峰宽,表明 Ba^+、CO_2^+ 和 $R6G^+$ 离子的平动温度超过300 K[36][78](引自 Offenberg,D. et al.,J. Phys. B:At. Mol. Opt. Phys. 42,035101,2009;Zhang,C.,Ph. D. thesis,Heinrich-Heine University Düsseldorf,2008;Roth,B.,Production,manipulation and spectroscopy of cold trapped molecular ions,habilitation thesis,Heinrich-Heine University,Düsseldorf,2007. 已获授权)

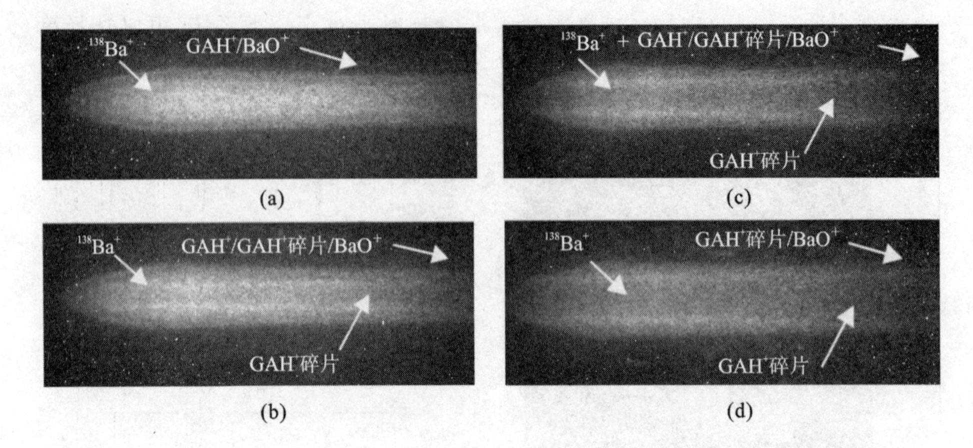

图 18.32　通过 266 nm 连续紫外激光辐射,光离解冷的单电荷(质子化的)甘草酸(GA)离子。激光诱导冷(约 100 mK)GAH^+ 离子碎裂,导致晶体中出现包含 GAH^+ 碎片的暗芯。另外也可能已经生成了比 Ba^+ 重的 GAH^+ 碎片。暴露于紫外辐射之前(见图(a))、之中(见图(b)、(c))以及关闭紫外辐射数分钟之后(见图(d))的图像(引自 Offenberg,D. et al.,J. Phys. B: At. Mol. Opt. Phys. 42,035101,2009;Zhang,C.,PhD thesis,Heinrich-Heine University,Düsseldorf,2008. 已获授权)

18.7　分子离子的振转光谱

18.7.1　振转光谱

传统上对分子离子的测量是在放电情况下、离子束或是在俘获阱(大于 10 K,通过缓冲气体冷却装载)中进行的。对于协同冷却俘获的分子离子来说,一个广泛的应用是分辨率和精度明显增强的振转光谱。这种增强是通过对常见的因碰撞、高热运动和有限渡越时间而产生的频移和展宽效应进行强抑制而获得的。

借助这些特殊的条件可以获得电子基态的振转跃迁光谱。分子低的平动温度使吸收速率得到显著增强,甚至于弱的泛频跃迁也可能被有效激发[89]。这允许我们使用更为简单的激光源,也简化了实验装置。由于分子振动态能级相对长的寿命(毫秒到几天),因此谱线分辨率提高的潜力是巨大的。通过使用 HD^+ 离子,人们首次获得了局域的冷分子离子振动跃迁光谱[90]。

一个有趣的方面是振动和转动跃迁频率对电子质量与原子核质量之比的依赖[81][91]。最简单的情况是对于一个双原子分子,其基本的振动和转动跃迁频率的变化可近似表示为

$$\upsilon_{\mathrm{vib}} \approx \sqrt{m_e/\mu}\,R_\infty, \quad \upsilon_{\mathrm{rot}} \approx (m_e/\mu)R_\infty \tag{18.20}$$

这里 μ 是两个原子核的约化质量,R_∞ 是里德堡能量。这种依赖关系为我们提供了两种机遇:①通过测量单电子氢分子离子 H_2^+、D_2^+、HD^+、HT^+ 的跃迁频率,并结合高精度从头计算理论,可以确定 m_e/m_p、m_e/m_d、m_e/m_t、m_p/m_d、m_p/m_t(m_t 是氚核质量)的比值;②寻找电子质量与原子核质量之比的时间依赖关系[3]。后一种并不局限于双原子分子,因此可以选择具有合适的系统偏移的分子系统。

此外,也有人提出 m_e/m_p(以及夸克质量和强相互作用强度常数)随时间的可能变化比精细结构常数 α 随时间的变化要更大[92][93][94];同样见于参考文献[95][96][97]。最近参考文献[98]的报道指出,在十亿年的时间尺度上 m_e/m_p 有所变化。这是基于对实验室测量的电中性 H_2 Lyman 系及类星体上观测到的 H_2 谱线进行比较而获得的,表明在接近宇宙年龄的时间尺度上,m_e/m_p 可能已经有所减小。

当前,以上常数都是通过潘宁离子阱质谱仪和自旋共振确定的。它们相对的精确度分别如下:$m_p/m_d = 2\times10^{-10}$[99];$m_p/m_t = 2\times10^{-10}$[99][100];$m_e/m_p = 4.6\times10^{-10}$[99][100]。对于氢分子离子能级的从头计算结果正在接近极限,这个极限是由计算中使用的这些基本常数数值的不确定度所造成的,其中最大的贡献源自于 m_e/m_p 的不确定度。因此,氢分子离子光谱与理论计算的结合为最终获得更准确的质量比提供了潜在可能性。

通过荧光探测以获得振转光谱对于很多种类的分子离子并不可行。尤其是这种方法不适合于 HD^+,这是因为 HD^+ 没有稳定的激发电子态。因此,荧光只能来自于振动转动能级。相应的低荧光速率需要响应覆盖中红外到远红外区域的复杂光子计数系统,这是不现实的。在这种情况下可以使用破坏性测量来代替。最简单的是使用$(1+1')$共振增强多光子离解(REMPD)。首先利用红外(IR)激光激发分子,然后通过第二束固定波长的紫外(UV)激光对处于较高振动态的分子选择性光离解,如图 18.33 所示。图 18.34 所示的为剩余分子离子数目对于激发光(IR)频率的变化关系。

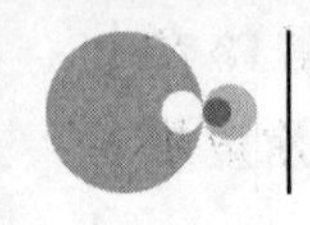

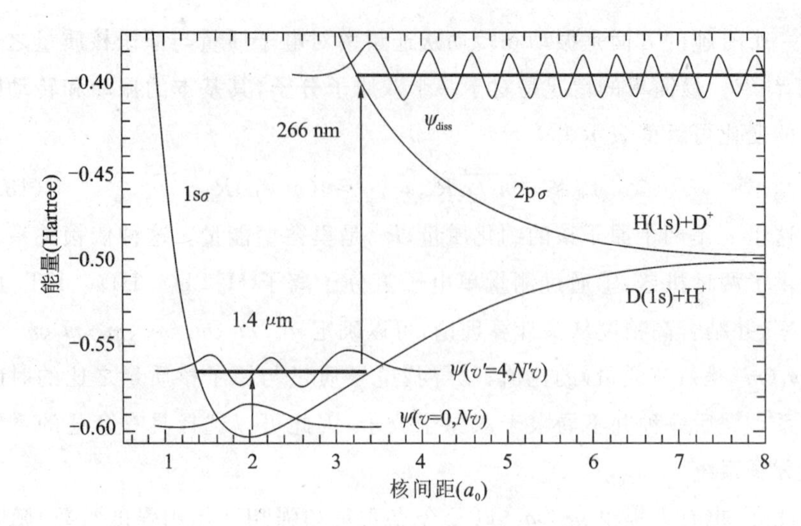

图 18.33　HD^+ 离子的(1+1′)REMPD 光谱原理图。可调谐红外半导体激光激发振转泛频跃迁。实验中使用 266 nm 连续激光离解激发的 HD^+ 离子：$HD^+(v'=4)+h\nu\rightarrow H+D^+$ 或 $H^+ +D$(引自 Roth，B. et al.，Phys. Rev. A，74，040501(R)，2006. 已获授权)

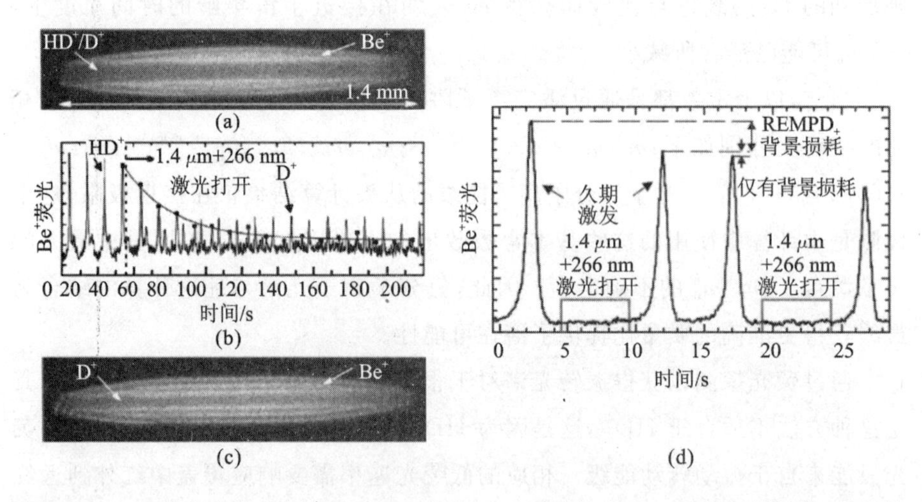

图 18.34　HD^+ 离子的(1+1′)REMPD 光谱。(a)温度约为 20 mK 的初始晶体，包含约 1100 个 Be^+，约 100 个 HD^+，约 20 个 D^+；(b)对图(a)中晶体重复久期激发，激发频率每 4 秒从 500 kHz 扫描到 1500 kHz，IR 激光调谐到最大跃迁谱线 $(v'=4,J'=1)\leftarrow(v=0,J=2)$。曲线是指数拟合结果，衰减常数为 $0.04\ s^{-1}$；(c)全部 HD^+ 离解后的晶体，温度约为 20 mK，包含约 1100 个 Be^+，约 50 个 D^+；(d)循环测量的周期包括对暴露于激光之前和之后的 HD^+ 数目的重复探测(引自 Roth，B. et al.，Phys. Rev. A，74，040501(R)，2006. 已获授权)

实验中所用的分子样品是很小的(典型的为 40～100 个离子)。光谱是通过对分子离子的重复制备及循环测量而获得的。HD^+ 离子的损耗不仅依赖于 REMPD 过程,同时依赖于黑体辐射(BBR)诱导的跃迁,如图 18.35 所示。它们各自的速率都在 $1s^{-1}$ 以下,但其效果在实验中可以清楚地看到。尽管激光只激发特定的转动能级,它们也可能使所有的 HD^+ 离子离解。为了全面描述此过程,通过解所有相关(v,J)能级布居的速率方程来建立 HD^+ 离子的损耗模型,该模型包括与红外和紫外激光的相互作用以及温度为 300 K 的黑体辐射相互作用,如图 18.36 所示。这个速率方程模型揭示了 HD^+ 离子数目减少的两种不同时间尺度:首先,快速(<1 s)衰减发生在 IR 激光从特定振转能级($v=0,J=2$)上选择性地激发离子,紧接着这些离子发生光离解。衰减的幅度依赖于激光的强度(在图 18.35 的情况下衰减是很小的)。一部分被激发离子通过级连跃迁回到振动基态,同时也会跃迁到其他转动能级,$v=0,J\neq2$。通过 BBR 和更低速率的自发辐射,分子离子将重新布居到 $v=0,J=2$ 的能级上,导致分子离子会以更低的速率离解[101]。$\Delta v=1$ 的不同振动能级之间的自发辐射衰减速率约为 100 s^{-1},相比于 $v=0$ 的转动能级间的弛豫过程,振动弛豫是非常快速的。

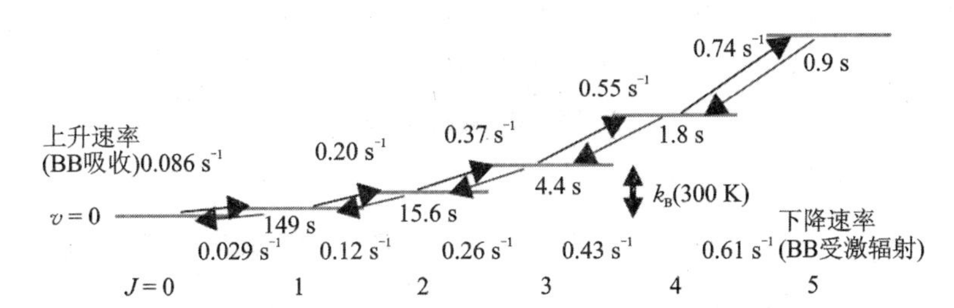

图 18.35 HD^+ 振动量子数 $v=0$ 的转动组态的黑体(BB)诱导辐射和自发辐射速率。所示时间为自然寿命,所示速率为黑体辐射引起的吸收速率及受激辐射速率。黑体辐射的温度为 300 K

由于外部与内部自由度之间的弱耦合,HD^+ 离子(见 18.7.2 节)的内部(转动和振动)温度约为 300 K,与真空腔体达到热平衡,在高达 $J=6$ 的转动能级上仍有显著的布居(>5%)。使用半导体激光器,获得了 1391～1471 nm 范围内从较低转动能级 $J=0$ 到 $J=6$ 的 12 个跃迁的光谱。实验中使用的通信波段半导体激光器线宽约为 5 MHz(在 1 s 时间尺度内),该激光器的频率是通过精度为 40 MHz 的水蒸气的吸收光谱来校准的。

对于两个振转跃迁$(v'=4,J'=1)\leftarrow(v=0,J=2)$和$(v'=4,J'=3)\leftarrow$

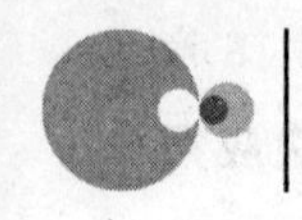

($v=0,J=2$)的精细测量如图 18.37 所示。测量数据中可部分分辨四个角动量(电子、质子和氘核自旋以及转动角动量)之间相互耦合而产生的复杂超精细光谱。主要由离子在傍轴附近的微运动造成的多普勒展宽约为 40 MHz[90]。

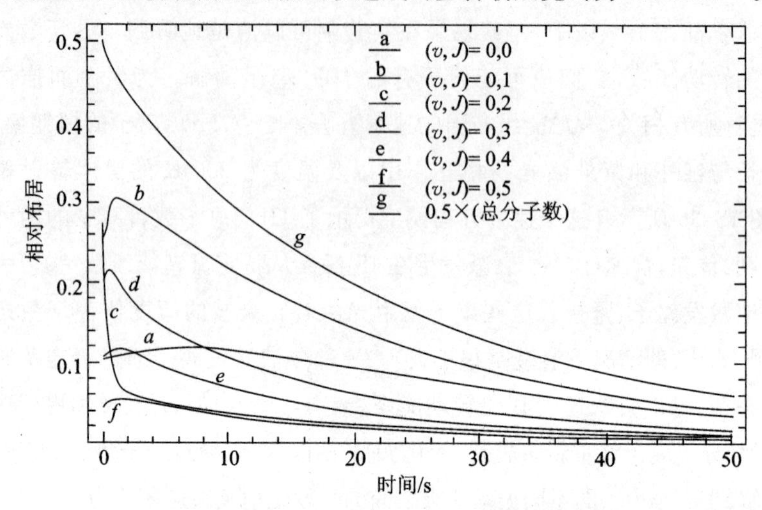

图 18.36 在 REMPD 中无碰撞 HD^+ 离子系综的转动布居动力学,该系综具有冷(20 mK)平动温度和热(300 K)内部温度。IR 激光波长设置在($v'=4,J'=1$)←($v=0,J=2$)跃迁的最大处(1430 nm),其中 $I(\upsilon_{IR})=0.32\ W/cm^2$ 和 $I(266\ nm)=0.57\ W/cm^2$,J 是转动量子数,忽略超精细结构。当 $I(266\ nm)=10\ W/cm^2$,离子数目减少到 50%所需时间为 3.5 s

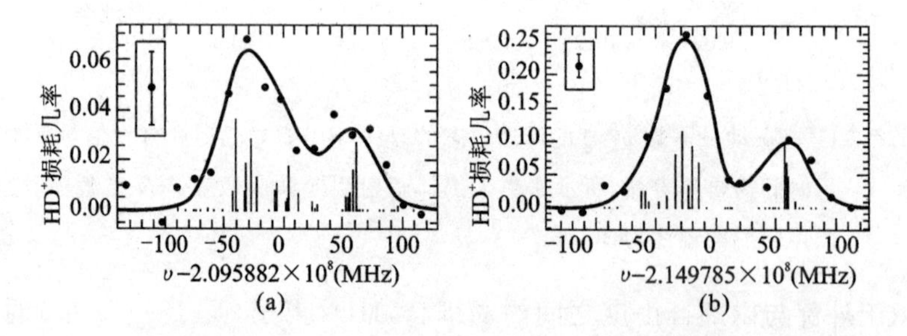

图 18.37 (a)在 1430 nm 处($v'=4,J'=1$)←($v=0,J=2$)的跃迁;(b)在 1395 nm 处($v'=4,J'=3$)←($v=0,J=2$)的跃迁。曲线是对实验数据(·)的拟合,理论的"棍状"谱对应的竖线被展宽了约 40 MHz。纵坐标是经 0.65 W/cm² 的 IR 激光和 10 W/cm² 的 UV 激光照射 5 s 后,分子离子离解的几率。插图给出了典型的误差范围(引自 Roth,B. et al.,Phys. Rev. A,74,040501(R),2006.已获授权)

18.7.2 分子的温度测量

振转光谱的一个应用是分子的温度测量,这是一种常见的测量方法,例如,在研究燃烧的过程中,利用相干拉曼光谱测量转动和振动温度,从而获得燃烧物质本身及其周围物质的温度。

一个重要的问题是协同冷却分子的转动和平动的耦合程度是多大,也就是说是否可以通过冷却分子外部自由度来操控分子内态的布居。

由于带电粒子间的(长程)碰撞、黑体辐射的相互作用以及与背景气体分子的碰撞之间的竞争,系综的内部温度将达到稳定值。分子离子和其他带电粒子之间(在这里讨论的系综可能是另一个分子离子或是一个由激光冷却的原子离子)的碰撞将引起分子转动态和振动态之间的跃迁,其碰撞截面已在参考文献[102]中有所讨论。两个态(振动和转动)n 和 n'之间的跃迁几率可以描述为

$$p(n \to n') = 4\pi^2 \left| \langle n' | m(R) | n \rangle \right|^2 \left| E_\omega(P)_{\omega=\omega_{nn'}} \right|^2 \tag{18.21}$$

式中:$\langle n' | m(R) | n \rangle$是电偶极矩 $m(R)$的矩阵元;$\omega_{nn'} = |E_{n'} - E_n|$是初态和末态的能量差;$R$ 是分子离子的核间距;$E_\omega(P)$是具有给定碰撞参数的入射电荷在分子离子处产生的电场强度的傅里叶分量。

在这一模型中,离子-离子相互作用导致的内部加热,与黑体辐射产生的效果相似。

在相对碰撞能量较低(p 值较大)的低温系综中,由于粒子的间距大于几个微米,因此电场强度与电场变化率都很小。碰撞截面和激发/退激发几率随较高的相对能量的下降,与其他效应相比是可以忽略的。同时势阱或噪声场对转动态分布的影响也可忽略。

参考文献[103]对协同冷却 MgH^+ 离子的转动 REMPD 实验数据和理论模拟的结果进行了比较。由测量结果得出 MgH^+ 离子的转动温度高于 120 K。然而这项技术并不适合精确测量离子的转动温度。

利用转动态可分辨的 REMPD 光谱技术可以直接测量出转动态的分布。参考文献[104]对平动温度为 10 mK 的 HD^+ 系综进行了研究。文中为了测量从较低转动能级 $J=0$ 到 $J=6$ 的振转跃迁所对应的 HD^+ 损耗速率,把激发离子的红外激光的频率调谐到每个振转能级跃迁的最大值,并将激光线宽展宽约为 200 MHz 以覆盖整个超精细结构。

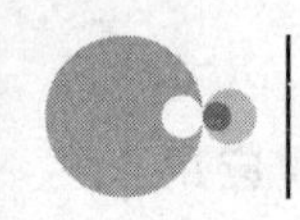

在考虑黑体辐射耦合造成重新布居的情况下,通过数据拟合可以推导出每个转动态的布居数。在给定实验的条件下,发现内部(转动)自由度与平动自由度无关。有效的转动温度接近于室温(335 K),测量精度约为 11%(见图 18.38)。

这种方法使用广泛,可用于其他分子样品的测量。此外,在几乎没有背景气体碰撞的情况下,可以把离子的转动温度和环境的黑体辐射温度直接联系起来。这些(与其他一些,见参考文献[101][105])利用诸如 HD^+ 或 CO^+ 等分子离子进行黑体辐射测温的方法可能应用到频率计量学中,也可能有助于提高基于俘获离子频标的精度[104]。

一个更广的应用就是制备特定量子态的平动受限分子。一些方法已经被提出用于冷却分子内部自由度,如用激光或其他光源[80],低温技术或与冷(微开尔文量级)中性原子碰撞。上述内部温度的测量方法对于研究分子冷却和一般碰撞都是非常有用的。

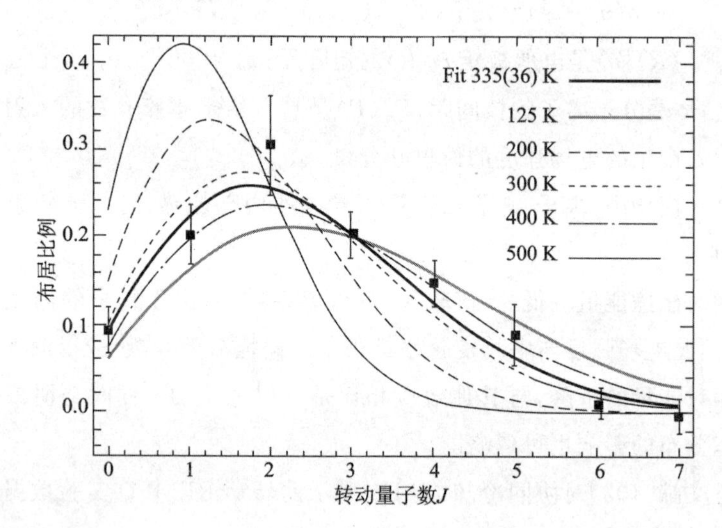

图 18.38 被俘获的冷 HD^+ 离子的转动分布(引自 Koelemeij,J. C. J. et al.,Phys. Rev. A,76,023413,2007. 已获授权)

18.7.3 氢分子离子的高分辨光谱

在所有分子离子中,氢分子离子受到了特别的关注[91],氢分子离子是自然界最简单的分子,只有两个原子核和一个电子。因此,自分子物理学领域诞生之日起,它们就在分子量子理论中扮演着重要角色。在过去 35 年里,有关氢分子研究的出版物超过 800 篇(多数是理论文章)[106]。

在下面各种应用中,氢分子离子具有重要意义:

(1)作为检验高级的分子从头算法的基准系统(特别是 QED 的贡献);

(2)测量 $m_e/m_p, m_p/m_d, m_p/m_t$;

(3)测量氘核四极矩[107];

(4)检验基本常数的洛仑兹不变性和时间不变性[3][108];

(5)检验分子的内态操控的概念;

(6)黑体测温学[104];

(7)研究碰撞过程和离子-中性粒子的反应;

(8)作为模型系统研究辐射-分子反应。

图 18.39 标注了过去几十年俘获室温氢分子离子和离子束光谱的研究结果[88][109][110][111]。Jefferts 以及 Wing 等人[88][112]的实验给出了迄今为止最低的光谱相对不确定度,分别是 1×10^{-6} 和 4×10^{-7}(相对单位)。获得的离解能的不确定度达到 6.5×10^{-7}[113]。近年来振转能理论值的精确度不断提高,最近 V. Korober 用从头算法计算了振转能,相对不确定度低于 1×10^{-9}(70 kHz),包括 QED 贡献[114]。最近也报道了对超精细结构计算精度的提高[115],不确定度约为 50 kHz。在 HD^+ 中对特定振转能级跃迁频率计算的不同贡献如图 18.40 所示。

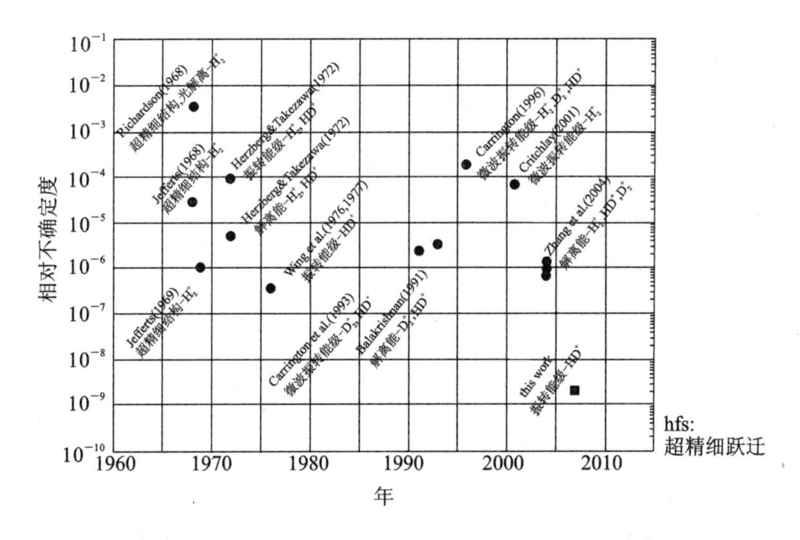

图 18.39 各种能量的 H_2^+、HD^+ 和 D_2^+ 的实验不确定度

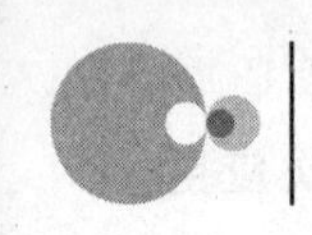

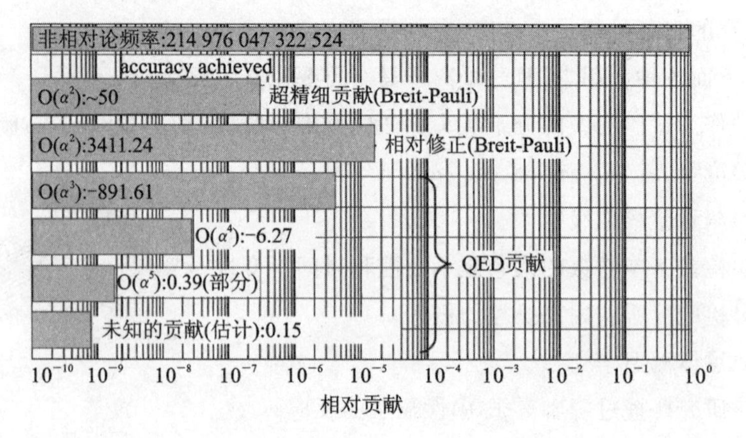

图 18.40　对 HD^+ $(v'=4,J'=3)\leftarrow(v=0,J=2)$跃迁频率测量的贡献(MHz)[78][111](引自 Roth, B., Production, manipulation and spectroscopy of cold trapped molecular ions, habilitation thesis, Heinrich-Heine University, Düsseldorf, 2007; Critchley, A. D. J. et al., Direct measurement of a pure rotation transition in H_2^+, Phys. Rev. Lett., 86, 1725, 2001.)

18.7.4　HD^+ 离子亚兆赫兹精度的红外光谱

基于 REMPD 光谱学方法在冷分子离子研究也有一定的进展。利用新型窄带光栅增强型半导体激光器测量 1395 nm 处$(v'=4,J'=3)\leftarrow(v=0,J=2)$振转跃迁的频率[116],通过光学反馈,将该激光器锁定到飞秒频率光梳上,飞秒频率光梳锁定到全球定位系统获得长期稳定性[117]。

图 18.41 中的光谱有两个线宽约 40 MHz 的谱峰。引起展宽一个主要的原因是沿阱轴的微运动。由于受到测量噪声的限制,光谱数据和理论超精细谱拟合后的不准确度为 0.45 MHz。在测量无扰动(排除超精细贡献)情况下振转跃迁频率时,系统性影响将不确定度增加了 0.5 MHz。相对精度 2.3 ppb 比过去最好的结果提高了 165 倍。推导出的无扰动跃迁频率在测量精度之内,与 V. I. Korobov[114]的理论计算相一致(理论不确定度为 0.3 ppb)。从测量值能够推导出的电子质子质量比的准确度为 5 ppb。该比值与 2002 CODATA 值符合得很好,后者的相对不准确度为 0.46 ppb[99]。

因此,HD^+ 的实验方法提供了一种确定电子-质子质量比 m_e/m_p 的新方法。如果实验的精确度能改进 10 倍,理论振转能级值的不准确度将获得超过 2 倍的改善,就能得到更为精确的 m_e/m_p。从实验的角度来说,无多普勒光谱

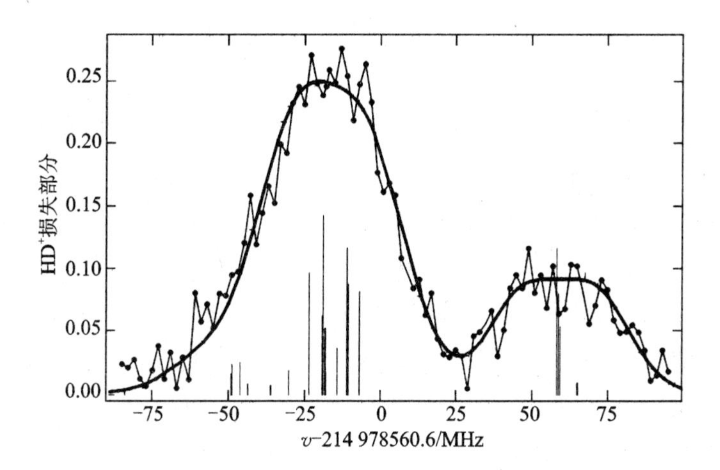

图 18.41 用精密激光光谱仪得到的 $HD^+(v'=4,J'=3)\leftarrow(v=0,J=2)$跃迁光谱，横坐标标示的偏置频率是无扰动情况下跃迁频率的测量结果，其准确度在 0.5 MHz 之内。光滑的曲线是对数据的拟合。拟合线之下的竖线是超精细光谱对应的理论值(引自 Koelemeij,J. et al. ,Phys. Rev. Lett. ,98,173002,2007. 已获授权)

的获得需要借助于俘获以及光谱激光器来完成。

18.8 总结和展望

本章阐述了分子离子协同冷却获得的几个重要结果。

目前有可能制备质量在 2～12400 amu 之间的多种冷分子离子。在这个范围所有的分子离子只需用两种原子冷却剂就能实现冷却。利用破坏性和非破坏性的测量技术可以对协同冷却系综进行分析。已证明分子动力学模拟对于获得系综的属性是有效的。观察冷原子分子的离子与中性气体的化学反应可以用来确定反应速率或用来产生其他分子离子。对于简单分子,即使分子离子的内部温度是室温,仍然可以得到其高分辨率振转光谱。目前已获得了高的光谱精度,例如,被俘获的冷 HD^+ 离子振转跃迁频率测量的相对不准确度为 2.3×10^{-9}。

基于冷分子离子领域已经获得的成果,进一步丰富其研究方法和手段将是非常重要的。下面是一些目标:

(1)发展适用于简单分子和复杂分子的非破坏性测量的光谱技术(量子逻辑光谱学、态选择光偶极力);

(2)扩展高分辨率振动光谱学到其他特别感兴趣的分子离子,如 H_3^+、HeH^+、H_2^+;

(3)通过在 Lamb-Dicke 区域俘获分子离子,可以进一步提高振转光谱学的准确性和分辨率;

(4)通过理论和实验研究证实分子离子具有低的系统性偏移,可以精确检验基础定律;

(5)射频光谱学和双光子光谱学;

(6)发展内部冷却的实用方法,如冷却屏蔽和光学泵浦;

(7)利用分子离子研究低温下离子-中性粒子的相互作用(弹性和非弹性碰撞、电荷转移、转动和振动的减弱);

(8)发展研究多原子分子慢过程的方法,例如,利用无环境影响的近距离碰撞和长的时间观察三重态-单态的衰变速率。

不远的将来,上述这些研究可能会取得显著的进展,引言中列出的具有挑战性科学课题将得以解决。

致谢

特别感谢提供本书结果的同行们,尤其是 D. Offenberg, C. B. Zhang, A. Ostendorf, U. Fröhlich, A. Wilson, P. Blythe, J. Koelemeij, H. Wenz, H. Daerr, Th. Fritsch, Ch. Wellers, V. Korobov, D. Bakalov, S. Jorgensen, M. Okhapkin 和 A. Nevsky。感谢 P. Dutkiewicz, R. Gusek, J. Bremer 和 H. Hoffmann 提供的技术支持。感谢德国科学基金会、"冷分子"EC 网、Alexander-von-Humboldt 基金会、Düsseldorf Entrepreneurs 基金会、DAAD 和 the Studienstiftung des Deutschen Volkes 的资助。

参考文献

[1] DeMille, D., Quantum computation with trapped polar molecules, Phys. Rev. Lett., 88, 067901, 2002.

[2] Schiffer, J. P., Melting of crystalline confined plasmas, Phys. Rev. Lett., 88, 205003, 2002.

[3] Schiller, S. and Korobov, V., Tests of time independence of the electron and nuclear masses with ultracold molecules, Phys. Rev. A, 71, 032505, 2005.

[4] Ziskind,M. ,Daussy,C. ,Marrel,T. ,and Chardonnet,Ch. ,Improved sensitivity in the search for a parity-violating energy difference in the vibrational spectrum of the enantiomers of CHFClBr,Eur. Phys. J. D,20,219,2002.

[5] Crassous,J. ,Chardonnet,Ch. ,Saue,T. ,and Schwerdtfeger,P. ,Recent experimental and theoretical developments towards the observation of parity violation(PV)effects in molecules by spectroscopy,Org. Biomol. Chem. ,3,2218,2005.

[6] Muller,H. ,Herrmann,S. ,Saenz,A. ,Peters,A. ,and Lammerzahl,C. ,Tests of Lorentz invariance using hydrogen molecules,Phys. Rev. D,70,076004,2004.

[7] Gerlich,D. ,Herbst,E. ,and Roueff,E. ,$H_3^+ + HD \longleftrightarrow H_2D^+ + H_2$:Low-temperature laboratory measurements and interstellar implications,Planetary and Space Science,50,1275,2002; Asvany,O. ,Savic,I. ,Schlemmer,S. ,and Gerlich,D. ,Variable temperature ion trap studies of $CH_4^+ +$ H_2,HD and D_2:Negative temperature dependence and significant isotope effects,Chem. Phys. ,298,97,2004.

[8] Glenewinkel-Meyer,T. and Gerlich,D. ,Single and merged beam studies of the reaction $H_2^+(v=0,1;J=0,4)+H_2 \longrightarrow H_3^+ + H$,Israel J. Chem. ,37,343,1997.

[9] Smith,W. W. ,Makarov,O. P. ,and Lin,J. ,Cold ion-neutral collisions in a hybrid trap,J. Mod. Opt. ,52,2253,2005.

[10] Pearson,J. C. ,Oesterling,L. C. ,Herbst,E. ,and De Lucia,F. C. ,Pressure broadening of gas phase molecular ions at very low temperature,Phys. Rev. Lett. ,75,2940,1995.

[11] Gerlich,D. ,Inhomogeneous rf fields:A versatile tool for the study of processes with slow ions,in Advances in Chemical Physics:State-selected and state-to-state ion molecule reaction dynamics, Vol. LXXXII,JohnWiley & Sons,NewYork,1992,p. 1.

[12] Mikosch,J. ,Kreckel,H. ,Wester,R. ,Plail,R. ,Glosik,J. ,Gerlich,D. ,Schwalm,D. ,and Wolf,A. ,Action spectroscopy and temperature diagnostics of H_3^+ by chemical probing,J. Chem. Phys. ,121,11030,2004.

[13] Asvany,O. ,Kumar,P. ,Redlich,B. ,Hegemann,I. ,Schlemmer,S. ,and Marx,D. ,Understanding the infrared spectrum of bare CH_5^+ ,Science, 309,1219,2005.

[14] Asvany,O. ,Hugo,E. ,Muller,F. ,Kuhnemann,F. ,Schiller,S. ,Tennyson,J. ,and Schlemmer,S. ,Overtone spectroscopy of H_2D^+ and D_2H^+ using laser induced reactions,J. Chem. Phys. ,127,154317,2007.

[15] Boyarkin,O. V. ,Mercier,S. R. ,Kamariotis,A. ,and Rizzo,T. R. ,Electronic spectroscopy of cold,protonated tryptophan and tyrosine,J. Amer. Chem. Soc. ,128,2816,2006.

[16] Khoury,J. T. ,Rodriguez-Cruz,S. ,and Parks,J. H. ,Pulsed fluorescence measurements of trapped molecular ions with zero background detection,J. Am. Soc. Mass Spectrom. ,13,696,2002.

[17] Asvany, O. , Ricken, O. , Muller, H. S. P. , Wiedner, M. C. , Giesen, T. F. ,and Schlemmer, S. , High-resolution rotational spectroscopy in a cold ion trap: H_2D^+ and D_2H^+ ,Phys. Rev. Lett. ,100,233004,2008.

[18] Larson,D. J. ,Bergquist,J. C. ,Bollinger,J. J. ,Itano,W. M. ,and Wineland,D. J. ,Sympathetic cooling of trapped ions:A laser-cooled two-species nonneutral ion plasma. Phys. Rev. Lett. ,57,70,1986.

[19] Drullinger,R. E. ,Wineland,D. J. ,and Bergquist,J. C. ,High-resolution optical spectra of laser cooled ions,Appl. Phys. ,22,365,1980.

[20] Raizen,M. G. ,Gilligan,J. M. ,Bergquist,J. C. ,Itano,W. M. ,and Wineland, D. J. , Ionic crystals in a linear Paul trap, Phys. Rev. A, 45, 6493,1992.

[21] Waki, I. , Kassner, S. , Birkl, G. , and Walther, H. , Observation of ordered structures of laser-cooled ions in a quadrupole storage ring,Phys. Rev. Lett. ,68,2007,1992.

[22] Bowe,P. ,Hornekar,L. ,Brodersen,C. ,Drewsen,M. ,Hangst,J. S. ,and Schiffer,J. P. ,Sympathetic crystallization of trapped ions, Phys. Rev. Lett. ,82,2071,1999.

[23] Gruber,L. ,Holder,J. P. ,Schneider,D. ,Formation of strongly coupled plasmas from multicomponent ions in a penning trap, Physica Scripta,

71,60,2005.

[24] Hasegawa, T. and Shimizu, T., Resonant oscillation modes of sympathetically cooled ions in a radio-frequency trap, Phys. Rev. A, 66, 063404,2002.

[25] van Eijkelenborg, M. A., Storkey, M. E. M., Segal, D. M., and Thompson, R. C., Sympathetic cooling and detection of molecular ions in a Penning trap, Phys. Rev. A, 60, 3903, 1999.

[26] Imajo, H., Hayasaka, K., Ohmukai, R., Tanaka, U., Watanabe, M., and Urabe, S., High-resolution ultraviolet spectra of sympathetically-laser-cooled Cd^+ ions, Phys. Rev. A, 53, 122-125, 1996.

[27] Kai, Y., Toyoda, K., Watanabe, M., and Urabe, S., Motional resonances of sympathetically cooled $^{44}Ca^+$, Zn^+, or Ga^+ ions in a linear paul trap, Jpn. J. Appl. Phys., 40, 5136, 2001.

[28] Blinov, B. B., Deslauriers, L., Lee, P., Madsen, M. J., Miller, R., and Monroe, C., Sympathetic cooling of trapped Cd^+ isotopes, Phys. Rev. A, 65, 040304(R), 2002.

[29] Baba, T. and Waki, I., Laser-cooled fluorescence mass spectrometry using laser-cooled barium ions in a tandem linear ion trap, J. Appl. Phys. 89, 4592, 2001.

[30] Molhave, K. and Drewsen, M., Formation of translationally cold MgH^+ and MgD^+ molecules in an ion trap, Phys. Rev. A, 62, 011401, 2000.

[31] Drewsen, M., Mortensen, A., Martinussen, R., Staanum, P., and Sorensen, J. L., Nondestructive identification of cold and extremely localized single molecular ions, Phys. Rev. Lett., 93, 243201, 2004.

[32] Hornekar, L., Single and multi-species coulomb ion crystals: structures, dynamics and sympathetic cooling, Ph. D. thesis, Aarhus University, 2000.

[33] Baba, T. and Waki, I., Cooling and mass-analysis of molecules using laser-cooled atoms, Jpn. J. Appl. Phys., 35, L1134, 1996.

[34] Wineland, D. J., Monroe, C., Itano, W. M., Leibfried, D., King, B. E., and Meekhof, D. M., Experimental issues in coherent quantum-state manipulation of trapped atomic ions, J. Res. Natl Inst. Stand. Technol.,

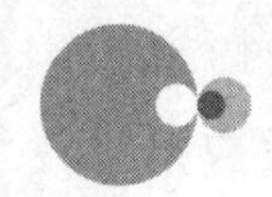

103,259,1998.

[35] Ryjkov, V. L., Zhao, X. Z., and Schuessler, H. A., Sympathetic cooling of fullerene ions by laser-cooled Mg^{+} ions in a linear rf trap, Phys. Rev. A, 74, 023401, 2006.

[36] Offenberg, D., Wellers, Ch., Zhang, C. B., Roth, B., and Schiller, S., Measurement of small photodestruction rates of cold, charged biomolecules in an ion trap, J. Phys. B: At. Mol. Opt. Phys. 42, 035101, 2009; Zhang, C., Ph. D. thesis, Heinrich-Heine University Duesseldorf, 2008.

[37] Offenberg, D., Zhang, C. B., Wellers, Ch., Roth, B., and Schiller, S., Translational cooling and storage of protonated proteins in an ion trap at sub-Kelvin temperatures, Phys. Rev. A, 78, 061401(R), 2008.

[38] Baba, T. and Waki, I., Chemical reaction of sympathetically laser-cooled molecular ions, J. Chem. Phys., 116, 1858, 2002.

[39] Gosh, P. K., Ion Traps, Oxford University Press, New York, 1995.

[40] Prestage, J. D., Dick, G. J., and Maleki, L., New ion trap for frequency standard applications, J. Appl. Phys. 66, 1013, 1989.

[41] Ostendorf, A., Sympathetische Kühlung von Molekülionen durch lasergekühlte Bariumionen in einer linearen Paulfalle, Ph. D. thesis, Heinrich-Heine University Düsseldorf, 2006.

[42] Schnitzler, H., Development of an experiment for trapping, cooling and spectroscopy of molecular hydrogen ions, Ph. D. thesis, Konstanz University, 2001.

[43] Dubin, D. H. E. and O'Neil, T. M., Trapped nonneutral plasmas, liquids, and crystals (the thermal equilibrium states), Rev. Mod. Phys., 71, 87, 1999.

[44] Schnitzler, H., Frohlich, U., Boley, T. K. W., Clemen, A. E. M., Mlynek, J., Peters, A., and Schiller, S., All-solid-state tunable continuous-wave ultraviolet source with high spectral purity and frequency stability, Appl. Optics, 41, 7000, 2002.

[45] Roth, B., Ostendorf, A., Wenz, H., and Schiller, S., Production of large molecular ion crystals via sympathetic cooling by laser-cooled Ba^{+}, J.

Phys. B:At. Mol. Opt. Phys. ,38,3673,2005.

[46] Roth,B. ,Frohlich,U. ,and Schiller,S. ,Sympathetic cooling of $^4He^+$ ions in a radiofrequency trap,Phys. Rev. Lett. ,94,053001,2005.

[47] Blythe,P. ,Roth,B. ,Frohlich,U. ,Wenz,H. ,and Schiller,S. ,Production of ultracold trapped molecular hydrogen ions,Phys. Rev. Lett. ,95,183002,2005.

[48] Roth,B. ,Blythe,P. ,Wenz,H. ,Daerr,H. ,and Schiller,S. ,Ion-neutral chemical reactions between ultracold localized ions and neutral molecules with single-particle resolution,Phys. Rev. A,73,042712,2006.

[49] Roth,B. ,Blythe,P. ,Daerr,H. ,Patacchini,L. ,and Schiller,S. ,Production of ultracold diatomic and triatomic molecular ions of spectroscopic and astrophysical interest, J. Phys. B: At. Mol. Opt. Phys. , 39, S1241 2006.

[50] Schiffer,J. P. ,Layered structure in condensed,cold,one-component plasmas confined in external fields,Phys. Rev. Lett. ,61,1843,1988.

[51] Prestage,J. D. ,Williams,A. ,Maleki,L. ,Djomehri,M. J. ,and Harabetian,E. ,Dynamics of charged particles in a Paul radio-frequency quadrupole trap,Phys. Rev. Lett. ,66,2964,1991.

[52] Ostendorf,A. ,Zhang,C. B. ,Wilson,M. A. ,Offenberg,D. ,Roth,B. ,and Schiller,S. ,Sympathetic cooling of complex molecular ions to millikelvin temperatures,Phys. Rev. Lett. ,97,243005,2006; Phys. Rev. Lett. ,100,019904(E),2008.

[53] Zhang,C. B. ,Offenberg,D. ,Roth,B. ,Wilson,M. A. ,and Schiller,S. ,Molecular dynamics simulations of cold multi-species ion ensembles in a linear Paul trap,Phys. Rev. A,76,012719,2007.

[54] Hornekaer,L. ,Kjaergaard,N. ,Thommesen,A. M. ,and Drewsen,M. ,Structural properties of two-component coulomb crystals in linear Paul traps,Phys. Rev. Lett. ,86,1994,2001.

[55] Donko,Z. ,Kalman,G. J. ,and Golden,K. I. ,Caging of particles in one-component plasmas,Phys. Rev. Lett. ,88,225001,2002.

[56] Slattery,W. L. ,Doolen,G. D. ,and DeWitt,H. E. ,Improved equation of

state for the classical one-component plasma, Phys. Rev. A, 21, 2087, 1980.

[57] Schatz, T., Schramm, U., and Habs, D., Crystalline ion beams, Nature, 412, 717, 2001.

[58] Ryjkov, V. L., Zhao, X. Z., and Schuessler, H. A., Simulations of the rf heating rates in a linear quadrupole ion trap, Phys. Rev. A, 71, 033414, 2005.

[59] Zhao, X. Z., Ryjkov, V. L., and Schuessler, H. A., Fluorescence profiles and cooling dynamics of laser-cooled Mg^+ ions in a linear rf trap, Phys. Rev. A, 73, 033412, 2006.

[60] Wineland, D. J., Ion traps for large storage capacity, in Proceedings of the Cooling, Condensation, and Storage of Hydrogen Cluster Ions Workshop, Bahns, J. T., Ed., Menlo Park, 1987, p. 181.

[61] Banks, P., Collision frequency and energy transfer: ions, Planet. Space Sci., 14, 1105, 1966.

[62] Bussmann, M., Schramm, U., Habs, D., Kolhinen, V. S., and Szerpypo, J., Stopping highly charged ions in a laser-cooled one component plasma of $^{24}Mg^+$ ions, Int. J. Mass. Spectrom., 251, 179, 2006.

[63] Brewer, L. R., Prestage, J. D., Bollinger, J. J., Itano, W. M., Larson, D. J., and Wineland, D. J., Static properties of a non-neutral $^9Be_+$-ion plasma, Phys. Rev. A, 38, 859, 1988.

[64] Dubin, D. H. E., Equilibrium and dynamics of uniform density ellipsoidal non-neutral plasmas, Phys. Fluids B, 5, 295, 1992.

[65] Huang, X.-P., Bollinger, J. J., Mitchell, T. B., Itano, W. M., and Dubin, D. H. E., Precise control of the global rotation of strongly coupled ion plasmas in a Penning trap, Phys. Plasmas, 5, 1656, 1998 and references therein.

[66] Frohlich, U., Roth, B., and Schiller, S., Ellipsoidal Coulomb crystals in a linear radiofrequency trap Phys. Plasmas, 12, 073506, 2005.

[67] Berkeland, D. J., Miller, J. D., Bergquist, J. C., Itano, W. M., and Wineland, D. J., Minimization of ion micromotion in a Paul trap, J. Appl.

Phys. ,83,5025,1998.

[68] In the group of Parks et al. (see Ref. [16]), laser-induced fluorescence detection of trapped molecular ions(singly charged Rhodamine 640 and AlexaFluor350 ions)in the presence of helium buffer was implemented. The ions were exposed to Nd : YAG laser pulses at 532 nm and 355 nm. The technique was used to measure the laser-induced fragmentation of AlexaFluor350 ions.

[69] Welling, M. , Schuessler, H. A. , Thompson, R. I. , and Walther, H. , Ion/molecule reactions, mass spectrometry and optical spectroscopy in a linear ion trap, Int. J. Mass. Spectr. Ion Proc. ,172,95,1998.

[70] Roth, B. , Blythe, P. , and Schiller, S. , Motional resonance coupling in cold multi-species Coulomb crystals, Phys. Rev. A,75,023402,2007.

[71] McDaniel, E. W. , Cermak, V. , Dalgarno, A. , Ferguson, E. E. , and Friedman, L. , Ion-Molecule Reactions, John Wiley&Sons, Inc. , New York,1970.

[72] Herbst, E. , The astrochemistry of H_3^+ , Phil. Trans. R. Soc. Lond. A, 358,2523,2000.

[73] Takeshi Oka, Astronomy, physics and chemistry of H_3^+, Phil. Trans. R. Soc. Lond. A,358,1774,2000.

[74] Hasted, J. B. Physics of Atomic Collisions, Butterworths, London 1964.

[75] Church, D. A. Charge-changing collisions of stored, multiply-charged ions, J. Mod. Optics,39(2),423,1992.

[76] Bertelsen, A. , Vogelius, I. S. , Jorgensen, S. , Kosloff, R. , and Drewsen, M. Photodissociation of Cold MgH^+ ions, Eur. Phys. J. D,31,403,2004.

[77] Geballe, T. R. and Oka, T. A key molecular ion in the universe and in the laboratory, Science,312,1610,2006.

[78] Roth, B. , Production, manipulation and spectroscopy of cold trapped molecular ions, habilitation thesis, Heinrich-Heine University, Dusseldorf,2007.

[79] Vogelius, I. S. , Madsen, L. B. , and Drewsen, M. , Rotational cooling of heteronuclear molecular ions with $^1\Sigma$, $^2\Sigma$, $^3\Sigma$, and $^2\Pi$ electronic ground

states,Phys. Rev. A,70,053412,2004.

[80] Vogelius,I. S.,Madsen,L. B.,and Drewsen,M.,Blackbody-radiation-assisted laser cooling of molecular ions,Phys. Rev. Lett.,89,173003,2002.

[81] Frohlich,U.,Roth,B.,Antonini,P.,Lammerzahl,C.,Wicht,A.,and Schiller,S.,Ultracold trapped molecules:Novel systems for tests of the time-independence of the electron-to-proton mass ratio, Lect. Notes Phys.,648,297,2004.

[82] Kim,J. K.,Theard,L. P.,and Huntress W. T.,Jr.,Proton transfer reactions from H_3^+ ions to N_2,O_2,and CO molecules,Chem. Phys. Lett.,32,610,1975; Roche,A. E.,Sutton,M. M.,Rohme,D. K.,and Schiff,H. I.,Determination of proton affinity from the kinetics of proton transfer reactions. I. Relative proton affinities, J. Chem. Phys., 55, 5840,1971.

[83] Adams,N. G. and Smith,D.,A further study of the near-thermoneutral reactions $O_2H^+ \leftrightarrow H_3^+ + O_2$,Chem. Phys. Lett.,105,604,1984.

[84] Balakrishnan,N.,Alekseyev,A. B.,and Buenker,R. J.,Ab initio quantum mechanical investigation of the photodissociation of HI and DI, Chem. Phys. Lett.,341,594,2001; Kokh,D. B.,Alekseyev,A. B.,and Buenker,R. J.,Theoretical study of the UV absorption in Cl_2:Potentials,transition moments,extinction coefficients,and Cl^*/Cl branching ratio,J. Chem. Phys.,120,11549,2004.

[85] Mercier,S. R.,Boyarkin,O. V.,Kamariotis,A.,Guglielmi,M.,Tavernelli,I.,Cascella,M.,Rothlisberger,U.,and Rizzo,T. R.,Microsolvation effects on the excited-state dynamics of protonated tryptophan,J. Am. Chem. Soc.,128,16938,2006.

[86] Stearns,J. A.,Mercier,S.,Seaiby,C.,Guidi,M. Boyarkin,O. V.,and Rizzo,T. R.,Conformation-specific spectroscopy and photodissociation of cold,protonated tyrosine and phenylalanine,J. Am. Chem. Soc.,129,11814,2007.

[87] Gottfried,J. L.,McCall,B. J.,Oka,T.,Near-infrared spectroscopy of H_3^+ above the barrier to linearity,J. Chem. Phys.,118,10890,2003.

[88] Wing, W. H., Ruff, G. A., Lamb, W. E., Spezeski, J. J., Observation of the infrared spectrum of the hydrogen molecular ion HD^+, Phys. Rev. Lett., 36, 1488, 1976.

[89] Kroto, H. W., Molecular Rotation Spectra, Dover Publications, Inc., New York, 1992.

[90] Roth, B., Koelemeij, J. C. J., Daerr, H., and Schiller, S., Rovibrational spectroscopy of trapped molecular hydrogen ions at millikelvin temperatures, Phys. Rev. A, 74, 040501(R), 2006.

[91] Roth, B., Koelemeij, J., Schiller, S., Hilico, L., Karr, J.-P., Korobov, V., and Bakalov, D., Precision spectroscopy of molecular hydrogen ions: Towards frequency metrology of particle masses, Precision Physics of Simple Atoms and Molecules, Lect. Notes Phys., 745, 205, 2008.

[92] Calmet, X. and Fritsch, H., The cosmological evolution of the nucleon mass and the electroweak coupling constants, Eur. Phys. J. C, 24, 639, 2002.

[93] Langacker, P., Segre, G., and Strassler, M., Implications of gauge unification for time variation of the fine structure constant, Phys. Lett. B, 528, 121, 2002.

[94] Flambaum, V. V., Leinweber, D. B., Thomas, A. W., and Young, R. D., Limits on variations of the quark masses, QCD scale, and fine structure constant, Phys. Rev. D, 69, 115006, 2004.

[95] Webb, J. K., Murphy, M. T., Flambaum, V. V., Dzuba, V. A., Barrow, J. D., Churchill, C. W., Prochaska, J. X., and Wolfe, A. M., Further evidence for cosmological evolution of the fine structure constant, Phys. Rev. Lett., 87, 091301, 2001.

[96] Srianand, R., Chand, H., Petitjean, P., and Aracil, B., Limits on the time variation of the electromagnetic fine-structure constant in the low energy limit from absorption lines in the spectra of distant quasars, Phys. Rev. Lett., 92, 121302, 2004.

[97] Quast, R., Reimers, D., and Levshakov, S., Probing the variability of the fine-structure constant with the VLT/UVES, Astron. Astrophys.,

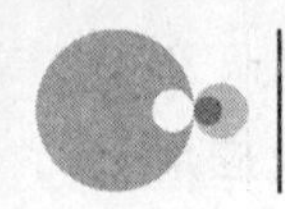

415,L7,2004.

[98] Reinhold, E., Buning, R., Hollenstein, U., Ivanchik, A., Petitjean, P., and Ubachs, W., Indication of a cosmological variation of the proton-electron mass ratio based on laboratory measurement and reanalysis of H_2 spectra, Phys. Rev. Lett., 96, 151101, 2006.

[99] Mohr, P. J. and Taylor, B. N., CODATA recommended values of the fundamental physical constants: 2002, Rev. Mod. Phys., 77, 1, 2005.

[100] Verdu, J., Djekic, S., Stahl, S., Valenzuela, T., Vogel, M., Werth, G., Beier, T., Kluge, H. J., and Quint, W., Electronic g factor of hydrogenlike oxygen $^{16}O_7^+$, Phys. Rev. Lett., 92, 093002, 2004.

[101] Roth, B., Koelemeij, J. C. J., Daerr, H., Ernsting, I., Jorgensen, S., Okhapkin, M., Wicht, A., Nevsky, A., and Schiller, S., Trapped ultracold molecular ions: Candidates for an optical molecular clock for a fundamental physics mission in space, in Proc. of the 6th Internat. Conf. on Space Optics, ESTEC, Noordwijk, The Netherlands, ESA-SP 621, 2006.

[102] Watanabe, T., Koike, F., Tsunematsu, T., Vibrational and rotational excitations of HD^+ by collision with positive ions, J. Phys. Soc. Jpn, 29, 1335, 1970.

[103] Bertelsen, A., Jorgensen, S., and Drewsen, M., The rotational temperature of polar molecular ions in Coulomb crystals, J. Phys. B: At. Mol. Opt. Phys., 39, L83, 2006.

[104] Koelemeij, J. C. J., Roth, B., and Schiller, S., Cold molecular ions for blackbody thermometry and possible application to ion-based frequency standards, Phys. Rev. A, 76, 023413, 2007.

[105] Roth, B., Daerr, H., Koelemeij, J., Nevsky, A., and Schiller, S., Ultracold molecular hydrogen ions in a linear radiofrequency trap: Novel systems for molecular frequency metrology, Proc. 20th European Frequency an Time Forum EFTF, Braunschweig, Germany, 2006.

[106] Bernath, P. F. and McLeod, S., DiRef, A database of references associated with the spectra of diatomic molecules, J. Mol. Spectrosc., 207, 287, 2001. see e. g., the DIREF database, http://diref. uwaterloo. ca.

[107] Babb, J. F., The hyperfine structure of the hydrogen molecular ion, in Current Topics in Physics, Cho, Y. M., Hong, J. B., and Yang, C. N., eds., World Scientific, Singapore, 1998, p. 531.

[108] Uzan, J. P., The fundamental constants and their variation: observational and theoretical status, Rev. Mod. Phys., 75, 403, 2003.

[109] Jefferts, K. B., Hyperfine structure in the molecular ion H_2^+, Phys. Rev. Lett., 23, 1476, 1969.

[110] Carrington, A., Microwave spectroscopy at the dissociation limit, Science, 274, 1327, 1996.

[111] Critchley, A. D. J., Hughes, A. N., and McNab, I. R., Direct measurement of a pure rotation transition in H_2^+, Phys. Rev. Lett., 86, 1725, 2001.

[112] Spezeski, J. J., Ph. D. thesis, Yale University, 1977.

[113] Zhang, Y. P., Cheng, C. H., Kim, J. T., Stanojevic, J., and Eyler, E. E., Dissociation energies of molecular hydrogen and the hydrogen molecular ion, Phys. Rev. Lett., 92, 203003, 2004, and references therein.

[114] Korobov, V. I., Leading-order relativistic and radiative corrections to the rovibrational spectrum of H_2^+ and HD^+ molecular ions, Phys. Rev. A, 74, 052506, 2006.

[115] Bakalov, D., Korobov, V. I., and Schiller, S., High-precision calculation of the hyperfine structure of the HD^+ ion, Phys. Rev. Lett., 97, 243001, 2006.

[116] Koelemeij, J., Roth, B., Ernsting, I., Wicht, A., and Schiller, S., Vibrational spectroscopy of cold HD^+ with 2 ppb accuracy, Phys. Rev. Lett., 98, 173002, 2007.

[117] Doringshoff, K., Ernsting, I., Rinkleff, R.-H., Schiller, S., and Wicht, A., Low-noise tunable diode laser for ultra-high-resolution spectroscopy, Opt. Lett., 32, 2876, 2007.

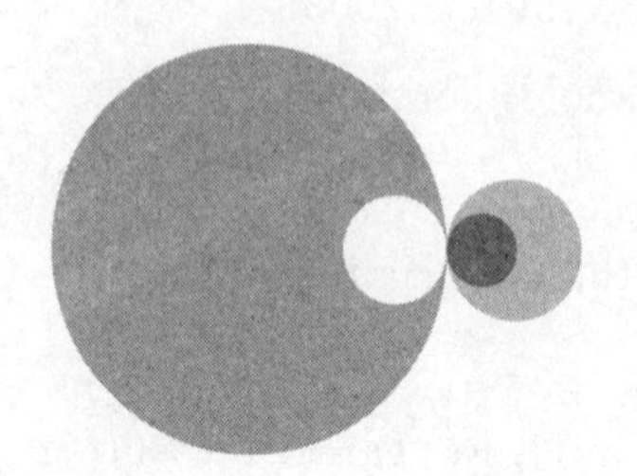

英文索引目录

F

fermion	费米子
Feshbach resonances	Feshbach 共振
floating lattice	浮动晶格
Fourier transform	傅里叶变换
Franck-Condon factor	Franck-Condon 因子

G

gerade-ungerade symmetry	宇对称
gravitational lens	引力透镜
graviton	引力子

H

halo molecule	halo 分子
hamiltonian	哈密顿量
hard-sphere model	硬球模型
harmonic potential	简谐势
Hermitian conjugate	厄米共轭
heteronuclear	异核
hexapole	六极
Higgs vacuum	Higgs 真空
expectation value	期望值
High-field	高场趋
seeking state	近态
hindered rotation	受阻旋转
homonuclear	同核
honeycomb lattice	六角蜂窝状晶格
hopping rate	跳跃速率
Hubbard model	Hubbard 模型
Hund's case	洪德定则
hyperfine structure	超精细结构

I

identical particles	全同粒子
in situ	原位
incoming flux	入射流
incoming wave	输入波
inelastic collision	非弹性碰撞
interference	干涉
inversion level	反转能级

J

Jacobi coordinates	Jacobi 坐标系
JWKB approximation	JWKB 近似

K

kinetic energy	动能

L

laboratory coodinates	实验室坐标系
lamb shift	兰姆偏移
Landau pole	Landau 奇点
Landau-Zener picture	Landau-Zener 图像
Langevin model	Langevin 模型
Larmor precession	Larmor 进动
laser ablation	激光烧蚀
laser-induced atom desorption (LIAD)	激光诱导原子解吸附
laser-induced	激光诱
fluorescence(LIF)	导荧光
Le Roy-Bernstein law	Le Roy-Bernstein 定律
Legendre polynomial	勒让德多项式
local probability density	局域几率密度

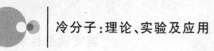

pump	泵浦
pure state	纯态
p-wave scattering	p 波散射

Q

quadrupole	四极
quantization condition	量子化条件
quantum defect theory	量子亏损理论
quantum degenerate gas	量子简并气体
quasibound complex	准束缚复合体
quasibound state	准束缚态
quasi-electrostatic optical trap,QUEST	准静电光学阱
quasipotential	准势能

R

Rabi frequency	拉比频率
Rabi oscillation	拉比振荡
radiative lifetime	辐射寿命
radicals	自由基
Raman spectroscopy	拉曼光谱
Raman transition	拉曼跃迁
Ramsey fringe	Ramsey 条纹
Ramsey spectroscopy	Ramsey 光谱
reactive collision	反应性碰撞
reduced mass	约化质量
reduced units	约化单位
reflection approximation	反射近似
reflection principle	反射原理
relaxation rate coefficient	弛豫速率系数
residence time	滞留时间
resonant coupling	共振耦合
restoring force	回复力
revival period	回复周期
rigid rotor	刚性转子
rotating wave approximation	旋波近似
rotational	转动
rovibrational state	振转态
Rydberg state	里德堡态

S

saddle point	鞍点
scaling laws	标度律
scattering amplitude	散射振幅
scattering length	散射长度
scattering resonance	散射共振
scattering state	散射态
Schrödinger equation	薛定谔方程
secular energy	久期能量
secular motion	久期运动
self-decoupling	自退耦合
shape resonance	势形共振
singlet	单一
spherical Bessel function	球贝塞尔函数
spin	自旋
spin exchange	自旋交换
spin mixtures	自旋混合
spin relaxation	自旋弛豫
spin-flipping	自旋翻转
spin-orbit interaction	自旋-轨道相互作用
spin-orbit mixing	自旋-轨道混合
spin reprojection	自旋重投影

velocity kick model	速度反冲模型
vibrational	振动
vibrational quenching	振动淬灭
vibrational relaxation	振动弛豫
vibration-rotation energy	振转能

W

wave function	波函数
wave packet	波包
wave vector	波矢
weighting factor	权重因子
Wigner rotation matrice	Wigner 旋转矩阵
Wigner threshold laws	Wigner 阈值定律
WKB approximation	WKB 近似

Z

Zeeman relaxation	塞曼弛豫
Zeeman shift	塞曼偏移
Λ-doublet	Λ 双线